1re ANNÉE — 1855

# L'AMI DES SCIENCES

## JOURNAL DU DIMANCHE

PUBLIÉ PAR

## M. VICTOR MEUNIER

TOME PREMIER

PARIS

BUREAUX : 13, RUE DU JARDINET

1855

1re ANNÉE — 1855

# L'AMI DES SCIENCES

## JOURNAL DU DIMANCHE

TOME PREMIER

PARIS. — IMPRIMERIE DE J.-B. GROS
RUE DES NOYERS, 74

Première année. — N° 1. Quinze centimes. 7 janvier 1855.

# L'AMI DES SCIENCES

PAR

## VICTOR MEUNIER

ON S'ABONNE à la Librairie AUGUSTE GOIN '41, quai des Grands-Augustins, 41.

Paraît le Dimanche.

PRIX DE L'ABONNEMENT POUR L'ANNÉE PARIS, 6 FR. — DÉPARTEMENTS, 8 FR. Envoyer un mandat de poste.



### DÉCLARATION.

L'*Ami des Sciences!* Notre titre n'offusquera personne. Un obscurantiste y applaudirait. — Ami des sciences, dis-tu? je te suis, j'en suis! — Ce n'est cependant pas pour les oiseaux de nuit que nous écrivons, et nous prévenons tout de suite les hiboux, les chouettes, les effraies, les chats-huants, les chevêches, les scops, les ducs, les grands-ducs et autres rapaces nocturnes, que cette feuille dominicale, ayant pour objet de réunir en un foyer de lumière et de chaleur les révélations et les miracles qui se fabriquent en ces ateliers de vérité, que dans les cinq parties du monde toutes les spécialités scientifiques ont fondés, ne saurait leur causer qu'éblouissements, vertiges, migraines et céphalalgies.

C'est qu'il y a amitié et amitié, et naturellement l'attachement de l'éteignoir pour la chandelle ne ressemble pas à celui que nous éprouvons pour la science.

Il y a encore des gens qui ont pour la science cette affection condescendante du maître juste pour le serviteur intelligent et laborieux. La science, à leur avis, est une servante. A de plus grandes dames appartient le gouvernement de la maison. Sa fonction est de donner une élégante satisfaction aux besoins que l'homme partage avec les bêtes. Sur cet article, elle a carte blanche, et on reconnaît qu'elle s'acquitte à merveille de tout ce qui concerne son état.

Mais, il faut qu'elle se tienne à son rang! Si elle sort des cercles inférieurs; si elle essaie à son tour de résoudre les énigmes sacrées; si elle profère les mots de principes, de droits, de cause, d'origine, de fin; si elle ose mettre les pieds dans l'antique conservatoire où se gardent en des flacons à l'émeri les solutions traditionnelles...

— Hein! qu'est-ce? de quoi cette impudente se mêle-t-elle? votre place n'est pas ici! Nous faire des demeures confortables et charmantes, nous nourrir et nous vêtir au moyen de contributions prélevées sur les deux règnes végétal et animal, mettre à nos ordres l'électricité comme messager, la vapeur comme bête de trait, la lumière en qualité de peintre; nous redresser si nous sommes bossus, nous délier la langue si nous sommes muets, épargner à nos femmes les douleurs de l'enfantement, extraire de l'argile grossière un métal précieux, fabriquer des pierres fines et même des diamants; enfin, nous procurer à prix réduit, un bien-être toujours croissant, et, par dessus le marché, satisfaire notre curiosité quand elle se porte sur les mystères de la nature..., voilà ce qu'on attend de vous. Découvrez-nous de nouvelles sauces, inventez-nous de nouvelles étoiles, procurez-nous chaque matin la surprise de quelque nouveau coup de théâtre; ne sortez pas de là, et vous aurez l'approbation de vos maîtres. Maintenant, allez voir à la cuisine comment va le pot.

Nous nous faisons de la science une idée plus haute, et nous professons pour elle un attachement plus respectueux.

Pour d'autres gens encore, qui d'ailleurs ne se piquent pas de système, un journal scientifique est simplement un recueil où s'enregistrent une à une les découvertes de détail qui peuvent rendre la vie matérielle plus facile, et les curiosités qui peuvent procurer à l'esprit de piquantes distractions. Et, certes, un journal doit s'ouvrir à ces choses-là. Néanmoins, nous déclarons à quiconque tient boutique de recettes ou assortiment de prodiges qu'il peut continuer son commerce, son somme et ses rêves; l'*Ami des Sciences* ne lui fera pas concurrence.

Par ce titre *Ami des Sciences,* nous voulons protester de notre indéfectible confiance dans l'esprit humain leur créateur, dont elles manifestent la puissance; dans le caractère sacré de la bible de l'univers, dont elles sont la progressive interprétation; dans la réalisation de l'existence heureuse et grandiose qu'elles promettent de faire dès cette vie à l'universalité des hommes. Et la promesse a pour gage d'immortelles conquêtes dont le cours ne saurait avoir de terme que dans l'entier asservissement de la matière à l'esprit.

Nous voulons témoigner de notre respectueuse soumission envers l'autorité impersonnelle, universelle, infaillible, — car ses décrets ne sont que l'expression même de la nature des choses, — à laquelle appartient le libre gouvernement de la vie humaine dans tous ses modes de manifestation.

Nous voulons exprimer notre dévotion envers la seule puissance intellectuelle qui ait le don de relier les hommes. — En dépit de la diversité des idiomes, des hostilités religieuses, des préjugés nationaux, elle fait communier tous les peuples dans les mêmes principes, elle les associe dans la poursuite d'un même but, elles les unit dans une même patrie spirituelle; et, non contente de réaliser dans les esprits l'idéal de la société universelle, elle prépare son intronisation dans les faits par des découvertes qui, nous soumettant l'espace et le temps, placent les régions les plus distantes dans des relations de voisinage. — Nous voulons en outre formuler notre adhésion à la seule forme de connaissance appropriée à l'intelligence adulte; à la doctrine non octroyée ni imposée, issue de l'esprit humain et qui glorifie son auteur, par qui tant de voiles ont été déchirés et qui en déchirera tant d'autres! également apte aux choses du ciel et aux choses de la terre, qui a dans son département l'origine et la fin aussi bien que le présent; le fond au même titre que la forme, et ce qui demeure comme ce qui passe.

Par ce titre, nous voulons exprimer encore notre gratitude envers les bienfaitrices auxquelles nous sommes redevables de tout ce que nous possédons, de toutes les connaissances positives et de tous les biens matériels; de sorte qu'elles ne pourraient nous retirer leurs faveurs sans qu'aussitôt nous tombassions dans le plus entier dénûment intellectuel et physique. Elles seules ont rendu la terre habitable, et grâce à elles, ces deux idées, l'idée de la terre et l'idée de bonheur, ont cessé de paraître inconciliables.

Enfin, nous voulons rendre notre vénération pour ces puissances pacifiques auxquelles on ne peut reprocher aucune violence, ni d'avoir répandu une seule goutte de sang, ni d'avoir fait couler une seule larme. Elles ne se sont armées du fer et du feu que pour contraindre une nature avare à nous délivrer ses trésors. Jamais elles ne s'imposent, jamais ne contraignent; elles démontrent, persuadent; elles triomphent de l'erreur comme la lumière dissipe les ténèbres par la vertu de son rayonnement. A ces titres elles sont dignes d'introduire l'homme dans les régions heureuses et d'y habiter avec lui.

On connaît nos sentiments, on sait quelles convictions s'abritent sous notre titre et chacun voit d'ici s'il est avec nous ou contre nous.

## Notre spécialité.

Maintenant, ami lecteur — pour ma part je me sens plein d'affection pour vous — il conviendrait de dérouler le plan de cette publication. C'est à la fois un journal, un *magazine* et un livre. Journal, elle enregistrera tous les faits à mesure qu'ils entreront dans le monde de la pensée; *magazine*, elle recueillera, quelle que soit leur date, tous les documents qui pourront concourir à son but; livre, enfin, par l'unité de l'esprit qui l'anime, par le rigoureux enchaînement de ses parties (je dirais presque des chapitres variés qu'elle contiendra), et parce qu'elle aura pour unique rédacteur l'ouvrier dont l'indocile outil dégrossit ces lignes qu'il est inhabile à ciseler.

Nous n'avons ni les moyens ni le désir d'enregistrer tout ce qui se fait dans la science — un volume par jour y suffirait à peine et de combien il s'en faudrait que l'intérêt du volume se soutînt d'un bout à l'autre! — mais si exigu que soit notre domaine, si nous savons en tirer bon parti, les cinquante-deux récoltes annuelles qu'il donnera pourront contribuer à l'alimentation intellectuelle de beaucoup d'honnêtes gens. Quels germes lui confierons-nous? Quels motifs détermineront un choix nécessaire? Voilà ce qu'il faut dire maintenant. Et comme la question ne saurait être résolue arbitrairement, elle revient à celle-ci: quelles choses sont dignes d'être portées à la connaissance du public? Je dis du public et non de tels savants spéciaux, car on devine bien que ce journal où l'astronomie, la physique, la chimie, la physiologie, l'industrie, l'agriculture, toutes les sciences verront enregistrer leurs conquêtes, ne sera spécialement l'organe d'aucun de ces départements du savoir. Sa spécialité est celle des gens qui n'en ont pas, ou plutôt de ceux qui aspirent à s'en faire une de l'étude de la philosophie théorique et pratique des sciences; spécialité bien utile à créer, dont les principaux éléments existent et qui n'attend qu'un architecte.

C'est de celle-là que nous serons l'organe, prenant son bien partout où nous le trouverons et conviant tout le monde au partage. Si donc nous poussions l'intolérance jusqu'à faire subir un examen à ceux qui se présenteront pour souscrire un abonnement — ce qui n'arrivera pas — nous ne leur demanderions pas combien d'années d'études spéciales ils ont faites; nous leur dirions : Etes-vous pour le mouvement en avant sans repos ni trêve, jusqu'à ce qu'au moins la première étape soit atteinte, c'est-à-dire jusqu'à ce que le bien-être universel et l'instruction universelle (c'est le *minimum*) soient réalisées? êtes-vous du parti des lumières? entrez-vous dans cette grande et pacifique conspiration du progrès dont l'indestructible réseau couvre maintenant le monde? Oui — c'est assez! rien ne vous paraîtra obscur de ce que cette feuille contiendra

— Un jour viendra que cette science une, théorique et pratique, la Science enfin, à laquelle nous aspirons aura ses chaires et ses conciles; en attendant, elle trouvera ici un asile, en nous un apôtre.

J'avais préparé un article sur ce thème, mais il eût absorbé une trop grande partie de ce numéro, et comme nous nous reverrons encore, — je l'espère du moins, cher lecteur, — et que nous avons le temps de causer du passé, du présent et du glorieux avenir des sciences, j'en retarde l'impression jusqu'à dimanche prochain.

Et maintenant, va, cher petit journal. Que tes destins s'accomplissent! Puissent-ils être favorables (jamais vœu n'a été plus sincère). Puisses-tu rencontrer à tes débuts dans le monde un public sympathique à tes tendances, indulgent pour ta jeunesse. Si ce bonheur t'est réservé, tu prouveras, en t'améliorant de semaine en semaine, que tu es véritablement une feuille de progrès.

## L'intérieur du globe.

Gazeuse à l'origine, la terre décrivait dans l'espace éthéré son éternelle courbe, répandant autour d'elle des torrents de chaleur. Avec le secours des siècles, l'abaissement continu de température produisit la condensation de sa masse. Alors le ferme put apparaître, une croûte sphéroïdale se forma par voie de cristallisation, et partagea la planète en deux parties, l'une renfermée dans cette coque solide, l'autre l'entourant de toutes parts. L'histoire de la terre est maintenant dans le conflit qui s'établit entre le dehors et le dedans, le dessus et le dessous de ce terrain.

Toutes les matières contenues dans l'atmosphère immense et ténébreuse, vont avec le progrès du refroidissement et de la vie, s'en séparer peu à peu. La vapeur d'eau se résoud en pluie, et balayant les régions qu'elle traverse, les débarrasse des matières qui formeront les dépôts sédimentaires. Ceux-ci pesant sur la masse intérieure vont la contraindre à s'épancher au dehors et à s'insinuer dans les fissures du sol. Au contact des agents externes, les dépôts ignés s'altèreront, et le voisinage des roches plutoniques imprimera de semblables modifications aux terrains neptuniens. L'écorce soulevée dans le conflit formera au-dessus des mers des plateaux dont la végétation s'emparera. Celle-ci attirera et condensera la masse énorme de carbone que l'atmosphère contient; les agents érosifs corroderont sans cesse la croûte superficielle, et les eaux transporteront çà et là les produits de travail de désagrégation. A ces actions lentes succèdent de temps à autre des révolutions formidables qui changent à de fréquentes reprises la configuration du sol.

D'après M. Elie de Beaumont, les terrains fossilifères ont mis sept à huit millions d'années à se déposer; pendant huit millions d'années toutes les forces de la nature travaillent donc sans relâche à varier la composition du globe, à former des dépôts de diverses substances: et quand ils ont rempli leur tâche, un être vient prendre possession de ce travail des siècles, l'Homme paraît.

Jusque-là le globe semblait une maison vide; maintenant, le maître est arrivé. C'est le maître en effet, le voilà chez lui, il sait l'usage de toutes ces choses jusque-là sans emploi; et si grandes que soient ses richesses, elles ne dépassent pas ses besoins. Neptune et Pluton, tous les dieux ont travaillé pour lui pendant des millions d'années; ils n'ont rien fait de trop. L'histoire du globe aboutit là : l'homme, c'est-à-dire, l'esprit. Et s'il a fallu de tels ouvriers pour lui bâtir un théâtre, quel rôle sera donc le sien?

Ainsi ces torrents d'acide carbonique qui saturaient l'atmosphère primitive; cette végétation exubérante qui séparait de l'air, attirait à elle et condensait les masses de carbone; cette température élevée, uniforme, qui activait la végétation; ces révolutions qui anéantirent les forêts primitives et de leurs débris accumulés formèrent les inépuisables dépôts des roches charbonneuses; tout cela devait avoir pour résultat de tenir en réserve une force qui, Watt venu, donnerait le mouvement à nos machines à vapeur. Ces débris de quartz triturés par les eaux serviront à reculer indéfiniment l'horizon de notre petite planète. A l'aide de ce plomb et grâce au génie de Guttemberg, tout homme pourra faire entendre à l'univers sa parole écrite... On sait que je pourrais allonger cette énumération.

Ce n'est pas devant l'homme qu'ici je m'incline, mais devant l'Esprit dont un rayon brille en lui. J'admire et j'adore les proportions de ce plan suivi sans défaillance à travers des millions de siècles; ces harmonies qui éclatent tout à coup entre des faits de natures différentes, et séparés les uns des autres par des abîmes de temps. Je le sais, ce sentiment n'est point scientifique; j'en suis fâché pour la science ou plutôt pour les savants, car la science est jeune et grandira. « Il y a plus de choses dans le monde, Horatio, que ta philosophie n'en voit dans ses rêves! » Il y a certainement plus d'esprit dans le monde que nous n'en mettons dans nos systèmes.

A peine avons-nous, çà et là, fait pénétrer la sonde dans l'épiderme du globe, que les trésors affluent autour de nous. Pour un désir qui naît, nous trouvons dix et vingt substances propres à le satisfaire, et chacune des substances que nous trouvons est propre à dix ou vingt usages différents. Et combien nous sommes loin de connaître toutes nos ressources! Pour que nous les connussions, il faudrait d'abord que l'homme eût pris possession de toute la terre, et qu'affranchis de l'oppression de la misère et de l'ignorance, tous les hommes fussent en état de concourir au développement de la science. Heureusement nous n'en sommes plus à nous demander par quels moyens cet idéal provisoire sera réalisé.

Cependant ne croyez pas que nous saurons le chiffre de nos richesses par cela seul que nous aurons fait le dénombrement de tout ce que contiennent les couches du globe. Tant que le genre humain n'aura pas atteint la limite dernière de son développement, il lui restera à apprendre touchant la valeur des choses même qu'il croira le mieux connaître. Des besoins nouveaux et les idées qu'ils susciteront assigneront indéfiniment aux objets les plus vulgaires de nouveaux et importants usages.

Avant l'invention de l'imprimerie, on croyait savoir le prix du plomb! Ainsi telle substance qui joue un grand rôle dans l'industrie ne nous est peut-être connue que par la moindre des applications qu'elle peut recevoir. A plus forte raison devons-nous compter sur ce dont nous ne tirons aucun parti. L'expérience nous en avertit: de ce qu'une chose est inusitée, il ne faut pas conclure qu'elle demeurera inutile. Il convient de voir en elle un bien tenu en réserve et dont la valeur se révélera quand écloront de nouveaux besoins.

Mais la géologie industrielle comprend autre chose que l'utilisation des roches. Elle comprend encore (et c'est sur ce point que je veux appeler l'attention), l'exploitation de toutes les substances liquides et gazeuses qui circulent dans la croûte solide, et de la matière fluide que celle-ci recouvre. Elle a en outre pour but la recherche et l'asservissement de toutes les puissances dynamiques qui se développent et agissent dans les entrailles du globe.

Cette belle industrie des puits forés, qui grandit en puissance tout en demandant moins à l'homme, cette industrie est une exemple d'exploitation du contenu des couches relativement profondes et d'utilisation des agents dynamiques. Les puits forés fournissent, selon les localités, de l'eau à différents degrés de température, du gaz inflammable, du naphte, du pétrole, du bitume.

Par eux nous pouvons donc emprunter au sol, lumière, chaleur, force motrice, sans compter l'eau, qui, indépendamment de ses usages domestiques et de son emploi comme moteur, servira à la fécondation des déserts; je me fonde sur des observations géologiques. La multiplication des puits forés aura pour résultat d'accoître prodigieusement nos moyens, tout en simplifiant plusieurs industries. Il y a, par exemple, tel cas où l'exploitation d'un dépôt de charbon minéral pourrait se faire en déterminant sa décomposition et en en recueillant les produits gazeux.

Des puits forés à des profondeurs qui ne dépassent pas les moyens de l'industrie amèneraient, sans autre dépense que celle de leur établissement opéré par des machines, des matières en fusion, parmi lesquelles se trouvent peut-être des substances jusqu'ici inconnues, et vraisemblablement la plupart de celles que nous allons chercher à grands frais dans les profondeurs de la terre; les métaux, par exemple. Ils les amèneraient dans l'état même auquel nous sommes obligés de les réduire, c'est-à-dire liquéfiés par la chaleur. Avec les métaux, ils nous apporteront les roches d'origine ignée. Le granit viendra se figer dans les moules préparés pour le recevoir.

On ne se résigne point à croire que l'énorme masse sous-jacente au sol doive rester toujours sans emploi. Or, elle n'agit même plus sur nous par sa température. La chaleur propre du globe n'entre, en effet, que pour une fraction de degré dans celle de la surface. Cette masse en fusion est donc un dépôt où une industrie puissante ira s'approvisionner. Il faut se rappeler combien sont récentes les sciences et l'industrie pour comprendre qu'on n'ait point songé encore à recueillir et à diriger ces fleuves de lave qui coulent de la bouche des volcans. De ce fléau la science fera un bienfait.

On comprend que l'exploitation de l'intérieur du globe, en ouvrant une issue à son contenu, aura pour résultat de donner au sol une plus grande stabilité, et de mettre la postérité à l'abri des désastres qu'occasionne l'explosion des forces centrales. Analogues aux volcans, les puits d'exploitation seront de véritables soupapes de sûreté d'autant plus efficaces qu'elles seront plus multipliées. Le genre humain verra donc sa sécurité croître en même temps que sa puissance.

---

## De la position sociale et de l'avenir des singes.

Une grave question d'étiquette a été vidée devant l'Académie des Sciences. Il s'agissait de savoir quels sont ceux de Messieurs les singes auxquels appartient le droit de prendre place immédiatement après l'homme, dans le grand défilé de la classification zoologique (on ne conteste pas le premier rang à l'homme).

Vérification faite des parchemins, on a reconnu que quatre singes doivent, en vertu de la dignité de leur organisation, prendre le pas sur tous les autres. Il va sans dire que même parmi ces grands personnages il y a des degrés.

Le plus excellent de tous est le Troglodyte. Il y en a deux espèces, le T. *Chimpanzé* (celui que Buffon appelait Jocko noir) connu depuis 1699, et le T *Tschégo*, découvert sur les rives du Gabon par un chirurgien de marine, M. le docteur Franquet. Le Chimpanzé a la face couleur de chair, tandis que le Tschego a la face noire. — L'étrangeté des noms ne doit pas surprendre, ce sont ceux de nobles africains. — L'un est un nègre en son genre et l'autre est un blanc; mais le blanc a des oreilles très-longues, tandis que le noir en a de petites; les avantages se balancent.

Le second genre est le Gorille, promu à cette dignité de genre par M. Isid. Geoffroy dans la personne d'un individu découvert par M. Franquet déjà cité, qui paraît prendre goût à ce genre de rencontres.

Le célèbre Orang-Outang, que Cuvier plaçait en tête de la bande, se trouve, tout bien pesé, n'avoir droit qu'au troisième rang: preuve nouvelle de l'instabilité des conditions! triste retour des choses zoologiques! et qu'au prochain voyage de M. Franquet, le Troglodyte se tienne bien.

Le Gibbon ferme la marche, la longueur démesurée de ses bras — avoir les bras longs est un défaut chez les singes — le goître dont il est affecté à un plus haut degré que ceux de sa race — car tous les singes sont plus ou moins goîtreux — d'autres circonstances encore, empêchent le Gibbon d'aspirer à un rang plus élevé, mais il paraît qu'il se rend justice car il n'a pas réclamé.

Maintenant que Messieurs les zoologistes ont tranché ces importantes questions de prééminence, ils devraient bien nous dire quels services ces bêtes-là sont en état de nous rendre, et s'occuper de leur faire prendre place dans notre domesticité.

La ménagerie du Muséum a l'avantage de posséder, depuis quelque temps, un représentant vivant de l'un de ces genres, un Chimpanzé. Un jour, j'étais allé lui rendre mes devoirs, et je m'amusais à lui montrer les secrets d'une boîte à compartiments, il fallait voir avec quelle attention le singe suivait mes mouvements ! Il ne quitta la place qu'après avoir bien vu... et compris ? Un être capable d'attention soutenue est-il incapable de perfectionnement ? Et cette rare adresse, cette intelligence dont ils sont doués ne nous seront-ils jamais d'aucune utilité ? Quel avenir cela a-t-il ? Quel parti en tirerons-nous ? Questions que nous traiterons. Un seul mot en attendant.

Pour faire franchir à l'organisation de ces grands singes une partie de la distance anatomique qui la sépare de celle de l'homme, il suffirait de modifications qui ne l'emportent guère sur celles que nous avons su imprimer au type de certains animaux, du chien, du coq, du cochon... cela ne dépasse pas nos moyens.

Leur intelligence est beaucoup plus grande dans les premières années que dans un âge plus avancé, et leurs formes n'ont pas, au début, cet aspect repoussant qu'elles offrent chez les adultes. On arriverait donc à les perfectionner par cela seul qu'on rendrait permanent leur état primitif. Or, assurer la prépondérance d'un système organique sur un autre — et c'est de cela qu'il s'agirait — n'est pas une opération sans précédents. Ce serait simplement une application nouvelle de l'art que l'éleveur exerce.

Que cet art soit susceptible de grands développements, on ne peut le nier. Il a été jusqu'ici purement empirique, et il deviendra scientifique. De plus, il repose à peu près exclusivement sur un seul procédé et il y en a d'autres à mettre en œuvre. Il repose sur le croisement d'individus offrant accidentellement les caractères qu'on veut perpétuer. Or nous avons à constituer en vue de l'organoplastie animale une science semblable à ce que la matière médicale est en thérapeutique ; nous avons à étudier tous les agents physiques et chimiques, ensemble et séparément, au point de vue de la spécificité de leur influence sur l'organisme.

Cela fait, agissant sur un être à l'état naissant, dans l'œuf ou dans le sein maternel, nous pourrons lui donner à coup sûr les caractères que nous voudrons lui imprimer : caractères qu'ensuite nous incrusterons jusque dans les profondeurs de l'organisme en accouplant les êtres que nous en aurons doués.

Il ne nous paraît pas douteux qu'on arrive ainsi à compléter les caractères anthropomorphiques des grands singes — *par exemple à en faire de véritables bipèdes* — et à assurer en eux la prépondérance du système de la vie de relation sur les systèmes de la vie organique. Si leur mutisme vient de leur goître, comme on le dit, il ne sera pas difficile de les en guérir et d'en faire des perroquets.

Ceci admis, considérant combien d'aptitudes variées nous avons su créer en différents genres d'animaux, parmi les chiens entre autres, nous ne douterons pas de la possibilité de créer des races de singes propres à nous assister d'une certaine façon dans nos travaux, et particulièrement à servir *d'intermédiaires entre nous et nos machines*.

---

## Autant de légumes qu'on voudra.

Messieurs les agriculteurs, deux cents légumes nouveaux vous seraient-ils agréables ? en aimeriez-vous mieux cinq cents, en préféreriez-vous mille ? ne vous gênez pas, ni de cela ni d'autre chose, vous ne demanderez plus que la nature ne peut donner.

Ce n'est pas moi qui fais la proposition ; elle émane de M. H. Lecoq, directeur du jardin botanique de Clermont-Ferrand.

Le spirituel et savant botaniste rappelle que, sauf un petit nombre d'exceptions, nos aliments végétaux nous sont fournis par cinq familles. Cinq familles sur environ trois cent cinquante sont seules admises à l'honneur de se faire représenter sur nos tables ! pourquoi ? bien plus, de ces cinq familles privilégiées (les illustres familles des *Graminées*, des *Légumineuses*, des *Crucifères*, des *Ombellifères* et des *Composées*), quelques membres seulement servent à notre alimentation ; pourquoi encore ? la dernière, pour n'en citer qu'une, cette admirable famille des *composées* — les abeilles et les fourmis du règne végétal — compte à elle seule plus de dix mille espèces ! Pourquoi donc tant d'appelées par la nature, leur créatrice, et si peu d'élues par l'homme, leur seigneur et maître ?

LA ROUTINE : Parce que, des membres de cette famille, les uns sont âcres, les autres amers, d'autres tellement aromatiques qu'ils brûlent le palais, plusieurs même sont de véritables poisons.

« Voilà de très-bonnes raisons, » répond M. Lecoq et à la manière dont il dit cela, vous comprenez de suite que les raisons ne lui semblent pas bonnes du tout. Il y a un *mais* en effet. « Mais, ajoute-t-il, il suffit de dompter ces caractères sauvages pour les adapter à nos besoins, et je ne pense pas qu'il existe un grand nombre de plantes dans les trois familles (*Crucifères*, *Ombellifères* et *Composées*) qui nous occupent, qui ne puissent devenir un aliment. »

A ces mots l'IGNORANCE sourit dédaigneusement, et se penchant vers sa voisine : — Routine, chère sœur, lui dit-elle, dans quel mauvais lieu nous a-t-on attirées sous prétexte de botanique. Cet Auvergnat est certainement un révolutionnaire déguisé en horticulteur ; tout-à-l'heure il voudra prouver qu'il en est des hommes comme des végétaux, et qu'il n'est pas de caractères sauvages qu'avec des soins convenables on ne puisse policer. Pour moi, je dis que ce que Dieu a fait est bien fait, et vouloir transformer un poison en aliment est simplement une sottise et une impiété.

En ce moment, le jardinier qui revient à pas comptés de la mare voisine, dépose sur le sable de l'allée ses arrosoirs remplis, et portant sa main humide à son chapeau de paille :

—Princesse, faites excuse, dit-il ; s'il n'y avait qu'à laisser venir les choses, à quoi donc emploierions-nous nos dix doigts, nous autres maraîchers ? le soleil est un bon ouvrier, je ne vas pas à l'encontre, mais j'ose dire qu'il ne serait pas capable de faire sans nous des laitues blanches comme celles-ci, ni des romaines jaunes et tendres comme celles-là, ni des crambés maritimes comme ceux que nous fabriquons dans l'obscurité ; et si vous avez jamais mangé de *la pomme grave ou lin* (c'est *apium graveolens* qu'il veut dire), vous pouvez vous faire une idée du goût qu'auraient les tiges de céleri, si nous n'avions corrigé leur humeur. Enfin, sauf respect, les pissenlits que nous faisons pousser sous des taupinières valent mieux (bien que le meilleur ne vale pas le diable) que ceux qui poussent tout seuls.

Ici je me permets d'intervenir pour faire remarquer que les recherches du genre de celles auxquelles M. Lecoq se livre, ont philosophiquement une certaine portée. Elles rentrent dans un plan gigantesque, elles forment un des innombrables détails d'une entreprise qui ne tend à rien moins qu'à la transformation de la création ; il s'agit de coordonner l'ensemble des êtres et chaque être à des termes nouveaux déterminés par l'homme.

Une telle œuvre a-t-elle rien d'impie ? par cela seul qu'elle est couronnée de succès on peut affirmer qu'il n'en est rien ; elle n'a de succès qu'à la condition de se conformer aux lois naturelles. Son accomplissement entre donc dans le plan général de l'univers, elle a été originairement prévue, le créateur l'a voulue et compte sur elle. Et s'il nous a donné la capacité de découvrir les lois et la puissance de nous en constituer les exécuteurs, si d'autre part il a fait les choses mobiles, c'est qu'apparemment il a voulu que l'homme s'appliquât à produire progressivement, suivant la révélation de sa science, de ses besoins, de ses désirs, tous les arrangements divers dont les choses sont susceptibles.

Mais pendant que je faisais cette observation, la grande dame qui n'a pas de goût à la philosophie : Eh quoi ! s'écriait-elle, M. Lecoq aurait-il la prétention de nous faire manger des chardons ?

— Si votre Altesse daignait honorer ma demeure de sa présence, peut-être aurais-je le bonheur de la convaincre que « les ânes ont de bonnes raisons pour rechercher ces végétaux savoureux. »

Savoureux ! nous ne lui prêtons pas le mot ; il l'a écrit. Que dis-je écrit ? il l'a fait ! il a fait avec les chardons des végétaux savoureux ! ce qui lui fournit l'occasion de cette judicieuse remarque : « il faut bien se résigner, dans une foule de circonstances, à suivre un peu l'instinct des animaux. » Entre les mains de cet autre Carter, de ce moderne Orphée, les épines si effrayantes de ces carduacées sont devenues tout-à-fait inoffensives, molles et flexibles ; et ce n'est pas un ou deux membres de cette féroce famille qu'il est parvenu à apprivoiser, mais presque tous, et surtout (pour son coup d'essai, M. Lecoq a voulu un coup de maître), les plus grandes espèces, les Onopordes, le *Chardon-Marie*, le *Cirsium-Eriophorum*, etc.

L'appétit lui venant en mangeant, notre savant ne s'en est pas tenu là. Il rencontre dans les prairies où elle est fort commune, la Berce ou *Heracleum-Spondylum*, s'afflige de l'abandon où on la laisse, la recueille, l'installe dans son jardin, et la Berce reconnaissante du procédé lui donne « un excellent résultat. »

Cela n'avait fait que lui mettre l'eau à la bouche. Il fait comparaître devant lui deux autres plantes sauvages de noms peu gracieux, d'une saveur pire, d'abord l'*Heracleum sibiricum*, et lui dit : sois un « légume savoureux » et l'*Heracleum sibiricum* obéit ; ensuite l'*Heracleum pyrenaïcum*, il lui tient le même langage et rencontre la même soumission.

Encouragé par de si beaux succès, il ne connaît plus d'obstacles. Il va droit au panicaut, en latin *Eryngium*, et à sa vue l'*Eryngium*, en français panicaut, « donne des pousses très-tendres, d'une saveur agréable. »

A sa vue n'est pas exact. Il a fallu, au contraire, le soustraire à tous les regards. C'est dans l'ombre, dans la retraite, on dirait presque dans le recueillement, que ces plantes dépouillent leur caractère sauvage pour contracter les vertus sociales qui vont les faire universellement rechercher.

Ceci nous conduit à répondre à la question que je vois errer sur les lèvres de tous les lecteurs de l'*Univers :* à l'aide de quelles formules ténébreuses, de quelle baguette magique, le sorcier de Clermont-Ferrand opère-t-il toutes ces diableries ?

Il n'y a dans tout cela point de baguette, mais seulement des ficelles ou des liens, et des pots à fleurs. Il n'y a pas même de secret. M. Lecoq n'a fait qu'appliquer à des végétaux jusqu'ici incompris les procédés que les horticulteurs emploient pour donner aux plantes alimentaires les qualités qu'en elles on recherche.

C'est simple comme bon jour. Cela se réduit, selon le cas, à exposer une plante à la lumière solaire ou à la faire vivre dans l'obscurité.

Exemples : Voulez-vous de l'âcreté, des principes aromatiques ? Vous confiez au soleil le cresson alenois, le persil, le cerfeuil, etc. Tenez-vous, au contraire, à dépouiller certains végétaux de ce genre de saveur ? vous ensablez les tiges de céleri, vous liez les romaines et les cardons, vous confinez sous un vase renversé le *crambe maritima*.

Lumière ou ténèbres ; ce n'est pas plus difficile que cela. La nature nous a mis sur la voie en nous offrant, dans les diverses parties des mêmes végétaux, des qualités différentes, suivant que ces parties sont ou non soumises à l'insolation.

De toutes les manières d'abriter les plantes du contact de l'air, l'étouffement au moyen de vases renversés est celle que préfère M. Lecoq pour obtenir de nouveaux légumes ; « et, ajoute-t-il, l'on pourrait presque dire que toutes les crucifères, toutes les ombellifères et toutes les composées peuvent devenir alimentaires par ce procédé. » Il affirme même qu'une multitude d'entre elles « se disputeront l'honneur de paraître à notre table. » Cet empressement fait leur éloge.

On voit que M. Lecoq a expérimenté sur autant d'espèces qu'il est nécessaire, pour mettre hors de doute la sincérité de son offre ; mais il a laissé, en même temps, beaucoup à faire à ceux qui voudront suivre ses traces. Nous espérons qu'il s'en trouvera, non seulement à cause du profit qui en résulterait, mais parce que ceux qui auront pénétré dans la science par cette voie, une fois entrés, ne voudront plus sortir. Or, l'occasion est bonne pour les profanes qui veulent cesser de l'être. Voilà des expériences attrayantes, faciles, qui ne coûtent rien, pour lesquelles le plus petit jardin est un théâtre assez grand. Et si quelqu'un trouvait un tel début trop mesquin, pour mettre les points sur les *i*, nous ajouterions que les modifications qu'on aura apportées au type primitif d'une plante sauvage seront très-propres à initier d'une façon pratique à la grande théorie de l'influence des milieux ambiants sur les êtres particuliers.

---

### Un vaisseau monstre.

« Philosophes, spéculateurs, épicuriens et philanthropes, vous qui cherchez chacun à sa manière la pierre philosophale, vous à qui le désir de faire fortune donne la force de supporter toutes les misères, et que la soif de l'or pousse d'une rive à l'autre de l'Océan, une route est ouverte qui mène en peu de temps au but de vos efforts.

« Vous qui succombez sous le poids des fatigues et des tourments de la vie, reprenez haleine. Tournez vos regards vers la vie nouvelle qui vous est offerte, vie pleine de délices. Recueillez-vous, pesez avec tout le soin dont vous êtes capable les découvertes que j'apporte pour le bonheur du genre humain, bonheur qui dépasse tout ce qu'on a rêvé. »

L'illuminé qui parle ainsi est un mécanicien. L'enthousiasme qui le transporte est celui de la mécanique. C'est par la mécanique — il en est le prophète — qu'il compte réaliser tant de bonheur. Les lignes que je viens de traduire en français difficile, d'un anglais plus difficile encore, font partie de la préface d'un livre intitulé : le *Paradis mis à la portée de tout le monde* par l'emploi des forces de la nature et des machines. L'auteur, M. Etzler, est un citoyen de la république américaine ; son livre a eu un immense succès de l'autre côté de l'Atlantique.

Parmi les merveilles que nous promet M. Etzler, on trouve celle-ci : « L'Océan, dit-il, se peuplera d'îles flottantes faciles à manœuvrer, exemptes de périls, douées d'une incomparable puissance motrice, animées d'une vitesse immense. Ces îles, couvertes, comme la terre ferme, de palais et de délicieux jardins, arrosées par de frais ruisseaux d'eau douce, offriront aux milliers de passagers qui les habiteront les ressources les plus exquises du confort et du luxe. » Si fantastique que la prophétie paraisse, des îles flottantes de M. Etzler au bateau à vapeur qu'on construit en ce moment en Angleterre, il n'y a pas tellement loin que la distance ne puisse être franchie un jour ou l'autre, dans vingt ans, dans cinquante ans.

Ce bateau, qui sera terminé dans dix à douze mois, et qu'on destine à mettre l'Europe en communication rapide avec les Indes orientales et l'Australie, sera du port de 10,000 tonneaux ; longueur, 680 pieds ; force nominale des machines, 2,600 chevaux. Il portera son combustible pour l'aller et le retour, estimé à 5,000 tonneaux. 500 passagers de première classe, un plus grand nombres d'autres y trouveront place. La durée du voyage, chose admirable ! sera réduite à 32 jours pour les Indes, à 35 jours pour l'Australie.

Ce géant offrira à ceux qui l'habiteront temporairement une promenade égale en longueur à trois fois environ la hauteur des tours de Notre-Dame. La compagnie qui l'exploitera voulait, dit-on, en faire construire un qui eût déplacé un poids non de 10,000 tonneaux, mais de 28,000 tonneaux! Qui oserait dire que l'entreprise contre laquelle on recule aujourd'hui ne deviendra pas un jeu? Ainsi, dans une année, l'Inde sera à un mois de nous, et le prix du voyage aura subi une diminution énorme! Qu'on réfléchisse à la nouvelle réduction que les machines caloriques et les machines à vapeur combinées (nous aurons à nous occuper prochainement des unes et des autres) apporteront aux prix actuels; qu'on évalue le vaste emplacement que l'économie de combustible rendra disponible et qui sera affecté soit aux passagers devenus plus nombreux, soit au transport de ces denrées alimentaires que le globe produit spontanément en abondance sans utilité pour nous! De quelque côté qu'on regarde dans la science, quel avenir elle nous prépare! et pour n'en voir qu'un détail, messieurs les écoliers, qu'elle sera attrayante l'étude d'après nature de la géographie!

## Les délices des chemins de fer américains.

La charmante et confortable chose qu'un voyage sur les chemins de fer d'Amérique! Comme on s'y ingénie à rendre la vie douce à ceux qui n'y trouvent pas la mort!

Au milieu de toute la longueur de chaque wagon règne, comme dans nos omnibus, un passage; seulement ce passage est plus large que dans les modestes voitures prises ici comme terme de comparaison; en outre, les banquettes occupées par les voyageurs ne lui sont pas parallèles, mais perpendiculaires. Tous les wagons communiquent ensemble au moyen de plates-formes qui permettent de passer de l'un dans l'autre sans danger, de sorte que la galerie dont il vient d'être question règne dans toute la longueur du convoi. Sur ce convoi, le voyageur jouit de la même liberté de mouvements que le passager à bord d'un paquebot.

Il va, vient, circule, s'asseoit, se lève, se couche, change de place, passe d'un wagon dans un autre, cherchant si, parmi ses compagnons de route, il ne se trouve pas quelqu'un de sa connaissance, et s'il s'en rencontre, il voisine. Veut-il respirer l'air libre, jouir de la vue du ciel et des champs, il se rend sur une terrasse à l'extrémité de la machine roulante, et là, tout en distillant un bon cigare, passe en revue le panorama changeant de fleuves, de montagnes, de ravins, de coteaux, d'abîmes, de forêts, de prairies, de champs cultivés, de jardins, de villes et de villas, devant, derrière, dessus, dessous, et au travers desquels se précipite le convoi.

Il trouve à bord café, restaurant, journaux; et tout en dévorant l'espace, il déjeune, dîne, soupe, fait sa correspondance, se met au courant des affaires du jour, rend des visites, se promène, et quand fatigué de distractions, il veut jouir de quelques heures de repos, une banquette se change pour lui en chaise longue, et le voilà qui franchit, en dormant, une partie de la distance de New-York à la Nouvelle-Orléans. Tel est le convoi américain: maison ambulante, paquebot de terre ferme, qui a sur le navire proprement dit cet avantage qu'on n'y souffre pas du mal de mer.

Chez ce peuple, avare de temps, ami des simplifications, on n'a multiplié plus que de raison ni les employés à l'intérieur des gares, ni les bureaux, ni les guichets, ni les barrières, ni les salles d'attente, antichambres des wagons, ni les formalités à remplir pour prendre possession de la place qu'on paie. Arrivé à l'embarcadère, on va droit au convoi en chargement, comme on monte sans épreuves préalables à bord d'un paquebot ou dans un omnibus.

Le convoi parti, le conducteur fait sa tournée, réclamant de chacun le prix de sa place, en échange de quoi il vous donne une carte qui plantée sur le devant de votre chapeau, vous met à l'abri de nouvelles demandes de ce genre. Le convoi portant avec lui, comme un bateau à vapeur, ses buffets, ses restaurants, ses salons, ses cabinets, n'éprouve plus, dans sa rapide traversée, que les temps d'arrêt strictement nécessaire pour prendre et déposer les voyageurs, faire de l'eau et du charbon.

Ce sont là des avantages dont nous finirons par jouir à notre tour. Il suffira que ces charmantes combinaisons, qui entourent la vie nomade de tant d'agréments, soient une fois réalisées, ne fût-ce qu'à titre d'essai, sur un seul de nos chemins de fer, pour que bientôt elles se propagent sur tous les autres.

## VARIÉTÉS.

Un automate emballeur. — M. Marriott a inventé une machine dont la spécialité est d'empaqueter les matières sèches, telles que chicorée, farine de moutarde, fécule, amidon, tabac en poudre, etc. Qu'on lui donne la substance à empaqueter, du papier et le mouvement, et voici ce qu'elle fait: 1° elle mesure elle-même la substance de manière à faire un paquet du poids voulu, 2° elle coupe un morceau de papier, 3° elle le plie, 4° elle enduit ses bords de colle, 5° elle les replie l'un sur l'autre et les façonne en sac, 6° elle met le sac dans un moule, 7° elle le remplit de la substance préalablement mesurée, 8° elle rabat le papier à l'ouverture du sac, et le paquet est fait. Il ne s'agit plus que d'y mettre une étiquette l'intelligente machine s'en charge. Elle fait mieux, elle imprime elle-même les étiquettes (nous sommes à 8 si je ne me trompe), 9° elle les découpe, 10° les colle, 11° les applique sur le paquet, après quoi celui-ci est entraîné hors de la machine par des rubans ou une toile sans fin.

Voilà ce que peut faire une machine, nous raconterons des choses plus merveilleuses encore.

Machine à décharger les navires. — Le déchargement des navires qui apportent la houille est certainement une des opérations les plus pénibles qu'on exécute dans les ports. M. Trevithick a conçu le louable projet d'affranchir les hommes de ce rude travail: il l'a confié à une machine de son invention, qui s'en acquitte beaucoup mieux, plus rapidemement et plus économiquement que des ouvriers ne pourraient le faire. Ainsi, tandis que dans le système actuel c'est une grande affaire que de décharger 100 tonnes de houille sur un quai, la machine de M. Trevithick en décharge 460 en vingt heures. Cette célérité abrégeant le séjour des navires dans les ports, leur permettra de faire un plus grand nombre de voyages dans un temps donné, d'où résultera un économie de fret.

L'appareil, de petite dimension, léger, est disposé pour être établi avec sa machine motrice et sa chaudière sur le pont du bâtiment dont on veut décharger la cargaison. On le place aussi près que possible de l'écoutille pour que les levées s'opèrent presque verticalement; celles-ci sont faites par une chaîne de paniers. La quantité de charbon levée en une fois est de 250 kilogrammes.

Il est évident que cette machine peut être employée au déchargement de toutes espèces de marchandises. Placée en permanence à bord des grands bâtiments, elle pourrait accomplir beaucoup de travaux qu'on exécute à bras, lever l'ancre, hisser les grandes voiles, faire jouer les pompes, etc. Il y aurait peu de changements à lui faire subir pour la rendre également propre à élever de pesants fardeaux jusqu'aux étages supérieurs des grands magasins ou des docks du commerce, travail qui s'exécute presque partout à bras.

Un feu sans fumée. — Un feu très-économique, un feu sans fumée, qui ne produit pas de cendres ni de suie; un feu sans flammes, sans odeur, sans étincelles, avec lequel il n'y a pas d'incendie possible, qui s'allume instantanément et n'exige aucun soin, tel est le *British polytechnic fire*, en français feu britannique polytechnique, ainsi nommé parce qu'il a été inventé par un Anglais, deux Anglais, et expérimenté à l'institution polytechnique de Londres.

Les matières premières ne sont pas nombreuses; des lames minces de platine et du gaz hydrogène, c'est tout. Lorsque les lames de platine sont exposées à un courant d'hydrogène, elles passent aussitôt au rouge en dégageant à la fois lumière et chaleur ; tel est le principe de l'invention de MM. Bachhoffner et Defries.

La manœuvre de leur appareil est très-simple ; tournez le robinet de ce côté, le feu s'allume ; tournez-le du côté opposé, il s'éteint.

Le platine n'est pas altéré, il n'y a d'autre consommation que celle de l'hydrogène qui d'après les auteurs pourrait être fourni à un prix tel qu'une vaste pièce serait chauffée toute une journée pour le prix d'une course en omnibus.

Éclairage a l'insecte. — Les habitants de certaines contrées équatoriales ont une manière plus simple encore et plus économique, sinon de se chauffer, au moins de s'éclairer. Les voyageurs ont depuis longtemps raconté que les sauvages de l'Amérique du sud emploient des insectes phosphorenscents en guise de bougies diaphanes et de lampes carcel ; mais du coin de leur feu les naturalistes de cabinet déclaraient le fait impossible. Il est maintenant hors de doute. M. Osculati l'a vérifié et il raconte dans le *Magasin de Zoologie* qu'il a pu éclairer sa chambre au moyen d'insectes qu'il renfermait dans des flacons. Ces insectes lucifères sont voisins des lampyres et des élatérides ; ils appartiennent au genre *pyrophorus*.

Il y a cent cinquante ans. — Nous copions dans un livre anglais l'affiche suivante laquelle ornait il n'y a pas longtemps encore la salle commune d'un hôtel à York (Angleterre).

« A partir du 18 avril 1703, les personnes qui désireraient faire le trajet de Londres à York, ou de York à Londres, sont priées de se rendre à l'hôtel du *Cygne noir*, dans Holburne à Londres, ou dans Coney-Street à York ; elles y trouveront une diligence qui part les lundi, mercredi et vendredi, et accomplit le voyage entier en QUATRE JOURS, *si Dieu le permet* ! »

Ce voyage qu'on faisait en quatre jours (si Dieu le permet), s'accomplit maintenant en huit heures.

Ceci nous remet en mémoire un fait plus curieux encore.

En 1663, La Fontaine, étant parti pour le Limousin, écrivait à sa femme deux jours après son départ de Paris : « J'ai tout à fait bonne opinion de notre voyage ; nous avons déjà fait trois lieues sans mauvais accidents, sinon que l'épée de M. Jennart s'est rompue. Présentement nous sommes à Clamart, au-dessous de cette fameuse colline où est situé Meudon ; là nous devons nous raffraîchir deux ou trois jours. »

Merveilleux produit du bananier. — En 1834, le colonel Colquhoun présenta à la Société des Arts de Londres, plusieurs échantillons de Bananes sèches, récoltées et préparées dans les plaines chaudes du Mexique. Ces fruits dataient déjà de deux ans, néanmoins on leur trouva une consistence convenable, ni trop molle ni trop sèche, et un goût sucré auquel se joignait une saveur particulière très-agréable, qui tenait à la fois de la datte et de la figue, sans aucune trace d'acidité. Ces fruits étaient complétement dépourvus de graines comme c'est le cas ordinaire des Bananes. Le reste de l'échantillon était oublié dans un magasin de Woolwich, quand dernièrement on eut l'idée de le soumettre à un nouvel examen.

Or, bien qu'ils fussent âgés de plus de vingt ans, on reconnut à ces vieux fruits exactement les qualités qu'ils avaient en 1834, à l'exception toutefois d'une plus grande sécheresse. Ils ne sont pas acides ; leur saveur est restée la même ; les mites ne les ont pas attaqués ; en un mot, ils sont encore très-sains, très-bons, supérieurs même aux quatre cinquièmes des dattes et des figues qui se vendent sur le marché de Londres.

Ce fait remarquable excita un vif intérêt parmi les négociants anglais toujours à la piste de ce qui peut leur procurer des profits. Nous le signalons à l'attention de nos colons. Il n'est pas douteux que des Bananes récoltées, desséchées et préparées dans nos Antilles, et surtout à la Guyane, trouveraient un facile débit dans toute l'Europe, et l'exubérante production de ces plantes partout où à une température constamment élevée se joint une certaine humidité, deviendrait une source de bénéfices considérables.

Aucune plante cultivée ne donne, en effet, pour la même surface de terrain, une quantité de substance alimentaire comparable à celle qu'on obtient du bananier ; on en jugera par les chiffres suivants :

Dans les régions chaudes de la Nouvelle-Grenade, par 27° 5 centigrades de température moyenne, on récolte à l'hectare, d'après M. de Humboldt, 184,800 kilog. de bananes ; par une température de 26°, 150,000 k., suivant M. Boussingault ; et par 22°, 64,000 k. suivant M. Goudot.

La Guyane, pays bas et située dans le voisinage de l'équateur, présente les conditions de culture les plus favorables, peut-être même supérieures à celles des localités les plus chaudes de la Nouvelle-Grenade.

La plante a savon. — On tente en ce moment aux environs de Vienne, en Autriche, la naturalisation de cette utile et remarquable plante. L'essai est fait au moyen de graines envoyées de Californie. — Qu'est-ce que la plante à savon direz-vous ? — C'est le *phalangium promeridianum*. — Qu'est-ce que le *phalan*.... — Un végétal qui vient sans culture en Californie, qui n'a pas plus d'un pied de haut, dont les feuilles paraissent à la mi-novembre, après la saison des pluies, et qui se fane au mois de mai.

Les ognons eux ne se fanent pas, et chacun de ces ognons contient une belle boule de savon dont l'odeur est celle du savon noir, et que les gens du pays préfèrent aux meilleures espèces envoyées de l'étranger. La manière de s'en servir est très-simple : on détache la boule de l'enveloppe, et on en frotte le linge, ce qui produit une mousse abondante.

N'est-ce pas que c'est simple ? n'est-ce pas que c'est commode ? et par combien de commodités du même genre l'inépuisable nature récompensera ceux qui se donneront la peine de chercher !

Cas extraordinaire d'aberration de la vue. — Un Monsieur J. V..., de Bruxelles, âgé de quarante ans, est tourmenté depuis quelque temps de mouches volantes qui l'inquiètent beaucoup. Dans le but de faciliter l'exploration des organes, quelques gouttes d'une solution d'extrait de Belladone sont instillées un soir dans les deux yeux.

M. V. passe un bonne nuit ; mais, à son réveil, il est très-étonné de voir les objets qui l'environnent sous un aspect tout nouveau. Le journal lui paraît composé en caractères microscopiques : il ne peut les déchiffrer qu'à grand' peine ; et grâce, se dit-il, à ce qu'il a toujours eu une vue excellente. Il sonne ; et sa servante, qui entre aussitôt, ne lui semble pas plus grande qu'une fille de dix ans. Il se lève, de plus en plus surpris : les vêtements qu'il saisit sont des vêtements d'enfant ; cependant il s'y introduit sans effort. Il descend dans la salle à manger ; et au lieu de sa femme et de ses enfants rangés autour de la table, il n'aperçoit qu'une naine et des poupées. Sa frayeur est au comble ; il s'empresse de courir chez son médecin, non sans se faire accompagner, tant ses embarras sont grands ; les chevaux qu'il rencontre ont la dimension de chiens : les chiens ont la taille de rats ; en un mot, tous les êtres qui l'entourent lui semblent appartenir au monde lilliputien, créé par l'auteur des voyages de Gulliver. Cependant les objets sont aussi clairs que de coutume : ni nuages, ni auréoles lumineuses ne les entourent ; les dimensions seules en sont amoindries.

L'examen de l'œil ne décela qu'une dilatation assez considérable de la pupille ; d'ailleurs rien d'anormal dans les autres parties de l'organe. Des lotions froides furent appliquées, et dès le lendemain, tout rentra dans l'ordre ; mais les mouches volantes persistèrent.

De quelques personnes odorantes en bien et en mal. — Un jeune homme de noble famille, de mœurs dissolues, avait contracté la maladie dont François Ier est mort. Il en guérit.

Quatre ans après, il devient éperdument amoureux et jaloux. Presqu'en même temps s'exhale de toute la surface de son corps une odeur fétide et nauseuse qui en fait pour tout le monde et pour lui-même un objet de dégoût.

Telle était la puanteur, qu'on ne pouvait ni la définir ni la comparer à aucune mauvaise odeur connue ; elle infectait tout ce que ce malheureux mettait sur lui, tout ce qu'il touchait, pénétrant son linge à tel point que ni la lessive, ni les lavages au chlorure de chaux ne pouvaient l'en débarrasser.

Les angoisses du malade obligé de vivre dans l'isolement, furent bientôt suivies d'une fièvre gastrique qui dura trois mois. Plus tard, une quantité innombrable de poux lui couvrirent tout le corps.... Hâtons-nous de dire que les soins du docteur italien qui rapporte le fait, M. Gamberini, lui rendirent complétement la santé, et pour dissiper cette mauvaise odeur, rappelons qu'on connaît quelques cas d'exhalaisons particulièrement agréables provenant de corps humains.

Par exemple, tout le monde tient de Plutarque et de Pline que la sueur d'Alexandre sentait fortement la violette, et que ses vêtements étaient tout remplis de cette délicieuse odeur comme s'ils eussent été parfumés.

Orteschi cite une jeune fille qui exhalait une odeur de vanille du dos de la main et des commissures des doigts. On cite un individu dont l'avant-bras gauche répandait une odeur suave; on ne dit pas laquelle. Auguste répandait de même une odeur toute particulière. Schmidt parle d'un homme dont les mains et les bras exhalaient une odeur de soufre parfois insupportable. Mais ici, je m'arrête, craignant de faire quelque découverte qui me ramènerait au sujet que je voulais faire oublier.

**Influence du moral sur le physique.** — L'observation très-authentique que je vais rapporter mérite d'être extraite des journaux de médecine, en ce qu'elle ajoute un trait touchant à cette mytérieuse histoire de l'influence du moral sur le physique.

Une petite paysanne italienne, Lucia Marini, âgée de dix ans, était depuis longtemps séparée de sa mère, malade à l'hôpital : plusieurs fois elle avait supplié qu'on la conduisît auprès de la malade. Dans un désir si respectable, ses parents ne virent qu'un caprice; ils refusèrent. La pauvre enfant allait fréquemment à l'église épancher sa douleur. Un jour, on la trouva au pied de l'autel, sanglottant et presque privée de connaissance. Bientôt après apparurent les symptômes d'une affection de l'axe cerebro-spinal, tels que délire, impossibilité de se tenir debout, etc..... On lui appliqua des sangsues à la tête et un séton à la nuque. Tous les symptômes disparurent, excepté la paraplégie; et pour qu'elle en fût traitée, on la fit entrer à l'hôpital.

A peine est-elle au lit, qu'elle demande en pleurant la permission de voir et d'embrasser sa mère. Emu de compassion au spectacle de cette douleur si vraie, le médecin ordonne que le désir de l'enfant soit satisfait. Un infirmier prend dans ses bras la petite paralysée, et la mène où son cœur l'appelle. Dès qu'elle aperçoit sa mère, la petite se jette à son cou; elle la couvre de baisers, veut savoir comment elle se porte, demande à l'entendre parler, et ne peut se rassasier de la voir et de la caresser.

Après quelque temps laissé à ces tendres épanchements, on invite Lucia Marini à quitter sa mère, assez gravement malade; et on se disposait à l'emporter, lorsque la chère enfant, se levant sur ses pieds, s'écria, en sautant de joie, qu'elle avait recouvré l'usage de ses jambes; et elle regagna en effet son lit sans aide, sans efforts, sans fatigue. A partir de ce moment, jusqu'à sa sortie, qui eut lieu au bout de dix jours, elle ne présenta aucune trace de maladies; et elle passait ses journées auprès de sa mère, la consolant, la soignant.

**Les nouveaux-nés peuvent vivre longtemps sans respirer.** — Dans une maison particulière, à A..., naquit, un jour, vers midi, un enfant qui ne donna aucun signe de vie. Diverses tentatives furent faites pendant plus d'une heure pour le ranimer, mais en vain. La peau avait pris une coloration bleuâtre, et la chaleur disparut peu à peu. On le regarda comme mort. Trois heures après, on le sortit du lit pour le mettre dans une autre chambre qui n'était pas chauffée.

On était au mois de janvier; il faisait très-froid. Vers le soir, on mit le cadavre supposé dans un cercueil : opération pendant laquelle un long clou déchira la peau de l'enfant mort-né. On ferma le cercueil. Les fenêtres restèrent ouvertes pendant toute la nuit.

Le jour suivant, vers onze heures du matin, et par conséquent vingt-trois heures après la naissance, M. le docteur Maschka, se trouvant par hasard dans la maison où ceci se passait, on le pria d'examiner l'enfant. Le corps était complétement froid, bleuâtre, les yeux et la bouche étaient fermés, les articulations des extrémités mobiles; aucun symptôme de rigidité et de taches cadavériques.

« Etonné de cette dernière circonstance, mais sans douter de la mort réelle de l'enfant, je posai le stéthoscope sur la région du cœur, dit M. Maschka, plutôt par complaisance que pour une autre raison. Quelle fut ma surprise! J'entendis, faiblement, à la vérité, et à de longs intervalles; mais j'entendis distinctement les bruits de cœur. Il était impossible d'apercevoir le choc du cœur contre la paroi thoracique ou de voir un mouvement quelconque dans l'espace intercostal correspondant. Aussitôt on reprit les tentatives pour ranimer l'enfant, mais tout fut inutile.»

A l'autopsie, les poumons, d'un rouge foncé, ne contenaient pas d'air; ils étaient plus lourds que l'eau. Cœur normal, contenant un peu de sang dans la moitié de la cavité gauche.

Cet enfant a-t-il vécu? Oui, puisque son cœur a battu. Il a vécu vingt-trois heures, mais il n'a pas respiré.

Les poumons ont fonctionné, au contraire, dans le cas suivant observé par le même médecin et rapporté par la *Gazette hebdomadaire de médecine*.

Vers quatre heures et demie de l'après-midi, une pauvre fille, une servante, âgée de 23 ans, fut subitement prise des douleurs de l'enfantement. Elle était seule. Appuyée contre un mur, elle opéra elle-même sa propre délivrance, et tout aussitôt perdit connaissance. Lorsqu'elle revint à elle, son enfant était par terre; une bêche renversée appuyait sur lui son tranchant; il était froid : elle le crut mort. L'enveloppant de son tablier, elle se rendit dans le jardin, creusa un fosse, y mit l'enfant la face tournée vers le fond, et le recouvrit de terre. Quelques heures plus tard, pressée de questions, effrayée, elle avouait tout.

A neuf heures et demie environ, l'enfant fut déterré. Il était froid, et paraissait totalement privé de vie. Néanmoins, une sage-femme l'emporta et lia le cordon. Pendant deux heures, le chirurgien fit tout ce qui était en son pouvoir pour ranimer l'enfant. Enfin, le petit être respira d'abord faiblement; puis, il poussa des cris. Confié à une nourrice, il prit avidement le sein. Le quatrième jour, des convulsions mirent fin à sa vie.

Il est donc désormais acquis que les nouveaux-nés peuvent vivre sans respirer, non seulement une demi-heure ou une heure au plus, comme on l'a cru jusqu'ici, mais pendant des heures entières, et au milieu des circonstances les plus défavorables. Le fait n'a pas moins d'intérêt pour la physiologie que pour la médecine légale.

*Le propriétaire, rédacteur-gérant :*
Victor Meunier.

PARIS. — IMP. J.-B. GROS, RUE DES NOYERS, 74

Première année. — N° 2. Quinze centimes. 14 janvier 1855.

# L'AMI DES SCIENCES

PAR

## VICTOR MEUNIER

ON S'ABONNE
à la Librairie AUGUSTE GOIN
41, quai des Grands-Augustins, 41.

Paraît le Dimanche.

PRIX DE L'ABONNEMENT POUR L'ANNÉE
PARIS, 6 FR. — DÉPARTEMENTS, 8 FR.
Envoyer un mandat de poste.



### AU LECTEUR.

Nous terminions notre introduction en disant que si le public se montre bienveillant pour notre œuvre, celle-ci s'efforcera de justifier les encouragements dont on lui aura fait l'avance, en travaillant sans relâche à son propre perfectionnement. L'indulgence des lecteurs ayant réalisé la condition requise, nous tenons parole de notre mieux. A titre d'améliorations réalisées, nous pouvons citer deux nouvelles séries d'articles, la SEMAINE SCIENTIFIQUE et les CAUSERIES, qui figurent dans le présent numéro et seront représentées dans tous les suivants. Celles que nous donnons aujourd'hui ne sont encore que des ébauches; les deux séries s'amélioreront comme le reste.

Le désir de les présenter dès ce jour au public nous contraint de renvoyer à huitaine le travail dans lequel nous nous proposons de jeter sur les sciences cette vue d'ensemble sans laquelle nous ne parviendrions pas à démêler le sens, la suite et l'unité des faits variés qui figureront dans ce recueil.

---

### GRANDEUR DE L'INDUSTRIE.

#### Locomotive sous-marine de M. Steele.

L'industrie n'est plus un métier. L'industrie est la science même ; la science active entreprenant une conquête bien autrement vaste que celles qui ont porté jusqu'à nous les noms des Alexandre et des César ; s'attaquant à des puissances devant lesquelles des nuées de barbares ne pèsent pas plus que le sable du désert devant la tempête. L'industrie est la science opérant la pacification générale de la nature et jetant les fondements de la monarchie universelle de l'homme sur le monde. Elle légitime, elle réalisera les conceptions les plus grandioses qu'ait inspirées le sentiment de la dignité humaine.

Cette soumission, que les penseurs du moyen âge prétendirent obtenir de la matière par des moyens magiques, l'industrie va l'obtenir aussi absolue qu'on la rêva jamais. Ce titre jusqu'à présent honoraire de roi de la terre, que les poètes inspirés ont de tout temps décerné à l'homme, elle le justifie en nous investissant à l'égard de la nature de fonctions vraiment royales. Nous comprenons maintenant pour quelle raison profonde les métiers ont été compris sous la dénomination générique d'arts. L'industrie, déjà confondue avec la science, entre manifestement dans une phase toute de poésie, elle se joue avec l'impossible, elle élève la réalité au rang de l'idéal, elle parle désormais autant à l'ardente imagination de l'artiste qu'à la raison calme du savant, et comme l'art, enfin, elle instruit en charmant.

Aussi, pensons-nous ne point manquer à la dignité de la science en accueillant ce rêve ou cette fantaisie industrielle dont il va être question. L'industrie a désormais autant à attendre de l'imagination que du calcul, et il est bon que des esprits intrépides marquent à l'avance le but qui devra être atteint. N'oublions pas, d'ailleurs, que beaucoup de choses devenues vulgaires semblèrent impossibles à nos ancêtres. Maintes conceptions taxées aujourd'hui de chimériques ne seront pas de taille à exciter l'étonnement de nos petits-neveux blasés sur elles, comme déjà nous sommes habitués à ces étourdissantes merveilles nées d'hier, les chemins de fer, le télégraphe électrique, la photographie et la machine à vapeur.

Il fut un temps où les Romains pensaient que c'était tenter le ciel et enfreindre sa défense que de s'abandonner aux hasards des mers; l'océan, disaient-ils, est une barrière jetée par la main divine entre les continents. Plus tard, dans cet imaginaire obstacle, on a vu une voie de communication plus directe et plus facile que celle qu'offrait alors la terre ferme. Maintenant, la surface de la mer est conquise au moyen des bateaux à vapeur; la cloche à plongeur en a rendu les profondeurs accessibles en partie; la télégraphie électrique et les tunnels sous-marins vont relier l'un à l'autre ses rivages opposés. Mais à peine une impossibilité est-elle vaincue, au moins en théorie, que l'Hercule moderne, l'industrie, s'attaque à une impossibilité nouvelle.

Il s'agit, en effet, d'annexer les mers aux possessions de l'homme d'une façon plus complète encore qu'on ne pourra le faire par les moyens qui précèdent : il s'agit de livrer à la circulation les vallées et les montagnes sous-marines. C'est un ingénieur anglais, M. Steele, qui pose le problème, et indique, en se jouant, les moyens de le résoudre. Voici comment :

M. Steele est inventeur d'une cloche à plongeur qui, selon lui, soustrait l'observateur aux pénibles sensations souvent causées par la pression de l'air dans les cloches ordinaires; de plus, cette cloche est ainsi disposée que de son intérieur on peut aisément converser avec les personnes qui sont au-dessus de l'eau.

Réduite à sa plus simple expression, la cloche de M. Steele se compose essentiellement de deux compartiments ou de deux chambres séparées par une cloison, dans laquelle se trouve pratiquée une fenêtre que ferme un verre assez épais pour résister à la pression.

L'un de ces compartiments est l'analogue exact de la cloche à plongeur ordinaire; il est comme elle, ouvert par le fond. Le second, au contraire, est fermé par en bas, et des tuyaux le mettent en communication directe avec l'air atmosphérique. L'un de ces tuyaux est un porte-voix à l'aide duquel une personne enfermée dans cette chambre peut correspondre avec le dehors.

Eh bien! dans ce second compartiment qui est très-grand,

M. Steele propose de placer une machine à vapeur, une locomotive dont les roues reposeraient sur le lit de la mer, et qui dans son mouvement emporterait la cloche à plongeur et les personnes qu'elle renfermerait.

Entraîné par ce véhicule nouveau, portant avec lui sa cargaison d'air respirable, l'homme pourrait vivre dans l'atmosphère liquide de son globe. C'est à l'aide d'un artifice semblable que le crabe voyageur et l'anabas parviennent à quitter leur élément habituel, celui-ci pour grimper sur les arbres, et celui-là pour accomplir de longs voyages terrestres. Grâce à ce nouveau moyen de locomotion, les possessions humaines se trouveraient accrues de toute l'étendue des mers, c'est-à-dire des trois quarts de la surface du globe. L'homme pourrait parcourir, en toute sécurité, les plaines que jamais son pied ne foula, gravir des Alpes et des Cordilières nouvelles, se frayer une voie au sein des forêts vierges de ce nouveau monde, forêts de roc et de chair formées par les coraux, les madrépores et des milliers de zoophites, étalant sous ses yeux éblouis leurs riches fleurs animées. Il s'initierait complétement à l'économie, aux lois, à l'histoire d'un monde encore inconnu. Un champ d'investigation immense, inexploré, une mine inépuisable de jouissances nouvelles s'ouvriraient devant lui.

Le voyageur verrait se jouer autour de lui d'innombrables populations de zoophytes, de mollusques, d'annelides, de poissons, de mammifères, et planer au-dessus de sa tête comme l'aigle et le gerfaut par de là les nuages, les squales et les cétacés immenses.

Embusqué dans d'épais buissons, le zoologue épierait les mœurs de ces êtres, dont il n'a eu jusqu'à ce jour que les dépouilles entre les mains; il assisterait à leurs amours, aux guerres acharnées qu'ils se livrent.

Le botaniste herboriserait sur le sol humide, le géologue attaquerait les roches sous-marines et le physicien établirait au fond des mers des observatoires nouveaux.

A l'affût derrière une roche ou un buisson, muni d'armes proportionnées à la résistance du milieu liquide, le chasseur attendrait le gibier que rabattraient ses chiens nageants; ou lançant en avant son cheval de vapeur, précédé de meutes de phoques, il ferait dans les plaines marines de grandes chasses à courre. Le recherche des cétacés passerait sous le patronage de saint Hubert.

Annexant définitivement à ses domaines le milieu où ils vivent, l'homme pourrait songer sérieusement à entreprendre la domestication des grandes espèces marines, et, de même qu'il a asservi le cheval, l'éléphant et le chameau, il attellerait à ses chars marins les rois de la mer, les cétacés, infatigables nageurs, qui feraient le tour du globe en deux semaines, comme dans l'autre atmosphère il attellera peut-être un jour à de légères machines ces puissants voiliers qui, tels que l'albatros, se jouent dans la tempête et marchent droit à l'orage.

Il pourrait alors organiser l'élève des espèces marines comestibles; des poissons, des crustacés et des mollusques; mettre en coupe réglée les forêts de coraux et se livrer à la récolte des perles précieuses.....

Mais notre auteur, bien qu'il paraisse un ferme croyant en matière d'industrie, se garde bien de commettre un tel rêve. A peine a-t-il fait sa proposition, que déjà il s'empresse d'ajouter qu'il ne l'a pas prise au sérieux, et que, possedât-il les trésors de Rothschild, il n'essayerait pas de construire une locomotive sous-marine. A notre sens, M. Steele va trop loin, et nous serions tentés de prendre sa défense contre lui-même.

Quoi qu'il en soit, j'y consens, proclamons que c'est-là une folie nouvelle à ajouter au long catalogue des folies humaines; folie digne de ce temps où, dans l'ombre d'un cloître, un moine d'une imagination déréglée, Roger Bacon, annonçait (il y a de cela 600 ans) qu'il « serait possible de tailler les verres et de les arranger de telle sorte qu'on pût lire à de grandes distances; de construire des machines propres à faire marcher les plus grands navires plus rapidement que ne le ferait toute une cargaison de rameurs; de faire marcher les voitures avec une vitesse incroyable sans le secours d'aucun animal, etc. » Mais avouons aussi que des conceptions du genre de celle dont nous venons de rendre compte trouveront toujours un écho dans les désirs unanimes du genre humain; désirs dans lesquels l'expérience nous autorise à reconnaître les promesses de Dieu. Qui de nous n'a suivi d'un œil d'envie l'oiseau planant dans la région des nuages, et ne s'est surpris rêvant aux mystères que recèlent les profondeurs de l'océan! Et quand tout atteste que l'homme est appelé au gouvernement du globe, pouvons-nous croire qu'alors que la terre ferme se sera soumise, les hautes régions de l'atmosphère et les profondeurs des mers, persévérant dans leur rébellion, seront à tout jamais soustraites à sa régie? Certes, le ballon et la cloche à plongeur n'eussent pas paru plus chimériques à l'antiquité que la locomotive sous-marine et la locomotive aérienne ne peuvent le paraître à ceux qui ne sont point convaincus encore que la puissance humaine n'a d'autres limites que l'impossible. Or, l'impossible en matière d'industrie n'est pas dans ce qui présente des obstacles actuellement insurmontables, mais dans ce qui est incontestablement contraire aux lois de la nature.

---

## La lune est-elle habitée?

Question agitée bien des fois, et qui vient d'être portée de nouveau devant l'Association britannique pour l'avancement des sciences, laquelle ne l'a pas résolue. Cette question se réduit à ceci : La lune a-t-elle une atmosphère? si elle n'a pas d'atmosphère, elle n'est pas habitable, du moins pour des êtres organisés comme nous le sommes. A-t-elle comme la terre une enveloppe d'air respirable, la vie a pu se développer à sa surface; les Sélénites rêvés par Hevelius sont possibles, et nous pouvons espérer de les voir; j'ajoute que s'il nous était donné de jouir jamais de cette vue, nous saurions bien trouver moyen d'entrer en communication avec les hommes de la lune, ce qui ne laisserait pas que d'être un événement tout aussi mémorable que la plupart de ceux dont on jase ici-bas.

Un astre de 860 lieues de diamètre, de 2,700 lieues de tour, où le jour et la nuit se succèdent sans amener jamais ni le sommeil ni le réveil d'aucune créature; dont les échos demeurent éternellement muets; sur lequel règne un silence auquel celui de la mort elle-même ne saurait être comparé, et qui, situé à environ 90,000 lieues de nous, n'aurait d'autre fonction que d'éclairer nos nuits et la remplirait si mal (cette observation est de Laplace); voilà une idée désagréable et que l'evidence des preuves pourra seule nous contraindre à admettre; tant que nous leur trouverons un point faible, nous les déclarerons suspectes. Et comment ne pas regretter que le spectacle magnifique dont on devrait jouir de la lune se joue à perpétuité devant une salle vide, devant un cadavre?

Nous nous faisons une idée si favorable de l'existence des Sélénites, que nous les plaindrions fort s'il nous était démontré qu'ils n'existent pas. Quel tableau que celui de la terre suspendue au zénith, s'offrant sous un diamètre treize fois plus grand que le diamètre apparent de la lune, répandant une lumière treize fois plus forte que celle-ci, tournant sur elle-même avec une vitesse de plus de 6 lieues par minute, et en 24 heures se montrant sous toutes ses faces à l'observateur qui distingue aisément à l'œil nu nos continents, nos mers, nos chaînes de montagnes, les glaces de nos pôles, nos déserts, nos forêts! Cependant, vient-il à se fatiguer de cette représentation grandiose, il n'a qu'à passer sur l'autre hémisphère (on sait que la lune nous présente toujours la même face). Chemin faisant sur ce globe, dont à l'aide d'un chemin de fer de ceinture on accomplirait le tour en moins de cinq jours, il rencontre les climats les plus variés, et en raison de la nature volcanique du sol, les points de vue les plus pittoresques se succèdent sans interruption sous ses yeux. Les jours et les nuits sont un peu longs, ayant environ quatorze fois vingt-quatre heures, mais la durée est relative, et sous ce rapport encore quelle variété, dans l'existence du Sélénite, suivant qu'il se trouve sur tel ou tel hémisphère.

Tandis que l'hémisphère auquel nous demeurons éternellement cachés reste plongé pendant quatorze de nos jours dans d'épaisses ténèbres, celui qui nous regarde voit l'obscurité de ses nuits dissipée par la splendide illumination de la terre. Pour peu que les Sélénites ne soient pas inaccessibles à ce naïf orgueil qui nous fit regarder notre globe comme le centre du monde, ils ne doivent pas douter que la terre ait été créée pour leur procurer une situation intermédiaire entre le jour solaire et l'épaisse nuit. Enfin, les transitions de température sont peut-être un peu brusques, mais on doit y être accoutumé et on prend ses précautions en conséquence. Comment donc se résigner à croire inhabitée une demeure dont on aimerait à faire la maison de campagne du genre humain? Jusqu'à présent on n'y a logé que des lunatiques.

Mais l'opinion qu'elle est inhabitée s'appuie sur des observations nombreuses et principalement sur celle-ci :

La lune passe devant une étoile et la cache à nos yeux : saisissons le moment où l'astre scintillant redeviendra visible. Les rayons qu'il nous envoie passeront alors très-près de notre satellite : si celui-ci a une atmosphère, les rayons, en la traversant, seront déviés de leur direction, ou, comme on dit, réfractés ; si la lune n'a pas d'atmosphère, la lumière qui vient de l'étoile continuera son chemin en ligne droite ; il n'y aura pas réfraction.

Eh bien! on n'observe pas de réfraction. Donc la lune n'a pas d'atmosphère, donc il n'y a à sa surface ni eau ni terre végétale, donc elle ne nourrit ni plantes, ni animaux, ni Sélénites.

Mais il y a, en Italie, un certain M. Pompolio de Cuppis. Dès que la nuit est venue, ce savant (c'en est un) enfourche un excellent télescope, et le voilà parti sinon pour le sabbat, du moins pour la lune; c'est sa passion. Nombreux sont les voyages qu'il a faits, et il prétend avoir de ses yeux vu l'atmosphère de la lune ; en d'autres termes, il aurait constaté la réfraction de rayons stellaires au moment où ceux-ci rasaient le bord de l'astre dont il s'agit.

Ne croyez pas, cependant, que M. Pompolio de Cuppis accuse d'erreur ceux qui n'ont vu rien de ce qu'il a observé ; l'amour-propre de personne n'est engagé dans la question.

Mais comment se peut-il qu'il n'y ait pas contradiction entre un oui et un non? Rien n'est plus simple, ainsi qu'on va le voir.

Menippé, à peine arrivé dans la lune, s'entend interpeller (c'est Lucien qui raconte le fait) par la déesse du lieu. Elle se plaint amèrement de l'impertinence des philosophes que Cybèle nourrit, lesquels ont la prétention de régler ses pas et démarches, et prennent sa mesure avec autant d'exactitude que s'ils voulaient lui faire un vêtement. Séléné aurait aujourd'hui bien d'autres sujets de plaintes! Personne n'ignore que nous connaissons beaucoup mieux la surface de la lune qu'un grand nombre de régions terrestres. On a décrit avec une précision admirable ses plaines, ses vallées, ses dépressions profondes décorées du nom de mer, ses montagnes et les rodigieux cratères, que Kepler prenait pour des enceintes fortifiées ; on leur a même donné des noms ; on a fait plus, on a mesuré avec une exactitude très-convenable la hauteur des montagnes, et les résultats auxquels on est arrivé, contestés par W. Herschel et maintenant hors de doute, sont de nature à causer quelque surprise.

En effet, sur ce globe, dont le diamètre n'est guère plus que le quart de celui de la terre, il y a des montagnes qui peuvent soutenir la comparaison avec ce que nous connaissons de mieux en ce genre ici-bas.

Telles sont les suivantes :

| | | |
|---|---|---|
| Dorfël, haut de | 7,603 | mètres. |
| Newton, | — 7,264 | — |
| Casatus, | — 6,966 | — |
| Curtius, | — 6,769 | — |

Mais voyez le contraste! La lune, si riche en pics gigantesques, n'aurait, d'après M. Pompolio de Cuppis, qu'une atmosphère d'une minceur extrême, et c'est précisément cette disproportion entre la hauteur de l'atmosphère et celle des montagnes qui expliquerait et ferait cesser le désaccord signalé entre les observations de l'astronome italien et celles de ses prédécesseurs.

La hauteur de l'atmosphère terrestre n'est pas encore parfaitement connue, mais elle est sans doute au moins de 10 à 12 lieues; or, celle de la lune serait tout au plus de 580 mètres, peut-être même descendrait-elle à 430 mètres.

Tandis que l'atmosphère terrestre dépasse de plusieurs lieues le sommet de nos pics les plus élevés, l'atmosphère lunaire serait au contraire dominée, et de très-haut, par les montagnes de ce globe, formant des îles escarpées au sein de l'océan aérien.

Si bizarre que cela paraisse, rien n'est moins impossible, et la lune ferait ici l'exacte contre-partie de Pallas, cette petite planète dont le diamètre n'est que de trente-deux lieues, et qui a cependant une atmosphère haute de huit cents kilomètres.

Quoi qu'il en soit, il n'en faut pas davantage pour expliquer comment un rayon de lumière qui vient à raser le bord de la lune peut, selon les cas, être ou ne pas être réfracté.

En effet, si le rayon rase le sommet d'une montagne, celle-ci dépassant la couche atmosphérique, le rayon n'est pas infléchi.

Si le rayon, au contraire, passe près du niveau général de la lune, à moins de 400 à 300 mètres de sa surface, il rencontre l'atmosphère et la traverse ; il est dévié.

Mais le premier cas doit se présenter beaucoup plus souvent que celui-ci, et voici pourquoi. La lune a été affreusement remuée, et si par la pensée on divise la circonférence qui nous fait face en 360 parties égales ou degrés, on trouve que 251 de ces degrés sont occupés par des montagnes, et 109 seulement par des plaines, des vallées et des dépressions plus ou moins profondes. De là résulte que le rayon qui frise le bord de la lune doit la rencontrer bien plus fréquemment en dehors qu'à l'intérieur de son atmosphère.

Non seulement les cas de non réfraction doivent être plus nombreux que les autres, mais encore la réfraction ne peut être jamais que très-faible, et c'est là une considération importante. Elle doit être faible parce qu'elle est proportionnelle à la densité du milieu, et que la densité de l'atmosphère étant elle-même proportionnelle à la pesanteur à la surface du globe qu'elle enveloppe, l'atmosphère lunaire, qui entoure un astre où la pesanteur est trente fois moindre que sur la terre, doit être trente fois plus rare que l'atmosphère terrestre.

Si les nouvelles expériences que doit tenter M. de Cuppis confirment celles qu'il a faites, il sera démontré que la lune est habitable. Il s'agira ensuite de savoir si elle est habitée, et c'est ce dont on ne tardera vraisemblablement pas à s'assurer.

Il y a sans doute fort peu de personnes qui en soient encore à penser que des globes innombrables qui peuplent l'univers, la terre est le seul habité ; mais la probabilité du contraire, quoique équivalente à une certitude, n'a pas, aux yeux du plus grand nombre, l'autorité d'une preuve expérimentale. La production de celle-ci ferait l'effet d'une révélation ; les intelligences en seraient révolutionnées ; c'est à peine si l'impulsion que l'esprit humain a reçue de la découverte de l'Amérique pourrait être mise en parallèle avec celle que lui imprimerait la découverte d'êtres vivants et intelligents sur un globe autre que celui-ci.

Nous pensons que, d'une manière ou d'une autre, une révélation de ce genre se produira. Quand nous voyons l'astronome scruter les forces, jusqu'ici inconnues, qui disposent en anneau ou en spirale ces amas de poussière lumineuse dont chaque atome est représenté par un soleil, et qui avaient résisté à la puissance décomposante du télescope d'Herschell, nous ne pouvons croire que l'homme demeure dans une perpétuelle ignorance de ce qui se passe dans les régions infiniment plus rapprochées de lui et sur des globes auxquels il ne peut se regarder comme tout à fait étranger. Groupés avec la terre, comme en un archipel flottant, autour d'un même soleil, et naviguant de concert à la recherche de destinées inconnues, ne forment-ils pas ensemble les diverses cités d'une seule république dont l'astre central et radieux est la capitale? Je tire du progrès de nos connaisssances en matière d'astronomie la confirmation de cette espérance.

Les astres ne nous ont été connus d'abord que par les lois mathématiques auxquelles ils obéissent; plus tard, nous avons acquis sur leur compte quelques notions physiques (Ex. : étude optique des enveloppes du soleil); nous leur avons emprunté des notions météorologiques (Ex. : les nuages de Jupiter, les glaces polaires de Mars); aujourd'hui, la minéralogie des espaces célestes a sa pierre d'attente dans les aérolithes, la géographie des astres a son premier chapitre dans les cartes de la lune: lord Rosse nous promet la géologie de notre satellite. Continuons cette progression; si la lune n'est pas déshéritée d'êtres vivants, l'astronomie aura un jour sa botanique et sa zoologie. Enfin, le développement de la vie a-t-il, sur ce globe comme sur le nôtre, son couronnement dans une espèce intelligente? A l'histoire naturelle de la lune viendra s'ajouter son anthropologie. Mais si les hommes de la terre et ceux de la lune deviennent visibles l'un pour l'autre, est-il vraisemblable qu'ils demeurent longtemps sans communiquer entre eux.

Laplace a calculé... Mais n'anticipons pas.

---

## Quelques cas de longévité humaine et ce qu'on en peut conclure.

J'ai relevé les faits suivants auxquels un livre publié par M. Flourens (1) donne de l'actualité.

Ponce Lepage, mort en 1760 dans le duché du Luxembourg, à l'âge de 121 ans; peu de temps avant de quitter cette vie, il cultivait son champ, et faisait à pied des trajets de six à sept lieues.

Eléonore Spicer, morte dans la Virginie en 1763, à l'âge de 121 ans. Elle conserva l'usage de ses sens jusqu'au dernier moment.

La dame Barnet, morte à Charlestown, en 1820, à l'âge de 123 ans. Elle se rappelait parfaitement les événements arrivés un siècle auparavant.

Grandez, mort en Languedoc en 1754, à 126 ans. Il était compagnon orfèvre, et travaillait encore dix à douze jours avant sa mort.

L'Anglais Jean Neuwell, mort en 1761, à l'âge de 127 ans, dans toute la plénitude de sa raison.

Un autre Anglais, Jean Bayles, marchand de moutons, mort en 1706, à l'âge de 130 ans. Pendant les dernières années de sa vie, il conduisait des troupeaux de moutons aux marchés du voisinage.

Marguerite Lawler, Anglaise, morte en 1739, à 135 ans. Peu de jours avant, elle allait à pied à une distance de trois à quatre milles, et revenait chez elle le même jour.

Joseph Barn, nègre, mort à la Jamaïque en 1808, à l'âge de 140 ans. Il fit jusqu'au dernier moment des courses de quatre milles.

Polotiman, chirurgien en Lorraine, mort en 1825, à l'âge de 140 ans. La veille de sa mort, il pratiqua l'opération du cancer avec beaucoup de dextérité.

Thomas Larr, mort à Londres, à l'âge de 152 ans, en 1635. Jusqu'à l'âge de 130 ans, il put se livrer à tous les travaux du cultivateur et même battre le blé.

(1) Sousce titre : *De la longévité humaine et de la quantité de vie sur le globe.*

Obst, villageoise en Silésie, morte en 1825, à l'âge de 155 ans. Elle avait travaillé aux champs la veille de sa mort.

Joseph Surrington, norwégien, mort en 1797, à l'âge de 160 ans. Il conserva jusqu'au dernier moment sa raison et ses sens.

Jean Bowin, né dans le Bannat de Temeswar, mort en 1740, à l'âge de 172 ans.

Enfin Pierre Zortan, compatriote du précédent, mort en 1724, à l'âge de 185 ans.

Pourquoi cité-je ces faits? A titre de curiosités? Mon but est plus sérieux, j'y vois des révélations. Voici mon principe :

*Toute qualité qui apparaît exceptionnellement en une espèce, est l'indication d'une règle nouvelle à laquelle cette espèce peut être soumise.*

Il y a des macrobites ou centenaires dans l'espèce humaine; donc la macrobie est compatible avec l'organisation humaine. La conséquence n'est pas forcée; et j'ajoute : la macrobie a une cause, et sa cause peut être déterminée. Or, posséder une cause c'est être maître de l'effet. En d'autres termes, on peut formuler les règles du régime qui produirait des centenaires; ce qui est l'exception peut devenir la règle.

Assurément lorsqu'on examine la vie de ces êtres jusqu'ici extraordinaires, il ne parait pas aisé de déterminer les causes du privilége dont ils ont joui. Ce privilége paraît en effet compatible avec tous les genres de vie, même avec ceux qu'on croirait devoir l'exclure, jugez-en :

Annibal Camoux, mort à 121 ans, et qui figure dans un tableau d'Horace Vernet, buvait beaucoup de vin et vivait d'aliments très-grossiers. Le chirurgien Polotiman, dont il a été question ci-dessus, n'a jamais passé un jour sans s'enivrer. La paysanne Obst, morte à 155 ans, buvait ordinairement deux verres d'eau-de-vie dans sa journée. En se pressant de conclure, on pourrait donc ériger l'ivrognerie en brevet de longue vie. Mais voici Eléonor Spicer, morte à 121 ans, qui n'a jamais bu de liqueur spiritueuse; Grandez, mort à 126 ans, n'avait jamais bu de vin; Jean-Effingham, mort à l'âge de 144 ans, ne connaissait les liqueurs que de vue. Ce contraste n'est pas le seul point obscur du sujet.

Denis Guignard, mort à 123 ans, habitait une caverne creusée dans le tuf; Drahakemberg, mort à 126 ans, avait été pris par des corsaires, et pendant quinze ans il avait supporté les souffrances d'une dure captivité. Jean Laffith, mort à 136 ans, avait pris, dès sa première jeunesse, l'habitude de se baigner deux à trois fois par semaine, et l'avait conservée jusqu'à la fin de sa vie; Jean Causeur, mort à 137 ans, faisait grand usage de lait; Jean d'Outrego, mort à 146 ans, se nourrissait de blé de Turquie et de choux; Thomas Parr, mort à 152 ans et 9 mois, ne mangea et ne but sa vie durant que du pain et du fromage, du lait, du petit et de la bierre; enfin Pierre Zortan, mort à 185 ans, vivait uniquement de légumes.

Tout cela est assez contradictoire, et je ne pense pas qu'on puisse aisément déduire des faits qui précèdent les règles d'un régime propre à nous doter d'une longévité patriarchale. Ce n'est pas là ce qu'il faut leur demander, et pour être muet sur ce point, l'enseignement qu'ils nous apportent n'en est pas moins précieux. Comme toutes les exceptions naturelles, ils ont, je le répète, le caractère de révélations. Ils nous révèlent en effet que la vie humaine peut être prolongée bien au-delà de ses limites ordinaires, et par là, nous invitent à des recherches dont, sans eux, l'idée n'eût pu se présenter à notre esprit sans que nous la rejetassions aussitôt. A nous maintenant de découvrir les causes et de conquérir les moyens. Quelques hommes s'en sont occupés; nous leur ferons écho.

S'il était vrai, comme nous n'en doutons pas, que l'art d'accoître la durée de la vie humaine dans de grandes proportions nous fût accessible, nous ne pourrions qu'applaudir au contraste de la longévité future avec la brièveté de l'existence dans le passé. Si courte que fût la vie de nos pères, elle leur suffisait pour faire une ample moisson de douleurs; si longue que puisse être la vie de nos fils, elle ne leur suffira jamais pour épuiser les nobles délices que l'avenir rémunérateur tient en réserve pour les hommes de bonne volonté.

Nous nous étions prononcé dans ce sens longtemps avant la publication du livre de M. Flourens. Ce livre ne nous est connu encore que par ce que l'auteur en a dit lui-même à l'Académie; et voici un extrait de ce qu'il en a dit :

« Quant à la *vieillesse*, je lui ouvre, du côté physique, de grandes espérances; un siècle de vie *normale*, et jusqu'à deux siècles de *vie extrême*; et du côté moral, une perspective qui n'est pas moins belle. Que d'heureux exemples des facultés les plus délicates et les plus nobles sans cesse perfectionnées : Fontenelle, Voltaire, Buffon, Bossuet !

« Mais, me dira-t-on peut-être, ce que vous nous citez là, ce sont des exceptions. Point du tout, ce ne sont pas des exceptions, ce sont des révélations. Ce qui est l'exception, c'est le talent, ce grand révélateur des forces secrètes et des trésors cachés de l'esprit humain. »

A part l'opposition contradictoire que M. Flourens établit entre ce qui est exception et ce qui est révélation, ce peu de lignes nous fait espérer que nous sommes pleinement d'accord avec lui sur cet intéressant sujet. C'est ce que nous vérifierons.

---

## L'hypnotisme.

*Observations curieuses sur le somnambulisme naturel et artificiel.*

A l'article sommeil de l'*Encyclopédie* d'anatomie et de physiologie (1) dont il a enrichi la science, M. le docteur Carpenter étudie la grave et obscure question du somnambulisme naturel et artificiel; l'auteur est un savant de haute distinction, l'ouvrage est des plus renommés chez nos voisins. Ces circonstances nous engagent à donner une analyse de l'article en question. Notre traduction sera très-libre, quoique très-fidèle; libre, en ce que nous condenserons le texte, et ne nous ferons point scrupule d'intervertir l'ordre des faits; mais nous respectons scrupuleusement les expressions de l'auteur. Si sommaire que soit notre travail, il offrira, croyons-nous, de l'intérêt. Pour plus de clareté nous le divisons en petits chapitres, et donnons un titre à chacun d'eux. Il nous paraît bon de commencer par un exemple, la définition (en tant que ces choses merveilleuses peuvent être définies) en sera plus aisément comprise.

*Observations remarquable de somnambulisme naturel.* — Elle est due au docteur James Gregory, et porte sur un officier qui faisait partie de l'expédition envoyée à Louisbourg en 1758. Cet officier avait l'habitude de jouer ses rêves, et en effet, on pouvait en diriger les cours en lui parlant à l'oreille. Aussi, ses compagnons d'armes et de voyage s'amusaient-ils perpétuellement à ses dépens. Une fois ils le conduisirent à travers toute une scène de querelle qui finissait par un duel; et quand les parties furent supposées au rendez-vous, on lui mit un pistolet à la main, il lâcha la détente, le bruit le réveilla. Une autre fois, le trouvant endormi sur un coffre, dans la cabine, ils lui firent croire qu'il était tombé par dessus bord, et l'exhortèrent à se sauver en nageant; aussitôt il imita les mouvements de la natation. Alors ses amis lui dirent qu'un requin le poursuivait, et ils le supplièrent de plonger pour échapper au péril. Il le fit à l'instant avec une telle force, qu'il se lança du haut du coffre sur le plancher, ce qui lui causa des contusions et le réveilla. Un jour, après le débarquement de l'armée à Louisbourg, on le trouva endormi dans sa tente, et paraissant très-ennuyé par la canonnade; on lui fit croire qu'il était au feu, sur quoi il exprima une grande crainte et une disposition évidente à s'enfuir. Là-dessus, ses amis lui firent des remontrances, mais ils accrurent sa crainte en imitant les gémissements des blessés et des mourants; et comme il demandait souvent qui était tombé, on lui nommait ses amis particuliers. Enfin ils lui dirent que l'homme qui, en ligne, était le plus près de lui, venait de tomber; aussitôt, il sauta en bas de son lit, s'élança hors de sa tente, et fut tiré du péril et du rêve en trébuchant sur les cordes des piquets.

*Caractères du somnambulisme.* — C'est une sorte de rêve en action. Dans le somnambulisme comme dans le rêve, la volonté est sans pouvoir sur la pensée (on vient d'en lire un exemple). Mais le premier état diffère du second sous plusieurs rapports :

1° La suite des pensées s'y laisse mieux diriger par les impressions venues du dehors : ce qui précède le prouve;

2° Le système musculaire est tout à fait dans la dépendance de l'esprit, de telle sorte que non seulement il exprime comme dans le rêve les émotions de l'âme, mais qu'encore, ce qui n'a pas lieu dans le rêve, il obéit à la volonté : l'observation ci-dessus le prouve encore;

3° Enfin, l'*activité mentale* est beaucoup plus grande dans le rêve que dans le somnambulisme, mais en échange le *raisonnement* peut acquérir chez le somnambule une clarté et une correction extraordinaires.

Ainsi, un mathématicien en état de somnambulisme résoudra un problème difficile, un orateur fera un discours parfaitement approprié à un sujet donné. Cette rectitude vient de ce que l'esprit se fixe sur un point à l'exclusion de tous les autres. Cette exclusion est un des traits les plus remarquables du somnambulisme; il entraîne cette conséquence : tant que l'attention demeure attachée à un objet quelconque, rien autre chose n'est *senti*; de là peut résulter d'une part une complète insensibilité à la souffrance corporelle, et d'autre part une opposition flagrante entre les résultats de l'expérience et les conséquences auxquelles viennent aboutir les raisonnements du somnambule. Mais qu'on lui rappelle ces résultats, aussitôt il reconnaît son erreur, et de même si on dirige son attention sur les organes des sens, l'anesthésie (l'insensibilité) fait immédiatement place à la sensibilité la plus vive.

*Etat intermédiaire entre le somnambulisme et le rêve.* — Le somnambulisme peut se transformer en rêve ordinaire. Ainsi le parler ordinaire dans le sommeil tient de l'un et de l'autre de ces deux états et sera rapporté au rêve ou au somnambulisme suivant la définition qu'on adoptera. L'officier dont l'histoire précède appartenait à cette classe intermédiaire, toutefois il était plus rapproché du somnambulisme que du rêve proprement dit.

*Phénomène de la double conscience.* — On exprime par ces mots : double conscience, la dualité d'existence du somnambule, lequel, en effet, semble mener deux vies parfaitement distinctes l'un de l'autre, ne se souvenant jamais dans celle-ci de ce qui l'a affecté dans celle-là et réciproquement. Mais bien que les deux modes d'existence alternent entre eux, toutes les impressions reçues dans chacun d'eux s'enchaînent et se continuent dans la mémoire du sujet. Nous citerons des exemples authentiques de ce remarquable état de l'âme.

*Exaltation remarquable de la sensibilité.* — M. Carpenter déclare en avoir observé des cas remarquables dans le somnambulisme provoqué par le procédé de M. Braid et que celui-ci nomme *hypnotisme*.

Nous avons eu la preuve incontestable, dit le docteur Carpenter, que l'*odorat* avait été porté à un degré d'acuité tel qu'il égalait, au moins, celui des animaux ruminants ou carnivores qui ont le meilleur nez; que l'*ouïe* était devenue également très-perçante, et que le *toucher* avait atteint, surtout par rapport à la température, un degré qui eût paru incroyable, si les phénomènes qu'il présentait n'avaient été en pleine concordance avec l'exaltation des autres sens.

M. Carpenter n'a pas constaté de modifications de ce genre dans la *vue*. Elle est, en effet, suspendue chez la plupart des somnambules, et il remarque, avec raison, que ceux qui prétendent posséder la faculté de lire ou de voir à travers des corps

(1) *Cyclopedia of anatomy and physiology.*

opaques, etc., rapportent ce pouvoir non pas à une acuité extraordinaire des organes visuels, mais au développement d'une faculté entièrement nouvelle, qui n'a pas besoin d'un instrument optique tel que l'œil. (*La fin au prochain numéro*).

## VARIÉTÉS.

UN CHIEN QUI PARLAIT. — En feuilletant un ancien recueil anglais, célèbre en son temps, le *Gentleman's magazine*, nous y avons trouvé l'histoire d'un chien qu'on faisait voir à Stockholm et qui prononçait fort bien un grand nombre de mots, voire même des phrases entières, tant en français qu'en suédois. Il criait *vive le roi* ! avec une grâce toute particulière. Mais le *Gentleman's magazine* ne fait pas autorité, tandis que Leibnitz a donné son grand nom en garantie du fait qui suit:

Nous en trouvons le récit dans le livre de Bingley (*animal biography*, t. 1. p. 230). Il cite à l'appui Shaw (*Gen. zool.*, vol. 1, p. 289) et déclare emprunter l'histoire à l'Académie des sciences de France. Il s'agit encore d'un chien qui parlait, que Leibnitz a vu et dont il a lui-même communiqué les hauts faits à l'Académie.

Ce chien était né à Zeitz. Entre autres mots, il disait fort distinctement, dans sa langue, thé, café, chocolat, etc. C'était un chien de taille moyenne, appartenant à un paysan saxon. Un enfant, le fils de ce paysan, crut remarquer que certains sons de la voix du chien avaient une vague ressemblance avec quelques mots. Aussitôt l'idée de lui apprendre à parler correctement entra dans sa tête germanique; il n'épargna ni son temps ni sa peine. Son élève avait trois ans quand il en commença l'éducation. Celui-ci parvint à prononcer *trente* mots. Il paraît cependant que c'était un écolier fort indocile, peu disposé à s'instruire, préférant le jeu à l'étude et se livrant à une pratique désordonnée de l'école buissonnière. La littérature lui pesait à tel point qu'il ne disait jamais un mot sans qu'au préalable on ne l'eût prononcé devant lui. Leibnitz (toujours d'après Bingley) déclare l'avoir entendu parler, et les académiciens français ajoutent qu'il n'a fallu rien moins que l'autorité d'un tel nom pour les engager à mentionner une chose si singulière. Nous le croyons aisément.

UN PRODUIT DE LA RESPIRATION. — Nous désirons qu'on voie dans ce qui suit un argument contre l'entassement des populations au sein des grandes villes.

Depuis que Lavoisier a comparé l'acte respiratoire à une combustion, il est deux points relatifs à cette importante fonction sur lesquels tous les auteurs s'accordent, savoir: 1° l'absorption d'une partie de l'oxygène atmosphérique; 2° l'exhalation de gaz acide carbonique et de vapeur d'eau. La même entente est loin de régner relativement à l'azote expiré.

Sous quelle forme est-il rejeté par les poumons? A l'état d'azote parfaitement pur, répondent Tréviranus et M. Collard de Martigny. MM. Viale et Latini ont mis en doute l'exactitude de la réponse. Selon les idées qu'ils se faisaient des phénomènes respiratoires, l'azote exhalé devait être à l'état d'ammoniaque. Ils ont entrepris de démontrer expérimentalement l'exactitude de leurs prévisions et la *Correspondenza scientifica in Roma* rend compte de leurs expériences.

Après s'être mis à l'abri de toute erreur, en s'assurant que l'air et l'eau dont ils se servaient ne contenaient point d'ammoniaque, les auteurs constatèrent facilement, disent-ils, la présence de l'ammoniaque dans l'air expiré. Ils trouvèrent de plus que cette ammoniaque est à l'état de sous-carbonate, et que, par conséquent, le poumon n'émet pas plus de gaz acide carbonique pur que d'azote pur.

L'ammoniaque résultant de la respiration serait en partie la source de celle qui se trouve dans l'air, et qui, dissoute par la pluie, retombe à la surface de la terre et la féconde. Or, les deux chimistes italiens ont calculé qu'un homme sain exhale par les poumons, en vingt-quatre heures, 0, 76 centigrammes d'ammoniaque; ce qui fait 278 grammes par an. Appliquant cette donnée à la ville de Rome, dont la population est de 160,000 habitants, ils trouvent que la ville éternelle répand annuellement dans l'air 44, 380 kilogrammes d'ammoniaque.

Si nous l'appliquons à Paris, nous comprendrons que M. Bossingault ait comparé cette grande ville, sous le rapport des exhalaisons, à un amas de fumier d'une étendue considérable.

Combien il serait avantageux pour l'agriculture et pour l'hygiène de disperser une bonne partie de ce fumierd ans la campagne où il manque!

CONCERTS ET CHANTEURS A TRÈS-HAUTES PRESSIONS. — Les effets puissants de l'orgue, l'ampleur et le volume qu'acquiert la voix humaine en passant par le cor ou le porte-voix, sont dus à la compression de l'air qui les traverse. Cette pression est cependant très-faible: un quart d'atmosphère tout au plus. Quels effets n'obtiendrait-on pas si on faisait marcher ces instruments à très-hautes pressions. « Que sera-ce, demande à ce sujet l'auteur de belles expériences sur l'air comprimé, M. Andraud, que sera-ce, lorsque nos récipients, avec leur poitrine de fer, soufflant à quarante atmosphères, feront vibrer de fortes lames d'acier ou de longues cordes métalliques, surtout si on combine la puissance de la percussion avec celle de la vibration soutenue! Certes, une des plus grandes surprises réservées à l'avenir, sera d'entendre le premier de ces concerts colosses qui domineront les cités, et dont nous pouvons nous former une idée par les roulements sublimes du tonnerre. »

L'avenir aura bien d'autres surprises, et parmi les plus grandes il faudrait citer d'infatigables et puissants chanteurs, des chanteurs à cinq atmosphères, doués d'un indestructible *ut* de poitrine, et même de plus encore.

C'est là une invention de M. Jobard: il est parvenu, dit-il, à imiter très-exactement la voix humaine... en fabricant de l'eau gazeuse. Laissons-le parler:

« Après avoir soutiré les cent bouteilles d'eau gazeuse d'un cylindre agitateur, nous laissions échapper les cent litres de gaz acide carbonique restant par les trois petits trous qui débouchent dans l'intérieur de la pièce conique, appelée *porte-bouchon*, de l'instrument à boucher les bouteilles.

« Ayant appliqué le medium à ces ouvertures par où le gaz s'échappait avec violence, l'extrémité de notre doigt, mise en vibration, fit entendre une voix humaine que nous faisions moduler à volonté et passer du grave à l'aigu, en relâchant ou en raidissant le doigt; puis, en appliquant l'autre main sur l'orifice supérieur évasé du porte-bouchon, nous faisions prononcer distinctement les voyelles *i*, *a*, *o*, *ou*; l'illusion et les cris étaient si forts que toute la maison vint au secours du malheureux qu'on nous croyait en train d'égorger. — Si le temps, et ce qui manque aux inventeurs ne nous eussent pas manqué, nous aurions aujourd'hui un chanteur mécanique à quatre ou cinq atmosphères, qui prononcerait toutes les paroles d'un opéra italien, français ou allemand. »

UNE VILLE CHAUFFÉE. — On assure que d'ingénieux spéculateurs américains se proposent de fonder aux États-Unis une ville dont les rues seront chauffées en dessous, de sorte que la neige fondra dès qu'elle aura touché le sol (sinon avant), que la pluie s'évaporera à l'instant même, que les habitants marcheront à pied sec et à pied chaud, et qu'enfin ils jouiront, même au cœur de l'hiver, d'une douce température. Le moyen est fort simple comme on va voir. Il consiste simplement à conduire la fumée de toutes les cheminées dans les égoûts, d'où elle se rendra, en se dépouillant de son calorique au profit des voûtes, vers une grande pyramide creuse, édifiée hors de la ville et dont la puissante aspiration sera excitée par une machine à vapeur, comme cela se pratique pour l'aération des mines de houille. Les égoûts seront nécessairement à fermetures hydrauliques, c'est-à-dire à tuyaux plongeant dans des cuvettes et n'ayant aucune communication avec l'atmosphère des rues. La ventilation des usines sera parfaite; les habitants, débarrassés des miasmes qui se développent sans cesse dans les lieux habités, jouiront d'une meilleure santé et vivront plus longtemps que ceux qui pataugent dans les cloaques des vieilles cités, etc., etc. On assure qu'avant cinq ans cette ville du Nord, à climat d'Italie, aura plus de 50,000 habitants, et que tous les phthisiques du Nouveau-Monde iront s'y fixer.

Si le fait n'est pas vrai, il n'est pas trop mal trouvé. Nous sommes loin de regarder ce projet comme étant en cours d'exécution ; mais il n'a rien d'impraticable ; cependant le problème d'hygiène et d'économie qu'on s'est proposé, est susceptible d'une bien meilleure solution. Nous causerons un jour de cela. Pour rendre à César ce qui est à César, disons, en terminant, que cette idée originale a été émise pour la première fois, si nous ne nous trompons, par M. Jobard.

COMMUNICATIONS ACOUSTIQUES A L'AIR LIBRE. — Tout le monde sait que l'électricité à laquelle on croyait d'abord nécessaire de donner un double guide dans les commissions télégraphiques dont on la charge, se passe maintenant de tuteur dans la moitié du trajet. Pénétrant dans le sol où elle semblait devoir se perdre, elle y trouve et suit merveilleusement son chemin. Eh bien ! les sons paraissent pouvoir se diriger tout aussi habilement à l'air libre. Personne n'ignore qu'un porte-voix de trois à quatre pieds de long s'entend parfaitement à une lieue, mais c'est d'une chose bien autrement merveilleuse qu'il s'agit ici.

Le célèbre docteur Arnott, raconte que pendant un voyage qu'il faisait d'Amérique en Europe, un jour, par une brise de terre, un matelot prétendit entendre le son des cloches. On était déjà à cent lieues du Nouveau-Monde; tout le monde de rire. Le docteur, lui, prend la chose au sérieux; il remarque que la voile est concave, se place à son foyer et..... il perçoit distinctement le son des cloches. En conséquence, il prend note du jour et de l'heure, et six mois après, étant de retour au Brésil, il va aux informations. Or, au jour et à l'heure de cette curieuse observation, il y avait eu en effet branle-bas général des cloches à Rio-Janerio; c'était la fête de la ville.

Ainsi, à l'air libre, le son s'était transmis à cent lieues de distance.

Un autre jour, le même physicien entendit à travers un lac qui a sept lieues de large, les cris de marchands d'huîtres et le bruit des rames.

Le docteur Arnott ne doute pas qu'on ne puisse ainsi, dans certaines circonstances, remplacer les télégraphes par le langage parlé. Tout l'appareil consisterait en une surface concave placée sur une éminence, à une extrémité de la ligne, et à quelques lieues de là, à l'autre extrémité, en un porte-voix parabolique dirigé vers cette surface. On recueillerait les sons en se plaçant au foyer de celle-ci.

HALLUCINATION VOLONTAIRE. — Dans son remarquable *Traité des hallucinations*, M. Brerre de Boismont raconte le fait que voici : « Hyacinthe Langlois, artiste distingué de la ville de Rouen, intimement lié avec Talma, nous a raconté que ce grand artiste, lorsqu'il entrait en scène, avait le pouvoir, par la force de sa volonté, de faire disparaître les vêtements de son brillant et nombreux auditoire, et de substituer aux personnages vivants autant de squelettes. Lorsque son imagination avait ainsi rempli la salle de ces singuliers spectateurs, l'émotion qu'il en éprouvait donnait à son jeu une telle force qu'il en résultait souvent les effets les plus saisissants. »

---

## LA SEMAINE SCIENTIFIQUE.

*Séance annuelle de l'Académie des sciences. — Eloge de Malus, par M. Arago. — Planètes télescopiques. — Inventaire du système solaire. — Procédé néoplastique de M. Rouy. — Conservation du lait ; M. Mabru. — De la coloration des eaux de la mer et de quelques miracles réduits à leur plus simple expression.*

L'Académie des sciences a tenu cette semaine sa séance annuelle, laquelle a consisté uniquement dans la proclamation des prix décernés et la lecture d'une notice de M. Arago sur la vie et les travaux de Malus, grand physicien, auquel on doit la découverte de la polarisation. M. Arago, a dit M. Elie de Beaumont, réunissait, dans les derniers temps de sa vie, les éléments de ce travail et il n'a fallu qu'assembler ses notes écrites au crayon pour voir apparaître une notice où se retrouvent toutes les qualités de l'illustre historien des sciences. Nous ne pensons pas que les auditeurs aient ratifié ce jugement; nous sommes convaincus, au contraire, que M. Arago n'eût jamais consenti à lire cette ébauche en présence du public d'élite que la première classe de l'Institut convoque à ses séances annuelles. Heureusement sa gloire littéraire est trop bien établie pour avoir rien à redouter de la rude épreuve que l'Académie, dans la pénurie où elle paraît être de travaux dignes du public des grands jours, lui a fait subir dans cette déplorable séance. Si les sentiments d'admiration que nous éprouvons pour lui n'étaient communs à tous les amis du progrès, nous serions sûrs de les inspirer à nos lecteurs en leur faisant prochainement connaître les volumes déjà publiés des *œuvres complètes* du véritable Arago. Ces volumes sont au nombre de cinq, parmi lesquels le premier de l'*astronomie populaire*.

— Le prix d'astronomie est partagé entre plusieurs célèbres dénicheurs d'astres, MM. Luther, Marth, Hind, Ferguson, Goldschmidt et Chacornac. L'académie récompense la découverte, par eux faite, de six planètes dans le cours de l'année dernière. Les nouvelles îles, relevées par ces navigateurs au sein du céleste archipel dont nous faisons partie et qui a sa capitale dans le soleil, ont pour noms, Bellone, Amphitrite, Uranie, Euphrosine, Pomone et Polymnie ; ce sont de jolis noms et qui sonnent plus agréablement que ceux dont les botanistes enrichissent leur science ; en voici des échantillons : Grateloupia, Rudbeckia, Bischofia !

Ces nouveaux astres appartiennent, comme tous ceux (sauf Neptune) qui ont été découverts depuis 1846, au groupe des planètes comprises entre Mars et Jupiter, et désignées sous les noms *d'asteroïdes*, de *planètes télescopiques*, *planètes ultra-zodiacales*. Nous en connaissons trente-trois pour le moment, ce qui porte à quarante et une le nombre des planètes de notre système. Que nous voilà loin du temps où Kepler cherchait à expliquer, au moyen des six solides géométriques réguliers, pourquoi il n'y avait que six planètes !

— Ajoutez le *soleil* autour duquel ces astres circulent et qui lui-même, loin de rester en place, paraît les entraîner, vers la constellation d'Hercule, avec une vitesse de 1,500,000 lieues par jour; les *satellites* ou lunes, en nombre encore indéterminé, qui accompagnent plusieurs planètes, et dont le plus remarquable est *l'anneau de Saturne;* les *comètes*, dont les unes ne sortent jamais de notre système, dont les autres le traversent périodiquement; une innombrable quantité de corps solides plus ou moins volumineux, qui paraissent former une zone immense autour de l'astre central et dont quelques-uns, tombant sur la terre quand elle passe dans le voisinage de cette zone, produisent les *aérolites* et les *étoiles filantes;* la *lumière zodiacale*, dont la nature demeure encore inconnue; enfin une substance gazeuse très-rare, *l'éther*, qui remplit les espaces célestes, et dont l'existence semble prouvée par les changements qu'on observe à chaque retour périodique dans l'orbite de la comète d'Encke (dite à courte période); vous aurez l'inventaire complet de notre mobilier planétaire, jusqu'à plus ample informé toutefois, car cet insignifiant coin du ciel que nous habitons n'est pas mieux connu que la terre.

— Un prix de 2,500 fr. que tout le monde trouvera bien mérité est decerné à M. Pierre-Aimé Rouy, armurier, pour l'invention de son *procédé néoplastique* lequel consiste à substituer la fécule de pomme de terre à la poudre de charbon, dans la préparation des moules de terre destinés à recevoir le cuivre, le bronze et la fonte liquifiés. La poussière que répand le charbon quand on secoue sur les moules le sachet qui le contient, a les inconvénients les plus graves; en s'introduisant dans les poumons, elle détermine la toux, l'asthme, et peut même causer la mort ; la fécule est exempte de ces inconvénients parce qu'elle tombe du sachet sans se répandre dans l'atmosphère.

— Un encouragement de 1,500 fr. à M. Mabru qui conserve le lait pendant des mois entiers sans addition d'aucun corps étranger et sans faire évaporer le partie aqueuse ; en le préservant simplement du contact de l'air. M. Mabru chauffe au bain-marie du lait contenu dans un vase de fer blanc, garni d'un tube de plomb, jusqu'à ce que tout l'air soit expulsé ; puis il comprime le tube et en soude l'orifice ainsi aplati ; rien n'est plus simple.

Un grand nombre de prix relatifs à la physiologie, à la chirurgie et à la médecine ont été décernés. Nous reviendrons sur les plus intéressants.

— Après MM. Montagne, Ehrenberg, Evenor Dupont et beaucoup d'autres, M. Camille Dareste recherche dans un excellent mémoire les causes de la coloration des eaux de certaines mers, et comme ses prédécesseurs il réduit à des proportions fort simples ces faits si longtemps réputés miraculeux.

Il y a deux ans à peu près, M. Montagne était dans un château près de Rouen, lorsque les domestiques, très-étonnés, sinon même effrayés de ce qu'ils venaient de voir, apportèrent la moitié d'une volaille rôtie de la veille, laquelle était absolument couverte de sang, ou tout au moins d'une substance quasi-gélatineuse d'un rouge de carmin, et ayant tout à fait l'aspect du sang artériel. Un melon entamé, des choux-fleurs cuits présentèrent le même et sinistre aspect. Trois jours après le terrible phénomène se reproduisit sur une cuisse de poulet. Etait-ce miracle? était-ce malifice?

M. Montagne, hélas! ne se posa même pas la question. Son unique souci fut de se procurer un microscope, et dès qu'il en eût un, il vit... un petit parasite qu'on n'étudie bien qu'à l'aide d'un grossissement d'au moins huit cents fois. Est-ce un animalcule ou un champignon? entre les deux, le naturaliste balança ; dans tout les cas, c'est un être vivant qui n'a de prodigieux que sa petitesse, laquelle est telle, qu'on en peut mettre sept cents côte à côte dans la longueur d'un millimètre.

Il n'est pas besoin d'une grande érudition pour savoir que bien des fois, avant l'invention du microscope, des taches d'un liquide rouge analogue au sang se sont montrées sur des substances alimentaires, sur des hosties même (le parasite envahit surtout les pâtes), et que dans ces faits on a vu selon les cas, soit les preuves matérielles d'un crime, soit l'effet d'un maléfice ou d'un miracle. Voilà un petit être qui a fait plus de bruit et de mal qu'il n'est gros. Nous sommes prévenus maintenant! et s'il arrivait que des gouttelettes *sanguinifomes* apparussent subitement dans un église sur un tableau représentant la passion du Christ, et à la place même où l'artiste aurait figuré les plaies du Sauveur, il ne faudrait pas se hâter de crier au surnaturel ; il faudrait faire d'abord venir un micrographe ou un chimiste.

Un curé de Saint-Eustache ne rencontrait jamais, sans le saluer profondément, un certain savant en *us* connu dans son quartier sous le sobriquet de *dénicheur de saints*. M. Montagne fait tout ce qu'il faut pour s'attirer de semblables prévenances, et il se conduit comme s'il voulait mériter le titre de *dénicheur de miracles*. Je ne dis pas que telle est son intention, je dis que telle est la fatalité ! Ainsi, c'est encore à l'aide de cryptogames et d'animalcules qu'il explique l'une des plaies d'Égypte dont parlent les livres saints, et qui consista dans la transformation des eaux en sang. Des transformations analogues ont été si souvent observées soit sur mer, soit dans les eaux douces, qu'il n'y a guère moyen de mettre l'explication en doute. Chaque fois qu'il ne s'est point trouvé là de naturalistes, il y a eu miracle ; mais, dans tous les autres cas, il n'y a jamais eu qu'une algue ou un animalcule.

Il n'est question aussi que d'algues et d'animalcules dans le nouveau mémoire de M. Dareste. Un des résultats les plus intéressants de son travail, c'est que dans la plupart des cas, la coloration des eaux de la mer se reproduit périodiquement à certaines époques de l'année.

## CAUSERIES

⁂ M. Tom Richard a publié une savante *note, sur la possibilité de démontrer le mouvement de rotation de la terre par les phénomènes que la force centrifuge produit à sa surface* ; et cette note n'a qu'un tort, celui de prouver une fois de plus ce qui n'a pas besoin de preuves.

L'auteur faisait naguère au Conservatoire des arts et métiers, un excellent cours sur le *calcul des machines*. Il ne le fait plus, pourquoi? laissons-le répondre :

« Je dois, dit-il, à la vieille amitié de M. le général d'artillerie, A. Morin, directeur du Conservatoire, d'avoir vu briser ma carrière et brusquement fermer le cours que j'avais préparé par de longues et consciencieuses études. Le motif avoué de cette généreuse mesure envers un émule, n'est autre que mon refus (très-formel, je le proclame), de sacrifier le nombre exorbitant de CINQ à SIX leçons aux appareils dynamométriques que ce savant militaire a perfectionnés, etc. »

⁂ Le nom du célèbre général me rappelle un fait, qui toujours se présente à mon souvenir, quand je vois un inventeur solliciter le jugement de l'Académie des sciences, en faveur de sa découverte, et fonder sur ce jugement tant désiré des espérances de gloire et de fortune. Le coton-poudre venait d'être inventé et on ne s'occupait pas d'autre chose ; MM. Piobert et Morin, alors colonels et colonels d'artillerie, hommes compétents! durent nécessairement intervenir ; or, voici en quels termes le spirituel et savant auteur de l'*Histoire des principales découvertes scientifiques modernes*, M. Louis Figuier, rend compte du rôle que les savants officiers jouèrent à cette occasion :

» Le colonel Piobert et le colonel Morin qui représentent à l'Institut l'artillerie savante, arrivaient tous les lundis à l'Académie, avec les notes les plus accablantes sur cette innocente invention, qui n'avait eu d'autre tort que de naître et de grandir loin de la sphère de l'administration officielle. Ils gourmandaient l'ignorance et la crédulité du public, ils nous renvoyaient dédaigneusement aux vieilles expériences de Réaumur et de Rumfort. Enfin ils faisaient eux-mêmes des essais avec des produits mal préparés, et apportaient à l'Académie leurs résultats négatifs avec un très-visible sentiment de bonheur. Je n'ai jamais bien compris quel genre de satisfaction ces messieurs pouvaient ressentir alors. Les *comptes-rendus de l'Académie* ont même imprimé une note précieuse sous ce rapport, et que je recommande d'une manière spéciale à l'auteur futur du livre qui reste à faire sur les *encouragements accordés aux découvertes* nouvelles. »

Et M. Figuier cite cette remarquable note dans laquelle MM. Morin et Piobert *prouvent expérimentalement* que le coton-poudre n'a aucune force expansive, que les gaz s'échappent par la lumière et par le vent du projectile sans le déplacer, etc...

⁂ Je louais devant un prêtre le livre dont M. Jean Reynaud vient d'enrichir la langue française et la philosophie (1), livre dont l'idée fondamentale, depuis longtemps la nôtre, est, qu'après cette existence terrestre, notre vie se continuera à perpétuité sur les astres sans nombre dont les espaces infinis du ciel sont peuplés. — Ce ne sont que des hypothèses! s'écria le prêtre. — Hypothèses soit, répondis-je, et le mouvement de la terre en est une autre.

Ce sont des hypothèses en effet, mais des hypothèses nécessaires, aussi certaines que l'évidence.

(1) *Terre et ciel.*

*Le propriétaire, rédacteur-gérant :*
VICTOR MEUNIER.

PARIS. — IMP. J.-B. GROS, RUE DES NOYERS, 74

Première année. — N° 3. Quinze centimes. 21 janvier 1855.

# L'AMI DES SCIENCES

PAR

## VICTOR MEUNIER

ON S'ABONNE
à la Librairie AUGUSTE GOIN
41, quai des Grands-Augustins, 41.

Parait le Dimanche.

PRIX DE L'ABONNEMENT POUR L'ANNÉE
PARIS, 6 FR. — DÉPARTEMENTS, 8 FR.
Envoyer un mandat de poste.



### Une découverte zoologique.

Nous fumes le premier à célébrer, il y a de cela quelques mois, une découverte fort inattendue qu'un naturaliste célèbre, M. Agassiz, portait, par l'intermédiaire du journal américain de Silliman, à la connaissance des zoologistes. L'annonce en excita beaucoup d'incrédulité. Un de nos confrères donna même à entendre que nous nous étions laissé mystifier. Maintenant le doute n'est plus permis. Une nouvelle communication de M. Agassiz, insérée comme la précédente dans le *Silliman's journal*, a confirmé de tous points le contenu de la première, et nous pouvons, sans hésitation, enrichir *l'Ami des sciences* d'un des plus curieux chapitres de l'histoire naturelle.

On sait qu'après avoir longtemps figuré parmi les illustrations scientifiques de l'ancien monde, M. Agassiz est allé porter sa gloire en Amérique. La chaire de zoologie et de géologie à l'institut de Lawrence à Cambridge (Massachussets) est occupée par lui, et c'est là qu'il reçut une lettre d'un californien, M. A. C. Jackson, dont les ichthyologistes, s'ils ne sont pas ingrats, ne devront désormais prononcer le nom qu'avec reconnaissance. Ce M. Jackson n'est cependant pas un naturaliste : c'est simplement un grand amateur de pêche à la ligne. Or, il annonçait qu'ayant pris dans la baie de San-Salita deux poissons d'une même et nouvelle espèce, l'un mâle, l'autre femelle, il avait trouvé dans le corps de cette femelle plusieurs petits poissons pleins de vie au moment de la capture ; la parfaite ressemblance du contenant avec le contenu ne permettait pas de douter que les petits ne fussent la progéniture du gros. Voilà donc des poissons vivipares ! Un dessin accompagnait la lettre, et M. Agassiz reconnut tout de suite que si l'animal existait, il appartenait à une famille voisine de celle des perches.

Mais existe-t-il vraiment des poissons assez oublieux des règles de la hiérarchie animale enregistrées dans tous les traités de zoologie, pour affecter, en une circonstance de telle importance, ces allures de mammifère que les oiseaux eux-mêmes, malgré leur rang, ne se permettent jamais ? « *I suspected some mistake*, » dit M. Agassiz, « je craignais une méprise, » dit-il poliment, et il pria M. Jackson de lui donner de nouveaux renseignements, et même (si ce n'était pas abuser de sa complaisance) de vouloir bien envoyer un ou plusieurs de ces poissons véhémentement soupçonnés d'être des oiseaux palmipèdes de la famille des *anatidæ* (1).

(1) Canards, vulgairement.

M. Jackson envoya tout de suite les renseignements demandés, et voici, en abrégé, la réponse qu'il fit à son illustre correspondant.

Je pense, disait-il, que ce poisson est assez rare, même dans la baie de San-Salita ; car, avant de prendre ceux dont je vous ai parlé, j'avais pêché quatre fois dans cette baie, sans rencontrer rien de pareil. J'y prenais, au contraire, beaucoup d'autres poissons, des perches par exemple. Le 7 juin 1852, désirant manger du poisson à mon déjeuner, je jetai de nouveau ma ligne dans les eaux du San-Salita ; un crabe servait d'appât. Le temps était peu favorable, il ventait très-fort. Or, le premier et le second poisson que j'amenai furent précisément le mâle et la femelle qui font l'objet de cette lettre ; leur vivacité était telle que ma faible ligne à truite courut un grand danger.

Je parvins cependant à m'en rendre maître. Pendant la demi-heure qui suivit, je ne pris rien, ce qui me décida à changer d'appât. J'eus l'idée d'amorcer avec un fragment des poissons déjà pris ; en conséquence, j'incisai le ventre du plus gros : jugez de ma surprise quand, par l'ouverture, je vis sortir un *petit poisson vivant* ! Je supposai naturellement que ce petit avait été avalé par le gros auquel je n'avais pas donné le temps de digérer sa proie ; mais ayant ouvert le ventre plus largement, je trouvai le long du dos un long sac violet et transparent, et à travers ses parois j'aperçus une multitude de petits poissons exactement semblables pour la forme et la couleur à celui auquel j'avais donné le jour. Le sac en était rempli : j'en comptai dix-huit, ce qui faisait dix-neuf avec celui qui était déjà dehors.

Je les mis tous dans un seau d'eau, et ils nagèrent avec autant de gaîté et de vivacité que s'ils n'eussent fait autre chose depuis un mois. Non seulement ils se ressemblaient tous, mais ils ressemblaient tellement à celle qui leur avait servi de demeure qu'on ne peut douter qu'il ne lui fussent liés par les liens de la plus intime parenté. Chacun d'eux était comme la miniature de celle-ci ; seulement, leur coloration était moins foncée, et aussi ils étaient proportionnellement moins gros que leur mère dans la partie moyenne du corps, ce qui s'explique probablement par l'état de grossesse de cette dernière (*probably owing to her pregnancy*). Quant au mâle, il est plus mince, plus allongé que la femelle.

Telle fut la réponse de M. Jackson, bientôt suivie de l'envoi de plusieurs spécimens des curieux habitants de la baie de San-Salita, dont l'examen confirma de tous points les récits du véridique californien. M. Agassiz a reconnu deux espèces distinctes ; deux espèces d'un genre nouveau, bien entendu, qui forment le noyau d'une famille nouvelle. Le nom du genre tiré du mode de reproduction est *Embiotoca* ; quant au nom de famille, *Embiotoca* étant donné, Embiotocoïdæ se présente naturellement.

Les Embiotocoïdés ont à l'extérieur l'apparence des grandes espèces de sparoïdes. Leur corps est comprimé, ovale, couvert d'écailles de grandeur moyenne ; ces écailles sont cycloïdes.....

Mais je n'ai pas envie de prendre les Embiotocoïdæ au daguerréotype; personne ne m'en saurait gré. Passons donc tout de suite aux traits exceptionnels qui valent à ces illustrations ichthyologiques l'honneur d'être présentées à nos lecteurs.

M. Agassiz reconnaît pour fidèle la description que M. Jackson a donnée de ce sac dans lequel sont contenus les jeunes poissons. On voit à sa surface de grandes ramifications vasculaires. Il est subdivisé à l'intérieur en poches distinctes, s'ouvrant par de larges fentes dans sa partie inférieure. Ce sac paraît n'être autre chose que l'extrémité inférieure élargie de l'ovaire, et les poches sont probablement formées par les plis de l'ovaire lui-même.

Dans chacune des poches un petit est enveloppé ou plutôt emmailloté comme dans une espèce de drap. Tous sont empaquetés de la même manière et placés tête-bêche, de manière à économiser l'espace. C'est donc un cas de grossesse ovarienne normale; nouvel exemple de la conformité de la tératologie et de la zoologie! Quant à l'ouverture externe de cet appareil, elle est située derrière celle du canal digestif, au sommet et au centre d'une protubérance conique formée par un puissant sphincter, tenu en place par deux forts muscles transversaux attachés aux parois abdominales.

Dans un individu qui avait dix pouces et demi de long et quatre et demi de haut, les petits avaient près de trois pouces de long et un pouce de haut, et un autre, de huit pouces sur trois quarts, contenait des petits de deux pouces trois quarts sur sept huitièmes de pouce. — Ces dimensions considérables des petits firent penser à M. Agassiz, que peut-être ils entraient dans le sac comme dans un nid et en sortaient à volonté à la manière des jeunes didelphes; mais, d'après la position qu'ils occupent dans la poche, et l'état de contraction du sphincter, il paraît qu'il n'en peut être ainsi; les petits, dont M. Jackson avait admiré la vivacité lorsqu'il les mit dans un baquet d'eau salée, nageaient donc alors pour la première fois. Cependant on ne peut guère douter que l'eau ne pénètre dans le sac marsupial, car les petits ont les ouïes tout à fait développées. La taille qu'ils acquièrent à leur naissance fait exception à tout ce qu'on sait des espèces vivipares. L'étude embryogénique des embiotocoïdés ne manquera donc pas d'offrir un grand intérêt.

Cette trouvaille nous avertit de ne point apprécier trop haut la valeur de nos connaissances; elle nous invite à nous méfier de cette tendance à croire la nature bornée à ce que nous en connaissons. Et surtout n'allons pas imaginer que cette nouvelle surprise épuise la série de celles que l'étude de l'histoire naturelle pouvait nous procurer.

On a dit avec raison que la simple description des faits ne constitue plus aujourd'hui comme dans l'enfance de la science, la principale besogne des naturalistes, celle des zoologistes en particulier; qu'ils doivent viser à un but plus digne de l'âge d'adolescence auquel leur belle spécialité est parvenue, et qu'enfin la recherche des rapports et des lois, en d'autres termes l'étude des analogies et des harmonies individuelles et générales, formera dorénavant l'objet particulier de leurs méditations. Nous sommes tout à fait de cet avis, nous allons même plus loin que les auteurs de ces excellentes paroles, et nous disons qu'il s'agit maintenant de la détermination des causes; j'entends des causes secondes.

En THÉORIE, *déterminer le pourquoi et le comment des choses;* en PRATIQUE, *créer des formes nouvelles et de nouvelles harmonies;* telle est la fonction sociale des sciences naturelles.

Voilà notre formule (sans garantie de l'académie); en conséquence nous soutenons contre les autorités les plus imposantes que la zoologie qui jusqu'ici n'a été qu'une science d'observation et pendant longtemps n'eût pu être autre chose, doit devenir une science expérimentale.

C'est à cette condition seulement qu'elle deviendra à la fois philosophique et pratique. La transformation que je lui prédis en ce moment est celle que les chimistes et les physiciens font subir à la minéralogie arrêtée avant qu'ils en prissent la direction au point où stationne en ce moment la science des animaux; j'ai en vue les travaux de Beudant et d'Ebelmen, ceux de MM. de Senarmont, Despretz, etc...

Néanmoins, je le répète, gardons-nous de regarder la phase de description comme close, et de supposer que les sciences biologiques ne puissent plus s'enrichir de la découverte de nouveaux types d'organisation. Comptons au contraire sur l'inconnu. Qui se doutait, il y a un demi-siècle, de l'extension qu'allait prendre l'étude de ces débris d'êtres organisés, imparfaites ébauches selon les uns, et suivant les autres, caprices de la nature, qu'on rencontrait accidentellement, tantôt dans les carrières, et d'autres fois à la surface du sol? et qu'il s'en faut aujourd'hui encore que la paléontologie soit complète! Que savons-nous du contenu des couches terrestres que recouvre l'immense étendue des mers? Combien est étroit le lambeau de terre ferme qui a été exploré! Les puits de mines les plus profonds, ceux de Guanaxuato au Mexique, ne descendent pas au-delà de dix-huit cents pieds, et le rayon du globe est de quinze cents lieues. Et dans la nature vivante, quelles riches moissons sans doute sont réservées au zèle des explorateurs futurs!

Pense-t-on que ni l'Asie, ni l'Afrique, ni l'Océanie, si peu connues encore, n'aient plus de mystères pour les zoologistes et les botanistes, et qu'à nul ne soit désormais réservé l'honneur de faire quelque découverte dont un naturaliste illustre puisse dire ce que Cuvier disait du Polyptère (découvert par Geoffroy-Saint-Hilaire), que ce poisson valait à lui seul le voyage d'Égypte? Croit-on que ces mers, qui dérobent à nos regards les trois quarts de la surface du sol, n'aient plus rien de précieux et de complétement neuf à nous apprendre?

Nous avons fait maintenant assez de progrès pour avoir conscience de notre ignorance, et ne pas craindre d'affirmer, de tant de lacunes qui se remarquent en nos systèmes, qu'elles ne sont pas du fait de la nature, et qu'elles viennent uniquement de l'imperfection de notre savoir, de sorte que l'étude les comblera un jour.

## Communications acoustiques. — Trois cents lieues à l'heure.

Il existe depuis longtemps en Angleterre, en Russie et ailleurs, nombre d'hôtels et d'ateliers où le maître peut, sans sortir de son cabinet, transmettre des ordres *verbaux* à tous les étages et dans toutes les parties de l'établissement. On devine que ce résultat s'obtient au moyen de tubes acoustiques. La propriété dont ils sont doués de transmettre le son à certaines distances, a été connue de toute antiquité; c'est évidemment au moyen de conduits pareils que Denis le tyran entendait de son lit les propos et les plaintes des malheureux qui gémissaient dans ses cachots, et que les juges du Saint-Office écoutaient de loin les aveux qu'une voix brisée par la torture murmurait aux oreilles du confesseur. Mais c'est de nos jours seulement qu'on a eu l'idée de mettre en communication par un tel moyen, des points séparés par des distances considérables, par exemple des villes éloignées de plusieurs lieues, et la chose reste la même à réaliser.

Le son fait, comme on sait, 340 mètres par seconde. Comparé à l'électricité, c'est un pas de tortue auprès du galop d'une locomotive. Cependant, toute désavantageuse que soit la comparaison, le son est assez bon marcheur pour faire 306 lieues à l'heure, 7,344 lieues en un jour, et pour achever le tour du monde en moins de trente heures.

Si donc le son pouvait être transmis à toute distance et sans s'altérer dans des tuyaux cylindriques, on voit que, fût-on obligé d'établir sur de grandes lignes de nombreuses stations intermédiaires, il offrirait un moyen de correspondance qui, dans certains cas et même en présence des télégraphes électriques, ne serait pas à dédaigner. On pourrait d'ailleurs l'établir à peu de frais ; on fait en Angleterre des tuyaux de fer de tout diamètre, de vingt à vingt-cinq pieds de long, qui reviennent moins cher que ceux de plomb.

Or, non seulement les tubes propagent très-bien le son, mais ils en accroissent la puissance. D'après M. Bouvard, un coup de pistolet, tiré à l'une des extrémités d'un tube, fait entendre à l'autre extrémité le bruit du canon. M. Jobard a reconnu que le mouvement d'une montre, qui n'était pas sensible à la distance de trente centimètres, se propageait tout entier dans un tuyau de seize mètres, sans que la montre touchât le métal dont elle pouvait être éloignée de plusieurs pieds. MM. Biot et Hassenfratz ont fait des expériences plus décisives encore.

Ces messieurs placèrent des tubes dans un aqueduc. Les tubes, soutenus de distance en distance par des supports de pierre, qui les isolaient du sol, faisaient de nombreux retours sur eux-mêmes : circonstance qu'on pouvait juger désavantageuse. Mais, en revanche, les expériences étaient faites la nuit, au milieu du plus profond silence. Dans ces conditions, la voix la plus basse se fit entendre à près d'un kilomètre, à 951 mètres de distance. Suivant les propres paroles des auteurs, *le seul moyen de n'être pas entendu à cette distance eût été de ne pas parler du tout.*

M. Jobard répéta ces expériences. Il fit placer six cents pieds de tubes de zinc, de trois pouces de diamètre, dans un vaste atelier. Ces tubes, dont les diverses portions étaient mal jointes, formaient entre eux onze coudes à angles droits ; ils montaient et descendaient d'étage en étage; partie était appendue aux murs, partie couchée sur le plancher. « Plusieurs centaines de personnes ont constaté qu'on s'entendait parfaitement, même à voix basse. » Cette expérience a mis hors de doute un point que celles de MM. Biot et Hassenfratz ne tranchaient pas : c'est que *le bruit extérieur n'entrave pas les communications acoustiques.* Pendant ces expériences, des machines à vapeur marchaient; des tours, des limes et des marteaux ébranlaient tous les étages de l'atelier.

L'établissement des tubes acoustiques a été l'objet des études d'ingénieurs distingués. On a reconnu que les conditions de succès résident dans la nature des tubes qui doivent être composés de métaux sonores, cuivre, zinc, fer, etc., et dans l'isolement complet de ces tubes par rapport au sol. Enfin, on pense que le diamètre des tuyaux doit se rapprocher le plus possible de celui de la bouche humaine. Il n'est pas douteux qu'on ne réussisse à réunir ainsi des villes fort éloignées l'une de l'autre. Le savant Babbage se fait fort de mettre en tête-à-tête Londres et Liverpool, distantes de soixante-dix lieues. Rumford était plus hardi : il pensait que la voix peut franchir des centaines de lieues. Mais tenons-nous en à l'offre de Babbage ; qu'on se figure Lyon et Paris causant ensemble à voix basse !

---

## L'homme primitif.

Si la date de la création de l'homme peut jamais être fixée, c'est par la géologie qu'elle le sera. Aujourd'hui les éléments de cette détermination manquent en grande partie. Nous savons que l'homme est contemporain de tel dépôt dont nous connaissons l'âge relatif; mais combien d'années se sont écoulées depuis la formation de ce dépôt? Il n'y a là dessus rien de certain. D'ailleurs, l'exploration du globe est trop incomplète encore pour qu'on puisse affirmer que des fossiles humains ne gisent point dans des terrains antérieurs à ceux dans lesquels on en a trouvé.

Voici même un géologue anglais, M. Mantell, qui s'attend à une de ces trouvailles paléontologiques. Suivez son raisonnement que j'abrège : On ne peut douter, dit-il, de la contemporanéité de l'homme et de l'élan d'Islande; or, l'élan paraît avoir vécu en même temps que le mastodonte, le mammouth et les carnassiers des cavernes, lesquels, à leur tour, ont eu pour contemporains certains animaux dont la race est maintenant éteinte. D'un autre côté, des mammifères identiques à ceux qui vivent aujourd'hui, des bœufs, des chevaux, des chiens, des renards, des brebis, etc., ont existé à l'époque tertiaire...... De tout cela, notre géologue conclut qu'on pourrait bien trouver des débris humains dans les couches tertiaires anciennes.

Cette longue chaîne de rapprochements rappelle un peu le procédé à l'aide duquel Granville élève insensiblement la hideuse face du crapaud à la noble tête de l'Apollon ; néanmoins, nous ne serions pas étonné que l'homme fût, en effet, beaucoup plus ancien que ne le croient les chrétiens, adoptant, sur ce point, la tradition hébraïque.

L'opinion qu'il a dû paraître sur la terre seulement après l'ach vement de l'édifice zoologique, repose sur une conception biologique qui n'est plus soutenable. De ce qu'il y a une gradation dans l'ensemble des êtres vivants, on avait conclu qu'ils formaient une seule série continue, dans laquelle chacun d'eux, en progrès sur ceux qui le précèdent, est à son tour dépassé par ceux qui le suivent. On croyait, en outre, que la place assignée à chacun par son degré de développement indiquait en même temps l'âge relatif de sa formation.

Dans cette manière vraiment naïve d'entendre le progrès organique, il était de toute nécessité que l'homme fût venu le dernier. Mais, vérification faite, il s'est trouvé que la nature a procédé moins petitement, et que les relations chronologiques, comme les affinités organiques des animaux et des végétaux, sont beaucoup plus multipliées qu'on ne le croyait. Ainsi, l'époque tertiaire a vu naître des représentants de toutes les classes de la zoologie. De ce que l'homme est incomparablement au-dessus de tous les êtres vivants, on ne peut donc conclure qu'il est le plus récent des habitants de cette planète, nous savons d'ailleurs qu'il est entré dans ce monde au milieu d'un cortége d'êtres comme lui nouveaux sur la terre.

Si les prévisions de M. Mantell étaient confirmées, quel vaste champ ouvert aux spéculations ! et qui raconterait l'obscure histoire des siècles que l'homme aurait vu s'écouler jusqu'en l'an 4004 avant Jésus-Christ d'où les occidentaux font communément dater la naissance du genre humain? Cependant même dans ce cas la tradition qui nous fait si jeunes pourrait n'être pas infirmée. L'être fait à l'image de Dieu ne date nécessairement que du jour où l'intelligence libre fit son apparition sur la terre. Or, la créature humaine seulement de formes qui aurait précédé « celui que la lumière éclaire en naissant » n'en aurait été que l'ébauche. L'infériorité de l'homme primitif résulte nécessairement de ce fait qu'il aurait vécu à une époque où ne se trouvaient point réalisées les conditions que nous savons nécessaires au développement de l'intelligence.

N'est-ce point cette race inférieure que la Bible a en vue, quand, à côté de la famille d'Adam, elle nous fait entrevoir une population dont l'origine demeure secrète; cette population dont la pensée s'offre à Caïn, quand il s'écrie: « Quiconque me trouvera me tuera ! » Et n'est-ce pas celle que plus tard il réunit dans Hénoc, la première ville ?

Celui qui écrirait cette primitive histoire serait un naturaliste, un disciple de Cuvier. Procédant à la façon du maître, à l'aide de quelques fragments, il reconstruirait l'être tout entier ; sa station, ses proportions, sa physionomie. Les nombreuses variétés anatomiques que nous offrent les races humaines, nous préparent à ne point nous étonner des différences organiques très-considérables qui pourraient exister entre nous et ces premiers représentants de notre race. S'ajoutant aux notions ostéologiques, la connaissance de la configuration du sol, de la climatologie, de la faune et de la flore, aux époques que cet homme primitif aurait traversées, permettrait de dire avec précision qu'elles furent et ses conditions d'existence et ses mœurs.

Venu après l'extinction d'un grand nombre d'espèces, il en aurait vu de nouvelles naître autour de lui. Il serait arrivé sur cette terre en même temps que presque tous les mammifères, et que la plupart des oiseaux; il aurait été contemporain de plus de cinq cents genres d'animaux, dont il aurait vu s'éteindre les deux cinquièmes, et de plus de deux cents espèces de plantes. Il aurait vu le monstrueux Megatherium qui avait plus de quatre mètres de long et près de trois mètres de hauteur; un oiseau, le Dinornis, haut de plus de quatre mètres; l'Andrias, cette salamandre, grande comme un crocodile, et tant d'autres animaux remarquables surtout par leur masse, et qui paraissent occuper dans la nature un rang analogue à celui que la machine de Marly, et autres colosses du même genre occupent dans nos inventions industrielles.

Une température uniforme, celle de la zone torride, aurait, lui vivant, régné sur la surface de la terre, et il aurait vu s'établir la diversité actuelle des climats. A plusieurs reprises les mers et les continents auraient devant lui changé de forme, et parmi les grandes perturbations dont il aurait été témoin et la victime, il faudrait compter le soulèvement des Alpes et celui des Pyrénées.

Mais, jusqu'à présent, l'existence d'ossements humains, même dans les Faluns et dans le Crag, c'est-à-dire dans les deux derniers étages des terrains tertiaires, est restée douteuse; leur présence n'a été bien constatée que dans les cavernes, et les brèches osseuses où ils se trouvent en compagnie de mammifères appartenant à l'époque actuelle et dans les alluvions modernes, par exemple dans les couches marines des Antilles.

On en a trouvé dans l'ancien et le nouveau monde; en France, en Belgique, en Angleterre, en Saxe, en Franconie, dans le Wurtemberg, dans la Basse-Autriche, en Dalmatie et en Espagne, aux Etats-Unis, à la Guadeloupe et sur les rives du Rio-Securi au centre de l'Amérique méridionale.

L'homme n'a donc été rencontré que dans les terrains postérieurs à l'époque tertiaire, ce qui n'empêche pas qu'il n'ait été témoin d'un assez grand nombre d'événements géologiques dignes de mémoire. Il a pu voir le soulèvement des Andes! il a gardé souvenir de plus d'un cataclysme, et enfin, il a pour contemporains plus de 1300 genres d'animaux qui ne se rencontrent point avant les terrains d'alluvion : ce qui prouve que l'apparition de l'homme n'a pas été retardée jusqu'après le complet achèvement de la création biologique, d'où je conclus que même après l'homme il pourrait se faire que cette création ne fut pas close.

J'entends par là que de nouveaux types pourraient s'ajouter par la suite aux règnes végétal et animal. Nous prendrions donc la nature sur le fait, dans l'acte de la création et le problème de l'origine des espèces se résoudrait de lui-même devant nous! mais il me paraît bien plus probable que cet événement, s'il doit avoir lieu, aura pour auteur l'homme lui-même, opérant la transformation des espèces que la nature lui livre. Certains philosophes ont admis que la création pourrait avoir une suite, dans un être supérieur à l'homme, et qui lui succéderait dans le gouvernement du globe. Un académicien faisant allusion à cette croyance (dans le présent numéro de la *Revue des Deux-Mondes*), écrit que, comparé à ce nouveau roi de la terre, l'homme serait à peu près ce que le chien est par rapport à nous. Je ne sais à qui cet académicien emprunte ou plutôt à qui il prête cette pensée impie et ce langage grossier. Voici sur ce sujet comment s'exprime M. Jean Reynaud:

« Quand le genre humain ne verra plus devant lui aucun progrès à accomplir, le signal de sa palyngénésie ne se fera sans doute pas attendre. Une période nouvelle succèdera à la période actuelle, mais elle sera le premier âge d'un genre humain nouveau. En attendant ces événements que l'observation du monde nous fait dès à présent juger inévitables, appliquons-nous avec faveur au service de l'âge dans lequel nous sommes nés (1). »

Il y a loin de cette noblesse d'expressions au style de M. Babinet.

« Vois-tu, écrivait Ampère à un de ses amis de Lyon, vois-tu les palœoteriums, les anoplotheriums, remplacés par des hommes? J'espère, moi, qu'à la suite d'un nouveau cataclysme, les hommes, à leur tour, seront remplacés par des créatures plus parfaites, plus nobles, plus sincèrement dévoués à la vérité. Je donnerais la moitié de ma vie pour avoir la certitude que cette transformation arrivera (1). »

(1) *Terre et ciel*, p. 150.

Mais ce qui, pour le moment, nous intéresse plus directement que ces spéculations hasardées sur un lointain avenir, c'est la question de l'origine des races inférieures, de leur destination et de la part qu'elles peuvent prendre à l'œuvre collective du genre humain; or, c'est précisément en vue de ces questions que nous avons pris la plume.

La diversité des races humaines est poussée à un tel degré, que nulle autre espèce, dans le règne animal, n'offre rien de comparable; c'est qu'en effet l'homme forme tout un règne à lui seul en même temps qu'une espèce. Quoi qu'il en soit, le type humain tombe en quelques-uns de ceux qui en portent l'empreinte, à un tel état d'abaissement, que la dégradation n'aurait pu être poussée plus loin, sans que les êtres qui l'eussent présentée ne tombassent au rang des animaux. Le règne humain a ses zoophytes et ses cryptogames; un peu plus il renfermerait en des êtres de nature douteuse les analogues de ces organisations confuses, sur le rang desquelles les botanistes et les zoologues ne réussissent pas à s'accorder.

D'où viennent-ils? de quelle époque datent-ils? et pour citer un exemple, les *niams-niams*, ou hommes à queue, ont-ils précédé sur la terre la race supérieure en laquelle resplendissent les attributs souverains de notre espèce, ou lui sont-ils postérieurs? Nous montrent-ils l'humanité émergeant de l'animalité ou nous la montrent-ils redescendant vers les brutes? portent-ils témoignage du progrès primitif ou attestent-ils une décadence?

Et après cette question qui regarde le passé vient celle-ci : Quel avenir ont-ils?

Nous ne croyons pas impossible de répondre à l'une et à l'autre.

---

### Une mine à exploiter. — Avis aux chercheurs. — Machine Electro-calorique.

Tout le monde sait que M. Andraud a fait de longues expériences sur le ressort de l'air chaud ou froid employé comme force motrice.

Dans le cours de ces expériences, l'habile physicien eut occasion de constater un fait encore inexpliqué, et qui nous paraît digne d'échapper à l'oubli. Entre les mains d'un chercheur ingénieux et persévérant, ce fait pourrait devenir le point de départ d'une révolution dans les moteurs.

En 1844, après plusieurs années d'essais préparatoires, M. Andraud fit fonctionner une locomotive à air sur le chemin de fer de la rive gauche.

La locomotive agissait sous l'action de l'air comprimé d'abord dans une chaudière, puis dilaté par la chaleur; le générateur se composait d'un serpentin plongé dans un foyer spécial; l'air en passant à travers le canal hélicoïde, se dilatait, puis arrivé dans les cylindres moteurs, subissait une dilatation nouvelle, les culasses rentrantes de ces cylindres étaient munies de blocs de fonte chauffés à blanc. — J'arrive maintenant au fait principal.

Avant de faire marcher la locomotive à air en public, M. Andraud l'avait, à plusieurs reprises, fait fonctionner sur place dans l'intérieur de l'atelier.

Lorsque le réservoir était bien approvisionné d'air condensé, on allumait le foyer du dilatateur et on garnissait les cylindres de leurs blocs chauffés à blanc; il suffisait ensuite d'ouvrir le robinet du réservoir, pour que la machine se mît en marche.

Or, il est arrivé plusieurs fois (et c'est le fait singulier qu'on

(1) *Œuvres complètes d'Arago*, t. II des Notices biographiques, p. 99.

veut signaler) que, pendant qu'on chauffait l'appareil, et avant que le robinet à air fut ouvert, *la machine partait spontanément* et imprimait aux deux roues motrices une vitesse effrayante. Le phénomène ne durait que de 30 à 40 secondes, et il cessait, sans que l'on pût s'expliquer ni comment il se produisait ni pourquoi il s'interrompait.

« Vingt fois, dit M. Andraud, j'ai cherché à le faire naître sans y réussir. Je n'ai jamais douté que l'électricité, produite soudainement à travers l'air chauffé à un certain degré dans l'intérieur du dilatateur ou des cylindres, ne fût la cause de ce phénomène mécanique. »

Déjà trois ans auparavant, le même fait de mouvement spontané et violent s'était manifesté deux ou trois fois sur un petit char à air chaud.

« Je me rappelle, dit l'auteur, que, dans cette première circonstance, le phénomène avait lieu dans une condition toute singulière des deux cylindres moteurs qui agissaient isolément sur les roues de traction indépendantes l'une de l'autre. L'un était composé entièrement de bronze, et l'autre, par cas fortuit, de fer fondu et de bronze.

« Eh bien ! j'ai remarqué que *le phénomène se produisait toujours dans ce dernier, et jamais dans le cylindre composé d'un seul métal* ; d'où je concluais qu'une condition essentielle de l'accident mécanique dont il s'agit, était que le cylindre fût composé de deux métaux ; et en effet, les deux cylindres de la locomotive où le mouvement spontané s'était reproduit en dernier lieu étaient composés de fonte de fer, tandis que leurs culasses et leurs pistons étaient de bronze. C'est l'analogie frappante de ce fait avec l'observation faite dans le temps sur le contact fortuit de deux métaux auquel Galvani dut sa grande découverte, qui m'a donné à penser que l'électricité jouait là un rôle capital. Plus j'y ai pensé depuis, plus j'ai été convaincu que dans les deux circonstances que je viens de rappeler, j'ai été témoin du travail mécanique de l'électricité mise en jeu par la chaleur. »

Dans une autre partie de sa communication, M. Andraud cite un fait qui vient à l'appui de l'explication précédente.

« Vingt fois, dit-il, j'ai essayé de faire éclater des vases en tôle de fer assez mince, en y comprimant de l'air à un degré très-élevé, sans pouvoir arriver à autre chose qu'à les déchirer, lorsque j'étais parvenu à des pressions de 50 à 60 atmosphères ; deux fois seulement il m'est arrivé de produire l'explosion ; mais, chose très-curieuse, c'était dans des vases de cuivre où se trouvaient d'autres métaux. »

Si on trouve quelques fondements aux vues qui viennent d'être exposées, il faudra essayer de reproduire à volonté cette force motrice nouvelle, et de lui donner une action continue. Deux cylindres moteurs ordinaires, chauffés modérément et alimentés successivement d'une très-petite quantité d'air sec ou humide peut-être, suffiraient pour engendrer une force énorme (M. Andraud évalue à dix ou douze atmosphères dans les exemples qu'il a eus sous les yeux), et cela avec une dépense insignifiante de calorique. On aurait alors des machines *électro-caloriques*, qui laisseraient bien loin derrière elles les machines à vapeur les plus parfaites.

Donc : avis aux chercheurs ; et nous comptons leur donner de temps à autre des renseignements de ce genre.

---

L'espace nous manque pour donner aujourd'hui notre second article sur le *Somnambulisme naturel et artificiel*.

---

## VARIÉTÉS.

GUÉRISON SPONTANÉE D'UNE MALADIE RÉPUTÉE INCURABLE. — Une jeune fille, âgée de quinze ans, portait au nez une large ulcération. Les ailes et la cloison étaient en partie détruites ; la pituitaire était enflammée et ulcérée ; cette horrible maladie datait de trois ans, on avait tout fait contre elle, sans succès. Découragé, le médecin, M. Buckmaster, se borna à couvrir l'ulcération de linges imbibés d'une solution mercurielle. Depuis deux mois on employait en vain ce traitement, quand la jeune fille fut attaquée de la petite rougeole. La maladie très-grave dura quinze jours, pendant lesquels le médecin ne fit nulle attention à l'ulcère du nez. Au bout de ce temps, on fut très-étonné de le trouver en bonne voie de guérison ; l'amélioration marcha avec une rapidité extrême, et deux semaines après la convalescence de la rougeole, le *noli me tangere* (c'est le nom de la maladie) avait disparu.

En réfléchissant à ce bon tour que la nature venait de jouer à la médecine, M. Buckmaster pensa que l'influence avantageuse de la rougeole devait tenir particulièrement à ce que celle-ci avait déterminé l'inflammation de la conjonctive et de la pituitaire. L'inflammation, en activant la circulation locale, aurait produit un heureux changement dans la nutrition des parties malades.

Etait-ce en effet le mot de l'énigme ? Il y avait un moyen de s'en assurer. C'était, dans un cas semblable au précédent, de provoquer l'inflammation à laquelle on attribuait l'honneur de la cure. Mais comment y parvenir ? Cette question n'arrêta pas longtemps M. Buckmaster ; les préparations iodées se recommandaient naturellement à lui par leur propriété bien connue d'irriter les voies respiratoires ; il résolut d'en essayer. L'occasion se présenta. Un cas de *noli me tangere* existait dans son service d'hôpital ; il datait d'aussi loin, il montrait la même ténacité que celui dont on vient de parler. Le docteur appliqua l'iodure de potassium, et à des doses assez fortes pour produire l'iodisme. Or, voici l'heureux résultat :

Au bout de quatre jours, la pituitaire et la muqueuse de l'arrière-bouche s'irritèrent, et l'ulcère prit en même temps une couleur d'un rouge vif. La secrétion de la surface cessa complétement. On continua la même dose pendant trois jours, puis on la diminua. Sous l'influence de cette médication, les bords s'affaissèrent, le fond se couvrit de granulations, et la cicatrisation fut complète en trois semaines.

EVOCATION DES OMBRES. — Un célèbre médecin anglais, A. L. Wigan, a connu un peintre d'un grand talent qui ne fit pas moins de trois cents portraits, petits ou grands, en une seule année. Jamais ses clients ne posèrent devant lui plus d'une demi-heure ; les portraits, remarquables de ressemblance et de fini, se continuaient et s'achevaient constamment en l'absence des modèles. Cet extraordinaire artiste devint fou. Il resta trente ans dans un asile. Lorsqu'il recouvra la raison, Wigan lui demanda le secret de cette merveilleuse facilité dont il avait été doué. Voici ce que le peintre répondit :

« Lorsqu'un modèle se présentait, je le regardais attentivement pendant une demi-heure, esquissant de temps en temps sur la toile. Je n'avais pas besoin d'une plus longue séance. J'enlevais la toile, et je passais à une autre personne. Puis, quand je voulais continuer le premier portrait, je prenais le modèle dans mon esprit, et je le mettais sur la chaise, où je l'apercevais aussi distinctement que s'il y eût été en réalité, sinon même avec des formes plus arrêtées et des couleurs plus vives. Je regardais de temps à autre la figure imaginaire, et je me mettais à peindre. Je suspendais mon travail pour observer la pose, absolument comme si l'original eût été réellement devant moi ; et toutes les fois que je jetais les yeux sur la chaise, je voyais le modèle.

« Cette méthode me rendit très-populaire ; et comme j'ai toujours attrapé la ressemblance, les clients m'arrivaient, enchantés de s'éviter l'ennui de nombreuses séances, auxquelles les autres peintres astreignent forcément leurs modèles. Je gagnai beaucoup d'argent, que j'ai su conserver à mes enfants. Mais, peu à peu je ne sus plus faire de distinction entre la figure imaginaire et la figure réelle ; et il m'arriva de soutenir à certaines personnes, que je n'avais pas vues depuis plusieurs jours, qu'elles avaient posé, la veille, chez moi. La confusion finit par devenir complète dans mon esprit. Je suppose que mes clients prirent l'alarme. Je ne me rappelle plus rien.....»

Ce qui n'est pas moins étonnant que le reste, c'est qu'en reprenant ses pinceaux après un repos de trente ans, cet artiste retrouva tout son talent. Son imagination était encore pleine de vivacité et Wigan raconte lui avoir vu faire en huit heures un portrait en miniature d'une grande ressemblance, pour lequel le modèle ne donna que deux séances d'une demi-heure chacune; encore la dernière fût-elle uniquement consacrée à l'habillement et aux sourcils que l'artiste n'avait pu fixer dans sa mémoire.

Cet homme extraordinaire avait donc pratiqué d'instinct et à la faveur d'un don spécial ce dessin de mémoire dont un de nos plus habiles professeurs, M. H. Lecoq de Boisbaudrand, a, dans ces dernières années, formulé la théorie et réglé la pratique, et qui, grâce à lui, a pris place dans l'enseignement classique du dessin. Nous parlerons prochainement de cette remarquable méthode, grâce à laquelle tout artiste pourra posséder, dans une certaine mesure, la faculté qui, chez le peintre observé par Wigan, était portée à un degré si exceptionnel.

**Un outil russe.** — Je ne m'écrierai pas : c'est du Nord aujourd'hui que nous vient la lumière! Ce serait exagérer la valeur de l'invention dont je vais vous entretenir. Mais enfin elle est ingénieuse, de plus elle a fait ses preuves, et c'est le Nord qui nous l'offre : ce n'est pas une raison pour ne point l'accepter.

Il s'agit d'un outil à l'aide duquel le travail du ciseau, de la râpe, de la fraise, du burin et de la lime, peut être exécuté mécaniquement. Mécaniquement, c'est-à-dire que ce n'est pas la main de l'ouvrier qui meut l'outil; l'homme le dirige, voilà tout. Il le met en face de l'objet à travailler, et l'outil attaque l'objet en haut, en bas, à droite, à gauche, par devant et par derrière, sans qu'il soit besoin de déplacer celui-ci. C'est l'outil qui se déplace, bien que la force lui soit communiquée par une machine fixe. Cette invention tient donc le milieu entre l'outil proprement dit et la machine; il cumule les avantages de l'un et de l'autre; aussi facile à manier que le premier, il peut recevoir comme la seconde, l'action d'un moteur inanimé.

Bien qu'il n'exige qu'une très-faible dépense de force de celui qui l'emploie, il n'en fait pas moins une besogne très-pénible. Sur les bords de l'Iset, dans l'Oural, il taille et sculpte des colonnes gigantesques. On peut citer, comme échantillon de son savoir-faire, ces pierres de malachite magnifiquement travaillées, qui ont figuré à l'exposition de Londres.

Imaginez un arbre en fer de 25 millimètres de diamètre et de 1 mètre de longueur, à l'une des extrémités duquel est vissée une petite fraise en acier. L'arbre traverse une boîte en cuivre, et l'extrémité armée de la fraise fait saillie à peu près de 30 centimètres en dehors de la boite. Celle-ci est ronde, mais non cylindrique; renflée au milieu, elle diminue de diamètre à ses deux extrémités, afin de pouvoir être aisément saisie des deux mains. On conçoit que si on communique à l'arbre un mouvement de rotation rapide, un ouvrier pourra, au moyen de la fraise tournante, agir comme avec un ciseau, une râpe ou une lime sur la pierre ou le métal qu'il voudra travailler. Mais comment imprimer à l'arbre ce mouvement de rotation?

Rien n'est plus facile. La boite dont il vient d'être question est percée de deux ouvertures. En face de celles-ci, sont des poulies de bois calées sur l'arbre qui traverse la boîte. Enfin, quelque part dans l'atelier se trouve une roue ou un tambour qu'un moteur, une chute d'eau par exemple, fait tourner avec le degré de vitesse convenable. Dès-lors, il est évident qu'une corde sans fin, enroulée d'une part sur ce tambour, et d'autre part sur les poulies renfermées dans la boîte, pourra communiquer à l'arbre, par conséquent à la fraise, un mouvement d'une extrême rapidité. — Mais va-t-on s'écrier : vous nous avez dit que l'outil pouvait être déplacé! la distance qui le sépare du tambour variera donc à chaque distance, alors comment la transmission de mouvement obtenue à l'aide de cordes ou de courroies pourra-t-elle avoir lieu? — Mais si l'inventeur russe n'avait surmonté cette difficulté, où donc serait l'invention?

Il l'a surmontée d'une manière très-simple. Dans le trajet du moteur à l'outil, la corde sans fin embrasse une ou plusieurs poulies auxquelles sont attachés des poids qui peuvent monter et descendre librement. On comprend dès-lors, que quelque soit la distance qu'en tirant sur l'outil, l'ouvrier établisse entre celui-ci et le moteur, la corde sans fin demeure toujours à l'état de tension, et qu'ainsi l'outil peut parcourir un rayon très-étendu, sans que son mouvement soit un instant arrêté. — Nous regrettons de ne pouvoir écrire ici le nom de l'inventeur, mais nous serions heureux que la publicité donnée à l'invention suggérât à quelque mécanicien l'idée d'en enrichir nos ateliers.

**Finesse de l'ouie et du toucher chez une aveugle-née.** — Dans ses *Souvenirs d'une aveugle-née*, M. Dufau cite des faits nombreux qui montrent à quel degré de finesse l'éducation peut porter les sens. Voici à cet égard quelques détails racontés par la malade elle-même : « Pour éviter, autant que possible, de porter les mains en avant, je calculais, par la résistance de l'air compris entre un objet quelconque et moi, l'intervalle qui m'en séparait. Je passais près d'un arbre négligemment sans le toucher. L'air en effleurant mon visage, et surtout mon front, le bruit le plus léger, en frappant mon oreille, m'apportaient des révélations certaines. Ce qu'on disait des prodiges de l'ouïe chez les peuples sauvages, excitait mon émulation.

« Souvent par une belle soirée d'été, dans un silence qui semblait général et profond, assise avec quelques personnes du château sur une terrasse d'où l'on découvrait, disait-on, les Pyrénées à vingt lieues de distance, j'étudiais de vagues impressions qui n'étaient que pour moi seule. Bientôt, devenue plus attentive au bruissement confus de mille mouvements divers, j'y demêlais des sons distincts, que ne pouvaient saisir ceux qui m'entouraient: tantôt c'était un sourd grondement que j'entendais retentir à une distance infinie dans les montagnes, et que vérifiait un orage éclatant dans la nuit avec fracas dans la vallée; tantôt m'arrivait tout à coup le pas cadencé d'un cheval frappant au loin, bien loin, le sol; je le disais et l'on souriait; mais quelques heures après, un cavalier, en réclamant l'hospitalité du château, justifiait la fidélité d'un sens exercé. »

---

## LA SEMAINE SCIENTIFIQUE.

*La pomme de terre destituée par M. Decaisne au profit de l'igname. — Emploi des cendres de bois contre l'oïdium. — Mécanisme propre à rendre l'usage des armes de chasse moins dangereux; par M. Fonteneau. — Dictionnaire technologique français-anglais-allemand par MM. Tolhausen et Gardissal.*

M. de Montigny qui a su rendre si profitable à l'agriculture française le long séjour qu'il a fait en Chine, avait rapporté de ce lointain pays un végétal qu'on y cultive depuis longtemps comme plante alimentaire et qui paraissait devoir remplacer avantageusement la pomme de terre, laquelle a grand besoin d'un suppléant. Cette plante s'appelle en français *l'igname de la Chine*, en botanique *dioscorea batatas*. Elle appartient à la famille des dioscorées. Ses tiges sont annuelles, ses rhizomes ou tubercules sont vivaces. Ces derniers au nombre de 2 ou 3 en forme de massues longues de un demi-mètre à un mètre et larges de 13 centimètres dans leur plus grand diamètre, sont gorgés de fécule, accompagnée d'un liquide laiteux et mucilagineux. Leur poids varie de 300 à 400 grammes; on en a vu qui par exception pesaient deux livres. On peut les manger crus, leur cuisson est facile, leur saveur est celle de la plus pure fécule; c'est en un mot un pain tout fait au même titre que la pomme de terre et que la patate. M. Decaisne s'empressa de recommander l'igname aux agriculteurs:

« Que les jardiniers s'emparent de la nouvelle arrivée, s'écriait-il, qu'ils l'expérimentent sous les divers climats et dans les différents sols de la France; qu'ils mettent à cette œuvre vraiment patriotique l'intelligence et la persévérance nécessaires, et nous avons la ferme confiance que l'igname patate viendra, comme en son temps la pomme de terre, accroître bien des fortunes, et surtout alléger bien des misères dans les classes souffrantes de la population. »

Mais le savant professeur ne se borna pas à ce chaleureux appel; à peine l'eut-il adressé aux agriculteurs, qu'il s'empressa d'y répondre lui-même, et lundi dernier, il communiquait à l'Académie des Sciences le récit des expériences entreprises par lui au Muséum d'histoire naturelle sur l'acclimatation de l'igname.

Donc, vers le milieu d'avril dernier, M. Decaisne fit planter des tronçons de tubercules et des tubercules entiers. La plantation s'est faite dans une terre meuble et en plates-bandes unies, ce qui a rendu difficile l'extraction des tubercules. Les plantes étaient espacées de cinquante centimètres en tous sens; l'expérience a montré qu'elles eussent dû être beaucoup plus rapprochées, néanmoins la végétation a marché régulièrement. Les longues tiges sarmenteuses se sont développées avec vigueur et couvertes d'un épais feuillage; elles ont donné beaucoup de fleurs (toutes mâles) au commencement d'août, et enfin vers le milieu de septembre le travail s'est arrêté et les plantes ont pris une teinte jaune, indice de leur prochaine maturité.

Elles avaient été partagées en trois lots. Deux de ces lots avaient été ramés avec des perches de 2 et 3 mètres; les tiges s'enroulèrent aussi régulièrement que des haricots et dépassèrent bientôt les perches. Dans le troisième lot, les plantes furent abandonnées à elles-mêmes; leurs tiges s'entremêlant les unes aux autres, s'étalèrent sur le sol sans s'y enraciner; elles n'atteignirent pas, à beaucoup près, la longueur de celles qui avaient été ramées. Dans aucun cas, les plantes ne furent ni buttées ni sarclées. L'extraction eut lieu le 6 novembre. Voici les résultats :

Les tubercules plantés entiers pesaient 300 grammes en moyenne. Les plantes remarquablement vigoureuses auxquelles ils donnèrent naissance produisirent chacune un nouveau tubercule; deux de ces derniers étaient énormes, pesant au moment de l'arrachage 1 kil. 350 et 1 kil. 160. Néanmoins, M. Decaisne regarde ce mode de plantation comme défectueux. Venons-en aux plantations faites avec des fragments de tubercules.

Les plantes ramées avec des perches d'environ 3 mètres, donnèrent chacune un tubercule pesant en moyenne 231 grammes 56 centigrammes. — Les plantes ramées avec des perches d'environ deux mètres, produisirent chacune un tubercule pesant 345 grammes 18 centigrammes. — Enfin, les plantes non ramées donnèrent chacune un tubercule du poids moyen de 311 grammes 23 centigrammes. La moyenne des trois lots est donc de 303 grammes par tubercules.

M. Decaisne estime que chaque mètre carré de terrain pourrait nourrir en moyenne 20 pieds d'ignames, ce qui porte à 60,000 kilog. le produit total de l'hectare; c'est deux fois ce que la pomme de terre donne en moyenne sur le même espace de terrain. Cet énorme produit est tout-à-fait hypothétique; néanmoins il y a lieu de présumer que le rendement du dioscorea sera supérieur à celui de la pomme de terre, et que la difficulté qu'offre l'extraction des tubercules sera amplement compensée par la proportion plus forte de principes alimentaires qu'ils contiennent. L'extraction des tubercules est en effet l'unique difficulté que présente la culture de l'igname. Mais en présence des immenses perfectionnements apportés dans ces dernières années à la plupart de nos instruments aratoires, il n'est pas permis de douter qu'on ne réussisse à leur faire subir quelque modification qui abrége et facilite la récolte du *dioscorea*.

« Je n'hésite pas, dit le savant expérimentateur, à regarder l'igname de la Chine comme supérieure en qualité à la pomme de terre. Les racines sont d'une blancheur de neige à l'intérieur; elles ne contiennent ni fibres apparentes, ni filets ligneux, et par la cuisson dans l'eau, elles s'attendrissent au point qu'il suffit d'une légère pression pour les convertir en une pâte que je comparerais volontiers à celle de la plus pure farine de froment, et qui me paraît éminemment propre à confectionner des potages. Cuites à la vapeur ou sous la cendre, elles prennent l'aspect et la saveur des pommes de terre de la meilleure qualité. Mais un avantage que tout le monde appréciera, c'est la promptitude avec laquelle elles cuisent. Sous ce rapport, elles l'emportent de beaucoup sur la pomme de terre. » Ajoutons en terminant que cette plante recommandable se conserve aisément d'une année à l'autre et même plus longtemps encore.

— Dans cette même séance où a eu lieu l'importante communication qui précède, M. le ministre de la guerre a appelé l'attention de l'académie sur l'emploi de la cendre de bois, comme moyen de combattre les effets de l'*oïdium*; ce moyen a été essayé avantageusement en Algérie; il paraît qu'il a suffi de projeter de la cendre sur les parties attaquées. Malheureusement, voilà bien des médecins déjà, et bien des médecines qui guérissent la vigne, et la divine plante ne s'en porte pas mieux.

— Parmi les prix récemment décernés, celui qui a été accordé à M. Fonteneau est digne de la plus grande publicité parce qu'il récompense l'invention d'un mécanisme propre à rendre moins dangereux l'usage des armes de chasse, qui font chaque année tant de victimes.

M. Fonteneau rend mobile à volonté la partie cylindrique du chien qui vient frapper sur la cheminée munie de sa capsule, en forant cylindriquement cette partie du chien et y taraudant un pas très-fin qui permet d'y adapter une vis. On n'a qu'à imprimer un demi-tour à cette vis pour désarmer le fusil et rendre toute explosion impossible, lors même que le chien s'abattrait sur la cheminée. Lorsqu'on rentre l'arme dans la maison, il suffit d'enlever la vis pour qu'il n'y ait plus d'accident à craindre; une invention si simple et si efficace doit être portée à la connaissance de tous les chasseurs.

— Obligés par leur correspondance avec les ingénieurs, les manufacturiers, les artistes industriels du continent et de l'Amérique de traduire fréquemment des descriptions technologiques, deux ingénieurs civils, conseils en matière de propriété industrielle, MM. Tolhausen et Gardissal rencontraient à chaque pas de graves difficultés. Vainement cherchaient-ils un dictionnaire qui leur donnât l'équivalent de chaque mot technique dans les principales langues industrielles; il y avait de bonnes raisons pour qu'ils ne le trouvassent pas; cet indispensable ouvrage restait à faire. Combien de fois nous-mêmes en avons-nous déploré l'absence! et qui ne l'a déplorée comme nous parmi ceux qui aiment à se tenir au courant des progrès de l'industrie ou qui ont besoin de le faire? Aussi, est-ce avec un véritable sentiment de gratitude que nous accueillons la publication du *Dictionnaire technologique* français-anglais-allemand dont MM. Gardissal et Tolhausen, après l'avoir rédigé pour leur propre usage, se sont décidés à faire jouir le monde industriel.

Ce dictionnaire formera trois volumes; le 1er, français-anglais-allemand, a paru il y a quelques mois; le 2e, anglais-français-allemand vient de paraître; le 3e, allemand-anglais-français, paraîtra prochainement. L'ouvrage contient : 1° tous les termes techniques avec leurs diverses acceptions et applications répandus dans les ouvrages spéciaux et les dictionnaires généraux, en trois langues; 2° les termes pratiques et de nouvelle création, que l'on ne trouve pas ou qui sont mal rendus dans les dictionnaires actuels. Cette publication n'est pas seulement destinée aux ingénieurs, aux manufacturiers, aux contre-maîtres, aux ouvriers; nous esperons qu'elle sera bientôt entre les mains des jeunes gens qui, depuis la réforme du programme des écoles, suivent les cours de l'enseignement scientifique et professionnel.

## CAUSERIES

*** M. Decaisne est donc en train de nous doter d'une nouvelle plante alimentaire (voir plus haut), et c'est un grand service qu'il nous rend là ! sachons-lui en gré, mais en même temps, donnons un souvenir à un homme qui eut certainement épargné au savant professeur du Muséum le soin d'expérimenter l'igname, si ses moyens d'exécution eussent été au niveau de son zèle et de sa foi. Cet homme est M. Reydemorande, auteur de nombreuses brochures, dont l'une a pour titre : « Plus de famine, plus de disettes, ou les substances alimentaires décuplées. »

Pendant vingt ans, M. Reydemorande a prêché une croisade contre la disette et la famine; pendant vingt ans, il a appelé à son aide les chambres et les ministres de Louis-Philippe; les uns et les autres avaient bien d'autres chats fouetter!

S'adressant au ministre réputé compétent, il lui faisait sur l'igname, sur le *dioscorea alata*, la leçon que voici :

« Il est, monsieur, dans la nature de cette racine, de pouvoir parvenir au poids prodigieux de trente, quarante, cinquante livres et plus, sans nuire à la qualité de sa fécule et sans altérer aucune de ses propriétés nutritives; l'igname se coupe par tranches, qui se cuisent à l'eau comme des pommes de terre, avec cette différence que l'igname est plus nourrissant, plus sain, plus agréable, plus robuste, et se conserve mieux que la pomme de terre à laquelle il est toujours préféré. C'est ce que j'ai pu vérifier moi-même pendant près de vingt ans. Dans un espace de terrain très-minime, cinq à six ares, le cultivateur peut s'assurer annuellement une récolte d'ignames suffisante pour la famille la plus nombreuse, etc. »

Dans la même brochure, l'auteur proposait l'introduction de différentes variétés de *patate sucrée*, dont les tiges épaisses et traînantes font un fourrage excellent; du *manioc*, si renommé par sa fécule; du *madère* et du *chou caraïbe*, racines délicates; du *malanga* ou *touloumane*, des *cousse-cousse*, du *dictame*, etc... toutes d'un goût exquis, donnant une fécule supérieure en quantité et en qualité à celle de la pomme de terre, plus robustes aussi que cette dernière plante, et croissant plus promptement et plus facilement qu'elle. Il voulait réunir ces végétaux dans une pépinière modèle, où l'on eût également tenté l'importation de la canne à sucre, de différentes variétés de coton, du caféier, du poivrier, du thé, de quelques plantes tinctoriales et de beaucoup d'autres arbres et arbustes d'utilité et d'agrément.

Les persévérantes démarches de M. Reydemorande n'eurent aucun résultat, si ce n'est qu'il y usa son éloquence et ses bottes; sa confiance dans la possibilité d'élever la production alimentaire au niveau des besoins demeura seule intacte. Le ministre lui répondit, à peu près comme le philosophe à cet officieux qui venait lui annoncer que sa maison brûlait : Allez le dire à ma femme, s'écria le philosophe, je ne me mêle pas des affaires du ménage. Mais aussi parler fécule à un ministre (sous la monarchie), et à un ministre de l'agriculture encore! Autant vaudrait, un jour de lessive, interpeler une ménagère sur la question d'Orient.

*** Le cadeau que nous fait M. Decaisne accroît notre exigence; le savoir, le zèle patriotique, la haute position du célèbre professeur, la juste influence dont il jouit, tout nous autorise à lui demander davantage, et ce que nous réclamons de son dévouement à la science et au bien public, c'est la fondation d'une *Société botanique d'acclimatation.*

Sur deux à trois cent mille végétaux que la terre nourrit, combien en est-il que nous fassions concourir à la satisfaction de nos besoins? Dresser l'inventaire de toutes les richesses que nous pourrions nous approprier, il n'y faut pas songer. Ce serait faire le catalogue d'une grande partie de la création. Produisons du moins quelques échantillons. Citons parmi les plantes alimentaires l'Artocarpe, si précieux aux habitants de Taïti; le Sagoutier qui donne 150 kilos de fécule, et dont le tronc, quand on y pratique une incision, laisse couler une liqueur délicieuse; le Chou palmiste, le Bambou des Célèbes dont les jeunes pousses ont une grande analogie de saveur avec le chou palmiste; le Cocotier dont le fruit apaise à la fois la faim et la soif; les Gommiers, les Fromagers, l'arbre à beurre, le Palmier à sucre, l'arbre à pain, le Bananier, le Talipot, qui donnent les fruits les plus délicieux qu'on connaisse; le Papayer, les Tamarins, la *Galmœsia esculenta* des indiens Skitsoc, les racines de *Lewisia redivisa*, les Fougères dont les Néo-Zélandais mangent les racines, la tige, etc... Citons parmi les plantes textiles, le Cocotier, le Pitre, la Nippe, l'Ananas, l'Abacca, l'*Urtica utilis* avec laquelle les Chinois confectionnent de superbes étoffes, etc... Parmi les arbres d'ébénisterie, de construction ou propres à la mâture, citons les cent variétés d'Eucalyptus de l'Australie qui atteignent 60 mètres de hauteur; la Griseline de la Nouvelle-Hollande, dont le tronc a 15 à 20 mètres de bille : le gigantesque Taxodium du Mexique, le *Pinus ponderosa* et le *Thuya gigantea* qui atteignent 60 à 70 mètres; les Cèdres, les Ebeniers, le Sandal, etc. Ce sont là des exemples pris entre des milliers, et nous n'avons rien dit des arbres à gomme, à résine, à vernis, des plantes tinctoriales et médicinales, ni des plantes d'agrément dont la nature s'est plue à prodiguer les genres et les espèces.

Je n'entends pas dire que ces magnifiques et précieux végétaux viendront tous, un jour ou l'autre, embellir, enrichir notre territoire; la chose même ne me paraît pas désirable. Néanmoins, les conquêtes que nous avons déjà faites en ce genre autorisent les plus grandes espérances. Un nombre considérable des plantes qui croissent chez nous en pleine terre ont été apportées, et même récemment, de climats très-différents du nôtre. Souvent elles ont dû franchir douze à quinze degrés de latitude. Le fait est utile à rappeler.

Ainsi, l'Asie nous a donné le chanvre, le cerisier, le pêcher, les haricots de Bengale et d'Espagne, l'estragon, la ciboule vivace, la rhubarbe, la mélisse, le mûrier, le citronnier, le limonier, l'oranger, le marronnier d'Inde, le pin de Sibérie, le pin de Jérusalem, le platane d'Orient, l'aloès, la rose de Provins, la mauve-rose, le petit-mil et le millet des oiseaux, le cyprès, etc... — Le sarrasin ou blé noir, le sochet rond du Levant, l'olivier, etc., nous viennent d'Afrique. — C'est à l'Amérique que nous avons emprunté la pomme de terre, le maïs, la capucine, la pomme d'amour, le tabac, le fraisier; l'aristoloche, le fraisier ananas, le culen ou thé à foulon, le néflier, le framboisier à fleurs roses, le bouleau merisier, le petit érable plane, qui fournit du sucre aussi bon que celui de la canne; le faux acacia, etc...

Depuis trois à quatre siècles, l'Europe méridionale a été véritablement envahie par des végétaux venus de tous les points du globe. L'Europe entière vit, en grande partie, sur un fond emprunté; mais tant de plantes déjà conquises ne forment très-certainement que l'avant-garde du corps immense que la science nous livrera.

L'expérience nous autorise donc à nous regarder comme à peu près libres de faire dans l'herbier général de la création un choix de tout ce qui est à notre convenance et de l'implanter chez nous. Il y a d'ailleurs l'Algérie pour servir de station aux plantes qui ne pourraient être introduites du premier coup sur notre sol. Mais qui serait mieux en mesure de faire ce choix qu'une société réunissant dans son sein, agriculteurs, propriétaires, botanistes? et qui mieux que M. Decaisne est en position de prendre l'initiative de cette utile création?

Une *Société botanique d'acclimatation*, en leur donnant les moyens de se distinguer à leur tour par des bienfaits, rendrait aux botanistes le sommeil dont les succès de la *Société zoologique d'acclimatation* doivent nécessairement les priver.

*Le propriétaire, rédacteur-gérant :*
VICTOR MEUNIER.

PARIS. — IMP. J.-B. GROS, RUE DES NOYERS, 74

Première année. — N° 4. Quinze centimes. 28 janvier 1855.

# L'AMI DES SCIENCES

PAR

## VICTOR MEUNIER

ON S'ABONNE
à la Librairie AUGUSTE GOIN
41, quai des Grands-Augustins, 41.

Paraît le Dimanche.

PRIX DE L'ABONNEMENT POUR L'ANNÉE
PARIS, 6 FR. — DÉPARTEMENTS, 8 FR.
Envoyer un mandat de poste.



### Un automate physicien.

A peine avons-nous eu le temps de nous faire à cette pensée que des machines accompliront tous les travaux qui ne demandent que de la force et de l'adresse, et déjà le champ qu'en imagination nous livrons à ces ouvriers nouveaux ne suffit plus à leur activité. L'impossible aujourd'hui est de tracer une limite, et de dire : voici le point où la mécanique, la physique et la chimie cesseront de se substituer à l'homme.

Des machines encore dans l'enfance, mais qui grandiront, font en ce moment leur apprentissage d'ouvriers typographes ; n'est-ce pas prodigieux ? Cependant, si on classe les membres de ce Règne technologique dont l'homme est le créateur, selon le degré d'intelligence exigé naguère par le travail où ils excellent, on voit que les *machines à composer et à distribuer* forment seulement un des degrés de cette étonnante série, une transition vers des auxiliaires d'un ordre plus élevé encore ; la science et l'art sont envahis. L'art, témoins le daguerréotype et la galvanoplastie ; la science, témoin ce météorologiste adjoint qu'on peut voir travailler à l'Observatoire de Paris, et dont nous allons dire quelques mots.

On désire savoir pour chaque instant du jour et de la nuit quels vents soufflent, dans quelle direction ils soufflent, pendant combien de temps ils soufflent. Leur vitesse, leur fréquence, leur ordre de succession ; on veut savoir tout cela : on veut connaître aussi la quantité de pluie qui tombe sous l'influence de chacun d'eux.

Rien de plus simple, direz-vous, mais rien de plus laborieux ; heureusement il y a des vocations et des tempéraments pour tout. — Attendez.

L'anémomètre sera placé sur une maison, sur une tour, sur une montagne ; or on ne veut pas prendre la peine de l'observer et on n'en prétend pas moins connaître en détail tous ces capricieux changements de l'atmosphère que sa fonction est d'indiquer ; comment faire ?

Sans mettre ni le pied dehors, ni le nez à la fenêtre, on désire être informé des moindres mouvements de l'appareil ; on ne veut même pas s'astreindre à demeurer chez soi ; on tient par dessus tout à sa liberté (à quoi pourrait-on tenir davantage ?). Il faut qu'on puisse s'absenter, découcher, voyager, sans que ces absences multipliées nuisent aux progrès de la météorologie. En conséquence, il faudra que l'instrument veuille bien tenir une note écrite de ses observations, et qu'il ait l'obligeance d'envoyer ses rapports au domicile de son patron ; c'est évident.

Et ne criez pas à l'impossible, le mot n'est pas.... scientifique. Ne cherchez pas non plus la solution de cet excentrique problème ; c'est trouvé. L'anémomètre électro-magnétique existe ; il fonctionne, vous dis-je, à l'Observatoire de Paris, et M. du Moncel en est l'auteur.

Cette merveilleuse invention n'étonnera pas beaucoup ceux qui connaissent déjà l'*enregistreur électro-magnétique* de M. Wheatstone, instrument qui tient un journal exact des variations de température, de pression et d'humidité, qui ont lieu de six en six minutes. Mais l'illustre physicien ne s'était occupé ni de l'anémomètre, ni du pluviomètre. M. du Moncel a voulu faire l'éducation scientifique de ces instruments comme son devancier a fait celle du thermomètre, du baromètre et du psychromètre ; l'appareil qui fonctionne à l'Observatoire prouve qu'il y a réussi.

L'*anémographe* de M. du Moncel se compose de deux appareils : l'*anémomètre* et l'*indicateur*. Le premier subit les influences du vent et les fait connaître au second, qui les note sur le papier. L'anémomètre est une vigie en observation sur un point élevé ; les occupations littéraires de l'indicateur lui assignent naturellement une place dans le cabinet du météorologiste. On pense sans doute qu'il y a de l'électro-magnétisme dans cette magie ; on ne se trompe pas.

L'anémomètre, l'inspecteur du temps, se compose de deux parties dont chacune a sa spécialité. L'une transmet la direction et la durée du vent, l'autre sa vitesse.

L'indicateur, le scribe, se compose entre autres choses de deux systèmes d'électro-aimants, dont chacun est en rapport avec l'une des deux parties de l'anémomètre, celui-ci avec celle qui a la direction et la durée du vent dans sa dépendance, et celui-là avec celle dont la vitesse du vent forme la spécialité.

Le dernier de ces deux systèmes se compose naturellement d'un seul électro aimant ; l'autre en compte huit, parce que l'indicateur tient note des huit vents principaux, c'est-à-dire qu'il y a un électro aimant pour chaque vent ; les attributions étant bien définies, il n'y a pas de conflit à craindre.

Suivant que tel ou tel vent souffle et tout le temps qu'il souffle, le courant agit sur l'un ou l'autre des huit électro-aimants, qui aussitôt entre en fonction, c'est-à-dire que cet électro-aimant saisit un crayon, ou plutôt l'appuie contre une feuille de papier, et comme le papier se meut sous le crayon, une ligne est tracée, ligne plus ou moins longue, suivant que le vent souffle plus ou moins longtemps. Comment le papier se meut-il ? voici :

Ce papier entoure un cylindre tournant, à l'axe duquel une vis sans fin est adaptée ; un ressort d'horlogerie fait faire à ce cylindre un tour entier en douze heures ; mais, à cause de la vis sans fin, en tournant le cylindre avance. Par conséquent si un crayon s'appuie contre lui, ce crayon tracera une hélice sur le papier ; ceci posé, tout se comprend. Quand le vent souffle dans une direction, l'électro-aimant, qui tient le compte-courant de ce vent, se met aussitôt à la besogne; tant que le vent persiste dans la même direction, le crayon de cet électro-aimant reste appuyé contre le cylindre et y laisse une trace transversale; si le vent change, le précédent électro-aimant dépose aussitôt la plume, et, en même temps, un autre électro-aimant saisit la sienne.

Les pas de la vis adaptée à l'axe du cylindre sont au nombre de seize; or, le cylindre fait un tour en douze heures, donc il peut enregistrer les observations pendant seize fois douze heures, ou huit jours consécutifs. Au bout de ce temps, il faut prendre la peine de remonter l'appareil. Mais l'ingénieuse machine a l'attention de prévenir son patron dès qu'elle a besoin de lui : « Monsieur le physicien, s'écrie-t-elle, un coup de main s'il vous plaît, et veuillez me donner du papier blanc.» Elle dit cela en langue mécanique, c'est-à-dire en agitant une sonnette; elle traite son maître en domestique. On parle de baïonnettes intelligentes, mais on n'en cite pas qui aient donné tant de preuves d'esprit.

Nous venons donc de décrire une machine qui fabrique des observations scientifiques comme telle autre fabrique des bonnets de coton ou des sabots. Ce n'est pas une merveille unique en son genre, et nous aurions de beaux exemples à citer de cette sorte d'aptitude scientifique dont l'homme a le pouvoir de doter ses créations. Je veux au moins mentionner l'instrument qui fait toutes les opérations de l'arithmétique, et comment les fait-il? En dix-huit secondes il multiplie huit chiffres par huit chiffres; il divise seize chiffres par huit chiffres en vingt-quatre secondes, et pour extraire une racine carrée de seize chiffres et faire la preuve, il lui faut moins d'une minute et demie! C'est-à-dire qu'il opère incomparablement plus vite que le calculateur le plus exercé; Vito Mangiamele, Henri Mondeux, Grandemange et leurs émules sont seuls de force à lui tenir tête. Il serait curieux que machine et prodiges opérassent de même.

Que va-t-il résulter de cette extension imprévue du rôle des machines? Elles vont rendre aux savants les mêmes services qu'elles rendent aux travailleurs; elles affranchiront l'esprit comme elles affranchiront le corps. Le penseur était souvent obligé d'asservir son génie à des soins infimes; les travaux secondaires seront accomplis par des automates. L'anémographe était un bel exemple à citer. La question des vents est sans contredit une des plus importantes de la météorologie; c'est une des plus négligées; mais voilà qu'une machine s'en charge, et que laisse-t-elle à l'homme? la surveillance de l'instrument, le dépouillement des observations, leur comparaison, la recherche des lois. Grâce à une machine, l'intelligence peut désormais s'appliquer toute entière à des occupations dignes d'elle : elle est libre. Ce n'est pas tout : la météorologie pourra opérer sur une aussi grande masse de faits qu'on voudra, sur des observations qui embrasseront tous les points de l'espace et tous les moments de la durée, car on aura autant d'anémologistes adjoints qu'on voudra fabriquer d'instruments. Ils travailleront nuit et jour sans se lasser, sans faire d'erreur. Des considérations analogues s'appliquent à l'arithmomètre.

Non seulement les personnes les moins expérimentées dans la science des chiffres peuvent résoudre les problèmes les plus compliqués (cet avantage nous touche peu, l'ignorance n'est que pour un temps), mais le mathématicien est exempt de ces calculs longs et fastidieux qui ne demandent que de l'habitude. Les inventions de cet ordre équivalent donc à un accroissement d'intelligence, à une multiplication des forces de l'esprit, à une prolongation des existences studieuses. Et si on veut se faire une idée de la puissance à venir de l'esprit humain, ce qui est fort difficile pour le moment, il faut faire entrer en ligne de compte les secours que lui prêteront les appareils automatiques qui fonctionneront dans les diverses branches de la production scientifique.

---

## Nouvel avis aux chercheurs.

### *Propriétés électriques des animaux supérieurs.*

Certains poissons ont la propriété de produire des décharges électriques. Tels sont entre autres la célèbre *Torpille* (*Raja torpedo*), le *Gymnote* (*Gymnotus electricus*) non moins fameux que le précédent. C'est pour eux un moyen d'attaque et de défense: la main qui les touche reçoit une commotion et reste engourdie et même paralysée pendant quelques minutes. Ils foudroient à distance les petits poissons; tout le monde sait cela. Mais voici la question : cette faculté remarquable appartient-elle exclusivement aux cinq ou six animaux chez lesquels on l'a constatée, et tient-elle en eux à une spécialité organique et dynamique?

*A priori*, nous répondons non; et d'après le sens que nous attribuons aux faits réputés exceptionnels, notre réponse ne peut être que négative. Les poissons électriques font exception, donc ils nous montrent à découvert une partie du fond commun qui demeure voilée chez les animaux ordinaires, donc encore ils nous enseignent que des facultés obscures partout ailleurs qu'en eux-mêmes, et demeurées inaperçues, existent cependant, et que de plus elles sont susceptibles de développement. Ainsi raisonnons-nous. Mais abstenons-nous de raisonnement; un savant de Lyon a réduit l'affaire aux proportions d'un fait à vérifier, et c'est une expérience intéressante, utile, que nous voulons proposer.

Ce savant est M. Beckensteiner, qui raconte avoir reçu du chat, de la vache et du lapin cette commotion électrique dont les torpilles et les gymnotes se montrent si prodigues. Nous lui donnons la parole.

« *Expériences faites sur le chat.*—On peut obtenir la commotion électrique sur le chat, de la manière et dans les conditions suivantes.

« Par un froid au-dessous de zéro, un vent du nord, un ciel serein, si le chat a froid, ce qui se voit facilement à l'aspect du poil qui est couché et semble avoir été graissé partiellement, et si l'expérimentateur a également froid aux mains, il prendra le chat sur ses genoux, lui posera les doigts de la main gauche sur la poitrine, et passera la main droite depuis le cou jusqu'à la queue, le long de l'épine dorsale. Après quelques passes légèrement appuyées, la secousse électrique se produira; elle paraît partir de la poitrine du chat, traverser le corps de l'expérimentateur, et se terminer à la main placée sur le dos du chat.

« Quoique le chat éprouve du plaisir aux passes faites le long de l'épine dorsale, il se sauve à toutes jambes après la secousse. Il se prête difficilement à une seconde épreuve, et ce n'est que le lendemain, lorsqu'il aura oublié cette sensation désagréable, qu'il pourra servir à de nouvelles épreuves.

« J'ai obtenu dans un jour, mais avec beaucoup de peine, trois commotions d'un chat: la dernière était très-faible. Après chaque décharge, le chat semble fatigué, épuisé, il se couche étendu; au bout de quelques jours, il perd l'appétit, devient triste et semble fuir les lieux qu'il aimait; il se soustrait aux regards des personnes qu'il affectionnait; après avoir refusé la nourriture, il boit encore de l'eau quelquefois, languit de plus en plus, bave et meurt ordinairement dans la quinzaine qui suit la première commotion.

« J'ai répété ces expériences en diverses années, lorsque la saison était propice, sur des chats domestiques m'appartenant ainsi que sur ceux de mes voisins qui croyaient que je caressais seulement leurs chats; au bout de quelques temps, j'ai toujours appris que ces animaux avaient péri sans cause apparente.

« *Expérience faite sur une vache.* — Je l'ai faite une seule fois. Une vache était attachée en plein air à un barreau de fer; la terre était gelée. Je lui fis des passes sur le dos avec la main droite, pendant que je tenais ma main gauche sur sa poitrine; après quelques passes, j'obtins une si forte commotion que je fus renversé par terre. Je ne saurais dire si ma chute fut due à la force de la secousse ou à la surprise, comme il arriva au premier expérimentateur de la bouteille de Leyde, qui s'en exagéra tellement les effets, qu'il assura que pour aucun prix il ne recommencerait l'épreuve. La vache paraissait fort irritée, et elle m'aurait, je crois, éventré, si je m'étais approché de nouveau; mais je n'étais pas tenté de recommencer cette expérience. Je ne sais si la vache en fut malade, car elle fut vendue quelques jours après au boucher.

« Je n'ai jamais pu obtenir une seule décharge sur le chien. Je l'ai essayé quelquefois sur le lapin et avec succès; il meurt ordinairement le même jour.

« Dans nos pays méridionaux, on n'a pas assez souvent l'occasion de faire cette expérience; mais elle serait facile dans les pays du Nord où la température au-dessous de zéro se maintient pendant plusieurs mois. On pourrait, là, faire des observations sur de nombreux sujets (1). »

Nous sommes en plein dans la cruelle saison qui paraît favorable au succès de l'expérience; quelques-uns de nos lecteurs voudront sans doute la répéter, c'est un *desideratum* que nous leur signalons.

---

## L'hypnotisme.

### *Observations curieuses sur le somnambulisme naturel et artificiel.*

(Suite et fin) (2).

*Développement du sens musculaire.* — Un exemple dira ce qu'on doit entendre par *sens musculaire.* Quand, dans l'obscurité, montant ou descendant des escaliers, ou traversant un passage dont nous avons l'habitude, nous savons que nous sommes au bout sans avoir compté nos pas ni observé en aucune façon notre acheminement, l'impression ou l'information que nous recevons nous est fournie par le sens musculaire. Ce sens est donc celui par lequel tous nos mouvements volontaires sont guidés. Il est de ceux qui s'exaltent le plus communément dans le somnambulisme.

Ainsi des somnambules cheminent sur le toit des maisons, traversent d'un pas ferme des planches étroites, et même gravissent des précipices, et cela avec bien moins d'hésitation qu'ils ne le feraient pendant la veille.

Il est bien connu encore qu'ils écrivent avec leur degré habituel de netteté et de régularité, lors même qu'ils ne peuvent voir. Nous en avons nous-même été témoins, dit M. Carpenter, dans des expériences *hypnotiques* sur deux sujets, et nous sommes assurés que la vision ne fournissait aucun secours, car nous avons tenu un gros volume entre les yeux et la main de l'écrivain.

*Facilité de diriger les pensées du somnambule.* — Ce phénomène se montre peut-être plus nettement dans le somnambulisme artificiel ou provoqué que dans le somnambulisme naturel ou spontané.

Quand l'accès est produit artificiellement, l'esprit du sujet devient semblable à une girouette, sans empire sur lui-même, susceptible de tourner dans toutes les directions et conformément aux impressions auxquelles on le soumet.

*Sentiments suggérés par l'intermédiaire du sens musculaire.* — M. Braid a montré que le sens musculaire est l'intermédiaire le plus actif pour déterminer le cours de la pensée du somnambule.

Mettez le visage, le corps ou les membres dans l'attitude qui convient à l'expression d'un sentiment particulier, ou dans les conditions correspondantes à celles où ils seraient pour l'accomplissement d'une action volontaire quelconque, et *aussitôt l'état mental correspondant sera éveillé.*

Ainsi la main du somnambule étant placée sur le sommet de sa tête, celui-ci, la plupart du temps, se redresse spontanément de toute sa hauteur, et rejette légèrement la tête en arrière; toute sa contenance est celle de l'orgueil le plus vif, et son esprit en est manifestement possédé.

Durant la plus complète domination de ce sentiment, courbez la tête en avant, fléchissez doucement le corps et les membres du somnambule, et la plus profonde humilité succède à l'orgueil.

Si on écarte doucement l'un de l'autre les coins de sa bouche comme dans le rire, une disposition gaie est aussitôt produite; et la mauvaise humeur en prendra immédiatement la place, si l'on tire les sourcils l'un vers l'autre et en bas.

*Idées déterminées provoquées par le sens musculaire.* — Non seulement de simples émotions, mais encore des idées déterminées peuvent être provoquées de la façon qui vient d'être dite. Levez la main du somnambule au-dessus de sa tête et fléchissez les doigts sur la paume, l'idée de grimper, de se balancer, de tirer une corde est provoquée. Si, au contraire, on fléchit les doigts tout en laissant pendre le bras le long du corps, l'idée qu'on excite est celle de lever un poids. — Si les doigts sont fléchis le bras étant porté en avant dans la position de donner un coup, c'est l'idée de boxer qui surgit (la scène se passe à Londres).

*Accroissement extraordinaire de la force musculaire.* — M. Braid a montré qu'un degré extraordinaire de force peut être produit dans des muscles déterminés, soit par une action directe sur les muscles eux-mêmes, soit en provoquant l'état mental le plus propre à susciter dans ces organes une grande énergie.

Ainsi, on détermine la contraction des muscles extenseurs d'un membre en frottant doucement ou en comprimant la peau qui les recouvre, et cette contraction non seulement soulève le membre, mais encore le tient fixé d'une façon cataleptique bien plus longtemps qu'aucun effort de la volonté ne pourrait le faire. On fait cesser cette contraction en dirigeant un courant d'air sur la peau. Il semble qu'ainsi l'attention du sujet soit reportée des muscles sur cette membrane.

Veut-on susciter une force extraordinaire dans un groupe de muscles par un procédé mental, il suffit de suggérer l'idée de l'action qui réclame cette force et d'assurer au somnambule qu'il peut l'accomplir avec la plus grande facilité, s'il le veut.

« Ainsi, dit M. Carpenter, nous avons vu un des sujets *hypnotisés* de M. Braid, remarquable par la pauvreté de son développement musculaire, soulever à l'aide de son petit doigt seul un poids de quatorze kilogrammes, et le faire tourner autour de sa tête, sur la seule assurance que ce poids était aussi léger qu'une plume. Nous avons toute raison de croire cette personne au-dessus du soupçon de fraude, et il est clair que si elle avait eu la pratique d'un tel tour de force, tour que les hommes les plus forts ne pourraient exécuter sans exercice, cela eût été visible dans le développement de son système musculaire. »

---

## CORRESPONDANCE.

### *Une expérience à faire.*

« 1° Prenez une machine magnéto-électrique comme celle de Pixii, dans laquelle, en faisant tourner un aimant d'acier devant un électro-aimant, on obtient un courant électrique par le mouvement d'un aimant, avec étincelles, décompositions chimiques, etc... Attachez-y une corde chargée d'un poids connu, mesurez la vitesse du poids pour connaître le nombre de kilogrammètres fournis à la machine magnéto-électrique dans un temps donné, et, en même temps, mesurez la force du courant magnéto-électrique obtenu. Variez l'expérience, et, par un tâtonnement méthodique, déterminez la valeur de la fourniture de force vive capable de maximer le courant produit.

(1) *Études sur l'électricité,* chez J.-B. Baillière, 17, rue de l'École-de-Médecine.

(2) Voir le numéro 2.

« 2° D'autre part, prenez un moteur électro-magnétique et arrangez-le de manière que le courant qu'on lui fournit maxime le travail produit.

» Ensuite comparez : je vous annonce que vous trouverez ceci : un *kilogrammètre*, employé avec soin, peut développer dans une machine magnéto-électrique un courant qui, employé dans une machine électro-magnétique, développera *plusieurs kilogrammètres* de travail. De ceux-ci on pourra en prendre un pour mettre en jeu la magnéto-électrique, et les autres, restés disponibles, pourront être employés comme on voudra, tant que dureront les courants particulaires des barreaux de fer doux. »

C'est un ingénieur des ponts-et-chaussées qui, par notre intermédiaire, propose cette expérience aux lecteurs de l'*Ami des sciences*.

Le résultat qu'il en attend cessera de paraître invraisemblable si on admet avec lui que, dans les machines électro-magnétiques, on a pris jusqu'ici le distributeur pour le moteur. Laissons-le parler.

« Prenons une machine composée d'un système d'électro-aimants dont quelques-uns sont aimantés alternativement en deux sens contraires : où est le moteur ? On a cru, jusqu'ici, que le moteur est dans les actions chimiques qui ont lieu dans la pile ; c'est une erreur. Si c'était vrai, il serait inutile de mettre un morceau de fer doux dans chaque bobine de fil de cuivre à tours isolés : ces bobines elles-mêmes s'attireraient et se repousseraient alternativement. Or, retirez le barreau de fer doux de tous les électro-aimants d'une telle machine, mettez la pile en action, et vous verrez la machine marcher fort mal, fort lentement, si toutefois elle peut surmonter les résistances passives. C'est alors une machine voltaïque si l'on veut, dans laquelle la force vive est fournie par l'action chimique de l'acide sulfurique sur le zinc, mais ce n'est plus une machine magnétique. »

Ainsi, d'après l'auteur de la lettre, dans les moteurs électro-magnétiques, le courant de la pile n'est qu'un organe de distribution orientant alternativement en sens contraires les courants particulaires du fer doux, et ces courants particulaires sont le vrai réservoir de force motrice. Or la distribution peut toujours être organisée de manière à ne consommer qu'une fraction minime de la motion. Donc si une machine magnéto-électrique fournit le courant à un moteur électro-magnétique, il se pourra qu'une portion du travail développé dans celui-ci soit employée à mettre la première en jeu, et qu'ainsi le mouvement s'entretienne de lui-même.

« Les courants particulaires du fer doux peuvent-ils s'épuiser ? demande notre correspondant. Alors la matière pondérable du fer serait très-profondément altérée, probablement jusque dans ses propriétés chimiques. Et comme l'atome de fer est moitié de celui d'argent, il ne serait pas incroyable que deux atomes de fer, après avoir perdu l'état d'agitation violente qui les rendait magnétiques, vinssent à s'unir en un atome double en poids, et doué d'affinités moins puissantes, en raison de la tranquillité relative des atomes, c'est-à-dire que quand une machine magnéto-électrique ou électro-magnétique aura travaillé assez longtemps, tout ou partie de ses barreaux de fer ou d'acier pourraient bien se trouver changés en argent.

« Cependant il est possible aussi, sans tomber dans le sophisme du mouvement perpétuel, de supposer que les particules du fer ne perdent jamais leurs courants particulaires, même en travaillant indéfiniment ; il faut admettre pour cela que ces particules sont construites intérieurement d'une manière toute particulière absolument inconnue de nous, mais telle qu'elles s'approprient, sous forme de courants particulaires magnétiques, la force vive des ondes calorifiques qui passent sur elles. Dans ce cas, les aimants qui useraient leur magnétisme en déroulant dans la machine la force vive des courants particulaires, répareraient à mesure leur magnétisme aux dépens de la chaleur des corps voisins. »

## REVUE DE LA PRESSE SCIENTIFIQUE.

Sous cette dénomination de presse scientifique, nous comprenons, en même temps que les journaux techniques, la partie scientifique des journaux quotidiens. C'est la première fois qu'on ouvre un compte courant à cette dernière. Nous entreprenons cette revue dans l'esprit qui inspira les créateurs du feuilleton scientifique quand ils conquirent aux comptes-rendus des séances de l'Académie l'hospitalité des feuilles politiques. Pendant longtemps la première classe de l'Institut a été la représentation la plus haute et la plus complète du monde savant ; il fut même une époque où elle était à elle seule tout le monde savant ; mais le feu qu'elle attisait a gagné l'univers entier, et, dans cet embrasement général, le foyer primitif ne jette guère plus de lumière que la lune à midi. Aujourd'hui les sciences sont tombées dans le domaine public ; aux sciences présentes partout, un organe doué comme elles d'ubiquité est nécessaire. Cet organe existe, c'est la presse. L'Académie n'est plus entre les quatre murailles de l'Institut ; son secrétaire perpétuel ne prend plus place à ce fauteuil où, après Arago, quelqu'un pourra bien s'asseoir, mais que personne n'occupera ; son public n'est plus dans cette poignée de visiteurs que l'Institut veut bien encore admettre à ses pâles séances. L'Académie, c'est le monde ; la presse est son secrétaire perpétuel, et le public se compose de quelques millions de lecteurs distribués sur toute la surface du globe. C'est pourquoi nous prêterons à la presse scientifique la même attention que les journalistes prêtaient aux exposés hebdomadaires de M. Arago. Comme toute puissance nouvelle, celle-ci est active, amie du progrès ; elle a toutes les qualités que les académies ont perdues en prenant de l'âge : on reconnaîtra bientôt qu'il se brasse là plus d'idées en une semaine que dans les cinq classes de l'Institut. Entrons en matière.

La physionomie principe de classification en zoologie. — Dans la *Gazette médicale*, un critique plein de sagacité, M. L. Peisse, reproche avec raison aux zoologues et aux physiologistes de trop négliger les attributs psychologiques. Écoutons-le : « La physionomie en général, dit-il, c'est-à-dire l'expression extérieure de l'intérieur, par l'attitude, par l'habitude du corps, la démarche, l'allure, etc., serait, pour la distinction des espèces et des races animales, un caractère bien plus sûr que les particularités anatomiques. Quoi de plus différent, par l'aspect purement physique des formes, que les races de chiens, un lévrier, un caniche, un boule-dogue ? Quoi cependant de plus immédiatement connu que l'unité spécifique de ces variétés ? Les petits enfants même la reconnaissent. Or, cette identité si frappante pour tous les yeux n'est autre que celle de la physionomie. C'est qu'en effet la physionomie, prise dans sa large signification, est la manifestation de l'essence spécifique, c'est-à-dire de la vie propre, individuelle et incommunicable de l'animal. Elle est aussi, sous un autre rapport, la révélation de ce qu'il y a de plus intime, de plus fondamental dans sa structure anatomique, qui n'est elle-même que l'image sensible de cette vie. C'est ainsi que tous les hommes distinguent du premier coup d'œil les espèces les plus voisines anatomiquement, et même celles dont la différence n'est pas zoologiquement assignable, par exemple le loup et le chien. Il ne faut pas croire que les classifications dites scientifiques, si laborieusement obtenues par l'analyse minutieuse des caractères anatomiques, soient plus naturelles et surtout mieux fondées que les classifications formulées immédiatement de première vue, par l'observation vulgaire et consacrée dans la langue générale. Loin de là, on serait autorisé à tenir pour suspecte, et même pour décidément fausse, toute détermination zoologique qui serait en contradiction formelle avec l'observation populaire, lorsque celle-ci est univoque, et elle l'est peut-être toujours. Ce qui dans toute langue a un nom différent ne saurait être fondamentalement identique, et réciproquement ce qui porte un nom commun ne saurait être différent. La zoologie scientifique n'a pas le droit de détruire ces classifications véritablement *naturelles*. Elle doit, au contraire, les suivre avec confiance, et les prendre pour base de ses propres déterminations.

« A la vérité, ce principe de distinction et de classification ne s'applique qu'aux espèces supérieures; il s'obscurcit et finit même par disparaître dans les classes inférieures de l'échelle. C'est qu'en effet l'expression physionomique se simplifie, s'efface de plus en plus à mesure que le type vital s'appauvrit et s'uniformise, et que l'organisation matérielle, fidèle représentant du principe intérieur, se dégrade. Mais c'est aussi dans ces catégories inférieures de l'animalité que les classifications scientifiques procèdent avec plus d'arbitraire et de confusion. N'ayant plus d'autre principe de distinction que la pure anatomie, qui, sans la lumière physiologique, est aveugle, elles ne s'établissent que sur des fondements artificiels et précaires. »

Voilà des idées saines autant que bien rendues et qui ne perdront rien à être serrées de près. En expose-t-on de plus ingénieuses à l'Académie?

Réformes a introduire dans l'économie domestique. — Un homme qui apporte à la cause des inventeurs (cette cause qui a tant besoin de défenseurs!) le dévouement le plus actif et le plus éclairé, M. Gardissal engage, dans son journal l'*Invention*, une lutte vigoureuse contre ce qu'avec juste raison il appelle nos barbaries. Il dénonce la cheminée qui perd 90 pour 100 de calorique; le *water closet*, foyer d'infection « qui peut, dit-il, devenir une source de profits pour le propriétaire et un moyen énergique de production agricole. » Il demande la suppression du porteur d'eau par la distribution à tous les étages au moyen de conduites d'eau toujours disponible comme l'air. Il demande le remplacement du scieur de bois par un outil peu coûteux qui épargnerait les trois quarts de la force humaine; il demande la fourniture à domicile d'un gaz pur et salubre, pouvant être consacré à la fois à l'éclairage et au chauffage, et à ce propos il signale le fourneau de cuisine comme une des choses les plus repoussantes qu'on puisse imaginer. Notre confrère en est là; il promet de mettre toujours le remède auprès du mal. Se dit-il rien de plus utile à l'Académie?

Variabilité de l'espèce. — Voyez la vertu de la presse sur ceux qui se consacrent à son service! M. Babinet, académicien à l'Institut, est jeune à la *Revue des Deux-Mondes*. A chaque changement survenu pendant les âges géologiques dans l'air, dans la chaleur et dans les autres circonstances météorologiques, de nouvelles formes végétales et animales, de nouveaux principes et des êtres de plus en plus parfaits sont apparus; des changements ultérieurs de même ordre, pour être nécessairement fort éloignés, n'en sont pas moins possibles. M. Babinet se demande si, en créant autour de quelques-unes des espèces actuelles renfermées dans un espace limité des influences météorologiques diverses, on n'arriverait pas à se procurer des échantillons des créations futures, et il cite à ce propos les grandes chambres de verre dans lesquelles M. G. Ville observe les actions organiques des plantes sur l'air.

Ce sont là en effet des expériences à faire, et pour notre part si nous disposions des moyens d'action dont les naturalistes officiels ont le monopole, nous voudrions les tenter, non pas cependant dans le but vague et fantastique que se propose M. Babinet, mais afin de déterminer les causes prochaines des caractères des êtres vivants, et de découvrir les moyens de les faire varier. Mais M. Babinet eût-il osé dire à l'Académie ce qu'il n'a pas craint d'écrire dans la *Revue?* J'en doute; et si je me trompe, il a un moyen de le prouver : qu'il ose.

Influence de l'homme sur les êtres vivants. — M. G. Ville expose dans *le Constitutionnel*, à propos du dernier ouvrage de M. Flourens, des faits intimement liés à ceux qui précèdent, et qui démontrent combien est étendue l'influence modificatrice de l'homme sur les espèces vivantes.

On peut faire naître à volonté des monstruosités calculées d'avance; on fait naître des poulets qui ont une grosse tête sur un petit tronc ou une petite tête sur un gros tronc rien qu'en chauffant l'œuf inégalement. D'une larve d'abeilles, en variant la nourriture, on fait sortir un insecte fécond ou un mulet. On empêche les têtards de se convertir en grenouilles ou en crapauds, en les tenant dans l'obscurité; ils s'accroissent, ils deviennent même énormes, mais ils restent têtards. Le cheval, le mouton, le porc, les oiseaux de basse cour sont les produits du régime auquel on les soumet. Et si nous arrivons à l'homme, combien de faits empruntés à l'histoire des professions démontrent que le régime et l'éducation peuvent changer complétement la constitution des individus. De tout cela M. Ville conclut qu'en effet il est au pouvoir de l'homme d'accroître dans de grandes proportions la durée de son existence.

Utilité de l'astronomie. — Dans le *Pays*, M. Lecouturier consacre au premier volume de l'astronomie populaire de M. Arago un article aussi remarquable par l'indépendance de la critique que par la netteté des aperçus. Il répond à ceux qui demandent si, sous le rapport de l'utilité, l'astronomie mérite autant de considération que la physique et la chimie. Il cite à cette occasion les horloges réglées sur le temps moyen, progrès capital, puisque sans lui il eût été à peu près impossible de mettre aucune régularité dans le service des chemins de fer. Notre savant confrère n'ayant en vue que des utilitaires grossiers, a gardé pour lui, et il a bien fait, la vraie réponse; il n'a pas dit que l'utilité de l'astronomie est d'un genre plus noble, et que le rôle de cette science sacrée est de nous apprendre tout ce qui peut être connu dès cette vie touchant les résidences célestes au sein desquelles s'accompliront les phases successives de notre existence immortelle.

L'Étoile du sud. — Le rédacteur de la *Revue franco-italienne* écrit un article plein d'intérêt sur ce diamant monstre. On sait qu'il a été trouvé par une négresse, et que cette négresse a eu la liberté pour prix de sa trouvaille; « d'où l'on peut tirer cette conséquence économique, dit M. Govi, que la liberté d'une négresse aura coûté six millions au dernier acheteur de la pierre. »

Il fait, à cette occasion, les réflexions suivantes, auxquelles nous nous associons pleinement :

« Il est pénible, dit-il, de voir les hommes attribuer un prix de six millions à un petit fragment de matière qui ne pourra jamais servir à autre chose qu'à parer quelque belle souveraine ou le pommeau de quelque épée innocente. Le luxe est une excellente chose, nous en sommes bien convaincu; mais au-delà d'une certaine limite, le luxe devient une folie, le bien se change en crime, le remède en poison. Il en est du diamant comme des chanteurs et des danseuses, il y a disproportion entre l'utilité et le prix, et ce ne serait pas un petit progrès que la dépréciation de ces deux marchandises, dont la vente ne profite qu'au petit nombre, et dont l'existence est une cruelle injustice, à une époque d'humanitarisme et d'aspirations évangéliques. Nous serions bien curieux de voir les grimaces que feraient messieurs les joailliers si l'on venait annoncer au monde que la chimie est en état de fabriquer du diamant! Avoir payé six millions une boule de charbon à peine capable de faire bouillir trois grammes d'eau ! et cela dans un pays où la houille, l'anthracite, le coke, le lignite, la tourbe, coûtent à peine quelques francs les cent kilogrammes. Cependant, il faut bien que ces messieurs s'y attendent. L'orage gronde depuis un demi-siècle, il ne tardera pas à éclater; et alors quelle débâcle ! »

---

## LA SEMAINE SCIENTIFIQUE.

Nouvelle comète. — Dans la nuit du 14 au 15, M. Dien, à l'Observatoire de Paris, M. Winnecke, à l'Observatoire de Berlin, ont découvert en même temps une comète très-faible qui s'est montrée un peu avant le jour dans le voisinage de *gamma* de l'hydre. Sa déclinaison est, comme on voit, très-australe; d'où suit que l'observation en est peu facile de notre latitude. Cette comète a trois noyaux.

Génération des infusoires. — M. Focke, auteur d'un ouvrage intitulé *Etudes physiologiques*, sur lequel M. de Quatrefages vient de lire un rapport à l'Académie, rattache au règne animal, comme déjà M. Ehrenberg l'avait fait avant lui, ces êtres inférieurs tels que les Diatomées que les botanistes et les zoologistes « se disputaient entre eux. » Les résultats les plus remarquables concernent la reproduction. Certaines espèces de navicules présentent sous ce rapport une complication très-curieuse, puisqu'on trouve, unies en elles, et la conjugaison, et la génération alternante. Ainsi, la *navicula bifrons* résulte de la conjugaison de deux *navicula splendida*; celles-ci se vident de leur contenu, et le contenu donne naissance au nouvel êt-e. La *Surrirella microcora* se développe directement d'œufs ou germes qui se produisent dans la *navicula bifrons*, quand celle-ci se divise spontanément. Nous dissiperons prochainement l'obscurité qui, pour beaucoup de lecteurs, doit entourer ces mots de conjugaison et de génération alternante, en décrivant, dans un article spécial, les remarquables phénomènes auxquels ils s'appliquent.

Vaccin de la rage. — D'après une lettre que M. Canong adresse à l'Académie de Médecine, le virus de l'affection appelée *maladie des chiens* serait le vaccin de la rage; et peut-être son inoculation préserverait-elle les animaux des effets du virus rabique. Ce peut-être est de l'auteur lui-même. Nous reviendrons sur cette communication lors du rapport dont elle sera l'objet de la part de M. Renaud.

Opium indigène. — Il résulte des analyses de MM. Descharmes et Roux que l'opium cultivé en différentes parties de la France, notamment en Bretagne et en Picardie possède des propriétés identiques à celles de l'opium exotique. M. Descharmes a retiré 14,76 0/0 de morphine d'opium provenant d'une récolte faite en 1853 aux environs d'Amiens, et 16 0/0 d'une récolte faite en 1854 dans la même localité. M. Roux analysant un opium récolté en 1852 anx environs de Brest, en a retiré 10,66 0/0 de morphine mélangée de narcotine. Il pense que le pavot (variété pourpre) sur les produits duquel ont porté ses recherches, pourra être cultivé avantageusement dans le Finistère, à cause de la nature silico-argileuse du terrain et du bas prix de la main d'œuvre

Drainage. — M. de Pennautier a fait sur ce sujet un intéressant rapport à la Société centrale d'agriculture du Puy-de-Dôme. Voulant donner un utile exemple à ses concitoyens, il fit drainer pendant l'hiver dernier 6 hectares de terres labourables et argileuses à sous-sol granitique. Le rendement de la récolte a été doublé.

Cette opération n'était pas sans précédents dans le Puy-de-Dôme. M. de Pennautier cite une plaine de 200 hectares à sous-sol argileux, sur laquelle on ne voyait naguère que des bestiaux maigres et des gardiens fiévreux; on y pratiqua un assèchement à ciel ouvert; l'effet, joint à celui de la chaux, fut tel que la rente s'éleva de 25 à 100 et même 120 fr. net, et aujourd'hui, divisée en plusieurs domaines, cette terre nourrit des hommes bien portants et dans l'aisance.

L'auteur du rapport évalue a 250,000 le nombre d'hectares à drainer dans le Puy-de-Dôme. Il y en a au moins 12 millions en France, c'est 23 pour 100 de la surface totale. Qu'on juge par là (et ce n'est qu'un exemple entre cent) de l'accroissement dont la production agricole est susceptible.

Machine a moissonner. — La machine à moissonner de Bell vient d'être l'objet d'expériences suivies dans le département de Seine-et-Marne, et, d'après le rapport de M. Bourgeois à la Société d'agriculture de Meaux, elle s'en est tirée à son honneur. Le rapporteur ne doute pas qu'elle ne soit appelée à rendre les plus grands services. Une autre moissonneuse fonctionne de la manière la plus satisfaisante sur les rizières de la Teste. Peu à peu l'agriculture se laisse envahir par la grande mécanique. Nous consacrerons un article aux machines à moissonner.

---

## VARIÉTÉS.

### Les amours d'un infusoire.

C'est dans la millième partie d'une goutte d'eau que s'est passé le roman d'une heure qui va être succinctement raconté. Les héros en sont une vorticelle et un infusoire, héros de si petite taille que, sans le microscope, on n'en eût soupçonné l'existence. L'auteur de l'observation, car l'imagination n'est pour rien dans l'affaire, est M. Paul Laurent, professeur à l'école forestière de Nancy.

Entre les verres du porte-objet d'un microscope, une goutte, une seule, d'une infusion de cucurbita-pépo a été mise : des débris de la tige du cucurbita se trouvent au sein de cette goutte d'eau et circonscrivent entre eux un espace triangulaire. Dans cet espace sont parqués une vorticelle attachée par sa tige à un des fragments végétaux, et un infusoire garni de cils puissants annonçant une robuste et mâle constitution. Tel est le décor et les acteurs sont en scène; la pantomime commence.

L'infusoire tourne autour de la vorticelle et cherche à la caresser de ses cils qui sont des bras, tantôt en une place et tantôt en une autre, « mais plus particulièrement vers sa partie antérieure; » dit M. Laurent, et il ajoute aussitôt : « c'est-à-dire sur sa bouche ». Chaque fois que l'infusoire en arrive là, la vorticelle témoigne par de rapides contractions de sa queue en tire-bourre, d'une très-forte émotion, d'une vive frayeur, et même de sa répulsion; toutes ces expressions sont du témoin oculaire, M. Laurent. La cloche elle-même qui, avec le tire-bourre constitue l'ingénue (dont l'espèce pourra nous trouver nous-mêmes étrangement conformés, si jamais elle invente le télescope pour nous voir comme nous avons inventé le microscope pour la regarder); la cloche, dis-je, se raccourcit soudain pour se soustraire aux attouchements; « aux attouchements trop vifs, » dit M. Laurent : mais la suite semble prouver qu'en fuyant à sa manière derrière les saules, la Galatée du cucurbita-pépo n'a d'autre but que de pousser la vivacité des attouchements jusqu'au paroxisme (comme dirait M. Roqueplan).

Le jeune premier ne se décourage pas; la queue en hélice de la vorticelle n'a pas eu le temps de reprendre sa position première que déjà il a nagé mais timidement (il s'enhardira!) dans le sillage de la cloche fugitive. C'est M. Laurent qui dit cloche; l'infusoire doit employer des expressions plus galantes. Il va donc où il se sent attiré en « faisant vibrer ses cils » (ce qui peut se traduire par faire les beaux bras), il nage aux côtés de la belle, avec des précautions infinies. « Ainsi, par exemple, dit l'auteur, quand ses antennes, je veux dire les cils de sa bouche, venaient à effleurer la cloche vivante, on pourrait dire la cloche animée, s'il s'apercevait qu'il existât chez elle quelques nouveaux frémissements, on le voyait reculer aussitôt avec vivacité, mais pour se rapprocher bientôt de celle qu'une poursuite trop vive aurait effarouchée; si bien qu'au bout d'un certain temps, mieux appris et plus prudent, il parvint à ne plus provoquer chez elle ces fuites rapides comme l'éclair et au moyen desquelles elle lui échappait tout à coup. »

Alors la coquette a recours à un autre manége. Moins craintive et s'humanisant, elle refuse encore, mais ne fuit plus; elle repousse, et c'est presque une caresse qu'elle rend. « Elle appuyait doucement un des points de sa cloche contre le corps de l'agresseur, et le repoussait avec toute la grâce d'un lis penché sur sa tige. »

Le jeune homme se laissait éconduire sans résistance aucune jusqu'à l'extrémité de l'espace triangulaire où la scène se passe. « On ne peut croire tout ce qu'il y avait de soumission, de laisser-aller, dans cet être évidemment plus robuste que la cloche fleur. » Pure rouerie! abandonné dans son coin, il y restait bien immobile, il est vrai, pendant quelques secondes, mais pour se faire désirer ; car bientôt après on le voyait papillonnant autour de la vorticelle qui s'était retirée à l'autre extrémité du champ-clos en vue de se faire chercher.

Racontons rapidement un dénouement que tout le monde prévoit, ou plutôt laissons M. Laurent le raconter : « Les refus de la fleur animée devinrent insensiblement moins sévères; une sorte d'intimité commença à s'établir entre ces deux êtres faits pour s'unir, et la fleur timide, la nymphe coquette, la Célimène des eaux, finit, comme tant d'autres, par céder à la grande loi naturelle..... » Elle succomba.

### Charrue à drainer.

Dans cette œuvre de géants que nous avons à accomplir pour faire de cette antique vallée de larmes un lieu de délices, il est une machine dont nous tirerons un très-grand parti. Elle répond à une opération capitale; c'est la machine à drainer de MM. Fowler et Fry. Les auteurs de cette prodigieuse machine se sont proposé de réduire les frais de drainage en économisant les travaux de main-d'œuvre.

Pour montrer s'ils l'ont atteint, il nous suffira de dire qu'elle place les tuyaux sous le sol sans qu'il soit besoin de faire le plus petit fossé. C'est une véritable taupe ; elle consiste essentiellement en un fort coutre, qui s'enfonçant en terre à la profondeur voulue (1$^{m}$ à 1$^{m}$ 50), fait à l'aide d'un soc cylindro-conique aplati, fixé à sa pointe, un souterrain dans lequel viennent se loger, les uns derrière les autres, des tuyaux enfilés en chapelet dans une corde ; le tout marche par la simple force de deux à quatre chevaux ; ceux-ci tournent un manége, et le manége commande directement à un cabestan ordinaire sur lequel s'enroule un gros câble attaché par son autre extrémité à la charrue à drainer.

Supposons-nous en présence d'un champ peu accidenté et présentant la pente voulue pour toute espèce de drainage : le cabestan sera conduit au point culminant de la pente et la machine au point opposé.

Le cabestan et son manége étant fixés, on pratique une tranchée à l'extrémité opposée de la ligne que doit parcourir la charrue ; c'est par là que se fait l'entrée du coutre dans le sol. Le chapelet de tuyaux est préparé d'avance; un homme l'emmanche dans le talon de la charrue, en ayant soin qu'il arrive par une pente douce à l'entrée du futur souterrain.

Le câble en chanvre couvert de laiton étant accroché à la tête de la charrue, le signal de la marche est donné, les chevaux animent le cabestan, et la machine s'avance silencieusement; le coutre fend le sol avec une puissance irrésistible, le soc ouvre le sous-sol qu'il comprime sur tout son pourtour, et traîne après lui dans les flancs de la terre les tuyaux juxtàposés.

Après que trente ou quarante tuyaux ont été introduits, on s'arrête pour raccorder une nouvelle série de drains, puis la machine se remet en mouvement, et elle continue sa marche jusqu'à ce qu'elle ait parcouru 130 à 150 mètres, et ne soit plus qu'à 18 mètres du manége; là, une nouvelle tranchée préparée d'avance permet au coutre de sortir. Les pièces de terre sont ainsi drainées sans que la machine ait laissé d'autre trace de son passage qu'une fente très-peu appréciable.

Un agriculteur qui l'a vu fonctionner, M. Alfred de Montreuil, rend compte en ces termes, dans un *Rapport aux congrès de Lisieux*, des expériences auxquelles il a assisté : « Nous étions, dit-il, dans une prairie, environnés de troupeaux. Eh bien ! quand nous avions passé sur un point, que les herbes foulées accusaient à peine, ces troupeaux paissaient paisiblement jusque sur les lèvres refermées de la plaie que nous avions faite ; rien n'avait disparu dans ce pâturage. Six hommes, deux chevaux, en une demi-heure, montre en main, avaient suffi pour descendre à 1$^{m}$ 03 sous terre, 300 tuyaux qui, sans la puissance mécanique, eussent demandé une semaine de travail et bouleversé tout le sol. »

### Le chloroforme et la mort apparente.

L'observation suivante a de l'importance au point de vue de l'administration des agents anesthétiques ; mais ce n'est pas à ce titre seulement que nous l'enregistrons, c'est aussi parce qu'elle touche à une grave question physiologique, celle des signes de la mort, et qu'elle met en doute ce qu'on regarde généralement comme bien établi, savoir qu'il y a mort dès qu'il y a cessation des mouvements du cœur.

L'observation est due à M. le docteur Boinet, elle porte sur une femme. Son mari était chargé de lui faire respirer le chloroforme, M. Lorne surveillait la respiration et le pouls; tout à coup celui-ci avertit M. Boinet qu'il ne sent plus de pulsations; le mari s'était oublié et avait laissé le mouchoir trop longtemps sous le nez de sa femme. On ouvre les deux fenêtres de l'appartement : « Plus de pouls, dit M. Boinet, plus de respiration, plus de *battements du cœur* à l'oreille appliquée contre la poitrine, résolution complète de tous les membres, face pâle, lèvres décolorées ; tous les signes de la mort... Jeter de l'eau froide à la figure, sur la poitrine, sur le ventre ; faire respirer du vinaigre ordinaire, des sels, brûler des allumettes soufrées sous les narines, frapper dans les mains, à la plante des pieds, tout fut inutile...; toutes ces manœuvres durèrent plus de cinq minutes.

« Deux fois je déclarai que la malade était morte. En désespoir de cause, je fis l'insufflation bouche à bouche. L'air que je poussais dans la bouche de cette femme soulevait ses joues, qui s'affaissaient aussitôt que je cessais cette insufflation. Je fis apporter un soufflet ; mais ce moyen n'eut aucun résultat. Dans la crainte qu'on ne m'accusât d'abandonner trop vite cette malade, je revins encore une seconde, une troisième fois aux insufflations bouche à bouche, que je faisais de toute ma force, pendant que mon confrère, M. Lorne, pressait sur le ventre et la partie inférieure du thorax, pour imprimer des mouvements au diaphragme et au thorax et reveiller les fonctions des poumons, si faire se pouvait.

« Enfin, un mouvement à peine sensible, que je ne peux mieux comparer qu'au dernier soupir d'un mourant, eut lieu, mais ne fut pas immédiatement suivi d'un second ; il se passa plusieurs secondes. Je continuai les insufflations pendant que M. Lorne continuait ses manœuvres ; mais je continuais ces insufflations, persuadé que l'inspiration que je venais d'observer était plutôt la dernière de la malade que le retour à la vie. Le pouls et le cœur paraissaient toujours ne pas fonctionner. Une seconde inspiration eut lieu, puis une troisième, puis une quatrième, avec moins d'intervalle qu'il n'y en avait eu entre la première et la seconde; la malade était sauvée. Enfin elle se réveilla, absolument comme tous les autres malades, à la suite des inhalations du chloroforme. Son réveil fut lent et progressif. »

M. Boinet conclut ainsi : « Évidemment chez cette malade, la vie a été arrêtée, suspendue pendant plusieurs minutes ; les organes vivaient encore, mais ils ne fonctionnaient plus. »

Nous tirerons bon parti de l'observation de M. Boinet quand nous aurons occasion de traiter cet émouvant sujet de la mort apparente.

### Le sucre animal.

Les végétaux n'ont pas seuls la propriété de fournir du sucre. La production saccharine s'opère normalement dans l'organisme animal. Le sang en contient, et c'est le foie qui le sécrète. Cette sécrétion commence même avant la naissance. Elle est indépendante du mode d'alimentation, puisqu'elle a lieu chez les animaux qu'on nourrit de viande. Comme toutes les sécrétions, elle s'accomplit sous l'influence nerveuse. Qu'on vienne, en effet, à couper sur un chien ou sur un lapin les deux nerfs pneumo-gastriques, la matière sucrée du foie disparaît en quelques heures.

Sous certaines influences, la sécrétion dont il s'agit prend une activité extraordinaire. Le sucre versé dans le torrent circulatoire, ne pouvant alors, en raison de sa trop grande abondance, être brûlé tout entier dans les capillaires sanguins, passe dans les urines comme une véritable excrétion. C'est ce qui a lieu, par exemple, chez les phthysiques (qui émettent une quantité de sucre d'autant plus grande que la période de la maladie est plus avancée), chez les hystériques, les épileptiques, les personnes affectées de pleurésie, d'asthme, de bronchite, etc.....

Mais, où le phénomène prend tout son développement, c'est dans cette terrible maladie, le diabète. Là, le sucre se produit en quantité si considérable que M. Thénard a extrait, dit-on, un pain de quinze kilog. du liquide excrété par un seul diabétique, et ce fait étonnant ne paraît pas invraisemblable, si on réfléchit que les personnes atteintes de diabète boivent jusqu'à 30 litres d'eau par jour, et expulsent 25 litres de liquide dans le même temps.

Vrai sucre d'ailleurs, et d'une saveur irréprochable, d'après M. Boussingault, qui en parle *de gustû*. On a vu, en effet, le savant chimiste, dans une des séances du cours qu'il fait au Conservatoire des arts et métiers, déguster un beau morceau de sucre bien blanc, extrait d'un diabétique traité à l'hôpital de la Charité; et je ne serais pas étonné que ce morceau de sucre eût mis en fermentation les idées de quelque industriel supputant les bénéfices que pourrait donner ce nouveau genre de fabrication.

Et ce qui est presque inquiétant pour les gens délicats, c'est que le moyen de provoquer le diabète existe; rien n'est plus facile que de faire d'un lapin, par exemple, le rival de la canne à sucre et de la betterave.

M. Alvaro Reynoso pense avoir prouvé que toutes les fois qu'il y a trouble dans les fonctions de la respiration, le diabète s'ensuit, et c'est une donnée dont la pratique pourrait aisément tirer parti. Mais M. C. Bernard a fait beaucoup mieux. L'habile expérimentateur a trouvé qu'il existe dans la moelle allongée un point très-limité dont la lésion provoque l'affection qui nous occupe. Ce point est borné en bas par l'origine des nerfs pneumo-gastriques, en haut par celle des nerfs acoustiques. Or si, avec un instrument acéré, on pique en cet endroit des chiens ou des lapins, on constate au bout de quelque temps que le principe sucré a envahi tout l'organisme, et que le sang et les autres liquides en sont surchargés.

Voyez-vous un industriel élevant des chiens et des lapins à seule fin de les piquer et de recueillir les produits de la piqûre, du beau sucre cristallisé, de la bonne eau-de-vie! Les consommateurs ne s'en douteraient seulement pas, et d'ailleurs la chimie leur défendrait de se plaindre.

### La production de la soie doublée.

M. Meynard prétend être arrivé à ce beau résultat; il obtiendrait deux récoltes par an, une au printemps comme tout le monde, l'autre en automne; et il ne s'agit pas ici d'essais de laboratoire, mais d'expériences faites sur une grande échelle. M. Meynard a en effet opéré en septembre et octobre derniers sur 1,550 grammes de graine qui ont produit 2,350 kilogrammes de cocons, soit 45 kilogrammes par once; rendement qui dépasse de beaucoup la moyenne, laquelle varie de 30 à 40 kilogrammes, selon les années.

On sait que les magnaniers de Naples font deux récoltes, et que dans l'Inde, où la végétation est permanente, les éducations se continuent presque sans interruption. Jusqu'à ce jour, tous les efforts pour doter la France et le nord de l'Italie des mêmes avantages avaient échoué, et cela parce les mûriers ne pouvaient résister à une double cueillette opérée comme on la pratiquait.

M. Meynard a été plus heureux parce qu'il a eu l'idée d'entreprendre sa deuxième éducation en septembre. A cette époque, la végétation est arrivée à son terme, la terre est presque au repos, la chute des feuilles est prochaine; leur enlèvement peut donc se faire sans causer de dommage aux mûriers. Quant aux moyens que l'auteur emploie pour conserver jusqu'au milieu de septembre les graines de l'année précédente, il n'a pas jugé convenable de les révéler. D'après lui, la soie d'automne serait plus nerveuse et moins bouchonneuse que celle du printemps, de sorte qu'elle finirait par être la plus recherchée et qu'elle aurait son emploi spécial dans les organsins.

## NOUVELLES.

M. Bonnelli est autorisé par le gouvernement piémontais à essayer sur un chemin de fer entre Turin et San-Paolo, un système de télégraphie qui a pour but d'établir une correspondance régulière entre les trains en marche, entre ceux-ci et les stations, et enfin de donner aux cantonniers les moyens de transmettre au besoin un avis utile aux mécaniciens en course. C'est-à-dire que M. Bonnelli a inventé pour son propre compte ce qui l'a été également en France. Plus heureux que nos compatriotes, il peut tenter un essai, et l'invention finira par nous revenir comme importation sarde. C'est le destin!

— On s'apprête, dit-on, à nous faire jouir de quelques-unes de ces inventions au moyen desquelles les américains réussissent à entourer de tant de comfort les voyages en chemin de fer. Il s'agirait de faire rouler, entre Paris et Marseille, des wagons dont les banquettes se transformeraient en lits au gré des voyageurs fatigués. Ce serait un commencement; mais ce n'est qu'un *on dit*. Espérons toutefois: le bien vient toujours, il ne s'agit que de savoir attendre longtemps et de vivre jusqu'à l'événement.

— On vient d'achever dans le comté de Galles, sur le chemin de fer de la vallée de l'ouest, un viaduc nommé viaduc de Crumlin, qui mérite d'être cité parmi les choses les plus gigantesques en ce genre. Son étendue totale est de 349 mètres, il est soutenu par 14 piles de 60 mètres de haut. Les convois en le franchissant planeront au-dessus d'un chemin de fer et d'un canal placés au fond de la vallée dont le viaduc relie les deux sommets.

— Le problème de Paris port de mer dont on a tant ri autrefois est, comme on sait, en bonne voie de solution. En ce moment, le trois-mâts mixte *France-et-Bretagne*, capitaine Sourisse, remonte la Seine, arrivant de Rio-Janeiro avec 270 tonneaux de frêt.

— On a essayé cette semaine, sur le canal Saint-Martin, le système de halage des bateaux auquel on donne le nom de touage. La traction se fait au moyen d'un petit bateau à vapeur en communication avec une chaîne noyée au fond de l'eau, et fixée aux deux extrémités du parcours. Ce bateau est de la force de 10 chevaux; il marche indistinctement en avant et en arrière, et, à cet effet, il est muni de deux gouvernails, l'un à la proue et l'autre à la poupe. On a pu remorquer ainsi des chalands pesamment chargés avec une vitesse moyenne de dix kilomètres à l'heure.

— Un firman du vice-roi d'Egypte décide la réunion de la mer Rouge à la Méditerranée, au moyen d'un canal de navigation traversant l'isthme de Suez.

— Le câble qui doit réunir, à travers la mer Noire, Varna à Balaklava, est parti d'Angleterre et a 400 milles de long. En même temps s'achève la ligne télégraphique entre Varna et Bucharest. Avant le mois de mars prochain, on aura tous les jours et à toute heure des nouvelles de Crimée, et les généraux étant munis de fils accessoires destinés à être mis en rapport avec le fil principal, pourront, dans tous leurs mouvements, se tenir en communication avec les cabinets de Paris et de Londres; les deux gouvernements assisteront à toutes les péripéties des batailles.

*Le propriétaire, rédacteur-gérant:*
VICTOR MEUNIER.

PARIS. — IMP. J.-B. GROS, RUE DES NOYERS, 74

Première année. — N° 5. Quinze centimes. 4 février 1855.

# L'AMI DES SCIENCES

PAR

## VICTOR MEUNIER

ON S'ABONNE
à la Librairie AUGUSTE GOIN
41, quai des Grands-Augustins, 41.

Paraît le Dimanche.

PRIX DE L'ABONNEMENT POUR L'ANNÉE
PARIS, 6 FR. — DÉPARTEMENTS, 8 FR.
Envoyer un mandat de poste.



### SUPPRESSION DU PAS-DE-CALAIS.

*Tunnel anglo-français.*

Ne doutant pas que l'entente *spéciale* existant actuellement entre la France et l'Angleterre ne soit le prélude d'une entente générale et permanente, plusieurs journaux techniques d'outre-Manche s'occupent d'unir matériellement l'une à l'autre, comme déjà elles le sont moralement, les deux nations assises sur les rives du détroit. Ce n'est pas assez, à leur avis, de ces nombreux paquebots au moyen desquels se font, entre la France et l'Angleterre, de quotidiens échanges de visiteurs : la mer les gêne! et puisqu'elle n'arrête plus la circulation des dépêches, pourquoi arrêterait-elle la circulation des voyageurs? La poste, aujourd'hui, franchit le détroit sans plus de façons qu'un facteur traverse un ruisseau ; les chemins de fer se laisseront-ils arrêter par un si misérable obstacle? *Delendum mare!* c'est le cri de ralliement. Supprimer en Europe un détroit incommode, en même temps qu'à la jonction de l'Afrique et de l'Asie on percera la bande de terre qui nous force à faire des détours de 2,000 lieues! ne serait-il pas glorieux de mener de front ces deux opérations?

Certains géologues admettent qu'en un temps fort éloigné de nous, à la place du *Pas-de-Calais*, existait un isthme joignant sans solution de continuité la future Grande-Bretagne au continent ; c'est donc, en quelque sorte, une restauration qu'il s'agit d'accomplir. Comment? *that is the question*. Plusieurs systèmes se présentent.

Quelqu'un a proposé de jeter entre Calais et Douvres un pont suspendu à des aérostats, moyen pas du tout pratique, et qui, fût-il aujourd'hui réalisable, ne serait pas accepté, vu qu'on tient à faire le trajet avec la vitesse que les chemins de fer donnent seuls jusqu'ici les moyens de réaliser.

D'autres ont pris par en bas la question que l'auteur de la précédente proposition a prise par en haut : ils ont imaginé de creuser un tunnel sous la mer. A en juger par les dépenses qu'a occasionnées celui de Londres et le temps qu'a demandé son établissement, ce tunnel anglo-français ne coûterait pas moins de plusieurs milliards, et il ne faudrait pas espérer de l'achever avant trois cents et quelques années. On est plus pressé que cela, et quoique riche, on n'a pas tant d'argent disponible.

Un troisième veut tout simplement combler le détroit, sauf en quelques points qu'il laissera ouverts, afin de ne pas gêner la circulation des navires. Si extravagante que paraisse l'entreprise, il ne faudrait pas la rejeter sans examen.

Enfin, un dernier projet consiste dans l'établissement d'un tuyau sous-marin ou tunnel tubulaire reposant sur le lit de la mer ; c'est celui-ci qui préoccupe nos voisins. Ils n'oublient qu'une chose, savoir que les auteurs de ce projet sont deux de nos compatriotes, M. Franchot, inventeur de la lampe modérateur (à qui l'Académie des sciences a décerné, l'année dernière, le prix de mécanique, en récompense de cette utile invention et de ses grands travaux sur l'emploi de l'air chaud comme moteur), et M. Tessié du Motay, collaborateur du précédent.

Puisqu'on les oublie, parlons-en, d'autant plus que le plan, pour être grandiose, n'en est pas moins réalisable, et qu'il a été conçu et conduit avec une sagacité, une persévérance, un esprit d'invention auxquels tous les lecteurs rendront hommage dans un instant.

Il faut dire d'abord que le but des inventeurs ne fut, à l'origine, que d'établir des communications d'un côté à l'autre des fleuves et des étroits bras de mer qui partagent en deux un grand nombre de villes importantes, par exemple, d'unir à travers le Mersey, Liverpool à New-Brigton, et d'établir un semblable passage d'une rive à l'autre du Tyne, près New-castle.

Ce n'est que par extension de leur plan primitif qu'ils ont été amenés à concevoir et à démontrer, par de nombreux sondages opérés dans le Pas-de-Calais, la possibilité de réunir de la même manière la France à l'Angleterre.

Le tunnel imaginé par MM. Franchot et Tessié du Motay est en fonte de fer et coulé par portions de 3 à 4 mètres de long. Son diamètre est de 2 mètres à 2 mètres 50. L'épaisseur de ses parois, déterminée par les différences de niveau du sol sur lequel il reposera, est variable pour ses diverses sections. Les extrémités des tubes qui doivent être mis en contact les uns avec les autres sont munies de crochets qui concourent à leur réunion, et, comme on va le voir, une disposition d'une parfaite simplicité rend inévitable le contact réciproque de ces crochets.

Ceci posé, et pour plus de simplicité, supposons qu'ayant entrepris d'établir un tunnel à travers un fleuve, nous ayons déjà posé sur l'une des rives de ce fleuve une portion de tunnel que, pour fixer les idées, nous désignerons par la lettre A. Ce tube est submergé dans une portion de sa longueur, et son autre partie repose sur le rivage. L'extrémité submergée est fermée par une cloison mobile qui s'oppose à l'entrée de l'eau, et l'autre extrémité s'ouvre à l'air libre, de sorte qu'on peut pénétrer à tout moment dans l'intérieur du tube. Voyons maintenant comment nous ajouterons à ce tube A un nouveau tube B.

Le tube B sera préalablement clos à ses deux extrémités par des cloisons semblables à celle qui termine l'extrémité submergée du tube A ; il pourra, par conséquent, si on l'immerge, descendre jusque sur le lit du fleuve sans que l'eau pénètre dans son intérieur. Ainsi préparé, le tube B sera remorqué par un bateau à vapeur jusqu'à un navire qui se tient à l'ancre précisément au-dessus de la place que ce tube devra occuper. Sur ce navire sont installés des treuils, et ces treuils meuvent un câble dont voici la disposition : il passe en même temps par une poulie qui termine l'extrémité submergée du tube A et une autre poulie qui termine l'extrémité du tube B, qui doit être mise en contact avec le tube A.

Il en résulte que lorsque le tube B est coulé à fond, ces deux poulies arrivent infailliblement en contact, et dès qu'elles viennent à se toucher, les crochets dont nous avons parlé s'emboîtent l'un dans l'autre, et l'adhérence est établie.

Cette adhérence ne suffit point, et voici comment la réunion définitive des différentes portions du tunnel est complétée.

On pénètre par l'extrémité ouverte du tube A dans l'intérieur de ce tube, et on arrive jusqu'à la cloison qui le sépare du tube B. Après s'être assuré que l'adhérence provisoire dont nous venons de décrire le mécanisme est convenablement établie, on la complète en faisant pénétrer dans un épais rebord du tube B de forts boulons garnis d'un bourrelet d'étoupe et placés sur un rebord correspondant du tube A ; puis on enlève les deux cloisons, qui serviront à fermer de nouveaux tubes, et la communication est définitivement établie entre les deux segments A et B du tunnel.

On comprend de suite que la même manœuvre nous servira à ajouter au tube B un nouveau tube C, et qu'ainsi, de proche en proche, nous atteindrons l'autre rive du fleuve.

Une portion du tube étant ajoutée à une autre, il s'agit de les mettre de niveau ; le niveau établi, il faut solidifier la construction. Les dispositions prises en vue de ce double but sont aussi simples qu'ingénieuses. De la droite et de la gauche du tube immergé sortent des espèces de sondes semblables à celles qui servent à forer les puits artésiens. Ces sondes peuvent être manœuvrées de l'intérieur du tunnel et poussées de dedans en dehors.

Conduites jusqu'à la rencontre du fleuve, elles y pénètrent, et selon que le sol est de niveau ou inégal, on les enfonce toutes deux à la même profondeur ou à des profondeurs différentes ; on arrive ainsi à établir l'horizontalité des tubes avec une grande précision.

Ceci fait, des hommes, placés sur le navire dont il a été question ci-dessus, font couler du béton par des tubes ou chemises de toile sur les côtés et au-dessous du tunnel, et bientôt le béton forme sous celui-ci un lit d'une grande solidité. Enfin, des ancres articulées sur les côtés du tunnel, et qu'un mécanisme simple permet de manœuvrer facilement, pénètrent avec force dans ce sol artificiel et donnent définitivement à toute la construction une inaltérable fixité.

Les différents segments du tunnel ne sont pas composés aussi simplement que nous l'avons laissé croire jusqu'ici. Chacun d'eux est formé de parties réunies par deux sortes d'ajustages. Les unes sont emboîtées comme les tubes d'une lunette et permettent l'allongement et le retrait du tube ; les autres sont articulées comme un genou, et le tube leur doit de pouvoir se prêter à une certaine flexion.

Grâce à ces habiles dispositions, les tubes peuvent suivre les sinuosités du sol jusqu'à ce qu'on soit parvenu à les mettre de niveau. Les articulations sont en outre disposées de manière à ce qu'on puisse réparer de l'intérieur les voies d'eau accidentelles.

Ainsi que nous l'avons dit, MM. Franchot et Tessié, quand ils commencèrent leurs études, n'avaient en vue que de faciliter les relations d'une rive à l'autre des fleuves ; plus tard, des études longues et pénibles leur ont démontré la possibilité de semblables communications à travers des bras de mer et notamment entre les côtes de France et d'Angleterre.

Leur conviction à cet égard repose sur un grand nombre de sondages opérés dans le détroit du Pas-de-Calais. Il résulte de leurs travaux que l'existence dans le grand chenal d'un banc désigné sous le nom de Colbat, rendrait difficile l'établissement d'un tunnel entre les deux points les plus rapprochés des côtes de France et d'Angleterre, savoir, entre le Grisnez et Southforeland, et même entre Boulogne et Folkstone.

La ligne qu'ils ont adoptée s'étend de Sangatte, petit village situé à l'ouest de Calais, entre cette ville et le Grisnez, et la pointe ouest de la jetée de Douvres, près du Shakespeareclif. Leurs nombreux sondages démontrent en effet que les pentes générales de cette ligne, qui d'ailleurs ne se trouve nulle part à plus de 50 à 55 mètres au-dessous de la surface de la mer, n'excèdent pas celles que rend admissible le mode de propulsion adopté par eux, et dont il nous reste à dire un mot.

Les wagons ne seraient mis en mouvement ni par des locomotives, ni à l'aide des moyens employés dans les chemins atmosphériques proprement dits. Chaque wagon, lancé isolément, serait muni, à l'avant et à l'arrière, de voiles circulaires dont le diamètre égalerait celui du tunnel. Deux fortes machines, situées aux extrémités de la voie, comprimeraient l'air en arrière du wagon, et une pression de 1/10e d'atmosphère suffisant à imprimer aux véhicules une vitesse de quinze lieues à l'heure, le détroit serait traversé en voiture en moins d'une demi-heure.

Tel est ce projet ; il atteste chez ses auteurs autant de prudence que de hardiesse, autant de bon sens que de génie. Une seule chose leur a manqué (qui n'eût rien ajouté à leur valeur personnelle) pour qu'ils prissent rang parmi les auteurs des entreprises les plus grandioses de ce siècle : les moyens d'exécution leur ont manqué.

Nous avons essayé de rendre aussi claire que possible cette défense de leurs droits, présentée d'office. Rien ne nous paraît plus réalisable que cette œuvre invraisemblable. De plus grandes impossibilités ont été vaincues. Et nous ne douterions pas de sa future réalisation, s'il n'y avait les hydrolocomotives, s'il ne devait y avoir la locomotion aérienne. Mais si ce moyen de communication n'est pas destiné à souder l'une à l'autre la France et l'Angleterre, dans combien d'autres circonstances ne recevrait-il pas une utile application ?

## Charles Dallery.

Charles Dallery, mécanicien de génie, auteur de l'une des inventions les plus considérables de ce temps, méconnu durant sa vie, obscur encore vingt années après sa mort : je viens porter sa cause devant le public.

Je recommande ce nom de Charles Dallery au futur historien des hommes illustres qui, par la création de la grande industrie, ont assuré la délivrance de l'humanité et fondé sa grandeur. Qu'il se garde, en effet, de ne placer dans cette galerie d'immortels que ceux dont les noms rappellent des succès ; qu'il s'attache avec un soin pieux à remettre en lumière ceux qui, venus avant les triomphateurs, ont échoué dans la cause même où leurs successeurs devaient remporter des victoires. Par leur défaite inévitable et féconde, ils ont assuré les conquêtes dont nous recueillons les fruits.

Que l'historien ait de l'admiration pour ceux qui réussissent, mais qu'il ait de la tendresse pour ceux qui échouent. Richard Arkwright ! voilà un grand nom ! mais celui qui l'a porté n'a pas été seul à lui donner l'éclat dont il brille ; et si les deux obscurs ouvriers de Lichtfield, John Wyatt et Paul Lewis ne lui avaient préparé la voie, tout au plus Arkwright eût-il été lui-même Wyatt ou Lewis.

Que le futur Plutarque prenne donc garde d'être injuste envers ces précurseurs du succès. Ils sont semblables au semeur qui, les semailles faites, mourrait. Ayons un souvenir pour eux au jour de la récolte, et n'allons pas nous imaginer que les épis dorés sous le poids desquels crie l'essieu des chariots sont dus au seul moissonneur.

Si l'on y devait mettre de la partialité, c'est pour ceux en faveur de qui je réclame qu'il faudrait avoir des préférences. Car, que pouvons-nous faire pour les autres? Ils ne sollicitent même pas notre admiration, ils nous la prennent.

Le sort, qui les a prédestinés au succès en les faisant naître en un temps où le succès était possible, nous dégage envers eux, tandis que nous avons à réparer envers les autres l'injustice des hasards.

Et si nous étudions la vie de ces grands hommes méconnus, combien de motifs nous trouverons de céder au mouvement qui nous porte vers eux. Réussir est une grande chose; mais de combien de choses basses souvent elle est composée! Watt, par sa moralité, glorifie le succès; mais Papin sanctifie la défaite. Quelques-uns s'élèvent sans avoir eu besoin de s'abaisser; combien restent au bas de l'échelle par fierté, par timidité, par loyauté, par vertu!

Ceci me ramène à Ch. Dallery.

J'ai cru longtemps qu'on chercherait vainement dans l'histoire des inventeurs une situation aussi douloureuse que celle où se trouva Papin lorsqu'en septembre 1707, les bateliers du Weser détruisirent, sous ses yeux, ce vaisseau à roues mu par une machine à feu, résultat des travaux de toute sa vie, et dont il espérait, Dieu aidant, tant d'avantages pour le public.

Je ne connaissais pas alors la vie de Ch. Dallery. Papin, « ce pauvre homme de médecin, » n'était pas arrivé à un degré de découragement tel qu'il détruisît son chef-d'œuvre de ses propres mains, et ce que n'eût pas fait Papin, Charles Dallery l'a fait.

Charles Dallery obtint, en l'année 1803, un brevet d'invention pour un *mobile perfectionné appliqué aux voies de transport par terre et par mer.* Les travaux qui motivèrent ce brevet, étaient : 1° un bateau à vapeur qui fut construit et mis à flot à Bercy; 2° un modèle de locomotive destinée à parcourir les routes de terre, mais qui ne fut pas exécutée.

Au premier coup d'œil jeté sur les dessins qui accompagnent ce brevet, on reconnaît quatre inventions considérables qui, selon l'opinion commune, dateraient d'une époque beaucoup plus rapprochée de nous.

Ces détails si longtemps inconnus de l'œuvre vraiment magistrale de Charles Dallery, sont : *l'hélice propulseur, la chaudière tubulaire, le mât rentrant, l'hélice ventilateur.* Et de ces inventions, les deux premières, considérées à juste titre comme d'immenses perfectionnemens dans la locomotion maritime et sur chemins de fer, ont suffi à fonder la gloire de deux ingénieurs illustres.

1803! Qu'on remarque cette date. Alors la machine à vapeur était à peine connue chez nous, et Fulton n'avait pas encore fait ses essais sur la Seine.

Veut-on encore une nouvelle preuve de la grande portée de Dallery? il fut si bien en avant de son époque, que 15 années après la prise de son brevet, l'importance de ses inventions était toujours méconnue. Ouvrez le 2e *volume de la collection des brevets d'invention*, volume publié en 1818 par ordre du ministre de l'intérieur, ouvrez-le à la page 206, et sous le n° 138 vous trouverez le titre (rien de plus) de la patente de Dallery. Une note placée en tête du volume explique ce laconisme. La voici :

« Nous n'avons fait qu'indiquer les titres des brevets dont l'objet est une conception chimérique que l'expérience a jugée, ou une chose que tout le monde connaît ou que personne aujourd'hui n'a envie de connaître. »

L'hélice imaginée par Charles Dallery est l'hélice simple, qu'il appelle *escargot*. Il est à remarquer qu'après avoir, dans ces derniers temps, essayé de la double ou de la triple, on est définitivement revenu à cette même hélice simple, préférable sous le double rapport de la force et de la vitesse.

Dans la chaudière tubulaire de Dallery, l'eau circule dans les tubes et la flamme lèche leurs parois externes. C'est une disposition qu'on essaie en ce moment de faire prévaloir ainsi que nous aurons occasion de le montrer. Ajoutons que Dallery construisit tout de suite son générateur en cuivre.

Le mât rentrant dans un autre mât qui repose à fond de cale, est encore admis comme une invention nouvelle et intéressante.

Enfin, la cheminée avec spirale intérieure montre que l'inventeur avait saisi sur-le-champ ce que d'autres ne comprirent que beaucoup plus tard, la nécessité d'un courant d'air énergique et rapide. J'ajoute qu'un nouveau et récent système de ventilation dont j'aurai à m'occuper repose précisément sur l'hélice de Ch. Dallery.

J'ai extrait ces détails d'un substantiel mémoire publié par le gendre de l'inventeur. M. Chopin-Dallery s'est donné la mission d'arracher ce nom à l'oubli, et il la poursuit depuis plusieurs années avec un désintéressement auquel M. Morin, parlant au nom d'une commission de l'Institut, a rendu justice en ces termes :

« La réclamation des enfants de M. Dallery n'est donc dictée que par un sentiment pieux envers leur auteur, et national envers la France. A ce double titre, elle méritait l'intérêt de l'Académie. »

Thomas-Charles-Auguste Dallery naquit à Amiens, le 4 septembre 1754, d'une famille dont les membres se distinguaient depuis deux siècles dans la facture de l'orgue. Il était né mécanicien, cela se vit dès qu'il put faire usage de ses doigts. A douze ans il construisit avec des morceaux de bois de petites horloges à équations d'une précision étonnante.

Il toucha à tout, il fit des machines à vapeur, des instruments de musique, des Montgolfières, des moulins, des horloges, des bijoux, etc., et perfectionna tout ce qu'il toucha. La seconde machine à vapeur qu'on vit en France, — la première était celle de Chaillot, — fut construite par lui et il la fit tout de suite à haute pression et l'installa sur une voiture. Une harpe lui étant un jour tombée sous la main, il lui adapta aussitôt un mécanisme pour opérer les demi-tons. Il apporta dans la facture de l'orgue des améliorations considérables; il perfectionna les clavecins à bombarde.

Il se mêle d'horlogerie et pour son coup d'essai fabrique des montres à répétition dans un système nouveau et simplifié, et de la dimension d'une pièce de cinquante centimes; il en construisit lui-même toutes les parties depuis les platines jusqu'aux aiguilles, jusqu'aux outils dont il eut besoin. Il devient bijoutier, et immédiatement il imprime aux premières façons de l'or un cachet de perfection féerique; pendant vingt-cinq ans, toute la bijouterie eut pour base les produits de son atelier.

Mais Dallery, qui avait du génie, n'avait pas cette chose inimitable, le bonheur. Rarement tira-t-il un profit de ses travaux, et l'honneur de ses principales découvertes devait lui être longtemps ravi.

Il fit, dès sa jeunesse, l'épreuve de cette mauvaise fortune. Lorsqu'il eut apporté à la harpe ce perfectionnement dont j'ai parlé, il vint à Paris et soumit son système au facteur le plus en vogue. Celui-ci approuva, un brevet fut pris..... au nom du facteur parisien.

Une orgue manquait à la cathédrale d'Amiens. Dallery fut chargé de l'exécuter. Cela devait coûter 400,000 francs. Il se mit à l'œuvre. La révolution éclata; de longtemps on ne devait construire d'orgues; sa carrière était brisée.

Il ne se laisse point décourager; il fabrique des clavecins à bombarde, c'est dire qu'il les perfectionne; mais la situation politique était loin de favoriser la vente d'objets de luxe. Il fallut encore changer de voie.

Il offre alors d'établir des moulins à farine mus par la vapeur. Le gouvernement accorda les bâtiments de l'octroi de Bercy, la ville promit des fonds. Les fonds n'arrivèrent pas, en échange la disette arriva.

En attendant des temps meilleurs, Dallery se fait horloger; mais les chefs-d'œuvre qui sortirent de ses doigts n'étaient pas plus de saison que les clavecins.

Les perfectionnements qu'un peu plus tard il apporta à la façon de l'or pouvaient faire sa fortune. A peine eût-on vu ses premiers échantillons, que les rouleaux filés ou laminés affluèrent chez lui. Une industrie nouvelle venait de naître; il en avait le secret et le monopole. Mais Charles Dallery ne pouvait être heureux s'il ne se rendait célèbre. Cette célébrité, tant désirée, il l'attendait de ce projet auquel il rêvait depuis longtemps : la construction de ce bateau à hélice et à chaudière tubulaire !

L'occasion semblait favorable : le camp de Boulogne venait d'être établi. Dallery obtint, le 29 mars 1803, le brevet ci-dessus mentionné.

Trente mille francs laborieusement acquis, tout ce qu'il possédait, furent employés à construire un bateau sur lequel devait être édifié le nouveau système de locomotion. Le bateau fut mis à flot, mais les 30,000 fr. étaient dépensés avant que les machines fussent terminées.

Encore un pas pourtant, et à l'honneur d'avoir conçu l'idée d'un bateau à hélice et à chaudière tubulaire, s'ajoutait l'honneur de l'avoir exécuté. A bout de ressources, il s'adressa au ministre, montra ses plans, son brevet, son travail commencé. Peine perdue !

C'est alors que Dallery fit ce qu'avaient fait les mariniers de Münden : il prit un marteau, et donnant à la fois l'ordre et l'exemple à ses ouvriers, il mit son bateau en pièces. Quant au brevet, il le laissa dormir, puis expirer au ministère de la marine.

La gloire d'avoir fondé la navigation à vapeur devait appartenir aux Américains.

Vingt-cinq années devaient s'écouler avant que la chaudière tubulaire fût réinventée par M. Séguin, avant que l'*hélice* fût réinventée par le capitaine Delisle, par Sauvage, par Erickson, etc.

Une commission académique composée de MM. Arago, Dupin, Poncelet et Morin a reconnu, en ces termes, les droits incontestables de Dallery :

« . . . . De l'examen auquel ils se sont livrés, il résulte pour vos commissaires la preuve que dès l'année 1803, M. Dallery avait proposé :

» 1° L'emploi des chaudières à bouilleurs tubulaires verticaux communiquant avec un réservoir à vapeur;

» 2° Celui de l'hélice immergée, comme moyen de propulsion et de direction pour les bâtiments à vapeur;

» 3° Celui des mâts rentrants;

» 4° Celui d'une hélice, comme moyen d'aspiration pour activer le tirage des foyers.

» En conséquence, ils vous proposent de reconnaître l'exactitude de la réclamation qui a été adressée à ce sujet à l'Académie par M. Chopin, gendre de M. Dallery. »

Les conclusions de ce rapport ont été adoptées.

C'est donc un point d'histoire définitivement fixé. Dallery est l'inventeur de la chaudière tubulaire, invention qui demandait du génie, car le problème se posait ainsi : augmenter la surface de chauffe en diminuant le volume de la chaudière; invention capitale, puisqu'elle était la condition *sine quâ non* du transport des voyageurs par les chemins de fer. Si on vous demande quel est l'homme qui le premier a construit un bateau à hélice; répondez donc : c'est Charles Dallery. Et si devant vous on parle de mâts rentrants ou de ventilateurs à hélice, dites : ce sont là des inventions de Dallery.

Plus j'examine les dessins de ce bateau, breveté en 1803, et plus j'admire la supériorité dont leur auteur fit preuve. Ses idées sont complètes et mûres dès leur naissance; il invente à lui seul ce qui ne pourra être inventé que par plusieurs; il imagine en bloc ce qui, après lui, ne sera imaginé qu'en détail; il devine ce que l'expérience révélera à ses successeurs. Ainsi, comme Fulton, comme Jouffroy, il construit un bateau, mais ni Jouffroy, ni Fulton n'ont pensé à l'hélice et à la chaudière tubulaire, il y pense. Cette chaudière de son invention, il la fait toute de suite en cuivre, ce dont ne s'avisera pas d'abord celui qui la réinventera plus tard.

Avant d'avoir construit une voiture à vapeur, il devine la nécessité d'activer le tirage, et de longues années après, Stephenson ne comprendra cette nécessité qu'après avoir construit des locomotives impropres au service.

Stephenson a eu besoin de Séguin, Fulton a reçu des services d'Erickson, Dallery se fût passé de l'ingénieur français et de l'ingénieur suédois; il eût pu dire : moi seul et c'est assez ! si sa modestie n'eût égalé ses talents.

Cet homme de mérite, cet homme de bien, est mort à Jouy, près Versailles, le 1er juin 1835, à l'âge de quatre-vingt-un ans.

Il y a vingt ans qu'il est mort : la justice peut donc venir pour lui sans faire preuve d'un empressement déplacé.

## Chemin de fer aérostatique.

M. Prosper Meller jeune a publié à Bordeaux une brochure in-8° de 160 pages, accompagnée d'un atlas in-4° de 4 planches, et qui a pour titre : *des Aérostats;* pour sous-titres : *Navigation aérienne; chemin de fer aérostatique, aérostats captifs.* L'auteur a fait vœu de « consacrer tous ses efforts, toutes ses veilles à la navigation aérienne; sa réalisation est, dit-il, son seul désir. Il lui a voué, ajoute-t-il, son repos et sa vie. » Et personne, en effet, n'a apporté à cette grande cause un dévouement plus passionné ni plus persévérant que le sien.

Dans cette brochure se trouve décrit un projet très-original et très-ingénieux de chemin de fer aérostatique. Sa réalisation, à supposer que l'expérience en démontre la possibilité, outre les services directs et immédiats qu'elle rendrait à la circulation, aurait pour résultat de résoudre une multitude de questions partielles comprises dans ce problème si complexe de la navigation aérienne.

Le système consiste en un aérostat captif assujetti à se mouvoir par des poulies sur une série de courbes formées par deux câbles en fer parallèles, fixés de distance en distance à des points élevés ou pavillons, et abandonnés dans l'intervalle de ces points à l'action de la pesanteur. Le chemin, au lieu de consister, comme les rails-ways ordinaires, en deux bandes de fer reposant sur le sol, serait donc composé de deux rangs de câbles formant une suite de courbes ou de guirlandes dont la convexité serait tournée vers le sol.

Il résulte de cet arrangement que l'aérostat, placé au départ au milieu de l'une de ces courbes, et tendant à s'élever par sa force ascensionnelle, glissera jusqu'à l'extrémité supérieure des câbles en pressant contre la convexité des courbes. Un premier pavillon étant franchi, si l'on surcharge l'aérostat d'un lest supérieur à sa force d'ascension, il descendra le long de la courbe suivante jusqu'au point le plus inférieur de cette courbe. Qu'alors on jette du lest, et l'aérostat, continuant son chemin, remontera le long de la courbe jusqu'au deuxième pavillon, et ainsi de suite.

Les pavillons, construits en bois ou en fer, seront solidement étayés par des câbles.

La distance entre les pavillons sera de 1 kilomètre, et leur hauteur de 260 mètres. Ils seront dominés par des paratonnerres qui garantiront de la foudre toute l'étendue du chemin atmosphérique et les plaines environnantes, dans un rayon égal à deux fois leur hauteur.

Les points escarpés, montagnes, collines, etc., obstacles infranchissables pour les chemins de fer ordinaires, seront très-utiles aux chemins de fer aérostatiques, puisque ces élévations naturelles remplaceront avantageusement les pavillons. Ceux-ci pourraient, en outre, servir à l'établissement de télégraphes électriques.

Les câbles seront en fils de fer. Leur section sera proportionnée à la surface que les locomotives aérostatiques présenteront au vent; car le poids du chargement sera équilibré par la force ascensionnelle. Ils n'auront pas moins de 4 centimètres de diamètre.

M. Meller indique plusieurs moyens pour franchir les points d'appui. Il décrit une machine très-simple qui empêchera le mouvement oscillatoire de la portion libre des câbles.

Parlons maintenant des locomotives. A capacité égale, un aérostat allongé horizontalement éprouvera beaucoup moins de résistance à déplacer l'air qu'un aérostat sphérique, et par suite il aura une plus grande vitesse, il fatiguera moins les cables et utilisera le vent sans voiles. Cependant la forme allongée ne devra remplacer la forme sphérique pour les chemins aérostatiques qu'après que l'expérience aura démontré sa supériorité.

Des aérostats métalliques sont indispensables à la réussite de l'entreprise. Ils seront en tôle de 1 1/2 millimètre d'épaisseur sur un diamètre de 100 mètres. Leur force ascensionnelle sera de 30 tonneaux (30,000 kil.).

Les locomotives aérostatiques seront inversables, étant assujetties aux câbles par des poulies en fer aux deux points opposés de leurs lignes équatoriales.

La direction aérienne sera principalement basée sur les forces ascensionnelles et descensionnelles; par conséquent, on l'obtiendra en lestant et délestant à propos les locomotives.

Le vent, selon sa direction et sa force, aidera plus ou moins à la translation le long des câbles; on l'utilisera, dans tous les cas, avec des voiles verticales et horizontales.

Tout objet lourd pourra servir de lest. On emploiera de préférence de la terre, du sable, des cailloux, des pierres, etc., enfermés dans des sacs. Ces sacs, pesant 25 kilog. chaque, seront déposés d'avance sur la plate-forme des pavillons. Ils seront munis d'anses inflexibles, afin que les aérostiers puissent les saisir facilement avec la gaffe ou la main.

Cependant un seul poids pourrait servir de lest pendant tout un voyage. Il serait attaché à un câble qu'on tendrait au moyen d'un grand tambour à engrenage pour opérer la descension. Supposons, en effet, deux roues en fer tournant sur un essieu qui les dépasse de chaque côté, afin qu'elles se remettent toujours dans leur position naturelle, et fixées à l'une des extrémités d'une corde, dont l'autre bout est sous la main de l'aéronaute.

Si celui-ci veut déterminer l'ascension, il laisse les deux roues tomber sur le sol et file le câble jusqu'à ce que la locomotive ait atteint le plus prochain pavillon. Pour redescendre de l'autre côté, il tend la corde, enlève le lest, et, chargé de ce poids, l'aérostat descend forcément.

Il serait même possible de diriger les locomotives sans aucun lest, au moyen d'une roulette circulant dans une coulisse posée sur le sol parallèlement au chemin aérien.

Le devis estimatif des frais qu'entraînerait la réalisation d'un tel projet ne paraîtra sans doute point dépourvu d'intérêt. Voici, d'après l'auteur, ce que coûterait *un myriamètre* de chemin aérostatique établi *avec quatre câbles formant deux voies.*

| | | |
|---|---|---|
| 10 pavillons, terrains compris, à | 20,000 f. | 200,000 f. |
| 44 kil. de câbles, sur 4 lignes, à | 6,000 | 264,000 |
| 80 cages tournantes s'opposant aux oscillations des câbles, | 100 | 8,000 |
| 40 piliers soutenant les 80 cages tournantes............ | 400 | 16,000 |
| Ouvrages accessoires et dépenses imprévues......... | | 12,000 |
| Total........ | | 500,000 f. |

Un myriamètre de chemin de fer aérostatique coûterait donc 500,000 fr. Or, un chemin de fer ordinaire coûte 4,500,000 f.

L'auteur entend bien que le premier essai aura lieu sur une ligne peu importante ou même qu'il consistera simplement en un service d'omnibus au-dessus d'une ville; il n'en a pas moins cherché à se rendre compte des dépenses et des bénéfices probables d'une grande entreprise, telle, par exemple, qu'une ligne de Paris à Bordeaux.

La distance entre ces deux villes étant de 58 myriamètres, on a

| | | |
|---|---|---|
| 58 myriamètres de chemin à | 500,000 f. | 29,000,000 f. |
| 5 locomotives aérostatiques en tôle à............ | 2,000,000 | 10,000,000 |
| 116,000 sacs de lest (200 par pavillon) à 2 f......................... | | 232,000 |
| Gares et pièces de rechange........ | | 768,000 |
| Total...... | | 40,000,000 f. |

Un chemin aérostatique de Paris à Bordeaux coûterait donc 40 millions.

En partant de là, M. Meller prouve aisément que la compagnie qui créerait ce chemin réaliserait d'énormes bénéfices. Il cherche ensuite à quels dangers pourraient être exposés ceux qui voyageraient de cette charmante façon; il n'en trouve point de sérieux; il n'y en a guère, en effet. Evidemment les voyages en aérostats captifs ne peuvent être sujets à autant d'accidents que les voyages en voiture ou en chemins de fer. L'auteur remarque que l'on n'aura pas à craindre « l'emportement des chevaux, » l'imprudence ou l'inhabileté des conducteurs, les chocs épouvantables de deux trains se précipitant l'un contre l'autre, les déraillements, l'explosion des locomotives à vapeur, etc.

Munis de soupapes de sûreté, les aérostats ne peuvent éclater; la chose arrivât-elle, ils seront encore soutenus par les câbles. Si, au contraire, ce qui est plus probable, les câbles venaient à se briser, les aérostats flottant dans l'air, les voyageurs seraient dans une situation analogue à celle des aéronautes ordinaires.

A ces mérites négatifs, il convient d'ajouter le charme du voyage et la réduction des prix de transport.

---

## LA SEMAINE SCIENTIFIQUE.

Une admirable application de l'électro-chimie. — Admirable, en effet, et dont les auteurs mériteront d'être mis au rang des bienfaiteurs de l'humanité si l'avenir confirme les résultats annoncés dans le mémoire qu'en leur nom M. Dumas vient de présenter à l'Académie des sciences.

MM. Andrès Poey, de la Havane, et Maurice Vergnès prétendent, en effet, posséder le moyen d'extraire de l'organisme vivant de l'homme les métaux qui y ont été introduits, soit sous forme de remède, comme le mercure, soit par absorption dans l'exercice de certains arts et métiers, par exemple dans l'étamage des glaces, la dorure au mercure, la peinture au blanc de plomb, le travail des mines, etc. Ce moyen, le voici :

Le malade est plongé jusqu'au cou dans une baignoire métallique isolée du sol; il est assis sur un long banc de bois isolé de la baignoire, et ses jambes sont étendues horizontalement sur ce banc. L'eau du bain est légèrement acidulée avec de l'acide nitrique ou de l'acide hydrochlorique quand il s'agit d'opérer l'extraction du mercure, de l'argent ou de l'or, et avec de l'acide sulfurique quand il s'agit du plomb. On met la baignoire en contact avec le pôle négatif de la pile, et le patient tient le conducteur positif. Par suite de cette disposition, le courant positif pénètre jusqu'aux os du malade, décompose le métal introduit dans son corps et le dépose sous sa forme primitive sur les parois de la baignoire, où il devient visible à l'œil nu.

Un chimiste de la Havane, M. Moizant, ayant analysé 912 gr. d'eau d'un bain qui avait servi à une opération de ce genre, vit se former en trois minutes, un beau globule de mercure d'un diamètre de 9 dixièmes de millimètre. Dans une autre occasion, le même chimiste recueillit un très-léger précipité blanc qui donna deux globules de plomb métallique peu appréciables à l'œil nu, mais parfaitement visibles à la loupe. M. Poey rapporte avoir retiré du fémur et du tibia d'un malade une grande quantité de mercure qui s'y trouvait depuis quinze ans.

Histoire d'un nègre passant au blanc. — Joseph Daniel est un nègre né dans le Kentucky en 1810, et présentement esclave à Salmi-County, dans le Missouri. Il est né de parents entièrement noirs; il était noir en venant au monde, et il resta noir jusqu'à sa seizième année. A cette époque, il fut mordu à la tête par un chien ; le chien étant bien portant, les blessures n'eurent en apparence rien de sérieux. Il faut noter cette circonstance que Daniel fut pris à l'improviste, n'ayant pas vu s'approcher l'animal dont il excitait la colère. Deux semaines après cet accident, de singuliers changements s'opérèrent dans la coloration du pauvre esclave : ses cheveux grisonnèrent, son corps devint moins noir; quelques taches entièrement blanches apparurent; elles s'agrandirent peu à peu, et dès l'âge de vingt-cinq ans, Daniel présentait déjà l'aspect qu'il offre encore aujourd'hui.

A part la face, qui mérite une description particulière, et quelques petites taches noires de la grandeur d'une tête d'épingle à une pièce de vingt centimes, disséminées sur le sternum et les deux poignets, tout le corps est blanc, non pas de ce blanc blafard qui appartient aux Albinos, mais du pur blanc caucasique.

La face est en partie blanche et en partie d'un brun foncé. Le front, à l'exception de quelques taches irrégulières, est entièrement blanc; un cercle de même couleur d'environ deux centimètres de large entoure tout le visage, dont le dessous, à partir du nez, est blanc, sauf deux bandes noires, l'une à la lèvre supérieure en guise de moustaches, l'autre à la lèvre inférieure; une troisième bande traverse le nez et rejoint sur les deux joues des taches de même couleur; l'intervalle compris entre les yeux est noir; enfin les oreilles sont couvertes de petites taches brunâtres. La peau du crâne est blanche; la chevelure courte, frisée, en partie noire, en partie grise.

Daniel n'a jamais été malade. A l'âge de vingt-cinq ans il épousa une négresse et en eut un fils bien formé, robuste, noir comme sa mère, et dans lequel on ne voit aucun indice de changement de couleur.

L'observation est de M. le Dr Hammer, de Saint-Louis (Etats-Unis), et vient d'être communiquée à la Société biologique. Des faits analogues, mais non identiques au précédent, sont enregistrés dans la science. Dans tous les cas antérieurs il s'agissait ou d'albinisme ou de changements partiels peu étendus.

A quelle cause attribuer ce phénomène? Lecat attribua à une brûlure grave un changement partiel de couleur qu'il eut occasion d'observer chez un nègre; on connaît plus d'un exemple de cheveux blanchis à la suite d'émotions violentes; le nègre dont il vient d'être question fut mordu par un chien, et la morsure lui causa un grand saisissement : une émotion violente pourrait-elle donc causer une perversion continue d'innervation? C'est à cette cause, qui aurait grand besoin d'être précisée, que l'auteur attribue l'état pathologique précédemment décrit.

L'emprisonnement cellulaire. — On sait quels éloquents réquisitoires ont été dressés contre ce régime au moyen duquel on prétend, en isolant un homme de ses semblables, lui apprendre à vivre en société. M. le docteur de Pietra-Santa apporte contre ce système des faits accablants.

Il établit que les aliénations mentales sont beaucoup plus fréquentes à Mazas que dans les prisons en commun, et que les aliénations s'y développent par le fait même du système chez des individus sains de corps et d'esprit.

Il prouve que le nombre des suicides continue de s'y accroître dans des proportions considérables. « Pendant quatre années, dit-il, depuis l'ouverture de la prison, leur nombre a été *douze fois* plus considérable qu'à la Vieille-Force (de 1830 à 1850), qu'aux Madelonnettes (de 1850 à 1854). »

M. de Pietra-Santa a constaté :

« 1° Qu'en général les détenus qui se sont suicidés n'étaient pas dans la catégorie de ces hommes pervers, perdus de dettes et de crimes, misérables sans foi ni loi, sans feu ni lieu ;

« 2° Que la plupart étaient en prévention pour des délits qui les rendaient spécialement passibles de la police correctionnelle ;

« 3° Que l'impression première de la solitude de l'encellulement a été si violente que la pensée de la destruction est née instantanément avec une force extrême dans leur esprit. Deux d'entre eux avaient cessé de vivre le lendemain de leur arrestation ; quatorze sur vingt-six n'avaient pas dépassé la huitaine ;

« 4° Que c'est dans la force de l'âge, chez les hommes qui ont déjà traversé la vie et ses péripéties, que cette passion est la plus énergique. »

L'ouïe et la parole rendues aux sourds-muets. — Deux sourds-muets, un petit garçon et une petite fille, avaient été confiés aux soins de MM. les Drs Blanchet et Auguste Houdin. Ces Messieurs les présentent à l'Académie, demandant qu'une commission les examine. Ils déclarent ceci : le petit garçon est resté sourd, mais il parle; la petite fille entend et parle tout à la fois.

La petite fille s'appelle Rocca-Serra ; elle est de Sartène, en Corse; elle a cinq ans; elle est sourde et muette de naissance. Le traitement a duré six mois; elle entend des sons de 60 à 5,000 vibrations, et, par conséquent, tous les sons de la parole humaine sur le ton de la conversation ; dit, d'une voix claire et nette, tous les mots de son vocabulaire et a déjà reçu une certaine éducation musicale.

Le garçon, Albin Rodrigues, de Bayonne, n'entend jusqu'ici que des sons de 80 à 600 vibrations ; il perçoit, *par les nerfs de la sensibilité générale*, des sons de 1,500 vibrations, et par conséquent la plupart des sons de la parole humaine; il s'exprime oralement sans efforts et sans intonation désagréable. Il prononce très-intelligiblement tous les mots de la langue; lit à première vue, à haute voix, tous les textes mis sous ses yeux et lit la parole sur les lèvres d'autrui.

Le fait de la perception tactile des ondes sonores et de la parole émise par un sourd de naissance non guéri de la surdité n'est pas plus nouveau que celui de la lecture sur les lèvres ; ce que M. A. Houdin donne comme entièrement nouveau, c'est le degré de perfectionnement auquel ils ont été amenés dans le cas qui précède.

A cette occasion, il fait remarquer : 1° que parmi les *sourds-muets de naissance* livrés aux méthodes d'enseignement ordinaire, basées sur la mimique et l'écriture, il en est un certain nombre qui, soumis à un traitement et à un mode d'éducation convenable, peuvent, non seulement recouvrer l'usage de la parole, mais encore la faculté de l'ouïe, au point de recevoir directement par l'oreille l'impression des sons parlés sur le ton ordinaire de la conversation ou sur un ton à peine plus élevé ; 2° que, parmi ceux dont la surdité est complète et à peu près incurable, il en est encore un certain nombre qui peuvent arriver à l'intelligence des sons parlés *par la perception tactile des ondes sonores*, lire la parole sur les lèvres d'autrui et parler eux-mêmes très-intelligiblement.

Conservation des empreintes laissées sur la neige. — Il y a trois ou quatre ans, un pharmacien de la marine, M. Hugoulin, trouva moyen de solidifier les empreintes de pas laissées sur la poussière des chemins. On comprend l'importance d'une pareille invention en matière criminelle; aujourd'hui, l'ingénieux expérimentateur va beaucoup plus loin, il fait une chose qu'on eût jugée impossible ; il conserve les traces laissées sur la neige. Voici comment.

L'opération repose sur ce principe, que la gélatine pure dissoute dans fort peu d'eau tiède se prend immédiatement en gelée consistante par le contact d'un corps froid, et reproduit un cliché exact de la surface sur laquelle on l'a appliquée, enfin que ce cliché peut, sans se déformer, servir à une reproduction exacte de cette surface au moyen d'un corps plastique qui se solidifie rapidement, le plâtre, par exemple.

L'opérateur se munit de quelques onces de gélatine en belles plaques transparentes. On les trempe dans l'eau fraîche jusqu'à ce qu'elles soient suffisamment gonflées.

Si la couche de neige est épaisse, l'empreinte est tout entière sur la neige; si elle est mince, le talon a pu pénétrer jusqu'au sol, et quelques parties de terre ou de sable sont à découvert. Dans ce dernier cas, on enduit d'une légère couche d'huile les parties qui ne sont pas imprimées sur la neige.

L'empreinte ainsi préparée, on prend la gélatine gonflée par l'eau d'absorption, on la dépose dans un vase à fond plat, et avec une lampe à alcool on chauffe doucement de manière à faire fondre la gélatine, en agitant avec précaution pour ne pas introduire de bulles d'air. Une fois fondue, on la laisse refroidir assez pour qu'elle coule encore facilement, et on la verse avec précaution sur l'empreinte, en couche peu épaisse d'abord, puis on ajoute une seconde couche pour donner plus de solidité à l'empreinte.

Au bout de quelques minutes le cliché de gélatine est assez solide pour être enlevé. On le renverse sur un linge en plusieurs doubles, dont on relève les bords autour du cliché, et on coule sur la gélatine du sable à mouleur très-fin. On doit avoir soin, avant d'y verser le plâtre, de huiler légèrement la surface de la gélatine avec un pinceau. Le cliché de gélatine peut servir à prendre plusieurs empreintes avec le plâtre; il se conserve aisément pendant plus de deux heures sans subir la moindre altération.

## VARIÉTÉS.

### Une apparition.

Ficinius et Michel Mercatus, après une longue conversation sur la nature de l'âme, convinrent que celui des deux qui mourrait le premier apparaîtrait au survivant (si la chose était possible) et l'informerait des conditions de l'autre vie.

A quelques temps de là, raconte Baronius, il arriva que Michel Mercatus, étudiant la philosophie de bon matin, entendit tout-à-coup le galop d'un cheval, qui s'arrêta à sa porte, et il reconnut la voix de son ami Ficinius qui criait : *O Michel! Michel, toutes ces choses sont vraies!* Mercatus se leva et courut à sa croisée. Il aperçut son ami qui déjà s'en retournait; il était vêtu de blanc et monté sur un cheval de même couleur. Mercatus l'appela vainement et le suivit des yeux jusqu'à ce qu'il disparût.

Bientôt, il reçut la nouvelle que Ficinius était mort à Florence à l'heure même de l'apparition. Dès ce moment, Mercatus abandonna les études profanes pour s'adonner à la théologie.

« On peut, dit M. Brierre de Boismont, se rendre compte de cette apparition, qui fit tant de bruit, à cause de la position élevée des deux personnages, par les circonstances suivantes: L'étude de Platon, l'idée de son ami, déterminèrent chez Mercatus une hallucination qui fut aussi favorisée par le silence du matin. » L'explication nous semble, en effet, très-suffisante; quant à la coïncidence de l'heure de la mort avec celle de l'apparition, à la supposer, en effet, rigoureuse, ce n'est qu'une simple coïncidence.

### Machines à battre.

Depuis 1849, des machines à battre, mues par la vapeur, fonctionnent en France dans la région de l'Ouest. Ces machines, construites par MM. P. Renard et A. Lotz, de Nantes, se composent d'une longue charrette montée sur deux roues. A la partie supérieure du bâtis est la machine à battre; la machine à vapeur est à l'autre extrémité; le cylindre est fixe et s'écarte un peu de la verticale. Une bielle, qui porte à ses extrémités des guides ou glissières, joint la tige du piston à la manivelle de l'arbre de couche, par lequel le mouvement est communiqué à la machine à battre.

Cet arbre est nécessairement oblique : il porte le volant.

Le nombre de personnes nécessaire pour desservir cette machine est de dix. Lorsque la paille n'est pas très-longue et que les épis sont bien remplis, la machine peut battre, dans une journée de travail de dix heures, de 150 à 200 hectolitres de froment. Ce battage s'est fait, jusqu'à ce jour, à forfait. Le propriétaire de la machine procure le mécanicien et le combustible.

Le cultivateur doit fournir l'eau et les hommes nécessaires à l'opération du battage. La redevance varie entre 40 et 50 centimes l'hectolitre, suivant la longueur de la paille et le rendement en grain. Si on admet que la machine peut battre 150 hectolitres de froment par jour, on reconnaîtra, en évaluant chaque jour de travail à 2 fr., que les frais du battage s'élèvent à peine à 65 cent. Or, jusqu'à ce jour, dans la région de l'Ouest, le prix de revient du battage des céréales a toujours dépassé 1 fr. 25 à 1 fr. 50 cent. l'hectolitre. L'économie est donc de 60 à 85 cent. l'hectolitre, c'est-à-dire de moitié et plus.

### Un mangeur d'opium.

Un ambassadeur anglais envoyé dans l'Inde, s'étant rendu au palais du souverain, fut conduit à travers une longue suite d'appartements splendidement décorés, dans une chambre dont l'ameublement dépassait en richesse tout ce qu'il venait de voir, et où on le laissa seul.

Bientôt entrèrent deux personnages d'un extérieur distingué; ils précédaient une litière portée par des esclaves et recouverte de soieries et de cachemires. Sur cette couche était étendue une forme humaine qu'on eût crue privée de vie, si la tête ne se fût balancée à chaque mouvement des porteurs. Auprès de la litière, deux officiers tenaient, sur des plateaux en fil d'or, une coupe et une fiole remplie d'un liquide bleuâtre.

L'ambassadeur croyait assister à quelque cérémonie funèbre; ce qu'il vit le détrompa. Un des officiers, soulevant cette tête inerte, repoussa la langue qui faisait saillie au dehors, introduisit dans la bouche une certaine quantité de liquide noir, et ayant refermé les mâchoires, frotta doucement la gorge pour opérer la déglutition.

Cet étrange manége ayant été répété cinq ou six fois, l'être qui en était l'objet ouvrit les yeux, puis avala lui-même une grande dose de liquide. Moins d'une heure après, ayant recouvré la couleur et l'usage de ses membres, il s'assit sur sa couche. S'adressant alors en persan à l'envoyé anglais, il lui demanda le sujet de sa mission. Deux heures plus tard, ce personnage extraordinaire était complétement actif et en état de se livrer aux affaires les plus difficiles. L'ambassadeur prit la liberté de lui adresser quelques questions sur la scène dont il avait été témoin.

« Monsieur, répondit le prince, je suis mangeur d'opium de vieille date; je suis tombé par degrés dans ce déplorable excès. Je passe les trois quarts de la journée dans l'état de torpeur où vous m'avez vu. Incapable de me mouvoir ou de parler, j'ai pourtant encore ma connaissance, et ce temps s'écoule au milieu de visions agréables; mais je ne m'éveillerais jamais, si je n'avais des serviteurs zélés qui veillent sur moi avec un soin religieux.

« Dès que par l'état de mon pouls, ils connaissent que mon cœur se ralentit, et lorsque ma respiration devient presque insensible, ils me font avaler la solution d'opium, et me font revivre, comme vous l'avez vu. Pendant ces quatre heures, j'en aurai avalé plusieurs onces, et peu de temps s'écoulera avant que je retombe dans ma torpeur habituelle. »

### Propriétés singulières de l'air filtré.

Ce titre n'est pas très-exact; car, au lieu d'acquérir des propriétés nouvelles par la filtration, l'air perd au contraire celles qu'on lui connaît; l'une des plus générales est assurément de déterminer la fermentation et la putréfaction au sein des matières organiques mortes; or, il suffit de le faire passer à travers du coton pour qu'il devienne incapable d'aucune action de ce genre.

Ce fait extraordinaire résulte d'expériences très-curieuses entreprises par deux chimistes allemands, MM. Schrœder et Dusch.

M. Verdeil décrit en ces termes leur manière de procéder :

« L'appareil dont ils se servent se compose tout simplement, dit-il, d'un ballon de verre hermétiquement fermé par un bouchon de liége enduit de cire et muni de deux tubes, dont l'un est en communication avec l'une des extrémités du filtre, terminé lui-même par un petit tube à angle droit. Le second tube sert d'aspirateur; il plonge presque au fond du ballon, et communique hermétiquement avec un gazomètre.

« Le ballon contient la substance fermentescible. Lorsqu'on s'est assuré que les jointures sont parfaites, on met le ballon au bain-marie, et on l'y maintient jusqu'à ce que les différents tubes de communication soient devenus chauds; après quoi, l'on s'assure de nouveau de la parfaite herméticité de l'appareil, et l'on place le robinet de l'aspirateur de manière que l'écoulement d'eau s'opère goutte à goutte. »

La première expérience fut faite sur de la chair musculaire additionnée d'eau. Afin d'avoir un terme de comparaison, on plaça près de l'appareil un second ballon contenant de la même viande, mais communiquant librement avec l'air atmosphérique.

Au bout de la deuxième semaine, la matière contenue dans ce second ballon était en pleine putréfaction; elle exhalait une odeur insupportable; on fut obligé de l'éloigner du laboratoire.

Au contraire, dans le ballon qui ne recevait que de l'air filtré, la matière n'avait pas changé d'aspect, et quand, au bout de vingt-trois jours, on défit l'appareil, on reconnut que cette viande était telle que le premier jour.

Entre trois autres expériences, je citerai la suivante :

Dans un ballon semblable au précédent, on fit bouillir un mélange de chair musculaire et d'eau, puis on boucha légèrement avec un tampon de coton, et on recouvrit le tout d'un bourrelet de même matière, retenu au col du ballon par un cordon de soie.

L'appareil fut ouvert au bout de vingt-quatre jours. La viande était exempte de moisi et d'odeur putride; cependant, elle offrait çà et là de légères taches blanchâtres. Le liquide avait tous les caractères du bouillon frais non salé, et, comme lui, il rougissait légèrement le papier de tournesol.

Il résulte de ces recherches que *la viande récemment bouillie et le bouillon frais se conservent intacts pendant plusieurs semaines dans une atmosphère qui a préalablement filtré à travers du coton.*

A quelle cause attribuer un résultat si imprévu? C'est un point sur lequel les auteurs eux-mêmes n'osent pas encore se prononcer. L'air déposerait-il dans le coton des matières hétérogènes, des animalcules par exemple, ou le coton modifierait-il, par sa seule présence, les propriétés de l'air? Y aurait-il là une de ces actions que Berzélius appelle catalytiques, mot qui ne signifie rien, ou qui désigne provisoirement des forces différentes de toutes celles que nous connaissons? Questions que de nouvelles expériences pourront seules trancher.

MM. Schrœder et Dush se proposent de poursuivre leurs recherches. Il est permis de penser que leur découverte pourra recevoir d'utiles applications en économie domestique, en hygiène publique et privée, en thérapeutique, etc.

« Si le filtre de coton retient les miasmes de l'air, ne pourrait-on pas, demande M. Dechambre, se garantir des effluves marécageuses, au moyen de quelque appareil fort simple qui ne laisserait arriver aux voies respiratoires que de l'air filtré; et ne serait-ce pas une précieuse ressource pour l'exécution des grands travaux qui obligent à remuer un sol chargé de détritus végétaux et animaux? » Qui ne voit même qu'une barrière pourrait être opposée à la propagation des maladies infectueuses, et ne serait-il pas d'un très-grand intérêt, de rechercher si les plaies sur lesquelles l'air n'arriverait qu'après avoir traversé une couche de coton, ne se comporteraient pas comme les plaies sous-cutanées? Il y a là toute une belle série d'expériences que nous recommandons à nos lecteurs.

### La laine des bois.

Non loin de Breslau, en Silésie, dans un domaine nommé la *prairie de Humboldt*, il existe deux établissements qui méritent d'être décrits. Dans l'un, on convertit les feuilles de pin en une sorte de coton ou de laine, tandis que dans l'autre on administre aux malades, sous forme de bains, les eaux résultant de la fabrication de cette laine végétale. Tous deux ont été créés sous la direction d'un inspecteur des forêts, M. de Pannewitz, inventeur du procédé à l'aide duquel on tire, des longues et minces feuilles du pin, la substance filamenteuse très-fine qu'il nomme *laine des bois*, parce qu'elle se frise, se feutre et se file comme la laine ordinaire.

Les feuilles aciculaires des conifères sont composées d'un faisceau de fibres extrêmement fines agglutinées par une substance résineuse. Lorsque, par la coction et par l'emploi de certains réactifs, on a dissous cette substance, il est facile de séparer les fibres les unes des autres, de les laver et de les dégager de tout corps étranger. Selon le mode de traitement, la substance laineuse acquiert plus ou moins de finesse.

Le premier usage qu'on fit de la laine des bois, fut de la substituer aux ouates de coton et de laine dans les couvertures en piqué. On a remarqué que, sous l'influence de cette laine de pin, aucune espèce d'insectes parasites ne se loge dans les lits, et l'odeur aromatique qu'elle répand est à la fois agréable et bienfaisante.

Les meubles en tapisserie où cette matière est entrée, ont été préservés des attaques des teignes. Elle coûte trois fois moins que le crin, et le tapissier le plus habile ne saurait, dit-on, distinguer un meuble dans lequel elle est admise, d'un meuble pareil rempli de crin.

Elle peut être filée et tissée; la plus fine donne un fil qui ressemble à celui du chanvre et qui est aussi fort. Filée, tissée et peignée comme le drap, elle fournit un produit qui peut être employé comme tapis de pied, housses de cheval, etc... Mêlée à une trame de toile, elle peut faire des couvertures de lit.

Le résidu liquide que laisse la coction des feuilles de pin, exerce une action très-salutaire lorsqu'il est administré sous forme de bain. On concentre, jusqu'à consistance d'extrait, le résidu liquide, puis on le renferme dans des cruches qu'on cachette et qui peuvent être envoyées au dehors pour bains à domicile.

La substance membraneuse qu'on obtient par filtration lors du lavage de la fibre, est mise sous forme de briques et desséchée; elle sert de combustible, et produit en abondance un gaz d'éclairage. La production de mille quintaux de laine donne une quantité de combustible dont la valeur est égale à celle de trente toises cubes de bois de pin.

Telles sont les richesses que l'industrie a su extraire de feuilles qu'on croyait sans emploi possible, et combien d'autres choses sont perdues et passent pour n'être bonnes à rien, dont il sera tiré un jour un parti magnifique!

---

*Le propriétaire, rédacteur-gérant :*
VICTOR MEUNIER.

PARIS. — IMP. J.-B. GROS, RUE DES NOYERS, 74

Première année. — N° 6. Quinze centimes. 11 février 1855.

# L'AMI DES SCIENCES

PAR

## VICTOR MEUNIER

ON S'ABONNE
à la **Librairie AUGUSTE GOIN**
41, quai des Grands-Augustins, 41.

**Paraît le Dimanche.**

PRIX DE L'ABONNEMENT POUR L'ANNÉE
**PARIS, 6 FR. — DÉPARTEMENTS, 8 FR.**
Envoyer un mandat de poste.



---

Le 6 du mois de décembre dernier, le pêcheur Joseph Remy est mort à la Bresse, arrondissement de Remiremont, département des Vosges, des suites d'une longue maladie contractée au service de la science et de l'humanité.

Il était âgé de 51 ans.

La nouvelle de cette mort a mis deux mois à venir jusqu'à Paris!

Les personnes en qui ce nom de Joseph Remy n'éveillera ni admiration ni reconnaissance, ignorent les services rendus par celui qui l'a porté: qu'elles lisent la notice suivante:

### JOSEPH REMY.

Dans une des hautes vallées du département des Vosges, vivait en 1840, un pêcheur très-pauvre et très ignorant, aussi pauvre et aussi ignorant que la majorité du peuple doit l'être, au dire de quelques bons apôtres, pour que la société soit très-riche et très-éclairée.

Cet homme trouva le moyen d'accroître dans des proportions prodigieuses la masse des subsistances publiques; tournant vers les applications sociales l'esprit des zoologistes, il a donné le signal d'une révolution dans les sciences naturelles; enfin, il a révélé en temps opportun l'aptitude du peuple pour les choses scientifiques. Il devenait, en effet, évident pour quiconque sait voir, que les savants de profession ne suffisent plus à l'édification de la science: ce pêcheur arrive à point nommé pour démontrer avec éclat que le peuple est en mesure d'apporter le concours dont on a besoin.

Il comptera parmi les gloires du prolétariat, l'avenir le rangera parmi les bienfaiteurs de l'humanité et dans l'histoire des sciences les académiciens et les professeurs remorqués par lui feront cortége à son nom. Son génie se reconnaît à des signes nombreux, infaillibles: il s'est fait tout seul; il a ouvert une route nouvelle à l'activité contemporaine; enfin, on lui a contesté la propriété de ses œuvres, et les ouvriers du lendemain ont recueilli le fruit de ses veilles.

C'était, comme je l'ai dit, un pêcheur: la prise et la vente des truites formaient toute son industrie, industrie moins lucrative d'années en années. Les causes qui ont amené la dépopulation générale de nos cours d'eau agissaient dans ce coin reculé des Vosges comme dans le reste de la France. Les économistes et les zoologistes dissertaient sur ces causes; Remy (on l'a nommé) éleva sa pensée plus haut, il voulut porter remède au mal.

Comment y parvenir?

Ceux-ci demandaient de nouvelles lois sur la pêche ou l'exécution plus rigoureuse des lois existantes.

Ceux-là, voyant dans la navigation à vapeur et dans la multiplication des barrages sur les petits affluents des agents de dépopulation, demandaient qu'on modérât les progrès de l'industrie. D'autres se résignaient au mal, disant que rien n'est parfait, et qu'on ne progresse sur un point qu'à condition de décliner sur un autre.

Remy, lui, accepte toutes les causes de dépopulation; ce qu'il veut trouver, c'est un moyen de repeuplement si énergique qu'il l'emporte sur ces causes toujours agissantes. Personne encore n'avait ainsi compris la question; peut-être ceux qui s'en étaient occupés étaient-ils trop savants pour la poser de la sorte. Remy ne savait rien, il ne possédait aucun livre, personne auprès de lui n'était en état de guider sa pensée; il ne chercha point à se procurer des livres, comme de plus ignorants que lui l'eussent fait; il ne consulta personne; il pensa que la nature pouvait suffire à tout, et résolut de s'en tenir à ses indications.

Apprécie-t-on bien la supériorité d'esprit qu'une telle résolution suppose? Rien de plus simple en apparence que la conduite du pêcheur; ne sait-on pas que tous nos moyens d'action sont pris dans la nature? Mais n'oubliez pas qu'il s'agit d'un homme si complétement séparé de la civilisation, que lorsqu'il eût fait ces découvertes qui l'immortaliseront, il ne fallut pas moins de sept années (de 1843 à 1849), pour que ce bruit en vînt jusqu'au ministère de l'agriculture, jusqu'au palais de l'Institut. Sept années! c'est vingt fois le temps nécessaire pour franchir la distance de Paris à son antipode.

Pour suivre la conduite qu'il a tenu, il nous eût suffi d'obéir à la routine; il lui fallut de l'inspiration. Et même est-il sûr que nous eussions marché avec autant de fermeté que lui dans cette voie ouverte par son génie? Il ne cherche pas un moyen empyrique comme peut-être nous eussions fait, il ne tâtonne point, il ne se dit pas: « si je faisais ceci? si je tentais cela? » mais: « voyons comment fait la nature. »

Ainsi, il devine la science, il invente l'observation et l'expérience; il découvre que les connaissances puisées dans la nature deviendront des moyens d'action! « On ne peut vaincre la nature qu'en lui obéissant, » avait dit Bacon; « Ce qui est principe, effet ou cause dans la théorie, a-t-il dit encore, devient règle, but ou moyen dans la pratique: » l'ignorant Rémy devine les axiomes du grand Bacon; il les prend pour règle. Non seulement il invente la science, mais il s'élève tout de suite à la conception de la science active. C'est là un grand spectacle: la science naissant spontanément dans une intelligence inculte, sinon même embarrassée de conceptions anti-scientifiques! Je ne veux déprécier personne, mais beaucoup de savants haut placés ont eu besoin de moins de génie pour se faire un nom et un sort. Si la science n'eût pas existé déjà, elle naissait ce jour-là, dans une vallée des Vosges, des méditations d'un pêcheur.

Demander à la nature, et non pas au Corps législatif, les moyens d'élever la production des poissons au niveau des besoins de tous, voilà comment ce pêcheur, cet ignorant envisagea la question. Une solution très-simple et très-efficace en apparence pouvait se présenter à lui; il semblait qu'il n'y eût qu'à chercher, fût-ce au loin, quelques espèces d'une grande fécondité, à les transporter avec précaution, puis à les lâcher dans les pièces d'eau qu'on voudrait repeupler. Il pouvait bien échouer sur cette idée, puisqu'un savant a eu ce malheur! A la vérité, travaillant à son compte et ne recevant de secours d'aucun gouvernement, ses moyens ne lui permettaient pas un tel luxe d'erreur. Mais il n'accueille pas un instant cette idée perfide, et avec une sûreté de coup d'œil admirable, il comprend tout de suite que la pisciculture doit être fondée sur l'étude des phénomènes de la génération.

L'étude de la génération des poissons n'est pas chose facile, et comme l'a dit à l'occasion même des travaux de Remy, M. de Quatrefages, homme trop riche de son propre fonds pour dépouiller personne : peu de savants de cabinet auront eu la ténacité d'observation nécessaire à ce genre de recherches. »

C'est sur la truite que devaient porter les études de Remy. Il fallait d'abord savoir à quelle époque a lieu la reproduction. Un livre l'eût dit tout de suite à un zoologiste ; l'observation l'apprit à Remy. Il constata que la truite fraye vers la mi-novembre et pendant la nuit. Il reconnut qu'il n'y a pas d'accouplement; les naturalistes savaient cela encore, ils savaient beaucoup d'autres choses dont ils ne tiraient aucun parti : notre prolétaire apprit à ses frais et sut faire tourner à l'avantage du genre humain tout ce qu'il avait appris.

La femelle, sur le point de pondre, se frotte doucement contre le gravier du ruisseau et en égalise la surface; avec sa queue elle déplace des cailloux dont elle forme une petite digue; dans l'enceinte ainsi formée, elle dépose ses œufs. Le mâle approche, s'arrête au dessus de la ponte : l'eau un instant troublée, reprend sa transparence, puis la femelle recouvre de sable et de gravier les œufs fécondés. Par les froides nuits de novembre, courbé dans les hautes herbes qui bordent la rive, après des journées de travail improductif, Remy assistait à ces mystères.

Il en savait dès lors autant que tous les livres du monde sur la ponte et la fécondation. Continuant ses patientes observations, il reconnut que bien des causes s'opposent au développement des œufs; tantôt les eaux, en se retirant, les abandonnent sur la grève où ils meurent desséchés; d'autre fois une crue subite les entraîne et les détruit; le courant du ruisseau suffit même pour les faire périr; enfin, la gelée vient saisir une partie de ceux qui ont échappé aux chances de destruction. De sorte que de la quantité prodigieuse de germes pondus par une seule femelle, un très-petit nombre arrive à maturité.

Un savant ne se fût pas lassé d'admirer : « Voyez, se fût-il écrié, comme la nature a su proportionner la fécondité des espèces aux chances adverses que rencontre le développement de leurs germes! » Et il se fût grandement réjoui comme zoologiste, quitte à déplorer comme consommateur la rareté et la cherté du poisson.

Remy, on le sait, n'est pas savant; en conséquence, il raisonne autrement, et son intelligence libre de préjugés, conçoit l'audacieuse pensée de venir en aide à la nature, ou plutôt de protéger contre elle-même ses propres produits, et de placer tous les œufs dans des conditions favorables à leur éclosion.

Si les poissons sont doués d'une fabuleuse fécondité, si la perche pond 69,000 œufs, si un brochet de 10 kilogrammes en pond 160,000, si une carpe longue de 45 à 50 centimètres en pond 6 à 700,000, si une plie de 30 centimètres en pond 6 millions, si un turbot de 50 centimètres en pond 9 millions, si une morue de 1 mètre en pond 11 millions, si un muge de 60 centimètres en pond 13 millions, ce n'est pas, selon Remy, parce que les œufs du muge, du turbot, de la plie, de la carpe et du brochet sont exposés à d'innombrables chances de destruction; c'est afin qu'une seule perche fournisse à la table de l'homme 69,000 perches, un brochet 160,000 brochets, une carpe 6 à 700,000 carpes, une plie 6 millions de plies, un turbot 9 millions de turbots, une morue 11 millions de morues, un muge 13 millions de muges, etc. Cette cause finale vaut bien l'autre!

En conséquence, il prend les œufs de truite sous sa protection; il les enferme dans une caisse de bois percée d'une multitude de trous destinés à donner passage à l'eau, trop petits pour donner passage aux œufs, et dépose la boîte dans un courant. Déception ! une partie des œufs vient seule à bien

C'est alors qu'un savant eût triomphé ! « Je l'avais bien dit! se fût-il écrié. C'était prévu. Et n'est-il pas évident que si les œufs sont pondus en si grand nombre, c'est uniquement parce que la plupart de ces œufs ne sont pas susceptibles de développement. »

Mais, de ce que les germes avortent, Remy ne se croit pas autorisé à conclure qu'ils ne peuvent se développer. Il veut, au moins, savoir la cause de leur stérilité. Et voilà ce courageux observateur qui recommence à passer des nuits blanches et froides dans les grandes herbes, sur le bord des criques. Il reconnut, une fois de plus, la vérité de cette parole : « Cherchez et vous trouverez. » Il vit qu'une partie seulement des œufs pondus sont fécondés par le mâle, et sut pourquoi, parmi les germes qu'il protégeait avec tant de soin contre les chances de destruction, il y en avait si peu qui se développassent.

« Précisément, eût repris le savant auquel on eût communiqué ce résultat, cela vient à l'appui de mon dire : les œufs ne sont si nombreux que parce qu'ils courent de grandes chances de n'être pas fécondés. »

Remy voulut que tous les œufs fussent fécondés. Mais comment obtenir du mâle l'entier accomplissement d'un service qu'il ne faisait qu'à demi? Le pêcheur n'essaya pas de deviner, il observa : et en voyant la femelle se frotter, pendant la ponte, contre le sable du ruisseau, il eut l'idée que cette manœuvre n'avait pas seulement pour but d'égaliser la surface du gravier et que le poisson y recourait pour opérer sa délivrance. Le mâle, de son côté, se conduisait de même.

Remy imagina de leur donner un coup de main, de provoquer la sortie des œufs en exerçant une pression modérée sur le ventre de la femelle, et de rendre le même service au mâle. Il se fait accoucheur de truites : il prend une femelle, la tient de la main gauche au-dessus d'un baquet rempli d'eau et passe doucement sa main droite de haut en bas sur le ventre; les œufs tombent comme le lait coulant du pis d'une vache. Il prend ensuite un mâle et répète l'opération; puis il agite le liquide, afin que le mélange soit parfait; l'eau se trouble et redevient limpide. La fécondation artificielle était découverte. Remy avait « vaincu la nature en lui obéissant. » Dirigeant les opérations de la nature, il l'avait contrainte à faire mieux que lorsqu'elle agit seule; et cet excellent problème : élever la production d'un aliment sain et agréable au niveau des besoins de ceux qui ne font usage que d'une nourriture insuffisante et grossière, ce problème on pouvait le poser sans folie; il touchait à sa solution.

Remy le résolut tout à fait.

Il parvint à reproduire les circonstances les plus favorables dans lesquelles la nature libre place les œufs fécondés. Ici, rien ne pouvait arrêter un observateur de cette trempe. Mais à mesure que ses jeunes élèves se développaient, plusieurs questions se présentèrent. Si la solution qu'il leur donna eût été fournie par un savant, celui-ci eût été unanimement reconnu pour un naturaliste plein d'esprit.

Il fallait subvenir à l'alimentation des poissons. Or, Remy avait vu les petites truites se nourrir, au moment de leur naissance, de la substance mucilagineuse qui entoure les œufs. Il pensa, en conséquence, que le frai de grenouilles serait, pour ses élèves, un excellent régal. Il leur en procura donc, ou plutôt il chargea les grenouilles elles-mêmes de leur en fournir, et, à cet effet, il en lâcha un certain nombre dans la pièce d'eau habitée par les jeunes poissons. Mais ceux-ci grossissant, un aliment plus substantiel leur devint nécessaire. C'est alors qu'il eut recours à un procédé qui, selon les expressions de M. de Quatrefages, « mérite réellement l'épithète de scientifique. » Il sema, à côté des truites, poissons carnivores, des espèces plus petites et herbivores. Celles-ci se nourrirent aux dépens des végétaux aquatiques, jusqu'au moment où elles servirent d'aliment aux truites. « Tout se passa donc, dit encore le savant qu'on vient de citer, comme dans la nature entière. » Remy avait appliqué à son industrie une de ces lois générales sur lesquelles reposent les harmonies de la création.

La pisciculture était créée; c'était en 1842.

(*La suite prochainement.*)

---

## Chemin de fer pour les piétons.

*Système de M. le docteur Jules Juge.*

Nos principales lignes de chemins de fer seront achevées avant qu'il soit longtemps; la construction des railways secondaires prendra bientôt un grand développement; nous aurons les routes à ornières creuses pour les voitures ordinaires; avec les hydrolocomotives de M. Planavergne, on voyagera sur les cours d'eau et sur les canaux (grâce à l'ingénieuse écluse imaginée par M. Laurant), aussi vite et même plus vite que sur les chemins de fer, et à bien meilleur marché, ainsi que nous le démontrerons en décrivant ces deux inventions remarquables.

Pour circuler à l'intérieur de ces villes interminables, dont les chemins de fer semblent avoir quadruplé l'étendue depuis qu'ils ont fait du temps la mesure des distances, nous aurons le système atmosphérique souterrain proposé dernièrement par notre illustre compatriote, M. Seguin, et sur lequel nous préparons un article.

Enfin, pour compléter ce beau système de circulation, en attendant la solution du problème de la navigation aérienne, nous pourrons essayer le mode charmant de locomotion décrit dans le précédent numéro sous le titre de *Chemin de fer aérostatique*, et dont M. Prosper Meller jeune est l'auteur.

Quant à la locomotion pédestre, elle n'a fait aucun progrès. Nous marchons exactement comme on marchait à l'époque où les députés de Marseille à la première Constituante mettaient un mois pour se rendre en diligence dans la capitale. La proportion anciennement existante entre l'homme qui va à pied et celui qui va en voiture est donc rompue; aussi le piéton qu'un convoi de chemin de fer dépasse fait-il à ceux que le convoi emporte l'effet d'une statue. Constater ce défaut d'harmonie, c'est démontrer, ce me semble, la nécessité de perfectionner la marche.

Dira-t-on que les inventions ci-dessus énumérées, devant avoir pour résultat d'envelopper tout le pays dans un réseau serré de voies de communication à grande vitesse et à bas prix, le progrès dont il s'agit, à supposer qu'on puisse doter l'homme du pied rapide de la gazelle ou d'un équivalent, n'a rien de désirable?

Mais, si multipliés que soient ces moyens de transport, ils n'existeront jamais partout où leurs affaires et leurs plaisirs conduisent les hommes. La marche restera longtemps, sinon toujours, le moyen le plus usité pour parcourir en diverses directions des pays très-accidentés et peu fréquentés; enfin, une excursion pédestre aura toujours son charme. Il faut donc reconnaître qu'un perfectionnement de la marche, qui aboutirait à la rendre beaucoup plus rapide, sans que pour cela elle exigeât plus de dépense de force, ou qui même procurerait des économies sur cet article, aurait un très-grand prix. Au reste, nous ne sommes pas seul de cet avis, c'est aussi celui de M. Jules Juge, qui ne s'est pas borné à poser le problème et qui en a cherché la solution; il a même fait mieux que de la chercher, ainsi qu'on va le voir.

M. Juge est médecin. Si on prenait la peine de faire le compte de ce que la technologie doit aux médecins, on trouverait qu'elle leur doit un grand nombre de ses acquisitions les plus précieuses. Pour citer un exemple qui en vaut un million, je rappellerai que l'un des auteurs de la *machine à vapeur de défrichement et de labour* (invention qui va de pair avec celle des chemins de fer et du télégraphe électrique), je rappellerai, dis-je, que l'un des frères Barrat est docteur en médecine.

M. Jules Juge exerce la médecine à Aouste, département de la Drôme, et c'est de là qu'il nous a envoyé un manuscrit intitulé: *Mémoire sur un nouveau mode de locomotion individuelle*, où il pose et résout de la manière la plus originale et la plus élégante l'excellent problème que voici: *Au prix de dépenses très-minimes réduire toutes les distances des cinq sixièmes au profit des piétons.*

C'est à l'Opéra, pendant une représentation du *Prophète*, que M. Juge a trouvé sa solution. La lumière s'est faite dans son esprit pendant le ballet des patineurs. A ce charmant spectacle, tout ce qu'il a vu et tout ce qu'il a lu en fait de patins surgit dans sa mémoire. Ce *gymnase des patineurs*, où l'asphalte suppléait en toute saison à la glace heureusement absente; ces patins à roulettes essayés avec succès en 1819 sur les trottoirs des boulevards; ces fermières hollandaises, un pot au lait sur la tête, un tricot entre les doigts, volant sur la glace à raison de six lieues à l'heure; ces régiments de patineurs suédois et norvégiens glissant avec la rapidité de l'éclair le long des pentes de leurs montagnes glacées et les remontant presqu'aussi vite en s'aidant de longs pieux; tous ces souvenirs passent devant ses yeux comme autant de visions. Jusque-là, M. Juge n'avait rien inventé. Il rêve en outre aux chemins de fer et ne s'imagine pas qu'il les invente; mais il réunit par la pensée ces deux choses, patins et chemins de fer, qu'avant lui on avait toujours séparées. Voilà l'inspiration! A sa lueur, il se voit, il nous voit tous chaussés de patins à roulettes, glissant, courant, volant sur des ornières de fer, le long des routes, des railways, des canaux, à travers champs sur les flancs des montagnes, d'une rive à l'autre des torrents, par-dessus les précipices... L'invention est faite! et de retour chez lui, M. Juge écrit ce mémoire, que je me bornerai aujourd'hui à résumer, me promettant d'y revenir.

Les éléments essentiels du système sont le patin à roulettes et l'ornière creuse.

Les patins s'adaptent au pied chaussé de la même manière que les patins à glace; mais, au lieu de poser sur une crête en acier, ils portent sur des roulettes en métal très-dur, roulant avec la plus grande facilité sur leurs pivots huilés d'une manière continue. En avant et en arrière des roulettes sont des plaques métalliques de la largeur du rail, et susceptibles de s'appliquer exactement sur lui; par un simple mouvement du pied, le voyageur pourra amener ces plaques en contact avec les rails et déterminer un frottement tel qu'un arrêt aussi prompt qu'on voudra en sera la conséquence.

Comme aides des patins nous devons mentionner le bâton ferré de voyage qui permet de convertir en mouvement de translation la force musculaire des bras; les patins seront facilement renfermés dans une sacoche, et le voyageur pourra alterner entre la marche simple et le roulement.

De petits rails au nombre de deux, établis parallèlement à une distance de quelques décimètres l'un de l'autre, tiendront lieu des surfaces gelées; ils consisteront en de simples soliveaux travaillés du côté qui regarde le ciel et charbonnés ou goudronnés sur tous les autres. La face travaillée sera creusée d'une gouttière selon les données que fournira l'expérience, il est probable que la coupe de cette gouttière figurera le quart d'une ellipse dont l'extrémité la plus courbe sera à la fois interne et inférieure. Ces gouttières seront revêtues de bandes de métal dur ou de matières vitrifiées.

Munies de ces données, la logique et l'imagination du lecteur peuvent aisément suppléer aux détails que nous passons aujourd'hui sous silence. On se représentera les voies nouvelles longeant partout les routes les plus directes et s'en séparant pour s'élancer à travers champs, où elles n'apporteront aucune gêne aux cultures : on se figurera, dans les pays de gorges et de torrents, dans les localités où on ne songerait jamais à construire ces ponts qui suppriment si merveilleusement les distances, de simples viaducs formés par des charpentes jetées sur l'abîme et soutenus par des cordages en fer..... Nombre de considérations économiques et physiologiques militent en faveur de ce système; nous les exposerons et nous aurons en outre des expériences à citer.

## LE CIEL.

L'âme humaine a une telle affinité pour la justice, la vérité et la liberté, que dans les temps où la société était un coupe-gorge, un *work-house*, un bagne, et semblait ne pouvoir jamais être autre chose, l'humanité n'a point chancelé dans ses espérances de bonheur. Loin de là, sa préoccupation constante a été de mettre cette foi robuste en harmonie avec les faits qui protestaient si cruellement contre elle. Toute hypothèse parut bonne qui n'obscurcissait pas l'idée du futur âge d'or, du paradis recouvré. Si notre esprit se reporte à quelques siècles en arrière, nous voyons la partie progressive du genre humain se reposer dans cette croyance que l'homme est en exil, que sa patrie est en haut, qu'il y rentrera pour jouir éternellement des biens dont il est altéré. Et quand, sur cette colonie pénitentiaire que nous habitons, un convict succombe sous le faix, il lève les yeux au ciel et se sent soulagé.

Mais, pendant que la multitude se consolait du présent, en rêvant à l'avenir, quelques-uns exploraient en tous sens la prison commune. Regardant au dessus de leur tête plus attentivement qu'on ne l'avait fait encore, ils reconnurent bientôt que ces points lumineux, dont le manteau de la nuit est constellé, ne sont pas, comme le veut une vieille tradition, des clous de diamant plantés dans la voûte céleste, en manière d'ornement, par la main du tapissier divin, mais des sphères de dimensions colossales, lumineuses par elles-mêmes, des soleils semblables au nôtre et réduits, en raison de leur prodigieux éloignement, à la dimension de points scintillants. Par delà les étoiles, à des distances incompréhensibles, on voyait, avec le secours des verres, de petites taches blanchâtres, légers brouillards, lueurs diffuses : c'étaient, pensait-on, les reflets du ciel empyrée aperçu à travers les déchirures de la sphère des fixes. L'optique démontra que chacun de ces imperceptibles nuages est une réunion d'univers peuplés d'armées innombrables d'étoiles, séparées les unes des autres par de vertigineuses distances.

Enfin, plus loin encore, on découvrit, on découvre en ce moment, d'autres tourbillons d'étoiles, d'autres fourmillières de soleils ; mais l'arrangement de ces nouveaux mondes semble indiquer que les lois régissant notre système solaire n'ont point d'empire sur eux. Nous pénétrons donc, pour ainsi dire, chez des nations étrangères ayant leur législation propre.

Mais, de même qu'en passant d'une région de la terre dans une région voisine, le voyageur, malgré la différence des mœurs et des lois, trouve partout un même fond qui est l'homme ; en constatant dans les régions reculées du ciel des actions dynamiques dont nous n'avions aucune idée, nous reconnaissons que c'est encore sur des étoiles qu'elles s'exercent. Ainsi donc, aussi loin que nous avançons, notre route est jalonnée de soleils ; il est prouvé que le ciel est l'espace où naissent, où vivent, où meurent un nombre infini de sphères, et la terre est une des cités de la république des cieux.

Parce que le ciel se présente à nous sous cette forme positive, perd-il de sa sublimité? Parce que la terre roule dans le ciel, le ciel est-il abaissé? Non, c'est la terre qui est anoblie.

Si, par impossible, le progrès des connaissances astronomiques devançant le progrès social, la parenté du ciel et de la terre eût été démontrée il y a des siècles, quand la misère, la violence et le mensonge semblaient inséparables de l'existence actuelle, une telle découverte eût été bien désespérante et bien dégradante.

Mais les choses ont marché d'un tout autre pas. Cette assimilation a lieu après qu'une longue et sublime expérience, donnant la mesure de la puissance humaine, garantit le prochain triomphe de l'esprit sur toutes les forces qui, dans la nature et dans la société, font obstacle à son expansion. Nous savons que l'homme régnera pacifiquement sur le globe, empressé à lui payer tribut, et que la justice régnera sur l'homme. Uni à la terre, le ciel demeure donc ce qu'il était : le lieu des esprits, le lieu du jugement. Au fond, la notion du ciel ne change pas, celle de la terre s'agrandit et s'épure.

Ainsi, cet instinct qui avertissait les hommes de n'espérer le bonheur que dans le ciel, ne les trompait pas, car l'homme a pouvoir et il a la mission de faire de la terre un véritable ciel, et la notion du ciel est le programme des grandes choses qu'il doit accomplir ici-même.

Non seulement l'idée du ciel n'est pas amoindrie, mais le sentiment qui porte toute âme souffrante à chercher un appui en dehors de ce monde, sera pleinement justifié. Parce que la destinée dont nous rêvions l'accomplissement loin de cette terre ne dépasse pas en grandeur celle que nous rencontrerons sur la terre, et que même elle lui cède, nous ne devenons pas étrangers à l'espace qui nous enveloppe. La terre ne se suffit point à elle-même. A mesure que la science progresse, elle multiplie les points d'attache entre le globe et le monde extérieur. Ces relations sont, il est vrai, d'ordre physique, mais la science vient de naître ; elles s'étendront à toutes les catégories de faits, et l'on reconnaîtra que la terre n'est pas plus isolée au mode spirituel qu'elle ne l'est aux modes physique et physiologique.

## LA SEMAINE SCIENTIFIQUE.

Encore la plante a savon. — L'article que nous avons publié sur cette plante remarquable dans notre numéro du 7 janvier ayant été reproduit par divers journaux, l'un d'eux a reçu à ce sujet une lettre datée de Toulouse et signée Emile Philip, dont l'auteur, récemment arrivé de Californie, déclare parfaitement exacts les détails dans lesquels nous sommes entrés. « J'ai vu faire usage de cette plante à la campagne, dit-il, dans les environs de la mission de San-Jose, par des femmes californiennes (race mexicaine), à l'établissement des bains sulfureux.

« Pour faire emploi de cet ognon, il faut, ajoute-t-il, qu'il ait commencé de pourrir, ce n'est que dans cet état qu'il convient de s'en servir, sans cela il savonnerait moins bien. On prend un, deux ou trois de ces ognons, suivant leur grosseur, en les tenant par la queue. Il n'est pas nécessaire d'enlever la pelure; on frotte rudement sur le linge et la mousse vient en abondance. »

D'après M. Philip, l'Afrique posséderait ce végétal; il y serait même plus gros qu'en Californie. Comme les Arabes n'en font aucun usage, il est probable qu'ils en ignorent les propriétés.

Il annonce, en outre, que le rédacteur du journal l'*Echo du Pacifique*, publié à San-Francisco, se propose d'envoyer en France des graines de la plante à savon.

Nous souhaitons que cette promesse se réalise. Nul doute que le *phalangium promeridianum* ne réussisse en France. Chaque ménage pourrait donc, à la campagne, avoir sa provision de savon dans un carré de jardin.

Nouveaux détails sur l'application de l'électrochimie a la thérapeutique. — Nous ne connaissions que par simple audition l'admirable invention de MM. Vergnès et Poey quand nous lui avons consacré quelques lignes dans le précédent numéro. Leur mémoire est maintenant sous nos yeux.

L'importance et la nouveauté du sujet nous engagent à y revenir.

Le hasard a joué, dans cette grande découverte, son petit bout de rôle habituel.

L'un des inventeurs, M. Vergnès, s'occupait de dorure et d'argenture galvaniques. Ses mains en contact continuel avec des dissolutions de nitrate et de cyanure d'or et d'argent, s'étaient couvertes d'ulcères par suite de l'introduction de particules métalliques. Un jour il s'avisa de plonger les organes malades dans le bain électro-chimique, au pôle positif de la pile; au bout d'un quart d'heure, à la grande surprise des assistants, une plaque métallique de 163 millimètres de longueur sur 109 de largeur, mise en contact avec le pôle négatif, se couvrit d'une mince couche d'or et d'argent extraits des mains de l'opérateur, d'où les remèdes les plus énergiques n'avaient pu les éliminer. — La découverte était faite. Cet événement eut lieu le 16 avril 1852.

Les auteurs emploient une pile de trente couples, tenant à la fois de celle de Bunsen et de celle de Growe, en ce que le coke et le platine entrent dans sa composition, et, à cause de cela, plus énergique que les deux autres. Chaque couple a 40 millimètres de diamètre sur 217 millimètres de hauteur. Le nombre des couples à employer, dès le début de l'opération, pour ne pas faire trop souffrir le malade, dépend du tempérament de celui-ci et de la nature de la maladie. Ainsi, une personne délicate et très-nerveuse sera soumise d'abord à l'action de dix à douze couples, puis on augmentera le nombre des couples de cinq en cinq minutes.

Un individu de tempérament sanguin ou lymphatique peut endurer plus d'éléments. Les mêmes observations s'appliquent à la quantité d'acide qui doit entrer dans le bain; il en faut moins pour une personne nerveuse que pour une personne lymphatique ou sanguine.

Les atomes métalliques extraits du corps se déposent sur toute la surface de la baignoire. Toutefois, ils abondent plus que partout ailleurs en face de la partie du corps où le métal était logé. Quant à la grandeur des taches métalliques qui se forment ainsi, elles varient beaucoup: les unes sont microscopiques, d'autres ont la dimension d'un petit pois ; celles de la grosseur d'une tête d'épingle sont très communes. — « J'ai vu, dit M. Poey, après le premier bain d'une personne qui se plaignait de douleurs au bras pour avoir pris du mercure, se dessiner sur la plaque négative le contour de son bras par le seul dépôt des atomes métalliques qui provenaient sans doute de cet endroit. »

Nous terminerons par le récit d'une expérience faite en présence des membres de la Faculté de médecine de la Havane:

Un malade avait subi durant une semaine entière un traitement mercuriel externe (frictions avec de l'onguent napolitain); il avait pris ensuite plusieurs bains tièdes, et on ne pouvait présumer qu'il restât du mercure sur sa peau.

Il entra dans un bain d'eau aiguisée d'acide muriatique du commerce. Quand il y fut depuis cinq minutes, on prit une certaine quantité de cette eau, et le liquide analysé plus tard par M. Baraceca ne donna aucune trace de mercure.

Alors on ferma le circuit, et quand l'action électrique se fut exercée pendant une heure, on prit un nouvel échantillon de la même eau. Traitée par le sulfure alcalin, cette eau devint noirâtre; une lame de cuivre y ayant été plongée, elle donna des indices certains de l'existence d'une très-faible quantité de mercure. Ainsi l'eau du bain tenait du mercure en dissolution.

De plus on constata ceci: une plaque de cuivre parfaitement propre et décapée avait été placée au pôle négatif. Lorsqu'on la retira de l'eau, à la fin de l'expérience, non seulement sa coloration jaune-verdâtre décéla une oxydation à laquelle le mercure avait pris part, mais en outre on vit à sa surface de petites taches blanches éparpillées, dont l'une, de plus d'une ligne carrée, était fort brillante et avait l'éclat du mercure. La plaque étant chauffée en dessous, cette tache disparut et l'on vit renaître la couleur propre du cuivre, ce qui prouve que la tache était mercurielle.

Si l'expérience justifie les grandes espérances que le mémoire de MM. Vergnès et Poey fait naître, leurs noms sont tout désignés pour le prix Monthyon, et leur découverte fera paraître bien mesquines les récompenses que l'Académie décerne. Puissions-nous avoir souvent l'occasion de porter d'aussi utiles inventions à la connaissance des amis de l'humanité. Après le bonheur de les faire, nous n'en connaissons pas de plus grand que d'avoir à les signaler à l'admiration et à la reconnaissance publique.

Analyse des tubercules d'igname de la Chine. — M. Fremy a fait cette analyse, et décidément la chimie autorise les estomacs qui se trouveront bien de l'usage de l'igname, à s'en montrer satisfaits. Cette analyse prouve en effet que la précieuse plante possède au plus haut degré les caractères d'un tubercule alimentaire. Les principes qui la constituent sont en grande partie ceux qui existent dans la pomme de terre: à la vérité, l'igname ne contient que 16 0/0 d'amidon, tandis que la pomme de terre peut en donner jusqu'à 20 0/0, mais en échange on trouve dans le *Dioscorea batatas* un principe azoté fort remarquable, dont M. Fremy dit ce qui suit:

« Le principe mucilagineux qui communique au suc du dioscorea des propriétés onctueuses, et qui donne à ce tubercule une fois cuit une consistance pâteuse, s'éloigne, par l'ensemble de ses propriétés, des substances gommeuses qui existent dans les végétaux, et se rapproche de l'albumine, parce qu'il est azoté et qu'il se coagule par la chaleur.

« Ce corps ne doit pas être confondu, cependant, avec celui que l'on désigne sous le nom d'*albumine végétale;* il ne se coagule qu'après une longue ébullition, et se retrouve en grande partie à l'état soluble dans l'igname qui a été cuit ou desséché à une température même assez élevée.

« Ainsi, l'igname de la Chine, coupé en petites rondelles et desséché à l'étuve, donne un produit qui se laisse réduire en poudre, et qui, traité par l'eau, forme une pâte, rappelant, par sa plasticité, celle qui est produite par la farine du froment. »

Il ne serait donc pas impossible que le *Dioscorea batatas* entrât pour une certaine part dans la confection du pain.

Une mer de lait. — M. Henry Grafton-Chapman avait lu un « sot roman » (lui-même le qualifie de la sorte) intitulé *Les trois Espagnols*, où il est question d'une « mer de lait, phénomène d'une extrême rareté. » Grâce à cette lecture, il a pu comprendre quelque chose au prodigieux spectacle qui, le 1er août 1854, dans l'océan Indien, près l'île de Christmas, se joua autour d'un navire dont les passagers, à part M. Chapman, n'y comprirent rien du tout et s'en effrayèrent d'autant plus.

De singulières apparences dans le ciel et sur la mer, et notamment la couleur verdâtre de l'eau, tinrent longtemps l'équipage sur le qui-vive. Les nuages aussi avaient une apparence peu ordinaire. Mais comme, en définitive, le vent était constant et peu élevé, le navire continua sa route. A minuit, le second vint en toute hâte avertir le capitaine qu'on courait sur un banc de sable.

« Nous fûmes tous en un instant sur le pont, dit M. Chapman dans une lettre qu'il vient d'adresser à l'Académie des sciences; mais, avant notre arrivée, l'eau avait changé d'aspect, et nous vîmes une ligne lumineuse à l'horizon, qui avançait vers nous avec la rapidité du vent; nous jugeâmes que c'était une tempête qui approchait, et je ne m'attendais à rien moins qu'à voir nos mâts brisés, tant elle marchait vite, devenant de plus en plus blanche à mesure qu'elle s'approchait. Une minute s'était à peine écoulée, que la mer se mit à écumer autour de notre vaisseau comme un verre d'eau de Seltz, et se montra plus blanche que du lait aussi loin que nous pouvions voir; le vent se faisait à peine sentir, et tout était dans un calme profond; on n'entendait que la voix du capitaine qui criait: « Qu'est-ce que cela signifie! je n'y comprends rien: »

et déjà la mer, toujours d'un blanc mat, cessait de s'agiter et de se gonfler. Le vaisseau avait été arrêté, on avait serré les voiles... Le phénomène continuait, au milieu d'un silence effrayant. Le vent était tombé; la lune était sous l'horizon, la nuit profondément noire. Une légère brise s'éleva, et le spectacle devint le plus beau que j'aie jamais vu. Chaque mouvement du vaisseau faisait partir de l'avant des flots de lumière phosphorique, qui se répandaient au loin en grandes taches d'un jaune aussi brillant que la flamme d'un feu de bois et qui paraissaient comme de l'or liquide sur la mer complétement blanche... La mer était d'un blanc de neige et sans aucune transparence; j'insiste sur ce point... Vers cinq heures, le phénomène cessa aussi subitement qu'il avait commencé, et tout retomba dans une obscurité profonde, comme après un incendie. »

Le lecteur criera, comme le capitaine: Qu'est-ce que cela signifie?

Voici l'explication. Un seau fut rempli d'eau de mer. Quand on le hissa à bord, on l'eût cru plein d'une sorte de vermicelle jaune et vivant. Ce faux vermicelle n'était autre chose qu'un amas d'animaux phosphorescents réunis en séries, dont chacune avait trois pouces de longueur.

Graines de la Chine importées en France. — La dernière séance de la Société zoologique a été en partie occupée par la lecture d'un intéressant rapport de M. de Montgaudry sur les expériences auxquelles ont été soumises par ses soins des graines rapportées de Chine par M. de Montigny, et qui paraissent devoir figurer au nombre des plus utiles cadeaux du consul général de France en Chine à l'agriculture française.

Les semences dont il s'agit consistaient en trois variétés de riz : riz sec des montagnes de la Chine, riz pady de Canton, riz pady d'Angers; des haricots d'une variété inconnue en France; de l'alpiste ; du maïs géant; deux variétés de pois oléagineux.

M. de Montgaudry, justifiant par son zèle accoutumé la confiance de la Société zoologique, envoya des graines en Lorraine, en Bretagne, en Franche-Comté, en Bourgogne, en Champagne, en Auvergne, dans la Bresse et dans le Midi. Voici brièvement les principaux résultats des expériences :

*Riz sec.* — L'introduction du riz sec aurait un grand intérêt; il ne nécessite pas, comme les autres riz, la création de rizières ; il croît sans eau, même dans les terres sèches ; il peut se cultiver partout, sur les montagnes, dans les vallées; ajoutez qu'il est supérieur en qualité aux autres variétés, plus riche en gluten, plus nutritif qu'elles, enfin, il ne demande pas plus de culture que le blé de mars. « Le riz suffirait à toute la consommation de la France s'il y était cultivé. » Ainsi s'exprime le rapporteur. Ceci posé, on serait heureux d'apprendre que cette plante alimentaire croît sous le climat de France et y produit sa graine. Bien que semé très-tard, il est arrivé à l'épi en Champagne et dans plusieurs localités ; l'épiage ayant eu lieu en septembre, la maturation n'a pu se faire, mais il est évident que, semé en temps convenable, il mûrira en France comme en Chine.

*Les haricots* sont très-petits ; leur saveur tient à la fois de celle du pois, du riz et de la lentille ; ils sont très-productifs, ne rament pas et « pourront, dit M. de Montgaudry, devenir une des variétés les plus utiles à semer dans les champs » On en a récolté, en 1854, une quantité qui assure leur acclimatation.

*L'alpiste* est très-appréciée dans les localités où l'on élève les volailles ; elle active la croissance des petits et l'engraissement des adultes. Distribuée cuite aux porcs, elle a sur eux les mêmes effets ; elle favorise également l'engraissement des bœufs ; enfin, mélangée à l'avoine des chevaux, elle leur donne de l'ardeur sans les échauffer, comme font les fèves. L'alpiste a entièrement réussi dans la Moselle, et MM. Simonet et Visé, à Remilly, en ont récolté beaucoup, comparativement à la quantité semée.

*Maïs géant.* — Tandis que le maïs d'Europe ne s'élève guère qu'à un mètre ou un mètre et demi et ne porte jamais plus de deux épis, celui-ci dépasse 3 mètres et pousse 6 à 8 épis. Sa tige est très grosse, ses feuilles ont 1 mètre de long et 25 centimètres de large. Il se couronne, au moment de sa floraison, d'une ombelle superbe; c'est une plante d'ornement en même temps qu'une plante alimentaire. Sa culture, bien que différente de celle des autres variétés, ne donne pas plus de peine et n'est pas plus coûteuse. On apprendra avec plaisir que, expérience faite, la certitude est acquise que cette belle plante s'acclimatera chez nous; ces utiles expériences ont été faites particulièrement à Thise, près Besançon, par M. Guënot, chez lequel les plantes ont dépassé 3 m. 30 c., et à Montbart, par M. Nadault, chez lequel elles se sont élevées à 3 m. 50 c.

*Pois oléagineux.* — Il y en a deux variétés qui, l'une et l'autre, se cultivent en grand dans les campagnes du nord de la Chine, et sont l'objet d'un commerce très-considérable. Les Chinois en retirent, au moyen de machines très-défectueuses, 17 à 20 pour 100 d'une huile préférable à celles de colza et de navette; les résidus de cette fabrication forment des tourteaux qui sont un amendement puissant et servent à engraisser le bétail. Mais ce ne sont pas les seuls usages des pois oléagineux en Chine ; ils fournissent encore un aliment au pauvre, un assaisonnement très-estimé aux riches.

Eh bien ! il est certain que l'acclimatation de ce précieux végétal n'offrira pas de difficultés. Dès ce jour, elle est assurée. Ils ont porté graine ici en 1854.

Malheureusement, l'expérience n'a pu être faite qu'avec une trop petite quantité. Mais M. de Montigny, qui doit retourner en Chine, enverra à la Société zoologique une provision assez grande pour que l'utile plante soit, en très-peu de temps, répandue sur tous les points de la France.

« Ce sera un service immense rendu au pays, » dit en terminant M. le rapporteur.

Tous nos lecteurs seront de cet avis, et chacun d'eux conviendra avec M. de Montgaudry que,

« Si tous les fonctionnaires de l'ordre élevé auquel se trouve placé M. de Montigny rendaient les mêmes services que lui, la France verrait promptement augmenter ses ressources dans des proportions considérables. »

Le foie est-il une fabrique de sucre? — M. Claude Bernard l'affirme, M. Figuier le nie. Le premier affirme parce qu'il a trouvé du sucre dans le foie d'animaux nourris exclusivement de viande, et que selon lui la viande ne contient pas de sucre; le second nie parce qu'il a trouvé du sucre dans la viande, c'est-à-dire dans le sang. Donc, selon lui, M. Bernard introduisait dans l'organisme des animaux sur lesquels il expérimentait, le principe même dont il voulait y constater la présence. Mais la quantité de sucre trouvée dans le sang n'est que le quart de celle qui existe dans le foie ! D'où vient cette différence? Ne viendrait-elle pas de ce que cet organe posséderait la faculté de secréter du sucre? M. Figuier l'explique en disant que le foie est un *organe de condensation*. La question en est là; en attendant que de nouvelles expériences la tranchent, le fait important révélé par le mémoire de M. Figuier c'est l'existence de 1/2 pour cent de sucre dans le sang.

---

## VARIÉTÉS.

### Electricité du corps humain.

M. A. Maugin raconte dans la *Gazette des Hôpitaux* l'observation suivante :

« Un jeune homme, M. H..., en se peignant, entendit un matin une crépitation assez notable, et vit ses cheveux se dresser et se raidir. Sans attacher une grande importance à ce fait, il m'en parla cependant, et je répétai l'expérience. Chaque fois que les dents du peigne passaient dans la chevelure, on entendait une série de petits craquements d'une façon très-distincte et jusqu'à une distance de deux mètres. Ce bruit était tout-à-fait différent de celui que produit le peigne au contact habituel ; il augmentait d'intensité à mesure que l'on multipliait les frottements, et peu à peu les cheveux, au lieu de garder leur souplesse, se dressaient, se hérissaient, s'éparpillaient comme poussés par un souffle assez violent et gardaient quelques instants leur position insolite. La tête du jeune homme ressemblait alors à la tête d'un individu qui aurait été placé sous un disque en rapport avec une machine électrique. Du reste, il n'y avait pas de douleur ni même de sensation désagréable dans le cuir chevelu. Dans l'obscurité, nous ne pûmes constater d'étincelles. La barbe, qu'il porte longue, n'a jamais produit de crépitation.

« M. H... a les cheveux d'un blond très-clair, et il les porte habituellement longs ; ils sont souples, soyeux, non frisés, abondants. Le phénomène dont il est question s'est déjà présenté chez lui, mais il n'a jamais remarqué qu'une circonstance particulière le déterminât. Quand il m'en a rendu témoin, le temps était froid, sec, mais les cheveux avaient été mouillés par un bain pris le matin. Parmi les renseignements que me donna M. H..., et qui sont exacts, car ce jeune homme appartient à la partie éclairée de la société, je recueillis ceux-ci, que je connaissais déjà par suite de diverses circonstances. Ce jeune homme, d'un tempérament lymphatico-nerveux, est assez impressionnable, sujet à des maux de tête violents, survenant sans cause connue, et qu'il caractérise du nom de migraine ; il ne soigne pas sa chevelure d'une manière exagérée et ne se sert pas de pommade dans sa toilette. Il n'a pas remarqué de coïncidence entre les migraines et l'état électrique de ses cheveux ; cependant il avait des maux de tête quand je le vis. Enfin, il paraît que l'année dernière, pendant un orage, un de ses amis fut effrayé de lui voir sur la tête une gerbe de flamme dont il n'avait eu lui-même aucunement conscience. »

Ce fait n'est pas aussi rare que le pense la *Gazette des Hôpitaux*. Bertholon en cite plusieurs exemples :

« J'ai connu, dit-il, un homme qui, en frottant avec un papier gris sa poitrine ou ses jambes, qui étaient très-velues, en tirait des étincelles par des temps secs, surtout après un degré de chaleur préparatoire pour faire disparaître l'humidité.

« L'illustre M. Fougeroux de Bondaroy, de l'Académie des sciences, et neveu du célèbre Duham, m'a dit, continue-t-il, que plusieurs fois, surtout dans l'hiver, il apercevait en se déshabillant et changeant de linge, des étincelles très-vives qu'il voyait distinctement et sentait de manière à ne pouvoir s'y méprendre. M. Bouillet, secrétaire perpétuel de l'Académie de Béziers, m'a également assuré que le même phénomène avait lieu sur lui et dans les mêmes circonstances. »

Robert Symmer écrit : « Il m'était arrivé diverses fois, en tirant mes bas le soir, de les entendre pétiller et d'en voir partir des étincelles dans l'obscurité. » Plusieurs de ses amis, auxquels il fit part de cette observation, lui « dirent qu'ils avaient aussi remarqué ces pétillements et ces étincelles en pareilles circonstances, surtout en hiver. »

L'abbé Nollet, dans ses remarques sur le mémoire de Symmer, rapporte ce qui suit : « Le linge que j'ai chauffé au feu ne m'a jamais fait voir des étincelles ni aussi grosses ni en si grand nombre que les manches de ma chemise, quand je les ai frottées brusquement dans l'obscurité, après avoir ôté mon habit. Les personnes qui ont beaucoup d'embonpoint ne sont pas aussi propres que d'autres à produire ces feux électriques. »

Rudolphe Camerarius, professeur de l'Académie de Tubingen, raconte, dans les *Ephémérides d'Allemagne* pour l'année 1689, que l'année précédente, un jeune homme d'un bon tempérament aperçut, au mois de novembre, sur le côté droit de sa chemise, des rayons de lumière ; il y porta la main en tremblant, et aussitôt la lumière augmenta et devint générale sur toute la chemise, et à mesure qu'il la frottait ou qu'il la secouait, il en sortait des étincelles et des flammes. Ce phénomène, dont plusieurs personnes furent témoins, eut lieu jusqu'au mois de mai de l'année suivante. « Ceux qui furent témoins de cette lumière en comparèrent le mouvement au tremblement d'une lumière réfléchie sur la surface de l'eau. Quoique cette personne eût changé de demeure, elle observa toujours constamment le même phénomène sur ses chemises ; mais elle ne le vit qu'une seule fois sur ses habits et sur les linges dont elle s'essuyait les mains. »

On trouve dans les *Act. phys. med. germ.*, l'histoire d'une dame de Milan qui, dormant paisiblement pendant la nuit, sentit, tout-à-coup à l'articulation de la main une douleur qui la réveilla. « Ouvrant les yeux, elle aperçut une flamme sur son lit et sur son corps ; les cris qu'elle fit éveillèrent son mari qui vit aussi cette flamme, laquelle, par sa lueur, faisait distinguer tout ce qui était dans la chambre. Dans le trouble où il était, il porta la main vers cette flamme qui recula, et qui s'approcha suivant le mouvement de sa main : il répéta ces mouvements pendant six ou sept minutes, au bout desquelles le feu disparut. »

Sauvage, dans une dissertation sur l'hemiplégie, parle de personnes à qui le feu sort des jambes lorsqu'elles courent ou qu'elles se promènent. Le *Journal des Savants* de 1683 cite un gentilhomme de Bristol qui, après s'être promené pendant quelque temps, aperçut des jets de lumière qui sortaient de ses bas et de ceux de ses fils. Le *Journal économique* de juillet 1853 mentionne une servante qui, pendant les grands froids, voyait sortir de ses jupons quantité d'étincelles « comme celles qui sortent des charbons allumés, et outre cela, une traînée de lumière semblable à une grande flamme. » Toutefois ces dernières observations pourraient être rapportées à l'électricité atmosphérique. Il n'en est pas de même de la suivante, qui fut communiquée à la Société royale de Londres et par laquelle nous terminerons.

Une femme ayant raconté à Bridonne que ses cheveux donnaient des étincelles lorsqu'elle se peignait par un temps froid dans l'obscurité, il eut l'idée de rassembler l'électricité des cheveux. « Pour cela, dit-il, j'ai fait placer une jeune femme sur un gâteau de cire, et je lui ai dit de peigner les cheveux d'une autre femme qui était assise sur une chaise devant elle. Bientôt après, la jeune femme qui était sur le gâteau a été fort étonnée de trouver son corps électrisé et dardant les étincelles de feu contre tous les objets qui l'approchaient. Ses cheveux étaient fort électriques, et ils affectaient un électomètre à une grande distance. J'en ai rempli un conducteur métallique très-facilement ; dans l'espace de peu de minutes, j'ai tiré des cheveux assez de feu pour allumer de l'esprit de vin ; et au moyen d'une petite fiole, j'ai donné plusieurs commotions à toutes les personnes de la Société. »

### Un des avantages des batteuses à vapeur.

Une machine à battre, construite par M. Lotz, de Nantes, ayant été conduite à Créteil sur les propriétés de M. Potel-Lecouteux, a été l'objet d'expériences dont les résultats méritent d'être portés à la connaissance de tous ceux qui s'intéressent aux progrès de l'agriculture.

Ces expériences ont été faites sur le seigle, le froment et l'avoine, ayant des pailles de 1m50 de longueur. La machine a marché sur le pied de 16 hectolitres à l'heure. Ces céréales avaient été fort abîmées en meules par la pluie ; le fléau n'en eût tiré que peu de chose.

Le service de la machine exige un chauffeur, deux hommes pour décharger les gerbes, six engreneurs, deux botteleurs, et trois personnes pour rentrer les grains. Le battage se fait en long ; la paille sortant de la machine est entière, mais un peu mélangée. Les chaumes sont parfaitement débarrassés de la poussière, objet de dégoût pour les bestiaux, et les épis ne renferment plus un seul grain de blé.

M. Potel-Lecouteux, voulant apprécier exactement la valeur relative du fléau, des machines à manége et des batteuses à vapeur, a repassé, au moyen de ces dernières, 615 bottes de paille *battues au fléau et qui allaient être données aux chevaux.* —Je souligne cela afin qu'on y prête attention.—Ces 615 bottes ont donné 568 litres 50 de grains, lesquels, à raison du cours du jour, *représentaient une somme de 200 francs environ, tandis que les* 615 *bottes ne représentaient qu'une valeur de* 150 *francs.*

« Je pose en fait, dit cet éminent agriculteur, que les pertes de toute nature que les intempéries des saisons font éprouver aux meules restées en plein vent, ainsi que les ravages causés par les rats et les insectes dans les granges, s'élèvent au moins à 15 ou 20 pour 0/0 de la récolte. Cette dîme, ajoutée à ce qui reste dans les épis, par suite de la faiblesse des battages au fléau et au manége, me fait évaluer à 25 ou 30 pour 0/0 les pertes annuelles supportées par les cultivateurs, qui ne peuvent battre qu'au fur et à mesure, et qui, souvent, possèdent encore beaucoup de gerbes anciennes au moment de la nouvelle récolte. »

Ces chiffres démontrent quels avantages l'agriculture retirerait de l'emploi des batteuses à vapeur, et dans quelle proportion considérable les subsistances publiques s'en trouveraient accrues.

### Suspension prolongée de la respiration.

Un cas de chloroformisation pratiqué par MM. Duprez et Diday a fourni une observation physiologique du plus haut intérêt, celle de la persistance de la circulation coïncidant avec l'abolition prolongée de la respiration.

C'est sur une dame et dans une crise hystérique d'une violence extrême que l'observation a été faite. 10 grammes de chloroforme versés en un quart d'heure sur un mouchoir plié avaient été consommés par la malade sans le moindre résultat. L'inhalation ayant été reprise après une interruption de quelques minutes, la scène changea tout à coup et d'une manière effrayante. La malade tombe brusquement dans une résolution complète. Le pouls, exploré immédiatement, bat avec la même force et la même régularité que précédemment, mais la respiration est complétement abolie.

On porte la malade sous un courant d'air vif; des frictions énergiques sont exercées sur la poitrine, on approche l'ammoniaque des narines, on en introduit même jusqu'au fond des fosses nasales, on jette de l'eau froide sur la face et sur la poitrine, l'immobilité et l'insensibilité persistent. Voyant l'insuccès de ces premières tentatives, on commence l'inspiration artificielle bouche à bouche; mais toutes demeurent inutiles.

Cinq quarts d'heure se sont écoulés depuis le début des accidents, et pas une inspiration naturelle n'a eu lieu. La face a peu à peu perdu sa coloration, les extrémités se sont refroidies, le pouls a faibli d'une manière alarmante, et dès qu'on cesse quelques minutes l'inspiration artificielle, les pulsations radiales et cardiaques semblent sur le point de s'éteindre.

On promène alors sur la peau de l'épigastre des allumettes en ignition; une inspiration naturelle succède à celle qu'on exécutait. Au bout de quelques temps on en obtient deux de suite, puis trois. Mais ce nombre n'est point dépassé, et si l'on suspend l'insufflation, la malade retombe dans son inertie.

Une cuiller remplie d'alcool enflammé mise en contact avec la poitrine après chaque expiration provoquée ou naturelle, produisit de plus heureux résultats. « Enfin, disent les auteurs, la victoire nous resta et la malade reprit l'aspect d'une personne endormie respirant selon le rhythme normal. Nous regardâmes la pendule : il était six heures et demie. La chloroformisation avait commencé à cinq heures précises La respiration avait été *nulle* pendant une heure un quart; puis vacillante et indécise pendant une demi-heure environ.

## NOUVELLES ET CAUSERIES.

— On assure qu'une maison en fonte va être construite à Paris sur les plans de deux ingénieurs, dont l'un est anglais et l'autre français. Elle ne doit pas avoir moins de quatre étages.

Je vois le temps où l'établissement d'une maison sera l'affaire à peu près exclusive du fondeur, du monteur, de l'ajusteur et du mécanicien. Du même jet qui donnera la plaque destinée à faire partie d'une muraille, on obtiendra les canaux affectés à la circulation de l'eau, de l'air, des matériaux gazeux de l'éclairage et du chauffage, etc. Le moule une fois fait, on en tirera autant d'épreuves qu'on voudra. Quelle simplification et quelle économie dans la construction d'abord, et ensuite (la maison une fois montée), dans l'accomplissement du service domestique!

— Le premier chemin de fer américain a été ouvert en décembre 1829, il y a eu de cela 25 ans au mois de décembre dernier. C'était une modeste ligne de 13 milles de longueur entre Baltimore et Elicott's-Mills. Comment cette courte période de 25 ans a-t-elle été remplie? qu'on en juge :

En 1848, on comptait aux Etats-Unis 8,472 kilomètres en exploitation.

Au premier janvier de cette année, il y en avait 31,482. — Augmentation en sept années : 23,010 kilomètres : plus de 5,000 lieues!

12,067 kilomètres sont en construction ; dans trois ou quatre ans, ils pourront être exploités, et l'Amérique sera sillonnée par 43,549 kilomètres de chemin de fer.

43,549 kilomètres, c'est-à-dire, plus de 11,000 lieues, et la circonférence de la terre n'est que de 9,000 lieues!

Dès ce moment, les Etats-Unis possèdent donc un système de chemins de fer tel que si toutes les lignes au nombre de 3 à 400 qui le composent étaient mises bout à bout, elles suffiraient presque à ceindre le globe entier d'une ceinture de fer.

Un quart de siècle et un peuple qui ne forme que le vingtième environ de la population encore si clairsemée de la terre auront suffi pour conduire à bonne fin un travail d'une aussi prodigieuse étendue. Comment, en présence de ces chiffres éloquents, ne pas être frappé de la puissance des moyens dont l'homme dispose, grâce à la science! Cette puissance semble même hors de proportion avec les dimensions du théâtre sur lequel elle s'exerce.

Cette terre qui apparut à l'ignorance des premiers hommes comme une immensité sans bornes, semble à peine assez grande pour contenir leurs descendants; elle n'est plus que le piédestal d'un géant.

Et qui a créé cette puissance? Ce n'est ni un guerrier, ni un prêtre, ni le descendant d'une suite de rois; c'est le plébéien qui, dans son enfance, observait curieusement les gouttes de vapeur se condensant sur le couvercle d'une théière; après Watt, c'est Stephenson, c'est Seguin, etc.; après eux, ce sont ces grands hommes, ces saints et ces martyrs de la démocratie qui ont laborieusement étudié les conditions de la production de la force; ce sont ces prolétaires sans nombre et sans nom qui, par les perfectionnements que toutes les industries leur doivent, ont rendu réalisables les données de la théorie.

— Un journal suisse, *l'Indépendant*, s'extasie à la vue d'un nouveau produit de la tourbe qui, s'il n'est pas le plus utile de ceux qu'elle fournit, est assurément le plus imprévu; c'est une substance solide, d'un blanc pur, transparente, c'est de la cire! On en fait d'excellente bougie. Cette cire de tourbe, les chimistes la connaissent, c'est la *paraffine,* découverte par Reichenbach. Qui eût pensé qu'une telle richesse gisait dans nos marécages? et combien est-il d'autres produits minéraux, végétaux ou animaux inconnus ou dédaignés aujourd'hui qui joueront dans l'avenir des rôles de premier ordre!

*Le propriétaire, rédacteur-gérant :*
VICTOR MEUNIER.

PARIS. — IMP. J.-B. GROS, RUE DES NOYERS, 74

Première année. — N° 7. Quinze centimes. 18 février 1855.

# L'AMI DES SCIENCES

PAR

## VICTOR MEUNIER

ON S'ABONNE
à la Librairie AUGUSTE GOIN
41, quai des Grands-Augustins, 41.

Paraît le Dimanche.

PRIX DE L'ABONNEMENT POUR L'ANNÉE
PARIS, 6 FR. — DÉPARTEMENTS, 8 FR.
Envoyer un mandat de poste.



### L'HÉRITAGE D'UN INVENTEUR.

C'est par une lettre de M. Haxo, secrétaire de la Société d'Émulation des Vosges, que la nouvelle de la mort du fondateur de la pisciculture est arrivée à Paris. Cette lettre est adressée à la Société zoologique, la voici :

« Monsieur le Président,

« Je ne crois pas me tromper en pensant que les membres de la Société zoologique d'acclimatation n'apprendront pas sans un douloureux intérêt la nouvelle de la mort du pêcheur Remy, des Vosges, à qui l'on doit la première application en France des principes de la fécondation artificielle à l'élève du poisson et au repeuplement des cours d'eau.

« Il a succombé le 6 décembre dernier, à la Bresse même, théâtre de ses premiers essais, à l'âge de 51 ans, aux suites de la longue et incurable maladie dont il avait contracté les germes dans ses laborieuses recherches, dans ses pénibles expériences.

« Il laisse après lui une famille nombreuse, dénuée de ressources, dans un état qui touche à l'indigence. Sa veuve et ses six enfants n'ont désormais d'autres moyens d'existence que ceux que pourra leur fournir le fils aîné du pêcheur, Laurent Remy, âgé de 30 ans, qui, initié de bonne heure par son père aux pratiques de la pisciculture, commence à s'y montrer habile et vient de remplir dans le département de la Haute-Loire une mission de repeuplement qui lui a été confiée par M. le ministre de l'agriculture, en octobre dernier.

« Il serait grand et noble à la Société zoologique d'acclimatation de prendre sous son patronage ce jeune pisciculteur qui donne les plus belles espérances, de le recommander à la sollicitude du gouvernement, de faire en sorte que la famille du pauvre pêcheur recueille au moins quelques fruits des longs travaux de son chef, et que la découverte féconde dont il a été l'auteur, mais dont il a si peu profité pour lui-même, soit du moins pour sa veuve et ses enfants une sauvegarde contre la misère et contre les atteintes de la faim.

« Permettez-moi d'espérer, M. le Président, que l'humble supplique que j'adresse à la Société zoologique, au nom de la famille désolée, sera entendue, et que les enfants du véritable fondateur de la pisciculture en France trouveront dans son sein des protecteurs et des appuis.

« Veuillez agréer, etc. HAXO.

Ainsi l'homme qui, selon le témoignage de M. Milne Edwards, « a doté la France d'une industrie nouvelle, » qui, suivant les expressions de M. de Quatrefages, nous a appris « à semer du poisson comme on sème du blé, » le prolétaire dont les travaux ont été pour tant de personnages une source d'honneurs, de profits, d'influence; auquel celui-ci doit la place qui le fait vivre, cet autre la croix qui décore sa boutonnière, celui-là les missions qui lui sont confiées, ce dernier le bout du rôle qu'il joue; l'homme, qui nous apprend à combler au moyen d'un aliment de luxe le déficit de notre production en substances alimentaires, Joseph Remy laisse en mourant une famille dénuée de ressources, « dans un état voisin de l'indigence. »

Une infortune si peu méritée a droit à la sympathie de tous les gens de cœur, elle éveille en nous plus que de la compassion, et c'est un remords que nous avons éprouvé en lisant la lettre de M. Haxo.

A une époque où des gens dont il sera question dans la suite de notre notice sur Joseph Remy, honteux d'avoir été devancés par un pêcheur, non satisfaits de s'être substitués à lui dans la conduite de son œuvre, voulaient lui ravir l'honneur de ses grands travaux, quand un savant ingrat poussait l'audace jusqu'à dire de la pisciculture :

« C'est un bienfait de plus que les *classes laborieuses* recevront des mains de la *Science*, et qui leur fera mieux sentir quel étroit lien unit, dans l'organisme social, ceux qui *travaillent* et ceux qui *pensent ;* »

De concert avec la plupart de nos confrères du journalisme, nous prîmes dans la *Presse*, comme c'était notre devoir, la défense de Joseph Remy. Sa cause était trop juste pour qu'il fût difficile de lui concilier les sympathies du public, nous n'eûmes qu'à la porter devant les lecteurs ; elle triompha toute seule. On savait à cette époque, par un écrit de M. Haxo et une lettre de Remy lui-même, que toutes les ressources du fondateur de la pisciculture, empêché par de précoces infirmités de se livrer avec suite à sa profession, consistaient « dans les minces produits (1) d'un très-pauvre débit de tabac qu'on avait cru devoir accorder à sa femme » (Haxo). Or un pêcheur du département de l'Isère, M. Godinier, ayant écrit que le jour viendrait où on élèverait des statues à Remy et à son collaborateur Gehin « à raison d'un sou par souscripteur : »

« La statue viendra, répondîmes-nous. Mais si, pour les faire patienter, on leur assurait du pain? Si on leur faisait une existence honorable et indépendante, à l'aide de l'excellent moyen que M. Godinier propose pour leur élever une statue? Je soumets cette idée à la Société d'émulation des Vosges et à l'Académie nationale; il leur appartiendrait de prendre l'initiative de son exécution. Une récompense ne serait pas moins *nationale*, pour avoir été décernée directement par tous les citoyens, à l'aide d'une souscription et pour ainsi dire par voie de suffrage universel. Et pourquoi demander au gouvernement ce qu'on peut faire sans lui. »

(1) Quatre à cinq cents francs par an.

Tout notre mérite consistait à exprimer une pensée commune à un très-grand nombre de personnes ; aussi l'empressement avec lequel elle fut accueillie ne nous causa-t-il aucune surprise ; en moins de huit jours les lettres d'adhésion affluèrent auprès de nous, il en vint de Rouen, du Havre, de Lyon, de Grenoble, de Lille, d'Épinal, de Besançon, de Bordeaux, de Toulouse, d'Orléans, de Poitiers, d'Angoulême, de Bayonne, de Montpellier, de Toulon, de Nantes, de Brest. « Votre initiative a prévenu la proposition que je voulais vous faire, » nous disait l'un ; « ce ne sera pas la première fois, disait un autre, que la justice de la grande nation française aura récompensé ainsi les nobles services de quelqu'un de ses enfants. » Un ouvrier serrurier, qui paraissait être en situation de savoir ce que Mgr Guiraud, archevêque de Cambray, a voulu dire quand, dans un mandement célèbre, il a créé, plusieurs années avant la Révolution de février, cette formule : *Exploitation de l'homme par l'homme*, qui eut depuis un si grand retentissement, nous écrivait :

« Merci, mille fois merci, au nom des deux cent mille consciences qui ont lu et jugé vos feuilletons ; merci, au nom de ces milliers de producteurs morts à l'ombre de leurs découvertes ; merci, au nom de l'humanité entière, qui répétera avec moi cette courte prière :

« O mon Dieu ! fais que le règne de la vérité arrive, que celui des pêcheurs à l'eau trouble soit terminé, et que celui des pauvres producteurs commence ! »

Et il terminait en offrant « le denier du travailleur qui, je l'espère, disait-il, ne fera défaut nulle part. »

Un correspondant, qui prenait pour la circonstance le nom de *Polycarpe*, ne se contenta pas d'offrir sa souscription, il nous envoya la *complainte de Joseph Remy*, dix couplets et refrains :

> Au court bouillon, en matelotte
> Au gratin, frit, comme il voudra,
> De poissons le peuple fricotte,
> C'est-à-dire il fricottera ! !
> Pour tous ces mets ici présents,
> Louez Remy, car ses présents
> Succédent aux pommes de terre.

Quelques-uns, regardant la souscription comme déjà ouverte, nous envoyaient leur tribut. Nous apprenions enfin que la Société d'émulation des Vosges et l'Académie nationale acceptaient l'initiative que nous leur avions offerte. On pouvait donc espérer qu'une souscription nationale allait mettre le créateur de la pisciculture à l'abri du besoin.

La souscription n'eut pas lieu, et nous contribuâmes à l'empêcher par la publication d'un article qui commençait ainsi :

« Un dernier mot sur Remy. Que pourrions-nous avoir dorénavant à en dire? il est heureux.

« Il y a quelques jours, ajoutions-nous, nous eûmes le bonheur de recevoir sa visite. Il venait pour la première fois à Paris, appelé par M. de Persigny. Il était venu pauvre, ulcéré, il s'en retourne presque *riche*, profondément touché de l'accueil qu'il a reçu, etc.

« Ainsi finit, cher lecteur, disions-nous en terminant, la petite campagne que nous avons entreprise il y a deux mois, sur le terrain de la pisciculture. Le dénouement prouve qu'à défendre une cause juste, on ne perd pas toujours son temps. »

Si on nous avait demandé en quoi consistait exactement la *richesse* de Remy, on nous eût autant embarrassé que M. Haxo nous a douloureusement surpris avec sa lettre. Nous ne le savions pas au juste, nous ne le savions pas du tout. Voici ce qui était arrivé.

Un député du Corps législatif, était venu nous trouver « plein de sympathie pour Remy, nous disait-il, ayant suivi avec le plus vif intérêt la polémique entreprise par vous au profit de cet homme de bien, j'ai voulu être le premier à vous apprendre l'heureux résultat de vos efforts, et votre impartialité garantit que vous vous empresserez de porter ce résultat à la connaissance du public. » Il s'agissait, on le devine, d'un grand changement survenu tout à coup dans la situation de Remy. M..... devait être bien informé. « C'est moi-même, disait-il, qui ai conduit Remy chez le ministre, et tout s'est fait en ma présence ». — « Mais encore demandâmes-nous en quoi consiste ce changement? » — « Souffrez, me répondit le visiteur, que je me taise à cet égard, tout détail sur ce point ne pourrait que nuire à la cause que vous avez à cœur. Croyez-moi, quand je vous affirme ceci : Remy, vu la simplicité de ses goûts et de ses habitudes, est presque riche ; la position qui lui est faite dépasse tout ce que j'ambitionnais pour lui, et vous ne vous intéressez pas à cet excellent homme plus que je ne le fais moi-même... »

A la suite de cette conversation, nous écrivîmes notre *dernier mot* sur Remy, nous renvoyâmes l'or et l'argent que nous avions reçu à son intention ; nous paralysâmes le bon vouloir des membres de la Société d'émulation et de l'Académie nationale....

Pouvions-nous prévoir que Remy, mourant moins de deux ans après, laisserait sa veuve et sept enfants « dans un état voisin de l'indigence? »

Une souscription eût été si facile à organiser !... de là les regrets, le remords, qu'a excités en nous la lettre de M. Haxo !...

Maintenant, nous avons fait justice de nous ; nous ferons justice des autres dans la suite de l'histoire de Joseph Remy.

## RÉPARATION AU GÉNIE MÉCONNU.

(CHARLES DALLERY.)

Le *Commerce de la Somme* a publié la lettre suivante :

*A Monsieur Victor Meunier.*

« Monsieur,

« J'ai été vivement impressionné par la lecture de l'admirable et touchant article que vous avez consacré, dans le n° 5 de l'*Ami des Sciences*, à notre infortuné compatriote, Thomas-Charles-Auguste DALLERY, né à Amiens le 4 septembre 1754, à ce martyr de la cruelle indifférence, et peut-être bien aussi de la basse jalousie des hommes de son temps.

.................................................. (1)

« C'est en qualité d'Amiénois que je me permets de vous écrire cette lettre. Elle est dictée par la reconnaissance et tracée par la main d'un de vos lecteurs les plus fervents.

« Merci donc pour les sentiments que vous exprimez avec tant d'âme, en parlant d'un enfant de notre cité dont le génie a été méconnu, d'un homme qui, dans la carrière des découvertes, devançait Delisles, Séguin, Sauvage, Erickson, et tant d'autres illustres réinventeurs des procédés du mécanicien Amiénois.

« Merci, pour l'ouvrier qui, *à lui tout seul*, inventa :

« La chaudière à bouilleurs tubulaires ;

« L'hélice immergée, comme moyen de propulsion et de direction pour les bâtiments à vapeur ;

« Les mâts rentrants ;

« L'hélice comme moyen d'aspiration pour activer le tirage des foyers.

« Merci pour la mémoire de l'artisan courageux, poursuivi par le malheur, battu par l'orage, et trouvant sans cesse de nouveaux expédiants afin de lutter contre la tempête, dans l'espoir d'arriver au port lointain qu'il apercevait.

« Merci, enfin, d'avoir fait connaître l'artiste sacrifiant toute sa fortune à la construction d'un bateau à hélice et à chaudière tubulaire, et qui, abondonné de tous, abreuvé de chagrins, prit le marteau et fit voler en éclats, dans un moment de désespoir, l'œuvre de toute sa vie, l'œuvre qui lui avait coûté tant de travaux et tant de veilles.

« Je ne puis résister, Monsieur, au plaisir de reproduire, dans cette lettre, le passage de votre notice faisant suite à la

(1) Ici le bienveillant auteur de la lettre adresse au rédacteur de l'*Ami des Sciences* des éloges que celui-ci s'efforcera de meriter, mais dont il ne se croit pas digne et que pour cette raison il prend la liberté de supprimer.

décision de l'Académie des Sciences qui reconnut ultérieurement, mais trop tard, les droits incontestables de Dallery à la priorité des magnifiques découvertes que je viens d'énumérer. »

(En cet endroit l'auteur cite un passage de la biographie de Dallery qui se termine par ces mots :

« Il y a vingt ans qu'il est mort : la justice peut donc venir pour » lui sans faire preuve d'un empressement déplacé. »

Puis il continue en ces termes :)

« Vous avez raison, Monsieur, cet empressement ne saurait être déplacé aujourd'hui, et je me demande s'il ne serait pas opportun de faire une œuvre de réparation en l'honneur de cet homme illustre.

« Il est question — les journaux ont dû vous l'apprendre — d'élever une statue à notre compatriote Lhomond. Loin de moi la pensée de méconnaître les services rendus par celui qui a simplifié et vulgarisé les règles des langues latine et française. Mais n'avons-nous pas des gloires plus méritantes à montrer à la multitude?

« Parmi les célébrités dont s'honore à juste titre notre bonne ville d'Amiens, et qui seraient dignes d'une statue, deux hommes, selon moi, doivent passer avant Lhomond. Ai-je besoin de citer J.-B. Joseph Delambre, le grand astronome, l'immortel auteur du système métrique? Ai-je besoin de redire le nom de Ch. Dallery, « le mécanicien de génie, auteur de l'une « des inventions les plus considérables de ce temps, méconnu « durant sa vie, obscur encore vingt ans après sa mort. » Eh bien! de ces deux compatriotes, le premier n'a pas eu (pour me servir d'un mot charmant de vous) à *solliciter* notre admiration, *il nous l'a prise*. Le second, au contraire, attend une éclatante réparation. C'est donc à lui qu'il faut d'abord songer. Chaque jour de retard est un jour d'injustice ; aussi fais-je des vœux ardents pour que l'habile ciseau de quelque statuaire picard vienne bientôt se distinguer en reproduisant les traits de l'un des plus glorieux fils de notre province.

« Je voudrais, pour la honte des contemporains de Ch Dallery, qu'une statue colossale le représentât à l'heure de son sublime sacrifice: un marteau dans la main ; la tête tristement baissée ; le regard plein d'une indicible angoisse et fixé sur le chef-d'œuvre qu'il vient lui-même de détruire.

« Je voudrais que chaque passant, témoin de ce drame déchirant, répandît une larme pour celui qui a tant souffert, pour celui dont le front eût rayonné d'une auréole de gloire sans l'inqualifiable ingratitude de ses juges ignorants.

« Et puis, sur chaque face du piedestal, je voudrais qu'on sculptât l'une de ses quatre merveilleuses machines et qu'on écrivît :

« Au bas de la première : Réinventée par Seguin.

« Au bas de la seconde : Réinventée par Delisles, Sauvage, Erickson, etc.

« Au bas de la troisième : Réinventée par des ingénieurs modernes.

« Au bas de la quatrième : Réinventée par Stephenson.

« Que pensez-vous, Monsieur, de cette idée? N'est-elle pas le corollaire tout naturel de votre éloquent plaidoyer?

« Veuillez agréer, Monsieur, l'assurance de mon dévouement respectueux.

EDOUARD GAND,

Membre de la Société d'encouragement pour l'industrie nationale.

« Amiens, ce 10 février 1855. »

Nous n'avons pas besoin de dire que l'idée si chaleureusement exprimée par M. Edouard Gand a toutes nos sympathies.

L'honneur qu'il revendique pour son compatriote est mérité. Cette réparation est due à la mémoire de Dallery. La France se doit à elle-même de la faire. M. Gand sème une parole qui fructifiera ; la justice vient souvent tard, mais elle vient toujours.

Nous ferions un amendement au programme qu'on vient de lire. Au lieu des quatre inscriptions proposées, nous n'en voudrions qu'une ; nous voudrions que sur le piédestal de la statue, sous les pieds du triomphateur, on gravât en lettres profondes le nom de ce ministre de la marine à qui Dallery demanda vainement les moyens de compléter son immortelle invention.

Nous pensons, en effet, que ces réparations posthumes ne seront pas complètes et qu'elles ne satisferont pleinement ni la justice, ni la morale, tant qu'en perpétuant la gloire des victimes, elles ne perpétueront aussi la honte des bourreaux, c'est-à-dire des gens en place qui, en méconnaissant le génie, trahissent leurs devoirs, leur patrie et tout le genre humain.

La perspective d'être cloué à cet éternel pilori, ferait qu'un ministre y regarderait à deux fois avant de repousser un successeur d'un Jouffroy, d'un Fulton et d'un Dallery.

Nous n'ignorons pas que notre amendement est trop avancé pour avoir aucune chance d'adoption ; il faut savoir attendre ; nous le retirons, il sera repris un peu plus tard et réussira.

Tenons-nous en à la proposition de M. Edouard Gand. Il s'agit d'élever une statue à l'inventeur de la chaudière tubulaire ; l'*Ami des Sciences* est heureux d'avoir fait naître une pensée si conforme à la justice, et son concours est acquis à l'exécution.

## Transport des lettres sans facteurs, à raison de cent lieues à l'heure.

Quelques-uns des journaux scientifiques d'Angleterre s'occupent d'un moyen proposé pour transmettre les lettres et même de légers paquets à la vitesse de cent lieues à l'heure, et cela en les faisant circuler dans des tubes par la seule pression atmosphérique.

La proposition n'est pas neuve à beaucoup près, et parmi ceux qui l'ont déjà émise, à notre connaissance, nous devons citer un Belge, M. de Nothomb, et un Anglais, M. James, qu'en leur qualité d'étrangers nous citons les premiers, et trois Français, MM. Andraud, Tessié du Motay et Ador ; ce dernier a la priorité sur tous les autres. Nous reviendrons sur leurs projets, parce qu'il s'agit d'une chose qui se réalisera un jour ou l'autre, et qu'il vaudrait mieux réaliser tout de suite que plus tard ; en attendant, disons en quoi consiste la proposition qui a le privilége d'occuper en ce moment nos voisins d'outre-Manche.

On établirait deux passages tubulaires courant parallèlement d'une extrémité à l'autre d'une distance donnée Ces tuyaux peuvent être placés soit au dessous, soit à la surface du sol, et construits indifféremment en métal, en bois ou en briques. A chacune des extrémités de la ligne et à des stations intermédiaires, si on le juge nécessaire, une pompe mue par une machine à vapeur aspirera l'air dans l'un des tubes et le refoulera dans l'autre, de manière à produire un courant très-rapide et continu dans toute la longueur des deux tubes. Les lettres et les paquets confiés à ces courants seront renfermés dans des sacs sphériques à la fois très-légers et très-résistants, construits en caoutchouc ou toute autre substance élastique, de façon que, quelque soit leur contenu et les chocs qu'ils aient à subir, ils puissent comme un ballon reprendre toujours leur forme primitive. Ces sphères seront d'un diamètre moindre que celui des tubes ; ceux-ci ayant dix-huit pouces, les sacs en auront seulement quinze ; et l'on pense qu'entraînés par le courant d'air comme de petits ballons par un vent fort, ces sacs toucheront rarement les parois des passages tubulaires.

Voici maintenant comment se fera la réception des paquets :

Aux différentes stations qu'on aura établies, il y aura pour recevoir les lettres des sortes de boîtes qui, faisant elles-mêmes partie des tubes, seront formées de glaces épaisses permettant de voir ce que ces boîtes contiendront. Chacune des extrémités de ces réceptacles sera munie de portes glissantes qui pourront être ouvertes et fermées du dehors et au moyen desquelles les courants d'air pourront être interceptés en tout ou partie.

L'une de ces portes sera pleine, l'autre criblée de trous, afin que l'air qui précède les sacs perde de sa rapidité, en passant par ces étroites ouvertures, et qu'ainsi les sacs entrent avec moins de violence dans les réceptacles. En arrivant près de la cloison perforée, la dépêche touche un ressort qui fait mouvoir une sonnette. Aussitôt, l'employé averti prend la dépêche, et, s'il y a lieu, l'introduit dans un autre passage où elle continue son chemin.

Les dépenses d'établissement de ce mécanisme sont estimées à 30,000 francs par mille, et les frais d'entretien de 7,000 à 12,000 francs par cinquante milles. Quelle simplification l'adoption d'un pareil système apporterait au service des postes à l'intérieur des villes! Combiné avec les *palais de familles*, il rendrait possible la solution de ce problème :

*Sans sortir de chez soi, mettre à la poste une lettre qui arrivera d'elle-même dans la chambre du destinataire.*

Une égale simplification pourrait être apportée à la plupart des services dont l'accomplissement encombre les rues de voitures et de piétons et consomme en pure perte tant de force, d'intelligence et de bottes; nous le démontrerons.

---

## CORRESPONDANCE.

### *Emploi thérapeutique du galvanisme. — Réclamation en faveur de M. Raspail.*

M. F. V. Raspail a précédé MM. Vergnès et Poey dans l'application de la pile à l'extraction des métaux introduits dans le corps humain soit sous forme de remèdes, soit dans l'exercice de ces professions cruelles où tant de malheureux contractent d'effroyables infirmités. Si nous ne l'avons pas dit plus tôt, c'est que nous ne le savions pas; personne n'en doutera. Mais M. Raspail a de chaleureux amis qui ne permettent pas qu'on oublie leur maître. Nous avons donc reçu à la fois trois lettres et une visite; l'une de ces lettres vient du centre de la France, la seconde du midi, la troisième de Paris. Deux d'entre elles nous rappellent à la maxime : rendez à César etc., et aucune ne doute que nous ne nous y conformions.

Ces lettres se complètent les unes les autres et il suffira d'en donner des extraits pour que la réparation soit complète.

M. Laureau, médecin à la Chauvinière (Indre-et-Loire), nous écrit :

« Il y a huit ou dix ans, peut-être plus, que Raspail, cet homme si savant et si bon, qui a consacré sa vie à la science et à la vulgarisation des moyens qu'elle enseigne, a recommandé l'emploi des plaques galvaniques, etc., dans toutes les maladies ayant une origine mercurielle ou se compliquant de la présence du mercure chez le malade, et moi qui exerce la médecine au fond des bois, dans un coin retiré de la Touraine, j'ai, à l'heure où je vous écris, deux malades soumis à ce traitement.

« Chez l'une de ces malades, traitée par des frictions mercurielles pour un engorgement des glandes du sein, des abcès se succédaient dans la région axillaire, sans cicatrisation possible; depuis plusieurs mois, cette femme était retenue au lit, et son état devenait de plus en plus alarmant. Appelé à lui donner mes soins, je fis l'application des plaques galvaniques comme le conseille Raspail, le soulagement commença tout aussitôt, et le mercure *soutiré* se retrouva en fines gouttelettes sur la plaque de cuivre. Aujourd'hui la convalescence est commencée : cette femme se promène, l'appétit lui est revenu, et un mieux réel s'est manifesté dans les désordres dont l'aisselle était le siége.

« La preuve que vous demandez du temps est donc acquise; il ne reste plus qu'à se souvenir du précepte de l'Évangile : « Rendez à César, etc. »

M. Laureau vient d'indiquer les résultats obtenus. M. le docteur Charles Faivre va nous enseigner la manière d'opérer. Après nous avoir renvoyé au *Manuel annuaire de la Santé*, et à la *Revue élémentaire de médecine et de pharmacie domestiques*, il ajoute :

« Avec la simplicité du génie, Raspail a réduit les conditions de réussite à une plaque de cuivre, une plaque de zinc et un linge mouillé d'eau salée de sel marin, qu'on trouve partout à peu de frais, et que le pauvre comme le riche peut se procurer. La feuille de cuivre qui n'a que l'épaisseur d'une feuille de papier s'applique directement sur la partie affectée, dont elle peut prendre la forme; puis le linge mouillé, plus petit que la plaque de cuivre dont elle recouvre la partie centrale, et enfin la plaque de zinc qui déborde de tous côtés la plaque de cuivre avec laquelle elle se trouve immédiatement en contact ainsi qu'avec la peau. Cette application se fait deux à trois fois par jour pendant vingt minutes chaque fois : l'élimination se produit peu à peu sans secousse, sans trouble de fonctions et il arrive parfois que la plaque de cuivre présente des traces très-appréciables du métal à éliminer. Si le malade se plonge dans le bain sédatif qui n'est autre chose que le bain ordinaire additionné de deux cents grammes d'ammoniaque camphré et de deux kilog. de sel marin, il peut, vous le comprenez, supprimer le diaphragme mouillé d'eau salée, et il lui est facile, suivant le besoin, d'augmenter le nombre ou l'étendue des plaques galvaniques. »

Enfin, dans une chaleureuse lettre qu'il nous adresse de Mercuès, M. d'Arbaud de Blonzac, nous donne des extraits des deux livres cités par M. Faivre.

M. E. Dupas, médecin, a fait plus, il nous a apporté ces livres eux-mêmes; mais après les lettres qu'on vient de lire, personne n'exigera un supplément de preuves, et chacun, d'ailleurs, pourra se les procurer.

---

## REVUE DE LA PRESSE SCIENTIFIQUE.

ADMINISTRATION DES MÉDICAMENTS AU MOYEN DE L'ÉLECTRICITÉ. — Après avoir exposé les travaux de MM. Vergnès et Poey sur l'emploi médical de l'électro-chimie (voir les n$^{os}$ 5 et 6 de l'*Ami des Sciences*) le rédacteur de la *Revue franco-italienne* ajoute :

« Pourquoi n'attacherait-on pas aussi les *sujets* au pôle positif, dans le but de faire pénétrer des médicaments dans leur corps? Ce serait un nouveau mode de médication à essayer, qui ne présenterait pas plus de danger que la galvanisation de M. Poey. »

M. Govi exprime là une idée parfaitement juste; mais elle est réalisée, non pas à la vérité dans les conditions qu'indique notre confrère. On s'est servi de l'électricité comme véhicule de médicaments, seulement l'électricité a été fournie par les machines ordinaires, non par la pile. Les expériences entreprises à ce sujet sont dues à M. Beckensteiner : c'est une application médicale des belles découvertes faites par Fusiniéri, de 1821 à 1825.

D'après M. Fusiniéri, les étincelles électriques qui proviennent des machines ordinaires emportent avec elles d'impalpables molécules empruntées aux conducteurs d'où elles émanent. Ces étincelles partent-elles (comme cela a lieu le plus souvent) d'un conducteur en laiton? elles contiennent des molécules de cuivre et de zinc; partent-elles d'une boule d'argent? elles contiennent des molécules d'argent; d'une boule en or? elles renferment de l'or. Au centre des étincelles, les molécules sont fondues; sur le contour des étincelles, les particules métalliques étant en contact avec l'oxigène de l'air, éprouvent une combustion plus ou moins forte.

Parmi les expériences sur lesquelles on étaye ce fait général, nous citerons les suivantes.

Une étincelle provenant d'une boule d'or traverse une plaque d'argent assez épaisse : si vous examinez les deux surfaces de cette plaque, vous reconnaîtrez au point d'entrée et au point de sortie du jet électrique, une couche circulaire d'or d'une épaisseur excessivement petite. D'où viennent ces taches métalliques? évidemment de l'or en fusion que contenait l'étincelle et qu'elle a enlevé à la boule d'où elle provient. Par conséquent, une partie de l'or disséminé dans l'étincelle a traversé avec celle-ci toute la plaque d'argent.

« L'étincelle qui émane d'un certain métal n'abandonne pas seulement une partie des molécules dont elle était d'abord imprégnée quand elle va traverser un autre métal; elle se charge encore, aux dépens de celui-ci, de molécules nouvelles. M. Fusiniéri assure même qu'à chaque passage de l'étincelle il s'opère des échanges réciproques entre les deux métaux en présence; que si l'étincelle, par exemple, part de l'argent pour se porter sur le cuivre, il n'y a pas seulement transport du premier métal sur le cuivre, mais aussi transport du cuivre sur l'argent. » (Arago, Œuvres complètes, *le tonnerre*, p. 402.)

En résumé, les étincelles de nos machines ordinaires contiennent des matières pondérables, et ces matières empruntées au corps d'où elles partent sont en partie déposées par elles dans le corps qu'elles traversent. Faites les jaillir d'une substance médicamenteuse, faites-leur traverser le corps humain, et la proposition de M. Govi se trouve réalisée. Or, ce mode d'administration des médicaments, M. Beckensteiner l'a pratiqué. Voici comment il y a été conduit.

Il électrisait suivant une méthode nouvelle. L'excitateur étant dépourvu de manche de verre, l'électricité n'arrivait au sujet qu'après avoir passé en partie par le corps de l'opérateur. L'excitateur était en laiton. Au bout de quelque temps M. Beckensteiner fut pris de coliques, et ayant remarqué des traces d'oxydation à l'endroit même où la tige de laiton se trouvait en contact avec ses mains, il eut la pensée que son indisposition résultait d'un transport d'atomes de cuivre que l'électricité aurait introduits en lui. Des expériences ultérieures ayant confirmé ses prévisions, il imagina d'administrer divers spécifiques au moyen de l'électricité. Ce qui, d'après son rapport, lui réussit parfaitement.

Sans entrer dans le détail de ses expériences, nous dirons ce qu'il raconte en avoir appris, touchant l'action médicale de certains corps.

L'or électriquement administré, soit par étincelles, soit par frictions, soit par courant, est le plus puissant des toniques; il fortifie le système nerveux, il rétablit le mouvement dans les membres paralysés. L'auteur dit avoir fait disparaître instantanément des névralgies faciales au moyen d'étincelles d'or suivies d'un courant d'iode. L'étain a des propriétés tout opposées : son action est relâchante, il convient dans les affections tétaniques. Le fer agit comme dérivatif dans les congestions sanguines à la tête, les étourdissements, et on obtient cette action dérivative en frictionnant ou excitant des étincelles aux membres inférieurs. L'argent a un effet calmant et régulateur, il est rare qu'il ne dissipe pas instantanément les douleurs de tête même les plus opiniâtres; pour cela, il faut avoir recours aux étincelles, etc., etc....

Il serait très-désirable que ces expériences fussent reprises.

---

## LA SEMAINE SCIENTIFIQUE.

LOCOMOTION PAR LA FORCE GRATUITE DE LA GRAVITATION. — Recueillir et utiliser la force gratuite de la gravité dans les longues descentes de chemins de fer auxquels on donnera une grande inclinaison ; tel est le problème que s'est proposé un ingénieur des ponts-et-chaussées du royaume de Naples, M. E. Dombre.

Problème neuf et original ! Cette force, au lieu de l'utiliser, on cherche, chacun sait cela, à l'empêcher de se produire, et dans ce but on évite à grands frais les pentes fortes et prolongées, quand on ne peut les éviter entièrement, on en combat l'influence au moyen de freins.

M. Dombre suppose le cas d'un trafic descendant entre deux points situés à une différence convenable de niveau ; c'est celui d'un grand nombre de mines, de carrières et autres exploitations. Il veut que, dans ce cas, les transports s'effectuent dans les deux sens, aller et retour, sans force étrangère, par la gravitation.

Comment? En théorie rien de plus simple. La descente procure une force disponible ; cette force disponible, il faut la recueillir, l'employer à comprimer de l'air atmosphérique dans un réservoir, et cet air atmosphérique comprimé servira à ramener le convoi ou tout autre au point du départ. Il va sans dire que convoi en retour devra être d'un poids moindre que celui à la descente.

Qu'on imagine donc une locomotive sans chaudière, sans foyer, sans tender, mais munie d'un réservoir cylindrique pouvant contenir de l'air fortement comprimé. Supposons, en outre, que pendant la descente on fasse servir la force vive des roues à comprimer l'air qui, à la montée, donnera le mouvement à ces mêmes roues; de cette manière non seulement on recueillera la force gratuite de la gravité, mais on modérera la vitesse dangereuse que les convois tendent toujours à prendre sur les rampes fortes et prolongées.

M. Dombre arrive par le calcul aux résultats suivants :

Un convoi du poids total de 28 tonnes descendra le long d'un chemin de fer d'une longuer de 7 kilomètres, avec pente de 2,20 pour 100 (savoir : 6 kilomètres avec pente de 3 pour 100 et le dernier kilomètre avec contre-pente de 2,50) et comprimera de l'air à 14 atmosphères dans un réservoir de 8 mètres cubes.

La force ainsi recueillie fera monter par la même ligne un convoi du poids de 14 tonnes, en sorte qu'on peut descendre une charge utile de 14 tonnes et faire remonter à vide le convoi y compris la locomotive.

La vitesse moyenne du transport, tant à la descente qu'à la montée, sera de 11 mètres par seconde; à la descente la vitesse n'atteindra pas 20 mètres, bien qu'on ne fasse usage d'aucun frein.

PRODUCTION CHIMIQUE DE L'ALCOOL. — On sait que l'alcool est un composé de carbone, d'hydrogène et d'oxygène. Si on le mélange avec de l'acide sulfurique et qu'on chauffe ce mélange, l'alcool se décompose en eau d'une part et en hydrogène bicarboné de l'autre. M. Berthelot a fait précisément le contraire. Il a pris de l'hydrogène bicarboné (gaz oléfiant) et de l'eau ; en les traitant convenablement, il a obtenu de l'alcool.

Cette découverte devant être probablement le point de départ d'une multitude d'autres, il importe d'en prendre note. Voici comment l'auteur a procédé :

M. Berthelot a préparé 32 litres de gaz oléfiant pur, les a mis dans un vase et a fait absorber à 900 grammes d'acide sulfurique pur et concentré, 30 litres de ce gaz. Les deux litres qui n'avaient pu être absorbés avaient conservé toutes leurs propriétés ; la masse a été étendue d'eau. Par une série de distillations faites avec soin, l'auteur est arrivé à recueillir 52 grammes d'alcool, représentant 45 grammes d'alcool anhydre. En résumé les trois quarts du gaz oléfiant s'étaient combinés à l'eau pour former de l'alcool; le reste s'était perdu dans les manipulations.

A l'examen de cet alcool, on lui a reconnu toutes les propriétés de l'alcool ordinaire. Cet alcool, soumis lui-même à l'action de l'acide sulfurique, a été dédoublé en hydrogène bicarboné et en eau. L'hydrogène bicarboné, traité comme précédemment, a redonné de l'alcool. Ainsi, par une série de décompositions et de recompositions successives, on a obtenu le même alcool, le même hydrogène bicarboné et de l'eau, et tout cela en décomposant par l'acide sulfurique, en recomposant par le même acide.

MACHINES A MOISSONNER. — Après avoir occupé les plus habiles mécaniciens d'Angleterre et d'Amérique, les moissonneuses commencent enfin à se répandre chez nous; deux machines, l'une française, l'autre anglaise, se disputent en ce moment la préférence de nos agriculteurs.

La machine française est de l'invention de M. Cournier. C'est en deux mots un système de sécateurs. Le cheval est la force, l'essieu transmet le mouvement ; un râteau, ingénieusement agencé, réunit les tiges ; un jeune homme léger, assis sur un tabouret et emporté par la machine, détermine le mouvement qui précipite la gerbe. M. Auguste de Gasparin, qui l'a vue à l'œuvre, écrivait l'année dernière: « Elle ne laisse absolument rien à désirer. » Sous ses yeux, en deux heures et quart, mue par un seul cheval, servie par trois hommes, elle avait fauché un hectare de blé : « elle ne laisse pas un épi sur le champ, disait-il; elle réunit les tiges en gerbes, les abandonne sur le sol, et on n'a plus qu'à les lier. Avec un cheval de relais, on moissonnerait cinq hectares par jour : c'est le travail de dix faucheurs et d'une multitude de moissonneurs à la faucille. »

Depuis l'époque où M. A. de Gasparin en rendait un compte si favorable, la moissonneuse Cournier a été soumise à de nouvelles expériences. M. Duvernay, président de la Société d'agriculture de Saint-Marcellin (Isère), rendant compte de ces essais, déclare « qu'elle abat les moissons comme par enchantement, et qu'il faut l'avoir vue à l'œuvre pour s'en faire une idée. »

La machine anglaise est celle qui a obtenu le prix au dernier concours général à Lincoln. M. Dry, de Londres, en est le constructeur. M. Fery, directeur des rizières de la Teste, l'a importée d'Angleterre vers la fin de l'année dernière. Elle est, dit-on, très-simple et très-légère; cependant ce qu'on nous en rapporte la laisse au-dessous de la moissonneuse Cournier.

Deux chevaux, marchant à la vitesse de trois kilomètres à l'heure, la mènent aisément, dit-on, et peuvent moissonner trois hectares par jour. Avec deux attelages, se relayant de deux en deux heures, on peut, ajoute-t-on, obtenir une vitesse de quatre kilomètres et faucher en moyenne cinq hectares par jour.

C'est fort beau, assurément, mais, d'après le rapport de M. de Gasparin, la moissonneuse française demande moitié moins de chevaux pour faire la même besogne.

M. Fery a dû modifier un des éléments de la machine pour l'appliquer à la moisson du riz, dont la paille est courte et l'égrenage extrêmement facile.

Il a remplacé le plateau à bascule destiné à recevoir la gerbe de blé par un récepteur en toile disposé comme une bâche de diligence et tenu par quatre crochets.

Le manœuvre, placé sur la machine, pousse la coupe dans ce récepteur, qui est décroché vivement quand il est plein, puis vidé sur des toiles étendues dans le champ à des distances convenables. Une toile de rechange est mise en place pendant que l'autre se recharge.

La scie coupe la paille sur une zone de quarante centimètres de largeur avec une vitesse égale à vingt fois celle de l'attelage; elle opère d'autant mieux que le mouvement est plus rapide.

Enfin, il faut quatre hommes pour tout le service de la machine.

Ses avantages bien constatés ont décidé la Société des rizières à en faire construire trois autres. Une contrée longtemps étrangère au progrès agricole va donc se trouver une des premières en possession du mode de moissonnage le plus avancé.

Application de la photographie à la géologie. — M. le docteur Unger vient d'entreprendre la publication d'un ouvrage dans lequel il se propose de rassembler les vues géologiques les plus intéressantes, vues prises au moyen du daguerréotype, et d'y joindre la représentation des débris d'animaux fossiles. Dans un article de M. E. Conduché, le journal *la Lumière* fait les réflexions suivantes sur cette intéressante publication.

« Pour le naturaliste qui souvent, à de grandes distances, est obligé de comparer un terrain qu'il étudie à un autre terrain décrit pièce à pièce dans de minutieuses descriptions, ces images seront d'une valeur inappréciable. Que de peines, que de labeurs, que de fatigues épargnés au géologue! aussi ce travail a-t-il déjà obtenu un véritable triomphe en Angleterre et en Allemagne. Il ne pouvait en être autrement. En effet, l'image photographique rendant avec une rigueur mathématique les détails de toute nature, il deviendra facile, sur l'inspection d'une épreuve, de préciser presque la nature des terrains que l'on a sous les yeux; on pourra mesurer avec tout le soin désirable les inclinaisons des couches stratifiées, préciser leur épaisseur, donner avec exactitude leurs différentes relations; en un mot, on peut faire en quelques minutes, sur une épreuve, ce qui exige souvent des semaines entières sur le terrain lui-même. Quelques publications récentes, faites en France et à l'étranger, prouvent mieux que nous ne pourrions le faire l'importance du travail que nous signalons. Il a été question, dans ce journal, des belles études des frères Schlagintweit sur la géologie des Alpes. La photographie, comme on le sait, a joué un rôle considérable dans leurs recherches; on sait aussi qu'ils vont continuer dans l'Indoustan ce qu'ils ont si bien commencé en Europe. Déjà, dans le courant de l'année dernière, M. Martens a donné un panorama du mont Blanc et des environs, et celui-ci deviendra pour les géologues un excellent guide dans l'étude de la marche et des mouvements des glaciers. Tout récemment, M. Baldus a publié une série de vues d'Auvergne qui éclaireront incontestablement l'histoire géologique de ce pays, tourmenté par tant de révolutions volcaniques.

« M. Tiffereau possède quelques épreuves faites il y a déjà longtemps au Mexique : ce sont les exploitations de minerai d'argent de La-Luz, San-Miguel et l'Ascension. Outre les détails pratiques d'extraction du minerai qui sont représentés sur ces épreuves, on peut parfaitement apprécier tous les détails des couches où gît le métal, et en tirer parti pour décrire d'une manière précise cette belle industrie. »

Étrange préservatif contre la fièvre jaune. — Un médecin allemand qui habite Mexico depuis plusieurs années, aurait découvert que le venin d'un serpent — lequel? on ne le dit pas —, préserve de la fièvre jaune et du vomito-negro les personnes auxquelles on l'inocule. L'inoculation de ce venin s'opère de la même manière que celle du virus vaccin; elle cause une fièvre excessivement faible, mais qui a tous les symptômes de la fièvre jaune. Le venin ne produit aucun effet sur les personnes qui ont déjà été atteintes soit du vomito, soit de la fièvre jaune. Voilà ce qu'on rapporte.

On ajoute même que de hauts fonctionnaires et cinq cents militaires ont été inoculés par l'inventeur.

---

## VARIÉTÉS.

### L'optique et les chemins de fer.

Un ingénieur prétend que les disques et les fanaux de couleur, placés sur les chemins de fer à 500 mètres au moins de chaque station et qui peuvent être distingués de fort loin, donnent une grande sécurité à la marche des convois.

Cette assertion nous surprend. Elle surprendra tous ceux qui n'ignorent point ce qu'on entend en physique par *couleurs complémentaires*, en physiologie par ce mot charmant : *chromatopseudopsis*.

Ceux-là savent : 1° que l'emploi des couleurs dans les signaux est plein de danger, et 2° que les couleurs usitées sur les chemins de fer sont précisément celles qui présentent le plus d'inconvénient. De sorte que des accidents graves ont dû être causés par les moyens mêmes qu'on emploie pour les prévenir.

L'attention du public anglais a été appelée sur ce grave sujet. Des médecins, des physiciens, des chimistes en ont fait la matière de plusieurs lettres. Il paraît bien qu'il ne sera pas superflu de faire arriver leurs communications jusqu'au public français.

Parlons d'abord chromatopseudopsis. C'est une aberration ou un défaut de la vue causé par une disposition particulière de la rétine, et consistant en ceci : les personnes qui en sont affectées distinguent mal les couleurs; les unes confondent deux couleurs, les autres se trompent sur toutes. Dalton était atteint. L'écarlate et le vert étaient pour lui une même chose. L'affection a pris de lui le nom de daltonisme.

Le chromatopseudopsis existe ordinairement à un degré tel qu'il y a impossibilité de distinguer certaines couleurs. Celles qui sont le plus habituellement confondues sont le rouge et le vert, toutes deux employées dans les signaux de chemins de fer. M. Wilson a rencontré quatre personnes qui faisaient cette confusion, et M. Holland cite des cas analogues. Voici des exemples :

Un chirurgien se reconnut atteint de daltonisme à l'impuissance où il était de distinguer la couleur des baies de frêne des montagnes (ces baies sont rouges) du vert des feuilles.

Un autre médecin croit faire emplète d'un bonnet vert et il en achète un rouge. Une dame le prie de lui rapporter une robe verte, il apporte une robe feu. Certaines personnes ne distinguent qu'à l'aide du toucher les framboises mûres des framboises vertes. Un papetier offrait de la cire à cacheter rouge quand on lui en demandait de la bleue, etc...

Il y a des cas où l'aberration est complète. Non seulement on confond le rouge et le vert, mais on hésite à prononcer sur toutes les couleurs, et on donne divers noms à la même couleur.

Peut-être pense-t-on que cette aberration de la vue est chose rare, mais c'est tout le contraire qui est vrai.

M. le docteur Georges Wilson raconte que, parmi ses élèves en chimie, il découvrit, deux jeunes gens atteints de *daltonisme;* cinq autres lui déclarèrent être dans la même situation. L'un de ces élèves a quatre parents dans le même cas.

L'affection paraît être plus ou moins fréquente, selon les lieux.

A Édimbourg, 1 étudiant sur 37 ou 38 en est atteint.

Prevost dit en avoir trouvé 1 sur 20.

Seebeck a trouvé 5 cas parmi 40 jeunes gens.

Il paraît que ce défaut de la vue est très-rare chez les femmes ; cependant le docteur Wilson en a observé 6 cas. Le docteur A. Thompson, de Glasgow, déclare qu'en raison de la fréquence de cette affection, l'usage des signaux de couleur sur les chemins de fer est très-dangereux pour le public.

M. Wilson demande qu'on fasse une enquête sur les facultés optiques des employés chargés d'observer les signaux, ou qu'on change les signaux eux-mêmes. Ce que nous allons dire des couleurs complémentaires montrera que ce dernier parti est le seul à prendre.

La plupart des physiciens ont admis, à la suite de Newton, que les sept couleurs principales entre lesquelles se partage un faisceau de lumière blanche, quand ce faisceau traverse un prisme, sont parfaitement distinctes les unes des autres. Il en fut ainsi jusqu'à ce qu'on eut appris que dans chacune de ces sept couleurs il y a des dégradations de teintes annonçant la présence de rayons différemment réfrangibles. A partir de ce moment, on essaya de démontrer que le nombre des couleurs élémentaires est moindre que Newton et ses successeurs ne le croyaient. Les uns n'en admirent que quatre, les autres n'en voulurent que trois. Herschell est de ces derniers. Selon eux, il n'y a réellement que trois couleurs primitives : le rouge, le bleu et le jaune. Unies, elles donnent le blanc.

Deux de ces couleurs prismatiques, pures, primitives ou élémentaires, en s'unissant l'une à l'autre, engendrent les couleurs mixtes secondaires ou composées. Le rouge et le jaune donnent l'orangé ; le rouge et le bleu donnent le violet ; le jaune et le bleu donnent le vert.

Or, si l'une de ces couleurs composées se mêle à une couleur primitive ; si l'orangé est mêlé au bleu, si le violet est mêlé au jaune ; si le vert est mêlé au rouge, l'impression que ce mélange produit sur l'œil est celle du blanc. On donne le nom de *complémentaires* aux couleurs mixtes et pures qui, réunies, composent le blanc. Ainsi l'orangé et le bleu, le violet et le jaune, le vert et le rouge sont complémentaires l'un de l'autre.

Ceci posé, on va comprendre quels dangers le choix des couleurs adoptées sur les chemins de fer ajoute à ceux que l'aberration de la vue rend inséparables de l'emploi des signaux colorés en général.

Quelles sont les couleurs de signaux ? Le rouge, le vert et le blanc. Le rouge est signe de *danger*, le vert d'*avertissement*, le blanc de *sécurité*. On voit que parmi ces couleurs il s'en trouve une primitive, le rouge, et une mixte, le vert, et ces deux couleurs sont précisément complémentaires l'une de l'autre. Combinés, le vert et le rouge donnent du blanc, c'est-à-dire, en langage de chemin de fer, que les signaux d'*avertissement* et de *danger*, si on les voit ensemble ou s'ils se succèdent rapidement, produiront à distance sur la rétine du mécanicien le signal trompeur de *sécurité*.

M. Tyndall a fait une expérience décisive que voici :

A l'une des extrémités d'un tunnel de 400 mètres de long se trouve un *aiguilleur* qui doit répéter les signaux faits par un homme placé à l'autre bout du tunnel. Ce dernier avait deux lanternes, une rouge (couleur primitive), une verte (couleur secondaire). On lui ordonna de les faire briller en même temps. L'ordre exécuté, on demanda à l'aiguilleur ce qu'il avait vu. Cet aiguilleur, quoique très-exercé, répondit que la lumière qu'il avait vue était blanche et indiquait la sécurité. Les explications qu'on lui donna ne purent jamais le convaincre que les lanternes rouge et verte avaient été exposées à ses regards en signe d'avertissement et de danger.

M. Tyndall ne doute pas que ce phénomène des couleurs complémentaires n'ait été la cause des plus terribles accidents. A l'appui de son opinion, il cite les contradictions qui se rencontrent si souvent dans les dépositions relatives à la couleur des signaux. On ne peut douter en effet que l'oubli de ce phénomène d'optique n'ait causé beaucoup de mal.

S'il n'y avait pas d'autre cause d'erreur, il suffirait peut-être de changer la couleur des signaux ; mais au phénomène des couleurs complémentaires se joint celui de l'aberration de la vue, et il semble qu'il n'y ait de remède que dans la suppression même des signaux colorés.

Il est des personnes, nous l'avons vu, qui confondent toute les couleurs et donnent différents noms à chacune suivant les circonstances. Il est difficile qu'une enquête fasse exactement connaître tous ceux des employés des chemins de fer qui sont sujets à ce genre d'erreur. Tel qui aura bien répondu au moment de l'épreuve se trompera peut-être dans un autre moment. Il n'y a, en outre, aucune raison de supposer que celui qui est actuellement exempt de cette affection n'en sera pas atteint un jour ou l'autre.

En voyant qu'elle est plus fréquente dans certaines classes de travailleurs que dans les autres (et c'est, la chose est curieuse! parmi les professions où une exacte appréciation des couleurs paraît de toute nécessité, parmi les peintres, les teinturiers, les papetiers, les fabricants de châles, etc., qu'on l'observe le plus souvent), on incline à la regarder comme acquise. Elle peut donc éclater subitement, elle peut atteindre le mécanicien dans l'exercice de ses fonctions, à l'instant même où un signal lui est fait et où son existence et celle des voyageurs dépendent de l'intégrité de ses facultés visuelles.

Par quelle fatalité les couleurs usitées sur les chemins de fer sont-elles précisément des couleurs complémentaires et celles dans l'appréciation desquelles l'erreur est la plus fréquente, de sorte qu'un double péril s'attache à leur usage?

---

## NOUVELLES ET CAUSERIES.

*** Le comité délégué par la commission de la souscription nationale pour élever un monument à la mémoire de François Arago s'est réuni dans le courant du mois dernier. Le montant des souscriptions alors versées était de 18,778 fr. 25 centimes. Cette somme, jointe à quelques souscriptions non encore parvenues, a paru suffisante pour élever sur la tombe de l'illustre savant un monument digne de lui.

Le programme suivant a été adopté :

« Sur un sarcophage de forme très-simple, orné de couronnes de laurier destinées à renfermer les titres des principales œuvres d'Arago, sera posée sa statue coulée en bronze. Cette statue couchée sera couverte d'un linceul, la tête inclinée, la plume échappée de sa main mourante, errant encore sur la sphère céleste. »

L'exécution de ce monument a été confiée au patriotique ciseau de David d'Angers. On espère qu'il pourra être terminé vers le mois de juin.

M. Arago a des titres nombreux à ce suprême honneur, il en est digne comme inventeur, il le mérite encore comme propagateur des sciences.

Inventeur, il a découvert la polarisation chromatique et rotatoire, le magnétisme par rotation, et l'aimantation temporaire sur laquelle repose la télégraphie électrique. Vulgarisateur, il a professé ce cours d'astronomie qui, chaque année, attirait la foule à l'Observatoire de Paris. Il a écrit ces Notices scientifiques où les choses les plus élevées sont rendues accessibles à tous; personne à notre époque n'a concouru autant que lui à répandre le goût et la connaissance des sciences.

Cependant Arago ne doit pas être offert en exemple pour cela seulement qu'il cumula ces mérites trop rarement réunis dans le même homme.

Les talents, cela pullule! un homme de talent de plus ou de moins, il n'y paraîtrait guère. Il n'y a pas de jour que, traversant une foule, vous ne vous heurtiez à une multitude de gens de talent ou qui seraient des gens de talent si les circonstances leur eussent été favorables. Mais chez les artistes et chez les savants, ce qui est rare, c'est le respect de l'art et de la science et le respect d'eux-mêmes.

« Sire, disait un chimiste à un prince qui daignait acquérir par lui-même des notions scientifiques; sire, l'hydrogène et l'oxygène vont avoir l'honneur de se combiner devant vous pour faire de l'eau. » Ce mot heureusement trouvé s'il n'est vrai, peint toute une classe de savants auxquels l'exemple de M. Arago sera particulièrement profitable.

Jamais la science dont il fut le représentant le plus éminent n'a souffert d'humiliation dans sa personne; jamais cette souveraine n'a été réduite par lui au rang de sujette.

Il l'a évaluée si haut et si juste, qu'il ne voyait rien au-dessus d'elle, témoin les dernières lignes de son *Éloge historique de Watt* :

« On disait jadis le siècle d'Auguste, le siècle de Louis XIV; suivant moi, je n'hésite pas à l'annoncer, lorsqu'aux immenses services déjà rendus par la machine à vapeur se seront ajoutées toutes les merveilles qu'elle nous promet encore, les populations reconnaissantes parleront aussi des siècles de Papin et de Watt. »

Il pensait qu'aucune distinction ne saurait ajouter à l'éclat que la science communique à ceux qui la cultivent, témoin ce mot piquant à un de ses confrères qui se plaignait de n'avoir pas reçu encore et de ne pouvoir porter tout de suite les insignes de certains ordres dont il venait d'être décoré: « Prenez dans mes décorations, lui répondait Arago, vous en aurez l'étrenne, je ne les ai jamais mises. »

Il pensait que lorsque les dignités viennent au savant, l'honneur est pour les dignités. On sait que le gouvernement anglais n'a pas songé à faire un pair du royaume de ce James Watt que lord Liverpool, premier ministre de la couronne britannique, appelait « un des hommes les plus extraordinaires auxquels l'Angleterre ait donné naissance. » Constatant cet oubli: « S'il faut parler net, s'écriait M. Arago, tant pis pour la pairie que le nom de Watt eût honorée. »

M. Arago n'a si bien réussi à faire aimer la science que parce qu'il avait su faire respecter le savant.

C'est ce que ses confrères devront se rappeler quand ils contempleront les nobles traits que le ciseau de David va faire renaître.

⁂ Un de nos plus spirituels confrères, M. Texier, écrit dans le *Siècle* : « l'Académie des sciences accablée de travaux passe fièrement devant l'Académie française qui agonise. »

Que l'Académie française agonise, je n'en disconviens pas; mais que l'Académie des sciences soit accablée de travaux et qu'elle ait en aucune manière le droit d'être fière, c'est ce que je nie.

Les personnes qui n'assistent que de loin au mouvement scientifique et industriel regardent l'Académie des sciences comme formant le centre de ce mouvement; elles s'imaginent que rien ne se fait de bon qui ne vienne aboutir à l'Académie aussi inévitablement que le contenu des ruisseaux va se verser dans l'Océan.

Elles se trompent grandement. Il y a nombre de gens — et ce nombre croît tous les jours — qui étant en mesure de doter le genre humain d'une invention nouvelle, ne voient point la nécessité de venir gratter à la porte des Académies et de prendre devant elles l'humble attitude d'écoliers, de suppliants ou de coupables.

Ainsi, pour citer quelques exemples, ni la pioche à vapeur, qui est une invention aussi considérable que le chemin de fer et le télégraphe électrique, ni le système de circulation continu des réformateurs anglais qui est une invention aussi considérable que la pioche à vapeur, ni les machines à moissonner, ni les semoirs, ni les locomobiles, ni le drainage, ni la machine à drainer de MM. Fowler et Fry, ni les machines à coudre, ni la pisciculture n'ont demandé à un académie droit d'exister. N'est-ce pas significatif?

L'inventeur, chat échaudé, craint les académies comme le feu. Il se rappelle la vaccine, les bateaux à vapeur, l'éclairage au gaz, etc.

Malgré cela, il n'est guère de séance où l'Académie ne soit encore sollicitée par un inventeur novice, de porter son jugement sur quelque nouveauté, mais dans combien de cas l'Académie exauce-t-elle ses prières?

Que notre confrère prenne la peine de dresser la liste des rapports présentés à l'Académie, dans un laps de temps déterminé; qu'il dresse également celle des travaux originaux dont les membres de cette illustre compagnie ont enrichi la science durant la même période; qu'il additionne ensemble, rapports, mémoires, et qu'enfin il divise le total pour le nombre des académiciens. Il verra si l'Académie est accablée et si elle a le droit d'être fière!

Je lui promets qu'il arrivera à des résultats tout à fait saisissants. Il verra, par exemple, qu'il est telle question au sujet de laquelle plus de quarante mémoires ont été déposés, que pour l'examen de chacun de ces mémoires une commission a été nommée, et que pas un seul rapport n'a été fait. Il verra encore que tel académicien n'a absolument rien produit depuis tel nombre d'années. Pour compléter le tableau, il faudrait faire la statistique des inventions que l'Académie a condamnées, et qui ne s'en portent pas plus mal (exemple: l'éclairage au gaz). Si personne ne se charge de cette besogne, nous pourrons bien nous en charger. La science a besoin d'institutions nouvelles, et l'Académie lui fait obstacle. C'est une vérité à répandre.

L'Académie est bien plus gênante que le Pas-de-Calais, et supprimer celui-ci n'est pas ce qu'il y a de plus pressé à faire.

⁂ Un médecin propose un mode d'ensevelissement des cadavres très-original. Il veut qu'on enduise la bière d'une couche mince de gutta-percha. Le corps étant introduit dans cet imperméable demeure, on souderait au moyen d'un fer chaud les feuillets de l'enveloppe. Le but qu'on se propose est de retarder la putréfaction en soustrayant les cadavres à l'action de l'air; mais n'est-ce pas assez que tant de gens vivent sans rien produire et faut-il encore qu'ils nous refusent après leur mort l'usage de leurs restes?

*Le propriétaire, rédacteur-gérant:*
VICTOR MEUNIER.

PARIS. — IMP. J.-B. GROS, RUE DES NOYERS, 74

Première année. — N° 8. Quinze centimes. 25 février 1855.

# L'AMI DES SCIENCES

PAR

## VICTOR MEUNIER

ON S'ABONNE
à la Librairie AUGUSTE GOIN
41, quai des Grands-Augustins, 41.

Parait le Dimanche.

PRIX DE L'ABONNEMENT POUR L'ANNÉE
PARIS, 6 FR. — DÉPARTEMENTS, 8 FR.
Envoyer un mandat de poste.



### LA SOCIÉTÉ ZOOLOGIQUE ET JOSEPH REMY.

Nous avons publié, dans le précédent numéro, la lettre par laquelle M. Haxo a informé la Société zoologique de la mort de Joseph Remy, réinventeur des procédés oubliés de la fécondation artificielle sur lesquels il a su fonder l'industrie nouvelle et magnifique, qui lui doit en France l'existence même, et à l'étranger le rapide développement qu'elle a pris.

On se rappelle que l'honorable signataire de la lettre recommandait à la sympathie de la Société zoologique cette famille nombreuse à laquelle l'illustre pêcheur des Vosges laisse pour tout héritage un nom et la misère.

Pour la première fois, M. Haxo n'aura pas pris inutilement la plume en faveur de son digne protégé. Mais si peu accoutumé qu'il soit à voir le succès couronner ses efforts, l'accueil fait aujourd'hui à sa nouvelle supplique ne le surprendra pas plus qu'elle ne nous surprend nous-même. Nous savions bien que la porte à laquelle il frappait cette fois ne resterait pas fermée; nous en avions pour garantie le témoignage rendu spontanément en faveur de Remy par M. I. Geoffroy Saint-Hilaire qui le classe parmi les « *bienfaiteurs* » de notre pays (1), et cette communauté de vues élevées et de sentiments généreux qui, en toute circonstance, se manifeste à l'avantage du public entre la Société zoologique d'acclimatation et son illustre président.

Après avoir pris connaissance de la lettre de M. Haxo, la Société a aussitôt saisi sa section de pisciculture de cette douloureuse communication. Celle-ci s'est réunie lundi dernier, et nous ne croyons pas manquer aux convenances en révélant que les propositions les plus généreuses n'ont rencontré dans le sein de la section d'autre opposition que celles d'amendements plus généreux encore. Commettrons-nous une indiscrétion blâmable en disant qu'un secours prélevé sur les fonds dont la Société dispose, grâce au patriotisme éclairé des amis du progrès qui la composent, et l'ouverture d'une souscription en faveur de la veuve et des enfants de Remy, sont au nombre des résolutions adoptées? Ajoutons que le rapport qui aura été lu à la Société et probablement adopté par elle quand ce numéro paraîtra, est confié à la plume habile et loyale de M. Jules Haime.

Si la Société zoologique ouvre une souscription, la souscription aura du succès! je n'en voudrais d'autre preuve que l'article publié ces jours-ci, dans l'organe le plus considérable des intérêts agricoles, par le rédacteur en chef de ce recueil, M. Barral. M. Barral se plaît à constater, dans le *Journal d'Agriculture pratique*, que les procédés de la fécondation artificielle étaient, jusqu'à l'époque où Remy les découvrit pour la seconde fois, complétement oubliés « même parmi les savants les plus érudits ; » que si on en a depuis retrouvé les traces dans quelques livres, c'est grâce à la lumière projetée par les travaux de Remy lui-même, et de son collaborateur Géhin ; que la voie où se sont depuis engagés tant de savants et d'ingénieurs a été ouverte par les deux pêcheurs; que l'initiative leur appartient, et qu'enfin si en tous pays, on s'occupe aujourd'hui de pisciculture, c'est à eux qu'on le doit. Mentionnant cette idée d'une sousćription qui a germé partout à la fois, il déclare s'y rallier complétement. « Il ne peut pas être dit, ajoute-t-il en terminant, que la France ne fera rien pour la mémoire de Remy, et refusera à ses enfants un peu du pain bien payé par le travail de leur père. »

Quant à l'*Ami des Sciences*, il concourra, dans la sphère de ses moyens, au succès de cette œuvre de justice et de réparation, d'abord en faisant la quête parmi ses lecteurs, puis en continuant l'exposé des grands services rendus par Remy à la science et à la France. La difficulté de nous procurer certaines pièces importantes, nous contraint d'en retarder la suite jusqu'au prochain numéro.

(1) Domestication et naturalisation des animaux utiles. 3e édition, p. 96.

### RÉFORMES!

Quand nous constatons que tant de rapports sollicités de l'Académie des Sciences, il y a un an, il y a dix ans, par les auteurs de tels systèmes ou de telles inventions, sont encore attendus et le seront vraisemblablement toujours, faisons-nous un crime aux membres de l'Académie de leur déplorable inaction? Pas le moins du monde; voyons les choses du plus haut. Assurément nous déplorons le fait; mais les hommes n'en sont pas responsables, et nous n'avons pas la simplicité de croire que d'autres feraient beaucoup mieux que nos académiciens.

En acceptant les dépôts qu'on lui offre, en nommant une commission chaque fois qu'on lui en demande une, l'Académie témoigne de son bon vouloir, et si sur dix rapports demandés un seul est fait, la limite du possible est probablement atteinte.

Un homme, parce qu'il est académicien, ne renonce pas toujours pour cela à concourir de sa personne au développement de la science ; il est même des membres de l'Institut, qui, dans les courts instants que n'absorbent pas les fonctions politiques ou administratives dont ils sont revêtus, se livrent à quelques recherches; or, mettez-vous à leur place :

Tel parmi eux est membre de dix, sinon de vingt commissions! Pour qu'il puisse remplir en conscience son devoir de dégustateur ou de juge — juge est l'expression consacrée, ce qui assimile l'inventeur à un prévenu, et en effet, c'est en prévenu qu'on le traite—pour qu'il accomplisse cette rude besogne, il lui faudrait renoncer à ses travaux personnels, et prendre son parti de ne plus rien faire d'original, d'autant que si messieurs les commissaires mettaient plus de diligence dans la livraison de leurs produits, le nombre des commandes s'accroîtrait aussitôt très-rapidement.

Et combien de fois l'académicien est-il préposé à l'examen d'une chose qui ne l'intéresse pas, ou qui l'intéresse peu! Est-on maître de ses goûts? Supposez même qu'il ne soit point surchargé de besogne, et puisque nous entrons dans le champ des hypothèses, entrons-y tout à fait: allons jusqu'à supposer que l'académicien n'a pas le goût du travail ou qu'il ne l'a plus, et il se plaît à laisser dormir dans les oubliettes de son cartonnier les mémoires qui lui sont confiés! eh bien? beaucoup tiennent la chose pour impardonnable, qui...... Voyons, arrive-t-on au but pour se mettre hors d'haleine, et n'est-il pas naturel qu'un académicien se repose?

Mais son inaction aura, si vous le voulez, un autre motif; votre affaire est épineuse, et le commissaire académique craint de compromettre son immaculée réputation d'infaillibilité. Il vous sied bien, à vous qui n'avez rien à perdre, de le taxer de pusillanimité! Enfin, mettons les choses au plus bas; un intérêt personnel — on dit que cela s'est vu, — un sentiment d'hostilité — on affirme que cela se voit, — aveugle le juge; cela prouve que l'académicien n'est pas parfait. Etes-vous dans l'attente d'une académie d'hommes parfaits? Prenez-moi celui qui critique l'Académie avec le plus de véhémence, et faites-en un académicien; non seulement vous lui fermerez la bouche, mais vous verrez qu'il fera la plupart des choses qu'il blâmait. Ce n'est pas là une question de personnes; ceux qui sont dedans valent ceux qui sont dehors, et, en toutes choses, une espérance de mieux qui ne repose que sur des déplacements d'hommes, est un hochet propre à distraire les grands enfants.

Avec tout cela, il n'en est pas moins vrai que l'Académie ne fait pas tout ce qui est nécessaire; la science languit, les inventeurs souffrent. Sur vingt chercheurs, il y en a au moins dix-neuf qui se plaignent, soit de l'indifférence, soit de la partialité des académies, et la plupart se plaignent justement; je pourrais citer des faits accablants.

Mais puisque le mal ne peut être imputé aux hommes, c'est donc l'institution qui est mauvaise? Oui, l'institution a vieilli, elle n'est en harmonie ni avec les besoins, ni avec l'esprit du temps, et il en est de même de toutes les institutions scientifiques officielles.

Voyez le professorat! Ici, un homme fait un cours sur une science qu'il n'a pas étudiée; cet autre avait une vocation bien décidée pour ne pas professer; ce troisième a dépassé l'âge des fonctions actives, etc. Je pourrais citer des noms propres, mais ce n'est pas une question personnelle que j'agite. En certains établissements, plusieurs chaires font entre elles un double et triple emploi, et il y a des spécialités qui ne sont pas représentées. Prenez maintenant ceci à titre de compensation si vous le voulez : on rencontre des gens qui ont toutes les qualités requises pour faire d'excellents professeurs, et qui ne professeront jamais. Ces graves défauts sont tout-à-fait inévitables dans l'organisation présente des sciences.

Autre chose; il y a un matériel scientifique considérable : bibliothèques, collections, instruments et appareils, ateliers, laboratoires, bâtiments; quelques individus en ont la jouissance exclusive, et, naturellement, sont très-jaloux de leurs priviléges. Monsieur un tel, dites-vous, en ferait un meilleur emploi que leur détenteur actuel. C'est voir petitement la question. Monsieur un tel en tirera-t il à lui seul le parti qu'en tireraient ensemble tous ceux qui ont la capacité requise pour en faire un bon usage, si (avec toutes les garanties nécessaires) on mettait à leur disposition ces précieux moyens de découvertes? Voilà la question, et notez que pour un homme qui tient sous son chevet la clé d'un laboratoire ou d'une collection, il y en a dix et vingt que l'absence d'un laboratoire et d'une collection empêche de se rendre utiles.

Un but auquel il faut viser, c'est que toutes les spécialités scientifiques soient représentées dans chaque centre de population par une société particulière qui, fixée au sol, étudiera, sans en laisser échapper aucuns, les phénomènes locaux, et répandra autour d'elle le goût de l'étude; il y a déjà un bon nombre de ces sociétés; pour étudier avec suite tous les phénomènes permanents ou périodiques, pour saisir au vol tous les phénomènes subits et transitoires, il en faudrait beaucoup plus encore. Mais comment espérer que celles qui existent viennent à se multiplier, quand elles ont déjà de la peine à se soutenir? Et comment leur donner la vie qui leur manque, dans l'organisation présente? Réfléchissez-y.

Dernier point, car il faut finir : pour le savant qui veut arriver, ravir des secrets à la nature n'est qu'une des conditions à remplir, on ne peut même dire que c'est la principale; il faut encore ravir les bonnes grâces d'un homme en place. Etre un expérimentateur habile n'est rien, si on n'est en même temps un habile courtisan. Qu'il prenne garde de laisser passer dans le laboratoire l'heure qui convient pour faire antichambre; il faut flatter, il faut s'avilir. Je ne récrimine pas, j'expose et je dis que cette subordination du grand nombre à quelques privilégiés, est une faible garantie de dignité morale et de progrès scientifique.

Les places manquent, du reste, et manqueront de plus en plus, parce que le déclassement qui s'opère dans la société est *un fait normal irrésistible*; le *nombre des hommes voués* aux recherches scientifiques ira donc toujours croissant. Faudra-t-il augmenter proportionnellement le nombre des emplois scientifiques? Le budget y passerait et ne suffirait point.

Eh bien, il y a un moyen d'accroître indéfiniment, sans qu'il en coûte rien au budget, mais au contraire en dégrévant le budget, les ressources de la science; de centupler le nombre de ceux qui se vouent à ses progrès; de faire marcher toutes ses parties d'un même pas; de soumettre à un contrôle rapide toutes les idées nouvelles; de fournir à chaque homme de bonne volonté des moyens d'action : à l'expérimentateur, des instruments; au professeur, des collections; à l'inventeur, de la matière première et de la main d'œuvre; de créer autant de places qu'il y a d'hommes capables d'en remplir, et de faire que chacun soit au poste que sa capacité lui assigne.

Ce moyen est très-simple; nous l'exposerons. Pour les bons entendeurs deux mots suffiront: au monopole substituer le droit commun; à la place de l'autorité mettre la liberté.

---

## L'OD, PRINCIPE UNIVERSEL.

*Expériences de M. de Reichenbach.*

Vous avez certainement rencontré des gens qui ont une invincible antipathie pour le jaune; quelle peut être la cause de cette répugnance? Avez-vous jamais rencontré quelqu'un qui déteste le bleu? Certes, jamais; personne n'a horreur du bleu. D'où viennent cette répulsion et cette préférence? Y aurait-il entre ces couleurs des différences qui resteraient cachées au plus grand nombre et ne serait appréciables que pour quelques hommes? Y aurait-il des hommes doués en quelque sorte de double sens? ce serait une chose assez singulière. Essayons de la suivre de plus près.

Ces questions sont faites et ces doutes sont émis par le célèbre chimiste allemand, M. de Reichenbach, dans un livre intitulé : *Lettres odi-magnétiques* (1).

Existe-t-il des personnes à qui la vue d'un miroir répugne? En vérité, il existe de tels êtres! Ils ne sont pas plutôt devant une glace qu'ils éprouvent un sentiment d'inquiétude: il leur semble qu'un souffle tiède vient à eux.... Quelle est la raison de cela?

Avez-vous rencontré en voyage des hommes qui veulent à

(1) Dont la traduction française a été publiée par M. Cahagnet.

toute force, quel que soit le temps, que les glaces des véhicules demeurent ouvertes? Vous avez attribué cette exigence à un défaut de savoir vivre: mais retenez un peu votre jugement. Peut-être acquerrez-vous bientôt la conviction qu'il se passe dans l'enceinte de ce monde des choses dont vous ne soupçonniez pas l'existence et qui impressionnent fortement d'autres que vous...

Connaissez-vous quelqu'un qui, à table, au théâtre, à l'église, n'aime point à s'asseoir au milieu des autres, qui cherche toujours une place du coin? Observez-le, c'est notre homme.... nous ferons bientôt connaissance intime avec lui.

Et l'auteur continue cette étrange revue de ce qn'on nomme vulgairement des originaux, de ce qu'il appelle des SENSITIFS. Il range les hommes en deux classes, les ordinaires et les sensitifs; et ces derniers perçoivent des choses, des phénomènes, des forces qui demeurent voilés pour nous; sans eux, nous n'en aurions jamais soupçonné l'existence, ils vont nous la révéler.

Les faits vulgaires rapportés plus haut, M. de Reichenbach ne les a mentionnés que pour vous mettre en mesure de trouver des sensitifs. Il vous donne leur signalement complet. Quand vous en aurez rencontré un, « ce n'est pas très-difficile d'en trouver, partout ils sont en nombre, » vous pourrez répéter sur eux les expériences qae le physicien allemand a faites et dont voici quelques-unes:

Un cristal de roche aussi grand que possible est posé horizontalement sur le coin d'une table, de manière que ses deux bouts la dépassent. Un sensitif s'approche et présente le plat de la main gauche aux extrémités de ce cristal; la distance est de trois à six pouces. Il ne se passe pas une demi-minute sans que le sensitif déclare que du sommet du cristal, il sort un souffle fin et frais et de la base quelque chose de tiède; le premier est agréable et rafraîchissant, et c'est tout le contraire du second.

Un grand cristal de roche est déposé dans une chambre complétement obscure. Une demoiselle Angélique Sturmann, sensitive à un haut degré, est introduite.— Un médecin célèbre, le professeur Liploh, était présent. — Bientôt Angélique désigne la place occupée par le cristal, elle déclare que tout ce cristal est rempli d'une fine lumière, et que du sommet s'élève une flamme bleue, ondulante, parfois scintillante, ayant la forme d'une tulipe, et qui se perd par en haut en une vapeur déliée. Le cristal étant retourné, elle voit s'élever du côté obtus une fumée moite rouge jaune.

En plein jour, un sensitif se met à l'ombre et tient de sa main gauche un tube de verre, et ce tube il le place dans les rayons du soleil, il reçoit une impression de fraîcheur. Qu'il place le tube à l'ombre, celui-ci deviendra chaud: l'expose-t-il de nouveau à la lumière solaire, le tube redevient frais, et cette fraîcheur rappelle la sensation que faisait éprouver la pointe du cristal de roche.

Un fil de cuivre est étendu dans une chambre obscure, et l'une des extrémités de ce fil, sortant de la chambre, est exposée aux rayons solaires. Aussitôt, la partie du fil qui est dans l'obscurité devint lumineuse pour le sensitif, et à l'extrémité du fil, le sensitif vit s'élever une petite flamme longue d'un doigt.

On projette contre un mur les couleurs du prisme. A l'aide de son tube de verre le sensitif éprouve ces couleurs. S'il le tient de façon à ne recueillir dans l'air que la couleur bleue ou la violette, sensations de fraîcheur; si le tube est porté dans le jaune ou le rouge, tiédeur et malaise qui alourdit bientôt le bras.

Si vous voulez narguer un peu les chimistes, dit M. de Reichenbach, faites l'expérience suivante: posez un petit bocal en verre rempli d'eau dans la lumière bleue et un autre dans le rouge jaune. Le sensitif boira le contenu du premier avec jouissance; mais si vous voulez le forcer à vider l'autre, « il pourra vous arriver comme à moi, dit M. de Reichenbach, que peu après le sensitif vomisse à grands efforts. Maintenant, continue-t-il, donnez ces eaux à MM. les analyseurs chimistes, et qu'ils vous en extraient l'amarum et l'acidum! »

A la lumière de la lune, on obtient des résultats inverses. Le tube de verre procure une impression de tiédeur, et l'eau est de mauvais goût.

Placez une bonne barre de fer aimanté à travers le coin d'une table, dans le méridien, à l'instar d'une aiguille aimantée, le pôle nord contre le nord. Mettez un sensitif devant et laissez-le approcher lentement le creux de la main gauche, tantôt d'un pôle, tantôt de l'autre, à la distance de 4 à 6 pouces; il éprouvera les mêmes impressions que lorsqu'il s'agissait de cristaux, fraîcheur au pôle nord, tiédeur au pôle opposé; mêmes qualités dans l'eau qui en aura subi l'influence.

Mettez l'aimant dans l'obscurité. La première expérience fut faite à Vienne en 1844, avec une demoiselle Maria Nornstny. Elle fut répétée avec succès des centaines de fois. A chaque bout de la barre, Maria vit se dégager une flamme ardente, fumante, jetant des étincelles, bleues vers le pôle nord, jaune-rouge vers le pôle sud. Posez le fer aimanté debout, le pôle sud en haut, la flamme grandit. Si l'aimant est d'une force suffisante, elle s'élèvera jusqu'au plafond et y dessinera un rond lumineux de un, deux et trois pieds de diamètre.

Dans une chambre obscure, une fleur fut placée devant M. Endlicher, qui est un sensitif moyen. Quel fut l'étonnement, la frayeur même du célèbre botaniste! « C'est une fleur bleue, s'écrie-t-il, c'est une Gloxinie! » Et, en effet, c'en était une. Il la voyait dans l'obscurité absolue; tiges, corolles, pistils, anthères, tout était lumineux.

Mettez dans la chambre obscure un chien, un oiseau, un papillon, le sensitif les verra brillant d'une lumière propre. Mais bientôt il vous verra vous-même, « dans une fine incandescence. » Et, pour vous citer un seul détail, il voit à chacun de vos doigts un prolongement luisant, une queue flamboyante aussi longue que le doigt lui-même. Bientôt il vous apprend que toutes les parties de votre corps n'ont pas la même couleur; que la main droite luit d'un feu bleuâtre, pendant que celle de gauche est jaune-rouge; que la même différence existe pour les deux pieds; qu'elle existe entre le côté droit et le côté gauche de votre visage, entre les deux moitiés de votre corps.

Et ces deux côtés ont les mêmes propriétés que les rayons jaune et bleu. L'expérience suivante fut faite en 1845, avec un nommé Bollmann, menuisier à Vienne, âgé de cinquante ans. M. Reichenbach mit sa main droite dans la gauche du menuisier, les doigts se croisant sans presque se toucher. Après une minute, il remplaça la droite par la gauche, et ainsi de suite plusieurs fois. « J'appris que le sensitif sentait ma main droite, ma main bleue, plus fraîche que la gauche, la main jaune. » L'expérience fut répétée avec plus de cent personnes différentes, et toujours mêmes résultats.

« J'étendis alors l'expérience aux pieds, aux côtés du corps, aux joues, aux oreilles, aux yeux, aux ailes du nez, à la moitié de la langue, et en variant à l'infini. J'obtins toujours le même résultat. Le côté droit de chaque personne, quel que soit son sexe, est plus frais que le côté gauche. Ainsi, vous voyez par là que l'homme, de la droite à la gauche, est polarisé comme le cristal, comme l'aimant, comme la lumière solaire. »

Telles sont les expériences que M. de Reichenbach a faites avec ce qu'il appelle les sensitifs. Il invite chacun à les répéter. J'en connais qui préféreront les nier. Ces gens-là savent ce qui est et ce qui n'est pas! On ne les entendra pas répéter à leur lit de mort cette parole du grand Newton:

« J'ignore ce que j'apparaîtrai au monde; mais, à mes yeux, je suis semblable à un enfant qui s'amuse sur le rivage et se réjouit de trouver de temps en temps un caillou plus uni ou une coquille plus jolie que les autres, tandis que le grand océan de la vérité reste voilé devant ses yeux. »

Nous ne voyons aucune raison de contester *à priori* la réalité de ce qui vient d'être rapporté. Quelles conséquences l'auteur en tire-t-il? nous le dirons.

### L'inventeur de la chaudière tubulaire.

Un correspondant exprime la crainte que nous ne nous soyons, dans de bonnes intentions d'ailleurs, écarté de la vérité en attribuant à Charles Dallery l'invention de la chaudière tubulaire. Nous pourrions pour toute réponse renvoyer l'honorable contradicteur au rapport académique déclarant que, dès l'année 1803, Dallery avait proposé « l'emploi des chaudières à bouilleurs tubulaires verticaux, communiquant à un réservoir de vapeur » et constatant en outre que cette chaudière « *présente sous ce rapport beaucoup d'analogie avec des inventions plus récentes*. » Mais nous voulons saisir cette occasion de dissiper les doutes qui peuvent subsister encore dans l'esprit de quelques-uns de nos lecteurs sur le point d'histoire que nous avons voulu fixer.

L'objection qui nous est faite n'est pas nouvelle, nous l'avons déjà rencontrée une fois l'année dernière sur notre chemin; elle nous était adressée alors par un de nos confrères. Il y a chaudières tubulaires et chaudières tubulaires, nous disait-il, il y a « celles dans lesquelles les tubes renferment l'eau à vaporiser, et celles-là peuvent appartenir à Ch. Dallery; » il y a aussi celles « où l'eau à vaporiser est exclue des tubes, où les tubes ont pour fonctions de donner passage au feu ou à l'air chaud provenant de la combustion, et celles-ci sont incontestablement l'invention de M. Seguin. »

Or, comme ces dernières sont celles que l'on a employées dès l'origine sur les chemins de fer, et qu'on emploie généralement dans la locomotion terrestre et maritime, le rédacteur du *Pays* concluait que Charles Dallery n'est pour rien dans la grande révolution qui s'est opérée depuis un quart de siècle dans nos moyens de transport.

A cela nous répondions alors et nous répondons aujourd'hui de la manière suivante :

Quelles que soient les fonctions de leurs organes, que l'eau ou l'air circule à l'intérieur des tubes, ces chaudières méritent-elles le nom de tubulaires? Assurément elles le méritent, et vous-même les désignez de la sorte. Ce sont donc des espèces d'un même genre? vous en convenez. Je vous accorde que l'une de ces espèces est de M. Seguin, vous reconnaissez que l'autre est de Charles Dallery; fort bien, mais de qui est le genre? quel est l'inventeur non de telle sorte de chaudière tubulaire, nous le savons, ou de telle autre sorte, nous le savons encore; quel est l'inventeur de LA chaudière tubulaire? en d'autres termes quel est l'homme de génie, qui, dans un moment d'inspiration véritable, a le premier conçu la possibilité *d'augmenter la surface* de chauffe d'un appareil évaporatoire *sans augmenter* son volume, et cela, en la divisant sous forme de tubes? l'histoire répond : C'est Charles Dallery.

Quelqu'un avait-il fait une chaudière tubulaire avant Dallery? non. Et avant M. Seguin? oui. Qui? Dallery. Donc Dallery est l'inventeur de LA chaudière tubulaire et M. Seguin est inventeur D'UNE chaudière tubulaire. M. Seguin n'a créé qu'une espèce; Charles Dallery a créé le genre. Mais un genre nouveau n'apparaît jamais que sous forme d'une espèce nouvelle; par là même qu'il créait un genre, Dallery créait une espèce, et il est clair qu'il ne pouvait inventer la chaudière tubulaire sans inventer une chaudière tubulaire. Vous ne voyez que l'espèce créée par lui : c'est mal voir, et c'est parce que vous voyez mal que vous rapetissez son rôle.

Nous allons rendre ceci très-clair.

Trois noms font époque dans l'histoire de la locomotion à vapeur, en France du moins : ce sont ceux de Joseph Cugnot, de Charles Dallery et de M. Seguin. Supposons ces trois hommes en présence l'un de l'autre, et il nous sera très-facile de faire la part de mérite qui revient à chacun d'eux.

Transportons-nous en 1769; Joseph Cugnot a soumis à M. de Choiseul un projet de chariot d'un nouveau genre, qu'il désigne sous le nom de *fardier à vapeur*; le projet a été approuvé et l'État a mis des fonds à la disposition de l'inventeur.

La machine est construite. Un *rapport, adressé au ministre de la guerre*, nous apprend qu'elle est « mise en expérience en présence du ministre, du général Gribeauval et en celle de beaucoup d'autres spectateurs. » Nous nous permettons de supposer que, parmi les spectateurs, se trouvent Charles Dallery et M. Seguin, moins célèbres alors que le ministre et le général Gribeauval, et c'est pourquoi le rapporteur ne les a pas nommés. La machine est chargée de quatre personnes; elle se meut sur un plan horizontal, et elle parcourerait environ 1,800 à 3,000 toises par heure si sa marche n'éprouvait de fréquentes interruptions.

« Mais, dit le rapport, la capacité de la chaudière n'ayant pas été assez justement proportionnée avec assez de précision à celle des pompes, elle ne pouvait marcher de suite que pendant la durée de douze à quinze minutes seulement, et il fallait la laisser reposer à peu près la même durée de temps, afin que la vapeur de l'eau reprît sa première force; le four étant d'ailleurs mal fait, laissait échapper la chaleur; la chaudière paraissait aussi trop petite pour soutenir dans tous les cas l'effort de la vapeur. »

Néanmoins cette épreuve paraît favorable. On pense qu'exécutée en grand la machine pourrait réussir. Un des assistants ne partage pas l'espoir général : c'est Dallery; il critique et la machine à simple effet, et la chaudière sphéroïdale, et la disposition du foyer. A l'entendre, jamais une pareille machine à vapeur ne résoudra le problème de la locomotion; jamais une pareille chaudière ne produira une quantité de vapeur suffisante; il faudrait, suivant lui, multiplier les surfaces en contact avec le feu; le nœud de la question est là! dit-il.

— Réfléchissez donc, s'écrie Cugnot, que nous ne pourrons augmenter la surface de la chaudière sans augmenter son volume, et nous sommes sur un chariot, l'espace manque.

L'argument paraît décisif, cependant Dallery ne se laisse pas déconcerter.

— La difficulté est facile à lever, reprend-il, il suffira de changer la forme de l'appareil, de le diviser en tubes en cuivre d'un faible diamètre qui contiendront l'eau à vaporiser et dont toutes les surfaces seront embrassées par le feu. De cette façon vous fournirez au feu plus de contact et vous augmenterez la force à volonté.

La proposition est trop neuve pour avoir un succès immédiat. Un seul parmi les assistants en a compris la portée, c'est M. Seguin :

— Le principe de la chaudière qui vient d'être décrit par M. Dallery et à laquelle je donnerai le nom de *chaudière tubulaire*, ce principe est juste et fécond, dit-il; je proposerai une seule modification. M. Dallery fait circuler l'eau dans les tubes; ne serait-il pas préférable d'entourer les tubes d'eau et de faire circuler à leur intérieur le gaz du foyer?

C'est alors que le rédacteur du *Pays* s'écrie : « Voilà un éclair de génie! » Quant à l'idée qu'a eue Dallery, il ne dit pas ce qu'il en pense.

Cependant, s'il fallait du génie pour faire circuler des gaz dans les tubes de la chaudière tubulaire quand une fois celle-ci existait, en fallait-il moins pour créer la chaudière tubulaire elle-même?

Les choses ne diffèrent pas dans la réalité de ce qu'elles sont dans cette fiction. Dallery n'a probablement pas ignoré les essais de Cugnot. M. Seguin n'a-t-il rien su des grands travaux de Dallery, ni de ce bateau à hélice et à chaudière tubulaire que celui-ci mit à flot à Bercy, ni de cette voiture sur laquelle il plaça une chaudière tubulaire? Qu'importe! le mérite de Dallery n'est pas subordonné au degré de connaissance que son illustre successeur a pu avoir de ses grandes conceptions. Il n'entrera dans la pensée de personne d'accuser M. Seguin de plagiat; tout le monde l'admire et le respecte, et Charles Dallery n'a pas besoin pour paraître grand qu'on rapetisse ses travaux; mais enfin, devant l'Histoire, les comptes réciproques de ces deux grands ingénieurs doivent être réglés conformément au principe suivant posé par M. Arago et qui fait autorité en jurisprudence scientifique :

« Dans les arts comme dans les sciences, le dernier venu est censé avoir eu connaissance de ses devanciers. Toute déclaration négative à cet égard est sans valeur. » (*Notice sur les machines à vapeur.*)

Nous maintenons donc que l'inventeur de LA chaudière tubulaire est Charles Dallery, et nous reconnaissons que M. Séguin est l'inventeur de cette espèce particulière de chaudière tubulaire qui a été employée jusqu'ici dans la locomotion à vapeur terrestre et maritime.

Il y aurait maintenant une question à examiner, savoir si la chaudière en usage est supérieure à celle de Dallery. C'est au moins douteux. Il est certain que de toutes parts on revient aux idées de ce dernier et il ne serait pas impossible qu'à la gloire d'avoir inventé les chaudières tubulaires, cet illustre mécanicien ne joignît bientôt le mérite d'avoir contribué à la création de la meilleure des chaudières tubulaires.

## CORRESPONDANCE.

### APPLICATION THÉRAPEUTIQUE DE LA PILE.

En réponse aux quatre médecins dont nous avons inséré dans le précédent numéro la réclamation de priorité en faveur de M. Raspail, M. André Poey nous adresse la lettre suivante:

Paris, 20 février 1855.

Monsieur,

J'ai lu avec un vif intérêt dans votre estimable journal l'article dans lequel vous parlez des réclamations de diverses personnes en faveur de M. Raspail sur l'emploi de l'électricité pour l'extraction des métaux du corps humain. Vous pensez bien que je ne puis garder le silence dans cette circonstance.

D'abord, et en homme consciencieux, je dois m'empresser de reconnaître que M. Raspail a la priorité de l'idée. Mais cette circonstance ne diminue en rien la nouveauté de mon procédé, qui pourrait être, dans son emploi, supérieur au sien.

J'espère que vous voudrez bien insérer dans votre prochain numéro la note ci-jointe, dans laquelle, en rendant pleine justice à M. Raspail, je considère la question sous son véritable point de vue.

Permettez-moi, en terminant, de vous adresser mes plus vifs remerciements pour la bienveillance avec laquelle vous avez accueilli mon travail et pour la manière dont vous l'avez rendu accessible à vos nombreux lecteurs, et agréez, etc.

André Poey.

La note assez étendue dont il est question dans cette lettre nous arrive trop tard pour que nous puissions l'insérer aujourd'hui; nous la donnerons la prochaine fois.

## LA SEMAINE SCIENTIFIQUE.

Enquête météorologique — M. Leverrier a eu l'heureuse idée de recueillir simultanément les observations météorologiques faites à un moment donné sur toute la surface de la France, et la télégraphie électrique, qui rend possible l'exécution de ce projet, a permis de lui donner un commencement de réalisation. L'auteur a mis sous les yeux de l'Académie des tableaux où se trouvent consignés les résultats d'enquêtes, qui ont eu lieu les 15 et 18 au soir et le 19 à neuf heures du matin. On y voit que le vent du N.-E. régnait généralement dans toute la zône septentrionale et orientale de la France, et le vent du Sud dans la partie méridionale ; que la température présentait une différence d'environ ving-cinq degrés du Nord au Sud. Ainsi tandis qu'à Mézières le thermomètre marquait treize degrés au-dessous de zéro, à Bordeaux il indiquait douze degrés au-dessus de zéro ; il pleuvait dans le Sud et il neigeait dans le Nord. L'enquête du 19, communiquée le jour même à l'Académie, a fourni en outre un résultat très-intéressant, savoir : presque partout où, comme à Paris, soufflait un vent du N.-E., il régnait un contre-courant supérieur venant du S. M. Leverrier se propose de répéter ces observations qui, sans aucun doute, concourront puissamment aux progrès de la météorologie et rendront un jour de grands services à l'agriculture.

Calcium métallique. — M. Mathiessen a obtenu ce métal en décomposant les chlorures par la pile. Le calcium est un métal gris, brillant, ayant l'aspect du platine, mais très-oxydable au point qu'il faut le conserver dans du naphte pour le préserver de toute altération. Il paraît que le même chimiste a obtenu le barium et le strontium par l'emploi du même procédé.

Influence de la lumière sur le développement des œufs de poissons. — On sait qu'au moment de la ponte, la plupart des *salmones* bâtissent de véritables nids ; la *truite* est dans ce cas. Dès qu'elle a disséminé ses œufs entre les graviers et les cailloux, elle les recouvre avec une partie des matériaux déplacés, et forme ainsi ces monticules appelés *frayères*. Qu'en agissant ainsi la truite cède à un instinct qui l'avertit de mettre sa progéniture à l'abri de ses ennemis, et de la protéger contre les crues d'eau, les courants rapides, etc..., c'est probable, mais par cela seul qu'en même temps elle les soustrait à l'action solaire, il est évident que la lumière n'est pas nécessaire au développement de l'embryon, ou comme dit très-bien M. Millet, à la *germination des œufs*. Il importait à la physiologie et à la pisciculture de savoir si cette influence, évidemment inutile, ne serait pas nuisible, et, pour s'en assurer, l'expérimentateur que je viens de citer a entrepris une série de recherches longues et délicates sur une vingtaine de milliers d'œufs de salmones (saumons, truites, etc.)... Il a vu que la lumière nuit lorsqu'elle est vive, et que l'action des rayons solaires tue les œufs en très-peu de temps. La conséquence pratique est que les appareils d'incubation doivent être couverts de manière à intercepter l'action de la lumière, ce qui a en outre pour effet de mettre les œufs et les jeunes poissons à l'abri de la poussière et d'empêcher le développement de ces algues, conferves, etc., qui causent de si grands dégâts.

Electricité dégagée par les cheveux. — On se rappelle l'histoire de ce jeune homme dont la chevelure devenait, sous l'action du peigne, le siége de phénomènes électriques très-marqués (voir notre n° 6); cette intéressante observation a été l'occasion de deux lettres, que la *Gazette des Hôpitaux* insère et dont les auteurs prétendent rapporter le dégagement d'électricité à la matière du peigne. L'explication est complétement inadmissible en thèse générale ; et de plus, elle paraît, ainsi qu'on le verra plus loin, ne pas s'ajuster au fait dont il s'agit ; mais les lettres de MM. les docteurs Payen et Ed. Loydreau n'en contiennent pas moins des faits intéressants, les voici :

Une personne dont parle M. Payen, lui racontait que s'étant servie d'un peigne en *caoutchouc solidifié*, elle avait senti dans ses cheveux une crépitation très-prononcée, et que s'étant placée dans l'obscurité, elle avait vu se produire de nombreuses étincelles. L'expérience répétée séance tenante en présence de M. Payen, eut un plein succès. Une dame qui était présente, offrit le même phénomène. Enfin, l'auteur ayant essayé à son tour, le fait se produisit encore. Les mêmes personnes s'étant ensuite servies d'un peigne en buffle n'obtinrent aucun résultat.

« Il y a deux mois environ, écrit M. Loydreau, je me servais d'un peigne que je venais d'acheter, et je fus tout étonné d'entendre dans mes cheveux le bruit d'une crépitation qui ressemblait à celle qui se produit quand on frotte vivement le dos d'un chat avec la main. C'était le soir: j'éteignis les bougies, et je vis très-distinctement dans une glace des étincelles jaillir de mes cheveux hérissés et altérés par le peigne, lorsque je l'approchais de ma tête. La même expérience, répétée sur quatre ou cinq personnes présentes et sur un chien épagneul à longues soies, a donné chaque fois le même résultat. »

Les personnes qui s'étaient soumises à l'épreuve précédente ayant essayé de renouveler l'expérience en se servant de peignes en buffle, en écaille, en ivoire, on n'obtint plus rien.

Celui à l'aide duquel les phénomènes électriques se sont produits, était, comme dans la lettre précédente, un peigne en caoutchouc, et M. Loydreau l'ayant frotté, puis approché d'un petit fragment de papier, celui-ci fut attiré d'une distance de deux centimètres environ.

A cela, l'auteur de l'observation qui a motivé ces lettres répond :

« Le peigne dont je me suis servi était en corne, sans vernis, et servait depuis environ deux ans. Plusieurs personnes l'ont passé dans leur chevelure à plusieurs reprises et n'ont jamais pu entendre la crépitation caractéristique que M. H... seul a produite. »

La mer de lait. — M. Ch. Dareste attribue ce phénomène aux noctiluques, aux salpas et aux pyrosomes. L'explication se fonde sur une observation de M. de Quatrefages. Ce naturaliste, en effet, constate que les noctiluques (animalcules auxquels est dû le plus souvent la phosphorescence de la mer), ne donnent pas toujours des étincelles vives et brillantes, mais que parfois ils brillent d'une clarté fixe et intense qui leur donne une couleur blanche; il suffira donc qu'ils soient en masses très-considérables, pour que la mer se colore en blanc sur une grande étendue. C'est précisément ce qu'a vu M. G. Chapman (*Ami des Sciences* du 11 février); toutefois, comme le spectacle dont il a été témoin avait des animaux agrégés pour acteurs, M. Dareste pense que ces animaux étaient des salpas et des pyrosomes. L'auteur croit d'ailleurs que ce phénomène, bien loin d'être rare, se produit trois fois plus souvent que la coloration rouge.

Grue locomobile a vapeur. — Un nouveau journal anglais qui se publie à Paris sous la direction de MM. Gardissal et Tolhausen, *The English and American Intelligencer*, donne la description de cette belle machine inventée par M. W. Fairbairn, et dont un specimen pouvant lever un poids de 10 tonnes, fonctionne en Angleterre avec un plein succès.

Cette grue ressemble beaucoup, quant à la forme, aux grues mobiles généralement employées. La voie longitudinale, le chariot de traverse et la chèvre sont disposés selon la manière ordinaire; la machine à vapeur, la chaudière et les engrenages qui transmettent la force sont fixées sur une plate-forme à l'extrémité du chariot de traverse et se meuvent par conséquent avec les pièces qui les supportent. La chaudière brûle du bois, et afin que l'acide résultant de la combustion n'en attaque pas les tubes, ceux-ci sont en cuivre; une charpente légère recouverte de tôle ondulée garantit tout l'appareil contre le mauvais temps.

La grue locomobile soulève les poids avec une vitesse de 1 mètre 82 centimètres par minute; elle les transporte d'un lieu à un autre à la vitesse de 9 mètres 10 centimètres par minute, et enfin la chèvre se meut avec une vitesse de 6 mètres 10 centimètres dans le même temps.

Chemins agricoles en bois. — On emploie en Angleterre dans bon nombre d'exploitations rurales, des chemins portatifs en bois, dont l'idée première paraît avoir été émise par Croskill et qui rendent de très-grands services. Ces chemins s'établissent dans la partie du domaine où l'on a des transports considérables à faire; le travail opéré dans une direction, on les enlève et les établit ailleurs. Ils consistent simplement en rails de pin sec de 15 pieds de long garnis de fer et s'enchâssant les uns dans les autres. Un seul cheval suffit, dit-on, et cela se conçoit, pour traîner des charges que sur des chemins mal entretenus cinq ou six chevaux ne parviendraient pas à déplacer. L'emploi de ces chemins permettrait donc de réduire considérablement le nombre des animaux de trait et d'augmenter dans la même proportion celui des animaux de rente. On avait d'abord imaginé une machine pour retourner les charrettes quand, arrivées à l'extrémité du chemin, elles doivent revenir sur leurs pas; mais on obtient maintenant le même résultat d'une manière plus simple en disposant les wagons de manière que les chevaux puissent être attelés également à l'arrière ou à l'avant. Un document intéressant appelle notre attention sur cette excellente invention, nous y lisons que M. Marschall, membre du parlement et grand propriétaire, a fait construire un chemin de fer rural qui a remboursé en une seule année, sous forme d'économies, ce qu'il a coûté. M. Marschall n'hésite pas à déclarer que cette invention est une de celles qui intéressent le plus fortement l'agriculture.

Engrais liquides. — Nous avons vivement recommandé dans la *Presse*, à plusieurs reprises, l'admirable système d'arrosage par les engrais liquides, réalisé en Angleterre dans plusieurs grandes fermes, chez MM. Kennedy et Telfrée particulièrement; en attendant que nous en fassions ici une étude approfondie, nous enregistrerons un des nouveaux succès de ce système qui se répand rapidement chez nos voisins.

M. Wilmott possède près de Congleton, dans le Devonshire, une ferme d'herbages de quarante-huit hectares; il a commencé par la drainer, puis, l'eau du drainage recueillie dans un seul émissaire, lui a fourni la force suffisante pour mettre en mouvement un bélier hydraulique. En même temps, le bétail a été retenu à l'étable; et ses déjections lavées et entraînées dans une fosse ont été élevées au moyen du bélier hydraulique, dans un réservoir établi à trente mètres au-dessus du niveau général de la ferme. Le fumier ainsi liquéfié est distribué au moyen de tuyaux rayonnant dans les diverses parties du domaine; des tubes flexibles de gutta-percha qu'on adapte, selon le besoin, en différents points des précédents, amènent l'eau fertilisante dans les terrains inférieurs sur lesquels elle se répand en pluie comme l'eau distribuée par un arrosoir, et un champ se trouve arrosé aussi rapidement que la platebande d'un jardin. L'appareil de distribution a coûté à peu près 125 francs par hectare. Voici les résultats. Mais disons d'abord ce qu'obtenait le prédécesseur de M. Wilmot. Il avait 6,2 hectares en blé qui rapportaient à peu près 19,8 hectolitres par hectare; sur les 41,6 hectares restant, il nourrissait 23 vaches. Grâce au drainage et aux engrais liquides, voici ce qu'est devenue la ferme.

Quatre hectares sont employés en jardin potager et produisent de riches récoltes de légumes; 16 hectares sont semés en blé, et la récolte est de 42 hectolitres par hectare; la récolte des betteraves et celle des fèves ont augmenté dans la même proportion; enfin on nourrit sur 28 hectares, 100 têtes de bétail à l'étable.

Ainsi la récolte en blé s'est élevée de 19 à 42, et tandis qu'il fallait plus de 41 hectares pour nourrir 23 bêtes, 28 hectares en nourrissent 100.

Selon le témoignage de M. de Gasparin, ce mode d'arrosage « triple et quadruple les effets d'une masse d'engrais, outre qu'il offre le moyen le plus simple et le plus lucratif d'employer les égouts des villes au profit de l'agriculture. »

Charpie minérale. — M. le docteur Dumont (de Monteux), médecin chargé du service de santé de la garnison du Mont-Saint-Michel, propose d'employer l'*amiante* sous forme de charpie dans le pansement des plaies. Il invoque à l'appui de sa proposition les expériences qu'il a faites avec cette matière et dans plusieurs desquelles il a eu MM. Amussat et Boyer pour collaborateurs; ces expériences ont démontré que l'*asbeste* peut être avec avantage substitué au chanvre et au lin. C'est une substance molle, non humide, perméable, incorruptible, que son incombustibilité permet de purifier par le feu, et qui enfin, aurait une durée indéfinie. Ajoutons que l'asbeste est répandue à profusion sous toutes les latitudes; on en trouve en Perse, en Chine, en Sibérie, en Bavière, dans les Pays-Bas, les Pyrenées, les Alpes, la Corse, l'Egypte, etc.

## VARIÉTÉS.

### Domestication des éléphants.

M. Zéphirin Collaux a cherché la « *cause de la stérilité des éléphants domestiques* et les moyens de les rendre au moins aussi féconds qu'ils le sont dans l'état sauvage. » La cause réside, selon lui, dans l'inaction qu'on leur impose; — il faut savoir que l'éléphant est capable de faire vingt à vingt-cinq lieues par jour et même plus : — le remède, cela va de soi, consisterait à leur faire dépenser leur activité.

M. Collaux voudrait qu'on les fît courir dans un cirque spacieux, ce qui serait un très-beau spectacle, et « qu'au besoin on leur fît traîner des voitures de pierres de taille et de moellons, et de grands tombereaux de terres. » Il faudrait d'abord, conformément aux préceptes de la *Cuisinière bourgeoise*, se procurer un mâle et une femelle, et M. Collaux ne doute pas que, soumis à un tel régime, ce premier couple ne devienne la souche d'une race qui nous rendrait de grands services, à titre d'espèce auxiliaire, alimentaire, industrielle et accessoire.

L'auteur a soumis son projet à M. le directeur de la ménagerie du Muséum, lequel lui a répondu que les éléphants sont fort chers et dépassent tout à fait par leur prix les moyens de la ménagerie. Je soupçonne M. I. Geoffroy Saint-Hilaire d'avoir d'autres motifs encore pour ne pas prendre en considération la proposition de M. Collaux.

Il est probable, par exemple, qu'il ne voit rien d'urgent à la domestication des éléphants. Il serait difficile de ne pas partager son opinion sur ce point; cependant nous ne nous résignerions pas à l'idée de voir ces monuments zoologiques disparaître de la surface de la terre; et tel est le sort qui attend infailliblement les éléphants si l'homme ne les prend à son service.

Leur grande intelligence, leur rare adresse, leur force exceptionnelle, leur docilité, permettraient d'en attendre de très-grands services, et des services d'un genre tout différent de ceux que nous rendent nos espèces domestiques. Il serait au moins regrettable que l'expérience n'en fût pas une fois tentée.

Le *Magasin pittoresque* racontait en 1853, les prouesses d'un éléphant très-célèbre au XVIe siècle sur les côtes du Malabar, et qui avait nom Martin. Martin était attaché au service de la forteresse que les Portugais avaient fondée à Cochin. Sitôt sa besogne faite à l'intérieur de la forteresse, il se rendait sur la place, où il ne tardait pas à être chargé d'innombrables commissions dont il s'acquittait avec une parfaite exactitude, vu qu'il n'y avait pas une seule rue de la ville qu'il ne connût parfaitement.

Après avoir transporté les fardeaux dont la confiance publique le chargeait, l'intelligent quadrupède venait réclamer la récompense qu'il avait si bien gagnée; sa trompe lui servait de coffre-fort et il s'empressait d'en verser le contenu devant les boutiques des boulangers et des fruitiers.

« Nul ne s'avisait dans Cochin de tricher le loyal quadrupède; la chose advint un jour cependant, et mal en prit à celui qui fit cette mauvaise action. Martin l'éléphant avait été chargé par un agent portugais de porter une pipe de vin; le vin rendu sur place, le salaire avait été demandé avec le mouvement de trompe bien connu de ceux qui employaient Martin; mais l'Européen mal avisé le lui avait denié, sous l'étrange prétexte que, faisant partie lui-même du personnel de la forteresse, il pouvait se servir gratis des éléphants du roi. Martin dut se passer de cannes à sucre, et de petits pains à croûte dorée; mais lorsqu'il eut bien compris qu'on se jouait outrageusement de sa bonne foi, il alla chercher le mauvais payeur jusque dans son habitation, et ne pouvant pénétrer dans le réduit où celui-ci s'était caché, il enlaça avec sa trompe la pipe de vin, et sans se laisser allécher par le bouquet du porto ou du *carcadellos*, il la lança en l'air et inonda le sol de sa précieuse liqueur.

« A quelque temps de là, Martin fut requis par son cornac de mettre à la mer une galère d'assez grande dimension; mais Martin était malade, et cette fois il refusa ce service qu'il avait rendu en mainte occasion. Force fut alors au commandant de la forteresse, d'emprunter au roi de Cochin un de ses éléphants. Lorsque le formidable animal fut en présence de Martin, le cornac de ce dernier lui adressa une de ces semonces qui se renouvellent perpétuellement dans l'Inde, et qui établissent entre l'animal et son conducteur une sorte de solidarité intellectuelle que nul Hindou ne songe à mettre en doute; il lui représenta en termes énergiques combien il était honteux pour lui qu'un éléphant qui avait l'honneur d'appartenir à un roi redouté, se laissât vaincre en courage et en bonne volonté par le serviteur d'un petit souverain. En présence de son rival, Martin parut si bien comprendre la harangue, qu'il fit un suprême effort et mit la galère à l'eau. »

M. le comte Edouard de Warren raconte le trait suivant qui eut lieu dans l'Inde, pendant la guerre de Coorg, à un moment où la brigade dont l'auteur fit partie se trouvait engagée dans le lit encaissé d'un torrent à sec.

« Nous pûmes apprécier en cette occasion l'intelligence des éléphants et leur utilité dans les montagnes. Parvenus au point où le lit du torrent se précipitait en cascades, il s'agissait de faire remonter aux canons la pente presque verticale d'une roche granitique, dont les eaux avaient usé et poli la surface. Les bœufs qui traînaient les pièces, après un ou deux efforts, renoncèrent à cette entreprise, et se couchèrent comme ils font toujours dans les cas désespérés. On se décida alors à envoyer chercher quelques éléphants du convoi. Les deux plus obéissants furent débarrassés de leurs fardeaux, et amenés par leurs mahahouts auprès des canons. On leur indiqua de la voix, de l'exemple et du geste, ce que l'on attendait de leur courage, et la confiance qu'on avait en eux ne fut pas trompée. Effectivement, un de ces colosses se plaçant derrière une pièce de six, y appliqua l'extrémité de sa trompe, et la poussant devant lui, tandis que les canonniers se contentaient de le guider, lui fit remonter toute la chute des rochers ; un peu plus loin, la pièce ayant roulé dans un ravin et s'étant renversée, les deux éléphants l'enlevèrent avec leurs trompes, une de ci, une de là, le retirèrent et la replacèrent sur son affût. (1) »

Nous le répétons, cette remarquable intelligence, cette force sans pareille, cette rare adresse sont à utiliser.

La question de l'acclimatation des animaux alimentaires prime certainement aujourd'hui, celle de l'acclimatation des animaux auxiliaires, mais un jour viendra, croyons-nous, que cette dernière prendra une importance bien supérieure à celle qu'on lui a reconnue jusqu'ici. Nous pensons qu'entre nos machines et nous, il y a place pour des travailleurs, des sortes de contre-maîtres que le règne animal nous fournira, et parmi lesquels les singes et l'éléphant sont appelés à jouer un rôle ; c'est pourquoi nous avons saisi l'occasion que nous offrait l'article de M. Collaux, pour glisser ici une réclame en faveur de l'éléphant et faire réfléchir aux services qu'il pourrait nous rendre.

### La foudre photographe.

Franklin raconte l'histoire d'un homme qui, se trouvant sur le pas de la porte d'une maison, vit la foudre tomber sur un arbre placé vis-à-vis de lui. On trouva sur la poitrine de cet homme la contre-épreuve de l'arbre foudroyé.

Ce fait, objet d'un rapport lu à l'Académie des sciences, en 1786, fut attribué à une suffusion sanguine fortuite : le daguerréotype n'était pas inventé, Moser n'avait pas découvert les images qui portent son nom, et Fusinieri n'avait pas émis ses idées sur les transports de matières opérés par la foudre !

On trouve dans les *Comptes-rendus* (séance du 25 janvier 1847) qu'une dame de Lugano, nommée Morosa, étant assise près d'une fenêtre pendant un orage, éprouva tout-à-coup une commotion dont elle ne ressentit du reste aucun mauvais effet: mais une fleur qui se trouva apparemment sur le trajet du courant électrique, fut parfaitement dessinée sur la jambe de cette dame, qui conserva cette image tout le reste de sa vie.

(1) L'Inde anglaise, en 1843. — Paris, 1844, t. II, p. 31.

M. Orioli a mentionné deux observations du même genre. Voici la première :

Un jour de septembre 1825, le brigantin *il Buon-Servo* était à l'ancre dans la baie d'Armiro, à l'entrée de la mer Adriatique, quant il fut frappé de la foudre. Or, il faut savoir que, d'après certaines idées superstitieuses, les mariniers ioniens ont l'habitude d'attacher un fer à cheval au mât de misaine de leurs vaisseaux ; et naturellement il y en avait un au mât du *Buon-Servo*. Au moment où la foudre éclata, assis sur une chaise au pied du mât de misaine, Antonio-Theodoro de Scarpante rapiéçait une chemise ; il fut tué sur le coup. Ses habits ne portaient trace de brûlure ni de déchirure, la seule blessure apparente qu'on put constater sur son corps fut celle que son aiguille lui avait faite à la cuisse en s'y enfonçant ; mais on remarqua sur son dos une trace jaune et noire qui partait du cou et se terminait aux reins, et en cet endroit l'image parfaitement distincte d'un fer à cheval était imprimée ; cette image était de la même grandeur que le fer cloué au mât de misaine.

Voici la seconde observation.

Un brigantin en fut encore le théâtre. Celui-ci appartenait au doctor Micalopulo, il était dans la rade de Zanthe, la foudre l'atteignit. En ce moment, cinq mariniers se trouvaient à la proue, trois veillaient, les autres dormaient. Un de ces derniers fut tué. Lorsqu'on le dépouilla, on vit imprimé sous sa mamelle gauche un numéro 44 grand et bien formé, que tous ses camarades attestèrent n'y avoir jamais vu, et qui se trouva identique à un numéro de métal attaché à un des agrès du bâtiment dans le trajet suivi par la fondre.

Une observation plus extraordinaire encore est due à M. le Dr Dicapulo. Le fait s'est passé également près de Zante. La foudre tua un jeune homme nommé Politi. Nous n'extrayons du rapport de M. Dicapulo que ce qui a rapport à notre sujet.

« Ayant dépouillé entièrement le jeune Politi, nous vîmes autour de ses reins une bande de toile serrée, et dans la doublure de cette ceinture, nous trouvâmes quatorze pièces d'or enveloppées de papier en deux petits paquets : l'un, du côté droit, contenait une pistole d'Espagne, trois guinées et deux demi-guinées ; celui qui était à son côté gauche renfermait une autre pistole espagnole, quatre guinées, une demi-guinée et deux sequins de Venise. Ni ces pièces, ni le papier, ni la toile ne présentaient la moindre trace de brûlure. »

Or, voici où est le prodige : « Le cadavre avait au milieu de l'épaule droite six cercles qui conservaient leur couleur de chair et paraissaient d'autant mieux tranchés sur la peau noirâtre. Ces cercles, l'un à la suite de l'autre, se touchant en un point, étaient de trois grandeurs différentes, correspondant exactement à celles des monnaies d'or que le jeune homme avait du côté droit de la ceinture ; ce que le juge instructeur et les témoins ont certifié, après que la comparaison en fut faite. »

« Je ne conçois pas, dit M. le docteur Dicapulo, que six pièces pliées l'une contre l'autre soient ici représentées distinctes et alignées. »

Le fait est assurément très-merveilleux : « Mais, comme dit M. Arago, précisément à l'occasion des mystères de la foudre, où en serions-nous si nous nous mettions à nier tout ce que nous ne pouvons pas expliquer ? »

En 1841, on eut occasion de faire, dans le département d'Indre-et-Loire, une observation semblable à celle de Franklin : la foudre tomba sur un magistrat et sur un garçon meunier dans le voisinage d'un peuplier. Sur la poitrine des deux on trouva des taches parfaitement semblables à des feuilles de peuplier.

## NOUVELLES ET CAUSERIES.

⁂ Au moment où le pacha d'Egypte décrétait le percement de l'isthme de Suez, les ingénieurs américains achevaient le chemin de fer de Panama ; il a dû être livré au public dans les derniers jours de janvier. Il s'étend de Navy-Bay sur l'Atlantique à la baie de Panama sur le Pacifique. Sa longueur est de 78 kilomètres 25. Le matériel roulant se compose pour le moment de 11 locomotives, 25 voitures à voyageurs de 60 places, 52 wagons à marchandises et 72 trucks ou plates-formes. Des ateliers parfaitement organisés sont établis à Aspinwall.

⁂ Un journal annonçant que M. Valenciennes vient d'être nommé membre de la Société impériale d'agriculture, ajoute : « C'est par ses travaux de pisciculture que M. Valenciennes se rattache à l'agriculture. » Le journal a oublié de dire en quoi consistent ces travaux ; l'omission peut se réparer en peu de mots : M. Valenciennes est allé chercher en Prusse, aux frais de l'État, de beaux poissons qui, déposés dans les eaux de Versailles, y sont morts de nostalgie. M. Moigno prétend que le voyage a coûté 16,000 francs. C'est par ces 16,000 francs que M. Valenciennes se rattache à l'agriculture.

⁂ Notre spirituel confrère, M. Amédée Latour, écrit dans l'*Union médicale* : « Un esprit chagrin pourrait dire que les corps savants n'ont fait que changer de mode d'exécution des travailleurs. Autrefois ils les étranglaient avec le cordon du rapport ; aujourd'hui ils les étouffent sous le matelas du silence. Il en est qui préfèrent la strangulation. » La strangulation ne peut être qu'un pis-aller. Ce qui serait vraiment préférable, c'est une organisation de la société scientifique telle que toute idée dès l'instant de sa naissance se trouverait exposée au grand jour de la publicité, de la discussion, du contrôle. C'est une des réformes que nous réclamons.

⁂ Le professeur de gymnastique, Clias, vient de léguer à la ville de Berne des sommes importantes à la condition expresse que son squelette sera exposé dans le musée de la ville comme pièce à l'appui de l'utilité des exercices gymnastiques. M. Clias continuera de servir, après sa mort l'art régénérateur au progrès duquel il a consacré sa vie. C'est avec la différence des temps et des mœurs une disposition testamentaire à la Giska.

⁂ M. Darnis donne, dans le *Moniteur industriel*, des chiffres intéressants sur les machines à vapeur employées en France, et la force qu'elles représentent.

En 1839, le nombre des départements pourvus d'usines à vapeur était de 73 ; il est aujourd'hui de 80. En 1839, le nombre des machines était de 2,450 ; en 1852, il était de 6,080. Les 2,450 machines représentaient, en 1839, une force en chevaux vapeur de 33,308 chevaux ; en 1852, les 6,080 machines représentaient une force de 75,518 chevaux. En 1839, la force en chevaux de travail était de 99,924 ; elle est en 1852 de 226,555. Les machines existant en 1839 représentaient le travail de 699,468 hommes ; en 1852, elles remplacent 1,585,888 ouvriers, c'est-à-dire qu'elles doublent à peu près les forces de la population ouvrière.

⁂ On sait avec quelle passion et quel succès M. le comte Aguado cultive la photographie, on se rappelle ses vues pittoresques de la Champagne et du Berry accueillies avec tant de faveur. Ne voulant pas que ses succès nuisent aux photographes de profession, l'habile amateur a décidé que le produit de la vente de ses épreuves serait offert chaque année, à titre d'encouragement, au photographe auquel l'art tant aimé aura dû son plus grand progrès. L'éminent rédacteur en chef de la *Lumière*, M. Ernest Lacan, est chargé de la distribution des prix et c'est à lui que les communications relatives à cette fondation devront être adressées. M. Aguado ne pouvait assurément faire un meilleur usage de ses *profits* ni choisir un dispensateur plus loyal et plus éclairé.

*Le propriétaire, rédacteur-gérant :*
VICTOR MEUNIER.

PARIS. — IMP. J.-B. GROS, RUE DES NOYERS, 74

Première année. — N° 9. Quinze centimes. 4 mars 1855.

# L'AMI DES SCIENCES

PAR

**VICTOR MEUNIER**

ON S'ABONNE
à la Librairie AUGUSTE GOIN
41, quai des Grands-Augustins, 41.

Paraît le Dimanche.

PRIX DE L'ABONNEMENT POUR L'ANNÉE
PARIS, 6 FR. — DÉPARTEMENTS, 8 FR.
Envoyer un mandat de poste.



## SOUSCRIPTION

### EN FAVEUR DE LA FAMILLE DE JOSEPH REMY.

Nous ne surprendrons personne en disant que les propositions soumises à la Société zoologique d'acclimatation par la commission de pisciculture ont reçu la sanction de la Société. Il a été décidé :

1° Qu'une souscription est ouverte au profit de la veuve et des enfants de Joseph Remy.

2° Qu'en vue de subvenir aux besoins les plus urgents de cette intéressante famille, une somme de 500 francs sera immédiatement prélevée sur les fonds de la Société.

Cette décision n'est plus une nouvelle pour personne; déjà nous l'avons fait connaître aux lecteurs de *la Presse*, ce qui comprend à peu près tout le monde.

Mais la Société zoologique ne s'est pas bornée à prendre ces résolutions, et les petits détails dans lesquels elle n'a pas craint d'entrer, prouvent mieux peut-être que tout le reste l'étendue et la vivacité de sa sollicitude pour les héritiers de l'illustre pêcheur de la Bresse.

Ainsi la commission de pisciculture a chargé un de ses membres, M. Millet, d'écrire à la veuve pour s'informer de la quantité d'œufs fécondés dont elle peut disposer, plusieurs des membres de la Société se proposant d'en faire l'acquisition.

Un habitant de la Bresse transmet les détails suivants sur la famille Remy. La veuve a 47 ans, elle est d'une faible santé, elle a deux jeunes fils qui s'occupent un peu de pisciculture, deux filles ouvrières dans une manufacture de coton, et deux autres enfants qui vont à l'école. Ses ressources consistent dans le revenu d'un bureau de tabac, qu'elle n'a pu tenir elle-même, vu qu'il est situé dans le département du Haut-Rhin, à Saint-Amarin; elle le loue 400 francs.

La souscription est ouverte au secrétariat de la Société zoologique d'acclimatation, 3, quai Malaquais.

Tous les amis de la justice, de l'agriculture et de la science viendront y prendre part.

*L'Ami des Sciences* donne, à ses lecteurs, un exemple, dont ceux-ci n'ont pas besoin, en s'inscrivant pour 20 francs.

Un d'eux, M. Jean Macé, professeur de sciences naturelles à Boblenheim (Haut-Rhin), a pris les devants sur tout le monde en nous adressant, avant même que la souscription fut ouverte, la somme de 20 francs dont nous lui accusons réception.

*L'Ami des Sciences* tend la main pour la famille de l'homme qui a doté la France d'une industrie nouvelle et nous a appris à semer le poisson comme on sème le blé.

---

Nous recevons trop tard pour l'insérer — ce que nous regrettons vivement — le rapport sur les conclusions duquel les résolutions précédentes ont été prises; nous en donnerons du moins les dernières lignes :

« Nous croyons enfin, dit l'honorable rapporteur, M. Jules Haime, devoir soumettre à votre approbation une troisième mesure. L'aîné des six enfants de Remy commence, dit M. Haxo, à se montrer habile dans les pratiques de la pisciculture auxquelles son père l'a initié de bonne heure. A celui-ci nous pouvons faire mieux que de donner de l'argent, nous pouvons demander du travail. La troisième section émet le vœu que la Société veuille bien le prendre en quelque sorte sous son patronage, en engageant ceux de ses membres qui désireront obtenir des œufs fécondés à s'adresser désormais au jeune Laurent Remy; ils répondront ainsi à la généreuse initiative qu'ont déjà prise plusieurs de nos collègues. »

Cette mesure, où la bienveillance se montre si ingénieuse, signale le jeune Laurent Remy à la confiance des personnes qui s'occupent de pisciculture pratique, et tout propriétaire, ayant des eaux à peupler, saura désormais à qui s'adresser.

---

## PHILOSOPHIE DES SCIENCES.

Lorsque nous voulons mesurer les espaces compris entre ces globes qui brillent au firmament, les uns d'une lumière propre et les autres d'un éclat emprunté, il nous faut prendre dans les cieux même une unité de longueur, la terre n'en contenant pas d'assez grande. Ainsi, l'astronome se sert des 34 millions de lieues qui nous séparent de notre chef-lieu planétaire, exactement comme le géomètre arpenteur se sert du mètre et de la toise. Le plus souvent même, cette unité est insuffisante on lui en substitue une autre, par exemple le rayon de l'orbite d'Uranus, lequel est de 737 millions de lieues.

Ainsi, on exprime la distance de la première étoile de la Lyre au Soleil en disant qu'elle est à 41,600 fois le rayon de l'orbite d'Uranus, c'est-à-dire à 41,600 fois 737 millions de lieues. Enfin, il y a des distances telles qu'on ne peut les exprimer commodément en prenant une longueur pour terme de comparaison; on les évalue par le temps que la lumière met à les parcourir. Telle est la distance qui nous sépare des nébuleuses, vues par Herschell à l'aide de son télescope de 40 pieds; leur lumière met deux millions d'années à nous arriver, c'est-à-dire qu'elles sont à autant de fois 72 mille lieues qu'il y a de secondes en deux millions d'années; essayez de convertir cela en kilomètres!

Ramenons ici-bas nos regards éblouis; ramassons quelques grains de cette poussière dont la terre est faite, et le corps presque impalpable qui reposera dans un des sillons de notre main est une autre immensité qui ne le cède en rien à celle des cieux. Il ne nous faudra pas moins de chiffres pour exprimer la prodigieuse petitesse des espaces moléculaires, qu'il ne nous en fallait tout-à l'heure pour rendre l'étonnante étendue des espaces intra-stellaires; les fractions qui expriment les dimensions des molécules ne seront pas moins fantastiques que les grands nombres devant lesquels notre raison s'humiliait.

Chacune de ces petites outres qui représentent chez les mousses le fruit des phanérogames, renferme des milliers de graines; or il faudrait entasser des milliers d'outres pour faire un volume égal à celui de la tête d'une épingle! Au lieu de l'espace, considérons le temps : en regard de ces grands corps célestes, dont le développement se continue pendant des milliers de siècles, voici des cryptogames dont le tissu, d'après les calculs de Kieser, s'accroît de soixante millions de cellules en une seule minute. Ainsi, nous rencontrons ce nouveau motif d'admiration en une matière où il semblait que l'admiration eût atteint ses dernières limites : l'infiniment grand, dont le télescope ne nous a révélé qu'un détail, est comblé par l'infiniment petit, dont le microscope, dans ses plus forts grossissements, ne nous montre encore que de grossières apparences.

Dotés par la science de nouveaux organes de vision, nous avons assisté à une véritable fantasmagorie : nous avons vu les astres fuir en grossissant, et les molécules des corps, démesurément grossies, creuser, en s'écartant, de véritables abîmes. Au-dessous et au-delà du monde sensible, nous avons découvert de nouveaux mondes: des étoiles par-delà les étoiles visibles à l'œil humain, et dans les entrailles d'un point microscopique des amas innombrables.

Aujourd'hui les principales opérations de la science n'ont plus pour objet rien de ce que nos yeux sont habitués à voir, nos mains à toucher; elle se meut hors de la portée de nos sens, plus loin que le ciel visible, sous l'enveloppe opaque des choses. Mais si, avant que nous entrions dans l'analyse optique, nous n'apercevons ni les premiers éléments des corps, ni les véritables frontières des cieux, nous nous élevons sans espérer d'atteindre jamais la limite; nous descendons sans espérer de jamais toucher le fond. Féconde dans la pratique, la science semble donc condamnée à une perpétuelle impuissance doctrinale. J'entends ses détracteurs s'écrier qu'elle n'occupera jamais qu'un point insignifiant dans l'espace infini... Ils auraient raison si on devait regarder son état présent comme un état définitif. Mais voici ce qui est vrai : ou bien la science acquerra de nouveaux organes, ou bien elle n'aboutira pas.

Que l'homme semble peu de chose quand des espaces célestes les yeux retombent sur lui. Avec quelle lenteur il rampe sur ces voies de fer dont la rapidité excite son orgueil, si nous comparons la marche d'un convoi aux ondulations lumineuses qui feraient huit fois le tour du globe en une seconde. Mais avec quelle inexprimable pesanteur la lumière elle-même s'achemine dans l'espace quand nous nous arrêtons à cette pensée : avant que cette terre, âgée maintenant de quelques millions d'années, se fût détachée de l'atmosphère solaire, des étoiles brillaient dont nous ignorons encore l'existence, parce que les messages scintillants qui doivent nous les révéler, et qui se hâtent vers nous à raison de 72 mille lieues par seconde, n'ont pas eu le temps de nous parvenir!

Il n'y a donc là que de simples relations, indignes au fond de l'admiration qu'elles excitent; il n'y a point non plus dans tout ceci de motif d'humiliation pour nous ; ce n'est pas l'excès de notre taille sur celle de l'infusoire qui établit notre supériorité, et les proportions de l'univers ne le mettent point au-dessus de nous. Pour l'animal dont la carapace siliceuse forme un quarante mille millionième d'un pouce cube de Tripoli de Billin, il y a, d'un bout à l'autre d'un cercueil humain, aussi loin que pour nous de la terre au soleil! Rien n'est grand, rien n'est petit, tout a ses racines dans l'infini. Voir l'Être, l'Infini, et reporter sur ce qui est par soi l'admiration que nous prodiguions puérilement aux fantômes, aux jeux d'optique, voilà donc qui est digne de l'homme.

Cet être qui paraissait si petit, nous en prenons une idée différente quand nous le voyons méditer sur les nébuleuses, s'assurer que l'action du soleil s'étend au moins à quarante-quatre fois le rayon d'orbite de l'Uranus, que la gravitation régit les étoiles doubles, etc.; et l'opinion que nous nous en faisons grandit encore, quand il prend à son service des agents dont la rapidité éblouit un instant notre imagination.

A quoi doit-il ces triomphes, cette grandeur? A une force supérieure à toutes les forces de la nature, car dès qu'elle se montre, celles-ci obéissent. Que parlons-nous de la vitesse de ce qu'on nomme les fluides impondérables; en un temps inappréciable l'esprit se transporte dans ces régions d'où la lumière vient à pas de tortue!

Tandis que les sens nous montrent partout des limites, l'esprit nous montre partout l'infini; nous ne voyons que des rapports, l'esprit proclame l'absolu; des myriades d'êtres grouillent dans l'espace, l'esprit atteste l'être. Par là, il démontre sa nature, ses affinités, sa compétence. Qu'on ne dise donc pas que ce qu'il y a d'essentiel dans les choses doit à jamais nous échapper; cela échappe à nos sens, rien de plus certain : il faut en conclure que cette sphère sublime deviendra accessible à la science lorsque, n'étant plus dans la dépendance exclusive des sens comme un enfant, elle vivra de la vie de l'intelligence comme un homme.

L'esprit étant dans le monde à la racine de toutes choses, c'est à l'esprit de nous révéler ce qu'il y a de radical en elles. Ce n'est donc pas de la démission des sciences qu'il s'agit, mais de leurs progrès. Elles ont deux faces: l'une pratique, relève des sens; l'autre dogmatique religieuse, relève de l'esprit. Si l'esprit était impuissant à la fonder, nous serions destinés à connaître à la fois le supplice de Tantale et celui de Sisyphe.

Déjà l'esprit se sert des sens pour dépasser leurs données; il s'essaie à pénétrer la constitution moléculaire, il découvre une planète! Ce sont là des commencements, des tentatives d'indépendance. Cette incapacité dont on nous prétend frappés est démentie d'ailleurs par l'expérience, n'avons-nous pas acquis des notions absolues? Dans les matières les plus simples, répond-on. C'est par là qu'on commence.

Il faut d'abord en revenir à l'axiome de la sagesse antique : « Connais-toi toi-même, » c'est-à-dire, connais l'esprit. La loi qui régit notre développement scientifique montre, d'ailleurs, que cette étude ne devait venir qu'après celle de la biologie, et que son moment approche.

Tout indique que l'esprit ne sera pas pour l'observateur un champ moins fécond que la nature extérieure.

On a ignoré pendant des siècles l'existence d'agents physiques dont les effets innombrables frappaient tous les yeux et qui devaient un jour figurer parmi nos principaux moyens d'action. De même, il y a dans l'homme des pouvoirs encore inconnus, bien qu'ils ne cessent de se manifester. La physique de l'âme en est où en était l'électro-magnétisme quand on ne connaissait de lui que la propriété de l'ambre, celle de l'aimant, la foudre, etc., que même on ne savait pas rattacher l'une à l'autre.

Les traditions que nous apprenons à respecter davantage à mesure que nous grandissons en savoir, l'éclat inexpliqué de philosophies antiques et des religions primitives, maints phénomènes historiques de l'ordre le plus grandiose, démontrent que toutes les puissances du génie des découvertes ne sont pas en jeu dans nos sciences. C'est donc de l'intervention de forces jusqu'ici tenues comme en réserve que datera la rénovation scientifique qu'on annonce ici.

---

## L'OD, PRINCIPE UNIVERSEL.

*Expériences de M. de Reichenbach.*

(Suite et fin) (1).

Nous devons dire que les expériences rapportées précédemment ne réussissent que dans une obscurité absolue. La lueur du cristal est si fine, et habituellement si faible, que le moindre indice d'une autre lumière, dans la chambre obscure, suffit pour éblouir le sensitif. En outre, les sensitifs moyens, et ce sont les plus nombreux, ne jouissent de leurs facultés qu'après un séjour de une à deux heures, et quelquefois plus dans la chambre obscure. Il ne faut pas moins de temps pour que leur œil s'affranchisse de la surexcitation causée par la lumière du jour ou celle de la lampe; ceci soit dit au profit des gens assez instruits pour se savoir ignorants, et qui n'auront pas l'enfantillage de porter un jugement sur les expériences de M. de Reichenbach avant de les avoir répétées.

Quant à ceux qui, prenant à la lettre leur titre de savant (les anglais disent : *scholars*, écoliers), s'imaginent que le peu qu'ils n'ignorent pas tout à fait les dispense d'étudier ce qu'ils ne savent pas du tout, nous les engageons à méditer sur cette parole de M. de Humboldt :

« Nous ignorons encore une partie notable des propriétés de la matière, ou, pour parler un langage plus conforme à la philosophie naturelle, il nous reste à découvrir des séries entières de phénomènes dépendant de forces dont nous n'avons actuellement aucune idée. » (*Cosmos*, t. I, p. 81.)

Et sur cette autre :

« Un jour viendra où des forces, qui s'exercent paisiblement dans la nature élémentaire, comme dans les cellules délicates du tissu organique, sans que nos sens aient pu encore les découvrir, reconnues enfin, mises à profit et portées à un plus haut degré d'activité, prendront place dans la série indéfinie des moyens à l'aide desquels, en nous rendant maîtres de chaque domaine particulier dans l'empire de la nature, nous nous élèverons à une connaissance plus intelligente et plus animée de l'ensemble du monde. » (*Cosmos*, t. II, p. 435.)

Le nom de Reichenbach est probablement nouveau pour beaucoup de lecteurs; il faut qu'on sache qu'il est très-connu des chimistes. C'est un savant, même dans le sens officiel, et qui s'est acquis une réputation par des recherches tout à fait orthodoxes. On lui doit entre autres choses, la découverte d'un grand nombre de composés organiques, parmi lesquels s'en trouvent qui ont reçu de l'emploi dans les arts.

On peut ne pas connaître Reichenbach, mais on n'ignore pas l'existence de la créosote; eh bien ! cette célèbre créosote a été inventée par l'obscur Reichenbach. La paraffine est également de son fait. On lui doit des recherches sur les pierres météoriques et autres sujets qu'il n'est pas interdit de traiter. Ce sont là, aux yeux des savants qui n'ont rien à se reprocher, des circonstances atténuantes en faveur du coupable auteur des *Lettres odiques*. Ces lettres odiques sont un résumé à l'usage des profanes, d'une longue série d'expériences qui ont duré plusieurs années, et dont l'exposé a paru dans les *Annales de chimie* de Liebig, ce qui est un titre. Ces mémoires ont été traduits en anglais par un professeur de chimie, membre de la Société royale d'Édimbourg, M. Gregory. Enfin Berzélius a pris sous son « puissant patronage » les idées de Reichenbach ; il est vrai que dans cet acquiescement, un physiologiste teuton a vu la preuve que l'illustre chimiste scandinave était tombé en enfance.

On a sans doute déjà remarqué que les phénomènes dont il s'agit sont distincts de ceux du magnétisme animal. On ne modifie pas l'état habituel des sujets, on les prend dans leur état habituel; point de passes, aucune manœuvre d'aucun genre. Ce titre : *Odiques magnétiques*, pourrait induire en erreur. Le magnétisme qui figure dans le titre est celui de l'aimant. Non que l'auteur n'admette l'autre; mais, selon lui, le magnétisme animal tout entier n'est qu'un petit détail du système dont il a fait la découverte ; une chapelle dans la cathédrale qu'il construit. Voyons la cathédrale.

(1) Voir n° 8 (25 février).

Quelle est la nature des apparitions précédemment décrites ? Quant à leur réalité objective, parlons nettement : le seul moyen de la nier est de convaincre M. de Reichenbach de mensonge. Lorsqu'il raconte que le célèbre botaniste Endlicher a reconnu dans l'obscurité une *gloxinia speciosa*, variété *cœrulea*, à la lumière propre de cette plante, il n'y a pas moyen de lui répondre que M. Endlicher a été dupe d'une hallucination. L'imagination n'a rien à faire ici. Il faut dire à M. Reichenbach : Vous mentez! ou se taire.

Quelle est donc la nature de ces apparitions, et à quoi répondent-elles en physique ou en physiologie ?

Est-ce de la lumière, de l'électricité, du magnétisme, de la chaleur ? L'auteur pose la question, et voici comment il y répond : je raconte et je ne juge pas.

De la lumière? on le croirait d'abord, mais cela ne supporte pas l'examen. Nulle part la lumière ne produit les sensations tièdes ou fraîches soit au goût, soit au toucher, que les sensitifs accusent : ce n'est donc pas de la lumière.

Du calorique? Mais on ne voit là aucune source de calorique; de plus, si c'était de la chaleur ordinaire, un bon thermomètre n'y resterait pas insensible; ce n'est donc point de la chaleur.

De l'électricité? mais l'électromètre n'est pas affecté, et si l'on veut pratiquer une dérivation selon les lois que suit l'électricité, on n'y réussit pas; ce n'est donc pas de l'électricité.

Du magnétisme ? mais les cristaux se montrent supérieurs à l'aimant; ils donnent plus de lumière, plus de fraîcheur et de chaleur que celui-ci ; ce n'est donc pas du magnétisme.

C'est donc une force nouvelle, qui ne tient son existence d'aucune de celles que nous connaissons, qui est par elle-même ; c'est une unité de plus dans le nombre de ce que nous appelons les impondérables.

Sans doute cette force nouvelle ne diffère pas absolument des anciennes, pas plus que celles-ci ne diffèrent absolument les unes des autres; elle leur tient au contraire de près, elle leur est analogue, mais elle en est distincte.

Ainsi quand, dans les expériences rapportées précédemment, la lumière agissait, ce n'était pas comme lumière qu'elle agissait, et ni la chaleur, ni le magnétisme n'agissaient comme lumière et comme magnétisme ; dans la chaleur, dans la lumière, dans le magnétisme, intimement mêlés à eux, il y a une force et c'est cette force dont le sensitif subit l'influence.

Cette force nouvelle a un caractère qui manque aux autres et qui établit sa supériorité sur celles-ci. Tandis que ces dernières ne se montrent que dans certaines circonstances, l'autre est partout et toujours. Elle accompagne toutes les forces, elle rayonne de tous les corps célestes, elle jaillit de tous les êtres vivants, elle remplit toutes les substances et tous les espaces, elle enveloppe la nature entière d'un vêtement de lumière. C'est une force universelle.

Cette force, M. de Reichebach l'appelle OD. Il donne ainsi l'étymologie de ce mot : « J'ai cru devoir me servir du manque de coërcibilité pour lui former un nom propre à quantité de fictions scientifiques. VA en sanscrit signifie souffrir ; en latin VADO; dans la vieille langue du nord, VADO veut dire : je marche vite, je cours, je coule rapidement ; de là VODAN signifie, dans l'ancienne langue germanique, l'idée d'une chose qui pénètre le tout.

« Le mot se transforme dans les différents vieux idiômes, en VOUDAN, ODAN, ODIN, où il signifie la force qui pénètre tout, et qui, en dernier lieu, a été personnifié dans une divinité germanique.

« OD est aussi le signe vocal pour un dynamide qui pénètre et jaillit rapidement en tout et dans toute la nature avec une force incessante. »

M. de Reichenbach poursuit l'étude de l'od dans l'homme, dans la chimie, dans les différentes branches de la physique (électricité, calorique, acoustique), dans le magnétisme terrestre, dans la mécanique même (frottement). Il en fait de très-curieuses applications à diverses questions, à la baguette divinatoire, aux apparitions... Mais si intéressant que soit le sujet, peut-être devons-nous arrêter là notre analyse et renvoyer les curieux aux lettres odiques magnétiques, traduites de l'allemand et publiées par M. L.-A. Cahaguet.

## CORRESPONDANCE.

### Les métaux extraits du corps humain au moyen de la pile.

*Méthode de MM. Vergniès et Poey.*

Voici la lettre annoncée dans le précédent numéro, et que l'impartialité nous fait un devoir d'insérer.

« Monsieur,

« J'ai lu dans le n° 7 de l'*Ami des Sciences,* une réclamation de priorité faite en faveur de M. Raspail par quatre médecins sur l'application de l'électricité à l'extraction des métaux introduits dans le corps humain sous forme de remèdes, ou par l'exercice des professions qui exigent leur emploi. Deux de ces lettres, dites-vous, vous rappellent à la maxime, rendez à César, etc., eh bien, Monsieur, sous ce rapport, je m'empresse à soutenir le précepte de l'Evangile dans les limites de la vérité et de la justice scientifique.

« Je déclare, en premier lieu, que lorsque ce nouveau procédé thérapeutique nous fut suggéré, par l'immersion des mains de M. Vergnès dans un bain acidulé au pôle négatif de la pile, nous n'avions aucune connaissance du procédé de M. Raspail; par conséquent notre découverte fut faite indépendamment de toute autre.

« J'ai effectivement trouvé le procédé de M. Raspail décrit dans le *Manuel de la Santé*, tel que l'indique M. le docteur Charles Faivre. Il est à regretter qu'il n'ait pas été reproduit dans les ouvrages spéciaux sur l'électricité, et surtout dans ceux qui traitent de l'électro-thérapeutique, où l'on trouve généralement tous les procédés de galvanisation et les divers emplois de la pile galvanique.

« Laissant de côté la description des plaques galvaniques de M. Raspail, que M. Faivre donne dans sa lettre, je ferai mention de la théorie de l'action des appareils, selon M. Raspail: « Ces appareils, dit-il, sont destinés à soutirer aux organes, à travers le derme ou les muqueuses, le mercure, l'arsenic et d'autres métaux dont les organes sont infestés. On ne saurait s'imaginer combien de ces sortes d'affections j'ai fait disparaître par l'application suffisamment répétée de ces plaques sur le siége du mal. On a vu, en *certains cas exceptionnels*, le côté de la plaque de cuivre qui touche la peau, se couvrir d'une couche visible de mercure. »

« Le paragraphe, à mon avis, n'est pas assez explicite sur le fait primordial de soutirer le mercure ou tout autre métal du corps humain, par la raison que si ces plaques de cuivre et de zinc, qui s'appliquent sur le siége même du mal, sont destinées à soutirer aux organes, à travers le derme ou les muqueuses, le mercure, l'arsenic et autres métaux dont les organes sont infestés, comment se fait-il que M. Raspail affirme lui-même qu'on a vu, en certains cas *exceptionnels*, le côté de la plaque de cuivre qui touche la peau se *couvrir d'une couche de mercure?* M. Faivre dit aussi qu'il arrive *parfois* que la plaque de cuivre présente des traces très-appréciables du métal à éliminer; si ces plaques métalliques, je le répète, ont la propriété de soutirer le métal introduit dans le corps, par l'effet d'une attraction électrique qui attire le métal sur la surface de la plaque de cuivre en contact avec la peau, il semblerait que, dans toutes les applications, elle devrait se couvrir plus ou moins de mercure, selon la quantité éliminée.

« M. Laureau, qui dit avoir appliqué ces plaques galvaniques avec succès et avoir trouvé le mercure *soutiré en fines gouttelettes* sur la plaque de cuivre, pourra nous informer si ce phénomène se reproduit chaque fois que l'on applique les plaques pour éliminer le mercure ou d'autres métaux. Si le métal est réellement retiré des corps, il doit, comme je l'ai indiqué, se porter sur la plaque de cuivre, et former avec elle un amalgame, c'est-à-dire, s'il est bien prouvé, comme l'indiquent ces messieurs, que par le moyen de ces plaques galvaniques on puisse soutirer les métaux qui se trouvent accidentellement dans l'organisme. Dans ce cas, rendant à César ce qui est à César, je renoncerai de bonne foi et sans arrière-pensée à la *priorité* de l'idée de l'application de l'électricité à l'extraction des métaux du corps humain, que les amis de M. Raspail réclament en sa faveur.

« Mais si la priorité de l'application de l'électricité appartient de droit à M. Raspail, ce droit ne doit pas faire perdre de vue que nous sommes arrivés, M. Vergnès et moi, au même résultat par un autre chemin que celui qu'avait choisi M. Raspail. Il reste donc à examiner et à vérifier pratiquement et comparativement ces deux procédés, pour savoir lequel offre le plus de garantie scientifique, non seulement pour soutirer le métal ou les métaux qui se trouvent dans le derme, mais encore ceux qui seraient contenus dans les profondeurs des os et des parties organiques internes.

« Je conclurai par les quatre indications suivantes qui sont de la plus haute importance, tant pour rendre la priorité à M. Raspail sur l'idée de l'application de l'électricité à l'extraction des métaux du corps humain, que pour faire juger par la science laquelle des deux méthodes électro-toxicologiques offre le plus d'avantages en médecine.

« 1° La propriété des plaques galvaniques de M. Raspail pour soutirer les métaux de l'organisme, est-elle bien prouvée par des expériences directes et exécutées avec soin?

« 2° Ces plaques ont-elles réellement la faculté d'éliminer les métaux qui se trouvent logés dans les *profondeurs* des organes?

« 3° Ces expériences ont-elles été seulement limitées au mercure, en a-t-on fait l'application à d'autres métaux?

4° Puisque M. Raspail affirme que dans des cas *exceptionnels* le côté de la plaque qui touche la peau se couvre d'une couche de mercure, et que M. Faivre dit qu'il arrive *parfois* que la plaque de cuivre présente des traces très-appréciables du métal à éliminer, alors je demande ce qui se passe dans les cas ordinaires, c'est-à-dire, sous quelle forme le métal est éliminé du corps, où il est visible, et de quelle manière on peut reconnaître sa présence.

« En annonçant avec franchise que je suis prêt à céder la priorité réclamée par les amis de M. Raspail, je prends la liberté de les interroger sur un procédé dont j'ignore encore le résultat pratique des applications. Dans les quatre questions que je pose, je n'ai d'autre vue que celle d'éclairer un fait capital en toxicologie. Jusqu'ici je n'affime ni je ne réfute rien; je demande seulement des renseignements afin de former mon jugement.

« Je suis heureux de voir que l'idée de l'emploi de l'électricité pour retirer les métaux introduits dans le corps humain était ainsi venue à M. Raspail depuis longtemps. Cela montre que les découvertes qui renferment le germe d'une vérité utile se font jour tôt ou tard et peuvent être faites par des personnes différemment placées et n'ayant aucunes relations entre elles. Pour moi, je le répète, je renonce de grand cœur à la priorité de cette idée, car le but de nos travaux doit être avant tout la recherche de la vérité dans les sciences. Cette vérité étant trouvée, peu importe par qui et à quelle époque.

« Agréez, etc. André POEY.

## LA SEMAINE SCIENTIFIQUE.

ENQUÊTE MÉTÉOROLOGIQUE. — M. Leverrier a fait, à l'Académie des sciences, une nouvelle communication sur ce sujet le 26 du mois dernier. Le tableau qu'il a mis sous ses yeux figure l'état météorologique de la plus grande partie de la France le matin même (8 heures) du jour où la communication avait lieu. Il pleuvait alors presque partout; deux vents principaux se faisaient sentir, l'un venant de l'Océan régnait dans l'ouest; l'autre de la Méditerranée régnait dans le sud et le S.-E. La température qui, la semaine précédente, présentait du nord au sud une différence de plus de 25°, était presque uniformément partout d'environ + 10°. L'exécution de ce système d'enquête simultanée est confiée à M. Liais.

HAUTEUR DES NUAGES. — M. Rozet a montré autrefois comment, grâce à la rapidité des transports sur les chemins de fer, on peut déterminer la vitesse avec laquelle la pluie arrive près du sol. Aujourd'hui il prouve que le même moyen, combiné avec les altitudes inscrites sur les nouvelles cartes de France, peut conduire à la détermination de l'étendue et de l'élévation de quelques-unes de ces couches de nuages à surface inférieure sensiblement horizontale, qui, sans pluie ni orage, nous cachent souvent le ciel pendant plusieurs jours de suite.

Le vendredi 9 février, le ciel se cachait à Paris dans une couche de *cumulus* assez régulière, paraissant peu élevée, et ne donnant ni pluie, ni neige. Ce jour-là, M. Rozet partit pour Châlon-sur-Marne, à 8 heures 15 minutes du soir, de la gare du chemin de fer de Lyon par le train express. Jusqu'à la station de Montbard, le convoi resta *au-dessous* des nuages, peu après cette ville il pénétra dans la couche qu'ils formaient, et avant d'arriver à la grande route de Blaisy, vers 410 mètres d'altitude, les voyageurs se trouvèrent subitement *au niveau* de la face supérieure de cette couche, terminée par une surface légèrement mammelonnée et assez exactement horizontale. Au-dessus, le ciel, tout à fait pur, était parsemé d'une infinité d'étoiles. En sortant de la voûte, le convoi rentra bientôt dans le brouillard, il en sortit de nouveau un peu avant d'arriver à Dijon. Pendant les 5 minutes de station qu'on fait à la gare de cette ville, M. Rozet constata que les nuages arrivaient jusqu'au pied de la chaîne de la Côte-d'Or (c'est-à-dire, à 270 mètres d'altitude), où ils se terminaient par une surface parfaitement horizontale, qui se continuait à perte de vue le long de cette chaîne au nord et au sud.

Le niveau de la surface supérieure de la couche de nuages avait une altitude de 410 mètres; — l'altitude de la surface inférieure était de 270 mètres; — l'épaisseur de la couche était donc de 140 mètres.

Cette couche de nuages s'étendait de beaucoup au sud de Châlon; elle avait par conséquent plus de 400 kilomètres du du nord au sud, peut-être en avait-elle autant de l'est à l'ouest, ce dont on aurait pu s'assurer en parcourant un chemin de fer dans cette direction.

MACHINES A FORGER. — Il existe des machines à forger ou plutôt à serrer le fer qui le réduisent par l'effet de la pression entre des étampes à la forme qu'on se propose d'obtenir.

Ces machines, connues en Angleterre sous le nom de *machine de Ryder*, consistent principalement en un bâti très-résistant dans lequel des étampes mobiles, animées d'un mouvement de va-et-vient qu'elles reçoivent d'un ou de plusieurs excentriques, descendent comme le coin supérieur d'un balancier à frapper les monnaies et compriment sur d'autres étampes les barres que l'on engage rouges dans l'appareil.

Des ressorts relèvent les étampes mobiles après que le fer a reçu la pression : quant aux étampes fixes, elles sont maintenues par des douilles où pénètre leur prolongement, qui y est assujetti au moyen de fortes vis. Un volant régularise, autant que l'exige la nature du travail, la marche de la machine à laquelle un arbre principal transmet l'action du moteur.

M. Hattersley, observant que l'on employait jusqu'à présent pour chacune des façons à donner au fer une paire d'étampes montées entre des guides spéciaux, et que, par exemple, il fallait un appareil pour étirer le métal, un autre pour y former un renflement quelconque, un troisième pour le couper, s'est efforcé d'éviter la perte de temps et de chaleur causée par tous les déplacements.

Pour y parvenir, il combine sur la même étampe plusieurs formes différentes; leur mutuel voisinage rendant très-facile le transport du fer de l'un à l'autre, on parvient souvent à fabriquer en une seule chaude des pièces qui, dans des machines ordinaires, en exigent plusieurs.

TRANSMISSION SIMULTANÉE DANS UN SEUL FIL DE DEUX COURANTS OPPOSÉS. — La théorie est en ce moment un objet de discussion, mais le fait subsiste : deux dépêches, marchant en sens inverse l'une de l'autre, peuvent être transmises à la fois par le même fils. Nous aurons à nous occuper de la discussion ; en attendant précisons le fait dont la pratique ne tardera pas à s'emparer.

L'expérience a été faite le 15 octobre dernier au bureau central de la télégraphie, à Vienne, en présence de M. Baumgartner, president de l'académie des sciences de cette ville et ministre du commerce. « A 10 heures 15 minutes, dit M. Zantedeschi, on a commencé à correspondre télégraphiquement, pendant le même temps et au moyen du même fil dans deux directions opposées, c'est-à-dire de Vienne vers Lintz et de Lintz vers Vienne, et cette correspondance simultanée en des directions opposées sur un même fil a réussi de la manière la plus complète et la plus satisfaisante. La dépêche communiquée de Lintz à Vienne se composait de quatre-vingt paroles formant une annonce continue; celle qui partait simultanément de Vienne vers Lintz se composait de périodes brèves et sans liaison, dans lesquelles se trouvaient des paroles françaises et des noms propres, en sorte qu'il n'était pas possible d'en deviner le sens, si les signaux télégraphiques se présentaient imparfaits. Quand la communication faite de Lintz eût été reçue à Vienne, on demanda à la première ville qu'elle transmit de nouveau à Vienne le message qui avait été expédié simultanément à Lintz au moyen du même fil, et il fut reçu complétement. »

Le *Weiner-Zeitung* du 17 octobre, après avoir raconté cette belle expérience, ajoutait : « Ce problème important peut donc être considéré comme résolu, et par là on a assuré un grand progrès à la télégraphie électrique; par là disparait pour longtemps la nécessité d'augmenter les fils télégraphiques, ce qu'autrement l'accroissement continu du nombre des dépêches est rendu inévitable. Le mérite de cette invention appartient à M. le directeur du télégraphe, le docteur Guillaume Ginth. »

TÉLÉGRAPHE ÉLECTRIQUE SANS FIL. — Il y a peu de temps un journal de Turin, annonçant que M. Bonnelli vient d'obtenir du gouvernement piémontais l'autorisation d'essayer un nouveau système télégraphique, ajoutait qu'entre autres avantages ce nouveau système a celui d'exclure l'usage des fils. Une note de M. Zantedeschi nous apporte l'explication du fait et une réclamation. Voici l'explication :

« Les rails métalliques, actuellement existants, formeraient les deux fils télégraphiques capables d'être fermés à toutes les stations ou avec une locomotive, ou avec un wagon, qui servirait de cabinet de correspondance et contiendrait l'appareil télégraphique et les piles; chaque cantonnier n'aurait besoin que d'un manipulateur pour avertir les trains en marche de chaque obstacle survenu. »

La réclamation consiste en ce que M. Zantedeschi revendique la priorité d'invention; il déclare d'ailleurs faire abandon de la découverte au domaine public et tenir tous les détails à la disposition de quiconque les lui demandera.

LES OISEAUX ET LE CHOLÉRA. — Il y a quelques mois, M. Dausse, ingénieur des ponts-et-chaussées, écrivait : « Nous avons eu le choléra à Grenoble, mais faiblement, et Dieu merci! il est passé. *Pendant sa durée de plus de deux mois, je n'ai pas vu une seule hirondelle,* elles avaient disparu à l'apparition du fléau, et elles ont reparu quand il a été fini il y une quinzaine. »

Un naturaliste, M. Lacordaire, généralise cette observation; ayant fait un voyage à travers la France pendant la période cholérique de l'année dernière, ses remarques personnelles et le témoignage d'un grand nombre de personnes dignes de confiance, lui paraissent établir que les oiseaux ont fui les localités envahies par la maladie et que de plus leur fuite a précédé l'invasion de quelques jours, ce qui porte à croire qu'ils l'ont pressentie. Il paraît, et cette remarque fortifierait la précédente, que les localités non atteintes par l'épidémie ont été fréquentées par un nombre d'oiseaux beaucoup plus considérable qu'on ne l'observe d'habitude. Les espèces auxquelles s'appliquent ces remarques sont celles qui vivent dans le voisinage des habitations, telles que certaines sylvies, les fringilles, les bruants, les mésanges, les pies, etc. Les gallinacées, c'est-à-dire, les perdrix et les cailles, ne paraissent avoir éprouvé à aucun degré l'inflence épidémique ; quant aux hirondelles, il est certain qu'il y a eu partout cette année quelque chose d'anormal dans leurs allures. Il n'échappera à personne que ces observations, si elles se confirment, n'auraient pas un intérêt purement scientifique, puisqu'elles fourniraient un moyen de prévoir plusieurs jours à l'avance l'invasion du fléau cholérique.

Ces curieuses observations me rappellent un fait non moins intéressant que racontait l'année dernière le *Courrier de Marseille* :

Un éleveur d'oiseaux, demeurant dans la vieille ville, a par malheur, disait ce journal, un tout jeune enfant atteint de phthisie pulmonaire. Depuis que les symptômes du troisième degré de la maladie se sont manifestés, ce pauvre homme a vu peu à peu ses petits pensionnaires ailés cesser de boire, refuser les graines les plus fraîches et dépérir rapidement ; plusieurs même sont morts malgré le soin qu'il a eu de tenir les appartements bien propres et bien aérés. Voyant cela, il transporta le reste de la troupe chantante chez un voisin, où elle recouvra bientôt la santé. Alors, à titre de vérification, il rapporta un *verdon* dans la chambre du petit malade. Malgré les soins les plus assidus, l'oiseau mourut au bout de quarante-huit heures.

Instinct merveilleux d'un insecte. — De cette remarquable faculté dont certains oiseaux seraient doués, d'après les observations précédentes, nous rapprocherons l'instinct, bien plus inexplicable encore, qui appartient à un misérable petit papillon, un parasite du lilas, le *Minime à bandes*, sur lequel M. Blanchard donne d'intéressants détails dans la quatrième livraison de sa *Zoölogie agricole*, très-bel ouvrage en cours de publication.

« Vous placez, dit-il, une femelle dans un endroit isolé, sur une fenêtre si vous voulez, dans une ville, dans Paris même, dans une rue, loin de tout jardin ; eh bien ! au bout d'une heure ou deux, vous voyez des mâles arriver en grand nombre. Le sens de la vue ne les guide pas, ils se heurtent contre les murailles, aux étages supérieurs, aux étages inférieurs ; n'importe, ils finissent par arriver au but. Mieux que cela, cette femelle, vous l'enfermez dans une boîte. Rien au dehors ne décèle sa présence ; les mâles arrivent néanmoins à l'entour, cherchant de tous côtés l'objet désiré. Ils voltigent, ils s'agitent dans le même cercle, jusqu'à ce qu'ils meurent épuisés de fatigue... On s'est assuré que les mâles pouvaient être attirés d'une distance de plusieurs lieues. » On vient de voir que ce n'est pas la vue qui les guide, est-ce l'odorat ? Mais que peut être, à plusieurs kilomètres de distance, l'odeur d'un insecte auquel, du reste, nous n'en connaissons aucune ? Qu'est-ce donc ? On n'en sait rien. Il y a bien d'autres choses qu'on ignore ! Quant au fait lui-même, des milliers d'expériences faciles à répéter l'ont mis hors de doute, et le Minime à bandes n'est pas le seul bombyx chez lequel on l'observe.

Grand luxe architectural à bon marché. — Lorsqu'on voit de quelle profusion d'ornements sont décorées, en Italie, les voûtes de la plupart des grands édifices, on suppose naturellement qu'on y a dépensé des sommes énormes. C'est une erreur, tout cela s'exécute depuis longtemps à peu de frais. Nous allons dire comment.

Les murs étant élevés jusqu'à la naissance des voûtes. On place les cintres comme à l'ordinaire, on étend de l'un à l'autre des planches jointes ensemble à la languette, pour former une voûte en bois aussi parfaite que possible, et on a soin qu'il ne s'y trouve aucune ouverture par où puissent s'écouler les matières semi-fluides qu'elle supportera, ainsi que nous allons le dire. Sur cette charpente on sème à la main de la bonne terre franche passée à la claie, puis on fixe dessus les moules de tous les ornements qui devront être de relief dans la voûte, et le relief de tous ceux qui, dans celle-ci, devront être creux.

Ces préparatifs étant faits, on prend de la chaux mêlée avec de la pouzzolane ou toute autre substance ayant les mêmes propriétés, que l'on détrempe un peu, puis on en remplit tous les moules. Lorsque la charpente est entièrement couverte de cette matière liquide, on lui laisse prendre une certaine consistance, après quoi, on voûte par dessus en briques ou en tuf comme à l'ordinaire. Enfin, on désarme la voûte, on enlève les moules avec précaution et on répare ensuite les ornements, ce qui devient peu dispendieux, si au lieu d'un échafaud on se sert simplement d'une tour roulante en charpente.

Pour rehausser ces procédés que nous désirons voir se répandre, nous ajouterons que les voûtes de Saint-Pierre de Rome n'ont pas été construites autrement.

Culture en lignes. — M. Léon d'Herlincourt a entretenu la Société d'agriculture du Pas-de-Calais d'expériences qu'il a entreprises sur cet important sujet. La culture en lignes procurerait, d'après lui, une économie de semence de deux hectolitres et demi par hectare ; et, comme on sème annuellement trente millions d'hectares de blé en France, le bénéfice serait de soixante-quinze millions d'hectolitres par an, ressource immense pour le cultivateur, qui pourrait consommer ou vendre une grande partie de ce qu'il sème.

Cette économie de semence n'est pas le seul bénéfice que procurera la culture en lignes. Chaque grain semé, au lieu de fournir une seule tige, comme dans le semis à la volée, en fournira huit ou dix, et la récolte atteindrait le chiffre de 45 à 50 hectolitres par hectare au lieu de 20, qui est le rendement moyen.

Chemin de fer agricole sans fin. — Un constructeur de machines agricoles, M. Boydell, a imaginé un chemin de fer sans fin que la charrette transporte avec elle. Il consiste en six pièces ou longuerines en bois sur lesquels sont posés des rails en fer, et ces longuerines sont articulées sur la face interne des roues ; celles-ci, en tournant, reposent sur ce chemin de fer portatif qui se déroule incessamment devant elles. On en trouvera un dessin plus intelligible qu'aucune description ne pourrait l'être, dans le *Journal d'agriculture pratique*. Le *Farmer's magasine* montre la plus grande confiance dans l'avenir de cette invention dont le principe est loin d'être nouveau. On cite une expérience dans laquelle une force de 150 kilog. a pu entraîner sans difficulté une charge de 2,000 kilog., avec une vitesse de 6 kilomètres à l'heure, sur une argile très-molle où une voiture ordinaire se serait enfoncée jusqu'au moyeu. Cela mérite donc examen.

Charpie électro-métallique. — M. Chenot annonce avoir obtenu des effets très-avantageux d'une charpie électro-métallique de son invention ; par son application, la coagulation du sang a lieu presque immédiatement, dit-il, l'eau de ce liquide étant absorbée, décomposée en ses deux éléments, l'oxigène qui est condensé par le métal et l'hydrogène qui s'échappe dans l'air ; ces deux effets donnent lieu localement à un grand développement de chaleur. L'application de la charpie électro-métallique modifie très-profondément et d'une manière très-avantageuse les plaies suppurantes. Elle amène en peu de temps la résolution de larges et profondes ecchymoses, etc.

Avertissement aux priseurs. — Les *Annales d'hygiène*

appellent l'attention sur un danger auquel les personnes qui font usage de tabac s'exposent en conservant cette drogue dans des boîtes de plomb. Il a été reconnu que le tabac à priser, lorsqu'il est légérement humide oxyde le plomb qui se convertit en divers sels, savoir : acétate, carbonate, chlorhydrate et sulfate plombiques. Le mélange de ces sels forme à la surface du tabac un dépôt lamelleux dont le poids peut aller jusqu'à 30 grains pour une demi-livre de tabac. Depuis que ces faits ont été révélés, l'administration a substitué dans l'empaquetage les feuilles d'étain aux feuilles de plomb.

## VARIÉTÉS.

### Imitation des phenomènes plutoniques.

Nous croyons que les sciences dites d'observation n'arriveront à constituer leur philosophie qu'en se faisant expérimentales. Nous nous sommes déjà expliqués sur ce point à propos de zoologie ; pour citer de nouveaux exemples, nous dirons qu'à notre sens c'est par l'imitation des mouvements des corps célestes que la véritable théorie dynamique de l'univers, ou du moins de notre système solaire, sera constituée, et de même c'est en reproduisant sur une petite échelle les phénomènes qui se sont accomplis dans le cours de la vie du globe, que la théorie de la terre sera fondée. C'est pourquoi nous attachons beaucoup de prix aux expériences suivantes, bien que leur auteur, dans un sentiment qu'on ne saurait trop blâmer, fasse mystère des substances employées dans ses remarquables essais.

L'auteur de ces expériences est un savant italien, M. Gorini. Avec des substances qui ne paraissent pas même métalliques, non seulement, il parvient a imiter les phénomènes que nous voyons dans les volcans en activité, mais encore il produit les phénomènes plutoniques qui se sont passés avant l'apparition de l'homme.

La substance employée dans les expériences est solide à la température ordinaire. Elle est d'abord fondue dans une chaudière munie de robinets d'écoulement ; puis on fait couler le liquide dans des sceaux de fer battu.

Telle est la manière de procéder. Nous décrirons maintenant l'expérience dans laquelle M. Gorini veut représenter le soulèvement des montagnes à la surface de la terre.

Le liquide est versé dans un bassin de fer laminé. La masse commence à se solidifier en divers endroits de sa surface, en formant autour des parois du vase des cristallisations aciculaires. Bientôt une croûte solide, tantôt horizontale, tantôt légèrement bombée vers le centre, la recouvre partout, sauf en quelques points par lesquels la communication subsiste entre l'intérieur et l'extérieur. De temps en temps, la matière en fusion surgit d'une manière désordonnée; elle s'épanche sur la croûte solide et s'y solidifie promptement sous forme de petites protubérances. Quelquefois une éruption qui se faisait par l'un des orifices cesse tout à coup et la matière en fusion se déverse par un autre. Plus tard la croûte solide se déchirant livre un nouveau passage à la matière ignée. On entend des craquements dans l'intérieur de la masse.

Il se fait de nouvelles ouvertures et par elles la matière ignée suinte comme de l'eau filtrant à travers du sable. Une certaine stabilité se produit. La matière liquide s'infiltre lentement, avec tranquillité, s'étend peu à peu, se solidifie presque instantanément puis se recouvre d'une nouvelle couche de liquide si spontanément qu'il est impossible de saisir l'instant de la consolidation de la couche précédente. Ainsi le liquide s'accumule peu à peu sur lui-même en produisant une protubérance. Enfin ce mouvement éruptif s'arrête.

Les protubérances formées de cette manière varient fréquemment dans leurs formes. Quelquefois toutes les ouvertures se ferment; il en résulte un moment de tranquillité bientôt troublé par une explosion d'où résulte une ouverture dans le flanc d'une des protubérances déjà solidifiées.

M. Gorini parait donc avoir réussi à représenter la formation des montagnes volcaniques et celle des montagnes plutoniques. En variant ce mélange, il reproduit également d'autres effets de la volcanicité, par exemple, les tremblements de terre.

### Procédés hypnotiques.

On nous en a demandé la description, la voici :

Prenez un objet brillant entre le pouce et les doigts indicateur et médian de la main gauche, et tenez-le devant le sujet à une distance de 8 à 15 pouces, un peu au-dessus de son front; que le sujet tienne les yeux fixés sur l'objet et ne pense pas à autre chose. D'abord les pupilles se contracteront, bientôt après elles se dilateront considérablement et prendront un mouvement de fluctuation. Portez alors les doigts indicateur et médian de la main droite, de l'objet vers les yeux ; il est probable que les paupières se fermeront involontairement avec une sorte de vibration. Laissez s'écouler 10 à 15 secondes puis soulevez doucement les bras et les jambes du patient. S'il a été fortement impressionné, ses membres auront tendance à rester dans la position où vous les aurez mis. N'en est-il pas ainsi? invitez-le d'une voix douce à les garder dans l'extension; le pouls ne tardera pas à s'accélérer, et les membres au bout de quelque temps deviendront tout à fait rigides. C'est alors qu'apparaîtront les phénomènes précédemment décrits.

Nous devons dire qu'avant nous M. Littré a traduit l'article du docteur Carpenter, et qu'il a introduit cette traduction dans la seconde édition du *Manuel de physiologie* de J. Muller (en note, au chapitre du *Sommeil*, t. 11, p. 568). Pour tout commentaire sur ces faits étranges, M. Littré s'est borné à mettre en tête de son travail les deux lignes que voici : « J'emprunte à M. le docteur Carpenter des détails sur le somnambulisme, lesquels sont nécessaires à l'histoire complète du sommeil. » Ainsi, l'un des chefs de l'*Ecole positiviste* n'hésite pas à prendre cet article sous son patronage, et où l'insère-t-il? Précisément dans un livre dont l'auteur est hostile au magnétisme animal. Ce sont là des témoignages et des garanties que nous ne devions pas omettre de signaler.

### Blanchissage à la vapeur.

L'hôtel de Saint-Nicolas, à New-York, a tous les jours 3,000 à 5,000 pièces de linge à laver. Un homme et trois femmes suffisent à cette énorme besogne. Comment? au moyen d'un appareil fort simple. Le voici :

Un cylindre en bois de 1 m. [illegible] de diamètre et 1 m. 35 c. de longueur est monté sur un bâti, et peut être mis en mouvement à l'aide d'une petite machine à vapeur. L'arbre de ce cylindre est creux et communique de telle sorte avec divers tuyaux qu'on peut introduire dans l'appareil de l'eau chaude, de l'eau froide ou de la vapeur.

Le cylindre étant à moitié rempli d'eau, on ouvre une trappe et on y jette 300 à 500 pièces de linge et une quantité convenable de savon et de lessive alcaline. On referme la trappe et on fait tourner lentement le cylindre, d'abord d'un côté, puis en sens opposé. Ce mouvement alternatif a pour effet de plonger le linge dans l'eau, de l'en faire sortir, et de le projeter contre les parois du cylindre. Pendant cette opération on fait entrer la vapeur qui, après avoir pénétré le linge pendant quinze à vingt minutes, s'échappe par un autre tuyau. On introduit ensuite de l'eau chaude fournie par le condenseur de la machine ; enfin de l'eau froide qui, en quelque temps, achève de rincer les articles.

Après avoir fait égoutter le linge, on l'introduit dans une machine à sécher les étoffes. Il est sec en six ou sept minutes, ayant fait dans ce court espace de temps, 18 à 21,000 révolutions. De là, après l'avoir suspendu à des cadres, on le pousse dans une étuve chauffée par un tuyau de vapeur, où il achève de sécher.

### Machines à pression d'eau.

On a fait en Angleterre de grands efforts pour procurer de l'eau salubre en abondance aux habitants des villes, et afin que la distribution de cette eau s'opérât d'elle-même jusque dans les étages supérieurs des habitations, on a établi les réservoirs à des hauteurs souvent très-grandes. Beaucoup de villes disposent ainsi d'une masse d'eau sous une pression de 2,5 à 5 kilogrammes au mètre carré; et à Stirling, ville que nous avons souvent citée, la colonne d'eau n'est pas de moins de 137 mètres.

Ces pressions considérables, l'abondance des eaux, le bas prix auquel les compagnies les livrent aux particuliers, ont suggéré l'idée d'employer l'eau à titre de force motrice et, en vue de ce service, M. J. Sinclair, de Stirling, a inventé une machine à pression d'eau très-simple, qui est maintenant appliquée dans la multitude de ces travaux qui n'exigent pas une force de beaucoup supérieure à celle de l'homme. Jusqu'ici ces machines sont toutes oscillantes. Sur une plaque de fondation sont boulonnés deux montants verticaux, entre lesquels est un volant à jante large, de chaque côté est un cylindre. Ces montants sont munis de coussinets dans la partie supérieure, et ces coussinets portent l'arbre principal.

Sur cet arbre est calé le volant, et à chaque extrémité il porte une manivelle répondant à la tige de l'un des pistons. Ces deux manivelles forment entre elles un angle droit. Les tourillons placés en bas du cylindre servent à l'introduction et à la sortie de l'eau motrice, introduction et sortie réglant les oscillations du cylindre. Le piston se compose de deux plateaux dont l'un est percé d'un œil pour embrasser la tige du piston. Autour de cette tige est un manchon de caoutchouc vulcanisé et sur celui-ci un ou plusieurs manchons en cuir. On comprend dès lors que la pression supportée par le piston chasse le cuir vers la paroi du cylindre, et qu'on obtient ainsi une fermeture étanche.

Ces machines sont d'un transport facile : l'une d'elles fait, depuis longtemps, marcher une presse mécanique dans les ateliers du *Stirling Observer*.

---

## NOUVELLES ET CAUSERIES.

*** Au jour fixé, le matin de très-bonne heure,— pourquoi le matin, pourquoi de bonne heure? l'auteur inconnu ne le dit pas, — une personne chauve, ou du moins affectée de places blanches, coupe dans une tresse de cheveux un nombre plus ou moins grand, — le nombre dépend de l'importance des réparations à faire, — de petites mèches longues de 4 centimètres, les trempe par un bout dans du collodion et se les fait délicatement appliquer aux endroits à reboiser. En deux heures, la tête la plus dénudée s'ombrage d'une riche chevelure qu'on peut,— c'est ici que l'intérêt commence,— qu'on peut laver, peigner, brosser, pommader à outrance sans lui faire subir aucune dégradation ; sur laquelle ni la chaleur, ni la transpiration n'ont le moindre effet, qui jamais ne s'accroche aux lustres, ne reste au fond d'un chapeau, etc... C'est déjà bien ; ce n'est rien ! A peine six semaines se sont-elles écoulées, — ici l'intérêt redouble,— que de nouveaux cheveux, de vrais cheveux ! se font jour à travers la vraie peau du crâne et soulèvent en beaucoup d'endroits le cuir factice des faux cheveux. Ne troublez pas ce travail régénérateur, accordez-lui une semaine, puis enlevez hardiment avec de l'éther et de l'alcool la perruque collodionée, désormais inutile, car « la chevelure naturelle, entière, mais moins fournie, est reproduite, » dit l'auteur, qui attribue ce prodige au collodion.

Nous ne garantissons rien, le nom même de l'auteur nous est inconnu. Mais si cela ne rend pas les cheveux à qui ne les a plus, cela ne les lui fera pas perdre ; on peut donc essayer.

*** D'après un relevé publié par un journal anglais, les lignes de chemins de fer, actuellement en exploitation dans le monde entier, forment une longueur de 40,344 milles, en kilomètres 70,713, en lieues 17,678 ; à peu près deux fois le tour du globe. Ces 40,344 milles se répartissent, de la façon suivante, entre les divers états :

| | |
|---|---|
| États-Unis | 21,528 milles. |
| Angleterre | 7,744 |
| Allemagne | 5,240 |
| France | 2,480 |
| Belgique | 532 |
| Russie | 422 |
| Italie | 179 |
| Suède | 75 |
| Norwége | 42 |
| Espagne | 60 |
| Afrique | 25 |
| Inde | 100 |
| Amérique anglaise | 1,327 |
| Cuba | 359 |
| Panama | 60 |
| Amérique du Sud | 60 |

*** On lit dans le *Journal d'agriculture pratique :*

« On parle, dans le monde, d'une nouvelle espèce de serins, destinée peut-être à détrôner la Hollande. C'est la Belgique, son ancienne tributaire, qui se dispose à lui livrer une pacifique bataille, sous la conduite de l'héritier présomptif du trône, le duc de Brabant. On dit que ce jeune prince consacre ses heures de loisir à l'éducation raisonnée des serins des Canaries, au perfectionnement de la race, et qu'il poursuit le généreux dessein de doter sa patrie d'une race belge, supérieure à toutes les autres, et provenant d'un croisement conçu selon les règles de la science, et exécuté avec le plus grand soin. » (Victor Borie.)

*** La mort de l'abbé Paramelle termine une utile existence. Ce prétendu sorcier était simplement un hydrographe consommé. Grâce à un don spécial, il a poussé l'art de découvrir les sources aussi loin que Henri Mondeux, pour citer un exemple, a poussé l'art de calculer. Il est déplorable qu'il emporte avec lui des secrets qui eussent pu être érigés en méthode. M. Paramelle faisait d'ailleurs un noble usage de sa fortune. Elle était le prix de services rendus ; on n'évalue pas à moins de 8,000 le nombre des fermes qu'il a approvisionnées d'eau, et à plusieurs millions la plus value qu'il leur a procurée.

*** Le matériel roulant, existant sur tous les chemins de fer en exploitation en Angleterre, consiste dans :

| | | | | | |
|---|---|---|---|---|---|
| 2,413 | voitures de | 1re classe, | contenant | 49,226 | places. |
| 3,413 | — | 2e — | — | 124,703 | — |
| 2,954 | — | 3e — | — | 121,807 | — |

Total 11,364 voitures pouvant contenir 335,000 personnes.

Il y a, en outre, 1,547 voitures pour le transport des chevaux, pouvant contenir 4,547 chevaux, et 7,127 voitures pour les bestiaux, pouvant contenir 76,696 têtes de bétail.

Enfin, les locomotives sont au nombre de 4,000.

*** Si extraordinaire que la chose puisse paraître en ce temps de chemins de fer, elle est vraie : il est question de creuser un canal en Angleterre, au cœur même des districts manufacturiers, et ce n'est pas un projet en l'air; déjà tous les arrangements ont été pris avec les propriétaires des terrains que traversera le canal ; à la vérité celui-ci ne sera pas très-long, 4 milles, rien de plus, mais la localité est si défavorable que, pour franchir cette courte distance, il ne faudra pas moins de 9 écluses. Ce qui ajoute à l'intérêt de l'affaire, c'est que le nouveau canal, qui doit unir Oldham à Middleton, se développera parallèlement à un chemin de fer, celui de Lancashire et Yorkshire, devenu tout à fait insuffisant par suite du développement des relations commerciales.

---

*Le propriétaire, rédacteur-gérant :*
VICTOR MEUNIER.

---

PARIS. — IMP. J.-B. GROS, RUE DES NOYERS, 74

Première année. — N° 10. Quinze centimes. 11 mars 1855.

# L'AMI DES SCIENCES

PAR

## VICTOR MEUNIER

ON S'ABONNE
à la Librairie AUGUSTE GOIN
41, quai des Grands-Augustins, 41.

Paraît le Dimanche.

PRIX DE L'ABONNEMENT POUR L'ANNÉE
PARIS, 6 FR. — DÉPARTEMENTS, 8 FR.
Envoyer un mandat de poste.



### L'ozone et le choléra.

Dans une lettre adressée à l'Académie des sciences, le directeur de l'observatoire de Berne, M. Wolf, annonce que, d'après ses observations personnelles, une diminution rapide de la quantité d'ozone contenue dans l'atmosphère est (sinon toujours, au moins dans le plus grand nombre des cas) suivie d'une augmentation considérable de la mortalité.

Q'est-ce que l'ozone? demandera-t-on.

Nous répondrons avec empressement, car il s'agit d'un sujet neuf, digne d'attention à plusieurs titres et qui se recommande également au chimiste, au météorologiste, au médecin. Désormais l'étude des variations du nouveau principe entre dans les observations météorologiques quotidiennes au même titre que celle de la température, de la pression atmosphérique, de l'humidité, des vents, etc.

L'ozone n'est rien autre chose que l'oxygène même, ce gaz qui entre pour 21 centièmes dans la composition de l'air que nous respirons. Mais c'est de l'oxigène si différent du corps auquel les chimistes sont habitués de donner ce nom, que sous son déguisement on a eu beaucoup de peine à le reconnaître.

Ainsi l'oxygène est sans odeur, tout le monde le sait; l'ozone au contraire est très-odorant. C'est même par son odeur qu'il a révélé sa présence aux observateurs, et son nom tiré du grec rappelle cette propriété.

Son odeur tient à la fois de celle du chlore mêlé à l'air, du phosphore, et du soufre en combustion. C'est celle qui se manifeste par suite des décharges quand on tourne le plateau d'une machine électrique, ou quand la foudre éclate.

Mais les propriétés nouvelles et permanentes que l'oxygène acquiert en devenant ozone, ne se bornent pas à cela; on sait par exemple que l'oxygène ordinaire ne se combine que très-lentement au mercure à la température ordinaire; l'ozone, au contraire, se combine très-rapidement avec ce métal. En un mot *les propriétés oxidantes de l'ozone sont beaucoup plus énergiques que celles de l'oxygène ordinaire.*

Van-Marum s'est trouvé le premier en présence de ce corps remarquable. C'était en 1785; ayant à sa disposition la grande machine du musée de Teyler, il excitait des étincelles dans un tube plein d'oxygène. Au bout d'un quart d'heure, après 5,000 étincelles, l'oxygène avait pris une odeur très-forte, « qui lui parut être très-clairement l'odeur de la matière électrique. »

De 1785 à 1840, ces expériences remarquables furent complétement perdues de vue. En cette dernière année, M. Schœnbein, professeur de chimie à Bâle, et inventeur du coton-poudre, décomposant l'eau par la pile, remarqua que la production du gaz hydrogène était accompagnée d'une odeur toute particulière. Il publia un mémoire à ce sujet. Quel était ce nouveau corps? était-ce un corps simple? était-ce un composé oxygéné de l'azote ou de l'hydrogène? L'ingénieux chimiste laissa la question indécise, mais il donna le nom d'*ozone* à la substance odorante.

En 1851, deux savants de Genève, MM. Marignac et de La Rive, conclurent d'une suite d'expériences, que l'ozone n'est que de l'oxygène dans un état particulier d'activité chimique qui lui est imprimé par l'électricité. Berzélius et M. Faraday croyaient également à un état isomérique ou allotropique, c'est-à-dire à une simple modification de l'oxygène. Enfin, dans cette même année 1851, M. Schœnbein, qui venait d'aborder pour la troisième fois cette intéressante question, se rangeait à l'avis de MM. Marignac et de La Rive.

Cependant la plupart des chimistes ne l'admettaient encore qu'avec hésitation; de nouvelles expériences étaient nécessaires. Celles que MM. E. Frémy et Edmond Becquerel firent en 1852 paraissent avoir levé tous les doutes; elles ont démontré, en confirmation des travaux rappelés plus haut, que l'électricité, agissant sur l'oxygène, développe en lui des propriétés nouvelles; aussi ces Messieurs ont-ils proposé de remplacer le nom d'ozone par celui d'oxygène électrisé.

L'ozone n'est donc qu'une forme particulière de l'oxygène. Ainsi nous sommes là en présence d'un de ces changements que, sous l'empire des circonstances extérieures, les corps simples et les corps composés subissent dans leurs propriétés les plus essentielles. Les changements que l'électricité apporte ici à l'oxygène sont en effet comparables à ceux que les rayons solaires produisent dans le chlore dont ils rendent les affinités beaucoup plus énergiques, à ceux que la chaleur détermine dans le soufre, le phosphore, le carbone, dont ils modifient la couleur, la consistance, la solubilité, les affinités, et dans tant de composés, dans les oxides métalliques par exemple, qui éprouvent sous son influence des transformations isomériques. Ainsi, cette collection de faits mystérieux et d'un si puissant intérêt, dont l'étude approfondie modifiera sans doute les idées classiques déjà fort ébranlées sur la nature et le nombre des prétendus corps simples, cette collection se trouve accrue d'une unité.

Une fois admis que, sous l'action répétée d'étincelles électriques, l'oxygène peut entrer dans un état particulier d'activité chimique, on devait se demander si le changement que nous provoquons dans nos laboratoires ne se produit pas spontanément dans l'atmosphère, ou plutôt on ne pouvait douter que l'atmosphère incessamment sillonnée par les orages, ne vît s'accomplir dans son sein les variations chimiques dont il s'agit. C'est ce dont, au reste, on ne tarda pas à avoir la certitude.

Dès 1850, M. Schœnbein avait constaté que l'ozone décompose l'iodure de potassium, et il avait reconnu qu'une bande de papier amidonné renfermant une faible quantité de ce sel, constitue le réactif le plus sensible pour reconnaître la présence du nouveau corps. Une bande de papier ainsi préparée exposée à l'air y révéla bientôt, en passant du blanc, qui était sa couleur avant l'expérience, à un bleu plus ou moins foncé, la présence de l'ozone. L'ozone existe donc naturellement dans l'air, c'était un point démontré; mais s'y trouve-t-il toujours dans les mêmes proportions? Le contraire était évident. De quelle importance, alors, n'était-il pas d'étudier ses variations! Pour cela il fallait pouvoir rapporter les observations à un commun terme de comparaison; rien n'était plus facile.

On dressa une échelle ozonométrique, en divisant en un certain nombre de parties ou degrés l'espace chromatique compris entre le blanc répondant à l'absence d'ozone, et la coloration bleue, la plus intense que l'ozone, à son maximum, puisse produire sur le papier ozonoscopique en mettant l'iode à nu. 10 fut le nombre de divisions adoptées, et, ceci fait, on posséda un *ozonoscope* au moyen duquel on put mesurer les variations quotidiennes de l'ozone atmosphérique, comme au moyen du thermomètre et du baromètre on mesure les variations quotidiennes de la température et de la pression atmosphériques.

Plusieurs physiciens, comprenant l'importance de cette nouvelle branche d'observations météorologiques, s'y sont adonnés. MM. Bœckel, à Strasbourg, Simonin père, à Nancy, Wolf, à Berne, Billiard, à Corbigny, Schapter et Besluber, en Allemagne, Gaillard, en Amérique, etc..., sont au nombre de ces observateurs.

Ainsi, voilà un corps dont il y a peu d'années, on ne soupçonnait pas l'existence, et qui ne cesse d'agir sur nous et sur toute la nature animée! Quant à l'intensité de son action, comment la mettre en doute? Comment douter que des variations considérables dans le pouvoir oxidant du gaz respirable, n'aient une influence puissante sur la respiration, et par conséquent, sur toutes les fonctions vitales?

Un médecin américain, M. E. S. Gaillard, voit une relation entre la présence de l'ozone dans l'air atmosphérique et l'apparition des fièvres intermittentes.

D'après le docteur Bœckel, la malaria se montre toujours avec le zéro de l'ozonoscope, et la même chose a lieu quand les fièvres paludéennes règnent fortement.

D'après M. Schœnbein, on a observé une quantité considérable d'ozone dans l'atmosphère de Berlin pendant une épidémie de grippe et sous une constitution médicale prédisposant aux affections de poitrine, et l'inverse a eu lieu sous le règne d'une constitution gastrique.

D'après cet observateur, l'ozone a fait complétement défaut dans l'atmosphère de la même ville pendant une épidémie de choléra.

D'après M. Bœckel, le même fait s'est produit à Strasbourg. La présence du choléra y a coïncidé avec l'absence d'ozone, et l'ozone a reparu dès que le choléra a été en décroissance.

M. Billiard regarde la diminution de l'ozone comme la cause première de cette terrible maladie.

Enfin, sans aller aussi loin, M. Wolf, dans la lettre qui a été l'occasion de cet article, confirme pour la ville de Berne qu'il habite, les observations faites à Strasbourg par M. le docteur Bœckel.

Il nous paraît vraisemblable que l'ozone n'a pas seulement un grand rôle physiologique, et qu'il faudra le faire intervenir dans l'explication de plusieurs phénomènes physiques et chimiques, tels, par exemple, que la production de l'acide nitrique au sein de l'atmosphère, et le dégagement d'odeur qui si souvent accompagne la foudre.

---

## JOSEPH REMY.

Nous cédons la parole à M. Jules Haime dont le rapport adopté par la Société zoologique, constate avec autorité les droits de Joseph Remy au titre de fondateur de la pisciculture en France.

RAPPORT *adressé à la Société zoologique d'acclimatation, au nom de la 3e section, sur une proposition du Dr Haxo relative à la famille de Joseph Remy*, par M. JULES HAIME.

« Messieurs,

« Un homme vient de mourir qui, malgré l'étroite sphère dans laquelle se sont accomplis ses travaux, malgré les faibles ressources dont il a pu disposer, a cependant cet honneur insigne d'avoir doté la France d'une nouvelle et importante industrie. Joseph Remy n'était pas un savant; c'était un simple pêcheur, ignorant ce qu'enseignent les livres et les écoles, complétement étranger, par conséquent, aux progrès des sciences naturelles. Mais il possédait un grand talent que ne donne pas toujours l'éducation la mieux dirigée : il savait observer et mettre à profit ses observations. Sans maître, sans conseil, sans appui, il est parvenu, à force de pénétration et de persévérance, non seulement à refaire une à une les expériences qui ont occupé toute la vie de Jacobi, mais à pénétrer plus avant encore dans la voie de la pratique et à conduire le problème de l'élève des poissons jusqu'à une solution presque complète. Les services qu'il a rendus à la pisciculture sont considérables, et avec lui s'ouvre une ère nouvelle pour cette branche de l'économie rurale.

« Longtemps avant que Remy n'eût commencé ses travaux, la fécondation artificielle des œufs de poisson avait été imaginée et pratiquée à plusieurs reprises. Divers physiologistes s'étaient servis de ce procédé dans leurs recherches scientifiques, et même, en Allemagne et en Angleterre, on tenta de l'appliquer au repeuplement des cours d'eau (1); mais les résultats qu'on obtint alors étaient de peu d'importance et tombèrent bientôt dans l'oubli.

« L'humble pêcheur perdu au fond des Vosges, dans l'obscur village de la Bresse, ne soupçonnait même pas que jamais tentatives semblables eussent été faites; il ignorait jusqu'au mode de génération des poissons, et il a eu cette puissance de ne jamais reculer devant l'observation directe et de trouver par lui-même ce qu'il lui importait de savoir. Il allait pendant des jours entiers et par les nuits froides, épiant des truites le long des rivières, et suivant d'un œil avide les manœuvres qui, chez ces animaux, précèdent la ponte et la fécondation des œufs. Aussitôt que ces phénomènes lui furent connus, il comprit que ce qui se passait dans la nature, il serait possible de le reproduire artificiellement et dans des conditions souvent meilleures, d'opérer plus intimement le mélange des œufs avec la laitance et d'éloigner des produits ainsi fécondés les nombreuses chances de destruction auxquelles ils sont naturellement soumis. L'éclosion devrait s'effectuer ainsi d'une manière beaucoup plus certaine et plus complète que cela n'a lieu dans les circonstances ordinaires. L'expérience ne tarda pas à confirmer ces prévisions : Remy s'entoura de précautions telles et sut prendre des dispositions si habiles que bientôt il put voir une multitude de jeunes truites éclore et nager dans ses appareils.

« Mais il restait d'autres obstacles à surmonter. Ce n'était pas tout d'avoir soustrait les œufs aux dangers qui les menacent quand ils restent abandonnés à eux-mêmes; il fallait encore assurer le développement des jeunes et leur trouver une nourriture en rapport avec les besoins de leur âge. Rémy, aidé alors d'un de ses compatriotes, Antoine Géhin, eut également raison de ces difficultés. Il réussit à nourrir et à élever

(1) Voyez mon article sur l'histoire de la pisciculture, publié dans la *Revue des Deux-Mondes*, livraison du 1er juin 1854.

les jeunes truites, en les faisant passer successivement dans deux pièces d'eau préparées pour les recevoir. Dans la première, il avait eu soin de faire produire à l'avance une grande quantité de frai de grenouille; dans la seconde, il avait semé des espèces de poisson plus petites et plus faibles.

« Aujourd'hui, messieurs, que ces procédés vous sont devenus familiers, peut-être êtes-vous tentés de croire que c'était chose aisée de les découvrir. Mais n'oubliez pas tout ce qu'il a fallu de temps pour amener ces résultats. Songez surtout à ce que notre pauvre pêcheur a dû déployer de sagacité et de constante énergie avant de retrouver par lui seul la méthode de la fécondation artificielle et d'en faire une si heureuse application à l'élève du poisson.

« Une entière réussite répondit à ses efforts. Divers étangs de la Bresse et plusieurs ruisseaux du canton de Remirecourt furent bientôt empoissonnés au moyen de ses procédés et il jeta une immense quantité de jeunes truites dans la Moselotte, un des affluents de la Moselle. La pisciculture révélait ainsi le caractère pratique qui lui avait manqué jusqu'alors.

« Sans doute, et il y aurait injustice à le méconnaître, beaucoup d'autres ont contribué puissamment aux progrès de la nouvelle industrie. Je n'ai pas besoin de vous redire les noms de ceux qui, savants et praticiens, ont su perfectionner les appareils et donner plus de précision aux diverses méthodes. Mais il est constant que Joseph Remy a commencé en France ce grand mouvement expérimental qui se développe en ce moment sous nos yeux.

« Vous vous rappelez quelle faveur accueillit les succès qu'il a obtenus. Les maîtres de la science furent les premiers à y applaudir et à en proclamer l'importance. Dans un remarquable rapport que la presse entière s'empressa de porter à la connaissance de tous, M. Milne-Edwards déclara que Remy et Géhin lui semblaient avoir complétement résolu la question qu'ils s'étaient posée, et qu'ils avaient le mérite d'avoir ainsi créé en France une industrie nouvelle. M. de Quatrefages, à qui revient une large part dans les progrès de cette industrie, signala les mêmes résultats comme dignes des plus grands éloges; et, naguère encore, notre savant président, M. Isidore Geoffroy-Saint-Hilaire, n'a pas craint d'accorder aux deux pêcheurs des Voges, en raison de leurs féconds travaux, le beau titre de bienfaiteurs de leur pays. Que pourrais-je ajouter à des témoignages si éclatants et partis de si haut!

« Messieurs, le docteur Haxo vient de nous informer, par une lettre adressée à M. le président de la Société, que l'homme qui le premier sur le sol français a appliqué la fécondation artificielle à l'élève du poisson et a recommencé le repeuplement de nos rivières, est mort à la Bresse, laissant sa nombreuse famille dans un état voisin de la misère, et il appelle sur cette famille votre bienveillante attention.

« La section de pisciculture, dont j'ai l'honneur d'être ici l'organe, a pensé unanimement qu'il serait digne en effet de la Société d'acclimatation de venir en aide à la veuve et aux enfants de l'un des fondateurs de l'industrie piscicole.

« En conséquence.... »

Suivent les résolutions adoptées par la Société zoologique et dont les lecteurs de l'*Ami des Sciences* ont déjà connaissance.

---

## Chaudière tubulaire à circulation d'eau.

Il s'agit d'un appareil désigné sous le nom d'*appareil Arnier*, et sur lequel MM. Beleguic et A. Lefranc, celui-ci enseigne et le premier lieutenant de vaisseau, ont fait un très-intéressant rapport. Ces messieurs débutent ainsi :

« Une découverte, d'une portée incalculable, est faite. Elle a été successivement expérimentée sur l'*Econome*, de 3 chevaux, chaudières à tombeau; sur le *Turbot*, de 60 chevaux, chaudières tubulaires; et, enfin, sur l'aviso de l'état la *Salamandre*, de 120 chevaux, chaudières tubulaires.»

Les expériences dont ils transmettent le récit nous intéressent doublement : d'abord au point de vue du développement qu'elles semblent promettre à notre puissance commerciale et industrielle, et, ensuite, sous le rapport historique.

Au point de vue commercial : et qu'on en juge d'après cette déclaration que les auteurs s'empressent de faire dès le début du mémoire : « Notre pays, disent-ils, n'est plus inféodé à aucune autre région, et n'en est plus tributaire pour se fournir de charbon de première qualité. L'appareil évaporatoire Arnier tire, à poids égal, sensiblement la même puissance motrice de notre charbon Rocher-Bleu, Grand'Combe, etc..., que du charbon anglais de première qualité.»

Au point de vue historique : et en effet, le résultat d'une si capitale importance qu'on nous promet, serait dû pour une part à l'abandon de la chaudière tubulaire jusqu'ici employée dans la locomotion terrestre et maritime; a un retour vers celle que Dallery proposait, en même temps qu'il créait ce nouveau genre de générateurs.

« L'appareil Arnier est, disent MM. Beleguic et Lefranc, une espèce de petite chaudière tubulaire, composée sur la *Salamandre*, de 17 tubes de 48 millimètres de diamètre extérieur, et ayant presque toute la longueur du fourneau. Chaque fourneau reçoit un appareil, placé au-dessus de la grille où brûle le charbon. Les tubes qui composent l'appareil sont disposés en quinconce, sur trois rangées horizontales, et assez espacés pour que la flamme puisse les envelopper. Ils sont maintenus, à chaque extrémité, par une plaque de tôle qui leur est perpendiculaire. »

Ces tubes sont disposés de l'avant à l'arrière du fourneau, selon la longueur de celui-ci. A la partie postérieure (au fond du fourneau), les trois rangs de tubes s'ouvrent dans un réservoir commun, et, par son intermédiaire, communiquent entre eux.

A la partie antérieure (en avant du fourneau), les deux rangs inférieurs, seulement, débouchent dans un même réservoir, et ce réservoir communique, par un tube de 8 cent. de diamètre, avec le bas de la chaudière tubulaire, dont la *Salamandre* est munie, en outre de l'appareil Arnier. Le rang supérieur s'ouvre dans un autre réservoir, et celui-ci communique, par un tube de 11 cent. de diamètre, avec le haut de la chaudière.

Il est donc clair que, lorsqu'on remplit la chaudière, l'eau passe de celle-ci, d'abord dans les deux rangs inférieurs de tubes, ensuite dans le rang supérieur, et que, de ce dernier, elle retourne à la chaudière. Si on allume les feux, un courant d'eau s'établira de la chaudière à l'appareil et de l'appareil à la chaudière.

Comme on voit, le gros tube inférieur est la prise d'eau de l'appareil. Celui-ci est, ainsi que le disent les auteurs, « une véritable petite chaudière tubulaire, » et j'ajoute une chaudière tubulaire où, comme dans celle de Dallery, l'eau circule à l'intérieur des tubes.

Nos meilleures chaudières marines n'utilisent 60 p. 100 du calorique que lorsqu'elles sont tout à fait neuves. Au bout de un ou deux jours de chauffe, les tubes s'encrassent de suie à l'intérieur, se couvrent de dépôts calcaires au dehors, et le maximum d'utilisation tombe à tel point, que 40 p. 100 est la moyenne de nos bonnes chaudières tubulaires, alimentées de bon charbon anglais.

Il en est tout autrement des appareils évaporatoires employés à terre. Ainsi les chaudières de Cornouailles utilisent, dit-on, 85 p. 100. D'où vient cette énorme différence? De l'étendue des grilles, et surtout de celle des surfaces de chauffe de *première qualité*. On appelle ainsi les premières surfaces que rencontre la flamme, celles qui sont le plus rapprochées du foyer, et l'on estime qu'elles produisent cinq ou six fois plus que les plus éloignées. Or, les chaudières de Cornouailles ont des surfaces de chauffe de première qualité d'un développement considérable, et des grilles d'une telle étendue, qu'on y peut disposer le charbon en couches très-minces, qui brûlent intégralement sans qu'il soit nécessaire de les remuer. Une telle disposition est évidemment inapplicable dans les chaudières marines. Le défaut d'espace oblige de rétrécir les grilles, les surfaces de chauffe et la capacité du coffre à vapeur. On a donc été contraint de se contenter en grande partie de surfaces de 2e, 3e et 4e qualités; il a fallu mettre le charbon en couches plus épaisses, et il est nécessaire de le remuer pour en activer la combustion, vu que le coffre ne contient de vapeur que pour quelques secondes.

Un bon appareil évaporatoire serait donc celui qui augmenterait les surfaces de chauffe de *première qualité* sans accroître le volume des chaudières et permettrait d'augmenter considérablement la capacité du coffre à vapeur, tout en produisant une combustion complète de charbon. Or, l'appareil Arnier, au dire de MM. Béléguic et Lefranc, réunit tous ces avantages.

Sur la *Salamandre,* les surfaces de chauffe de l'appareil sont doubles (20 mètres) de celles des boîtes à feu (10 mètres). L'inventeur a, dit-on, le moyen de les doubler encore. Elles sont exposées au premier coup de feu, embrassées de tous côtés par les flammes. En outre, les tubes étant d'un petit diamètre, présentent l'eau en couches très-minces à l'action du calorique. L'eau circulant avec rapidité dans les tubes les entretient en un si grand état de propreté, qu'à l'intérieur ils semblent polis à l'émeri, et qu'au dehors, après plusieurs mois de service, on y voit encore les petites raies imprimées par le laminoir. Il n'a jamais été besoin de les nettoyer.

Enfin l'appareil peut quadrupler et quintupler les surfaces de chauffe de première qualité. Aussi, malgré son petit volume, produit-il sur la *Salamandre* 1,200 k. à 1,500 k. de vapeur. « Nous le répétons, disent les auteurs, les surfaces de chauffe de l'appareil sont aussi supérieures à celles des boîtes à feu que ces dernières le sont à celles de troisième qualité. Dès qu'on fait l'appareil en cuivre, il n'est plus de comparaison possible entre les surfaces de l'appareil et les boîtes à feu elles-mêmes.

« L'appareil arrivera, dans ce cas, continuent-ils, à produire seul assez de vapeur pour le jeu de la machine... Alors les chaudières actuelles, réduites au minimum, deviendront un simple auxiliaire, un réservoir d'eau, qu'elles seront chargées de maintenir à la température de l'ébullition au moyen du peu de calorique qui échappera de l'appareil.

« Ces chaudières feront le travail de dégrossissement : l'appareil raffinera la besogne tout en venant grandement en aide aux chaudières par l'eau surchauffée qu'il déversera par le tube ascendant, en même temps que la vapeur. Ainsi les immenses masses d'eau et les chaudières colossales qui surchargent en encombrant aujourd'hui les bâtiments, se réduiront à moitié, au tiers, à moins encore, peut-être, et dans un avenir très-rapproché. »

Mais ce n'est là qu'une partie des mérites de l'appareil Arnier.

Nous avons dit, d'après nos auteurs, que cet appareil tire du charbon français, Rocher-Bleu, Grand-Combe et autres, c'est-à-dire du charbon à *courte flamme*, une quantité de travail sensiblement égale, sinon même supérieure, à celui qu'il tire du charbon anglais dit à *flamme longue*. On cite le fait suivant : *la Salamandre*, revenant de Marseille par grosse mer, vent d'est très-fort, a brûlé 377 kil. par heure, 2/3 Rocher-Bleu, 1/3 Cardiff. Quelques jours après, par un vent nord-est fort, une mer un peu grosse, elle a brûlé 400 kil. de charbon anglais.

L'avantage est donc ici pour le charbon français. MM. Béléguic et Lefranc expliquent très-bien ce résultat. Le charbon à longue flamme émet lentement et petit à petit le calorique qu'il contient; il convient admirablement aux chaudières tubulaires actuellement employées et à toutes surfaces de chauffe lentes à absorber le calorique.

Le charbon à courte flamme, au contraire, s'allume, flambe, éclate et lance du premier jet la plus grande partie du calorique qu'il contient. Il ne peut donc être utilisé que par un générateur où les surfaces de première qualité ont une grande étendue. Mais, dans ce cas, presque tout le calorique émis sera absorbé, et ce charbon deviendra supérieur au charbon anglais; or tel est précisément l'appareil Arnier.

Cet appareil, n'eût-il d'autre résultat que de rendre le charbon français aussi propre à la navigation que le charbon anglais, serait déjà très-digne d'occuper le public ; mais on assure qu'il économiserait en outre 35 à 45 p. 100 de combustible. Ainsi, on consommerait 60 tonneaux au lieu de 100 ; et ces 60 tonneaux coûtant moitié moins cher, le chiffre réel de la dépense serait réduit à 30 p. 100 de la dépense actuelle. Les lignites qu'on trouve en tant de points du globe, dont on ne peut tirer actuellement aucun parti pour la navigation, lui deviendraient applicables. L'espace rendu libre par la diminution des soutes à charbon permettrait de recevoir à bord un plus grand nombre de passagers ou de plus fortes parties de marchandises; enfin l'exploitation des houilles nationales prendrait un développement inespéré.

Ceci confirme ce que nous disions dans un précédent numéro. Il pourrait se faire, disions-nous, qu'à la gloire d'avoir créé la chaudière tubulaire, Dallery joignît le mérite d'avoir concouru à l'invention de la meilleure des chaudières tubulaires. Et voici une nouvelle preuve de cette étonnante maturité de vues qu'on remarque en toutes ses conceptions : il avait compris dès l'origine, non seulement la nécessité de multiplier les surfaces de chauffe sans augmenter le volume de l'appareil, ce que d'autres après lui ont également compris, mais celle de multiplier les surfaces de chauffe de *première qualité* en exposant directement à l'action de la flamme l'eau divisée en minces filets par le moyen de tubes de cuivre.

---

## Transport électrique opéré par le corps humain.

*Expérience à répéter.*

Si aux deux pôles d'une pile, on attache des fils d'argent plongeant dans un vase en verre rempli d'eau distillée, légèrement acidulée, on sait ce qui arrivera ; aussitôt que la pile entrera en action, on verra sortir du fil attaché à l'élément cuivre un courant gazeux blanchâtre, qui se rendra au fil attaché à l'élément zinc ; ce courant est formé d'atomes d'argent qui, sous l'action de l'électricité, se portent d'un fil à l'autre.

Retirez la pile, mettez un homme à sa place, et, d'après M. Beckensteiner, le transport va continuer de s'opérer.

L'expérience se fait avec un vase de verre blanc, rempli aux trois quarts d'eau distillée alcalisée, qu'on pose sur une table près d'une fenêtre recevant le jour du côté du midi, et deux lames d'argent ayant servi au transport par la pile, l'une pour le courant sortant, l'autre pour le courant rentrant.

L'époque du jour qui convient le mieux est comprise entre dix heures du matin et deux heures de l'après-midi : la température doit être de 25 à 28 degrés centigrades.

L'expérimentateur doit s'échauffer les mains, non à l'aide du calorique rayonnant, mais par le mouvement; la droite doit être en moiteur. Si les mains sont froides, aucun effet n'est produit.

Il se place ensuite derrière la table, au côté nord du vase, de manière à ne pas intercepter la lumière; de la main droite il saisit la lame d'argent qui a servi au courant sortant, et de la gauche celle du courant rentrant ; son bras gauche est appuyé sur la table, le droit reste étendu. Il plonge simultanément les deux lames aux trois quarts de leur longueur dans le vase d'eau acidulée. Aussitôt on voit apparaître à la lame du courant sortant un ruban gazeux qui se dirige vers la plaque opposée. C'est le transport du métal qui a lieu d'une plaque sur l'autre, comme dans le cas où une pile occupe la place que tient ici l'expérimentateur. Ce phénomène peut se prolonger pendant quatre à cinq minutes sans interruption ; puis le courant sortant s'affaiblit et devient nul au bout de quelque temps.

Le transport cesse toujours dès que la main s'est refroidie.

« Cette expérience démontre jusqu'à la dernière évidence, dit l'auteur, que l'homme possède un fluide analogue au fluide électrique fourni de diverses manières par les appareils de physique. »

On peut rapprocher de cette expérience le cas de personnes qui, agissant également à la façon d'une pile, transforment en aimants artificiels les morceaux d'acier qu'elles viennent à toucher. M. le baron Despine père, docteur en médecine et inspecteur des eaux thermales d'Aix en Savoie, raconte avoir connu à Genève des ouvriers et des ouvrières en horlogerie qui jouissaient de cette propriété très-incommode pour eux, ainsi qu'on va le voir.

Dès qu'ils cherchaient à prendre avec des pinces de petites pièces d'horlogerie en acier, ces pièces étaient aimantées, elles se fixaient aux pinces, et on ne pouvait plus les saisir. Il y eut une ouvrière que l'aimantation persistante de tous ses outils contraignit de quitter son état.

On cite un horloger de Lyon, M. V., à qui il arriva de même, à l'âge de 15 à 18 ans, d'être souvent gêné dans son travail par l'aimantation de ses outils. Il paraît que ce phénomène ne se produit habituellement qu'à l'âge de 15 à 20 ans et rarement plus tard. « Je crois, dit M. Beckensteiner que cette faculté d'aimanter peut être le résultat du passage de l'adolescence à la période de puberté, époque où un grand développement d'électricité animale se manifeste et se trouve encore augmenté par la continence, car il n'a jamais lieu chez les sujets débauchés. »

Le faits précédents ont dû rappeler au lecteur cette capitale expérience de M. Du Bois-Reymond, qui, à travers un immense circuit, par la seule contraction des muscles du bras, met en mouvement l'aiguille du galvanomètre.

---

## CORRESPONDANCE.

### Intoxication des marais. — Fumeurs d'arsenic.

S'occupant de recherches sur la cause des maladies épidémiques, un jeune chimiste, M. H. de Martinet, lut l'observation suivante du docteur Stokes : « Dans la Cornouaille, les fièvres décimaient les populations ; une fonderie fut établie et les fièvres disparurent. Le grillage des minerais jetait dans l'atmosphère des vapeurs arsenicales qui tuaient les miasmes. » Partant de là, il proposa de supprimer les miasmes paludéens et conséquemment les fièvres qu'ils causent en empoisonnant les marais avec des tonnes d'arsenic.

A ce propos, le savant et siritual docteur Yvan, qui, comme on le sait, a fait partie de l'ambassade de M. de Lagrenée en Chine, nous adresse la lettre suivante :

Paris, le 25 février 1855.

« Mon cher confrère,

« J'ai lu dans un compte-rendu des séances de l'Institut, que M. H. Martinet avait proposé, pour détruire les influences paludéennes, d'*empoisonner* les marais avec d'énormes quantités d'acide arsénieux en poudre. Pour être agréable à M. H. Martinet, que je ne connais pas ni vous non plus peut-être, je vous prie, mon cher confrère, de lui apprendre, par un des organes de publicité dont vous disposez, que son procédé est en usage en Chine de temps immémorial. *A priori* on pouvait supposer que l'idée de M. H. Martinet était une idée chinoise.

« L'empire du Milieu, dans une bonne partie de son étendue, est couvert d'immenses rizières qui sont en réalité de vastes marais. Dans les provinces du Sud, ces grandes plaines inondées sont habitées par d'innombrables générations d'êtres rampants, gluants et grouillants, dont quelques espèces s'attachent aux jeunes pieds de riz. Les agriculteurs, pour prévenir les dégâts que commettent ces bestiols et afin de les détruire à leur naissance, ont la coutume de jeter dans les rizières de grandes quantités d'arsenic : quels sont ces vers malfaisants? je l'ignore ; mais je puis affirmer que tous les hôtes des champs aquatiques ne sont pas également affectés par la substance délétère. Ainsi, dans ces eaux *intoxiquées*, j'ai pêché, en compagnie de MM. Callery, Isidore Hedde et Rondol, des larves de plusieurs espèces, des dytiques, des paludines et des cyrènes, d'une santé parfaite. M. H. Martinet ne s'oppose pas, il est vrai, à ce que des mollusques et des articulés vivent d'arsenic ; son but, en empoisonnant les marais, est de *tuer* les miasmes *vivants* qui se développent au sein des eaux et vont ensuite porter au loin leur influence pestilentielle. L'intention est excellente, malheureusement l'expérience ne la seconde pas ; dans la province du Kouang-Ton, où le procédé d'intoxication des rizières est en usage, les fièvres intermittentes sont très-communes : j'y ai vu pour ma part beaucoup de fébricitants et j'ai palpé bon nombre de rates hypertrophiées. A cela M. H. Martinet me répondra sans doute que les fièvres des marais sont certainement moins répandues dans le Kouang-Ton que dans les provinces où le procédé d'empoisonnement n'est pas employé. Quoiqu'un voyageur, qui vient de loin, ne doive jamais laisser une objection sans réponse, je suis forcé d'avouer que je ne puis rétorquer celle-ci. Dans l'empire du Milieu, les mandarins dédaignent fort la statistique : M. Charles Dupin, sa science, veux-je dire, y serait peu apprécié.

« A quelque chose malheur est bon ; j'en dirai presque autant, mon cher confrère, des communications académiques. J'étais encore sous le poids de celle de M. H. Martinet lorsque j'allai voir mon ami, M. de Montigny, consul à Chang-Hay et Ning-Po, qui habite actuellement Paris. Naturellement je demandai à mon ancien compagnon de voyage, si les Chinois du Nord étaient dans l'usage, comme le pratiquent ceux du Sud, d'empoisonner leurs rizières avec de l'arsenic, pour détruire les vers nuisibles à leurs jeunes plantations? Voici quel fut la réponse de M. Montigny : « Les Chinois du Nord n'emploient pas l'acide arsenieux en agriculture, mais ils le mêlent au tabac et ils le fument dans leurs petites pipes ! Cette coutume est particulière aux habitants des provinces du Ho-Nou, du Het-Chouen et du Chan-Tou. MM. les vicaires apostoliques de la Manthourie et de la Corée, qui ont longtemps habité le Seao-Tou, m'ont raconté que les populations de cette vaste contrée fumaient avec délices les vapeurs aliacées de la drogue pernicieuse. L'usage du tabac arsenié est même tellement répandu dans cette région qu'il leur était impossible de s'en procurer d'exempt de tout mélange toxique : ils étaient obligés de faire venir des provinces centrales celui qu'ils fumaient. Les évêques que j'ai cités m'ont également affirmé que les fumeurs d'arsenic étaient ornés du plus bel embompoint, que leurs poumons fonctionnaient comme le soufflet d'un forgeron et qu'ils étaient en outre rouges comme des chérubins ; car les Chinois du Sud seuls ont la teinte safranée dont on gratifie la race entière. »

« Ainsi, mon cher confrère, voilà ces monstrueux Chinois, déjà coupables de fumer l'opium, atteints et convaincus de fumer l'arsenic !... ce sont là, il faut bien le dire, d'abominables gens! Je crois que l'existence des fumeurs d'arsenic était complétement ignorée ; ce fait est d'autant plus curieux qu'il coïncide avec la découverte qui s'est faite, il y a plus d'un an, des mangeurs d'arsenic, à moins cependant que les toxicophages, comme l'on dit *en savant*, ne constituent une peuplade aussi difficile à retrouver que la peuplade des Amazones. Cette supposition n'est pas inadmissible : depuis bien longtemps les racoleurs de canards académiques ne nous ont plus rien appris touchant les Mithridates allemands. Quant aux fumeurs d'arsenic, ils existent bien réellement ; plus tard, M. de Montigny nous transmettra d'autres détails sur leur compte.

« Déjà, mon cher confrère, vous avez entretenu vos lecteurs des découvertes et des travaux de notre consul à Chang-Hay et Ning-Po ; mais je voudrais que vous puissiez leur signaler toutes les conquêtes que cet homme persévérant a faites sur cette terre de Chine qui cèle si avaricieusement ses trésors aux étrangers ! Je pose en fait que tous les voyageurs qui se sont succédés dans l'empire de Fo-Hi depuis Marco-Polo, ont moins rapporté d'objets rares et intéressants, en trois siècles, que M. de Montigny n'en a envoyé en quelques années! C'est que notre consul est doué d'un génie observateur et *curieux*: la curiosité et l'observation sont, quoi qu'on en dise, deux qualités fort rares chez les voyageurs. Dr M. YVAN. »

## LA SEMAINE SCIENTIFIQUE.

SUR LA SALUBRITÉ RELATIVE DES DIFFÉRENTS QUARTIERS DES VILLES. — Lorsqu'on étudie la distribution de la population dans les grandes cités, on est frappé de ce fait que partout les classes opulentes ont tendance à se porter vers l'ouest; c'est ce qui a lieu à Paris, à Londres, à Vienne, à Berlin, à Saint-Pétersbourg. Quelle est la cause de ce fait général? Elle est toute physique, selon M. Junod, et se rattache à la pression atmosphérique. Lorsque la colonne barométrique s'élève, la fumée et les émanations nuisibles se dissipent rapidement; dans le cas contraire, elles séjournent à la surface du sol. Or, de tous les vents, celui qui fait le plus monter la colonne barométrique est le vent d'est, et celui qui l'abaisse le plus est le vent d'ouest. Lorsque celui-ci souffle, il a l'inconvénient d'entraîner avec lui sur les quartiers situés à l'est des villes tous les gaz délétères qu'il a rencontrés dans son parcours sur les quartiers situés à l'ouest. Il résulte de là que les habitants de la partie orientale d'une ville ont, non seulement leur propre fumée et leurs miasmes, mais encore ceux de la partie occidentale que leur amènent les vents d'ouest. Lorsque, au contraire, le vent d'est souffle, il purifie l'air en faisant remonter les émanations nuisibles qu'il ne peut rejeter sur l'ouest de la ville.

Donc, les habitations qui sont à l'ouest reçoivent un air pur, de quelque part de l'horizon qu'il leur arrive : ajoutons que les vents d'ouest étant ceux qui prévalent ou règnent le plus souvent, elles sont les premières à recevoir cet air tout pur et tel qu'il arrive de la campagne.

Des faits qui précèdent, l'auteur déduit les propositions suivantes :

1° Les personnes qui ont la liberté du choix, surtout celles qui ont la santé délicate, doivent habiter à l'ouest des villes;

2° Par la même raison, on doit concentrer à l'est tous les établissements d'où se dégagent des vapeurs ou des gaz nuisibles.

3° Enfin, en élevant une habitation en ville, et même à la campagne, on doit reléguer à l'est les cuisines et toutes les dépendances d'où peuvent se répandre dans les appartements des émanations nuisibles.

M. Elie de Beaumont confirme par ses observations personnelles les vues de M. Junod, et il ajoute que parmi les causes du phénomène dont il s'agit, on doit placer l'état hygrométrique de l'air généralement plus humide pendant les vents d'ouest et du sud-ouest que pendant ceux d'est et de nord-est.

ŒUFS D'ÉPIORNIS. — Le 27 janvier 1851, M. I. Geoffroy-Saint-Hilaire annonçait avoir reçu de M. de Mallevois, colon de l'île de la Réunion, des ossements et des œufs constatant l'existence d'un oiseau gigantesque, nouveau pour la science, ayant vécu à Madagascar dans des temps peu éloignés de nous, si même il n'y vivait encore.

La capacité de l'un des œufs arrivés au Muséum était de 8 litres 3/4; ce qui est près de 6 fois celle d'un œuf d'autruche, 148 fois celle d'un œuf de poule, et 50,000 fois celle d'un œuf d'oiseau-mouche.

M. I. Geoffroy vit dans ce géant le type d'un genre nouveau dans le groupe des brevipennes (autruche, etc.), et lui donna le nom d'*épiornis*; en français, grand oiseau.

On n'a cessé depuis cette époque de faire à Madagascar des recherches et des fouilles dans l'espoir de découvrir des restes plus complets de cet oiseau extraordinaire; jusqu'ici les recherches ont été peu productives; cependant, M. I. Geoffroy a pu présenter à l'Académie, dans sa dernière séance, deux œufs d'épiornis qu'il vient de recevoir; l'un de ces œufs, plus considérable encore que les précédents, a plus de 9 décimètres cubes de capacité.

VARIABILITÉ DE L'ESPÈCE. — Il existe dans l'état de Kentucky des grottes d'une prodigieuse étendue, découvertes depuis un petit nombre d'années, et auxquelles on a donné le nom de grottes du Mammouth. Bien que plongées dans une éternelle obscurité, les grottes du Mammouth sont cependant habitées par différentes espèces d'animaux : on y trouve des crustacés, des coléoptères, des araignées, des poissons, des rats, des taupes, des chauves-souris, etc... Or, un naturaliste américain, M. Wilson, déclare que tous ceux qu'il a observés sont aveugles; les uns ont les organes de la vue complétement atrophiés; chez les autres, ils sont très-développés, mais ne fonctionnent plus.

FÉCONDATION DE L'ŒUF DES INSECTES. — De nombreuses observations nous ont appris que l'œuf des insectes est percé d'une ouverture, d'un micropyle, par où les spermatozoïdes pénètrent jusqu'au jaune ou vitellus pour opérer la fécondation. M. Rud Leuckaert confirme ce curieux résultat; il a constaté l'existence du micropyle dans l'œuf de plus de 150 espèces d'insectes, la pénétration des spermatozoïdes est, dit-il, très-facile à observer dans la plupart des cas, surtout chez une espèce de mouche, la *musca vomitoria*, et chez la puce. Le micropyle traverse toujours les enveloppes de l'œuf (chorion et membrane vitelline); mais le nombre des ouvertures dont il se compose, leur arrangement et leur aspect, varient suivant les espèces, et ils varient avec une constance telle que, selon l'auteur, on pourra tirer parti dans les classifications des caractères qu'ils fournissent. Voici quelques exemples de ces variations: les mouches ont généralement un seul micropyle, situé au pôle antérieur de l'œuf ou un peu en arrière: les papillons ont ordinairement cinq et quelquefois vingt ouvertures toujours au pôle supérieur; l'œuf de la puce est perforé aux deux pôles par quarante à soixante ouvertures, etc....

QUELLE EST L'INFLUENCE RELATIVE DES DEUX SEXES DANS LA REPRODUCTION DE L'ANIMAL? — Un savant anglais, M. Orton, a essayé de résoudre la question; il a dans ce but fait un grand nombre de recherches sur les mammifères, les oiseaux et les poissons. Sa conclusion est que la reproduction des espèces animales n'est pas le résultat d'un mélange accidentel des qualités des deux parents, mais que chacun de ceux-ci contribue spécialement à la formation de certaines parties. Selon lui le père détermine principalement l'aspect général, la conformation extérieure, les pouvoirs locomoteurs; le cerveau, les nerfs, les organes des sens, la peau, les os et particulièrement les muscles des membres sont dans sa dépendance. La mère détermine la structure intérieure, elle fournit les organes vitaux, tels que le cœur, les poumons, les glandes et les organes digestifs. Elle donne le ton et le caractère aux fonctions de la nutrition et des secrétions. M. Orton avoue toutefois que cette loi n'est pas sans restrictions.

Il est un autre point sur lequel l'auteur insiste, c'est sur l'influence qu'un mâle uni une fois à une femelle exerce sur les pouvoirs reproducteurs de celle-ci, influence dont on trouve la preuve dans les caractères des produits qui résultent plus tard des rapports de la femelle avec d'autres mâles. Cette influence du mâle est, selon M. Orton, une loi constitutionnelle.

Enfin M. Orton a fait une observation qui, si elle se confirme, aura une grande importance pathologique et se recommandera spécialement à l'attention des directeurs d'assurances sur la vie; c'est que les maladies des organes vitaux, celles qui attaquent surtout la nutrition et les secrétions, sont transmises plus souvent et avec plus d'intensité par la mère que par le père.

UNE GUÉRISON INVRAISEMBLABLE. — Un soldat tombe du haut d'un cerisier sur un échalas pointu dans lequel il reste littéralement embroché. Trois heures après, le docteur Bax le ramasse. La poitrine était diamétralement traversée par l'échalas dont la pointe était entrée par l'espace compris entre les septième et huitième côtes gauches à quatre ou cinq travers de doigt au-dessous du sein et un peu en arrière, et était sortie entre la quatrième et la cinquième droites, en arrière du bras et à l'angle postérieur du triangle sous-axillaire. Cette pointe faisait saillie en dehors de 50 centimètres environ.

M. Bax étant seul, ne pouvait songer à l'extraction. D'ailleurs, le blessé ne paraissait pas souffrir beaucoup; le docteur se borna à scier l'échalas, en ayant soin, toutefois, d'en laisser au dehors un bout assez long pour donner prise. On transporta ensuite notre homme à l'hôpital, là, en le déshabillant, on remarqua qu'une portion de sa chemise avait pénétré dans la poitrine, sous forme d'une gaine de près de 3 centimètres de longueur. L'extraction fut assez facile, on entendit à ce moment un bruissement produit par l'introduction de l'air dans le thorax; on réunit les deux plaies: et qu'arriva-t-il, pensez-vous? une guérison très-prompte; il n'y eut même ni dyspnée ni hémorrhagie.

Si bien que plusieurs médecins pensèrent que les muscles avaient été seuls traversés, mais la Société de médecine de Bordeaux n'est pas de cet avis; la rectitude du corps perforant, son inflexibilité, le sifflement entendu lors de l'extraction lui paraissent démontrer qu'il y a eu réellement pénétration de la cavité thoracique. Un des membres de la société, M. le docteur Costes, explique le peu de gravité des accidents par le long séjour que l'échalas a fait dans la plaie, et qui aurait eu pour résultat une sorte de formation plastique; de là l'absence d'effusion sanguine. Peut-être en pareil cas, serait-il prudent de ne pas mettre trop de hâte dans l'extraction du corps perforant.

L'utilité du chiendent. — Un pharmacien de Paris ayant adressé à la Société d'encouragement un mémoire sur l'alcool de chiendent, M. Chevalier rappelle que ce sujet a déjà été traité en 1811 par un médecin, le docteur Leroi, dont le travail fut communiqué à la Société d'agriculture.

Le docteur Leroi annonçait avoir obtenu du chiendent le quart de son poids de sirop; il ajoutait qu'une pinte de ce sirop donnait par la fermentation et la distillation une pinte d'eau-de-vie à 21 degrés et que 100 livres de chiendent fournissaient 10 pintes d'eau-de-vie à 21 degrés. M. Leroi, de plus, avait obtenu du chiendent pulvérisé une farine avec laquelle il avait préparé un pain de bonne qualité.

La quantité de chiendent qu'on peut retirer de la terre est immense, disait le savant docteur. Un agriculteur employant trois charrues, ou cultivant 400 arpents de très-bonne terre, s'est engagé à en livrer 4 milliers; ils donneraient 1,000 livres de sirop, 400 pintes d'eau-de-vie, ou 12 sacs de farine, et une très-grande quantité de pain. Quelle source de richesse dans une racine venant sans culture ou malgré la culture, jugée non seulement inutile, mais nuisible, foulée aux pieds sur les chemins ou brûlée dans les champs!

L'eau-de-vie d'alcool de M. Leroy valait beaucoup mieux que celle extraite du seigle, et se rapprochait beaucoup du kirschwasser; on en faisait d'excellente liqueur en la mêlant au sirop et l'arômatisant. La farine de chiendent donnait, avec le lait, une très-bonne bouillie; mêlée à de la farine de blé, elle donnait un très-bon pain; seule, elle faisait encore un pain passable. On trouverait donc tout dans le chiendent: sirop, sucre, eau-de-vie, liqueur, farine, pain, etc.; cette plante si humble, si dédaignée, si traquée, se trouverait ainsi réhabilitée et amenée presqu'au niveau de la canne à sucre qui n'est, au reste, qu'une graminée gigantesque.

---

## VARIÉTÉS.

### Impression anastatique.

On nomme impression anastatique ou résurrectionnelle un procédé à l'aide duquel on peut obtenir à très-bon marché des milliers de copies d'une gravure rare dont on possède un seul exemplaire, réimprimer sans caractères d'impression les ouvrages épuisés, multiplier les fac-simile de croquis à la plume et au crayon, et les autographes de personnages illustres, le tout sans altérer les originaux; grâce auquel enfin (n'était l'ingénieux papier dont nous dirons tout à l'heure un mot), l'âge d'or serait venu pour les faussaires, rien ne s'opposant à ce qu'ils multiplient à l'infini tout effet de commerce ou billet de banque qui leur passerait par les mains.

Voici, d'après un mémoire lu à l'*Association britannique* par M. S. Bateson, en quoi consiste l'impression anastatique.

Supposons que le document dont on veut prendre copie est un imprimé. L'opération va se partager en cinq temps:

1° On humecte l'imprimé avec de l'acide azotique étendu (une partie d'acide pour sept parties d'eau), puis, afin d'enlever l'excès d'humidité, on place l'imprimé entre des doubles de papier buvard. On comprend que l'encre étant composée avec de l'huile et l'acide étant en solution aqueuse, celui-ci ne s'attache point aux caractères qui couvrent le papier.

2° Le papier est placé sur une planche de zinc et soumis à la pression. Il se produit alors deux résultats: en premier lieu, la portion imprimée met son empreinte sur le zinc, et ensuite l'acide azotique, qui, comme on l'a dit, humecte la partie non imprimée, attaque le zinc dans l'espace compris entre les caractères, et, par suite, convertit la planche en un véritable cliché.

Toutefois le cliché n'a qu'un faible relief; pour lui en donner davantage, il faut faire intervenir une autre acide. Mais cela nécessite une préparation qui forme le troisième temps de l'opération.

3° L'original, qui, jusqu'à ce moment, était resté appliqué contre la planche de zinc, est enlevé, et je note qu'il n'a éprouvé aucun dommage. On enduit toute la planche d'eau gommée. Naturellement, cette eau n'adhère point aux caractères imprimés ou portions grasses, et ne s'attache qu'aux autres points de la planche. Ceci fait, on charge à la manière ordinaire avec de l'encre d'impression qui, à son tour, et pour la même raison que précédemment, ne se dépose que sur les caractères déjà formés.

4° Sur la planche, préparée comme il vient d'être dit, on verse une solution d'acide phosphorique. Cet acide attaque et ronge profondément la portion non imprimée du zinc; il augmente, par conséquent, le relief du cliché. Ajoutons que l'encre d'imprimerie ne s'attachera pas sur les parties qu'il a rongées.

L'opération est maintenant terminée, et avec une planche ainsi préparée on peut tirer un nombre considérable d'épreuves.

Nous n'avons parlé que de la copie des pièces imprimées avec de l'encre grasse; mais toute espèce d'encre, même la plus fugitive, étant soumise à la l'impression anastatique, on comprend que cette belle découverte, qui, en mettant les œuvres d'art à la portée du plus grand nombre, contribuera puissamment au progrès social, créerait en attendant un véritable danger. Heureusement MM. Glynn et Appel s'en sont mêlés. Leur papier de sureté est fait d'une pâte dans laquelle entre un sel insoluble de cuivre (le phosphate de cuivre), et un savon huileux et non siccatif. Jusqu'à présent, cela suffit pour couper l'herbe sous le pied aux faussaires; c'est bien simple, comme on voit, et on va voir si c'est efficace.

Représentez-vous dans l'exercice de ses fonctions l'un de ces industriels qui s'est fait de la reproduction des effets de commerce et des billets de banque un moyen d'existence. Très au courant de tout ce qui concerne sa partie, il a étudié, il connaît à fond l'art anastatique; c'est par le procédé anastatique qu'il opère.

Le voici donc qui, suivant la formule, applique son billet de commerce ou de banque, convenablement enduit d'acide azotique étendu (une partie d'acide pour sept parties d'eau), sur une belle petite planche de zinc. Il presse; le transport doit être opéré: il va enlever le précieux original. Damnation! la lettre de change, le billet de banque étaient faits avec le papier patenté de MM. Glynn et Appel; or le sel métallique que ce papier contient s'est précipité entre le billet et le zinc et il les fait adhérer si fortement l'un à l'autre, qu'il faut détruire le papier si on veut l'enlever. Victime de la chimie, qu'il aimait, le voleur est volé!

**Machine perce-montagnes.**

Sur le trajet du chemin de fer qui relie Iroy à Boston, aux Etats-Unis, se trouve une montagne, le mont Hoosac, que le railway traverse. Lors du percement de ce tunnel, les entrepreneurs ont imaginé de remplacer le travail à bras d'homme par la machine dont nous allons parler.

Cette machine consiste essentiellement en un arbre de couche énorme terminé par un foret ou perçoir de 125 millimètres de diamètre, et sur lequel est calée une roue de 7 mèt. 50 cent. de diamètre (c'est aussi le diamètre du tunnel d'Hoosac), portant en circonférence une série de ciseaux en forme de poulies.

Voici comment l'appareil fonctionne : amené sur la roche à entamer, le foret qui termine l'arbre de couche perce un trou central; en même temps, la roue que supporte cet arbre étant mise en mouvement, les ciseaux dont elle est armée forment dans la roche une entaille circulaire du diamètre même du tunnel (c'est à la main que plus tard le plancher est mis de niveau). Quand le percement est assez avancé, on fait reculer la machine; on charge de poudre le trou central creusé par le foret, et après que la mine a joué, on enlève les éclats de roche; le bâti qui supporte l'appareil étant monté sur roues, est alors poussé en avant et l'opération continue.

Les ciseaux coupent 2 à 3 millimètres de roche (le quartz et le micachiste abondent dans le terrain) à chaque révolution de la roue qui les porte, et cette roue fait cinq à six révolutions par minute.

---

## NOUVELLES ET CAUSERIES.

⁂ La mort de M. Duvernoy laisse deux chaires vacantes, l'une au Jardin des plantes, l'autre au Collége de France. M. Valenciennes brigue celle-ci, pourquoi pas celle-là? Probablement parce qu'il est déjà professeur au Muséum? Mais alors, demandera-t-on, pourquoi songe-t-il à le devenir ailleurs? Pour l'être deux fois. Une seule chaire ne suffit pas à le contenir; un seul cours n'offre pas un débouché assez large à la somme de découvertes, de faits et d'idées dont il a enrichi la métrologie ichthyologique; son éloquence, son style, sa philosophie, son français, ne seront à leur place que sur la scène élevée du Collége de France; et c'est pour des esprits de la trempe du sien que le Collége de France a été fondé. D'ailleurs si M. Valenciennes n'occupait cette chaire, ne resterait-elle pas vacante faute d'hommes? En outre n'est-il pas à peu près le seul de ses collègues (style approprié) qui ne cumule pas au moins deux chaires? Enfin que lui manque-t-il pour ressembler tout à fait à Cuvier, sinon d'être professeur au Collége de France, comme celui-ci l'était? — Ici je l'arrête : Cuvier était de l'Académie française. Mais pourquoi M. Valenciennes n'en serait-il pas? Il est bien de l'Académie des Sciences.

Telles sont nécessairement les raisons secrètes de M. Valenciennes, car, quant à supposer qu'il se propose uniquement d'augmenter son revenu, ce serait lui faire injure. Un ichthyologiste n'est pas un marchand de marée.

⁂ La Société zoologique a constitué une commission permanente pour les végétaux à acclimater. Cette commission est ainsi composée :

MM. le marquis Amelot, Bossin, Chatel, Chatin, Fred. Jacquemard, le baron Le Guay, Leroy, le baron de Montgaudry, Moquin-Tandon, Payer, le marquis de Selve et Valserres.

On voit que la Société n'entend pas se borner à des travaux de zoologie pratique; elle a raison : au point de vue de l'acclimatation, la botanique et la zoologie ne sauraient se séparer l'une de l'autre. D'ailleurs le récent rapport de M. de Montgaudry sur les graines de Chine envoyées par M. de Montigny (voir le n° 6 de l'*Ami des sciences*) prouve que la Société a toute l'activité nécessaire pour mener les deux choses de front. Personne ne doute qu'elle ait également les connaissances requises; où une Société botanique trouverait-elle en effet à se recruter, sinon parmi les membres de la Société zoologique? Tout ce que l'histoire naturelle compte d'hommes progressifs n'en fait-il pas partie? et la Société zoologique n'est-elle pas dès ce jour une société d'agriculture dans toute l'étendue du terme, et même la seule Société d'agriculture qui fasse parler d'elle?

⁂ « *Notre* plante » disait M. Decaisne en parlant de l'igname, et nous répétions « *sa* plante. » Nous ne savions pas qu'après M. de Montigny, l'homme qu'il faut citer en cette affaire n'est ni un professeur au Muséum, ni un membre de l'Institut, mais un simple jardinier, un pépiniériste, M. Paillet. — Lorsque l'igname arriva de Chine au Muséum, savez-vous ce qu'en fit le Muséum? Je vous le donne en mille! Le Muséum livra toute la provision aux bêtes. Oui, les animaux de la ménagerie ont été nourris d'igname, tant qu'on a eu de l'igname à leur donner! Quelques tubercules cependant furent sauvés par M. Paillet; il les soigna si bien qu'il en tira cinquante à soixante mille exemplaires; bonne action que la Société d'agriculture récompensa par une médaille. Après M. Paillet vint M. Decaisne qui, reconnaissant la faute, je ne dis pas assez; le crime, commis par le Muséum, entreprit de le réparer, quand il n'y avait plus rien à réparer du tout. — Mais qui donc était professeur d'agriculture au Muséum, quand arriva ce don inappréciable que M. de Montigny faisait au peuple français, si illustre et si mal nourri? — Ainsi, voilà toute l'histoire de l'igname en trois mots; M. de Montigny l'a découverte, le Muséum l'a perdue, M. Paillet l'a retrouvée.

⁂ Qui donc M. de Montgaudry veut-il désigner dans les lignes suivantes de son rapport sur les « *Expériences faites pour l'acclimatation des semences importées en France par M. de Montigny* ? »

« M. de Montigny avait rapporté une grande quantité de pois oléagineux, et il n'a pas tenu à lui que, dès 1854, cette semence fût cultivée en grand sur le sol de France. *Presque toute la provision a été perdue à Paris* par des causes indépendantes de tout le zèle, de toute la prévision de M. de Montigny, qui n'a pas été maître des dispositions imaginées par des *personnes qui semblaient lui offrir toutes les garanties, et dont il ne pouvait pas deviner la façon singulière d'utiliser des semences aussi précieuses.* »

Quelles sont ces personnes? et quelle est cette façon?

⁂ On nous annonce que M. Dumas espère être promu au rang de directeur du Muséum d'histoire naturelle. Donner une direction au Muséum est une mesure que nous approuverions fort et ce serait probablement le seul moyen de mettre un terme à l'anarchie qui dévaste ce magnifique établissement. Mais cette mesure, comme toute autre, ne vaudra que par l'homme chargé de l'appliquer. Or rien dans les antécédents de M. Dumas n'indique un adversaire des abus dont la suppression est devenue une nécessité. Nous doutons d'ailleurs qu'il ait la force de poignet indispensable à ce grand nettoyage. — L'autorité qu'on a n'est pas toujours en raison de l'importance qu'on s'attribue, et il ne suffit pas de s'en faire accroire beaucoup à soi-même pour en imposer un peu aux autres.

---

*Le propriétaire, rédacteur-gérant :*
VICTOR MEUNIER.

---

PARIS. — IMP. J.-B. GROS, RUE DES NOYERS, 74

Première année. — N° 12. Quinze centimes. 25 mars 1855.

# L'AMI DES SCIENCES

PAR

## VICTOR MEUNIER

BUREAUX D'ABONNEMENT : **13, RUE DU JARDINET, 13.** Près l'École de Médecine.

Paraît le Dimanche.

PRIX DE L'ABONNEMENT POUR L'ANNÉE **PARIS, 6 FR. — DÉPARTEMENTS, 8 FR.** Envoyer un mandat de poste.



### VOIX DU PASSÉ. — VOIX DE L'AVENIR.

I.

Heureux ceux que le besoin ramène au travail dès le premier chant du coq; heureux ceux qui s'abritent sous le chaume vertueux et dans les mansardes; heureux ceux dont la saine intelligence s'emploie tout entière à la recherche du pain quotidien!

Ceux-là ne courent pas la chance d'enfanter de faux systèmes, et les âpres soucis qui font cortége à la richesse ne viennent point troubler leur sommeil.

Heureux les pauvres! ils n'ont pas à faire l'abandon de leur fortune pour s'assurer dans le ciel une place de première classe; et pour se souvenir qu'ils sont sortis nus du ventre de leurs mères, il leur suffit de se regarder.

Chaque goutte de sueur qui tombe de leur front dans le sillon ou sur l'enclume est un germe semé dans les terres arables du paradis et dont la grasse moisson leur est réservée.

Le riche est comme le prodigue qui mange son blé en herbe et qui finira à l'hôpital; le pauvre est comme l'homme habile et prévoyant qui capitalise les privations pendant sa jeunesse afin d'assurer toutes sortes de douceurs à sa vieillesse impotente.

Heureux ceux qui usent des choses suivant leur vraie destination; de l'estomac pour en connaître les tiraillements, de la pensée pour en faire litière à la foi, des levers et des couchers de soleil pour en mépriser les splendeurs, des gras troupeaux pour faire maigre trois cent soixante-cinq jours par an; leur salut est consolidé!......

Ainsi et mieux encore s'exprimaient dans le bon vieux temps les gens bien pensants et pansés. Contraints par un siècle railleur de changer de gamme, voici le petit air qu'ils jouent:

Si le mal n'est pas un bien, disent-ils, il est du moins une nécessité. La somme de jouissances que le bon Dieu a mise à la disposition du genre humain est trop limitée pour que chacun puisse en avoir une part, et la majorité est fortement intéressée à ce que le plus grand nombre pâtisse, car sans les privations qu'ils endurent, rien n'existerait plus de ce qui excite le légitime orgueil des hommes vivant en société; plus d'art, plus de sciences, plus de luxe, plus de civilisation du tout. La société, ainsi qu'on l'a dit élégamment, s'épanouit comme une fleur aux yeux charmés qui la contemplent. Or, à quelle condition la fleur s'épanouit-elle dans l'air pur et sous les rayons du soleil? Cultivateurs, vous ne l'ignorez point: à condition que les racines feront loyalement leur métier souterrain, que la tige et les feuilles accompliront honnêtement leurs modestes fonctions. Hommes à la face terreuse, aux mains noircies, vous êtes les racines, la tige et les feuilles. Nous, les abdomens proéminents, nous sommes la fleur; faites votre métier nous ferons le nôtre, et vos yeux charmés nous contempleront......

II.

Ecoutez maintenant la voix de la science.

Ecoutez M. I. Geoffroy Saint-Hilaire exposant le but de la Société zoologique d'acclimatation : « Il ne s'agit de rien moins, dit-il, que de peupler nos champs, nos forêts, nos rivières d'hôtes nouveaux, d'augmenter le nombre de nos animaux domestiques, cette richesse première du cultivateur; d'accroître et de varier les ressources alimentaires si insuffisantes, dont nous disposons aujourd'hui; de créer d'autres produits économiques ou industriels, et par là même de doter notre agriculture, si longtemps languissante, notre industrie, notre commerce, et la société toute entière de biens jusqu'à présent inconnus ou négligés, non moins précieux un jour que ceux dont les générations antérieures nous ont légué le bienfait. »

Écoutez M. Coste exposant les résultats qu'on doit attendre de cette magnifique industrie dont Joseph Remy a doté la France : « Il ne s'agit de rien moins, dit-il, que d'élever les moyens d'alimentation au niveau des besoins. » A la vérité M. Coste a manqué à tous ses engagements; mais cet académicien et la pisciculture font deux, et celle-ci tiendra les promesses de celui-là.

Écoutez cet ardent apôtre des réformes utiles, M. Ward, vantant le système hygiénique et agricole dont il est question dans l'article suivant : « Il diminuera d'un tiers la mortalité des villes et doublera le produit des campagnes. » Et quand M. Ward parle de doubler le produit des campagnes, il reste de beaucoup au-dessous de la vérité; on peut prouver qu'il ne l'eût pas atteinte, en disant quadrupler.

Écoutez les commissions officielles instituées par les ministres de la guerre et de l'agriculture pour apprécier la *machine à vapeur de défrichement et de labour* de MM. Barrat frères : elle résout le problème de l'application de la vapeur à l'agriculture, — elle fait un travail égal à celui de la bêche, laquelle donne deux fois l'effet utile de la charrue, — elle rendra toujours possibles les labours profonds, et par là rendra à l'agriculture fourragère et à la production herbagère des climats secs un service bien éclatant, — elle assainira les contrées empestées, — elle épargnera bien des vies dans les colonies, — elle fera renaître l'activité dans les campagnes que l'inertie des hommes sortis de l'esclavage ou atteints par des effluves mortelles, condamne désormais à la stérilité, etc...

Écoutez les ingénieurs et les agronomes qui ont pu apprécier par expérience les bienfaits du drainage; ils vous diront que nous avons en France quelques millions d'hectares dont le drainage peut doubler, tripler les produits, au prix d'une dépense qui serait couverte dès la première année, et que du même coup vous supprimeriez une multitude de maladies endémiques.

Descendez aux détails. Voici Guénon qui vous offre les moyens de réaliser sur la production d'un seul article (le lait) un bénéfice annuel de deux milliards. — Tout agronome vous dira que l'invention d'un semoir qui économiserait un quart de la semence, vous procurerait une économie de grains, et par conséquent une augmentation de production de plus de 100 millions par an.

Songez à nos six à huit cent mille hectares de marais et à nos deux cent mille hectares d'étangs à dessécher ; à nos huit millions d'hectares de terres incultes à défricher ; aux côteaux dénudés qu'il faut reboiser ; aux terres arides qu'il faudrait irriguer ! Passez en revue cette grande mécanique agricole, et cette machine à vapeur de défrichement, âme de la nouvelle agriculture, qui en dix heures laboure 21,400 mètres carrés d'un sol moyen à la profondeur de 30 centimètres, et ce batteur-trieur américain de Moffit, qui rend 220 hectolitres de blé en dix heures de travail ; et ces machines à moissonner, à faucher, à battre, à couper, à concasser ; et ces ingénieux semoirs ; ces innombrables machines enfin, qui, sous l'impulsion de la vapeur, vont accomplir et accomplissent déjà toutes les parties du travail agricole, comme dans l'usine perfectionnée d'autres machines font tout le travail industriel.

Comparez et concluez.

## Système de circulation continue

### RÉVOLUTION HYGIÉNIQUE ET AGRICOLE.

M. Ward, membre du comité de l'Association sanitaire de Londres, est l'un des plus ardents promoteurs d'une vaste réforme prêchée avec succès en Angleterre ; elle diminuera d'un tiers la mortalité dans les villes, et par là elle est hygiénique ; elle doublera la fertilité des campagnes, et par là elle est agricole. Voici en résumé de quoi il s'agit : il s'agit de la RECONSTRUCTION DES BASES MATÉRIELLES DE LA SOCIÉTÉ ; M. Ward lui-même le dit, et cette expression lui est empruntée. On comprend que l'on se passionne pour une telle innovation et que l'auteur s'écrie : « Je me félicite de pouvoir réclamer pour mon pays l'impérissable honneur d'en avoir fait la féconde découverte. » Nous verrons toutefois que la base philosophique du système, appartient pour une part à un Français, à M. Pierre Leroux.

Mais, en même temps que M. Ward revendique pour son pays l'honneur de l'invention, il en voudrait faire bénéficier le monde entier... Il a l'enthousiasme et le dévouement d'un apôtre ; la mission qu'il remplit est, à ses yeux, un véritable apostolat. Il est de cette classe d'hommes encore nouvelle, presque inconnue chez nous, qui mettent à des réformes simplement utiles (hygiéniques, agricoles ou autres), la même passion qu'on a mise de tout temps aux réformes religieuses ou politiques. Ainsi, après avoir largement payé son tribut de lumières au Congrès général d'hygiène, qui s'est tenu à Bruxelles, trouvant l'occasion de rendre service au pays dont il était l'hôte, il a laissé partir ses compatriotes, MM. Cochrane et Ebrington, et il est resté. Si Anglais qu'il soit, étant missionnaire de la science, il est encore bien plus cosmopolite ; il a ouvert une enquête, il a fait d'innombrables essais, il a entrepris des voyages, il a passé de longues nuits dans les bruyères de la Campine, à l'heure où les brouillards regagnent les lits corrompus qu'ils ont quittés pendant l'ardeur du jour. Enfin, il a écrit au profit des Belges et de tout le monde une excellente, cette admirable brochure : « *Moyen de créer des sources artificielles d'eau pure* pour Bruxelles et d'autres grandes villes, d'après le nouveau procédé anglais. » Avant cette brochure, M. Ward en avait publié une qui a pour titre : *Circulation ou stagnation*. Celle-ci expose le principe, l'autre a pour but l'étude approfondie de l'un des éléments du système ; nous allons aujourd'hui l'exposer en peu de mots dans son ensemble.

Recueillie dans les campagnes, dans des endroits convenables, au moyen du drainage, une eau d'une pureté parfaite, est conduite dans les villes, à l'aide d'aqueducs, elle monte à tous les étages des demeures : — la profession de porteur d'eau est supprimée ; — elle sert aux usages domestiques et au lavage des rues : — le balayage des rues est supprimé. — Les eaux qui ont servi s'emparent des matières fécales, — une profession dégradante est supprimée, — les entraînent hors de la ville, les conduisent dans les champs, qu'elles fécondent, et l'eau, en excès dans les terres, filtrée, purifiée au moyen du drainage, est jetée dans les rivières.

Les réformateurs anglais lient donc ensemble les villes et les campagnes, par une vaste organisation tubulaire ayant deux divisions, l'une urbaine, l'autre rurale. Ces divisions se composent chacune de deux systèmes, un système afférent ou artériel, un système efférent ou veineux.

Ainsi, dans les villes, deux séries du tuyaux, l'une amenant l'eau pure, l'autre emmenant cette eau enrichie des matières fertilisantes.

Ainsi, dans les campagnes, deux autres séries de tuyaux, l'une d'irrigation, amenant le fluide nourricier aux récoltes, l'autre de drainage, enlevant l'eau après qu'elle a filtré à travers le sol.

Entre ces quatre séries de tuyaux, chaque fois que la gravitation fait défaut, on place une machine à vapeur, qui met le tout en mouvement et remplit l'office de moteur.

Voyons d'abord le système urbain.

L'eau n'est empruntée ni aux rivières, ni aux couches souterraines qui alimentent les puits.

L'eau des rivières est toujours, en effet, plus ou moins imprégnée de matières organiques ou minérales. L'eau des couches souterraines tient, en solution, des échantillons de tous les minéraux solubles qu'elle rencontre en traversant le sol.

C'est vers le haut de la colline qu'on va chercher l'eau pure, distillée par le soleil, descendue, sous forme de pluie, sur le rocher primitif ou ses débris sablonneux. Quand le rocher fait défaut, on cherche des terrains stériles, des bruyères, qui, justement parce qu'elles sont impropres à fournir une nourriture solide, le blé et la viande, parce qu'elles manquent de sels solubles, sont aptes à nous fournir l'eau pure, la nourriture liquide.

Là, dans les sables siliceux, lavés et purifiés par des pluies séculaires, on pose des tuyaux de drainage ordinaires, on les place à quatre ou cinq pieds au-dessous de la surface, au point où, après avoir filtré à travers une couche de sable pur, l'eau est de la plus grande pureté.

Ces tuyaux sont de véritables sources artificielles, ils viennent se réunir dans l'aqueduc, rivière artificielle aussi, qui les conduit à la ville, et, se divisant, à son embouchure, en vaisseaux capillaires, apporte l'eau à chaque maison et aux différents étages de chaque maison.

La seconde partie du système urbain, l'enlèvement de l'eau, avec les ordures qu'elle charrie, n'est ni moins neuve, ni moins hardie, ni moins rationnelle que la précédente. Les réformateurs anglais n'admirent pas les dimensions tant vantées de ces vastes galeries souterraines, de ces égouts à faible courant, où s'amassent les matières putrides.

Ils les remplacent par des tuyaux en grès, à petite section, bien fournis d'eau rapide, qui chasse toute ordure au moment même de sa production, la chasse avec une vitesse moyenne d'une lieue à l'heure, au moins, hors de la ville, où elle est poison, vers la campagne, où elle devient nourriture.

Ainsi, plus de vidanges de fosses, plus de curage d'égout par le travail humain.

Voyons maintenant la partie agricole du système.

Même principe, la circulation ; même moyen, la vapeur ; mêmes résultats, économie et santé. Les engrais sont refoulés par la pompe à vapeur, dans l'état liquide, le long de petits tuyaux souterrains en fonte de fer, d'où, lancés par un tuyau flexible, ils s'élèvent en jets d'eau pour redescendre en pluie sur la terre. L'expérience prouve qu'un homme et un enfant peuvent arroser, de cette manière, plus de cinq hectares par jour. Telle est la première partie, la division afférente ou artérielle du système agricole.

Quant à la dernière partie de l'opération, l'enlèvement final de l'eau par le drainage, à défaut de la gravitation, la force de la vapeur intervient encore. Les drains conduisent l'eau, purifiée par cette filtration, aux rivières, où elle se décharge aussi claire, aussi étincelante que lorsqu'elle sortait de la colline.

Et qu'on ne s'effraie pas des dépenses d'établissement. Ce système coûte moins que l'ancien, tout en étant plus productif. D'après les expériences faites en Angleterre, le service d'eau pure, dans les villes, revient, en moyenne, à 20 cent. par maison et par semaine, et l'établissement des égouts tubulaires, avec la machine à vapeur et tous les accessoires, revient à peu près au même prix. La même opération, faite dans les champs, revient à meilleur marché encore. Elle ne coûte que 150 à 200 fr. l'hectare pour l'irrigation, et 200 à 250 fr. pour le drainage.

Mais les dépenses de premier établissement, fussent-elles grandes au lieu d'être petites, la diminution des frais d'entretien dans les villes, l'énorme augmentation des produits dans les campagnes, rembourseraient bien vite les premiers frais.

Dans une des fermes organisées, en Angleterre, d'après ces principes, le produit du foin s'est élevé de 12 stacks par an à 80 stacks.

Dans un autre cas, en Ecosse, des sables stériles, qui ne valaient rien, produisent annuellement, depuis que l'irrigation à vapeur fonctionne, 500 fr., et se sont vendus au prix de 16,500 fr. par acre.

Tel est le SYSTÈME DE CIRCULATION CONTINUE, élément considérable de cette œuvre de *reconstruction des bases matérielles de la société*, qui absorbe l'âge présent, à peu près comme les premiers temps de la vie d'un être sont absorbés par le travail physiologique de sa formation et de son développement, et qui aura finalement pour résultat d'élever tous nos moyens d'action, tous nos instruments de travail et de jouissance, en dignité, en puissance, au niveau de nos organes nouveaux de correspondance et de locomotion, c'est-à-dire des chemins de fer et du télégraphe électrique, lesquels forment les pierres d'attente de la société future. Nous sommes aujourd'hui comme à l'état de chrysalide ; à côté des organes de l'être rampant que nous étions hier, se forment et fonctionnent déjà quelques-uns des organes de l'être supérieur que nous serons demain.

---

## NAVIGATION AÉRIENNE.

(Deuxième article) (1).

Les amateurs de navigation aérienne vont chercher bien loin ce qu'ils ont sous la main ; ils cherchent les moyens de rendre praticable la voie de l'air, grande route de l'unité et de l'harmonie universelle, et ils ont l'aérostat!

Nous disons que les aérostats peuvent être immédiatement employés à des transports réguliers: il est clair par conséquent que nous faisons consister la solution provisoire du problème de la navigation atmosphérique dans l'emploi des courants d'air favorables.

Les ressources que les vents offrent à l'aéronaute sont immenses, nous n'en connaissons pas encore toute l'étendue, ce que nous savons c'est qu'elles l'emportent de beaucoup sur celles que les vents présentent au marin et dont celui-ci s'est contenté pendant des siècles.

(1) Voir le précédent numéro.

Trois sortes de vents sont à notre disposition:

1° Les vents alisés, vents constants et réguliers qui règnent dans les deux hémisphères à partir d'une certaine distance de l'équateur jusqu'au 30e degré de latitude. Grâce à eux, l'aéronaute peut accomplir une bonne partie du tour du globe.

2° Les vents périodiques. Tels sont ceux qui, pendant deux mois, soufflent de la mer du Nord dans la Baltique, et facilitent le passage du Sund; il y a également des vents qui soufflent de la Baltique dans la mer du Nord. D'autres vents sont soumis à une périodicité plus rapprochée, mais en échange ils se font sentir dans des limites beaucoup plus étroites; exemple: les vents de terre et de mer.

3° Les vents accidentels. Ceux-ci ne pouvant jusqu'ici être prévus, n'offrent pas pour le moment le même secours que les périodiques et les perpétuels, mais du moins les aéronautes pourront-ils en tirer le même parti que les navigateurs, ils pourront bien davantage, ainsi qu'on va le voir.

Les girouettes indiquent fréquemment une direction du vent toute autre que celle suivie par les nuages; cela prouve que la masse atmosphérique n'obéit pas dans toute sa hauteur à l'impulsion qu'en un lieu donné le vent imprime à ses couches inférieures. Et en effet, des observations nombreuses ont montré que, dans une même verticale, l'atmosphère peut être traversé par des courants marchant dans des directions très-variées.

Les relations des aéronautes fourmillent d'observations de ce genre.

Lors de la première ascension de Charles, on lança un petit ballon d'essai qui alla tomber dans une direction opposée à celle que suivit ensuite ce courageux physicien.

Guyton de Morveau raconte que, dans son expérience du 25 avril, il régnait, quand il quitta la terre, un vent très-impétueux d'ouest-nord-ouest, dont il cessa de ressentir l'impulsion quand il fut parvenu à une hauteur de trois cents pieds. Au plus haut point de l'ascension, pendant que l'aérostat marchait très-lentement, il observa, à environ quatre cents toises au-dessous, un nuage blanc qui s'avançait vers la droite prenant l'aérostat en travers. Lorsque l'expérimentateur se rapprocha de terre, la machine qui marchait auparavant avec une extrême lenteur, se plaça d'elle-même dans la ligne d'un vent qui l'entraîna avec une grande rapidité.

Il constate ailleurs que des aérostats partis du château de la Muette, des Tuileries, du Champ-de-Mars, ont paru stationnaires à une certaine élévation, ou qu'ils ont été emportés, par des courants différents de ceux qui se faisaient sentir dans la couche inférieure.

M. Monk-Mason rapporte que, lors du magnifique voyage aérien qu'il entreprit le 7 novembre 1836 en compagnie de MM. Green et Holland, deux heures et demie après leur départ de Londres, ils reconnurent que le vent allait les porter au-dessus de la mer d'Allemagne; M. Green jeta du lest et le ballon monta aussitôt dans les régions supérieures de l'atmosphère où un courant le portant en arrière les conduisit au-dessus de Douvres.

On voit, dans la relation du premier voyage de Blanchard, que cet intrépide aéronaute, ayant échappé en jetant du lest à des courants furieux qui menaçaient de briser sa machine, fut aussitôt entraîné par un courant qui le porta rapidement du côté d'où il était parti.

Je lis dans le récit que Cavallo a donné de l'ascension de Vincent Lunardi (la première qui eut lieu en Angleterre le 13 septembre 1784), que « le ballon parti d'abord dans la direction du nord-ouest, rencontra à une plus grande hauteur un autre courant d'air, et reprit alors une direction à peu près du nord, le vent au-dessous restant toujours le même. »

Plus heureux que le marin, le navigateur aérien, au lieu d'avoir à lutter contre un vent contraire ou d'être obligé d'attendre dans un port un changement de vent, peut donc espérer, en montant et en descendant dans l'atmosphère, de trouver un courant allant dans la direction qu'il veut suivre.

Une expérience très-simple que Franklin a été le premier à faire, va nous expliquer un autre avantage de l'aéronautique sur la navigation maritime.

Soient deux chambres inégalement chauffées : établissez entre elles une communication, aussitôt un double courant se produira, l'un d'air froid se rendant par en bas dans la chambre la plus chaude, l'autre d'air chaud se rendant par en haut dans la chambre la plus froide, les deux courants étant séparés l'un de l'autre par une couche calme. Un vent allant dans une direction indiquerait donc l'existence d'un vent allant dans une direction opposée, c'est-à-dire d'un contre-courant. Les vents de terre et de mer sont accompagnés de contre-courants. Sans doute, c'est le cas du vent qui souffle sur la côte algérienne. On regarde comme probable l'existence entre les tropiques d'un vent supérieur marchant dans une direction opposée à celle des vents alisés. Ce vent d'ouest se fait sentir au sommet du pic de Ténériffe. En 1835, des cendres lancées à une grande hauteur par le volcan de Guatemala, tombèrent quelques heures après dans les rues de Kingstown à la Jamaïque, ou les avait apportées le vent d'ouest qui souffle dans les hautes régions de l'air.

Le fait suivant montrera quel parti l'aéronaúte tirera des contre-courants.

Le 8 août 1782, Robertson fit une ascension à Lisbonne. Le vent l'avait porté à trois lieues au-delà du Tage, lorsqu'il remarqua au-dessus de lui des nuages qui suivaient une direction opposée à la sienne. Il conçut aussitôt l'idée de revenir avec eux au-dessus de la ville. Il jeta du lest et parvint à une hauteur de 1,600 toises. Sa tentative eut un plein succès. Il repassa le Tage, revint planer au-dessus de Lisbonne, et effectua sa descente au-delà de la ville; de sorte que les personnes qui avaient été témoins de son départ purent assister à son retour.

Nous nous arrêterons là sans avoir la prétention d'avoir tout dit. Peut-être est-ce sur l'inconnu qu'il y a le plus de fonds à faire; l'état de la météorologie ne rend pas la supposition invraisemblable. Des physiciens admettent que les régions supérieures de l'atmosphère restent constamment calmes. Mais c'en est assez pour démontrer que les espérances de ceux qui, comme nous, spéculent sur les courants aériens pour tirer un utile parti des aérostats, ne sont pas dépourvues de fondements.

Nous dirons, dans un prochain article, quelles sont à notre avis les conditions de l'emploi immédiat des ballons à des voyages réguliers.

---

## LA SEMAINE SCIENTIFIQUE.

Poissons monstrueux. — M. de Quatrefages a entretenu l'Académie de plusieurs cas de monstruosités doubles, observées par lui sur trois truites et un *fera*. La plus intéressante en ce que le savant naturaliste l'a vue se former devant lui, est offerte par une truite encore vivante qu'il a mise sous les yeux de l'Académie et qui devra former un nouveau genre pour lequel on propose le nom de *Gasteropage*. M. de Quatrefages en a suivi le développement pendant près de deux mois. Lorsqu'il commença de l'observer, les deux individus composants étaient entièrement séparés l'un de l'autre ; dans les dessins représentant les diverses phases de cette formation, on voit d'abord les deux vitellus soudés en un seul et les deux embryons placés face à face séparés par conséquent l'un de l'autre par ce vitellus commun ; à cette époque ils ne communiquent ensemble que par les anastomoses existant entre les vaisseaux vitellins ; dans une autre figure, la résorption des vitellus est aux trois quarts accomplie; les deux poissons ont marché l'un vers l'autre, et sur une des faces, les parois abdominales sont près de se rencontrer. Enfin la fusion s'est opérée et les deux individus adhèrent par presque toute l'étendue de la face abdominale. C'est la première fois qu'on constate par l'observation directe le mode de formation des monstres doubles et qu'on assiste aux diverses phases de leur évolution.

Chez les trois autres monstres doubles étudiés par M. de Quatrefages, la fusion s'est opérée en arrière et la portion antérieure des deux corps est libre.

A propos du monstre présenté vivant, M. Serres fait remarquer que les monstres doubles sont dans des conditions de viabilité à peu près égales à celles que présentent les êtres normaux, et qu'ils ne meurent le plus souvent que parce que, les jugeant inaptes à vivre, on ne leur donne pas les soins nécessaires.

L'Oiseau gigantesque de Meudon.—Nous devons d'abord rectifier le nom : le fossile s'appelle *Gastornis parisiensis*, nom inventé par M. Constant Prévost; l'objet a été découvert par M. Gustave Planté, préparateur du cours de physique au Conservatoire des arts et métiers. C'est dans la partie inférieure de l'argile plastique du terrain parisien, dans le conglomerat dont M. Charles d'Orbigny a fait connaître l'existence en 1836 et qui remplit les anfractuosités de la surface de la craie ou du calcaire pysolithique, que la trouvaille a été faite.

M. Hébert, directeur des études scientifiques à l'Ecole normale supérieure, a mesuré l'os; en voici les dimensions : longueur, 450 millimètres; largeur, à la partie moyenne, 80 millimètre; à la partie supérieure qui est écrasée, 95 millimètres.

« Cet os portait à l'extérieur, dit M. Hébert, une gangue épaisse de sulfate de chaux cristallisé; il est à l'intérieur rempli de la même substance, mélangée à des matières argileuses et ferrugineuses. Les cassures qui existent dans l'os sont également tapissées de cristaux de gypse. Le gisement de ce fossile est donc incontestable et appartient bien à l'assise au milieu de laquelle M. Planté l'a trouvé; il n'y a pas été introduit postérieurement. » L'auteur conclut en outre que l'oiseau du Bas-Meudon appartient à un genre bien distinct de tous les genres connus.

M. Lartet déclare que le tibia fossile, « quoique présentant d'ailleurs la physionomie générale du même os dans les palmipèdes lamellirostres ou anatidæ, pourrait bien avoir appartenu à un oiseau moins essentiellement nageur, et retenant quelques-unes des habitudes propres aux échassiers qui vivent sur les bords des eaux peu profondes. Dès lors, dit-il, la taille devrait être calculée sur d'autres proportions que celles du cygne, dont la partie inférieure des membres pelviens est relativement peu développée en longueur.»

M. Valenciennes, tout en reconnaissant que l'os en question est, en effet, celui d'un oiseau nageur tenant à la fois des échassiers et des palmipèdes, pense qu'on doit le comparer aussi au tibia d'un longipenne, et en particulier à celui de l'albatros qui l'a plus droit et plus long que le cygne, et pour bien faire comprendre sa pensée sur ce point, il fait cette judicieuse supposition : « Si l'on trouvait, dit-il, un tibia isolé de girafe, sans connaître ce mammifère, et que l'on voulût déterminer à quel animal ce tibia avait appartenu, on le comparerait naturellement à celui d'un chameau, tant les tibias de ces deux mammifères ont de l'analogie. Si l'on voulait ensuite calculer, d'après la longueur des deux os, le volume de l'animal supposé inconnu, on arriverait incontestablement à attribuer au mammifère dont on ne connaîtrait encore que le tibia, une grosseur hors de toute proportion et bien supérieure à celle du chameau. On pourrait citer beaucoup d'autres exemples pour appuyer cette observation, dont il faut tenir grand compte quand il s'agit des oiseaux, surtout des espèces qui appartiennent à l'ordre des échassiers. »

L'Académie a chargé une commission de géologues et de zoologistes de résoudre tous ces doutes.

Depuis que ce qui précède est écrit, de nouvelles recherches faites sur le point où a été rencontré le débris du *Gastornis*, ont dissipé tous les doutes qui pouvaient subsister sur la réalité du gisement.

**Changements de la faune belge.** — Dans un discours prononcé à la dernière séance annuelle de l'Académie des sciences de Bruxelles, M. de Selys-Longchamp énumère les changements survenus dans la faune belge depuis des temps peu éloignés de nous. Au commencement, le bœuf primitif et l'aurochs parcouraient en troupeaux nombreux les pâturages et les clairières de la Belgique; l'ours et le lynx habitaient les forêts épaisses; le castor occupait les grands marais et le bord des fleuves; le loup, le sanglier, le cerf, le chevreuil étaient répandus partout; l'élan et probablement le renne appartenaient aussi à la faune belge. La plupart de ces grands animaux se sont éteints au commencement du moyen âge; il n'est resté que le loup et le sanglier, relégués dans quelques forêts accidentées de l'Ardenne, et le chevreuil et le cerf, qui n'y subsistent que grâce à la protection dont on les entoure. Plus récemment, au siècle dernier, on a vu disparaître des hautes fanges le grand tétras, qui, retiré vers l'Allemagne, ne se voit plus en Belgique que de loin en loin, et à titre d'oiseau de passage accidentel. Il est vrai que quelques petits animaux viennent, à la suite de l'homme, s'installer comme nouveaux habitants, et remplacer, sous le rapport du nombre, les espèces éteintes; le rat noir, venu, on ne sait au juste d'où, n'a envahi l'Europe qu'après les croisades, ou peut-être seulement après la découverte du Nouveau-Monde; le surmulot de l'Inde n'est parvenu en Europe que vers 1730; il a déjà expulsé le rat noir de plusieurs contrées; enfin, une troisième espèce de grands rats, dont l'Afrique est la patrie, le rat des toits, observé en Italie à la fin du dernier siècle, a gagné récemment le nord de la France; de sorte que la Belgique est menacée d'une invasion de la troisième espèce de rat. Le bec-croisé se montre beaucoup plus souvent en Belgique, depuis que la plantation des conifères y a pris une grande extension; il commence même à s'y reproduire. Les carpes, complétement naturalisées dans les étangs, sont, paraît-il, une importation qui date de loin; la dorade, ou poisson rouge de la Chine, semble sur le point de prendre place parmi les poissons d'eau douce. Le sphinx à tête de mort ne s'est montré en Europe que depuis l'introduction de la pomme de terre. Le taret, ce ver dont l'apparition dans les digues de la Hollande a sérieusement effrayé les habitants de ce pays au dernier siècle, y était arrivé avec les navires de long cours. Enfin, le puceron lanigère, ou cochenille du pommier, dont les ravages, pour être plus lents que ceux de *l'oïdium* de la vigne et du *botrytis* des pommes de terre, n'en sont pas moins très-alarmants, ne s'est répandu que depuis une quinzaine d'années.

« D'un côté, dit l'auteur, notre faune a perdu des bêtes fauves et les animaux féroces, qui, il est vrai, causaient des dommages à la culture ou étaient dangereux pour l'homme lui-même; mais ces espèces offraient du moins, par leur fourrure ou leur chair, des ressources précieuses aux premiers habitants. Par compensation, nous avons gagné plusieurs espèces plus petites, dont la plupart, acclimatées malgré nous, sont nuisibles ou gênantes. En vérité, je crois que la somme des profits et pertes est encore à notre désavantage. »

**Sphère Thury.** — Nous avons l'avantage de posséder un des premiers exemplaires d'une chose nouvelle encore, très-rare, charmante, et qui sera d'une grande utilité. C'est un beau globe terrestre, en relief, d'un mètre de circonférence, ce qui est la quarante millionième partie de la circonférence de la terre; aplati aux pôles comme il convient. Les continents et les îles, aux contours nettement dessinés, s'élèvent au-dessus de la surface bleue et unie des mers, et les montagnes au-dessus du niveau général des continents et des îles, projetant leurs ombres à leurs pieds; des accidents de terrain figurent les bassins des mers; les villes sont représentées par de petites éminences circulaires, etc., etc... Le dessin a été tracé d'après les meilleurs auteurs géographiques; les longitudes, les latitudes, les tropiques, les cercles polaires, les divisions des contrées et les fleuves sont légèrement mais très-visiblement tracés; tous les mots sont aussi apparents les uns que les autres; aucun d'eux ne se confondant avec ces parties ombrées qui, sur les cartes et les globes ordinaires, figurent les montagnes et les contours des mers. Un homme ne connaissant pas ses lettres acquerra, en présence de cette sphère, une idée exacte de la configuration du globe; pour de moins ignorants, il y a un plaisir infini à se promener en imagination sur cette petite terre qui ressemble si parfaitement à la grande. Il n'y a qu'un instant, nous refaisions du bout du doigt les voyages entrepris à travers les glaces arctiques par les derniers navigateurs anglais. N'était la nébulosité atmosphérique, la terre, vue d'une distance quarante-neuf fois plus grande que d'ici à la lune, aurait l'aspect d'une des sphères en question.

On devine bien qu'on n'a pas donné aux terres une élévation exactement proportionnelle au diamètre du petit globe; les plus hautes montagnes n'eussent eu que deux dixièmes et demi de millimètre, elles eussent été à peu près invisibles; on a donc forcé la proportion; on a donné aux plus hauts sommets deux millimètres et demi de taille; on les a faits dix fois plus grands qu'ils ne le sont en réalité, ce qui ne nuit point du tout à la sphéricité du globe.

Et qui a eu cette heureuse idée? Un chef d'institution à Dijon, M. Thury, qui, comme on voit, ne s'en est pas tenu à l'idée. Pourvu de connaissances scientifiques solides, très-artiste, suffisamment mécanicien, se souvenant de l'état de graveur exercé dans sa jeunesse, doué d'une persévérance à toute épreuve, il a tout fait, dessin, gravure, machines, et grâce à lui, l'étude de la géographie, de ce que j'appellerai la géographie sphérique, étude si attrayante, quand les maîtres ne la gâtent pas — ce qui est rare — étude si importante en un temps où le progrès des voies de communication nous a habitués à considérer toute la terre comme une seule patrie, va devenir dix fois plus facile, dix fois plus fructueuse et dix fois plus charmante que par le passé.

**Observations météorologiques.** — Dans une lettre adressée à M. Elie de Beaumont, M. de Humboldt émet le vœu que le gouvernement, venant en aide aux utiles travaux de la Société météorologique, favorise l'établissement d'un certain nombre de stations sur toute la surface de la France et de ses colonies. « Je suis entièremment, dit l'illustre savant, de l'avis de ceux qui pensent qu'une prompte connaissance de la simultanéité des observations météorologiques, favorisée par la fréquence des télégraphes électriques, peut, dans certains cas, devenir très-utile, par exemple dans de grands bassins de rivières où les chutes de neige sur des points éloignés annoncent le danger des crues d'eau qui menacent l'artère principale; à l'époque du dégel des grands lacs et des grandes rivières, la nouvelle précédant de beaucoup l'arrivée des glaces aux lieux placés dans des bassins inférieurs; pour la connaissance des grandes accumulations de neige sur de certains points de la voie des chemins de fer; de même, dans les tristes pays du Nord, où le voyageur a quitté sa voiture pour continuer le voyage en traineau, et ne trouve plus de neige en avançant pendant deux journées. »

A l'occasion de cette lettre, M. Leverrier annonce qu'avec le concours de l'administration des télégraphes électriques et d'un certain nombre de facultés et de lycées, l'observatoire de Paris est sur le point de réaliser le vœu de M. de Humboldt et que même il fera davantage.

**L'Aluminium.** — Que diriez-vous d'un métal qui serait blanc comme l'argent, inaltérable comme l'or, fusible comme le cuivre, tenace comme le fer, malléable, ductile, et offrant de plus la singulière propriété d'être plus léger que le verre? Ce métal existe, il existe en proportions considérables à la surface de la terre. En quelles régions? demandera-t-on, où s'embarque-t-on? point n'est besoin. Il est partout, circonscription dans laquelle se trouve nécessairement la localité que vous habitez. Bien plus, vous en avez chez vous, vous le touchez (non point à nu cependant) chaque jour plusieurs fois; le plus pauvre des hommes le foule sous ses pieds nus et en possède quelques parcelles. Ce métal est, en effet, sous forme d'oxyde, l'un des principaux éléments des argiles, et comme les argiles entrent dans la composition des terres arables et qu'elles forment les matières premières des produits céramiques, toute terre arable est une sorte de *placer*, et tout produit céramique est dans son genre un lingot. Ce métal est l'Aluminium (dont l'alumine est l'oxyde) découvert par le chimiste allemand Wohler, en faveur duquel les travaux de M. Sainte-Claire-Deville ont si fortement excité, dans ces derniers temps, l'intérêt des chimistes et du public tout entier, et sur lequel le titre d'officier de la Légion d'honneur, décerné sur la proposition de M. le ministre de l'instruction publique, aux deux chimistes sus-nommés, ramène en ce moment l'attention. M. Deville est parvenu à simplifier et à régulariser les procédés d'extraction de l'aluminium au point de les rendre presque manufacturiers. M. le ministre a voulu saisir pour récompenser ces utiles travaux, « le moment où le rôle de la science va cesser et où celui de l'industrie commence. » — « Je sais, dit-il, que l'aluminium, malgré l'extrême profusion de ses mines et des matières employées à son extraction, ne peut pas rivaliser encore par son bas prix avec le cuivre ou l'étain, qu'il est destiné à remplacer un jour : une longue pratique industrielle pourra seule l'amener à ce point ; mais la science a noblement accompli sa tâche. Elle a découvert le métal, signalé toutes ses propriétés, créé les moyens d'extraction en grand ; elle a tout inventé, appareils, manipulations, et elle livre au commerce le fruit de ses études avec le plus rare désintéressement. »

Gravure héliographique. — L'infatigable M. Niepce de Saint-Victor a cherché à remplacer l'eau forte dans la gravure héliographique sur acier par un mordant qui agisse sur le métal sans attaquer le vernis. L'eau saturée d'iode à une température de dix à quinze degrés au plus, est ce qu'il a trouvé de mieux.

On commence la morsure en couvrant la plaque d'eau iodée, puis, après dix à quinze minutes, on renouvelle le liquide ; une partie a dû se combiner à l'acier en formant un iodure de fer, et l'autre s'est volatilisée ; de sorte qu'il est important de changer deux ou trois fois l'eau iodée, jusqu'à ce qu'on juge la plaque suffisamment mordue. La morsure se fait lentement, et elle ne serait jamais assez profonde si on ne terminait par l'emploi d'une eau faiblement acidulée.

L'habile graveur, M. Riffaut, a obtenu de très-heureux résultats de l'emploi de ce procédé ; on a pu en juger par deux épreuves du portrait de Madame Arsène Houssaye que M. Chevreul a présentés à l'Académie.

Projectiles incendiaires. — Les visiteurs de l'institution polytechnique de Londres, peuvent voir fonctionner en ce moment un canon à vapeur de Perkins, qui lance 200 boulets par minute ; nous n'avons aujourd'hui rien de pareil à offrir à nos lecteurs : ce n'est pas d'une révolution dans l'artillerie qu'il s'agit, mais d'un simple perfectionnement, perfectionnement capital, il est vrai, et qui pourrait être adopté tout de suite sans troubler les habitudes prises ; ce qui est un grand argument en sa faveur ; il n'a qu'un tort, celui de ne pas émaner de l'initiative que le comité d'artillerie pourrait exercer.

C'est le tort de beaucoup d'autres inventions considérables. C'est, par exemple, celui de ce fusil à air comprimé de M. Perrot, qui vomissant un flux continu de balles, agirait sur une masse compacte d'ennemis à la façon d'une scie sur une botte d'allumettes, et suivant l'expression d'Arago, mettrait tout un régiment en coupe réglée. Et qu'est devenu encore ce terrible feu grégeois, composé par le général Perrot et le commandant Niepce de Saint-Victor, expérimenté par eux l'année dernière, sur le bassin du Palais-Royal, et dont la benzine fait les frais ? Mais les perfectionnements apportés à l'art de tuer les hommes sont comme ceux dont s'enrichit l'art de les faire vivre, contraints de purger d'interminables quarantaines. Du moins, les lenteurs de la paix ne sont-elles pas irrémédiables ; la paix a, comme Dieu, l'éternité devant elle, tandis que la guerre, comme le diable, n'a que le présent ! Elle ne devrait donc pas perdre une minute si elle veut briller une fois de tout l'éclat dont le génie de l'invention peut la revêtir ; mais comme l'usage des moyens mis à sa disposition avancerait l'heure de sa fin, peut-être qu'en ne les adoptant pas, elle cède simplement à l'instinct de conservation.

Les boulets rouges sont généralement regardés comme étant, de tous les projectiles incendiaires, ceux à l'aide desquels on réussit à faire le plus de mal à son prochain ; cependant, on paraît avoir renoncé, en France, à leur emploi, du moins leur préfère-t-on les projectiles creux, explosifs.

Pourquoi ? à cause de l'embarras, de la perte de temps, des dépenses qu'occasionnent les préparatifs nécessaires pour faire rougir les boulets. C'est, comme on le sait, dans des fourneaux à reverbère qu'on les chauffe, et il arrive souvent qu'on n'en a pas au moment où on voudrait s'en servir.

2° En raison de la lenteur avec laquelle se fait le chargement des pièces, lorsque les canonniers ne sont pas exercés à ce service particulier ; des dangers de la manœuvre, et de la nécessité de tirer presque immédiatement après le chargement.

3° Enfin, par suite des perfectionnements apportés à la confection des projectiles creux explosifs ; en considération de de l'effet moral de leur bruyante détonation ; enfin, parce que l'explosion de ces gros projectiles fait immédiatement plus de victimes qu'un boulet rouge. En outre, ils causent, parfois, de très-grands dégâts.

Tout en reconnaissant les avantages inhérents aux projectiles explosifs, avantages qui commandent de s'en servir dans une certaine proportion, on ne peut nier qu'ils ne soient moins efficaces, comme incendiaires, que les boulets rouges : la flamme intense, produite par l'explosion, a trop peu de durée pour mettre le feu à des bois de fortes dimensions, tandis que des boulets rouges ne peuvent y demeurer quelques temps sans en déterminer l'inflammation.

Il y avait donc lieu de chercher un moyen de rougir les projectiles qui fût exempt des inconvénients de l'ancienne méthode ; c'est ce qu'a fait M. Regnier, auteur de longues et ingénieuses expériences sur diverses matières incendiaires, et il a résolu ce problème d'une manière très-heureuse.

Après avoir essayé diverses compositions susceptibles de brûler avec une grande énergie à l'intérieur de projectiles creux, il en a trouvé une dont la combustion développe une chaleur assez intense pour porter la température de toute la masse au-dessus du rouge sombre qui suffit pour incendier les bois des vaisseaux et ceux des habitations.

Les projectiles rougis de cette façon n'auraient évidemment aucun des inconvénients des boulets rouges ; pas d'embarras, point de préparatifs, des projectiles toujours disponibles et dont on ne fait usage qu'en temps opportun ; point de danger dans le tir pourvu qu'on les amorce convenablement ou qu'on les arme d'une fusée très-courte en bois, en gutta-percha. Comme ils ne produisent leur jet de flamme qu'au sortir de la bouche à feu, ils ne peuvent dégrader les pièces en bronze, ce que faisaient les anciens boulets rouges. Ajoutons enfin que le transport est exempt de péril.

Leur supériorité sur les projectiles creux explosifs n'est pas moins marquée ; de l'œil des projectiles Régnier s'échappe un grand jet de flamme très-ardente et d'assez longue durée. On a constaté que ce jet de flamme incendie des bois de fortes dimensions.

Nous pensons que sur les vaisseaux, dans les batteries de côtes, dans certaines batteries de siége, il conviendrait de faire usage des nouveaux projectiles, en même temps que de gros projectiles explosifs, et que les uns et les autres devraient être employés en égales proportions.

M. Régnier a brûlé devant nous une balle creuse de calibre en plomb remplie de sa composition. La combustion de cette matière a produit une flamme très-vive et d'une intensité telle, que le plomb de la balle a été fondu sur une partie de sa longueur. Avec ces balles creuses, de hardis partisans feraient sauter des convois de poudre et incendieraient les convois de fourrage d'une armée d'invasion. La durée de leur feu est au moins double du temps nécessaire pour porter une balle à quatre cents mètres.

---

## VARIÉTÉS.

### La paternité multiple.

M. Royer-Collard cite une jument qui, unie successivement à deux étalons de races différentes, donna, à la suite de la seconde union, un petit qui avait le caractère du premier mâle, et à la production duquel celui-ci avait par conséquent concouru. M. Van der Weide cite, dans le *Moniteur d'agriculture*, nombre de faits du même genre.

En voici un decisif : Une jument ayant eu des relations avec un zèbre, eut un poulain zébré. Les deux années suivantes, elle connut deux chevaux de race très-pure : or, de chacun d'eux, elle eut un poulain zébré et qui tenait du zèbre par la forme et d'autres caractères encore.

Becker pose en principe que si une jument a eu des rapports avec un âne, et qu'ensuite elle convole en secondes noces avec un mâle de son espèce, le fruit de cette seconde union ressemblera à l'âne, et qu'il en sera de même de tous les poulains ultérieurs.

Qu'une chienne de race pure descende à un chien de race croisée, cette mésalliance étendra son influence sur la seconde et la troisième portée, même si celles-ci résultent d'unions bien assorties.

Le même fait a été observé chez les truies. Un sanglier d'un brun très-foncé rendit mère une truie pie blanche et noire tachetée, appartenant à la race dite Westen-Bred (race de l'Orient). Les gorets eurent à la fois la robe brune et la couleur mélangée de leurs auteurs. Toutefois la coloration du père prédominait en eux.

Plus tard, un verrat succéda au sanglier auprès de la truie; parmi les produits de cette nouvelle collaboration, il y eut des gorets vêtus comme le sanglier; un autre verrat ayant pris la place du précédent, cette fois encore les jeunes reproduisirent le type du premier époux de leur mère.

La même chose dans la race bovine. Une vache de la race d'Aberdeen reçut un taureau de la race Teeswater. Croisé fut le veau. Puis elle s'en laissa conter par un taureau de la race d'Aberdeen. Ce qui n'empêcha pas que le second veau fût croisé comme le premier, et quoique les auteurs eussent de petites cornes, l'ouvrage en eut de longues au bout de deux ans.

M. le vidame de C... nous écrit : « Je possède une fort jolie épagneule blanche et chocolat foncé fort séduisante et fort courtisée qui, de conduite assez légère, se fit conter fleurette, à mon grand désespoir, il y a deux ans, par un certain griffon jaune, sale et barbu. Conséquemment, elle eut parmi sa trop nombreuse progéniture un jeune griffon plein d'ardeur, jaune ébourriffé et barbu, je m'empressai d'en gratifier un de mes amis. Je quitte le pays et me crois débarrassé à tout jamais de de cet abominable chien jaune. Cependant mon épagneule, que le veuvage attriste, se remarie de mon consentement avec un délicieux King's-Charles noir et blanc. Je guette l'arrivée de mes petits enfants avec anxiété. O joie! un noir et blanc! Mais ô douleur! je vois apparaître tout à coup l'image trop fidèle de cet atroce griffon. — Et maintenant, je tremble et condamne ma chienne au célibat le plus rigoureux par crainte de ces affreux chiens jaunes et barbus. »

Ces citations suffisent pour montrer la généralité du fait. Les zootechnistes le connaissent bien ; les agriculteurs ont besoin qu'on le leur rappelle ; faute d'en tenir compte, ils voient s'altérer les races à la pureté desquelles ils tiennent. Mais le fait n'intéresse-t-il que les éleveurs? Est-ce parmi les animaux seulement qu'un premier mari exerce son action sur les fruits des unions ultérieures que sa veuve contracte, et par conséquent contribue pour une part à leur procréation?

« J'attendrai, nous écrit à cet égard un savant professeur d'une de nos Facultés de médecine, j'attendrai qu'une femme blanche, veuve d'un nègre et mariée de nouveau avec un blanc, ait engendré avec ce blanc un mulâtre ou quelque chose d'approchant. Le sanglier, la truie, le verrat et le goret sont de toute vérité; mais en est-il toujours de même des conclusions tirées d'une simple analogie? »

Attendre qu'une découverte soit faite pour la reconnaître, cela est bon pour les Académies; la prévoir est plus glorieux. Pourquoi y aurait-il ici une dérogation à ces analogies, qui se rencontrent entre toutes les fonctions organiques chez l'homme et chez les animaux ? Voilà ce qu'il faudrait dire. Il est un argument qu'on ne manquera pas de mettre en avant. On invoquera cette seconde nature que la civilisation nous a faite, cette vie artificielle que nous menons et qui jette un abîme entre les animaux et nous. Pauvre raison! Il n'y a pas d'abîme. L'homme, quand il s'écarte des conditions d'existence de la vie sauvage, ne s'en écarte pas seul; il entraîne avec lui une multitude d'animaux dans le genre de vie qu'il lui convient de se faire; tel est le cas des animaux domestiques. Le chien, le cheval, le cochon, etc., ne sont-ils pas aussi loin de leur condition primitive que l'homme l'est de la sienne? Ne sait-on pas que la domesticité exerce sur eux les mêmes influences physiologiques que la civilisation sur nous? Les deux termes de comparaison ayant été affectés du même changement, la proportion entre eux subsiste. Or, il se trouve que ce sont précisément les animaux domestiques qui nous mettent sur la voie du fait dont il est question ; de sorte que, fussent-ils dans toute la zoologie les seuls qui le présentassent, ce qui n'a probablement pas lieu, l'induction que nous en tirons par rapport à l'homme, n'en serait ni moins juste ni moins légitime. Jusqu'à ce que l'observation ait prouvé le contraire, rien ne nous empêche donc de supposer que les faits remarquables observés chez le cheval, la chèvre, le chien, la vache, la truie, etc., se produisent également chez l'homme.

M. B... attend pour se faire une opinion qu'une blanche, veuve d'un nègre, épouse un blanc; il pourra attendre longtemps; la nature n'ayant pas inspiré à la généralité des femmes de la noble race caucasique les goûts nécessaires pour que l'expérience se réalise. Mais n'est-ce pas pousser l'exigence un peu loin? L'influence d'un premier mari ne se peut-elle constater qu'à la faveur de différences aussi tranchées que celle du blanc au noir? La parenté ne se reconnaît-elle pas tous les jours à des signes aussi sûrs quoique moins apparents?

Voici, du reste, qui tranche la question. M. le docteur Dancel nous rapporte le fait suivant comme étant à sa connaissance personnelle :

« Un des associés d'une riche maison de commerce de France part pour les Grandes-Indes, où des affaires le retiennent pendant trois ans. Il laisse sa femme en France où elle accouche cinq ou six mois après son départ d'un enfant qui était tout le portrait de son père; il avait, comme ce dernier, les cheveux rouges. En l'absence de son mari éloigné, la jeune femme eut des relations intimes avec un homme très-brun; elle devint enceinte et accoucha d'un enfant *ressemblant parfaitement à son aîné, et par la figure, et par la couleur des cheveux.* »

Lorsque je faisais ce temps de galères que par euphémisme on appelle années de pension, j'avais deux camarades qui, un jour, se prirent ensemble de violente querelle; l'un d'eux, ayant épuisé tout son vocabulaire d'injures, appela l'autre bâtard! — Bâtard! répondit celui-ci, bâtard! j'ai plus de pères que toi!

On voit par ce qui précède qu'il pouvait bien avoir raison. Fils d'une veuve remariée et issu du second mariage, il pouvait avoir pour pères le premier et le second époux de sa mère. Lequel des deux l'eût été le plus? Question difficile. Dans le premier des exemples cités, de qui ce poulain zébré issu d'une jument qui avait eu successivement un zèbre et un cheval, était-il le plus fils? du zèbre ou du cheval? Le zèbre lui avait donné la robe et la forme; avouons qu'il eût pu en réclamer un morceau, la peau tout au moins, devant le tribunal de Salomon. Faire une part équitable entre les deux eût fort embarrassé le sage monarque.

Une question qui, au contraire, n'eût pas fait un pli est celle-ci : Qui est la mère de ce poulain? On peut avoir deux pères, ce qui précède le prouve; plus d'une mère? Non. Et la tendresse d'une seule suffit.

## NOUVELLES ET CAUSERIES.

*** On sait quel empressement nous avons mis à accueillir la réclamation qu'à propos du mémoire de MM. Vergnès et Poey, plusieurs élèves de M. Raspail nous ont adressée en faveur de leur maître. Cependant M. Raspail — péchant évidemment par ignorance — en même temps qu'il traite MM. Poey et Vergnès de plagiaires et qu'il accuse M. Dumas d'être leur complice, nous présente, nous, comme un recéleur. Il y a « un certain fiel » dans son article, nous écrit la personne qui veut bien nous le faire parvenir. Ainsi le veut la maladie de l'auteur, maladie qui est tout l'opposé du diabète dans lequel les humeurs se chargent de sucre.

Soit qu'il n'ait pas la prétention d'être un bel esprit, soit qu'il n'admette pas l'exactitude de certain proverbe, M. Raspail ne croit pas que personne puisse avoir une idée que lui, M. Raspail, a eue, et dans toute rencontre de ce genre il voit un vol. Mais quoi! ne sait-on pas que tous les savants de l'univers se sont ligués entre eux pour se taire sur les découvertes de M. Raspail, et pour en attribuer le mérite à qui voudra se parer des plumes du paon? C'est l'instinct de conservation personnelle qui les a fait entrer dans cette conspiration du silence; M. Raspail a tout et même plus découvert, et si on n'étouffait sa voix, il n'y aurait que pour lui à parler; si on ne mettait le boisseau sur sa lumière, toutes les autres lumières brilleraient du même éclat que des chandelles en plein midi. Que dis-je? nul autre astre que lui ne resplendit d'une lumière propre au firmament de la science, et ce n'est qu'en réfléchissant les rayons de M. Raspail que ses confrères parviennent à sortir de l'obscurité; ce sont des lunes, et des lunes de mauvaise foi; qui voudraient se faire passer pour des soleils, des Raspails. Comme Dieu, M. Raspail crée toujours, il donne toujours, sans s'épuiser jamais, sans jamais se lasser! aux petits des chimistes, des physiologistes, des botanistes, des médecins et des pharmaciens

« ..... Il donne la pâture. »
(*Racine*).

Mais il a affaire à d'ingrats petits oiseaux, à des oiseaux athées! Les savants s'entendent donc pour que l'honneur des grandes choses qui émanent de lui aussi naturellement que l'eau coule du robinet ouvert d'une fontaine pleine, soit attribué à des sources apocryphes. Nous sommes, nous, un des organes de cette conspiration de l'univers contre un homme seul. « Jadis gentil mignon de la publicité académique, » aujourd'hui « barbon vieilli dans le service du métier, » nous avons des cassolettes pleines d'encens et des amphores pleines d'ambroisie pour les hommes puissants; nous sommes le courtisan des courtisans; l'exécuteur habituel de leurs arrêts contre les pauvres, les faibles, les inconnus (c'est connu). Nous sommes en particulier le complaisant de M. Dumas (que de complaisances!) lequel nous a donné l'ordre d'accueillir le mémoire de MM. Vergnès et Poey. Si nous avons déclaré cette invention, digne — à la supposer vraie — du prix Monthyon, c'était en vue de prendre la bourse de M. Raspail, n'étant pas un scélérat assez audacieux pour lui prendre la vie (d'ailleurs, qu'en ferions-nous?). Nier M. Raspail, c'est notre monomanie, etc., etc....

Tel est l'article de M. Raspail. Pauvre M. Raspail! et pour qualifier par un terme d'atelier ce qui ne saurait être rendu autrement: *Quel four!*

*** Puisqu'on met notre bonne foi en doute, il nous sera permis de faire entendre nos témoins à décharge.

Le feuilleton de la *Presse* avait consacré à cet admirable système de circulation continue dont nous entreprenons aujourd'hui l'exposition dans l'*Ami des Sciences*, des articles où il n'était point parlé du *Circulus*. M. Pierre Leroux crut à un oubli volontaire et son beau Mémoire aux États de Jersey, publié à Londres, en 1853, contient à la suite de nos articles reproduits dans l'*appendice* une lettre de vingt-huit pages, en petit texte, à notre adresse, où l'auteur se montre fort indécis sur la question de savoir si nous n'aurions pas dessein de le supprimer. Nos feuilletons suivants, où nous nous empressâmes de réparer une involontaire injustice, l'ayant tiré d'incertitude à cet égard, M. Pierre Leroux nous écrivit aussitôt une lettre dont voici un extrait :

« Mon cher Meunier, je ne viens pas vous adresser des remerciements, vous avez fait ce que pas un presque de ceux qui écrivent n'aurait eu le courage et la conscience de faire. Quand il ont pris parti une fois, ou seulement paru prendre parti, le diable ne les ferait pas sortir de leur ornière. Vous avez été juete, ce qui est très-rare, et vous l'avez été avec plaisir, avec bonheur; béni soyez-vous!

« Victor Hugo, en me remettant hier les deux numéros (déjà anciens) où vous parlez du *Circulus*, faisait cette remarque et j'aime à la consigner ici; je veux qu'elle vous arrive de lui et de moi, afin que si elle vous fait plaisir, elle vous fasse doublement plaisir. »

Cette lettre est du 24 juin dernier, nous aurions continué de la garder pour nous sans l'accusation de M. Raspail; pour être sincère, nous avouerons que l'éloge dans la bouche de l'immortel poëte et de l'illustre philosophe réfugiés à Jersey, nous touche bien autrement que l'injure dans celle de M. Raspail.

*** Nous adressons la lettre suivante à M. Decaisne, professeur de culture au Muséum d'histoire naturelle.

« Monsieur

« Des personnes qui se croient bien informées m'assurent que des inexactitudes se sont glissées dans le petit article que l'*Ami des Sciences* a consacré, dimanche dernier, à l'igname de la Chine. Les inexactitudes, s'il y en a, sont involontaires. Je n'ai pas l'honneur de vous connaître, je ne connais pas davantage M. Paillet; aucune considération personnelle ne m'a donc influencé, je n'ai eu que l'intérêt public en vue, j'ai cru le servir; me suis-je trompé? Je suis prêt à faire toutes les rectifications que la vérité et la justice pourront réclamer.

« Veuillez agréer, etc... »

Nous attendons.

Nous ne sommes d'aucune coterie, nous n'éprouvons ni sympathies ni antipathies personnelles qui puissent fausser notre jugement; nous ne faisons jamais d'une question de science, une question de parti; une rectification ne nous coûterait rien: et notre conscience serait aussi calme dans la réparation qu'elle l'a été dans l'attaque.

*** Les journaux font le rapprochement suivant : « En 1801, la nouvelle de la mort de l'empereur Paul mit vingt-et-un jours à parvenir à Londres; celle de l'empereur Nicolas y a été connue au bout de quatre heures. » Ce rapprochement ne donne pas une idée exacte de la rapidité avec laquelle se développent, au temps où nous sommes, les moyens d'action du genre humain; il y a vingt ans, le télégraphe électrique était chose si nouvelle encore, qu'à la Chambre des députés un physicien, M. Pouillet, le qualifiait de chimère.

*Le propriétaire, rédacteur-gérant:*
VICTOR MEUNIER.

PARIS. — IMP. J.-B. GROS, RUE DES NOYERS, 74

Première année. — N° 13. Quinze centimes. 1er avril 1855.

# L'AMI DES SCIENCES

PAR

## VICTOR MEUNIER

BUREAUX D'ABONNEMENT : 13, RUE DU JARDINET, 13. Près l'École de Médecine.

Paraît le Dimanche.

PRIX DE L'ABONNEMENT POUR L'ANNÉE PARIS, 6 FR. — DÉPARTEMENTS, 8 FR. Envoyer un mandat de poste.

### AVIS ESSENTIEL.

Les bureaux de l'*Ami des Sciences* sont transférés, 13, rue du Jardinet, derrière l'Ecole de médecine. — Tout ce qui concerne le Journal doit être adressé à M. V. Meunier.

Cet avis a échappé à plusieurs de nos abonnés; c'est pourquoi nous le répétons; il importe qu'ils veuillent bien s'y conformer : nous ne répondons que de ce qui nous arrive directement.



### L'ABONDANCE UNIVERSELLE.

Quand elle a germé dans les têtes cette idée impie que nous sommes ici-bas pour endurer la faim, on ne connaissait qu'un petit coin de la terre, l'homme se traînait péniblement dans l'étroit espace qu'il croyait seul habitable; une richesse transportée à quelque distance du lieu de production en centuplait le prix. Aujourd'hui l'inventaire des êtres croissant sur le globe est fait en partie, et dans chacun des trois règnes, les articles se comptent par centaines de mille! Nous avons quelque idée du riche mobilier dont la puissance créatrice nous a dotés, nous savons qu'elle n'a rien omis de ce qui peut nous être utile ou charmer notre existence, et, qu'au contraire, elle semble avoir pris plaisir à multiplier toutes les choses nécessaires ou de simple agrément afin qu'au besoin l'une puisse suppléer à l'autre. Nous connaissons enfin l'étendue de ce globe et nous savons que ce qui fait défaut, ce n'est pas l'espace, c'est la population.

Et pour mettre à notre proximité tous les végétaux et les animaux, c'est-à-dire toutes les matières textiles et alimentaires que produisent les cinq parties du monde, nous avons, indépendamment de l'acclimation, des moyens de communication d'une rapidité merveilleuse. Ici encore, on reconnaît que les apologistes de la pauvreté n'ont pas compté avec la science! Tous les pays civilisés se couvrent de chemins de fer, les bateaux à vapeur sillonnent les mers dans toutes les directions. Le jour n'est pas éloigné où, sans changer de wagon, un voyageur pourra se rendre d'un point quelconque de nos côtes à Constantinople; après avoir enjambé le ruisseau du Bosphore il remontera en wagon à Scutari, et par le chemin de fer de l'Euphrate il arrivera dans les Indes orientales à Moultan, d'où un paquebot le transportera sur la côte occidentale du Nouveau-Monde; entraîné par une locomotive à travers le continent américain, il atteindra bientôt les rivages de l'Atlantique et huit à dix jours après un paquebot le ramènera à son point de départ. Il aura fait le tour du globe en quelques semaines; ceci n'est pas un rêve, c'est un projet.

Que va-t-il donc résulter de ce progrès de la locomotion? La conséquence est évidente; les productions des contrées les plus lointaines pourront être transportées en un lieu quelconque à un prix de plus en plus réduit. Ainsi ces forêts séculaires, ces prairies vastes comme des océans, ces jardins enchantés, ces vergers inépuisables, ces troupeaux sans nombre, toutes ces productions luxuriantes de l'Amérique, de l'Afrique, de l'Océanie, qui viennent sans culture, qui restent sans emploi et dont les magnificences même manquent de contemplateurs, tout cela est à nous!

En présence de ces greniers qui regorgent, de ces étables où les bêtes de choix sont entassées, de ces magasins encombrés de soie, de laine, de fil, de coton, de plus de plantes textiles que nous ne pourrions en mentionner dans un numéro de ce journal, et quand cette fabuleuse richesse n'est que la semence dont nous pouvons aisément tirer mille et dix mille pour un; si des gens gras et bien pensants viennent encore nous rabattre les oreilles de ces lieux communs sur la pauvreté de la terre et la destinée misérable de l'homme qui avaient cours quand on croyait que par de là les Canaries s'étendait une mer de soufre et de bitume, quand la physique, la chimie, la géologie, la minéralogie, la botanique, la zoologie, la mécanique étaient encore à créer : ces gens-là sont très-propres à nous divertir, et en échange de leurs bons conseils, un conseil bon à leur donner, est celui d'aller à l'école.

Ce n'est pas la matière première qui fera défaut. Mais peut-être les ouvriers manqueront-ils? Non; puisque ni le fer ni l'intelligence ne manquent. Un fait en dira suffisamment : l'Angletere s'est créé avec ses machines une population de travailleurs dix-sept fois plus considérable que celle que la nature lui a donné. L'Angleterre a 24 millions d'habitants, et ses machines font le travail de 400 millions d'hommes; la moitié du coton qu'on récolte sur le globe passe chez elle; elle pourrait aussi aisément travailler le tout et plus encore. Pourquoi non? où est la limite? qui évaluera la force que les vents, les vagues de la mer, la vapeur, l'électricité, les cours d'eau, l'air comprimé, les puits forés, etc., mettent à notre disposition? forces dont plusieurs sont gratuites, forces indestructibles, éternelles, toujours présentes; c'est l'infini!

Mais parce que nous nous serons dit que la science a pour but d'asservir tous les êtres, toutes les forces, tous les éléments, de plier tout ce qui est aux usages de l'homme, de créer des auxiliaires inanimés pour chacune des fonctions industrielles; ne croyons pas avoir une idée exacte des bienfaits dont cette sainte puissance nous comblera. Nous avons la formule générale du but auquel elle vise; mais à quelles conséquences cette formule mène dans les détails, nous l'ignorons; ce que fera la science et de l'homme et de la terre, nul ne saurait le dire; elle fait de rien, elle tire un monde d'un atome, elle donne une valeur incalculable à ce qu'on ne croyait susceptible d'aucun emploi, même à ce qui était nuisible.

Qu'on extraie de l'eau de mer les alcalis qu'elle renferme (et on s'en occupe), qu'on tire directement de l'air l'azote qu'il contient (et il est de toute probabilité qu'on y arrivera), qu'on parvienne à empêcher les gaz ammoniacaux de se dégager lors de l'extraction du fumier des étables (et on parait y être parvenu), que par un moyen quelconque les chimistes nous donnent l'ammoniaque à bas prix ; eh bien ! chacune de ces petites découvertes, savez-vous ce que c'est ? La meilleure et la plus grande des révolutions : le pain à bon marché.

Quand Marcgraff a constaté la présence de la matière sucrée dans d'autres végétaux que la canne, et particulièrement dans la betterave, qui a compris qu'une source considérable de richesse venait d'être créée? Nos pères ne se doutaient guère qu'en moins de cinquante ans la pomme de terre, dont ils ne voulaient manger à aucun prix, donnerait un revenu annuel de 200 millions.

Qui s'est douté pendant soixante siècles qu'à l'aide de cette vulgaire vapeur qui s'exhale d'une marmite remplie d'eau et placée sur le feu, la science ferait du tour du globe une promenade, et donnerait la vie à des machines ! Pendant deux mille ans, on a su que l'ambre attirait les corps légers ; les physiciens, étudiant ce phénomène, en ont tiré le télégraphe qui abolit les distances, la galvanoplastie qui mettra l'argenterie à la portée de tout le monde, une force motrice qui rivalisera avec la vapeur, une lumière éclatante comme celle du soleil et moitié moins chère que celle du gaz. Quand le coton est venu en Europe, on ne l'a cru bon qu'à faire des mèches de chandelles; le coton devait faire du misérable comté de Lancashire l'une des plus riches contrées du globe, et la manufacture du monde entier. C'est ainsi qu'il y a en ce moment autour de nous mille choses fort insignifiantes en apparence dont la science saura tirer des mondes.

Il y a quelques années, un savant eut l'idée d'expérimenter en grand l'action de l'électricité sur la végétation. Il eut recours à un procédé simple et économique ; le résultat de l'expérience fut celui-ci : Une pièce de terre, qui rapportait dix-sept hectolitres d'orge, en produisit trente-sept. Ce n'est là qu'un essai confirmé au reste par plusieurs autres faits. A quel résultat conduira-t-il?

Le bien-être universel est donc d'une possibilité évidente, et si la science ne l'a pas déjà réalisé, c'est qu'elle est jeune encore; c'est qu'elle n'est pas encore en possession de tous ses moyens d'action.

---

## RECONSTRUCTION SOCIALE.

Ne voir dans le chemin de fer qu'un simple instrument de locomotion, c'est s'en faire une idée trop petite ; pour en comprendre l'importance, il ne faut pas le considérer isolément : il faut le voir dans ses rapports avec les nombreux organes auxquels il se rattachera nécessairement, et dont il prépare et facilite la réalisation.

L'exécution des chemins de fer entre en effet dans un plan de reconstruction de tout l'organisme social. A cette reconstruction, on a procédé jusqu'ici sans avoir conscience de ce qu'on faisait, sans vue générale, au jour le jour, empyriquement, comme il arrive au début de toute carrière. Mais les faits afférant à l'ordre en voie de formation, sont maintenant assez nombreux pour que la théorie puisse en être donnée, et le chemin parcouru est assez considérable pour que nous en déduisions aisément la route à suivre.

Bientôt donc on s'avancera systématiquement vers le but, menant de front, d'une main sûre et d'un pas rapide, toutes les parties de l'œuvre, comme fait l'architecte parce qu'il agit en vertu d'un plan. Dès-lors chaque innovation sera tout de suite à sa place, et réalisée en vue de ses relations futures, et quand à un organe définitivement constitué viendra s'en ajouter un autre, on ne sera plus contraint comme aujourd'hui de remanier le premier.

Le rail n'est qu'un des organes destinés à prendre appui sur le sol laborieusement préparé qui le supporte ; tous les agents de circulation viendront l'un après l'autre s'y adapter (comme a déjà fait le télégraphe électrique) ; ils détermineront la formation de nouveaux centres d'activité, et distribuant la population d'une façon rationnelle et hygiénique, fourniront l'occcasion de reconstituer l'atelier agricole et industriel et la vie domestique sur les bases nouvelles que la science indique.

On commence à se préoccuper en France des lignes secondaires, des embranchements, des chemins de fer à bon marché ; en cela nous ne faisons que suivre l'exemple des Anglais. Chez eux, le rail-way ne se borne pas à courir de ville en ville, il daigne visiter les petites localités et pénètre au fond des campagnes. Comme le tronc de l'arbre se divise en branches, et les maîtresses branches en rameaux ; ainsi les voies principales se raccordent à des voies moins importantes, moins coûteuses, qui sont aux premières ce que nos routes départementales et communales et nos chemins vicinaux, sont aux routes nationales ; et ils vont aboutir aux lieux de production, à l'usine, à la ferme, comme les ramuscules artériels se rendent à la molécule vivante.

Les chemins de fer ne peuvent, en effet, donner tous leurs fruits qu'à la condition d'être complétés ; heureusement ce résultat est tout à fait inévitable. Plus on économisera de temps sur la route ferrée, moins on se résignera à en perdre sur les routes pavées ou macadamisées. D'ailleurs, toute exploitation située loin des nouveaux moyens de transport se trouvera dans des conditions d'infériorité auxquelles elle ne pourrait se résigner sans se condamner au suicide. On en est venu à connaître assez le prix du temps et de la force pour établir des chemins de fer de service à l'intérieur même d'usines et de fermes, et jusque dans des magasins. Il est donc inévitable que tout notre système de route soit transformé.

Supposons le transport par la vapeur des hommes et des choses établi en tous lieux, la voie qui supporte les rails va recevoir encore :

1° Des tuyaux de conduite pour les eaux. Celles-ci sont empruntées, soit à des chutes naturelles, soit à des réservoirs artificiels, soit à des puits artésiens ou comprimés à l'aide d'un moteur inanimé. Elles servent :

*a.* A l'irrigation des terres ;

*b.* Aux usages domestiques, et la force qui les fait circuler les conduit à tous les étages des demeures à proximité desquelles elles passent ;

*c.* Enfin, elles sont employées comme force motrice.

2° La voie recevra encore des tuyaux distribuant le gaz à des distances quelconques du lieu de production, usine, puits foré ou mine, et affecté à l'éclairage et au chauffage des habitations, ou employé comme force motrice. Au lieu de faire venir la houille à grands frais, les compagnies d'éclairage et de chauffage s'établiront à proximité des gisements de combustibles, et distribueront leurs produits, lumière et chaleur, le long des voies de fer, jusqu'à des distances considérables.

Cela eût été impossible avant l'établissement des chemins de fer. Grâce à eux, les communes rurales, des fermes, des manufactures et des habitations isolées, pourront être éclairées et chauffées au gaz. On pourrait éclairer les routes de la même façon, et rien n'est plus facile que d'allumer instantanément un nombre quelconque de becs.

3° La voie recevra encore des tuyaux affectés au transport et à la distribution des engrais liquides, résultant de la manipulation des *excreta* de tous les centres de population, et particulièrement des grandes cités ;

4° J'indique, pour mémoire, la distribution de l'heure qui s'opérerait aussi aisément que celle de l'eau et du gaz, autour d'un commun régulateur. Un nombre infini de pendules et d'horloges seraient économiquement réduites au cadran et aux aiguilles, marchant toutes à l'unisson, pour la première fois ;

5° Les eaux minérales sont charriées de la même façon, loin de leur source, pour l'usage des malades, ou pour être employées, chacun selon ses qualités propres, à l'amendement des terres.

Ce n'est pas tout.

Le chemin de fer va résoudre plusieurs problèmes de la plus haute importance.

On se plaint, avec beaucoup de raison, de l'encombrement de la population dans les grandes villes; quelques-uns déplorent la rareté des bras dans les campagnes, et il est certain que, comparée aux travaux gigantesques que notre sol réclame (marais à dessécher, montagnes à reboiser, terres à irriguer ou à drainer, dunes à planter, etc., etc.), la force humaine dont l'agriculture dispose, est complétement insuffisante; mais le remède est, ici, moins dans l'adjonction de nouveaux ouvriers que dans l'emploi de moteurs inanimés, dans l'invention et la multiplication des machines agricoles. Enfin, on s'alarme, — j'ai tort, on ne s'en alarme pas assez, — de la concentration, dans un grand nombre de localités déjà encombrées, d'une multitude de professions insalubres; l'air manque, et des exhalaisons méphytiques corrompent le peu que nous en avons.

Eh bien! le chemin de fer opérera naturellement UNE RÉPARTITION NOUVELLE DE LA POPULATION;

Infailliblement il dissoudra, ou du moins réduira les grandes agglomérations humaines;

Il reportera dans les champs les usines et les manufactures.

Parmi les heureux résultats de ce remaniement, les suivants nous frappent :

Union du travail agricole et du travail industriel, et, par suite, diminution des chances de chômage; progrès de l'intelligence publique, par le contact des ouvriers de l'agriculture avec ceux de l'industrie; assainissement des villes et des professions insalubres; accroissement de la vie moyenne; amélioration des mœurs; affermissement de la paix publique.

Pourquoi ces grandes agglomérations d'hommes? Pourquoi tant de professions insalubres entassées en un si petit espace? A cause de la difficulté des communications. Or, le chemin de fer supprime la cause, pourquoi l'effet subsisterait-il?

Je ne fais qu'indiquer; les occasions ne manqueront pas de montrer que les éléments existent d'une nouvelle architecture, d'une nouvelle industrie, d'une nouvelle agriculture, d'une économie domestique nouvelle. Cet inventaire pourra aiguillonner l'esprit d'entreprise; nous nous en féliciterions. La science donnera lieu à des spéculations magnifiques, auxquelles on ne pourra se livrer sans concourir, à l'accroissement du bien-être général et à l'émancipation des intelligences. Enfin, en même temps que des compagnies particulières créeraient des fermes, des usines, des habitations modèles, pourquoi la gloire de fonder une ville, selon les prescriptions et avec toutes les ressources de la science, ne tenterait-elle pas un gouvernement?

## RÉVOLUTIONS.

Lorsqu'on imagina d'éclairer nos rues au moyen de lanternes garnies de chandelles, cette invention parut si admirable que le gouvernement fit frapper une médaille en son honneur. Cependant cette belle chose n'était pas destinée à fournir une longue carrière. Déjà en 1821, quatre mille cinq cent trente-trois réverbères répandaient une lueur discrète dans les rues et sur les places de Paris, et ce notable perfectionnement ne datait cependant que de cinquante-sept ans. Ainsi le nombre des réverbères s'était, en moyenne, accru de soixante-dix-huit par an! C'était fort beau pour cette regrettable époque. Et que pouvait désirer après cela l'ami d'un sage progrès? Il pouvait désirer que les réverbères se multipliassent un peu plus vite et que s'accrût leur pouvoir éclairant. A ces conditions il se fût tenu pour satisfait. Est-ce ainsi qu'on a procédé? Hélas non! il est des esprits inquiets, avides de changements profonds, immédiats, qui, au lieu de suivre les routes battues et par là même faciles, en rêvent de nouvelles; ces perturbateurs prévalurent sur les hommes d'ordre. En conséquence, on éteignit les réverbères et on alluma les becs de gaz : Révolution!

Nous avions, comme moyen de transport, les diligences, un beau moyen qui transportait d'admiration nos pères et nous-mêmes dans notre jeunesse. Quand, en 1835, nous montions dans la diligence de Paris à Strasbourg, et que nous pouvions nous dire : si un essieu ne se brise, si la route n'est point inondée ou défoncée, si la voiture ne s'embourbe, si les voleurs ne nous détroussent, si nous ne versons pas, si, lorsque nous arriverons à un relai, les chevaux dont nous aurons besoin ne sont pas dans les champs occupés à labourer une pièce de terre ou à rentrer une récolte, dans soixante-six heures nous aurons fait nos cent vingt lieues; comme nous les trouvions bien nommées ces diligences! ces célérifères! ces vélocifères! et comme nous prenions en pitié ceux qui, juste un demi-siècle auparavant, en 1785, mettaient cent trente-deux heures à faire le même trajet! Que cela nous semblait beau deux lieues à l'heure! et que c'était beau en effet! Que pouvions-nous désirer encore? Quelques perfectionnements dans les voitures, dans les harnais, quelques améliorations dans les routes, etc... Point : on a dételé les chevaux et chauffé la locomotive : Révolution!

Pour le service de notre correspondance, nous avions quelque chose de mieux encore, presque l'idéal, la malle-poste, c'est tout dire, qui brûlait le pavé avec une vitesse moyenne de trois lieues à l'heure! Le piéton la suivait d'un œil émerveillé jusqu'au tournant de la route; c'était presque effrayant! On avait donc la malle-poste, on a le télégraphe électrique : Révolution!

On avait les navires à voiles avec lesquels on était parvenu à faire le voyage d'Europe en Amérique, aller et retour, en une même année; on a les bateaux à vapeur qui vont traverser l'Atlantique en six jours : Révolution!

On avait... Mais cela devient monotone. Partout le même fait : non le perfectionnement des éléments anciens, mais leur dépossession par des éléments nouveaux, et le progrès général est la somme d'une multitude de révolutions partielles.

Dans chaque industrie, une machine vient faire révolution, changer les procédés de fabrication, se substituer à l'ouvrier, lui assigner une fonction nouvelle, plus douce, plus élevée : surveillance, assemblage, travail de précision. Dans toutes, la machine à vapeur a remplacé ou remplacera comme force motrice l'homme et la brute. L'agriculture, longtemps en arrière de l'atelier et de l'usine, est à la veille de subir également cette double révolution; la machine à vapeur est devenue l'âme de toute ferme anglaise bien organisée; c'est elle qui bat les céréales, coupe les foins, la paille, les racines, concasse les graines, confectionne le beurre. Une multitude de machines se chargent du travail de l'ouvrier agricole : telles sont les machines à moissonner, à faucher, à battre, à rigoler, etc.

Les villes sont de même révolutionnées. Des besoins qui semblèrent inconnus de nos pères, besoin d'air pur, de lumière, de soleil, d'eau, de propreté, nous forcent à remanier, à refaire ces cités construites sans aucune idée d'hygiène ni de comfort.

Chaque jour l'agriculture s'enrichit d'une plante, d'un arbuste, d'un arbre, d'une fleur, d'un légume empruntés à des climats différents du nôtre; la géographie botanique est révolutionnée et la géographie zoologique l'est également.

La nature avait mis des barrières entre les peuples, la science les renverse; on s'apprête à percer, à escalader les plus hauts sommets de l'Europe : Révolution dans la géographie politique.

Le libre parcours du globe était entravé par la disposition de certaines terres, on jette un chemin de fer à travers l'isthme de Panama en attendant qu'on le perce; on va percer l'isthme de Suez : Révolution dans la géographie physique.

C'est un nouveau monde qui s'organise à côté de l'ancien, par voie de substitution, de transformation : révolutionnairement.

Au sein de la même société, deux organismes différents sont donc en présence, en lutte : l'un ancien, depuis longtemps achevé, non susceptible de développement; l'autre très-jeune, incomplet, en voie de formation, mais d'un ordre incomparablement plus élevé que le précédent, et absorbant à son profit, au détriment du premier, une part de plus en plus large de la sève commune; capitaux, travail, intelligence. A mesure que celui-ci se développe, celui qui l'a précédé s'amoindrit; dès que l'un de ses appareils est en état de fonctionner, l'appareil correspondant chez l'autre cesse d'agir, s'atrophie, est résorbé; et quand le nouvel organisme sera complet, il ne restera plus rien de l'ancien.

C'est-à-dire que la société nous offre un spectacle analogue à celui que présente un être à métamophoses au moment où il passe d'une forme à une autre plus élevée. C'est qu'en effet, le genre humain est un être à métamorphoses. Après avoir vécu un certain temps sous une forme, des forces longtemps latentes ou obscures se manifestent en lui avec éclat ; il acquiert de nouveaux organes, de sorte qu'il est constamment autre sans cesser d'être toujours le même. Ces métamorphoses sont ce que j'appelle des révolutions, lesquelles continueront encore d'avoir lieu après qu'avec le bronze des canons on aura fondu les statues des héros de la paix.

Quand on rapproche l'un de l'autre le passé, le présent et l'avenir ; le passé si animé comparé à la situation actuelle, si lent comparé à l'avenir ! Quand, aux ténèbres, à l'engourdissement du présent, on voit succéder l'éclat et la féconde agitation de l'avenir, ne semble-t-il pas que nous sommes maintenant à l'état de chrysalide ? N'usé-je point d'une figure très-exacte si je dis qu'elle va prendre des ailes, cette société pour l'usage de laquelle s'organisent en ce moment la locomotion à vapeur et le télégraphe électrique ? et aura-t-elle rien à envier au lépidoptère en fait d'éclat et de magnificence, cette société qui disposera du daguerréotype, de l'héliocromie, de la galvanoplastie, de l'éclairage électrique, de ces gisements de métaux précieux dont la découverte se multiplie si rapidement; qui saura fabriquer des perles fines et des pierres précieuses, qui transformera les bois vulgaires en bois magnifiques, et fera des etoffes de prix avec le grès de Fontainebleau.

Ce qu'elle sera, nul ne saurait le dire exactement, mais on en prend une idée très-favorable quand on compare ses moyens d'action à ceux des sociétés antérieures.

Tandis que ces dernières n'eurent à leur disposition que la force nécessairement limitée de l'homme, l'avenir disposera de tous les agents inanimés. Les sociétés antérieures ne connurent qu'un très-petit nombre des matières premières que recèlent les trois règnes de la nature, la société future a pour point de départ l'inventaire complet de tous les êtres et de toutes les substances. Celles-là ne spéculaient que sur une étroite partie de la surface du globe, et celle-ci spéculera sur l'exploitation de toute la terre. Enfin, les premières n'associaient qu'un petit nombre de nations à l'œuvre du progrès, l'autre aura tout le genre humain pour coopérateur.

---

## NAVIGATION AÉRIENNE.

(Troisième article) (1).

Il y a, selon nous, quatre conditions à remplir pour employer les aérostats à des voyages réguliers :

1° Posséder une enveloppe, sinon complétement imperméable au gaz, du moins pouvant le garder pendant des semaines entières. Ceci ne demande aucun développement, passons.

2° Puisqu'il s'agit, non de marcher contre le vent, mais d'utiliser les courants favorables, et puisque le navigateur aérien doit aller à la recherche des courants, il doit être pourvu de moyens de monter et de descendre dans l'atmosphère.

(1) Voir les numéros 11 et 12.

Personne n'ignore que, dans l'état actuel de la locomotion aérienne, toute la manœuvre consiste à jeter du lest ou à perdre du gaz. L'aéronaute veut-il gagner les hauteurs de l'atmosphère, il allége l'aérostat en jetant du lest; veut-il s'élever au-dessus d'un vent impétueux, qui menace de mettre en pièces la frêle machine à laquelle il a confié sa vie, il jette encore du lest. Il perdra du gaz, au contraire, soit que son ballon, subitement porté, dans sa rapide ascension, au sein d'un air raréfié, menace de céder à la dilatation du gaz, soit qu'ayant rencontré un courant favorable, il veuille diminuer sa force ascensionnelle; soit, enfin, que le gaz se dilate, à l'excès, sous l'action directe de la chaleur solaire. La même manœuvre le rapprochera de terre, quand il voudra mettre fin à son expérience. Mais, si le lieu vers lequel il descend lui paraît impropre au débarquement, au moment de prendre terre il jette du lest; l'aérostat, subitement arrêté dans sa chute, demeure un instant immobile et comme indécis sur la route qu'il doit suivre, puis, obéissant aux lois de la pesanteur, il s'éloigne bientôt de la plage inhospitalière. Choisissant alors, dans la ligne du vent, un lieu de débarquement, l'aéronaute s'y laisse porter; puis, à la hauteur du point qu'il a fixé, il donne de nouveau issue au gaz, et l'aérostat vient enfin le déposer sur le sol.

Rien de plus simple qu'une telle manœuvre. Mais, qui ne voit et ses nombreux inconvénients, et les dangers qu'elle entraîne ? Une partie du gaz une fois perdue, il faut forcément descendre ; le lest épuisé, il n'y a plus moyen de remonter, il faut prendre pied en quelque lieu que le ballon aborde; l'aéronaute ne dirige plus sa machine, il est entraîné par elle. La relation de l'effrayant voyage que Blanchard et Jeffries effectuèrent à travers la Manche, montre à quels périls cet imparfait moyen de manœuvre peut exposer les aéronautes.

Menacés d'être jetés à la mer, avec leur ballon, ces nobles aventuriers avaient épuisé tout leur lest ; la machine descendant toujours, ils avaient jeté, par dessus bord, livres, instruments, provisions; puis ils s'étaient dépouillés de leurs vêtements; enfin, s'étant attachés à des cordes, ils allaient faire le sacrifice de leur nacelle, quand ils vinrent toucher aux côtes de France.

Dès l'origine de l'aérostation, les inconvénients de cette manœuvre frappèrent tout le monde. Guyton de Morveau écrit à ce sujet : « Toute descente, par la perdition du gaz, est un vice qui ne subsistera que jusqu'à ce que le temps ait perfectionné ce nouvel art. » Et il ajoute : « L'utilité des aérostats se trouverait resserrée dans des bornes assez étroites, s'il fallait absolument perdre une partie du gaz qui les remplit, toutes les fois qu'on voudrait descendre ou même s'approcher de terre. »

Ainsi donc, il faudra trouver un moyen de monter et descendre sans jeter du lest, sans perdre du gaz. C'est le deuxième desideratum.

3° La troisième condition porte sur un point dont on ne tient généralement aucun compte. Il est relatif à la dilatation produite, par l'action de la chaleur solaire, sur l'enveloppe du ballon.

Un coup de vent de bas en haut ayant porté au-dessus des nuages le ballon monté par les frères Robert et le duc de Chartres, la chaleur solaire produisit une dilatation énorme ; la soupape était hors de service, l'aérostat montait toujours ; l'enveloppe menaçait de se rompre. En cette extrémité, le duc de Chartres troue le ballon en deux endroits. La machine descendit rapidement.

Blanchard raconte que, dans un de ses voyages aériens, le ballon, dilaté par la chaleur solaire, se gonfla avec une telle violence, qu'il craquait de toutes parts. Il dut oublier tout espoir de direction, pour ne s'occuper que du terrible danger qui le menaçait; il le conjura en donnant issue au gaz. — Si le récit du courageux aéronaute ne paraît pas concluant, il n'en sera pas de même de celui de Guyton de Morveau que nous allons citer; mais, auparavant, nous citerons une observation de MM. Biot et Gay-Lussac.

Ils partirent du Conservatoire des arts et métiers le 24 août 1804, à dix heures du matin, le baromètre était à terre à 28 pouces 3 lignes, le thermomètre à 16,05. Arrivés à une hauteur de 3,724 mètres, « nous fumes surpris, raconte M. Biot, de ne pas éprouver de froid; au contraire, le soleil nous échauffait fortement. Nous avions ôté les gants que nous avions mis d'abord, et qui ne nous ont été d'aucune utilité. »

En ce moment le baromètre était à 20 pouces 8 lignes, et le thermomètre à 16°. Les deux savants avaient emporté des animaux qui ne parurent pas souffrir de la rareté de l'air. Une abeille violette s'envola très-vite et partit en bourdonnant.

Guyton de Morveau, rendant compte de l'une de ses expériences, constate que « l'abaissement du mercure dans le baromètre était à peine sensible que la dilatation était déjà considérable. » Et il ajoute : « La dilatation par le soleil était si forte, que la continuité de l'écoulement du gaz par la soupape supérieure comme une fumée épaisse fit juger que le ballon s'était ouvert en cette partie. »

L'explication de ces faits est ici : les gaz renfermés dans des enveloppes enduites de résine s'échauffent beaucoup plus fortement que l'air ambiant. L'histoire de l'aérostation en fournit des exemples.

Un jour, Morveau voulant réparer son aérostat, le fait transporter dans son jardin et remplir d'air commun à l'aide d'un soufflet. Mais le soleil s'étant montré dans la matinée, voilà que le ballon se met à rouler dans le jardin et qu'une fois même il passe pardessus deux personnes qui se présentaient pour l'arrêter. Morveau, ayant ouvert la soupape, l'air qui en sortit fit sur ses yeux une impression vive et presque douloureuse; cet air était de 4 degrés plus chaud que l'air ambiant.

Dans une autre circonstance, le même observateur constata une différence de température beaucoup plus considérable. Le ballon enflé d'air commun, accusa une température de 39 degrés; tandis qu'à l'air libre, le baromètre exposé au soleil se tenait à 23 degrés.

Le lendemain de cette observation, ce même ballon s'échauffa si fortement, que voici ce qui arriva: Un vent un peu vif ayant commencé à agiter le ballon, deux hommes laissés à sa garde voulurent le retenir par les mailles du filet; les morceaux leur restèrent dans les mains. Le ballon s'éleva d'abord à une hauteur de 43 pieds, emportant le filet, le cercle équatorial et les cordes, du poids de plus de 65 livres, ce qui, avec son enveloppe, faisait près de 125 kilogrammes. Et il ne s'en tint pas là. Il était retenu par trois cordeaux passés sur une grosse corde tendue entre deux perches; il en cassa deux, et emporta le piquet du troisième, puis sortit de la cour en escaladant un bâtiment.

Arrivé dans une cour située derrière ce bâtiment, il s'abaissa un instant; un jeune homme, espérant le retenir, saisit une des cordes et la tourna autour de son poignet; mais en un instant il fut entraîné pardessus un mur de clôture de neuf pieds de haut, et retomba de l'autre côté. Le ballon continua sa route, traversa une promenade publique, au grand étonnement des promeneurs, et alla tomber à plus de cent cinquante pas.

Donc, troisième desideratum : l'aérostat doit être pourvu des moyens de faire varier, en cas de besoin, la quantité de gaz contenu dans l'enveloppe, et il va sans dire que le gaz extrait du ballon doit être non pas jeté dans l'atmosphère, mais tenu en réserve.

Nous concevons que ce but soit atteint par l'emploi des moyens qui permettront de monter et de descendre sans dépense de gaz ni de lest.

4e condition. Elle réside dans la nécessité de moyens de direction, ce qui a été compris dès l'origine de l'aérostation. « Il ne faut pas se dissimuler, écrivait Guyton de Morveau, qu'il reste encore bien des difficultés, et pour en prendre une idée juste, supposons que l'on veuille faire route de Dijon à Chanceaux, qui n'en est éloigné, à vol d'oiseau, que d'environ 16,000 toises; ce bourg étant situé au nord-ouest de cette ville, on cherchera à profiter d'un vent du sud-est; supposons encore que le vent souffle exactement dans la ligne de ce rumb, chaque rumb de la rose divisée en trente-deux airs de vent occupe onze degrés un quart du cercle; ce sera donc, pour un rayon de 16,000 toises, un arc de 3,141 toises, dans lequel il faudra choisir le point d'arrivée; que l'on prolonge la ligne de ce rumb jusqu'à Paris, l'arc qu'il est censé occuper, dans tous les points, se trouvant en effet compris dans sa division, sera d'à peu près 11 lieues 3/4.

« Concluons donc qu'il n'y a point de vent qui mène précisément à un point donné à 60 lieues, et même à 8, et que celui qui arriverait à un lieu fixe quelconque dans un espace de 11 degrés 1/4, ou du 32e de la rose des vents, aurait très-certainement dirigé. »

Telles sont, selon nous, les quatre conditions à remplir; elles ne demandent, assurément, ni beaucoup de génie ni d'énormes capitaux, et, toutefois, celui qui, le premier, y aura satisfait, aura réalisé une des plus grandes choses possibles: il aura rendu accessible la route universelle de l'air.

---

## SOUSCRIPTION

## EN FAVEUR DE LA FAMILLE DE JOSEPH REMY.

*L'Ami des sciences* accuse réception des sommes suivantes : MM. de Tascher, 10 fr. — Hippolyte Gand, à Bercy, 10 fr. —Mlles Cochet, à Aix, 8 fr. —M. Mottu d'Annonay, 3 fr. — Le docteur Ricard, à Corné (Maine-et-Loire), 2 fr. — Ed. Gand, dessinateur industriel à Amiens, 5 fr. — Michel de Keyser, manufacturier à Bruxelles, 6 fr. — Veran Sabran, 5 fr. — Coulon, à Montmartre, 1 fr.

---

## LA SEMAINE SCIENTIFIQUE.

Animaux acclimatés en France. —Dans un discours prononcé au congrès des Sociétés savantes de France, M. I. Geoffroy Saint-Hilaire a présenté le tableau des essais tentés en France dans le cours de l'année dernière en vue de doter notre pays de nouvelles espèces végétales et animales.

Parmi les végétaux, il signale le sorgho, les pois oléagineux et l'igname de la Chine introduits par M. de Montigny. Nous avons parlé des deux derniers ; le sorgho, qui donne à la fois fourrage, sucre, matière tinctoriale, papier, a été essayé en grand à Toulon et a parfaitement réussi. Mais c'est sur les progrès de la zoologie pratique que nous voulons nous arrêter aujourd'hui.

M. I. Geoffroy mentionne en premier lieu l'introduction de l'yack ou bœuf à queue de cheval, dont M. de Montigny a amené un troupeau composé de douze individus appartenant à trois variétés. Il résulte des observations de M. Duvernoy que l'yack est à la fois auxiliaire alimentaire et industriel. Il a la croupe du cheval, sa chair est bonne, son lait contient plus de sucre et de beurre que celui de la vache, son épaisse toison est formée de longs poils comparables au poil des chèvres orientales; en hiver un duvet qui a les qualités de celui des chèvres de cachemire se développe sur sa peau ; enfin sa queue est couverte de poils qui tiennent le milieu entre le crin et la laine et sont en Orient l'objet d'un commerce très-important. Le troupeau amené en France sera placé dans les régions abruptes des Alpes ou des Pyrénées.

Le savant naturaliste cite en second lieu l'introduction de chèvres d'angora venant des parties les plus élevées de l'Asie-Mineure; ces chèvres sont revêtues d'une laine fine et soyeuse du plus grand prix. M. Sacc avait appelé l'attention de la Société zoologique sur ce précieux animal, des commissions d'achat furent transmises en Orient; l'émir Abd-el-Kader en ayant eu connaissance s'empressa d'acquérir un petit troupeau dont il fit don au ministre de la guerre. La moitié de ce troupeau est placée dans les montagnes de l'Isère, l'autre moitié va être envoyée dans les Vosges. M. Geoffroy ne doute pas qu'elles ne s'acclimatent en France. Il cite encore : l'agouti rongeur, originaire du Brésil, dont la chair est excellente et qui s'est reproduit chez M. Chenu ; — l'hémione, intermédiaire entre le cheval et l'âne, dont le Jardin des plantes possède un certain nombre élevés à la ménagerie comme des poulains dans une ferme ; — le lama et l'alpaca achetés en Angleterre, il y a deux ans, transportés à la ménagerie, et qui, placés dans des conditions peu favorables puisqu'ils sont élevés dans des parcs sans herbe, n'en sont pas moins très-robustes.

Il passe ensuite en revue les oiseaux acclimatés. Parmi les oiseaux d'agrément, la perruche ondulée qui reproduit comme le serin ; un fait digne d'être signalé a eu lieu pendant l'incubation, le petit sorti le premier de l'œuf s'est tout de suite joint à la mère pour couver les autres.

Parmi les oiseaux alimentaires : l'oie d'Egypte, — le canard de la Chine, canard mandarin ou canard éventail, dont une paire se vendait autrefois 1,000 fr. ; — le canard de la Caroline qui multiplie très-bien ; — le cygne noir de la Nouvelle-Hollande, oiseau magnifique, si robuste qu'il reproduit en toute saison, et dont la conquête sera bientôt achevée ; — le colas, intermédiaire entre la caille et la perdrix, dont une seule femelle a donné l'année dernière cinquante-quatre petits à M. Saunier, et qui sera fort recherché des chasseurs.

Passant sous silence la classe des poissons dont il n'y a, en effet, aucun bien à dire depuis que M. Coste en brigue la surintendance, M. I. Geoffroy énumère les six espèces de vers à soie récemment introduites en France, puis il termine à peu près en ces termes :

« Nous sommes riches comparativement à nos pères, mais nous ne sommes pas véritablement riches relativement à d'autres peuples.

« Le peuple français est-il bien nourri et bien vêtu ? Assurément non, il y a des millions de Français qui ne mangent pas de viande ou qui en mangent très-peu.

« Les habits de l'ouvrier sont faits contre toutes les règles de l'hygiène ; ils pèchent par la solidité et ne peuvent conserver leur couleur.

« Les Chinois que nous traitons de barbares sont habillés de soie jusque dans les classes les plus pauvres.

« Que les hommes de progrès réfléchissent sur ces points où il y tant à faire. Notre but est d'augmenter le nombre de nos animaux domestiques, pour accroître les ressources alimentaires, et de créer des produits réels précieux pour la société. »

TRAITEMENT DE L'HÉMORRHAGIE NASALE PAR L'ÉLÉVATION DU BRAS. — En 1842, M. Négrier indiqua un moyen fort simple d'arrêter les épistaxis (saignement de nez) les plus rebelles ; il recommanda de faire élever brusquement le bras du côté de la narine d'où coule le sang. Ainsi que le remarque M. le docteur Jamain, ce mode de traitement fut généralement accueilli avec incrédulité. Voici cependant qu'après quinze années d'oubli l'attention se porte sur lui, provoquée par une note publiée dans les *Annales belges de médecine militaire*, par M. le docteur Journez, et que la *Gazette des hôpitaux* reproduit. Nous donnerons un extrait de cette note qui sera lu avec intérêt, car, si le procédé est efficace, nul autre ne mérite mieux de devenir populaire.

« En juillet dernier, dit M. Journez, j'accompagnais les recrues du 9e régiment de ligne qui se rendaient au camp de Beverloo.

« Sur les 498 hommes dont se composait le détachement, j'ai eu à traiter en trois jours vingt-huit épistaxis, dont plusieurs ont été tellement abondantes que le sang s'écoulait à la fois et par les narines antérieures et par les postérieures.

« A l'exception d'une seule, toutes se sont déclarées subitement pendant la marche, alors que la moitié de la distance à parcourir était effectuée et que déjà on était soumis à l'influence d'une insolation prolongée et assez intense.

« Dès qu'une hémorrhagie nasale était signalée chez un soldat, sans relâcher l'agrafe de son habit ni de son col, sans le débarrasser d'aucune pièce de son équipement ni même de son armement, à l'exception de son fusil, je lui élevais brusquement les bras, si l'épistaxis avait lieu des deux côtés ; je lui faisais tenir ensuite la tête levée, le corps droit, les mains jointes par-dessus son schako, et lui ordonnais de continuer la marche au pas ordinaire, lui recommandant d'ouvrir la bouche et de ne point expulser l'air par le nez, en un mot, de ne respirer que par la bouche.

« Le sang s'écoulait-il par une seule narine, j'élevais le bras correspondant, laissant toute liberté de mouvement à son congénère, qui, au besoin, servait à porter le fusil.

« Toujours l'hémorragie cessait avec une rapidité étonnante, souvent en moins d'une ou deux minutes.

« Cette manœuvre est si facile à faire exécuter que dès le deuxième jour de marche les officiers du détachement, confiants dans les succès dont ils avaient été les témoins oculaires, l'utilisèrent plusieurs fois à mon insu.

« L'un d'eux m'a assuré, qu'occupé un matin à se laver, il fut pris d'une épistaxis très-abondante qu'il chercha inutilement, pendant plus de trente minutes, à combattre par des applications froides sur le front et à la nuque, et qu'il arrêta presque aussitôt par l'élévation des bras.

« Je dois à la vérité de dire que chez deux soldats l'épistaxis récidiva à plusieurs reprises ; chez l'un d'eux, quatre fois à une demi-heure d'intervalle ; mais il faut savoir que ce dernier sujet, d'un tempérament sanguin, était habitué à des hémorrhagies nasales fréquentes. Malgré cette prédisposition, l'écoulement sanguin a été chaque fois complétement suspendu en quelques minutes.

« C'est de cette façon que les vingt-huit cas d'épistaxis que j'ai pu observer par moi-même ont été traités avec le plus prompt et le plus entier succès.

« Quelque étrange que paraisse ce moyen, il me semble appelé à rendre d'utiles services, surtout aux médecins militaires. »

REMÈDES CONTRE LA RAGE. — M. Bouchardat ayant lu à l'Académie de médecine, sur différentes communications relatives à des remèdes contre la rage, un rapport dont les conclusions sont toutes négatives, M. Renault remarque avec raison que l'inefficacité des remèdes n'autorise pas toujours à accuser de mauvaise foi les personnes qui prétendent en avoir obtenu les meilleurs résultats. Il y a en effet une cause d'illusion dont il faut tenir compte, savoir : *que le plus grand nombre des personnes mordues par des chiens enragés ne contractent pas la rage*, et, à ce propos, M. Renault raconte le fait suivant :

« Un vieillard vint me trouver, il y a quelques années, exhibant des certificats constatant qu'il avait guéri un grand nombre de cas de rage. J'avais à cette époque, à Alfort, un chien enragé au plus haut degré. Le vieillard se précipite sur ce chien pour se faire mordre ; je le saisis et le renverse en arrière pour le soustraire aux attaques de l'animal. Que fait-il alors ? Il ordonne à son fils, qu'il avait avec lui, d'aller se faire mordre ; je parvins heureusement aussi à l'en empêcher. Vous voyez à quel point cet homme était convaincu de l'infaillibilité de son remède !

« Je fis à cette occasion les expériences suivantes : Je fis mordre plusieurs chevaux, des moutons et des chiens, soumettant les uns au traitement proposé par cet homme, abandonnant les autres sans traitement. Eh bien ! aucun des animaux mordus et abandonnés à eux-mêmes sans traitement ne contracta la rage. Je laisse à penser ce qu'on en aurait conclu s'ils avaient pris le remède. »

GISEMENT DE L'OISEAU DE MEUDON. — Combien de centaines de siècles se sont-elles écoulées, depuis que le cadavre de cet oiseau gros comme un cheval, qui nageait comme un cygne et dormait debout sur une patte comme une cygogne, a été enfoui dans les profondeurs du sol parisien? ni les meulières caverneuses, ni les grès marins, ni les marnes à huîtres que nous observons dans nos environs, ni le gypse de Montmartre et de la plupart de nos collines, ni la pierre à bâtir dont les puissantes assises servent de fondations à la grande ville; rien de tout cela n'existait! l'emplacement qu'elle devait occuper était recouvert par les eaux, et les matériaux futurs de nos habitations et de nos monuments se déposaient lentement au fond de la mer profonde. Mais l'oiseau de Meudon est-il véritablement contemporain du banc d'argile noirâtre feuilleté, de 25 centimètres d'épaisseur, où a été ramassé ce fragment à l'aide duquel on a pu retracer les principaux traits de l'histoire du Gastornis? ne serait-il pas possible que, datant en réalité d'une époque bien plus récente, que, postérieur, par exemple, au dépôt du calcaire grossier, il eût été précipité par un éboulement à travers une crevasse du sol dans les profondeurs d'où on vient de l'extraire? C'est ce dont M. Constant Prévost a une fois de plus voulu s'assurer; et il résulte d'une coupe du lit d'argile dans lequel l'oiseau géant a été trouvé, coupe mise sous les yeux de l'Académie, que ce lit d'argile « ne peut être le produit d'un remaniement ou d'un éboulement postérieur au dépôt du calcaire grossier. »

Coupe et regain. — M. Isidore Pierre a fait six cents analyses en vue de déterminer la composition des fourrages, il a trouvé que la proposition d'azote est plus considérable dans la partie supérieure de ces plantes que dans la partie inférieure; la différence est quelquefois dans la proportion de quatre à un. On sait que les cultivateurs préfèrent en général le végétal entier ou la première coupe au regain. Les analyses de M. Pierre montrent qu'ils ont tort. C'est dans le regain que se trouve la plus grande proportion d'azote; il en contient souvent quatre, quand le foin n'en contient qu'un. Il y a donc plus de qualité nutritive dans la seconde coupe que dans la première.

L'Ergot du blé. — M. le docteur Jobert de Guyonville, habitant un département (Haute-Marne) où on ne sème le seigle que très-rarement, récolte sur le blé depuis vingt-deux années l'ergot dont il se sert dans sa pratique médicale. A son avis la propriété médicale et obstétricale de l'ergot de blé est aussi incontestable que celle de l'ergot de seigle, et les effets du premier sont aussi prompts, aussi directs, aussi grands que ceux de l'autre. « Mais, ajoute l'auteur, je ne saurais dire s'il produit l'ergotisme quand il est donné avec les aliments. Tout ce que j'ai pu savoir, c'est que, par un motif insaisissable, par une connaissance que je n'ai pu apprécier, nos habitants ont grand soin de faire disparaître les grains d'ergot qu'ils rencontrent sur les quelques épis de seigle qu'ils récoltent chaque année (ils disent, mais sans savoir pourquoi, que cela fait mal); tandis qu'ils ne se préoccupent point de la présence de l'ergot dans leurs blés, quelle que soit la quantité qu'ils y trouvent.

« Ajoutons que cette quantité n'est jamais d'ailleurs fort grande.

« Depuis quelques années les étés pluvieux ont développé et produit une quantité d'ergot plus grande que jamais. J'en ai vu et récolté jusqu'à douze et quinze grains sur un épi; j'en ai vu encore et récolté sur plusieurs plantes de maïs. Je me propose d'essayer ce dernier, d'étudier et de faire connaître ses effets médicamenteux aussitôt que je les aurai constatés. »

Circonvolutions du cerveau des mammifères. — Dans deux mémoires sur ce sujet, M. C. Dareste a voulu prouver que dans chaque groupe naturel de la classe des mammifères le développement des circonvolutions est en rapport avec le développement de la taille. Il résulterait de ce fait que l'absence ou la présence des circonvolutions ne peut être considérée comme un caractère de famille, puisque dans chaque famille on trouve de petites espèces dont le cerveau est lisse ou à peu près.

Mais si la présence ou l'absence des circonvolutions ne peut fournir de bons caractères pour la classification des mammifères, il n'en est pas de même de leur disposition. Dans chaque groupe naturel, lorsque les circonvolutions se développent, elles présentent une disposition constante; telle est la thèse que M. Dareste établit dans un troisième mémoire consacré à la détermination du type des circonvolutions dans chaque famille naturelle. Il existerait au moins quatre de ces types dans la classe des mammifères, un pour les primates, un pour les carnassiers, un pour les ruminants et les pachydermes, le quatrième pour les marsupiaux herbivores. On remarquera que cette division répond à celle établie autrefois par M. Milne-Edwards d'après la considération du placenta: discoïde chez les primates, zonaire chez les carnassiers, diffus chez les ruminants et les pachydermes, nul enfin chez les marsupiaux.

## VARIÉTÉS.

### Cas remarquables de longévité des graines.

Il y a une quinzaine d'années, on ouvrit l'un de ces tumulus celtiques qui existent encore en assez grand nombre dans le sud-ouest de l'Angleterre. Le tombeau renfermait un squelette. Au milieu du squelette, et à la place qu'avait occupé l'estomac, il y avait une matière terreuse, noire et compacte. Dans cette matière terreuse, on trouva des graines de framboisier. Ces graines furent semées: plusieurs d'entre elles germèrent et continuent de végéter dans le jardin de la *Société horticole de Londres*. Des graines mangées par un Celte, et qui, après avoir échappé à l'action des sucs gastriques, échappent à celle du temps depuis l'époque des anciens Bretons, voilà qui parut inadmissible à beaucoup de savants. D'autres, et M. Lindley est du nombre, regardèrent le fait comme authentique. Une vive discussion s'engagea. Des personnes qui avaient assisté à l'ouverture du tumulus celtique intervinrent. Enfin, un célèbre botaniste, le docteur Royle, qui a longtemps dirigé le jardin d'acclimatation de Calcutta, déclara qu'il était présent lorsque la matière brune contenant des graines fut présentée au docteur Lindley, et qu'il ne doute pas que les graines qui ont germé dans le jardin de la *Société horticole* n'aient été conservées sous terre pendant des siècles.

M. Lindley vient de nous faire connaître des plantes qu'on peut appeler archéologiques. M. le docteur Kemp va nous en montrer de fossiles. On lit dans les *Annales of natural history* que des graines furent trouvées, sur les bords de la Tweed, dans une couche de terre qui avait constitué la surface du sol à une époque reculée, mais qui se trouve maintenant à huit mètres de profondeur. Ces graines étaient celles de *Polygonum*, de *Convolvulus* et d'*Atriplex*. Elles dataient d'une époque bien autrement reculée que les précédentes. Vraisemblablement elles avaient précédé l'apparition de l'homme sur la terre; cependant MM. Lindley et Kemp sont parvenus à en faire lever la dixième partie.

Personne n'ignore que lorsqu'une forêt séculaire a été abattue, on voit apparaître sur l'emplacement qu'elle occupait des espèces herbacées ou frutescentes qu'on n'y rencontrait pas auparavant, et dont les graines n'ont pu y être apportées par le vent. Ces graines se trouvaient donc enfouies dans le sol depuis une époque antérieure à l'existence de cette forêt.

Voici deux observations du même genre faites par un habile agronome, M. Trochu, cultivateur à Belle-Ile-en-Mer.

En 1826, M. Trochu fit ensemencer par planches alternatives, en sarrazin et en millet, une pièce de terre de deux hectares et demi. Quand les graines commencèrent à sortir, le champ fut infesté par des bandes d'oiseaux granivores qui firent tomber une partie des graines sur le sol. Après la récolte, on défonça le champ à la main, à la profondeur de 66 à 72 centimètres, pour y former une pépinière d'arbres forestiers; la couche végétale superficielle, avec les graines de millet et de sarrasin qu'elle contenait, fut jetée au fond du défoncement, tandis que l'argile du sous-sol était ramenée à la surface.

Douze ans après, en 1838, le propriétaire fit arracher une partie des arbres de cette pièce. L'opération nécessita des fouilles qui ramenèrent à la superficie des terres anciennement enfoncées à la profondeur du sous-sol; ces terres ne furent pas plus tôt exposées aux influences atmosphériques, qu'elles se couvrirent de jeunes plantes de sarrazin et de millet, précisément aux endroits qu'avaient occupé, douze ans auparavant, les planches de ces deux céréales, dont on n'avait pas depuis lors remarqué la moindre trace sur le terrain.

Le fait suivant est encore plus remarquable. En 1809, le même agriculteur fit défoncer à un mètre de profondeur une pièce de landes dont il voulait faire un jardin fruitier. La couche végétale fut jetée au fond de l'excavation, et le sous-sol la remplaça à la surface, en sorte que les nombreuses graines d'Ajoncs et de Bruyères qui existaient sur le terrain furent enfoncés à près d'un mètre. *Vingt-cinq ans* après, M. Trochu fut très-étonné de voir le terrain se couvrir d'une multitude de ces jeunes végétaux autour des fosses profondes qu'on venait de creuser pour remplacer des arbres morts, et, encore aujourd'hui, *après quarante ans d'enfouissement*, ces graines lèvent abondamment partout où l'on creuse assez profondément pour les ramener à la surface.

M. Sarrail, propriétaire dans le département de l'Aude, a communiqué un fait qui mérite de prendre place auprès des précédents.

M. Sarrail avait, en 1817, créé un jardin qui se trouve attenant par un de ses côtés à la rivière de Fresquel. Le terrain était en pente; on le disposa en planches horizontales étagées à la manière d'un escalier. La planche inférieure, qui courait parallèlement à la rivière et presque à son niveau, était fréquemment submergée; ne sachant trop qu'y mettre, M. Sarrail y sema de la persicaire, à laquelle bientôt il ne songea plus.

L'année suivante, en 1818, il crut mieux utiliser cette partie de son jardin en la plantant de cannes de Provence. Cette vigoureuse graminée prit un développement rapide, et, en moins de trois ans, forma une barrière continue dans l'épaisseur de laquelle la rivière, pendant ses crues, déposait une grande quantité de limon qui élevait graduellement le niveau de la planche.

Les roseaux, tous les ans plus profondément enterrés par ces dépôts, suivirent le mouvement ascensionnel de la surface du sol en prolongeant leurs rhizomes par la partie supérieure. Au mois de février 1852, M. Sarrail fit détruire cette plantation; les rhizomes, qui formaient trois couches superposées, dont l'inférieure était presque entièrement réduite en terreau, furent extirpés du sol, et on transporta la terre sous-jacente, en qualité d'engrais, sur la planche immédiatement supérieure. Mais quel fut l'étonnement de notre agronome, lorsque deux ou trois mois après, il vit cette planche ainsi que l'excavation d'où la terre avait été extraite, se couvrir d'une abondante moisson de persicaire! Il se rappela alors le semis fait *trente-cinq ans* auparavant, et dont provenait évidemment la récolte inattendue.

---

## NOUVELLES ET CAUSERIES.

⁂ « Je pars au moment où le spectacle va devenir intéressant, disait Gay-Lussac, peu de jours avant sa mort; d'ici à quelques années, le génie de l'homme aura renouvelé le monde. Que ne puis-je prendre une contremarque, et simple spectateur des choses, vivre par curiosité. »

Sans doute, il est regrettable de quitter la partie en un moment aussi décisif que celui où nous sommes; mais quelle consolation que d'entrevoir l'avenir des yeux de l'esprit!

Dans ce grand spectacle auquel Gay-Lussac regrettait de ne point assister, le rôle des sciences expérimentales consiste à créer l'organisme matériel de la société future; au sein du vieux monde, le géant se développe, déjà nous pouvons voir dans nos chemins de fer et nos télégraphes électriques, l'ébauche avancée de son système circulatoire et de ses nerfs, et par ce que nous voyons, nous apprécions la puissance de vie dont il sera doué.

⁂ Les locomotives ne datent que de l'emploi des chaudières tubulaires, de 1828 : elles ont 27 ans d'âge! le premier bateau à vapeur employé à un service régulier fut construit par Fulton à New-York, sait-on en quelle année? en 1807. On n'en vit en Angleterre qu'en 1812. J'ai sous les yeux la relation du voyage de l'homme qui les a introduits en France. C'est en 1816 que M. Andriel se rendit à Londres, pour y faire l'acquisition d'un bateau capable de donner aux parisiens une idée de la nouvelle navigation. Quel voyage! que d'événements! que de périls! que de lenteurs! Parti de Londres le 9 mars, il mouilla auprès du pont d'Iéna le 28 du même mois, après dix-neuf jours de *navigation*, le temps nécessaire aujourd'hui pour aller en Amérique et en revenir. Tout le monde sait que le télégraphe électrique date de moins d'un quart de siècle.

Cependant, ces inventions si récentes sont maintenant entrées dans nos mœurs; elles nous sont devenues aussi indispensables que les outils les plus vulgaires et le plus anciennement connus; il nous serait désormais impossible de nous en passer. Cette grande époque est également remarquable, et par son génie inventif, et par sa promptitude d'exécution, et par sa force d'assimilation. Non seulement de grandes découvertes se succèdent avec rapidité; mais aussitôt faites elles s'étendent au globe entier et entrent si promptement dans les habitudes que bientôt on croit les avoir toujours possédées.

Il est bon cependant de rappeler de temps à autre la date de leur création; de tels souvenirs sont d'admirables prophéties.

⁂ Il n'y a pas longtemps encore qu'il fallait expliquer pourquoi était si petite la somme d'amélioration dont chaque génération était témoin, et on disait : le progrès général ne doit pas être rapporté à la durée de la vie individuelle qui est une mesure trop petite, mais à la durée indéterminée de l'humanité. Une telle explication n'est plus nécessaire, le même homme a pu assister à la naissance de la machine à vapeur, de la pile, de l'éclairage au gaz, de la locomotive, du paquebot transatlantique, de la télégraphie électrique, du daguerréotype, de la galvanoplastie, de la machine à vapeur de labour, des agents anesthériques, et de cinquante autres découvertes dont chacune eût suffi naguère à défrayer tout un siècle.

Aussi, nul de nous ne se sent-il plus intéressé au progrès général, uniquement par le sentiment de ses devoirs envers les hommes, et par l'amour abstrait du vrai et du bon; à ces nobles et éternels mobiles se joint désormais le légitime espoir de voir les germes, que nous arrosons de nos sueurs, grandir assez vite pour fournir des fruits et de l'ombre à notre âge mûr. En se vouant au service de l'humanité, chacun de nous travaille à son propre avenir sur cette terre, et dès cette vie, et il en a conscience.

⁂ Milton, a dit :

« The fairest of her daughters Eve. »

En français :

Eve était la plus belle de ses filles.

Il paraît que cette locution, un peu risquée, a pris pied dans la littérature de notre pays, ou, du moins, dans un genre de littérature qui, il faut l'avouer, n'a rien de commun avec les belles lettres : je veux parler de la littérature scientifique. Un botaniste dit de la méthode de Jussieu : « Elle est, de toutes les autres publiées jusqu'à ce jour, celle qui mérite la préférence. » Un physicien, M. Becquerel, écrit, à propos de Mollusques : « A l'exception d'une seule famille, les autres sont privées de la vue. »

---

*Le propriétaire, rédacteur-gérant :*
VICTOR MEUNIER.

---

PARIS. — IMP. J.-B. GROS, RUE DES NOYERS, 74

Première année. — N° 14. Quinze centimes. 8 avril 1855.

# L'AMI DES SCIENCES

PAR

## VICTOR MEUNIER

BUREAUX D'ABONNEMENT : 13, RUE DU JARDINET, 13. Près l'École de Médecine.

Parait le Dimanche.

PRIX DE L'ABONNEMENT POUR L'ANNÉE PARIS, 6 FR. — DÉPARTEMENTS, 8 FR. Envoyer un mandat de poste.

### AVIS ESSENTIEL.

Les bureaux de l'*Ami des Sciences* sont transférés, 13, rue du Jardinet, derrière l'Ecole de médecine. — Tout ce qui concerne le Journal doit être adressé à M. V. Meunier.

Cet avis a échappé à plusieurs de nos abonnés; c'est pourquoi nous le répétons; il importe qu'ils veuillent bien s'y conformer.



### Fin spiritualiste du mouvement industriel.

Nous sommes pour le moment locataires d'une société en reconstruction. En vue de destinées sublimes, un monde nouveau s'organise; des moyens gigantesques sont mis à notre disposition; toutes les forces de la nature nous sont livrées; des esclaves travaillent non plus pour une caste, mais pour le genre humain appelé tout entier à des fonctions patriciennes; le sol est refait, de nouvelles populations végétales et animales, empruntées à toutes les latitudes, viennent s'y implanter; de prodigieux moyens de circulation et de correspondance sont créés; l'atelier agricole et l'atelier industriel sont reconstitués; enfin, par la création d'un nouveau type architectonique, la vie domestique va subir une révolution égale et parallèle à celle qui s'est opérée dans nos moyens de production, de circulation et de correspondance. — Je voudrais pouvoir montrer en détail que c'est là, en dépit de l'opinion commune, un travail éminemment spiritualiste et dans son principe et dans ses conséquences. Il importe du moins qu'on sache — notre honneur y est engagé — que la conséquence finale du travail dont nous retraçons hebdomadairement les phases, ne nous échappe pas.

La séparation anciennement établie entre les sciences expérimentales et les sciences sociologiques est de même nature que celle qui existe entre la physiologie et la psychologie et que maintenant tous les faits battent en brèche.

La cosmologie et ses applications sont apparues en premier dans les faits sociaux, par la même raison qu'en tout être animé le corps se montre avant l'esprit. Mais de même qu'un embryon humain en voie de développement est un être sensible, intelligent et libre qui se forme, la société nouvelle, bien qu'elle ne se manifeste encore à nous que par ses aspects matériels, est nécessairement un nouvel ordre intellectuel et moral qui s'organise, et sa supériorité, sous le rapport physique, est un indice du degré de perfection spirituelle qu'elle atteindra. Arrêter sa pensée à la limite des institutions matérielles et ne pas aller au-delà, ce serait se mettre dans le cas du physiologiste qui se renfermerait dans l'étude des phases fœtales, et dont les prévisions n'atteindraient jamais l'être intelligent dont la naissance est l'unique but du travail embryonnaire.

Impossible! absurde! D'autant qu'aucun développement organique ne s'opère que sous l'impulsion secrète de l'âme même à laquelle le corps qui se forme donnera les moyens de développer toute son activité. Or, l'analogie ne nous abandonne pas sur ce point. Il est clair, en effet, que c'est à une aspiration d'abord confuse, puis de plus en plus consciente d'elle-même et qui maintenant enfin se possède, au moins dans la tête de quelques-uns; il est évident, dis-je, qu'à une aspiration vers une société nouvelle est dû le grand développement qu'ont pris les sciences cosmologiques; c'est elle qui les a mises en branle, et c'est sous son impulsion qu'agissant à titre de forces organiques, elles ont constitué, elles assemblent les éléments, les appareils et les systèmes de l'être social nouveau, dont les phases embryonnaires se déroulent sous nos yeux.

C'est donc faire preuve d'étroitesse d'esprit que de voir dans cette préoccupation des progrès matériels à laquelle notre époque paraît s'adonner exclusivement, un signe de décadence, et d'établir à cause de cela une analogie entre notre temps et l'époque de l'empire romain. On a pris le commencement pour la fin, l'âge fœtal pour la décrépitude; on n'a pas vu que les Romains, à bout d'idées, sans vues d'avenir, ne purent que jouir sur leurs vieux jours des biens qu'ils avaient amassés; tandis qu'au nom d'idées nouvelles, nous fondons un nouvel établissement; ils mouraient, nous nous transformons. On voit aussi que, de quelque côté qu'on prenne la question, les sciences cosmologiques conduisent aux sciences sociologiques, comme les prémisses d'un syllogisme bien posé mènent à la conclusion, et c'est pour cela que nous les aimons. Que nous importeraient et la physique, et la chimie, et l'astronomie, et la mécanique, et les sciences naturelles, si en définitive leurs constantes acquisitions ne devaient profiter à l'agrandissement intellectuel et au progrès moral du genre humain!

### LE TÉLÉGRAPHE DES DEUX MONDES.

Pendant qu'on cause ici du télégraphe qui un jour ou l'autre abolira les quinze à dix-huit cents lieues qui séparent l'ancien monde du nouveau, les Américains le construisent. Six cents ouvriers travaillent, dit-on, depuis un an à la pose des poteaux et des fils entre New-York et Saint-Jean, sur le banc de Terre-Neuve. Douze cents milles de fils sont déjà prêts. Saint-Jean est le point le plus rapproché de l'Europe, et dès qu'il sera mis en communication électrique avec la métropole américaine, celle-ci recevra de nos nouvelles dans l'espace de cinq à six jours. On annonce en outre qu'avant deux ans Londres sera relié à New-York par le télégraphe sous-marin, et alors l'échange des correspondances entre les deux capitales n'exigera pas plus d'une heure; le tout à compte sur le réseau sphérique qui mettra tous les points de la terre dans un perpétuel tête-à-tête les uns avec les autres.

Rapprochez de ce fait les perfectionnements et innovations qui s'opéreront nécessairement d'ici à peu dans nos moyens de transport transatlantiques. Ainsi il a été question d'établir entre Galway, le point le plus occidental de l'Irlande, et Saint-Jean ci-dessus cité, un service de bateaux à vapeur à grande vitesse qui devaient faire le trajet en six jours; nous sommes certainement destinés à voir ce projet mis à exécution. Songez en outre aux hydro-locomotives, à la navigation aérienne! Avant très-peu d'années, de New-York ou d'Alexandrie, un négociant fera par voie télégraphique une commande à un négociant de Paris, et, avant un quart de siècle, les marchandises ainsi demandées seront en quatre ou cinq jours rendues à destination par la voie de l'air ou par celle de la mer. Avant qu'il soit bien longtemps, nos journaux raconteront les faits intéressants qui, dans la matinée, se seront produits dans les cinq parties du monde. Tout à l'heure un enfant pourrait de Londres, avec son petit doigt, mettre en mouvement le bourdon de Notre-Dame de Paris.

Ceci est une grande époque, l'aurore d'une radieuse journée. La belle vie devant nous! et peut-être ne mourrons-nous pas sans avoir visité toute cette terre qui est notre vraie, notre unique patrie, la France n'étant que notre province. Salut aux temps nouveaux! et rendons grâces au ciel qui nous a fait naître en un tel siècle, et permet que nous en comprenions la grandeur.

Quel mystère que l'homme! D'où vient-il et où va-t-il? Il faut espérer que les philosophes aborderont la question. Il y a urgence. La lumière des sciences positives leur permettra d'y voir plus clair que par le passé. Il est du moins un fait acquis; s'il était possible de mettre l'intelligence humaine dans le plateau d'une balance, et dans l'autre plateau la terre avec toutes ses productions et ses forces si redoutables à nos premiers pères, la terre et son contenu n'y pèseraient pas une once. L'esprit a brisé ses entraves; il se montre, la matière tremble et se soumet, et l'homme va jouer avec ce globe esclave comme avec la boule d'un bilboquet.

---

## SYSTÈME

### HYGIÉNIQUE ET AGRICOLE DE CIRCULATION CONTINUE.

(Deuxième article.)

L'école sanitaire anglaise prêche, avons-nous dit, la *reconstruction des bases matérielles de la société*, et le SYSTÈME DE CIRCULATION CONTINUE au succès duquel elle se consacre en ce moment, est un des éléments principaux de cette reconstruction. Nous avons exposé le système dans son ensemble, l'importance du sujet veut que nous en reprenions les principaux détails; pour commencer, nous nous occuperons de la partie hydraulique.

L'école sanitaire anglaise veut que les populations cessent de puiser aux fleuves et aux rivières l'eau qu'elles emploient aux usages domestiques. Lavant de grandes étendues de terrain, recevant les déjections des villes qu'elles traversent, ces eaux tiennent toujours en dissolution une grande proportion de matières organiques et minérales. Celui qui à Paris boit trois litres d'eau de Seine, charge son estomac de 1 gramme et demi de limon; s'il puise sur la rive gauche, les sels calcaires dominent dans la matière terreuse qu'il ingurgite; sur la rive droite, il mange, en buvant, des sels magnésiens. Puise-t-il un peu au-dessous du pont d'Austerlitz, à proximité de la Bièvre, il déguste les débris des ateliers de tanneurs et corroyeurs, etc. La Seine n'est pas dans de plus mauvaises conditions que les autres fleuves. Ainsi la Tamise reçoit le trop plein d'égoûts contenant une masse d'ordures stagnantes qui rempliraient un canal de 40 milles de longueur, de 30 pieds de large et de 10 pieds de profondeur.

L'école anglaise pense que ces eaux-là n'ont pas complétement les caractères d'une eau potable et détergente. L'eau dont on doit se servir est, à son avis, celle qui, vaporisée, distillée par le soleil, retombe en pluie sur des rochers primitifs ou sur les débris sablonneux de ces rochers.

C'est là qu'il faut aller la chercher pour la conduire aux villes, en ayant soin qu'elle ne contracte en route aucune impureté, ce qui s'obtient aisément en la renfermant depuis l'endroit où on la recueille jusqu'à celui où on la consomme dans un réseau de canaux ou de tubes.

C'est-à-dire qu'aux sources naturelles on propose de substituer des sources artificielles. Comment? au moyen du drainage. On pose dans le terrain aquifère, à quatre ou cinq pieds au-dessous du sol, des tuyaux collecteurs, des drains. A cette profondeur, l'eau s'est dépouillée des impuretés dont elle s'était chargée en traversant l'atmosphère et n'en a pas encore emprunté de nouvelles au sol. Ces tuyaux collecteurs, sources de création humaine, se réunissent en un aqueduc, rivière artificielle allant du terrain aquifère à la ville. Arrivé à la ville, cet aqueduc se divise en une série d'embranchements tubulaires qui distribuent l'eau dans tous les quartiers, dans toutes les rues, à toutes les maisons, à tous les étages. Le système a la forme d'un arbre. Les tuyaux collecteurs sont les racines, les tuyaux distributeurs sont les branches, l'aqueduc est le tronc.

Farnham, petite ville située à une heure de Londres, est fournie d'eau par un réseau collecteur qu'on y a posé d'après ce système en 1837, et, dont le courant ne s'est jamais arrêté. Ce réservoir naturel, au lieu de s'épuiser par le tirage, fournit trois fois plus d'eau qu'il ne s'en écoulait du même terrain avant le drainage. Ceci vient sans doute de ce qu'en facilitant l'écoulement souterrain de l'eau, on diminue la quantité qui se perd par l'évaporation. L'eau est d'une pureté exquise et d'une fraîcheur délicieuse. L'étendue du réseau n'est que d'un hectare, et cependant son rendement suffit aux besoins d'une population de 1,500 personnes. Cette eau de source monte aux étages les plus élevés de toutes les maisons; chaque habitant, pour s'approvisionner, n'a qu'à tourner un robinet. Comme le Juif-Errant a toujours cinq sous dans sa poche, l'habitant de Farnham a toujours dans sa cuisine une fontaine pleine et qui se remplit d'elle-même. Savez-vous combien il lui en coûte? La dépense est de vingt centimes par maison et par semaine.

On voit que cette grande école hygiénique n'en est plus à faire l'essai de ses idées. Déjà Paisley, Rugby, Sandgate, Otter-Saint-Mary, Ahnwick, jouissent des mêmes avantages que Farnham; bientôt, dans vingt villes anglaises, l'eau, recueillie artificiellement, sera distribuée à domicile par l'un ou l'autre de ces infatigables porteurs d'eau, sinon par tous les deux à la fois: la gravitation et la vapeur.

Ce moyen de créer les sources artificielles est sans contredit l'une des plus belles inventions de notre temps. C'est une nouvelle branche de culture et de toutes la plus originale. Nous avons des terrains consacrés à la production des céréales, des fourrages, du vin, de la bière; nous aurons des terrains consacrés à la production de l'eau. Ces terrains sont précisément ceux qui demeurent incultes. Peut-être dira-t-on qu'on les eût défrichés. Mais ne vaut-elle pas bien un défrichement, l'opération en vertu de laquelle un hectare de terre, jusqu'ici stérile, économise aux consommateurs mille francs par an? Cette économie n'équivaut-elle pas à une production directe de la même importance. Or, c'est là, en effet, ce que rapporte, ainsi que nous le montrerons, la création de sources artificielles. Remarquons que ce nouveau mode de culture a pour résultat indirect d'assainir la contrée où il s'exerce, non seulement en diminuant l'évaporation, mais encore en desséchant les bas-fonds voisins des terrains aquifères plus élevés. Il est évident, en effet, que, lorsque les élévations sablonneuses sont cernées par des tuyaux collecteurs, l'eau de pluie que ces élévations reçoivent ne descend plus dans les marais. Les drains posés dans la bruyère de Farnham ont desséché deux bas-fonds autrefois si marécageux qu'en les traversant, l'hiver, on avait de la boue jusqu'aux chevilles. Ces dépressions présentent maintenant une surface parfaitement ferme et sèche, même pendant les plus fortes pluies.

L'eau des sources artificielles a sur les eaux calcaires des rivières et des fleuves deux sortes d'avantages, les uns hygiéniques, les autres économiques. Bien que la bourse passe communément avant la santé, nous commencerons par les premiers.

Paisley, en Ecosse, ville de 60,000 habitants, est l'une des localités où les sources artificielles ont été établies. Sous ce nouveau régime, la santé publique s'y est beaucoup améliorée. Les maladies calculeuses, autrefois très-nombreuses à l'hôpital, sont devenues fort rares. Une diminution de maladies calculeuses a eu lieu également à Bolton pour le même motif. La même chose à Glasgow.

Il est, du reste, à remarquer que partout où elles ont le choix entre une eau douce et une eau calcaire, les populations se prononcent pour la première contre la seconde.

Ainsi à Paisley, où l'on peut consommer gratuitement les eaux calcaires des puits de la ville et de la rivière *Black Cart*, les neuf dixièmes de la population aiment mieux payer assez cher l'eau douce qu'une compagnie fournit à la ville. Les médecins constatent la même prédilection chez les habitants de Glasgow et de Bolton. A Stockport, la préférence a été si marquée que la compagnie, pour accélérer les abonnements, s'est décidée à abandonner ses sources calcaires, et à ne plus distribuer qu'une eau douce qu'elle recueille sur les collines voisines.

Quelques faits semblent contraires aux précédents ; au fond, ils ne les infirment pas, ils prouvent seulement la toute-puissance de l'habitude sur certaines individualités.

« Je bois rarement de l'eau, parce que j'aime mieux le grog et la bière, disait à M. Ward un honnête boutiquier de Farnham ; mais quand j'en bois, je préfère l'eau de ma pompe à l'eau de la bruyère, car je trouve celle-ci insipide. »

Un habitant de la bruyère disait au contraire : « Je me passe toujours de thé quand je vais visiter un de mes amis qui demeure à quatre milles d'ici, et qui fait son thé avec le *hard water* (eau calcaire) de son puits, parce qu'une seule tasse de thé *quite upsets me* (me bouleverse tout à fait). »

Ces témoignages contradictoires semblent, au premier abord, se balancer, mais il s'en faut qu'ils aient la même valeur. L'amateur de bière trouve l'eau douce insipide, le buveur de thé est *bouleversé* par l'eau dure. Voilà un fait constant et décisif ; la substitution de l'eau douce à l'eau calcaire ne porte jamais atteinte à la santé, tandis que le changement contraire jette souvent la perturbation dans les constitutions les plus robustes.

C'est ce dont M. Ward a pu pleinement s'assurer lors d'un voyage qu'il fit tout exprès à Farnham, où, à côté de bancs de craie d'où jaillissent des eaux très-limpides, mais modérément calcaires, se trouve cette bruyère sablonneuse dont nous avons parlé, qui fournit des sources où on ne trouve presque pas de chaux. « J'étais étonné, dit-il, de l'extrême antipathie des paysans de la bruyère pour le *hard water*. Tandis que moi, d'une santé relativement faible, je buvais avec satisfation les eaux fraîches des puits et des sources calcaires, je voyais de jeunes paysans, robustes comme des taureaux, qui n'osaient pas en prendre un verre. » C'est qu'en effet à l'un de ces paysans un verre de *hard water* avait causé une purgation violente ; l'autre lui avait dû une forte constipation ; chez un troisième, la digestion s'était arrêtée court ; plusieurs avaient éprouvé des maux d'entrailles, la sensation « de plomb dans l'estomac, » etc.

Les animaux, et surtout les chevaux, en souffrent également. Stephen Pharo avait un cheval habitué à boire l'eau douce de la bruyère ; ce cheval un jour s'abreuva à une source calcaire ; moins d'une demi-heure après, l'animal, qui traînait une charrette, s'arrêta en manifestant un malaise extrême. A peine fut-il dételé qu'il se coucha par terre, et on eut grande peine à le faire arriver à l'écurie. Un voiturier, à Farnham, assure avoir vu des chevaux tués par l'ingestion des eaux dures du voisinage.

Ces histoires de chevaux font la transition entre les avantages sanitaires et les avantages économiques de l'eau douce. Parlons maintenant de ces derniers.

---

## SOUSCRIPTION

### EN FAVEUR DE LA FAMILLE DE JOSEPH REMY.

L'*Ami des sciences* accuse réception des sommes suivantes :

MM. Lemée, à Suette, 2 fr. — Docteur Nègre, à La Salvetat, 2 fr.—Malplane, lieutenant de vaisseau, à Arzeu (Algérie), 7 fr. 50. — Chopin-Dallery, 5 fr. — Docteur Chevandier, à Die, 2 fr. — Jourdan, avocat à Crest, 2 fr. — Docteur Jules Juge, à Aoûste, 4 fr. — Théophile Langlois, à Rennes, 1 fr.

Ces offrandes ont été, ainsi que le produit des listes précédentes, versées par nous entre les mains de M. le trésorier de la Société impériale zoologique d'acclimatation.

A la suite du rapport de M. Jules Haime, que nous avons inséré dans un précédent numéro, M. le président de la Société zoologique avait été chargé d'écrire aux délégués de la Société dans les départements et à l'étranger pour leur annoncer l'ouverture de la souscription, et les inviter à recueillir les offrandes des personnes qui voudront y prendre part. Par suite de cet appel, des souscriptions ont été ouvertes :

A Toulon, par les soins de MM. Aguillon et Turrel ; à Poitiers, par M. Hollard, professeur à la Faculté des sciences ; à Caen, par M. Leprestre, chirurgien en chef de l'Hôtel-Dieu ; à Rouen, par M. Pouchet, correspondant de l'Institut, directeur du Musée d'histoire naturelle ; à Turin, par M. Baruffi ; à Marseille, par M. Antoine Hesse.

En outre, les journaux de plusieurs départements ont reproduit soit le rapport de M. Haime, soit la lettre de M. le président aux délégués, et ouvert des souscriptions dans leurs bureaux.

Enfin, une commission a été instituée par la Société zoologique pour lui rendre compte des résultats de la souscription et dans le but de tirer le meilleur parti possible des fonds recueillis. Cette commission est composée de MM. Antoine Passy, Paul Blacque, Milne-Edwards, Jules Haime, de Quatrefages, Richard du Cantal et Charles Wallut.

---

## CORRESPONDANCE.

### Assainissement des marais.

En réponse à la lettre du docteur Yvan, insérée dans un précédent numéro, la lettre suivante nous est parvenue depuis longtemps déjà. Sa longueur nous a empêché de l'insérer plus tôt. Nous nous réservons de traiter prochainement, à notre point de vue, l'importante question de la suppression des marais.

Monsieur le Rédacteur,

A ma grande satisfaction, j'apprends que j'ai des devanciers dans cet art nouveau et tout philanthropique, qui consiste à semer le poison comme on sème les engrais.

Depuis un temps immémorial, les Chinois emploieraient ce procédé, non pas, il est vrai, contre l'effluve paludéen, mais contre de vilaines bêtes qui n'attendent pas la récolte pour consommer le riz. Ces parasites succombent-ils ? M. Yvan l'ignore ; ce qu'il y a de plus certain, c'est l'existence des fièvres et celles des mollusques qui prennent leurs ébats les uns dans la race humaine, les autres dans les eaux empoisonnées.

Empoisonnées, le sont-elles dans l'acception du mot ? Déjà,

M. Yvan aurait dû analyser si l'emplacement où il pêcha des cyrènes donnait trace d'arsenic; ce dont il me sera permis de douter, si j'ajoute foi aux expériences de Jager, Orfila, Boudin et Chatin.

Animalcules, infusoires, insectes, crustacés, vers, mollusques, poissons, oiseaux, mammifères, plantes, rien ne résiste à une dose *convenable* d'arsenic. Aussi, l'avais-je recommandé par tonnes, dans la crainte que le gouvernement ne chargeât des homeopathes de l'exécution finale du miasme des marais.

Les habitants du Céleste-Empire auraient-ils un grain de riz, s'ils empoisonnaient réellement lours rizières? Non. Ils ne cherchent qu'à détruire certains parasites inférieurs qui rongent la plante; ils continuent, donc ils y parviennent. Mais ils n'emploient le poison qu'à petite dose (peu leur importe la tourbe aquatique), et pour qui connaît le peu de solubilité de l'acide arsénieux, rien de plus croyable que l'innocuité de l'eau des rizières, qui ne sont donc pas intoxiquées.

Le seraient-elles, que cela ne prouverait rien; car les marais voisins certainement plus coupables ne reçoivent pas le châtiment dû à leurs forfaits. Ne doit-il pas en être d'une intoxication partielle comme d'une amputation pratiquée au milieu même de la gangrène?

Que des sujets imperméables s'ébattent avec toutes les apparences de la santé, dans une eau légèrement arsénicale, je le comprends; à petite dose, ce poison agit comme le vin, en surexcitant la vie; mais qu'ils vivent dans un liquide réellement empoisonné, je le conteste; et ne crois mieux convaincre M. Yvan, qu'en le priant d'assister à une hécatombe de cyrènes et de paludines tuées à la parisienne, accommodées à la chinoise. Quelque peu mangeur d'arsénic, je tiendrai tête au spirituel docteur qui, je le crains, fera une bien mélancolique expérience. Un adversaire de moins....

J'aborde la question, telle que je l'ai présentée à l'Académie des sciences.

Les marais engendrent les maladies les plus meurtrières; selon les localités, c'est le choléra, la fièvre jaune, la dyssenterie, la fièvre pernicieuse, et toujours les fièvres intermittentes, maladies qui peuvent se propager par la circulation.

Les moyens proposés sont: ou l'abandon à jamais par l'homme des bords infestés, ou le dessèchement suivi de culture. Le premier mode n'est pas en usage; le second, peu praticable, est toujours dispendieux en hommes et en argent. Trouver un moyen de neutralisation miasmatique directe qui permît à l'homme de vivre et d'assécher sans danger, serait donc un bienfait social.

A quels agents recourir? A ceux qui tuent miasmes et parasites, rendent les virus non inoculables, en un mot à ce qui arrête la vie, la fermentation, la putréfaction; c'est-à-dire à l'arsenic, à la chaux, au plâtre, aux sulfures, aux acides concentrés, aux sels de fer, de zinc, de cuivre, de mercure; voire même si l'on veut à l'alun, au goudron, à la térébentine, etc.

Est-ce assez dire que nous ne proposons point que l'acide arsénique, que rend préférable son bas prix, sa puissance, sa stabilité? — Nous lui substituons même la chaux et les sels cuivriques, ou plus économiquement de grandes lames de cuivre, qui, en s'oxydant, rendront les mêmes services.

Sommes-nous dans le vrai, en indiquant les antiseptiques? — Oui; au surplus, examinons les quatre hypothèses émises sur la cause génératrice des fièvres de marais.

1° La *flouve*, préjugé des paysans de la Bresse. L'intoxication la tue.

2° La *putréfaction végéto-animale*, opinion peu admissible, puisqu'elle engendre la fièvre typhoïde, l'antagoniste de la fièvre intermittente. — Paris est un foyer de putréfaction; y a-t-il une seule fièvre intermittente, même chez les égoutiers? En tout cas, comment est-elle prévenue et arrêtée? Par un toxique quelconque. Donc l'intoxication est indiquée et pour arrêter cette putréfaction, et pour la prévenir en tuant les germes des êtres organisés.

Nous entendons demander si cette théorie repose sur la pratique. Oui. — Voyez déjà le docteur Boucherie sécularisant les bois avec des sels métalliques; le médecin conservant par les mêmes procédés et les pièces anatomiques et les cadavres. (L'embaumement, on le sait, n'est que l'empoisonnement; aussi est-ce bien à tort que nous n'avons dit: embaumement des marais.)

Les services que rend cette application, je viens vous prier, vous et M. Yvan, de vous les rappeler. Au temps où vous promeniez vos scalpels sur les trépassés, que de fièvres typhoïdes, que de piqûres anatomiques chez les étudiants... vous-même, Monsieur le Rédacteur, n'avez-vous échappé à la mort qu'au prix de trois mois de souffrance et de dix ou douze coups de bistouri.

Les études médicales sont-elles aussi redoutables depuis que l'on empoisonne les sujets?..

3° *Le gaz proto-carboné* (feux follets), hypothèse encore moins admissible, puisque, préparé dans les laboratoires (et il est pur), respiré à forte dose, ce gaz ne détermine aucun accident. Il existe partout où il y a décomposition organique, et Paris encore est indemne, comme les voisinages des cimetières et des clos d'équarissage.

Vous voulez que le gaz proto-carboné engendre les fièvres, soit. D'où naît-il? de la putréfaction — celle-ci enrayée, existe-t-il? Donc intoxication.

4° *Les animalcules*, opinion émise par Varron (*de re rustica*), Columelle, Vitruve, Kirker, Lange, Lancisi, Virey, Raspail, etc..., et mon malheur est d'avoir penché en faveur de l'idée la plus rationnelle; je suis un hérétique... Je laisse, monsieur, à votre sagacité, le soin de juger si je suis dans l'erreur, en donnant comme preuves du parasitisme, et pour les marais et pour toutes les maladies contagieuses épidémiques:

*a.* L'annihilation du miasme par les vapeurs de la fonderie de Cornouailles;

*b.* L'immunité, pour toutes les épidémies, à ceux qui travaillent le cuivre, les huiles, les matières toxiques nauséabondes; à ceux qui se soumettent à un traitement mercuriel actif, voire même à un traitement bachique;

*c.* Le choléra cessant d'être contagieux, par les fumigations de soufre, et la neutralisation des déjections par une substance vénéneuse (et ceci est frappant, alors que le choléra, sorti d'un marais, se transforme souvent en fièvre intermittente); là, nous citerons les concluantes observations des docteurs Gensoul, Pellarin, Thiersch, Liébig, etc., en suppliant l'administration des hôpitaux de joindre, désormais, l'isolement à la neutralisation. Les quatre mille cholériques, pris dans les salles en 1854, sont de lugubres avertissements;

*d.* Les ferments, le virus syphilitique, comme les champignons de la teigne et du muguet, perdant leurs propriétés par l'huile, l'alcool, les solutions vénéneuses;

*e.* Le *traitement médical*, qui n'est autre que l'intoxication locale ou générale.

Dans tous ces cas, les miasmes, les virus, les ferments et les parasites sont neutralisés, c'est-à-dire empoisonnés, et cela seulement parce qu'ils ont vie.

C'est ici que nous répondrons à M. de Castelneau, qui nous accusait d'empoisonner pour désinfecter, que la désinfection n'est pas la substitution d'une odeur à une autre, mais la neutralisation des matières organiques par le poison, qui agit sans doute en privant de vie des êtres organisés. Qu'il croie bien qu'il ne fait pas de la médecine substitutive, mais bien de la médecine *désinfectante*, neutralisante, antifermentescible, antiparasitaire, toutes les fois qu'il fait circuler le poison daas les veines, ou qu'il l'applique localement.

Est-ce votre opinion, Monsieur le Rédacteur; croyez-vous au parasitisme, surtout lorsqu'à ces preuves s'ajoutent la contagion, la nocturnité, les saisons?

*f.* La *contagion et la reproduction.* Comment l'expliquer autrement que par le parasitisme; alors que tous les miasmes isolés des maladies contagieuses sont reconnus appartenir aux parasites végétaux et animaux... lorsque, de son vivant, l'homme est la proie de vingt espèces différentes d'animaux; lorsqu'un ver lui donne naissance (animalcule spermatique) et qu'un autre ver en fait pâture après la mort. Tout est vie, même la mort...

La nature a créé des êtres spéciaux, dont la mission est de purger le sol des cadavres; elle en a créé d'autres qui doivent, en hâtant la destruction cadavérique, rendre à la terre ses éléments; — mais avant ceux-ci, les adjudants de la mort, les miasmes chargés de supprimer les bouches inutiles en les rappelant dans le sein qui les a nourris, et qui ne peut en nourrir d'autres que par la restitution des éléments.

En restant dans le domaine terrestre, quel moyen autre que le parasitisme la nature pouvait-elle employer, surtout lorsque nous voyons les parasites destructeurs n'envahir des vivants que ceux qui souffrent et végètent.

*g.* La *nocturnité*. Presque tous les parasites de l'homme sont nocturnes; et les fièvres de marais, comme la gale et le choléra, ne se prennent guère qu'après le coucher du soleil.

*h.* Les *saisons*. Les fièvres, comme les grandes épidémies, ne sévissent guère qu'en automne et en été, époques de la vie des mouches, des insectes, des infusoires, qui bientôt meurent de froid, ne laissant que des œufs que fera éclore la chaleur humide.

*i.* L'*intermittence* de la fièvre n'est que l'état de repos, de nutrition, de mouvement de l'être animé, état complétement changé par les fébrifuges (quinine, arsenic, vert-de-gris) tuant les animalcules qui, à l'état de vie, troublent la santé. Les febrifuges (comme tout traitement insecticide), sont administrés d'une manière intermittente, parce qu'il faut tuer les larves reproductrices.

Une première dose empêche l'accès en tuant les êtres vivants. Une deuxième, une troisième, une quatrième dose tuent les larves, au fur et à mesure de leur éclosion. La fievre (comme la gale) n'est guérie, qu'alors que la reproduction animalculaire ne peut plus avoir lieu, par suite de l'intoxication prolongée. La dose en une fois ne réussit pas: 10 grammes de quinine laisseraient la fièvre, tandis que 3 grammes fractionnés en viennent à bout. La médication ne réussit que parce qu'elle est insecticide; où échoue le quinine, réussit l'arsenic, et c'est ici monsieur, que je vous demande s'il ne vaut mieux tuer à domicile le miasme paludéen, que de le tuer dans le corps de l'homme, faire une Saint-Barthélemy dans le repaire, que de tuer en détail les vagabonds.

Etes-vous du même avis? Pour moi, voilà ce que j'avais à dire en *faveur* des animalcules, qui se comptent par milliers dans les marais. Quels sont les coupables? J'ignore; mais le poison est là, et Dieu sauvera les innocents.

Ainsi, *quelle que* soit l'hypothèse: flouve, putréfaction, gaz proto-carboné, miasme spécial, animalcules, cryptogames même, l'intoxication est indiquée.

(Et maintenant je supplie mes honorables commissaires de m'accorder un rapport bon ou mauvais.)

Intoxiquer les marais ne détruirait point toutes les influences pernicieuses, car le défrichement est encore plus meurtrier; je ne sais même si l'on ne peut avancer que, sur les cent mille soldats d'Afrique qui, depuis 1830, ont succombé à l'influence palustre, quatre-vingt mille ne doivent la mort au remuement des terres. Ici, monsieur, c'est au docteur Barrat d'intervenir, c'est à la *piocheuse à vapeur* de déchirer le sol, au procédé de neutralisation de semer le plâtre et la chaux dans le sillon entr'ouvert.

Plus de pertes d'hommes, moins de dépenses, des terres tout amendées, des milliers d'hectares rendus à la culture, tel est le projet sur lequel nous appelons la sollicitude du chef de l'État.

Ah! quand donc un coup d'État d'hygiène viendra-il débarrasser l'humanité de toutes ses maladies, à commencer par le choléra et la syphilis, qui peuvent certainement disparaître en quelques jours!

De par le roi, défense à Dieu
De faire *maladie* en ce lieu.

Agréez, etc. HENRI DE MARTINET

## LA SEMAINE SCIENTIFIQUE.

LITHIUM ET STRONTIUM. — Nous avons annoncé dernièrement, que MM. Bunsen et Mathiessen ont obtenu ces deux corps à l'état métallique; M. Regnault vient d'en mettre des échantillons sous les yeux de l'Académie. Le lithium a l'aspect de l'argent; il est malléable, ductile; 5 milligrammes ont fourni un fil de près d'un mètre de longueur. Sa densité est la moitié de celle de l'eau, il fond à 180 degrés. Il s'oxyde très-facilement, si facilement qu'on ne peut le conserver à l'état métallique que dans l'huile de naphte. Le strontium a l'aspect du laiton, il est d'un jaune clair, malléable. Sa densité est 2, 5; pas plus que le lithium, il ne peut se conserver à l'air, il devient rouge en s'oxydant.

SUR DIVERS ALCOOLS. — Ce que M. I. Geoffroy a fait pour la zoologie pratique, M. Payen l'a accompli pour la chimie; il a tracé l'historique des récents progrès de cette science. Nous nous arrêterons à la partie de son travail qui concerne la fabrication des alcools de diverses provenances, sujet auquel la maladie de la vigne a donné une considérable importance.

A la vérité, il y a lieu maintenant d'espérer que la maladie de la vigne cessera; mais si cet heureux événement arrive, il est désirable que le raisin soit désormais exclusivement employé à produire du vin; or sa maladie aura eu précisément pour résultat de nous apprendre à nous passer de lui dans la fabrication des alcools, ce qui prouve qu'avec des gens ingénieux, à quelque chose malheur est bon. Il est acquis en effet que la production de l'alcool par le grain, la betterave, la canne ou la mélasse, peut suffire aux besoins de la consommation.

L'extraction de l'alcool de la canne à sucre prendra prochainement un développement très-considérable; en outre, MM. Dubrunfaut et Leplay extraient celui de la betterave par un procédé qui paraît réussir.

Ils obtiennent la fermentation sans extraction préalable du jus; elle s'accomplit dans l'intérieur des cellules, le sucre se change en glucose, puis en alcool, sans opération extérieure, sans déplacement, sans que les tranches de la betterave soient détruites. Quant à l'extraction, M. Leplay agit au moyen de l'eau bouillante; l'alcool vaporisé arrive dans des récipients et l'opération est faite. M. Dubrunfaut l'extrait à l'aide du lavage des tranches de betterave; il obtient ainsi un jus vineux qu'il distille ensuite par les procédés ordinaires.

Enfin une troisième méthode d'extraction a été mise en pratique par M. Champonnois qui emploie dans la macération non point l'eau, mais la vinasse. Les tranches de betteraves dont ont été extraites les matières contenues dans les vinasses, peuvent d'ailleurs être utilisées dans l'alimentation des bestiaux, et les nourrisseurs viennent s'approvisionner de ces résidus.

M. Payen a dit quelques mots de l'alcool de bois et de l'alcool d'asphodèle. Tandis que la betterave ne donne que 3 1/2 à 4 1/2 de son poids d'alcool, la sciure de bois en donne 15 p. 100. Néamoins le savant chimiste ne pense pas que l'alcool de bois ait de l'avenir.

Tout le monde a entendu parler de l'alcool d'asphodèle. L'asphodèle est une liliacée à racine tuberculeuse qui, cultivée dans le midi, donne des quantités considérables d'alcool; dans le nord, elle n'en produit que des quantités insignifiantes. Il a été question de cultiver l'asphodèle en grand, mais il faudrait trois ans de culture, et, en définitive, les produits ne paieraient pas la valeur des terrains de bonne qualité qu'on leur consacrerait. M. Payen pense que cette culture doit rester circonscrite en des localités spéciales et sur des sols de peu de valeur. L'étude qui a été faite de cette plante n'aura pas, du reste, été sans profit pour la science ; l'analyse chimique n'a pu en effet constater l'existence du sucre dans cette racine qui donne cependant en alcool le double de la betterave ; M. Payen, en particulier, ne trouve dans les tubercules aucune trace d'amidon. C'est donc à l'analyse immédiate de nous faire connaître le principe sucré qui donne naissance à l'alcool d'asphodèle.

Un nouvel acarus. — On sait que la gale est le résultat du travail sous-épidermique d'un animal parasite de la classe des Arachnides, l'*acarus* ou *sarcoptes scabiei*. Cet acarus n'est pas le seul qui vive sur notre corps ; on y a découvert, encore, l'*acare des follicules, acarus folliculorum,* qui se rencontre chez toutes les personnes d'un certain âge, même les mieux portantes, dans les follicules sébacés, surtout dans ceux de la face, lorsque leur produit de secrétion s'y est accumulé. Hessling en a découvert plusieurs espèces, dans un cas de *plique polonaise ;* le même malade en portait au moins trois espèces différentes. Enfin, le docteur Willigk vient de trouver, dans la *teigne faveuse*, un nouvel acarus, dont la *Gazette hebdomadaire de médecine* donne un dessin fait à un grossissement de 300 diamètres. Les travaux de MM. Robin, Lebert et Bazin nous ont appris qu'un cryptogame spécial constitue le principal élément de la teigne faveuse ; ce nouvel acarus s'ajoute, mais rarement paraît-il, au cryptogame ; donne-t-il au favus une physionomie particulière? C'est une question pendante. Voici les dimensions de l'animal : longueur, 0mm 116 à 0mm 252 (116 à 252 millièmes de millimètres), largeur, mesurée à l'extrémité postérieure du céphalothorax, 0mm 084 à 0mm 132. L'auteur a trouvé, en outre, parmi les cryptogames du favus, un grand nombre de granules arrondis ou ovulaires, ainsi que des œufs, les uns pleins, les autres vides ; ces derniers étaient, en général, déchirés, suivant leur diamètre longitudinal.

Cysticerque de la lèvre supérieure. — Ce vers se rencontre assez fréquemment dans les parties du corps occupées par le tissu cellulaire ; ainsi, on l'a trouvé dans la pie-mère, le tissu cellulaire sous-cutané, les interstices musculaires, etc... M. Berend vient de l'observer sur les lèvres d'un enfant d'un an ; il avait l'apparence d'une tumeur grosse comme un haricot. Une petite incision donna issue au cysticerque ; la réunion de la plaie eut lieu par première intention.

Viabilité des monstres doubles. — J'extrais ce qui suit des observations présentées par M. Serres, à propos du cas tératologique si intéressant que M. de Quatrefages a étudié sur un poisson, et dont il a été question dans un précédent numéro.

« *Ritta-Christina* a vécu huit mois et quelques jours ; *Philomène et Hélène* ont vécu deux mois ; *Marie-Hortense*, un mois et demi ; les annales de la science renferment des cas chez lesquels la vie de deux individus associés s'est prolongée bien au delà de la première enfance. Le plus remarquable est celui des deux jeunes gens qui vécurent jusqu'à l'âge de vingt-huit ans à la cour de Jacques III, roi d'Écosse.

« De même que Ritta-Christina, ces deux jeunes gens étaient doubles supérieurement à partir de l'ombilic et simples inférieurement. De même que chez les deux filles, lorsqu'on irritait les parties inférieures, l'impression était perçue en commun par les deux individus ; lorsqu'au contraire on irritait les parties supérieures, la sensation s'isolait et devenait individuelle.

« L'éducation de ces deux jeunes gens avait été très-soignée ; ils excellaient l'un et l'autre dans la musique, il avaient appris plusieurs langues, *et variis voluntatibus duo corpora secum discordia discutiebant ac interim litigabant*. Du reste, de même que chez Ritta-Christina, leur mort ne fut point simultanée. L'un des deux individus survécut plusieurs jours à l'autre, et la mort du dernier parut hâtée par la putréfaction du corps de son frère. »

M. Serres montre ensuite combien sont simples les conditions anatomiques et physiologiques de l'existence des êtres doubles ; la dualité des deux vies est, en effet, ramenée à l'unité par le procédé que voici : tandis que les viscères de l'un des conjoints conservent leur position normale, ceux de l'autre sont transposés de droite à gauche, et *vice versâ*.

Ainsi est évité le mélange des deux sangs qui amènerait inévitablement la mort. Quant à la transposition des viscères, elle est le résultat de l'union primitive des deux foies, laquelle est elle-même un effet de la réunion des deux veines ombilicales ; celle-ci étant donnée, un des foies se transpose, et se trouve en présence de celui du conjoint ; tout le reste consiste en évolutions purement mécaniques

Rapports embryologiques entre la faune actuelle et la faune antérieure. — « C'est un fait que je puis maintenant proclamer dans la plus grande généralité, écrit M. Agassiz à M. Elie de Beaumont, que les embryons et les jeunes de tous les animaux vivants, à quelque classe qu'ils appartiennent, sont les vivantes images en miniature des représentants fossiles des mêmes familles, ou, en d'autres termes, que les fossiles des époques antérieures sont les prototypes des différents modes de développement des êtres vivants dans leurs phases embryonnaires. Il y a même plus : les séries que l'on obtient par cette double méthode nous donnent la mesure la plus directe du degré d'affinité des types vivants entre eux, et conduisent ainsi à la classification la plus naturelle du règne animal. Je prépare dans ce moment un ouvrage assez étendu sur ce sujet, qui, j'ose le croire, présentera la zoologie et la paléontologie dans un jour tout nouveau que mes recherches sur les poissons fossiles et les échinodermes m'avaient déjà permis d'entrevoir pour ces deux classes en particulier. Je ne vous rappellerai pas à ce sujet les faits déjà si bien connus des rapports des crinoïdes fossiles et des trilobites avec les échinodermes et les crustacés des époques plus récentes, ni les résultats plus généraux de mes recherches sur les poissons fossiles. J'ai poursuivi ces données jusque dans la comparaison des genres et des espèces. Par exemple, les différences qui caractérisent le genre mastodon du genre éléphant, sont à celui-ci comme les caractères du jeune éléphant sont à l'adulte. Les espèces fossiles de rhinocéros diffèrent des espèces vivantes par des traits identiques à ceux qui distinguent les jeunes des adultes chez les espèces vivantes, etc., etc... Il y a là tout un monde nouveau d'études. »

Usage du liquide céphalo-rachidien. — M. Magendie a démontré l'existence d'un liquide formant autour du cerveau et de la moelle épinière une couche dont l'épaisseur varie suivant les régions ; c'est le liquide céphalo-rachidien. Il en a décrit les propriétés avec beaucoup d'exactitude. Toutefois, il avait négligé d'en déterminer la densité. M. Foltz, professeur adjoint à l'Ecole de médecine de Lyon, établit que le poids de l'eau distillée étant 1, celui du liquide cérébro-spinal est 1,01039. C'est dans un mémoire publié par la *Gazette médicale* que M. Foltz annonce ce résultat, et il se livre à des considérations physiologiques pleines d'intérêt sur le sujet qui nous occupe.

De ce que le cerveau est plongé dans le liquide céphalo-rachidien comme dans un bain, l'auteur conclut qu'on peut appliquer à ce viscère le principe d'Archimède, d'après lequel tout corps entièrement plongé dans un liquide perd un poids égal au volume de liquide qu'il déplace ; le cerveau y perd 1,292 grammes sur 1,318 qui est son poids moyen. Ainsi, cette masse énorme de substance cérébrale qui, hors du crâne, pèse 1,318 grammes, ne pèse sensiblement dans le liquide cérébro-spinal que 26 grammes ou la cinquantième partie de son poids. Ceci explique comment des parties aussi délicates que le sont celles de la base du cerveau, échappent à une compression funeste.

Le liquide céphalo-rachidien a encore pour fonction d'amortir la violence des chocs transmis aux centres nerveux. En effet, le choc ou la quantité de mouvement se mesure par le produit de la masse par la vitesse; or le liquide diminue le poids du cerveau, donc, etc... Supposons que dans une chute la tête vienne à porter contre le sol avec une vitesse de 4 mètres 9 par seconde; en l'absence du liquide céphalo-rachidien, le poids du cerveau étant 1,318, la violence du choc sera représentée par 4,9 × 1,318 ou 6,458,2; mais le liquide céphalo-rachidien réduisant le poids du cerveau à 26, la violence du choc sera représentée par 4,9 × 26 ou 127,4; c'est-à-dire qu'elle est cinquante fois moindre.

Enfin l'auteur établit que le liquide céphalo-rachidien est le régulateur de la circulation encéphalique.

L'ACIDE URIQUE DANS LES POUMONS. — M. Coletta l'y a découvert; il assure en avoir extrait six centigrammes d'un poumon de bœuf.

FONCTION GLUCOGÉNIQUE DU FOIE. — M. Figuier réfute les conséquences que M. Cl. Bernard a tirées des expériences de M. Lehmann. Considérant le foie comme un lieu de dépôt pour le sucre produit par la digestion, il lui semble naturel que le sang recueilli sur des animaux à jeûn contienne plus de sucre à sa sortie du foie qu'à son entrée dans cet organe: car, dit-il, il faut un certain temps au sang qui traverse le foie pour se débarrasser totalement du sucre qu'il contient. Mais, ajoute-t-il, quand on expérimente sur des animaux, après leur repas, on ne trouve plus la même différence entre le sang de la veine porte et celui des veines hépatiques. La première contient, alors, beaucoup plus de sucre que chez l'animal à jeûn, et elle en contient d'autant plus que la digestion est plus avancée; ainsi, dans deux expériences comparatives, faites l'une deux heures et l'autre quatre heures après le repas, on a trouvé, dans le second cas, une proportion bien supérieure à celle qu'on a trouvée dans le premier; ce qui prouve que le sucre est un produit de la digestion.

— M. Cl. Bernard conteste le fait annoncé par M. Figuier; il nie que le sang de la veine porte contienne du sucre; il n'en contient ni après ni avant les repas. Le public attend que la commission prononce. M. Cl. Bernard, qui n'eût dû jamais entrer dans cette commission, s'en retire, M. Rayer le remplace.

EMPLOI DU SOUFRE DES MARCS DE SOUDE. — Plusieurs chimistes ont cherché les moyens d'utiliser l'énorme quantité de soufre qui est perdue avec les résidus de la soude artificielle; M. Chevandier, par exemple, a conseillé d'employer les marcs de soude à l'amendement des forêts; M. Delanoue extrait de ces marcs le soufre à l'état de bisulfure calcique soluble d'une manière très-simple et très-pratique. Le soufre ainsi obtenu ne pourra servir à la fabrication de l'acide sulfurique, mais il aura son emploi dans la thérapeutique, dans la fabrication sur une grande échelle d'eaux sulfurées pour bains, dans le soufrage des végétaux, enfin dans la préparation de divers métaux par voie humide.

PLUS D'ARRACHEURS DE DENTS. — M. le docteur Prosper Meynier écrit d'Ornans à la *Gazette médicale* :

« Il y a environ deux ans, je revenais d'une de mes courses journalières à la campagne. Selon ma coutume, je réfléchissais aux nombreux *desiderata* de la médecine, tout en laissant flotter les rênes de mon cheval. Je pensai qu'en faisant une légère incision à la gencive, on pourrait par là introduire un foret ténu et aller détruire le faisceau vasculo-nerveux dentaire, pour conserver ainsi les dents. Pour les incisives, les canines et les petites molaires, cela n'offrait aucune difficulté. Le temps et des tâtonnements pouvaient amener le même résultat, quoique avec infiniment plus de peine sans doute, pour les molaires.

« Quoi qu'il en fût, je communiquai sur la route même cette idée, à peine éclose, au professeur E. Ordinaire, de l'École préparatoire de médecine de Besançon, et qui se rencontra là par hasard.

« Fort de son assentiment et de toutes les probalités que l'anatomie et le raisonnement m'apportaient, je mis bientôt le projet à exécution. Le premier sujet que j'opérai fut l'aîné de MM. Jeanningros frères, fabricants de coutellerie et d'instruments de chirurgie. Je conservai une petite molaire supérieure droite, douloureuse depuis quelque temps.

« Un second cas se présenta peu après chez une jeune personne de dix-neuf ans, à qui cela a sauvé de même une canine supérieure du côté droit. »

LA PHOTOGRAPHIE EN PLEINE MER. — Un jeune officier de marine, qui porte un nom cher à la photographie, M. Henri Claudet, l'un des fils du célèbre photographe de Londres, au retour d'un long voyage transatlantique, adresse au rédacteur en chef de la *Lumière* une épreuve des plus intéressantes. Elle a été faite en pleine mer, à bord du navire que M. H. Claudet commandait en second, la *Belle-Assise*, qui transportait en Amérique quelques centaines d'Allemands. Le bâtiment filait à peu près sept milles à l'heure, étant environ vers le 26° de latitude nord.

« Qu'on se figure, dit M. Ernest Lacan, une foule d'hommes, de femmes, d'enfants dans toutes les attitudes, dans tous les costumes, réunis sur le pont mouvant d'un bâtiment que le flot incline, et reproduits avec autant de netteté et d'exactitude que s'ils avaient posé un à un devant l'objectif. Tous vivent sous le regard qui les observe: l'un pense, la tête appuyée sur sa main; l'autre allume sa pipe; ces deux-là causent; celui-ci rit aux éclats; un enfant sourit aux anges en remuant son hochet; une jeune femme, à demi couchée près de lui, penche sa tête charmante pour regarder son bonnet qui vient de se détacher et qu'une autre jeune femme ramasse. Toutes ces physionomies sont saisissantes de vérité. Au-dessus de ces groupes, qui se perdent dans l'éloignement, les voiles se gonflent, les mâts se dressent comme des colonnes, les cordages se tendent comme les réseaux d'un immense filet. Tout cela est d'une netteté si parfaite, que l'on oublie complétement, en regardant cette vue, qu'elle a été prise au beau milieu de l'Océan, entre deux vagues, et pendant que passagers et navire s'en allaient d'un continent à l'autre. »

EXPOSITION PHOTOGRAPHIQUE. — M. le secrétaire de la Société internationale d'industrie d'Amsterdam, nous adresse le PROGRAMME D'UNE EXPOSITION d'*épreuves photographiques, gravures héliographiques* et *appareils pour photographie*, qui sera ouverte le 23 de ce mois, dans les salles de la Société ARTI ET AMICITIÆ, à Amsterdam, et durera six semaines. Le défaut d'espace nous empêche de transmettre en entier à nos lecteurs cette invitation à laquelle s'empresseront de répondre tous ceux qui s'occupent sérieusement de photographie; on en trouvera le programme dans le n° du 24 mars de *La Lumière;* nous donnerons du moins le paragraphe 3.

« § 3. Sont accordées des médailles par la SOCIÉTÉ INTERNATIONALE D'INDUSTRIE (au nombre de *huit* en argent, et de *vingt-quatre* en bronze), avec mention honorable, aux exposants d'épreuves et d'instruments compris dans une des catégories susnommées, pour les objets remarquables par leur supériorité, invention et utilité, sur le rapport d'un jury nommé à cet effet par les directions respectives. »

## VARIÉTÉS.

### Avis aux mères.

« Le nombre des enfants qui succombent pendant l'allaitement *est deux fois plus considérable* pour ceux qui sont élevés par des nourrices mercenaires, que pour ceux qui sont nourris par leurs mères, et cela dans tous les pays où des statistiques exactes ont été dressées à ce sujet. Ce chiffre en dit plus que tous les raisonnements en faveur de l'allaitement naturel si éloquemment réhabilité par Rousseau. »

Qui dit cela? Lallemand, dans son *Traité d'éducation physique* (Première partie, p. 82).

Mais, dira-t-on, toutes les femmes ne peuvent pas allaiter leurs enfants.

M. de Girardin prévoit l'objection, il y répond, puis il ajoute :

« Si, pour accoucher, une femme pouvait se faire suppléer par une autre, combien de femmes grosses prétendraient qu'il leur est impossible par elles-mêmes de mettre leurs enfants au jour ! Elles le diraient; les maris le répéteraient, le monde le croirait. Ainsi naissent et s'enracinent certains préjugés devenus presque indestructibles. » (*Politique universelle*).

## NOUVELLES ET CAUSERIES.

⁂ M. Dumas n'errait qu'à demi en pensant : 1° qu'un Directeur sera donné au Muséum d'histoire naturelle, et 2° qu'il sera ce Directeur.

Il se trompait sur le second point; mais, si nos renseignements sont exacts, il avait raison sur le premier.

Le Muséum aura un Directeur, un Président du moins; mais le Président du Muséum ne sera pas un chimiste : ce sera un naturaliste, membre de l'Institut, le prince Ch. Bonaparte.

On annonce que le prince Bonaparte entrera au Muséum les mains pleines de réformes, réformes démocratiques dans leurs rapports avec les hommes ; réformes dans le sens philosophique et pratique (les deux points de vue sont inséparables) en ce qui concerne les choses.

En garantie des premières, devenues indispensables en un temps où la science est universellement cultivée, on invoque l'esprit libéral, le caractère indépendant et le passé historique du futur Président.

En témoignage des secondes, nous rappellerions qu'il y a peu de temps encore, le prince Bonaparte constatait le triomphe accompli de l'école de Geoffroy-Saint-Hilaire sur celle de Cuvier, et nous citerions le passage de l'*Iconographie de la faune italienne*, publiée à Rome en 1832, où, devançant de vingt années le mouvement qui s'accomplit aujourd'hui sous l'impulsion de la Société zoologique, il s'étonnait de voir l'homme civilisé « limiter l'emploi de sa force dominatrice à la domestication de quinze espèces d'animaux. »

On parle également de grandes améliorations matérielles qui seraient apportées au Muséum. Des sommes considérables, dépensées avec une parfaite intelligence des besoins de l'établissement, l'élèveraient presque subitement à un degré de splendeur tout-à-fait digne de sa destination.

Nous partageons ces espérances. Nous comptons que de l'avénement du prince Charles Bonaparte à la présidence du Muséum, datera une ère nouvelle pour les sciences naturelles, devenues enfin une carrière, et bientôt reconnues comme remplissant une fonction sociale aussi considérable que celle dont la chimie s'acquitte. Nous sommes convaincus que, dans quelques mois, personne ne sera fondé à dire, parodiant un mot célèbre : Rien n'est changé au Muséum, il n'y a qu'un président de plus.

Ce qu'on eut dit infailliblement si M. Dumas ne se fût trompé de moitié dans ses prévisions.

⁂ S'autorisant de sa qualité de doyen de l'Institut, M. Thénard n'a pas craint de reprocher publiquement à ses confrères la négligence qu'ils apportent dans leurs fonctions de rapporteurs : « Jadis, s'est-il écrié, les choses se passaient autrement, on faisait des rapports très-courts, mais on ne gardait pas à perpétuité les travaux en portefeuille ; et lorsqu'il n'y avait pas lieu à faire de rapport, on le disait aussi poliment que possible, mais on ne le cachait pas aux personnes intéressées. »

Jadis ! c'est le seul argument que les apologistes de l'Institut puissent opposer aux trop justes reproches auxquels cette vénérable institution est en butte. C'était la seule réponse que les Mégariens déchus pussent faire aux interrogations du *jeune Anacharsis*.

« Le soir de notre arrivée, soupant avec les principaux citoyens, nous les interrogeâmes sur l'état de leur marine, ils nous répondirent : Au temps de la guerre des Perses, nous avions vingt galères à la bataille de Salamine. — Pourriez-vous mettre sur pied une bonne armée ? — Nous avions trois mille soldats à la bataille de Platée. — Votre population est-elle nombreuse? — Elle l'était si fort autrefois que nous fûmes obligés d'envoyer des colonies en Sicile, dans la Propontide, au Bosphore de Thrace et au Pont-Euxin. »

⁂ M. Regnault répond à M. Thénard que « les travaux présentés sont maintenant trop nombreux pour qu'il soit possible de faire tous les rapports demandés.» Ce qui est exact. Il y aurait bien, toutefois, un moyen de résoudre la difficulté et de galvaniser l'Institut. Nous le connaissons ce moyen ; nous ne le dirons pas. Quel besoin y a-t-il de donner aux corps affaiblis les apparences de la santé? la vie qui s'éteint ici fait-elle défaut ailleurs? Allons là où elle est. Où est-elle? partout, Académie à part.

M. Thénard a répliqué à M. Regnault : « on fait moins de rapports à présent, a-t-il dit, qu'on n'en faisait quand le nombre des travaux présentés était moindre.» C'est un fait, mais qu'est-ce que cela prouve? que la vieillesse n'a ni la vigueur physique, ni l'activité intellectuelle de l'âge mûr. On le savait. Qu'on s'y résigne. *Requiescat !*

⁂ En pleine démocratie scientifique, l'Institut est une aristocratie. L'Académie fait de la capacité scientifique un privilége en un temps où, la science est de droit commun : l'Académie est un anachronisme.

Voulez-vous savoir au juste l'importance du rôle qu'elle joue? Faites une supposition : supposez que la presse organise contre l'Académie la conspiration du silence, que les journaux conviennent de ne plus prononcer son nom, et même de se taire sur toutes les communications qui lui sont faites. Qui dorénavant s'adresserait à elle? qui viendrait solliciter d'elle des rapports? Ceux qui briguent les places dont elle dispose. Et combien cela pèse-t-il dans le mouvement social?

⁂ Maintenant faites une autre supposition. Supposez que tous les représentants scientifiques de la presse se forment en jury d'examen de découvertes, et qu'appelant à eux tous les hommes compétents, ils s'accordent pour patronner les choses reconnues bonnes. Quel mouvement dans leurs bureaux ! quel calme à l'Institut !

Qu'est-ce donc que l'Académie et qu'est-ce que la presse? Qu'est-ce que le mouvement, qu'est-ce que l'immobilité? Qu'est-ce qu'un obstacle et qu'est-ce qu'un moyen? Qu'est-ce qu'une ornière et qu'est-ce qu'un rail ?

⁂ On sait qu'un concours d'enfants au maillot a eu lieu il y a un an environ dans le Massachussets (États-Unis), où il a obtenu le plus grand succès. L'exemple donné par les Bostoniens a été tout aussitôt suivi par les autres États ; la Société d'agriculture du comté de Stark (Ohio) fait mieux : non-seulement elle offre le prix aux plus gros nourrissons, mais elle institue des primes pour les plus jolis enfants. — Pour peu que cela continue, la production humaine finira par passer pour aussi importante que la production animale, et on en arrivera à se soucier tout autant de la santé des hommes que de celle des bœufs.

⁂ Il a fallu des siècles pour vaincre la force d'inertie du genre humain ; en ce moment, il brise les derniers liens des vieilles institutions, une explosion de la puissance humaine se prépare, et la rapidité des communications par la vapeur et l'électricité est un symbole de l'activité et de la force que l'esprit humain va manifester.

---

*Le propriétaire, rédacteur-gérant :*
VICTOR MEUNIER.

PARIS. — IMP. J.-B. GROS, RUE DES NOYERS, 74

Première année, — N° 15. Quinze centimes. 15 avril 1855.

# L'AMI DES SCIENCES

PAR

## VICTOR MEUNIER

BUREAUX D'ABONNEMENT : 13, RUE DU JARDINET, 13. Près l'École de Médecine.

Paraît le Dimanche.

PRIX DE L'ABONNEMENT POUR L'ANNÉE PARIS, 6 FR. — DÉPARTEMENTS, 8 FR. Envoyer un mandat de poste.



### L'inventeur de la navigation aérienne.

Je pardonne volontiers au XVI<sup>e</sup> siècle, vu sa jeunesse, d'avoir fait plus d'attention à François I<sup>er</sup>, à Henri VIII, à Charles-Quint qu'à Guttemberg l'inventeur de l'imprimerie; mais j'aurais en grande pitié celui de mes contemporains qui s'imaginerait que M. de Talleyrand-Périgord, par exemple, lequel fut un homme important de son vivant, a joué dans le monde un rôle aussi considérable, en fin de compte, qu'un mécanicien tel que Fulton, et qui attacherait aux faits et gestes de cet homme d'état la même importance qu'aux travaux de Morsede Wheastone, de Stephenson, de Seguin, de Niepce, de Jackson, etc.

Celui-là non plus ne serait pas un homme, mais un enfant avide de bruit et de brimborions qui à cette question : De tous les personnages historiques de la fin du siècle précédent et du commencement de celui-ci, quel est celui qui a exercé sur nos destinées l'action la plus décisive? Celui-là, dis-je, ne serait pas un homme sérieux, qui hésiterait à répondre : C'est Watt.

Et qui donc encore pourrait faire autant pour la prospérité du commerce, de l'agriculture et de l'industrie, pour le progrès de l'art et de la science, pour le bien-être de tous et de chacun, pour la paix publique et pour l'émancipation intellectuelle du genre humain, que fera à lui tout seul, l'humble, l'immortel ouvrier qui construira une locomotive aérienne?

Dans un délai de quelques années à partir du jour où ce simple assemblage de bois, de toile et de métal aura été formé, deux millions de soldats seront en Europe renvoyés à la charrue, à l'enclume, à la production; les places fortes seront démolies, et on vendra aux fondeurs et aux taillandiers le contenu de nos arsenaux. Un ouvrier en rendant la guerre impossible, aura donné la paix perpétuelle aux nations.

Grâce à lui, sur toute la terre, le droit et le moyen, c'est-à-dire la liberté d'aller et de venir et de communiquer avec tous les hommes, aura été donné à tout homme qui n'en pourra plus être dépossédé. Un ouvrier aura fait pour tous les peuples ce que Louis XIV a été impuissant à faire pour deux peuples, la France et l'Espagne; il aura abaissé, anéanti les barrières qui les séparaient. Il aura en outre donné à tout producteur la clientelle du genre humain et mis à la portée de chaque consommateur tous les marchés du globe.

L'humanité entière lui devra sa liberté accrue et mise à l'abri de l'insulte, sa puissance centuplée, sa sécurité à jamais [illegible], son bien-être et sa gloire! elle lui devra pour une large part jusqu'à l'existence même; puisque l'inévitable résultat de cette création sublime sera de fondre tous les peuples en un seul ayant le globe indivisible pour unique patrie : « Nous, [illegible]ques ou Jean, par la grâce de Dieu et l'aide de l'humanité, [illegible]enteur de la locomotive aérienne, voulons et ordonnons que tous les peuples de la terre représentés en un congrès, arrêtent d'un commun accord des mesures unitaires, pour la réglementation de leurs intérêts, pour l'exploitation rationnelle et la colonisation du globe.... » Ainsi parlera cet ouvrier qui sera obéi. Quelle serait longue l'énumération de ses bienfaits! Et si on fait attention que toutes les idées générales sont nées à la suite des visites réciproques et du mélange des peuples et des races, on reconnaîtra qu'en mettant chaque homme en contact immédiat avec tous les hommes et tous les aspects de la nature, l'inventeur de la locomotive aérienne aura préparé la révolution intellectuelle la plus vaste qu'il soit possible de concevoir.

Un jour viendra que, dans l'esprit des hommes plus justes appréciateurs de leurs intérêts, juges plus éclairés de la vraie gloire, l'histoire entière se refera. Tels personnages qui ont occupé jusqu'ici le devant de la scène descendront du rang élevé que l'enfantillage des peuples leur a assigné pour aller se perdre dans les derniers plans, tandis qu'on verra sortir de l'ombre et monter sur les trônes devenus vacants des hommes dont les noms sont pour la plupart inconnus de la foule.

Quand on songe que beaucoup de gens ignorent encore jusqu'aux noms de Newton, de Galilée, de Papin, de Dante, de Shakspeare, de Titien, qui, depuis leur enfance, sont familiarisés avec ceux d'un Charles IX et d'un Louis XV, on comprend combien les peuples sont jeunes encore et peu avancés dans leurs études. Avec le temps, tout cela changera nécessairement. Les premiers dans la science, dans l'art, dans le travail, dans la charité, ceux qui ont fait de vraies grandes choses, c'est-à-dire des choses qui enrichissent, qui ennoblissent, des choses qui survivent à leurs auteurs et qui durent toujours, ceux-là occuperont la place d'honneur dans le cœur et dans la mémoire des peuples.

Les poëtes les chanteront, les statuaires et les peintres reproduiront leurs traits, on instituera des fêtes en leur honneur, les villes s'énorgueilliront de les avoir produits, leur histoire composera la collection des vies des hommes illustres, et l'étude de leurs belles actions occupera, dans l'éducation de la jeunesse, la place que d'autres histoires ont tenue dans la nôtre.

Leurs travaux n'ont coûté de larmes à personne. Ils n'ont point versé de sang; ils n'ont point incendié, ils n'ont point foulé les blés mûrs sous les pieds de leurs chevaux, ils n'ont point travaillé pour un seul peuple, mais pour toute l'humanité, non pour une époque, mais pour toutes les époques, et avec eux une longue série de succès n'aboutit jamais à une défaite où s'engloutit le fruit de vingt victoires.

## SYSTÈME

### HYGIÉNIQUE ET AGRICOLE DE CIRCULATION CONTINUE.

(Troisième article.)

La création de sources artificielles d'eau douce étant en France une opération trop neuve et peut-être aussi trop ingénieuse pour ne pas exciter des doutes, il est bon de démontrer par des faits sa facile praticabilité. Nons citerons le suivant :

Il n'y a pas encore vingt ans que les loyaux habitants de Paisley, en Ecosse, maintenant possesseurs de sources artificielles établies selon les principes de la grande école sanitaire anglaise, usaient exclusivement des eaux calcaires des puits de leur ville et de la rivière qui la traverse ; eaux propices aux lithotriteurs, aux fabricants de savon et aux producteurs de denrées coloniales, mais funestes à la santé et à la bourse des consommateurs.

S'il n'ont pas recueilli beaucoup plus tôt les avantages hygiéniques et économiques dont ils jouissent depuis qu'ils ont changé leur système hydraulique, la faute n'en est pas à la grande dame qui, en l'an de grâce 1770, portait le nom de comtesse de Glascow, et vivait dans ses terres, voisines de Paisley. Cette comtesse de Glascow ne buvait en fait d'eau, que l'eau douce et pure du ciel, et elle eût voulu que personne n'en bût d'autre. Or, au milieu de ses propriétés, s'élevaient des collines de formation primitive, qui lui paraissaient très-propres, en raison de leur nature géologique et de leur situation, à fournir une eau pure aux habitants de Paisley. L'expérience a prouvé que ce sont en effet d'excellents terrains collecteurs.

Lady Glascow offrit aux conseillers de la ville, sa voisine, de leur abandonner l'usage gratuit des eaux de ces collines; elle leur offrit, de plus, au même prix, pour rien, une petite vallée admirablement disposée pour être convertie en réservoir. Les travaux hydrauliques à exécuter devaient rester à la charge de la ville; travaux fort simples : intercepter les eaux, les diriger dans le bassin, et de là les conduire à Paisley ; voilà tout.

C'était trop, selon les conseillers de Paisley, hommes graves, sérieux, pratiques. L'idée de créer des sources artificielles, quand la nature se donne la peine de réunir les eaux par masses et les conduit gratuitement au sein des villes, leur parut un peu trop fantastique. Toutefois, pour n'avoir rien à se reprocher, et considérant la qualité de la personne qui leur offrait le cadeau, ils voulurent bien s'en rapporter à leurs ingénieurs.

Les ingénieurs déclarèrent d'un commun accord qu'on recueillerait tout au plus le tiers de l'eau qui tombe sur les collines, et que le projet d'en approvisionner la ville était tout ce qu'on pouvait imaginer de plus chimérique.

Plus d'un demi-siècle après, une compagnie entreprit cette œuvre, si savamment jugée impraticable ; elle draina les collines, barra la vallée et posa les tuyaux de conduite entre celle-ci et la ville. Les dépositions annexées à un rapport officiel, en date de 1850, constatent la réussite de cette entreprise.

Les fabriques de Paisley, au nombre de 80, reçoivent de 40 à 6,000 hectolitres d'eau par fabrique et par jour, et la pluie se recueille si facilement que 27 jours pluvieux fournissent les 7/10 de la consommation annuelle.

Chaque hiver, un excédant qui suffirait à une population de 20,000 âmes s'écoule en pure perte des réservoirs, faute d'emploi.

Après le récit de ce succès ou de cet échec (échec ou succès selon qu'on se placera au point de vue du public ou des savants), nous pouvons continuer notre exposition. L'article précédent mettait en relief les avantages hygiéniques de l'eau douce, parlons de ses avantages économiques.

La maison de travail de *Bolton-Union*, en Angleterre, était approvisionnée, il y a quelques années, d'une eau détergente qui contenait à peu près le dix millième de son poids de matière calcaire. A cette eau on en a récemment substitué une renfermant le vingt-quatre millième des mêmes principes. La différence était très-minime comme on voit. On avait simplement remplacé une eau douce par une eau plus douce encore. Sait-on cependant ce qui en est résulté? L'emploi de la seconde eau a immédiatement réduit la dépense hebdomadaire en savon de 62 fr. 10 c. à 39 fr. 50 c. ; diminution, 34, 92 pour cent.

Un blanchisseur de Paisley, M. Stirrat, a déclaré devant le conseil sanitaire de Londres que l'emploi de l'eau douce dû à l'établissement de sources artificielles, a diminué de moitié la consommation du savon dans sa fabrique.

M. Ward estime à 385,000 francs la perte annuelle en savon qui résulte, pour la ville de Bruxelles, de l'usage des eaux calcaires; quatre à cinq cent mille kilogrammes sont précipités sous forme de grumeaux inutiles.

Si on pouvait calculer les quantités de savon, de thé, de café, de houblon, de bois de teinture, de drogues précieuses employées dans les arts que la chaux en dissolution dans l'eau détruit annuellement, comme on s'enthousiasmerait pour les sources artificielles!

C'est un fait notoire en Angleterre que l'eau dure diminue notablement la force du thé. « Toutes les ménagères, dit M. Ward, reconnaissent que deux livres de thé traitées par l'eau douce vont aussi loin que trois livres préparées à l'eau calcaire. »

D'après des expériences analogues faites sur le café par un homme compétent en ce genre de chimie, le chef des cuisines du *Reform Club* de Londres, l'eau dure détruit un peu moins du principe actif du café que de celui du thé; mais encore en détruit-elle beaucoup !

Voici pour la bière : Un brasseur ambulant qui fait la bière à domicile pour les habitants du pays, dans un rayon de quatorze milles autour de Farnham, et qui la fait par conséquent avec toutes sortes d'eaux, déclare que l'eau douce extrait la force (*draws*) de l'orge et du houblon tellement mieux que l'eau dure, qu'on gagne par son emploi un hogshead de bière sur dix-neuf.

M. Ward est certainement au-dessous de la vérité quand il estime à un million de francs par an les frais directs et indirects qu'occasionne à la seule ville de Bruxelles l'emploi forcé de l'eau calcaire. Il s'agit de Bruxelles dans l'enceinte des boulevards ; si l'on étendait les mêmes calculs aux faubourgs, on aurait à constater une perte annuelle de 2,610,000 francs. Ce chiffre est précisément celui du bénéfice ou de l'économie que procurerait la distribution publique d'une eau douce puisée à des sources artificielles.

A quel chiffre arriverait-on si l'on faisait les mêmes calculs pour Paris, pour Londres, pour toutes les agglomérations humaines! Voilà, je pense, indépendamment des motifs hygiéniques, un bel argument en faveur des sources artificielles, et c'en est assez sans doute pour qu'on suive avec intérêt les détails que nous donnerons sur leur établissement.

En se dotant de sources artificielles, une nation peut réaliser chez elle une véritable Californie.

Nous dirons comment elles s'établissent.

## CHEMIN DE FER SOUS-MARIN

### A DOUBLE VOIE, DE DOUVRES A CALAIS.

L'accueil fait au projet de tunnel anglo-français conçu par MM. Franchot et Tessié du Motay, et dont il a été question dans un précédent numéro, nous garantit qu'on ne lira pas sans intérêt un projet analogue de M. le docteur Payerne. M. Payerne propose de maçonner et de bâtir au fond de la mer, de Calais à Douvres, une chaussée de 32 kilomètres qui servira de base à un tunnel dans lequel seront établies deux voies de rails. Le béton et les blocs artificiels imaginés par M. l'ingénieur Poirel formeront les matériaux des constructions, lesquelles seront élevées au moyen des bateaux plongeurs inventés par M. Payerne et dont une expérience de six années a démontré l'efficacité. Je laisse parler l'auteur.

« La surface supérieure de la chaussée aura 17 mètres de largeur dans toute son étendue. La largeur de la base adhérente au fond variera avec la hauteur suivant des talus latéraux qui formeront, chacun avec le sol de fondation, un angle de 78°.

« Cette chaussée a pour but d'imperméabiliser et de régulariser le fond. La régularisation réduira les plus fortes pentes à 0m004 par mètre. La chaussée aura 7 mètres de hauteur *maxima*, et 4 mètres en moyenne. La moyenne du mètre courant cubera 72 mètres.

« On bâtira avec les mêmes éléments sur toute la longueur de la chaussée, deux murailles parallèles à 8 mètres de distance l'une de l'autre. Chacune de ces murailles ayant 1 mètre de hauteur et 3 d'épaisseur, servira de piédroit à la voûte du tunnel dont nous avons parlé, voûte qui, extrados, aura 7 mètres de rayon ayant son point de centre à moitié de la hauteur des piédroits, intrados, 4 mètres partout, et le point de centre à la hauteur des piédroits. Un mètre courant du plein du tunnel cubera 52m46.

« Les constructions que nous venons de décrire suffiraient aux besoins de deux voies ferrées, si nous n'avions à compter avec les dégradations par affouillement à niveau d'eau. Afin de nous prémunir contre les dégradations de ce genre, les seules à craindre, mais qui ne tarderaient pas à se produire près du rivage, nous proposons de bâtir des ouvrages avancés qui auront pour effet utile, non seulement de préserver du choc des lames de la pleine mer la partie submergée des constructions attenant aux deux rivages, mais encore d'offrir aux navires de toute grandeur, même aux vaisseaux de ligne, et par tout vent, l'entrée facile d'un bon port de refuge, un excellent mouillage et des moyens d'embarquement.

« Le long du rivage français, comme le long du rivage britannique, à droite et à gauche de chaque point d'arrivée, on tirera comme rayon une ligne de 800m avec laquelle on décrira une demi-circonférence qui sera coupée, du côté du large, par le chemin de fer en deux quarts de cercle. Chaque quart de cercle, à environ 300 mètres de ce dernier point de section, sera de nouveau coupé en deux portions inégales qui laisseront entr'elles un espace de 250 mètres pour servir de passe d'entrée dans l'enceinte décrite, qui constituera l'ouvrage avancé.

« Cette enceinte aura au plus 14 mètres de hauteur, fondations comprises, où il y aura lieu d'en établir. Cette hauteur se réduira à moins de 4 mètres vers le rivage. L'épaisseur moyenne du massif de murailles sera de 7 mètres. Abstraction faite des passes, l'ouvrage avancé imitera un fer à cheval dont les extrémités toucheront le rivage, et que le tunnel coupera d'avant en arrière en deux parties égales. »

M. Payerne passe ensuite à l'estimation des travaux et de tout ce qui se rattache à la mise en exploitation du chemin de fer projeté. Les constructions seraient achevées en quatre années au plus; on y emploierait 140 bateaux sous-marins, 1,500 matelots et manœuvres; la chaussée, le tunnel et les ouvrages avancés absorberaient 4,360,000 mètres cubes de maçonnerie (blocs ciment et béton). Finalement le coût de la chaussée, du tunnel, des deux voies de rails, des raccordements en Angleterre et en France, du matériel de traction, du matériel de transport, des gares, et enfin des ouvrages avancés ne dépasserait pas 240,000,000 de francs. Dans cette somme les frais imprévus figurent pour 14,300,000 francs.

« Nous avons la conviction bien sentie, dit l'auteur en terminant, que cette grande entreprise ne sera pas seulement une bonne fortune pour les actionnaires, mais qu'elle sera également profitable aux hommes de l'art auxquels il sera donné de concourir à son exécution.

« A un point de vue plus important, l'achèvement d'un pareil travail réduira à 33 minutes l'intervalle de temps qui sépare deux grandes nations si bien faites pour s'entendre, et que tant d'intérêts communs doivent de plus en plus rapprocher. »

---

## LA QUESTION DE L'ESPÈCE,

### D'APRÈS M. ISIDORE GEOFFROY-SAINT-HILAIRE.

L'une des questions capitales et les plus controversées de la philosophie naturelle est celle-ci: les espèces végétales et animales sont-elles fixes, sont-elles variables? Cuvier se prononce pour la fixité, Lamarck et Geoffroy-St-Hilaire tiennent pour la variabilité. Les naturalistes sont encore partagés sur ce point. M. Isidore Geoffroy lui a consacré plusieurs leçons dont il a écrit lui-même le résumé; on aimera sans doute à connaître l'état présent de la science sur un point d'une telle importance, c'est pourquoi nous reproduisons ce résumé trop succinct pour que nous songions à en donner l'analyse. C'est le professeur qui parle :

I. — « Les caractères des Espèces ne sont, ni *absolument fixes*, comme plusieurs l'ont dit, ni surtout *indéfiniment variables*, comme d'autres l'ont soutenu. Ils sont fixes, pour chaque espèce, tant qu'elle se perpétue au milieu des mêmes circonstances. Ils se modifient si les circonstances ambiantes viennent à changer.

II. — « Dans ce dernier cas, les caractères nouveaux de l'espèce sont, pour ainsi dire, la résultante de deux forces contraires : l'une, *modificatrice*, est l'influenee des nouvelles circonstances ambiantes; l'autre, *conservatrice* du type, est la tendance héréditaire à reproduire les mêmes caractères de génération en génération.

« Pour que l'influence modificatrice prédomine, d'une manière très-marquée, sur la tendance conservatrice, il faut donc qu'une espèce passe, des circonstances au milieu desquelles elle vivait, dans un ensemble nouveau, et très-différent, de circonstanees, qu'elle change, comme on l'a dit, de monde ambiant.

III. — « De là, les limites très-étroites des variations observées chez les animaux sauvages.

De là, aussi, l'extrême variabilité des animaux domestiques.

IV. — « Parmi les premiers, les espèces restent généralement dans les lieux et les conditions où elles se trouvent établies, ou elles s'en écartent le moins possible; car leur organisation est en harmonie avec ces lieux et ces conditions; elle serait en désaccord avec d'autres circonstances ambiantes. Les mêmes caractères doivent donc se transmettre de génération en génération.

« *Les circonstances étant permanentes, les espèces le sont aussi.*

V. — « Déjà, pourtant, la permanence, la fixité ne sont pas absolues. L'expansion graduelle des espèces à la surface du globe est, à la longue, la conséquence nécessaire de la multiplication des individus. D'autres causes, d'un ordre moins général, peuvent aussi amener des déplacements partiels. D'où, aux limites surtout de la distribution géographique des espèces qui se sont le plus étendues, des différences notables d'habitat et de climat, qui, à leur tour, entraînent inévitablement quelques différences secondaires dans le régime et même dans les habitudes. A ces divers genres de différences correspondent des *races*, caractérisées par des modifications dans la couleur et les autres caractères extérieurs, dans la proportion et la taille, et parfois dans l'organisation intérieure. (Ces races ont été fort arbitrairement, tantôt appelées *variétés de localité*, tantôt considérées comme des *espèces* distinctes.)

VI. — « Chez les animaux domestiques, les causes de variations sont beaucoup plus nombreuses et plus puissantes. Dans une longue série d'expériences qui, pour avoir été entreprises dans un but tout pratique, n'ont pas une moindre importance théorique, des espèces de plusieurs classes, au nombre de quarante environ, ont été contraintes par l'intervention de l'homme, de quitter l'état sauvage, et de se plier à des habitudes, à des régimes, à des climats très-divers. Les effets obtenus ont été en raison des causes : il s'est formé une multitude de races très-distinctes; parmi elles, plusieurs offrent même des caractères égaux en valeur à ceux par lesquels on différencie d'ordinaire les genres.

VII. — « Le retour de plusieurs races domestiques à l'état sauvage a eu lieu sur divers points du globe. De là une seconde série d'expériences, inverses des précédentes, et en donnant la contre-épreuve. Si des animaux domestiques sont replacés dans les circonstances au milieu desquelles avaient vécu leurs ancêtres sauvages, les descendants reprennent, après quelques générations, les caractères de ceux-ci. Ils révèlent seulement des caractères analogues, s'ils sont rendus à la vie sauvage dans des conditions analogues, mais non identiques.

VIII. — « Ainsi, en résumé :

« *L'observation* des animaux sauvages démontre déjà la *variabilité limitée* des espèces.

« Les *expériences* sur les animaux sauvages devenus domestiques, et sur les animaux domestiques redevenus sauvages, la démontrent plus clairement encore.

« Ces mêmes expériences prouvent de plus que les différences produites peuvent être de *valeur générique.* »

(*La fin au prochain numéro.*)

---

## LA RECHERCHE DU BIEN-ÊTRE.

« Le corps, cette guenille, est-il d'une importance,
« D'un prix à mériter seulement qu'on y pense?
« Et ne devons-nous pas laisser cela bien loin? »

C'est la thèse que les journaux vertueux ont coutume de délayer. Mais d'où vient que les saintes gens, qui se montrent, en paroles, si détachées des choses de ce monde, se font l'existence la plus douce possible? Cet écrivain, qui tonne contre les biens matériels, vend sa prose le plus cher possible, et en convertit le prix en toutes sortes de commodités. D'où vient que le mépris des biens de la terre est prêché par ceux qui les possèdent? C'est, dira-t-on, que pour apprécier la vanité des richesses il faut les avoir connues. D'où je conclus, qu'une bonne méthode serait de les mettre à la portée de ceux qu'on prétend convertir. A la vérité, on peut supposer qu'après en avoir goûté ils voudraient en user toujours : alors ils vous tiendront compagnie chez Satan, ô grassouillets apôtres de l'inanition!

Allons, si vous êtes sincères, donnez l'exemple ; écrivez et parlez moins, la littérature s'en consolera ; pratiquez. Faites comme saint François d'Assise, un croyant : au premier pauvre couvert de haillons que vous rencontrerez, donnez l'habit neuf que vous portez. Vos paroles auront plus d'autorité quand votre conduite ne les démentira plus. Mais supposons que vous veniez à pratiquer votre foi; vous donnez votre superflu aux pauvres, et tous ceux qui ont plus que le nécessaire font de même. Il y a un autre commandement, celui du travail ; chacun s'y soumet. Que va-t-il arriver? Qui en doute : la misère sera supprimée. Donc, à quoi bon l'apologie de la pauvreté? A faire durer un état de choses dans lequel les faux dévots parlent d'une façon et agissent d'une autre.

Le Christ a dit dans quels termes vous devez prier. Devez-vous dire : « Notre père, donnez-nous la force de supporter, chaque jour, la faim et la soif, et accablez-nous de toutes sortes de maux? » Non! vous devez dire : « Donnez-nous notre pain quotidien, et délivrez-nous du mal, ainsi soit-il. » Disons-nous autre chose? les modernes disent-ils autre chose? Que parlez-vous de l'impiété de ce siècle, gens à la vue courte! Comment Dieu donne-t-il, sinon par l'intermédiaire des lois qu'il a posées? Comment donc doit-on lui demander, sinon par la pratique de ses lois? Défricher, creuser le sillon, ensemencer, faucher, battre, moudre et pétrir, et faire toutes ces choses par des moyens de plus en plus rationnels, voilà prier! Serait-il plus digne et de l'homme et de Dieu, qu'à genoux, les mains jointes, les yeux au ciel, marmottant mentalement des paroles incomprises, nous attendissions que la manne descendit dans nos bouches béantes?

A ses disciples en peine du lendemain, Jésus disait : Cherchez le Royaume de Dieu et sa justice, et le reste vous sera donné par surcroît. » Cherchez et non pas rêvez. Invitation à l'étude, à la science; les modernes s'y sont rendus. Qu'est-ce que le royaume de Dieu, sinon le peuple soumis aux lois de Dieu? Chercher son royaume, c'est par l'expérience, par l'observation, par le raisonnement, par la méditation se mettre en quête des lois qu'il a imposées aux choses, tant humaines que naturelles. « Et sa justice, » ajoute le Christ. En effet, il ne suffit pas que la terre féconde livre ses trésors; il faut qu'ils soient distribués avec justice. « Et le reste vous sera donné par surcroît. » Le reste, non seulement le pain quotidien, le nécessaire, mais le superflu, la splendeur du luxe, l'éclat et le parfum du lys? Or, la science moderne ratifie les paroles de Jésus.

Ainsi ils ont contre eux la religion qu'ils invoquent; de plus, ils ont tous les faits contre eux. Tous les faits prouvent que l'homme est destiné à entrer en pleine possession du globe; ils prouvent encore que ses besoins, en harmonie avec la fécondité de la terre, peuvent être satisfaits. En outre, l'expérience démontre qu'il n'est pas libre de leur refuser satisfaction, et de sacrifier à une perfection chimérique cette œuvre adorable et divine : le corps humain! Celui qui par cette voie croit s'acheminer vers le ciel ne dépasse plus jamais Charenton. L'ascétisme mène à la folie, la débauche aussi; les deux font pendants, et prouvent expérimentalement l'unité indécomposable de notre être et l'égale légitimité de nos besoins physiques et moraux.

Il y a encore un fait d'expérience à leur opposer, une expérience universelle : c'est que la misère favorise les vices comme la corruption les vers. Le moyen de guérir radicalement de la fièvre les habitants d'une contrée marécageuse, ce n'est pas de faire à quelques-uns l'aumône d'un peu de quinine, mais d'assainir le pays; pour supprimer généralement les infirmités morales et intellectuelles, il y a une condition, le dessèchement de la misère. Aider à la réalisation du bien-être universel, c'est donc se vouer à une œuvre vraiment sainte. Que ceux qui prétendent faire fleurir la morale à d'autres conditions, nous montrent quelque part sur le globe une moisson de vertu en proportion directe de la misère.

Et même quand nous disons bien-être universel, est-ce que nous nous proposons uniquement la satisfaction légitime des besoins physiques? C'est demander si nous nous occupons en ce moment de la destinée des pourceaux.

Si atrophié que soit un homme dans son âme et dans son esprit, croyez-vous qu'il ait assez peu d'intelligence pour ignorer que le sort du bétail à l'engrais n'est pas ce qu'il lui faut! C'est donc la satisfaction des besoins physiques, intellectuels et moraux que nous avons en vue quand nous écrivons cette devise : bien-être universel.

Et ils ne peuvent être satisfaits s'ils ne se tiennent chacun dans ses limites, à son rang, de sorte que le physique n'étouffe pas le moral, et que le développement anormal de la partie affective et intellectuelle ne nuise pas à l'harmonie des organes, à la santé et à la beauté; mais que les choses spirituelles qui, étant l'homme même, sont les premières de toutes, prennent le pas sur les choses physiques, ou mieux encore qu'elles mettent sur celles-ci leur empreinte, afin que l'homme reste encore homme là où il semblerait devoir se confondre avec les animaux.

On ne peut nier que le siècle n'envisage pas en ce moment le problème du perfectionnement humain dans tout son ensemble, et que la préoccupation des choses matérielles ne l'emporte sur toutes les autres. Mais je me refuse à voir même dans cet excès une preuve de l'infirmité de notre nature, car il résulte d'une loi générale commune à tous les ordres de faits, en vertu de laquelle les éléments d'un tout ne se développent que successivement et par voie d'antagonisme. La tendance de cette époque est légitime, et son excès même est nécessaire. Si l'humanité ne se donnait presque tout entière à la tâche qui incombe à ce temps, elle ne réussirait jamais à la remplir;

mais quand cette œuvre fondamentale sera accomplie, rien ne nous arrêtera plus dans la voie des progrès intellectuels et moraux. Jusque-là, l'humanité, décapitée dans la plupart de ses membres, ressemblera à un champ dans lequel un épi sur un million arriverait seul à maturité; alors chaque grain, chaque homme donnera son fruit, des vertus et des talents.

La recherche du bien-être physique est donc une entreprise inspirée par le vrai spiritualisme, et ceux dont les travaux auront pour résultat d'améliorer la condition commune, les savants en tous genres, les chimistes, les physiciens, les naturalistes, les mécaniciens, les agronomes concourent à une œuvre éminemment morale; ils vont de pair avec ceux qui vouent leur vie au triomphe de la justice; car science et justice se complètent. Il importerait peu que la science changeât l'eau en vin et multipliât les pains, si ces miracles ne devaient avoir d'autre résultat que d'augmenter le superflu de quelques-uns, sans donner le nécessaire à tous.

## LA SEMAINE SCIENTIFIQUE.

INDUCTIONS MÉTÉOROLOGIQUES. — La télégraphie électrique vient d'ouvrir une voie nouvelle aux observations météorologiques; bientôt, grâce à elle, on pourra connaître instantanément les diverses conditions météorologiques qu'une grande étendue de pays, l'Europe par exemple, présente à un moment donné. « Peut-être qu'après avoir reconnu les rapports nécessaires qui les enchaînent, et s'être rendu compte des effets observés, on arrivera, après avoir constaté certains phénomènes accomplis, *à prévenir ceux qui devront dans chaque lieu succéder* nécessairement aux premiers. « Hâtons-nous de dire que c'est un savant de grande distinction, M. Constant Prévost, qui émet cette espérance; on l'eût taxée de chimérique, il n'y a pas bien longtemps, qui oserait aujourd'hui s'inscrire contre elle? M. C. Prévost ajoute spirituellement à propos des cartes météorologiques récemment présentées à l'Académie par M. Le Verrier et dont nous avons entretenu nos lecteurs :

« M. Le Verrier s'est prudemment contenté d'exposer les faits obtenus, sans vouloir paraître en chercher ou au moins en donner aucune explication actuelle; il a pensé qu'en sa qualité d'astronome, les conjectures, les explications provisoires, permises à tout autre, pourraient être prises de sa part comme des décisions définitives et comme des prédictions par le public, depuis longtemps disposé à regarder le directeur de l'Observatoire comme un astrologue, un devin infaillible. Je ne suis pas dans le même cas, et ma prétention n'est en aucune manière, dans la présente communication, de donner une explication des faits déjà observés par la voie électrique, mais de soumettre à mes confrères quelques idées encore vagues, dans l'intention de m'éclairer et d'appeler l'attention de ceux qui, par leurs études spéciales, sont plus à même que moi de résoudre les problèmes qui ont été posés par les faits. »

Tout le monde a été frappé des circonstances physiques remarquables que présentait la surface de la France, le lundi 9 février à 8 h. du matin; on pouvait partager l'espace entre les Pyrénées et le Rhin en 5 bandes parallèles dirigées du N.-O. au S.-E. Dans la bande centrale que suivait en partie la vallée de la Loire, il tombait de la neige et de la pluie. Dans les deux bandes au N. et au S. de la première, l'atmosphère était brumeuse. Enfin dans les deux bandes extrêmes le temps était clair. En même temps le vent soufflait du N.-E. au dessus de la bande centrale, et du S.-O. au-dessous de cette bande, de sorte que ces deux vents marchaient à la rencontre l'un de l'autre vers la Loire. En s'approchant, ils se déviaient à l'O. vers l'Océan. Enfin, tandis qu'à Bayonne la température était de + 13 degrés, elle était à Mézières de — 15.

M. Constant Prevost se demande si ce concours de circonstances singulières ne dériverait pas d'une cause unique, et il soumet les propositions suivantes à la société philomatique :

« 1° Les vents sont le résultat de la rupture d'équilibre dans quelques parties de l'atmosphère.

« 2° Si en un point ou sur une zône plus ou moins étroite et allongée il se produit une condensation de l'air par refroidissement ou bien un déplacement de bas en haut par échauffement, l'air qui avoisine ce point ou cette zône se met en mouvement pour remplacer l'espèce de vide produit, et le vent souffle dans la direction de la cause qui l'attire. Nécessairement des vents contraires convergent vers le même point, tant que la cause d'aspiration ne change pas de place, et jusqu'à ce que l'équilibre soit rétabli.

« 3° Dans le cas observé, la neige et la pluie qui tombaient dans la zône moyenne coïncidaient avec une condensation de l'air; de là les vents N.-O. et S.-E. opposés : l'atmosphère brumeuse des deux bandes supérieure et inférieure était le résultat de la marche des nuages attirés vers la bande centrale pluvieuse; enfin, le temps clair des deux bandes extrêmes était la conséquence de l'effet précédent.

« 4° Le vent soufflant du N.-E. amenait à Mézières de l'air qui avait passé à Berlin, à Stockholm, avait traversé la Finlande, venait du cercle polaire et n'avait perdu qu'en partie sa température froide dans sa marche rapide. Le vent du S.-O. venait peut-être des Canaries, de Lisbonne, etc., avec sa chaleur tropicale, il n'est donc pas étonnant qu'il y ait eu 13 degrés de chaleur à Bayonne et 15 degrés de froid à Mézières.

« 5° La déviation des deux vents vers l'ouest à leur rencontre s'expliquerait d'abord, peut-être, par le mouvement de rotation de la terre qui, comme on sait, laisse en retard l'air et l'eau qui semblent marcher en sens inverse (vents et courants équatoriaux), et aussi par cette circonstance que la température de l'air était plus élevée dans ce moment au-dessus de l'océan qu'au-dessus de la terre (brise de terre).

« 6° Ne pourrait-on pas aller jusqu'à dire que le vent du S.-E. devait l'emporter sur celui du N.-O. à la surface du sol. En effet, l'air chaud, en se refroidissant dans sa marche vers le nord, se condense, il tend, d'une part, à rester près de terre et il devient, d'autre part, une cause d'attraction pour la colonne dont il est la tête. L'air froid, au contraire, en s'échauffant, se dilate, il monte et laisse sa place à celui du S.-E., ou bien sa marche se ralentit : d'après cela l'on conçoit que la bande centrale ou sphère d'attraction a dû monter successivement vers le nord. Aussi quelques jours après, les vents du S.-E. balayaient-ils toute la surface de la France et la température était devenue uniformément échauffée aux pieds des Pyrénées et aux bords du Rhin. »

NOUVELLE PLANÈTE.—Une planète télescopique, de onzième grandeur, a été découverte, par M. Chacornac, à l'observatoire de Paris, le 6 avril, à 10 heures 5 minutes du soir.

CONTRE-POISON DU CURARE. — M. Flourens a fait, au nom d'une commission, un rapport favorable sur un mémoire présenté par M. Alvaro Reynoso, et contenant un grand nombre d'expériences sur l'emploi d'injections iodées, chlorées et bromées, comme contre-poison du curare. La commission a reconnu exactes toutes les assertions du savant auteur; elle a constaté que les ventouses ne font que surpendre l'action du poison; que l'iode affaiblit mais ne neutralise pas complétement l'action du curare; qu'enfin, le brome est le véritable agent destructeur de ce terrible toxique, Le mémoire de M. A. Reynoso sera inséré dans le Recueil des savants étrangers.

ENGRAIS LIQUIDE. — En attendant que nous exposions la partie du système de circulation continue qui concerne l'emploi agricole des *excreta* des grandes cités, nous recueillons tous les témoignages qui se produisent en faveur de cette magnifique innovation. Interrogé, par un membre du Congrès des sociétés savantes, sur la question de savoir, si la chimie fournit les moyens d'utiliser facilement les matièree fécales des grandes villes, M. Payen a répondu que la solidification des engrais, dont il a été beaucoup parlé, il y a deux ans, paraît être, aujourd'hui, abandonnée; et l'abandon provient de ce que les frais de transport, causés par l'augmentation de poids, étaient hors de toute proportion avec la valeur de la matière. Puis il ajoute :

« La question paraît prendre aujourd'hui une autre tournure, c'est de répandre la matière rendue liquide par des procédés économiques, ainsi que l'a pratiqué M. Kennedy. Le problème est possible à résoudre. Le transport des vidanges est opéré actuellement, à Paris, par les procédés de M. Marie, ingénieur, avec des tubes souterrains de 25 à 30 centimètres intérieurs, qui conduisent ainsi les vidanges à raison de 3 centimes par kilomètre et par mètre cube de matières, qui représente 10 hectolitres. Si on appliquait ce procédé au transport des déjections des grandes villes, on pourrait conduire ces eaux dans des réservoirs établis dans des vallées, à une certaine distance des centres de population, où ces eaux seraient rendues aux rivières, après qu'on aurait utilisé la plus grande partie du sel contenu dans les liquides. Cette méthode est la seule voie dans laquelle on puisse s'engager, et ce serait le seul procédé qui rendrait applicables les produits des vidanges de Paris. Les liquides pourraient être employés, avec avantage, à développer la fertilité du sol, et la matière des vidanges contient des substances minérales azotées, nécessaires à l'agriculture, qui rapporteraient dix fois le prix coûtant. »

Traitement de l'angine couenneuse. — M. le docteur Marchal (de Calvi) communique le récit d'un cas d'angine couenneuse, qui a cédé promptement à l'administration du bicarbonate de soude. A la vérité ce n'est pas à une angine idiopathique, mais à une maladie moins grave, à une angine scarlatineuse que le savant médecin a eu affaire ; mais il faut noter que la mère du malade a succombé elle-même, il y a quelques années, à une angine couenneuse, et cette circonstance de l'hérédité donne une gravité toute particulière au fait dont il s'agit ; arrêtons-nous d'abord aux excellents principes que M. Marchal pose au début de son mémoire :

« Le principe qui cause la maladie ne nous est pas connu ; mais il se manifeste par un phénomène, la formation de fausses membranes, qui atteste un excès de plasticité dans le sang. Cet excès de plasticité, s'il n'est point le phénomène le plus élevé de la pathogénie de l'angine couenneuse, le fait principe, la cause prochaine, est du moins le fait le plus rapproché de celui-là, le fait au delà duquel on ne peut parvenir quant à présent, et auquel il faut s'adresser pour attaquer le mal le plus près possible de sa racine. J'étais donc depuis longtemps résolu à agir, le cas échéant, c'est-à-dire à combattre l'excès de plasticité du sang, sans négliger toutefois l'élément inflammatoire, lorsque l'occasion s'est présentée de faire l'application de mes principes. »

C'est sur M. Bassompierre, ingénieur du chemin de fer de Vincennes, qu'il eut l'occasion de les appliquer. Cet ingénieur est pris d'un mal de gorge qui s'aggrave rapidement le deuxième jour ; la surface de la langue, la muqueuse palatine et les amygdales sont couvertes de stries blanches, nacrées, formant par leur rapprochement des taches très-apparentes sur lesquelles il n'y avait pas à se tromper ; c'était bien le produit d'une exsudation plastique.

« Je me décidai donc, dit l'auteur, suivant les principes sus-énoncés, à faire une application de sangsues, pour atténuer l'élément inflammatoire, et à donner le bicarbonate de soude à doses notables et rapprochées, pour combattre l'excès de plasticité du sang... Je prescrivis douze sangsues aux régions sous-maxillaires (six de chaque côté) et douze grammes de bicarbonate de soude en douze paquets (un toutes les demi-heures dans une cuillerée d'eau sucrée).

« Il était neuf heures du matin. Je revins à une heure. Le malade avait pris huit grammes de bicarbonate de soude. Les sangsues avaient donné beaucoup de sang, et il coulait encore abondamment, moins plastique évidemment qu'à l'état normal. Quant à la gorge, ce que je vis est inouï, et me causa autant de surprise que de joie. Ce fut au point que je doutai un moment de ce que j'avais vu quatre heures auparavant ; mais j'y avais porté trop d'attention pour que le doute pût subsister. Les fausses membranes de la langue persistaient, au milieu d'une couche pultacée, gris sale, qui recouvrait aussi les gencives, où elle était blanche ; mais la suffusion plastique de l'arrière-gorge avait complétement disparu ; il n'en restait plus trace. Dans l'espace de quatre heures, un signe capable d'inspirer le plus grand effroi s'était effacé complétement. Etait-ce sous l'influence du bicarbonate de soude? Mais c'est trop peu d'un fait pour une telle croyance et pour l'espoir qui en découlerait.

« Je me hâte de dire que, dès le soir, des points rouges paraissant à la peau, signalaient l'éruption scarlatineuse, qui fut générale et intense, et qui, à peine arrivée à son déclin, fut suivie d'une miliaire, à vésicules blanches, séroïdes, très-rapprochées au cou et aux bras, avec de courts paroxysmes pendant lesquels le cœur battait violemment, comme dans la suette. »

Voyage au Chili. — M. Claude Gay publie, sous le titre de *Historia fisica y politica*, un ouvrage dans lequel il se propose de consigner les observations qu'il a faites sur le climat, la géographie et l'histoire naturelle du Chili pendant un séjour de dix années. Muni d'instruments sortis des ateliers de nos constructeurs les plus habiles, M. Gay a résidé successivement dans le chef-lieu de chaque province et y a établi un observatoire. Toutes ces stations sont devenues le centre de fréquentes excursions, tandis qu'un aide intelligent restait constamment auprès des instruments de météorologie qu'il fallait consulter à chaque instant. C'est ainsi que l'infatigable voyageur a pu rassembler les matériaux du grand ouvrage qui vient d'être l'objet d'un rapport verbal à l'Académie ; M. Boussingault l'a entretenu de la partie géographique et géologique du voyage, M. Brongniart de la partie botanique, et M. Milne-Edwards de la partie zoologique ; nous en extraierons les points les plus saillants.

**I. — Géographie physique du Chili.**

Le Chili, comme toutes les contrées situées dans les Andes, offre un sol extrêmement accidenté ; les volcans, rangés suivant une ligne dirigée du sud au nord, ont une altitude considérable. L'Antucho, sur le sommet duquel M. Gay a porté ses instruments, a 2,790 mètres d'élévation. L'Aconcagua, d'après une mesure trigonométrique, atteindrait 7,172 mètres ; ce serait le pic le plus élevé de l'Amérique méridionale. C'est à cette ligne de volcans, à cette longue fissure ignivome qu'on attribue au Chili la fréquence des tremblements de terre, bien qu'on ait constaté au Pérou, à l'Equateur et dans la Nouvelle-Grenade, qu'il n'y a pas toujours connexité entre les éruptions volcaniques et les mouvements du sol. Le soulèvement continental est constant au Chili ; c'est un fait reconnu depuis longtemps et que M. Gay a pu vérifier : lors de son arrivée à Valparaiso, en 1828, la mer baignait le pied des constructions de la rue principale, aujourd'hui elle s'est assez éloignée ou plutôt le sol s'est assez exhaussé pour former entre ces constructions et la mer une plage assez étendue pour recevoir deux rangs de maisons.

**II. — Productions agricoles.**

Les productions agricoles du Chili ont la plus complète analogie avec celles de l'Europe ; il est aujourd'hui le grenier de toutes les contrées que baigne l'Océan Pacifique ; il fournit du blé au Pérou, au Mexique, à la Californie et même à l'Australie. Ses vins ont les qualités et les inconvénients des vins d'Espagne. Chaque année on y abat un million de têtes de bétail dont une partie est transformée en Charqui, c'est-à-dire en lanières de viande desséchées au soleil, qu'on exporte sur toutes les côtes de la mer du Sud où on les considère avec raison comme la nourriture la plus convenable à l'alimentation des soldats et des marins en campagne.

Les renseignements recueillis par M. Gay donnent une idée exacte de la fertilité du sol de la république. Nous nous bornerons à citer les récoltes moyennes obtenues, pour un de semence, dans les départements suivants :

| | Froment. | Orge. | Maïs. | Pommes de terre. | Haricots. |
|---|---|---|---|---|---|
| Rancagua..... | 16 | 20 | 60 | 25 | 25 |
| Casablanca,... | 10 | 13 | 40 | 12 | 16 |
| Victorias...... | 15 | 18 | 70 | 20 | 12 |
| Melipilla...... | 12 | 15 | 50 | 11 | 15 |
| Santiago...... | 20 | 25 | 50 | 20 | 15 |

### III. — Métaux précieux.

Malgré la rareté du combustible, les difficultés des transports et le prix de la main-d'œuvre, on exploite l'or, l'argent et le cuivre dans le nord du Chili, contrée stérile, et qui serait restée déserte sans les riches et nombreux gîtes métallifères qu'elle renferme. Le produit des mines est considérable, ainsi qu'on en peut juger par la quantité de métaux exportés en 1851.

| | | |
|---|---|---|
| Or en poudre et en lingots .. | 13,987 | castellanos, |
| Or monnayé............. | 44,779 | onzas, |
| Argent en lingots ......... | 392,967 | marcos, |
| Cuivre en lingots.......... | 219,189 | quintales, |
| Minerais de cuivre........ | 155,206 | quintales. |

A une époque où l'opinion publique est vivement préoccupée de l'influence que les exploitations de la Californie et de l'Australie exerceront sur la valeur de l'or, lorsque même il est question de démonétiser ce métal, les rendements, déjà si considérables, des mines d'argent du Chili, méritent de fixer sérieusement l'attention des économistes; après quoi il faut ajouter que les gîtes argentifères du Haut-Pérou paraissent être aussi productifs que ceux du Chili. Des documents authentiques établissent, en effet, que, de 1828 à 1846, les mines du Cerro de Pasco ont produit annuellement 245,000 marcos d'argent, et, suivant un mémoire présenté par le ministre des finances du Pérou, la maison des monnaies de Lima en aurait reçu 360,053 marcos en 1851. Pour compléter ces renseignements, il faut ajouter qu'au moins le tiers de l'argent produit par les mines sort en contrebande, quand il n'est pas converti en vaisselle. Ainsi, chaque année, deux localités de la Cordilière des Andes verseraient plus de 800,000 marcos d'argent dans la circulation.

### IV. — Métis de mouton et de chèvre.

Les observations de M. Gay sur ces métis que les agriculteurs chiliens élèvent, paraît-il, en grand nombre, sont dignes de toute l'attention des naturalistes; voici ce qu'en a dit M. Milne-Edwards : « Ces animaux hybrides, dont la toison offre un mélange de laine douce et de longs poils, et s'emploie pour la confection des espèces de couvertures désignées dans le pays sous le nom de *pellion*, s'obtiennent par le croisement du bouc et de la brebis. Or, ce fait du mélange facile de deux mammifères, appartenant à des divisions génériques distinctes, n'est pas sans intérêt et conduira peut-être les zoologistes à ne voir dans les chèvres et les moutons que des espèces différentes d'un seul et même genre naturel, conformément aux vues sur la délimitation des groupes génériques présentées, il y a quelques années, par notre savant confrère, M. Flourens

« M. Gay assure que les métis de chèvre et de moutons, dont il a vu des troupeaux nombreux, loin d'être stériles, comme le sont la plupart des mulets, sont féconds et se multiplient facilement entre eux aussi bien qu'avec le bouc. Il a été constaté que la fécondité de ces produits mixtes ne diminue pas pendant plusieurs générations, mais que les particularités distinctes de la race hybride s'effacent graduellement, et qu'au troisième ou quatrième degré les descendants de la brebis et du bouc reprennent tous les caractères du mouton; de sorte que, pour conserver à leur toison sa valeur, on est obligé d'avoir de nouveau recours à l'intervention du bouc. »

## VARIÉTÉS.

### Cas remarquables de suspension du mouvement vital chez des animaux adultes.

M. Gaskoin raconte (dans les *Ann. and. mag. of. nat. hist.*) qu'ayant acheté quatre ou cinq *helix lactea* (vulgairement colimaçons) qui manquaient à sa collection, il les mit dans l'eau pour les nettoyer. Ces hélix avaient appartenu successivement à deux marchands chez lesquels ils étaient restés plus de quatre ans exposés au sec et à la poussière. Aussi M. Gaskoin ne fut-il pas médiocrement surpris de voir l'un des mollusques reprendre vie et sortir de l'eau dans laquelle il était plongé. Curieux de suivre cette observation jusqu'au bout, il plaça le revenant sous une cloche de verre et lui fournit une bonne provision de concombres et de choux. Cela se passait en avril 1849; au mois d'octobre suivant, il trouva sous la cloche une trentaine de petits hélix noirs, n'ayant guère que 1/25e de pouce de diamètre et rampant sur les parois de leur prison, sur la terre qui en recouvrait le fond et sur les feuilles. A mesure que ces hélix grossirent, leur forme se rapprocha de plus en plus de l'*helix lactea*, et au mois d'octobre 1850, ils avaient tous les caractères de cette espèce, sauf que leur peristome ne s'était pas encore infléchi.

Ce fait de la suspension de la vie chez l'hélix n'est pas nouveau, mais ce qui est précieux, c'est la reproduction après plus de quatre années d'une vie solitaire. Faut-il croire que les œufs fécondés avant la réclusion de l'hélix mère sont restés plus de quatre ans dans le sommeil léthargique? Nous ne voyons là rien d'inadmissible. Peut-être aussi une seule fécondation sert-elle pour plusieurs pontes; peut-être encore, dans certains cas, les hélix se fécondent-elles elles-mêmes.

M. Gaskoin cite quelques autres cas de suspension de la vie chez les mollusques. Le plus remarquable est le suivant : Une *unio* (coquille bivalve) d'Australie fut prise le 29 janvier 1849, et enfermée dans un tiroir sec pendant 231 jours; au bout de ce temps, on la plongea dans l'eau; on reconnut qu'elle vivait. A son arrivé à Southampton, 498 jours après qu'on l'avait tirée du marais, elle fut de nouveau mise dans l'eau, où elle ouvrit ses valves et reprit parfaitement vie.

Nous allons voir la vie persister dans des circonstauces bien plus remarquables encore.

Par un jour de grand froid, M. William Rummel, de Jersey, prit un certain nombre de perches qui bientôt furent complétement gelées; il les laissa dans la neige pendant *trois semaines*, les mit ensuite dans un baquet et y versa de l'eau de puits. Vingt-deux perches sur trente se mirent bientôt à nager.

Cette observation nous en rappelle une autre C'est l'*Américan Journal* qui la rapporte d'après le professeur Hubbard, et ce sont encore des perches qui en font les frais.

Ces perches, jetées pêle-mêle dans un panier, étaient si bien gelées, qu'elles adhéraient ensemble, et que l'on ne pouvait les séparer sans casser leurs nageoires et leurs queues; elles restèrent une heure et demie dans cet état. M. Hubbard, ne doutant pas qu'elles ne fussent mortes, les met dans de l'eau de puits pour les faire dégeler, se proposant ensuite de les écailler, de les faire cuire, etc... Au bout de quelques minutes, les perches nageaient dans le baquet.

C'est ici le cas de rapporter les expériences de M. A. Duméril, sur la congélation des reptiles.

Ces expériences ont été faites sur des grenouilles placées dans un vase au milieu d'un mélange réfrigérant.

La température étant descendue à—0°, 9 et—1°, l'animal restait dans une immobilité complète, les membres étaient raides et endurcis, et toute l'enveloppe tégumentaire avait pris une consistance égale à celle du bois; les mouvements respiratoires étaient nuls. Les yeux, recouverts par les paupières, n'offraient plus leur saillie habituelle.

Une de ces grenouilles ayant été ouverte, M. A. Duméril trouva tous les liquides intérieurs gelés; l'intestin était dur, ainsi que le foie d'un rouge noirâtre et le cœur distendu, parfaitement immobile, au milieu de la mince enveloppe de glace interposée entre les parois et le péricarde.

Deux observations ont démontré que la mort n'est pas nécessairement amenée par cette congélation.

Ainsi, une grenouille dont la régidité était complète, et dont la température ordinaire était à—1°, après un séjour de deux heures dans une atmosphère à—12°, est mise en contact avec de l'eau à + 5° qu'on verse sur elle par petites quantités. Peu à peu on emploie de l'eau de moins en moins froide. Après une immobilité complète de quinze minutes, pendant lesquelles la raideur des membres et du tronc a disparu, de légers mouvements se remarquent dans le train postérieur: très-rares d'abord, ils deviennent ensuite plus fréquents, surtout quand on excite l'animal; puis on voit, à travers les téguments, les contractions successives et régulières des cavités du cœur.

A mesure enfin qu'on s'éloigne du moment où l'animal a été soustrait à l'action du froid, on voit reparaître, une à une, toutes les manifestations de la vie, sans que les mouvements respiratoires aient encore lieu d'une façon bien apparente. Au bout d'une heure, la grenouille nage avec facilité quand on l'y excite, et, cinq jours après l'expérience, elle est parfaitement vivante.

Des observations du même genre ont été faites par M. C. Duméril sur des tritons; par Maupertuis, sur des salamandres, qui ont vécu après avoir été solidifiés par le froid; par Blumembach, sur des larves d'insectes, tellement gelées qu'elles résonnaient comme des morceaux de glace quand on les laissait tomber par terre, et qui n'en continuèrent pas moins de se développer; par Elliotson, sur des œufs des vers à soie et des papillons, qui éclosent après avoir été exposés à un froid de 24° F. au-dessous de 0°. Des insectes peuvent être gelés à plusieurs reprises, et recouvrer la vie dès qu'ils sont dégelés. Enfin, Rudolphi a vu des vers intestinaux reprendre toute leur vivacité après huit jours de congélation.

## NOUVELLES ET CAUSERIES.

⁂ L'établissement de chemins de fer dans l'intérieur de grandes villes, telles que Londres et Paris, est devenu indispensable; leur faire suivre le niveau du sol, comme cela a lieu aux Etats-Unis, où les rues sont larges et régulières, où la circulation des piétons et des voitures est relativement peu active, c'est chose à peu près impossible; ils devront donc être établis en souterrains. Tel sera le *metropolitan railway* de Londres, dont les travaux vont commencer, le parlement ayant voté le bill de concession. Sa longueur sera de près de 7 kilomètres (4 milles 1/2). Il part de la station du Great-Western, touche au North-Western et au Great-Northen, et va déboucher dans les caves de l'administration des postes. Des stations seront construites à chaque demi-mille et aux carrefours où se croisent et se correspondent les lignes d'omnibus qui desservent la métropole les trains partiront toutes les cinq minutes; de 8 à 11 heures du matin et de 3 à 6 heures du soir; il y aura des convois supplémentaires. Le départ d'un train n'aura lieu qu'après l'arrivée du train attendu. Le *metropolitan railway* coûtera 30,000,000 de francs. Les compagnies des chemins de fer du Nord, de Londres, ont fourni une partie de ce capital, et le complément a été demandé au public par une souscription qui a été close tout récemment.

⁂ Ceci nous donne occasion de dire quelques mots du petit chemin de fer établi par M. Loubat dans la chaussée du Cours-la-Reine et du quai de Billy jusqu'à la barrière de Passy. Sa longueur totale est de 2,500 mètres. Il est à simple voie, avec gare d'évitement vers le milieu et une autre gare à son extrémité vers Passy. Le rayon des courbes ne descend pas au-dessous de 50 mètres; les rails sont cloués sur des longrines, encastrées et retenues au moyen de coins en bois, distantes de 2 mètres de milieu en milieu; ces pièces de bois sont enterrées dans du gravier ou du sable bien pilonné. La voie est établie à une distance suffisante des bordures du trottoir, en partie du côté droit et en partie du côté gauche. Les rails sont au niveau de la chaussée dont le bombement est 1/50° environ. Les pentes et rampes du profil en long sont, en général, inférieures à 10 millimètres. Au point où la voie franchit les rigoles pavées, il y a des parties en rampe ou en pente de 6, 7 ou 8 centimètres par mètre sur des longueurs de 20 à 30 mètres. Il existe une partie en rampe de 2 centimètres par mètre sur 120 mètres de longueur.

Un cheval y traîne, à la vitesse de 35 kilomètres à l'heure, 35 à 40 personnes.

C'est en Amérique, dans les rues de New-York, qu'a été fait le premier essai de ce genre de chemin de fer. La compagnie d'Orléans en a fait établir un sur le quai de Nantes; il relie la gare de la prairie de Mauve au port maritime. Sa longueur est de 3,000 mètres; il suit les quais, traverse la voie la plus fréquentée de la ville, coupe perpendiculairement les abords de trois ponts et les accès de toutes les cales du port fluvial et du port maritime. La voie est partout accessible aux piétons, elle l'est aux voitures sur les deux tiers environ de son développement.

⁂ Un journal anglais d'architecture, *the Builder*, donne les curieux détails qui suivent sur l'horloge monstre construite par M. F. Dent, et qui sera installé sur la tour des chambres du parlement.

Le cadran a 22 pieds de diamètre, c'est le plus grand qui soit au monde; l'aiguille des minutes parcourt dans chaque demi-minute un espace de 7 pouces; le pendule a 15 pieds de long; la cloche des heures, 8 pieds de haut et 9 pieds de diamètre; elle pèse 14 à 15 tonnes; le marteau pèse 4 quintaux. La plus grande des cloches qui sonneront les quarts pèse 5 tonnes et demi. Toutes les cloches ensemble occupent un espace huit fois plus grand qu'une sonnerie de cathédrale au complet. Les roues sont en fer fondu. Le mouvement de l'horloge marchera huit jours, celui de la sonnerie, 7 jours et demi; le silence de la dernière demi-journée avertira qu'il sera temps de remonter le mécanisme. Il faudra près de deux heures rien que pour enrouler les cordes des tambours de la sonnerie.

⁂ Les journaux racontaient, il y a peu de jours, un fait qui prouve une fois de plus l'utilité de la photographie.

Un malfaiteur avait été arrêté. Examen attentif, confrontations, interrogations, recherches dans les dossiers de la police, rien ne put faire reconnaître son identidé; et pourtant il mettait à la cacher un soin qui annonçait de coupables antécédents. Enfin, en désespoir de cause, on eut recours à la photographie. Le portrait du prisonnier fut tiré à plusieurs exemplaires, et envoyé aux commissaires de police des villes où l'on présumait qu'il avait résidé; ce moyen eut un plein succès. Les agents de police de Nantes reconnurent dans cette épreuve les traits d'un malfaiteur dangereux, à la recherche duquel ils étaient depuis longtemps. Nous espérons que ce succès fera adopter définitivement le système de photographie signalétique proposé par M. Moreau-Christophe et si habilement exposé dans le journal *La Lumière*, par M. Ernest Lacan.

⁂ Dans une des séances de la Société zoologique, M. Dureau de la Malle a émis le vœu qu'avec l'agrément de M. le préfet de la Seine, un *Nessotrophium*, semblable à celui où Varron a domestiqué l'oie et le canard, demi-sauvages encore en son temps, soit établi dans la partie étroite du bois de Boulogne. Il devrait être couvert en mailles de fer galvanisé, supportées par des piliers. Là, on aurait le cygne chanteur gris et blanc, le cygne blanc à caroncule jaune, l'eider, les canards de la Chine et de la Caroline, dont l'acclimatation s'opérerait sous les yeux du public.

⁂ Nous avons raconté dans notre numéro du 18 février dernier qu'un médecin propose de revêtir intérieurement les cercueils d'une lame mince de *gutta-percha*; l'auteur de la proposition, M. le docteur Tavernier, nous écrit que ce n'est pas pour retarder ou empêcher la putréfaction qu'il propose ce mode d'ensevelissement; « C'est, dit-il, pour empêcher les produits de la décomposition de s'échapper sous forme gazeuse ou liquide allant porter le dégoût, l'infection et peut-être même la contagion dans le voisinage. Voilà mon vrai, mon seul but. »

*Le propriétaire, rédacteur-gérant:*
VICTOR MEUNIER.

PARIS. — IMP. J.-B. GROS, RUE DES NOYERS, 74

Première année. — N° 16. Quinze centimes. 22 avril 1855.

# L'AMI DES SCIENCES

PAR

## VICTOR MEUNIER

BUREAUX D'ABONNEMENT : 13, RUE DU JARDINET, 13. Près l'École de Médecine.

Paraît le Dimanche.

PRIX DE L'ABONNEMENT POUR L'ANNÉE PARIS, 6 FR. — DÉPARTEMENTS, 8 FR. Envoyer un mandat de poste.



### LA LUMIÈRE.

Comment le soleil, ou pour parler d'une façon plus générale, comment un foyer de lumière et de chaleur, comment la bougie qui brûle sur notre table, le bois ou la houille qui se consument dans notre cheminée, comment ces corps nous éclairent-ils ou nous chauffent-ils ?

Voilà une question singulière, dira-t-on, et la réponse n'est pas bien difficile : Le soleil nous éclaire parce qu'il nous envoie de la lumière, on peut dire que cela saute aux yeux. Il nous échauffe parce qu'il nous envoie de la chaleur.

Et qu'est-ce, demanderons-nous, que cette lumière et cette chaleur que le soleil nous envoie?

C'est, répondra-t-on, une matière très-ténue, très-subtile, que les corps lumineux et chauds lancent autour d'eux et qui produit en nous, ici, par l'intermédiaire de nos yeux, là, sur toute la surface de notre corps, l'impression de lumière et de chaleur.

Telle est, en effet, l'opinion commune sur la nature, sur l'origine, sur le mode de propagation de la lumière, de la chaleur et aussi de l'électricité.

Ce fut pendant longtemps celle de tous les physiciens. Pour ne citer qu'un nom, elle a pour elle l'autorité de Newton. D'après ce grand homme, les objets lumineux projettent dans tous les sens des molécules d'une ténuité extrême, et, suivant la nature des molécules, on a la sensation de telle ou telle couleur. Cette explication, cette supposition, est ce qu'on appelle le *système de l'émission*. Il passa pour une vérité des mieux établies, et, de fait, il donnait une explication claire et très-juste en apparence de tous les phénomènes alors connus. De plus, il s'accordait parfaitement avec le calcul. Aujourd'hui encore il a des partisans surtout parmi les Anglais, qui en font une question de patriotisme : David Brewster, Lord Brougham, sont des *émissionnistes*; la France en compte quelques-uns.

A part ces exceptions, le système de l'émission est généralement abandonné.

Et en effet, si simple que paraisse l'opinion commune sur la nature de la lumière, il n'est pas nécessaire d'en pousser l'examen bien loin pour voir qu'elle présente d'insurmontables difficultés.

Exemple : Tout le monde sait ceci : Lorsque des rayons de lumière ou de chaleur viennent à rencontrer un miroir concave (par exemple une calotte de cuivre poli), ces rayons ne s'éteignent pas sur le miroir ; mais après l'avoir affronté, ils reviennent en arrière, dans un certaine direction, pour se croiser tous en un seul et même point sans étendue, indivisible, mathématique, qu'on appelle le foyer du miroir ; après quoi chacun de ces rayons continue sa route exactement dans la direction qu'il avait avec cette rencontre et comme si elle n'avait pas eu lieu.

Supposez un miroir concave d'un diamètre égal à celui de la terre, c'est-à-dire de trois mille lieues de large, exposé à l'action du soleil ; l'énorme masse de chaleur et de lumière que cet astre versera sur le miroir sera réfléchie et viendra tout entière passer à la fois en seul point, sans que la rencontre de ces milliards de milliards de rayons opère la plus petite déviation dans la direction d'un seul d'entre eux. Or si la lumière est un flux de particules matérielles, comment comprendre qu'elles puissent toutes passer par un même point sans se heurter, sans se confondre, sans modifier réciproquement leur direction ?

L'objection n'est pas petite ; on ne la cite cependant qu'en raison de sa simplicité ; car elle est comme non avenue auprès de difficultés bien autrement graves que les découvertes modernes ont créées au système de l'émission.

Il faut nous borner à dire que ce système est impuissant à expliquer plusieurs phénomènes des plus admirables parmi ceux que l'optique nous présente, des plus féconds aussi, et dont quelques-uns exercent déjà une grande influence sur la chimie et les sciences naturelles. Ces phénomènes dont la découverte a illustré plusieurs savants, ce sont principalement les interférences et la polarisation.

J'ajoute enfin, et cet argument aurait pu me dispenser des autres, qu'il y a contre le système newtonien et le préjugé populaire une raison sans réplique : c'est que l'expérience a décidément prononcé contre eux.

Ni la lumière, ni la chaleur ne sont un flux de particules matérielles ; ni l'une ni l'autre ne sortent des corps qui nous éclairent et nous échauffent; le principal de ces corps, le soleil, ne nous *envoie* rien ; la lampe qui nous éclaire ne nous envoie pas de lumière ; le combustible qui brûle ne nous envoie pas de chaleur.

Buffon, croyant que le soleil nous éclaire et nous échauffe aux dépens de sa propre substance versée incessamment dans l'espace, pour expliquer comment cet astre réparait cette perte continuelle, lui donnait des comètes à dévorer ; cette libéralité est inutile, le soleil ne nous envoie rien.

Que la lumière n'est pas un corps, et que par conséquent les objets lumineux n'émettent pas de matière éclairante, c'est ce qu'attestent les faits. Qu'est-ce donc que la lumière et la chaleur? Ce sont de simples mouvements, de pures vibrations, des *ondulations*. Ceci va être expliqué. Longtemps avant que l'expérience ait mis cette explication hors de doute, elle a eu des partisans, et si le système de l'émission a pour lui de grands noms, le système maintenant adopté peut invoquer en sa faveur des personnages dont l'illustration ne le cède à nulle autre.

Nous ne dirons pas que le *système des ondulations* remonte à un Français, cela importe peu; il suffit que la vérité soit venue d'un homme. Nous nous bornerons à constater que ce système a pour premier auteur un citoyen de la république universelle des sciences, qui, sous le nom de Descartes, s'est acquis des droits à l'admiration du monde entier; que Huygens, Euler, Young, Fresnel, sont au nombre de ses principaux fondateurs; que les travaux mathématiques de M. A. Cauchy lui ont donné une grande probabilité, et qu'enfin il a été mis hors de doute dans une expérience imaginée par M. Arago et exécutée en 1850 avec une grande habileté par M. Léon Foucault.

Cette expérience avait été proposée douze ans auparavant par M. Arago (*Comptes-rendus* du 3 décembre 1838); expérience d'autant plus décisive qu'elle était indépendante de toute théorie. Une conséquence forcée du système de l'émission est que la lumière doit se propager plus vite dans les milieux pondérables que dans le vide, plus vite dans l'eau que dans l'air. Cette grande question de la nature de la lumière, débattue depuis deux siècles par les plus grands génies, pouvait donc être réduite à ces termes : La lumière va-t-elle plus vite dans l'air que dans l'eau, ou bien l'inverse a-t-il lieu? Dans le premier cas, la lumière est une ondulation; dans le second cas, la lumière est une vibration.

Rien de plus simple, comme on voit, et il ne s'agissait que d'expérimenter. Mais quand on réfléchit que la lumière fait soixante-dix mille lieues par seconde, on reconnaît qu'il n'est pas bien aisé de mesurer dans l'espace étroit d'un cabinet de physique, la différence de vitesse qu'éprouvent deux rayons en traversant, l'un l'air ambiant, l'autre une tranche d'eau de quelques mètres d'épaisseur; il s'agissait d'apprécier un *milliardième* de seconde, suivant l'expression de l'auteur qui a dû recourir à cette hardiesse de langage pour exprimer cette hardiesse d'expérimentation. Il fallait, par exemple, construire un miroir qui fît sept à huit mille tours sur lui-même en une seconde. Enfin l'expérience faite en 1850 a tranché la question; la lumière est une ondulation.

Comment dans le système des ondulations explique-t-on que le soleil, qui ne nous envoie rien, nous éclaire et nous échauffe?

Une comparaison répondra.

---

## SYSTÈME

### HYGIÉNIQUE ET AGRICOLE DE CIRCULATION CONTINUE.

(Quatrième article.)

### CRÉATION DES SOURCES ARTIFICIELLES.

Avant d'aller plus loin, nous tenons à rappeler que les sources artificielles ne sont qu'un des éléments de ce vaste et magnifique appareil de circulation d'eau pure et de liquides fertilisants qui doit joindre les villes aux campagnes.

« Mon pays, dit M. Ward, a donné naissance au grand Harvey, l'illustre révélateur de la circulation dans le corps individuel; et c'est matière de juste orgueil pour nous que notre pays soit aussi l'initiateur de cette découverte d'un système strictement analogue : la circulation dans le corps social. »

Ailleurs, toujours préoccupé de cette analogie très-exacte entre l'organisme social et l'organisme philosophique, il s'abandonne à l'enthousiasme et s'écrie : « C'est une découverte aussi splendide, aussi féconde d'avantages pour l'humanité que celle de l'immortel Harvey. »

Et il n'exagère rien. Ce système de circulation continue va de pair avec les plus mémorables inventions : les chemins de fer, le télégraphe électrique. Et cependant cette grande chose n'est elle-même, je prie qu'on ne l'oublie point, que l'un des appareils d'un système plus vaste encore, d'un organisme en voie de formation qui embrasse la société entière, qui est lui-même une société nouvelle au point de vue matériel. Ceci dit, continuons.

*Choix du terrain collecteur.* — Le but est de former des sources artificielles d'eau de pluie tombée sur des terrains qui n'en altèrent pas la pureté. Cette dernière condition désigne comme terrains collecteurs les rochers primitifs, les bancs de sables, les terres stériles des bruyères qui manquent de sels solubles.

Les sources artificielles de Farnham s'échappent d'une colline et d'une bruyère sablonneuses, celles de Rugby d'un banc de gravier. A Paisley, on recueille les eaux torrentielles d'un terrain primitif.

*Drainage du terrain.* — La manière de recueillir les eaux varie suivant la nature du sol. Si celui-ci est sablonneux comme à Farnham, le drainage est tout; si le sol est rocheux comme à Paisley, ce sont surtout les eaux de surface qu'on recueille, et il faut un barrage.

En général, il convient de placer les tuyaux principaux selon la pente du terrain, et on dirige les embranchements obliquement à droite et à gauche.

Quelquefois on entoure une colline d'un tuyau collecteur; le tuyau suit les contours de la base, et à chaque pli creux du terrain, envoie un embranchement vers le sommet de la colline.

D'autres fois, comme dans la bruyère de Farnham, un simple drainage, en patte d'oiseau, posé sur un plateau très-légèrement incliné, fournit une masse d'eau étonnante.

Il y a intérêt à se ménager, en amont des drains, un plateau sablonneux convenablement incliné. La pluie qui s'y infiltre étant dirigée vers les tuyaux, le drainage d'un seul hectare sert à recueillir l'eau due à une surface deux ou trois fois plus grande. L'influence de cette circonstance s'est manifestée d'une manière très-frappante à Rubgy et à Sandgate.

La population de Rubgy est d'environ 10,000 personnes. On projeta de la desservir au moyen d'un réseau collecteur de 10,000 acres (404,67 hect.). L'habile ingénieur chargé de cette opération, M. Rammel, commença par poser un tuyau principal sur lequel devaient s'embrancher des conduits secondaires; mais, à son grand étonnement, ce tuyau suffit tout seul à l'alimentation de la ville.

*Étendue du réseau collecteur.* — On voit, d'après ce qui précède, qu'elle varie suivant la nature et la disposition du terrain. A Farnham, où, de même qu'à Rugby et à Sandgate, le terrain collecteur est sablonneux, le rendement d'un hectare suffit aux besoins d'une population de 1,500 personnes.

Le terrain est rocheux à Stirling, à Paisley, à Glasgow; aussi y recueille-t-on surtout les eaux de surface. Voici l'étendue du terrain collecteur dans ces trois localités : Stirling, 10,000 habitants, 60,70 hectares; Paisley, 60,000 habit., 283,26 hect.; Glasgow (côté du sud), 75,000 habit, 1,111,28 hectares.

*Emmagasinage de l'eau.* — Quand le terrain est sablonneux, l'emmagasinage a lieu gratuitement dans le sable, lui-même. A Farnham, l'emmagasinage est tellement complet, que le service de toute la ville se fait au moyen d'une simple citerne régulatrice de 250 mètres de capacité.

Lorsqu'on recueille l'eau de surface de rochers primitifs, comme à Stirling, Paisley et Glasgow, il y a nécessité de construire des réservoirs. Dans ces trois villes, les eaux, très-abondantes en temps de pluie, sont dirigées dans des réservoirs vastes et profonds qui peuvent contenir la provision de plusieurs mois. Ces réservoirs doivent être d'une profondeur considerable pour que l'eau y conserve sa fraîcheur et sa pureté. Ceux de Paisley ont 9,55 mètres de profondeur; ceux de Glasgow ont 15,84 mètres.

Il est sans doute inutile de rappeler que les drains se réunissent en une sorte de petite rivière artificielle qu'un aqueduc conduit à la ville. Disons en passant que le verre pourra un jour remplacer l'argile et le fer dans la construction des conduites d'eau. Déjà, à Maestricht, le gaz est distribué par un réseau de tuyaux en verre de 6 à 10 centimètres de diamètre, posés sous la voie publique.

Établis en 1847-48, ces tuyaux ont été soumis à une série d'épreuves décisives, par exemple, au passage d'un wagon chargé d'une lourde chaudière; ils ont parfaitement résisté. Ils résistent tous les jours aux rudes assauts que leur livre le roulage ordinaire; ni cassures, ni fuites ne se sont jamais déclarées.

Nous n'avons pas besoin de dire que si la pente du terrain est suffisante, le transport de l'eau à la ville est opéré gratuitement par la gravitation, qui, en certaines circonstances, peut même se charger de conduire l'eau aux différents étages des maisons. Si, au contraire, le terrain collecteur est de niveau avec la ville, et à plus forte raison s'il est plus bas que celle-ci, il faut faire intervenir une force mécanique. Dans ce cas, on supplée au défaut de pente naturelle par une pente artificielle; on commence l'aqueduc à fleur de terre, et l'on descend graduellement à mesure que l'on avance vers la ville, où une machine distribue enfin l'eau aux divers quartiers et la monte dans les maisons.

## Electricité solaire.

EXPÉRIENCE A RÉPÉTER.

M. Beckensteiner a fait l'expérience suivante :

Sur une terrasse exposée au midi et abritée du nord par le mur de soutènement d'une terrasse supérieure, une boule de cuivre jaune de 33 centimètres de diamètre a été suspendue par un cordon de soie à deux poteaux situées à 2 mètres l'un de l'autre.

Au centre intérieur de la boule de laiton est attaché un fil métallique; à ce fil on fixe une plaque d'argent du poids de cinquante à cent grammes, et cette plaque plonge aux trois quarts dans un vase en verre blanc de la contenance de quatre à cinq litres et rempli aux trois quarts d'eau distillée alcalisée (le rapport doit être d'un millième de cyanure de potassium).

Auprès du vase, un autre fil est planté dans le sol, où il pénètre à quelques centimètres de profondeur; il se recourbe au-dessus du liquide et se termine, comme le fil précédent, par une plaque de même métal et du même poids, et plongeant de la même quantité dans l'eau alcalisée. La distance entre les plaques est de 5 à 8 centimètres; elles doivent être recuites au feu.

Il faut dire que l'expérience doit être faite dans la saison chaude, en juin ou en juillet, par exemple; le temps doit être au beau fixe, le ciel serein ; les heures de la journée ne sont pas non plus indifférentes. Le moment le plus favorable est entre dix heures du matin et une heure de l'après-midi; la température doit être de 27 à 30 degrés c. à l'ombre.

Les choses disposées comme il a été dit, au bout d'un temps qui varie, selon l'état du ciel et la température, de 25 minutes à une heure, voici ce qui arrive :

On voit sortir de la lame attachée à la boule un ruban gazeux métallique qui se porte à la lame opposée en rapport avec le sol.

Avec des lames polarisées, le transport a lieu en quelques minutes.

M. Beckensteiner est parvenu à argenter ainsi une lame de cuivre rouge; 27 centigrammes d'argent furent transportés sur la lame de cuivre.

L'eau qui a déjà servi au transport facilite aussi l'opération en opposant moins de résistance au courant électrique.

La boule étant à l'ombre, on n'a jamais obtenu le moindre signe de transport.

De cette expérience, M. Beckensteiner conclut que le soleil émet et nous envoie de l'électricité, et que l'action des rayons solaires a les mêmes effets que l'électricité d'expansion.

Il est regrettable qu'il ait omis de nous dire si le vase dans lequel le transport a eu lieu était exposé au soleil ou à l'ombre.

M. Beckensteiner a fait également quelques expériences sur les rayons lumineux de la lune, mais elles sont trop peu nombreuses pour qu'il ose en tirer aucune conclusion. Il croit cependant avoir constaté que les rayons de notre satellite ont une action opposée à celle du soleil; le courant sortant de la terre se porterait sur la lame adaptée à la boule exposée aux rayons lunaires.

Notre expérimentateur a fait une remarque pleine d'intérêt, et qui ajoute à la valeur de ce qui vient d'être exposé. Il a constaté que la lumière solaire exerce une influence marquée sur le transport par l'électricité en mouvement, ou, en d'autres termes, que l'intensité de ce transport varie avec les heures de la journée.

Si l'on fait fonctionner l'appareil à courant constant, de grand matin avant le lever du soleil, le transport s'opère d'abord lentement, puis avec une énergie croissante, jusqu'à midi, moment où il acquiert sa plus grande intensité. A partir de ce point, il décline jusqu'au coucher du soleil et où le transport devient nul.

« J'ai examiné mon appareil à différentes heures de la nuit, dit M. Beckensteiner, et je n'ai jamais pu apercevoir le moindre transport, et sans faire aucun changement à l'appareil, on le voit reprendre le matin son activité.

« En pesant la poudre d'argent produite depuis le matin jusqu'à midi, j'ai toujours trouvé le poids supérieur à celui qui s'effectue depuis midi jusqu'au coucher du soleil; ce qui démontre clairement l'influence de l'électricité solaire sur l'électricité voltaïque. »

L'analogie de ce fait avec les variations diurnes de l'aiguille de déclinaison frappera sans doute tous les lecteurs.

## LA QUESTION DE L'ESPÈCE,

D'APRÈS M. ISIDORE GEOFFROY-SAINT-HILAIRE.

(Suite et fin) (1).

IX. — « La vérité ou l'erreur d'une doctrine peut presque toujours être mise en lumière par la valeur des conséquences qui en dérivent.

« La théorie de la variabilité limitée peut conduire à des solutions rationnelles, à l'égard des questions complétement insolubles pour les partisans de la fixité absolue ou que ceux-ci ne résolvent qu'à l'aide des hypothèses les plus complexes et les plus invraisemblables.

X. — « Il en est ainsi de la question fondamentale de l'anthropologie. L'origine commune des diverses races humaines est rationnellement admissible au point de vue de la variabilité, et à ce point de vue seul. Les partisans de la fixité ont dû, pour l'admettre avec nous, conclure contre leur propre principe.

XI. — « En paléontologie, à la théorie de la variabilité limitée correspond une hypothèse simple et rationnelle, celle de la *filiation;* à la doctrine de la fixité, deux hypothèses, également compliquées et invraisemblables, celle des *créations successives* et celle dite de *translation.*

« Selon l'hypothèse de la filiation, les animaux actuels seraient issus des animaux analogues qui ont vécu dans l'époque géologique antérieure : nous serions fondés, par exemple, à rechercher les ancêtres de nos éléphants, de nos rhinocéros, de nos crocodiles, parmi les éléphants, les rhinocéros, les crocodiles dont la paléontologie a démontré l'existence antédiluvienne.

« Cette hypothèse a été rejetée comme inconciliable avec la *fixité* de l'espèce, en raison des différences spécifiques qui existent entre les animaux antiques et leurs analogues modernes. A la simple explication de ces différences par les changements

(1) Voir le précédent numéro.

survenus, d'une époque géologique à l'autre, dans les circonstances ambiantes, on a cru devoir préférer l'hypothèse de plusieurs créations successives, et, plus tard, celle de la translation. Pour reprendre les exemples cités plus haut, ces deux hypothèses s'accordent à admettre l'extinction complète des anciennes espèces d'éléphants, de rhinocéros, de crocodiles; mais la première les remplace par des éléphants, des rhinocéros, des crocodiles de nouvelle création ; la seconde, par les espèces actuelles, supposées préexistantes, avec tous leurs caractères actuels, sur quelque autre point du globe resté inconnu.

« Des trois hypothèses, celle qui dérive de la théorie de la variabilité est incontestablement la plus simple et la moins conjecturale. A ce titre elle pourrait déjà être présentée comme la plus vraisemblable.

XII. — « Mais elle n'a pas seulement sur les autres cet avantage.

« Elle est vérifiable, et dès à présent vérifiée, dans son application à divers cas particuliers.

« En outre, elle est confirmée par diverses considérations en présence desquelles il semble difficile de maintenir les deux autres hypothèses. Sans insister sur celle des créations successives, depuis longtemps abandonnée et formellement condamnée par son auteur, nous nous bornerons à mettre ici en opposition, dans deux de leurs conséquences, l'hypothèse de la filiation et celle de la translation.

« Selon la première, les animaux actuels descendraient d'animaux *analogues*, selon la seconde, d'animaux *semblables* à eux-mêmes. Or, la conservation des mêmes caractères spécifiques, à toutes les époques, supposerait l'existence, à toutes les époques aussi, des mêmes circonstances ambiantes ; ce qui est inadmissible.

« Dans l'hypothèse de la filiation, le nombre des espèces a pu varier, d'une époque géologique à l'autre, en plus comme en moins; car si, à chaque révolution, il y a eu extinction d'une partie des espèces, celles qui ont subsisté ont dû subir des modifications, qui ont pu être diverses selon les circonstances et les localités, et acquérir la valeur et la permanence de caractères spécifiques. Dans l'hypothèse opposée, à chaque révolution, une partie des espèces disparaît, les autres restent ce qu'elles étaient; elles se déplacent, mais sans modifications organiques. Par conséquent, les extinctions sont ici sans aucune compensation possible. Donc, selon cette hypothèse, le nombre des espèces animales, et de même des espèces végétales, aurait dû aller sans cesse en décroissant; il y aurait eu diminution progressive, dépeuplement du globe; les deux cent soixante mille animaux et végétaux qui, d'après les estimations les plus récentes, couvrent aujourd'hui la surface de la terre, ne seraient que les restes d'une création infiniment plus riche dans les temps antiques! Telle est la conséquence à laquelle arrivent nécessairement les hypothèses de la fixité absolue et de la translation : chacun jugera jusqu'à quel point elle concorde avec les notions que nous possédons sur l'état ancien du globe.

XIII. — « Tout ce qui précède conduit à considérer l'espèce, non plus d'une manière absolue, et indépendamment des temps et des lieux, mais relativement au monde actuel, ou d'une manière plus générale, relativement à chacune des époques géologiques. D'où il suit que nous avons à résoudre, à l'égard des espèces, des problèmes de deux genres, ou mieux, de deux *degrés*.

« 1° Détermination, pour chaque époque géologique, des types spécifiques qui lui sont propres. C'est cette détermination que les zoologistes poursuivent si habilement, depuis Linné, quant aux espèces vivantes, et les paléontologistes, depuis Cuvier, quant aux espèces perdues.

« 2° Comparaison des espèces avec celles de l'époque antérieure ou plus généralement des espèces de deux époques consécutives, en vue d'établir leurs rapports de filiation. Problème nouveau, sans doute insoluble dans la plupart des cas, mais certainement *soluble* (*déjà même résolu*) *dans plusieurs*.

XIV. « La substitution de la théorie de la *variabilité limitée* à l'hypothèse de la *fixité absolue*, rend nécessaire une nouvelle définition de l'espèce. Pour nous rapprocher le plus possible des définitions les plus usitées, et en ne considérant, pour le moment, que l'ordre actuel des choses, nous dirons : l'espèce est une collection ou une suite d'individus, caractérisés par un ensemble de traits distinctifs dont la transmission est naturelle, régulière et indéfinie dans l'ordre actuel des choses.

« La possibilité de la distinction, la transmission naturelle et régulière, la stabilité et la permanence égales à celles de l'état actuel du globe, tels sont les trois éléments essentiels de cette définition de l'espèce.

« Quelques mots suffiront pour en expliquer les termes.

« Les hybrides ne sont pas généralement inféconds, comme on l'a souvent dit (nos tableaux donnent à cet égard des preuves irrécusables). Ils peuvent transmettre leurs caractères, *toujours mixtes* entre ceux des types d'où ils proviennent; mais les races hybrides ne se propagent pas avec la constance et la régularité qui appartiennent aux espèces, et elles s'éteignent bientôt ou disparaissent par l'effet des croisements. La transmission n'est donc ni *régulière*, ni *indéfinie*.

« Il en est de même des races *monstrueuses* ou *anomales*. Elles ne constituent de même en quelque sorte que des faits accidentels et temporaires.

« Dans les races domestiques, enfin, on retrouve une grande partie des caractères de l'espèce. Chez les races qui sont très-anciennes, et qui ont acquis une grande fixité, la transmission peut même être dite régulière ; elle peut être indéfinie et aussi durable même que l'ordre de choses actuel, mais seulement par l'intervention de l'homme, nécessaire pour maintenir les races, comme elle l'a été pour les créer. La transmission n'est donc pas naturelle. »

## SOUSCRIPTION

### EN FAVEUR DE LA FAMILLE DE JOSEPH REMY.

L'*Ami des sciences* accuse réception des sommes suivantes :

MM. Thouron, à Toulon, 1 fr. 50 c. — Buisson, à Toulon, 50 c. — Buisson, à Flayose, 2 fr. — Constantin, à Toury, 2 fr. — Hameau, à la Teste de Buch, 7 fr. — Un officier, 1 fr. — Dr Retali, à Sarmois, 3 fr. — Louis Aubert, 2 fr. — Lecoq de Boisbaudrand, 3 fr.

## LA SEMAINE SCIENTIFIQUE.

Nouvelle méthode pour l'analyse des eaux potables. — Versez dans un flacon contenant quarante grammes d'eau distillée, deux ou trois gouttes d'une dissolution alcoolique de savon, agitez le mélange, une mousse persistante se formera à la surface ; faites la même expérience avec une eau calcaire et magnésienne, la mousse n'apparaît pas d'abord, mais elle se produit dès que la chaux et la magnésie ont été neutralisées par une proportion de savon en rapport avec la quantité de sel calcaire ou magnésien en dissolution dans la liqueur. A ce moment le savon agit comme s'il était dissous dans de l'eau distillée. Il résulte que plus une eau renferme de sels calcaires et magnésiens, plus il faut de savon pour les neutraliser et produire la mousse. Tel est le principe de la méthode de MM. Boutron et Boudet.

Pour se convaincre de la sensibilité du savon comme réactif, il suffit de remarquer qu'un décigramme de cette substance suffit pour produire de la mousse dans un litre d'eau ; évidemment, lorsque le savon aura neutralisé les sels calcaires ou magnésiens contenus dans l'eau, il sera très-facile d'apprécier avec exactitude le moment où la mousse apparaîtra.

MM. Boutron et Boudet emploient le savon à l'état de dissolution alcoolique, et, pour soustraire les opérateurs aux incertitudes qui résulteraient nécessairement de la composition variable du savon, ils titrent leur liqueur d'épreuve au moyen d'une dissolution de chlorure de calcium fondu, contenant 25 centigrammes de ce sel par litre d'eau distillée, soit 1/4000.

Pour faire les essais analytiques, on emploie un flacon bouché à l'éméri de 60 à 80 centimètres cubes de capacité, et jaugé à 40 centimètres cubes: en outre, on se sert d'une petite burette graduée de la manière suivante;

1° Une division marquée au-dessus de 0 degré représente la proportion de liqueur nécessaire pour faire mousser 40 centimètres cubes d'eau pure;

2° Chaque division au-dessous de 0 degré représente un décigramme de savon marbré, à 30 pour 100 d'eau et 6 pour 100 de soude, détruit pour un litre de l'eau soumise à l'expérience: de sorte qu'une eau qui absorbe, par exemple, 10 degrés de liqueur, détruit ou neutralise 1 gramme de savon par litre;

3° 22 degrés correspondent exactement à 40 centimètres cubes ou 40 grammes de la dissolution normale de chlorure de calcium fondu, à 25 centigrammes par litre.

Il résulte de ce système, disent les auteurs, que la graduation de la burette indique tout à la fois la proportion de savon détruit par un litre de l'eau examinée et l'équivalent en chlorure de calcium de sels calcaires et magnésiens que contient un litre de cette eau. Rien de plus facile, dès-lors, que de reconnaître, par un essai rapide, l'équivalent en chlorure de calcium des sels de chaux et de magnésie que contiennent les eaux, et d'établir leur valeur relative en comparant les degrés qu'elles donnent avec la burette d'épreuve.

MM. Boutron et Boudet ont donné à cet instrument le nom d'*hydrotimomètre*, qui signifie mesure de la valeur de l'eau.

Comme les eaux peuvent contenir autre chose que des sels calcaires et magnésiens, les auteurs ont étendu leur méthode analytique aux autres sels qui s'y rencontrent généralement; ils sont arrivés à en déduire des moyens pratiques qui simplifient extrêmement l'analyse des eaux. Ils sont allés plus loin, et, toutes les fois que des dissolutions salines plus ou moins complexes renferment des bases pouvant être précipitées par un sel de soude ou de potasse soluble et forment avec les acides gras des compositions insolubles dans l'eau, ils formulent un système d'analyse très-simple.

Chauffage par friction. — MM. Mayer et Beaumont prient l'Académie de vouloir bien faire examiner un appareil au moyen duquel ils échauffent l'eau par friction, jusqu'à la porter au point d'ébullition. Leur appareil mis en jeu par une roue hydraulique, fonctionne dans une usine du quai Valmy; les auteurs en donnent la description suivante:

Cette machine, disent-ils, est fort simple; elle consiste en une chaudière cylindrique de 2 mètres de long sur 0,50 centimètres de diamètre, laquelle est parcourue intérieurement dans toute sa longueur par un tube conique, rivé et soudé à la chaudière dont il fait partie, puisque l'eau qu'elle contient doit l'envelopper, afin de recevoir directement la chaleur produite par le frottement du cône intérieur dont la description suit:

Un cône en bois monté sur un axe en fer, tourné parallèlement au tube conique dont il est parlé ci-dessus, est enveloppé par une tresse en chanvre ou filasse qui couvre toute sa surface. Cette tresse est nécessairement placée en spirale pour n'avoir point de solution de continuité.

La grande difficulté à vaincre était de faire frotter deux corps l'un contre l'autre pour obtenir la chaleur sans qu'il y eût une notable usure. Si l'on avait fait frotter ensemble deux métaux, ils se seraient grippés et détruits. La construction de l'arbre frottant devait donc obvier à ce double inconvénient.

Pour avoir un frottement utile, il faut qu'il y ait contact permanent entre les deux cônes: on obtient ce résultat en mettant à chaque extrémité de l'axe, sur lequel est fixé le bois, une pointe de rencontre; l'une le pousse par sa base pour le faire adhérer, et l'autre le pousserait par son sommet s'il s'engageait trop fortement. Une fois le point convenable trouvé, l'appareil est réglé et on l'abandonne à lui-même. La chaudière est d'ailleurs munie de tous les accessoires ordinaires, tels que soupape de sûreté, flotteur, manomètre, etc.

Un appareil graisseur est joint à la machine et l'entretient sans aucune surveillance.

MM. Mayer et Beaumont énumèrent en ces termes les applications du système.

«Cette machine, contenant 400 litres, prend la force de deux chevaux et produit un cheval de vapeur. Elle est destinée à convertir une force *non employée* en chaleur utile.

« Dans les seuls départements des Vosges et du Jura, il y a plus de 100,000 chevaux de forces perdues en chutes d'eau. Dans ces contrées et ailleurs où le combustible est cher en raison de la difficulté du transport, on pourra donc, au moyen de cette invention, établir avec un avantage incontestable, des usines qui ont besoin de chaleur et qui l'obtiendront presque pour rien; par exemple, des teinturies, des papeteries, des féculeries, des fabriques de sucre, des filatures, etc., etc. »

Gravure sur savon. — M. Fergusson-Branson (de Sheffield) s'est occupé pendant plusieurs années de chercher une substance qui puisse être avantageusement substituée au bois dans la gravure; et d'après le *Journal of the Franklin Institute*, le savon lui a enfin fourni ce qu'il cherchait. Voici la manière de s'en servir:

On exécute une gravure sur une plaque de savon bien poli, ce qui se fait aussi vite et aussi facilement qu'un dessin au crayon sur une feuille de papier. Chacun des traits produits ainsi est clair, net et parfaitement défini d'après le *Journal*. Lorsque le dessin est terminé, on prend une empreinte à sa surface, en moulant au moyen du plâtre, ou mieux encore, en pressant la feuille de savon avec de la gutta-percha fondue. On peut employer aussi, dans ce but, de la cire à cacheter fondue. L'auteur n'a pas essayé l'emploi des moules en soufre, mais il est probable qu'ils donneraient de bons résultats. Cette épreuve, en plâtre, gutta-percha, etc., étant ainsi obtenue, on en rend la surface conductrice, et l'on y fait déposer du cuivre galvanoplastique par les procédés ordinaires. Le burin que l'on emploie est une aiguille en ivoire. Ce procédé peut avoir une certaine importance; simplifiant la gravure, la ramenant presque à un dessin, il en diminuerait beaucoup le prix de revient, et, par suite, permettrait aux industriels d'employer les artistes les plus habiles pour obtenir des modèles, qui ne sont aujourd'hui que des reproductions souvent défectueuses. L'impression sur tissus, la fabrication des papiers peints, la reliure, la fabrications des porcelaines pourront utilement expérimenter ce procédé.

L'auteur termine ainsi la description qu'il donne de sa découverte: « Pour prouver que l'on peut obtenir sur une plaque de savon les détails les plus déliés, aussi bien que les touches les plus fortes et les plus vigoureuses, je dirai que j'ai fait copier par ce moyen une eau-forte de Rembrandt; on a pris l'empreinte du savon au moyen de la gutta-percha, et, après avoir reproduit la gravure positive, en prenant une épreuve galvanoplastique sur la gutta-percha, on a obtenu une gravure qui, en délicatesse, différait très-peu de l'eau-forte originale. »

Bains et douches de gaz carbonique. — Il existe depuis plusieurs années en Allemagne, aux principales sources minérales carbo-gazeuses, des établissements où l'on administre le gaz acide carbonique, soit en bains généraux ou partiels, soit sous forme de douches et d'injections, soit enfin par voie de déglutition ou d'inhalation.

Plusieurs faits particuliers avaient depuis longtemps attiré l'attention des médecins allemands sur les propriétés médicinales du gaz carbonique, lorsqu'une guérison extraordinaire, presque miraculeuse, opérée par cet agent, vint mettre en grande vogue ce nouveau moyen thérapeutique. Le docteur

Struve, savant distingué, prenait les eaux à Marienbad (Bohême) pour une affection très-douloureuse de la cuisse et de la jambe gauches. Il ne pouvait marcher, depuis plusieurs années, sans le secours des béquilles ; les glandes et les vaisseaux lymphatiques de la jambe étaient très-durs et enflammés. Le malade souffrait en outre d'un engorgement du foie et d'hémorrhoïdes. M. Struve eut un jour l'idée d'exposer sa jambe malade à l'action d'un courant de gaz carbonique qui se dégageait d'une des sources de Marienbad et formait une couche de plusieurs décimètres d'épaisseur à la surface du liquide. Appuyé sur un bâton, soutenu par son domestique, il parvint à se traîner, avec beaucoup de peine et en éprouvant de vives douleurs, jusqu'à la source. Assis sur le bord du bassin, il laissa pendre sa jambe dans la couche de gaz, il éprouva d'abord un fourmillement et une chaleur agréable qui alla en augmentant jusqu'au point de déterminer une abondante transpiration du membre malade ; lorsqu'il retira son pied du bain de gaz, il fut tout surpris de ne plus ressentir aucune douleur et même de pouvoir marcher sans le secours de ses béquilles et de son domestique. Il courut lui-même annoncer à ses amis l'heureuse nouvelle de cette guérison étonnante et inattendue. Le malade continua pendant quelque temps l'usage des bains locaux de gaz carbonique, et il partit guéri de Marienbad. Il a joui, depuis cette époque, d'une excellente santé, sans éprouver de rechute ni de renouvellement de ses douleurs. M. Struve a publié lui-même la relation détaillée de sa maladie et de sa guérison.

Aujourd'hui, il y a en Allemagne, d'après M. le docteur Herpin, de Metz, à qui nous empruntons ces détails, notamment à Marienbad, Carlsbad, Kissingen, Eger, Nauheim, Cannstadt, Meinberg, Cronthal, etc., des établissements spéciaux très-remarquables pour les bains, les douches, et même l'inhalation du gaz carbonique. On emploie le gaz carbonique tantôt pur, tantôt mélangé, en proportions plus ou moins considérables, avec de l'air atmosphérique ou du gaz sulphydrique ; à l'état sec ou humide, avec de la vapeur d'eaux minérales, etc. Les appareils dont on sert pour l'administsation des bains de gaz sont analogues à ceux que l'on emploie pour les bains de vapeurs ou sulfureux, pour les bains locaux et les douches de vapeur.

M. le docteur Herpin décrit en ces termes l'action du gaz carbonique.

Le gaz carbonique agit énergiquement sur les systèmes vasculaire et nerveux. Il rappelle promptement la chaleur et la transpiration à la peau; il agit d'une manière très-efficace contre les diverses maladies qui ont pour cause la suppression ou les dérangements de la transpiration ; il rappelle aussi les flux sanguins veineux habituels qui ont été accidentellement supprimés. Enfin, par ses propriétés antiseptiques, le gaz carbonique assainit et améliore les plaies et les suppurations de mauvaise nature, tant à l'extérieur qu'à l'intérieur. Les douches de gaz carbonique sont employées avec succès contre certaines maladies des yeux, des oreilles, les écoulements purulents, etc.

L'adminstration du gaz carbonique est facile, commode et agréable pour les malades; elle n'exige point de préparatifs particuliers : on peut prendre ces bains tout habillés, car le gaz traverse facilement les habits ; les chaussures et les bottes n'empêchent point son action sur les pieds.

Jusqu'à présent, il n'existe point en France d'établissements de bains de gaz carbonique; néanmoins, nous possédons un grand nombre de sources minérales fournissant des quantités de gaz carbonique qui seraient suffisantes pour former des établissements de bains et douches de gaz. Ce serait une addition utile et en même temps profitable pour nos thermes.

Education des oiseaux. — Dans une notice sur ce sujet, M. l'abbé Allary a fait connaître les moyens qu'il a employés et vu mettre en usage pour rendre les oiseaux obéissants et très-familiers. Ces moyens consistent, pour celui qui entreprend une éducation, à donner lui-même les soins les plus assidus aux jeunes oiseaux dès leur sortie de l'œuf; à éviter que leurs sens reçoivent des impressions trop variées; à accoutumer leur oreille pendant les premiers temps de la vie; à n'entendre que les mêmes sons, et leurs yeux à ne voir d'autre image que celle de leur maître. Cette théorie est appuyée sur un assez grand nombre de faits relatifs à des perdrix, à une tourterelle, à des serins et à un merle.

Chirurgie sous-cutanée. — M. le docteur Jules Guérin a lu en deux fois à l'Académie des sciences, un beau travail intitulé: *Essai d'une généralisation de la méthode sous-cutanée.* Dans la première partie de ce mémoire, il établit que le principe de la méthode sous-cutanée, c'est-à-dire la propriété qu'ont les plaies pratiquées sous la peau, et maintenues à l'abri du contact de l'air, de *guérir immédiatement sans suppurer*, est applicable à tous les tissus et à toutes les cavités de l'économie : il expose ensuite les lois qui président à la reproduction des tissus divisés, en faisant connaître les circonstances qui entravent ou altèrent les produits de cette régénération. Dans la seconde partie, l'auteur indique la série des applications pratiques inspirées par le principe. Ne pouvant entrer dans le détail de ces nombreuses applications, nous citerons du moins comme exemple de l'entière innocuité de cette merveilleuse méthode chirurgicale, un cas de section sous-cutanée des muscles :

« Parmi les nombreuses opérations de cette espèce que j'ai successivement communiquées à l'Académie, je n'en rappellerai qu'une, dit M. J. Guérin : celle d'un sujet chez lequel j'ai coupé sous la peau, dans une seule séance, quarante-deux muscles et tendons pour une difformité générale des articulations. Dans cette opération, qu'on a peut-être le droit de qualifier sans précédent, il convient de distinguer deux ordres de résultats nouveaux : le premier, qui est le plus important et le plus général, a été d'établir d'une manière irréfragable le principe et le caractère d'innocuité de la méthode sous-cutanée: aucune des plaies n'a suppuré, et le malade n'a pas éprouvé le plus petit accès de fièvre. Le second résultat a été de porter remède à une infirmité générale, considérée jusque-là comme tout à fait incurable. Sans la parfaite sécurité de la méthode, il eût été impossible de songer à une telle entreprise; et quelle que puisse être l'étendue du service rendu dans le cas particulier, à quelque degré qu'on l'ait voulu réduire, il a servi de point de départ à une foule d'opérations particulières dont ce cas exceptionnel a offert le spécimen général. »

Plante marine dédiée au lieutenant Bellot. — Un professeur de l'université de Dublin, M. Harvey, connu dans le monde savant par ses nombreux et beaux ouvrages sur les hydrophyptes, a quitté l'Angleterre en août 1853 dans le but d'explorer les points du globe qui lui offraient l'espoir d'accroître nos richesses végétales sous-marines. M. Harvey a visité la Mer Rouge si riche en hydrophytes que, dans les livres saints, elle est désignée sous le nom de *mare algosum*, les côtes de Ceylan, de Singapour et de l'Australie, où il est en ce moment, se proposant à son retour en Europe par l'isthme de Panama, d'étendre ses recherches phycologiques au littoral de la Nouvelle-Zélande, des îles Sandwich et de la Californie. M. Montagne, qui raconte ces périgrinations, prévoit que les profanes s'étonneront de voir un homme aussi distingué se donner tant de mouvement pour de si humbles objets. « C'est, dit-il, que les algues, ces merveilles d'une création antérieure à toutes les autres, loin d'être simplement, comme se l'imagine le vulgaire, de jolies images à encadrer ou de frivoles ornements d'albums, sont, au contraire, pour le naturaliste studieux, un vaste champ ouvert à de savantes recherches sur les phénomènes obscurs de la vie et sur les mystères de la génération dans les organismes inférieurs; c'est encore que leur étude anatomique et biographique, continuée dans ces derniers temps avec une louable persévérance et beaucoup d'intelligence, a été féconde en résultats inattendus et a conduit à ces belles et importantes découvertes de physiologie végétale que l'Académie a récompensées d'une double couronne. »

Or, M. Harvey a découvert en Australie une sporochnée qui doit constituer un genre nouveau, c'est la plus belle des algues qu'il ait trouvées ; il en adresse de Melbourne à M. Montagne un exemplaire accompagné d'une lettre où il est dit : « Je dédie ce genre à la mémoire du lieutenant de vaisseau Bellot, de la marine française, qui s'embarqua comme volontaire sur un des bâtiments de l'expédition arctique envoyée à la recherche de sir John Franklin et y trouva une mort prématurée, mais glorieuse. Ce funeste événement excita par toute l'Angleterre un profond sentiment de douleur, et je désire perpétuer son nom dans celui d'une plante marine, modeste tribut de la science à ses éminentes qualités. »

M. Montagne fait remarquer que la nouvelle plante la *Bellotia*, offre une grande ressemblance avec une monocotylédonée terrestre, l'*Eriophorum polystachyum* ; c'est un exemple de plus de ces séries parallèles aussi nombreuses parmi les végétaux que parmi les animaux.

## VARIÉTÉS.

### Du froid que les végétaux peuvent supporter.

M. John Le Conte, professeur de physique et de chimie à l'Université de Georges, a fait pendant l'hiver de 1851 à 1852, une série d'expériences desquelles il résulte que les sucs des végétaux peuvent rester pendant un temps considérable à l'état de glace sans que les végétaux en éprouvent de dommage sensible.

Les premières observations de M. Le Conte portent sur des rosiers croissant dans son jardin à une température de 8° c. Il trouva les sucs de l'écorce et du liber complétement gelés présentant à l'œil une surface polie et vitrée, et susceptibles d'être coupées par un canif bien aiguisé. La chaleur de la main ou le transport dans une chambre chaude suffisait pour les dégeler au bout de quelques instants. La même observation fut faite sur d'autres plantes, et en particulier sur le pinus tœda à une température de 11° ; les faits constatés sont les mêmes que les précédents. La congélation n'eut de conséquences fâcheuses pour aucune de ces plantes.

Dans la suite de ses recherches, l'auteur employa un mélange frigorifique de neige et de sel.

Deux rejetons vigoureux d'*ailanthus*, plantés dans un vase de terre, furent entourés d'un mélange frigorifique à la température de — 16°. De petits tubes minces en étain entouraient les tiges de manière à les préserver du contact immédiat du mélange. Au bout de quatre heures, on enleva l'un des deux rejetons ; tous les sucs de l'écorce et du bois étaient à l'état de glace et pouvaient être coupés par un instrumment tranchant sans qu'il s'écoulât la plus petite quantité de liquide. Le second rejeton, après avoir été exposé pendant six heures à l'action du mélange, n'en poussa pas moins des bourgeons et des feuilles à l'époque accoutumée.

Dans la dernière partie de son travail, l'auteur cite plusieurs faits tendant à démontrer que sous les latitudes élevées, les sucs de tous les végétaux doivent rester à l'état de glace pendant plusieurs mois. Dans les Etats du Nord de l'Amérique, pendant les grands froids d'hiver, la sève de la plupart des arbres gèle au point que la nature physique du bois est complétement changée, et il devient très-difficile de le fendre avec la hache. Dans la ville de Yzkutsk, en Sibérie (latitude 56°), le sol reste gelé en hiver jusqu'à la profondeur de 400 pieds quoique la température moyenne de l'année ne soit pas au-dessous de 10°. Mais la température moyenne de deux mois d'hiver les plus froids est de—40°, et bien que celle des mois d'été varie de 15 à 18°, malgré cette température comparativement élevée, le sol n'est jamais dégélé à plus de trois pieds de profondeur. Cela n'empêche pas la végétation d'être très-belle. On y trouve en particulier de superbes forêts de mélèzes dont les racines touchent à un sol constamment gelé. Il paraît impossible d'admettre que dans de pareilles conditions la totalité des sucs des végétaux ne reste pas à l'état de glace pendant une période considérable de l'année.

### Les infiniment petits en médecine.

Le *Journal des connaissances médicales* se demande si on a toujours raison de nier l'action des infiniment petits et il répond :

A chaque instant, nous faisons de cette sorte de thérapeutique, sans nous demander si la proportion en poids du médicament n'est pas à dose déjà bien faible, eu égard à la masse du corps. — Ainsi, il est certain que nous sentons d'une manière efficace l'influence d'un à deux centigrammes d'opium, et cela d'une façon si marquée que cette quantité suffit pour donner lieu chez certaines personnes à des accidents de narcotisme, et cependant le médicament ingéré sans doute avec des pertes dans l'absorption intestinale, est, chez un homme pesant 60 kilogrammes, : : 1 : 6,000,000 ; on donne les sels dangereux, comme le deuto-chlorure et les sels d'arsenic, à des doses de 1/20e de grain, soit de 5/20 cent., ou dans la proportion de 1 à 60,000,000. Qui de nous a supputé les doses bien plus petites des poisons animaux ou végétaux qui ont sur l'économie une si triste action ? Qui s'est demandé la quantité en poids de la matière putride qu'une mouche aura pu pomper sur un cadavre en putréfaction, et qu'elle aura ensuite déposée et inoculée avec son suçoir sur la peau, ou la conjonctive d'un homme, où cette molécule de putrifuge sera devenue l'élément d'un foyer charbonneux ? La quantité de venin que contient le double canalicule du crochet d'une vipère hajé, d'un fer de lance, d'un crotale, s'élève-t-elle à un milligramme... j'en doute ; et cependant quel effet rapide et funeste ? Enfin les gaz répandus dans l'air tuent à la proportion d'un huit-centième pour l'hydrogène sulfuré ; c'est ici un dosage énorme, que celui de près d'un millilitre pour litre ! mais pour les effluves marécageuses, ces miasmes de toute sorte qui vous foudroient comme ils ont foudroyé nos troupes dans la Dobrutscha, ou vous saisissent dans ces longues fièvres intermittentes (lutte souvent néfaste entre la vie et la mort), et cela en quelques heures, dans les champs empestés de Pœstum, autrefois champs de roses, dans les marais de Porto-Vecchio, de Saint-Florin, du Golo en Corse ; ils n'ont pu être saisis, et ne le seront sans doute jamais, dans leur teneur et dans leur poids, et pour établir cette proportion en poids du poison introduit à la masse du corps, il nous faudrait accumuler sans doute bien des tranches de décimales. Et où s'arrêter dans le fractionnement !

Qui a pesé, dosé les corpuscules, éléments légers et probablement peu considérables qui transmettent les exanthèmes varioleux, rabioleux, et que probablement les médecins peu soigneux de précautions sanitaires portent avec eux de familles en familles, de demeures en demeures, sur leurs mains et leurs habits !

Les atomes des odeurs, ceux du musc, on le sait, sont impondérables. — Les poisons végétaux du marcenillier, de l'upartienté de Java, diffus dans l'air, tuent l'homme qui court et l'oiseau qui vole. — Quelques tiges d'euphorbe, un peu de coque du Levant répandus sur la mer endorment ou asphyxient le poisson qui vient dormir ou mourir à la surface de l'eau ! et la proportion entre le poison répandu et le véhicule, la mer, n'est-elle pas infiniment petite.

## NOUVELLES ET CAUSERIES.

*** Au moment où un canal maritime de la Méditerranée à la mer Rouge va s'ouvrir, où le percement de l'isthme de Suez va, pour ainsi dire, supprimer le Cap de Bonne-Esperance, et raccourcir de 3,700 lieues le chemin des Indes, de la Chine et de la Nouvelle-Hollande, il n'est peut-être pas inopportun d'appeler l'attention sur un autre point du globe non moins intéressant, destiné à un avenir plus grand encore et depuis longtemps l'objet d'études sérieuses et suivies : L'ISTHME DE NICARAGUA.

On tient aujourd'hui pour possible la jonction inter-océanique. Plusieurs projets, à cet égard, tous consciencieux, savants pour la plupart, ont été élaborés.

Déjà un chemin de fer, qui a nécessité des travaux gigantesques et dont l'installation a dû surmonter d'énormes obstacles naturels, relie le double rivage de l'Amérique et franchit en six heures l'isthme de Panama.

Cette vaste entreprise, cette immense victoire remportée sur le climat et les difficultés matérielles ; ces ravins comblés; ces roches granitiques aplanies devant le génie humain ; tous ces triomphes ne constituent cependant encore qu'un demi-succès, ainsi que le remarque le *Journal du crédit*, et nous espérons voir bientôt les deux océans mélanger leurs flots, échanger leurs produits, activer, agrandir leur commerce au moyen d'un canal qui avancera de plusieurs siècles, pour l'Indo-Chine et le Japon, le mouvement civilisateur de l'Occident.

Six points principaux ont été indiqués pour la *jonction des deux océans* Atlantique et Pacifique ;

1° L'*Isthme de Panama*, où un canal ayant été jugé impraticable, le chemin de fer dont nous venons de parler vient d'être construit, en désespoir de cause, et tout récemment inauguré;

2° *Téhuantepec*, comme tête de ligne d'un chemin de fer, abandonné en raison des difficultés d'exécution, de la hauteur du seuil et de l'absence de bons ports aux deux extrémités ;

3° *Realejo* et *San-Juan-del-Norte* par les lacs de Monagua et de Nicaragua, comme aboutissants du *Projet de* CANAL NAPOLÉON ;

4° *Brito* et *San-Juan-del-Norte*, aussi par le lac de Nicaragua, comme points extrêmes du projet de canal de MM. CHILD et MYIONNET ;

5° Le *Golfe de Darien et Napipi*,— deux projets de canaux, dont un conçu par Humboldt ;

6° Enfin, tout nouvellement, vient d'être présenté un autre projet de chemin de fer par l'*Honduras*, offrant certainement de grandes difficultés, mais qui, cependant ne paraît pas impossible à première vue.

⁂ La magnifique opération du desséchement de la mer de Harlem, en Hollande, n'aura pas eu seulement pour résultat de procurer de beaux bénéfices aux auteurs de l'entreprise ; leur exemple aura certainement des imitateurs, et vu le nombre des amas d'eaux stagnantes existant en Europe, l'occasion de les imiter ne fera pas défaut.

Il est précisément question en ce moment, de dessécher le plus grand amas d'eau que la Belgique possède, le lac de Berlaere dans le pays de Waes.

La superficie du lac occupe 151 hectares, sa forme est à peu près celle d'un demi-cercle et semble résulter d'un ancien lit délaissé de l'Escaut, dont le changement de direction serait dû à une inondation dont le souvenir s'est perdu. Cette pièce d'eau présente en longueur 5 kilomètres, sur une largeur moyenne que l'on peut évaluer à 300 mètres; ses deux extrémités ne sont séparées de la rive gauche de l'Escaut que par deux terre-pleins de peu d'étendue, circonstance qui facilitera l'évacuation des eaux d'épuisement.

Ce lac occupe le centre d'un triangle formé par le croisement de trois chemins de fer, savoir : le chemin de l'État de Malines à Gand, le chemin de fer d'Anvers à Gand et celui en construction de Termonde à Lokeren ; il n'est qu'à une demi-lieue de la station de Zèle, commune populeuse de 11,700 habitants. La route de Berlaere à Zèle côtoie le lac sur les trois quarts de sa longueur.

Cette pièce d'eau a été acquise en vente publique le 21 juin dernier en vue d'en opérer le desséchement.

Déjà la machine d'épuisement, sur le même système que celle employée au lac de Harlem, est en construction dans les ateliers de M. F. Dorzée, à Boussu ; sa force est calculée pour extraire 19,000 mètres cubes en 24 heures. On espère pouvoir livrer les terrains à l'agriculture dès l'année prochaine.

Espérons que, pour le lac de Berlaere, comme pour celui de Harlem, un succès financier viendra couronner l'entreprise.

Nous l'espérons, dans le double intérêt de l'agriculture et de l'hygiène publique, car un nouveau succès déterminerait les capitaux à se lancer dans cette voie féconde.

⁂ L'ouverture du chemin de fer de Calcutta à la ville de Burdwan et aux mines de houille de Raniganje a eu lieu au mois de février dernier.

Il y a quatorze ans déjà que des projets de chemins de fer, destinés à relier les différentes parties de l'Inde britannique, sont à l'étude. Mais les travaux n'ont commencé qu'en 1849. On compte aujourd'hui 121 milles entièrement achevés et prêts pour l'exploitation ; 649 milles sont concédés et doivent être terminés en 1857 ; 200 milles sont en construction ; 380 milles, destinés à compléter la ligne de Calcutta à Lahore, sont en ce moment à l'étude, et l'on pense que les travaux commenceront incessamment pour être poussés avec vigueur. En résumé, le réseau indien comprend dès à présent, soit à l'état d'exploitation, soit à l'état de construction ou de projet, 1,350 milles.

⁂ Des propositions viennent d'être faites à l'administration communale d'Anvers pour l'application aux réverbères à gaz d'horloges électriques. A Gand, l'essai de ces horloges a si complétement réussi que déjà une centaine de réverbères en sont munis. C'est un essai à faire chez nous.

⁂ M. Thompson, sous-directeur du jardin de la Société zoologique de Londres, a obtenu plusieurs éclosions de Goura ou Pigeon commun de la Nouvelle-Guinée (*Columba coronata*), et regarde la reproduction de cet oiseau magnifique comme presque aussi facile que celle des pigeons communs.

⁂ Les chemins de fer des États-Unis viennent d'être soudés à ceux du Canada, par-dessus les chutes du Niagara, au moyen d'un immense pont suspendu à 234 pieds au-dessus de l'eau. Les chiffres suivants donneront une idée de ce gigantesque ouvrage : longueur du tablier, 822 pieds ; hauteur de la pile du côté des États-Unis, 88 pieds ; sur la rive du Canada, 78 pieds. Il est porté par quatre cables en fil de fer de 10 pouces de diamètre ; chaque cable renferme 3,659 fils n° 9; la charge extrême est de 12,400,000 kilogrammes. — L'illustre Stephenson regardait comme impossible de faire passer un convoi de chemin de fer sur un pont suspendu; cette chose impossible est réalisée! Le pont du Niagara supporte trois voies de différentes largeurs pour les trois chemins de fer qui y aboutissent; 4 pieds 8 pouces 1/2 pour le New-York central; 6 pieds pour la ligne d'Elmira, Canadaigna, et Niagara; 5 pieds 6 pouces pour le Great-Western. L'ingénieur est un Allemand, M. Roebling.

⁂ Le service de télégraphe électrique a dû s'ouvrir le 15 entre Varna et Choumla; la ligne de Choumla à Bucharest sera terminée à la fin de ce mois. A partir de ce moment, une nouvelle pourra être communiquée par service extraordinaire de Varna à Paris *et vice versâ*, en l'espace d'une heure; en service ordinaire, les nouvelles franchiront la distance en dix ou douze heures.

*Le propriétaire, rédacteur-gérant*.
VICTOR MEUNIER.

PARIS. — IMP. J.-B. GROS, RUE DES NOYERS, 74

Première année. — N° 17. Quinze centimes. 29 avril 1855.

# L'AMI DES SCIENCES

PAR

## VICTOR MEUNIER

BUREAUX D'ABONNEMENT :
**13, RUE DU JARDINET, 13.**
Près l'École de Médecine.

**Paraît le dimanche.**
(Les abonnements datent, au gré des souscripteurs, du commencement de l'année ou du premier dimanche de chaque mois).

PRIX DE L'ABONNEMENT POUR L'ANNÉE.
**PARIS, 6 FR. — DÉPARTEMENTS, 8 FR.**
Envoyer un mandat de poste.

### AVIS.

Notre premier numéro, n'ayant été tiré qu'à TROIS MILLE exemplaires, s'est trouvé rapidement épuisé et un grand nombre d'abonnés n'ont pu le recevoir; il vient d'être réimprimé; nous l'expédierons sans délai à toutes les personnes auxquelles il manque.

---

On nous a demandé si nous donnerons, à la fin de l'année, une table des matières. Réponse :

Une double table, alphabétique et méthodique, et les titres de chaque volume seront envoyés GRATUITEMENT à tous les souscripteurs, et cet envoi *accompagnera le dernier numéro de l'année.*

---

Les abonnements partent, au gré du souscripteur, du premier dimanche de l'année ou du premier dimanche de chaque mois.

---



---

L'*Illustration* publie un article de M. Philippe Busoni sur l'une des plus extraordinaires merveilles de Paris, le quartier Delambre. L'article est orné de plusieurs vignettes très-exactes. Ce quartier Delambre est une découverte que nous avons faite l'année dernière et publiée dans notre feuilleton de la *Presse*. L'intéressant article de l'*Illustration* lui rendant de l'actualité, nous pensons qu'on ne lira pas sans intérêt quelques extraits de celui que nous lui avons consacré. Ils serviront d'ailleurs d'introduction à l'étude de la réforme architectonique que nous entreprendrons dès que nous aurons terminé l'exposition du système de circulation continue; les voici :

### LE QUARTIER DELAMBRE.

Nous sommes dans le jardin du Luxembourg, devant le Palais du Sénat, sous l'horloge; nous tournons le dos au palais. Au bout de la double avenue de tilleuls et de marronniers s'élève devant nous la froide et sombre façade de l'Observatoire. Appuyons à droite, et à travers la belle futaie qui règne entre l'orangerie et la pépinière, gagnons la porte peu fréquentée qui fait face à la rue Vavin. Cette rue nous conduit sur le boulevard Montparnasse. A notre droite s'élève l'élégant embarcadère de l'Ouest. Tournons à gauche; dans moins de cinq minutes nous serons en vue de cette fameuse Chaumière, où la jeunesse des Ecoles suit les cours du sémestre d'été, suivant ceux d'hiver dans les estaminets.

En cet endroit même, une rue dédiée à un astronome célèbre, la rue Delambre, rejoint le boulevard où nous sommes. Par son autre extrémité, elle aboutit à la barrière Mont-Parnasse. Si nous franchissions cette barrière, nous arriverions à la mairie monumentale, où s'enregistrent les naissances et les décès, où s'accomplissent les mariages de quiconque, riche ou pauvre, naît, meurt ou se marie en la commune de Montrouge; mais nous n'irons pas jusque-là.

Parvenus rue Delambre nous sommes arrivés. La contrée que je désire vous faire connaître est située, en effet, à peu près au milieu du triangle déterminé par ces monuments splendides, le palais du Sénat, l'embarcadère de l'Ouest et la mairie de Montrouge, lesquels, ainsi qu'on va le voir, servent d'encadrement au plus parfait spécimen d'architecture sauvage qu'on puisse imaginer. Grâce à ce voisinage, on peut embrasser d'un coup d'œil les deux extrémités de l'art, son point de départ et son point d'arrivée. Rien ne nous empêchera, en effet, de nous croire transportés subitement chez les nègres de la Nouvelle-Guinée ou de la pointe méridionale de l'Afrique. Je me trompe : une chose détruit l'illusion. Les immondices dont les constructions que nous allons visiter sont faites, n'ayant pu être tirées que d'immenses tas d'ordures, décèlent la proximité d'une grande capitale. Des sauvages eussent pris à même les forêts du bon Dieu les matériaux de leurs demeures. Nous sommes donc en pleine civilisation.

Vers la barrière, la rue Delambre est rejointe par une voie innommée, qui aboutit comme la précédente au boulevard. L'une et l'autre méritent d'être visitées, mais je recommande spécialement l'espèce de cloaque compris dans l'angle aigu qu'elles forment.

Il y a moins de deux mois, tout cet emplacement était libre. On parle de la rapidité avec laquelle, au centre de la ville, les rues se percent; les maisons s'élèvent, les monuments s'achèvent. Mais celui qui n'a pas vu le quartier Delambre, n'a rien vu. En quelques semaines, un village entier, ou, comme on dit au pays des Hottentots, un Kral est sorti de terre : ce qu'on peut prendre à la lettre, la boue, ramassée sur les lieux mêmes, en formant pour une bonne part la matière première. Sur la place que recouvre tel amas de débris, contre lesquelles vous trébuchez aujourd'hui, une maison construite de ces débris eux-mêmes s'élèvera demain.

La partie la plus longue de l'opération, ce n'est pas de bâtir, c'est de réunir les matériaux de construction. Il y faut tout le temps qu'un chiffonier peut mettre à ramasser dans les boues, au coin des bornes, sur les décharges publiques, et à transporter dans sa hotte, assez de choses solides quelconques : gravats, éclats de bois, verre cassé, débris de granit à trottoirs, pour enceindre un espace cubique assez élevé pour qu'un homme y tienne debout, assez large pour qu'il y tienne couché sur l'aire humide. Quand, à force d'allées et de venues, et de recherches et de trouvailles, on est parvenu à faire un tas de dimensions suffisantes, le reste est l'affaire d'un tour de main. C'est ainsi qu'un terrain, complétement nu le mois dernier, s'est couvert d'une centaine de maisons, je n'ose dire de feux! C'était un terrain fort inégal et sablonneux, élevé de plusieurs pieds au-dessus du boulevard ; à fournir le ciment des constructions qu'il supporte, il s'est à peu près nivelé. A qui est-il ce sol hospitalier? Au premier occupant, paraît-il. Qui eût pensé que, dans cette capitale, un moyen aussi primitif de s'instituer propriétaire fût encore en vigueur? Cela étant, avouons que le vagabondage n'a plus d'excuse. « Les loyers sont hors de prix, dis-tu, et tu t'en prévaux pour n'avoir point de domicile ; mauvaise excuse. Eh! qui t'empêche de te faire propriétaire? »

Il y a bien sans doute quelques formalités à remplir, mais elles ne doivent être ni longues ni coûteuses, le problème qu'on s'est proposé de résoudre étant évidemment de ne plus payer de terme. Le terrain est, m'a-t-on dit, la propriété des hospices, qui l'abandonnent provisoirement à ces malades d'un genre nouveau et épidémique. — Une non-monnaie chronique est leur maladie, dont ils mourront! et j'ai vu un employé de la police ou des hospices allant de porte en porte et faisant le recensement de cette population d'infirmes.

Allez-y, la vue en sera autrement saisissante que toutes les descriptions. Que les romanciers qui veulent peindre d'après nature des effets vigoureux de misère s'y transportent. Les *Mystères de Paris* n'ont pas de tableau dans cette couleur-là. Naturellement les maisons sont de niveau avec la rue, et n'ont pas plus de plancher que de fondations. On peut voir en ce moment tous les degrés d'évolution (pour parler comme les embryogénistes), que ces constructions parcourent depuis l'état de tas d'ordures jusqu'à l'état parfait. A l'état parfait, la maison est le plus souvent couverte de papier goudronné, non toujours, car encore une feuille de papier goudronné de trente-six pieds carrés ne se trouve-t-elle pas sous le fer d'un cheval. Heureux ceux qui peuvent se donner le luxe d'une telle couverture! Quand la maison est ainsi coiffée, des pierres et des lattes posées sur le toit empêchent celui-ci de prendre son vol à la moindre occasion. Qu'elles le protégent contre les séductions du zéphyr des poètes d'autrefois, je le crois, mais contre la violence du grand frais des marins, je ne partage pas cette illusion. A défaut de papier goudronné, la maison est couverte n'importe comment, de n'importe quoi, de tout ce qui peut se mettre à plat et constituer un simulacre d'abri : de papier quelconque, de chiffons, de débris de mannequins d'osier, de morceaux de paravents de cheminées et de paillassons, de bouts de planche, de fragments de tapis, de lambeaux de couvertures, de détritus de toile cirée, etc...

En entrant dans la rue Delambre par le boulevard, vous trouverez à droite une maison, c'est la quatrième ou cinquième, qui parvient à se faire remarquer. Soit insouciance chez le propriétaire, soit que les matières premières aient manqué, les murs n'ont pas été amenés à taille d'homme, ni tous à une dimension uniforme ; bien plus, le même pan de mur n'a pas dans toute sa longueur une hauteur égale ; la cime en est dentelée à peu près comme la chaine des Alpes vue de vingt lieues. Par là-dessus, en guise de toiture, on a jeté, en fait de choses innommées, tout ce qui, par sa forme et ses dimensions, a pu se prêter au but qu'on s'est ambitieusement proposé d'atteindre, celui de s'abriter contre les intempéries du ciel. Les seuls éléments que nous ayons pu déterminer sont des chiffons, des paillassons, des feuilles de tôle ayant, dans leur bon temps, servi de tuyaux de poêle. De cet amas étonnant un vrai tuyau de poêle s'élève orgueilleusement, attestant qu'à la prétention de se garantir de la pluie, l'homme ou la femme, le ménage peut-être qui habite cette demeure, joint celle de s'y procurer l'agrément d'une douce température. Par-dessous un amas pressé de loques pendantes qui complètent l'un des murs et simulent une portière, deux gros et insouciants lapins — plus huileux que charnus, si mon impression est exacte — passaient leurs lèvres grignotantes.

Les ordures ont, comme on voit, trouvé dans le bâtiment un emploi tout nouveau, et, s'il se généralise, les chiffonniers, devenus les rivaux des carriers, pourront faire d'assez bonnes affaires.

Dans une de ces maisons, assise auprès de la fenêtre, penchée sur son ouvrage, une femme confectionnait de grosses chemises de toile. Elle cousait, cousait, cousait.

Une autre, rentrant chez elle, se pliait en deux pour franchir le seuil d'une porte lilliputienne. Dans cette sorte de place ou de cour comprise entre les deux rues, — rien n'est sinistre comme cette place, — au milieu d'un amas de matériaux, de maisons commencées, et dont quelques-unes tombent en ruine avant d'avoir été achevées, — si voisins du cimetière de l'Ouest, leurs propriétaires auront pensé qu'ils faisaient, sur le terrain Delambre, une inutile station, et ils auront fourni tout de suite leur dernière étape ; — des enfants interrompaient leurs jeux à notre aspect, aussi surpris de la rencontre que purent l'être les sauvages de l'Océanie à la vue des premiers navigateurs qui les ont visités ; les chiens montraient leurs crocs à nos tibias. La misère a pris là un caractère si extrême, si excentrique, qu'elle en avoisine le comique. Avec la douleur dans l'âme, il est presque impossible de ne pas rire. Ce qu'il faut voir, c'est le regard ahuri des personnes qui traversent accidentellement ce quartier. Peut-être parmi ceux dont l'étonnement stupide nous frappait se trouvait-il des étrangers qui, venant d'entrer dans la capitale du monde civilisé par la barrière Montparnasse, s'attendaient à repaître leur vue du spectacle des embellissements de Paris,

. . . . . . . . . . . . . . . . . . . .

Et qu'on ne nous parle plus de la détresse de nos populations rurales. Les misères architecturales de nos campagnes sont dépassées. Si on veut un terme de comparaison, peut-être le trouvera-t-on dans cette hutte de tourbe que l'Irlandais habite, heureux s'il la partage avec un cochon, parce qu'alors il a un cochon! Celui qui veut se rendre compte de la manière dont nos pères durent plus d'une fois se loger aux plus sombres jours de notre histoire, dans les contrés où la guerre était en permanence, n'a plus besoin de se mettre en frais d'imagination ; pour six sous, en vingt minutes, un omnibus le déposera en plein moyen-âge. Ainsi pourraient construire les populations nomades auxquelles l'art de fabriquer des tentes serait inconnu.

. . . . . . . . . . . . . . . . . . . .

Allez-y ; moins de cinq minutes après vous serez de retour dans ce riant jardin du Sénat. Allez-y dans votre intérêt. — Que m'importe! s'écrie le fanfaron d'égoïsme. — Enfantillage autant que dureté de cœur! ignorance! *O happy few! o happy few! vestra res agitur!* réfléchissez à ceci : pendant qu'on assainit Paris sur un point, de nouveaux foyers pestilentiels se forment sur plusieurs autres. « La puissance d'infection d'une ville se calcule, dit M. Michel Lévy, d'après celle de chacune des habitations dont elle se compose. » Niez la solidarité; le choléra, qui la démontre, parle plus haut que vous.

---

Post-Scriptum. — Nous retirons l'invitation qui précède. L'article que l'*Illustration* vient de publier nous avait fait supposer que le quartier Delambre était toujours tel que nous l'avons vu en décembre dernier ; une visite que nous lui avons faite après avoir remis à l'imprimerie ce qu'on vient de lire, nous a appris le contraire. *La cité de la misère* n'existe plus.

La voie qui rejoignait la rue Delambre près de la barrière, maintenant déblayée, interdite aux promeneurs, est devenue une propriété privée. Cette cour dont nous avons parlé est déblayée; les barraques qui subsistent, habitées par des marchands de bric-à-brac, ont perdu tout caractère.... L'article qui précède n'a plus que l'intérêt du souvenir.

## LA LUMIÈRE.

(Deuxième article).

Dans l'hypothèse de l'émission que nous venons de rejeter, un corps lumineux peut être comparé à un réservoir d'où s'échappe une veine liquide; les molécules en jaillissent comme l'eau coule d'une fontaine.

Dans le système des ondulations, un corps lumineux peut être comparé à un corps sonore. Si celui-ci nous donne l'impression du son, ce n'est pas en nous envoyant des particules sonores, mais en produisant dans l'air ambiant des variations tout à fait analogues aux ondes que détermine dans l'eau un corps solide, une pierre qui y tombe. De proche en proche, les vibrations se propagent dans l'air, depuis les corps sonores jusqu'à notre oreille. De même, un corps lumineux ou chaud est un corps qui vibre, et c'est parce que cette vibration, cette ondulation communiquée au milieu se propage jusqu'à nous, que nous éprouvons la sensation de lumière et de chaleur.

Mais, par quel intermédiaire le soleil, qui se trouve à trente millions de lieux de la terre, nous fait-il éprouver ces sensations? ce ne peut être au moyen de l'air, puisque l'atmosphère cesse d'exister à quelques lieues au-dessus de la surface du globe. Ce n'est pas en effet par l'intermédiaire de l'air que cette propagation s'opère, mais au moyen d'une substance à laquelle on donne le nom d'éther.

L'éther, personne ne l'a vu. L'éther est une pure supposition, on ne doit pas l'oublier; il est vrai que cette supposition explique fort bien jusqu'ici tous les phénomènes, mais nous venons de voir qu'avant la découverte des interférences et de la polarisation, toute l'optique s'accordait avec le système de l'émission; ceci soit dit pour qu'on ne confonde pas ces deux choses si distinctes, une hypothèse et un fait. Répétons que les phénomènes jusqu'ici connus en optique se passent comme si l'éther existait.

Qu'est-ce que cet éther qui s'accorde si bien avec les faits?

L'éther est un fluide impondérable, d'une ténuité extrême, éminemment élastique et dont les mouvements s'opèrent avec une prodigieuse rapidité.

Où réside-t-il?

Dans tous les points de l'espace que la matière n'occupe pas; il remplit les intervalles immenses qui séparent les corps planétaires; les trente millions de lieues qui s'étendent entre le soleil et la terre, l'éther les occupe; entre ces étoiles dont la plus rapprochée de nous est à une distance telle que la lumière met six ans à la franchir, entre ces étoiles et nous, l'éther existe; c'est encore l'éther qui nous relie à ces étoiles dont, d'après Herschell, la lumière met un million d'années à nous arriver. Et il ne s'arrête point à la suarface des corps planétaires ou à la limite de leurs atmosphères, il les pénètre, ils en sont imbibés comme une éponge est imbibée d'eau. Entre les molécules de l'air que nous respirons, l'éther existe; dès qu'un gaz se dégage, entre les molécules de ce gaz il y a de l'éther; l'eau, tous les liquides ont de l'éther entre leurs molécules; tous les corps organisés, tous les végétaux, tous les animaux, l'homme sont traversés par l'éther. « Un pouce cubique de tripoli de Bilin contient, dit M. de Humboldt, quarante mille millions de carapaces siliceuses de galionelles; » entre les molécules de chacune de ces carapaces de galionelles l'éther existe. Les corps les plus durs, les roches, les métaux en sont remplis.

On se fait communément une idée inexacte de la constitution moléculaire des corps. On croit que les particules matérielles qui les composent se touchent les unes les autres; il n'en est rien. Dans les corps les plus durs, à plus forte raison dans les liquides et les gaz, les molécules ne viennent jamais au contact et toujours elles sont séparées les unes des autres, tenues à distance par des attractions et des répulsions; plus ou moins éloignées selon l'état des corps, moins dans les solides, plus dans les vapeurs, leurs distances varient suivant les oscillations qu'elles exécutent sans cesse; mais ces distances sont toujours infiniment grandes relativement aux dimensions des molécules. Dans un corps, si dur soit-il, il y a toujours plus de vide que de plein. Pour des yeux convenablement organisés tous les corps seraient criblés de trous comme des éponges.

Ainsi l'éther est la substance la plus étendue, la plus importante, la substance fondamentale de l'univers. Si la matière pondérable était anéantie, en vertu de son élasticité l'éther remplirait tout l'espace. L'éther est comme la trame de tous les corps matériels, le canevas sur lequel sont brodées toutes les existences; c'est dans son sein que les êtres particuliers se forment comme des cristaux dans un liquide; ils y vivent, s'y meuvent et par lui communiquent entre eux.

C'est par l'intermédiaire de cet élément que les vibrations des corps lumineux, du soleil, par exemple, arrivent jusqu'à nous. Il nous les transmet en ondulant comme l'eau agitée par la chute d'une pierre, comme l'air ébranlé par les vibrations d'un corps sonore.

Qu'est-ce donc que la lumière? un mouvement vibratoire, une ondulation, un battement précipité de l'éther.

Qu'est-ce qu'un corps lumineux? un corps qui a la propriété d'imprimer à l'éther des vibrations telles qu'elles produisent sur nos yeux la sensation de la lumière; les différentes espèces de lumières ou de couleurs dépendent de la rapidité plus ou moins grande des vibrations.

Et qu'est-ce que la chaleur? l'analogie des lois de la chaleur rayonnante avec celles de la lumière, ne permet pas de douter que la lumière et la chaleur n'aient l'une et l'autre la même origine; la chaleur est comme la lumière un mouvement vibratoire de l'éther.

Qu'est-ce que l'électricité? une vibration de l'éther; le fluide naturel exprimant l'état de repos de l'éther.

Ainsi la même hypothèse satisfait à ces agents impondérés: la lumière, la chaleur, l'électricité, et, par conséquent, le magnétisme. Simplicité admirable! ils ont la même origine, le même fondement, ils suivent la même loi, ils s'établissent l'un par l'autre; ces grandes forces, ces agents universels, ne sont que des mouvements différents d'une seule et même substance.

On va plus loin, on rattache à la même cause les forces qui produisent les actions attractives, forces qu'on nomme *attraction, pesanteur, gravitation* quand elles s'exercent à de grandes distances, et qui, lorsqu'elles agissent à de petites distances, prennent le nom d'*attraction moléculaire* et d'*affinité*: — attraction moléculaire si elles s'exercent entre des molécules similaires (corps simples), affinité si elles s'exercent entre des molécules dissemblables (corps composés).

C'est-à-dire que toutes les forces de la physique, de la chimie et de l'astronomie, tendent à former un unique faisceau, et qu'une même hypothèse les contient, comme un rayon de lumière blanche contient toutes les couleurs du prisme.

Eh bien! cette hypothèse de l'éther n'est point limitée au champ immense de l'Astronomie, de la physique et de la chimie; elle envahit la physiologie elle-même, ainsi que nous le montrerons; c'est-à-dire qu'elle tend à s'emparer de la cosmologie entière.

## SYSTÈME

### HYGIÉNIQUE ET AGRICOLE DE CIRCULATION CONTINUE.

(Cinquième article.)

### CRÉATION DES SOURCES ARTIFICIELLES.

Donnons maintenant notre attention aux recherches que M. Ward a entreprises en vue de doter Bruxelles de sources d'eau artificielles.

D'après les calculs auxquels il s'est livré sur les besoins présents et à venir de Bruxelles, le terrain collecteur destiné à l'approvisionner doit fournir immédiatement 1,825,000 mètres cubes par an, et son rendement doit pouvoir être accru successivement jusqu'à 4,745,000 mètres cubes.

La chute moyenne de pluie dans le nord de la Belgique est de 75 à 76 centimètres. Mais la perte qui résulte de l'évaporation ne pouvant pas être évaluée, d'après l'expérience anglaise, à moins de 25 centimètres, on ne peut compter que sur une chute effective de 50 centimètres. Il en résulte que la demande actuelle de Bruxelles correspond à la masse de pluie qui tombe sur 243,34 hectares, et sa demande ultérieure à la masse de pluie tombant sur 632,67 hectares.

Ceci posé, il s'agissait de savoir si la Belgique possède 632 hectares des terrains sablonneux semblables à ceux de Farnham, situés assez près de Bruxelles pour qu'on puisse économiquement y conduire leurs eaux. Avant tout, il fallait déterminer l'étendue du rayon dans lequel les recherches devaient être renfermées.

Pour remplir cette dernière condition d'une manière absolue, il fallait évaluer toutes les économies et tous les avantages procurés à une population urbaine par la distribution d'une eau pure et douce, relativement au coût de l'aqueduc. Le point d'équilibre entre la dépense annuelle d'un côté et les économies annuelles de l'autre serait évidemment le terme extrême de la prolongation économique de l'aqueduc.

On a vu précédemment que les économies que l'emploi de l'eau douce procurerait à la ville de Bruxelles s'élèveraient annuellement à la somme de 1,218,606 fr. qui, à 5 p. 0[0, représente un capital de 24,372,120 francs.

Or, d'après le prix coûtant des conduits en grès récemment fabriqués en Angleterre, on pourrait poser, à 20 fr. le mètre courant, un tuyau-aqueduc qui (avec une pente convenable) suffirait largement à l'alimentation de Bruxelles. Cent kilomètres d'un tel conduit coûteraient 2,000,000 fr. de capital qui, à 5 p. 100, représente une dépense annuelle de 100,000 fr. On voit que cette dépense ne s'élève pas au douzième de l'économie annuelle qu'on réaliserait par l'emploi de l'eau douce

Le capital engagé dans un pareil aqueduc serait intégralement remboursé par les épargnes, directes et indirectes, qu'il procurerait dans les vingt premiers mois de son service. Du rayon de 100 kilomètres, M. Ward accepte les trois quarts comme limite extrême de l'étendue de l'aqueduc à construire, et par conséquent la question ci-dessus posée se présente ainsi : Y a-t-il, dans un rayon de 75 kilomètres autour de Bruxelles, un terrain de 632 hectares propres à fournir une eau pure et douce?

M. Ward traça sur la carte géologique de Belgique un cercle de 75 kilomètres de rayon. Ce cercle embrassait au sud des terrains cultivés et calcaires; on était sûr de ne pas trouver de sources d'eau dans cette direction. La contrée à l'ouest, fertile, riche par conséquent en sels solubles, ne paraissait pas offrir de meilleures chances de succès. Au nord et à l'est, au contraire, un tout autre spectacle se présentait.

La Campine, vaste zone de sables stériles, se déroulait autour de Bruxelles, depuis Anvers et Turnhout jusqu'à Hasselt et Maestricht. En deçà de cette courbe immense se dessinait sur la carte une langue sablonneuse, le *Sable du Diest*. Or, la lisière de la Campine n'est qu'à 50 ou 60 kilomètres de la capitale, et le sable de Diest s'en rapproche, du côté de Louvain, à une vingtaine de kilomètres. Ces points acquis. M. Ward ouvrit la belle monographie de sir Charles Lyell sur la géologie comparée de la Belgique et de l'Angleterre, et il y lut le passage suivant :

« Somme toute, ces sables (l'auteur parle des terrains en question) m'ont rappelé, par leur aspect et leur caractère minéral, une grande partie de la division ferrugineuse du *lower green sand* dans le sud-est de l'Angleterre. » Or, c'est précisément le *lower green sand* qui fournit cette eau délicieuse dont jouissent les habitants de Farnham, « et dont nous espérons faire jouir la population de Londres, » ajoute M. Ward.

En présence de ces analogies frappantes, l'hésitation n'était pas possible. M. Ward se mit immédiatement en route pour la Campine ; un soir, il descendit à Gheel, et le lendemain matin il s'engagea dans la bruyère.

Je ne le suivrai pas dans son intéressante excursion. Il trouva là ce qu'il cherchait : des terrains fournissant en abondance une eau douce et pure. J'arrive avec lui à la question financière. Quel serait le coût des terrains et des travaux hydrauliques?

100 fr. l'hectare est la valeur moyenne des bruyères belges, ce qui, au taux ordinaire des fermages, correspond à un loyer de 3 fr., soit 1,095 fr. par an pour les 365 hectares nécessaires à l'alimentation immédiate de Bruxelles.

Le coût du réseau collecteur variera, ainsi qu'on l'a dit, avec la configuration du sol. Pour éviter tout mécompte, M. Ward suppose qu'il faudra drainer 300 hectares pour commencer. La dépense du drainage sera en moyenne de 400 fr. par hectare ; cette partie de l'opération coûtera 120 mille francs.

Le degré d'inclinaison des terrains collecteurs influera sur un autre élément du coût de l'opération, c'est-à-dire sur l'emmagasinage de l'eau. Tantôt celui-ci se fait gratuitement dans les sables comme à Farnham ; tantôt il faut, comme à Paisley, construire des réservoirs. Un bassin semblable pour Bruxelles aurait une capacité de 2,000,000 de mètres cubes, et coûterait en moyenne 250,000 fr.

Quant au transport de l'eau à la ville, la dépense dépendrait surtout de la distance et du niveau des terrains collecteurs. Pour abréger, disons qu'un aqueduc de 50 kilomètres de longueur coûterait 1,000,000 de fr.

Reste à évaluer le coût de l'élévation de l'eau, qui variera aussi, cela va sans dire, avec le niveau du terrain collecteur. En supposant ici encore le cas le moins favorable, c'est-à-dire un terrain à bas niveau et à rendement inconstant, nécessitant l'emploi d'un réservoir, on aurait à élever l'eau deux fois, du réservoir à la bouche rurale de l'aqueduc et de la bouche urbaine de l'aqueduc au niveau de la ville.

En admettant encore que le bassin eût dix mètres de profondeur, et que l'aqueduc commençât à fleur de terre pour finir à 10 mètres au-dessous du niveau de la ville, la première élévation serait en moyenne de 5 mètres, la seconde de 10 mètres; total 15 mètres d'élévation. Or, en faisant largement la part des pertes par le frottement des pompes, etc., 30 chevaux-vapeur suffiraient pour élever 5,000 mètres cubes d'eau par jour à la hauteur de 15 mètres. Les frais seront amplement couverts par une somme annuelle de 20,000 francs.

L'entretien du terrain collecteur coûterait peu de chose. A Farnham, le soin du réseau collecteur est confié à un seul homme, vieux draineur, auquel cette besogne ne prend en moyenne qu'une journée de travail par mois. Ce travail consiste principalement dans l'enlèvement du sable qui, entré dans les tubes, tombe dans de petites fosses ménagées à cet effet de distance en distance.

Le fait est que, dès que les tuyaux sont posés, la nature se charge du reste. Le soleil distille l'eau, les vents froids la condensent en pluie ; la pluie, reçue et emmagasinée dans le sable, s'infiltre spontanément dans les tuyaux, puis la gravitation la conduit à l'aqueduc et par l'aqueduc à la ville. Alors la vapeur l'élève dans les habitations.

Ainsi, quelle que soit l'étendue du système, un très-petit nombre d'ouvriers postés à chacune de ses extrémités suffiraient pour en régulariser l'action. L'entretien du terrain collecteur pour Bruxelles ne s'élèverait certainement pas à plus de 5,000 fr. par an.

En additionnant ces divers chiffres et en prenant une moyenne entre les estimations, on arrive à une somme de

100,000 fr. comme coût annuel de ces divers travaux hydrauliques.

« Tel lecteur qui trouvera étroite mon estimation des dépenses pourra, dit M. Ward, la doubler, la quadrupler même s'il le veut. Il n'aboutira qu'à fixer à quelque chose comme à huit ou neuf cent mille francs au lieu d'un million par an l'économie réalisable par l'opération. »

## LA SEMAINE SCIENTIFIQUE.

CHÈVRES D'ANGORA. — Un troupeau de chèvres d'Angora adressé de Brousse par Abd-el-Kader à M. le maréchal Vaillant, a été donné par celui-ci à la Société zoologique. Le nombre des individus envoyés était de 16 ; l'un d'eux étant mort en route, il est arrivé à Marseille quatre boucs et onze chèvres dont deux ont bientôt mis bas. Le troupeau est donc aujourd'hui de dix-sept individus. Une moitié de ce troupeau est aujourd'hui dans les Alpes confié aux soins de la Société d'acclimatation de Paris, l'autre est en ce moment à la ménagerie du Muséum à Paris ; elle sera placée dans les Vosges.

M. I. Geoffroy-Saint-Hilaire a mis sous les yeux de l'Académie des photographies faites par M. Nadar jeune qui donnent une idée exacte de la conformation générale et de la physionomie des chèvres d'Angora. Il a présenté également un échantillon de leur belle toison qui se compose tout entière de longues mèches blanches en tire-bouchon d'un éclat soyeux très-remarquable, surtout quand le poil a été lavé et dégraissé. On remarque parmi ces échantillons des différences très-notables de longueur et de finesse. Les boucs ont la laine plus longue ; un des échantillons dépasse en longueur 0 m. 25, le poil restant contourné en tire-bouchon ; en ligne droite, il mesurerait 3 décimètres. Chez les chèvres, la longueur est en moyenne de 0 m. 15 ; mais elle est sensiblement plus fine. Il y a également des différences parmi les femelles ; les plus jeunes sont celles dont la toison est la plus précieuse.

Plusieurs des individus arrivés en France ont encore entière leur belle toison d'hiver ; d'autres, au contraire, sont revêtus en partie de cette toison, en partie du poil d'été qui est ras et ne diffère que peu de celui des chèvres communes. C'est par ce contraste même que la chèvre d'Angora se trouve en parfaite harmonie avec les conditions du climat continental et à températures extrêmes sous lequel s'est formée et vit cette belle race. Elle a, pendant l'été brûlant de l'Anatolie, le pelage d'un animal tropical ; pendant ses rudes hivers, une longue et épaisse fourrure qui ne peut être comparée qu'à celle des espèces boréales.

La taille des individus qui comprend le troupeau, est fort inégale. Les mâles ont environ 1 mètre de long, leur hauteur étant de 65 à 75 centimètres ; les femelles n'ont au contraire que 63 à 75 centimètres de long sur 60 à 65 de haut. Elles ont toutes des cornes peu développées, de forme simple, et non contournées circulairement, selon la disposition la plus ordinaire dans cette race.

La chèvre d'Angora avait été importée en France avant la révolution, et déjà acclimatée au pied des Alpes, dans la chaîne du Léberon, par M. de la Tour d'Aigues, président de la Société royale d'agriculture, qui, en 1785, a publié un travail remarquable sur ses essais, suivis pendant plusieurs années avec beaucoup de soin. Son troupeau a malheureusement été disséminé pendant la révolution, et la pure race de la chèvre d'Angora s'est bientôt trouvée perdue. Les résultats des études de M. de la Tour d'Aigues et de son expérience nous restent du moins, et ils seront d'un grand secours dans les nouveaux essais qui vont être tentés.

PLUSIEURS CAS DE MONSTRUOSITÉS. — La communication de M. de Quatrefages dont nous avons récemment rendu compte, après avoir motivé deux notes de M. Lereboullet, a été l'occasion d'une lecture fort intéressante de M. Coste, et cette lecture, bientôt suivie d'une seconde, a été le point de départ d'une discussion à laquelle plusieurs membres de l'Académie se sont mêlés. M. Coste doit compléter dans la prochaine séance l'exposition de ses idées ; nous attendrons jusque-là pour résumer aussi clairement que possible ces importants débats.

Le vent est, du reste, à la tératologie ; c'est ce qu'attestent trois mémoires, l'un MM. Joly et A. Lavocat sur un anencéphale anoure appartenant à l'espèce bovine, le second de M. Laugier sur une monstruosité par inclusion cutanée guérie par extirpation sur un enfant de onze mois, le dernier de M. Goubaux sur un taureau monstrueux, par greffe d'un individu parasitaire amorphe sur un autre bien conformé.

On nomme anencéphalie la privation totale de cerveau et de moëlle épinière ; ce cas, très-fréquent dans l'espèce humaine, est si rare parmi les animaux qu'il n'en existait pas un seul exemple authentique, ce qui donne de l'intérêt à la communication de MM. Joly et Lavocat.

L'observation de M. Laugier est relative à une petite fille de onze mois qui apporta en naissant une tumeur tenant par un large pédicule à la région du sacrum. Cette tumeur déjà volumineuse à la naissance, s'était accrue lentement et continuait d'augmenter de volume. L'enfant avait peine à se tenir debout, la santé était faible ; la tumeur qui vivait à ses dépens paraissait devoir amener la mort dans un temps assez court.

M. Laugier ayant reconnu les signes d'une monstruosité par inclusion, et pensant après examen minutieux que l'ablation de la tumeur pouvait être faite, se décida à en tenter l'extraction. Ce qui réussit. L'enfant eut une syncope dont il fut facile de la faire revenir. Elle était à peu près guérie au bout de trois semaines. Elle a maintenant vingt-trois mois et se porte bien. La tumeur disséquée par M. Rouget, contenait plusieurs kystes et des fragments osseux dont la nature n'a pu être déterminée.

Le taureau monstrueux, qui fait l'objet du mémoire de M. Goubaux, est un monstre double de la famille des *polignathiens*, genre *desmiognathe*, genre ainsi caractérisé : « Suspension sous le col ou sous le sternum, par l'intermédiaire d'un pédicule musculaire et cutané, d'une masse parasitaire, constituée par une tête imparfaite, principalement par les os et muscles de la face. » Ce desmiognathe vécut à la ménagerie jusqu'à l'âge de trois ans ; à cette époque, il fut remis à M. Goubaux, avec invitation d'essayer de le rendre à l'état normal par l'ablation de la masse parasitaire ; ce qui eut lieu avec un plein succès.

Inutile d'ajouter que, dans les deux derniers cas ci-dessus cités, les masses parasitaires sont les restes des frères jumeaux des deux sujets sur et à l'intérieur desquels on les a observés.

ISOLEMENT DU FLUOR. — M. E. Frémy s'est proposé d'isoler le fluor en soumettant les fluorures à l'action de la pile. Ses premières expériences à ce sujet remontent à trois années ; celles dont il rend compte aujourd'hui ont presque toutes porté sur le fluorure de potassium provenant de la calcination, dans des vases de platine et à l'abri de l'air, du fluor-hydrate de fluorure de potassium : ainsi préparé, il ne contient que du potassium et du fluor.

Le fluorure alcalin était placé dans un petit appareil de platine, ayant à peu près la forme d'une cornue tubulée ; le sel était maintenu en fusion au moyen d'une bonne forge. Un fil de platine, communiquant avec le pôle positif de la pile, venait plonger dans le fluorure en fusion, tandis que les parois de la cornue de platine se trouvaient en communication avec le pôle négatif. « Il m'a été impossible, dans ces expériences, dit M. Frémy, de remplacer le fil de platine par un crayon de charbon ; ce conducteur se désagrége rapidement dans le fluorure, et présente l'inconvénient, lorsqu'il est cohérent, de contenir de la silice, que le fluor transforme en fluorure de silicium. Dès que le fluorure est soumis à l'influence du courant électrique, dans l'appareil que je viens de décrire, il se décompose rapidement ; le fil de platine, attaqué par le fluor, s'use et disparaît dans le liquide en produisant momentanément du fluorure de platine ; mais ce corps binaire, semblable au chlorure, se détruit au rouge, et forme de la mousse de platine que l'on trouve dans la cornue après l'expérience. Il se dégage par le col de la cornue de platine, un gaz odorant qui décompose l'eau en produisant de l'acide fluorhydrique, et qui déplace l'iode des iodures : ce gaz me paraît être le fluor. L'usure du conducteur de platine et la solidification de la masse projetée continuellement sur les parois de la cornue, viennent malheureusement mettre fin, au bout d'un temps assez court, à cette expérience intéressante.

« Je crois donc pouvoir annoncer que les fluorures en fusion, soumis à l'influence de la pile, dégagent un gaz qui attaque le platine à la manière du chlore, du phosphore et du soufre, et qui paraît identique avec celui que j'ai obtenu précédemment en décomposant au rouge certains fluorures par l'oxygène. »

Préparation en grand de l'oxygène. — M. D. Muller propose la méthode suivante pour la préparation sur une grande échelle de l'oxygène obtenu de la décomposition de l'eau. « Deux faits très-importants nous ont, dit-il, servi de point de départ : 1° une dissolution aqueuse de chlore, renfermée dans un récipient en verre, se change peu à peu en acide chlorhydrique ; l'oxygène reste libre ; 2° dans toutes les circonstances, le chlore et l'hydrogène se combinent immédiatement sous l'action de la chaleur. Il n'y a rien donc de plus naturel que de mettre à profit cette grande affinité du chlore pour l'hydrogène pour décomposer la vapeur d'eau à une haute température. Sous l'influence de la chaleur, le chlore se combine avec l'hydrogène de la vapeur d'eau et se change en acide chlorydrique à l'état gazeux ; l'oxygène reste libre ; dont une petite partie pourrait se combiner avec le chlore pour former de l'acide perchlorique ; mais la plus grande partie reste libre, mêlée au gaz chlorydrique. En faisant passer le mélange dans un vase contenant de l'eau, l'acide chlorydrique gazeux se dissout immédiatement, et l'oxigène seul peut se recueillir... L'élévation de la température propre à la combinaison est à environ + 120 degrés. »

Oxygène et ozone. — Nous annonçons avec l'intention d'y revenir un mémoire de M. Houzeau sur l'oxygène obtenu par la décomposition du bi-oxyde de barium par l'acide sulfurique ; cet oxygène lui a paru plus actif que le même gaz obtenu par la décomposition de l'eau et avoir quelque analogie avec l'ozone.

L'ozone et le choléra. — S'étant procuré la liste quotidienne des morts du choléra à Aarau, en Suisse, du 15 août au 14 octobre 1845, M. Wolf, directeur de l'Observatoire de Berne, a groupé les jours où il n'y avait eu aucun cas de mort, ceux où il y en avait eu un ou deux, et enfin les jours où il y en avait eu trois morts et au delà, « j'ai trouvé, dit-il, que la moyenne correspondance des réactions de l'ozone à Berne est :

Pour les jours de la première classe........ 6,48
— seconde —.......... 5,48
— troisième —.......... 4,58

« J'en conclus, dit M. Wolf, qu'effectivement le choléra est pour le moins extrêmement favorisé par la diminution de l'ozone. »

Nouvelle planète. — Une lettre de M. Luther annonce la découverte par lui faite d'une petite planète à l'observatoire de Bilk, près de Dusseldorf, le 19 avril. Cette nouvelle planète est la trente-cinquième.

Sur plusieurs étoiles disparues. — « Le 7 août 1852, à 15 heures, je déterminais, dit M. Chacornac, la position d'une étoile de septième à huitième grandeur, qui se trouvait entre deux étoiles de neuvième, par 21 heures 36 minutes 5 secondes d'ascension droite et 14° 33'9 de déclinaison. Les étoiles se trouvaient sur la limite d'un canevas que je construisais alors, dans le but de rechercher les petites planètes. Le lendemain, je ne vérifiai dans cette carte que les parties où les petites étoiles avaient été placées. Ce fut seulement le 20 du même mois, qu'en achevant cette carte, je m'occupai de nouveau de ces trois étoiles. Je fus grandement surpris de voir que l'étoile de septième grandeur avait disparu, et que celles de neuvième se trouvaient parfaitement à la place que leur assignait la carte. Convaincu qu'il ne pouvait y avoir de méprise, j'entrepris aussitôt la recherche de cette étoile, dans l'hypothèse d'une planète en rétrogradation. A cet effet, je construisis une carte des étoiles circonvoisines jusqu'à la neuvième grandeur, et, dès le 30 août, cette carte s'étendait dans le sens de la rétrogradation, à 14 degrés en ascension droite de la position de cette étoile, et à 8 ou 10 degrés de latitude de part et d'autre de l'écliptique ; j'appris alors que, dans cette région, M. Hind venait de découvrir la planète *Melpomène* qui était plus petite que les étoiles dont je m'occupais. J'abandonnai la recherche de cette étoile pour continuer mes cartes activement croyant que c'était une étoile variable. Depuis lors elle n'a plus reparu. »

M. Chacornac passe ensuite en revue un assez grand nombre d'autres étoiles qu'il n'a plus observées après les avoir notées sur ses registres d'observations. Nous en donnons l'indication sommaire :

30 décembre 1852, étoile de 9e grandeur, par 8 heures 47 minutes 3 et + 17° 44'.

5 juillet 1853, étoile de 9e grandeur. Position : 16 heures 8 minutes 8 ; — 22° 51' 0.

5 octobre 1853, étoile de 12e grandeur. Position : 0 heure 44 minutes 4 ; + 8° 46' 2.

30 décembre 1853, étoile de 11e grandeur. Position : 3 heures 33 minutes 7 ; + 20° 51' 0.

Du 4 septembre au 29 novembre 1353, étoile de 11e grandeur. Position : 4 heures 26 minutes 9 ; + 21° 24' 8.

8 avril 1853, étoile de 11e grandeur. Position : 11 heures 3 minutes 3 ; + 6° 51' 0. Le 18 on reconnut que c'était la planète Thémis que M. de Gasparis venait de découvrir.

30 et 31 janvier 1854, étoile de 11e grandeur. Position : 23 heures 27 minutes 5 ; — 4° 15' 0.

27 décembre 1853, une étoile de 10e grandeur. Position : 4 heures 14 minutes 6 ; + 23° 58' 0 ; elle était à côté d'une étoile notée alors comme triple, et qui a été reconnue n'être plus que double le 26 mars 1854.

19 juillet 1854, une étoile de 10e grandeur avait été posée par 21 heures 7 minutes 0 et — 15° 5' 0 ; c'était la planète Uranie trouvée par M. Hind. — Ce même jour on constata l'absence d'une étoile de 9e grandeur qui avait dû être posée en janvier 1854 vers 21 heures 28 minutes 2 et — 12° 53'.

26 octobre 1854, étoile de 11e grandeur. Position : 7 heures 30 minutes 3 ; + 23° 54' 7.

le 17 janvier 1855, M. Chacornac a recherché en vain dans la 9e heure une étoile de 10e grandeur qui dut être posée sur la carte à la fin de 1854 ; et, le 19 mars 1855, une étoile de 11e grandeur qui avait été posée le 25 janvier 1855.

Eclairage électrique. — M. Jaspar, fabricant d'instruments de physique à Liége, est inventeur d'un appareil propre à régulariser la lumière électrique, sur lequel M. Crahay a fait, en 1853, un rapport très-favorable à l'Académie des sciences de Bruxelles. Une lettre de M. Contadini, attaché au ministère du commerce à Rome, annonce que ce mécanisme a été l'objet d'expériences faites à Rome les 6 et 7 mars dernier par ordre du gouvernement pontifical, et que ces expériences ont été satisfaisantes ; l'appareil avait été placé sur la tour du Capitole, en plein air. On avait employé d'abord un courant produit par 50 éléments Bunsen, mais sa force était telle que les charbons éclataient en étincelant. Le nombre des éléments fut alors réduit à 34 ; pendant une heure et demie la lumière parut sensiblement uniforme, sans interruption ou intermittence quelconque ; la lumière était si intense, qu'à 4,340 mètres de distance, sur le Monte-Mario, les ondulations d'un petit brouillard se voyaient, dit M. Contadini, nettement reproduites sur la muraille, et j'observai parfaitement tracée sur la même muraille l'ombre de mon corps qui en était distant de près de 5 mètres. Le dome du Vatican, éloigné de 2,700 mètres du Capitole, était tellement éclairé qu'on crut voir sur lui le crépuscule bien avancé du matin. Le R. P. A. Secchi put lire aisément à la distance de 720 mètres.

Instrument pour observer les tremblements de terre. — Cet instrument a été inventé par M. Kreil qui lui donne le nom de *Siesmomètre*. Voici, d'après la description présentée à l'Académie des sciences de Vienne, en quoi il consiste : Il est composé d'une tige de pendule pouvant osciller dans toutes les directions, supportant un cylindre vertical qu'un rouage établi dans l'intérieur de ce cylindre fait tourner autour de son axe une fois en 24 heures. Un pieu fixé à côté du pendule porte un bras mince et élastique qui presse doucement un crayon contre la surface du cylindre ; tant que le pendule est en repos, le crayon trace une ligne continue sur le cylindre, mais dès que les oscillations commencent, le cylindre trace d'autres lignes, lesquelles indiquent à quel moment les secousses ont commencé, l'intensité et la direction des commotions.

Soins a donner aux personnes foudroyées. — Dans une note adressée à l'Académie, M. Andrès Poey signale « un remède prompt, très-simple, mais très-efficace, dit-il, dans son emploi pour les personnes et même les animaux qui sont frappés par le tonnerre et jetés dans un état de mort apparente. Il consiste à verser immédiatement sur tout le corps des grands seaux d'eau froide pendant une heure s'il le faut, jusqu'à ce que la personne ou l'animal donne des signes de vie. Ce moyen, ajoute-t-il, est universellement adopté aux Etats-Unis avec un très-grand succès, comme le prouvent les cas nombreux que j'ai recueillis pendant lesquels la vie a été rendue à des personnes tombées dans une espèce de paralysie par des coups de foudre. »

Fonction glucogénique du foie. — Deux mémoires sur ce sujet, l'un de M. Poggiale, pharmacien en chef du Val-de-Grâce, l'autre de M. Leconte, préparateur du cours de M. Magendie, tous deux concluent avec E. Cl. Bernard que le foie produit du sucre ; il devient de plus en plus nécessaire que la commission prononce.

---

## VARIÉTÉS.

### Incertitude de la durée de la gestation dans l'espèce humaine.

Voulant déterminer avec précision la durée de la gestation dans l'espèce humaine, un médecin anglais, M. le Dr R. Lyall, propose tout bonnement d'établir à Londres ce qu'il appelle un *hospice expérimental de la conception*. La proposition est développée tout au long dans une brochure écrite *ex professo*. Cet établissement renfermerait des jeunes filles et des mères soumises à la surveillance de matrones. Dix accoucheurs chargés spécialement des expériences auraient seuls l'entrée de ce harem....

Ainsi vont les savants....

Dernièrement un savant se sent pris de compassion pour les douleurs de tant de mères impuissantes à nourrir leur progéniture. Il veut leur venir en aide, il cherche un procédé d'avortement simple et inoffensif et qui puisse aisément devenir populaire. Mais lui dira-t-on, à supposer qu'on discute : N'y aurait-il pas moyen de supprimer la misère sans supprimer la population ?...

Un autre reconnaît qu'un moyen assuré d'éclaircir certains points de science serait de faire sur l'homme même telles expériences douloureuses et peut-être mortelles. En conséquence il demande un tout petit article de loi déclarant qu'à l'avenir les condamnés à mort seront livrés aux vivisecteurs et aux toxicologistes. Si les condamnés survivent, ils seront graciés. Pétitionnement pour pétitionnement, ne conviendrait-il pas mieux de demander la suppression de l'échafaud ? Vous sortez de la question, répond notre homme, la physiologie expérimentale est mon affaire, dont je ne veux pas m'écarter.

Et voilà quel inconvénient il y a à se tenir au fond de sa spécialité comme dans un puits.

Si on disait à M. le docteur R. Lyall que sa proposition pèche par le côté moral, il répondrait peut-être que l'obstétrique est son terrain et que le côté moral des choses ne le regarde pas. Ce qu'on ne peut contester, c'est que nos lois civiles donnent une importance extrême au but de l'auteur : la détermination exacte de la durée de la grossesse. Le malheur est que cette détermination, indispensable pour établir la paternité, est aussi difficile à fournir qu'il est aisé de constater qu'une femme est la mère de son enfant. Comme exemple de la diversité des opinions sur le point qui nous occupe, on cite les décisions juridiques suivantes :

La haute cour de justice de Friedland a déclaré légitime un enfant né 333 jours après la mort du père.

En Ecosse, l'autorité ecclésiastique employa toute son influence pour faire rendre un jugement favorable sur une grossesse d'un an.

En 1630, la faculté de Leipsig déclara illégitime un enfant de 309 jours ; mais en échange, huit ans après, en 1638, la même faculté reconnut comme légal un enfant né douze mois et treize jours après la mort du mari de sa mère.

La condescendance dont cette faculté fit preuve me rappelle l'histoire que voici : Un jour Galien fut consulté par un patricien, possesseur d'esclaves noirs et blancs, auquel un fils venait de naître dans des circonstances propres à diminuer la joie qu'un tel événement eût dû lui causer. Bien que le père fût de race caucasique, ainsi que son épouse, l'enfant était mulâtre. Galien, ayant été voir la mère, résolut la difficulté à la satisfaction de tout le monde, en attribuant le phénomène à l'impression qu'une peinture, représentant un nègre, avait dû faire sur l'imagination de la dame pendant sa grossesse.

La faculté d'Ingolstadt a légitimé un enfant d'un an et huit jours ; celle de Halle, un enfant de 11 mois et 15 jours, et enfin celle de Giessen un enfant de 17 mois. Après quoi il n'y a plus qu'à tirer l'échelle.

Mais qui oserait dire qu'aucune de ces décisions, même la plus excentrique, n'ait été conforme aux faits ? Convaincues que la durée de la gestation est renfermée dans des limites à peu près fixes, souvent des femmes, trompées dans leurs prévisions, croient à une erreur de calcul ; mais, au lieu d'une erreur, combien de fois y a-t-il eu écart de la nature ? J'ai vu une femme attendre sa délivrance pendant plus de deux mois, et pousser le respect envers la science jusqu'à s'accuser de cette déception trop prolongée.

Le code Napoléon fixe 300 jours, le code wurtembergeois aussi, le code autrichien également, avec la restriction de faire examiner les exceptions par les experts. La législation prussienne et celle de Bavière accordent 302 jours à la mère pour parfaire son enfant. Le droit romain accorde 10 mois. Dans quelques cantons de la Suisse, la vie fœtale peut durer 368 jours.

Tel enfant, légitime en Suisse, serait bâtard en France, et telle femme, réputée épouse fidèle en Suisse, serait convaincue d'adultère en France. Une seule chose est donc certaine : savoir que, légitime ou naturel, tout enfant est issu de sa mère, et que, constante ou volage, toute femme est la mère de son enfant.

Plusieurs accoucheurs allemands pensent que la grossesse peut se prolonger jusqu'au 322e jour. Mais adoptât-on ce chiffre et l'introduisît-on dans la loi, on n'aurait en aucune manière la certitude d'avoir prévu tous les écarts que la nature a coutume de se permettre. Ces écarts peuvent atteindre des limites si exceptionnelles qu'évidemment on ne saurait les prendre pour règle. Cependant, peut-on les exclure ? Il s'agit de l'honneur des familles, de l'état civil des enfants ! Comment donc échapper à ces contradictions ?

*L'Ami des Sciences* peut poser la question ; il n'est pas autorisé à la résoudre.

---

## NOUVELLES ET CAUSERIES.

*Chemins de fer africains. — Domestiques pour tout faire. — Viaduc de Boyne. — Le tonnage flottant du monde. — Vaccin des chiens. — Nouvelle cire d'abeilles —Médailles en aluminium. — Câble sous-marin de Balaclava à Varna. — Société régionale d'acclimatation de Nancy. — Un rail de 16 mètres. — L'utilité des crapauds.*

⁂ Différents projets de chemins de fer africains ont été mis en avant; M. Jules Duval donne à ce sujet d'intéressants détails dans le journal l'*Industrie*, nous allons le prendre pour guide.

L'un de ces projets, dû à M. Wright, banquier anglais, ancien directeur du chemin de fer de Southampton à Londres, prend son point de départ dans le Maroc, en face de Gibraltar et de l'Espagne méridionale; la voie se prolongerait à l'ouest à travers le Maroc et la Sénégambie jusqu'à la colonie de Libéria; sur le versant septentrional, elle traverserait l'Algérie, la Tunisie et la régence de Tripoli; elle irait rejoindre le chemin de fer d'Alexandrie au Caire, et franchissant l'isthme de Suez, avancerait vers l'Asie et atteindrait l'Indoustan.

Un autre projet, dû à M. Cabanis, relierait Alger à Tombouctou par Bouçada, Ouargla, l'oasis du Touât, le pays des Tourettes. Provisoirement, on s'arrêterait à Ouargla.

Enfin, un autre projet est celui du chemin de fer central d'Algérie, présenté et patronné par MM. Warnier, Marc-Carthy, Delavigne, Serpolet et Rancé. Le génie militaire a déjà commencé des études sur la section d'Alger à Constantine, et le service des ponts et chaussées a consacré un de ses bureaux à l'étude de la section d'Alger à Oran.

Sur un trajet de près de 800 kil. entre Oran et Constantine, le parcours se divise en deux moitiés d'une altitude absolue très-inégale, mais dont la surface pour chacune d'elles est remarquable par son horizontalité. Du point dit Amoula, qui est le point central au sud-ouest d'Alger jusqu'à Oran, c'est une vaste plaine à faibles ondulations de 340 kil. de longueur, sur laquelle tranche seulement un col de 130 mètres d'élévation au-dessus du niveau de la mer. Du côté opposé à l'est, entre Aumale et Constantine, sur un parcours de plus de 300 kil., s'étendent des plateaux aussi peu accidentés. Le chemin de fer parti d'Oran arrive ainsi par deux séries de plaines, distribuées sur un trajet de 790 kil., jusqu'au pied de Constantine, sous laquelle ville il débouche dans la large vallée du Rummell.

Sur l'axe central viendrait se souder des embranchements qui le rattacheraient aux divers ports du littoral. A l'est d'Oran : Arzew, dont l'embranchement partirait de Saint-Denis-du-Sig; Mostaganem, qui se rélierait par Bel-Hassel, ou reliant Tenez, qui se rattacherait à Orléansville; Cherchell, qu'il faudrait greffer sur l'embranchement d'Alger; Alger, le point central qui, pour communiquer avec la vallée du Chélif, au-delà du petit Atlas, n'imposerait, assure-t-on, que 500 mètres de tunnel. Cet embranchement deviendrait le chemin de fer d'Alger à Blidah au moins jusqu'à Bouffarick. Bougie communiquerait avec l'artère centrale par un embranchement qui traverserait toute la Kabylie, le long de la belle vallée d'Oued-Sahel.

On estime que ce projet, d'une étendue de 1,200 kil. environ, n'aurait pas des pentes plus considérables que celles de l'Europe, qu'un kilomètre de tunnel suffirait, et que le prix de revient ne dépasserait pas 100,000 fr. par kilomètre de double voie.

⁂ Depuis quelque temps les Américains installent à bord de leurs grands clippers de petites machines à vapeur de 6, 8 ou 10 chevaux, destinées à charger et décharger la cargaison, à ventiler le navire, à se substituer enfin à l'équipage toutes les fois que les manœuvres à opérer demandent de la force et de l'ensemble. Le plus grand bâtiment à voiles du monde, le *Great Republic*, du port de 3,500 tonneaux, qui vient d'effectuer la traversée de New-York à Londres en 15 jours, est pourvu d'une machine de ce genre, de la force de 10 chevaux; elle a rendu pendant toute la traversée de très-grands services, et elle fonctionne journellement depuis l'arrivée du navire à Londres. Les Américains et les Anglais appellent ces petites machines des *servants of all works* (des domestiques à tout faire).

⁂ L'immense viaduc de Boyne en Irlande, qui s'élève à 100 pieds au-dessus de l'eau et sous lequel les navires pourront passer sans se baisser, vient d'être inauguré. Il se compose de 16 arches en pierre et trois en fer. Deux lignes de rails le traversent. C'est le plus grand ouvrage de ce genre qui existe en Irlande, et l'un des plus intéressants qui soient au monde.

⁂ Le tonnage flottant du monde occidental ou de tout l'univers civilisé, à l'exclusion seulement de la Chine et de l'Orient, est d'environ 136,000 navires, jaugeant 14,500,000 tonneaux. De ces navires, plus des trois quarts appartiennent aux pays civilisés de l'Ouest, de la Méditerranée et aux Etats-Unis. Le chiffre des matelots à bord de tous ces navires peut être de plus de 800,000, et si l'on comprend l'Orient et d'autres Etats de la population maritime, on trouve qu'il doit y avoir au moins 100 millions d'individus naviguant sur les mers et généralement sur l'Océan.

⁂ Le docteur Santus raconte, dans un journal allemand de médecine, qu'un vieux chasseur de sa connaissance, très-renommé pour l'éducation des chiens, inocule à ses jeunes élèves du virus-vaccin sur le nez en vue de les préserver de la maladie à laquelle ces animaux sont sujets. Depuis dix-sept ans qu'il se livre à cette pratique, le chasseur prétend n'avoir pas observé un seul cas de maladie parmi ses chiens.

⁂ M. Poey a entretenu la Société zoologique d'une abeille sans aiguillon, qui existe à Cuba. Les naturalistes lui donnent le nom de Trigone; elle fournit une cire grasse, noire, qui paraît devoir faire d'excellents crayons lithographiques et fournir une bonne encre d'imprimerie. L'auteur a offert à la Société de lui procurer des ruches de ce précieux insecte; offre acceptée bien entendu.

⁂ Dans une lettre adressée à M. le ministre du commerce, M. Chenot demande qu'un concours soit ouvert pour la fabrication industrielle de l'*aluminium* ou autres métaux dits terreux: les produits de cette fabrication serviraient aux médailles qui seront décernées comme récompenses après l'Exposition universelle de 1855.

⁂ Le *Morning-Post* annonce que les câbles électriques sous-marins sont établis entre Balaklava et Varna et qu'ils ont dû jouer le 24 avril. — On pourra donc prochainement, à Paris et à Londres, recevoir en quelques heures les nouvelles de Crimée.

⁂ Une société régionale d'acclimatation vient de se constituer à Nancy, pour la région du nord-est de la France.

⁂ Savez-vous qu'en Angleterre on paie les crapauds jusqu'à 7 fr. 50 c. la douzaine? Ce sont des jardiniers qui en donnent ce beau prix. Qu'en font-ils? ils les emploient selon leur destination. Une multitude d'animaux ont pour mission de purger la terre, à l'intérieur et à l'extérieur, de cette foule d'insectes herbivores parmi lesquels se trouvent les plus dangereux ennemis de nos vergers et de nos jardins; tels sont le crapaud, le hibou, la chauve-souris, grands amateurs de mouches, de larves, de vers, de chenilles, de limaces, etc. L'agriculteur devrait voir en eux de précieux auxiliaires et les protéger; il les tue impitoyablement, chez nous du moins, car on vient de voir que les jardiniers anglais sont mieux avisés.

⁂ On vient de fabriquer à l'usine de Rhymeay, en Angleterre, un rail du système Barlow, le plus long qui ait jamais été laminé. Il ne compte pas moins de 16 mètres. Il est destiné à figurer à l'exposition. C'est à ce qu'il paraît une fort belle pièce, parfaitement homogène dans toute son étendue.

*Le propriétaire, rédacteur-gérant:*
VICTOR MEUNIER.

PARIS. — IMP. J.-B. GROS, RUE DES NOYERS, 74

Première année. — N° 18. Quinze centimes. 6 mai 1855.

# L'AMI DES SCIENCES

PAR

## VICTOR MEUNIER

BUREAUX D'ABONNEMENT :
**13, RUE DU JARDINET, 13.**
Près l'École de Médecine.

**Paraît le dimanche.**
(Les abonnements datent, au gré des souscripteurs, du commencement de l'année ou du premier dimanche de chaque mois).

PRIX DE L'ABONNEMENT POUR L'ANNÉE.
**PARIS, 6 FR. — DÉPARTEMENTS, 8 FR.**
Envoyer un mandat de poste.



### LA MISSION DU VULGARISATEUR.

Autrefois, vulgariser la science, c'était exposer en langue commune ce qui pouvait être mis à la portée de tous.

Aujourd'hui, c'est quelque chose de plus que cela.

Vulgariser la science, c'est raconter dans la langue de tout le monde les efforts de la science pour arriver à la constitution d'un ordre social nouveau, c'est-à-dire d'un nouvel organisme matériel et d'une doctrine nouvelle.

La première méthode suffisait à l'époque où l'on ne savait ni ce qu'est la science, ni où elle tend. La science satisfaisait plus ou moins à la passion de savoir, elle rendait de petits services; c'était un noble passe-temps, une utile occupation. On ne pensait pas qu'elle pût devenir autre chose. On ne savait pas qu'elle envahirait tout entier l'esprit dans lequel on lui faisait une petite place, et la société dans laquelle on lui permettait de creuser son lit.

On ne savait pas qu'au sein de la nature soumise, sur une terre renouvelée, elle bâtira la société dernière à l'image de l'homme régénéré. Mais en silence, la science grandissait. Elle a pénétré dans tout l'organisme social. Et maintenant qu'elle tient au sol par des millions de racines, elle peut élever sa tête vers le ciel et, déjà maîtresse du matériel, entreprendre la conquête du spirituel.

L'heure de ce grand événement approche. De sublimes facultés qui ont joué un grand rôle dans l'histoire, sur lesquelles repose le merveilleux des religions, mais que jusqu'ici la science n'a pas connues, seront positivement constatées dans l'homme, et admises dans la science comme sujets et comme moyens d'étude : elles la renouvelleront. Alors la science ne se bornera plus à faire des miracles, elle abordera avec autorité les questions fondamentales, essentielles, dont une école étroitement positive lui interdit de se préoccuper.

En attendant, elle prend possession de toutes les forces générales de la nature et de tous les êtres particuliers; elle refait de fond en comble, pièce à pièce, l'organisme matériel de la société : ses rapports avec le peuple, pour lequel elle est, et par lequel elle sera, deviennent de plus en plus intimes : aux efforts qu'elle fait pour se rapprocher d'eux, les prolétaires répondent en lui apportant leur tribut de découvertes.....

Le but auquel tend la science devient évident pour quiconque a des yeux. Et n'est-ce pas en vue du but que l'effort doit être dirigé? Il faudrait donc tracer la route, marquer les étapes, donner l'impulsion. A ne voir que sa position au sommet du corps scientifique en France, ce grand rôle est celui qui incombe à l'Académie des sciences. Mais l'Académie n'entend pas ainsi sa fonction.

Ce siècle se donnerait à elle si elle le voulait! Elle est en principe, elle pourrait être en fait la première assemblée du monde. Tous les regards, toutes les espérances se tourneraient vers elle. Le retentissement de sa parole serait tel qu'on n'entendrait pas d'autre bruit. Des hauteurs où l'Académie se placerait, elle laisserait tomber sur le monde éclairé, fortifié, consolé d'aussi grandes paroles qu'il en retentit jamais dans les conciles et dans les assemblées politiques. La société lui devrait de se connaître et d'avoir conscience de son travail.

Mais l'Académie n'a pas même compris que les circonstances présentes lui sont particulièrement favorables; que du jour où nous sommes, daterait l'avènement du régime scientifique, et qu'elle pouvait remplir du récit de ses travaux, de ses programmes, de ses appels, l'espace que les questions politiques n'occupent plus dans les journaux quotidiens.

Mais enfin, qu'on ait ou non conscience pleine de ce qu'on fait, on le fait! Et qu'on le veuille ou qu'on ne le veuille pas, c'est de la constitution d'une société nouvelle que la science s'occupe, et elle ne s'occupe pas d'autre chose.

Le vulgarisateur doit se vouer particulièrement à l'étude de cette tendance. Il doit voir tout de suite les choses scientifiques comme il faudra finalement que tout le monde les voie, par leur résultat dernier. Des nouveautés dont il s'occupe, il doit dire en quoi elles concourent au but, de combien elles nous en rapprochent, quelles places elles occuperont dans l'ensemble, quelles modifications elles apportent à la vue que nous avons de l'avenir.

C'est aux faits de ce titre que le vulgarisateur doit donner la préférence, à ceux qui portent l'empreinte du but. Sans doute rien de ce qui prend naissance dans le laboratoire ne demeurera toujours étranger à ce but, mais toutes choses ne sont pas arrivées au point où leur destination théorique et pratique puisse être déterminée. Que le vulgarisateur fasse donc deux parts des choses qui, dans l'ordre scientifique, arrivent à la connaissance des hommes. Que d'un côté il mette celles qui ne touchent encore ni aux idées générales, ni aux intérêts, qui n'ont pas encore d'ailes assez puissantes pour sortir de la spécialité dans laquelle elles sont nées; que de l'autre côté il mette les choses empreintes de ces caractères que les précédentes n'ont pas.

Qu'il passe rapidement sur les premières: elles n'ont d'intérêt que pour les hommes du métier; leur place est dans les journaux spéciaux. Qu'il s'empare, au contraire, des autres; elles sont à tout le monde, leur place est dans les feuilles populaires. Qu'il en fasse donc le texte de ses apostoliques commentaires.

Il y a des savants qui se croient d'autant plus dignes de ce titre qu'ils ont moins d'imagination et de philosophie; leur valeur est dans leurs doigts; ils savent manier les outils; ce sont des artisans. Ils concourent à l'établissement de la science comme l'homme qui broie des mortiers concourt à la construction d'un édifice, sans rien voir au delà du travail infime qui les occupe. Ils sont savants de la même manière qu'un tailleur de pierres est architecte. Fiers de la supériorité qu'ils s'attribuent, ils s'imaginent communément que la fonction du vulgarisateur est de laver leur linge sale, c'est-à-dire de les traduire en français. Ces bonnes gens se trompent. Le vulgarisateur ajoute du sien à ce qu'il touche.

Vulgariser, répétons-le, c'est exposer le mouvement de la science en publiciste. Le vulgarisateur voit les choses dans leurs rapports et dans leur destination. Conduisant son auditoire sur les chantiers où se préparent les édifices de l'avenir, il expose la pensée unique qui, à leur insu, agite d'un même mouvement les scientifiques gâcheurs, et, devançant les temps, il décrit les palais et les temples dont les matériaux informes gisent sur le sol bouleversé.

## UNITÉ DES SCIENCES.

Les lignes qui suivent, extraites de l'une des dernières communications de M. Biot, méritent d'en être détachées comme exprimant avec force une vérité que doivent avoir toujours présente à l'esprit ceux qui se vouent à la culture des sciences.

« .... Les diverses sciences expérimentales ne constituent pas des centres d'exploitations d'idées ou de faits isolés entre eux;... elles sont plutôt comme les membres divers d'un même corps, ayant une vie commune, qui ne peuvent prospérer et se développer qu'étant réunis et maintenus en communication par une circulation active, qui transporte incessamment de l'un à l'autre leur principe d'alimentation générale. »

Cette thèse est une de celles que nous soutenons depuis que nous tenons une plume.

## TRIBUNE DES AMIS DES SCIENCES.

Ce titre est à l'adresse de nos lecteurs une invitation assez explicite, assez claire, pour rendre tout développement inutile. Nous entrons donc tout de suite en matière par l'insertion de quelques lettres intéressantes, prises à peu près au hasard, dans le nombre de celles qu'on nous fait l'honneur de nous adresser chaque jour. — Que les auteurs de celles qui ne paraissent pas aujourd'hui patientent; chaque chose aura son tour.

**Les oiseaux et le choléra. — Expériences toxicologiques.**

Dieuse (Meurthe), 28 avril 1855.

Monsieur,

Je ne puis résister au désir de vous féliciter du bon esprit dans lequel est rédigé votre journal; vous avez su lui donner tous les genres d'intérêt, et, on peut le dire sans crainte de se tromper, l'avenir lui appartient, car nul, jusqu'à ce jour, n'a mieux connu que vous le secret de populariser la science, dans une publication périodique.

Maintenant que vous connaissez ma façon de penser sur votre excellent journal et l'avenir qui lui est réservé, permettez-moi, Monsieur, de vous signaler de petites taches dont la responsabilité ne vous incombe pas.

C'est une erreur de croire qu'en temps de choléra les oiseaux soient doués de plus de prévoyance instinctive que les hommes; l'observation rigoureuse est contraire à cette assertion émise, répétée et acceptée avec une extrême légèreté. Les hirondelles ne partent que dans leur saison; les moineaux émigrent à la campagne tant qu'ils y trouvent des céréales et des graines à leur goût, et ne s'approchent des habitations que quand les guérets sont nus et déserts. Tel est le résultat de mes remarques dans le cours des étés, des automnes et des hivers des années 1854 et 1855, pendant que je luttais avec le choléra. Il n'y a pas d'exception pour Paris, car je me rappelle avoir vu des *pierrots*, en assez grand nombre, dans le jardin du Palais-Royal, au commencement d'octobre dernier, alors que le choléra sévissait encore à Paris.

Autre chose. Des expériences médico-légales m'ont appris qu'il faut seulement quelques milligrammes de coque du levant pour empoisonner des carpes de 400 à 500 grammes, tandis qu'il faudrait plusieurs grammes de la même baie pour irriter le tube digestif d'un homme; que la carpe vomit toujours le poison qu'elle a avidement saisi, si la dose est plus forte que 4 ou 5 milligrammes; que cette substance enivre le poisson et met douze ou quinze heures à le tuer. En disséquant un grand nombre de carpes empoisonnées par la coque du levant, j'ai toujours trouvé le tube digestif fortement enflammé: mais la chair en est bonne et savoureuse et ne peut exposer à aucun espèce d'accident, pourvu qu'on les prenne quand elles ne sont pas encore mortes.

C.-A. ANCELON, *d.*, *m.*, *p.*

**Encore les oiseaux et le choléra. — Longévité des graines. — L'ozone et le choléra.**

Nîmes, 7 avril 1855.

Monsieur,

*Les oiseaux et le choléra.* — L'article que vous avez publié sur ce sujet est basé, je crois, sur des observations trop légères.

Un fait positif c'est que, à Arles (Bouches-du-Rhône) que le choléra a cruellement ravagé en juillet de l'année dernière, les martinets n'avaient pas fui.

*Cas remarquables de longévité des graines.* — Dans ceux de ces cas que vous avez cités, la conservation pourrait être expliquée par l'enfouissement qui a préservé les semences de l'action des agents atmosphériques. Voici deux faits où elles ont été conservées à peu près à l'air libre:

Vers 1820, on remit au directeur du jardin des plantes de Nîmes (M. Liotard), une capsule de graines de convolvulus argenteus trouvée dans la collection d'un ancien professeur de botanique de la même ville (M. Granier) et étiquetée de la main de celui-ci sous la date de 1766. Elles furent semées et plusieurs levèrent. Elles avaient plus de cinquante ans.

Dans la révolution, un de nos compatriotes (Laboissière) se trouvait à Versailles pendant qu'on ravageait le château. On jetait beaucoup de choses par les fenêtres. Il ramasse un petit paquet de graines de sensitives étiquetées de la main du grand Dauphin et le conserve précieusement comme souvenir et autographe. Vers 1810, cinq graines de ce paquet furent données au même horticulteur, sur lesquelles trois levèrent. Les sensitives qu'il cultive encore aujourd'hui descendent de cette noble lignée. Le duc de Bourgogne étant mort en 1712, les semences devaient avoir au moins 100 ans.

*Ozone.* — Si vous avez encore occasion d'énumérer les observateurs de l'ozone de l'air, vous pouvez citer M. le capitaine en retraite Belchamps qui, dans une habitation à cent mètres de la ville, note avec un zèle inouï les variations météorologiques en général. Le papier ozonoscopique est toujours en expérience dans son jardin et observé deux fois par jour.

Un fait, à cette occasion, demanderait pour moi et pour beaucoup d'autres peut-être quelques mots d'explication. Le papier sensible de M. Belchamps est tenu, dans son habitation, simplement enfermé dans une boite en carton, par conséquent soumis à peu près toujours à l'action de l'air, et très-librement au moins chaque fois que l'on ouvre la boîte pour prendre une bande de papier; néanmoins il n'a jamais offert les moindres traces de coloration avant d'avoir été exposé à l'air extérieur. Il serait peut-être intéressant de faire des observations simultanées au centre des villes et à l'extérieur.

E. MAUMENET.

**Navigation aérienne.**

Paris, le 18 avril 1855.

Monsieur,

La navigation aquatique a commencé par être à la voile avant d'être à la vapeur.

Les navires à voile attendent un vent favorable ou vont le chercher (vents alisés).

Les courants sont différents à certaines hauteurs de l'atmosphère.

Soit plus haut, soit plus bas, la navigation aérienne trouvera des courants favorables; *il faut les chercher*.

Il faut, pour cela, pouvoir monter ou descendre à volonté.

Pour monter, descendre, remonter, redescendre à volonté, il ne faut perdre ni son lest ni son gaz.

Qu'on établisse donc dans la nacelle un réservoir de gaz comprimé avec une pompe aspirante et foulante.

Que deux conduits flexibles s'élèvent de la nacelle jusque dans la partie supérieure interne de l'aérostat.

Pour descendre, qu'on pompe du gaz qui sera refoulé dans le réservoir; l'aérostat diminuera de volume.

Pour monter, qu'on renvoie du gaz par le conduit opposé.

Tout est dit!!!

Je ne prends pas de brevet, car je crois à la solidarité humaine; si mon invention est utile à l'humanité, je n'ai pas besoin de la *g. du g.* pour y retrouver ma part de bien-être et de bonheur.

Un qui vous est tout sympathique,

M. DE MONESTROL.

**Préparation en grand de l'oxygène.**

Paris, 1er mai 1855.

Monsieur,

J'ai lu avec intérêt dans votre dernier numéro la note relative à la fabrication de l'oxygène en grand par le procédé de M. Muller; j'ai plusieurs fois songé moi-même à ce problème, dont la solution serait d'une grande importance pour l'industrie; mais j'ai échoué comme bien d'autres contre le chiffre du prix de revient. C'est, en effet, la pierre d'achoppement dans une pareille recherche, le gaz oxygène ne pouvant être utilisé dans les arts industriels qu'à la condition d'être obtenu en très-grande quantité et à très-bas prix. M. Muller est-il parvenu à ce résultat? Je crois pouvoir en douter, et je regrette que la note en question ne donne à cet égard aucun détail positif.

M. Muller propose de décomposer la vapeur d'eau par le chlore; soit; mais la production du chlore est déjà une chose relativement assez coûteuse. M. Muller obtient, à la vérité, une reproduction d'acide chlorhydrique par l'hydrogène de l'eau; mais cette reproduction ne peut être que partielle et non équivalente à l'acide chlorhydrique employé pour obtenir le chlore, puisqu'une partie du chlore de l'acide a dû rester dans l'appareil, combiné avec le manganèse désoxydé, c'est-à-dire à l'état de chlorure de manganèse, lequel chlorure de manganèse n'a pas, que je sache, une valeur commerciale bien sérieuse. Donc, première dépense d'acide chlorydrique.

La seconde dépense, plus importante, n'est-elle pas celle du bi-oxide de manganèse employé pour obtenir le chlore, soit qu'on se serve directement d'acide clorydrique pour l'opération, soit qu'on se serve du mélange de chlorure de sodium et d'acide sulfurique? Pour peu qu'on se soit occupé de chimie, on sait que ce bi-oxide de manganèse fournit facilement de l'oxygène, soit par l'effet d'une haute température, soit par l'action de l'acide sulfurique et d'une chaleur moindre. Je me demande donc: « Y a-t-il beaucoup d'avantage à employer le bi-oxide de manganèse plutôt à faire du chlore qu'à obtenir de l'oxygène? » Qu'il y ait un *certain* avantage, je le veux bien; mais que cet avantage suffise pour que le prix de l'oxygène soit abaissé, comme il a besoin de l'être, voilà ce dont, je le répète, je ne puis m'empêcher de douter.

Si M. Muller veut poser des chiffres, si M. Muller peut démontrer que par l'utilisation de ses résidus (chose si essentielle dans la chimie industrielle), il arrive à livrer le gaz oxygène à bas prix par centaines de mètres cubes, je l'en féliciterai de tout mon cœur; autrement je regarderai la solution de cet intéressant problème comme encore à trouver.

Agréez, etc.

P. F. MATHIEU.
Ancien pharmacien des armées.

**Injection de vapeur dans les foyers.**

L'un des braves aides-de-camp de l'illustre général H. Dembinski nous demande l'insertion de la lettre suivante:

Paris, le 30 avril 1855.

Monsieur,

Veuillez m'excuser si je prends la hardiesse de m'adresser à vous sans avoir l'honneur de vous être connu, mais l'*Ami des Sciences* doit nécessairement être l'ami de ceux qui travaillent; or, je me vois en danger de perdre le fruit d'un long travail par une publication que répandent presque tous les journaux: je vois notamment dans la *Presse* d'aujourd'hui un article qui dit:

« On a fait à New-York des expériences sur l'injection de la « vapeur dans l'intérieur des foyers; il paraît, d'après les ré- « sultats obtenus jusqu'à ce jour, qu'un jet de vapeur projeté « sur du combustible incandescent augmente le tirage au lieu « de le diminuer. »

Or, Monsieur, je suis breveté pour cette découverte en France et en Belgique depuis près de dix mois. Je vous serais donc très-obligé de le mentionner dans votre si estimable feuille, en faisant en même temps connaître aussi bien aux propriétaires des hauts fourneaux qu'à ceux qui emploient des chaudières à vapeur, que je suis à leur disposition pour leur indiquer la meilleure manière d'appliquer mon système.

Veuillez agréer,

JEAN SAWICKI.

---

## REVUE DE LA PRESSE SCIENTIFIQUE.

**L'art et l'industrie.**

Un écrivain qui traite avec la même hauteur de pensées, la même noblesse de style, les questions de science dans la *Gazette médicale* et les questions d'art dans le *Constitutionnel*, M. L. Peisse, inaugure le compte-rendu de l'exposition universelle des beaux-arts, dans cette dernière feuille, par un feuilleton dont nous détachons avec bonheur les lignes qu'on va lire:

« L'industrie, considérée dans un sens élevé, n'est autre chose que l'exercice matériel de la suprématie intellectuelle et morale de l'homme sur la terre; c'est l'acte par lequel l'homme asservit la nature et la soumet à ses propres fins, par lequel il s'en fait roi, maître et propriétaire, et fonde le *regnum hominis* annoncé par Bacon aux races futures comme conséquence de l'avancement des sciences.

« L'industrie est le signe de la puissance de l'esprit sur la matière, l'art celui de son indépendance. La création industrielle n'est pas entièrement libre, elle est toujours le résultat d'une lutte avec des forces ennemies qui ne sont vaincues qu'en partie, et dont la résistance rebelle altère la pureté idéale du produit; la création artistique, au contraire, ne relève que de l'activité même de la pensée, et, semblable à l'énergie divine, opère *ex nihilo*.

« Ces deux créations diffèrent encore en ce que celle de l'industrie n'a lieu qu'en vue d'une fin étrangère, et s'y subordonne comme moyen; tandis que celle de l'art est à elle-même sa propre fin, et qu'en elle le moyen et le but se confondent. Enfin, ce but lui-même diffère dans l'une et l'autre en ce que, comme on l'exprime d'ordinaire, la première a pour objet final l'*utile*, et la seconde le *beau*.

« C'est par ces caractères que l'art s'élève en dignité au-dessus de l'industrie. Mais l'industrie n'en est pas pour cela tout à fait dépourvue. Quoiqu'elle ait pour fin directe la simple utilité matérielle, pour unique mobile apparent l'intérêt mercantile, elle obéit secrètement à des impulsions et à des lois plus nobles et plus relevées. L'immensité même de son développement dans ce siècle, la prodigieuse activité qu'elle déploie, ne sauraient avoir pour cause et pour terme les vulgaires instincts et les satisfactions grossières d'un ignoble matérialisme. C'est pour l'esprit et par l'esprit que s'accomplissent les grands mouvements de l'humanité. Le gigantesque spectacle industriel qui va commencer est autre chose qu'une mesquine et misérable guerre d'intérêts marchands. C'est un concours d'émulation dans lequel les nationalités viennent, comme dans un tournoi, faire preuve d'adresse, de force, d'intelligence, et prendre la part d'applaudissements que le siècle accorde aujourd'hui aux virtuoses de l'industrie, comme il les accordait jadis, dans les jeux d'Olympie, aux coureurs, aux athlètes, aux joueurs de lyre et aux poëtes. La puissance et la gloire sont toujours les mobiles des grandes démarches des peuples et des individus, et, à l'honneur de l'humanité, c'est toujours pour une simple couronne, dans ce monde ou dans l'autre, que les hommes se meuvent et se précipitent.

« L'art, néanmoins, conserve son droit de préséance. Quoi qu'on en puisse dire, quelles que soient les apparences, le temps est encore loin où les hommes confondront dans une admiration commune un tournebroche perfectionné et un beau tableau, et mettront sur le même autel Raphaël et Bréguet. Ce temps, espérons-le, ne viendra jamais. L'art peut se passer de l'industrie, mais non l'industrie de l'art; c'est à l'intervention de l'art que ses produits doivent leur popularité, et, si l'on y regarde bien, on s'assura que, dans le plus grand nombre, ce sont les qualités esthétiques qui en font le prix. Que serait une étoffe de soie de Lyon, réduite aux propriétés toutes matérielles de la force, de la souplesse, de la douceur du tissu? On s'en servirait utilement, mais on ne l'admirerait point. Ce sont les couleurs brillantes, les dessins ingénieux dont elle est parée qui attirent et charment. Un vase de Sèvres dépouillé des qualités purement spirituelles de forme, de proportion, de coloration, sert tout aussi bien à son usage, mais il n'est plus que la triviale calebasse que le sauvage trouve sur son chemin et qu'il jette après avoir bu. Le sentiment de l'art doit intervenir dans la fabrication du plus vulgaire ustensile, et y marquer sa présence. L'art est ainsi presque inséparable de l'industrie, dont il spiritualise et ennoblit les produits.

« L'art et l'industrie ne sont donc pas deux puissances essentiellement ennemies, comme on l'entend quelquefois dire. On les voit, dans l'histoire briller souvent ensemble, comme à Florence, à Venise aux XV^e^ et XVI^e^ siècles, dans les Pays-Bas au XVII^e^. Si l'art décline dans les temps modernes, ce n'est pas l'industrie qui l'étouffe. Cet allanguissement tient à d'autres causes et date de plus loin. L'art reste dans les conditions de sa vie propre, telle que la lui ont faite les lois générales du développement de l'esprit humain. A tout prendre, il fait encore une figure assez bonne. Sa part, dans l'Exposition universelle, est numériquement très-imposante. Les nations n'ont pas attaché moins d'importance à l'envoi de leurs peintures qu'à celles de leurs métiers et de leurs tissus. La Prusse est toute aussi fière, et à bon droit, de son Cornélius et de son Rauch, que de n'importe quel de ses fabricants d'instruments de musique et de lames de fleuret, et l'Angleterre même paraît faire autant de cas de ses aquarelles que de ses cotonnades et de ses rasoirs. De notre côté, les prétentions ne sont, certes, pas moindres. Tout annonce donc que l'art jouera le rôle le plus brillant aux Champs-Elysées et maintiendra sa prééminence légitime dans la hiérarchie des facultés et des œuvres de l'esprit humain. »

L'*Ami des sciences* signerait cette page-là des deux mains. Il dirait autrement, sans doute (hélas!), mais il pense de même.

**Les Chemins de fer sont les premiers linéaments d'une société nouvelle.**

« Les chemins de fer sont le premier linéament d'une organisation nouvelle de la société. » Ainsi s'exprime, dans la *Presse*, M. A. Darimon, rendant compte du dernier livre de M. P.-J. Proudhon, que l'anonyme ne couvre pas. Cette pensée formait le sujet de l'article publié dans le 13e numéro de l'*Ami des sciences* sous ce titre Reconstruction sociale; seulement nous ne considérions que le côté matériel de la question, le seul qu'il nous soit permis de traiter. L'auteur de l'article et celui du livre s'attachent au côté économique :

« Avec ces instruments d'une puissance si formidable, le travail ne cesse pas, dit M. A. Damiron, il augmente, au contraire; mais la nécessité du *groupe*, ou, comme on dit, de l'*association*, devient de plus en plus grande. Pour que la machine rende toute l'utilité dont elle est susceptible, il faut qu'un immense travail l'alimente; à cause de cela, il est nécessaire que les intérêts s'unissent autour d'elle, que les individus la prennent pour centre de leur action.

« Or, le groupe constitué autour du chemin de fer, il est inévitable que le reste des institutions sociales se moule sur celle-là, que tout devienne groupe à son tour. C'est, en effet, le spectacle de transformation que nous présente la société actuelle. Tout se fusionne, tout se centralise; tous, autant que nous sommes, nous faisons déjà partie d'une foule de groupes en voie d'éclosion. »

Mais nous ne pouvons le suivre plus longtemps dans cette direction. Il cite ensuite l'extrait suivant du livre *des améliorations* :

« Avec la rapidité des chemins de fer, la régularité et la précision de leur service; avec la réforme sociale qu'ils déterminent, l'impulsion qu'ils donnent à l'agriculture et à l'industrie, l'entassement des populations dans les grandes villes n'a plus de raison, et la dissémination des masses, en même temps que leur reclassement, commence. Nous ne voulons pas dire, pour cela, que les vieilles cités doivent disparaître, et qu'il faille songer à les démolir... Nous disons seulement que, sous le régime de célérité, de bon marché et de garantie dont les chemins de fer sont les énergiques agents, l'importance politique que les villes avaient acquise depuis la fin du moyen-âge doit singulièrement se réduire, et, passant aux nouveaux groupes agricoles et industriels, profiter d'autant à la population des campagnes. »

C'est là une thèse que nous avons à plusieurs reprises, depuis quatre années, développée dans la *Presse*, et nous l'avons traitée ici même dans l'article déjà cité. Le chemin de fer, premier organe d'une société à base scientifique, amènera une répartition nouvelle de la population, et cette distribution nouvelle de la population fournira l'occasion de reconstituer, selon les principes de la science, l'atelier, la ferme et la maison.

---

## SOUSCRIPTION

## EN FAVEUR DE LA FAMILLE DE JOSEPH REMY.

Nous avons dit qu'une Société régionale d'acclimatation s'est formée à Nancy dans les derniers jours de février; elle s'est mise aussitôt en relation avec les associations scientifiques et agricoles du nord-est de la France, et déjà elle compte un grand nombre de membres fondateurs. M. Haxo, qui n'a pas été le dernier à répondre à son appel, lui a dès sa première séance adressé en faveur de la famille de l'illustre pêcheur une demande semblable à celle qui a été accueillie avec tant de faveur par la Société zoologigne. A titre d'illustration lorraine, le nom de Remy ne pouvait manquer d'éveiller, d'une façon toute particulière, les sympathies de la nouvelle Société; celle-ci a répondu au chaleureux appel qui lui était fait, en décidant qu'une souscription est ouverte dans toutes les régions du nord-ouest. — Une résolution analogue va être prise, dit-on, par la Société d'acclimatation de Grenoble. — Depuis la publication de notre 5e liste, nous avons reçu : de M. le docteur Coymès, à Pamiers, 5 fr.; de M. Canat, 3 fr.

## LA SEMAINE SCIENTIFIQUE.

PRÉPARATION DU SILICIUM. — Des échantillons de silicium obtenu en quantité beaucoup plus grande qu'on ne l'avait pu faire jusqu'à présent, ont été présentés, au nom de M. H. Sainte-Claire Deville, à l'Académie des sciences. M. Deville a obtenu jusqu'à 30,40 et même 100 grammes de ce métal. Il lui a reconnu des propriétés très-intéressantes que nous énumererons après avoir dit le mode de préparation.

C'est au moyen de la réaction du chlorure de silicium sur le sodium, dans les appareils décrits dans son mémoire sur l'aluminium, et par des procédés identiques à ceux qui servent à l'extraction de ce dernier corps, que M. Deville est parvenu aux résultats que nous venons d'annoncer.

Quand on traite dans une nacelle et dans un tube de porcelaine chauffés au rouge le sodium par le chlorure ou le fluorure de silicium, on peut détruire les dernières traces du métal et il suffit alors de laver le résidu pour obtenir le silicium avec tous les caractères que lui assigne Berzelius; mais, si l'on choisit dans la masse les portions qui n'adhèrent pas à la nacelle, si on les introduit dans un creuset en les entourant et en les recouvrant de sel marin pur et fondu, et si l'on chauffe à une température très-élevée, suffisante pour volatiliser la plus grande partie du chlorure alcalin, on trouve deux sortes de produits qui varient suivant la température et la nature du fondant. — On peut d'abord reproduire le silicium graphitoïde que l'auteur de ces recherches a déjà décrit et que fournit également la fonte d'aluminium. On obtient aussi le silicium fondu au milieu d'une gangue qui résiste à l'action du feu; souvent alors il est cristallisé.

Le silicium cristallisé a pour la couleur beaucoup d'analogie avec le fer oligiste un peu irisé; sa forme n'est pas susceptible de mesures précises, parce que les faces des cristaux sont toujours courbes; mais cette forme ressemble tellement à celle du diamant, que ce rapprochement a été fait tout d'abord par tous les minéralogistes qui ont pu le voir. Le cristal un peu volumineux qui a été mis sous les yeux des membres de l'Académie par M. Dumas, présenterait, dans l'hypothèse qu'il dépend du système régulier, six des faces du solide à quarante-huit faces qui est une des formes du diamant. A cet état le silicium coupe le verre. L'analyse des cristaux qui accompagnaient l'échantillon dont il est question a fourni les résultats suivants : 100 de silicium ont donné 205 de silice, et le calcul exigeait 209. La petite quantité de matière qui manquait contenait encore de la silice et du fer. Les impuretés étaient donc négligeables.

Ainsi, le silicium, comme le charbon à côté duquel on l'a placé dans la série des métalloïdes, est susceptible de trois formes distinctes : le silicium de Berzelius, qui représente le charbon ordinaire, le silicium graphitoïde, qui correspond au graphite et s'obtient dans les mêmes circonstances que le graphite artificiel, enfin le silicium cristallisé, qui est l'analogue du diamant.

M. Deville a présenté à l'Académie, du silicium fondu extrait de gangues diverses : il ne peut pourtant encore rien préciser, ni sur la température qui est nécessaire à cette fusion, ni sur le mode de préparation qu'il convient d'adopter; il avertit seulement que le silicium prend le fer partout où il existe, même dans les vases de porcelaine qu'il corrode d'une manière singulière.

Le silicium s'allie aux métaux, et particulièrement au cuivre, auquel il communique une dureté telle qu'il résiste à l'action de la lime; cet alliage est une sorte d'*acier du cuivre*.

PRÉPARATION DU TITANE. — Ce métal obtenu par le même chimiste et par des procédés semblables à ceux qui viennent d'être décrits, et calciné dans des creusets d'alumine, est une matière infusible à une température où le platine fondu entre en vapeur; il ressemble à du fer oligiste très-fortement irisé et cristallise en prismes à base carrée.

M. Deville annonce une prochaine communication sur le bore et le zirconium.

ACTION PHYSIOLOGIQUE DE L'ACIDE CARBONIQUE. — Nous parlions, dans l'avant-dernier numéro, d'après M. le docteur Herpin, des établissements existant en Allemagne où l'on administre ce gaz sous forme de bains, de douches, etc... M. Boussingault a depuis entretenu l'Académie d'observations qu'il a eu occasion de faire pendant son voyage dans l'Amérique méridionale, sur l'impression de chaleur que l'on éprouve quand on entre dans un atmosphère, contenant de notables proportions d'acide carbonique. Voici l'une de ces observations : Parcourant les Andes, il descendit dans une soufrière dont l'air contenait 95 p. 100 d'acide carbonique; il n'y avait pas traces d'acide sulfhydrique. Or, il y éprouva une telle impression de chaleur accompagnée de suffocation, de picotement dans les yeux, coloration de la face, transpiration, que la température du lieu lui parut être d'environ 40° centig. Aussi son étonnement fut-il grand quand il reconnut qu'elle était seulement de 19°,5. L'air extérieur était à 22°; il faisait par conséquent moins chaud dans la soufrière qu'au dehors. M. Boussingault a eu plusieurs fois l'occasion d'observer le même effet. Le contact d'une atmosphère de gaz acide carbonique produit donc sur la peau une impression de chaleur très-élevée. — L'auteur ajoute que les ouvriers qui travaillent constamment dans ces conditions éprouvent un notable affaiblissement de la vue et sont même quelquefois atteints de cécité.

POUVOIR FULMINANT DU SILICIUM A L'ÉTAT D'ÉPONGE MÉTALLIQUE. — Rien jusqu'à présent n'avait pu faire supposer que les métaux deviennent explosifs sous l'influence d'une grande pression ou de la percussion; c'est cependant ce qui, au dire d'un habile expérimentateur, M. Chenot, arrive au silicium. Laissons-le parler :

« Moins de 3 grammes de *silicium à l'état d'éponge*, à une pression équivalente à environ 300 atmosphères, ont détonné avec ce bruit particulier aux fulminates, avec ce mode d'action dans lequel l'effet se produit de haut en bas, avec une puissance qui ne peut être comparée qu'à celle de la foudre.

« La détonation épouvantable, stridente et sèche qui se fit, ne causa heureusement aucun accident parmi une quinzaine de personnes qui étaient autour de la presse. Nous restâmes un instant stupéfiés, comme si le tonnerre était tombé au milieu de nous. Nous reconnûmes, après nous être remis un instant, que toutes les pièces inférieures à l'éponge comprimée avaient été brisées d'une manière particulière qu'on ne peut désigner que par le mot *foudroiement*; que des éclats d'acier de la matrice étaient entrés dans la fonte à plusieurs millimètres de profondeur; qu'enfin, le corps de la presse hydraulique, qui était de 20 centimètres d'épaisseur, avait éclaté, bien que la soupape de sûreté fût libre, ce qui indique combien le choc avait été instantané et violent. Aucune des pièces supérieures au métal comprimé n'avait souffert; le cercle en fer qui maintenait le métal soumis à la pression a été coupé en deux points sans être déformé, absolument comme si un projectile très-rapide et très-dur l'avait atteint en ces deux points. Sur ces deux coupures, on remarque la trace d'une fumée noire, seul vestige du métal comprimé.

L'OXYGÈNE A L'ÉTAT NAISSANT. — Nous avons dit dans le précédent numéro, d'après M. Houzeau, que l'oxygène provenant de la décomposition du bi-oxyde de barium par l'acide sulfurique diffère, par ses propriétés, de l'oxygène ordinaire, de celui qu'on obtient par la décomposition de l'eau et que, par son activité, par l'exagération de ses propriétés oxydantes, il se montre analogue à l'ozone. Ce sujet est un des plus intéressants de la chimie et vaut qu'on y revienne. (Voir notre article sur l'ozone, nº 10, de l'*Ami des sciences*.)

M. Houzeau se sert d'un ballon tubulé, dont le goulot le plus étroit porte un tube abducteur se rendant sous une éprouvette remplie d'eau; l'acide sulfurique étant versé d'abord, on y projette le bi-oxyde de barium en petits fragments, et on ferme rapidement le ballon avec un bouchon de liége. Le dégagement de gaz ne se fait pas attendre, et comme il est d'autant plus accéléré que le mélange acide s'échauffe plus fortement, on favorise la réaction en plongeant le ballon dans un bain-marie chauffé de 50 à 60 degrés. On le modère au moyen de l'eau froide.

« L'oxygène naissant est, dit l'auteur, un gaz incolore, possédant une forte odeur; il doit être respiré avec prudence, car indroduit dans l'économie en trop grande quantité, il donne lien à des nausées qui peuvent être suivies de vomissements. Aussi son odeur, qui n'a d'abord rien de repoussant, devient-elle insupportable quand on l'a sentie un grand nombre de fois. Sa saveur rappelle un peu celle du homard. »

Le tableau suivant permettra de saisir les différences remarquables existant entre l'oxygène naissant et l'oxygène ordinaire.

| *Propriétés générales de l'oxygène ordinaire à l'état libre et à la température de + 15°.* | *Propriétés générales de l'oxygène naissant à l'état libre et à la température de + 15°.* |
| --- | --- |
| Gaz incolore, inodore, insipide. | Gaz incolore, très-odorant, ayant la saveur du homard. |
| Sans action rapide sur le tournesol bleu. | Décolore avec rapidité le tournesol bleu. |
| N'oxyde pas l'argent. | Oxyde l'argent. |
| Sans action sur l'ammoniaque. | Brûle spontanément l'ammoniaque et le transforme en nitrate. |
| Sans action sur le gaz hydrogène phosphoré. | Brûle instantanément l'hydrogène phosphoré avec émission de lumière. |
| Ne décompose pas l'iodure de potassium. | Agit rapidement sur l'iodure de potassium et met l'iode en liberté. |
| Ne réagit pas sur l'acide chlorhydrique. | Décompose l'acide chlorhydrique et met le chlore en liberté. |
| Est un oxydant faible. | Est un agent puissant d'oxydation et un chlorurant énergique. |
| Très-stable à toutes les températures. | Stable à + 15°, est détruit vers 75°. |

M. Houzeau promet de comparer dans un second mémoire l'oxygène naissant à l'ozone.

EMPLOI DU CHARBON COMME DÉSINFECTANT. — On va souvent chercher bien loin ce qu'on a sous la main. C'est ainsi que lorsqu'il s'agit de désinfecter un local, on s'empresse de recourir au chlorure de chaux, tandis qu'à moindre frais le charbon végétal procurerait beaucoup plus sûrement et plus commodément le même avantage. C'est ce que M. Basfort entreprend de démontrer dans un journal anglais de médecine, *The Lancet*, et il cite à l'appui les expériences les plus concluantes; il est parvenu à désinfecter en dix minutes des salles de dissection, des lieux d'aisances, des chambres de malades infectées par des miasmes gangreneux ou putrides. A la vérité, pour que le charbon végétal jouisse à un degré énergique de cette précieuse propriété, il est nécessaire de lui faire subir une préparation, mais elle est des plus simples comme on va voir. Il faut faire chauffer le charbon dans un vase clos, sauf une très-petite ouverture suffisante pour laisser échapper les gaz, mais non pour permettre la combustion, après quoi on laisse refroidir. (Le charbon s'enflammerait si on ouvrait trop tôt le creuset). On peut alors s'en servir pour l'usage indiqué. Le même charbon peut être employé indéfiniment, pourvu, toutefois, qu'on ait soin de le faire chauffer toutes les 24 ou 48 heures afin d'en chasser les gaz qu'il a absorbés. Cette dernière opération se fait dans une cheminée ordinaire. L'appareil à employer consiste simplement en un creuset de terre dont le couvercle est percé d'un très-petit trou. — On voit que ce mode de désinfection est des plus économiques, et à la portée du pauvre comme à celle du riche; c'est rendre service à tout le monde que de le signaler.

LE GRANIT DE BOMARSUND. — Un échantillon du granit qui a servi à la construction de la forteresse de Bomarsund a été analysé par MM. Malaguti et Durocher, et ce qui donne un intérêt pratique et actuel à cette analyse, c'est que, la roche sur laquelle elle porte, entre pour une part considérable dans les constructions du port militaire de Cronstadt. Ce granit est rouge à très-grandes parties; le feldspath en est l'élément le plus abondant. Le mica y est rare; outre ces deux substances et le quartz qui les accompagne, le granit de Bomarsund contient un minéral rare qui permet d'en déterminer l'âge : c'est la *gadolinite* (silicate d'yttria et d'oxyde de cerium). Le granit de Bomarsund est donc l'équivalent du granit à grandes parties, qui joue un rôle si important dans la géologie du nord de l'Europe; il est antérieur à l'époque silurienne et postérieur aux amas de fer oxydulé du nord de l'Europe.

Ce granit donne lieu à de grandes exploitations sur la côte septentrionale du golfe de Finlande; il fournit des pierres d'un volume et d'une beauté remarquables; c'est lui qui forme les monolithes de Saint-Pétersbourg. Son aspect est fort agréable, mais il laisse beaucoup à désirer sous d'autres rapports. On sait combien peu il résiste au choc des projectiles; employé comme pierre de foyer, il se disloque et se délite rapidement; il ne paraît guère mieux résister aux agents atmosphériques qu'à l'artillerie. On voit dans le sud-est de la Finlande de véritables montagnes de ce *rapakivi* (c'est le nom que les Finlandais lui donnent) dont la masse s'est changée en un amas de sable. Enfin, on remarque déjà des fissures dans la célèbre colonne Alexandrine à Saint-Pétersbourg.

Les Russes n'avouent pas cette dégradation du fameux monolithe, « en Russie, rien de ce qui appartient au gouvernement ne doit avoir de défaut, » dit à ce sujet, l'auteur des *Révélations sur la Russie*, lequel raconte que la vanité impériale s'étant émue des bruits injurieux qui couraient sur le compte de la colonne, que de mauvaises langues prétendaient affectée d'une crevasse profonde; un comité d'amiraux, de généraux et de conseillers d'état fut chargé « de vérifier, en montant au sommet de la colonne par un échafaudage, l'existence de cette prétendue crevasse qui frappait tous les yeux de Saint-Pétersbourg. Il est difficile, ajoute-t-il, de savoir si les commissaires voulurent tromper l'empereur par un rapport conforme à ses secrets désirs, car, c'est une tâche peu gracieuse que d'avoir à troubler l'esprit d'un souverain, ou seulement s'ils eurent mission d'abuser le public; mais il s'accordèrent unanimement à déclarer que c'était une erreur d'optique occasionnée par un défaut de poli... On avait entendu l'un d'eux avouer qu'avant l'érection du monument il avait mis le doigt dans la crevasse! »

MYSTÉRIEUSES EMPREINTES GÉOLOGIQUES. — Dans le département de l'Orne, près d'Argentan, au lieu dit les Vaux-d'Aubin, il existe une roche de grès à la surface de laquelle se montrent des empreintes en creux, aux arêtes très-vives, les unes ellyptiques et de 22 à 24 centimètres de diamètre, de 5 à 6 centimètres de profondeur, les autres plus petites et arrondies. Les gens du pays désignent les premières sous le nom de *pas de bœuf;* les secondes sont *les bouts de la canne de la calotte rouge.* Des empreintes semblables, mais moins bien venues, existent à Vignats, près Falaise. Depuis longtemps les unes et les autres ont été signalées à l'attention des naturalistes. M. Eudes Deslongchamps est allé les visiter, et il pourrait bien avoir trouvé le mot de l'énigme. Selon lui, les bœufs ni aucun quadrupède n'y seraient pour rien; elles seraient dues à des animaux mous tels que des *actinies*, des *ascidies*, etc.

« On peut supposer, dit-il, que lorsque ces animaux *problématiques* se sont fixés sur le fond, ce fond pouvait avoir acquis une solidité suffisante pour qu'ils pussent s'y maintenir; qu'après leur fixation, il se faisait constamment, quotidiennement, de nouveaux dépôts, d'abord mous et sablonneux, mais acquérant successivement de la solidité. L'animal, par le mouvement de quelques-uns de ses organes, débarrassait son corps des dépôts journaliers qui *restaient* à ses côtés; ils se faisaient ainsi peu à peu une sorte de *souille*, qu'on me passe cette expression, moulée sur les côtés peu mobiles de l'animal. Après la mort de celui-ci et la désagrégation de ses parties, la souille, solidifiée, est devenue l'empreinte actuelle, laquelle s'est remplie quand les matériaux du banc immédiatement supérieur ont commencé à se déposer. »

L'animal de la spirule. — Il est un mollusque dont on n'avait pu jusqu'ici se procurer que la coquille vide, bien que l'état de cette enveloppe testacée prouvât que l'animal faisait partie de la faune actuelle. M. Deplanche, chirurgien-major de l'aviso à vapeur de l'État *le Rapide*, en station à Cayenne, a eu le bonheur dans sa traversée d'Europe en Amérique, de trouver ce que vainement avant lui tant de zoologistes voyageurs ont cherché. Dans les moments où son navire ne marchait pas très-rapidement, il agençait un petit filet au moyen duquel il recueillait des crustacés, des zoophites et des mollusques nageant à la surface de la mer. Parmi ceux-ci s'est trouvé une fois la spirule avec son animal bien entier; le tout a été mis dans l'alcool et sera expédié à M. E. Deslongchamps, de sorte qu'on saura bientôt à quoi s'en tenir sur l'organisation de cet animal si habile à fuir les regards des naturalistes.

Gites de nickel dans le département de l'Isère. — En fait de gîtes de nickel, on ne connaissait dans le département de l'Isère que celui de Chalanches, au-dessus d'Allemont. M. E. Gueymard en a découvert trois autres dans l'arrondissement de Grenoble.

1° Nickel arséniate de la Salle en Beaumont, canton de Corps; il se trouve associé au zinc. Le minerai a fourni 23 p. 100 d'oxyde de nickel, ce qui est une belle richesse.

2° Nickel arséniate de la Motte-les-Bains. En 1852, deux ouvriers découvrent un gîte d'or natif à quelques mètres du château de la Motte-les-Bains; il fut exploité par eux et par M. de Cesteau; il produisit des échantillons d'une grande richesse. La gange d'un gris verdâtre qui renfermait l'or s'est trouvée être de l'arséniate de nickel à la dose de 13,74 p. 100 d'oxyde de nickel.

3° Sulfo-antimoniure de nickel du Valbournais, canton de Corps. C'est la première fois que ce minerai est rencontré dans l'Isère.

La gymnastique respiratoire. — Dans une note sur la brièveté de la respiration des chanteurs et sur les moyens qu'il emploie avec succès pour y remédier, M. Marchal de Calvi se livre à des considérations générales sur l'utilité des exercices qui ont pour effet d'agrandir le champ de la respiration. Nous adhérons à ses remarques sur ce point, et nous croyons très-utile de les reproduire; les voici :

« Il est, dit-il, une remarque hygiénique que je veux consigner ici, parce qu'elle a rapport au perfectionnement de l'espèce et que la conséquence pratique qui en découle peut avoir une part notable à ce grand résultat. La vie sociale, qui va réduisant de plus en plus l'emploi des forces physiques de l'homme, tend aussi à le rendre de plus en plus abdominal. Un des principaux objets de l'hygiéniste doit être de combattre cette tendance déplorable, et de multiplier dans l'espèce le type thoracique ou montagnard. C'est à quoi concourront merveilleusement tous les exercices qui ont pour effet d'agrandir le champ de la respiration. Il résulte de cet agrandissement et du maximum d'hématose qui en est la suite nécessaire, une activité, une énergie nouvelle de toutes les fonctions. Plus de respiration, plus de charbon brûlé, plus de chaleur, plus de transpiration, plus d'activité dans la décomposition, moins de vieux matériaux dans l'économie, plus de jeunesse et plus de force partout. Un effet mécanique des exercices respiratoires, c'est, dès les premiers moments, l'expulsion des gaz accumulés dans l'estomac par suite du travail digestif, presque toujours excessif dans notre genre de vie. Les habitants des villes, en général, les femmes surtout, j'entends dire les femmes du monde, ne respirent pas et ne transpirent pas assez. Aussi que de maladies de la peau, que de douleurs névralgiques, musculaires, articulaires, se rattachant, selon moi, à une diathèse acide, sont le partage de ces personnes tristement privilégiées, qui vivent dans l'oubli des besoins les plus impérieux de leur être physique, imprégnées sous une couche de fard, de matériaux vicieux auxquels leur nonchalance ferme toute issue! »

Le biscuit viande préparé par M. Calamand a été l'objet d'un rapport sur lequel nous reviendrons dans le prochain numéro.

La discussion continue entre MM. Coste et de Quatrefages sur l'origine des monstruosités doubles chez les poissons. Nous la résumerons.

---

## NOUVELLES ET CAUSERIES.

*Une élection au Collége de France, ou l'eau va toujours à la rivière. — Cours d'ichthiologie. — Empoissonnement du bois de Boulogne; réclame incomplète. — Gisements de guano; pauvreté n'est qu'ignorance. — Desséchement des marais. — Exposition photographique.*

⁂ On lisait cette semaine dans les journaux :

« Hier, le Collége de France s'est réuni pour présenter deux candidats à la chaire d'histoire naturelle des corps organisés, fondée autrefois pour Cuvier, et occupée en dernier lieu par M. Duvernoy. M. Flourens, de l'Institut, a été présenté au premier rang, et M. Valenciennes, de l'Institut, au second rang. M. Quatrefages, de l'Institut, a obtenu une voix au premier tour et quatre voix au second. »

MM. Flourens et Valenciennes, préférés tous deux à M. Quatrefages, sont déjà l'un et l'autre professeurs au Muséum d'histoire naturelle; M. Quatrefages ne l'est nulle part!

⁂ Le vénérable M. Dumeril vient d'ouvrir, par l'intermédiaire de son fils, M. le docteur Auguste Dumeril, son cours d'ichthyologie au Muséum d'histoire naturelle. Au bas de l'affiche qui annonce ce cours, nous lisons:

« Les premières séances seront consacrées à l'étude de divers modes d'utilité des poissons, à des considérations générales sur les pêches et à l'exposition des principaux faits relatifs à la pisciculture. »

Qu'on remonte à trois ou quatre années en arrière et il n'est pas une seule annonce de cours où l'on trouve une mention de ce genre; le mouvement d'application emporte aujourd'hui les naturalistes, à l'égal avantage — tout le monde ne le voit pas encore — de la philosophie naturelle et de la production agricole; il emporte même les plus récalcitrants. — Nous aurons à cet égard une curieuse histoire à raconter. Les naturalistes ont enfin reconnu qu'ils peuvent être utiles et ils aspirent à le devenir.

⁂ Les grands journaux disent :

« L'empoissonnement des eaux du bois de Boulogne, par les procédés artificiels, est un fait accompli. Cinquante mille saumons, truites communes, grandes truites des lacs, ombres-chevaliers, éclos au Collége de France, sont déjà dans le bassin supérieur. On les voit venir sur le bord, jouer au soleil quand la surface est calme, et donner la chasse aux petits insectes avec une activité qui est de bon augure pour le succès définitif de cet intéressant essai. L'opération sera continuée à mesure que l'alevin du Collége de France aura pris assez de développement pour être mis en liberté. »

Le tableau est charmant, il n'y manque qu'une chose. M. Coste (à supposer qu'il soit l'auteur de la réclame) (1) oublie de nous dire à combien nous reviennent les œufs fécondés à Huningue, éclos au Collége de France, puis déposés dans les eaux du bois de Boulogne.

Lorsqu'au mois de mars 1849 une lettre de M. Haxo apprit à l'Académie des Sciences et au monde qu'un ignorant pêcheur, faisant la besogne des naturalistes, venait de doter la France d'une industrie nouvelle, ce pêcheur, Remy, était déjà en mesure « d'offrir aux amateurs cinq à six millions de truites depuis l'âge d'un an jusqu'à trois » (lettre de M. Haxo). Et pour produire ces résultats vraiment pratiques, combien en avait-il coûté au budget? rien.

C'est qu'en effet s'il est une industrie qui puisse se passer du concours financier de l'Etat, c'est la pisciculture, laquelle, pour réussir, ne demande pas de vastes établissements comme celui d'Huningue, mais les exclut au contraire et n'a besoin que de petites piscines disséminées sur tout le territoire, dont l'établissement ne dépasse point les ressources de l'industrie privée.

*** Les découvertes de gisement de guano vont se multipliant de plus en plus. L'une des îles Galapagos (îles situées dans l'Océan Pacifique, à peu de distance de Guyaquil), en contient un dépôt évalué, dit-on, à 34,000,000 mètres cubes. Trouvaille du même genre vient d'être faites à l'île des Oiseaux, dans l'Océan Atlantique; — idem, aux îles d'Aves dans la mer des Antilles; celui-ci en contiendrait 200,000 tonneaux. Enfin des dépôts de fiente d'oiseaux viennent également d'être reconnus en différents points de la Sardaigne. — Reconnaissons-le: notre misère n'est qu'ignorance.

*** Dans l'ouest de la Mitidja s'étend un lac, dernier vestige d'une mer intérieure antédiluvienne, le lac de Kalloua qui déborde chaque année, et, pendant les fortes chaleurs, répand dans l'air le principe des fièvres. Une note de M. H. Aucapitaine nous apprend que par la suppression de ce lac on va du même coup assainir cette fertile contrée et rendre près de 400 hectares à la culture. C'est au moyen du colmatage que ce beau résultat sera atteint, et on compte l'obtenir en six années : exemple à suivre.

Exposition photographique. — La Société française de photographie, présidée par M. Regnault, de l'Institut, ouvrira, le 1er juin, dans ses salons de la rue Drouot, 11, une exposition publique d'œuvres, d'appareils et de produits appartenant à toutes les branches de l'art photogrophiqne.

MM. les artistes, amateurs et fabricants français et étrangers, sont priés de faire leurs envois avant le 20 mai, selon les réglements insérés dans le bulletin mensuel de la Société.

Toutes les demandes concernant la Société, son bulletin et l'exposition, doivent être adressées *franco*, rue Drouot, 11, au secrétariat qui est ouvert tous les jours de 10 h. à 5 h.

## BULLETIN BIBLIOGRAPHIQUE.

Nous avons reçu les ouvrages suivants dont nous rendrons compte autant que l'espace et le temps nous le permettront. Nous continuerons d'annoncer sous cette forme les livres nouveaux qui nous parviendront.

— Leçons de chimie élémentaire appliquées aux arts industriels et faites aux ouvriers du XIIe arrondissement ; par M. Doré fils, ex-préparateur de chimie à l'École polytechnique. 1 vol. in-8°, orné de 46 fig. dans le texte. Chez Carillian-Gœury et Victor Dalmont.

— De l'assistance sociale; ce qu'elle a été, ce qu'elle est, ce qu'elle devrait être; par M. Hubert-Valleroux, docteur en médecine. 1 vol. in-8°. Chez Guillaumin et Cie.

— Le monde des oiseaux, ornithologie passionnelle; par A. Toussenel, auteur des *Juifs rois de l'époque;* deuxième partie. 1 vol. in-8°, 6 fr.; à la librairie phalanstérienne.

— L'Alchimie et les alchimistes, ou essai historique et critique sur la philosophie hermétique; par Louis Figuier, docteur ès-sciences. 1 vol. form. anglais ; chez Victor Lecou.

— Essai sur la philosophie naturelle, principes généraux de l'astronomie, de la physique, de la chimie, de la physiologie. — Des bases de l'ordre moral; par Joseph Morand, ancien professeur au lycée de Tours. 1 vol. form. anglais ; à la librairie protestante de Grassart.

— Conversations et poésie extra naturelles obtenues par une planchette à crayon et recueillies par P. F. Mathieu. Broch. in-8°; chez Jules Laisné.

— Les Révolutions du temps, synthèse prophétique du XIXe siècle, par A. Morin, auteur de *Comment l'esprit vient aux tables*, et rédacteur de la *Magie au XIXe siècle*. 1 vol. form. anglais ; chez E. Dentu. Prix : 3 fr.

— Recherches naturelles, chimiques et physiologiques sur le curare, poison des flèches des sauvages américains ; par Alvaro Reynoso. Broch. in-8° ; chez Victor Masson.

— Mémoire sur l'opium indigène ; par C. Decharmes, professeur de sciences physiques et naturelles au lycée impérial d'Amiens, chancelier de l'Académie. Broch. in-8° avec planches ; Amiens, imprimerie de Duval et Herment.

— Éclairage ; note sur les principes et les procédés fondamentaux de l'éclairage, suivie de l'exposé d'un ensemble d'inventions propres à améliorer beaucoup presque tous les appareils connus, depuis le plus simple et le plus faible, la veilleuse, jusqu'au plus complexe et au plus puissant, le phare ; par Berthault-Ducreux, ingénieur en chef des ponts-et-chaussées en retraite. Broch. in-8° avec planches ; chez Carillian-Gœury et Victor Dalmont.

— Études sur les chaussées empierrées ; manuel d'entretien de ces chaussées à l'usage des ingénieurs, conducteurs, agents-voyers, architectes, etc. ; par M. F. Vallès, ingénieur en chef de ponts-et-chaussées. 1 vol. in-8° ; chez Victor Dalmont.

— Traité de photographie sur collodion ; par D. Van Monckhoven. Broch. in-8° ; chez A. Gaudin et frère.

— Physiologie des substances alimentaires, ou histoire physique, chimique, hygiénique et poétique des aliments, avec leur étymologie grecque, celtique, latine, et leurs dénominations en langue allemande, anglaise, espagnole et italienne; par Stanislas Martin, pharmacien de l'école spéciale de pharmacie de Paris. 1 vol. form. anglais ; chez l'auteur, rue des Jeûneurs, 14.

— Aide-mémoire général et alphabétique des ingénieurs, par G. Tom Richard, ingénieur. 3 forts vol. in-8°, dont un de planches. A la librairie de Dumaine.

— Méthode de chimie, par Auguste Laurent. 1 vol in-8° ; chez Mallet-Bachelier.

— Nouvelle école électro-chimique, ou chimie des corps pondérables et impondérables, par Emile Martin de Verviers. In-8° par livraisons. Les 2 premières ont paru. Chez Méquignon-Marvis.

*Le propriétaire, rédacteur-gérant :*
Victor MEUNIER.

(1) Si ce n'est toi, c'est donc ton frère !

PARIS. — IMP. J.-B. GROS, RUE DES NOYERS, 74

Première année. — N° 19. Quinze centimes. 13 mai 1855.

# L'AMI DES SCIENCES

PAR

## VICTOR MEUNIER

BUREAUX D'ABONNEMENT :
**13, RUE DU JARDINET, 13.**
Près l'École de Médecine.

**Paraît le dimanche.**
(Les abonnements datent, au gré des souscripteurs, du commencement de l'année ou du premier dimanche de chaque mois).

PRIX DE L'ABONNEMENT POUR L'ANNÉE.
**PARIS, 6 FR. — DÉPARTEMENTS, 8 FR.**
ÉTRANGER, surtaxe en sus.
Envoyer un mandat de poste.



### Préliminaires de la Réforme architecturale.

LES HABITATIONS D'OUVRIERS.

« .... Le sol est refait, disions-nous dernièrement : de nouvelles populations végétales et animales empruntées à toutes les latitudes viennent s'y implanter; l'atelier agricole et l'atelier industriel sont reconstitués; de prodigieux moyens de circulation et de correspondance sont créés. » J'ajoute aujourd'hui : une seule chose dans l'ordre matériel n'a pas encore senti le souffle de cet esprit de renouvellement qui court le monde : c'est l'architecture privée.

A part, en effet, cette étonnante mais éphémère résurrection de l'architecture sauvage dont notre histoire posthume du Quartier Delambre a pu donner une idée, tout le mouvement architectonique de notre époque aboutit d'une part à ce qu'on appelle les logements d'ouvriers, et de l'autre à ces maisons bourgeoises dont les plus parfaits specimens étalent leurs magnificences le long de cette splendide rue de Rivoli.

Or, ces belles maisons sont dépourvues de toutes les commodités que le progrès des sciences nous permet d'introduire dans nos demeures. Ce sont des décors; il ne faut pas les voir à l'envers. Et quant aux maisons d'ouvriers que les philantropes proposent d'élever en des quartiers *ad hoc* (souvenir moyen âge) elles attestent chez leurs auteurs l'ignorance la plus complète des conditions que l'art de construire doit et peut remplir.

Les éléments d'une architecture nouvelle existent cependant. Mais avant d'exposer le système qui a nos sympathies, il convient de motiver nos répugnances. Nous parlerons aujourd'hui des maisons d'ouvriers.

On en construit en Prusse, à Berlin, depuis 1847, et le roi en a mis l'entreprise sous son patronage et sous celui de sa famille. On en construit beaucoup en Belgique ; on en a déjà bâti bon nombre en France dans le nord; on propose d'en élever à Paris; on en fait depuis longtemps en Angleterre; c'est une imitation de l'anglais. Il y en a de deux sortes, les uns calqués sur la chaumière, les autres sur la caserne. Les premières, sortes de cabanes d'oncles Toms blancs, sont décorées en Angleterre du nom de cottages.

Ces logements d'ouvriers ont un tort, celui d'être des *logements d'ouvriers*, c'est-à-dire d'être destinés, dans la pensée des fondateurs, à des hommes voués à des labeurs pénibles, monotones, mal rétribués; dont l'intelligence demeure forcément inculte; qui, gagnant un salaire insuffisant, n'ont que juste de quoi payer le louage de l'emplacement qu'occupe un grabat; qui leur journée faite, n'éprouvent d'autre besoin que celui de se préparer à une nouvelle journée de travail. Or ces infortunés sont dans une situation analogue à celle où, dans les temps géologiques, se trouvèrent une multitude d'êtres vivants, la veille du jour où les milieux leur devenant contraires, leur race allait rendre ses dépouilles au grand tout. L'espèce passera dans la catégorie des choses qui ont été.

Les milieux lui sont hostiles; elle ne s'entend ni avec les idées modernes, ni avec les moyens nouveaux ; cette race intermédiaire par état entre les lettrés et les richards d'une part et le règne animal de l'autre, avant deux générations, elle aura disparu. Je veux dire, on l'entend, qu'elle sera transfigurée. Si donc on tient à bâtir pour elle, ce que nous approuvons fort, que les constructions qu'on lui destine soient élevées en vue de son prochain avenir.

Quand nous disons que l'ouvrier va passer à l'état fossile, nous n'entendons pas que le travail physique sera supprimé. Dieu merci, les sciences expérimentales dont nous sommes l'écho ne font pas de si désagréables prophéties. Elles se bornent à dire ceci :

Le travail, disent-elles, par la voie des innombrables applications auxquelles elles donnent chaque jour naissance, le travail physique qui est oppression, sera liberté. Ce pourvoyeur d'hospices deviendra un moyen prophylactique. Il sera ce que l'ignorance, cette mère commune de tous nos maux, l'a seule empêché d'être jusqu'ici : l'exercice normal et salutaire des forces musculaires de l'homme, une gymnastique. Profitable au corps, il ne le sera pas moins à l'âme et à l'intelligence, dont il favorisera les développements qu'aujourd'hui il empêche.

Ce qui passera au prétérit, c'est donc l'être condamné à perpétuité, sans paix ni trêve, du matin au soir, sa vie durant, aux travaux matériels; dont les mains sont comme un moule d'où sortent perpétuellement, avec une exactitude mécanique, des formes toujours les mêmes; chez lequel tout ce qui n'est pas nécessaire à l'accomplissement de sa tâche monotone, implacable, infime, frappé d'arrêt de développement par défaut de culture, a été supprimé autant que possible, comme dans l'art zootechnique on supprime autant qu'on le peut toutes les parties autres que celles qui se convertissent avantageusement en argent; c'est l'être qui, à l'inverse de l'homme ainsi défini tant bien que mal par Bonald : « L'homme est une intelligence servie par des organes, » est un organe musculaire, un outil organique servi par les débris d'une intelligence rapetissée aux proportions de la fonction automatique que l'organe musculaire doit remplir; c'est l'homme dépossédé des attributs humains, décapité sans effusion de sang, rival impuissant de la mécanique et de la bête, car l'habitude qu'il contracte n'a pas l'infaillibilité de l'instinct, et son habileté n'égale jamais la précision des machines, sans compter qu'il consomme plus qu'elles. (Il est vrai que les mécaniques humaines ont sur les autres l'avantage de ne pas entraîner de dépenses d'achat, et si elles se dérangent facilement, la restauration des rouages reste à leur charge.)

Celui-ci est une machine à piocher, celui-ci est une machine à faucher, celui-ci est une machine à répandre l'engrais, celui-ci est une machine à broyer les mortiers, celui-ci est une machine à scier les pierres ou le bois, celui-ci est une machine à élever les matériaux, celui-ci fait partie d'un appareil hydraulique à l'aide duquel l'eau se rend de la fontaine publique dans notre fontaine particulière, celui-ci est une machine à vidanger, celui-ci est une machine à curer les égoûts, celui-ci est une machine qui balaie mal les ruisseaux fangeux...; le douloureux martyrologe est interminable! Voilà l'être que Dieu, qui est esprit, a fait à sa ressemblance! du fonds de richesses intellectuelles que, comme fils d'Adam, il apporte en naissant, voilà ce qui est resté : la faculté d'imprimer un va-et-vient à une scie, à un balai! *Ecce homo!*

C'est là ce qui cessera ; car il n'est aucun des services qu'on vient d'énumérer qui ne puisse être dès ce moment rempli par des machines.

Pour amener ce jour de délivrance où l'esprit que Dieu a mis en chacun recevra tous les développements que comporte sa nature, de grands travaux préparatoires sont à accomplir; ils dévoreront la génération présente, condamnée sans retour. Elle trouverait sans doute un adoucissement à sa destinée dans la connaissance des choses grandioses qu'elle prépare; dans le sentiment de la solidarité qui la rattache aux générations à venir et que lui démontre amplement la solidarité douloureuse qui la lie au passé dont elle supporte le poids. Mais ces entreprises gigantesques, pour lesquelles il serait si facile d'enthousiasmer les populations, une fois accomplies, veut-on se faire une idée de ce que sera le travail physique? Qu'on compare le jardinage au labourage, on aura une vue de l'avenir. On pourrait même faire choix d'exemples plus avantageux à la thèse qu'on soutient ici. Qu'on suppose établi le système de circulation dont nous avons commencé la description, et qu'on nombre toutes les occupations insalubres, avilissantes, dont l'établissement de ce système entraînera la suppression. Quant à lui, il n'exigera que des travaux d'entretien qu'on saura rendre plus faciles que ne le sont aujourd'hui les travaux analogues. Un travail décroissant correspondra donc à une production de plus en plus grande; de chacune des journées de ceux qui l'accompliront il ne prendra que quelques heures. Et quel ennemi de soi-même se refusera ce fortifiant exercice? Le même homme qui aura cultivé le sol, cultivateur d'idées à son heure, pourra donc donner la plus large part de sa vie à la philosophie, à l'art, à la science, et concourir, comme tout homme doit le faire, au progrès des immortelles sœurs.

Ces habitations ouvrières sont, je l'ai dit, une imitation de l'anglais; elles sont conçues dans la même pensée que les intéressantes colonies qui, en différentes parties de la Grande-Bretagne, et particulièrement aux environs de Londres, ont été fondées au profit de l'enfance. Enfant, vivre au sein de ces colonies; adulte, habiter ces maisons d'ouvriers; c'est l'idéal! Il s'est fait dans ces colonies une multitude d'expériences dont on tirera certainement grand profit quand le moment sera venu de constituer un système scientifique d'éducation populaire. Mais elles pèchent par un côté grave, comme on va le voir. On a voulu arracher de pauvres enfants aux périls de l'oisiveté, à la contagion du mauvais exemple. C'est bien! Mais s'est-on proposé d'en faire des hommes? les développe-t-on intégralement? Non. On a voulu en faire des garçons de charrue, des valets de ferme, des domestiques, des servantes, etc., etc.

Ces enfants sont-ils donc marqués d'un signe auquel on reconnaisse qu'ils ne sont propres qu'à des fonctions serviles? Hélas! Ils sont marqués du sceau de la Misère qui les reçoit dans ses bras au moment de leur naissance. En conséquence, les hommes bienveillants qui ont recueilli ces pauvres créatures ne se sont pas dit: Développons les facultés dont Dieu a mis le germe en ces enfants, car de cette manière seulement peuvent se manifester les vues de la Providence à leur égard. Ils ont pris sur eux de leur assigner une destinée, celle qui leur a paru la plus convenable; de sorte que, dans des intentions très-honorables sans doute, ils se sont fait les complices de l'iniquité du sort! On pense qu'un grand progrès est fait chaque fois qu'on trouve le moyen d'utiliser les matières perdues d'une fabrication quelconque, et l'on ne s'effraie pas de perdre en des millions d'hommes l'intelligence, source de tous les progrès et de toutes les richesses!

Or, la pensée étroite qui a présidé à la création des colonies d'enfants, préside également à la fondation des maisons d'ouvriers. Veut-on loger des hommes? Pas précisément, mais une certaine classe d'hommes qui n'a, qui ne doit et qui ne peut avoir que des appétits très-restreints, purement physiologiques, communs à tous les êtres vivants; habituée à la dure, façonnée à se contenter de peu, ignorante de ces besoins artificiels qu'une civilisation avancée engendre? — Mais ces besoins factices, c'est la civilisation même, c'est l'homme même! Prétendre qu'une portion du genre humain doit les ignorer toujours, c'est l'exclure de la civilisation, c'est presque la bannir de l'humanité.

Si l'état présent est définitif, si la pensée, l'art, la science, les doux loisirs doivent demeurer toujours le privilége d'un petit nombre; si la majorité des hommes, réduits au rang d'automates sensibles, doit s'éreinter du matin jusqu'au soir, et, du soir au matin, dormir pour que la machine réparée soit en état de s'éreinter de nouveau le lendemain (afin que jamais le foin ne manque au râtelier des artistes, des savants, des poètes, des philosophes, des capitalistes et des flâneurs); si dès lors il est démontré que le ciel s'est trompé en plantant une tête d'homme sur ces épaules d'homme; il faut convenir que les projets d'habitations ouvrières, si mesquins qu'ils paraissent, et dont ne s'accomoderaient pas pour eux-mêmes ceux qui les inventent, sont très-bons pour les gens auxquels on les destine. L'irrévocable condamnation qui pèse sur eux, rendue plus douloureuse encore par le progrès des sciences qui semblent en état de subvenir largement aux besoins de tous, fait supposer que ces malheureux pourraient bien expier en cette vie les crimes ou les lâchetés d'une vie antérieure.

Mais s'il en est autrement, s'il n'y a qu'une race d'hommes, si tous les hommes ont un droit égal à un développement complet; si saint Paul ne s'est pas trompé en disant : « Il n'y a qu'un seul esprit; » si le progrès brille pour tout le monde, alors ces philanthropiques innovations, attardées d'un demi-siècle en notre siècle, sont une sorte de progrès rétrospectif qui ne mérite guère de nous occuper, et nous en faisons le même cas que nous ferions d'un perfectionnement qu'on proposerait d'apporter à l'ancien coche d'Auxerre.

Nous disons qu'on peut, dès ce moment, construire pour tout le monde, y compris les travailleurs, et non pour ceux-ci exclusivement, des habitations supérieures en commodités, en agréments, à celles dont se contente la classe bourgeoise. Il faut, par conséquent, les construire. Et c'est de ce système-là que nous nous ferons le prôneur.

---

### Machine à coudre de M. Thimonnier.

Qui ne connaît l'éloquente lamentation des ouvrières anglaises :

> Oh! seulement respirer l'haleine
> Des primevères et des violettes,
> Avec le ciel sur ma tête

Et l'herbe sous mes pieds!
Oh! seulement pendant une heure
Sentir comme je sentais,
Avant de connaître les tortures de la faim,
Avant qu'une promenade ne me coûtât mon pain!

Oh! rien qu'une heure!
Rien qu'un répit, si court qu'il soit!
Non un doux loisir pour l'amour ou l'espérance,
Non; seulement le temps de pleurer mes douleurs.
Quelques larmes soulageraient mon cœur;
Mais, dans leur cellule brûlante,
Mes larmes doivent se sécher;
Par chaque pleur mon aiguille serait arrêtée!

Une machine à coudre, qui figurera à l'exposition, évoque en nous le souvenir de cet admirable petit poëme. Importée des États-Unis en Angleterre, où elle est déjà fort répandue, elle passe pour être d'origine américaine. Une patriotique réclamation d'un Bordelais, M. Ch. Rabache, à laquelle nous avons fait droit naguère dans la *Presse*, nous a appris que l'inventeur est M. B. Thimonnier aîné, d'Amplessuis (Rhône).

Cette machine peut coudre rapidement, solidement, proprement le linge, le drap, toutes les parties d'un vêtement, excepté les boutons et les boutonnières.

Elle opère avec deux aiguilles alimentées de fil par des bobines. L'une de ces aiguilles fonctionne verticalement et l'autre horizontalement dans les anses de fil formées par la première, ce qui donne une sorte de point de chaînette. L'appareil, qui n'occupe qu'un volume cubique de 30 centimètres de côté, est mis en action par un petit volant à manivelle qu'on peut faire mouvoir à la main, mais que dans les mouvements rapides on fait fonctionner avec une pédale.

Lorsqu'on veut coudre avec cette machine, on commence par tracer à la craie la ligne de couture sur l'étoffe, puis on pose celle-ci sur la machine; le point où la couture commencera étant immédiatement placé sous l'aiguille verticale, il suffit de guider le tissu pour que les aiguilles suivent les lignes qu'on a tracées. Il est indifférent que la couture soit droite, courbe ou en zig zag. On fait à volonté un point long ou serré.

Mue à la main, la machine fait 500 points par minute. Si l'action du pied sur la pédale se joint à celle de la main sur la manivelle, la machine fait deux fois autant d'ouvrage que dans le premier cas. Il va sans dire que dans un atelier de couture bien monté, un moteur inanimé se chargerait de la manivelle et de la pédale et que l'être intelligent n'aurait autre chose à faire qu'à guider le tissu. Les points ainsi formés sont très-réguliers, très-fermes, et d'un bel aspect. Cette petite machine fait, dit-on, le travail de vingt tailleurs habiles.

Si, ce qu'à Dieu ne plaise, elle pouvait prendre une voix, comme à son tour, dans un temps quelconque elle chanterait la malheureuse machine : « Travailler! travailler! travailler!» Tandis que les pauvres femmes qu'elle aura délivrées,

Le ciel sur leurs têtes et l'herbe
Sous leurs pieds respireraient
L'haleine des primevères et des violettes!

---

## TRIBUNE DES AMIS DES SCIENCES.

### L'Asphodèle et l'Algérie.

Province d'Alger, Cherchel, 25 avril 1855.

Monsieur le rédacteur,

Lecteur assidu de vos excellents feuilletons *Sciences*, insérés dans la *Presse*, je me suis empressé de devenir un de vos abonnés à *l'Ami des Sciences*. C'est assez vous dire que je m'intéresse à cette utile publication, et combien je désire que son avenir soit prospère.

Dans votre nº du 8 avril courant, à propos des alcools de diverses provenances nouvelles, vous citez l'historique tracé par M. Payen des progrès récents de la chimie, et vous dites à propos de l'alcool d'asphodèle:

« L'asphodèle est une liliacée à racine tuberculeuse qui, cultivée dans le midi, donne des quantités considérables d'alcool; dans le nord elle n'en produit que des quantités insignifiantes. Il a été question de cultiver l'asphodèle en grand, mais il faudrait trois ans de culture et, en définitive, les produits ne paieraient pas la valeur des terrains de bonne qualité qu'on leur consacrerait. M. Payen pense que cette culture doit rester circonscrite en des localités spéciales et sur des sols de peu de valeur. L'étude qui a été faite, etc.»

Il est regrettable qu'en faisant cette espèce de compte rendu des progrès récents de la chimie, M. Payen n'ait point été renseigné sur notre Afrique française, terre de tant d'avenir et si peu connue, sous tous les rapports, de nos seigneurs les savants officiels.

J'ignore si l'asphodèle est cultivée dans le midi de la France, ce que je sais, c'est que *sans culture aucune* l'asphodèle vient ici en telle abondance qu'on en trouve partout où il y a des terrains *incultes*, et que par conséquent, il n'est nul besoin de *trois ans de culture*, ainsi que le dit M. Payen.

Ce chimiste pense que cette culture doit rester circonscrite en des *localités spéciales*, et sur des sols de peu valeur. Son compte rendu eût été plus complet s'il eût dit que la véritable localité spéciale pour la récolte, *sans culture*, des asphodèles, était l'Algérie.

Je pense qu'un des grands torts de nos économistes, ou prétendus tels, c'est de vouloir faire produire à un pays ce qu'il ne peut pas produire. N'est-il pas vrai que chaque latitude du globe donne des produits spéciaux? bornons-nous donc à échanger *librement* ces produits divers, et ne perdons ni notre temps ni notre argent à forcer telle région à produire d'une manière maigre et parcimonieuse, ce que telle autre région donne tout naturellement avec luxe, et souvent avec beaucoup moins de travail pour l'homme.

Je ne suis point en position de faire l'analyse de l'asphodèle d'Algérie, monsieur le rédacteur, mais je sais très-pertinemment que dans la province de Constantine on distille l'asphodèle, et qu'on en retire de très-bon alcool. Il en est de même dans la province d'Alger, et dans la petite localité que j'habite, plusieurs personnes très-peu versées dans ces sortes d'opérations en ont obtenu, ce qui prouve que cela ne présente pas de grandes difficultés.

Quant à la récolte de l'asphodèle, on n'a ici qu'à se donner la peine de parcourir tous les terrains incultes, lesquels, grâce aux tristes préventions qui pèsent encore sur notre belle Algérie, sont infiniment plus étendus que les terres cultivées, et l'on peut en ramasser de quoi fournir, pendant des années à des distilleries établies sur une grande échelle. Notez qu'un pied d'asphodèle donne en moyenne quelque chose comme cinq à six kilos de bulbes, tant est active ici la végétation.

Si M. Payen avait un peu connu les choses d'Afrique, il aurait également cité, comme pouvant fournir un des meilleurs alcools, le *caroubier*, et il aurait dit quelques mots d'une fabrique d'alcool qui s'élève en ce moment non loin d'Alger, dont les appareils distillatoires ont coûté une trentaine de mille francs, et, d'un premier jet fournissent de l'alcool à 33°, à raison d'une pipe par 24 heures.

Et combien d'autres industries, combien de cultures variées pourraient se développer en Algérie, monsieur le rédacteur!

Il y a place ici pour bien des millions d'hommes qui y trouveraient, avec peu de travail, la vie à bon marché, et la vie sous un beau ciel, ce qui est bien quelque chose.

Je m'arrête là pour cette fois; si vous voulez bien accueillir quelques autres renseignements sur notre nouvelle France, si maltraitée par certaines personnes qui la jugent encore aujourd'hui sur ce qu'elles ont pu en voir il y a 12 ou 15 ans, je me ferai un devoir de vous les donner.

Je me plais à penser, au surplus, que les produits envoyés

d'Algérie à l'exposition universelle attireront l'attention et qu'ils fourniront une irrécusable preuve de ce que peut donner le sol fécond de notre colonie.

Recevez, etc.

WAHU,
Médecin principal, chef de l'hôpital militaire de Cherchel.

**Navigation aérienne.**

La lettre de M. le marquis de Monestrol, insérée dans le précédent numéro, nous a valu plusieurs réclamations. D'une part, M. Métivier nous écrit : « Ce moyen est parfaitement identique à celui que j'ai établi dans l'appareil aérostatique dont j'ai eu l'honneur de vous entretenir il y a quelques mois. » Réclamation parfaitement exacte. De l'autre, M. Léon Crestin, ancien représentant, nous écrit que, bien avant M. de Monestrol, il s'est arrêté aux combinaisons proposées par ce dernier. Copie de la lettre de M. Crestin a paru dans le *Siècle*, mais l'original ne nous est pas arrivé.—C'est un sujet sur lequel nous reviendrons. Nous pensons, du reste, que le moyen proposé par ces Messieurs, excellent en théorie, présente dans la pratique de grandes difficultés.

---

## SOUSCRIPTION
## EN FAVEUR DE LA FAMILLE DE JOSEPH REMY.

Thierry, à Balaklava, 5 fr.; Rattier, à Santander (Espagne), 5 fr.; Un abonné de Paris, 10 fr.; Lanéry, à Belleville, 1 fr.; Casal, à Toulon, 1 fr.; Vor Gérin, à Toulon, 1 fr.; M. Lécard, à l'île d'Aix, 2 fr.

---

**LA SEMAINE SCIENTIFIQUE.**

ENCÉPHALE DE L'ÉLÉPHANT D'AFRIQUE. — On sait la perte douloureuse que la ménagerie du Muséum d'histoire naturelle a faite dernièrement dans la personne d'un éléphant femelle qui occupait un rang distingué parmi ses pensionnaires; un jeune anatomiste plein de savoir, M. Gratiolet, a disséqué le cerveau du défunt et il consigne ses observations dans un intéressant mémoire lu à l'Académie. Il résulte des études de M. Gratiolet que la masse de l'encéphale des éléphants est au moins triple de celle de l'encéphale humain. C'est par conséquent le plus grand des encéphales connus. Aucun d'eux, après toutefois celui des orangs et des chimpanzés, ne ressemble plus à celui de l'homme; les parties dans lesquelles existe cette ressemblance, sont celles que les anatomistes désignent sous les noms de bulbe, de protubérance annulaire du cervelet, et en général, toutes celles qui constituent le noyau cérébral. En effet, le bulbe porte deux olives bien développées, le cervelet est remarquable par le développement de ses lobes latéraux; les tubercules quadrijumeaux sont petits mais bien distincts, et sauf la grandeur, les couches optiques, les corps striés, la voûte à trois piliers et le corps calleux, rappellent assez bien la disposition qu'ils offrent dans l'encéphale humain; mais la ressemblance ne va pas plus loin; elle ne s'étend ni aux hémisphères cérébraux, ni aux lobes olfactifs : sous ce rapport l'encéphale de l'éléphant est, comme il était facile de le penser, un encéphale d'animal; c'est même celui d'un animal d'un type assez inférieur « mais anobli, dit l'auteur, par des développements excessifs. »

*In animâ vili.* — TRANSFORMATION D'UN CYSTICERQUE EN TÆNIA. — Depuis longtemps, M. Kuchenmeister prévoyant que le ver intestinal décrit sous le nom de cysticerque du tissu cellulaire, se transforme en *tænia solium* dans le tube digestif de l'homme, qui lui donne involontairement asile, brûlait de s'assurer du fait. Il attendit longtemps parce que pour que l'expérience rêvée se réalisât, il fallait que dans son voisinage une tête humaine tombât frappée par la justice. Cette condition s'étant enfin rencontrée, l'auteur a pu enrichir d'un fait nouveau cette extraordinaire histoire des vers intestinaux qui lui doit déjà des progrès.

« Un criminel venait, dit l'auteur, d'être condamné à quelques lieues de mon domicile et grâce à quelques amis il me fut possible de réaliser l'expérience que j'avais en tête depuis longtemps déjà. Le résultat a été *des plus satisfaisants*, quoique la brièveté du temps dont je pouvais disposer n'autorisât pas de *belles espérances*. »

On conçoit que l'expérience consistait à faire avaler au condamné, sans qu'il s'en doutât, les cysticerques dont on voulait suivre la transformation. On lui en fit prendre à toute sauce. M. Kuchenmeister n'ayant pas d'abord de cysticerques du tissu cellulaire à sa disposition, dut se contenter de *cysticerques tenuicollis* (on en trouva dans le mesentere d'un porc), et de cysticerques *pisiformis* du lapin. On les mêla les uns et les autres à un potage de pâte d'Italie, et le condamné les prit cent-trente heures avant le jour de la décapitation.

« Plus tard, dit l'auteur, auquel nous rendons volontiers la parole, je parvins à me procurer des cysticerques cellulaires du porc; soixante-douze heures avant la mort, le délinquant en mangea 12 dans du boudin, dont on avait sorti quelques fragments de lard, qui furent remplacés par des cysticerques. Il en prit encore 18 dans du riz, soixante-douze heures avant la mort; 15 dans du potage au vermicelle, trente-six heures avant; 12 dans de la saucisse, vingt-quatre heures avant, et encore 18 dans de la soupe, douze heures avant la décapitation. Il avala donc en tout 75 cysticerques cellulaires, qui avaient été à l'air, soixante-douze, quatre-vingt-quatre, cent-huit, cent-vingt et cent-trente-deux heures après la mort de l'animal.

« Le jour de l'exécution, je me rendis à l'Institut anatomique, distant de vingt lieues de chez moi, et où le cadavre devait être transporté; malheureusement je ne pus examiner les intestins que quarante-huit heures après la mort. L'autopsie fut faite en présence de plusieurs professeurs. Quoique le peu de temps écoulé depuis l'arrivée de mes bêtes dans l'intestin ne me laissât que peu d'espoir d'un résultat favorable, je fus néanmoins plus heureux que je ne pensais. Dans le duodénum, où, d'après le temps écoulé, je m'étais attendu à trouver quelque chose, j'aperçus un petit tænia fixé à la muqueuse au moyen de sa trompe allongée; tous les assistants ont constaté ce fait. Le petit animal fut enlevé avec la portion de muqueuse et porté sous le microscope. Là, nous vîmes distinctement la trompe sortie, à laquelle étaient fixés légèrement quatre crochets également dirigés en avant. La comparaison de ces crochets avec ceux du tænia solium, tænia serrata vera, tænia cysticerque tenuicollis, les démontra appartenir au tænia solium. En continuant nos investigations, je trouvai encore, dans le duodénum, un exemplaire avec deux paires de crochets, un autre avec une paire, enfin un troisième ayant toute la couronne de crochets, à l'exception de deux de la première rangée, en tout vingt-deux crochets. Tous appartenaient au tænia solium.

« Outre ces quatre, nous avons trouvé, dans l'eau qui avait servi à laver l'intestin, encore 6 jeunes tænias sans crochets. Un de ces 10 tænias, d'une longueur de 6 à 8 millimètres, avait un appendice très-bien formé et à peine cicatrisé; les autres n'avaient que 3 à 4 millimètres de longueur. Tous possédaient à l'extrémité abdominale le petit enfoncement en forme d'*S*, bien connu de ceux qui ont essayé, au moyen d'une alimentation artificielle, de convertir des cestoïdes du second degré avec des vésicules caudales en tænias.

« Il ne s'est trouvé, dans tout le canal intestinal, aucune trace des derniers entozoaires avalés, et je crois qu'il n'y a que les deux premières expériences avec le cysticerque cellulosæ qui aient donné un résultat; probablement la plupart des cysticerques cellulaires avaient déjà péri avant leur migration dans l'intestin de notre homme. Du moins je ne suis encore jamais parvenu à convertir en tænias des cysticerques employés trois à quatre jours après la mort de leur hôte primitif.

« Mon expérience permet les conclusions suivantes :

« 1° Le cysticercus cellulosæ devient chez l'homme tænia solium;

« 2° Le mode de transmission du tænia solium est le même que celui de tous les entozoaires provenant de cysticerques et généralement de la plupart des tænias;

« 3° Nous gagnons le tænia solium en mangeant des cysticerques cellulosæ dans les aliments crus ou bien cuits et refroidis, et pris chez les bouchers, charcutiers ou autres.

« Je termine en invitant mes collègues, en position de pouvoir répéter mon expérience, à ne pas laisser échapper ces occasions. Il faudrait s'y prendre un peu plus tôt; administrer, par exemple, à un accusé dont la condamnation à mort paraît certaine, à différentes reprises et à des distances de quatre semaines, des cysticerques frais, chaque fois en petit nombre. On suivrait ainsi le développement de ces entozoaires, et l'on pourrait constater si le cysticerque pisiformis et le tenuicollis se développent dans l'homme, ce que je ne suis pas tenté de croire. L'essai serait tout à fait innocent, car, en cas de grâce, nous possédons assez de moyens sûrs pour chasser le tænia. »

Nouvelles expériences sur la transmission et les métamorphoses des vers intestinaux. — Depuis que l'article précédent est écrit (il devait faire partie du dernier numéro), des expériences analogues à celles qui viennent d'être rapportées ont été communiquées à l'Académie. M. Van Beneden en est l'auteur; elles ont été faites sur des chiens; on a mélangé à leurs aliments des cysticerques du lapin, après quoi on a trouvé dans leurs intestins des vers tenioïdes, moins nombreux à la vérité que les cysticerques ingérés. Un chien qui avait avalé soixante-dix de ces derniers contenait 25 tænias. M. Milne-Edwards pense que le cysticerque du lapin se transforme en *tœnia serrata*. M. Valenciennes, témoin comme lui des expériences de M. Van Beneden, n'admet pas cette identité spécifique. La communication de M. Valenciennes contient, sur les helminthes dont il s'agit, des détails descriptifs qui donneront une idée des merveilleuses transformations que subissent ces étranges animaux.

Le cysticerque du lapin (*cysticercus pisiformis*), long de 6 à 10 millimètres, blanc un peu bleuâtre, est formé d'une tête, d'un col et d'une ampoule; la tête arrondie en dessus, couronnée de deux rangées circulaires de crochets et pourvue de quatre ventouses, n'a aucune ouverture orale; le col est plissé. L'ampoule vésiculaire est pointue, aussi longue que le reste de l'animal, et d'un diamètre double ou triple de celui du sac. L'auteur n'a jamais rencontré ces vers ailleurs que dans le grand épiploon de l'estomac. Leur mort suit de près celle de l'animal aux dépens duquel ils vivent. Cependant, si on a soin d'ouvrir la capsule dans laquelle chaque cysticerque est renfermé, et si on reçoit celui-ci dans un vase rempli d'eau tiède, on peut étudier facilement les mouvements de l'animal; on lui voit alors étendre ou retirer ses ventouses, redresser ou coucher ses crochets, dont chacun se meut indépendamment des autres; plier, allonger ou retracter son col et surtout sa vésicule caudale.

Lorsque ce cysticerque a été avalé par un chien, il perd sa vésicule en quelques heures; au bout de huit jours il n'a plus que la tête et habite le duodenum. Cette tête donne alors naissance à un ruban aplati composé de nombreuses articulations étroites et présentant l'aspect d'un ténioïde, d'un *tœnia serrata*.

Biscuit viande. — L'Académie avait confié à une commission le soin d'examiner la substance alimentaire désignée sous ce nom et composée de farine de pur froment, de viande cuite et de légumes. D'après l'inventeur, M. Callamand, un biscuit du poids de 0 k. 25 (250 grammes) donnerait, avec deux litres d'eau et un assaisonnement convenable de poivre et de sel, six rations de soupe grasse, et pourrait rendre de grands services aux soldats en campagne, aux marins et aux voyageurs. La commission a jugé nécessaire de faire procéder devant elle à la fabrication du biscuit-viande, et M. Boussingault vient rendre compte de l'expérience qui a eu lieu au Conservatoire des arts-et-métiers.

La fabrication du biscuit comprend trois phases : préparation du bouillon; confection de la pate; cuisson des biscuits.

*Préparation du bouillon.* — 25 k,475 de bœuf de bonne qualité ont été mis dans une chaudière avec 22 litres d'eau. On a introduit, enveloppés dans un linge, du thym, du laurier, deux noix muscades, 300 gr. de quatre-épices et 10 kilog. de légumes (navets, carottes, poireaux).

Après quatre heures d'une ébullition soutenue, on a retiré le bœuf pour le désosser. La viande, réduite en lambeaux, a été remise dans le bouillon auquel on avait ajouté les légumes cuits préalablements réduits en purée. L'ébullition a encore été continuée pendant une heure et demie; alors le bœuf était extrêmement divisé, et le liquide contenu dans la chaudière avait l'aspect d'une bouillie très-claire; on y a dissous 250 grammes de sucre candi, destinés, suivant M. Callamand, à favoriser la conservation du biscuit.

En y comprenant l'eau provenant du lavage de la chaudière, on a obtenu 11 litres de bouillon très-concentré.

*Confection de la pâte.* — 49k,825 de farine blanche de froment ont été pétris, en y incorporant les 11 litres de bouillon. La pâte avait un aspect gras, une couleur brune; déjà très-ferme à la sortie du pétrin, elle le devenait beaucoup plus encore par le refroidissement. Aussi a-t-il été nécessaire de la conserver chaude pour la façonner à l'aide du *coupe-pâte*. On a découpé 237 biscuits.

*Cuisson des biscuits-viande.* — Les biscuits sont restés une heure et un quart au four. Après la cuisson, ils ont pesé, étant froids, 54k,100. Ainsi, avec 49k,825 de farine, 22k,050 de bœuf désossé, 10k,070 de légumes, 0k,550 d'épices et de sucre, 22 kil. d'eau, on a fabriqué 54k,10 de biscuits-viande.

La commission établit ainsi qu'il suit la constitution de ces biscuits.

| | | |
|---|---|---|
| Pour 100 kilogr., | farine sèche, | 76k,45 |
| — | viande desséchée, | 5 ,79 |
| — | graisse, | 6 ,27 |
| — | légumes secs, | 2 ,77 |
| — | épices et sucre, | 0 ,92 |
| — | eau, | 7 ,80 |
| | | 100k,00 |
| Ou bien, biscuit ordinaire, | | 83 ,00 |
| Viande sèche, graisse et assaisonnement sec, | | 17 ,00 |
| | | 100k,00 |

« En faisant bouillir pendant quinze à vingt minutes, dans 2 litres d'eau, un biscuit-viande pulvérisé du poids de 0k, 25, nous avons obtenu, dit M. Boussingault, un potage analogue à la soupe préparée avec du biscuit ordinaire trempé dans du bouillon gras; mais il y a dans ce potage toute la chair cuite à laquelle le bouillon doit ses qualités. C'est là un point important, parce qu'avec le biscuit-viande on se procure, en très-peu de temps, une nourriture substantielle assez agréable, dont les avantages ne sauraient manquer d'être appréciés dans les circonstances que font naître l'état de guerre ou les expéditions maritimes.

« La commission n'admet pas que, sous le rapport de la valeur alimentaire, le biscuit-viande soit nécessairement l'équivalent de la farine et de la viande qu'il contient; des expériences sur l'alimentation de l'homme permettraient seules de fixer cette valeur avec quelque certitude. Il y a même lieu de croire qu'après six heures d'ébullition dans l'eau, après la forte dessiccation qu'elle éprouve dans un four, la chair de bœuf perd une partie de son arome, et il est douteux qu'elle soit alors aussi nutritive qu'elle le serait si on la consommait à l'état de viande bouillie ou de viande rôtie.

« La commission reconnaît néanmoins que l'auteur du travail soumis à son examen a atteint le but qu'il s'était proposé, celui de rendre le biscuit plus nutritif en y introduisant une proportion notable de chair de bœuf amenée à un degré très-avancé de siccité. »

Les ravages d'un grain de raisin. — Un homme d'un âge mûr fut pris d'un coryza qui revêtit bientôt un caractère inquiétant, le passage de l'air devenant de plus en plus difficile. On crut d'abord à un polype. Les tentatives d'extraction furent inutiles; la narine gauche, entièrement bouchée, était devenue très-douloureuse et donnait sans cesse issue à une matière liquide, purulente et infecte.

Le docteur Kostlin, appelé en consultation, découvrit au sommet de la fosse nasale un corps dur qui la remplissait presque entièrement; la sonde, en heurtant contre ce corps, rendait un son analogue à celui que l'on perçoit avec une sonde vésicale, lorsqu'il existe une pierre dans la vessie; le malade disait avoir rendu, la veille, une très-petite concrétion cristalline. L'extraction de ce corps étranger fut accompagnée de quelques difficultés; cependant l'auteur parvint à le faire sortir, et son issue fut suivie de l'écoulement d'une assez grande quantité de pus. La concrétion avait la grosseur d'une noisette et pesait 16 grains; elle était inégale, rugueuse, amorphe, c'est-à-dire non formée de couches. Elle se dissolvait complétement dans l'acide nitrique, et l'acide oxalique produisait un précipité de chaux. Quand on eut dissous la substance inorganique qui constituait la concrétion, on fut fort étonné de trouver pour résidu un grain de raisin. Le malade se souvint alors que, vers la fin de septembre, un grain de raisin avait pénétré dans les narines; ce fut au commencement d'octobre qu'il ressentit la première gêne dans la respiration, et au mois de décembre seulement qu'on reconnut la nature de l'obstacle.

Traitement du croup par les carbonates alcalins. — Les heureux résultats obtenus par M. Marchal de Calvi, de l'emploi des carbonates alcalins dans l'angine couenneuse reçoivent une confirmation dans le nouveau mode de traitement du croup préconisé par le Dr Lucsinsky au collége des médecins de la Faculté de Vienne.

Le Dr Lucsinsky se prononce en effet d'une manière décidée contre les sangsues, les cataplasmes, les mercuriaux; il recommande un traitement hydrothérapique approprié; mais comme cette prescription rencontre souvent d'insurmontables obstacles dans la pratique civile, le savant professeur indique le traitement dont nous allons parler, lequel lui a, dit-il, réussi dans beaucoup de cas.

Il pose d'abord en principe que le croup a pour fondement une crase particulière à la suite de laquelle se développe, dans le larynx, une inflammation exsudative, accompagnée d'un état pathologique de la glotte, la raucité de la voix et une toux caractéristique qui en sont les précurseurs. Il s'agit donc 1° de combattre la crase générale; 2° de prévenir la localisation de l'inflammation; 3° de diminuer ou d'anéantir le spasme de la glotte, et 4° enfin d'expulser les fausses membranes.

La première indication est remplie, selon M. Luczinski, par le carbonate de potasse à la dose de 0,60 à 6 à 8 grammes par jour, dans une solution édulcorée; la seconde, par un vésicatoire un peu plus grand qu'une pièce de cinq francs, appliquée sur la fourchette du sternum et tenu en suppuration; dans les cas suraigus, il faudrait l'appliquer avec de la cantharidine (pourquoi pas de préférence avec l'ammoniaque, que l'on peut avoir facilement et qui agit plus vite?) A la troisième indication répond l'opium, intérieurement et extérieurement, quand la respiration est laborieuse, avec symptômes d'asphyxie, surtout quand ceux-ci viennent par accès; il agit surtout bien lorsqu'il détermine du sommeil. Enfin, la quatrième indication demande l'emploi prudent du nitrate d'argent et des émétiques, sulfate de cuivre, quand les fausses membranes sont mobiles. Les vomitifs sont plutôt nuisibles dans les périodes précédentes. Ce traitement a été employé sur 30 enfants âgés de quelques mois à six ans; les cas légers ont tous été guéris; les graves dans la proportion du 13 contre 2, et les très-graves de 1 contre 5 morts.

Cette cruelle maladie fait en ce moment trop de victimes pour que nous ne pensions pas remplir un devoir et rendre un service en donnant notre publicité à des moyens curatifs très-rationnels et auxquels l'expérience paraît favorable.

La nature médecin. — *Congélation des pieds.* — Le nombre des soldats de l'armée d'Orient qui ont été atteints de congélation partielle des membres inférieurs, pendant le terrible hiver qu'ils viennent de passer en Crimée, a été trop considérable pour que l'amputation ait pu être pratiquée sur tous; il fallut renvoyer en France bon nombre de ces pauvres gens sans les opérer. On dut estimer bien à plaindre ceux qui furent l'objet de cette mesure; ce fut cependant un bonheur pour eux. Voici en effet ce que M. Baudens déclare avoir observé dans le seul hôpital de Marseille. Sur 303 malades porteurs de congélations partielles des pieds, 300 sont guéris ou en voie de guérison. Or, la nature a fait seule les frais de la cure; l'art n'est pas intervenu. « Il m'est démontré, dit M. Baudens, contrairement à l'opinion reçue : 1° que le chirurgien doit s'abstenir et réserver exclusivement aux efforts réparateurs de la nature le soin d'éliminer les parties mortes par suite de congélation; 2° que la nature trace le cercle de démarcation entre le vif et le mort bien mieux que la main du chirurgien et surtout au prix de moins grands sacrifices. »

« L'art, dit-il encore, assigne aux amputations des lieux d'élection qui souvent obligent à sacrifier des portions de membre susceptibles d'être conservées; mais la nature, essentiellement conservatrice, ne reconnaît pas de lieu d'élection. Si une portion d'orteil peut être conservée, alors même que tous les autres doigts sont morts, elle la conserve; ainsi j'ai vu deux malades qui avaient perdu tous les orteils à l'exception de la phalange du petit orteil; chez d'autres, tous les orteils, le pouce et le petit doigt exceptés, étaient tombés. »

La nature procède de la manière suivante : La portion d'os qui doit être éliminée se dessèche, devient noire et fait saillie. A sa base les chairs conservées se boursoufflent, se couvrent de bourgeons et empiètent sur l'os qui bientôt tombe de lui-même, séparé, soit dans sa continuité par un travail de nécrose, soit dans sa contiguité par la destruction des liens; après sa chute, il y a un trou profond que bouchent rapidement les bourgeons, et le moignon ainsi bien matelassé de portions molles est dans les conditions les plus favorables.

Emploi du charbon de bois en chirurgie. — Un médecin anglais, M. Ormerod, a fait sur le pouvoir désinfectant du charbon d'intéressantes expériences, qu'on pourra rapprocher de ce que nous avons déjà dit dans le précédent numéro touchant cette substance d'un emploi si facile et si économique. M. Ormerod a couvert de charbon pulvérisé le cadavre d'un chien; et, quoique le temps fût très-humide, aucune fétidité n'a été perceptible, cependant l'application dont il s'agit hâte plutôt qu'elle ne retarde la décomposition (chose précieuse pour la préparation des squelettes). Mais le plus important, c'est qu'elle empêche toute mauvaise odeur. Il est même remarquable qu'après avoir d'abord laissé pendant quelque temps le corps en putréfaction couvert de charbon, il suffit ensuite de l'*entourer* de cette poudre, pour que l'effet antiseptique continue de s'opérer.

M. Ormerod fait ressortir l'utilité de ce topique dans les salles de chirurgie, principalement à l'armée, où la multitude des plaies en suppuration et l'encombrement des salles produisent des miasmes offensifs et donnent souvent lieu à la pourriture d'hôpital. Des cataplasmes de charbon pilé sur les plaies gangréneuses, de la poudre de charbon projetée sur les pièces de pansement et les matelas, préviendraient ces conséquences, causes elles-mêmes de complications parfois si graves.

On peut aussi employer cette substance pour neutraliser la puanteur horrible qui s'exhale du linge des malades affectés d'incontinence d'urine. Mais, ainsi du reste que cela avait déjà été observé, il faut tenir compte de cette circonstance que le charbon, une fois mouillé, perd en grande partie son pouvoir désinfectant.

L'un des effets les plus utiles de ce topique est de *consumer*, de détruire les escarres en très-peu de temps. En trois jours, l'auteur en a vu de considérables disparaitre totalement.

TURBINES SANS DIRECTRICES. — M. L. D. Girard a établi à Noisel-sur-Marne, dans une usine appartenant à M. Ménier, un appareil auquel il donne le nom de *roue-hélice à axe horizontal* ou *turbines sans directrices*, et qui paraît devoir utiliser mieux que ne font les roues pendantes la puissance mécanique des grands cours d'eau navigables; cet appareil se compose de trois parties essentielles : la première est une roue mobile, dentée à son pourtour extérieur pour communiquer le mouvement à un arbre vertical qui le transmet dans l'intérieur de l'usine. Cette roue, établie d'une manière invariable ou à demeure, est formée de deux couronnes concentriques composant un anneau évasé d'amont à l'aval et portant une série d'aubes courbes, qui ont fait donner à cette roue le nom de *roue-hélice*. Le premier élément de ces aubes, c'est-à-dire celui en amont, possède une inclinaison relative à la vitesse que l'on veut donner au récepteur; le dernier possède une inclinaison assez faible relativement au plan vertical de rotation, afin de réduire autant que possible la vitesse absolue conservée par l'eau qui quitte la roue. La couronne intérieure est reliée par des bras à un moyeu qui fixe la roue sur son arbre horizontal. Enfin, cet arbre est dirigé dans le sens du cours d'eau, et le mouvement de rotation de la roue, par conséquent, s'exécute dans un plan vertical perpendiculaire à l'axe du courant que l'on veut utiliser. La deuxième partie de l'appareil, dite partie fixe d'amont, consiste en deux couronnes concentriques, formant un canal annulaire évasé vers l'amont. C'est ce canal qui conduit directement l'eau motrice sur la série d'aubes courbes de la roue-hélice. La couronne intérieure, prolongée en pointe vers l'amont, forme une sorte de chambre, ou capacité, soustraite à l'eau, dans laquelle repose le tourillon, amont de la roue. Enfin la troisième partie, dite partie fixe d'aval, consiste en un tambour-cône, supporté sur les bajoyers par deux bras creux à section lenticulaire. L'intérieur de ce cône est, comme l'intérieur de la partie fixe d'amont, mise à l'abri de l'eau et porte le tourillon aval.

L'auteur décrit ainsi le jeu de son appareil : — « Au premier abord, dit-il, on pourrait supposer que l'eau se meut dans les canaux mobiles de la nouvelle roue de la même manière que dans les turbines à réaction; mais elle en diffère complétement en ce sens que, dans l'intervalle qui sépare le canal annulaire d'amont de la couronne mobile, il ne règne aucune pression capable de produire un rejaillissement dans cet intervalle en entravant l'introduction du fluide moteur. Il en résulte que, dans ce nouveau système, l'eau agit librement sur les faces curvilignes des aubes en y déposant sa force vive, que de plus on peut supprimer les directrices imaginées par Euler, et enfin augmenter considérablement la vitesse de rotation du récepteur, sans que l'effet utile soit sensiblement diminué. Toutes ces circonstances réunies amènent une simplification remarquable dans la construction du nouveau récepteur, et nous devons ajouter en passant que, dans la roue que nous venons de décrire, il s'opère tout naturellement une espèce de compensation entre les volumes d'eau que peut absorber la roue au moment des crues avec la diminution de chute correspondante à ce cas. En effet, à mesure que les niveaux d'aval et d'amont s'élèvent, ce qui amène dans la plupart des cas une diminution de chute, la roue se trouve plongée davantage dans l'eau, et, par conséquent, une plus grande quantité d'aubes reçoivent l'impulsion du fluide moteur. Pour comprendre que l'action motrice puisse s'exercer comme nous venons de le dire, on n'a qu'à suivre le fluide dans son mouvement absolu après son entrée dans les aubes et à mesure qu'il y dépose sa force vive, ce qui détermine une diminution de vitesse; il suffit donc d'agrandir progressivement la section parcourue par ce fluide, c'est-à-dire d'évaser les deux couronnes concentriques reliées par les aubes dans une proportion telle qu'à chaque instant la section parcourue par l'eau d'un mouvement absolu soit en raison inverse de la vitesse conservée par l'eau motrice. »

GUÉRISON D'UN DIABÈTE SUCRÉ. — Cette guérison obtenue en trois mois, grâce au goût étrange du malade pour l'huile de foie de morue, est racontée en ces termes par le docteur Zipfehle :

« Un journalier, âgé de trente-cinq ans, entre à l'hôpital pour y être traité de la gale. On reconnaît qu'il est en même temps affecté de diabète depuis le mois de septembre précédent. On lui prescrit d'abord deux à trois cuillerées d'huile de foie de morue par jour, et on lui dit d'augmenter autant qu'il voudra. Le malade prend tellement goût à ce remède qu'il consomme en deux jours une chopine (environ un demi-litre d'huile). Le 30 mai, il peut quitter l'hôpital entièrement rétabli; il a repris de l'embonpoint, ses urines n'offrent plus aucune trace de sucre; il a consommé en tout 13 livres d'huile. »

La *Gazette médicale* fait à ce sujet les réflexions suivantes :

« Cette guérison rapide tient peut-être à ce que le diabète n'existait pas encore depuis longtemps. D'un autre côté, le sujet était un homme très-misérable, qui ne vivait que de privations et buvait de l'eau-de-vie; le bon régime auquel il fut mis à l'hôpital a sans doute contribué pour beaucoup à son rétablissement. »

## NOUVELLES ET CAUSERIES.

*La fille de lord Byron. — The female medical College. — La Revue des cours publics. — M. Sainte-Beuve prophète. — La physique et la guerre. — Transmission du temps moyen par l'électricité. — Le chemin de fer de Panama. — Le chemin de fer de Melbourne. — Nouvelles du pont suspendu de Niagara. — Congrès international de statistique.*

*** Lord Rosse, traçant devant la Société royale de Londres l'histoire de cette étonnante machine à calculer que son auteur, M. Babbage, nomme *machine à différences* et dont un concours de regrettables circonstances a fait retarder l'exécution depuis plus de trente années, attribue à M. Babbage, un opuscule publié sous le nom de *Menabréa*, où se trouvent exposées les vues profondes du savant Anglais; c'est une erreur. Ce nom de Ménabréa n'est pas un pseudonyme, c'est celui d'un membre de l'Académie royale des sciences de Turin et du véritable auteur de l'ouvrage en question. Une traduction du travail de M. Ménabréa parut, en Angleterre, en 1843. Le traducteur y ajouta des notes remarquables. Or, on n'apprendra pas sans intérêt que l'auteur de ces notes savantes et judicieuses n'est autre, au rapport de M. Babbage, que lady Adda Lovelace, la fille de lord Byron, morte, il y a peu d'années, dans tout l'éclat de la beauté et de l'intelligence.

*** La séance solennelle par laquelle se terminent chaque année les cours de l'École féminine de médecine (Female Medical College), de Philadelphie, a eu lieu récemment. L'amphithéâtre était en grande partie rempli de dames. Les diplômes de docteurs en médecine ont été décernés par le doyen, M. Cleveland, aux étudiantes dont les noms suivent : M^lle^ Emiline Cleveland, de New-York, M^lle^ Samantha Nivison, de la même ville, M^me^ Phila Wilmarth, de Massachussets, M^me^ Elisa Thomas, de Ohio, M^lle^ Mary Smith, de New-York, et M^lle^ Emily Varney, de Vermont. Un très-grand nombre de dames qui ne se destinent pas à la profession médicale ont suivi les cours de la faculté.

*** Parmi les journaux innombrables dont la création a suivi celle de l'*Ami des Sciences*, la *Revue des cours publics* se distingue par son utilité et le talent qui préside à sa rédaction. M. Odysse-Barot en est le fondateur. La *Revue des Cours publics*, écho de nos facultés des lettres, embrasse les matières suivantes : littérature, philosophie, éloquence, histoire, législation, beaux-arts, archéologie, bibliographie; nous lui souhaitons ce qu'elle mérite : prospérité. (Bureaux, 5, rue du Pont-de-Lodi. Paris, 10 francs ; départements, 12 francs ; étranger, 16 francs.)

⁂ Le premier numéro du journal ci-dessus cité contient le compte-rendu de l'une des deux leçons que M. Sainte-Beuve a faites au Collége de France. Cette leçon a roulé sur Passerat, l'auteur de la Satire Menippé. L'article est ainsi intitulé :

*La poésie latine au Collége de France.*

PASSERAT.

C'était une prophétie.

⁂ Le gouvernement anglais vient de nommer une commission de savants chargés d'étudier les ressources que les sciences physiques en général, l'électricité et l'optique en particulier, peuvent fournir au double point de vue de l'attaque et de la défense. M. Wheatston fait partie de cette commission. C'est finir par où il eût fallu commencer; mieux vaut tard que jamais.

⁂ La transmission par l'électricité du temps moyen, de l'Observatoire à l'Hôtel-de-Ville et aux principaux monuments de Paris, sera bientôt un fait accompli. Un régulateur placé dans la salle de la Méridienne indiquera l'heure exacte sur les principaux cadrans de la grande cité. Déjà on peut prendre, à l'administration des télégraphes, la minute et la seconde de la pendule de l'Observatoire. Tout vient avec le temps !

⁂ D'après les dernières nouvelles d'Amérique, l'exploitation du chemin de fer de Panama prend une grande activité; le transport des marchandises augmente rapidement. Le parcours entre l'Atlantique et le Pacifique s'effectue en moins de trois heures. A quand la communication entre les deux mers, sans transbordement de voyageurs et de marchandises, au moyen d'un canal?

⁂ Le chemin de fer de Melbourne, en Australie, se construit avec rapidité; on espère qu'il pourra être inauguré au mois de juin.

⁂ Le magnifique pont suspendu qui, pardessus le Niagara, unit les chemins de fer des Etats-Unis à ceux du Canada, vient de sortir victorieusement d'une épreuve après laquelle il n'est plus permis de douter de sa solidité. Une tempête effroyable, telle qu'un wagon soulevé par le vent a été jeté à plusieurs mètres de la voie ferrée, n'a fait subir aucun dommage à ce magnifique ouvrage, qui même n'en a point éprouvé de vibrations.

⁂ Une délibération du ministre de l'agriculture, du commerce et des travaux publics, en date du 28 janvier 1854, a autorisé la réunion à Paris, en 1855, d'un congrès international de statistique. Un arrêté du chef actuel de ce département porte qu'il sera formé, sous la présidence du ministre, une commission supérieure chargée de préparer le progamme des questions à soumettre au congrès, et de proposer toutes les dispositions propres à faciliter ses travaux.

La commission a naturellement M. le baron Charles Dupin pour président.

## BULLETIN BIBLIOGRAPHIQUE.

Nous avons reçu les ouvrages suivants dont nous rendrons compte autant que l'espace et le temps nous le permettront. Nous continuerons d'annoncer sous cette forme les livres nouveaux qui nous parviendront.

ŒUVRES DE FRANÇOIS ARAGO, publiées sous la direction de de M. J. A. Barral.

*Notices biographiques*, t. I et II, contenant : Introduction par M. Alex. de Humboldt. — Histoire de ma jeunesse — Fresnel — Volta — Young — Fourier — Watt — Carnot — Ampère — Condorcet — Bailly — Monge — Poisson.

*Notices scientifiques*, t. I; contenant : le Tonnerre — Électro-magnétisme — Électricité animale — Magnétisme terrestre — Aurores boréales.

*Astronomie populaire*, t. I, orné de gravures et de planches.

Prix de chaque volume, 7 fr. 50 c.; chez Guide et J. Baudry, 5, rue Bonaparte.

— ESSAI SUR LES PHOSPHÈNES, ou anneaux lumineux de la rétine, considérés dans leurs rapports avec la physiologie et la pathologie de la vision; par le docteur Serre, d'Uzès. 1 vol. in-8°, orné de 34 figures gravées en relief sur cuivre, par E. Salle; chez Victor Masson, place de l'École de médecine.

— THÉOLOGIE DE LA NATURE; par Hercule Strauss-Durckheim, docteur ès-sciences. 3 vol. in-8°; chez Victor Masson, 17, place de l'École de médecine.

— DE LA MÉTÉOROLOGIE dans ses rapports avec la science de l'homme et principalement avec la médecine et l'hygiène publique, par le docteur P. Foissac. 2 vol. in-8°; chez J.-B. Baillère, 19, rue Hautefeuille.

— AU TEXAS, par V. Considerant, comprenant : 1° Rapport à nos amis; 2° Bases et statuts de la société de colonisation européo-américaine au Texas; 3° Appendice. 2e édition, in-8°, prix : 2 fr. A la librairie phalanstérienne, 29, quai Voltaire.

— GUIDE DU CULTIVATEUR AMÉLIORATEUR, par E. Lecouteux, directeur des cultures de l'ex-institut agronomique de Versailles. 1 vol. in-8°; chez Dusacq, librairie agricole de la Maison-Rustique, 26, rue Jacob.

— GEOS, ou histoire de la terre, de sa création, de son développement et de son organisation par l'action des causes actuelles; géologie philosophique, par le docteur F. Meray. T. Ier, 1 vol. in-8°; chez l'auteur, rue Mazagran, 16 *bis*.

— GRAND CHEMIN DE FER D'AFRIQUE, par F. Cabanis. Brochure in-8°, à la Librairie Nouvelle, 15, boulevard des Italiens.

— MANUEL ÉLÉMENTAIRE DE L'ASPIRANT MAGNÉTISEUR, par J.-A. Gentil, 1 vol. format anglais, 2 fr. 50. E. Dentu, Palais-Royal, 13, Galerie vitrée.

— DOGME ET RITUEL DE LA HAUTE MAGIE, par Eliphas Lévy. Tome 1er, in-8° avec planches, chez Ledoyen, Galerie vitrée, au Palais-Royal.



### AVIS A NOS ABONNÉS.

Toute réclamation relative à l'envoi d'un numéro du journal doit nous être adressée dans le courant de la semaine suivante. Passé ce terme, il nous serait impossible d'y faire droit.

*Le propriétaire, rédacteur-gérant :*
VICTOR MEUNIER.

PARIS. — IMP. J.-B. GROS, RUE DES NOYERS, 74

Première année. — N° 20. Quinze centimes. 20 mai 1855.

# L'AMI DES SCIENCES

PAR

VICTOR MEUNIER

BUREAUX D'ABONNEMENT : 13, RUE DU JARDINET, 13. Près l'École de Médecine.

Paraît le dimanche. (Les abonnements datent, au gré des souscripteurs, du commencement de l'année ou du premier dimanche de chaque mois).

PRIX DE L'ABONNEMENT POUR L'ANNÉE. PARIS, 6 FR. — DÉPARTEMENTS, 8 FR. ÉTRANGER, surtaxe en sus. Envoyer un mandat de poste.



## Préliminaires de la Réforme architecturale.

(Deuxième article).

LES MAISONS DE LA BOURGEOISIE.

Au nom de la dignité humaine, au nom du progrès, nous avons repoussé les maisons qu'on a proposé d'élever à l'usage exclusif de la classe ouvrière qu'on suppose devoir demeurer aussi longtemps que ces maisons dureront dans l'état où elle est actuellement, étrangère à la vie intellectuelle, exclue des jouissances sociales, appendice des machines et inutilement dotée par Dieu de facultés sans emploi dans le rôle qu'elle remplit.

Au nom de la science nous repoussons aujourd'hui les maisons construites à l'intention de la bourgeoisie.

Voyez en effet les maisons qui bordent les rues récemment ouvertes; attestent-elles dans l'art de construire un progrès comparable à celui qui s'est opéré dans presque toutes les branches du travail? Une architecture nouvelle y élève-t-elle les moyens domiciliaires en puissance, en simplicité, à la hauteur, à la dignité de nos moyens de production ? Ces demeures sont-elles à celles qu'elles remplacent, ce que le chemin de fer est à la diligence, le bateau à vapeur au bateau à voile, le télégraphe électrique à la malle-poste?

Non. On a malheureusement laissé échapper l'occasion que des démolitions opérées sur une large échelle offraient à la réforme architecturale.

Les maisons nouvelles sont taillées sur les vieux patrons; celles qu'on élève ne diffèrent de celles qu'on abat que sous deux rapports : en premier lieu, par la quantité de fer qui entre dans leur construction, ce qui est très-avantageux... pour le propriétaire; en second lieu, par les bourgeoises splendeurs des façades. La façade, un décor ! voilà la grande révolution réalisée en architecture. Les locataires savent si elle vaut ce qu'elle coûte. C'est un progrès comparable à celui qu'eût réalisé Richard Arkwrigt, l'immortel barbier, si, au lieu d'inventer les *doigts fileurs*, de créer *le métier qui fait la besogne de Jenny* (*mull-Jenny*) et de charger des automates de tout le travail du coton, il se fût avisé de construire des quenouilles, des fuseaux et des rouets en bois précieux, dorés et sculptés, avec incrustations de cuivre et d'écaille, et que les tourneurs de son temps, émerveillés d'une si triomphante idée, n'eussent plus voulu fabriquer que des rouets de ce calibre-là. Voilà qui eût fait de belles jambes aux fileuses d'abord, aux consommateurs de tissus de coton ensuite!

C'est cependant d'un progrès du même genre qu'ont à s'applaudir aujourd'hui les consommateurs de logements. Les produits sont-ils meilleurs et moins chers? En d'autres termes, est-on mieux logé dans ces maisons-là que dans les autres, et les loyers y sont-ils moins élevés qu'ailleurs? et je n'ajouterai pas, *risum teneatis!* parce qu'il n'y a pas de quoi rire, les lois de l'hygiène y sont-elles respectées? Les sciences appliquées y règnent-elles? Les principes de l'économie y sont-ils applicables? Le service domestique y sera-t-il simplifié, plus doux pour ceux qui l'accomplissent, plus satisfaisant pour ceux au profit desquels il s'accomplit? Y réalisera-t-on de grandes économies sur les objets de consommation, sur l'éclairage, sur le chauffage, etc...? La vie, en deux mots, y sera-t-elle plus facile et plus longue?

Non-seulement ces maisons n'opéreront pas dans la vie domestique une révolution comparable à celle qui a eu lieu de nos jours dans la production, mais on ne leur devra aucune amélioration sérieuse. Ni l'espace, ni l'air, ni la lumière n'y sont plus libéralement mesurés qu'ailleurs; la distribution intérieure des appartements est faite, comme précédemment, avec une complète inintelligence des nécessités d'une existence utile; la plupart des cuisines y prennent encore l'air et le jour sur des cours étroites, quand elles ne les prennent pas sur les appartements eux-mêmes; elles continuent de joindre leurs efforts à ceux des plombs et des latrines pour infecter l'air; des toitures en zinc recouvrent, comme d'habitude, des mansardes glaciales en hiver, brûlantes en été. Avec la meilleure volonté du monde, on n'y saurait signaler aucune innovation comparable à celles que les agriculteurs intelligents introduisent à l'envi en ce moment même dans la construction de leurs étables, de leurs bergeries et de leurs écuries, réglant la capacité et la disposition des bâtiments sur les besoins du bétail. Et si, par analogie avec ce qui a lieu pour les chaudières à vapeur, dont il n'est point permis de se servir avant qu'elles aient été éprouvées, les maisons, avant de recevoir des locataires, devaient être soumises à l'examen d'une commission d'hygiénistes, il n'en est pas beaucoup, parmi celles qu'on élève et qui font l'admiration des badauds, sur la façade desquelles on verrait apposé le timbre qui en autoriserait l'usage.

L'architecture non visitée jusqu'ici par l'esprit scientifique, n'est donc pas en harmonie avec la multitude d'inventions qui ont transformé toutes les branches du travail. Nous produisons, nous correspondons, nous voyageons en hommes d'avenir, nous nous logeons en hommes du passé. Est-ce donc qu'il n'y aurait à innover en architecture que dans les bagatelles de la porte ? La pensée de révolutionner nos moyens domiciliaires serait-elle tout à fait chimérique, et le pouvoir des sciences appliquées expirerait-il sur le seuil de nos habitations? ou bien encore la réforme aurait-elle ici moins d'intérêt que dans l'atelier ? Enfin la maison où je demeure tient-elle dans ma vie une place moins considérable que celle où je travaille?

Poser ces questions, c'est faire entrevoir à ceux dont l'esprit ne s'était pas encore arrêté sur cet immense sujet l'importance incomparable des progrès qui sont à accomplir.

La critique est loin d'être complète ; mais avant de pousser plus loin, nous devons dire comment, à notre avis, le problème de l'architecture se pose.

Par la création d'un type architectonique nouveau, pouvant d'ailleurs s'adapter à toutes les conditions, comme le chemin de fer se prête à toutes les bourses, opérer dans les moyens domiciliaires une révolution égale et parallèle à celle qui s'est opérée dans les moyens de production, de circulation et de correspondance, et par suite placer tous les hommes, quant à l'existence domestique, dans des conditions aussi avantageuses que celles où le chemin de fer les a mis sous le rapport de la locomotion ; c'est-à-dire donner à tous les hommes le bien-être domestique, comme le chemin de fer donne à tous la célérité : c'est ainsi que nous posons la question. La maison nouvelle doit être aux maisons actuelles, où nous payons démesurément cher le droit d'être logés d'une façon très-incommode et très-insalubre, et de mener une vie dispendieuse et médiocre, ce que l'usine est à l'atelier de l'ouvrier en chambre. La réforme architectonique fera baisser le prix de la vie, comme la création de la grande industrie à faire baisser le prix des objets manufacturés. Ici et là des avantages analogues s'obtiendront par l'action des mêmes causes, l'observation des mêmes principes et la pratique de moyens analogues ; en livrant la vie domestique aux sciences appliquées, en y faisant pénétrer les règles économiques, et les moyens mécaniques auxquels la production doit sa récente grandeur. Et quant à l'importance de cette réforme, il suffit de faire observer que, prenant l'homme dans la famille et non dans l'atelier, que, venant en aide non plus au travailleur pour accroître ses moyens de production, mais au consommateur pour augmenter ses ressources ; qu'enfin, ayant en vue la simplification et l'amélioration de la vie ménagère, elle revêt immédiatement un caractère moral et bienfaisant auquel la plupart des innovations industrielles ne peuvent, en raison de nos conditions sociales, s'élever que longtemps après leur réalisation. Il peut même arriver que celles-ci aient, dès le début, à l'égard de toute une catégorie d'hommes, des conséquences opposées à celles qu'elles auront plus tard, comme il arrive des machines, par exemple, à qui les travailleurs manuels devront leur émancipation, et qui agissent d'abord sur eux comme cause de dégradation.

Il en sera tout autrement de la réforme architectonique. Pénétrant dans la vie privée, la science va panser les blessures faites dans l'atelier. En réalisant des économies considérables de temps, de force et de matières, en mettant le service domestique simplifié à la portée de tous, par conséquent en déchargeant la femme des soins du ménage, elle donnera le comfort à ceux que l'exiguité des salaires empêche de se procurer le nécessaire et rattachera les liens brisés de la famille.

## L'EXPOSITION UNIVERSELLE.

Le grand événement de la semaine n'est plus une nouvelle pour personne. L'exposition a été ouverte le 15 mai. Le 15 mai, la France a ouvert les portes du Palais de l'industrie, du Temple du travail et de la paix, aux députés des provinces du monde venant procéder à l'inventaire des produits du globe et au recensement des forces créatrices du genre humain.

Nous n'avons pas à raconter les détals d'une cérémonie dont tout le monde a lu le récit dans les journaux quotidiens.

On sait également que des vastes bâtiments où va se réunir ce concile œcuménique du travail, le Palais de l'industrie a seul été ouvert au public, et que dans ce palais la nef centrale est seule à peu près prête. Les galeries latérales et les galeries supérieures sont encore nues ou encombrées de montagnes de caisses, dont le déballage ne peut être l'affaire d'un jour.

La grande annexe du bord de l'eau, qui n'a pas moins de 1,200 mètres de long et contiendra les machines en mouvement, ne pourra être ouverte avant la fin du mois ; ceci a été annoncé officiellement.

La vaste galerie qui met cette annexe en communication avec le bâtiment principal et dans laquelle la rotonde du Panorama est comprise, ne sera achevée que plus tard encore, vers le milieu du mois prochain.

C'est dans quelques jours seulement qu'il sera possible d'entreprendre un compte-rendu sérieux tel que celui que l'*Ami des sciences* voudrait offrir à ses lecteurs.

## LE DRAINAGE.

Qu'est-ce que le drainage? M. Martinelli, président du Comice agricole de Nérac, va répondre :

« Prenez ce pot de fleur, dit-il. Pourquoi ce petit trou au fond? Je vous demande cela, parce qu'il y a toute une révolution dans ce petit trou. Il permet le renouvellement de l'eau, l'évacuant à mesure ; et pourquoi renouveler l'eau? Parce qu'elle donne la vie ou la mort : la vie, lorsqu'elle ne fait que traverser la couche de terre à laquelle elle abandonne les principes fécondants qu'elle porte avec elle, rendant ainsi solubles les aliments qui sont destinés à nourrir la plante ; la mort, au contraire, lorsqu'elle séjourne dans le pot, car elle ne tarde pas à se corrompre et à pourrir les racines ; elle empêche d'ailleurs l'eau nouvelle d'y pénétrer. Le drainage n'a pas une autre destination ; il est appelé à faire, pour la fécondation des champs, ce que fait ce petit trou pour la motte de terre du pot de fleurs. »

Le drainage est donc une opération qui consiste à mettre un sol à l'abri des submersions en le dotant de la propriété de se débarrasser spontanément des eaux surabondantes provenant soit des pluies, soit des sources : il assainit et féconde en même temps ; il intéresse donc tout à la fois la richesse et la santé publiques.

Tous les moyens à l'aide desquels on empêche l'eau de s'accumuler dans le sol appartiennent au drainage : les fossés creusés entre les arbres sur les côtés des routes, ceux qui sillonnent les forêts et les bois, sont des exemples de drainage. Mais c'est là du drainage à ciel ouvert, lequel a, entre autres inconvénients, celui de faire perdre beaucoup de terrain. Les agronomes modernes pratiquent le drainage souterrain. On dispose sous le sol, selon la pente du terrain, plusieurs rangées parallèles et convenablement espacées de petits tuyaux en poterie non vernissée, placés bout à bout. Aboutissant à un canal de plus grand diamètre ouvert au point le plus bas du sol, ils reçoivent par les petits intervalles qui restent entre chacun d'eux, les eaux en excès et les dégorgent hors du champ. Assainie, la terre se fendille, s'allége, se laisse pénétrer par l'air atmosphérique et la chaleur solaire. Une cause d'insalubrité est supprimée en même temps que la fécondité du sol est accrue dans des proportions très-considérables, ainsi qu'on va le voir.

Voici quelques exemples de l'influence du drainage sur la culture des céréales. Nous les empruntons au savant *Manuel du Drainage*, de M. Barral.

Première expérience faite par M. de Rougé sur une pièce de terre située sur le domaine du *Chamel* (Aisne). L'excédant du produit sur les frais de culture était avant le drainage de 47 fr. par hectare ; après le drainage il s'est élevé à 296 fr. ; le bénédice a donc été de 219 fr. Le drainage avait coûté 213 fr. par hectare. Ainsi, l'opération a été payée, et au delà, dès la première année. Il faut dire toutefois que la terre avait été marnée et fumée en même temps que drainée.

Une deuxième expérience a été faite par le même agriculteur sur une pièce de seigle. Le produit net s'élevait avant le drainage à 217 fr., il s'est élevé après à 783 fr.; le bénéfice dû à l'opération dont il s'agit est donc de 566 fr. Or, l'opération elle-même n'avait coûté que 234 fr. 33 c., ainsi le drainage a été payé dès la première année et a procuré en outre un bénéfice net de 332 fr.

M. Vandercolme, agriculteur de l'arrondissement de Dunkerque, a divisé un champ en trois parties égales : l'une n'a pas été drainée, la seconde l'a été, la troisième a été, non seulement drainée, mais labourée profondément à l'aide de la charrue sous-sol. C'est une opération que les Anglais pratiquent très en grand. Tout le champ a été semé en blé. Voici les résultats : La première pièce (non drainée) a produit 492 fr. (valeur du grain et de la paille); la seconde (drainée), 624 fr.; la troisième (drainée et labourée profondément), 766 fr. C'est-à-dire que les trois récoltes sont entre elles : : 100 : 127 : 155. Où l'on voit que le labour par la charrue sous-sol, joint au drainage, augmente le rendement de la terre autant que le drainage lui-même.

On trouvera dans le livre de M. Barral, le récit détaillé d'une expérience de drainage profond et de labourage du sous-sol faite en Angleterre sur une ferme de Poles, appartenant à sir Robert-Henry Clive, expérience précieuse en ce qu'elle a duré plusieurs années. C'est un bel exemple de l'accroissement de fécondité qui résulte du drainage et du labour profond.—L'on doit remarquer que dans les cas où le drainage n'a donné aucun effet immédiat, il avait été opéré sans labour énergique et sans fumure.

Comme exemple de l'influence du drainage sur les récoltes de racines et de tubercules, on peut citer les chiffres fournis par M. Georges Bell, de Woodhouseless. De deux pièces de terre de même nature situées dans le comté d'Aberdeen, une seulement a été drainée. Elles ont fourni en turneps : la pièce non drainée, 15,558 kilogrammes à l'hectare, la pièce drainée, 42,130 kilogrammes. L'augmentation due au drainage est de 26,572 kilog., ou de 170 p. 100.

Le même agriculteur rapporte qu'un champ drainé, planté en pommes de terre, a produit 21,960 kil. par hectare, tandis qu'un terrain de même nature, non drainé, n'a fourni que 8,778 kil.; augmentation, 150 p. 100.

Parmi les cultures oléifères, M. Barral cite une expérience exécutée en Irlande, par M. Gray, sur le colza. Avant que le champ sur lequel elle a été faite fut soumis au drainage, on en pouvait à peine cultiver la septième partie. Sa contenance est de 5 h. 9, il a été écobué, drainé et défoncé à la charrue sous-sol, et ensuite semé en colza. La dépense totale de ces travaux a été de 2,413 fr.; le colza récolté fut vendu 2,735 fr. Ainsi, en moins d'un an, le drainage a été payé et il y a eu encore un bénéfice de 292 fr.

On trouvera dans le livre des expériences non moins remarquables sur les cultures fourragères, les cultures forestières et la culture de la vigne. Ce qui précède suffit pour inspirer le désir d'en apprendre davantage.

Le drainage, dont le nom n'est guère connu en France depuis 1845, a déjà pris en Angleterre une extension considérable. L'entreprise a été poursuivie avec cette passion que les Anglais, par un privilége que les Américains partagent seuls avec eux, savent apporter aux choses utiles. En sept à huit ans, 800,000 hectares ont été assainis. D'innombrables machines ont été inventées et conduites à ce point voisin de la perfection où se trouve aujourd'hui l'art du drainage. Les sociétés d'agriculture ont décerné des récompenses aux inventeurs, aux propriétaires, aux ouvriers.

Enfin le gouvernement anglais qui n'a point l'habitude de s'immiscer aux choses agricoles, le gouvernement a voulu que, cette fois, la communauté entière réunit ses forces pour pousser avec énergie une entreprise qui devait tourner à l'avantage du pays. Il a fait, dans ce but, d'énormes avances aux propriétaires des trois royaumes. Le remboursement s'opère avec une régularité exemplaire. C'est à l'accroissement de fécondité, procurée par le drainage, que l'agriculture anglaise a dû de pouvoir supporter la libre entrée des grains étrangers.

Nous ne sommes pas aussi avancés que nos énergiques voisins. Cependant l'administration de l'agriculture ne s'est pas tenue à l'écart. Il ne faudrait pas croire, en effet, que le drainage soit moins nécessaire en France qu'en Angleterre. Il est aisé de s'assurer du contraire. Voici, en l'absence d'une statistique complète que les chambres consultatives d'agriculture seraient en position de dresser, quelques chiffres pleins d'intérêt.

La partie du bassin de la Seine située en amont de Paris, contient à elle seule 1,113,600 hectares qui ont besoin d'être drainés : c'est 25 à 26 p. 100 de la surface totale. On peut déjà remarquer que ce chiffre l'emporte de beaucoup sur celui du nombre d'hectares qui ont été drainés en Angleterre.

D'après M. Raillard, ingénieur des ponts-et-chaussées, 33 p. 100 de toute l'étendue de la Meuse devraient être assainis.

D'après M. Van der Straten-Ponthoz, agriculteur à Metz, la même opération devrait être pratiquée sur 35 p. 100 de la surface de la Moselle.

M. Barral a tenté de déterminer la limite inférieure du nombre d'hectares qui, en France, devraient recevoir cette amélioration. Il trouve 12 millions d'hectares, soit 23 p. 100 de la surface totale. Au taux de 200 fr. l'hectare, c'est une déponse de *deux milliards quatre cent millions*. Mais par les documents qui précèdent, qu'on juge à quel degré de fécondité cette grande opération porterait le sol de la France!

## PISCICULTURE.

### INSTRUCTION PRATIQUE SUR LA RÉCOLTE, LA FÉCONDATION ET LE TRANSPORT DES ŒUFS DE POISSONS.

M. Alphonse Karr, dont le bon sens égale l'esprit, apprécie dans le *Siècle* avec son habituelle rectitude de jugement les délassements *piscifacturiers* du Collége de France et cet empoissonnement des eaux du bois de Boulogne, innocente amusette à laquelle les journaux se copiant les uns les autres ont donné les proportions d'un fait d'utilité publique. Je cite :

« On dit que l'empoissonnement de la rivière du bois de Boulogne est un fait accompli. Cinquante mille saumons, truites, etc., éclos au Collége de France, seraient déjà dans le bassin supérieur. On continuerait l'opération à mesure que l'alevin du Collége de France aurait pris assez de développement.

« Voilà plusieurs années que l'on s'occupe de pisciculture au Collége de France, et que les cuvettes des professeurs qui y sont logés ne servent plus qu'à élever de jeunes poissons.

« La pisciculture est un fait intéressant qui avait droit à tous les encouragements, et je comprendrais que le Collége de France s'en occupât avec cet ensemble et cette persévérance, si la chose était encore à l'état d'expérience; mais, lorsque le premier œuf de poisson entra au Collége de France, il y avait déjà plusieurs années que le pêcheur bressois Remy faisait en grand des expériences concluantes. Ce n'a donc été qu'une étude rétrospective, et ce ne peut être qu'une distraction pour MM. les savants du Collége de France. Ce n'est pas le premier exemple de hauts personnages trouvant un grand charme à voir tourner des poissons rouges. Dans l'*Ours et le Pacha*, l'eunuque Moréco dit à l'illustre Lagingeole : « — Shahabaam regarde en ce moment ses poissons rouges tourner dans un bocal; il en a pour deux bonnes heures. »

Quant aux personnes qui, non contentes de voir tourner

des poissons, voudraient se donner le plaisir d'en faire pousser, nous avons leur affaire.

La section de pisciculture de la Société zoologique a institué une commission chargée de rédiger des instructions pratiques sur les meilleurs moyens de récolter, de féconder et de transporter les œufs. Cette commission composée de MM. le marquis Amelot, de Quatrefages, marquis de Selve, Wallut et Millet, rapporteur, a rempli la mission dont elle était chargée et par l'organe de M. Millet a redigé les instructions suivantes qui ont reçu l'approbation de la Société :

« D'après les observations faites jusqu'à ce jour, les principales espèces de poissons qui peuplent les eaux de la France sont ovipares; la fécondation de leurs œufs a lieu *extérieurement*, c'est-à-dire que le mâle féconde les œufs après la ponte.

« La femelle pond ses œufs, et le mâle les arrose ensuite de sa matière fécondante, qu'on nomme *laite* ou *laitance*. Cette matière, qui, en bon état de maturité, ressemble au lait ordinaire ou à une crême liquide, a la propriété, quand elle est mise en temps utile et dans de bonnes conditions en contact avec les œufs, de les affecter et d'en développer les germes.

« La fécondation artificielle, appliquée à l'élève des poissons, comporte deux opérations principales : la première consiste à récolter les œufs et la laitance en bon état de maturité, et la seconde à mettre les œufs en contact avec la laitance de manière à les féconder.

« Pour faire les fécondations artificielles, il est indispensable que les œufs et la laitance soient bien murs et parfaitement sains. Le meilleur moyen d'avoir des poissons réunissant ces conditions essentielles, c'est de les pêcher soit à l'époque de la fraie, soit sur les frayères mêmes ou à proximité de ces frayères, quand ils commencent à entrer en fraie ou quand ils ont commencé à frayer. A cette époque, l'anus de la femelle est gonflé et comme enflammé; ses œufs coulent naturellement au moment où on la saisit, ou bien quand on lui presse légèrement le dessous du ventre; souvent même une partie des œufs tombe dans le filet ou dans le bateau du pêcheur quand le poisson s'agite, et surtout quand on le tient suspendu la tête en haut. Les œufs bien mûrs ou les bons œufs sont isolés les uns des autres (excepté pour la perche), sont clairs et transparents, et ressemblent à des petits globules de verre d'un gris verdâtre ou jaunâtre, selon les espèces, ou à de jolies groseilles blanches et roses, comme pour le saumon et la truite. Quand les œufs sont ternes, il faut les rejeter.

« Chez le *mâle*, la laitance est généralement bonne quand elle s'écoule en jets ou en gouttes semblables à du lait ou de la crême, soit naturellement, soit par une légère pression au ventre.

« Si, au moment de la pêche, la sortie des œufs et de la laitance n'était pas naturelle ou facile, si elle venait à s'interrompre pendant l'opération, il faudrait mettre les poissons en réserve dans l'eau, pour s'en servir le lendemain ou au bout de quelques jours.

« On doit toutefois éviter, autant que possible, de tenir le poisson en captivité, surtout pendant longtemps, parce que quelques espèces délicates ne supportent pas cet état et parce que les œufs et la laitance peuvent s'altérer et se perdre. Ces inconvénients n'existent pas, en général, pour les mâles d'un grand nombre d'espèces, qui fournissent souvent, pendant plusieurs jours consécutifs, des jets de bonne laitance.

« Dans tous les cas, il faut tenir le poisson dans un état de captivité qui se rapproche le plus possible de l'état naturel ; il faut lui fournir, dans les eaux mêmes qu'il habite ou dans des eaux de même nature, et surtout de même température, des abris où il aime à se réfugier et à se reposer.

« Quand on est en pleine campagne, sur le bord d'une rivière, on remet le poisson dans l'eau, après lui avoir passé dans l'ouïe et dans la bouche une corde retenue au rivage, ou bien on le place dans une petite nasse ou un filet-bourse qui l'enveloppe complétement et qui est muni d'une corde fixée à un piquet.

« Quand on a un mâle et une femelle qui se trouvent dans de bonnes conditions, on procède à la fécondation. Voici la manière d'opérer pour obtenir des *œufs bien fécondés*.

« Afin de rendre cette description très-claire, il faut d'abord établir une distinction entre les poissons qui donnent, les uns (saumons, truites, ombres, feru, etc.) des œufs libres et non adhérents, et les autres (carpe, tanche, gardon, etc.) des œufs qui se *collent* ou s'attachent, immédiatement après la ponte, contre les objets environnants.

(*La suite au prochain numéro.*)

---

## CORRESPONDANCE.

### Navigation aérienne.

Nous avons déjà enregistré les réclamations de deux personnes qui ont eu la même idée que M. de Monestrol et dont l'un, M. Métivier, nous l'avait communiquée il y a quelques mois; nous en avons d'autres à mentionner.

1° M. Hippolyte Clerc, de Rive de Gier, nous rappelle que, dans une lettre en date du 8 avril, il proposait le moyen auquel s'est arrêté M. de Monestrol. — Ce qui est exact.

2° M. Nicot d'Arbent, de Lyon, nous rappelle une lettre de lui à nous en date du 31 mars qui contenait la même chose.

3° M. Grenier, de Paris, nous adresse copie d'une communication, en date du 5 octobre 1854, où se trouve mentionnée la même disposition.

Nous nous attendons à d'autres réclamations; voici pourquoi : Ayant publié dans la *Presse*, en janvier 1853, quatre feuilletons sur la navigation aérienne, nous reçûmes en moins de trois mois soixante-dix-sept solutions du problème. Or, il serait bien étrange que l'idée qui, comme on voit, a déjà cinq propriétaires, ne fût venue à la pensée d'aucun des auteurs de ces soixante-dix-sept solutions.

Cela serait d'autant plus étrange que cette idée, presque aussi vieille que l'invention des aérostats, est tombée dans le domaine public depuis plus de soixante années. C'est ce que remarque avec beaucoup de raison un sixième correspondant, M. Simonin, de Nancy, qui, ayant réinventé, en 1839, cette vieille invention, reconnaît aujourd'hui que le mérite en revient à l'illustre général Meunier, tué par un boulet, en 1793, au siége de Mayence, et à qui le roi de Prusse Frédéric-Guillaume fit cette belle oraison funèbre: « Je perds un ennemi qui m'a fait bien du mal; et la France perd un grand homme. »

En publiant la lettre de M. de Monestrol, nous n'avons pas voulu, comme le suppose un de nos correspondants, favoriser l'auteur de cette lettre; nous n'avons pas l'honneur de connaître M. de Monestrol. Nous l'avons publiée parce qu'elle présentait, dégagée de tout accessoire, un idée sur laquelle il nous paraissait bon d'appeler l'attention.

Nous ne supposions pas d'ailleurs qu'une réclamation de priorité pût se produire à cette occasion, non-seulement parce que l'idée est dans le domaine public, mais encore, parce qu'en l'absence de l'expérience ou tout au moins du calcul, cette idée n'est rien, si elle n'est simplement une incitation à l'expérience et au calcul, et c'est dans l'espoir de provoquer l'une et l'autre que nous l'avons mise en avant. Qui fera l'expérience sera le véritable auteur de la chose.

Ceux qui, d'une part, n'ignorent pas quelles difficultés rencontre, dans la pratique, la compression des gaz au moyen de pompes, et qui, de l'autre, savent, sinon par eux-mêmes du moins par les relations des aéronautes, sur quels énormes volumes de gaz et avec quelle rapidité la manœuvre dont il s'agit devrait souvent s'opérer, ceux-là comprendront nos réserves et diront avec nous: « Dans cette matière l'expérience est tout. »

Expérimentons.

---

## SOUSCRIPTION
## EN FAVEUR DE LA FAMILLE DE JOSEPH REMY.

MM. de Jouffroy d'Abbaus, à Saint-Omer, 3 fr.; — De la R., à Rennes, 6 fr. 37; —Matignot, à Fontainebleau, 5 fr.; — La loge de l'Amitié (Orient), de Paris, 5 fr.; — Boissat-Lagrave, à Périgueux, 2 fr.

## LA SEMAINE SCIENTIFIQUE.

CULTURE DU RIZ SEC. — Le *Moniteur* fait remarquer que l'essai tenté à Paris avec succès par un boulanger qui mêle une certaine quantité de riz à la farine de froment dans la fabrication du pain, donne un vif intérêt d'actualité aux essais que l'on tente en ce moment dans plusieurs de nos départements pour y introduire la culture du riz sec de la Chine. Nous avons énuméré naguère, d'après un rapport de M. de Montgaudry, les précieux avantages de cette plante, l'un des dons que M. de Montigny nous a faits. On sait déjà que ce riz ne demande pas plus de culture que le blé de mars, qu'il croît sans eau dans les terres les plus sèches, se cultive dans les montagnes aussi bien que dans les vallées, et, qu'enfin il ne nécessite point la création de ces rizières, sources de miasmes putrides, si dangereux, pour le cultivateur.

Aujourd'hui une intéressante note lue par M. Emile Tastet à la Société zoologique nous permet d'entrer dans d'utiles détails sur la culture de cette remarquable plante alimentaire.

La note de M. Tastet a pour titre : *Sur la culture du riz dans l'Inde et sur les moyens de l'introduire en France.* La France, dit l'auteur, possède une étendue considérable de terrains en pente sur lesquels la culture est difficile ou peu productive. Les bords de l'Océan et de la Méditerranée se distinguent par de vastes plaines où le sel effleure à la surface, ce qui les frappe d'une stérilité complète. Rendre les terrains en pente plus productifs, restituer aux rivages de la mer la fertilité que les dépôts salins leur ont fait perdre, tel est le grand problème que l'on pourrait résoudre par l'introduction de la culture des riz asiatiques.

Ces riz se divisent en deux grandes variétés. Les uns réussissent très-bien sur les penchants des montagnes, dans les sols secs et maigres, à l'abri de l'atteinte des eaux, conditions qui ne conviennent guère au reste des plantes agricoles ; les autres se plaisent dans les terrains bas, humides, où il est possible de diriger les irrigations à volonté. Le *riz sec* ou *des montagnes* conviendrait donc à toutes les régions qui avoisinent les Alpes, les Vosges, les Cévennes et les Pyrénées ; au contraire, le riz aquatique serait un puissant moyen de fertilisation dans toutes les terres qui bordent la Méditerranée et l'Océan, et dont la constitution saline a été jusqu'ici un obstacle à leur mise en valeur.

Nous nous occuperons aujourd'hui de la culture du riz sec.

Lorsqu'on veut semer du riz sec, il faut choisir une terre haute qui soit à l'abri des inondations. Vers la fin du mois de mai ou vers les premiers jours de juin, aussitôt que les pluies commencent, le cultivateur indien donne deux labours, suivis chacun d'un hersage, et sème ensuite sur le pied de deux à trois hectolitres par hectare. — Un mois après l'ensemencement, il procède au sarclage, dont un suffit pour débarrasser le sol des plantes parasites. — Si le riz en terre appartient aux variétés Pinurségui et Bras-Ladong, les plus précoces, il faut encore deux mois pour atteindre la moisson. En un mot, trois mois suffisent à la plante pour parcourir toutes les phases de sa végétation. Les autres variétés, moins hâtives, réclament cinq mois. Les Pinurségui et Bras-Ladong sont donc des variétés qu'il conviendrait surtout d'acclimater en France, parce que, n'occupant le sol que très-peu de temps, elles pourront, d'une part, se combiner avec les cultures dérobées, et, de l'autre, dans les moments de disette, elles offriront un moyen certain et prompt d'accroître la masse des subsistances.

La moisson se fait à la faucille. Les épis sont aussitôt mis en gerbes dont on fait de grandes meules en attendant le battage. Cette opération a lieu de la même manière que la *depiquaison* dans le midi. Les gerbes sont étendues sur une aire, où on attend que le soleil les ait prises. On dirige ensuite sur l'aire des buffles dont le piétinement fait sortir les grains de leurs grappes. Le décorticage a lieu au moyen d'une machine portative en bois, composée de deux meules verticales, qu'un homme fait mouvoir par une manivelle ; une seconde personne charge la machine, et une troisième reçoit le riz tout décortiqué. On peut ainsi préparer jusqu'à 1,500 kilogrammes par journée de travail ; mais le grain est tel qu'on l'importe en Europe, où on lui fait subir une dernière façon pour le rendre plus propre à nos usages culinaires.

Aux États-Unis, le décorticage se fait au moyen de moulins dans lesquels le grain passe successivement sous trois meules différentes. La première commence à attaquer l'enveloppe ; la seconde l'en sépare complétement et commence à blanchir le grain ; enfin, sous la troisième, le riz aquiert toute sa blancheur. Mais comme alors il se compose d'un mélange de diverses grosseurs, il faut le séparer par degré de force, ce qui constitue une dernière opération : on obtient ce triage au moyen de cribles de différents calibres. Ainsi, en Amérique, les moulins à décortiquer sont très-compliqués tandis que dans les Indes ils sont beaucoup plus simples.

M. Tastet conclut en proposant à la Société : 1° de faire venir 1,200 kilog. de riz de Pulo-Pinang et 1,200 kilog. de Manille ; 2° de faire venir en même temps de chacune de ces régions un moulin à décortiquer. Cette double proposition, très-favorablement accueillie, a été renvoyée à l'examen d'une commission composée de MM. Richard (du Cantal), le marquis Amelot, le baron de Montgaudry et Émile Tastet.

Nous donnerons dans le prochain numéro la partie de la note relative à la culture du riz aquatique.

MOYEN DE PRÉVENIR LES EXPLOSIONS DES CHAUDIÈRES A VAPEUR. — Tout le monde sait quel a été pendant de longues années le principal sujet des recherches de M. Audraud, et personne n'ignore qu'il lui est arrivé fréquemment de comprimer de l'air depuis les plus basses jusqu'aux plus hautes pressions.

« Or, dit-il, j'ai premièrement été frappé de ce fait : c'est que les vases de métal bien construits ne font jamais explosion par l'action lente et régulière de la pression du fluide. Lorsque cette pression progressive arrive à la limite de la résistance du vase, le métal se déchire et le fluide s'échappe avec sifflement. J'ai ainsi condensé de l'air jusqu'à 40 atmosphères, avant d'arriver au déchirement sans explosion, dans des vases de 40 centimètres de diamètre dont la tôle n'avait pas plus de deux millimètres et demi d'épaisseur. Mais, lorsque j'ai voulu produire l'explosion, je n'ai pu y arriver qu'en portant instantanément la compression de 20 à 200 atmosphères. Ce à quoi je suis parvenu au moyen d'un appareil que j'ai imaginé à cet effet, que j'appelle le levier des forces fluides. Cet appareil est tel que l'air condensé passant par deux cylindres de diamètres différents peut réagir sur lui-même et multiplier sa force dans telle proportion qu'on le veut et cela sur-le-champ. De ce qui précède il est résulté pour moi la ferme conviction que, si les chaudières à vapeur font explosion, ce n'est pas à un léger surcroît de la pression normale et régulière du fluide qu'il faut l'attribuer, mais à l'intervention soudaine d'une force étrangère qui porte instantanément la pression de quelques atmosphères à plusieurs centaines d'atmosphères. »

Quelle est cette force ?

Un ouvrier ayant à placer un écrou dans un tube par où s'échappait la vapeur, et plongeant la main dans ce tube, ressentit une violente commotion ; l'éveil fut ainsi donné, et bientôt les physiciens constatèrent qu'il se forme toujours dans les chaudières une quantité plus ou moins considérable d'électricité ; M. Becquerel a même calculé à quel degré de chaleur la vapeur produit le maximum d'électrité. Or, c'est sous les températures correspondant aux basses pressions, que se produit ce maximum d'électricité, et par une coïncidence bien remarquable, les explosions ont habituellement lieu lorsque la vapeur est à basses pressions.

M. Audraud en conclut que « l'électricité formée au sein de la vapeur et amenée en certaines circonstances à l'état d'explosibilité, est la seule cause des déflagrations fulminantes qui brisent les chaudières. »

En conséquence, voici ce qu'il propose : « Il y aurait, dit-il, à faire une chose bien simple. Comme il s'agit de la foudre, ce serait de recourir au paratonnerre ; ce serait de plonger dans la chaudière une ou plusieurs pointes de métal inoxidable, qui soutireraient l'électricité à mesure qu'elle se forme, et la rejetteraient au dehors où elle irait se perdre dans le réservoir commun. Ainsi recevrait sa meilleure et sa plus salutaire application la merveilleuse invention de Franklin. »

MAMMIFÈRES A ACCLIMATER. — M. I. Geoffroy-Saint-Hilaire, dans son beau travail sur la *domestication et la naturalisation des animaux utiles*, limite provisoirement à une quinzaine le nombre des mammifères sauvages dont la France peut se proposer de faire la conquête. M. Florent Prevost, aide-naturaliste, chargé de la Ménagerie au Muséum d'histoire naturelle, a plus d'ambition ; il communique à la Société zoologique une « *Liste des mammifères et des oiseaux des diverses parties du monde dont l'acclimatation en France et en Algérie peut être tentée avec le plus de chances de succès ;* » et cette liste contient plus de cent espèces, parmi lesquelles nous trouvons l'élan, le renne, l'éléphant, la girafe, le castor du Canada, etc. On pouvait reprocher à M. I. Geoffroy un excès de prudence dans la rédaction de sa liste, ou plutôt on s'expliquait sa réserve par la position officielle de l'auteur ; nous craignons bien qu'on n'adresse un reproche tout opposé à M. Florent Prevost. Si nous nous joignions à ceux qui se croiraient en droit de critiquer sa note, ce serait probablement pour des motifs différents de ceux dont la plupart des opposants argueraient ; notre objection principale ne serait pas tirée de la difficulté de l'entreprise. Nous nous bornerons, pour le moment, à dire qu'en matière d'acclimatation ; comme en toutes choses, il convient de se préserver de l'excès de zèle. « L'excès en tout est un défaut. » Si on n'y prend garde, on en arrivera à croire qu'il s'agit d'introduire en chaque pays, en France par exemple, tous les animaux utiles à un degré quelconque. Cela paraîtrait grand, et en réalité ce serait poser la question d'une façon bien mesquine. Le but atteint, nous n'aurions plus en effet qu'à élever autour de nous une muraille de la Chine, le reste de l'univers nous deviendrait inutile.

ORIGINE ET CARACTÈRE DE LA MÉTHODE SOUS-CUTANÉE. — Un chirurgien célèbre, M. Phillips, adresse à l'Académie une lettre dont nous extrayons ce qui suit, pensant que rien de ce qui se rapporte à cette admirable méthode chirurgicale ne peut paraître indifférent au lecteur.

« Qu'est-ce que la méthode sous-cutanée ? se demande M. Phillips, et il répond : J'ai cru d'abord et j'ai écrit que cette méthode consiste à couper sous la peau ce que naguère on coupait à ciel ouvert. Je ne crains pas de le reconnaître, j'ai commis une méprise. La méthode sous-cutanée peut se réduire à ces termes : il y a des plaies sous-cutanées qui suppurent, il y en a qui ne suppurent pas ; *la découverte de la cause de cette différence, l'institution des principes et des règles qui sont propres à ne produire que des plaies sous-cutanées qui ne suppurent pas et à faire bénéficier de cet avantage toutes les opérations de la chirurgie qui peuvent être pratiquées sous la peau*, voilà en quoi consiste la méthode sous-cutanée.

« Le caractère de la méthode sous-cutanée ne consiste donc pas dans son apparence extérieure, ni dans son manuel opératoire tel qu'il avait été institué et perfectionné par nos prédécesseurs, depuis Delpech jusqu'à Stromeyer et Dieffenbach, mais dans la découverte d'un principe nouveau : *l'organisation immédiate des plaies maintenues à l'abri du contact de l'air*, et dans la régularisation d'un manuel opératoire propre à assurer la rigoureuse application de ce principe à toutes les opérations de la chirurgie. Reconnaissons que si la première période de cette phase chirurgicale a été l'œuvre de Delpech, de Dupuytren, de Stromeyer et de Dieffenbach et de quelques autres encore, la seconde a été réalisée d'emblée par M. Jules Guérin et développée par tous les chirurgiens qui ont compris la fécondité de son idée et qui ont travaillé avec lui à tirer les conséquences pratiques qu'elle renferme.

« Avant la constitution de la vraie méthode sous-cutanée, on avait fait bon nombre de sections de tendons sous la peau, on avait lié des veines sous la peau, etc. ; mais ces différentes opérations, pratiquées uniquement en vue de ménager l'enveloppe tégumentaire et de réduire les phénomènes inflammatoires en proportion de la dimension des plaies, laissaient en quelque façon au hasard de décider s'il y aurait ou non suppuration, et lorsque la guérison immédiate arrivait, on était bien plus disposé à l'attribuer à l'exiguïté de la plaie et à la nature du tissu tendineux divisé, tissu d'une vitalité obscure, qu'à toute autre circonstance étrangère à ces deux causes. Les opérations exécutées par mon illustre maître et ami Dieffenbach, celles qui ont été répétées en Allemagne par d'autres chirurgiens, et que j'ai répétées moi-même sur une assez grande échelle, n'ont pas eu d'autre but ni d'autre caractère. Les publications directes de Dieffenbach, celles que j'ai faites en son nom et sous sa dictée, celles que j'ai faites plus tard en mon nom particulier constatent de la manière la plus évidente non seulement que personne de nous n'avait agi, pensé et écrit en vue des principes découverts depuis, mais que, faute d'avoir bien compris tout d'abord la haute signification de ces principes, nous nous sommes joints à ceux qui leur faisaient opposition. Mais Dieffenbach et moi nous n'avons pas tardé à reconnaître notre erreur ; et mon illustre maître a donné dans cette circonstance un nouveau témoignage de la sûreté de son esprit comme de la loyauté de son caractère en venant déclarer lui-même à l'auteur du nouveau progrès qu'il l'admettait dans toute son étendue et qu'il en reconnaissait tout l'honneur à celui qui venait de l'instituer. »

POLYPES DE L'OREILLE. — Sous le titre de *Recherches historiques et pratiques sur les polypes de l'oreille, leur nature et leur traitement*, M. le Dr Triquet adresse à l'Académie un mémoire qui fait suite à son travail sur les *otites* et les *flux d'oreilles*, travail récompensé par l'Académie dans sa dernière séance solennelle. Ce nouveau mémoire se résume dans les points suivants.

1° Les polypes du conduit auditif sont des excroissances charnues de forme, de consistance et de structure variables ; 2° leur forme est quelquefois pédiculée, à surface rougeâtre vasculaire, saignant facilement et donnant issue à une matière échoreuse et fétide. — Leur consistance est en général, dure, friable, et leur structure anatomique comparable de tous points aux chairs baveuses qui poussent sur les os cariés ; 3° ces masses charnues naissent toujours dans l'oreille à la suite des vieux écoulements dont elle peut être le siége, que ces écoulements se soient montrés à la suite de la rougeole, de la scarlatine, de la petite-vérole, de la fièvre typhoïde, ou qu'ils soient nés à la suite d'une phlegmasie catarrhale simple, légitime ; 4° presque toujours ces polypes, quand ils sont négligés, sont accompagnés de la destruction du tympan, des osselets et de la désorganisation des parties plus profondes de l'oreille et essentielles à l'audition ; 5° on les observe surtout chez les jeunes enfants, et un préjugé vulgaire malheureusement fort répandu veut qu'on respecte les flux d'oreilles du premier âge comme étant salutaires ; c'est là une erreur que M. Triquet réfute dans son travail. Ce point était très-important à démontrer, puisque les flux d'oreilles abandonnés à eux-mêmes engendrent les polypes, qui laissent une surdité des plus rebelles.

ORGANOGÉNIE ET PHYSIOLOGIE VÉGÉTALES COMPARÉES. —

*Etamines.* — M. Chatin, auteur du travail dont nous venons de transcrire le titre, n'a pas tardé comme on voit à donner une suite aux remarquables études dont nous avons exposé, dans un précédent numéro, l'idée fondamentale; l'objet du présent mémoire est de rechercher les rapports qui existent entre les étamines comparées, tant dans les diverses phases de leur évolution normale, que dans leur passage de l'état normal à l'état de déformation par arrêt de développement.

La maturation où, comme disent les botanistes, la déhiscence des étamines n'a pas lieu simultanément pour toutes celles d'une même fleur : ceci est d'observation vulgaire. Chez les unes, elle a lieu de la circonférence au centre ; chez les autres, du centre à la circonférence, etc. Or, l'organogénie nous apprend que la naissance de ces étamines n'est pas plus simultanée que leur déhiscence, et si on compare l'ordre de naissance à l'ordre de maturation, on reconnaît que ces deux âges sont liés entre eux par des rapports de trois sortes qui peuvent être ainsi exprimés :

« 1er *rapport.* Il y a *rapport direct* ou *parallèle* entre l'ordre de naissance et l'ordre de maturation des étamines. — En ce cas, très-général, qui représente une loi naturelle d'organisation, il y a subordination évidente de la maturation à la naissance. Chacune des étamines arrive à la déhiscence après un même nombre d'heures de vie, ou, plus exactement sans doute, après avoir reçu un même nombre de degrés de chaleur.

« 2e *rapport.* L'ordre de déhiscence ou de maturation des étamines est *indépendant* (mais non encore inverse) de l'ordre suivant lequel s'est effectuée leur naissance.

« 3e *rapport.* Il y a *inversion* entre l'ordre de maturation et l'ordre de naissance des étamines. »

L'étude de ces rapports entre la naissance et la déhiscence des étamines est le sujet du mémoire de M. Chatin. Ce mémoire aura une suite.

L'IODE CONTRE LES VENINS. — A l'occasion du rapport fait récemment à l'Académie, par M. Flourens, sur les belles expériences de M. Alvaro Reynoso, M. Duroy, pharmacien, rappelle qu'antérieurement aux communications du chimiste précédemment cité et à celles de MM. Braynard et Green, il a été conduit par l'examen des propriétés déjà constatées de l'iode, à proposer l'essai de cet agent comme moyen de combattre les virus et les venins, ainsi que les empoisonnements miasmatiques.

## VARIÉTÉS.

### Sur quelques arbres de dimensions gigantesques.

M. Verlot, employé au jardin des plantes de Paris, cite dans la *Revue horticole* un grand nombre d'arbres remarquables par leurs dimensions qui existent dans le département du Loiret. Nous allons lui faire quelques emprunts. *Toute exception qui se manifeste en une espèce étant l'indication d'une règle nouvelle à laquelle cette espèce peut être soumise*, un intérêt plus sérieux que celui de la curiosité s'attache à nos citations, et, pour le dire en passant, si nous enregistrons avec une prédilection marquée les cas rares en tous genres, c'est que nous avons sans cesse présent à l'esprit le principe qui vient d'être rappelé.

Au château de Vrigny, dont Duhamel était seigneur, on voit parmi les arbres les plus précieux un *Cedrus Libani*, de 55 mètres de hauteur sur 2 mètres 60 de diamètre. C'est sans contredit le plus beau de ceux connus jusqu'à ce jour en France ; à lui seul il rapporte annuellement pour 2,000 francs de graines. Il est frère de celui du Muséum d'histoire naturelle, envoyé par Sherard à Bernard de Jussieu, en 1736. Celui de Vrigny a été planté par Duhamel lui-même, et à ce titre il sera toujours cher à l'horticulture. On y voit encore un *Quercus rubra*, de 20 mètres de haut sur 1 mètre 30 de diamètre. Cette espèce mériterait d'être plus propagée qu'elle ne l'est ; plantée dans nos forêts, elle se montrerait, comme partout, très-vigoureuse ; elle a l'avantage de se ramifier beaucoup, et par conséquent d'offrir des pièces propres à la marine et une masse considérable de combustible. On y trouve aussi un *Quercus tinctoria*, de même grandeur et de même grosseur que le précédent, et qui, comme lui, n'est pas assez généralement cultivé.

Au château de Demainvillier, près Pithiviers, qui appartient à la famille Duhamel, on remarque les espèces suivantes : un *Plunera crenata*, de 20 mètres de hauteur sur 1 mètre de diamètre. Cet exemplaire fructifie tous les ans. Il est à regretter qu'un ouragan ait cassé sa flèche et le force à ne plus pousser qu'horizontalement. Cette espèce devrait être aussi plus cultivée ; son bois, très-dur, offrirait une précieuse ressource à la charpente.

Bien près de ce château, dans l'ancienne propriété du parc de Monceau, existe un *Platanus occidentalis*, le plus âgé peut-être de ceux connus en France, et qui est d'une hauteur prodigieuse. Cet arbre fut aussi planté par Duhamel, qui pensait qu'un jour nos promenades seraient ornés de Platanes d'Occident. Sur la terrasse de cette même propriété, on voit un énorme *Zizyphus vulgaris*, qui s'est implanté naturellement et qui est si bien naturalisé que depuis longtemps il résiste aux froids de nos hivers.

Sur la route de Pithiviers à Chambord, on trouve un *Quercus Phellos*, de 16 mètres de haut sur 1 mètre 20 de diamètre. Il est au moins aussi beau que celui du jardin de Trianon et rapporte chaque année un nombre considérable de fruits.

Le parc de Châteauneuf nous fournit, en outre, plusieurs exemples d'arbres monstrueux ; les plus remarquables sont : un *Nyssa aquatica* et un *Nyssa villosa* (Cunningh), mesurant chacun 18 mètres de haut sur 0 mètre 80 de diamètre ; ils sont plantés au bord d'une petite rivière. Ne seraient-ce pas là deux bonnes espèces à propager dans les terrains compactes et humides, dans la Sologne, par exemple, qui offre tant de parties dépourvues de végétation dans son terrain argileux et humide ? Ces deux *Nyssa* rempliront un jour peut-être ce rôle important.

Un *Magnolia glauca* L., mesure 35 mètres de haut ; sa tige principale atteint 20 mètres sans ramification. Il donne chaque jour un nombre considérable de fleurs et de graines.

Le château de Fondperthuis, près Beaugency, possède deux *Populus fastigiata* Poit., ayant 15 mètres de haut sur 2 mètres 50 de diamètre. Chacun de ces arbres est pourvu de 40 couronnes ou verticilles, ce qui leur donne un aspect des plus remarquables.

Près de la propriété de M. Mallet, à Saint-Jean-de-Braye, existe à côté d'un vieux puits un *Hedera helix* L. Ce lierre, rival de celui dont parle De Candolle, et qui existe là depuis un siècle peut-être, s'y est si solidemment implanté qu'après avoir garni la tonnelle du puits il a gagné le toit d'une ancienne maison qu'il a envahie et recouverte. Un de ses forts rameaux, cassé probablement par accident, a fait naître à l'endroit de la rupture plusieurs branches qui lui ont fait prendre une forme arrondie qne nous observons rarement dans la nature.

## NOUVELLES ET CAUSERIES.

*Le Bonheur des membres de la Société zoologique. — Où l'Académie des sciences se montre fidèle à ses précédents. — Un prix qui fait des petits. — Une rue vitrée. — Longueur des lignes télégraphiques en France. — Substitution des télégraphes souterrains aux télégraphes aériens. — Un succès de M. Bonelli ou l'avantage d'être Piémontais.*

*** Lorsque les yacks ramenés de Chine par M. de Montigny arrivèrent à la ménagerie du Muséum de Paris, Mlle Rosa Bonheur s'empressa d'en faire un dessin dont elle gratifia la Société zoologique. Celle-ci, appréciant toute la valeur du cadeau, décida que le dessin serait reproduit par un de nos plus habiles artistes, afin qu'un exemplaire pût être offert à chacun de ses membres : une lettre de M. le secrétaire général les informe que la gravure de ce dessin vient d'être terminé ; (« ce beau dessin, » dit M. le secrétaire-général ; mais après le nom de Mlle Bonheur, l'épithète était bien superflue et c'est une répétition qu'il commet). La gravure a été exécutée avec le plus grand soin et le plus grand succès par M. Riffault, à l'aide des procédés héliographiques de M. le commandant Niepce de Saint-Victor. C'est donc un véritable *fac-simile* de l'œuvre de Mlle Rosa Bonheur, que, par un privilége spécial, recevront les heureux membres de la Société zoologique; — la gravure ne sera pas mise en vente.

*** Nous avons dit que MM. Flourens, de Quatrefages et Valenciennes se portent tous les trois candidats à la chaire d'*Histoire naturelle des corps organisés*, vacante au Collége de France par suite du décès de M. Duvernoy. Voici comment en pareil cas les nominations ont lieu : les professeurs du Collége dressent une liste de candidats, l'Académie en dresse une autre, et les deux listes sont présentées au gouvernement qui élit. On sait déjà qu'à M. de Quatrefages le Collége de France a préféré MM. Valencienne et Flourens, et qu'il a mis ce dernier en tête de sa liste. Cette décision nous a paru de nature à exciter les regrets des amis désintéressés des sciences, parce que M. de Quatrefages, membre de l'Institut comme ses concurrents, savant laborieux, naturaliste éminent, n'est encore professeur nulle part, tandis que MM. Flourens et Valencienne le sont l'un et l'autre au Muséum d'histoire naturelle. L'Académie des sciences eut pu ne pas s'associer à une mesure si peu conforme aux convenances, à l'équité, aux intérêts de la science; l'a-t-elle fait? non sans doute. Elle n'a pas donné ce démenti à ses précédents. Rappelez-vous MM. Balard et Laurent! L'Académie a donc ratifié les choix du Collége de France; ses candidats sont en 1er M. Flourens, en 2d M. Valencienne.

Il est bien dommage que l'Académie ne soit pas tenue de motiver ses décisions!

*** L'Académie des sciences recevra lundi prochain une lettre à laquelle nous sommes heureux de donner une publicité anticipée. Voici le fait :

Lors du concours de 1854, le grand prix Monthyon fut décerné à MM. les docteurs Danielsen et Boeck, auteurs d'un beau travail sur les maladies de la peau. Or, les honorables lauréats n'ont pas voulu accepter le bénéfice si bien justifié cependant de cette récompense pécuniaire. Satisfaits de l'honneur, ils désirèrent que le profit fût pour l'université où ils ont étudié, celle de Christiana. Celle-ci a accepté le don offert et elle a décidé que les intérêts de la somme allouée par l'Institut de France formeront un prix à décerner annuellement. De plus, un exemplaire des ouvrages couronnés sera envoyé à notre Académie des sciences comme souvenir de sa libéralité envers les savants étrangers.

Jamais pensée plus délicate a-t-elle répondu aux vues généreuses de M. de Monthyon?

*** Un journal anglais, l'*Express*, annonce qu'il est question de construire à Londres une rue de huit milles de longueur, qui, bordée de chaque côté par des boutiques serait couverte en verre. On ajoute que le long de cette rue courraient deux chemins de fer superposés; celui d'en bas, destiné aux trains omnibus s'arrêtant à chaque mille; celui d'en haut aux trains express. — Nous ne savons ce qu'il y a de vrai dans cette nouvelle; mais la construction de rues couvertes et l'adoption au sein de villes de grandes dimensions, telles que Londres et Paris, d'un mode de locomotion plus rapide que nos voitures, nous semble de toute nécessité.

*** Les chiffres suivants indiquent combien a été rapide le développement des lignes télégraphiques en France :

Au mois de décembre 1851, les lignes télégraphiques occupaient une longueur de 2,133 kilomètres; à la fin de 1852, le réseau électrique était de 3,458 kilomètres, soit une augmentation de 1,325 kilomètres sur l'année précédente.

L'année suivante, il était plus que doublé et comptait 7,175 kilomètres, soit 3,717 kilomètres de plus. Au 1er janvier 1855, il atteignait 9,244 kilomètres : augmentation de 2,069 kilomètres. En résumé, 7,111 kilomètres créés dans l'espace de trois années. Cette activité ne se ralentit pas, car, d'après l'exposé des motifs du budget de 1856, plus de 10,000 kilomètres seront achevé à la fin de la seconde année.

*** Les fils aériens qui mettent les Tuileries en communication avec le ministère de l'intérieur seront bientôt remplacés par des lignes souterraines et nous espérons que cette mesure se généralisera. Les travaux en cours d'exécution se font remarquer par les dispositions suivantes : les conducteurs souterrains en laiton galvanisé, comme ceux qui courent à l'air libre, sont enfermés dans une sorte de longue caisse en asphalte goudronné, divisée dans le sens de sa largeur en trois compartiments, dont deux contiennent chacun dix fils et le troisième six seulement. De petites tablettes en fonte servent à tenir les fils en place.

*** La *Gazette piémontaise* rend compte en ces termes des premiers essais du télégraphe des locomotives de M. Bonelli :

« La soirée du 4 mai 1855 fera époque dans l'histoire des télégraphes et des chemins de fer : à six heures, le chevalier Bonelli a fait le premier essai de son télégraphe des locomotives sur la ligne de Turin à Moncalieri. Pour la première fois, on a vu une voiture lancée à grande vitesse recevoir et apporter des dépêches à la station d'où elle était partie.

» Quoique les circonstances fussent aussi défavorables que possible, à cause de la rouille couvrant la lame conductrice et de la pluie qui tombait abondamment, l'expérience a réussi parfaitement. Au moyen d'une voiture parcourant un kilomètre en deux minutes, il a été échangé facilement des demandes et des réponses avec la station de Turin pendant toute la durée de l'expérience, et l'inventeur a annoncé la pleine réussite au président du conseil des ministres et au directeur des travaux publics.

« L'appareil sera placé bientôt jusqu'à Truffarello, et l'on fera officiellement constater, en présence de délégués, la correspondance d'un train à toute vitesse avec un autre placé sur la voie et avec les trois stations de Turin, Moncalieri et Truffarello. Il paraît difficile, ajoute la *Gazette*, d'imaginer quelque chose de mieux pour l'application des télégraphes aux chemins de fer. »

Sans doute, mais « quelque chose d'aussi bon » a été imaginé par plusieurs physiciens, MM. le capitaine Guyard, le Vicomte Dumoncel, l'ingénieur de Castro; seulement, les premiers n'ont pu trouver en France les facilités d'expérimentation que M. Bonelli a rencontrées en Piémont; c'est là différence entre eux et lui. Quant à M. de Castro, ingénieur au corps royal des mines en Espagne, nous ignorons où il en est.

## BULLETIN BIBLIOGRAPHIQUE.

Nous avons reçu les ouvrages suivants :

— LE MATÉRIEL AGRICOLE, ou description et examen des instruments, des machines, des appareils et des outils au moyen desquels on peut: 1° sonder, défricher, drainer; 2° labourer et aérer, alléger, fouiller, plomber, nettoyer, ensemencer, façonner le sol; 3° récolter, transporter, abriter et emmagasiner les produits; 4° tirer parti de chacun d'eux, soit pour les consommer, soit pour les vendre, etc.; par Auguste Jourdier. 1 vol. orné de 120 gravures, prix, 2 fr. 50 cent. Chez L. Hachette et Ce, 14, rue Pierre-Sarrazin (Cet ouvrage fait partie de la bibliothèque des chemins de fer).

— TRAITÉ D'ÉDUCATION PHYSIQUE ET MORALE, par le Dr A. Clavel, accompagné de plans d'ensemble indiquant la disposition principale des établissements d'instruction publique, par Émile Muller, ingénieur civil; 2 vol form. anglais, chez Victor Masson, place de l'Ecole-de-Médecine.

*Le propriétaire, rédacteur-gérant :*
VICTOR MEUNIER.

PARIS. — IMP. J.-B. GROS, RUE DES NOYERS, 74

Première année. — N° 21. Quinze centimes. 27 mai 1855.

# L'AMI DES SCIENCES

PAR

## VICTOR MEUNIER

BUREAUX D'ABONNEMENT : 13, RUE DU JARDINET, 13. Près l'École de Médecine.

Paraît le dimanche. (Les abonnements datent, au gré des souscripteurs, du commencement de l'année ou du premier dimanche de chaque mois).

PRIX DE L'ABONNEMENT POUR L'ANNÉE. PARIS, 6 FR. — DÉPARTEMENTS, 8 FR. ÉTRANGER, surtaxe en sus. Envoyer un mandat de poste.



### A LA SCIENCE!

#### I.

Tandis que ceux-là gaspillent magistralement leur temps et notre argent, qu'ils emploient la force de leur éloquence à gonfler des vessies crevées et qu'après avoir longtemps tourné dans le même cercle comme des écureuils en cage, ils s'imaginent avoir fait beaucoup de chemin parce qu'ils se sont mis hors d'haleine; la Science ne perd ni une heure ni une minute.

Des hommes (les siens!) patients, laborieux, dévoués, la plupart inconnus de la foule et dont les noms ne sortiront jamais de la pénombre d'une réputation modeste; dans la retraite, dans le silence, au prix de veilles et souvent de privations, face à face avec la Nature, l'interrogent, la pressent, et obtiennent d'elle la révélation de ces vérités fécondes qui à la fois enrichissent notre esprit et embellissent notre globe.

Le soleil ne se couche jamais sans avoir vu éclore une multitude de découvertes, tantôt si grandes qu'elles excitent un instant l'admiration des plus ignorants, tantôt si petites qu'un petit nombre d'hommes spéciaux en savent seuls l'existence; toutes utiles, toutes nécessaires, dont l'absence eût été une lacune, et qui trouvent toujours leur place et leur emploi.

Des épis cueillis un à un, mais sans interruption, s'ajoutent chaque jour à une moisson pour laquelle les greniers construits la veille ne suffisent plus le lendemain. Et cela a lieu non pas un jour dans cette science et un autre jour dans celle-là, mais dans toutes à la fois. Le mouvement de l'une ou de l'autre peut se ralentir, jamais il ne s'arrête.

Sans qu'aucun gouvernement s'en soit mêlé, en l'absence de lois, d'arrêtés, de règlements, d'ordonnances, distribuant à chacun sa tâche, toute besogne trouve un ouvrier capable et dévoué. Et quand sur une moitié du globe, les chercheurs se livrent au repos, les chercheurs de l'autre moitié se mettent à la besogne; les deux hémisphères se relèvent tour à tour comme des sentinelles. Le mouvement de la science, insensible comme celui de la planète, est ininterrompu comme le sien.

Et pendant ce temps, ceux-là (les autres) continuent de marcher à vide et se demènent comme des chevaux tournant une meule, sous laquelle il n'y a pas de grain.

De quel côté est la vraie grandeur? où sont les hommes sérieux?

#### II.

Quand mes regards s'arrêtent sur ces publications scientifiques qui chaque jour s'amassent devant moi, attestant que l'activité humaine n'est pas suspendue, qu'elle n'est pas ralentie; sur ces recueils venus de vingt pays, sur ces livres traitant de vingt spécialités du savoir, qui tous contiennent quelque chose de neuf, d'utile, d'instructif, des progrès enfin, et des progrès à l'abri des réactions....

Je me prends à penser que l'airain sonore de la tribune politique a cessé de vibrer afin que mieux on entende ces autres législateurs, les savants, organes de l'autorité suprême; l'inviolable nature des choses. Des chaires professorales, des tribunes académiques, des laboratoires, et des champs d'expériences, leurs voix montent, et par dessus les mers, à travers les continents, d'un antipode à l'autre, elles s'unissent pour formuler ces lois, verbes de Dieu incarnées dans les choses, et dont la pratique fidèle qui est la Liberté même, produira l'harmonie parmi les hommes, aussi naturellement que le rosier donne ses fleurs et la vigne ses fruits.

Et me transportant en pensée dans les rangs de la génération qui connaîtra les grandeurs de la terre promise à la découverte de laquelle se vouent, en ce temps d'épreuves, tous les hommes de bonne volonté, il me semble que je comprends le rôle que tu joueras, ô Science, notre consolation, notre gloire, notre justification!

La phase de tutelle est close, l'ère de la majorité est venue... Est-ce la licence? C'est l'ordre. Est-ce la déchéance de l'autorité? C'est son avénement.

Qu'est-ce en effet pour l'homme que la Liberté sinon la connaissance et le pratique réfléchies des lois de sa nature? On voit donc que la plus grande somme de liberté coïncide et s'identifie avec le maximum d'autorité. Liberté, Autorité, premier et second membres d'une équation qui a nom Règne de Dieu.

Le code des lois naturelles formulé par l'homme constitue la Science. C'est donc la Science qui descendra dans la conscience individuelle et dans les assemblées pour empreindre leurs déterminations de sagesse et de moralité.

Et la Science aura pour organe un corps immense formé par l'agglomération d'innombrables sociétés particulières correspondant une à une à toutes les divisions du travail encyclopédique, et comprenant tous les citoyens. Elle couvrira de sa large base tout le territoire de la nation et se résumera à son sommet en un Institut qui formulera et promulguera les résultats du travail théorique et pratique auquel le peuple entier aura pris part. Là sont enregistrées les lois que personne n'a inventées, à la découverte desquelles tout le monde a concouru. Là sont érigées en préceptes, en maximes, en propositions, les conséquences logiques de ces lois.

Ailleurs, à de périodiques époques, je vois se réunir l'assemblée qui donne aux propositions du corps scientifique l'indispensable confirmation du consentement populaire ; puis cette assemblée elle-même se retire, laissant au conseil exécutif le soin de conduire à bonne fin les entreprises logiquement déduites des lois faites par Dieu, découvertes par l'esprit humain, reconnues par tous.

Grâce aux facilités de communications par lesquelles s'établissent ces grands et rapides courants d'idées qui fonderont la société planétaire ; grâce à ces inventions sublimes : à l'imprimerie qui répercute la voix des plus humbles d'entre nous jusqu'aux confins du monde, à ces chemins de fer, à ces bateaux à vapeur, à ce télégraphe électrique, je puis devancer les temps ; et voyant sur ma table ces travaux éclos sous toutes les latitudes, je me figure que leurs auteurs sont corporellement, comme ils le sont en esprit, présents les uns aux autres. Malgré la diversité actuelle des idiomes, malgré les distances qui subsistent encore, ils sont en effet face à face, ils s'entendent, ils se concertent, ils conspirent ensemble la gloire et le bonheur du genre humain. Ils apportent, sous forme d'idées nouvelles et de faits nouveaux, les matériaux de l'édifice, Palais et Temple dans lequel l'Humanité, affranchie, pacifiée, élevée par la science au rang d'exécutrice des dessins de Dieu sur la création terrestre, viendra trôner dans sa Majesté et sa Sainteté, recevant les tributs de tous les Règnes, de toutes les Forces, de toutes les Puissances, et dictant ses ordres à la Nature soumise.

Comme je vois les choses, je les raconte, espérant que ma vision reconfortera ceux qui dans le présent ont besoin d'être fortifiés.

---

## L'EXPOSITION UNIVERSELLE.

Bien qu'une grande confusion règne toujours en plusieurs galeries du palais de l'Industrie, que les annexes ne soient pas encore livrées au public et que même bon nombre des exposants qui ont leur place dans ces dernières ne soient pas prêts à fournir leur contingent, néanmoins l'*Ami des Sciences* commencera dès le numéro prochain son compte-rendu de l'exposition universelle. Nous avons d'ailleurs quelques considérations générales à présenter avant d'entrer dans le détail des faits, et pendant que nous les développerons, l'Exposition achevera de se compléter.

J'entends à propos de cette grande fête du travail, parler de lutte entre les nations industrielles. Quelques-uns, cédant à de vieilles habitudes ou ne sachant pas séparer le fond de la forme et ne voyant que des accessoires et des détails, semblent n'en pouvoir parler sans emprunter au vocabulaire de la guerre toutes ses expressions : « La lice est ouverte, s'écrient-ils, les peuples vont y descendre armés de toutes pièces, habiles à discerner réciproquement leurs points vulnérables, pompts à se ravir le secret de leurs supériorités variées. » Assurément. Et pour chaque exposant en particulier, l'espoir d'accroître ses débouchés est la seule cause de sa présence à cette solennité. Cette ambition du succès, ce besoin d'instruction, cette ardeur de rivalité, sont les conditions même de l'Exposition et le progrès qui résultera pour les branches du travail de cette confrontation mutuelle de tous les produits et de tous les producteurs du globe, est une de ses conséquences. Mais rien de tout cela n'est caractéristique, ni du temps ni du fait, et ce sont choses qui se retrouvent en tout concours ouvert. Quel est donc le vrai sens de l'exposition ?

du moins le préliminaire indispensable ; c'est une enquête et une classification.

Enquête et classification des forces productives de tout le genre humain et des produits de tout le globe, rendues possibles par le sentiment que déjà les habitants de tous les quartiers de l'univers ont de l'unité humaine et de l'unité du globe, et qui fortifiant le sentiment qui leur donne naissance, préparent et annoncent l'avènement de la société universelle à base scientifique dont la démonstration fait la spécialité de ce journal.

Tel est le point de vue d'où nous nous placerons.

---

## L'homme et les singes.

Un voyageur connu en Afrique, théâtre de ses découvertes, sous le nom de Hadji-Abd-el-Hamid-Bey, et en France, son pays natal, sous celui de M. du Couret, a publié il y a quelques mois une jolie brochure ornée d'une préface d'Alexandre Dumas et du portrait d'un homme à queue, dessiné à la Mecque en 1842 par notre voyageur ; ce petit livre va nous servir d'introduction.

Il y a des siècles qu'on entend parler d'hommes ornés de cet appendice dont les singes de distinction tels que le troglodyte, le gorille, l'orang-outang sont exempts. On en parlait du temps de Ptolémée, et s'il fallait croire tout ce que rapportent à ce sujet les voyageurs modernes, nul phénomène ne serait plus commun. Plusieurs de leurs récits paraissent cependant dignes de confiance.

Un voyageur racontait avoir vu, à Tripoli de Barbarie, un nègre nommé Mohammed, originaire de Bornou, lequel avait une queue d'un demi-pied de longueur. Ce Mohammed assurait que tous ceux de sa tribu étaient logés à la même enseigne que lui, et les marchands d'esclaves confirmaient son dire.

Le Hollandais Jean Struys a vu, de ses propres yeux, dans l'île de Formose un homme doué d'un appendice caudal long de plus d'un pied, couvert d'un poil roux et « fort semblable à celui d'un bœuf, » et, d'après cet homme, tous les habitants de la partie méridionale de Formose étaient dans le même cas que lui.

Au dire du voyageur Gemelli Manille était habitée par des noirs porteurs de queues.

Enfin, Hornemann affirme qu'entre le golfe de Benin et l'Abyssinie, il existe des anthropophages à queue que l'on nomme Niam-Niams.

Néanmoins jusqu'à ces derniers temps, ces témoignages furent mis au niveau de ceux qui attestaient l'existence du monophthalmes ou cyclopes, dans l'Inde : des blemmies ou acéphales, en Libye ; des hippopodes ou centaures, en Scythie : des tritons, des sirènes, des néreïdes, etc., toutes choses auxquelles on a cru autrefois, que saint Isidore, par exemple, regarde comme très-vraisemblables, tandis que la croyance aux Antipodes lui paraît tout-à-fait absurde, mais auxquelles on avait cessé d'ajouter foi.

Grâces à la publication de M. du Couret, chacun peut se donner la satisfaction de contempler l'image authentique d'un homme à queue. Chez celui qui a posé devant notre voyageur le membre supplémentaire, long de trois pouces, avait presque la flexibilité du même organe chez le singe.

M. du Couret pense devoir ajouter que son modèle « est doué du don de la parole ; » il paraît même qu'outre sa langue maternelle il parlait très-bien l'arabe. C'était un esclave. Il rendait des services à son maître, mais il fallait que celui-ci lui donnât tous les matins une ration de mouton cru. L'esclave ayant le défaut d'être anthropophage, c'était le moins qu'on pût faire et le plus prudent.

Tous les membres de sa tribu, celle des Ghilânes, probablement identiques aux Niam-Niams (ce dernier nom est bien plus nègre), sont, au récit de l'esclave de la Mecque, pourvus du prolongement caudal. Cette tribu habite quelque part au-

dividus. Jugeant du tout par la partie, M. du Couret leur attribue une grande ressemblance avec le singe : ils sont mal proportionnés, leur corps est maigre et paraît faible, leurs bras sont longs et grêles, leurs mains et leurs pieds sont plus longs et plus plats que dans les autres races humaines. Mâchoire inférieure forte et très-allongée, joues saillantes, front court et fortement incliné en arrière, oreilles longues et difformes, yeux petits, noirs, brillants et d'une mobilité extrême, nez gros et plat, bouche grande, lèvres épaisses, dents aiguës, fortes et d'une blancheur extrême, tel est leur signalement. Remis aux mains des gendarmes du pays, il pourrait être l'occasion de bien des désagréments pour les singes de l'endroit.

Depuis sa première communication sur ce sujet, M. du Couret a fait un voyage en Afrique, et il avait été spécialement chargé par le gouvernement français de ramener un Niam-Niam. Malheureusement il n'a pu aller jusque chez eux. Mais leur existence, comme tribu, est confirmée par tant de témoignages qu'il paraît difficile de la mettre en doute.

Ald-el-Rachinan-Ben-Dzellat, sultan de Juggurt, dont M. du Couret a fait connaissance en Afrique, assure avoir eu, dans sa capitale, une femme nègre, de la race des Niam-Niams, et conformée selon l'ordonnance.

Le prince Mohammed-Abd-el-Djellil, fils du dernier sultan de Fezzaa, a, lors de son séjour à Paris, confirmé l'existence des Niam-Niams au sud de Bornou, où règne son beau-frère, qui leur a fait la guerre.

MM. Arnault et Vayssière, voyageurs en Abyssinie, Rochet d'Héricourt, d'Abbadie, Francis de Castelnau, ont tous entendu parler des Niam-Niams. Ce dernier a recueilli sur leur compte les témoignages d'une douzaine de nègres du Soudan, et il ajoute un grand prix à celui d'un certain Mahommah ou Manuel, nègre esclave à Bahia, remarquable par son intelligence, ayant fait d'immenses voyages et dont la véracité lui a été démontrée en maintes circonstances. Ce Manuel racontait avoir fait partie d'une expédition d'Haoussas, conduits par le sultan de Kano contre les Niam-Niams dont cette expédition avait justement pour but de vérifier l'existence. Laissons parler M. de Castelnau.

« L'expédition Haoussa dormit neuf nuits dans ces vastes forêts (la *forêt de Lanchandon*) ; plusieurs fois il fut nécessaire d'ouvrir le chemin pour faire passer les chevaux ; pendant ce temps on vit beaucoup d'animaux, mais pas un homme. En sortant du bois, on commença d'escalader de hautes montagnes, et, peu de jours après, on aperçut une bande de sauvages Niam-Niams. Ces gens dormaient au soleil ; les Haoussas s'en approchèrent sans bruit et les massacrèrent jusqu'au dernier ; ils avaient tous des queues d'environ 40 centimètres de long et qui pouvaient en avoir de deux à trois de diamètre ; cet organe est lisse ; parmi les cadavres se trouvaient ceux de plusieurs femmes, qui étaient conformées de la même manière ; du reste, ces gens étaient semblables aux autres nègres ; ils étaient absolument nus.

« Les jours suivants, l'expédition rencontra plusieurs autres bandes, qui eurent le même sort ; l'une était occupée à manger de la chair humaine, et les têtes de trois hommes rôtissaient encore au feu, suspendues à des perches enfoncées en terre. Manuel faisait partie de l'avant-garde et a vu tuer beaucoup de ces gens ; il a examiné les cadavres, mesuré les queues, et il ne peut concevoir aucun doute sur leur existence.

« Les Haoussas restèrent six mois à parcourir et à ravager le pays. Toute la contrée est couverte de rochers très-élevés. La plupart des Niam-Niams vivent dans des trous de roche, mais quelques-uns se construisent de misérables cahuttes de paille. Plusieurs fois les Haoussas furent attaqués par ces sauvages, et ils en tuèrent un grand nombre. Ces gens sont d'un noir obscur et leurs dents sont limées ; leur corps n'est pas tatoué ; ils obtiennent du feu au moyen d'une pierre que l'on trouve dans le pays (le silex ?). Ils se servent de massues, de flèches et de zagaies ; à la guerre ils poussent des cris aigus. Ils cultivent du riz, du maïs et autres grains et fruits inconnus aux Haoussas. Ce sont de beaux hommes ; leurs cheveux sont crépus.

« Le chef des Niam-Niams demanda grâce ; mais le roi de Kano fit tuer tous ceux que l'on prit, *parce qu'ils avaient des queues* et qu'il supposait que personne ne voudrait acheter de semblables esclaves.

« Les Niam-Niams ont de petits bœufs sans cornes et des chèvres de grande dimension, ainsi que des moutons. »

*(La suite au prochain numéro.)*

---

## Instructions pratiques sur la récolte, la fécondation et le transport des œufs de poissons.

(Deuxième article (1).

### I. — *Mode d'opération avec les œufs libres.*

« On prend un vase bien propre (boîte plate, terrine, plat creux, etc.) et l'on y verse de l'eau *claire* et *froide* à une hauteur de quelques centimètres ; on prend l'eau même de la rivière, ruisseau ou lac, dans laquelle le poisson fraie. Pour les saumons, truites, ombres, fera, etc., c'est-à-dire pour les poissons qui fraient en hiver, l'eau doit avoir une température d'environ trois à dix degrés.

« On tire la femelle de l'eau, et on la tient de manière à rapprocher l'anus aussi près que possible de la surface de l'eau contenue dans le vase à fécondation ; il y a même avantage à plonger l'anus dans cette eau de manière à ne pas laisser les œufs en contact avec l'air extérieur ; l'on reçoit dans le vase la totalité ou seulement une portion des œufs qui, au fur et à mesure de leur écoulement, tombent au fond. On n'en récolte, dans chaque opération, que la quantité à peu près nécessaire pour faire une ou deux couches au fond du vase, de manière à ne pas les tasser ou les agglomérer. Si les œufs, par l'effet d'une contraction organique chez la femelle, ne s'écoulent pas naturellement, on en facilite la sortie en pressant légèrement le ventre, de la tête vers la queue, ou bien en arquant faiblement le corps du poisson.

« On peut prendre les œufs sur des femelles *mortes* depuis quelque temps ; mais il est préférable de les récolter sur des femelles vivantes ou venant de mourir. On a ainsi quelquefois le moyen d'utiliser les œufs des poissons livrés au commerce.

« Quand on retire la femelle de l'eau, on prend en même temps le *mâle*, et au fur et à mesure de l'écoulement des œufs ou immédiatement après cet écoulement, on les arrose avec quelques jets ou gouttes de laitance, de manière à blanchir légèrement l'eau ou à lui donner une teinte opaline. On agite doucement le vase ou l'eau laitancée, afin que tous les œufs soient en contact avec les parties fécondantes. Dans la pratique, il est indispensable que la laitance soit prise sur un *mâle vivant*.

« Si l'on peut disposer de deux ou de plusieurs mâles, il convient d'employer successivement quelques gouttes de laitance de deux ou trois sujets, pour avoir plus de chances de réussite : car il peut arriver que la laitance d'un seul soit inerte ou peu énergique. Mais il ne faut pas épuiser les mâles, afin d'avoir toujours de la laitance disponible pour féconder les œufs de toutes les femelles.

« Au bout de quatre ou cinq minutes, on fait écouler doucement l'eau blanche ou laitancée, en la remplaçant au fur et à mesure de son écoulement par de l'eau claire, de manière à laver les œufs. Cette eau claire doit avoir la température de celle qui a servi à faire la fécondation.

« On évitera autant que possible dans ces opérations, pour les espèces qui enterrent ou qui cachent leurs œufs (telles que les truites, etc.), l'action d'une vive lumière et surtout celle des rayons solaires, dont l'influence est souvent nuisible, et pour toutes les espèces, l'action des vents froids et desséchants,

(1) Voir le précédent numéro.

les variations brusques de température, et la mise à sec des œufs en totalité ou en partie.

II. — *Mode d'opération avec les œufs adhérents.*

« Quand on a à féconder des œufs qui sont adhérents, comme ceux de carpe, gardon, tanche, etc., il faut introduire dans l'appareil à fécondation, soit des plantes aquatiques, soit des rameaux ou des brindilles de végétaux, et même des filaments ou des fils de matières inertes. En tombant sur ces objets, les œufs s'y collent et y adhèrent fortement, mais il faut avoir le soin d'agiter l'eau et de disséminer ces œufs au fur et à mesure de leur écoulement, afin de ne pas former d'agglomérats qui, pour certaines espèces, nuiraient au développement de l'embryon.

« Pour la carpe, la tanche, etc., l'eau doit être *douce* et *presque tiède* (25 degrés environ); on évitera toujours d'employer l'eau froide des sources et des fontaines.

« Il est important que la laitance soit mise immédiatement en contact avec les œufs. A cet effet, deux personnes opèrent à la fois, l'une tient la femelle et l'autre tient le mâle.

« Si l'on opère sur des *perches*, on se borne à recevoir dans l'eau les rubans d'œufs et à les arroser avec la laitance. »

(*La fin au prochain numéro.*)

## SOUSCRIPTION

### EN FAVEUR DE LA FAMILLE DE JOSEPH REMY.

MM. J. Cardella jeune, à Alger, 2 fr.; Un inconnu, 5 fr.; H. S. 2 fr.; Mabru, chimiste à Paris, 2 fr.; Fabre et Kunemann, fabricants d'instruments de précision, 5 fr.; Docteur H. Aubry, à Longeville, 3 fr.; Latapie, pharmacien à Vil'efranche de Rouergue, 2 fr.; Laurent, à Toulon, 60 c.

Nous avons reçu en outre, par l'intermédiaire de M. Mongellas, avocat à Alger, les souscriptions suivantes recueillies dans cette ville:

Mongellas, avocat, 5 fr.; Eugène Mongellas, 3 fr.; M. Paul et Mlle Mongellas, 60 c.: J. B. Dubos, libraire, 5 fr.; Alexis Dubos, libraire, 5 fr.; Jean Wagner, employé, 3 fr.; Bouriaud, défenseur, 5 fr.; Altaras, employé, 1 fr.; Durando, naturaliste, 5 fr.; Hertre, compositeur d'imprimerie, 1 fr.; Lambert, compositeur d'imprimerie, 1 fr.; Salomé, compositeur d'imprimerie, 1 fr.; Courtet, menuisier, 2 fr.; Niant, fils et père, 1 fr.; X.... 1 fr.; Imbert, 2 fr.; Deyris, 1 fr.; Gautier, capitaine d'artillerie, 1 fr.

M. Mongellas nous écrit:

« Je m'occupe de recueillir encore d'autres souscriptions. M. Dubos a fait publier dans un journal d'Alger, la *Colonisation*, les articles de l'*Ami des Sciences* relatifs à Joseph Remy et ce journal doit ouvrir dans ses colonnes une souscription dont le montant vous sera adressé par Dubos ou par moi.

« Un de nos amis, M. Fourrier, défenseur à Blidah, en ouvrira également une dans cette ville.

« Nous serions heureux d'apprendre que la souscription générale aura produit un bon résultat; nous espérons que votre excellent journal nous édifiera à ce sujet. »

## LA SEMAINE SCIENTIFIQUE.

Propriétés toxiques de la saumure. — On sait que, parmi les substances employées à l'alimentation des hommes et, plus rarement, des animaux, il y en a quelques-unes qui peuvent, dans certaines conditions et sous l'influence de causes encore peu connues, acquérir des propriétés vénéneuses. De ce nombre sont les viandes fumées et différentes préparations de charcuterie.

Tout le monde connaît les cas d'empoisonnement dus à cette cause qui ont été observés en France et en Allemagne. Le nombre des personnes qui en ont été les victimes s'est élevé, notamment en Allemagne, à un chiffre assez considérable pour éveiller l'attention de l'autorité, et pour provoquer les recherches de plusieurs hommes de science distingués.

Le résidu provenant de la salaison des viandes et des poissons, et désigné sous le nom de saumure, détermine, dans plusieurs circonstances, ces fâcheux effets.

Quelle que soit l'espèce de viande que l'on sale dans un but de conservation, porc, bœuf ou poisson, on obtient toujours pour résidu liquide la saumure.

Dans tous les cas, ce liquide est le résultat de l'action que le chlorure de sodium exerce sur les viandes et de la dissolution de ce sel par l'eau ou la sérosité que ces viandes abandonnent. La quantité de sel employée pour la salaison est variable suivant la qualité et l'espèce de viande et suivant la contrée où on la pratique. En France, pour la viande de porc, la proportion de sel est de 10 p. 100.

La saumure est très-souvent employée dans différentes parties de la France. Les habitants des pays pauvres et des contrées montagneuses en font usage comme succédané du sel de cuisine. Ne voyant dans cette substance qu'une simple dissolution du sel marin, ils s'en servent par économie, soit pour assaisonner quelques préparations culinaires, soit pour remplacer un des condiments les plus utiles aux animaux domestiques : les aliments du porc, de la volaille, les provendes du gros et du petit bétail, les fourrages que ces derniers consomment sont souvent mélangés avec la saumure, ou arrosés avec ce liquide pur ou étendu d'eau.

Dans les campagnes, l'empirisme fait encore un fréquent usage, à titre de remède, de la saumure qu'il considère comme une espèce de panacée universelle.

Quelle que soit la maladie, grave ou légère, dès que les animaux ne manifestent plus d'appétit, les guérisseurs se hâtent d'administrer un ou plusieurs breuvages de saumure.

M. Reynal, chef du service de clinique à l'école vétérinaire d'Alfort, a voulu connaître au juste l'action de ce remède et de ce condiment sur l'organisme, et, dans ce but, il a entrepris d'utiles expériences qui se résument ainsi :

1° La saumure, trois ou quatre mois après sa préparation, contracte des propriétés toxiques;

2° En moyenne, à la dose de deux litres pour le cheval, d'un demi-litre pour le porc et de deux décilitres pour le chien, la saumure produit l'empoisonnement;

3° A des doses bien moins élevées, elle provoque le vomissement chez le chien et le porc;

4° L'emploi de cette substance mélangée aux aliments, continué pendant quelque temps, même en petite quantité, peut occasionner la mort.

Bière économique. — Un chimiste ingénieux et persévérant, M. E. Marchand, pharmacien à Fécamp, publie la recette d'une bière si économique que son prix ne dépasse pas trois centimes le litre et dont les qualités l'emportent de beaucoup sur la plupart des boissons que le commerce des vins livre aujourd'hui à la circulation. L'auteur en fait usage depuis plus d'une année, et son exemple trouve de nombreux imitateurs parmi ses compatriotes.

Voici comment elle se prépare et quel est son prix :

| | | |
|---|---|---|
| Houblon. . . . . . . | 250 grammes. | 75 c. |
| Mélasse des colonies. . | 3,000 — | 2 fr. 10 |
| Levûre de bière. . . . | 150 | 25 |
| Eau. . . . . . . . . | 100 à 120 litr. | |
| Prix de revient. . . . . | | 3 fr. 10 c. |

L'on fait infuser le houblon pendant une demi-heure sur le feu dans de l'eau (un seau ou 10 litres environ) que l'on tient toujours presque bouillante; on passe la liqueur à travers un linge ou un tamis, et on y délaye la mélasse.

On recommence une nouvelle immersion du houblon dans une nouvelle quantité d'eau chaude pour l'épuiser complétement de ses principes solubles et aromatiques; on coule encore la liqueur, et, après l'avoir réunie à la première, on l'introduit dans le tonneau, que l'on achève de remplir avec de l'eau dans les dernières parties de laquelle on prend le soin de délayer la levûre de bière.

La fermentation s'établit en trois ou quatre jours en été et quinze ou vingt en hiver. Dans cette saison, on peut activer la préparation de cette boisson en délayant le levûre de bière dans l'infusion encore légèrement tiède de houblon, l'introduisant dans le tonneau plein à moitié. On le remplit en y versant chaque jour un sceau chauffée à 50°. Dans ce cas la boisson est prête après cinq ou six jours.

Si l'on tenait à avoir une boisson gazeuse, il suffirait de tirer à clair le liquide et de le mettre en bouteilles lorsque la fermentation est commencée depuis deux ou trois jours. Néanmoins, pour les besoins ordinaires des ménages, il vaut mieux n'en tirer qu'au fur et à mesure du besoin, car elle se conserve bien dans les fûts en vidange pendant un mois ou six semaines.

Le goût de mélasse que cette bière conserve durant les premiers jours de sa préparation disparaît pendant l'accomplissement de toutes les phases de la fermentation. Si ce goût répugnait à quelques personnes, elles pourraient user de la recette suivante, plus coûteuse, il est vrai, mais qui donne des produits excellents et susceptibles d'une longue conservation.

Le mode de préparation est le même.

| | | |
|---|---|---|
| Houblon. . . . . . . . | 500 grammes. | 90 c. |
| Cassonade blonde. . . . | 2,500 — | 3 fr. 50 |
| Levûre de bière. . . . . | 150 — | 25 |
| Caramel nécessaire pour colorer. . . . . . . . | 75 — | 15 |
| Eau. . . . . . . . . . | 110 à 120 litr. | |
| Prix de revient. . . . . . . | | 4 fr. 80 c. |

Cela fait donc de la bière à 4 centimes le litre. En portant à 3 kilogrammes la proportion de cassonade, on obtiendrait une bière qui ne reviendrait qu'à 10 centimes le double litre et qui serait souvent préférable à celle de certains établissements publics, car sa saveur, sa potabilité et ses qualités hygiéniques sont toujours parfaites.

Culture du riz aquatique. — Nous avons donné dans le précédent numéro, la première partie de la communication faite à la Société zoologique par M. Emile Tastet, sur la culture du riz dans l'Inde et les moyens de l'introduire en France. Dans cette première partie il était question du riz sec, espèce des montagnes dont la culture serait d'un très-grand profit, sur les terres en pente dont la culture est presque toujours ruineuse; nous allons maintenant nous occuper du riz aquatique, dont la culture donnerait des produits considérables dans les terrains salés des bords de la Méditerranée et de l'Océan, terrains jusqu'ici rebelles à la charrue. Nous laisserons parler M. Tastet.

Cette espèce embrasse seulement de huit à dix variétés. On l'exploite seulement dans l'empire Birman, sur les bords du Gange, à Siam et en Chine. Voici les procédés de culture le plus généralement usités dans ces derniers pays.

Lorsque les pluies de juin commencent à tomber, on recouvre la terre de quinze à vingt centimètres d'eau, et on donne un labour à la charrue. L'humus est ensuite réduit en une sorte de vase liquide au moyen d'un hersage. Après cette préparation, on retire l'eau, et l'on sème à la volée ; puis on passe un rouleau pour assujettir les grains dans la vase, l'emblavure reste ainsi à sec pendant une semaine. Lorsque le riz commence à lever, on lui donne une légère couche d'eau, mais de manière à ce que la jeune plante ne soit pas totalement couverte, ce qui la ferait périr. Cette couche est augmentée au fur et à mesure que la plante se développe.

Quarante à cinquante jours après les semailles, on procède au repiquage. D'abord on prépare la terre, que l'on divise en parcelles entourées de petites chaussées pour retenir les eaux. Lorsque le sol est complétement recouvert, on donne un labour, puis, comme pour les semailles au moyen d'une herse, on réduit l'humus à l'état de vase liquide ; cela fait, on retire l'eau et on prépare les plants à repiquer : deux hommes suffisent à cette opération ; l'un arrache les jeunes plantes ; et avec de petits liens de joncs, il en forme des bottes ; l'autre prend ces bottes, les place sur un traineau attelé d'un buffle, et les conduit au champ qu'il s'agit de repiquer. Des femmes rangées en lignes, dans la vase jusqu'à mi-jambe et marchant à reculons, font un trou dans le sol avec le pouce et y introduisent le jeune plant. L'espacement est de dix à douze centimètres. L'habitude de ce travail rend la plantation très-régulière, et permet de l'exécuter avec rapidité. Durant les huit jours qui suivent, quelle que soit l'ardeur du soleil, le champ demeure à sec ; mais aussitôt que les feuilles se développent, on recouvre le sol de cinq à six centimètres d'eau, volume que l'on augmente à mesure que la plante grandit.

Le riz aquatique n'a pas besoin d'être sarclé; cependant les cultivateurs soigneux le débarrassent de plantes adventices. — Relativement à l'eau, on doit la conserver dans ces parcelles, jusqu'à ce que la plante ait acquis toute sa croissance. C'est seulement quelques jours avant la floraison qu'on la fait disparaître.

La hauteur moyenne du riz est de 1m10 à 1m20. Dans les terrains très-riches, il acquiert une longueur égale à celle de nos blés; mais comme alors la plante s'épuise à produire de la paille, pour la forcer à donner du grain on la couche avec une longue perche. Après cette opération, les rizières ressemblent à nos champs hersés.

L'espèce qui nous occupe est beaucoup moins hâtive que l'espèce des montagnes; cinq mois suffirent à peine pour accomplir toutes les phases de sa végétation, et c'est vers la fin d'octobre seulement, qu'a lieu la moisson. Elle se fait de la même manière que pour les riz secs. Les épis sont mis en gerbes, avec lesquelles on forme les meules. On suit pour le battage et la décortication les mêmes procédés.

Influence de la chaleur sur les produits de la végétation. — M. de Gasparin résume en ces termes une série de recherches qu'il vient d'entreprendre sur ce sujet :

1° Les phases successives de la végétation d'une plante sont marquées par le développement de ses organes élémentaires, qui sont ses mérithalles avec tous leurs accessoires : tiges, feuilles, bourgeons, etc. ;

2° Le développement des mérithalles est déterminé par une somme de température à peu près égale pour la même espèce de plante et pour les rameaux semblablement disposés. ;

3° Il peut se développer un nombre indéfini de mérithalles foliaires sans que la plante fleurisse ;

4° Ce nombre est variable selon les climats et selon les années;

5° La floraison et le nombre des mérithalles foliaires qui la précèdent dépendent de circonstances diverses qui diminuent l'abondance de la sève au scion ou qui l'épaississent en lui faisant faire de longs trajets ou en la faisant passer par de nombreux détours ;

6° Les circonstances météorologiques qui influent sur cet état de la sève (l'humidité du sol, de l'air, la pluie, les vents, etc.), se reproduisent les mêmes, dans le même climat et dans la moyenne des années; il en résulte que les plantes y fleurissent assez régulièrement, après avoir produit le même nombre de mérithalles, et qu'ainsi on peut calculer, pour un climat donné, la somme des degrés de chaleur qui amèneront la floraison dans ce climat, sans que cette même somme soit applicable dans un climat différent, où le nombre des mérithalles qui précède la floraison n'est plus le même ;

7° La fructification et la maturité étant des conséquences de la floraison, la somme de chaleur qui les produit est aussi variable d'un climat à l'autre ;

8° La récolte d'une plante étant subordonnée à des considérations d'utilité qui ne coïncident pas toujours avec la maturité botanique, elle ne peut être soumise à des calculs exacts de température ;

9° La radiation solaire étant aussi à peu près la même dans

le même climat, d'une année à l'autre, en l'ajoutant à la température de l'air on ne change pas le rapport des sommes de température, mais on le change en passant d'un climat à l'autre. Ce calorique, ajouté à la température de l'air, doit entrer en ligne de compte pour déterminer la possibilité d'une culture dans un lieu donné.

L'ALUMINIUM SUBSTITUÉ AU PLATINE COMME ÉLÉMENT DE LA PILE. — M. Hulot, chef des travaux d'électrotypie à la Monnaie, s'est assuré de la possibilité de construire une pile à un seul liquide dont l'aluminium serait l'élément négatif; le zinc, le fer ou la fonte, l'élément positif, et l'acide sulfurique, étendu d'eau, le liquide excitateur.

Un couple aluminium et zinc, amalgamé depuis longtemps, chargé d'eau acidulée au vingtième d'acide sulfurique à 66°, a donné, pendant les premières heures, un dégagement d'hydrogène considérable, et a produit un courant au moins comparable à celui d'un couple platine et zinc excité au même degré. Après 6 heures, le courant avait perdu un cinquième de sa force initiale. La pile n'était pas complétement polarisée au bout de vingt-cinq heures. Le courant avait conservé un quart de sa force première. Il suffit d'immerger une seconde l'élément aluminium dans l'acide nitrique et de le laver ensuite pour lui restituer ses propriétés électro-négatives.

« Je compte, dit M. Hulot, faciliter le dégagement de l'hydrogène et augmenter l'effet du couple en faisant mordre l'élément aluminium par l'acide chlorhydrique, qui a la propriété d'attaquer profondément ce métal et de le rendre rugueux superficiellement, surtout quand il a été laminé. »

Les résultats obtenus par l'auteur pourront être avantageusement utilisés quand on préparera l'aluminium par des procédés moins coûteux que ceux auxquels on a recours aujourd'hui. L'aluminium revient, en effet, pour le moment à trois francs le gramme, ce qui est quinze fois plus cher que l'argent.

POMPE-JOBARD. — M. Seguier a fait fonctionner sous les yeux de l'Académie, durant sa dernière séance, une pompe d'une simplicité parfaite imaginée par M. Jobard. L'appareil se compose d'un tube conique fendu à sa base; plongeant par son extrémité inférieure dans le liquide qu'on veut aspirer, d'un ballon en caoutchouc vulcanisé, surmontant le tube précédent et muni lui-même d'un tube de déversement armé d'une soupape. L'aspiration se produit tout uniment en pressant le ballon en caoutchouc. On comprend, en effet, que sans l'influence de cette pression, l'air contenu dans le ballon s'échappe par la soupape du tube de déversement, et que le ballon reprenant en vertu de son élasticité son volume primitif, il se produit une aspiration qui fait monter le liquide dans le tube. Si on répète l'opération, l'eau s'écoulera évidemment elle-même par le tube de déversement.

UN ORAGE AU CAIRE. — Une lettre de M. Delaporte, consul au Caire, arrivée à l'Académie par l'intermédiaire de M. Renou, donne d'intéressants détails sur un orage survenu au Caire, le 21 avril dernier, et pendant lequel on a observé de considérables variations de température. Avant l'orage, le thermomètre marquait + 39°, la pluie ayant tombé vers midi, le thermomètre ne marquait plus à un heure que + 6°. C'est alors que l'orage éclata : la pluie, la neige, la grêle avec accompagnement de tonnerre, tombèrent en abondance jusqu'à cinq heures du soir. Une couche de grêle de cinq centimètres d'épaisseur recouvrait le sol. Le thermomètre descendit à 0°; à six heures du soir, la température s'était relevée jusqu'à + 27°.

## VARIÉTÉS.

### Les hyènes.

Une fois de plus la cause de l'hyène tant calomniée, et tant de fois défendue en pure perte est plaidée devant le public. Cette fois le défenseur est M. A. Romieu; si l'avocat perd sa cause, ce ne sera donc pas faute d'esprit, et comme il cite en faveur de *sa partie* des faits très-concluants, il est à croire qu'il la gagnera. Ses expériences sont d'ailleurs fort intéressantes et on lira certainement avec plaisir l'extrait suivant de l'article qui a paru dans le *Moniteur;* disons d'abord que les clientes de M. Romieu sont quatre hyènes vivant au Jardin-des-Plantes, sans compter une hyène du Cap de Bonne-Espérance dont on parlera plus loin.

« J'ai lié, comme on le dit familièrement, connaissance avec elles. Tout doucement, et sous le patronage des gardiens, dans la longue galerie intérieure où ces pauvres animaux se reposent de la curiosité publique, j'ai apporté du sucre et du pain pour arriver à passer mes mains entre les barreaux des cages. Je croyais aux difficultés, surtout aux longueurs de cette tentative; il n'a pas fallu trois jours pour qu'un de ces animaux me reconnût lorsque j'arrivais. Un petit cri témoignait sa joie, et je lui donnais le sucre dans ma main. Il se jetait alors de côté, contre les barreaux, et, lorsque je lui passais la main sur le dos, il se renversait câlinement, les pattes en l'air, jouant comme un jeune chien jusqu'à mon départ.

« Maintenant mon apprentissage est fait. Deux hyènes sont renfermées dans la même cage, un mâle et une femelle; ce ne sont pas de jeunes animaux : l'un a six ans, l'autre en a huit. Dès que j'arrive, ce sont des bonds et de petits cris sans fin. Tous deux se disputent les caresses, et bien des visiteurs se sont émerveillés de voir mes bras, engagés dans cette cage, se retirer sains et saufs de la rieuse correction que j'infligeais à celui qui venait troubler mes préférences.

« Une petite hyène de deux ans et demi, dont la crinière dorsale se dresse en brosse grise à la moindre impression de peur ou de gaieté, m'a offert encore de plus curieuses observations en ce qui touche le naturel *féroce* de ces animaux. Elle aime à mordre, ou plutôt à *mordiller*. Lorsqu'elle se roule sur le dos, et que je joue avec elle, elle ouvre la gueule et m'attrape quelquefois la main. Mais jamais elle ne serre, se retournant d'elle-même sans un seul mot d'avertissement. Les gardiens sont, d'ailleurs, habitués à ces familiarités, et entrent dans les loges des hyènes comme on entre dans l'étable des bœufs.

« Les faciles expériences que j'ai faites, tout le monde les ferait aussi vite et aussi aisément que moi. J'y ai mis peut-être un peu plus de persévérance que l'on n'en mettait d'habitude, tenant à essayer les possibilités d'*attachement*, après avoir, sans nul effort, constaté les instincts de douceur.

« Une belle et jeune femme, qui me regardait avec stupéfaction tandis que je caressais une hyène, s'est décidée, malgré l'effroi de sa compagnie, à passer aussi sa main à côté de la mienne, à travers ces barreaux redoutés. La terrible bête se retourna, flaira la main qui, sans trembler, lui tendit un morceau de sucre, et, le morceau mangé, se mit à lécher la main blanche jusqu'à mettre une très-jolie manchette hors d'état d'être conservée. Cette bête est, je dois le dire, la plus affectueuse des quatre. C'est la seule qui se couche dès que je parais devant sa grille, et qui ne s'occupe ni du sucre ni du pain avant que je ne l'aie caressée. Je lui ai mis des morceaux de sucre entre les dents, et elle les a laissé manger par sa compagne, plutôt que de quitter la position qu'elle avait prise à mon arrivée. Je ne connais pas de dogues, ni guère d'autres chiens non plus, qui se prêtassent à une pareille observation.

« De tout ce que j'ai vu pendant deux mois d'assiduité constante, je dois conclure que les hyènes sont les plus doux et les plus caressants de tous les carnassiers, y compris les chiens. Et il ne faut pas dire que les quatre animaux étudiés par moi avec tant de soin sont réduits à un état de domesticité qui ne permet pas de se faire une idée exacte de ces espèces à l'état sauvage; car tous les autres animaux, les ours ou les grands chats, tels que le lion, le tigre et la panthère, qui se trouvent dans les mêmes conditions de servage, ne laissent rien essayer près d'eux, à moins de précautions infinies. J'ajoute que ces derniers ne veulent et ne peuvent manger que de la chair crue;

l'hyène, au contraire, mange tout ce qu'on lui offre, et, si vorace qu'on la dise, le prend délicatement entre vos doigts. Je suis très-sûr qu'à l'état libre cet animal vit de végétaux autant que de carnage, et que son caractère timide est en très-grande opposition avec les mœurs de mélodrame que l'opinion s'obstine à lui prêter.

« J'ai pu constater la timidité dont je parle, ou, pour mieux dire, l'inquiétude effarouchée que le moindre accident produit sur ces animaux. On réparait une loge de lions, et les marteaux faisaient leur train. Sur mes quatre *amies*, une seule a voulu m'approcher ce jour-là et prendre part aux friandises quotidiennes. Les autres erraient vaguement au fond de leur cage, la tête haute et la poitrine au mur, troublées et comme folles de ce bruit inaccoutumé. Ainsi me l'ont expliqué les gardiens.

« On a voulu au jardin des Plantes, mettre ces bêtes inoffensives en liberté dans de petits parcs, comme sont aujourd'hui six chacals ; il a fallu y renoncer par suite de l'habitude qu'elles ont de gratter la terre. On pavait le parc ; le parc était dépavé le soir. C'est peut-être de cette manie observée qu'est née la croyance de leur goût pour les cimetières, ou plutôt pour les cadavres qu'ils renferment. Je ne nie rien de cela, mais le chien, que l'homme aime et *estime*, se régale souvent de choses pires sous nos yeux.

« Je n'ai prétendu parler ici que des hyènes *rayées*, qui proviennent de l'Algérie. L'hyène *tachetée*, du Cap, appartient à une autre espèce, plus forte et plus vorace. Un des gardiens cependant lui a ouvert, de ses deux mains, les mâchoires, pour me montrer les formidables molaires de cet animal, qui broie une tête de bœuf sans en rien laisser. Cette hyène est gaie et passe assez drôlement sa patte entre les barreaux lorsqu'on lui apporte du pain. J'espère me *lier* aussi avec elle, quoique je n'en sois encore qu'à deux ou trois prudentes caresses sur le museau. »

---

## NOUVELEES ET CAUSERIES.

*Le feuilleton scientifique de la Presse. — L'institution polytechnique de Londres. — Le télégraphe des locomotives. — Le télégraphe americo-européen. — L'éléphant laboureur. — Société photographique de Bombay. — La Société d'acclimatation de Nancy. — Réunions de l'Association britannique et des naturalistes allemands.*

∴ On lisait dans la *Presse* du mardi soir 22 mai :

« M. Louis Figuier, docteur ès-sciences, docteur en médecine, agrégé de chimie à l'École de pharmacie de Paris, auteur des ouvrages suivants : EXPOSITION ET HISTOIRE DES PRINCIPALES DÉCOUVERTES SCIENTIFIQUES MODERNES ; — DE L'IMPORTANCE ET DU ROLE DE LA CHIMIE DANS LES SCIENCES MÉDICALES ; — L'ALCHIMIE ET LES ALCHIMISTES, est chargé, dans la *Presse*, du feuilleton scientifique, en remplacement de M. Victor Meunier, entièrement absorbé par les soins que réclament de lui la rédaction et l'administration du journal hebdomadaire qu'il a fondé. »

Telle est, chers lecteurs, l'extrémité où nous reduit l'empressement que vous avez mis à répondre à notre appel. — Ne cherchez pas à vous en excuser.

En quatre mois, l'*Ami des sciences* a atteint un chiffre d'abonnés et de lecteurs qu'avant lui aucun journal scientifique n'avait réalisé, même après de longues années d'existence. Ce résultat a été dû en entier, jusqu'ici, à ce goût croissant pour les choses scientifiques qui atteste la naissance d'un nouvel esprit public ; il faut qu'à l'avenir l'*Ami des sciences* soit pour quelque chose dans son propre succès, et si nous tenons à l'en rendre digne, nous devons nous consacrer exclusivement à lui..., pour un temps du moins et jusqu'à ce qu'ayant réussi à lui donner la ressemblance du modèle que nous avons en tête, sa rédaction soit devenue, si non entièrement satisfaisante, du moins tout ce qu'entre nos mains, elle peut être.

Ce n'est pas sans regret, — est-il besoin de le dire, — que nous descendons de cette tribune retentissante où pendant dont nous jouissons ici même ; — car dans la maison d'où nous sortons, on ne ne prêche pas seulement la liberté, on l'y pratique ; — en présence d'un public admirable, par qui nous nous sentions soutenu — et auquel heureusement, nous pouvons comparer le public de l'*Ami des sciences* ; — n'ayant enfin à compter qu'avec notre conscience : nous avons dans la mesure de nos forces, défendu constamment la liberté scientifique contre le despotisme naissant des corps officiels, plaidé maintes fois en faveur de droits méconnus, arraché plus d'un nom glorieux à l'oubli, mis en évidence bien des hommes et bien des choses qui ne se recommandaient que par leur mérite, et parlé d'avenir à ceux qui avaient besoin d'être consolés du présent... La conviction que nos anciens lecteurs ne nous refuseront pas la justice que nous ne craignons pas de nous rendre en ce moment affaiblit nos regrets, et ce qui n'en laisse presque plus subsister de traces, c'est le choix du successeur qui nous a été donné. Nous l'aurions choisi, et assurément c'est sur lui que se fussent portées les voix des lecteurs consultés.

Les personnes qui suivent avec quelque attention le mouvement du journalisme parisien ont dû faire cette remarque, que tout écrivain qui entre à la *Presse* s'y élève rapidement au-dessus de lui-même. — Un phénomène inverse s'est parfois manifesté en ceux qui l'ont quittée. — Les amis des sciences se féliciteront de ce que ce milieu généreux se soit ouvert à un homme qui, par des publications couronnées d'un succès rapide et mérité, s'est placé dès son coup d'essai au premier rang de ceux qui en ce siècle ont contribué à faire connaître et à faire aimer la science, et qui tout récemment a pris rang parmi ceux qui concourent à son aggrandissement. M. Figuier prend avec une réputation incontestée d'homme d'esprit, et de cœur, de savant et d'écrivain, une position où, inconnu, il eût réussi promptement à se faire un nom ; on pressent tout le parti qu'il en saura tirer. Dès ce moment, il n'est plus nécessaire de le louer ; son nom est sa caution, et c'est ce qu'a compris la *Presse*, ainsi qu'on le voit par l'article ci-dessus.

∴ Le célèbre et magnifique établissement d'enseignement scientifique qui a nom *Institution royale de Londres*, et qui peut soutenir la comparaison avec ce que nous possédons de mieux en ce genre, n'est pas, ainsi que des Français doivent nécessairement le penser, une institution de l'État ; c'est une entreprise fondée avec des capitaux privés, et dont les recettes forment l'unique revenu. Cette institution a tenu, le 1er mai, sa séance générale annuelle, et d'après les rapports qui lui ont été faits sur sa situation financière, il est clair qu'elle n'a point à regretter d'être livrée à ses propres ressources. Les contributions des membres, les souscriptions annuelles, le produit des inscriptions prises aux divers cours, se sont élevées en effet à une somme si considérable, que nonobstant les frais d'expériences faites sur une échelle grandiose, les recettes ont dépassé les dépenses d'environ 20,000 fr. (800 liv.) Saurons-nous profiter d'un tel exemple ? Quand pratiquerons-nous de tels mœurs ? La présidence pour 1855 est continuée au duc de Northumberland, et M. Barlow est maintenu au poste de secrétaire.

∴ Nous avons dit que l'essai du *Télégraphe des locomotives* a eu lieu à Turin, le 4 de ce mois, avec un plein succès. De nouveaux détails sur cette curieuse expérience seront certainement lus avec plaisir ; nous les empruntons à une feuille piémontaise, le *Giornale delle Arti e delle Industrie*.

La barre isolée était placée au milieu des rails sur une étendue d'un peu moins de cinq kilomètres. La pièce qui devait glisser sur cette barre était adaptée à un chariot mu à bras, dont les roues reposaient sur les rails. Sur le chariot étaient une pile et un télégraphe de Wheatstone à une aiguille, dont un bouton communiquait avec l'appareil glisseur, un autre avec les roues et par conséquent avec le sol, et les deux autres, comme d'habitude, avec la pile. Un fil attaché à

station, et s'y mettait en communication avec une autre machine télégraphique. Le chevalier Bonelli prit place sur le chariot, avec un employé du télégraphe et six autres personnes. Au moyen de deux leviers on donna aux roues une vitesse de 25 kilomètres à l'heure, où de près d'un demi-kilomètre à la minute. A six heures un quart, le chariot arriva sur la barre qui constituait la ligne du télégraphe des locomotives, et tandis qu'il courait à toute vitesse le dialogue suivant s'engagea avec la station :

— Comment allez-vous, demanda M. Bonelli?

— Très-bien, lui répondit-on. Menotto se félicite de votre succès.

— Mille remercîments. Nous courons très-vite tout en causant.

— Où êtes-vous?

— A deux kilomètres de la station. Le chef de la station y est-il ? Demandez si nous ne courons aucun danger?

— Il n'y a personne; c'est signe que vous ne courez point de danger puisqu'il ne part point de locomotives. Je vous préviens cependant qu'il arrivera sur l'autre voie un convoi parti de Villeneuve à six heures un quart.

— Dites-moi qui est à la station?

— M. le vice-directeur, et M. Pungiglione qui entre à l'instant.

— Saluez-le de la part du directeur qui s'éloigne à grande vitesse.

— M. Pungiglione échange les salutations avec plaisir. Où êtes-vous maintenant?

— Au bout. Nous retournons ; nous avons fait quatre kilomètres.

Cet entretien se poursuivit jusqu'à sept heures un quart. M. Pungiglione, qui était allé à la rencontre du chariot, fit demander par la machine placée sur ce véhicule la cause du retard de quelques minutes apporté au départ du convoi de Suse.

Au moment où sa course était le plus rapide, l'inventeur expédia la dépêche suivante au comte Cavour, au ministre Paleocapa et au directeur général des travaux publics, M. Bona :

« Le directeur des télégraphes a l'honneur de vous prévenir que le télégraphe des locomotives a pleinement réussi.

« De la voiture qui parcourt la ligne à toute vitesse.

« BONELLI. »

*** La compagnie transatlantique anglaise de télégraphie sous-marine a passé avec la compagnie américaine de New-York, un contrat en vertu duquel cette dernière s'oblige à établir un câble sous-marin entre l'Islande et Saint-Jean de Terre-Neuve avant le 22 janvier 1858. On sait déjà que le câble qui doit unir Terre-Neuve à l'île du Prince Edouard, sera posé avant la fin de l'année courante, et comme il existe une ligne télégraphique entre l'île du Prince Edouard et New-York, on voit que la communication électrique transatlantique sera définitivement établie en janvier 1858.

*** Les journaux américains annoncent que le célèbre puffiste, M. Barnum, emploie dans sa ferme aux environs de New-York, en qualité de bête de labour, un superbe éléphant qui, attelé à une énorme charrue, fait à lui seul le travail de six chevaux.

*** Bombay a aujourd'hui une *Société photographique*, laquelle publie un *journal* dont deux numéros ont paru. « On ne peut douter, dit une publication anglaise (*Notes and queries*), que cette association ne fournisse les moyens de recueillir de précieux documents sur les antiquités et les curiosités de notre empire du Levant, et de familiariser ceux mêmes de nos compatriotes qui n'ont jamais quitté leurs foyers, avec les scènes majestueuses de l'Inde et les caractères des races diverses qui l'habitent. » Il sera curieux, ajoute la *Lumière*, de constater les différences qui devront nécessairement exister entre les procédés employés sous le ciel brûlant de l'Inde, et ceux que pratiquent les photographes en Europe. C'est là un sujet d'études dont les résultats peuvent avoir une grande importance pour les progrès de la science.

*** Une ville qui, pour avoir perdu la couronne de souveraine, n'a jamais entièrement cessé d'exercer de l'ascendant moral sur les contrées, aujourd'hui devenues françaises, dont elle fut jadis le foyer national et dont elle est encore le centre géographique ; l'ancienne capitale de la Lorraine, après avoir un peu sommeillé, a repris depuis quelques années, la série des élans et des exemples de progrès pour lesquels elle fut autrefois célèbre.

Or, à cette chaîne d'initiatives, chaîne si longue qu'elle mériterait une monographie, Nancy vient d'ajouter un nouvel anneau, en organisant pour l'acclimatation (non pas des animaux seulement, mais des êtres appartenant aux deux règnes organiques) une société régionale, dont la circonscription dite zône du Nord-Est, embrasse déjà neuf départements. Nous avons sous les yeux le premier cahier du bulletin que va périodiquement publier cette association des Austrasiens, pleine de vie et d'avenir. Nous en reparlerons.

*** La *Steam Collierie's Association* de Newcastle sur la Tyne offre un prix de 500 liv. st. (12,500 fr.) à l'inventeur qui présenterait un excellent fumivore applicable aux cheminées des chaudières multitubulaires.

*** La prochaine réunion de l'Association britannique pour l'avancement des sciences aura lieu en Écosse, à Glasgow, et commencera le 12 septembre prochain.

*** La réunion des naturalistes allemands aura lieu cette année à Vienne. Elle s'ouvrira le 18 septembre et durera environ une semaine ; les savants de tous pays y recevront le plus cordial accueil.

## BULLETIN BIBLIOGRAPHIQUE.

Nous avons reçu les ouvrages suivants :

— CATÉCHISME RAISONNÉ d'une doctrine religieuse conforme à la théologie de la nature, par Hercule Straus-Durckheim, docteur ès-sciences. In-12, prix : 60 c.; chez l'auteur, 14, rue des Fossés-Saint-Victor.

— ETUDES PHYSIOLOGIQUES, sur les animalcules des infusoires végétales, comparés aux organes élémentaires des végétaux, par Paul Laurent, inspecteur des forêts, professeur à l'Ecole impériale forestière, tome 1er. des *Infusoires* ; in-4° accompagné de 22 planches dessinées sur pierre par l'auteur. A Nancy, chez Mlle Gonet, rue des Dominicains, 14.

— ESSAI SUR LES FONCTIONS DU FOIE et de ses annexes. — RECHERCHES sur la digestion des matières amylacées. — RECHERCHES sur la digestion des matières grasses, suivies de considérations sur la nature et les agents du travail digestif; — Trois brochures in-8°, par N. Blondot, professeur à l'école de médecine de Nancy ; chez Victor Masson, place de l'Ecole de Médecine.

— TRAITÉ PRATIQUE POUR L'EMPLOI DES PAPIERS DU COMMERCE EN PHOTOGRAPAIE, nouveaux procédés améliorateurs, par Stéphane Geoffroy, avocat à Roanne. Au bureau de Cosmos, 18, rue de l'Ancienne-Comédie.

— DICTIONNAIRE RAISONNÉ D'AGRICULTURE ET D'ÉCONOMIE DU BÉTAIL, suivant les principes des sciences naturelles appliquées, par A. Richard (du Cantal), vice-président de la Société zoologique d'acclimatation. 2 forts vol. grand in-8°, ornés de gravures sur bois, chez Aug. Goin, 41, quai des Grands-Augustins.

— TRAITÉ DE LA SCIENCE MEDICALE (Histoire et dogme) ; 1 fort vol. in-8°, par le Dr Édouard Auber. Chez Germer Baillère, 17, rue de l'École de Médecine.

*Le propriétaire, rédacteur-gérant :*
VICTOR MEUNIER.

PARIS. — IMP. J.-B. GROS, RUE DES NOYERS, 74

Première année. — N° 22. Quinze centimes. 3 juin 1855.

# L'AMI DES SCIENCES

PAR

## VICTOR MEUNIER

BUREAUX D'ABONNEMENT :
**13, RUE DU JARDINET, 13.**
Près l'École de Médecine.

**Paraît le dimanche.**
(Les abonnements partent, au gré des souscripteurs, du commencement de l'année ou du premier dimanche de chaque mois).

PRIX DE L'ABONNEMENT POUR L'ANNÉE.
**PARIS, 6 FR. — DÉPARTEMENTS, 8 FR.**
ÉTRANGER, surtaxe en sus.
Envoyer un mandat de poste.



### Fonction sociale des sciences naturelles.

En THÉORIE, déterminer le *pourquoi* et le *comment* des choses,

En PRATIQUE, créer des *formes* nouvelles et de nouvelles *harmonies*;

Tel est le rôle philosophique et telle est la fonction sociale des sciences naturelles.

Nous en avons déjà ici même donné la formule (n° 3 de l'*Ami des sciences*). Aujourd'hui nous nous attacherons à son côté pratique et même nous en considérerons uniquement le second terme, savoir : créer de nouvelles harmonies.

Par harmonies, on entend soit les relations qu'ont entre elles les parties d'un être, soit les relations d'un être avec le monde extérieur. Les harmonies sont dites *internes* dans le premier cas, *externes* dans le second. Il va être question des dernières.

Créer des harmonies externes équivaut à ceci : placer les êtres dans des milieux différents de ceux où ils se trouvent naturellement.

Et peut-être la grandeur du problème sera-t-elle mieux comprise, si à l'expression précédente nous substituons celle-ci, qui en est l'équivalent : refaire la géographie animale et végétale.

Changer les rapports établis, chasser les animaux et les végétaux de la patrie rigoureusement circonscrite que la puissance créatrice leur avait assignée, faire refluer vers les pôles ce qui a pris naissance sous l'équateur et réciproquement, transporter dans les îles la population des continents et réciproquement, installer dans la plaine l'être qui vivait sur la montagne et réciproquement; emprisonner dans nos fleuves et dans nos lacs les êtres auxquels a été donnée de tout temps la liberté des mers; et si cela nous était utile peupler l'Océan immense de ceux qui, depuis des milliers d'années, vivent et se multiplient dans les eaux douces; réunir sur un même point du globe des êtres séparés dans l'ordre de la nature par des distances infranchissables, infranchies si l'homme n'existait pas; en un mot, troubler tout ce qui est pour tout harmoniser d'une autre façon; à l'ordre anonyme de l'univers, substituer un ordre humain, triompher des résistances que la nature opposera à ces violences; voilà le problème : est-il soluble? Il est en partie résolu.

Retranchez, en effet, du mobilier botanique et zoologique de notre patrie tout ce qu'elle ne tient pas de la nature, et nous voilà plongés dans le plus effroyable dénuement. Dès l'origine, nos animaux domestiques et beaucoup de nos plantes alimentaires ont été apportés à l'Europe par les colonies asiatiques. Plus tard, les croisades, puis les progrès des relations commerciales, ont augmenté le nombre des emprunts faits à l'ancien monde. Après que l'Amérique eut été découverte, l'Europe a été véritablement envahie par les productions exotiques; l'Europe méridionale en a été toute transformée. Ce qui est fait met hors de doute la possibilité de tout faire. Ainsi le privilége qui naturellement n'appartient qu'à l'homme de se transporter et de vivre en tous lieux et d'avoir tout le globe pour patrie, ce privilége il peut le conférer à tous les êtres.

Les expériences tentées en ce moment par les naturalistes doivent donc être considérées comme l'un des détails d'une œuvre grandiose, universelle. Les savants doivent les présenter comme telles, déclarant que leur but est de refaire la géographie du globe, conséquemment de créer de nouvelles harmonies; le tout en vue de la grandeur et de la prospérité du genre humain.

Refaire l'œuvre de Dieu, voilà pour la gloire. — Doter chaque contrée des plus riches productions de toutes les autres contrées, voilà pour l'utilité.

Sans doute, il ne saurait être question d'importer dans un pays, dans le nôtre, par exemple, les productions de tous les autres pays. Les avantages d'une telle entreprise ne seraient pas proportionnés aux difficultés qu'elle offrirait. Il ne faut pas, en effet, voir un seul côté de la question. Avec les progrès des sciences naturelles, il faut prendre en considération les progrès des autres sciences. Or, le développement prochain de la locomotion rendrait sans objet cette transplantation universelle. Et, pour ne rien dire de la navigation aérienne, un système complet de chemins de fer et de bateaux à vapeur suffira pour mettre à notre proximité les contrées les plus lointaines, de sorte que leurs productions pourront nous être livrées à un prix peu différent de celui auquel elles seront cotées sur les lieux mêmes où on les recueillera. Mais non-seulement l'entreprise dont nous parlons serait sans utilité, elle aurait de plus le grave inconvénient de nuire à cette variété infinie qu'il est désirable de maintenir entre toutes les régions de la terre parce qu'elle est l'un des éléments nécessaires de la félicité du genre humain. Ce à quoi les naturalistes doivent se borner, le voici : doter chaque contrée d'un nombre assez grand des plus riches et des plus utiles productions de la nature végétale et animale, pour qu'en quelque lieu de la terre qu'il ait fixé sa demeure, l'homme, qui est souverain, puisse toujours vivre en souverain.

Le rôle de modificateur des rapports externes des êtres que de tout temps l'homme a joué, mais que, grâces à la science, il remplira dans toute sa grandeur, on en appréciera mieux la portée, si l'on fait attention qu'il ne consiste pas seulement dans la transplantation des êtres, ou plutôt que le succès de cette transplantation a pour condition le changement d'une multitude de rapports, les uns apparents, les autres secrets, et dont au reste nous sommes loin de connaître exactement le nombre, la nature et l'étendue. Ainsi, les attractions et répulsions que les plantes exercent les unes sur les autres, et dont un très-petit nombre d'observations nous ont imparfaitement révélé l'existence, se trouvent modifiées dans leur objet par le fait du rapprochement d'individus destinés à vivre séparés. Dans les animaux, les habitudes sont rompues, les facultés sont modifiées; et, par exemple, ils se trouvent en relation avec des êtres que dans leur primitive patrie leurs ascendants n'ont pas connus.

Mais où le rôle de l'homme, comme distributeur d'harmonies, éclate dans toute sa puissance, c'est, quand aux considérations qui précèdent, on ajoute celle de la disparition (partout où notre race s'établit puissamment), des espèces carnassières destinées, dans l'économie de la Nature, à limiter la propagation des animaux pacifiques.

Par le fait de l'homme, ce contrepoids manque, et la machine détraquée cesserait de fonctionner, si aux harmonies qu'il a rompues l'homme n'en substituait de nouvelles. Mais, en remplaçant les animaux destructeurs dans leur rôle rigoureux, il adoucit le ministère dont il se charge.

On peut dire en effet que la condition des herbivores s'améliore quand ils passent de l'ordre de la nature sous l'administration de l'homme; non seulement leur nourriture est plus abondante, ils se la procurent au prix de moins d'efforts, et ils goûtent une sécurité qui leur était inconnue; mais la mort même est pour eux moins cruelle. Ainsi l'homme purifie et moralise la nature. A cet ordre étrange et mystérieux qui ne se maintient que par l'oppression et le carnage, il substitue l'état de choses que nous voyons régner en pleine civilisation et dont l'exploitation agricole offre le spécimen.

Là, du moins, celui qui dispose de la vie et qui la retranche par des moyens comparativement doux et pouvant être adoucis encore, semble s'être acquis des droits sur celui dont il tranche les jours; il l'a entouré de soins, et ce qu'il prend il l'a presque donné. D'où il suit que l'homme tend à établir dans le monde extérieur une harmonie comparable à celle qu'avec le progrès des mœurs il installera dans la société; et l'ordre tant vanté de la nature ressemble, quant à ses moyens, à ce que dans les sociétés barbares on décore improprement du même nom. C'est le règne des forces aveugles irresponsables, des attractions de la matière et des appétits brutaux. A cet ordre, auquel l'intelligence n'a pas de part, l'homme substitue un ordre intellectuel et moral; il se place au centre des choses, s'en faisant le régulateur et les disposant avec poids et mesure (*In numero et in pondere.*)

Arrêtons-nous ici pour aujourd'hui.

Notre but a été simplement de faire entrevoir le sens philosophique et en même temps de tracer la limite de l'œuvre à la fois utile et grandiose qu'ont entreprise nos sociétés d'acclimatation.

Résumons.

Après l'inventaire des êtres vivants et la détermination du genre d'utilité de chacun d'eux, qui forment le premier et le second point de la tâche des naturalistes, leur fonction est de nous enseigner à distribuer ces êtres géographiquement selon les besoins des populations; et de l'exercice de cette fonction résulte avec la création de nouvelles harmonies externes l'avénement de l'ordre intellectuel et moral substitué à l'ordre physique et physiologique.

Quant à la création de nouvelles harmonies internes, elles dépendent moins de la réforme géographique des êtres (bien qu'elles en dépendent) que de la production de nouvelles formes. Question que nous n'abordons pas aujourd'hui.

---

## Le phosphore rouge et les allumettes chimiques.

Les allumettes à friction (vulgairement allumettes chimiques) ont bien des inconvénients: l'odeur infecte qu'elles répandent en est un. Elles rendent permanent le danger d'incendie et d'empoisonnement; elles déterminent chez les ouvriers qui les fabriquent une maladie spéciale, terrible: la nécrose, ou carie des os maxillaires. Ces malheureux sont tellement imprégnés des émanations du phosphore que, même en dehors des ateliers, leur respiration est lumineuse.

C'est en vain cependant qu'en différents pays, en Russie, par exemple, on a voulu prohiber l'emploi de ces dangereux produits: l'empereur Nicolas s'est vu sans autorité sur les allumettes chimiques. Grâce à la commodité de leur emploi, elles ont depuis longtemps déjà remplacé tous les moyens anciennement usités pour se procurer du feu: les Peaux-Rouges n'en connaissent plus d'autres. Leur fabrication emploie en France plusieurs milliers d'ouvriers, et il existe à Paris plus de cinquante ateliers où l'on ne fait pas autre chose. Il ne saurait être question de renoncer à leur usage; mais, ce qui serait fort à désirer, ce serait la découverte de quelque substance qui ayant les avantages du phosphore, n'aurait pas ses inconvénients.

Or, cela existe, et, chose admirable, c'est le phosphore lui-même qui réunit les conditions requises; mais un phosphore aussi différent de lui-même que l'ozone l'est de l'oxygène ordinaire. La découverte de ce fait également intéressant au point de vue de la philosophie chimique et sous le rapport de la pratique, est due à un chimiste autrichien, M. Shrotter.

Qu'on prenne du phosphore, qu'on le soumette en vase clos à une température voisine de son point d'ébullition, qu'on maintienne cette température pendant un certain nombre de jours, et on verra le corps mis en expérience changer complétement d'aspect et de propriétés physiques.

Il était mou comme de la cire, il devient dur et cassant comme du soufre.

Il était incolore, il est d'un rouge foncé; transparent, le voilà opaque.

Il fondait à 40 degrés; il ne fond plus qu'à 280

Il répandait d'abondantes émanations à la température ordinaire; il devient complétement inodore à une température élevée.

Il s'enflammait spontanément à une très-basse température, il ne s'enflamme plus qu'à 150 degrés.

Il se dissolvait dans le sulfure de carbone, dans les huiles, dans les alcalis et (ceci est le point important) dans les sucs de l'estomac, il devient complétement insoluble dans ces liquides.

Chimiquement, le phosphore n'a pas changé de nature; physiquement, c'est un corps nouveau.

Ce corps nouveau est le phosphore rouge, nommé encore phosphore amorphe.

Il a toutes les propriétés utiles du phosphore ordinaire, il n'a plus aucun de ses inconvénients: le danger d'incendie, celui d'empoisonnement sont écartés; plus d'odeur désagréable, et la préparation des corps dans la composition desquels il entre, celle des allumettes en particulier, cesse d'être une profession insalubre.

Pourquoi donc ne l'emploie-t-on pas? Il est bien à désirer que, dans l'intérêt des ouvriers et de tout le monde, l'autorité intervienne pour prohiber l'emploi du phosphore ordinaire dans la fabrication des allumettes à friction.

---

## L'homme et les singes.

(Deuxième article (1).

M. le docteur Hübsch, médecin des hôpitaux à Constantinople, a recueilli quelques renseignements sur cette race singulière, et voici ce qu'il en raconte dans une lettre adressée à la *Gazette hebdomadaire de médecine :*

« C'est en 1852, dit-il, que je vis pour la première fois une négresse à queue. Je fus frappé de ce phénomène et j'interrogeai son maître, marchand d'esclaves. J'appris de lui qu'il existe une tribu appelée *Niam-Niam*, qui occupe le fond de l'Afrique. Tous les membres de cette tribu portent l'appendice caudal; et comme l'imagination orientale est surtout portée à l'exagération, il m'assura que parfois la queue atteignait jusqu'à deux pieds de long.

« Celle que j'observai était lisse et sans poils, de la longueur de deux pouces environ, et se terminait en pointe. Cette femme était d'un noir d'ébène, ses cheveux étaient crépus, ses dents étaient blanches, grosses et plantées sur des alvéoles fortement inclinées en dehors, ses quatre canines étaient limées, ses yeux étaient injectés de sang. Elle mangeait de la viande crue; ses habits la gênaient, son intelligence était au niveau de celle des gens de son espèce.

« Depuis six mois, son maître ne pouvait pas la vendre malgré le bas prix auquel il l'eut cédée; le motif de l'horreur qu'elle inspirait ne résidait pas dans la queue, mais dans son goût, qu'elle ne cachait pas, du reste, pour la chair humaine. Sa tribu se nourrit de la chair des prisonniers faits aux tribus voisines, qu'elle attaque souvent.

« Dès qu'un d'entre eux meurt, ses parents, au lieu de l'enterrer, le dépecent et s'en régalent; aussi il n'existe pas de cimetières dans leurs contrées. Ils ne mènent pas tous une vie errante, beaucoup d'entre eux se contruisent des barraques de branches d'arbres. Ils se façonnent des outils de guerre et d'agriculture; ils cultivent le maïs, le blé, et élèvent du bétail. Les Niam-Niams ont une langue à eux, langue tout à fait primitive; elle renferme beaucoup de noms arabes.

« Ils vivent tout à fait nus, et ne cherchent qu'à satisfaire leurs appétits sensuels. Les fils couchent avec leurs mères, les frères avec leurs sœurs, etc..., c'est un pêle-mêle affreux. Le plus fort parmi eux constitue le chef de la tribu; c'est lui qui fait les parts de butin. On ne sait pas s'ils ont une religion; mais il est probable que non, vu la facilité avec laquelle ils embrassent celles qu'on veut leur enseigner.

« On parvient difficilement à les apprivoiser tout à fait; leur instinct les pousse toujours à rechercher la chair humaine, et l'on cite des exemples d'esclaves qui ont massacré et dévoré les enfants confiés à leur garde.

« Je vis l'année dernière, ajoute M. Hübsch, un homme de la même race qui portait une queue longue de un pouce et demi, et recouverte de quelques poils. Il semblait âgé de 35 ans; il était robuste, bien constitué, d'un noir d'ébène, et avait aussi cette conformation particulière de la mâchoire que j'ai notée plus haut, c'est-à-dire les alvéoles inclinées en dehors. On leur lime les quatre canines pour diminuer leur force masticatoire. »

Si, comme cela paraît probable, cet étrange caractère est celui de toute une race, son apparition accidentelle chez des individus appartenant à des rameaux de l'espèce humaine habituellement exempts de ce stygmate d'animalité n'aurait rien d'invraisemblable. Or, à en croire certains auteurs, ce fait ne serait pas très-rare. J.-B. Robinet, dans un livre intitulé : *Essais de la nature qui apprend à faire l'homme*, livre qui tient toutes les extravagances que le titre promet, en cite d'assez nombreux exemples.

Un certain Cruvillier de la Croutat, qui fit avec succès la course contre les Turcs, « a été aussi connu par la queue avec laquelle il était né, que par ses actions de valeur. » Une limonadière de Paris avait une queue « que cinquante personnes ont vue. » Un procureur à Aix, nommé Bernard, était surnommé *queue-de-porc*, parce qu'il était connu pour avoir réellement une queue qu'on lui a vue lorsqu'il se baignait étant enfant, etc.

Le docteur Hübsch consigne dans la lettre précédemment citée, l'observation suivante dont un Européen a fourni le sujet :

« Je connais à Constantinople, dit-il, le fils d'un pharmacien, âgé de 2 ans, qui est né avec une queue longue de 1 pouce; il appartient à la race blanche caucasienne. Un de ses aïeux présentait la même anomalie. On regarde généralement ce phénomène en Orient comme un signe de force brutale. »

Enfin le docteur Daumas écrit : « Nous avons beaucoup connu un jeune homme décoré du même appendice. Malheureusement l'amour propre, à défaut de la pudeur, le rendait si honteux à cet endroit, qu'à peine s'il a consenti à le laisser voir à trois ou quatre personnes. Et même ici je m'accuse, usant de la confiance que l'individu accordait à mon titre de médecin, et ignorant la légitimité de cet organe, de m'être appliqué, pendant quinze jours, à le rogner de plus de moitié. Je m'en repens, mais le fait n'en existe pas moins. »

Dans la brochure intitulée : *Renseignements sur l'Afrique centrale, et sur une nation d'hommes à queue qui s'y trouverait*, brochure d'où le récit du nègre Manuel est extrait, M. de Castelneau déclare que le fait certifié par cet homme lui paraît contraire aux principes zoologiques : « car il est à remarquer, dit-il, que les singes les plus rapprochés de l'homme sont déjà privés de cet appendice ou ne l'ont que rudimentaire. » Nous ne sommes pas, sur la prétendue contradiction que M. de Castelneau signale, de l'avis du savant voyageur. Loin d'être en opposition avec la marche de la nature, le fait en question serait un exemple de plus de ces transitions si multipliées et si finement graduées, dont les sciences naturelles nous offrent en tant de circonstances l'attachant spectacle. Deux espèces différentes en dignité étant données, il n'est pas rare de constater chez la plus élevée des deux, des caractères inférieurs dont la seconde est exempte. S'il fallait citer des exemples, nous n'aurions que l'embarras du choix.

L'explication du fait en apparence si étrange et en réalité si simple des Niam-Niams, est d'ailleurs très-facile à donner. Elle nous est fournie par l'embryogénie.

A une époque peu avancée du développement fœtal, entre la cinquième et septième semaine, tout homme, je veux dire tout embryon humain, est pourvu d'un prolongement caudal, et la seule différence qu'il y ait sous ce rapport entre les Niam-Niams et nous, c'est que nous perdons cet organe humiliant tandis qu'il persiste chez les autres.

Supposez des grenouilles qui garderaient, leur vie durant, la queue dont toutes sont pourvues, à l'état de têtard, elles seraient aux grenouilles ordinaires ce que les Niam-Niams sont à nous-mêmes, et nous sommes aux Niam-Niams, etc....

On pourrait définir l'homme : un mammifère qui perd sa queue, si le même accident n'arrivait très-probablement à d'autres êtres, au Chimpanzé par exemple, qui sous ce rapport est moins singe que le Niam-Niam.

(*La suite prochainement.*)

(1) Voir le précédent numéro.

---

## Instructions pratiques sur la récolte, la fécondation et le transport des œufs de poissons.

(Troisième article (1).

### *Observations générales.*

« Quand on procède à des fécondations, il est indispensable que la laitance, au *moment où elle tombe et se divise dans*

(1) Voir les numéros 20 et 21.

*l'eau*, soit mise *immédiatement* en contact avec les œufs; car son pouvoir fécondant n'a qu'une très-courte durée. Cette durée n'est chez la plupart des poissons que d'une à deux minutes; elle n'est même que d'une demie minute environ chez les truites et autres salmonoïdes en général. On devra donc s'abstenir de faire tomber la laitance dans l'eau ou de préparer une eau laitancée, *avant d'y avoir introduit les œufs*. Le mode le plus rationnel, parce qu'il est le plus naturel, consiste, ainsi qu'on l'a indiqué précédemment, à faire tomber la laitance dans l'eau au fur et à mesure de l'écoulement des œufs ou immédiatement après cet écoulement.

« Pour toutes les fécondations d'œufs libres ou adhérents, l'appareil le plus simple et le plus commode est un *tamis double* en canevas ou en toile métallique galvanisée, que l'on peut toujours tenir à un degré convenable d'enfoncement dans l'eau à l'aide de quelques flotteurs. Cet appareil, très-léger et facile à manier, sert à faire les fécondations, soit dans les eaux naturelles en le retenant près des rives, soit dans un seau ou un baquet que l'on remplit d'eau; on fait tomber les œufs sur le fond du tamis ou sur des herbes, ramilles, etc., etc..., que l'on a préalablement introduites. Les ordures, les matières étrangères et la laitance devenue inutile, passent à travers les mailles du fond. Si l'incubation doit avoir lieu sur place, on laisse les œufs fécondés dans le tamis et on le ferme; si les œufs doivent être transportés à de faibles distances, on peut effectuer ce transport dans l'eau en plaçant le tamis dans un seau, baquet ou tonneau, etc.

« On construit les tamis avec des cercles de bois, de zinc ou de fer galvanisé, en ayant soin de ne pas faire entrer dans leur construction des *métaux de nature différente*, tels que cuivre et zinc, pour ne pas exposer les œufs ou les jeunes poissons à des influences nuisibles, provenant d'actions électriques ou galvaniques.

« Dans un grand nombre de circonstances, l'incubation ne peut être faite sur les lieux mêmes des récoltes, et il devient nécessaire de transporter les œufs, soit immédiatement, soit peu de temps après la fécondation.

« Le transport dans l'eau a des avantages réels quand il s'effectue à de courtes distances, surtout pour les œufs de quelques espèces dont l'organisation primitive de l'embryon se fait rapidement. On peut ainsi déplacer les œufs sans les soumettre à l'action de l'air extérieur, qui est souvent très-nuisible; mais si les transports sont de longue durée, les dépenses peuvent devenir considérables; les difficultés et les chances de perte augmentent d'ailleurs en raison de l'éloignement et du nombre d'œufs.

« Il faut donc avoir recours à d'autres moyens. Dans les eaux naturelles, l'œuf trouve l'*humidité* qui l'empêche de se dessécher et l'air nécessaire à son développement; par conséquent, pour conserver les œufs en bon état et ne point arrêter leur développement, il suffit de les placer dans un milieu aéré et humide, c'est-à-dire dans un *air humide*. On remplit facilement cette condition en déposant les œufs entre des corps qui conservent un degré d'humidité convenable, et qui, d'ailleurs, ne sont pas de nature à s'altérer promptement et à endommager les œufs. A cet effet, on les place par couches peu épaisses, dans des boîtes plates, entre des morceaux de *linge humide* ou même de feuilles de papier humectées, etc. Arrivées à destination, les boîtes sont ouvertes, et on enlève les œufs avec le linge qui les supporte pour les immerger et les faire glisser dans les appareils d'incubation. Pour ralentir la dessication ou pour paralyser les effets des secousses et entassements, on peut mettre dans la boîte des lits de mousse humide préalablement lavée et nettoyée, de la glaise ou du plâtre humectés, du charbon imbibé d'eau, etc. Si l'on a à redouter la gelée, on peut placer les boîtes d'œufs soit dans une bourriche, soit dans une caisse, soit dans une toile d'emballage, avec du foin, de la mousse ou des feuilles sèches, etc. »

(*La fin au prochain numéro.*)

## SOUSCRIPTION EN FAVEUR DE LA FAMILLE DE JOSEPH REMY.

MM. L. Guibout, 3 fr.; Chilier, 4 fr. 50; Prudhomme, 1 fr.

Les souscriptions suivantes nous sont envoyées de Saint-Etienne :

MM. Joly, 3 fr.; Retru, 1 fr.; Tiblier aîné, 2 fr.; Mme Bachu, 2 fr.; M. P., 2 fr. 50; Gl D, 5 fr.

## TRIBUNE DES AMIS DES SCIENCES.

L'abondance des matières nous a empêché jusqu'ici de donner la lettre suivante qui a déjà un mois de date :

### Théorie de la lumière.

Dieppe, le 23 avril 1855.

Je viens de lire, Monsieur, avec un vif intérêt ainsi que tous les spirituels articles de l'*Ami des Sciences*, l'article sur la lumière qui se trouve en tête de votre dernier numéro. Bien qu'il ne soit pas encore achevé, je prends la liberté de vous adresser quelques observations sur le sujet qu'il traite.

Avec le plus grand nombre des physiciens, vous admettez la théorie des ondulations, et vous avez d'excellentes raisons à l'appui. Cependant les quelques physiciens qui restent partisans de la théorie newtonienne, ont aussi quelques raisons assez puissantes pour motiver leur opinion. La production, par exemple, des phénomènes physiques et chimiques par la lumière, s'expliquerait difficilement, je pense, par de simples différences dans les longueurs ou les vitesses des ondes éthérées.

Il en est de même des phénomènes que présente la décomposition de la lumière par le prisme, dans lesquels, suivant Berzélius, « il y a quelque chose qui n'est pas purement et « simplement mécanique » en ce sens que les rayons séparés sont de *nature différente*, et non pas seulement des divisions opérées dans un même rayon homogène.

En un mot, ne doit-on pas voir dans la lumière un *principe substantiel*, et non un simple phénomène de mouvement?

C'est là, ce semble, ce qu'il y a de réellement fondé dans le système de l'émission. Mais on doit ajouter que le mouvement du fluide lumineux s'opère nécessairement suivant des ondulations, telles que les calcule la physique, et c'est là le côté vrai de ce dernier système.

Je ne saurais, Monsieur, traiter dans une simple lettre, une question aussi étendue, mais il m'est bien plus facile de vous indiquer de suite la source où j'ai puisé cette conception qui complète et rectifie les deux systèmes anciens, et qui me semble avoir résolu cette question, aussi bien que d'autres non moins considérables, avec une grande profondeur de génie.

C'est dans le 4e vol. de l'*Esquisse d'une philosophie*, par Lamennais, où il est traité de la science. Bien que votre opinion soit *actuellement* fixée, bien que votre siége soit fait, pour ainsi dire, je me tiens bien assuré, Monsieur, que vous êtes assez ami de la science, pour ne pas craindre d'entreprendre une étude nouvelle, et pour ne pas hésiter à chercher la lumière là où elle rayonne d'un de ses centres les plus féconds.

Dans cet ouvrage, vous trouverez également la solution d'autres questions que vous avez occasion de traiter dans votre journal, et entre autres, de celle qui divisa naguère Cuvier et Geoffroy-Saint-Hilaire, question qui se reproduit encore dans votre dernier numéro.

Je crois mieux, Monsieur, je crois que vous me saurez gré de vous avoir indiqué une œuvre qui a passé presque inaperçue au milieu des préoccupations matérielles de l'époque, mais qui projette des lueurs si vives sur la science et me paraît destiné à lui faire accomplir d'immenses progrès dans l'avenir.

J'ai eu grand plaisir à lire dans votre dernier numéro, le récit d'une expérience tendant à prouver que le soleil est un centre rayonnant d'électricité, aussi bien que de lumière et de calorique, c'est une nouvelle confirmation de la théorie de Lamennais.

Veuillez agréer, etc.

J. Elie,
Commandant d'artillerie, à Dieppe.

Il n'y a point entre M. Elie et nous la dissidence qu'il suppose : mais avant de nous expliquer il convient de mettre sous les yeux du lecteur la théorie de Lamennais. Nous avouons à notre honte ne l'avoir pas lue encore et nous remercions l'honorable correspondant qui nous la signale.

---

## LA SEMAINE SCIENTIFIQUE.

Incertitude des signes de la mort. — M. le docteur Duchenne, de Boulogne, rend compte dans l'*Union médicale*, d'un cas d'empoisonnement par le chloroforme, dans lequel les battements du cœur et les mouvements de la respiration ont été suspendus pendant *cinq à six minutes*, après quoi le malade a été rappelé à la vie par la respiration artificielle. Voici le fait :

En décembre 1854, un homme âgé de 21 ans, couché au nº 5 de la salle Saint-Félix (Charité, service de M. Andral), était entré pour des épistaxis répétées et très-abondantes, qui l'avaient rendu anémique. — Un matin, il fut pris d'une douleur dans le flanc droit tellement vive, qu'on ne pouvait toucher son ventre sans qu'il poussât des cris aigus. En même temps, agitation, anxiété, pas de fièvre. — Dans le but de s'assurer si cette douleur provenait d'une lésion ou si c'était une sensation exagérée par la peur qu'inspirait à ce malade le choléra, dont il existait alors plusieurs cas dans la salle, on le soumit, sous les yeux de M. Andral, à l'inhalation chloroformique. Il était dans une position demi-assise, appuyé sur des coussins élevés (attitude qu'il gardait d'habitude à cause de sa grande taille). Les premières inhalations furent inefficaces, et l'on fut obligé de lui appliquer trois fois sous le nez une compresse imbibée de chloroforme, sans toutefois jamais intercepter l'accès de l'air. — C'est alors qu'il fut rapidement sidéré. Ainsi la respiration était arrêtée; le pouls imperceptible; *enfin les battements du cœur n'étaient plus appréciables à l'oreille*. — On employa l'excitation par l'eau froide, le pincement de la peau, etc., etc. M. Axenfeld plongea à plusieurs reprises ses doigts dans l'ouverture supérieure du larynx (d'après l'indication de M. Monod), tout fut inutile. M. Andral eut l'heureuse idée de faire pratiquer une sorte de respiration artificielle par la compression et le relâchement alternatifs des parois thoraciques et abdominales. Le malade ne revint pas; M. Andral, découragé, disait déjà : « il n'est pas plus vivant que les cadavres de l'amphithéâtre. » — Cependant, grâce au dévoûment de MM. les docteurs Axenfeld et Lacaze, qui ne discontinuaient pas d'exercer cette sorte de respiration artificielle, le malade fit enfin, au bout de cinq à six minutes, une courte inspiration, qui ne fut suivie d'une autre qu'après quelques secondes; puis la respiration se rétablit. Mais, pendant une heure, il y eut du délire et des convulsions comme tétaniques; le pouls resta petit et régulier.

M. le docteur Duchenne, de Boulogne, ajoute les observations suivantes :

« L'arrêt des battements du cœur a été parfaitement établi chez ce sujet, autant qu'on peut l'apprécier, toutefois, sans mettre le cœur à nu (M. Andral et son interne avaient ausculté le cœur avec le plus grand soin et avec l'intention de constater ce phénomène). — Puisque, malgré cet état qui a duré cinq à six minutes, le sujet a pu être rappelé à la vie, la cessation du bruit du cœur cesse d'être un signe certain de la mort.

« Une autre déduction non moins importante qui vint à l'esprit de M. Andral et de ceux qui avaient été témoins de ce fait, c'est que l'homme dont la respiration et la circulation ont été suspendues même pendant cinq à six minutes peut être rappelé à la vie par la respiration artificielle. — C'était la première fois, je crois, qu'un pareil résultat était obtenu chez l'homme, qui, dans ces conditions, était considéré comme un cadavre. Je ferai remarquer, en outre, qu'à cette époque, aucun de nous ne savait qu'une commission, dont le rapport a été publié plus tard, avait obtenu des résultats analogues sur des animaux par l'insufflation de l'air atmosphérique dans les poumons.

« Mais ce qui intéresse infiniment la pratique et ce qui est démontré par le fait exposé ci-dessus, c'est que la respiration artificielle, pratiquée seulement par la compression et le relâchement alternatifs des parois abdominales et thoraciques, suffit pour ranimer l'homme dont la circulation n'est plus appréciable ni par le pouls, ni par les battements du cœur, consécutivement à l'inhalation chloroformique. »

Poulet quadrupède. — M. Babinet a offert à l'académie, qui l'a renvoyé à l'examen de M. de Quatrefages, « un poulet à quatre pattes avec une seule tête, à deux becs opposés. »

Monstruosités remarquables chez les poissons. — Parmi les documents relatifs à l'origine de la monstruosité double chez les poissons que divers observateurs ont récemment communiqués à l'Académie des sciences, une note de M. Lereboullet mérite de fixer particulièrement notre attention. Nous en extrayons les faits suivants relatifs, le premier à un poisson à trois têtes, le second à un poisson primitivement double, se transformant ensuite en individu simple par la fusion complète des deux conjoints. Voici le premier fait :

« Je possède parmi mes monstres, dit l'auteur, un corps muni de trois têtes. C'est un embryon double, composé de deux corps réunis en arrière, entièrement libres en avant. L'un de ces deux corps est simple et conformé d'une manière normale; l'autre est double, c'est-à-dire porte deux têtes; la tête de gauche est normale et munie de ses deux yeux; celle de droite n'a qu'un œil, situé à son côté droit; l'œil de gauche ne s'est pas développé, la soudure des deux têtes ayant eu lieu tout près de l'endroit où il aurait dû apparaître. Cet être extraordinaire est encore dans son œuf, quoiqu'il en soit au treizième jour de la fécondation; il porte deux cœurs : l'un, qui appartient en commun aux deux corps principaux, est situé au point de bifurcation de ces deux corps, l'autre est placé dans l'angle de réunion des deux têtes. Ces deux cœurs battent à peine, et je crains fort que l'embryon monstrueux ne périsse avant d'éclore. Le pigment choroïdien s'est déposé dans les cinq yeux. »

Nous dirons quand nous résumerons toute la discussion, comment M. Lereboullet comprend la formation de cette anomalie. Pour le moment, nous nous en tenons au fait. Voici le second :

L'auteur a suivi dans leur développement un grand nombre d'embryons à deux têtes, et « dans la plupart, dit-il, les deux têtes se sont tellement soudées l'une à l'autre, qu'elles n'en ont plus formé qu'une seule tout à fait semblable aux têtes normales. La soudure avait lieu après l'apparition des vésicules oculaires : celles-ci, d'abord distinctes, glissaient l'une sous l'autre, par suite du rapprochement des deux têtes, et finissaient bientôt par s'effacer complétement. »

Acclimatation du ver a soie du chêne. — La Société zoologique avait reçu de M. de Montigny toujours en mesure de donner, un grand nombre de cocons et de chrysalides vivantes de ce bombyx qui vit, en Chine, sur diverses espèces de chênes et dont la soie très-forte et presque inusable sert à l'habillement de plus de 100 millions d'Asiatiques.

Or, la Société a appris dans la dernière séance de M. Guérin Méneville, que l'éclosion de plusieurs papillons issus des chrysalides envoyées par M. de Montigny, vient d'avoir lieu; deux de ces lépidoptères se sont accouplés, et leur accouplement n'a présenté aucune des difficultés qu'on avait craint de rencontrer.

Les Chinois croient que le mâle du Bombyx, vivant de

feuilles de chêne, ne se rapproche de la femelle que s'il est en liberté, et ils ont l'habitude d'attacher les femelles pendant la nuit, au dehors des maisons, sur des claies ou sur des paillassons. Les mâles sont ensuite lâchés, et ils se portent vers les femelles. Les expériences qui ont été tentées en France ont prouvé qu'il n'était nullement nécessaire de recourir au moyen employé en Chine.

M. Baruffe, membre de la Société d'acclimatation, chargé de faire l'un des six essais qui se poursuivent parallèlement en France, en Algérie, en Italie et en Suisse, a vu le mâle et la femelle se réunir aussitôt après l'éclosion.

On pourra donc acclimater et élever cette espèce de vers qui, dans son pays originaire, vit sous un climat analogue à celui du centre et du Midi de la France. Ce bombyx ne craint pas les intempéries puisqu'il est élevé à l'état libre, dans des taillis, sur des chênes, surveillé et protégé contre les oiseaux par des enfants ou des femmes, suivant le procédé fort économique des Chinois. Lorsque le cocon est terminé, on procède aux opérations de la récolte et de l'exploitation de la soie, comme s'il s'agissait des vers à soie ordinaires.

La Société avait reçu de M. de Montigny en même temps que les vers à soie, des glands des deux espèces de chênes de Mantchourie, sur lesquels ils vivent, non pas exclusivement toutefois, car ils s'accomodent des feuilles d'arbres divers.

Beaucoup de ces glands ont parfaitement germé chez les membres de la Société à qui on les avait confiés; les planes ont bien levés, et plusieurs des chênes qui en sont provenus ont même déjà pris un développement très-remarquable.

Acclimatation du chameau, de la gazelle et du kanguroo. — M. le docteur Graells, directeur du muséum des sciences naturelles à Madrid, a transmis à la Société zoologique d'intéressants détails sur divers animaux acclimatés en Espagne.

Dans la province de Huelva, le chameau, complétement acclimaté, remplace en partie le cheval, le mulet et le bœuf; on l'emploie pour labourer les terres, traîner les voitures, faire tourner les moulins; il se vend de 375 à 500 francs, et se nourrit de paille, de foin, de céréales et d'orge.

Il existe, sur les montagnes de l'Escurial et à Huelva, deux beaux troupeaux de chèvres d'Angora; elles prospèrent très-bien et on peut les considérer comme naturalisées. La gazelle, dans la ménagerie de la Reine, est presque devenue un animal domestique : tout fait espérer qu'elle se reproduira indéfiniment. L'acclimatation des kangurous en Castille date de 1825; ils se sont reproduits depuis avec une grande facilité; on en compte aujourd'hui plusieurs générations; leur alimentation est facile et économique; leur chair est un aliment sain et nutritif; leur peau et leur poil sont de bons matériaux pour l'industrie.

Sur l'acide carbonique contenu dans les eaux courantes. — M. Peligot ayant voulu déterminer le volume et la proportion du gaz que l'eau de Seine tient en dissolution, y a trouvé une quantité d'acide carbonique beaucoup plus considérable que celle qu'on supposait y exister. Ainsi l'eau recueillie le 19 janvier a donné par litre 54cc 1 de gaz composé de :

| | | |
|---|---|---|
| Acide carbonique. | 22cc | 6 |
| Azote........... | 21 | 4 |
| Oxygène........ | 10 | 1 |

Ce mélange gazeux contenait par conséquent 41, 7 pour 100 d'acide carbonique; abstraction faite de cet acide, l'air de l'eau renfermait comme d'habitude :

| | | |
|---|---|---|
| Azote.......... | 68cc | 0 |
| Oxygène........ | 32 | 0 |
| | 100 | 0 |

Cette eau ayant été recueillie par un temps très-froid, l'auteur supposa que la composition de ce mélange gazeux était exceptionnelle, et que l'eau restée liquide avait reçu une partie du gaz de l'eau qui s'était congelée, mais les analyses suivantes prouvent que le résultat obtenu en janvier n'a rien d'exceptionnel ; en effet, 100 parties du mélange gazeux, dissous dans l'eau aux époques qui vont être indiquées contenaient en acide carbonique : le 29 janvier, 53, 6 ; — 17 février, 54, 6; — 20 février, 42, 8 ; — 24 mars, 40, 0 ; — 28 mars, 30, 0 ; — 11 avril, 43, 3 ; — 18 mai, 40, 0. L'azote et l'oxygène complémentaires se trouvaient toujours dans les proportions connues ; on sait que les eaux ordinaires sont saturées de ces deux gaz. Le procédé employé par M. Péligot ne donnant pas encore la totalité de l'acide carbonique et les nombres ci-dessus représentant par conséquent un minimum, l'auteur pense que ce corps doit entrer pour moitié au moins dans le volume des gaz dissous dans l'eau de la Seine, et probablement aussi dans l'eau de tous les fleuves et de toutes les rivières.

Les conséquences à tirer de ce fait auraient un grand intérêt pour la physique du globe, la géologie et l'agriculture. Cet acide carbonique qui, sous forme de gaz, représente 2 à 3 p. cent du volume de l'eau, a-t-il existé d'abord dans l'air atmosphérique, et n'y existerait-il pas si l'eau n'intervenait pour l'absorber, pour le dissoudre? Il faudrait donc attribuer à l'eau un rôle nouveau; elle contribuerait pour une part considérable à la dépuration de l'atmosphère.

On admet généralement que cette dépuration de l'air est opérée par les végétaux. Tandis que les animaux répandent de l'acide carbonique dans l'atmosphère par la respiration, les parties vertes des végétaux décomposent ce gaz, gardent le carbone, restituent l'oxygène à l'air. Ainsi se maintient, dit-on, la petite proportion d'acide carbonique que nous rencontrons dans l'atmosphère; cette opinion serait admissible si le règne végétal était la seule source d'acide carbonique, mais il n'en est pas ainsi à beaucoup près.

On sait en effet que les volcans éteints et en activité répandent incessamment dans l'atmosphère une immense quantité d'acide carbonique d'une origine minérale; tous les voyageurs et les naturalistes s'accordent sur ce point. M. de Humboldt signale dans son *Cosmos* l'abondance des émanations d'acide carbonique qui se produisent en diverses contrées « où elles apparaissent, dit-il, comme un dernier effort de l'activité volcanique. » M. Boussingault a analysé en 1827 les gaz qui se dégagent des volcans de l'équateur ; ces gaz contiennent jusqu'à 95 p. 100 d'acide carbonique. M. Bunsen est arrivé tout récemment à des résultats analogues en examinant les produits gazeux qui s'échappent des terrains volcaniques de l'Islande, des eaux thermales d'Aix-la-Chapelle, de l'eau sulfureuse de Nemdorf, etc. « Je ne parle pas, dit M. Péligot, de l'acide carbonique résultant de la houille et des autres combustibles minéraux dont l'extraction, qui présente chaque année une augmentation si rapide, dépasse aujourd'hui 550 millions de quintaux métriques par an, pour l'Europe seulement. Or j'ai calculé qu'en admettant que ces combustibles contiennent 80 p. 100 de carbone en moyenne, leur emploi répand dans l'air environ 80 milliards de mètres cubes d'acide carbonique. Cette masse de gaz est égale à celle qui serait produite annuellement par la respiration de 509 millions d'individus, brûlant chacun 10 grammes de carbone par heure. C'est plus que le double de la population de l'Europe. Ces quantités, si considérables qu'elles nous paraissent, ne sont rien sans doute, eu égard à l'immensité de notre atmosphère. »

Néanmoins il paraît bien vraisemblable que la production d'acide carbonique l'emporte sur la quantité dont les végétaux font emploi. Cependant le gaz dont il s'agit ne se trouve qu'en proportion bien petite et à peu près constante dans l'air atmosphérique (2 à 4 dix millièmes de son volume); que devient donc le reste? d'après M. Péligot, il se trouverait dans les eaux des fleuves et dans celles de la mer.

Iridium. — L'or des placers de la Californie contient une assez grande quantité d'iridium : et on calcule que la Monnaie de Paris pourrait en tirer annuellement 60 kilogr. de l'or qu'elle emploie. M. Dhennin a imaginé un procédé d'extraction que nous exposerons.

Nouvelle pompe en caoutchouc. — M. Despretz décrit un système de pompe à force centrifuge, qui loin de le céder en simplicité à celle de M. Jobard, l'emporterait au contraire sur celle-ci comme on va le voir : elle se compose en effet d'un tube de 3 mètres de longueur, en caoutchouc, plongeant dans l'eau par son extrémité inférieure et rempli de ce liquide. C'est là tout l'appareil, et quant à la manière d'en faire usage, la voici : les choses étant disposées comme je viens de le dire, il suffit d'imprimer un mouvement de rotation à l'extrémité libre ou supérieure du tube, pour donner lieu à un écoulement d'eau continu. — On voit qu'on ne saurait rien imaginer de plus simple p ur l'arrosage.

Mammifères fossiles de l'Amérique méridionale. — Des recherches entreprises à ce sujet par M. P. Gervais fournissent plusieurs résultats intéressants. On y voit une fois de plus la preuve qu'aucune des espèces indigènes de l'Amérique méridionale vivant actuellement sur ce continent ou qui l'ont habitée à l'époque où vivaient en Europe les grands ours, les hyènes, l'elephas primigénius, le rhinocéros, le *felis spelœa* et tant d'autres animaux depuis longtemps anéantis, qu'aucune de ces espèces, dis-je, n'a eu de représentants dans l'ancien continent; le genre des mastodontes lui-même ne fait pas exception comme G. Cuvier l'a cru. Certains ossements ayant été rapportés du Pérou par Dombey, l'illustre naturaliste les regarda comme ayant appartenu au *mastodon* d'Europe. Il n'en est rien, ces ossements sont ceux d'une espèce toute américaine, le *mastodon Andium*. Et non-seulement les mammifères des cavernes et des dépôts pampéens de l'Amérique méridionale appartiennent à des espèces différentes de celles de l'ancien continent, mais encore beaucoup d'entre eux rentrent dans des genres, dans des familles même qui ne sont point représentées ailleurs ou qui ne le sont que dans quelques parties de l'Amérique septentrionale.

On arrive à des conséquences non moins curieuses si on compare les fossiles de l'Amérique du sud à ceux qu'on a découverts à Nebraska, aux États-Unis, et qui appartiennent probablement à la formation miocène de la période tertiaire. Les fossiles de Nébraska diffèrent également de ceux de l'Amérique méridionale et des espèces qui peuplent actuellement tout le nouveau monde, tandis qu'ils ont au contraire des analogies incontestables avec les mammifères du miocène européen ainsi qu'avec ceux du proïcène.

Parmi les mammifères fossiles de l'Amérique méridionale qui n'appartiennent à aucune des familles connues ailleurs, M. P. Gervais cite trois genres de la grande catégorie des ongulés, savoir : 1° le *toxodon* qui était grand comme un hippopotame, et en avait sans doute les allures et en partie le genre de vie. Ce toxodon forme un genre nouveau; 2° le *nesodon*, et 3° le *macrochenia* qui était aussi grand que le toxodon, mais avait des formes beaueoup moins lourdes. Ses pieds diffèrent peu de ceux des rhinocéros et il doit devenir le type d'une famille nouvelle, voisine de ces derniers.

---

## VARIÉTÉS.

### Le bananier.

Dans la *Colonisation*, journal d'Alger, M. C. Duval appelle l'attention des colons africains sur cet arbre admirable appelé certainement à jouer un très-grand rôle comme plante alimentaire et industrielle; qu'on en juge par l'énumération des divers services qu'il peut rendre. Mais un mot d'abord de sa physionomie.

Qu'on se représente un gros roseau, une tige verte, luisante, spongieuse, remplie de suc, haute de 4 à 5 mètres, surmontée d'un bouquet de huit à douze feuilles longues de 1 à 2 mètres, larges de 35 à 40 centimètres, d'un beau vert, flexibles satinées. Tel est le bananier, ou *figuier d'Adam*, originaire des Indes orientales, le plus productif de tous les végétaux et qui en sera le plus utile quand on voudra. La saison venue, il se pare de fleurs longues de 25 centimètres, groupées sur un axe commun, jaunes, recouvertes de bractées violacées, puis plus tard apparaissent les fruits, les bananes, dont la grappe prend le nom de *régime*.

Enumérons maintenant les usages de cet arbre pour tout faire :

Les feuilles sont un excellent fourrage; en vertu de leur élasticité, elles sont très-propres à entrer dans la composition des matelas ou du moins des paillasses. Quant au fruit, une seule grappe contient, terme moyen, cent bananes et fait la charge d'un homme; leur chair est un aliment savoureux très-nourrissant; le fruit du bananier du paradis (*musa paradisiaca*) se mange ordinairement cuit, il est ferme et solide ; celui du bananier des sages (*m. sapientum*) se mange cru lorsqu'il a acquis la consistance d'une poire mûre. On en fait d'excellentes confitures ; sa pulpe donne une farine pouvant servir à faire du pain. On en tire également une boisson saine et rafraîchissante, enfin il produit une eau-de-vie excellente.

La tige et la moelle renferment un grand nombre de fibres textiles, celles de la tige longues et fortes fourniraient des cordes, des tissus grossiers et surtout du papier; celles de la moelle, très-élastiques, se liant plus aisément entre elles que les fils de diverses espèces de coton, serviraient à confectionner des étoffes excessivement légères.

La tige du bananier contient un suc aqueux très-abondant, renfermant une substance particulière susceptible de fermenter et par conséquent de fournir de l'alcool.

Une tige de 4 mètres de hauteur sur 10 centimètres de diamètre et pesant 40 kilog. m'a fourni, dit M. C. Duval, 2 kilog. 500 gr. de fibres, 950 gr. de tissu utriculeux et 35 kilog. 20 gr. de suc aqueux. La perte a été de 1 kilog. 530 gr.

Ce suc, traité par deux pour cent de son poids de levure de bière et par son volume d'eau, est entré, une heure et demie après, en fermentation ; cette effervescence n'a été arrêtée que 40 heures après.

Le bananier se propage par des rejets ou drageons qu'il produit abondamment et qui doivent être plantés à une distance de 3 mètres. Les lieux frais et humides, ainsi que les vallées lui sont favorables. La plaine de la Mitidja conviendrait parfaitement, car il aime une terre légère, substantielle, composée de débris de végétaux. Il exige des sarclages et deux ou trois binages par année.

Après dix-huit ou vingt mois de plantation, il produit un régime; sa tige se flétrit et meurt; il faut alors la couper; mais elle est déjà remplacée par quatre ou cinq rejetons, dont deux ou trois, l'année suivante, portent fruits, meurent et sont eux-mêmes remplacés chacun par un nombre triple de jeunes pousses qui fructifient successivement, et qu'il est bon de ne pas laisser multiplier au-delà de douze.

En Amérique, un hectare de bananiers produit annuellement dans les plus mauvaises conditions, au minimum, 2,948 régimes de bananes.

Les frais de culture sont minimes : l'auteur évalue à cinquante centimes par pied les sarclages et binages qui doivent être faits chaque année ; ce qui constituerait pour un hectare planté de 3,000 bananiers, une dépense de 1,500 fr., tandis que la récolte de ces mêmes bananiers, portée seulement à 2,948 régimes, représente une valeur de 8,844 fr., en évaluant le prix de chacun à 3 fr.

A quoi il faut ajouter la récolte des feuilles, des fibres textiles et du suc aqueux. Cela ne mérite-t-il pas l'attention des colons.

### La question de l'or.

Dans un article aussi brillant que son sujet, et qui a paru

dans *le journal des Débats*, M. Michel Chevalier évalue les quantités d'or versées sur le marché général par les mines de la Californie et celles de l'Australie. La production des premières monte actuellement à 100,000 kilog. par an; c'est plus que la matière nécessaire pour former 300 millions de francs de monnaie; les secondes dépassant déjà les autres, bien que la découverte n'en remonte qu'à 1851, fournissent annuellement 110 à 120,000 kilog., qui feraient environ 400 millions de francs. Les considérations suivantes, auxquelles M. Chevalier se livre, rendront saisissante la disproportion qui existe entre la production actuelle de l'or et sa production dans les temps passés :

« Les calculs les plus plausibles, dressés avec le plus de soin, montrent que depuis le premier voyage de Cristophe Colomb jusqu'à la découverte des gisements aurifères de la Californie, la masse entière de l'or qu'a fourni le Nouveau-Monde a été de 2 millions 910,000 kilog. C'est ce qui ferait en pièces de notre monnaie actuelle, un peu plus de 10 milliards de francs (exactement 10 milliards 26 millions). Voici donc sur quel pied. la production de l'or est montée aujourd'hui : annuellement elle est du dixième de tout ce que le Nouveau-Monde avait donné en trois cent cinquante-sept ans. Elle n'a qu'à continuer de même, et dans dix ans, à partir du 1er janvier 1853, dans huit ans, à partir d'aujourd'hui, il aura été versé sur le marché général une quantité égale à ce que le Nouveau-Monde y avait jeté dans un laps de temps de plus de trois siècles et demi. Or, continuera-t-on sur le même pied? C'est très-vraisemblable. Tout porte à penser même que la production se développera. Il est permis de croire que, dans quelques années, au lieu d'être descendue de son niveau actuel, elle aura atteint 500,000 kilog. Pour qu'il en fût autrement, il faudrait que le flot des émigrants qui se précipitent vers la Californie et vers l'Australie, non seulement s'arrêtât, mais rebroussât chemin, ou que l'anarchie, qui est le fléau de l'exploitation des mines comme de toute autre industrie, s'introduisît dans ces contrées. Or, on conviendra que ce sont là des suppositions bien peu probables. Je ne parle pas de l'appauvrissement subit des mines, c'est une hypothèse qui a moins de chances encore.

« Lorsqu'on a devant soi des résultats aussi fortement caractérisés, on a bien de la peine à ne pas considérer comme inévitable et comme imminente une perturbation prochaine dans notre système monétaire et à ne pas se préoccuper des conséquences toujours sérieuses qu'entraine avec lui un événement de ce genre. »

---

## NOUVELLES ET CAUSERIES.

*Les quatre journaux universels des sciences. — Une élection académique. — Télégraphe sous-marin entre Constantinople et l'Égypte.*

⁂ *L'Ami des sciences* n'est pas le seul journal qui, loin de s'adonner au service exclusif d'une spécialité, se propose de tenir ses lecteurs au courant de tous les progrès qui s'accomplissent dans les diverses branches des sciences positives; trois autres publications s'imposent comme lui cette tâche, deux d'entre elles nous ont même précédé dans la carrière, l'autre nous y a suivi; ce sont par rang d'ancienneté :

L'Institut, journal universel des sciences et des sociétés savantes en France et à l'Etranger: propriétaire rédacteur en chef M. Eugène Arnoult. Paraît le mercredi. Prix d'abonnement : pour Paris, 30 fr.; pour les départements, 33 fr. Bureaux, 45, rue de Trévise.

Cosmos, Revue encyclopédique hebdomadaire du progrès des sciences et de leurs applications aux arts et à l'industrie, fondée par M. de Monfort, rédigée par M. l'abbé Moigno. Prix d'abonnement: Paris, 20 fr.; départements, 23 fr. Bureaux, 18, rue de l'Ancienne-Comédie.

La Science, journal du progrès des sciences pures et appliquées et des découvertes et inventions: rédacteur en chef, M. Auguste Blum, ancien élève de l'école polytechnique. Ce journal se publie en trois éditions. La 1re *quotidienne*, 48 fr. par an; la 2e *semi-quotidienne*, 28 fr.; la 3e hebdomadaire, 18 fr. par an. Un numéro, 35 centimes. Bureaux, rue Coq-Héron, 5.

⁂ Après plus d'une année d'hésitation, la section de médecine et de chirurgie de l'Académie des sciences s'est enfin décidée à donner un successeur à M. Lallemand. Elle a, dit-on, arrêté sa liste de présentation comme il suit : 1° M. Jobert (de Lamballe); 2° M. Baudens; 3° M. J. Cloquet; 4° M. Gerdy; 5° M. Laugier; 6° M. J. Guérin; 7° M. Malgaigne; 8° *ex æquo* MM. Leroy-d'Etiolles et Maisonneuve.

Ce classement a excité au plus haut point la surprise. Il n'est ni conforme à ce qu'on devait prévoir, ni en rapport avec l'opinion la plus générale sur le mérite respectif des candidats.

On se demande ce que fera l'Académie en présence d'une telle intrigue. Chacun en parle à sa manière. Un membre, connu par son humeur tant soit peu facétieuse, va répétant « que « c'est une manœuvre de normand, dans laquelle il y a eu « *captation d'un vieillard et d'un mineur.* »

⁂ Un contrat a été passé entre le gouvernement ottoman et M. Lionel Joshorn pour l'établissement d'une télégraphie sous-marine qui reliera les Dardanelles à l'Egypte.

⁂ Deux épreuves photographiques fort intéressantes en raison des conditions toutes nouvelles dans lesquelles elles ont été obtenues et représentant des vers intestinaux (ascaride lombricoïde, l'un entier, l'autre ouvert), ont été présentées à l'assemblée générale de la *Société française de photographie* par M. Louis Rousseau, aide-naturaliste au Muséum. Voici comment l'auteur procède. L'objectif a reçu une position verti-verticale, les vers ont été placés horizontalement sur une plaque de velours, dans une cuvette en cristal. Il a pu les reproduire ainsi de grandeur naturelle et sans aucune déformation à travers une couche d'eau peu profonde.

---

## BULLETIN BIBLIOGRAPHIQUE.

— Chimie des couleurs pour la peinture à l'eau et à l'huile, comprenant l'historique, la synonymie, les propriétés physiques et chimiques, la préparation, les variétés, les falsifications, l'action toxique et l'emploi des couleurs anciennes et nouvelles, par M. J. Lefort. 1 vol. format anglais, chez Victor Masson, place de l'École de Médecine.

— De l'homœopathie et particulièrement de l'action des doses infinitésimales, par le Dr A. Magnan. In-8°, prix : 2 f. 50, chez J.-B. Baillère, 19, rue Hautefeuille.

— Etude de l'action de la flanelle en contact direct avec la peau, et de son influence physiologique, palliologique et thérapeutique, par le Dr Fulgence Fiévée de Jeumont. In-8°, 1 fr., chez Hamel, 10, rue Racine.

— Mémoire sur la condition morbide de la luette et sur l'influence qu'elle exerce comme cause de nombreuses maladies; par le même. Même librairie.

— La clé de l'arithmétique. Traité de calcul mental d'après la méthode suivie pour former le patre calculateur de la Touraine, Henri Mondeux, et selon ses procédés, par son professeur Emile Jacoby. 1 vol. in-12, chez Arnauld de Vresse, 7, quai des Grands-Augustins.

— Caractères de la divisibilité des nombres par des valeurs données de 1 à 50, formulés par Henri Mondeux; par le même. Brochure in-12, chez Dentu, Palais-Royal.

---

*Le propriétaire, rédacteur-gérant :*
Victor MEUNIER.

PARIS. — IMP. J.-B. GROS, RUE DES NOYERS, 74.

Première année. — N° 23. Quinze centimes. 10 juin 1855.

# L'AMI DES SCIENCES

PAR

VICTOR MEUNIER

BUREAUX D'ABONNEMENT : 13, RUE DU JARDINET, 13. Près l'École de Médecine.

Paraît le dimanche.

(Les abonnements datent, au gré des souscripteurs, du commencement de l'année ou du premier dimanche de chaque mois).

PRIX DE L'ABONNEMENT POUR L'ANNÉE. PARIS, 6 FR. — DÉPARTEMENTS, 8 FR. ÉTRANGER, surtaxe en sus. Envoyer un mandat de poste.



## DE LA MORT APPARENTE.

Nous avons cité dans le précédent numéro, en tête de la *Semaine scientifique* une observation capitale. Il s'agissait d'un homme chez lequel à la suite d'inhalations chloroformiques les battements du cœur et les mouvements de la respiration s'arrêtèrent complétement; la suspension des battements du cœur fut ainsi parfaitement établie au rapport de M. Duchenne de Boulogne, qu'il est possible de le faire « sans mettre le cœur à nu. » M. Andral et son interne avaient ausculté ce viscère avec le plus grand soin : « Il n'est pas plus vivant que les cadavres de l'amphithéâtre, » disait M. Andral; cependant au bout de cinq à six minutes, grâce à une sorte de respiration artificielle par compression et relâchement alternatifs des parois thoraciques et abdominales qu'on ne cessa d'opérer, le prétendu mort était rappelé à la vie.

Observation capitale en ce qu'étant, par la réputation et la position de ses auteurs, à l'abri du soupçon d'inexactitude, elle donne un caractère d'authenticité à des observations analogues qu'il faudra dorénavant prendre en considération ; j'en citerai quelques-unes :

Mme P... venait de perdre un enfant adoré, sa douleur fut telle qu'on craignit pour sa raison ; une insurmontable pensée de suicide s'empara d'elle. Etant parvenue à se procurer une forte quantité de chlorhydate de morphine, elle but, en moins de dix minutes, douze grains (60 centigr.) de ce sel. Les ravages du poison furent prompts et terribles. Elle l'avait pris à cinq heures du matin; vers midi, les symptômes de narcotisme étaient arrivés à leur paroxysme. Trois médecins MM. Guersant père, Roger et Corby, furent appelés en même temps.

« Tout ce que la science possède de ressources en pareil cas fut inutilement employé, dit M. le Doct. Jozat. A trois heures, ajoute-t-il, deux des médecins étaient partis ; M. Guersant, vieil ami de la famille, était resté seul pour donner des consolations au mari et aux parents de la défunte. Nous arrivâmes sur ces entrefaites. Nonobstant l'assurance qui nous fut donnée par M. Guersant lui-même, que tout était fini, nous voulumes juger par nous-même de l'exactitude des détails qu'on nous donnait. Hélas! ils ne nous parurent que trop vrais ; et notre conviction était telle qu'en sortant de la maison, nous affirmâmes à une amie de Mme P... qu'il n'y avait aucun espoir et que la mort n'était pas douteuse.

« Inutile d'ajouter que tous les moyens de s'assurer de ce triste résultat avaient été mis en pratique. Nous affirmons pour ce qui nous regarde avoir eu recours à une auscultation minutieuse de la région du cœur, sans que ce moyen nous ait révélé aucun symptôme de vie. Quant aux moyens employés pour rappeler Mme P... à la vie, on pourra s'en faire une idée, quand on saura que les sinapismes, entre autres, donnèrent lieu à des brûlures telles que dans beaucoup d'endroits, il y eut une véritable désorganisation des parties. M. Paul Guersant pourrait en parler, lui qui a donné pour cela ses soins à Mme P... pendant plus de trois mois. »

Car Mme P... n'était par morte, elle était si peu morte, qu'elle est depuis devenue mère d'un enfant charmant, qui la console de la perte cruelle qui l'avait jetée dans le désespoir.

Mme P... était en état de mort apparente. M. Jozat raconte plusieurs autres exemples de mort apparente, il cite entre autres « un cas où l'auscultation la plus minutieuse ne lui permit pas de constater les plus faibles battements du cœur. » Les observations qu'on lui doit ne sont pas à beaucoup près les seules que possède la science, et comme la question est de celles auxquelles le lecteur ne saurait être indifférent, on me permettra une ou deux citations encore.

M. Girbal, chef de clinique à la Faculté de médecine de Montpellier, rapporte dans un mémoire communiqué à l'Académie de médecine, qu'il fût appelé auprès d'une jeune fille qu'on croyait morte déjà depuis quelques heures ; et constata sur la prétendue défunte tous les signes auxquels on pense reconnaître la mort réellé. L'auscultation de la région précordiale pendant une ou deux minutes ne fit percevoir aucun battement ; on ne percevait pas non plus le moindre mouvement diaphragmatique ; tous les moyens indiqués furent employés inutilement ; on désespérait, quand la jeune fille revint à la vie.

M. Depaul, professeur à la Faculté de médecine de Paris, rapporte l'observation suivante sur un enfant qui venait d'être extrait par le forceps.

« On aurait pu le croire mort, dit-il. Après qu'on eut pendant quelques minutes inutilement essayé les moyens ordinaires, on me chargea, en désepoir de cause, d'insuffler de l'air dans les poumons ; j'avoue que ne je comptais nullement sur un résultat heureux, tant l'état de l'enfant me paraissait grave; en effet, avant de commencer, voulant m'assurer de l'état du cœur, il me fut impossible de trouver le moindre frémissement de cet organe. Cependant j'avais fait à peine une douzaine d'insufflations, que déjà la contractibilité du cœur se réveillait, quelques pulsations, lentes et faibles d'abord, se faisaient sentir. Bientôt elles augmentèrent, et je pus en compter de trente à quarante par minute. Au bout d'une heure, la respiration avait acquis sa fréquence normale. Cet enfant resta faible pendant quelque temps, il fut conservé pendant quelques jours dans l'établissement (la Maternité), et lorsqu'il le quitta, il emporta les mêmes chances de vie qu'un enfant qui naît dans les meilleures conditions. »

Enfin, je rappellerai pour mémoire tant d'observations remarquables du même genre enregistrées dans nos précédents mémoires, et qui ont porté les unes sur des enfants nouveaux-nés, les autres sur des adultes.

Lors même que la médecine serait muette sur ce point, on n'en serait pas moins fondé et c'est là, ce que nous avons toujours soutenu, à attester la possibilité de cet état de suspension du mouvement vital. La physiologie nous y invite. En nous montrant le fait dans un grand nombre d'animaux et de végétaux, elle nous prépare à le rencontrer dans l'homme.

Nous posons ceci en fait :

1° Tout être vivant est susceptible d'entrer dans un état de suspension du mouvement vital qui a toutes les apparences de la mort, et 2° de cet état de mort apparente il peut passer à la mort réelle sans qu'aucun signe vienne attester que la vie n'était pas encore éteinte au moment où déjà on la croyait éteinte.

S'il en est ainsi, il en résulte (et c'est là que nous voulons en venir), que nous avons envers les morts ou ceux que nous jugeons tels, d'autres devoirs que ceux que nous remplissons. Il s'agirait moins de constater un decès que de ranimer une vie latente ; le decès se constaterait par l'impossibilité de ranimer la vie, pas autrement : au lieu de regarder on agirait, au lieu de verbaliser on expérimenterait. Pendant qu'on examine si un homme est bien mort, peut-être achève-t-il de mourir. Enfin, le médecin des morts n'interviendrait comme vérificateur qu'après avoir échoué comme résurrectionniste.

Il y a là toute une série de pratiques à indiquer, et l'étude des faits sur lesquelles nous fonderions cette nouvelle branche de l'art médical nous conduira à proposer un plan d'expériences qui ne manquera pas d'intéresser le lecteur.

---

## LE PALAIS DE L'INDUSTRIE.

L'*Indépendance belge* annonce que la nécessité d'établir dans le Palais de l'industrie un système de ventilation plus actif que l'aérage naturel, a enfin été reconnu, et que M. le docteur Van Hecke est chargé de cet important travail.

Si la nouvelle est vraie, nous félicitons sincèrement MM. les administrateurs du Palais de l'industrie d'avoir assez l'intelligence de leurs propres intérêts pour vouloir rendre tolérable durant la saison des chaleurs la grande cloche de cristal du carré Marigny.

Au mois de juillet de l'année dernière, nous insistions, dans le feuilleton de la *Presse*, sur la nécessité de la mesure qui vient, dit-on, d'être prise.

Peut-être nous objectera-t-on, disions-nous alors, que les dimensions de l'édifice et les nombreuses ouvertures dont il est percé, rendent l'aérage artificiel superflu; mais c'est là une opinion que l'expérience contredit formellement.

Le Palais de Londres était bien plus grand que celui de Paris, on y avait pratiqué pour l'entrée de l'air de nombreuses persiennes dont la section totale était de plus de 2,000 mètres carrés ; en outre, la température moyenne de Londres est très-inférieure à celle de Paris ; enfin, le chef-d'œuvre de sir Joseph Paxton était garanti des injures du soleil commun par ce ciel de verre dépoli sous lequel s'abritent les îles Britanniques. On pouvait donc supposer que, dans de telles conditions, tout aérage artificiel serait superflu. On sait si la supposition s'est trouvée exacte! Et qu'on me cite une représentation à la Gaîté où les yeux aient arrosé autant de mouchoirs que les fronts en ont mouillé au *Cristal-Palace*.

Mais nous n'avons pas besoin, ajoutions-nous, d'invoquer l'expérience de Londres. Ignore-t-on ce qui se passe dans les édifices réalisant, sous le rapport de l'aérage, des conditions analogues, sinon même supérieures à celles que réunira le Palais de l'industrie? Nous voulons parler des gares de chemins de fer couvertes en vitraux. Bien que ces gares soient entièrement ouvertes, et qu'elles présentent à l'air extérieur une entrée égale à toute la section du vaisseau, il est des époques de l'année où la chaleur, développée par l'énorme surface des vitraux et par la réflexion des rayons solaires, est telle que littéralement on y étouffe.

A Tours, par exemple, le thermomètre à l'air libre marquant 25 degrés, on a vu la température de la gare s'élever à 45 degrés, et il y a des jours où, ruisselants de sueur, succombant sous le poids de la chaleur, les ouvriers sont dans l'impossibilité de continuer leurs travaux; supposez cette gare remplie de quelques milliers de personnes, ajoutez leur chaleur propre à celle du soleil, et dans cette atmosphère embrasée, projetez les torrents d'air vicié que leur respiration dégagera, vous aurez un spécimen de ce qui se passerait dans le palais de l'Industrie si on ne mettait à profit l'expérience acquise. Et comme en effet on a tardé jusqu'ici à en tirer parti, chacun a pu apprécier, ces jours-ci, à la sueur de son front, l'exactitude de nos prévisions. Bien que nous ne soyons encore qu'au début des chaleurs et qu'assurément les visiteurs à l'exposition ne brillent pas encore par le nombre, déjà au milieu de la semaine dernière, la température atteignait dans le palais un degré excessif. La perspective de passer sous cette cloche ardente les journées de juillet et d'août nous frapperait d'accablement n'était la nouvelle que nous apporte l'*Indépendance belge*. Nous ne reprocherons pas aux administrateurs du palais d'avoir attendu jusqu'à la dernière heure, sinon même plus longtemps, pour prendre une mesure tout à leur avantage autant qu'à celui du public et qui eut dû figurer dans les premiers plans de construction ; mieux vaut tard que jamais ; mais il n'y a plus de temps à perdre.

L'*Indépendance* dit que M. le Dr Van Hecke a été chargé d'appliquer son ingénieux système. Nous ne connaissons, pour nôtre part, rien de plus simple ni de plus efficace. Nous avons été le premier à le faire connaître en France. Nous le décrirons un de ces jours; le Congrès hygiénique de Bruxelles l'a qualifié en ces termes :

« Parmi les procédés de ventilation par moyens mécaniques, on peut particulièrement citer ceux dont M. le docteur Van Hecke est l'inventeur. Ces appareils permettent de remplacer l'air vicié par l'air pur, de température différente, selon les saisons, en calculant et reglant ce renouvellement selon les besoins. Ils opèrent en tout temps, avec le degré de force convenable pour rendre les locaux parfaitement sains et sans que le renouvellement occasionne des courants d'air sensibles dans les salles.

« L'économie notable qui résulte de ce procédé, le peu de place qu'occupent les appareils, la simplicité du mouvement, l'indication exacte des résultats obtenus dans un temps déterminé, donnent au système du docteur Van Hecke l'avantage de pouvoir être particulièrement utile dans les édifices offrant de grandes dimensions et où abondent les causes de viciation. »

Deux commissions officielles instituées en Belgique, l'une par le ministre de la justice, l'autre par le Conseil supérieur d'hygiène de Bruxelles en ont parlé tout aussi favorablement. Le système a été expérimenté dans des mines, à bord de bâtiments de l'État, dans les divers établissements publics et particuliers, à l'imprimerie du *Moniteur Belge*, et à la prison des Petits-Carmes à Bruxelles. Nous l'avons vu nous-même fonctionnant au Cercle du Nord, à Lille, où un seul appareil mis en mouvement par un garçon de douze ans, a lancé devant nous, en un quart-d'heure, 3,670 mètres cubes d'air dans le conduit d'aérage et a sans aucun courant appréciable remplacé par un air pur l'athmosphère viciée d'une tabagie cubant 3,000 mètres, et où se trouvent parfois réunis de 2 à 300 fumeurs. Aussi ne comprenons-nous pas qu'un système si simple, d'une installation si facile, dont les frais d'entretien sont nuls, soit encore à introduire dans nos théâtres, qui lui devraient certainement un excédant de recettes au lieu d'un accroissement de dépenses. Nous ne regardons pas comme hygiéniquement ordonnée une maison particulière où on ne lui fait pas sa place.

Il arrivera sans doute que 40 à 50,000 visiteurs se trouveront à la fois réunis dans le Palais de l'industrie. Si l'on admet la nécessité d'un renouvellement d'air de 20 mètres cubes par heure et par personne, ce qui n'a rien d'exagéré, 800,000 à 1,000,000 de mètres cubes devront passer en une heure par les conduits d'aérage. Le système du docteur Van Hecke est de force à accomplir cette colossale besogne.

Avec tous les hygiénistes, nous regarderons l'aérage artificiel comme étant de première nécessité. Si à l'utile on veut joindre l'agréable, le système en question en fournit les moyens. Que diriez-vous d'un procédé de ventilation qui, de temps à autre, quand on le voudrait, imprimerait à l'air d'une vaste salle cette agitation qu'au moyen d'un éventail une belle main produit devant un beau visage? N'est-ce pas que se serait charmant? Cette galanterie est ce qu'en termes techniques nous appellerons ventilation par insufflation de haut en bas; elle s'opère toutes fenêtres ouvertes.

Rien de plus simple dans le système Van Hecke. Ici, comme toujours, nous nous appuyons sur l'expérience. L'expérience faite à bord des navires de la marine belge a démontré que la force d'un homme appliquée à un ventilateur de petite dimension, a suffi pour *insuffler* en 3 minutes et 24 secondes, dans la goëlette *Louise-Marie*, une quantité d'air frais égale à toute la capacité de ce navire (La même force en avait *extrait* tout l'air vicié en 3 minutes et 18 secondes.) Un tel système rendrait plus que tolérable les longs voyages de découvertes à travers le palais de l'Industrie ; on irait le visiter rien que pour jouir de cette volupté, et le sentiment de bien-être qu'il procurerait, entretiendrait les visiteurs dans une disposition bienveillante dont les exposants n'auraient qu'à se louer.

Qu'on s'en tienne, au contraire, à la ventilation naturelle, et pour peu que le soleil nous honore de sa présence, le palais de l'Industrie pourrait bien avoir, à certains jours de chaleur caniculaire, le même sort que nos théâtres.

Pour terminer, je mettrai en regard les effets de la ventilation naturelle et ceux de la ventilation artificielle. Ce qui suit est extrait du rapport de la commission instituée par M. le ministre de la justice en Belgique.

« Dans une seconde expérience, on a rempli les salles de fumée, que l'on a cherché ensuite à dissiper par les moyens ordinaires, c'est-à-dire en ouvrant de grandes croisées placées en face l'une de l'autre. Malgré les courants sensibles qui se produisirent alors et 1 degré 1/2 d'abaissement de température, au bout de 37 minutes les salles ne se trouvaient dégagées que d'une faible partie de la fumée. A cet instant les fenêtres furent fermées et l'appareil de M. Van Hecke fut mis en activité; 8 minutes suffirent pour la disparition complète de la fumée sans abaissement nouveau de la température. »

## Instructions pratiques sur la récolte, la fécondation et le transport des œufs de poissons.

(Quatrième et dernier article (1).

« Ces moyens de transport sont particulièrement applicables aux œufs libres, tels que ceux de saumons, truites, etc..... Pour les œufs adhérents, on enveloppe les objets qui les supportent avec des linges humides, et on les place ensuite dans des corbeilles ou des paniers garnis de paille ou d'herbes fraîches, en prenant d'ailleurs les précautions nécessaires pour empêcher une dessiccation trop rapide ; mais, en général, il est préférable de transporter les œufs sans les sortir de l'eau.

« Toutes les fois que les œufs peuvent être mis en incubation, soit sur les lieux de fécondation, soit à proximité de ces lieux, il ne faut, en général, commencer à effectuer le transport que vers le milieu ou les deux tiers de la période d'incubation, c'est-à-dire, à partir de l'époque où les traces de l'embryon sont nettement visibles à l'œil nu, et où les yeux du jeune poisson forment deux points noirâtres bien apparents.

« Dans le cas contraire, où si l'on ne peut pas attendre ce degré d'avancement dans le développement de l'embryon, il y a avantage incontestable à emballer ou à transporter les œufs immédiatement, ou peu de temps après la fécondation. Il ne faut pas attendre que l'œuf ait subi un commencement d'incubation dans l'eau, surtout dans une eau dont la température peut favoriser le travail d'incubation, parce que, dans ces conditions, il est très-sensible aux influences extérieures.

« Pendant l'incubation, l'œuf subit une série de modifications que l'on ne peut, en général, apprécier qu'avec un microscope. On se bornera à indiquer ici quelques-unes des modifications facilement appréciables à l'œil nu et à la loupe.

« L'œuf présente dans sa région supérieure, c'est-à-dire, dans la partie qui s'offre de suite à l'œil, une espèce de tache blanchâtre autour de laquelle sont groupées de petites gouttes huileuses plus ou moins colorées selon les espèces ; pour le saumon et la truite saumonée, ces gouttes ont souvent un volume assez fort et offrent une teinte jaune rougeâtre. Au bout d'un certain temps, cette tache tend à se résoudre et à s'étendre avec les gouttes huileuses, et l'on aperçoit bientôt un petit trait faiblement opaque, qui prend ensuite la forme d'une petite fourche légèrement recourbée l'une vers l'autre ; puis ces deux dents offrent des points qui finissent par prendre une couleur foncée : ce sont les *yeux*. La tête, primitivement formée d'une substance très-transparente, prend elle-même une couleur plus foncée et devient nettement appréciable, ainsi que les autres parties du corps.

« Ces transformations sont faciles à suivre dans les œufs qui offrent un assez fort volume, tels que ceux de saumons et de truites, et dans ceux qui sont très-transparents, tels que ceux de saumons, ombres, fera, brochets, perches, etc.

« On voit même très-distinctement les divers *colorations du sang* dans les œufs dont le jeune poisson a le sang rouge au moment de l'éclosion, tels que ceux de saumons, truites, ombres, féra, brochet ; la perche et autres poissons dont l'incubation est de courte durée naissent avec un sang non coloré en rouge. En plaçant un œuf de saumon ou de truite dans un petit tube rempli d'eau, ou bien entre le pouce et l'index, on peut compter les pulsations du cœur et admirer l'organisation de la vesicule, dont les parois sont garnis de veinules rosées qui ont l'aspect de radicelles très-fines et très-déliées.

« Dans l'œuf dont l'embryon n'a pas le sang coloré en rouge avant l'éclosion, cet embryon apparait avec deux points noirs qui sont les yeux et sous la forme d'un petit filament grisâtre enroulé sous la pellicule de l'œuf.

« Ces divers caractères de développement de l'embryon sont très-faciles à reconnaitre dans un groupe d'œufs ; ils sont très-saillants au milieu d'autres œufs non fécondés ou devenus improductifs, car ces derniers présentent toujours vers la région supérieure, le groupe des gouttes huileuses, ou la tache blanchâtre des parois et forme un vide de forme circulaire que l'on distingue très-nettement dans les œufs de saumons, truites, etc.

« L'on a ainsi, pendant la période d'incubation, des signes très-apparents qui permettent d'apprécier les résultats de la

(1) Voir les numéros 20, 21 et 22.

fécondation et la qualité des œufs qui peuvent être livrés et transportés avec une entière certitude de fécondation. »

## CORRESPONDANCE.

### Engrais humain.

Cherchel, le 29 mai 1855.

Monsieur le Rédacteur,

Après avoir lu votre numéro de l'*Ami des Sciences* du 15 avril, je ne puis m'empêcher de vous communiquer quelques réflexions qui me sont venues au sujet de ce qu'avance M. Payen. — Pag. 117, art. *Engrais liquide*, vous dites qu'interrogé par un membre du Congrès des sociétés savantes, sur la question de savoir si la chimie fournit les moyens d'utiliser facilement les matières fécales des grandes villes, M. Payen a répondu que la solidification des engrais, dont il a été beaucoup parlé il y a deux ans, paraît être aujourd'hui abandonnée, et que l'abandon provient de ce que *les frais de transport causés par l'augmentation de poids étaient hors de toute proportion avec la valeur de la matière.*

Je suis très-étonné, Monsieur le Rédacteur, qu'en cette occurrence M. Payen ait complétement passé sous silence le remarquable travail fait en 1849 ou 1850 par M. le docteur Herpin (de Metz), membre de la Société d'encouragement de Paris, sur l'*emploi du plâtre et du poussier de charbon pour désinfecter instantanément les matières fécales et sur la possibilité de supprimer les fosses d'aisance dans la ville de Paris.*

Si vous voulez bien vous procurer la petite brochure de M. Herpin, vous jugerez sans doute qu'elle contient les indications d'un progrès réel.

Je me bornerai à vous donner ici les conclusions du travail de M. Herpin. Il résulte des expériences de ce savant et modeste confrère :

1° Que 12 kil. de plâtre cuit et pulvérisé, mélangé à 2 kil. 500 de poussier de charbon, coûtant ensemble 24 cent. au plus, suffisent pour désinfecter et solidifier immédiatement les déjections stercorales produites par un individu pendant une année entière et pour les convertir en un engrais très-actif, très-puissant et *durable*, lequel n'a aucune sorte d'odeur ni d'apparence désagréables qui en rappellent l'origine ;

2° Que le prix de cet engrais (poudrette désinfectée) disposé sous la forme de moellons cubiques ou tourteaux desséchés ne reviendrait à Paris qu'à 10 fr. les mille kilo. (un mètre cube) ;

3° Que le transport peut s'en faire par les chemins de fer sur waggons de retour, au prix de trois dixièmes de centime par mètre cube et par kilomètre ;

4° Que cinq à six mètres cubes de cet engrais, coûtant 60 fr. à Paris, suffisent pour la fumure d'un hectare de terre et contiennent autant d'azote, de carbone et de principes fertilisants que trente mètres cubes de bon fumier ordinaire de ferme, qui valent 120 fr. au moins ;

5° Que le plâtre associé au charbon a l'inappréciable avantage *de retarder la décomposition putride des engrais, de fixer à l'état de sel non volatil l'ammoniaque qui se perdrait dans l'air, de restituer et de fournir ces principes azotés aux végétaux,* PEU A PEU, AU FUR ET A MESURE DE LEUR CROISSANCE ;

6° Qu'au moyen du mélange désinfectant dont il s'agit, il deviendra possible et même facile de substituer aux fosses d'aisances actuelles des garde-robes portatives et tout à fait inodores, ce qui serait pour les propriétaires de maisons un objet d'économie fort important, et pour la ville de Paris, l'une des améliorations hygiéniques les plus nécessaires, qui amènerait en outre la suppression des dépôts de Montfaucon et de Bondy qui sont des foyers constants d'infection et d'insalubrité pour la capitale ;

7° Enfin, que les nombreux gisements de plâtre qui existent en France, et principalement dans le bassin de Paris, sont inépuisables et suffiraient à la consommation pendant des siècles.

Nul doute, Monsieur le Rédacteur, que l'idée des tubes souterrains de M. Marie dont vous parlez, ne soit un progrès, mais les matières ainsi conduites dans des réservoirs et répandues sur le sol laisseraient s'évaporer rapidement l'ammoniaque, tandis que le mélange de plâtre et de charbon a pour résultat, ainsi que le dit très-bien M. Herpin, art. 5 de ses conclusions, de fournir aux végétaux, *peu à peu et au fur et à mesure de leur développement*, les principes azotés dont ils ont besoin ; et c'est là un très-important problème résolu.

Examinez cette question, Monsienr le Rédacteur, avec la maturité que vous savez apporter dans l'examen des questions que vous traitez, et je pense que vous resterez convaincu que les inconvénients signalés par M. Payen (frais de transport hors de proportion avec la valeur de la matière) disparaissent si l'on fait usage des procédés indiqués par M. Herpin. D'ailleurs, quand bien même le procédé de M. Marie conviendrait mieux pour Paris et pour les grandes villes, celui de M. Herpin serait sans doute d'une application plus facile pour les petites localités et pour les villages.

Veuillez agréer l'expression de mes sentiments sympathiques,

P. WAHU,

Médecin principal chef de l'hôpital militaire de Cherchel, Algérie.

Nous reconnaissons toute la valeur des travaux de M. Herpin, ce qui ne nous empêche pas de tenir pour les engrais liquides contre les engrais solides, et nous espérons qu'on sera de notre avis lorsque nous compléterons l'exposition du système de circulation continue.

## LA SEMAINE SCIENTIFIQUE.

LES ÉCLAIRS EN BOULE ET L'ÉTAT SPHÉROÏDAL. — Le 2 juin 1842, au troisième étage d'une maison située rue Saint-Jacques, près du Val-de-Grâce, un ouvrier tailleur, assis devant sa table, achevait de prendre son repas ; tout à coup un assez fort coup de tonnerre retentit, puis très peu de temps après le paravent qui fermait la cheminée s'abat et un globe de feu, gros comme la tête d'un enfant, sort tout doucement de la cheminée et vient se promener lentement par la chambre à une petite distance des briques du pavé. L'ouvrier compara l'étrange visiteur à un chat de grosseur moyenne, « pelotonné sur lui-même et se mouvant sans être porté sur ses pattes ; » il était, ajoute-t-il, plutôt « brillant et lumineux que chaud et enflammé ; » et l'hôte n'éprouva aucune sensation de chaleur. Le globe s'approcha de ses pieds comme un chat qui veut se frotter aux jambes, et resta là quelques secondes. L'ouvrier, penché en avant, examinait attentivement le météore, évitant avec soin un dangereux contact. Celui-ci s'éleva verticalement, et l'observateur dut se renverser en arrière sur sa chaise pour n'être pas touché au visage. A la hauteur d'un mètre, le globe s'allongea un peu et se dirigea obliquement vers un trou percé dans la cheminée, pour laisser passer pendant l'hiver un tuyau de poêle, mais qui pour le moment était recouvert d'une feuille de papier. Le globe de feu détacha ce papier sans l'endommager, remonta lentement dans la cheminée et, arrivé au sommet, éclata avec un fracas épouvantable.

Tel est le tonnerre en boule. Voici maintenant ce que c'est que l'état sphéroïdal découvert par M. Boutigny.

Une capsule d'argent à parois épaisses étant chauffée jusqu'au rouge, versez-y quelques gouttes d'eau au moyen d'une pipette. Le liquide n'entrera pas en ébullition, il ne s'étalera pas non plus, il ne mouillera pas la capsule, il prendra la forme d'un globule aplati. Au lieu d'eau avez-vous versé dans une capsule de platine quelques gouttes d'acide sulfureux anhydre, puis à l'acide avez-vous ajouté une petite quantité d'eau? celle-ci se congèle instantanément, et d'un creuset chauffé au rouge, vous retirez un glaçon! le corps passé à l'état sphéroïdal n'est pas en contact avec la capsule, il se tient à une petite distance au-dessus, il n'est pas en repos, on remarque en lui un mouvement giratoire rapide. Cependant la capsule vient-elle à se refroidir, l'eau commence à en mouiller les parois, et bientôt une ébullition violente se manifeste.

Or, M. Poey voit entre les éclairs en boules et l'état sphéroïdal une analogie. La forme du tonnerre en boule, l'absence de chaleur qui s'observe en ce météore, la distance à laquelle il parait se tenir des corps environnants sont les raisons du rapprochement que propose ce physicien.

Sur la cause des tremblements de terre. — On s'accorde assez généralement à rattacher les tremblements de terre et les éruptions volcaniques à la chaleur centrale de notre globe; des blocs de roches primitives viennent interompre accidentellement la communication entre les volcans, sorte de soupapes de sûreté et l'intérieur du globe, les gaz comprimés font explosion, de là les grandioses et terribles phénomènes dont il s'agit. M. Ferd. Hœfer n'admet point cette explication et nous ne saurions l'en blâmer. Il compare ces blocs de roche auxquelles on fait jouer un si grand rôle, à des feuilles de papier tendues sur la fissure d'une chaudière à haute pression. La comparaison ne paraît pas forcée et quant aux gaz ou matières inflammables, « comment, demande-t-il, leur action pourrait elle expliquer ces secousses qui se font sentir presque instantanément dans des localités de latitude et de longitude très-différentes? Comment expliquer par là ces déchirements capricieux du sol, ces masses de poissons tués en pleine mer, cette fusion de chaînes d'ancre (du navire le *Voland* dans le tremblement de terre de Callao, le 30 mars 1828), ces transports singuliers et instantanés de meubles d'un lieu à un autre, ces détonations et oscillations dont on a essayé de mesurer les ondes, cette frayeur des animaux, avant même que le sol tremble; enfin comment expliquer par le feu central et par la seule action des matières inflammables toutes ces singularités dont ourmillent les récits des tremblements de terre? » Rien de tout cela en effet ne s'explique par les idées admises. M. Hœfer au contraire, parait tout à fait dans le vrai, en classant les tremblements de terre parmi les phénomènes électriques.

Pour lui un tremblement de terre est un effet du même genre que le tonnerre, un véritable orage, avec la différence qu'au lieu d'éclater dans un milieu gazeux, il éclate dans un milieu solide, et il propose de diviser les orages en trois espèces, savoir : 1° les *orages atmosphériques*, ou orages proprement dits; 2° les *orages souterrains* ou *terrestres*; 3° les *orages aéro-terrestres* ou *mixtes*, fondés sur le passage de l'électricité de la terre à l'air, ou de l'air à la terre. C'est dans ces derniers que la surface de la terre éprouve de si grands bouleversements, alors les orages terrestres empruntent les caractères d'un orage atmophérique très violent, de même que ceux-ci peuvent avoir les effets d'un tremblement de terre.

Quant aux volcans, ce sont dans l'opinion de M. Hœfer des réservoirs de matières combustibles qu'on n'a pas besoin de supposer en communication avec le feu central; au contact de la foudre souterraine ils s'allument et font explosion comme de véritables poudrières. Si les matières combustibles se renouvellent à mesure qu'elles se consomment, les volcans sont permanents, cas aussi rare aujourd'hui qu'il était fréquent autrefois. Si les matières s'épuisent, les volcans s'éteignent (les volcans *éteints* sont aujourd'hui les plus nombreux, et leur nombre augmentera). Enfin, si dans les intervalles de repos les matières combustibles se régénèrent par des actions chimiques ou des infiltrations salines, les volcans sont intermittents. Or, en effet, ces derniers sont presque tous situés dans le voisinage de la mer.

La fumée et le choléra. — Le 4 avril 1854, M. Letellier (de Saint-Leu) écrivait à l'Académie de médecine, qu'en 1832 au moment ou dans la ville qu'il habite, le choléra attaquait chaque jour cinq à six personnes, et en tuait trois ou quatre, des feux de bois de pins ayant été allumés dans les rues et dans les maisons, l'épidémie cessa tout à coup. Au mois d'octobre de la même année, les journaux du midi rendaient compte d'observations analogues faites pendant la durée du choléra en plusieurs cantons de la Côte-d'Or.

L'épidémie sévissait avec violence depuis huit jours à Tarn-l'Abbaye; il y mourait huit à dix personnes par jour sur une population de cinq à six cents habitants, la démoralisation était extrême. Une femme, au récit du *Salut public* de Lyon, met imprudemment le feu à une grange pleine de paille et de blé; on transporte morts et mourants au milieu des champs; l'incendie n'est complétement éteint qu'après plusieurs jours, parce que le feu s'était communiqué à plusieurs meules de blé. A partir de ce jour-là, les mourants se sont rétablis, et pas un seul cas nouveau de choléra n'a été constaté depuis.

A Aiseray, la cholérine faisait presque autant de ravages que le choléra. Le feu consume deux granges remplies de fourrages; à partir de ce moment aussi plus de cholérine.

Enfin, à Brazey, la suette miliaire enlevait huit à dix victimes par jour; le feu prend à deux endroits du village; on transporte plusieurs morts dans des maisons éloignées du feu; il restait encore dans le village quarante-deux malades atteints de la suette; mais depuis que l'incendie a éclaté on n'a pas eu à constater un seul cas nouveau.

M. le docteur Ed. Ferand cite ces faits dans une note adressée à l'Académie, note qui a pour titre : « *Sur la propriété antiseptique de la fumée, et son emploi comme préservatif et curatif du choléra et des épidémies en général.* » Il en cite d'autres du même genre. Il pense que ce n'est point, comme on l'a dit, à la ventilation produite par le feu, qu'a été due la désinfection dans les exemples cités, mais bien à la propriété antiseptique de la fumée. Enfin, il désirerait que l'Académie, entrant dans ses idées, instituât un système d'expérimentation qui pût décider la question.

Propriétés physiques de l'aluminium. — MM. Ch. et Al. Tessier, ayant préparé de l'aluminium dans les conditions prescrites par M. Deville (conditions que l'auteur n'a pas toutes publiées), l'aluminium ainsi préparé a été mis entre les mains des ouvriers de MM. Christophe et Cie, et au dire des ouvriers, ce métal se travaille au moins aussi facilement que l'argent. On assure même, qu'à la rigueur, on pourrait se dispenser de le recuire.

On sait que jusqu'à présent on n'a pas réussi à opérer la soudure de l'aluminium, cela vient, selon MM. Tessier, de ce qu'on n'a pas employé les alliages de ce métal. Aucun résultat n'est, d'après eux, plus facile à obtenir; « grâce à ces alliages, disent-ils, parmi lesquels nous citerons particulièrement ceux de zinc, d'étain et d'argent, nous obtenons des soudures dont le point de fusion est bien inférieur à celui de l'aluminium, et qui nous ont permis d'effectuer cette opération avec une simple lampe à esprit de vin, et même sans aucun décapage préalable, comme si l'on agissait sur l'argent. »

Velocimètre Droinet. — Le 30 mai dernier, à bord du yacht *l'Eugénie* commandé par M. Lefebvre, l'instrument dont je viens d'écrire le nom, a été soumis à une nouvelle expérience, couronnée du même succès que toutes celles qui ont eu lieu depuis deux ans en France, en Angleterre et en Hollande. Ce vélocimètre ou sillomètre a pour fonction principale de mesurer le sillage du navire, et comme il en indique la vitesse d'une manière constante, ce qui le rend très-supérieur à l'ancien loch, il est probable qu'il deviendra rapidement d'un usage général. Grâce à l'obligeance de l'auteur, nous pouvons dire en quoi il consiste.

La théorie de la contraction de la veine fluide en fait le principe, et ce n'est autre chose qu'une application ingénieuse du tube à double cône de Venturi.

Ce tube de la longueur de 30 à 35 centimètres, est attaché au navire dont il doit mesurer le sillage; il est composé de deux cônes tronqués de hauteurs différentes, joints par leurs sommets. Au point d'intersection des deux cônes on a percé un petit trou surmonté d'un tuyau dans lequel se produit, dès que le navire s'avance, une aspiration qui s'accroît proportionnellement au sillage.

L'inventeur a imaginé de faire agir cette aspiration sur un manomètre, soit sur une colonne de mercure garnie d'une échelle graduée, soit sur un mécanisme construit avec la boîte de Vidi, soit sur l'indicateur du vide de M. E. Bourdon. Dans le premier cas, le mercure s'élève ou s'abaisse selon la marche du navire; dans les deux autres cas, c'est une aiguille qui indique sur un cadran les vitesses obtenues.

Si l'on veut déterminer la vitesse des courants dans un fleuve ou dans une rivière, il suffit de plonger le tube dans l'eau. A l'instant même l'aiguille du cadran indique cette vitesse qu'on peut aussi obtenir pour toutes les profondeurs.

On comprend que le même instrument peut servir à mesurer la vitesse des courants d'air. Pour cela que faut-il? Un tube plus grand et tournant toujours du côté d'où le vent souffle la base du plus petit cône.

Le vélocimètre agrandi encore, peut être appliqué à la ventilation des parties inférieures d'un navire, et voici comment: le navire étant en marche, on jette le tube à l'eau (la base du petit cône étant dirigée en avant), et l'on fait plonger dans l'espace, dont on veut extraire l'air vicié, un tuyau communiquant avec le tube immergé.

Enfin, il n'échappera à personne que le vélocimètre, au moyen de dispositions très-simples, peut servir à mesurer la quantité d'eau qui s'écoule par un orifice sous une pression quelconque.

Les expériences auxquelles le vélocimètre a été soumis depuis deux ans ont eu lieu : 1° à Londres, sur la Tamise, à bord du vapeur *La Syrène;* 2° en Hollande, sur le *Zuyderzée*, à bord d'un yacht privé à voiles, appartenant à M. Ammerfort; 3° dans la Manche, entre Cherbourg et le Havre, à bord du *Nord;* 4° entre le Hâvre et Londres, à bord de l'*Océan;* 5° sur le *Black-Eagle*, navire de l'amirauté anglaise à Portsmouth; 6° sur la Seine, à plusieurs reprises, à bord de l'*Eugénie*, yacht impérial, commandant Lefebvre; 7° dans la Manche, sur *le Galilée*, aviso à vapeur de la marine impériale; 8° à Londres, sur la Tamise, entre le pont de Londres et Scherness, à bord de la *Nymph;* 9° enfin, l'un de ces instruments a fonctionné publiquement pendant deux mois sans interruption, entre le pont d'Hungerford à Londres et Woolwich, à bord de la *Dryad*.

Substitution de la houille au coke sur les chemins de fer. — Jusqu'à ce jour nos locomotives ont été chauffées au moyen du coke et n'ont pu l'être autrement. Or, la consommation du coke est devenue depuis quelques années si considérable que d'une part l'industrie ne peut suffire aux énormes demandes qui lui sont faites et que de l'autre le prix de ce combustible s'est élevé de manière à influer sensiblement sur les frais de traction des chemins de fer. Ces circonstances donnent un grand intérêt aux essais qui viennent d'être entrepris sur la ligne du Nord où on s'est proposé de remplacer le coke par la houille brute. Ces expériences couronnées d'un plein succès ont été communiquées à la Société d'encouragement par M. Combes, au nom de l'ingénieur en chef de la traction au chemin de fer du Nord.

Les houilles employées dans ces essais étaient des houilles très-pures, tirées des bassins du centre de la Belgique; elles contenaient peu de matières volatiles, 18 à 20 p. 100 environ, et seulement 2 à 3 p. 100 de cendres. Pour obtenir une combustion complète de la fumée, les machines furent munies de grilles en escalier, terminées par une petite grille horizontale, et la houille fut introduite dans le foyer en gros morceaux. Les machines sur lesquelles on exécutait ces expériences étaient des machines Crampton et de grosses machines à train de marchandises. Au moyen des grilles en escalier, la fumée était complétement brûlée, et, en passant à côté de la machine, l'on ne pouvait s'apercevoir si elle brûlait de la houille ou du coke.

Le chauffage était, du reste, d'une parfaite régularité, et présentait des particularités remarquables. Lorsque dans une machine marchant au coke le chauffeur vient tout-à-coup à charger fortement son foyer, un refroidissement considérable se manifeste, et la pression baisse d'une quantité très-notable.

Il n'en est pas de même lorsque la machine marche à la houille; le chauffeur peut impunément recharger le foyer, sans que la pression diminue sensiblement. La différence ne dépasse jamais, dans ce cas, un quart d'atmosphère. Le chauffage à la houille présente, d'ailleurs, sur le chaffage au coke une économie assez importante pour qu'on doive la préférer à ce dernier.

M. Combes à fait deux voyages sur des locomotives chauffées à la houille, et il a pu vérifier par lui-même les faits remarquables annoncés par M. l'ingénieur chef de la traction.

Mammifères qu'il convient d'acclimater en France. — La Société zoologique avait chargé une commission de dresser une liste des mammifères dont il y aurait lieu de tenter immédiatement l'acclimatatation. Cette commission a fait son rapport par l'organe de M. Dareste. Laissant à part le lama de l'introduction duquel le conseil de la Société s'occupe, la commission est d'avis qu'il y a lieu : 1° de prendre immédiatement des mesures pour l'acclimatation de l'hémione, de dauw, du kangurou géant, de l'agouti, de l'axis et du cerf cochon ; 2° de décider que ces expériences seront faites dans le Midi de la France ou en Algérie.

En limitant à ce petit nombre les espèces dont elle devra s'occuper immédiatement, la Société ne perd pas l'avenir de vue, « ce qui n'est pas possible aujourd'hui peut le devenir demain, dit avec raison le rapporteur; qu'il me suffise, ajoute-t-il, de rappeler deux faits très-remarquables. Lorsqu'il y a une trentaine d'années, F. Cuvier décrivait le premier hémione qui ait vécu au Muséum, il indiquait déjà les avantages de la domestication de cet animal; mais il ajoutait que cette conquête présenterait des difficultés qu'il considérait comme insurmontables. A une époque beaucoup plus rapprochée, en 1849, notre président parlait de l'yak comme d'un animal presque entièrement inconnu, et à la domestication duquel il n'y avait pas lieu de penser. Aujourd'hui tout nous fait espérer que très-prochainement ces deux espèces seront devenues françaises.

« En présence de pareils faits, la commission a pensé qu'il y avait lieu de prendre des mesures pour que la société pût mettre à profit toutes les occasions qui se présenteront, et instituer, dans les meilleures conditions possibles, de nouvelles expériences, lorsque celles que nous lui indiquons seront en voie d'exécution. Dans ce but, nous avons rédigé une série de questions dont les réponses formeront un recueil de documents destinés à éclairer la Société quand elle aura à s'occuper de nouvelles espèces. Ces questions devront être adressées à tous les voyageurs qui, par état ou par goût, s'occuperaient d'histoire naturelle, ou qui voudraient concourir aux travaux de la Société.

« Il serait en effet fort important pour nous d'avoir des notions exactes et précises sur les races étrangères d'animaux domestiques, sur les services qu'elles rendent et les produits qu'elles fournissent, afin de pouvoir décider si leur importation en France produirait des avantages réels. Nous citerons en particulier les races domestiques de chèvres et de bœufs qui existent dans l'Inde et dans le centre de l'Asie, et dont plusieurs sont très-précieuses, mais qui ne nous sont que très-imparfaitement connues. Pour les espèces encore sauvages, la question est beaucoup plus vaste, parce que leur nombre surpasse de beaucoup celui des espèces domestiques, et qu'ici les difficultés de l'acclimatation se compliquent de celles de la domestication. Nous avons donc besoin de documents précis sur leur conformation et sur la nature des produits qu'elles pourraient fournir en viande, graisse, lait, cuir ou poils; nous aurions besoin également de savoir si leur multiplication serait facile, etc... »

Les instructions dont il s'agit font suite au rapport de M. Dareste. On les trouvera dans le *Bulletin de la Société*.

LE KANGUROU GÉANT. — Le kangurou géant figure parmi les animaux dont la Société zoologique a résolu de tenter immédiatement l'acclimatation, il a déjà été introduit dans beaucoup de pays et s'y est facilement reproduit et promptement multiplié. Dans le rapport ci-dessus cité, M. Dareste fait remarquer que la croissance rapide de ces animaux jointe à leur taille élevée, produit en peu de temps une quantité considérable de viande, et le développement des membres postérieures qui l'emporte si prodigieusement sur celui des deux autres indique qu'il s'agit d'une viande de bonne qualité. Le développement du muscle psoas, dont l'insertion supérieure atteint chez le kangurou la moitié de la région dorsale de la colonne vertebrale, tandis que dans les autres espèces, elle ne dépasse pas la région lombaire, augmente chez cet étrange animal la partie si recherchée des consommateurs, que les bouchers appellent le *filet*. La Société pourra très-facilement se procurer des kangurous géants dans les colonies anglaises de l'Australie et de la Tasmanie.

MŒURS DE L'HÉMIONE. — Nous extrayons ce qui suit d'une note de M. J. J. Dussumier. « L'hémione a quelquefois été dressé dans l'Inde, dit-il, mais on s'en est rarement occupé. Un ami à Bombay m'a dit avoir vu dans le Guzuriat une voiture attelée de deux hémiones devenus très-dociles ; lui-même qui était employé du gouvernement en avait un qui le suivait volontiers et en liberté dans ses promenades. Un jour, étant entré dans un bateau pour en faire une sur un lac, son hémione se mit à la nage pour le suivre.

« Ceux que j'ai rapportés étaient, après les premiers jours du voyage, devenus très-dociles; ils étaient fort attachés au domestique qui en avait soin, et il n'a jamais été exposé en entrant dans leur cage pendant la traversée. Ils connaissaient à la minute l'heure du repas, et, quand elle arrivait, il y avait de l'impatience de leur part et ils la témoignaient en frappant souvent du pied et par un cri particulier. Leur tempérament m'a paru très-robuste et leur nourriture facile et ne demandant pas à être abondante. »

L'AXIS. — On vient de voir que l'axis est au nombre des élus de la société zoologique. D'après M. Tastet, la chair de ce cerf est excellente et bien supérieure à celle du chevreuil, non seulement à cause de sa saveur, mais aussi parce qu'elle peut être consommée aussitôt que l'animal a été abattu.

FRONDE HYDRAULIQUE DE M. JOBARD. — La lettre suivante rectifie une erreur commise dans le petit article sur une *nouvelle pompe en caoutchouc* inséré dans le précédent numéro.

Bruxelles, le 4 juin 1855.

Mon cher Rédacteur,

Je lis dans votre excellent journal que M. Despretz a présenté à l'Institut une pompe bien supérieure à la mienne; j'accepte avec plaisir ce compliment qui prouve que je me suis surpassé, car c'est encore ma pompe que M. Despretz, de l'Institut, a bien voulu présenter après l'avoir fait fonctionner.

J'aurai le plaisir d'aller vous la présenter un de ces matins.

JOBARD.

Pendant que nous y sommes, ajoutons — ce qu'on a oublié de dire — que cette fronde hydraulique est munie des mêmes soupapes que la pompe en caoutchouc antérieurement décrite (n° 21 de l'*Ami des sciences*).

---

## VARIÉTÉS.

### L'éducation avant la naissance.

M. A. de Frarière est auteur d'un travail inédit, sur ce qu'il appelle l'*Éducation antérieure*. L'écrit est charmant, les idées qu'il développe nous plaisent infiniment et si nous étions certain qu'elles fussent vraies, nous n'hésiterions pas à leur reconnaître l'immense portée que leur attribue l'auteur. De l'exactitude démontrée de ces idées résulterait en effet pour notre espèce la possibilité d'un développement intellectuel véritablement prodigieux, et c'est par les femmes, par elles seules que ce progrès sans limite pourrait s'opérer, de sorte qu'elles seraient les arbitres suprêmes des destinées du genre humain.

D'après M. de Frarière, l'influence des mères sur la destinée de leurs enfants est bien plus décisive qu'on ne l'a cru jusqu'à présent. La nature leur assigne et elles remplissent à leur insu un rôle social bien autrement prépondérant que celui qu'on leur reconnaît ; leur responsabilité prend des proportions incomparables, ce qui ne peut arriver sans qu'il en résulte un élargissement de leurs droits. Or, toute vue tendant à grandir et à ennoblir le rôle des femmes et des mères, à accroître le tribut de respect et d'amour qui leur est dû, tend par cela même au bonheur de l'espèce inséparable de sa dignité ; c'est pourquoi nous souhaiterions que les idées de M. de Frarière fussent vraies. Exposons-les.

Lorsqu'une femme sent s'accomplir en elle le sublime mystère de la maternité, elle n'a pas seulement charge de la vie de son enfant; déjà lui incombent envers celui-ci des devoirs intellectuels et moraux ; déjà commencent pour elle ces fonctions d'institutrice qu'elle pensait n'avoir à remplir qu'après sa délivrance. Bien plus, ce rôle d'institutrice, dont une mère ne se dispense que par une violation des lois naturelles aussi flagrante que lorsqu'elle se décharge des saintes fatigues de l'allaitement, ces devoirs, dis-je, seraient bien plus étendus avant la naissance qu'ils ne le seront plus tard.

Il se passerait pendant la gestation, dans la sphère intellectuelle et morale, des choses exactement parallèles à celles qui ont lieu dans le domaine physiologique. Après la naissance, la mère nourrit, fortifie, développe le fruit de ses entrailles; avant elle crée les organes, harmonise les forces, arrête les formes, détermine les proportions, modèle les traits.

De même par l'éducation, proprement dite, elle ne peut que développer des penchants, des goûts, des aptitudes, des facultés existant en germe dès le moment de la naissance; tandis qu'avant la naissance, elle donnerait ces facultés même et ces aptitudes, ces penchants, ces goûts. Elle déterminerait au même moment le tempérament intellectuel et moral, et le tempérament physiologique du nouvel être.

C'est donc durant la grossesse qu'à tous les points de vue l'action maternelle atteint son maximum. Or, il y aurait un art d'inculquer à un être en voie de formation les facultés et les goûts que l'éducation développe et ne crée pas. De là l'*éducation antérieure*.

Telle est la pensée fondamentale du système, pensée qu'on ne donne pas comme une vue préconçue, mais comme la conséquence d'un grand nombre d'observations que chacun peut répéter.

La priorité n'appartient pas à M. de Frarière. Dans un ouvrage publié en 1851, sous ce titre : *Conseils sur l'éducation*, M. H. Duport a écrit ce qui suit :

« L'éducation commence au berceau. On peut même faire remonter son principe plus haut, jusque dans le sein de la mère, où elle peut atteindre déjà très-efficacement l'enfant. Il est généralement reconnu que le choix des aliments de la mère pendant la grossesse n'est pas sans influence sur la constitution physique de l'enfant. Il m'est permis, par conséquent, de penser qu'il n'est pas non plus sans influence sur son organisation morale, personne, dans l'état actuel des sciences physiologiques, ne pouvant nier l'influence du physique sur le moral.

« Personne ne doute non plus que les impressions morales que reçoit la mère, ne se produisent plus ou moins vivement sur le fruit qu'elle porte en son sein, et ne lui laissent dans le caractère un cachet indélébile.

« On sait ce fils d'une reine d'Ecosse qui ne put jamais voir sans effroi une épée nue, parce que sa mère étant enceinte de lui avait vu assassiner son favori sous ses yeux.

« Je crois donc que la mère, pendant sa grossesse, et selon la facilité que lui donne sa position sociale, ne doit faire usage que des aliments les plus sains, qui peuvent le mieux assurer à son enfant toutes les chances de viabilité et de santé, et rechercher toutes les impressions les mieux faites pour poser en lui les germes du sentiment du beau et du bon et de toutes les qualités de l'esprit et du cœur.

« La femme, douée d'imagination et des précieux dons de l'enthousiasme, se laissera naturellement entraîner, dans l'état d'exaltation nerveuse où la jette sa grossesse, à une plus grande contemplation des beautés de la nature et de l'art.

« Le statuaire antique, les peintures de Raphaël, les admirables compositions des Mozart, des Beethowen et des Rossini, les chefs-d'œuvre de la poésie dramatique et lyrique, les vies des grands hommes, les voyages et les découvertes des navigateurs les plus célèbres, telles seront les sources d'émotions qu'elle recherchera pour imprimer au fruit de ses entrailles ce goût du beau, du merveilleux, du sublime, qui est le cachet particulier des âmes d'élite.

« Je dis mieux ; c'est que l'éducation entreprise dès ce premier début de la vie, dans le sein de la mère, et suivie jusqu'à l'âge où le corps a pris sa croissance et sa forme, est une sorte de plastique qui modèle le physique et lui donne l'empreinte des perfections morales. »

Revenons au travail de M. de Frarière.

(*La suite au prochain numéro.*)

## NOUVELLES ET CAUSERIES.

*Congrès scientifique de France. — Les planètes télescopiques. — Progrès industriel des Etats-Unis. — La fabrication du papier aux Etats-Unis. — Le mouvement perpétuel.*

⁂ Le congrès scientifique de France ouvrira sa vingt-deuxième session le 10 septembre prochain dans la ville du Puy.

⁂ Les planètes télescopiques actuellement connues sont au nombre de trente-cinq. Nous allons les énumérer selon l'ordre de leur découverte. A part les quatre premières qui datent du commencement du siècle, toutes ont été observées pour la première fois depuis l'année 1845.

1. Cérès. — 2. Pallas. — 3. Junon. — 4. Vesta. — 5. Astrée. — 6. Hébé. — 7. Iris. — 8. Flore. — 9. Métis. — 10. Hygie. — 11. Parthénope. — 12. Victoria. — 13. Egérie. — 14. Irène. — 15. Eunomie. — 16. Psyché. — 17. Thétis. — 18. Melpomène. — 19. Fortune. — 20. Massalia. — 21. Lutetia. — 22. Calliope. — 23. Thalie. — 24. Thémis. — 25. Phocéa. — 26. Proserpine. — 27. Euterpe. — 28. Bellone. — 29. Amphitrite. — 30. Uranie. — 31. Euphrosyne. — 32. Pomone. — 33. Polymnie. — 34. Circé. — 35. Leucothée.

⁂ On lit dans le *Philadelphia Ledger* :

« Il y a cinquante ans, les bateaux à vapeur étaient inconnus ; actuellement il y en a 3,000 à flot sur les eaux américaines seulement. En 1820 il n'existait pas dans le monde un seul chemin de fer ; il y en a maintenant 10,000 milles aux Etats-Unis, et 22,000 milles tant en Amérique qu'en Angleterre. Il y a un demi-siècle, il fallait quelques semaines pour faire parvenir les nouvelles de Washington à la Nouvelle-Orléans ; il ne faut pas aujourd'hui autant de secondes qu'il fallait alors de semaines. Il y a cinquante ans, la presse à imprimer la plus rapide fonctionnait par une mécanique à bras ; maintenant la vapeur imprime 20,000 feuilles à l'heure avec une seule presse.

⁂ Il existe aux États-Unis 750 moulins à papier actuellement en activité, et qui produisent dans l'année 270 millions de livres de papier, valant, à 10 cents la livre, 27 millions de dollars. Pour produire cette quantité de papier, il faut 405 millions de livres de chiffons, chaque livre de papier exigeant 1 livre 1/2 de chiffons. La valeur de ces chiffons, à 4 cents la livre, est de 16,200,000 dollars. La main d'œuvre, 1 cent 3/4 par livre de papier fabriqué, coûte 3,375,000 dollars. Le prix du travail et des chiffons réunis est de 19,575,000 dollars par an. Pour cette fabrication, on importe des chiffons de vingt-six pays différents.

Les États-Unis emploient à eux seuls autant de papier que la France et l'Angleterre réunies.

⁂ Dans une discussion sur la folie, pendante en ce moment devant l'Académie de médecine, M. Baillarger a raconté l'anecdote suivante :

« M. Trélat, chargé provisoirement du service de Bicêtre, avait à soigner un aliéné qui croyait avoir trouvé le mouvement perpétuel. Après avoir vainement lutté contre cette conception délirante, M. Trelat eut la pensée que peut-être la grande autorité d'Arago, en impressionnant son malade, aurait de plus heureux résultats.

« Arago, après s'être fait donner l'assurance que la folie n'est pas un mal contagieux, accepte la mission de combattre lui-même l'idée de l'aliéné. Le malade est donc conduit dans son cabinet, où se trouvait ce jour-là M. de Humboldt. A peine le pauvre aliéné a-t-il entendu de la bouche d'Arago la négation ferme et raisonnée de son erreur, qu'il est comme frappé de stupeur, et qu'il verse des larmes abondantes. Il pleurait la perte de son illusion. Le but qu'on s'était proposé semblait atteint, mais à vingt pas de l'Observatoire, le malade s'adressant au médecin, lui dit : « C'est égal, M. Arago se trompe et moi seul ai raison. »

## BULLETIN BIBLIOGRAPHIQUE.

Réponse a M. le Dr H. Labbey ; réfutation de ses réflexions critiques sur l'homœpathie par le Dr A. Leboucher. Broch. in-8°. Chez J. B. Baillière, 19, rue Hautefeuille.

— De la pluie en Europe, par le commandant Rozet ; 1 vol. in-12, prix : 2 fr. ; chez Mallet-Bachelier, quai des Augustins, 55.

— Traité de la culture des fleurs et arbustes d'agrément ; par M. Victor Bréant. 1 vol. in-18 ; chez Dentu, galerie vitrée au Palais-Royal.

— Conservation, assainissement et commerce des grains ; par Saint-Germain-Leduc. 1 vol. format anglais ; chez Paulin et le Chevalier, rue Richelieu.

— Education scientifique des jeunes demoiselles. — Notions élémentaires de physique et de chimie ; par B. Miége. 1 vol. format anglais, chez F. L. Mathias, 15, quai Malaquais.

— Guide pratique pour élever les cailles et les perdrix, par M. l'abbé Alary, 1 vol. format anglais ; chez Auguste Goin, quai des Grands-Augustins, 41.

— Manuel de la télégraphie électrique, par L. Breguet, horloger. 1 vol. format anglais. Paris, Carilian-Gœury et Victor Dalmont, quai des Augustins, 49.

— Lettres sur les mathématiques et l'enseignement. 1 vol. grand in-8°, prix : 5 fr. Paris, Victor Dalmont, quai des Augustins, 49.

— Notice sur l'institution des palais de famille, broch in-8° ; prix : 1 fr. Imprimerie de Napoléon Chaix et Comp., rue Bergère, 20.

*Le propriétaire, rédacteur-gérant :*
Victor Meunier.

Paris. — Imp. J.-B. Gros, rue des Noyers, 74

Première année. — N° 24. Quinze centimes. 17 juin 1855.

# L'AMI DES SCIENCES

PAR

VICTOR MEUNIER

BUREAUX D'ABONNEMENT :
**13, RUE DU JARDINET, 13.**
Près l'École de Médecine.

**Paraît le dimanche.**
(Les abonnements datent, au gré des souscripteurs, du commencement de l'année ou du premier dimanche de chaque mois).

PRIX DE L'ABONNEMENT POUR L'ANNÉE.
**PARIS, 6 FR. — DÉPARTEMENTS, 8 FR.**
ÉTRANGER, surtaxe en sus.
Envoyer un mandat de poste.



## AUX EXPOSANTS

L'état d'inachèvement de l'Exposition universelle, ouverte évidemment six semaines trop tôt, nous a empêché jusqu'ici de faire du compte-rendu de ce grand concours l'affaire principale de *l'Ami des sciences*.

Mais nous avons mis à profit ce retard forcé.

Grâce au concours empressé des exposants, nous avons dans de laborieuses visites au palais de l'industrie, réuni un grand nombre de matériaux précieux. Désirant ne rien omettre de ce qui est digne de publicité, nous prions ceux de MM. les inventeurs, industriels, etc., avec lesquels nous ne sommes pas encore en relation, de nous faciliter l'accomplissement de notre tâche en nous adressant dans le plus bref délai possible toutes les notes relatives aux objets par eux exposés, qu'il leur paraîtra utile de nous communiquer.

Leurs notes devront être adressées (*franc de port*) au bureau du journal.

## Avis à l'édilité parisienne sur un danger public.

Nous sommes, en matière d'édilité, nos lecteurs ne l'ignorent pas, du parti des démolitions et nous approuvons fort, en principe le grand remue-ménage qui se fait dans Paris depuis deux ou trois ans. A la vérité nous aurions aimé que cette œuvre d'hygiène et de comfort publics, n'eut pas pour résultat d'amener une hausse excesive dans le prix des loyers, — ce qui pouvait être évité, — et nous aurions voulu également qu'on ne laissât pas échapper une si belle occassion, de réaliser cette réforme architecturale en l'absence de laquelle l'excellent problème de la vie à bon marché ne saurait être résolu. Cela n'empêche pas que les démolitions ne seront jamais ni assez rapides ni assez larges au gré de nos désirs et de nos convictions.

Elles ont cependant un grand inconvénient que personne n'a signalé encore et qu'il convient d'autant mieux de dénoncer à l'opinion publique qu'il peut être conjuré. C'est sur les moyens d'y obvier qu'au début d'une campagne promettant d'être aussi importante que les précédentes, nous croyons utile d'appeler l'attention de nos édiles.

Nous signalons donc la fâcheuse influence que les mouvements de terrain, auxquels les démolitions donnent lieu, exercent sur la santé publique.

L'échelle sur laquelle les travaux ont lieu, la nature du sol sur lequel ils portent, leur donnent le caractère d'un véritable défrichement, et d'un défrichement opéré dans les plus mauvaises conditions.

Ils en ont nécessairement tous les inconvénients.

Si quelqu'un ignore quel réceptacle d'influences pestilentielles est ce sol de Paris qu'on remue sans aucune précaution, quelques faits, dont au besoin nous augmenterions la liste, vont le lui apprendre :

« Paris, sous le rapport des émanations, peut-être comparé à un amas de fumier d'une étendue considérable. »

Ainsi s'exprimait M. Boussingault dans un mémoire lu en 1853 à l'Académie des sciences *sur la quantité d'ammoniaque contenu dans l'eau de pluie recueillie loin des villes.*

Deux chiffres diront si cette comparaison peu flatteuse est exacte.

M. Boussingault a trouvé que la proportion d'ammoniaque contenue dans l'eau de pluie tombée loin des villes n'atteint pas à beaucoup près, 1 milligramme par litre. Or, M. Barral a constaté qu'elle est en moyenne de 3 milligr. 25 dans les eaux tombées sur la terrasse de l'observatoire de Paris !

Pénétrons maintenant dans cet amas de fumier dont nous venons de respirer les émanations.

Dans un *Mémoire sur une méthode pour doser l'ammoniaque dans les eaux* et qui date de la même année que le précédent, M. Boussingault signale la forte proportion d'ammoniaque contenu dans l'eau des puits de Paris.

Tandis que l'eau de Seine prise en aval du pont d'Austerlitz et au pont de la Concorde, contenait, dans le premier cas, 0 gr. 12 et dans le second, 0,13 d'ammoniaque par mètre cube, les puits de plusieurs maisons de Paris renferment pour le même volume, les quantités suivantes :

| | |
|---|---|
| Maison sise rue de la Tabletterie | gr. 0, 26 |
| Maison, rue du Parc-Royal | 1, 32 |
| Quai de la Mégisserie, n° 36 | 30, 33 |
| — — n° 28 | 33, 86 |
| Place de l'Hôtel-de-Ville | 34, 35 |

« Il est hors de doute, dit M. Bousingault, que la forte proportion d'ammoniaque qu'on y trouve, provient des matières fécales et des substances organiques putréfiées dont le terrain est le plus souvent pénétré. »

Ceci nous conduit à parler d'un mémoire d'un autre chimiste, de M. Chevreul, *sur les réactions chimiques qui intéressent l'hygiène des cités populeuses.*

Ce mémoire a en effet pour but de montrer que l'insalubrité du sol des grandes villes provient des matières organiques qui s'y infiltrent et qui y séjournent. Il date déjà de 1846, mais l'auteur y a ajouté récemment quelques notes précieuses.

L'une de ces notes a pour objet l'examen de la matière noire qui se trouve sous les pavés des rues de Paris et dans leurs interstices.

Cette matière doit son origine au fer que le frottement détache des roues des voitures et des fers des pieds des chevaux.

Dans cet état de division, le fer est très-combustible; il passe d'abord, sous l'influence de l'air et de l'eau, à l'état d'oxide magnétique puis à celui de peroxide. Quelquefois cette matière noire est formée de fer sulfuré. Telle est celle qu'on trouve sous les pavés de la rue Mouffetard, près le port aux tripes; c'est du fer sulfuré comme la matière noire de la vase de la Bièvre, cette Bièvre dont M. Boussingault dit : « c'est plutôt un égoût qu'une rivière, » et qui traverse tout un quartier de Paris.

Que la matière ferrugineuse dont il est question soit à l'état de fer, d'oxide magnétique ou de proto-sulfure, son existence est très-préjudiciable à la santé publique, et l'on va comprendre pourquoi.

L'insalubrité du sol tient ainsi qu'on le sait aux matières organiques qu'il contient. Or, il y a un moyen de détruire ces matières organiques, il consiste à les mettre en contact avec l'oxygène atmosphérique; l'oxygène les réduit par une combustion lente en eau, en acide carbonique, en azote. Mais, si en pénétrant dans le sol, l'oxygène y rencontre cette matière ferrugineuse, celle-ci, très-combustible sous quelque état qu'elle se présente, fer, oxide magnétique ou protosulfure s'en empare, l'absorbe, et les détritus organiques demeurent intacts.

Tel est le sol de Paris. Ceci posé, qui ne comprend que ce vaste dépôt de substances délétères, de matières organiques en décomposition, ne pourra être livré à la pioche sans répandre des miasmes morbifères exactement comme une terre vierge entamée par la charrue de défrichement?

Qu'y a-t-il donc à faire? une chose très-simple, neutraliser les influences morbifères, tuer les miasmes, et pour cela traiter par les antiseptiques le sol qu'on remue.

C'est sur cette mesure si facile à prendre, que nous appelons l'attention de l'administration municipale.

Nous croyons qu'on s'en trouverait bien.

Il faut faire attention qu'en l'absence des mesures que nous réclamons, les grands travaux qui auront pour résultat de faire à nos neveux un Paris hygiénique, font à leurs oncles un Paris plus insalubre que jamais.

Ceci est à prendre en considération au moment du retour des chaleurs.

Et, puissent les chaleurs revenir seules!

## Le déficit des subsistances.

Nous ne partageons pas l'engoûment que certains journaux témoignent pour le pain additionné de riz. A les entendre on croirait qu'il s'agit d'une découverte. Rien n'est moins neuf cependant et jusqu'ici la méthode tant préconisée avait compté parmi les falsifications du pain. L'innovation consiste sans doute en ce qu'on avoue le mélange, et dans la réduction qu'on fait subir au prix du pain ainsi préparé. La morale n'a qu'à s'en louer, mais que le consommateur ne s'imagine pas qu'en payant quelques centimes de moins il paie moins cher. Illusion! A supposer même que la réduction de prix soit équivalente à la quantité de riz introduite dans le pain, le consommateur n'en a que pour son argent, vu que le pain mêlé de riz nourrit moins que le pain de blé et c'est ce que les panégyristes de la nouvelle méthode de panification paraissent avoir entièrement perdu de vue. L'acheteur débourse moins, il est vrai; mais il reçoit moins, c'est très juste et très usité. 250 grammes de pain ont toujours couté moins que 500 grammes, mais on n'a jamais dit que 250 grammes coûtant 10 centimes, soient meilleur marché que 500 grammes coûtant 20 centimes. En un mot un pain de quatre livres additionné de riz est moins cher qu'un pain de blé du même poids, pour la même raison, qu'un pain d'un poids donné coûte moins cher qu'un pain d'un poids moindre à qualités égales.

Il y a toutefois cette différence à l'avantage du riz qu'il trompe la faim, ce que ne ferait pas une diminution pure et simple de la quantité de pain de froment ingéré; je l'accorde. Tromper quand on ne peut satisfaire est, en pareil cas, un expédient tout à fait légitime; mais il faut le tenir pour ce qu'il vaut, pour un expédient: il ne faut pas crier au progrès. Quand les vivres manquent, diminuer les rations est une mesure nécessaire, ce n'est pas un progrès; le progrès consisterait dans l'emploi des moyens propres à empêcher le déficit de se produire.

« On pourrait, dit M. Payen, tolérer cette méthode de panification dans les moments où le grain manque... Il y aurait à cela cet avantage que la plupart des consommateurs, habitués à consommer un volume de pain trop grand pour une bonne alimentation, se procureraient ce volume sans accroître le déficit général et sans dépenser au delà de la valeur qu'ils recevraient. » (*Des substances alimentaires*, 2e édition, 1854, p. 182.)

A la bonne heure! Et toutefois nous nous rangerions plutôt à l'opinion d'un autre chimiste, M. J. Girardin (de Rouen), qui écrivait en 1847 : « Il est préférable de manger en nature le maïs, le riz, la betterave, la pomme de terre, plutôt que de les mêler au pain; car, au point de vue de l'alimentation, il n'y a vraiment pas nécessité à faire consommer ces substances sous forme de pain, et il y a cet inconvénient d'obtenir un mélange moins bon, moins sain, moins agréable que chacun des éléments isolés. » (*Mémoire sur le pain mixte de blé et de maïs*, 109e cahier des travaux de la Soc. cent. d'agr. de la Seine-Inférieure.)

Montrons qu'en payant un pain mélangé de riz moins cher qu'un pain de froment, le consommateur le paie au moins ce qu'il vaut.

M. Chesnon, membre de la Société d'agriculture du département de l'Eure, nous écrit :

« Ce qui rend une substance nutritive, ce sont les matières grasses et azotées qu'elle contient. Le blé contient en moyenne 18 % de ces matières, tandis que le riz n'en contient que 7 %.

« Le pain additionné de riz est donc du pain moins riche en matières azotées et conséquemment moins nourrissant, à volume égal, que le pain de blé. La faim sera trompée pour le moment, mais il faudra une plus grande quantité de ce pain additionné de riz, ou en manger plus souvent pour réparer la déperdition constante qui s'opère dans l'économie animale. »

Le tableau suivant de la proportion de matières azotées, de matières grasses et de matières minérales (phosphates de magnésie et de chaux, sulfate de potasse, chlorures de potassium et de sodium, soufre et silice) qui entre dans la composition immédiate des principales graminées alimentaires, montrera si la critique est fondée.

| | Matières azotées. | Matières grasses. | Matières minérales. |
|---|---|---|---|
| Blé dur de Venezuela. | 22,75 | 2,61 | 3,02 |
| Blé dur d'Afrique...... | 19,50 | 2,12 | 2,71 |
| Blé dur de Tangarok... | 20,00 | 2,25 | 2,85 |
| Blé demi-dur de Brie.. | 15,25 | 1,95 | 2,75 |
| Blé blanc Tuzelle...... | 12,65 | 1,87 | 2,12 |
| Seigle.................. | 12,50 | 2,25 | 2,60 |
| Orge.................... | 12,96 | 2,76 | 3,10 |
| Avoine.................. | 14,39 | 5,50 | 3,25 |
| Maïs.................... | 12,50 | 8,80 | 1,25 |
| Riz..................... | 7,05 | 0,80 | 0,90 |

On voit que le riz occupe le dernier rang dans les trois colonnes; où il l'emporte sur les autres céréales, et de beaucoup, c'est pour la quantité d'amidon: sous ce rapport, il est au blé dur de Venezuela comme 89, 15 est à 58, 62. On sait que le riz fournit en abondance une excellente colle.

Voici mieux: suivant le désir exprimé par M. le maire de Rouen, M. Girardin a examiné un pain mêlé de farine de riz; nous reproduisons en tête de notre semaine scientifique, une partie du rapport de ce savant chimiste, la conclusion est celle-ci:

« Si dans les temps de cherté du blé, il est utile de chercher à répandre l'usage du riz dans l'alimentation générale, il ne faut en conseiller l'emploi qu'à l'état de nature, c'est-à-dire cuit à l'eau et au lait, ou associé aux viandes. Alors le consommateur paie cette substance ce qu'elle vaut et rien de plus; il la mange dans la proportion qu'il veut, et c'est lui qui, suivant ses goûts ou ses besoins, modifie son régime alimentaire. »

Cette dernière considération nous paraît militer décidément contre la fabrication du pain mixte.

Toutefois mangeons du pain de riz s'il le faut, mais avisons au moyen de nous en passer le plus promptement possible. J'en dirai autant de la viande salée, à laquelle on a fait dans ces dernier temps de si bruyantes réclames, et qui ne saurait évidemment constituer un régime normal; non pas que nous prétendions proscrire l'usage de ces viandes que les prairies américaines produisent en si prodigieuse abondance et dont on n'a pas l'emploi de l'autre côté de l'Atlantique.

De cet abondance on peut juger par le fait suivant: M. de Tracy racontait ces jours ci à la Société d'agriculture qu'il y a une trentaine d'années, à Buenos-Ayres, le combustible était si rare et les animaux étaient à si bas prix, qu'on alimentait les fours à chaux, près de la ville, en y jetant des moutons qu'on ne se donnait pas même la peine de tuer; le président Rivadavia fut obligé de prendre un arrêté pour interdire de jeter dans les fours des *animaux vivants comme on avait l'habitude de le faire*. Le bétail n'est pas moins nombreux aujourd'hui qu'alors, et il y a la une ressource d'autant plus précieuse, que le progrès de nos moyens de communication en rend l'exploitation de jour en jour moins difficile. Toutefois, ces immenses approvisionnements ne pourraient être appliqués à nos besoins qu'à deux conditions selon nous: 1° à condition que les animaux tués jurqu'ici uniquement pour la peau, seront préparés pour la boucherie; c'est une industrie nouvelle à créer, avis aux éleveurs; 2° à condition qu'on trouvera des moyens de conservation autres que la salaison, et tels que, parvenue au lieu de consommation, la viande recouvrera les qualités d'une viande fraîche. On dit que ceci est trouvé. Nous verrons.

Je dirai donc du pain mixte et de la viande: usons-en tant que nous ne pourrons faire mieux, mais pendant que nous consommerons du riz faute de blé, et des salaisons faute de chair fraiche, avisons au moyen d'élever notre production en blé et en viande au niveau de nos besoins. C'est là qu'est la question, il n'y en a pas d'autre, et les moyens de solution sont connus, ils sont entre nos mains; nous ne souffrons que par notre faute.

Que nous en soyons, aujourd'hui encore, après tant e progrès, à chercher à préconiser de si misérables expédients; quand nous avons le drainage, quand nous avons le système de circulation continue, quand la grande mécanique agricole est créée; quand les semoirs mécaniques et les batteuses à vapeur existent, quand le problème de l'application de la vapeur au labourage n'est plus un problème à résoudre; quand enfin il nous suffirait de faire un judicieux emploi de nos ressources en tous genres pour faire succéder l'abondance universelle au régime des disettes périodiques et des privations continues: en vérité c'est une grande honte, et le châtiment que nous subissons n'est pas encore en proportion de notre stupidité!

## NOUVEAU MOYEN

### DE SAUVEGARDER LA VIE DES VOYAGEURS SUR LES CHEMINS DE FER.

(*Système de M. Auguste Achard*).

Ils sont, je ne sais, combien d'honnêtes gens, de gens de cœur et de talent se creusant la tête, et se privant de sommeil pour fournir aux administrateurs des chemins de fer, le moyen de transporter sans avaries, les personnes qui leur confient leurs membres et leurs vies. Mais, tandis que chaque jour et presque chaque heure nous apporte une invention, les années se passent, les accidents et les catastrophes se multiplient sans que nous apprenions qu'aucun essai ait été tenté. Y aurait-il donc entre l'étroit guichet par lequel l'humble inventeur est admis à faire timidement remise de son œuvre, et la voie sur laquelle il s'attend à en voir faire l'essai, quelque abîme, des oubliettes où aucune proposition ne pourrait éviter de tomber?

Plus heureux que tant d'autres, M. Bonnelli est parvenu, on le sait, à essayer en Piémont sur un chemin de fer de l'État, ce *télégraphe des locomotives* qui, en principe, ne diffère en aucune manière des système imaginés dans le même but, par deux français, M. Du Moncel et M. le capitaine du génie Guyard, et par un ingénieur au corps royal des mines d'Espagne, M. Manuel Fernandez de Castro, qui paraît avoir la priorité sur tous les autres. Après avoir fait construire à Paris, chez M. Rhumkorff, un modèle de ses appareils, M. de Castro est retourné dans sa patrie, appelé par son gouvernement en vue d'y procéder à l'expérimentation de son système.

Voilà donc quatre physiciens entre lesquels a eu lieu une de ces rencontres si communes dans l'histoire des grandes inventions, rencontres qui, pour le dire en passant, montrent combien la création des idées est loin d'être un acte purement individuel. Or de ces quatre physiciens, deux sont mis en mesure d'expérimenter l'idée commune: tandis que les deux autres ont vainement sollicité jusqu'ici les moyens de rendre au public un service immense. D'un vient la différence de leurs destinées? Tiendrait-elle à une différence dans le mérite des inventions? Non, puisqu'il y a identité. Dans le mérite des auteurs? Pas davantage; ceux qui réussissent sont l'un ingénieur des mines et l'autre directeur des lignes télégraphiques; mais ceux qui échouent sont: celui-ci un physicien fécond en découvertes ingénieuses, et celui-là un officier de haute distinction. D'où vient donc? Une seule cause apparaît; ceux qui réussissent sont étrangers, ceux qui en sont pour leurs frais d'invention sont français.

Toutefois maintenant que l'invention a réussi au dehors, nous pouvons être assurés qu'elle s'introduira chez nous. N'est-ce pas à cette condition que même les idées françaises d'origine parviennent à prendre racine en France? Témoins les jardins anglais!

Disons donc en quoi consiste cette grande innovation, et prenons pour exemple le système de M. Guyard.

Deux séries de fils télégraphiques parallèles entre elles et très-rapprochées l'une de l'autre sont disposées sur la voie, soit au niveau des rails, soit à la hauteur du toit des wagons, de manière que les fils d'une série alternent avec les fils de l'autre, et que les extrémités de chacun correspondent aux extrémités de celui qui le précède et de celui qui le suit. La longueur de ces fils est double de la distance nécessaire pour arrêter deux convois marchant l'un sur l'autre.

Sur chaque convoi est placé une pile dont l'un des pôles est mis en communication avec le sol par les roues et les rails, l'autre avec les fils au moyen d'un pinceau métallique dont la disposition permet d'éviter le frottement. De cette manière, chaque convoi en marche ou au repos porte avec lui un circuit télégraphique que l'isolement des fils empêche seul d'être complet.

Dns le circuit ainsi formé se trouve placé un carillon électrique, un distributeur et facultativement un télégraphe électrique. Deux convois, quel que soit le sens respectif de leur marche, ne peuvent se rapprocher de manière à compromettre leur sécurité sans se trouver réunis par un même fil électrique, et, pourvu que les courants soient de sens contraires, les deux circuits se complètent mutuellement, et le carillon fonctionne sur chaque convoi.

Or, cette dissemblance des courants est facilement réalisée par des distributeurs dont la période ne sera que de quelque seconde; la similitude ne pourra persister plus longtemps que cette période.

Les barrières des passages à niveau sont disposées de telle manière que, par le fait seul de leur ouverture, elles établissent une dérivation du fil télégraphique, dérivation qui cesse dès que l'on vient à les fermer. Une barrière ouverte joue donc vis-à-vis d'un convoi le rôle que jouerait un second convoi, et l'appareil se trouve mis en jeu. Un timbre placé près de la barrière avertit en outre le garde-barrière, et l'interruption du courant, aussitôt la barrière fermée, avertit le mécanicien qu'il peut marcher. Il y a donc avertissement de l'existence d'un danger, ordre donné de le faire disparaître, avis de l'exécution de cet ordre, le tout spontanément et sans le concours de l'homme.

Une disposition semblable est applicable aux ponts tournants. En outre, tout cantonnier, en cas de ruptures de rails, éboulements, présence de bestiaux sur la voie, obstacles quelconques peut se mettre de la même façon en communication avec un convoi; il lui suffit en effet d'établir une dérivation du conducteur télégraphique, ou, en d'autres termes, de mettre le fil en communication avec les rails, c'est-à-dire de fermer le circuit.

Un aiguilleur peut de même rectifier la fausse direction qu'il aurait donnée ou laissé prendre à un convoi.

Enfin, on pourra joindre au système un marqueur à l'aide duquel on saura exactement combien de fois l'appareil aura fonctionné dans la durée du voyage. Les compagnies auront donc un moyen de contrôle incessant sur leurs employés; et ceux-ci sachant que toutes leurs fautes sont impitoyablement enregistrées par un impassible témoin, apporteront d'autant plus de zèle à l'accomplissement de leurs fonctions.

Avant de terminer, faisons remarquer qu'on pourra, dans un intérêt d'économie, remplacer les deux séries de fils par un fil unique, régnant sans interruption sur toute la ligne. Ce fil servirait pour les communications ordinaires, et remplacerait celui dont les compagnies disposent pour les besoins de leur service. Dans ce cas, la distance d'avertissement serait réglée par l'intensité de la pile.

Tel est le système de M. Guyard, tels sont à peu de chose près ceux de MM. Du Moncel et de Castro. Celui de M. Bonnelli n'en diffère également que dans les détails, et le succès qu'il vient d'obtenir, démontre combien il eut été facile d'assurer à la France l'honneur de l'initiative dans cette importante question.

Une personne très au courant de ces matières, exposait, il y a quelques mois à un fonctionnaire du chemin de fer du Nord, le système dont il vient d'être question. Après une multitude d'objections frivoles qui furent réduites à néant: « Je reconnais, dit enfin le fonctionnaire, que ce sont là des inventions recommandables, et je serais d'avis d'en essayer s'il arrivait des accidents, mais il n'en arrive pas. »

Telles sont les dispositions qu'en notre pays les inventeurs rencontrent chez ceux dont dépend malheureusement le succès de leur découvertes.

La vérité est que par le fait même de l'accroissement de circulation que les chemins de fer ont amené, les accidents devenus inévitables se multiplient d'une manière effrayante. Quelques jours après la conversation qu'on vient de rapporter, une rencontre des plus violentes eut lieu entre deux trains: des wagons furent pulvérisés; il n'y eut cependant point de morts, presque point de blessés. Un témoin nous disait: « figurez-vous qu'un vaisseau de ligne chargé de troupes, sautant en mer, personne ne soit ni tué ni blessé, et que chacun des naufragés gagne la côte sain et sauf; cet événement invraisemblable ne sera pas plus miraculeux que celui qui vient d'arriver. »

De cette terrible collision, les journaux ne soufflèrent mot. On avait reconnu enfin qu'il y avait quelque chose à faire, et en réfléchissant aux mesures à prendre, on avait trouvé que le plus simple était de passer sous silence les accidents quotidiens; procédé imité de ces oiseaux, qui menacés d'un danger fourrent leur tête dans un trou, et ne voyant plus rien se croient sauvés.

Cependant, M. Auguste Achard, ancien élève de l'Ecole polytechnique, a voulu aller au delà du point où les inventeurs précédents se sont arrêtés. Son invention complète la leur.

Il ne se contente plus de demander à l'électricité de transmettre, au moment du danger, des signaux d'alarme, il veut qu'aussitôt par elle le train en marche soit enrayé, arrêté; par elle, dis-je, et sans le concours d'aucun employé.

Lâcher la vapeur, la retourner au besoin, serrer tous les freins, mettre en jeu la sonnerie la plus énergique, tout cela devient facile et s'exécute en dehors de la participation humaine, par le seul fait que deux trains sont en danger de se rencontrer n'étant plus séparés que par une distance de deux ou trois kilomètres. Le mécanisme, dont l'action est sûre, produit cet effet singulier, que jamais deux convois, sur la même voie, ne pourront s'approcher à moins de deux ou trois kilomètres sans être immédiatement enrayés tous les deux.

La plupart des causes de danger déterminent elles-mêmes l'arrêt des trains à une distance suffisante.

La présence d'un convoi stationnant sur la ligne suffit pour produire l'enrayement à la distance de deux ou trois kilomètres de tous les trains se dirigeant sur lui, quel que soit le sens de leur marche.

Un éboulement considérable, une inondation partielle survenue inopinément sur la ligne ferrée, peuvent aussi déterminer l'arrêt, à distance, de tous les trains se dirigeant vers le lieu du danger.

L'application de ce système ne tend ni à supprimer ni à entraver le service actuel; comme auparavant, toutes les manœuvres peuvent s'effectuer; les employés peuvent, comme d'habitude, serrer et desserrer eux-mêmes les freins.

De nouvelles facilités sont ajoutées :

Le mécanicien conducteur de la locomotive devient seul responsable de son service: si les garde-freins n'obéissent pas à son signal (ce qui arrive assez souvent), il peut lui-même, sans leur coopération, faire serrer tous les freins et s'enrayer à la distance qu'il jugera convenable, eu égard à la vitesse et à la charge.

Enfin lorsqu'une cause de danger sera signalée sur un point, les chefs de stations, les garde-barrières, les cantonniers, pourront, du lieu où ils se trouvent, produire promptement l'arrêt à distance des trains marchant vers le lieu du danger.

Nous avons sous les yeux les dessins de M. Achard, et nous parlons de ce dont nous avons pu nous rendre compte; quant à entrer dans les détails, nous ne saurions le faire aujourd'hui sans compromettre les droits de l'auteur. Attendons.

C'est simplement un avis que nous voulions donner aux compagnies des chemins de fer; l'avis est donné.

Et que le public aussi le sache : si le voyageur en chemin de fer est exposé à des périls dont le nombre et la gravité croissent tous les jours; s'il y a bon nombre de chances pour que celui qui monte en wagon, n'arrive pas entier à destination, si les assurances contre les chemins de fer ont leur raison d'être; ce n'est pas que les moyens d'éviter la majorité des accidents (qui font, plus fréquemment qu'on ne le pense, des victimes dont on ne sait jamais exactement le nombre), ce n'est pas, dis-je, que ces moyens préservateurs soient encore à découvrir; ils existent: ce qui a manqué jusqu'ici, c'est le bon vouloir des compagnies.

## TRIBUNE DES AMIS DES SCIENCES.

### Trottoirs couverts en glaces.

Paris, 21 mai 1855.

Monsieur,

Je me proposais depuis longtemps de vous soumettre une idée dont l'exécution me semble pouvoir contribuer à l'amélioration et à l'embellissement de nos voies publiques. L'annonce dans le *Moniteur* d'un projet de rue couverte en glaces me rappelle le mien et me décide à vous écrire,

Il est assurément agréable pour les piétons, et surtout pour les promeneurs, de circuler dans des passages couverts qui les mettent à l'abri de la pluie et de la boue. Mais les boutiquiers et les autres habitants des passages se trouvent privés d'air pur et suffisamment renouvelé.

La rue couverte en glaces, qu'on se propose de construire à Londres, aura à peu près le même inconvénient. Les galeries couvertes à la façon des cloîtres, malgré les belles arcades qui donnent un aspect si régulier à la rue de Rivoli, ont l'inconvénient de donner de l'obscurité et de nuire aux magasins.

Mon projet consisterait à établir, dans toute la longueur d'une rue nouvelle, des marquises régulières, continues et recouvertes en glaces. Ces auvents transparents, construits tous au même niveau au dessus des devantures de boutiques, couvriraient toute la largeur du trottoir; ils auraient l'avantage d'abriter les piétons qui, en toute sécurité, à l'abri des voitures, de la pluie et de la boue, pourraient à leur aise admirer les marchandises étalées pour les tenter.

Ces marquises ne priveraient les magasins ni de jour ni d'air; on pourrait même adapter, au dessous de ces toits transparents, des réflecteurs pour renvoyer dans le fond des boutiques la lumière qui les aurait traversés.

Ces auvents réguliers et décorés avec plus ou moins de luxe, pourraient porter sur leurs façades les enseignes des magasins, et ajouteraient une décoration de plus aux belles constructions modernes.

Veuillez agréer, etc. A. H.

### Unité des poids et mesures.

Lors de la dernière séance de la Société de Géographie, un membre de cette compagnie exprima le vœu qu'on mît à profit le grand concours d'étrangers amenés par l'Exposition universelle pour constituer un congrès international dont la mission serait de hâter l'adoption des mesures métriques par tous les peuples civilisés. Cette proposition a malheureusement été repoussée par le motif, à notre avis, singulier qu'une telle entreprise échouerait nécessairement devant les amours-propres nationaux. Un de nos lecteurs, M. Aug. Gosselin, déplore, dans une lettre qu'il nous adresse, qu'une tel fin de non-rececevoir ait pu être opposée à une proposition aussi rationnelle.

« Ce vœu que n'a pas cru pouvoir exprimer la Société savante, j'ai pensé, M. le Rédacteur, nous écrit-il, qu'il trouverait sa place naturelle et légitime dans votre journal appelé, par son titre et plus encore par l'esprit généreux qui l'a fondé et qui le dirige, à obtenir une influence de plus en plus grande parmi les hommes de cœur et de science. »

### Les oiseaux et le choléra.

M. Moulines revient sur cette question et espère mettre d'accord MM. le docteur Ancelon et Maumené. Il remarque d'abord qu'on avait déjà constaté dès le XVIIIe siècle que les oiseaux abandonnent les localités envahies par certaines épidémies et il cite à ce sujet un passage de J. Gaffarelli (*curiositates ineditæ*, p. 254, Hambourg, 1706).

« Si les martinets n'ont pas abandonné pendant le choléra, la ville d'Arles, ni les pierrots la ville de Paris, il est néanmoins, dit-il, un fait bien constaté, notamment dans les jardins de Dole (Jura), en 1854, que des pierrots, au début de l'épidémie, se trouvaient morts, tous les matins, sous les arbres, et que vers la fin du fléau, on n'en voyait plus du tout, soit qu'ils se fussent envolés, soit qu'ils fussent tous restés victimes de l'épidémie.

« Reste la question de savoir en admettant qu'ils fussent partis tardivement, si on ne doit pas attribuer cette répugnance à nous abandonner, à l'habitude qu'ont ces oiseaux à *demeure*, de vivre de notre air et en quelque sorte de notre vieille société. »

## SOUSCRIPTION
## EN FAVEUR DE LA FAMILLE DE JOSEPH REMY.

Nous avons reçu les souscriptions suivantes :

M. le docteur Turck, à Plombières, 12 fr. — M. L. Oudry, fabricant de bronzes d'art, 5 fr. — M. Sabine, architecte, aux Ternes, 5 fr. — Un anonyme, 2 fr.

## LA SEMAINE SCIENTIFIQUE.

SUR L'INTRODUCTION DU RIZ DANS LA FABRICATION DU PAIN. — Nous avons dit dans un des articles ci-dessus, que M. Girardin a adressé un rapport sur cette question à M. le maire de Rouen. Les intéressants détails qui suivent sont extraits de ce rapport.

« Le sieur*** mélange à la farine de pur froment un dixième de son poids de farine de riz, de sorte que le sac de farine se compose de :

| | | |
|---|---|---|
| « Farine de froment. . . . . . . . . . | 141 kilog. | 30 |
| « Idem de riz. . . . . . . . . . . . | 15 | 70 |
| « Total. . . . . . | 157 kilog. | |

poids du sac ordinaire.

« Il fait cuire la farine de riz dans l'eau jusqu'à ce qu'elle soit convertie en bouillie, puis il la mêle dans le pétrin avec la farine de blé et levain. Il cuit ensuite ce pain à la manière habituelle.

« Le sac de cette farine mixte de blé et riz lui fournit par la cuisson 215 kilog. de pain, c'est-à-dire 15 kilog. 08 de plus que le sac de pur froment.

« Le pain mixte est d'excellent goût et ne peut être distingué du pain ordinaire; il est seulement un peu pâteux et moins léger.

« Voici sa composition, rapprochée de celle du pain blanc de Rouen :

| Pain blanc ordinaire. | | Pain mixte de blé et de riz | |
|---|---|---|---|
| « Eau. . . . . . | 32,70 | Eau. . . . . . . | 37,90 |
| « Matières organ. . | 66,80 | Matières organiq. . | 60,31 |
| « Idem minérales. | 0,50 | Idem minérales. . | 1,79 |
| | 100 | | 100 |

« Azote sur 100 parties de pain frais:

| | |
|---|---|
| 1,56 | 1,38 |

« On voit que le pain mixte contient notablement plus d'eau et moins d'azote que le pain blanc ordinaire. Il est donc, en raison de ces deux circonstances, bien moins nutritif que ce dernier. En représentant par 100 le pouvoir nutritif du pain de pur froment, l'équivalent du pain mixte serait représenté par 112,35, ce qui revient à dire que, pour se nourrir au même degré, il faudrait remplacer 100 kil. de pain blanc ordinaire par 112,35, de pain mixte de riz.

« Le prix du pain ordinaire étant de 46 c. le kilog. et le sieur*** se proposant de vendre à 42 c. le kil. de son pain, on voit que le consommateur éprouverait une perte en faisant usage de ce dernier, puisque, payant 46 fr. les 100 kilog. de pain ordinaire, il paierait 47 fr. 18 les 112 kilog. 35 de pain mixte qui lui seraient nécessaires pour être aussi bien nourri.

« Je ne crois donc pas que, dans ces circonstances, il y ait lieu de permettre au sieur *** de fabriquer et de vendre ce pain mixte de riz, la différence de 4 c. par kilogramme sur ce prix de vente étant insuffisante, eu égard à la différence qui existe entre les pouvoirs nutritis de ces deux pains.

« Il ne serait pas d'ailleurs possible au sieur *** de réduire davantage le prix de son pain mixte, puisque déjà avec un abaissement de 4 c. par kilog., ce boulanger travaillera à perte, ainsi que le calcul suivant le démontre.

« Compte de revient du pain ordinaire :

| | | |
|---|---|---|
| « 157 kil. de farine à 51 c. . . . . . . . . | 80 f. | 07 c. |
| « 200 kil. de pain à 46 c. . . . . . . . . . | 92 | » |
| « Différence en plus. . . . . . . . . . . . . | 11 | 93 |

« Compte de revient du pain mixte :

| | | |
|---|---|---|
| « 141 kil. 3 de farine de blé à 51 c. . . . . . | 72 f. | 063 |
| « 15 kil. 7 de farine de riz à 45 c. . . . . . . | 7 | 063 |
| | 79 | 128 |
| « 215 kil. de pain. . . . . . . . . . . . . . | 90 | 636 |
| « Différence en plus. . . . . . . . . . . . . | 11 | 508 |

« Si, d'un côté le boulanger avait bénéficié :

| | | |
|---|---|---|
| « Sur la composition du sac de farine. . . . . | 0 | 942 |
| « Sur la fabrication, en ayant 15 kil. 8 de pain en plus à 42 c. . . . . . . . . . . . . | 6 | 636 |
| | 7 | 578 |
| « D'un autre côté, il éprouve, sur 200 kil. de pain vendu, 4 c. de moins par kil., une perte de. . | 8 | » |
| « Différence de la perte sur le bénéfice. . . . | 0 f. | 422 |

« On ne voit donc pas quel peut être l'intérêt du boulanger à fabriquer du pain avec une addition d'un dixième de farine de riz. Ce ne serait qu'en en mettant un cinquième qu'il pourrait faire quelque bénéfice, mais alors le consommateur serait par trop lésé, et il ne serait pas convenable que l'administration autorisât une pratique justement à l'opposé de ce qu'elle cherche toujours, à savoir l'avantage de ses administrés. »

Le Gastornis parisiensis. — Le fémur du grand oiseau fossile de Meudon, a été trouvé par M. Hébert, dans la couche où a été ramassé le tibia, dont il a été question précédemment. Ce fémur était à trois mètres de distance horizontale du tibia ; bien qu'il soit privé de sa tête articulaire et de la demi-poulie rotulienne, et que le grand trochanter soit écrasé en dessus, son état de conservation est suffisant pour donner une idée de sa forme et de ses dimensions ; il résulte de la comparaison à laquelle M. Hébert s'est livré, que le *Gastornis* devait être très-pesant, plus pesant que l'autruche.

Dans la même couche que les deux os précédents, M. de Lorière a trouvé, il y a quelques années, un très-beau fragment de fémur de mamnifère, auquel il ne manque que la tête supérieure. M. Hébert a reconnu que ce fémur appartenait à un tapir (un Lophiodon du genre Coryphodon), aussi grand que les plus forts tapirs des Indes.

Antérieurement au dépôt de l'argile plastique et des lignites du Soissonnais, toute la portion du bassin de Paris comprise entre Sézanne, Epernay, Reims, Laon, Roye, Compiègne et Château-Thierry, était couverte par les eaux douces ; toute cette région renferme encore, en effet, les témoins d'un dépôt lacustre, témoins dont l'épaisseur à Dornans est de 15 mètres. Ce grand lac a disparu sous une invasion de la mer qui, s'ouvrit des passages à travers les sédiments lacustres et les assises plus anciennes de craie blanche et de calcaire pisolitique. Or, le *Gastornis* et le *Coryphodon*, paraissent avoir vécu après la destruction de ce lac et quelques temps après la première invasion de la mer dans le bassin parisien.

Piano écrivant la musique. — C'est une invention de M. du Moncel. — Qu'on imagine, fixé sur une table et mu par un mouvement d'horloge, un cylindre d'environ vingt centimètres de diamètre. A portée de ce cylindre et suivant une ligne droite parallèle à son axe seront rangées des aiguilles d'acier ou de fer en nombre égal à celui des notes du clavier, mais dont la pointe appuiera sur une bande de papier recouverte de cyanure de potassium, qui pourra s'enrouler sur le cylindre en même temps qu'elle se déroulera de dessus un autre cylindre où elle sera en quelque sorte en provision. On comprend que si le mouvement d'horloge est assez prompt et réglé d'après un métronome, le déroulement de la feuille sera progressif et uniforme ; par conséquent, deux ou plusieurs aiguilles venant à recevoir successivement l'impression du courant pendant des intervalles de temps égaux, leurs traces bleues seront également longues et également espacées. Au contraire, si les temps sont inégaux, le rapport de leur longueur et des intervalles qui les sépare pourra servir à en faire apprécier la valeur.

Cela posé, admettons que les leviers des touches du piano soient garnis de petites lames de cuivre en rapport avec l'une des branches d'un circuit voltaïque, et puissent rencontrer des ressorts également métalliques en rapport avec l'autre branche du courant; il sera facile de concevoir qu'en faisant entrer les aiguilles de fer ou d'acier de l'appareil enregistreur dans les différents circuits de ces lames, on déterminera, pour chaque touche que l'on abaissera, une fermeture du courant qui aura pour effet une réaction chimique opérée par l'une ou l'autre des aiguilles et même par plusieurs à la fois, si plusieurs notes sont touchées en même temps. Par conséquent si la bande de papier est rayée d'avance en traits différents suivant les octaves, ou simplement si on applique sur cette bande une feuille de papier végétal rayée de cette manière, il devient facile de voir, par la place occupée par chaque trace sur ces différentes lignes, quelles sont les différentes notes qui ont été touchées dans l'unité de temps, d'en connaître la valeur par la longueur de la trace, enfin, d'apprécier les temps de repos et de silence par la longueur des intervalles. Il ne s'agit plus alors que de traduire le morceau ainsi noté en langage musical ordinaire.

On pourrait substituer aux aiguilles des électro-aimants dont les armatures seraient munies de crayons, mais l'instrument deviendrait d'un prix beaucoup plus élevé.

Affinage de l'or allié a l'iridium. — Voici le moyen indiqué par M. d'Henin pour séparer l'iridium de l'or. Jusqu'ici on était obligé, pour obtenir cette séparation complète, de dissoudre l'or contenant de l'iridium dans l'eau régale, qui n'attaquait pas ce dernier métal ; mais ce procédé, bon pour le laboratoire, n'est pas praticable en grand. Or, depuis quelque temps, les cendres ou regrets des divers hôtels des monnaies qui reçoivent de l'or de Californie contenaient une forte proportion d'iridium, qui souillait l'or extrait de ces cendres et lui enlevait de l'éclat.

M. d'Hénin a trouvé qu'un flux composé de
3 grammes arséniate sodique,
18 — flux noir,
20 — flux ordinaire,
suffisait pour opérer complétement la séparation dans 12 gr. 50 de cendre iridifère.

On obtient un culot de plomb bien formé, qui contient l'or et l'argent, et à la surface de celui-ci une tranche d'un gris de fer formé d'arsenic de fer et d'iridium.

L'addition du carbonate de chaux facilite encore la séparation, et M. d'Hénin recommande le mélange suivant :
12 g. 500 cendres,
15 g. 000 flux noir,
14 g. 000 craie,
2 g. 500 arséniate de soude,
20 g. 000 flux de borax, tartrate, charbon et litharge.

Le culot supérieur contient tout l'arsenic, le fer et l'iridium qu'on peut alors en extraire.

Ce procédé acquiert de l'importance par la grande quantité de cendres qu'on expédie actuellement en France. Depuis trois ans, on a traité dans les établissements français 60,000 kil. de cendres iridifères.

**Révivification des photographies sur papier.** — Soit qu'on les tienne exposées à l'air, soit qu'on les conserve au fond de cartons, nombre de photographies sur papier s'altèrent, pâlissent et passent complétement au bout de quelques années. A quoi tient ce fâcheux résultat? C'est ce qu'on ne saurait dire exactement. On s'accorde cependant à l'attribuer à l'hyposulfite de soude dont on se sert une fois l'image formée, pour dissoudre l'excès des matières sensibles; on sait qu'il est très-difficile de purger entièrement le papier de ce sel, et la difficulté est telle que M. Humbert de Molard propose de renoncer à l'hyposulfite et de lui substituer l'ammoniaque. Mais en attendant, doit-on regarder comme perdues les épreuves qui ont pâli? Non; il y a, paraît-il, un remède. MM. Davanne et Girard annoncent à la Société française de photographie que les sels d'or ont la propriété de revivifier les tons qui ont pâli et de ressusciter, les épreuves passées; si l'on prend une épreuve positive, quelque passée qu'elle soit, et qu'on la trempe dans un bain de chlorure d'or assez concentré, l'épreuve se trouve dans tous les cas revivifiée, mais avec des aspects différents et avec des teintes qui varient depuis le rouge jusqu'au bleu et au noir, suivant la manière d'opérer. En effet, la réaction est complexe : il y a précipitation d'or métallique et formation d'un chlorure d'argent qui noircit à la lumière ou qui se dissout suivant qu'on opère en plein jour ou qu'on s'en garantit pour faire agir ensuite l'hyposulfite de soude.

**Photographie appliquée a l'anatomie.** — Nous parlions dernièrement d'une épreuve photographipue obtenue par M. Louis Rousseau dans des conditions toutes nouvelles et des plus intéressantes. Nous avons sous les yeux deux autres planches du même savant et du même artiste qui méritent une mention spéciale. L'une représente de face et l'autre de profil le crâne d'un enfant de sept ans dont les mâchoires mises à découvert laissent voir comment s'opère la dentition chez l'homme. Une première rangée est complète, c'est celle des *dents de lait*; celles de la seconde dentition ou de *sagesse*, encore enfoncées tout entières dans les alvéoles, sont prêtes à remplacer les premières à mesure que celles-ci tomberont. Il est aisé de se rendre compte de la marche que suivra cette opération; les incisives sortiront évidemment les premières, puis viendront les canines plus éloignées, et enfin les molaires, dont quelques-unes seulement existent déjà. — De tels dessins valent les pièces anatomiques elles-mêmes.

**Décortication et conservation des céréales.** — « J'ai cherché un agent qui pût opérer la décortication facilement, promptement et sans altération du grain, dit M. H. Sibille. Mes travaux ont été couronnés de succès. Mon procédé, d'une simplicité remarquable, n'entraîne aucuns frais dispendieux, détache la première enveloppe ligneuse du grain, sans agir sur la seconde cuticule, de telle sorte que tout le ligneux se trouve complétement enlevé. » Le liquide qu'il emploie est formé de chaux, 1 partie, carbonate de soude, 3 parties, eau bouillante, 6; réduire le tout à une lessive marquant 3 degrés au pèse-lessive ordinaire. L'immersion se fait à froid et ne dure que deux et demie à trois minutes. Le grain décortiqué est parfaitement nettoyé et purifié de toute impureté.

L'auteur annonce que l'immersion du grain dans le liquide alcalin, n'altère pas ses facultés germinatives et en preuve il montre des grains qui, ainsi préparés, sont restés en terre pendant sept jours; on y voit une forte radicule et une tige de plusieurs centimètres dont une partie était déjà levée au-dessus de la terre, en sorte que le blé ainsi préparé peut être considéré comme éminemment propre à la germination et à une pousse hâtive. « En suivant de jour en jour les grains ainsi semés, j'ai pu me convaincre, dit l'auteur, qu'ils se gonflaient et développaient des radicules et des tiges bien plus promptement que le blé non décortiqué par mon procédé. »

**Nouveau mode d'emploi du soufre dans la maladie de la vigne.** — Parmi les moyens proposés pour combattre la maladie de la vigne, l'emploi de la fleur de soufre paraît être celui qui a obtenu le plus de succès; cependant il a des inconvénients, au premier rang desquels il faut mettre la grande quantité de substance à employer, et dont le majeure partie est perdue, n'arrivant pas aux ceps; en outre l'opération ne réussit que dans un air calme, le moindre vent suffisant pour entraîner le soufre projeté; enfin, l'opération n'est possible qu'à de certaines heures, le matin, à la rosée, dont la présence est nécessaire pour que le soufre puisse se fixer sur la plante. M. Thirault a essayé de parer à ces défauts, et il dit y être parvenu au moyen d'une préparation à laquelle la réapparition de la maladie de la vigne donne malheureusement de l'intérêt, et que pour cette raison nous allons décrire. Mais il est évident que la véritable solution de la question du raisin est dans la découverte de méthodes préventives, et que si ces dernières devaient toujours faire défaut, tous les moyens thérapeutiques du monde ne nous soustrairaient pas à la douloureuse nécessité d'arracher nos vignes, comme cela se pratique déjà dans plusieurs parties du Bordelais.

M. Thirault emploie la préparation suivante :

| | |
|---|---|
| Polysulfure de potasse du commerce. . | 1 kilog. |
| Acide chlorhydrique. . . . . . . . . | 250 gram. |
| Eau. . . . . . . . . . . . . . . . . | 100 litres. |

On fait dissoudre le sulfure dans la moitié de la quantité d'eau, on ajoute l'acide dans l'autre partie, et on mélange. On obtient ainsi un liquide qui tient du soufre en suspension, du sulfure de potassium et de l'hydrogène sulféré en dissolution.

Cette préparation peut être employée quel que soit l'état de l'atmosphère, pourvu qu'il ne pleuve pas. La seule précaution à prendre, c'est de n'opérer les mélanges qu'au fur et à mesure des besoins, de manière à employer la liqueur aussitôt qu'elle est préparée; un irrigateur ordinaire convient; un seul arrosage peut suffire. Outre son action immédiate, cette solution a encore cet avantage, que le soufre fixé sur les ceps laisse dégager pendant quelques jours l'hydrogène sulfuré; en outre, de nouveau soufre est mis à nu par suite de la décomposition du sulfure de potassium au contact de l'air; la vigne reste donc quelque temps dans un milieu sulfureux.

Les expériences de M. Thirault ont été faites sur une treille pouvant fournir une pièce de vin en temps ordinaire, et complétement infectée par l'oïdium; elles ont été, au récit de l'auteur, couronnée d'un plein succès.

**Eruption du vésuve.** — Une lettre de M. Pierre Tchihatcheff fournit les intéressants détails que voici :

« Ce fut à trois heures (le 1er mai) que l'on vit s'ouvrir huit ouvertures arrondies sur le flanc du vésuve, et aussitôt il s'en échappa des torrents de lave incandescente. Ce phénomène n'a été ni précédé ni accompagné d'aucun mouvement du sol, d'aucun bruit souterrain, d'aucune gerbe de feu, ni enfin de projection dans le sens vertical d'aucune substance. L'ouverture des huit bouches, qui n'est que l'épanchement des torrents de lave, se fit d'une manière tellement inattendue, et avec tant de calme, que le grand nombre de curieux qui venaient tous les jours se réunir autour de la montagne dont le cratère principal dégageait un peu de fumée, avaient quitté leurs postes sans se douter même qu'au-dessous d'eux la montagne était en pleine activité. Les torrents de lave ont coulé pendant près de huit jours, et quelques-uns ont atteint une longueur de sept milles romains; ils ont détruit plusieurs maisons. Pendant toutes ces catastrophes la température était remarquablement basse pour Naples, et même ici (Rome) depuis le 1er mai, nous sommes pour ainsi dire en plein hiver, comparativement à la température que l'on est habitué d'avoir en cette saison; les pluies sont abondantes, et les coups de vent se succèdent fréquemment; les Romains m'assurent qu'ils ne se souviennent point avoir vu un mois de mai semblable. »

## NOUVELLES ET CAUSERIES.

*Un mystère. — Les chameaux en Amérique. — L'arbre à suif. — La tapotopathie. — Charles Dallery. — L'or au Mexique.*

***. Un journal américain de médecine, *the Médical Examiner,* rend compte du procès et de la condamnation d'un chirurgien dentiste, docteur en médecine, accusé de s'être porté aux derniers outrages sur la personne d'une de ses clientes, tandis qu'elle était plongée dans l'état d'insensibilité que détermine le chloroforme. Nous dirons quelques mots de cette affaire, à cause des doutes qui se sont élevés sur l'interprétation des faits.

L'accusé est un vieillard jusque là entouré de la considération générale, et la jeune femme sur le témoignage de laquelle il a été condamné, et qui a formulé son accusation avec la plus grande précision, était elle-même de mœurs irréprochables. Cette jeune personne fut conduite chez le dentiste par celui même qui devait bientôt l'épouser, et il la quitta après l'avoir introduite dans le cabinet du docteur B... Elle a rapporté devant le juge toutes les circonstances du crime qui aurait été commis sur elle, et n'a varié dans aucune de ses dépositions. Arrivée dans le cabinet du dentiste qui la connaissait depuis longtemps, et avait la confiance de sa famille, elle s'assit dans un fauteuil, et l'opérateur se mit en devoir de lui donner les soins nécessaires. Comme il s'agissait d'une opération assez douloureuse, il proposa de l'éthériser; elle y consentit, et quelques gouttes d'éther furent versées sur un mouchoir de poche que l'on approcha de ses narines.

Bientôt elle se trouva très-étourdie et tomba dans un état de prostration fort singulier qui lui laissait la faculté de voir et de sentir, sans cependant qu'elle put faire un mouvement. Le dentiste, après l'avoir éthérisée, se porta sur elle à des actes infâmes qu'elle percevait parfaitement, dont elle a conservé la mémoire et qu'elle a minutieusement décrits, mais auxquels elle ne put opposer ni cris, ni résistance. (Je passe les détails sous silence.) Réveillée complétement, la jeune fille paraît avoir quitté le docteur B. sans lui adresser aucun reproche; elle se laissa même accompagner par lui jusqu'à la porte de la rue, et s'en retourna à pied chez elle. Ce n'est que plus tard qu'elle apprit à ses parents ce qui s'était passé et qu'une action criminelle fut intentée.

Le *Medical examiner* essaie de justifier le docteur B. L'accusateur et l'accusé avaient joui jusqu'ici de la meilleure réputation, et il répugne également de croire que cet homme, chez lequel l'âge des passions était passé depuis longtemps, se soit porté à un tel attentat, et qu'une jeune femme, qui n'avait aucune raison de lui en vouloir, l'ait accusé avec persistance d'un crime imaginaire. Sans examiner les faits de la cause, nous ferons remarquer que deux circonstances bien étranges se seraient produites: d'une part une anesthésie sans exemple dans laquelle le sujet aurait conservé toute sa sensibilité, toute son intelligence, et aurait seulement perdu l'usage de la parole et du mouvement; et de l'autre un médecin qui aurait tout à coup terni l'honneur d'une longue vie, par une action infâme commise pour ainsi dire publiquement, puisque, près du cabinet où les faits se seraient passés, se trouvaient des gens qui ont entendu les cris de la patiente lorsque la dent lui fut arrachée.

Le *Journal de médecine* ne serait-il pas dans le vrai en rapprochant de ce fait extraordinaire celui d'une jeune femme qui soumise, l'année dernière, dans le service de M. Gerdy aux inhalations d'éther, resta convaincue que pendant son sommeil elle avait été outragée par l'interne de service. Elle affirmait que si elle n'eut pas été dans une salle d'hôpital où elle comprenait bien qu'une telle violence n'avait pu lui être faite, rien n'aurait pu lui faire croire qu'elle n'avait pas été victime des brutalités de ce jeune homme.

Le docteur B. a-t-il lui-même été victime d'une semblable hallucination, et sa cliente aurait-elle, comme la malade de la Charité, perçu dans un rêve pénible toutes les violences auxquelles elle croit avoir été exposée?

***. Par décision du gouvernement des États-Unis, un certain nombre de chameaux vont être introduits dans les Etats du Sud, pour y être employés comme bêtes de charge; si l'essai réussit, on pratiquera l'acclimatation en grand.

***. On nous assure que la Société zoologique vient de recevoir des graines de l'arbre à suif exploité par les Chinois.

***. La *Gazette médicale de Toulouse* annonce qu'un docteur suédois nommé Engelstroëm vient d'inventer une nouvelle manière de guérir les maladies, qui consiste à frapper d'abord à petits coups sur le siége du mal et à augmenter graduellement l'intensité des coups jusqu'à ce que les malades ne puissent plus les supporter; à cette première période de sensation de douleur succède bientôt une chaleur bienfaisante, un bien-être indicible qui fait désirer au patient la continuation de son traitement. Quand il en est là, le médecin frappeur assure que la guérison est complète. — On propose pour cette nouvelle branche de l'art médical le nom de *tapotopathie.*

***. La cause du grand mécanicien amiennois, Charles Dallery, inventeur de la chaudière tubulaire et constructeur du premier bateau à hélice, est en de généreuses mains. MM. Alfred Caron et Edouard Gand, le premier propriétaire, le second principal rédacteur du *Commerce de la Somme,* l'un des journaux les plus intéressants qui se publient en province, en ont fait leur affaire propre, et nous ne doutons pas qu'ils ne parviennent à communiquer à toute la ville d'Amiens, d'où l'initiative d'une juste réparation doit partir, le zèle qui les anime pour la mémoire de leur grand compatriote. Amiens est chaque année le siége des *Assises scientifiques de la Picardie,* que préside un des membres les plus distingués de l'Institut des provinces, M. le comte de Vigneral; l'époque de cette solennité approchant, le *Commerce de la Somme* a fait appel à l'Institut des provinces en faveur de son illustre client; l'appel a été entendu, ainsi qu'en témoigne la généreuse lettre adressée par le Président des *Assises scientifiques* au rédacteur du *Commerce de la Somme* et que nous trouvons dans l'un des derniers numéros de ce journal; la voici:

25 mai 1855.

Monsieur,

« Je viens de lire avec un vif intérêt le journal le *Commerce* « *de la Somme,* du 20 mai dernier.

« Vous faites appel à l'*Institut des Provinces,* en faveur « d'un enfant du département de la Somme, d'un homme de « génie méconnu.

« Toute la publicité que l'Institut des provinces peut don« ner est acquise, Monsieur, au nom de CHARLES DALLERY.

« Réparer l'oublieuse injustice du passé, donner ainsi un « noble encouragement à nos laborieux contemporains, c'est « comprendre la pensée du fondateur des Assises provincia« les et de l'Institut des Provinces, M. de Caumont.

« Agréez, Monsieur, l'assurance de mes sentiments les « plus distingués,

Comte DE VIGNERAL. »

***. Des avis de Mexico annoncent qu'on a trouvé de l'or en abondance dans le voisinage de la ville de San-Francisco-Deloro, sur les bords de la rivière Ora. Dans quelques endroits, le rendement est d'environ 3 onces par 25 livres de terre, à un pied de profondeur. La distance d'Acapulo est d'environ huit jours de marche.

---

*Le propriétaire, rédacteur-gérant:*
VICTOR MEUNIER.

---

PARIS. — IMP. J.-B. GROS, RUE DES NOYERS, 74

Première année. — N° 25. Quinze centimes. 24 juin 1855.

# L'AMI DES SCIENCES

PAR

**VICTOR MEUNIER**

BUREAUX D'ABONNEMENT : **13, RUE DU JARDINET, 13.** Près l'École de Médecine.

**Parait le dimanche.**
(Les abonnements datent, au gré des souscripteurs, du commencement de l'année ou du premier dimanche de chaque mois).

PRIX DE L'ABONNEMENT POUR L'ANNÉE. **PARIS, 6 FR. — DÉPARTEMENTS, 8 FR.** ÉTRANGER, surtaxe en sus. Envoyer un mandat de poste.



## La réforme architectonique (1).

### I.

« L'hygiène publique a pris naissance à la suite des maux dont les centres populeux devinrent les foyers ; elle n'a point présidé à leur formation, elle n'a point dirigé la construction de ces ruches nombreuses où s'agitent frélons et travailleurs, les races mélangées qui constituent la plupart des agglomérations humaines ; science tardive, sa tâche est de réparer plutôt que d'édifier. Les générations antérieures ont légué aux nôtres une mission difficile : la refonte des cités qu'elles ont élevées dans l'ignorance et dans l'incurie de tous les principes de la salubrité publique. Rues mal percées, constructions tourmentées, établissements mal exposés, maisons humides et sombres empiétant sur la voie publique, pavage incomplet, système défectueux de distribution et d'écoulement des eaux, etc., tels sont les vices de la plupart des villes anciennes. »

Ainsi s'exprime M. Michel Lévy dans son excellent *Traité d'hygiène* (2). Il ajoute :

« Assainir un quartier, c'est prolonger la moyenne de la vie de ses habitants. Cette vérité doit sans cesse être présente à l'esprit de ceux qui ont la direction et la responsabilité du municipe.

« On dresse des statues, on construit des mairies luxueuses, des salles de spectacle, on caresse les ruines historiques. Améliorez la demeure du pauvre et de l'ouvrier, versez l'air, le soleil et l'eau à vos administrés, assurez le prompt et régulier enlèvement des boues et déjections, restreignez le méphytisme envahissant des accumulations humaines et le mortel tribut que prélèvent annuellement les cachexies populaires, filles de la misère et de l'insabilité. La puissance d'infection d'une ville se calcule d'après celle de chacune des habitations dont elle se compose... Que l'on réfléchisse à tous les foyers miasmatiques qui naissent seulement des ménages entassés dans une seule maison, et l'on se fera une idée de toutes les difficultés de la police sanitaire. »

(1) Voir les numéros 19 et 20.
(2) 1850, t. II, p. 569.

Voici ce que le même auteur écrit sur les habitations rurales :

« Les règles de salubrité qui doivent présider à la construction des villes, s'appliquent aussi aux villages et aux bourgs : l'état dans lequel se trouvent la plupart d'entre eux blesse toutes les lois de l'hygiène. Les habitations rurales, mal distribuées, mal closes, ne sont, dans un grand nombre de localités, que d'immondes refuges où s'entassent des familles; les misérables chaumières de la Sologne, les masures du Doubs, de la Mayenne, de l'Allier, etc., valent-elles beaucoup mieux que la hutte des sauvages?

« En été, elles n'abritent point contre les chaleurs, ni en hiver contre le froid. Leur plancher, presque toujours de niveau avec le sol, et sans cave sous-jacente, s'imprègne des déjections du ménage; l'âtre fumeux mêle à l'atmosphère d'un local exigu les produits d'une combustion incomplète ; l'incurie, la malpropreté, la pénurie des objets nécessaires à la vie, souvent la présence d'animaux ou l'entassement des provisions ou des récoltes, multiplient les causes d'infection. Au dehors de ces habitations, des amas de fumier, des mares fétides, des étangs bourbeux, des puisards qui ne dissipent pas complétement, par infiltration dans le sol, les liquides qu'ils reçoivent et qui retiennent une vase d'où s'échappent des gaz délétères, notamment du gaz hydrogène sulfuré; des rues sans pavé que la pluie convertit en fondrières, et dont la fange humide baigne le pied des maisons ; des cimetières mal entretenus et placés au milieu des maisons..... Telles sont les demeures de la population rurale (1) »

Après avoir fait de l'habitation des paysans français une peinture semblable à celle qui précède, et ressemblante par conséquent, M. de Bourgoin ajoute dans un *Mémoire en faveur des travailleurs et des indigents de la classe agricole* (2).

» Et c'est ici le lieu de faire remarquer l'abandon dans lequel sont laissés les paysans auxquels manque, dans leurs propres intérêts, le bienfait d'une police éclairée et sévère. Les villes ont une police organisée; l'autorité, secondée d'agents de toute espèce, assure aux habitants, par une surveillance continuelle et l'exercice d'une police salutaire, la salubrité de l'air et des eaux. Rien de tout cela pour les habitants des bourgs et des villages. On dirait une autre espèce d'hommes ; pour ces demi-barbares, une autre espèce d'administration, un monde différent enfin, privé des bienfaits de la civilisation. »

Je conclus de ce qui précède, que tous nos centres de population sont à refondre, que tous les bourgs et tous les villages de France sont à jeter par terre et à rebâtir sur de nouveaux plans. Il faut faire pour les habitations rurales et ur-

(1) *Ibid.*, p. 597.
(2) Nevers, 1844, p. 17.

baines ce qu'on a fait pour la locomotion, quand on a remplacé les routes pavées par les chemins de fer.

Est-il besoin d'accumuler les témoignages à l'appui de cette conclusion de la science? L'urgence de la réforme se pourrait démontrer de deux façons : 1° en complétant le tableau ébauché par MM. Lévy et de Bourgoing, d'où résulterait le plus hideux chapitre de pathologie sociale qu'il soit possible d'écrire ; 2° en exposant les avantages immenses que procureront au pays et aux particuliers la refonte des centres de population et la réforme architectonique; avantages tels que, lorsque par la construction d'un certain nombre de demeures édifiées selon les lois de l'hygiène, avec toutes les ressources des sciences appliquées et régies par les principes de l'économie, chacun sera en mesure de les apprécier, tout le monde aura hâte d'en jouir, comme on a eu hâte de jouir des chemins de fer dès qu'un seul chemin de fer a existé.

Dans quelques années, ni le paysan, ni l'ouvrier, ni le bourgeois ne voudront plus être logés comme ils le sont maintenant, et les maisons actuelles seront aussi dépréciées que les humbles véhicules qui naguère transportaient les Parisiens à Versailles, aux grands jours où les eaux jouaient.

Si quelqu'un pensait que le problème de l'édilité nationale, ainsi posé dans toute sa grandeur, dût longtemps encore attendre sa solution, ce quelqu'un là ne serait guère de son temps !

Qu'eussent-ils pensé ces incrédules, si, il y a trente années, leur montrant ce magnifique réseau de voies nationales et départementales, légitime objet de notre orgueil, si bien entretenues sous la direction du corps royal des ponts et chaussées ; interminables avenues animées par l'incessante circulation des milliers de voitures, on leur eût dit : « dans peu d'années ces routes seront désertes; l'herbe y poussera ; les hôtelleries aujourd'hui assises sur leurs bords seront fermées ; le roulage, les messageries, la malle-poste, cesseront de les fréquenter ; ils cesseront eux-mêmes de rouler, car nous allons changer tout cela ! Nous allons tracer d'autres routes, construire d'autres véhicules, et même nous remplacerons les chevaux ! » Qu'eussent-ils pensé? Et combien il serait facile d'ajouter à l'apparente extravagance de ce discours, en énumérant, et les travaux gigantesques, et les dépenses fabuleuses que l'établissement des chemins de fer allait nécessiter, et la perturbation qu'ils allaient jeter dans tant d'existences, et par dessus tout, le petit nombre d'années qui devaient suffire à l'achèvement de ce travail invraisemblable. — Que le spectacle des grandes choses que nous avons faites nous donne donc une idée un peu haute de ce dont nous sommes capables.

## II.

L'idée fondamentale de la réforme architecturale est celle-ci : *introduire l'Association et la Science dans la vie domestique* ; en d'autres termes, grouper les forces en vue de la consommation comme elles se groupent en vue de la production, et enrichir la vie domestique de tous les moyens que les sciences appliquées peuvent mettre à la disposition de ses divers services.

Combien il s'en faut que nos demeures soient conformées selon ces principes!

Le journal l'*Invention* énumérait, l'année dernière, ce qu'il appelait nos *barbaries* en matière domiciliaire ; il citait la cheminée dévorant en pure perte la majeure partie du calorique développé par la combustion ; la *fosse*, foyer permanent d'infection, etc. ; j'ajoute en courant :

Le transport de l'eau, opéré à bras ou en voiture, de la fontaine publique à la porte des maisons particulières, et de celles-ci à travers les escaliers; de simples tuyaux feraient l'affaire.

Le transport également à bras ou à dos d'homme, de la cave au grenier, de lourds fardeaux, vins, bois, charbon, etc. ; la plus simple de toutes les machines les porterait à la hauteur voulue.

Le frottage des appartements, procédé barbare qu'une préparation chimique procurant l'éclat et la propreté recherchés rendrait inutile.

Le curage des batteries de cuisine en cuivre, un simple lavage purifie la fonte émaillée qui ne fait courir aucune chance d'empoisonnement.

A travers les appartements et les escaliers tant d'allées et de venues que l'établissement d'un logophore ou d'un télégraphe rendrait complétement inutiles.

Passant à un autre ordre de faits, aux vices qui ont leur remède dans le principe d'association, je cite :

Le petit bourgeois s'étonnant que l'unique bonne qu'il engage pour tout faire ne réussisse pas également dans les branches innombrables du service domestique, et qui, par la réforme architectonique, se procurera à peu de frais le luxe de vingt auxiliaires dont chacun aura sa spécialité.

L'immense majorité des femmes obligées par état de savoir toutes raccommoder le bœuf et les culottes, et perdant dans leur petit ménage leur temps, leur intelligence, du charbon et le reste à faire une détestable cuisine, tandis qu'une seule d'entre elles en remplaçant quarante, arriverait avec de moindres frais, à de bien meilleurs résultats.

L'ouvrier allant chercher au cabaret des distractions nécessaires, à qui l'association domestique donnerait un salon.

L'homme aisé désertant chaque soir le foyer domestique pour se rendre au cercle et qui pourra avoir le cercle dans sa maison.

Les pauvres recevant à des prix exorbitants, des mains d'intermédiaires innombrables qui font, entre le producteur et lui, une chaîne d'une longueur démesurée, des denrées alimentaires de qualité inférieure, et qui, en se groupant dans une maison où les règles de l'hygiène seront respectées, où les progrès des sciences appliqués seront utilisées, où les principes de l'économie seront observés, se procureront les bénéfices de l'achat en gros, fait au producteur même en temps opportun par voie d'adjudication.

*Et cœtera ! et cœtera !* Quelle effrayante dilapidation de forces, de matières, d'intelligences ! Des millions d'hommes souffrent de la faim et du froid qui pourraient se chauffer et se nourrir de la viande et du combustible dont notre système domestique rend le gaspillage inévitable.

Il est évident que la société ne saurait se priver des bénéfices de la réforme dont il s'agit, sans perpétuer l'état de crise où nous nous trouvons. La crise, en effet, ne vient pas uniquement de l'insuffisance de la production, elle vient aussi d'un mauvais emploi de nos ressources, lesquelles ne peuvent être pleinement, c'est-à-dire économiquement, utilisées qu'à la faveur de la réforme de la vie domestique.

Dans l'état présent de la vie domestique, pour que les choses de première nécessité fussent assurées à tous, en proportion suffisante, ils ne suffirait pas que la production s'élevât au niveau des besoins réels de la population, il faudrait qu'elle les dépassât de beaucoup, car elle aurait à combler le gouffre creusé par un immense et inévitable gaspillage. Il faut donc choisir : il faut se résigner à une incurable pénurie ou opérer, entre autres réformes, la réforme de la vie domestique, moyen assuré de faire succéder l'abondance à la gêne.

Aucun peuple ne peut se flatter d'arriver à joindre les deux bouts s'il ne pratique les principes d'économie à l'observance desquels toute maison qui florit doit sa prospérité. Il faut, je le répète, *accroître les facultés du consommateur par les mêmes moyens qu'on a accru les facultés du producteur, savoir : par* l'Association et la Science. Or grouper les forces en vue de la consommation n'est possible qu'à la faveur de la réforme architectonique qui sera décrite dans le prochain article.

## L'homme et les singes.

(Troisième article (1).

Nous avons vu dans les Niam-Niams un spécimen des races inférieures; passons maintenant aux singes, après quoi nous déduirons les conséquences théoriques et pratiques de cette étude.

Les physiologistes admettent une relation constante entre le développement du cerveau et celui des facultés morales et intellectuelles. On admet également un rapport non moins nécessaire entre les dimensions relatives de la face et du cerveau.

Il y a comme on dit *antagonisme de développement* entre ces deux régions de la tête; l'une n'acquiert pas un grand volume sans que l'autre ne diminue dans la même proportion : cerveau considérable, face brève; face allongée, cerveau atrophié. Exprimer la relation de la face au cerveau, c'est donc préciser d'une façon assez exacte le développement de l'intelligence. Les physiologistes pensent que ce rapport est donné par l'angle facial. Ce qui est certain, c'est que le degré d'ouverture de cet angle dans les races humaines exprime assez bien leur développement intellectuel.

En faut-il conclure que la comparaison de l'angle facial chez l'homme, au même angle chez les animaux les plus voisins de nous, permet d'apprécier la distance existant entre l'homme et la bête? Voici les mesures en commençant par les êtres que leur intelligence place au sommet de l'échelle zoologique.

Le *Troglodyte*, un des premiers parmi les singes de l'ancien continent, se rapproche de nous par les proportions humaines de ses membres. Il marche debout en s'aidant d'un bâton, construit des huttes de feuillage et vit en société. Attaqué par l'homme, il joue très-habilement du bâton. Son affection pour les femmes et les enfants est très-vive; il enlève ceux et celles qu'il rencontre, les porte dans sa cabane; il est pour eux aux petits soins. Mais autant le troglodyte montre d'empressement pour les négresses, autant il montre d'aversion pour les nègres; ceux qui viennent à portée de son bâton sont à peu près sûrs d'être assommés. On assure que lorsque les nègres abandonnent un foyer, les troglodytes viennent à leur tour s'y asseoir et qu'ils savent attiser le feu. L'angle facial de ces singes est de 60 degrés.

L'*Orang-Outang*, très-rapproché du précédent, lui est toutefois inférieur; il est vrai que son angle facial est dans le jeune âge de 63 degrés, mais il diminue à mesure que l'animal grandit.

Les *Gibbons*, très-répandus dans l'Inde et dans ses archipels, vivent par troupes sous la conduite de certains d'entre eux. Le dévouement des femelles pour leurs petits passe ce qu'on en pourrait dire; il est à remarquer que la partie du crâne où Gall place ce qu'il appelle la *philogéniture* est précisément développée à l'excès chez les Gibbons. Leur angle facial est de 60 degrés.

Tous ces singes appartiennent à l'ancien continent. Parmi ceux d'Amériqne, il en est qui ne leur cèdent point sous le rapport qui nous occupe.

Ainsi l'*Atèle*, remarquable par son penchant à l'association, a le même angle facial que le Gibbon et le Troglodyte : 60 degrés.

Les *Sajous* sont dans le même cas. Ce sont de petits singes pleins d'intelligence, vivant par troupes de huit à dix individus, monogames, et dont la voix est un véritable gazouillement.

Les *Saïmiris* se distinguent entre tous par le volume considérable de leur boîte cérébrale; ils ont un véritable front. Le trou occipital est chez eux situé au milieu même du crâne, ce qui n'a pas toujours lieu dans la race humaine. Un autre caractère regardé avec raison comme un des signes de la supériorité de l'homme, se retrouve chez eux; ils ont les yeux antérieurs et même à un plus haut degré que nous, ces organes se rapprochant de la ligne médiane au point de se toucher, ce qui est un défaut. Leur intelligence tient tout ce que le grand développement de leur cerveau promet. Pour la grâce, la vivacité, l'innocence des manières, l'humeur caressante, ces délicieuses petites bêtes ne sont comparables qu'à des enfants. Il ne leur manque véritablement que la parole, et c'est précisément ce qui leur manque qui excite le plus vivement leur intérêt. Parle-t-on devant eux, ils suivent avec une curiosité étrange, on dirait avec envie, le mouvement des lèvres; et comme leur familiarité est extrême, si peu qu'ils connaissent la personne qui parle, ils sauteront sur son épaule, et de l'extrémité de leurs petits doigts, toucheront les lèvres en mouvement.

Mesurons maintenant l'angle facial dans les variétés de l'espèce humaine, en commençant par les premiers en intelligence.

Il y a un abîme entre les plus élevés des singes et la race caucasienne. L'angle facial de celle-ci n'est que de 80 à 90 degrés; c'est donc une différence de 17 à 27 degrés entre elle et le Orang-outang.

Mais à chaque échelon qu'on descend dans l'échelle des races humaines, on voit cette différence s'amoindrir.

L'angle facial dans la race mongole ou jaune, oscille entre 75 et 85 degrés; différence avec l'Orang, 15 à 22 degrés.

Celui de la race éthiopienne est de 75 degrés; différence de 12 degrés avec le jeune Orang.

L'angle facial descend jusqu'à 63 degrés dans certaines peuplades de la race mélanésienne; c'est-à-dire qu'il tombe au niveau du même angle chez l'Orang.

Enfin, chose à peine croyable, l'angle facial ne mesure plus que 61 degrés dans quelques rameaux de la race mélanésienne; il est donc inférieur à celui de l'Orang. Ces malheureuses peuplades et particulièrement celles de la Diemenie et de Sidney, paraissent dépourvues de toute intelligence. Les enfants envoyés à l'école moravienne de Londres, en sont revenus aussi bruts qu'ils y étaient allés, et il paraît qu'on n'a jamais pu les employer aux plus simples travaux de l'agriculture.

Et la petitesse de l'angle facial n'est pas le seul rapport existant au point de vue anatomique entre ces races inférieures et les brutes. Les proportions de leurs membres les rapprochent encore des Orangs. La minceur extraordinaire de leurs jambes n'est comparable qu'à ce qu'on observe chez les singes dont c'est en effet un des caractères. Les cheveux ne forment plus d'angles sur le front et dessinent un bandeau circulaire. Les canines verticales chez nous sont proclives comme chez les animaux; les lèvres, épaisses et projetées en avant, forment une sorte de museau. Les os du nez sont réunis en une seule lame écailleuse aplatie comme chez les macaques et beaucoup plus large que dans toute autre tête d'homme. La cavité olécranienne de l'humerus est, dit-on, percée d'un trou, ce qu'on ne rencontre nulle part ailleurs dans notre espèce, etc., etc.

En résumé, cette statistique révèle une différence de 29 degrés quant à l'ouverture de l'angle facial, entre la race humaine la plus noble et la race la plus abrutie.

C'est là un fait unique en zoologie; nulle part ailleurs on ne rencontre une espèce dont les variétés soient séparées les unes des autres par des différences aussi grandes.

Toutefois il est curieux de voir le type des singes s'abaisser graduellement en suivant une ligne en quelque sorte parallèle à celle de la dégradation du type humain. Sous ce rapport les Cynocéphales semblent répondre parmi les singes aux Mélanésiens. Cynocéphales, c'est-à-dire singes à *têtes de chiens*; mais c'est calomniser les chiens; il n'en est pas qui pour la laideur puisse être comparé aux horribles Cynocéphales.

(1) Voir les numéros 21 et 22.

## CORRESPONDANCE.

### L'acide carbonique de l'air atmosphérique.

Moulins, le 8 juin 1855.

Monsieur,

Dans votre article *sur l'acide carbonique contenu dans les eaux courantes* (nº 22 de l'*Ami des sciences*), vous regardez comme vraisemblable que la production de ce gaz l'emporte sur la quantité dont les végétaux font emploi. Cependant, dites-vous, l'acide carbonique ne se trouve qu'en proportion bien petite et à peu près constante dans l'air atmosphérique (2 à 4 dix millièmes de son volume), et vous vous demandez ce que devient le reste. D'après M. Péligot, il se trouverait dans les eaux des fleuves et dans celles de la mer. — Tout en admettant que les eaux, qui couvrent la plus grande partie de la surface de la terre, absorbent effectivement des quantités considérables d'acide carbonique, je pense que, d'un autre côté, la décomposition de certaines roches, qui forment à elles seules une partie importante de l'écorce solide du globe, doit contribuer pour une forte part à la dépuration de l'atmosphère, suivant votre heureuse expression.

Ebelmen (Recherches sur la décompositon des roches) attribue à l'acide carbonique et à l'oxygène de l'air, la décomposition des silicates des roches ignées. — Or, cet illustre chimiste a calculé, en prenant comme cas particulier la décomposition du feldspath ortose, et en réduisant la surface sur laquelle la décomposition de ce minéral s'opère à 1/20 de celle de la terre, qu'il suffirait de 0m; 48 d'épaisseur de feldspath décomposé pour déterminer la précipitation de tout l'acide carbonique contenu dans l'air.

« Si l'on considère, dit-il, la grande facilité avec laquelle certaines roches se décomposent sous nos yeux, si l'on fait attention que les roches granitiques se présentent souvent décomposées dans des monuments construits par les hommes, on arrivera à cette conclusion que la décomposition des roches plutoniques doit amener inévitablement, au bout d'un temps assez court, une diminution très-considérable dans la proportion d'acide carbonique contenu dans l'atmosphère. »

Ce ne sont pas seulement les parties les plus superficielles des roches qui s'altèrent au contact de l'air. L'influence des agents atmosphériques se fait sentir à de grandes profondeurs.

Ainsi, pour citer un fait particulier, dans le département de l'Allier, sur la partie du chemin du centre, comprise entre Lapalisse et Saint-Martin, on voit dans les tranchées et dans les puits de sondage des épaisseurs de 15 et 20 mètres de porphyre, dans un état avancé de décomposition.

Je vous demande la permission, en terminant, de transcrire ici les considérations suivantes que j'emprunte au mémoire cité plus haut :

— « Je vois, dit Ebelmen, dans les phénomènes volcaniques la cause qui restitue à l'atmosphère l'acide carbonique que la décomposition des roches en précipite.

« Ces faits font ressortir la liaison intime que tous les grands phénomènes de la nature ont les uns avec les autres. La chaleur centrale de la terre, cause première de toutes les actions volcaniques, paraît indispensable à l'entretien de la vie organique à sa surface.

« Supprimez les phénomènes volcaniques, et bientôt l'acide carbonique de l'air aura disparu. Cette vie intérieure du globe terrestre, rendue manifeste par les mouvements de sa croûte solide, par les déchirements du sol, par ces violentes éruptions de gaz et de matières en fusion, serait une des conditions essentielles du maintien de la vie à sa surface. »

J'ai l'honneur, etc. EMILE SALLARD.

---

## LA SEMAINE SCIENTIFIQUE.

LE CHOLÉRA GUÉRI PAR UNE OPÉRATION INDIENNE. — Au mois de juin 1854, pendant que le choléra régnait à Cadix, les journaux annoncèrent que cinq matelots malais appartenant à des navires récemment arrivés des îles Philippines dans la Péninsule espagnole, appliquaient au traitement de cette redoutable maladie un procédé employé de temps immémorial dans leur patrie et qu'ils obtenaient des cures merveilleuses. Leur procédé, tout empyrique, consistait, disait-on, à rechercher, au moyen de frictions, un petit corps sous-cutané, une *boule* dont jusqu'alors aucun médecin n'avait entendu parler, et à l'amener en un certain point où il se dissolvait. Cette dissolution accomplie, et c'était l'affaire de quelques minutes, le malade était guéri. Voilà ce qu'on racontait l'année dernière. Qu'y avait-il dans ces singuliers récits? Sans doute une preuve nouvelle et bien superflue de la crédulité populaire; telle fut l'opinion commune. Manquant de renseignements, les journaux de médecine durent reléguer cette étrange annonce dans les colonnes irresponsables des faits divers. Depuis lors il n'en avait plus été question; mais voici que nous recevons d'un témoin oculaire de ces cures douteuses, et mieux que d'un témoin; d'un des disciples des matelots malo-indiens, (qui décidément ont existé) d'un Français domicilié à Cadix, de M. Henri Guibert enfin, un travail (*Le choléra guéri par une opération indienne praticable par tout le monde*), où non seulement se trouve certifiée l'exactitude des faits dont un écho était venu jusqu'à nous, mais où de plus on décrit en détail la recette, car c'est d'une recette qu'il s'agit, qui a été employée l'année dernière à Cadix et à Xérès avec un succès dont témoignent les populations de ces deux villes. Notre publicité appartient nécessairement à M. Guibert, et nous remplirons notre devoir en analysant son opuscule.

Laissons-lui d'abord raconter le séjour des matelots à Cadix. J'abrège.

« Sur les instances de quelques personnes, les Indiens se mirent complétement à la disposition du public, et, guidés par les sentiments de l'évangile qu'ils professent, ils consacrèrent les jours et les nuits à prêter le secours de leur art aux personnes qui le réclamaient, notamment aux infortunés dans les quartiers populeux décimés par l'épidémie.

« On parla bientôt de succès éclatants, de moribonds déjà abandonnés par la science, rappelés miraculeusement à la vie au bout de quelques minutes. La nouvelle vola de bouche en bouche et le bruit de leur abnégation venant se joindre à celui de leur puissance, il n'y eut bientôt plus qu'une voix pour bénir leur apparition providentielle au milieu des cruelles épreuves de la cité.

« De toutes parts on accourait près d'eux pour invoquer leur secours ou faire éclater les marques de la reconnaissance publique. Au milieu des rues, en présence de la multitude assemblée autour d'eux, le miracle était reproduit en quelques minutes, sans breuvages, sans appareil extérieur, sans qu'un seul instant le succès espéré pût paraître douteux ; mais le procédé était si rapide et si bien caché qu'il échappait au patient lui-même qui se trouvait rendu à la vie dans moins de temps qu'il n'en faut pour le raconter.

« L'enthousiasme général éveilla la sollicitude des premiers magistrats de la ville.... L'autorité entoura les guérisseurs d'une protection spéciale; un agent fut placé au service de chacun d'eux, et tous les moyens propres à multiplier leur présence auprès des malades furent mis à leur disposition.

« Je suivis les opérateurs au lit des malades. J'assistai à des faits de guérison si surprenants, que toute négation me parut impossible. Au sentiment de doute et même d'incrédulité qui m'avait attiré vers les Indiens, succéda bientôt en moi le désir de connaître le secret de leur puissance qu'ils refusaient de révéler; dès lors, je m'attachai à leurs pas pour ne les plus quitter, résolu de ne cesser de les accompagner que lorsque j'aurais pu conquérir à l'humanité et à mon pays, le trésor précieux qui ne pouvait plus m'échapper. »

Plus loin l'auteur nous apprend qu'il tient de l'un des Indiens la révélation des procédés curatifs décrits dans son travail.

Nous passons maintenant à ce qu'il y a de caractéristique

dans ces procédés indo-malais. Comme précédemment j'abrége.

« .....Toute l'attention de l'opérateur doit se porter sur l'abdomen ; si la maladie n'a pas encore atteint son extrême période, les frictions indiennes ont pour effet immédiat la manifestation à un pouce environ des fausses côtes gauches d'un petit corps résistant sous-cutané. Suivant les sujets, ce petit corps varie de la grosseur d'un pois de petite dimension a la grosseur d'une noisette, quelquefois même il prend la proportion d'un œuf de pigeon. »

On pratique d'abord ce que l'auteur appelle des *frictions préparatoires* qui quelquefois suffisent; « elles doivent être faites légèrement et à sec sur l'épiderme avec les deux mains simultanément. La main droite sera placée sur les fausses côtes gauches, et dirigée vers la partie qui correspond au centre de l'estomac; la main gauche prendra son point de départ sur les fausses côtes droites pour s'arrêter au point d'arrivée indiqué pour la main droite; sur ce dernier point, semble devoir être concentré l'effet de ces frictions qui se font toujours avec l'index, le medium et l'annulaire, jamais avec la paume de la main. Il est de la plus grande importance que les frictions soient toujours faites dans le même sens; si on les pratiquait en ramenant les doigts du point d'arrivée au point de départ, on faciliterait le développement de la maladie.

« Le corps qu'il s'agit d'appeler sous les doigts n'est pas toujours facile à déterminer; chez certains sujets il est d'abord à peine perceptible à cause de sa ténuité primitive, mais il grandit sensiblement sous l'action des frictions. Dès que sa présence s'est manifestée, tous les efforts doivent tendre à un but unique; amener ce corps sur la partie de l'abdomen correspondant au centre de l'estomac; pour atteindre ce résultat on le tient assujetti avec l'extrémité latérale du pouce de la main droite, et on le pousse ainsi en ayant soin de placer derrière ce doigt l'index de la même main, fortement appuyé sur la peau afin de le retenir captif. — Ce mode suffit en général lorsqu'on opère avant que l'affection n'ait éclaté.

« Si après avoir suivi ce mode d'opération pendant quatre à cinq minutes des fausses côtes à l'estomac, la dissolution du corps ne s'est pas effectuée, alors l'opération doit être faite du sternum à l'aine en passant sur le côté droit de l'ombilic. »

Il y a pour cela trois modes de frictions que l'auteur décrit et sa description est complétée par des figures : « Quand le petit corps est arrivé à l'aine, on suspend l'opération, mais le plus souvent il est entièrement dissous quand il passe à la hauteur du nombril, en ce cas l'opération est bien faite et a réussi : le malade est guéri. L'opération dure de dix à vingt minutes. »

Nous n'emprunterons plus qu'une citation au travail de M. Guibert : « Dans le pays des Indiens-Malais dont nous avons reproduit les renseignements empiriques, la présence du choléra n'inspire, dit-il, aucune émotion; cette terrible maladie est traitée comme une incommodité ordinaire de la vie n'offrant aucun danger, pourvu que, dès la première atteinte, on se conforme aux prescriptions qui sont dans la tradition populaire et pratiquées par tous. »

Transmission du choléra de l'homme aux animaux. — La *Gazetta Medica italiana* cite entre autres faits les suivants que nous reproduisons dans l'espoir que cette grave question sera reprise par quelque expérimentateur.

Deux chiens qui léchèrent le sang tiré de la veine d'un cholérique tombèrent sur le plancher, en proie à des convulsions terribles, et succombèrent rapidement.

On injecta dans les veines d'un chien 8 onces de sang tiré de la veine d'un cholérique : le chien mourut le soir, après avoir offert des symptômes parfaitement semblables à ceux du choléra asiatique.

Deux chats moururent avec tous les signes du choléra, après avoir mangé de la viande qui avait baigné dans le liquide intestinal du cadavre d'un cholérique.

Deux petits chiens, à qui l'on faisait sucer le lait de femmes en couches et de nourrices atteintes du choléra, contractèrent la maladie et moururent en peu de temps, bien qu'ils eussent rejeté par le vomissement le liquide ingéré.

Des canards placés dans une basse-cour du grand hôpital de Milan, et qui se pressaient à la porte d'une chambre où étaient déposés 25 cadavres de cholériques, périrent promptement et en bon nombre.

Enfin les expériences faites par Namias en 1838 à Venise, sur des lapins, et par Novati à Pavie, d'accord avec les faits précédents et avec d'autres qu'on pourrait citer, concourent à prouver que le transport sur les animaux de fluides provenant de cholériques amène subitement une série de symptômes, de produits morbides et d'accidents, très-peu différents de ceux qui sont propres au choléra qu'on observe naturellement chez plusieurs espèces.

Transmission de la gale. — Voici deux faits qui paraissent résoudre affirmativement cette question si controversée, savoir : si la gale est transmissible des animaux à l'homme et réciproquement.

1er fait.— *Transmission de la gale des animaux à l'homme.* — Le département de la Gironde renferme un grand nombre de marais à sangsues, et de pauvres vieux chevaux vivants exposés à tour de rôle et jusqu'à épuisement aux morsures des féroces annélides servent à la nourriture de celles-ci. Or, il y a quelques mois, deux grands propriétaires qui possédaient dans les marais de Palempuire, une cinquantaine de chevaux affectés de la gale depuis deux ans, prièrent M. Dupont de faire suivre un traitement à ces animaux. Le vétérinaire les soumit à des frictions qui amenèrent la guérison en deux jours. Frappés de la promptitude de cette guérison, les hommes qui prenaient soin des chevaux, avouèrent qu'eux aussi ils étaient depuis deux ans atteints de la gale, qui leur causait d'horribles tortures, et les forçait de se gratter comme des damnés. L'un d'eux, ayant ôté ses vêtements, on reconnut, en effet, que les membres, les articulations, la région abdominale étaient creusés de sillons sanglants. Toutes les surfaces, siége de l'éruption, constituaient une plaie presque uniforme. Çà et là, on pouvait distinguer pourtant des vésicules et le sillon de l'acarus.

Ces malheureux n'avaient aucun doute sur l'origine de leur maladie. Ayant à relever les chevaux galeux, lorsqu'épuisées par la perte de leur sang, les pauvres bêtes tombent au milieu des marais, tout leur corps, à peu près nu, était, durant ce pénible travail, en contact immédiat avec le corps de l'animal. Après avoir retiré les chevaux des marais, il fallait les laver, les brosser au soleil, ce qui se faisait sans la moindre précaution. Ils se gardaient de divulguer un secret qui les eût fait rejeter de tout le monde comme des pestiférés.

2e fait. — *Transmission de la gale de l'homme aux animaux.* — Un homme acheta à Marseille cinq lions venant d'Afrique et les conduisit à Paris, ainsi qu'un ours et une hyène. Il destinait au cirque de Franconi ces animaux qui semblaient en assez bon état; mais en attendant qu'on leur eût préparé un emplacement convenable, il les déposa pendant quelque temps au Jardin des Plantes. Là, un des lions mourut. Les quatre autres furent transportés au cirque, et montrés en spectacle, ainsi que l'hyène et l'ours. La santé de ces animaux s'altérait de jour en jour, et l'un d'eux étant mort, son cadavre fut envoyé à l'Ecole d'Alfort. On constata que sa peau était couverte de pustules de gale. Le microscope y démontrait la présence de nombreux sarcoptes. M. Bourguignon, prévenu de ce fait, se transporta à l'administration du Cirque. Là, il constata que trois personnes qui soignaient habituellement ces lions avaient la gale; de plus, on s'était servi pour laver ces animaux, d'une éponge qui fut ensuite employée au pansage des chevaux. Or, deux palfreniers qui s'étaient servis de cette éponge, avaient eux-mêmes contracté la gale, et leurs chevaux portaient sur la croupe, des croûtes accompagnées de démangeaisons qui pouvaient faire croire que ces animaux avaient également été contagionnés. Les hommes et les animaux ayant été examinés au microscope, on constata chez les uns et chez les autres, à l'exception toutefois des chevaux, l'existence de l'acarus, mais le sarcopte qu'on trouva chez les lions aussi bien que chez leurs gardiens, était l'acarus de l'homme et non celui du lion. Comment avaient-ils contracté la maladie? c'est ce qu'il a été impossible d'établir. On a pu supposer seulement qu'avant d'arriver en France, un homme atteint de la gale la leur aura communiquée. Quoi qu'il en soit, cette gale était si facilement transmissible à l'homme que pendant leur court séjour au Jardin des Plantes, ils l'avait communiquée à deux gardiens de cet établissement. Enfin, l'hyène et l'ours qui vivaient en commun avec les lions dans des conditions hygiéniques très-fâcheuses, parurent pendant quelque temps réfractaires à la contagion ; mais ils finirent eux-mêmes par être atteints de la maladie et durent être renfermés dans des cages séparées, car ils communiquèrent la gale aux lions dont ils l'avaient reçue, et qui alors, en avaient été débarrassés par une médication appropriée.

Emploi de la tourbe en agriculture. — M. Chevalier fils a fait les expériences suivantes : 1° de la tourbe séchée, puis divisée a été répandue sur une terre labourée destinée à la culture du blé.

Une portion de même terre, et qui touchait celle où la tourbe avait été introduite, avait été préparée de la même façon et semée au même moment et avec la même semence.

La manière dont se conduisirent ces deux cultures démontra que l'introduction de la tourbe avait été favorable à la végétation. En effet, le blé qui se trouvait dans le terrain dans lequel on avait ajouté la tourbe s'était mieux développé; ses feuilles étaient plus vertes, sa taille plus élevée, ses épis plus pleins, et le grain était plus pesant.

2° Une couche de tourbe de dix-huit centimètres d'épaisseur a été étendue dans une étable où s'abritèrent soixante moutons. Au bout de six mois, la tourbe animalisée fut employée comme fumier et comparativement avec du bon fumier de ferme ; l'expérience démontra qu'elle avait un avantage considérable sur ce dernier.

3° La tourbe fut recouverte de jus de fumier et resta en contact avec ce jus pendant des mois entiers, après quoi elle fut employée. Le bon fumier de ferme servait toujours de terme de comparaison. Les produits furent égaux de part et d'autre.

4° La tourbe fut brûlée, et on en répandit les cendres sur des prairies; des résultats avantageux furent constatés. Des expériences furent faites comparativement avec des cendres de tourbe, de bois, de tannée, les résultats obtenus ne donnèrent pas d'avantages marqués à l'emploi des cendres de tourbe.

5° Une couche de tourbe de trente-trois centimètres fut arrosée de lait de chaux à l'aide d'un arrosoir; elle fut ensuite recouverte d'une seconde couche de trente-trois centimètres de tourbe, qui fut, à son tour, arrosée avec du lait de chaux, puis recouverte d'une troisième couche qui fut arrosée comme les précédentes : le tout fut laissé en tas pendant plusieurs mois, puis employé comme engrais.

Il paraît donc que la tourbe, dans les pays où il en existe des dépôts, pourrait être avantageusement employée pour la fertilisation des terres.

Les feuilles du fraisier substituées au thé. — Les feuilles du fraisier des forêts, recueillies immédiatement après la maturation des fruits, desséchées au soleil ou légèrement torréfiées sur des plaques chaudes, donnent par infusion, au rapport d'un médecin de Vienne, M. Kletznisky, une boisson diététique dont l'odeur agréable, la saveur astringente, rappellent celles du thé de Chine. Cette infusion se mêle au lait à chaud et à froid, sans le coaguler, supporte bien le rhum, et possède la même action diaphoritique et diurétique que le thé de Chine ; seulement, elle est un peu moins excitante, quoiqu'on ne puisse lui nier un léger effet somnifuge. En distillant l'infusum, on obtient, avec l'eau condensée, un arôme très-agréable, qui appartient sans doute à la classe de la cumarine et de ses huiles éthérées. Le résidu renferme beaucoup de tannin, un peu d'acide citrique et une quantité considérable de matière azotée et de cendres.

Verres de lampes préfendus. — M. Jobard, de Bruxelles, vient de présenter à la société d'encouragement ses différents modèles de verres de lampes, de becs de gaz et de fumivores fêlées du haut en bas, avec une telle précision, que la fente en est à peine visible.

On savait que les verres ainsi cassés ne cassaient plus par les brusques changements de température ou l'inégalité d'échauffement, mais ce procédé n'avait pu passer de la théorie dans la pratique.

M. Jobard qui ne s'arrête pas devant les difficultés d'un problême utile, est parvenu à le rendre manufacturier.

Des centaines de mille verres fendus ont été livrés au commerce depuis quelques mois, et la compagnie formée à cet effet, en fend 1,500 par jour.

La notice de M. Jobard fait connaître une douzaine d'artifices employés, soit séparément, soit conjointement selon l'épaisseur et la forme des verres.

On sera donc délivré désormais de la casse et de la chute des débris qui occasionnent, outre la dépense, des accidents consécutifs souvent fort graves.

La cheminée de verre qui procure une très-grande économie de gaz, pourra s'appliquer aux lanternes des rues et à l'éclairage du dehors des magasins et des salons particuliers.

Les verres fendus qui figurent dans le coin le plus obscur de l'annexe, avec les lampes de M. Jobard, sont probablement destinés à éclairer bientôt le monde entier.

Fabrication du plomb de chasse. — Rien n'est plus simple que la fabrication du plomb de chasse lorsqu'on dispose d'une tour vide ayant une très-grande hauteur. Voici alors comment on s'y prend : On fait fondre du plomb auquel on a ajouté un peu d'arsenic ; cette opération se passe au sommet de la tour, puis on verse ce métal fondu dans une passoire percée de trous de différentes grosseurs, suivant les numéros qu'on veut obtenir; abandonnées à leur poids, les gouttes se figent en traversant cette haute colonne d'air, comprise entre les parois de la tour, et se refroidissent enfin complétement en arrivant dans un bassin plein d'eau établi sur le sol. — C'est ainsi, pour citer un exemple, que les choses se passaient dans la tour Saint-Jacques-la-Boucherie qui, tout récemment encore, était une fabrique de plomb de chasse.—Rien n'est plus simple quand on peut disposer d'une tour élevée, mais une telle tour ne se rencontre pas partout et ne s'élève pas pour rien. M. Smith, de New-York, a cherché les moyens de s'en passer, et il y est arrivé d'une manière très-ingénieuse : à la tour il substitue un cylindre en tôle n'ayant guère qu'une quinzaine de mètres d'élévation, et, à la hauteur qui fait défaut, il supplée par un courant d'air ascendant très-vif produit par un ventilateur. — Le plomb ainsi obtenu vaut l'autre, à ce qu'on assure, et nous le croyons aisément.

Aluminium. — Une note sur la fabrication de l'aluminium, illustrée de plusieurs lingots de ce métal, a été présentée à l'Académie, au nom de M. Deville; nous la donnerons *in extenso*.

— Nous donnerons également une curieuse note de M. Jobard, sur la possibilité de changer de vue à volonté, c'est-à-dire de passer de la vue moyenne au presbytisme ou à la myopie *et vice versâ*.

— Rapport sur la fonction glucogénique du foie. — Le rapporteur, M. Dumas, conclut pour M. Bernard contre M. Figuier, que le foie est une fabrique de sucre.

## VARIÉTÉS.

### L'éducation avant la naissance.

Suite (1).

Je dois avouer que l'auteur entre dans son sujet par une porte suspecte.

« C'est, dit-il en commençant, une croyance généralement reçue parmi tous les peuples de la terre, que les impressions qu'une femme reçoit pendant sa grossesse, exercent une telle influence sur l'enfant qu'elle porte dans son sein, qu'il reste souvent des marques indélébiles des objets qui ont frappé ses regards. »

Et M. de Frarière cite plusieurs faits comme étant à sa connaissance personnelle, en voici un :

« J'ai vu en Italie, dit-il, une charmante jeune fille appartenant à l'une des grandes familles de la Lombardie, qui était obligée de porter constamment un fichu très-épais sur les épaules; ce qui au bal paraissait très-singulier. Elle avait un signe qu'on trouvait hideux : c'était une chauve-souris, les ailes déployées, dessinée en relief et comme posée sur ses blanches épaules. Rien n'y manquait. Le poil gris-noir, les griffes et le museau se détachaient parfaitement sur sa peau de satin. Voici ce que j'ai appris. Une chauve-souris, attirée par les lumières, était entrée dans une salle de bal et avait effrayé toutes les dames. Poursuivie à coups de mouchoirs, elle s'était abattue sur les épaules de la comtesse d'A..., et l'impression de terreur fut si forte, que cette dame s'évanouit. Peu de temps après elle accoucha d'une charmante petite fille qui portait le signe fatal que la peur avait imprimé sur son col. »

Voila assurément un début de nature à inspirer des préventions contre tout le système. Les physiologistes s'accordent en effet à nier la mystérieuse influence qu'admet M. de Frarière. On ne nie pas bien entendu qu'une émotion violente, éprouvée par une femme grosse, puisse avoir du retentissment jusque dans l'organisation de son enfant. On sait, au contraire, qu'un grand nombre de monstruosités ont de pareilles perturbations pour cause. Ce qu'on nie, c'est que les taches connues sous le nom d'*envies* soient jamais (si ce n'est fortuitement) l'image d'objets dont la vue aurait péniblement affecté la mère durant sa grossesse. Bien que les physiologistes soient unanimes sur ce point, et qu'après le créateur de la teratologie, le judicieux auteur de l'*Histoire des anomalies de l'organisation* se prononce, si nous ne nous trompons, dans le même sens, nous ne nous croyons pas autorisé pour cela à repousser sans examen le témoignage d'un homme éclairé comme M. de Frarière quand il déclare avoir une connaissance personnelle de faits en opposition sur ce point avec l'opinion commune des hommes de science.

C'est qu'en effet, une décision négative est toujours sujette à revision et si elle a contre elle une croyance universelle, il faut la tenir pour suspecte; à chaque fait nouveau, qui semble la contredire, elle doit subir une vérification nouvelle.

Quelques exemples montreront qu'il convient d'en agir ainsi.

1° On a cru, dans tous les temps et dans tous les pays, que des pierres tombaient du ciel; cependant il n'y a pas encore un demi siècle, que, selon les expressions de Bigot de Morogues, tout savant « se faisait un point d'honneur de ne s'occuper de la chute des pierres que comme d'un préjugé ridicule et superstitieux. » Or, la chute des pierres météoriques n'est ni une chose rare ni une chose locale, c'est un phénomène fréquent en tous les points du globe et le trait le moins merveilleux de son histoire n'est pas que sa réalité ait pu être si longtemps méconnue par les physiciens.

En vue de justifier les académies, dont le rôle en cette circonstance n'a pas paru glorieux, on a fait remarquer que la crédulité populaire avait entouré ce grand phénomène de circonstances si evidemment fabuleuses, que les physiciens avaient dû se croire dispensés de tout examen. On citait, par exemple, ce nom de *pierre de tonnerre* donné aux aérolithes. Est-il rien de plus absurde, s'écriait-on, qu'une telle dénomination aux yeux de quiconque n'ignore pas l'identité de la foudre et de l'électricité, et le savant à qui on venait parler de pierre de tonnerre n'avait-il pas le droit de tourner le dos au narrateur?

Rien de plus absurde, en effet, à un jour donné qu'une telle dénomination; mais le jour suivant? Ecoutez Arago :

« Sans vouloir assurément réveiller des idées surannées touchant les pierres de tonnerre, je dirai qu'il n'est point prouvé qu'on doive regarder comme mensongères toutes les relations où il est parlé de coups de foudre accompagnés de chute de matières. Sur quoi se fonderait-on pour s'inscrire en faux contre ce fait que je tire des œuvres de Bayle :

« En juillet 1681, la foudre produisit beaucoup de dégâts « près du cap Cod, sur le bâtiment anglais l'*Albemarle*. Le « coup de foudre fut suivi de la chute dans la chaloupe même, « suspendue à la poupe du navire, d'une matière bitumineuse « qui brûlait en répandant une odeur semblable à celle de la « poudre à canon. Cette matière se consuma sur place ; on « avait essayé vainement de l'éteindre avec de l'eau, ou de la « projeter dehors en se servant de tiges de bois (1). »

Et en effet, après les expériences de Fusinieri, qui nous ont montré l'étincelle électrique chargée de particules pondérables, après ce que nous avons appris touchant les transports opérés par la foudre, et sur les éclairs dits de troisième classe, c'est-à-dire sur la foudre globulaire ou tonnerre en boule, qui oserait prétendre aujourd'hui que cette expression *pierre de tonnerre* ne saurait répondre à rien de réel?

2° C'était encore une chose admise par tous les physiciens que la lune en son plein n'exerce sur notre atmosphère aucune action calorifique; en un jour ce résultat négatif de tant d'expériences délicates a été renversé par la conclusion positive d'une expérience de M. Melloni, bientôt confirmée par celles de MM. Knox, Zantedeschi, etc.

Qui nierait que les physiciens sont d'autant plus disposés à restreindre le rôle météorologique de la lune, que le public est porté à lui en attribuer un plus grand, ne connaîtrait ni le cœur humain en général ni le cœur des savants en particulier.

3° Quand M. de Humbodt annonça à l'académie ce résultat d'une expérience de M. Dubois-Reymond, savoir qu'une contraction musculaire produit un courant électrique susceptible de devier l'aiguille du galvanomètre, on s'empressa de répéter l'expérience, mais on n'obtint aucun des effets annoncés; il fallut que l'auteur vînt lui-même les produire à Paris.

4° Lorsque M. de Humboldt fit ses expériences sur les Gymnotes, il ne réussit point à en obtenir des étincelles et il ne parvint à constater aucune action sur les électromètres les plus sensibles, toutes choses tant de fois obtenues et constatées depuis.

On pourrait multiplier ces exemples à l'infini ; concluons qu'on ne doit jamais attribuer à une solution purement négative la valeur de la chose jugée, et n'hésitons jamais à lui faire rendre compte quand l'occasion s'en présente.

Pour en revenir à notre sujet, sur quoi repose le sentiment des physiologistes ? Sur l'observation de tous les faits invoqués à l'appui de l'influence qu'ils déclarent chimérique? Non, mais seulement sur l'examen de quelques-uns. Leur arrêt ne vaut donc en réalité que contre les faits sur lesquels il se fonde, et il n'a pas la généralité qu'on lui suppose.

Pour que la négation des physiologistes eût une valeur absolue, il faudrait que l'action dont il s'agit, pour être réelle une fois, dût s'exercer toujours; mais il n'y a à cela nulle nécessité. Plusieurs cas peuvent se présenter et voici des distinctions qu'il nous paraît utile d'établir.

1° *L'envie* pourra résulter de l'ébranlement nerveux que la vue d'un certain objet aura déterminé ;

2° *L'envie* n'aura pas cette origine.

(1) Voir le numéro 23.

(1) Arago, *Œuvres complètes*, le Tonnerre, p. 220.

Et dans ces deux catégories il y aura des divisions à établir; pour la première :

*a. L'envie* reproduira plus ou moins exactement la forme de l'objet.

*b.* Il n'y aura entre *l'envie* et l'objet aucune ressemblance de forme appréciable.

Et dans la seconde :

*a'. L'envie* ne ressemblera à aucun objet déterminé.

*b'. L'envie* aura une ressemblance purement fortuite, tout à fait accidentelle entre un objet déterminé.

Ni le public, ni les savants ne se sont donné la peine d'établir ces distinctions. A peine le vulgaire a-t-il constaté une influence telle que celle dont il s'agit, il ne doute plus que la cause dont il vient d'observer les effets ne produise les mêmes résultats toutes les fois qu'elle intervient, ni que tous les effets analogues à l'effet observé n'aient la même origine que celui-ci; c'est-à-dire qu'il fausse par une généralisation inexacte un fait vrai dans certaines limites.

Que cette croyance établie, un physiologiste ait occasion d'examiner un des faits sur lesquels elle s'appuie (d'abord il faut le dire, c'est toujours avec plaisir qu'un savant se met en opposition avec une opinion populaire); d'après la manière dont la croyance populaire s'est établie, il y a évidemment des chances nombreuses pour que le fait à étudier infirme l'opinion à l'appui de laquelle on l'invoque; or, si en effet il l'infirme, dès qu'une fois le physiologiste aura trouvé celle-ci en faute, il inclinera inévitablement à lui refuser tout fondement. C'est qu'en effet les savants ont, comme le vulgaire, une tendance excessive à généraliser, et, sous ce rapport, ils ne se distinguent du commun des hommes qu'en ce que le peuple généralise ses affirmations, tandis que le savant généralise ses négations.

Quant à l'argument tiré de la difficulté qu'il y aurait à expliquer cette conséquence des impressions maternelles, nous n'avons pas à nous en occuper. « Où en serions-nous, dit M. Arago, si on se mettait à nier tout ce qu'on ne peut pas expliquer? »

D'ailleurs, la chose ne serait pas beaucoup plus extraordinaire, ni peut-être plus inexplicable, que le phénomène des images photographiées par la foudre sur le corps de ceux qu'elle atteint. Nous en avons cité, il n'y a pas longtemps, des remarquables exemples. On se rappelle qu'une femme étant assise, pendant un orage, près d'une fenêtre ouverte sur laquelle était un pot de fleur, la foudre en la frappant dessina sur sa jambe l'image de cette fleur. Et je rappelle ce fait en raison de l'analogie existant entre l'électricité et la force nerveuse, analogie telle qu'on est autorisé à les regarder l'une et l'autre comme des formes différentes d'un même principe, comme consistant toutes deux en des vibrations de l'éther.

Au reste, le succès de la thèse de M. de Frarière n'est pas nécessairement lié à la réalité des faits qu'il a cru devoir prendre comme point de départ, et on va voir qu'elle pourrait être parfaitement juste lors même que ceux-ci seraient entièrement illusoires.

*(La fin au prochain numéro.)*

---

## NOUVELLES ET CAUSERIES.

*Charles Dallery et la presse amiennoise. — A la recherche du Dr Kane. — Un convoi gigantesque. — Le système décimal en Angleterre. — Richesse minérale de l'Angleterre.*

⁂ Un journal d'Amiens, l'*Ami de l'ordre*, rédigé par M. Eugène Yvert, joint ses efforts à ceux du *Commerce de la Somme*, en faveur de Charles Dallery. Après avoir mentionné un article de M. Maurice de Saint-Aguet sur l'histoire de l'hélice, « il ressort de ce travail, ajoute-t-il, que Charles Dallery, notre compatriote, est le premier inventeur de l'*hélice propulseur*. C'est un fait acquis à la science et désormais incontestable.

« Charles Dallery est également l'inventeur de la *chaudière tubulaire*.

« C'est ce que prouve une notice très-remarquable publiée par l'*Ami des Sciences*, le 25 février 1855. En regrettant de ne pouvoir la reproduire, à cause de son étendue, nous devons dire qu'elle nous paraît concluante en faveur d'un de nos compatriotes injustement oublié, d'un homme dont le génie est heureusement en voie d'éclatante et complète réhabilitation. »

De son côté, le *Commerce de la Somme* publie un article de M. Gabriel Rembault, membre de la *Société des Antiquaires de Picardie*, et cet article nous apprend que le nom de Charles Dallery, prononcé pour la première fois au sein de cette société par son honorable président, M. Hecquet de Roquemont, a été acclamé par les membres présents comme celui d'une célébrité amiennoise.

C'est le 22 de ce mois qu'ont dû s'ouvrir les *Assises scientifiques*, devant lesquelles M. le comte de Vignerol a promis de porter cette cause de Dallery, qui bientôt n'aura plus besoin de nous, étant une cause gagnée.

⁂ Une expédition composée de deux navires, l'*Arctic* et le *Release*, et commandée par le lieutenant H. J. Harstein, a quitté New-York dans les premiers jours de ce mois, allant dans les régions arctiques à la recherche du docteur Kane et de ses compagnons, partis eux-mêmes en 1852 à la découverte de sir John Franklin et dont on n'a plus eu de nouvelles. L'*Arctic* est un vapeur à hélice, le *Release* est un trois-mâts barque. Ces navires bien équipés, approvisionnés pour plus de deux ans, munis de tout ce que la prévoyance a pu suggérer en vue des terribles épreuves d'un hivernage dans les régions polaires, passeront l'hiver prochain dans l'Océan Arctique. Ils emportent la collection de toutes les cartes et de tous les comptes-rendus publiés en 1854 par les commandants des expéditions précédentes. Lady Franklin a envoyé à l'expédition américaine une pierre commémorative de la mort de son illustre et malheureux époux, dans l'espoir qu'elle pourra être placée à Beechy-Island, près du lieu où sir John Franklin et ses compagnons ont passé leur premier hiver arctique.

⁂ Le convoi le plus considérable qui ait jamais parcouru un chemin de fer, a été expédié aux Etats-Unis de Buffalo, samedi 19 mai, sur le *New-York Central Railroad*, Ce train se composait de 141 wagons, dont 61 chargés de bestiaux et le reste de fret de diverse nature; 7 locomotives traînaient ce gigantesque amas de marchandises.

⁂ Le système décimal vient d'obtenir un premier succès en Angleterre, où l'effroyable confusion qui règne dans les monnaies, les poids et mesures, en rend l'introduction si nécessaire. La Chambre des communes lui a consacré une de ses dernières séances, et malgré le ministère, malgré les efforts personnels de lord Palmerston, elle a adopté une série de résolutions qui sont une injonction formelle au gouvernement de faire quelque chose. 135 membres contre 56 se sont prononcés en faveur du système décimal.

⁂ D'après un rapport de M. Robert Hunt, ingénieur du gouvernement, on peut évaluer ainsi qu'il suit la valeur annuelle des produits minéraux de l'Angleterre : Houille, valeur à la sortie du puits, liv. 11,000,000; fer, liv. 10,000,000; cuivre, liv. 1,500,000; plomb, liv. 1,000,000; étain, liv. 400,000; argent, liv. 210,000; zinc, liv. 10,000; sel, argile, etc., liv. 500,000; total: liv. 24,620,000; et en francs 615,500,000. Remarquons que c'est la valeur de la matière première. Si l'on tient compte du travail employé pour convertir ces matières en articles d'utilité ou en objet d'ornement; le prix sera centuplé.

---

*Le propriétaire, rédacteur-gérant :*
VICTOR MEUNIER.

---

PARIS. — IMP. J.-B. GROS, RUE DES NOYERS, 74

Première année. — N° 26. Quinze centimes. 1er juillet 1855.

# L'AMI DES SCIENCES

PAR

## VICTOR MEUNIER

BUREAUX D'ABONNEMENT :
13, RUE DU JARDINET, 13.
Près l'École de Médecine.

Paraît le dimanche.
(Les abonnements datent, au gré des souscripteurs, du commencement de l'année ou du premier dimanche de chaque mois).

PRIX DE L'ABONNEMENT POUR L'ANNÉE.
PARIS, 6 FR. — DÉPARTEMENTS, 8 FR.
ÉTRANGER, surtaxe en sus.
Envoyer un mandat de poste.



### La réforme architectonique (1).

LES PALAIS DE FAMILLE.

Ni Watt se présentant avec ce moteur universel, la machine à vapeur, dont il a doté le genre humain ; ni Papin, ni Jouffroy, ni Dallery, ni Fulton avec le bateau à vapeur; ni Stéphenson et Séguin avec le chemin de fer ; ni MM. Morse et Wheastone avec la télégraphie électrique; ni M. Pierre Leroux, ni l'Ecole sanitaire anglaise, M. Ward en tête, ni M. Kennedy, le premier posant les principes d'une immense réforme agricole et hygiénique, le second la prêchant, le dernier la réalisant ; ni MM. Barrat frères, resolvant par l'invention de la *piocheuse* le problème du labour à la vapeur ; ni l'inventeur du drainage, ni celui des irrigations, ni celui des amendements, si le drainage, l'irrigation, l'amendement des terres avaient des inventeurs connus ; ni les auteurs pris tous ensemble de ces admirables machines qui se pressent dans les diverses branches du travail agricole et industriel ; ni les botanistes et les zoologues refaisant notre flore et notre faune : enfin, aucun de ceux qui auront le plus largement concouru à cette œuvre de reconstruction sociale qui fait le caractère propre du XIXe siècle, n'aura réalisé de plus grandes choses et ne méritera plus de reconnaissance que les ingénieurs auxquels sera due, avec la réforme architectonique, la réforme de la vie domestique.

C'est le but qu'avait en vue M. Emile de Girardin quand il concevait ce projet de PALAIS-CLUB converti en un très-remarquable plan, par M. Viel, l'habile architecte du Palais de l'industrie; c'est ce qu'entreprend de réaliser l'auteur, et je dirais presque l'inventeur des PALAIS DE FAMILLE, M. Victor Calland, publiciste de grand talent, homme de grand cœur, avec l'aide de M. Albert Lenoir, architecte en renom, et c'est leur projet que je prendrai comme type accompli de la réforme réclamée. « *La vie à bon marché* » telle est la devise qu'ont prise MM. Victor Calland et Albert Lenoir, et de toutes les conséquences qu'entraînera la réforme architectonique, la vie à bon marché est sans aucun doute celle qui sera aujourd'hui le mieux appréciée. On peut dire de celle-là que le besoin s'en fait généralement sentir, sans que cette phrase de prospectus soulève aucune réclamation ; j'en atteste ceux qui, après s'être donné une bonne fois, comme tout le monde, la peine de naître, se donnent chaque jour la peine de vivre : ce sont les gros bataillons. Le prix des objets de consommation les plus indispensables croît d'une façon si inquiétante, qu'on voit une multitude de braves gens chercher de bonne foi les moyens de s'en passer; ceux-ci inventent un vin fait sans raisin, ceux-là un pain sans froment, d'autres suppléent à l'absence de viande fraîche. On nous prendrait pour des naufragés, sur un radeau, tendant nos chemises à la pluie; pour des voyageurs égarés dans un désert et tâchant de se nourrir de semelles de bottes. Cependant nous sommes sur une terre fertile, entourée d'inépuisables ressources, mais dont nous n'avons su tirer jusqu'ici qu'un trop faible parti, quand nous ne les avons pas méconnues ou gaspillées; de là le mal. Le mal dont nous souffrons n'est pas dans la nature, il vient de nous. Nous avons fait fausse route et ne pouvons plus être sauvés que par le génie de l'innovation, par la science, par la découverte et la pratique de moyens susceptibles d'accroître, directement ou indirectement, dans de grandes proportions, toutes nos forces productives.

Or, la création des Palais de famille est un de ces moyens de salut. Mais sur ce mot de Palais, sans doute plus d'un lecteur sera tenté de laisser là cet article comme traitant d'une chose étrangère à son bonheur. Ah ! dira-t-il, s'il s'agissait simplement de construire des logements moins malsains et moins chers que les nôtres, voilà qui répondrait à nos besoins et nous intéresserait véritablement. Cependant, qui parle ainsi se trompe ou plutôt on l'a trompé.

Ces sages dont la modération se résigne sans effort à la médiocrité d'autrui, lui ont enseigné à régler son ambition, non sur les droits de sa nature, mais sur les convenances sociales. Heureusement la science, qui est l'interprète de la nature et ne se soucie point des conventions, changera les idées sur cet article comme sur beaucoup d'autres. En leur révélant l'étendue de nos ressources, elle inspirera aux humbles une ambition plus digne de l'être qui tient de sa naissance un droit de souveraineté sur toute la création.

Ainsi, il y a moins d'un demi-siècle, l'homme que l'exiguïté de sa bourse contraignait de voyager à pied, pouvait bien aspirer à l'époque où, mieux dans ses affaires, il lui serait possible de monter dans une diligence; mais, certes, il n'allait pas jusqu'à rêver pour lui la rapidité de la chaise de poste armoriée qui, dans un nuage de poussière, lui passait devant le nez. Cependant, à peine quelques lustres devaient-ils s'écouler avant qu'il eût à sa disposition un véhicule plus rapide que la chaise de poste princière. — Je prie donc les lecteurs dont il s'agit de vouloir bien continuer ; c'est d'eux qu'il s'agit.

(1) Voir les numéros 19, 20 et 25.

Si l'on emploie ici le mot palais, ce n'est point que les édifices qu'il est question d'élever auront été l'occasion de dépenses extravagantes ; ni qu'on aura fait inutilement entrer dans des murailles en état de soutenir un siége, assez de pierres de taille pour construire cent maisons, toute une rue, tout un quartier; ni qu'on les aura surchargées d'ornements dont il sera raisonnable et charmant de décorer quelques édifices quand une fois tout le monde sera humainement logé; ni que leur décoration intérieure fournira beaucoup d'occupation à ces états de luxe, que des prolétaires qui souffrent tant de l'insuffisance de la production ont la folie de donner à leurs fils, au lieu de les diriger vers les professions simplement utiles comme l'agriculture, par exemple; ni que des appartements où cent familles se logeraient aisément, seront consacrés au service d'un seul homme ou d'une seule famille. Non.

L'emploi de ce mot si ambitieux en apparence est justifié par les dimensions et les proportions modestement monumentales de l'édifice, par le bon goût de sa simple ornementation; le nombre, la commodité et l'élégance des appartements privés et des appartements de réception qu'il contient; par l'existence même de ces derniers, ce qui suppose un genre de vie très-supérieur à celui de la moyenne bourgeoisie; par les proportions des vestibules, des escaliers, des galeries, les vivifiants volumes d'air auxquels il donne accès, les flots de lumière dorée qui le visitent; par la jouissance d'une domesticité nombreuse, par l'usage d'une table garnie couverte de mets abondants, sains, variés, agréables au goût; en un mot, par la large satisfaction qu'y reçoivent tous les besoins d'une existence libre, exempte des préoccupations accablantes et des fatigues de la vie de ménage ; cependant accessible à tout le monde, sans exception, aux salariés comme aux bourgeois, à destination d'homme enfin.

Et s'il en était autrement, si cette dernière considération faisait défaut, ferions-nous à ces projets, à ces plans, à cette grande révolution déjà commencée, l'accueil empressé, enthousiaste, reconnaissant auquel ont droit les innovations devant concourir au bien-être, à l'instruction, à la liberté universelle? Non. Etant pour la science, nous sommes naturellement contre les castes. Devant la science et devant l'avenir, ce qui est la même chose, il n'y a pas de classes, il n'y a que des hommes. Les vrais progrès scientifiques sont ceux qui, réalisés sans préoccupation aucune de classes, sont profitables à toutes. La science, en effet, n'a créé ni l'imprimerie, ni la machine à vapeur, ni les chemins de fer, ni la télégraphie électrique, ni la photographie, ni la galvanoplastie, ni aucune des divines choses qu'on lui doit, pour telle ou telle catégorie d'hommes, mais pour tout le genre humain. La réforme architectonique doit se produire avec le même caractère d'universalité; elle doit, comme les innovations auxquelles je la compare, procurer à tous des avantages supérieurs à ceux dont ne jouissent aujourd'hui que quelques-uns. Ainsi procède la science! c'est ainsi qu'elle résout les conflits, qu'elle supprime les priviléges, par la création de biens supérieurs à ceux qui étaient un objet de convoitise, une occasion de discorde; en appelant pêle-mêle, heureux et déshérités, à la jouissance d'avantages nouveaux, inespérés, et tels qu'ils ne peuvent plus devenir la source d'aucun privilége; témoins l'imprimerie, la télégraphie, les chemins de fer, la photographie, etc. Voilà la science! et puissent ceux qui pensent ne pas occuper sur la terre la situation qui convient à un être fait à l'image de Dieu, s'inspirer de la science et mettre leur espoir en elle. — Reprenons.

Un édifice considérable, une grande maison d'habitation, un Palais de famille enfin est élevé « selon la science de l'architecture et de l'industrie ; » j'emprunte ces expressions à M. Victor Calland, elles répondent à l'une des deux conditions de la réforme architectonique : *introduire les sciences appliquées dans la vie domestique.*

Cet édifice va recevoir non pas des locataires, mais des propriétaires : les appartements qu'il contient ne sont pas à louer, ils sont à vendre. — Mais que chacun se rassure; ici tous sont appelés, tous sont élus.

Tout habitant du palais de famille en devient copropriétaire, en payant sous forme d'annuités la valeur de la partie qu'il en occupe. — Ceci est une importation anglaise.

Le palais vaut tant; l'appartement dont vous avez fait choix, fraction de ce palais, vaut tant. Or son prix est payable en huit ou dix années, et chaque annuité répond à peu près au loyer que vous auriez à payer votre vie durant si vous étiez locataires au lieu d'être propriétaires. La dernière annuité versée, vous ne payez plus rien et vous êtes chez vous, c'est assez juste, mais c'est neuf.— Grande innovation, largement pratiquée de l'autre côté du détroit, et c'est sur cette base financière, admise en Angleterre par une foule de sociétés immobilières, que s'opèrent en ce moment les constructions des nouveaux quartiers à Londres.

Un palais est donc élevé. Il renferme d'abord des appartements privés de grandeur et de forme différentes, pour tous les goûts, pour tous les besoins, pour toutes les bourses. Ensuite, des appartements communs à tous les actionnaires ou copropriétaires, savoir, salons de réception, de conversation, de lecture, bibliothèque, etc. En troisième lieu, les divers établissements nécessaires à la vie domestique , c'est-à-dire, restaurant, café, buffets, billards, blanchisserie, bains, etc... Enfin, un nombre suffisant de domestiques, hommes et femmes, y sont attachés.

Tout actionnaire, propriétaire, associé, comme on voudra l'appeler (pourvu qu'on ne l'appelle pas locataire), a la propriété particulière et perpétuelle d'un appartement sain, commode, élégant, distinct de tous les autres; et le meuble à sa fantaisie, l'embellit selon son goût; il peut le louer, le vendre, il le transmet à ses héritiers, etc. Il a une part indivise dans la propriété de l'immeuble; il a la jouissance de tous les appartements de société; il a par conséquent des salons de réception, une bibliothèque, des billards, et sans sortir de chez lui il va au cercle ou au café. Il a droit au service gratuit de domestiques nombreux ; il a maître d'hôtel, chef de cuisine, pâtissier, valet de chambre, etc. Il trouve une nourriture saine, excellente, variée, abondante, soit à des tables d'hôte de prix différents, soit en se faisant servir dans des salles réservées ou dans son propre appartement, soit en s'approvisionnant à un buffet toujours bien garni où tout est vendu à des prix fixés par l'administration. Il règle ses frais quotidiens selon sa bourse ou ses goûts, dépensant 1 fr., 5 fr., 20 fr., etc.

La Société (c'est-à-dire l'ensemble des copropriétaires du palais) se régit elle-même, directement, sans frais; personne ne la domine, personne ne l'exploite. Elle se fait représenter par un conseil administratif composé d'actionnaires nommés par tous les membres de la Société. Un économe salarié est attaché au service de l'administration. Il a sous ses ordres tous les employés secondaires, tels que concierge, maître d'hôtel, chef de cuisine, pâtissier, garçons de tables, valets et femmes de chambre, dames de comptoir, etc., lesquels doivent tous les jours lui rendre compte de l'emploi et des dépenses de la journée afin qu'il puisse lui-même présenter, en temps voulu, un compte régulier au comité de direction, lequel, à son tour, en expose le tableau général à l'assemblée des actionnaires. Tous les objets de consommation du buffet, du restaurant, du café, etc., achetés par la société, en gros, par adjudication, sont livrés aux actionnaires au prix de revient, plus une augmentation de tant pour cent destinée à couvrir les frais généraux de l'association, tels que assurances, contributions et entretien de l'immeuble indivis, émoluments de l'économe, enfin gages des employés et des gens de service.

J'arrête là, pour aujourd'hui, cet exposé. Une diminution de 40 pour 100, réalisée sur la nourriture, l'éclairage, le chauffage et la domesticité; les services domestiques rendus à ceux qui étaient obligés de se servir eux-mêmes ; la femme affranchie des soins du ménage; la domesticité elle-même élevée au rang de fonction administrative; la vie de ménage simplifiée, ennoblie, débarrassée de ses plus cuisantes fatigues et de ses pires ennuis, la liberté personnelle accrue, les jouissances de la société goûtées par ceux qui en étaient privés, décuplées pour ceux qui ne les ignoraient point; le bien-être et le luxe mis au prix où est aujourd'hui le nécessaire ; la classe nombreuse des locataires promus à la dignité de propriétaires ; voilà de grands sujets de réflexion sur lesquels on nous permettra de revenir.

## CORRESPONDANCE.

### Auvents couvre-trottoirs.

Paris, 20 juin 1855.

Cher Monsieur,

Votre dernier numéro de l'*Ami des Sciences* contient une lettre de M. *** qui propose de couvrir les trottoirs d'auvents vitrés. Je crois devoir vous dire que je m'occupe de ce projet depuis plusieurs années : en 1851, j'ai proposé, à Londres, à MM. Fox et Anderson, propriétaires du Palais de Cristal, d'utiliser les verres de ce palais qu'on allait démolir, à couvrir les trottoirs depuis Hyde-Park jusqu'à la Cité, ce que ces Messieurs auraient fait très-probablement s'ils n'avaient pas déjà arrêté le magnifique projet qu'ils ont réalisé à Sydenham, où a été transporté le monument de Paxton. — L'an dernier j'ai remis un mémoire sur le même sujet à M. Sussex, à Paris, directeur des verreries de Sèvres, lequel a toujours l'intention de donner suite à ce projet lorsque le moment opportun sera arrivé. — Comme dans un opuscule que j'écris en ce moment, sur l'Exposition universelle, je fais mention des *auvents couvre-trottoirs*, je ne voudrais pas qu'on pût m'imputer d'avoir pris à autrui une idée que je crois bien la mienne.

Recevez, etc. ANDRAUD.

### La fumée et le choléra.

Avesnes, 11 juin 1855.

Monsieur le Rédacteur,

La lecture du paragraphe intitulé : *La fumée et le choléra*, dans votre numéro 23 de l'*Ami des Sciences*, me rappelle des circonstances dont j'ai été témoin et que je crois utile de soumettre à votre appréciation et à celle de vos lecteurs qui pourraient se laisser entraîner à conclure trop vite, d'après les renseignements que vous citez, de l'efficacité du feu ou de la fumée contre le choléra et les épidémies en général. En juin, juillet et août 1849, la petite ville d'Avesnes fut flagellée d'une manière bien cruelle par le choléra, qui faisait chaque jour sept à huit victimes en moyenne, lorsque survint un incendie des magasins de l'entrepreneur des vivres et fourrages militaires. En un instant, indépendamment des bâtiments et hangars qui les renfermaient, une quantité assez considérable de paille et de foin fut consumée, puis pendant peut-être bien huit jours après, et malgré d'abondantes affusions d'eau, des tas d'avoine et d'autres grains continuèrent de brûler sourdement en répandant une épaisse fumée. — Il y en eut certes bien assez pour pénétrer partout et longtemps et arrêter le fléau si elle eût eu l'efficacité qu'on lui attribue. Cette opinion fut mise en avant par quelques-uns avec une certaine confiance, ne dût-elle avoir pour résultat que de remonter le moral bien abattu des habitants; on chercha même à seconder cette cause fortuite en faisant brûler chaque soir par les rues de la ville des matières imprégnées de goudron, et tout fut sans effet ; le fléau continua de sévir sans le moindre amendement en plus ou en moins. On pourrait même dire qu'il y eut de l'aggravation si l'on voulait tenir compte du décès de plusieurs jeunes militaires atteints de l'épidémie immédiatement après avoir payé de leur personne pour arrêter les progrès de l'incendie, et dont les uns étaient entrés, baignés de sueur, dans une citerne publique, où ils devaient se plonger jusqu'à mi-jambe, afin d'y puiser plus facilement, tandis que d'autres acceptaient, peut-être en trop grandes quantités, des rafraîchissements qui leur étaient offerts par des personnes empressées à soutenir et à encourager leur zèle.

Entre tant de causes de deuil, c'était, Monsieur, une chose bien navrante que de voir écrasés en quelques instants par l'épidémie ces hommes dont on venait d'admirer la vigueur, le courage, et l'entrain toujours accompagné de gaieté, même dans les circonstances les moins propres à faire naître ce sentiment.

Agréez, etc. X.

## LA SEMAINE SCIENTIFIQUE.

PRÉSERVATIF DE LA FIÈVRE JAUNE. — Nous avons reproduit, il y a quelque temps, une note du *Correspondant de Hambourg* annonçant qu'un médecin, le docteur Humboldt, résidant actuellement à la Havane, avait reconnu que le venin d'un certain serpent préserve de la fièvre jaune les personnes auxquelles on l'inocule. Réelle ou non, la découverte excite un véritable enthousiasme aux Antilles, au Mexique, dans les Etats méridionaux de la République américaine, partout enfin où règne à l'état endémique cette maladie si redoutable aux Européens non acclimatés. L'auteur a raconté l'histoire de sa découverte dans un mémoire lu à l'Académie de médecine de la Havane, et analysé par M. le docteur Saurel dans la *Revue thérapeutique* du Midi. Nous allons le résumer à notre tour.

En 1847, M. Humboldt, fixé à la Vera-Cruz, se préoccupait déjà de la recherche d'un moyen prophylactique qui pût mettre les Européens non acclimatés à l'abri des atteintes de la fièvre jaune. Sur sa demande, le gouvernement mexicain le chargea de donner ses soins aux condamnés qu'on amène de l'intérieur de la République aux présides de la Vera-Cruz et de Saint-Jean-d'Ulloa, et parmi lesquels cette maladie fait de terribles ravages. La mortalité s'élève en effet parmi eux jusqu'à 38 pour 100, et sur cent d'entre eux il n'en est pas plus de quatre qui, arrivés à destination, traversent l'été sans être atteints du *vomito negro* (fièvre jaune). M. Humboldt accompagnait ces malheureux dans le long voyage qu'ils accomplissent à pied ; grande fut sa surprise quand il lui fut donné de constater que l'apparition des symptômes de la fièvre jaune coïncidait avec la morsure, sur les pieds nus des condamnés, d'une petite vipère très-commune dans ces parages. Son plan d'expériences fut aussitôt arrêté. Il recueillit quelques-uns de ces reptiles et leur donna des chiens à mordre ; au bout de quelques heures (3 à 6), les chiens présentaient des symptômes d'empoisonnement, ils mouraient avec d'abondantes hémorrhagies d'un sang décoloré et fétide, et des signes indubitables de congestion cérébrale.

Voulant affaiblir l'action toxique du venin, M. Humboldt eut l'idée de le mêler à une matière animale. Voici comment il s'y prît, il fit mordre par six vipères un morceau de foie de mouton pesant une once, et le laissa entrer en putréfaction, puis avec le liquide obtenu de la sorte il inocula des chiens. Ceux auxquels il fut fait de 3 à 6 inoculations présentèrent des symptômes fébriles, dont la durée ne dépassa pas quatre jours et qui furent suivis du rétablissement de la santé. Rien de particulier ne se montra sur le lieu des piqûres.

C'est alors que l'auteur se décida à inoculer le venin à l'homme même. Ses premiers essais eurent lieu sur douze condamnés; on fit à chacun quatre piqûres aux bras. Tous présentèrent au bout de quelques heures de la céphalalgie frontale et de la rachialgie, plus tard un état fébrile d'une durée de quatre à douze heures se répétant les trois ou quatre jours suivants; après quoi tout rentra dans l'état normal. Encouragé, M. Humboldt osa davantage. Plus de 200 personnes prises parmi les galériens ou les Européens récemment arrivés à la Vera-Cruz furent inoculées, et pendant les trois années qui suivirent, aucune d'elles ne fut attaquée de fièvre jaune.

Tels sont les faits recueillis par M. Humboldt pendant la

Première année de sa découverte. Durant les années 1850, 1851 et 1852, il répéta ses expériences sur une plus grande échelle, le nombre des inoculés s'éleva à 1,438, parmi lesquels 7 seulement ont eu la fièvre jaune, qui s'est terminée heureusement. A la Nouvelle-Orléans, M. Humboldt inocula 286 Irlandais et Nord-Américains récemment arrivés, dont aucun ne fut attaqué de fièvre jaune pendant une meurtrière épidémie.

On sait que la fièvre jaune est très-fréquente dans l'île de Cuba; l'auteur s'étant rendu dans cette île, offrit aux autorités espagnoles de pratiquer les inoculations préservatrices sur les militaires de la garnison. Quatre médecins militaires, attachés à la colonie, s'offrirent les premiers pour subir cette épreuve, qui fut, pour eux, sans danger. Deux cents personnes suivirent leur exemple, sans que l'on eût à déplorer aucun accident. A la suite de ces expériences, le capitaine général de l'île de Cuba a autorisé la création d'un établissement dirigé par le docteur Humboldt, pour l'inoculation du venin préservatif de la fièvre jaune.

La cétoine dorée et l'hydrophobie. — En 1851, M. Guérin-Méneville signalait la cétoine dorée, insecte aussi commun chez nous que la cantharide et qu'on trouve particulièrement sur les roses, comme fournissant un spécifique de la rage; peu de temps après un médecin qui a longtemps habité la Russie où l'administration de la poudre de cétoine paraît être usitée dans les cas d'hydrophobie, confirmait par ses déclarations les prévisions du laborieux entomologiste. Depuis, la chose en est restée là. Personne n'a tenté de vérifier une propriété si précieuse. Au moment de partir pour le midi où il va continuer ses recherches sur les maladies des vers à soie et l'amélioration des races de ces précieux insectes, M. Guérin-Méneville appelle dans une lettre l'attention de l'Académie sur la question d'entomologie dont il s'agit. « Les expériences à faire pour s'assurer de l'efficacité du remède en question ne nécessiteraient pas une grande dépense, dit-il; il suffirait d'en charger le savant directeur de l'Ecole vétérinaire d'Alfort et un professeur sous ses ordres, par exemple, en leur adjoignant un entomologiste qui devrait leur procurer la *cétoine dorée* en quantité suffisante. Cette commission de trois membres devrait d'abord opérer sur des animaux, s'assurer de l'effet de la poudre de cétoine administrée à des individus sains, en attendant qu'elle puisse avoir des chiens atteints d'hydrophobie, qui serviraient à communiquer la maladie à d'autres sujets, sur lesquels on ferait des expériences comparatives et variées. Si les essais étaient couronnés de succès, on pourrait alors les étendre à l'homme en adjoignant un médecin à la commission et en saisissant la première occasion qui se présenterait.

« Il appartient à l'Académie, ajoute M. Guérin-Méneville, de faire entreprendre utilement de semblables expériences, dont les résultats doivent profiter à tous. »

Les maux de tête guéris par le chlorhydrate de morphine. — M. Boileau de Castelnau traitait une personne sujette à d'atroces douleurs de tête; il employa, mais en vain, tous les moyens indiqués comme propres à prévenir ou à amoindrir la céphalalgie. Enfin, il eut l'idée d'unir le chlorhydrate de morphine à l'infusion bien chaude de café torréfié. Employés séparément, le café et le sel de morphine n'avaient eu qu'une influence temporaire; mêlés, ils produisirent les plus heureux résultats. Leur administration avait lieu de six à huit heures après le dernier repas (sans cette précaution, il survenait des symptômes congestifs, avec tension de l'estomac); quelques instants après avoir avalé ce mélange, le malade sentait ses douleurs cesser; il était animé d'une gaieté inaccoutumée; son intelligence était plus active et il pouvait vaquer à ses occupations. Les accès céphalalgiques devinrent de plus en plus éloignés, et combattus de la même manière, ils finirent par disparaître.

Le médecin expérimenta cette mixture chez un grand nombre de personnes; elles se sont bien trouvées de son emploi. Toutes éprouvent ce sentiment d'hilarité signalé plus haut; il y a même un peu d'ébriété, mais elle n'est pas suivie de lourdeur céphalique. M. Boileau commence par la dose de un centigramme pour un adulte; la dose est moindre si le tempérament ou l'âge l'indique. Lorsque le malade s'habitue au remède, on augmente par fraction de centigramme. On n'a cependant jamais dépassé 2 centigrammes. Le malade revient à l'usage de cette préparation aussi souvent que la céphalalgie se présente.

Myopie et presbytisme; guérison. — « Ayant été myope et presbyte à volonté plusieurs fois dans ma vie, je pense, dit M. Jobard, que tous les hommes possèdent la même faculté. Les études du collége m'avaient fait la vue courte; les fonctions d'ingénieur du cadastre m'obligeant à voir au loin les points de triangulation et les jalons, m'ont donné la vue longue; mais elle s'est raccourcie jusqu'au myopisme le plus complet par la pratique de la miniature et de la gravure lithographique. Depuis lors il m'a souvent suffi d'un voyage d'un mois dans les montagnes pour regagner la vue longue, et de quelques jours de la vie de bureau pour rentrer en possession de la vue moyenne, mais chaque fois avec perte de la vue précédente. »

M. Jobard s'explique ce phénomène en considérant l'œil comme une lunette qui a la faculté de se mettre au point en s'allongeant et en se déprimant sous l'action prolongée, volontaire, mais lente, des muscles qui l'enveloppent et qui servent non seulement à le mouvoir circulairement, mais encore à le comprimer pour allonger ou raccourcir le foyer visuel. Ces opérations ne s'exécutant pas assez promptement au gré de notre impatience, ajoute l'auteur, nous prenons des besicles qui corrigent à l'instant la différence, mais qui rendent ce défaut permanent, parce que les muscles de l'œil deviennent paresseux et finissent par s'atrophier.

Dans les différentes phases que sa vue a subies, M. Jobard a essayé de verres appropriés, mais il les a rejetés aussitôt, désirant pousser l'expérience jusqu'au bout; cette expérience lui a parfaitement réussi, et lui a prouvé que la meilleure gymnastique pour conserver longtemps la vue était la lecture prolongée et journalière pour les hommes, comme la fine broderie pour les dames, même pendant la nuit.

« J'ai la conviction, dit l'auteur en terminant, que les personnes qui ne sont pas issues de parents myopes peuvent allonger leur vue en diminuant graduellement les numéros de leurs besicles, et que les myopes récents se guériront promptement en les répudiant tout à fait, comme je l'ai fait moi-même; mais il faut souvent lire, surtout la nuit, avec une faible lumière réfléchie par un abat-jour, en se préservant du rayon direct et de l'éclairage intense qui fait sur la rétine l'effet de l'alcool sur les papilles du goût et de l'estomac. »

Menuiserie mécanique. — Le problème de la menuiserie mécanique, en vue duquel on a combiné tant d'ingénieux appareils, n'était cependant pas encore résolu; du moins, nulle part en France n'existait-il d'établissements où l'on fabriquât manufacturièrement, par machines, les planchers, les parquets, les croisées, les portes, les persiennes, les escaliers et tous les objets de la menuiserie courante. Le *Moniteur industriel* nous apprend, dans un article de M. Henri, qu'il en sera désormais tout autrement. A partir de ce jour, dit-il, le travail du bois en est au même point que le travail de la fonte et du fer. Avec des machines-outils, on fait sur les métaux toutes les opérations qu'exige la construction de la plupart des appareils; avec d'autres machines-outils, l'on est parvenu à faire sur le bois toutes les opérations qu'exigent tous les articles courants de la menuiserie. M. Lanier serait l'auteur de ce progrès. M. Lanier n'a pas créé et inventé de toutes pièces toutes les machines dont il se sert; mais il a ainsi combiné la scie circulaire, les couteaux et les rabots, que la plupart de ses machines, quoique composées d'organes connus, sont tout à fait nouvelles.

Ce qui importait le plus, c'est que le travail se fît bien, rapidement et économiquement. Or, des outils de M. Lanier bien disposés, bien calculés et bien installés, le bois sort net, pur, lisse, comme il ne sort des mains des meilleurs ouvriers qu'avec de très-grands soins. Quant à la rapidité du travail, elle est extraordinaire; peut-être même une des principales causes de la perfection des produits de M. Lanier est-elle dans les vitesses très-grandes, mais diverses et calculées, de ses machines. Pour l'économie, elle est forcément très-considérable : non seulement il ne lui faut plus, pour les travaux les plus difficiles, des ouvriers habiles; non seulement chez lui le premier homme venu, s'il est attentif, est un parfait menuisier; mais encore quelques tracés et quelques calibres suffisent. Avec moins de temps qu'un ouvrier à la main n'a pris toutes ses dimensions pour telle pièce, il y a ici cinq ou six pièces de travaillées.

Impression imitant la broderie. — M. Perrot prend une étoffe et l'imprime à l'aide d'un mastic composé de gutta-percha. Cette gutta-percha a été blanchie au chlore, puis dissoute soit dans le sulfure de carbone, soit dans l'huile de caoutchouc, soit dans l'huile de naphte, et enfin mêlée à un peu de poudre ou duvet de tonture ayant la couleur de la broderie qu'on veut obtenir. L'étoffe étant imprimée au moyen de ce mélange est recouverte d'une couche de tonture de laine, de coton, de soie, etc., qui adhère fortement à toutes les parties recouvertes de mastic. Ce mastic est flexible et résiste au lavage. L'impression ainsi obtenue imite jusqu'à un certain point la broderie. Au lieu de tonture, on peut employer des poudres métalliques et des laques de diverses couleurs; pour varier les effets, on associe cette espèce de placage à l'impression en couleur pratiquée selon les moyens ordinaires.

Soupapes naturelles. — M. Jobard, déjà cité, a fait à la Société d'encouragement la communication pleine de haut intérêt que voici :

« Les mécaniciens ont inventé un grand nombre de *soupapes*, de *clapets* et de *valves artificielles* plus ou moins analogues aux soupapes naturelles; mais depuis la découverte du caoutchouc vulcanisé, c'est aux physiologistes à s'occuper de cet organe important dont les modèles les plus variés se rencontrent chez l'homme et les animaux sous la forme de bouche, de valvules, d'oreillettes, de méats, de glottes, de larynx, etc.

« Le caoutchouc représente les téguments animaux dont il a la souplesse et la résistance, sans avoir la régidité du cuir et l'inflexibilité des métaux.

« De simples fentes longitudinales pratiquées avec un rasoir sur un tube de caoutchouc fermé d'un bout, suffisent pour produire des lèvres qui se séparent sous l'insufflation et se rejoignent hermétiquement sous l'aspiration. Là est toute la théorie des soupapes; c'est aussi celle de la bouche humaine dont les lèvres trouvent sur le ratelier dentaire un appui qui leur permet de supporter une grande pression extérieure sans être forcées ni renversées comme il arriverait aux lèvres de caoutchouc, si on ne leur ajoutait un ratelier ou support interne très-facile à imaginer.

« En disposant quelques membranes coniques en caoutchouc mince dans l'intérieur d'un tube élastique, on obtient une *veine porte* ou une artère artificielle qui fonctionne exactement comme les artères animales qui laissent passer le sang et l'empêchent de rétrograder sous les battements du cœur.

« On comprend que des tubes semblables, munis de valvules et d'oreillettes placées sous un plancher mobile à l'entrée des portes ou dans les rues, suffiraient pour élever l'eau à peu de frais par le passage des piétons, des chevaux et des voitures sans qu'ils s'aperçussent du travail qu'on leur impose.

« Des tuyaux plus gros et plus solides, posées en travers des chemins de fer, dans les stations, pourraient fournir d'eau les réservoirs alimentaires des locomotives par le seul effet du passage des convois

« Disposés sur les navires, ces tubes assécheraient la cale, par le seul effet du tangage et du roulis, en laissant descendre du bord dans l'eau, des plateaux de balances à persiennes, attachés à des tringles qui feraient agir des leviers pour comprimer les tubes élastiques dont les spécimens sont placés sous les yeux de la Société. »

Le résultat de cette nouvelle observation du si ingénieux directeur du Conservatoire de Bruxelles, sera de rendre un des organes les plus délicats et des plus coûteux de la mécanique à sa simplicité primitive.

On trouvera bientôt, pour quelques sous, des séries de soupapes comme des séries de boulons, chez tous les quincailliers. Nous félicitons le délégué du roi des Belges de ce nouveau service rendu à l'industrie.

Fabrication de l'aluminium. — En présentant à l'Académie les échantillons d'aluminium préparé à la société générale de Javel, dont il a été question dans le précédent numéro, M. Sainte-Claire Deville a indiqué sommairement, dans une note, les procédés de fabrication qu'il promet de faire connaître « avec détails un peu plus tard. »

« La préparation industrielle des matériaux que j'ai cru devoir employer pour produire l'aluminium, c'est-à-dire du chlorure d'aluminium et du sodium, me paraît un problème résolu, dit M. Deville.

« Le chlorure d'aluminium s'obtient en faisant réagir le chlore sur un mélange d'alumine et de goudron, de houille préalablement calcinée. L'opération s'effectue dans une cornue à gaz avec une facilité et une perfection remarquables. Il résulte de mes observations que l'action du chlore se complète sur une couche de 1 à 2 décimètres au plus du mélange, de sorte que l'absorption du gaz est toujours totale. La condensation du chlorure d'aluminium s'opère dans une chambre en maçonnerie garnie de faïence à l'intérieur. C'est une matière compacte, d'une densité considérable et composée de cristaux jaune soufre. Ce chlore est très-peu ferrugineux; il se purifie entièrement dans son traitement pour l'aluminium, parce qu'on fait passer sa vapeur sur des pointes de fer chauffées à 400 degrés environ. Le sesquichlorure de fer, aussi volatil que le chlorure d'aluminium, se transforme au contact du fer en protochlorure et devient relativement très-fixe. La vapeur de chlorure d'aluminium sort de l'appareil en donnant des cristaux incolores et transparents.

« Le sodium se prépare maintenant en grands et petits vases avec une facilité remarquable. » M. Deville est convaincu qu'on pourrait produire ce métal à une température basse, voisine peut-être du point de fusion de l'argent. Il a supprimé entièrement la distillation de ce métal, on l'obtient pur du premier jet.

Quant à la réaction du chlorure d'aluminium sur le sodium, M. Deville déclare qu'elle se fait encore dans des tubes métalliques dont la forme et le maniement ne sont pas assez industriels. « Mon rendement actuel laisse encore à désirer, » dit-il, mais il pense que ces difficultés ne l'arrêteront pas longtemps.

Sonorité de l'aluminium. — En présentant à l'Académie les échantillons d'aluminium obtenus par M. Deville, M. Dumas a appelé l'attention sur la sonorité de ce métal qui ne peut être comparée qu'aux bronzes les plus sonores, à ceux des timbres par exemple. Cette qualité n'avait été trouvée jusqu'ici dans aucun métal à l'état pur; c'est une singularité de plus dans l'histoire de l'aluminium.

Le foie fait-il du sucre? — La commission académique (MM. Pelouze, Rayer, Dumas, rapporteur) se prononce, avons-nous dit, pour l'affirmative et donne par conséquent gain de cause à M. Cl. Bernard. Nous ajouterons quelques détails.

On sait que par le fait de la digestion le sucre se produit dans l'estomac aux dépens des aliments amylacés, et que le glucose et ses analogues passent de l'estomac ou de l'intestin dans les veines. Ceci est admis par tous les physiologistes, par M. Bernard comme par les autres; mais ce dernier prétend qu'indépendamment de cette source intermittente de glucose, il y en a une autre permanente et tout à fait spéciale, savoir la fabrication du sucre par le foie même.

Reprenant une opinion déjà émise par M. Mialhe, M. Figuier conteste l'exactitude de cette doctrine. D'après lui, le rôle du foie se borne à séparer du sang, où il se trouve en excès, le sucre provenant de la digestion; il l'arrête au passage, il le conserve en dépôt, il le restitue peu à peu au sang, au fur et à mesure des besoins de ce liquide.

Laquelle de ces deux doctrines est fondée? La question étant de savoir si, indépendamment de la digestion des matières végétales, le sang qui sort du foie, c'est-à-dire celui des veines sus-hépatiques, contient du sucre, il faudra sevrer l'animal, mis en expérience, de toutes matières succulentes ou sucrées, le soumettre, soit à une abstinence prolongée, soit à quelques journées d'un régime purement animal; puis, après un repas uniquement composé de viande, examiner si le sang qui arrive dans le foie (celui de la veine porte) et celui qui en part (veines sus-hépatiques), contient du sucre; c'est ce qu'a fait la commission. Or, la commission déclare n'avoir trouvé aucune trace appréciable de sucre dans le sang entrant, c'est-à-dire dans le sang de la veine porte d'un chien nourri à la viande crue, tandis que le sang sortant, c'est-à-dire celui des veines sus-hépatiques en contenait des quantités parfaitement appréciables. — M. Dumas ajoute :

« Comme la difficulté se concentre tout entière sur ce point : — Y a-t-il ou non du sucre dans le sang de la veine porte pendant la digestion, après un repas formé de viande, l'animal ayant été convenablement soustrait à l'influence d'une alimentation sucrée? votre commission a examiné avec tout le soin dont elle était capable les produits extraits par M. Figuier du sang de la veine porte dans un animal sacrifié dans ces conditions, et où l'auteur croyait reconnaître la présence du sucre à l'aide du réactif Frommherz ; votre commission n'en a pas trouvé en employant, il est vrai, la fermentation.

« Ainsi tous les faits annoncés par notre confrère M. Bernard au sujet de la fonction qu'il attribue au foie ont été vérifiés par nous, et nous ne pouvons qu'applaudir à la rare habileté du savant physiologiste qui les a mis le premier en évidence. »

Organographie végétale ; les Cysties, organe nouveau. — La Callitriche (*Callitriche polycarpa*), petite plante dont les tiges grêles et les feuilles ovales forment de jolies touffes au milieu des eaux, a la face inférieure de ses feuilles blanchie par un nombre immense de petits corps qui se présentent, à la loupe, sous forme de points cristallins, et dans lesquels le microscope montre des appareils utriculaires ressemblant, par leur sommet élargi, leur base circulaire, à un bonnet de docteur; c'est à ces organes, par lui découverts, que M. Ad. Chatin donne le nom de *Cysties*.

Quel est le rôle de ces organes? L'auteur n'a pas laissé la question indécise. La callitriche est submergée jusqu'à l'époque de la floraison; à ce moment, elle vient flotter à la surface de l'eau ; c'est là, en effet, que s'opère le phénomène de la fécondation. Cependant, si on étudie les feuilles de cet intéressant végétal, on reconnaît qu'elles sont privées de ces tubes à air (ou canaux pneumatophores) dont sont habituellement munies celles des plantes nageantes. Comment donc la callitriche peut-elle s'élever à la surface des eaux ? Au moyen des organes découverts et décrits par M. Chatin. Les cysties, se remplissant de gaz (oxygène, azote, acide carbonique), jouent le rôle de flotteurs.

L'embryogénie des cysties offre, ainsi que le remarque ce savant botaniste, un nouvel et remarquable exemple de ces procédés à la fois simples et larges de la nature, qui, pour atteindre un but nouveau et spécial, se borne à modifier dans ses développements un organe ordinairement dévolu à d'autres fonctions.

La chimie et la cuisine. — Dans son éloge de Gay-Lussac, Arago raconte que cet illustre chimiste ne put se défendre d'un certain dédain pour un professeur à l'Université de Bologne, qui, dans un Traité de chimie, avait inséré des moyens de son invention pour préparer de bons sorbets et d'excellent bouillon. Il est probable que Gay-Lussac, s'il lui eût été donné de se consacrer jusqu'au jour où nous sommes au service de la science, fût revenu de ses préventions; il conviendrait sans doute aujourd'hui que la chimie a son rôle à jouer dans la préparation des aliments, et qu'elle ne déroge pas plus lorsqu'elle prête son secours au cuisinier, que lorsqu'elle vient en aide au manufacturier. Telle est assurément l'opinion de M. Liebig, qui publie à la fois la formule d'un bouillon fait à froid et une recette pour l'amélioration du pain bis. Tel est le sentiment d'un chimiste homme d'esprit, M. Stanislas Martin, auteur d'une « Physiologie des substances alimentaires, ou histoire physique, chimique, hygiénique et poétique des aliments. » La science et la poésie font les frais de cet ouvrage, et alternant entre elles, elles conduisent le lecteur sans fatigue de la première à la dernière page qui est la 352e. L'auteur a adopté la forme de dictionnaire comme favorable aux recherches.

Toute substance végétale, animale ou autre, agréable au goût ou propice à l'estomac, se trouve à la place que l'alphabet lui assigne; et à la suite de chaque mot, se pressent les étymologies grecques, celtiques ou latines, et les équivalents en allemand, anglais, espagnol, italien, puis des vers empruntés à ceux qui ont le mieux chanté ce que l'on boit et ce que l'on mange, enfin de nombreuses anecdotes (je ne parle pas des notions utiles, il est évident qu'elles tiennent le premier rang). Voulez-vous, par exemple, savoir d'où vient aux anguilles de Melun la réputation de crier avant qu'on les écorche? M. Martin, à l'article anguille, nous raconte en ces termes, l'origine de ce dicton :

« Dans un mystère joué à Melun, au moyen âge, un bourgeois de la ville, nommé l'Anguille, remplissant le rôle de saint Barthélemi, que le bourreau devait faire semblant d'exécuter, se mit à pousser de grands cris avant que celui-ci eût fait mine de le toucher, ce qui causa une hilarité si grande, que les spectateurs, venus de loin, répandirent dans toute la France l'aventure de l'Anguille de Melun, qui resta proverbiale. »

Igname. — M. de Montgaudry a lu à la Société zoologique d'intéressantes *indications sur la culture de l'igname*, dont, à notre grand regret, le défaut d'espace nous oblige de renvoyer le compte-rendu au prochain numéro.

---

## VARIÉTÉS.

### L'éducation avant la naissance.

Fin (1).

Les faits qui précèdent n'ont qu'un rapport indirect à la thèse de M. de Frarière; il n'en est pas de même des suivants, où l'on voit les impressions morales qu'éprouve la mère exercer une influence sur le moral de l'enfant et déterminer en lui certaines bizarreries de caractère.

Comme M. Duport l'avait fait, M. de Frarière cite Jacques II, d'Ecosse, portant dans son sein l'ineffaçable empreinte de la terreur que sa mère, étant grosse de lui, avait éprouvée en voyant les épées nues des complices de Bothwel percer, jusque dans ses bras, le malheureux Rizzio. Il cite également

(1) Voir les numéros 23 et 25.

un général français, renommé par sa bravoure et pour la peur que lui causaient les araignées; il raconte ceci :

« M. S..., un des plus braves officiers de l'armée anglaise, qui était parvenu au grade de colonel par son seul mérite, et s'était acquis une grande réputation à la chasse au tigre et à l'éléphant, avait extrêmement peur des tout petits chiens ; or, sa mère avait été mordue, lors de son *intéressante position*, par un de ces petits favoris des dames. Je vis un jour le colonel S... sauter lestement, malgré ses soixante ans, sur le comptoir d'un magasin, parce qu'un de ces petits animaux aboyait après lui. C'est lui-même qui nous a expliqué la cause de sa terreur, ce qui divertit les personnes présentes. »

Il n'échappera à personne que ces faits sont dans l'ordre moral, ce que les premiers (les *envies*) seraient dans l'ordre physique. Un pouvoir mystérieux imprimerait sur le corps et dans l'esprit d'un enfant l'ineffaçable souvenir d'un ébranlement violent imprimé au système nerveux de sa mère ; impression physique dans un cas, et dans l'autre impression morale ; ici une image matérielle, et là une idée. Mais ces deux séries de faits ne forment que les préliminaires du système ; maintenant il va être question de goûts, d'aptitudes, de dispositions, de facultés, communiqués par une mère à son fruit, et l'influence souveraine qu'elle exerce ici sur l'esprit de son enfant ne se peut comparer qu'à celle qu'elle exerce sur le corps de celui-ci, alors qu'elle lui donne toutes les aptitudes physiques qu'il apporte en naissant.

M. de Frarière formule ainsi son principe nécessaire à la complète appréciation des faits que nous citerons :

« La première éducation d'un enfant se fait alors qu'il est encore sujet à toutes les impressions que sa mère peut éprouver avant de lui donner le jour. Si la mère se livre pendant sa grossesse à des occupations uniformes excluant toute pensée prédominante, l'enfant n'aura que des capacités très-ordinaires ; son âme n'ayant reçu aucune influence particulière, pourra se plier facilement à tout, sans briller particulièrement dans aucune spécialité : ce sont là les cas les plus ordinaires.

« Mais si la mère est dominée par des pensées d'un genre exclusif, si elle se livre aux occupations qui exercent les idées et forcent pour ainsi dire les ressorts de l'âme jusqu'à produire l'exaltation, oh ! alors l'enfant participe à coup sûr de ces facultés extraordinaires qui étonnent d'autant plus que le père ne les possède pas, et que la mère ne les a possédées que momentanément et en imagination, ce qui fait que souvent elle n'en a gardé aucun souvenir. »

Passons aux faits :

M. de Frarière cite un jeune pâtre doué d'une aptitude extraordinaire pour le calcul, et il explique le développement de cette faculté par ce fait que, pendant une certaine époque de sa grossesse, la mère du jeune pâtre s'est fort donnée à un genre de calcul usité parmi les gens de la campagne, et dont Lafontaine a laissé le type heureux dans *Perrette et le pot au lait.*

Or il paraît que la mère du jeune cultivateur était arrivée à un degré d'exaltation arithmétique tout à fait prodigieux.

Il cite encore un de nos grands peintres comme devant les merveilleux talents qu'il a manifestés, dès les premières années de sa vie, à l'admiration que sa mère éprouva en voyant pour la première fois, et durant sa grossesse, les innombrables chefs-d'œuvre que renferme le Louvre.

Mais c'est sur le terrain de ses observations personnelles qu'il faut suivre M. de Frarière : elles sont nombreuses. Je citerai les suivantes :

*Premier fait.* — « Une dame de ma connaissance, qui possédait un talent remarquable sur la harpe, ayant passé tout le temps d'une de ses grossesses à faire de la musique, l'enfant est venu au monde doué des dispositions les plus merveilleuses pour la musique. Dans une autre circonstance, l'état de sa santé ne lui ayant pas permis de se livrer à son étude favorite, que même elle avait prise en dégoût pour se livrer au dessin et à la broderie, l'enfant qu'elle mit au monde sous cette nouvelle impression a également éprouvé une véritable aversion pour la musique. Une troisième couche ayant eu lie dans les mêmes conditions, l'enfant qui cette fois était un fils a montré des dispositions étonnantes pour le dessin et tout ce qui s'y rapporte, et la même répugnance pour la musique que le garçon né précédemment. »

*Deuxième fait.* — « Pendant mon séjour en Italie, j'ai connu la famille B...., dont les membres, très-nombreux, étaient tous excellents musiciens. Leurs parents, musiciens ambulants, semblaient leur avoir communiqué le génie de la musique. Mademoiselle B...., l'une des premières actrices de l'Opéra, ayant épousé M. le comte M...., dût renoncer au théâtre. Pendant sa retraite, elle eut deux fils et une fille. Longtemps après, le comte M.... lui ayant permis de reprendre sa carrière musicale, elle eut un succès d'enthousiasme qu'elle devait peut-être à son double titre de prima dona et de comtesse. Un troisième fils vint au monde à cette époque ; celui-ci, dès son enfance, annonça les plus brillantes dispositions pour la musique, tandis que ses frères et ses sœurs n'avaient jamais manifesté aucun goût pour l'art qui avait rendu leur mère si célèbre. Nous étions à peu près du même âge, et de plus, rivaux, car Rossini protégeait beaucoup le petit Ruggiero, ce qui me rendait un peu jaloux. Rossini lui-même attribuait ce génie naissant aux circonstances dont j'ai parlé ; il me l'a répété plus d'une fois alors que j'allais tous les matins chez lui dans l'espoir, souvent déçu, d'obtenir des conseils. »

*Troisième fait.* — « Un chanteur, qui a fait pendant ces dernières années les délices des salons de Paris, M. D....., a eu deux filles ; l'aînée est venue au monde pendant l'époque brillante de cette vie d'artiste. Elle a aujourd'hui quinze ans, et à peine savait-elle parler qu'elle montrait déjà des dispositions étonnantes. Elle se propose d'entrer au théâtre. Sa sœur, par contre, étant née pendant que son père était réfugié en Belgique et que sa mère s'occupait de travaux d'aiguille, pour subsister, n'a aucune disposition et même déteste la musique. »

« Je pourrais citer une multitude de faits semblables, dit M. de Frarière, car je n'ai jamais négligé de remonter à la source des dispositions merveilleuses qu'on rencontre chez quelques enfants, et j'ai toujours acquis la preuve d'une parfaite concordance entre ces dispositions et une passion souvent momentanée de la mère pour les connaissances et les talents dont ces enfants possèdent le germe précieux qu'il s'agit de développer. »

Telles sont les idées de M. de Frarière, idées charmantes, nous souhaiterions les pouvoir dire vraies ; on sait déjà pourquoi. Elles paraissent avoir été celles du père de Henri IV. Ne disait-il pas à sa femme d'être gaie, ne lui demandait-t-il pas de chanter ou danser au moment où la plupart des femmes crient, donnant pour raison qu'il ne voulait pas qu'elle accouchât d'un enfant malingre et pleureur ?

La précaution était sans doute un peu tardive ; il put néanmoins lui attribuer du succès, car fût-il jamais prince d'humeur plus charmante que ce bon roi Henri qui promettait la poule au pot à son peuple et faisait pendre les braconniers ? Mais poule et faisan font deux.

---

### Boschimans et Chimpanzé.

Dans la *Gazette des Hôpitaux*, M. Servais raconte une visite rendue par les trois sauvages Boschimans (une femme et deux hommes), récemment arrivés à Paris, au singe chimpanzé de la ménagerie du Muséum d'histoire naturelle. Dans les circonstances de cette visite et dans quelques autres faits analogues qu'il rapporte, l'auteur voit un argument contre l'opinion de ceux qui font de la race humaine une espèce distincte de la zoologie entière. Il s'en faut qu'à notre avis le récit de M. Servais ait une telle portée et nous le citons simplement à cause de l'intérêt qu'il offrira à nos lecteurs.

« Le mardi 17 avril 1855, à trois heures de l'après-midi, nous entrions avec les sauvages dans l'habitation des singes ; il est à remarquer d'abord que les singes, qui ont l'habitude de faire toutes sortes de gambades et de joyeusetés devant leurs visiteurs européens, mais non de se grouper devant eux, firent ici le contraire et reçurent les Boschis avec une familiarité qui annonçait presque la consanguinité. Les Boschis, eux, étaient de très-bonne humeur.

« Arrivés devant le chimpanzé, nos trois personnages (car ils sont trois, une femme, un jeune homme petit et grêle, puis un homme à peu près de cinq pieds de haut) prirent chacun une pose différente vis-à-vis du quadrumane, qui lui-même joua un rôle fort actif dans cette entrevue.

« Après les premiers instants de surprise réciproque, la femme et le jeune homme se mirent à parler au chimpanzé d'un ton doux et joyeux, auquel Jacques (c'est le nom du chimpanzé) répondit de son mieux et à peu près avec le même langage. Il était facile de voir, comme le disait notre spirituel introducteur, qu'ils avaient étudié dans la même université. Dans ces sons gutturaux, la lettre *k* domine; elle est souvent suivie de l'*e* et de l'*o*. L'*r* termine et souvent commence. Tout ceci, pour être intraductible, n'en est pas moins très-facile à interpréter. Ainsi, après avoir beaucoup ri et parlé, la femme, voulant donner de la jalousie au singe, qui n'avait pas besoin de cet excitant, fit mine d'embrasser le jeune homme, qui riait très-fort. A ce spectacle, la colère du pauvre Jacques fut aussi grande que les désirs qu'il avait manifestés à cette belle créature; alors la scène changea : l'homme jusqu'alors s'était contenté de rire et de jaboter comme les autres; en ce moment, il prit le ton de l'insolence et de l'injure; il voulut se servir de ses flèches et les lancer à l'animal, qui, les yeux flamboyants, lui répondait aussi par des injures et des cris furieux, très-bien compris de part et d'autre. La paille qu'il faisait voltiger autour de lui en voulant la lancer témoignait qu'il n'avait nulle intention de reculer devant son adversaire. Cependant dans la guerre que leur font les Boschis, les pauvres chimpanzés sont presque toujours vaincus, n'ayant à opposer à des armes très-meurtrières que des bâtons et des pierres. Il est vrai que dans ces diverses familles de quadrumanes, les gorilles, les orangs-outangs et autres, la force musculaire est entièrement de leur côté. Néanmoins notre Hottentot sait très-bien simuler le combat à mort qu'ils se livrent et le dernier coup qu'ils portent aux malheureux singes.

« On fit cesser cette scène, dans la crainte de nuire à la santé de Jacques, qui prenait la chose trop à cœur. On lui donna sa bouteille: nous ne lui avions jamais vu négliger cette amie; ce jour-là il eut à peine l'air de la connaître. Cette nouvelle amie, l'objet d'une convoitise ardente, lui avait tout à fait fait oublier l'ancienne.

« Bacchus était détrôné; *Vénus était tout entière à sa proie attachée*. Nous-mêmes, qui avons certaines relations d'amitié avec Jacques, nous lui parlâmes en vain; il ne tendit pas sa main pour serrer la nôtre, et il fallut nous quitter. »

## NOUVELLES ET CAUSERIES.

*M. Perry. — Un lac de soufre. — Telégraphe europeo-africain. — Télégraphe de Constantine à Philippeville. — Dessèchements en Hollande. — Une balle russe.*

*** Un des disciples les plus distingués d'Hahnemann, M. le docteur Perry, vient d'être nommé par la reine d'Espagne, chevalier de l'ordre de Charles III, pour services rendus à Paris aux Espagnols et à la cause de l'homœopathie.

*** Un lac de soufre d'un mille de diamètre vient d'être découvert sur le territoire d'Utah dans l'état de New-York. Un squelette de mastodonte a été trouvé dans les mêmes lieux.

*** M. Brett est attendu en Sardaigne, pour poser le câble du télégraphe électrique sous-marin entre Cagliari et l'Afrique.

*** La ligne télégraphique électrique qui va relier les deux villes de Constantine et de Philippeville est en pleine voie d'exécution. Les poteaux sont entièrement posés. Les fils ne sont placés que de Philippeville à Saint-Charles; mais on travaille activement à terminer la pose. On nous assure que la transmission des dépêches a dû commencer vers la fin de la première quinzaine de juin. Il y aura deux fils seulement.

*** 13000 bonniers environ de terres conquises sur la mer de Harlem ont été vendus jusqu'à ce jour, et il ne reste plus maintenant de doutes sur les résultats de l'entreprise gigantesque qui fera recouvrer à la Hollande 18,000 hectares envahis par la mer.

Ce travail avait attiré l'attention des hommes spéciaux dans le monde entier; c'était, en effet, l'un des plus grands projets des temps modernes; mais, avant de l'entreprendre, la Hollande avait acquis l'expérience des dessèchements, elle était déjà parvenue à transformer en polders plus de quatre-vingt mille hectares, chiffre énorme si on le compare à la superficie de ce petit pays. Toutes ces opérations, entre autres le dessèchement terminé en 1840 d'un autre lac de quatre mille hectares, le Zuid-Plas, près de Rotterdam, ont donné de très-grands bénéfices. Les terres desséchées conservent du séjour des eaux des principes de fécondité qui permettent d'y recueillir immédiatement, sans engrais, les plus précieuses récoltes.

*** Dans un village des environs de Bonn, à Rheindorff, un vétéran de l'armée française, M. Péterklein, vient de mourir à l'âge de soixante-quinze ans, léguant à sa famille en souvenir de ses campagnes une balle russe qui, il y a cinquante ans, à la bataille d'Austerlitz, le 2 décembre 1805, s'incrusta dans sa tempe gauche au dessus de la conque de l'oreille et y resta jusqu'à sa mort.

M. le docteur Backe, chirurgien du cercle de Bonn, fut chargé d'extraire la balle, et exécuta cette opération à l'aide du trépan, et de manière que le projectile resta entouré d'un anneau formé par les os du crâne. Cette balle est tapissée d'une peau très-dure du côté ou elle touchait le cerveau; elle est couverte de l'autre côté d'une peau semblable à la peau extérieure du reste de la tête; le cerveau n'avait subi aucune lésion, et on n'a découvert aucun éclat des os du crâne, ni dans le voisinage de la balle ni ailleurs. Ce qui est remarquable, c'est qu'elle n'a jamais produit aucune pertubation, ni dans les fonctions animales, ni dans les fonctions mentales du vieux brave qui l'a portée pendant un demi-siècle.

## BULLETIN BIBLIOGRAPHIQUE.

— BREVET DALLERY. Origine de l'hélice propulso-directrice et de la chaudière tubulaire, précédée d'une notice sur Ch. Dallery et suivi de pièces justificatives, par Chopin-Dallery. Broch. in-8° avec planches, typographie de Firmin Didot frères.

— VOLTAIRE, par Eugène Noël. 1 fort volume format anglais, chez F. Chamerot, 13, rue du Jardinet.

— AFFIRMATIONS ET DOUTES, par Savatier-Laroche. 1 vol. format anglais, même éditeur.

— QUINTESSENCES, par Auguste Guyard. 3me édition, prix 2 francs, chez Dentu, au Palais-Royal.

— LA FEMME, hymne de la jeunesse, par le même. Même éditeur.

— SOCIÉTÉ RÉGIONALE D'ACCLIMATATION, fondée à Nancy pour la zone du nord-est. Premier bulletin, in-8°, Nancy, chez Grimblot et veuve Raybois, place Stanislas, 7.

— DE LA FABRICATION et de la conservation du cidre; publiée par la Société libre d'agriculture, sciences, arts et belles lettres du département de l'Eure. Broch. in-18, Evreux, chez Hérissey, imprimeur.

*Le propriétaire, rédacteur-gérant:*
VICTOR MEUNIER.

PARIS. — IMP. J.-B. GROS, RUE DES NOYERS, 74

Première année, — N° 27. Quinze centimes. 8 juillet 1855.

# L'AMI DES SCIENCES

PAR

VICTOR MEUNIER

BUREAUX D'ABONNEMENT :
13, RUE DU JARDINET, 13.
Près l'École de Médecine.

Parait le dimanche.
(Les abonnements datent, au gré des souscripteurs, du commencement de l'année ou du premier dimanche de chaque mois).

PRIX DE L'ABONNEMENT POUR L'ANNÉE.
PARIS, 6 FR. — DÉPARTEMENTS, 8 FR.
ÉTRANGER, surtaxe en sus.
Envoyer un mandat de poste.



## LA PART DES SCIENCES.

Quel que soit le témoignage que l'avenir rende de ce temps, ce qu'il ne saura lui refuser, ce sera d'avoir fait preuve d'une certaine activité intellectuelle ; cependant, bien que ses méditations soient aussi variées que la réalité même, je le vois toujours préoccupé d'une même pensée. Cette époque est comme l'homme dont parle Saint-Augustin, « l'homme d'un seul livre; » en proie à une monomanie sublime, elle a une idée, une seule, à laquelle elle rapporte toutes choses. A quoi qu'elle s'applique, c'est à la constitution d'une société nouvelle qu'elle travaille ; les obstacles même ne sont qu'apparents, une loi inexorable force toutes choses à consentir et à concourir, et en particulier, qu'ils le sachent ou qu'ils l'ignorent, les savants travaillent à l'édification d'une société nouvelle et ne font pas autre chose.

Tant que les sciences composées de faits épars, uniquement préoccupées d'une œuvre descriptive ont vécu isolées les unes des autres; — tant que cherchant les principes qui devaient leur servir de base, elles sont demeurées étrangères à la vie pratique et se sont confinées dans les régions de la spéculation pure; — tant que cultivées par un petit nombre d'adeptes, elles ont parlé une langue inintelligible pour la majorité des hommes : on a pu méconnaître leur fin dernière et les considérer comme un pur délassement, comme le noble délassement d'intelligences d'élite.

Mais le temps dont je parle est déjà loin ! Et voici que toutes les sciences marchant d'un pas rapide les unes vers les autres, aspirent à ne plus former qu'une science ; — quittant le domaine de la spéculation pure, elles pénètrent la vie pratique par tous ses pores ; — devenues tributaires de tous les citoyens, elles échangent leurs nombreux patois contre la langue générale et font de constants efforts pour se mettre à la portée de tous !

Dès lors, il n'y a plus à s'y méprendre, la science a une fonction sociale et la fonction de la science est la plus considérable de toutes celles que comprend l'œuvre collective de l'humanité.

Nous disons que toutes les branches des connaissances humaines tendent à se greffer sur un tronc commun, et à ne plus former qu'une science. En d'autres termes, elles aspirent à se résumer toutes en un seul principe. Or, qu'est-ce que le principe qui embrasse toutes les formes de la connaissance humaine, sinon la *formule universelle de ce qui est*? Et qu'est-ce qu'une telle formule si ce n'est un DOGME? Par le fait de leur unanime tendance vers l'unité, les sciences déclarent qu'il s'agit pour elles de la constitution d'un dogme nouveau qui sera la synthèse des vérités partielles révélées successivement aux nations et mises en pratique jusqu'à ce jour, d'où suit que la science moderne tend à constituer la religion de l'humanité.

Nous avons dit encore que toutes les branches des connaissances humaines passent de la théorie à la pratique. Comme l'a voulu Bacon : « Ce qui était principe, effet ou cause dans la théorie, devient règle, but ou moyen dans la pratique » (*Novum organum*, liv. 1er, 3). Or, en se mêlant à elle, la science transforme la pratique, elle l'élève à la dignité de la théorie, elle la soumet à des lois. Révolution admirable, dont on méconnaîtrait l'importance si on la croyait bornée à l'empire des faits matériels ; les faits qu'elle a produits dans l'industrie, dans l'agriculture et la physiologie ne l'emportent ni en nombre ni en beauté sur ceux qu'elle portera dans l'ordre des faits humains, j'entends dans le gouvernement des relations humaines.

Jetons un rapide coup d'œil sur le règne de la technologie qui, un jour, ne le cèdera ni quant au nombre des sujets, ni quant aux merveilles de leur organisation, à aucun des règnes de la nature, et une fois de plus nous verrons qu'il faut ou barrer le chemin à la science, ou se résigner à lui voir constituer une économie nouvelle des sociétés.

Quelle sera l'influence de ces voies de transport et de correspondance: chemins de fer, navigation à vapeur, télégraphie électrique... à l'invention ou au perfectionnement desquels ingénieurs et physiciens consacrent tant de persévérance et de savoir? Un jour viendra que les antipodes seront à quelques jours de marche l'un de l'autre, et chaque citoyen de la terre saura chaque jour ce qui dans la journée même se sera passé sur tous les points du globe ! Et dès lors l'industrie ne fût-elle pas aidée par d'autres puissances, n'est-il pas évident qu'elle changera les rapports des nations? Déjà, par un échange quotidien d'idées et de sentiments, n'établit-elle pas entre les peuples les liens d'une indissoluble unité?

Voici des forces gigantesques, elles soutiennent les globes dans l'espace, éclatent dans les tempêtes, bondissent dans les tremblements de terre. Saisi d'épouvante, l'homme de la nature se prosterne devant elle, et tout frémissant, cherche à conjurer, par des sacrifices, l'esprit mauvais dont il voit en elles la manifestation. Ces forces cosmogoniques, armé de la science, l'homme moderne les assouplit, et comme un cheval dompté, les force à le servir. Qu'est-ce à dire? et si la moindre de ces forces, incomparablement plus puissante que tous les hommes pris ensemble, accepte notre joug et consent à travailler pour nous, n'en résulte-t-il pas nécessairement que l'esclave moderne verra tomber les chaînes qui le rivent aux labeurs durs et répugnants! Comment douter que l'industrie, c'est-à-dire la science, procurera les doux loisirs et le bien-être à qui ne connaît jusqu'ici que le travail forcé et l'infernale misère?

Mais est-ce assez que l'administrateur du globe, le gouverneur de l'électricité, de la lumière, du magnétisme, de la chaleur, est-ce assez qu'il mange à sa faim, qu'il boive à sa soif, qu'il ait un lieu où reposer sa tête, et que ses vêtements soient chauds en hiver et frais en été? Le patriciat universel sera-t-il si modeste en ses goûts, si humble en ses désirs? Les splendeurs traditionnelles de la royauté et de l'aristocratie manqueront-elles au souverain nouveau? L'industrie ne l'entend pas ainsi, car en même temps qu'elle multiplie ses produits, elle s'attache à les amener au dernier degré de perfection, elle veut rendre vulgaires comme toutes les grandes choses que Dieu nous donne, comme le luxe de la création, comme l'air, comme le sol, comme l'eau, comme le soleil, comme les parfums et l'éclat des fleurs, les plus précieux produits de l'art humain.

Ainsi la science, par l'organe de l'industrie, conclut au renversement des barrières qui séparent les peuples, à l'abolition des travaux durs et répugnants, à la participation de tout homme au bien-être, à la richesse, au luxe.

Mais l'industrie ne dit pas toutes les applications des sciences cosmologiques; et pouvons-nous passer absolument sous silence l'ensemble des sciences physiologiques? La fonction générale des sciences cosmologiques est d'établir le domaine de l'homme sur le monde, la fonction spéciale des sciences physiologiques est de lui soumettre la vie. Les travaux de l'éleveur Backwell, la découverte des substances anesthétiques, donnent une faible idée du rôle qu'elles sont appelées à jouer. Pourquoi a-t-on décrit les formes des êtres vivants, scruté leur organisation, étudié les lois de leurs développements, analysé leurs conditions d'existence? En vue de l'*organoplastie*, art de modifier les organismes végétaux et animaux. C'était encore afin que, par la constitution d'un régime et d'un milieu harmoniques, l'homme agissant sur son propre fonds comme sur les animaux, l'organisme humain pût être amené au dernier degré de puissance et de beauté.

Cela ne concerne que les sciences cosmologiques, et il nous resterait à passer en revue toute une autre moitié du savoir, les sciences dont l'esprit humain forme le fonds et que pour cette raison on a appelées Noologiques.

Interrogeons l'histoire. L'histoire s'en tiendra-t-elle toujours à la description des faits? Ce qui, pour les autres sciences, n'est qu'un commencement, sera-t-il la fin de sa carrière? Demeurera-t-elle toujours en enfance, ou bien s'élèvera-t-elle par la comparaison des faits à la connaissance des Lois et des Causes du mouvement social? Qui peut douter qu'elle en vienne là! Mais alors, l'histoire qui, jusqu'à ce jour, citée en témoignage par les opinions les plus opposées, a servi indifféremment le pour et le contre; l'histoire élevée au rang de science positive, remplit une fonction sociale de l'ordre le plus élevé. Alliée à la connaissance de l'homme individuel, elle devient la base d'une politique scientifique; réduite à elle-même, elle peut de la trajectoire suivie par l'humanité dans le passé, déduire la route à venir.

Nous sommes sous le vestibule d'un sujet grandiose, bornons-nous à cette vue extérieure du sujet. Mais n'en est-ce pas assez et ne voit-on pas avec évidence que toutes les sciences sous leur forme théorique et sous leur forme pratique, tendent à la constitution d'une société nouvelle.

Elles s'associent entre elles; elles s'ordonneront par rapport à l'Esprit, et de là résultera une formule générale de ce qui est. Mais puisque cette science, qui doit aboutir à un dogme, n'a été ni revélée, ni imposée à l'homme; puisqu'elle a été fondée et qu'elle sera constituée par l'homme, il est évident que l'homme a revêtu le caractère de l'inspiré et du prêtre. Et puisque cette science n'a pas été créée par tel ou tel homme, ni par une caste, ni par une classe, mais par tous, et que son achèvement résultera de la libre association de tous, il est évident que le caractère sacerdotal a cessé d'être l'exclusif partage de quelques-uns, et qu'il s'étend à tous les membres de la famille humaine.

Les sciences passent de la théorie à la pratique, c'est-à-dire qu'elles accomplissent la plus vaste conquête qui soit possible, celle de la nature entière. Cet homme qu'elles ont ordonné prêtre, voici qu'elles le sacrent roi. Elles lui donnent la terre pour royaume, pour peuple tous les êtres créés, pour ministres, les forces qui tout meuvent et tout vivifient.

Association et application n'expriment pas toute l'activité de la science, et nous avons dit encore que toutes les branches des connaissances tendent à se vulgariser. Plus de mystères, plus de voiles jaloux, plus de langage énigmatique! la philosophie ne parle plus deux langues, l'une sacrée, l'autre profane; le livre que le brahme avait seul le droit de lire est remis aux mains de tous! Ce noble mouvement n'aura de terme que dans l'émancipation intellectuellé de tous les hommes.

Ainsi la science conclut à une société nouvelle, à la société prédite par l'apôtre quand il s'écriait :

« Vous nous avez faits rois et prêtres, et nous règnerons sur la terre! »

---

## Société mutuelle des inventeurs.

### PROJET.

1° Que les idées heureuses qui éclosent sur le sol de la France, soient expérimentées à l'avenir, dans le pays où elles ont été conçues ;

2° Que les bienfaiteurs de l'humanité n'usent plus en efforts stériles et humiliants les facultés que la nature leur a départies; que les déceptions et la pauvreté cessent d'être leur lot en ce monde ;

3° Que les hommes en si grand nombre, qui poursuivent une idée inapplicable, ou ne pouvant être l'objet d'un brevet, ou qui encore regardent comme neuve une conception tombée dans le domaine public, soient desillusionnés avant qu'il y ait pour eux perte de temps et d'argent.

Tel serait le but de la Société dont nous allons soumettre les bases à l'examen des amis du progrès. — Il est bien entendu qu'il ne s'agit ni d'une société existante ni même d'une société en voie de formation. C'est simplement une idée que nous mettons en avant, en vue de démontrer qu'il y aurait pour les inventeurs quelque chose de mieux à faire que de se plaindre de la dureté des temps.

---

La Société est établie sous la raison sociale de..... au capital de 1,000,000 de francs, divisé en 10,000 actions de 100 francs (1).

Le montant de chaque action sera payé par dixièmes, le premier dixième étant déposé au moment de la délivrance des actions. Les dixièmes suivants ne seront appelés, s'il y a lieu, qu'au fur et à mesure des besoins. Un intervalle de deux mois au moins, séparera les appels des dixièmes successifs.

Les actions dont les dixièmes ne seront pas payés aux termes fixés, seront déchues de droit.

### STATUTS.

Art. 1er. — Un comité de... membres fondateurs de la société est chargé de la gestion des affaires.

Art. 2. — Des censeurs, nommés par les actionnaires, dans une assemblée générale, peuvent contrôler chaque jour les actes du comité fondateur.

(1) Aussitôt que les listes de souscriptions seraient remplies, des démarches seraient faites pour que la Société fut convertie en société anonyme.

Art. 3. — Le comité convoquera, chaque année, les actionnaires à une assemblée générale, et rendra un compte complet de ses opérations.

Art. 4. — Tout porteur de cinq actions pourra assister à l'assemblée générale avec voix délibérative. Cinq souscripteurs d'une action pourront déléguer l'un d'entre eux pour assister à la réunion générale. Tout porteur de plusieurs actions aura autant de voix qu'il aura de fois cinq actions.

*Opérations de la Société.*

Art. 5. — La société est établie pour l'expérimentation des découvertes qui paraissent présenter des garanties suffisantes de succès, et pour l'exploitation de ces découvertes pendant les quinze ans que la loi accorde aux inventeurs, ou pour la concession de ces droits à des compagnies industrielles.

Art. 6. — Dans le cas où le comité décide, à la majorité de ses membres, qu'une découverte qui lui est proposée, dans les conditions exposées plus bas, présente des probabilités suffisantes de succès, qu'elle est nouvelle et qu'elle offre matière à brevet, la société se charge de l'expérimentation aux conditions suivantes :

Art. 7. — Le comité prend un brevet en son nom et aux frais de la société, si la découverte n'est pas brevetée. Si elle est brevetée, il se fait concéder le brevet. Il fait les frais de l'expérimentation sous le contrôle facultatif de l'inventeur ; et, dans le cas de réussite, les bénéfices nets sont partagés en trois parts égales ; un tiers est garanti à l'inventeur ; un tiers est mis en réserve pour être distribué chaque année en dividende aux actionnaires, et le dernier tiers est versé dans la caisse des fonds destinés aux expérimentations.

*Attributions du comité fondateur.*

Art. 8. — Le comité fondateur se compose de... membres ayant le titre d'examinateurs et d'un secrétaire.

Art. 9. — Le secrétaire est chargé de recevoir les pièces envoyées par les sociétaires (actionnaires), de les inscrire, d'en délivrer immédiatement un récépissé, et de les soumettre aux examinateurs d'après leur rang d'inscription. Il rend compte, dans le plus bref délai, de la décision motivée prise par la majorité des examinateurs.

Art. 10. — Les examinateurs sont chargés d'étudier avec la plus grande attention les pièces présentées par le secrétaire d'après leur rang d'inscription : ils décident à la majorité des suffrages si la découverte est acceptée ou rejetée. La décision, sérieusement motivée, est présentée au secrétaire qui la transmet immédiatement à l'auteur, en mentionnant le nombre de voix pour et contre.

Art. 11. — Dans le cas de l'acceptation d'une découverte, les examinateurs sont chargés d'en diriger l'expérimentation s'il y a lieu. Ils sont en outre chargés de l'exploitation du brevet par les moyens qui paraissent les meilleurs à la majorité des membres.

Art. 12. — Le traitement de chaque examinateur se compose d'un traitement fixe de ...... et du prélèvement de 5 p. 100 sur les bénéfices nets. Le traitement du secrétaire est de ......

Art. 13. — Le comité aura deux mois de vacances. En dehors des vacances, la moitié plus un des membres devra se trouver au siége de la Société de onze heures du matin à quatre heures du soir. Les membres inscriront leur signature sur un registre déposé au secrétariat, qui témoignera de leur assiduité. Les censeurs pourront s'assurer tous les jours que le règlement est exécuté.

*Formalités à remplir par les sociétaires qui voudront faire expérimenter une découverte.*

Art. 14. — Tout sociétaire pourra faire examiner une invention aux conditions suivantes :

S'il est breveté, il fera parvenir au secrétaire, 1° le brevet et le duplicata de la description et des dessins avec les modifications qu'il jugera convenables ; 2° un engagement dans les formes légales de céder son brevet dans les conditions mentionnées dans l'article 8.

Si la découverte n'est pas brevetée, il adressera au secrétariat : 1° la description signée et paraphée de l'invention avec les dessins qui, au besoin, peuvent en faciliter l'étude ; 2° l'engagement mentionné dans ce même article ; 3° l'autorisation dans les formes légales, donnée aux membres du comité, de prendre un brevet en leur nom.

*Garanties envers les sociétaires qui enverront un travail à l'examen du comité.*

Art. 15. — Le secrétaire, à la réception des pièces, y appose sa signature et le sceau de la Société, les inscrit sur un registre qui est à la disposition du public, et envoie un récépissé de toutes les pièces envoyées par le sociétaire. Ce n'est qu'après toutes ces formalitée qu'il transmet ces pièces à l'examen du comité examinateur.

Art. 16. — Ces pièces sont gardées dans les archives dans le cas où l'invention est agréée par le comité, et dans le cas de rejet, elles sont renvoyées, avec la signature du secrétaire, à l'auteur du travail.

*Police de la Société.*

Art. 17. — Aucune modification ne pourra être faite aux statuts, si elle n'a été votée, en assemblée générale, à la majorité relative. Tout vote, pour être valable, doit être fait par la moitié (ou le tiers au moins), plus une, des voix, chaque voix étant représentée par 5 actions.

Art. 18. — Dans le cas où un membre se serait écarté du règlement, les censeurs pourront, dans les assemblées générales, provoquer contre lui la censure ou même la révocation. Ces mesures seront votées dans les formes mentionnées dans l'article précédent.

Art. 19. — Dans le cas de vacances dans les fonctions de membre examinateur ou de secrétaire, les autres membres pourvoiront à son remplacement, sauf à faire ratifier cette nomination à la plus prochaine assemblée générale, d'après le mode susmentionné pour le vote.

---

## LA SEMAINE SCIENTIFIQUE.

Epreuves photographiques coloriées par la lumière. — Des épreuves photographiques, coloriées non par la main d'un peintre, mais par la lumière même, étaient présentées à la dernière séance de la Société française de photographie, au nom de M. Testud de Beauregard, leur auteur, par M. Durieu. Ces épreuves sont de deux sortes : les unes, coloriées uniformément, sont bleues, jaunes ou roses ; les autres offrent des colorations diverses comme les objets qu'elles représentent. L'une de ces dernières nous montre une femme drapée d'un voile transparent et portant une corbeille de feuillages. Le corps de la femme est couleur de chair, le voile est violet, les feuillages sont verts. Une autre épreuve consiste en un portrait de femme dont la figure et les mains sont couleur de chair, les yeux bleus, les cheveux blonds, la robe est verte, les manchettes sont blanches. Sur une troisième, on voit un enfant habillé d'une robe rayée de vert et de jaune, chaussé de bottines noires, assis dans un fauteuil dont le bois est noir, l'étoffe chamois, etc. Enfin, il y a un petit paysage avec effet de soleil couchant, nuancé de diverses couleurs.

Ces couleurs, répétons-le, ont été obtenues par un seul tirage sur la même épreuve photographique.

L'auteur est parti de ce fait qu'il existe des sels que l'action de la lumière colore de façons différentes ; que cette diversité se manifeste non seulement à raison de la nature spéciale de chacun de ces sels, mais aussi, pour le même sel, en raison de la durée de l'action de la lumière, en d'autres termes, de son intensité. Il expérimenta d'abord le cyanoferride de potassium. Ce sel, employé en solution aqueuse légèrement concentrée, donne aux épreuves une couleur uniformément bleue. Il fournit une gamme très-riche de tons depuis les plus clairs jusqu'aux plus foncés, suivant la durée de l'exposition à l'action lumineuse.

M. Testud de Beauregard obtint ensuite la couleur jaune en imprégnant son papier d'une dissolution de bichromate de potasse, et une exposition prolongée à la lumière fait passer cette couleur au vert.

Le bichromate de potasse peut être utilement employé aussi à donner des tons noirs, qu'on peut pousser jusqu'à une très-grande intensité, sans qu'il entre dans l'épreuve aucun sel d'argent.

L'auteur s'est alors demandé si, en combinant plusieurs de ces sels, soit directement dans le même bain, soit sur le papier lui-même, au moyen d'immersions successives dans des bains diversement composés, comme les photographes le font déjà, par exemple, pour former l'iodure d'argent, il ne serait pas possible d'obtenir des feuilles qui, exposées ensuite à l'action de la lumière, manifesteraient des couleurs diverses et plus ou moins nuancées, suivant la nature des sels et l'intensité des radiations lumineuses; le procédé par lequel il a répondu affirmativement à cette question, consiste à imprégner successivement le papier de deux mélanges, en ayant soin de le faire sécher après l'emploi de chacun d'eux.

Le premier mélange est formé par une dissolution de permanganate de potasse avec addition de teinture de tournesol. Le deuxième mélange est formé de cyanure rouge de potassium acidulé par l'acide sulfurique.

Le papier ainsi préparé doit enfin être passé sur un bain d'azotate d'argent. Après la venue de l'épreuve, laver d'abord le papier dans l'eau pure, le passer dans un bain léger d'hyposulfite de soude, et enfin, après un lavage nouveau, raviver les couleurs dans un bain de gallate d'ammoniaque neutre.

« Nous avons vu, dit M. Durieu, les épreuves obtenues sur des papiers préparés en notre présence, se développer avec leur coloration dans le châssis à reproduction derrière des clichés sur collodion, et se fixer dans les bains ci-dessus décrits. »

Quant à l'explication des phénomènes : « ils tiennent à une réaction physique et chimique produite par la lumière solaire sur les divers corps et sels ci-dessus indiqués. C'est la durée de l'action lumineuse, son intensité qui déterminent les variétés de coloration; et cette coloration dépend, par conséquent, de l'état du cliché qui, précisément en raison de l'opacité ou de la diaphanité de certaines de ses parties, permet à telle ou telle couleur de se manifester dans les endroits correspondants.

« Mais M. Testud de Beauregard pense que les divers rayons lumineux impressionnent les glaces collodionnées d'une manière précisément analogue à celle qui est nécessaire pour la reproduction exacte des couleurs naturelles; de telle façon que, suivant lui, le cliché bien venu à la lumière, a en lui-même et par l'effet des radiations des divers rayons du spectre, les intensités relatives et proportionnelles propres à développer sur le papier positif, préparé par son procédé, les couleurs naturelles du modèle.

« Si cette théorie se vérifiait, le problème de l'obtention directe de la couleur par la lumière serait résolu. »

Ichthyose. — On voit à l'hôpital Saint-Louis, dans le service de M. Cazenave, une femme âgée de soixante-dix ans, atteinte d'ichthyose à la jambe droite. Nous saisissons cette occasion de dire quelques mots d'une affection excessivement remarquable, en ce qu'elle nous montre, chez l'homme, la production de caractères empruntés de l'animalité, et qui, accidentels et monstrueux chez nous, sont permanents et normaux en d'autres régions de la série géologique. Ce sont là des expériences dont la zoogénie tirera un jour un grand parti.

On nomme ichthyose, du mot grec qui signifie poisson, un état de la peau dans lequel celle-ci est recouverte en totalité ou en partie d'écailles épidermiques comme celles des poissons et de certains reptiles.

Il y a plusieurs variétés de l'ichthyose:

1° L'ichthyose simple, dans laquelle les écailles peuvent être disposées de deux manières. Elles peuvent être simplement juxtaposées, c'est-à-dire situées les unes à côté des autres, séparées par des lignes se coupant réciproquement de manière à circonscrire des espaces losangiques, comme cela se voit chez certains reptiles sauriens et ophidiens. Elles peuvent être imbriquées, c'est-à-dire se recouvrir en partie les unes les autres, comme les tuiles d'un toit. C'est le cas des poissons : de là ces histoires d'hommes-poissons dont les anciens auteurs ont parlé. Ces écailles sont quelquefois luisantes et d'autrefois ternes.

2° L'ichthyose cornée. Tantôt la surface tégumentaire est dure, résistante, comme une peau d'éléphant ou de rhinocéros; tantôt les productions épidermiques forment des saillies plus ou moins aiguës, quelquefois analogues aux piquants du porc-épic. Certaines familles ont produit plusieurs générations d'hommes porc-épic.

L'ichthyose se rencontre sur toutes les parties du corps; elle est plus souvent générale que partielle. Certains sujets sont couverts d'écailles des pieds à la tête, à l'exception toutefois de la paume des mains, de la plante des pieds, des aisselles et souvent du visage; elle ne se montre parfois qu'aux membres supérieurs ou inférieurs. Les écailles sont persistantes. Il peut arriver qu'elles se détachent au printemps, mais c'est pour reparaître à l'automne suivant.

Cette affection est habituellement congénitale; mais ordinairement on n'en trouve aucun symptôme au moment de la naissance. C'est dans la neuvième semaine après celle-ci que l'affection se développe, et, à partir de ce moment, elle suit les développements de l'épiderme et ne disparaît plus. Il existe cependant, au musée anatomique de Berlin, un fœtus couvert d'écailles d'ichthyose.

M. Cazenave ne reconnaît qu'une cause à l'ichtyose, savoir l'hérédité organique. Tantôt cette maladie suit la ligne des hommes, tantôt celle des filles; tantôt ce sont tous les garçons qui la présentent, et tantôt ce sont toutes les filles. Parfois une génération n'est pas atteinte. Quant à la femme qui est en ce moment à Saint-Louis, son père avait une ichthyose, ses enfants n'ont rien, son frère non plus; mais l'enfant de ce dernier en a une.

Tous les praticiens s'accordent sur ce point que l'ichtyose est jusqu'ici au-dessus des ressources de l'art. Heureusement elle n'a aucune influence sur la santé générale; elle ne tient qu'à une mauvaise condition de la peau, à une absence de sécrétion épidermique, et ce n'est pas, à proprement parler, une maladie.

Culture de l'igname. — Je reviens au rapport de M. de Montgaudry, annoncé dans le précédent numéro. Les bulbilles d'Igname, que M. de Montigny a fait venir de Chine, et qu'il a offertes à la Société zoologique, paraissent appartenir à trois variétés. L'envoi se compose de cent-vingt litres d'une variété, quinze litres de la seconde, et huit litres environ de la troisième : au total, cent cinquante mille bulbilles au moins. Ces richesses, placées entre des mains soigneuses, nous assurent pour un temps rapproché la conquête de l'Igname. M. Paillet, auquel a été dû, selon l'expression de M. de Montgaudry, « le sauvetage de cette plante, » donne sur sa culture des indications précieuses, en ce qu'elles sont le fruit d'une longue expérience. Nous allons les résumer d'après M. de Montgaudry.

Les sols légers et sablonneux sont les plus convenables à cette culture; elle peut avoir lieu en terrain plat ou en billon; dans le premier cas, labour de 30 à 35 centimètres avant la plantation, laquelle peut s'exécuter en lignes, les lignes espacées de 30 centimètres, les plants de 20; profondeur, 3 ou centimètres ; dans le second cas, billons de 30 à 35 centimètres de haut, « formés par un labour qui adosse la terre de deux raies, en renversant la terre d'une seconde raie sur celle élevée d'une première. » Planter les bulbilles dans le courant de mai, sur le haut des billons, à 50 centimètres au plus, et souvent à moitié de distance, à la profondeur de 3 à 4 centimètres.

Sarcler et biner ; récolte fin novembre ou commencement de décembre en général ; conservation pendant l'hiver, sans aucune difficulté ; l'Igname ne germe pas ordinairement en serre, on l'empile comme des buches à telle hauteur qu'on veut.

M. Paillet indique deux moyens de reproduction. 1er moyen : « Coucher les tiges d'Ignames dans une raie creusée à 3 ou 4 cent. de profondeur ; aussitôt qu'elles ont atteint la longueur de 50 cent., recouvrir ces tiges de terre, en ayant bien soin toutefois de laisser surgir les feuilles hors de terre. Il s'élèvera de chaque nœud une tige nouvelle, et, sous chaque aisselle des feuilles des nœuds, il sortira des bulbilles qui, la même année, produiront des tubercules bons à récolter en même temps que la plantation première. » 2me moyen : Couper le haut de la plante, qui toujours est très-petit et ligneux, jusqu'à la partie qui commence à devenir charnue, et diviser la section obtenue en trois ou quatre tronçons. Chacun d'eux, planté séparément, produira des Ignames, de même que les bulbilles. Ce moyen de reproduction fournirait donc quatre semences par plant de tubercule récolté, qui, l'année suivante, donneraient naissance à quatre plants nouveaux, par suite à une récolte quatre fois plus considérable que la précédente. « L'Igname est une plante robuste, pouvant résister à de fortes gelées. En 1854, M. Paillet en planta 6 à 700 bulbilles, qui ne souffrirent point, bien que la température descendit à 15 degrés centigrades.

« La répartition faite de l'envoi reçu par la Société, sur tous les points de la France, aux sociétaires d'Allemagne, de Piémont, d'Angleterre et d'autres contrées, répandra dès cette année l'Igname, dit M. de Montgaudry, et produira des résultats de culture sous toutes les latitudes d'Europe, à toutes les températures, sur des sols de toutes les compositions, et la Société pourra obtenir des indications sur les divers modes de traiter la plante selon les localités où elle sera cultivée. »

Alcool de garance. — Les eaux de lavage de la garance étaient considérées comme un résidu sans utilité, et on les laissait s'écouler en dehors, lorsqu'en 1846 M. Julian imagina de tirer de l'alcool de ces mêmes eaux. Il s'est, dit-on, formé dans nos centres industriels quelques établissements de distillerie d'après ce procédé, et il y a peu de temps on en a fondé un à Glascow, en Ecosse, où on opère ainsi qu'il suit :

La garance, après avoir été pulvérisée grossièrement, est lavée avec de l'eau et soumise à la presse hydraulique pour la débarrasser de la matière sucrée qu'elle renferme, qui a une influence nuisible en teinture, puis séchée et enfin réduite au moulin dans la poudre la plus fine possible. Ce sont ces eaux de lavage et ce qui découle de la presse qu'on recueille pour en extraire un esprit ardent, d'un goût, à ce qu'il paraît, assez peu agréable, mais qui peut servir avantageusement à la préparation des vernis.

Le procédé, du reste, est très-simple. Le lavage de la garance s'opère dans des cuves de 2 mètres de diamètre sur 1m 50 de profondeur, où on l'agite avec des crochets jusqu'à ce qu'on ait dissous toute la matière sucrée ; on évacue ces eaux, et la garance s'égoutte dans les cuves mêmes sur des toiles dont les fonds sont garnis.

La solution sucrée ou moût est transportée par des pompes dans les cuves à fermentation, et on calcule que 1 tonne de garance donne à peu près 56 hectolitres de moût marquant 30° au saccharomètre d'Allan.

Pendant que la cuve à fermentation se remplit du produit des divers lavages, la fermentation se développe spontanément. Or, c'est une chose assez remarquable que la liqueur entre aussi facilement en fermentation, car on n'emploie que de l'eau froide dans toute l'opération et pas la plus légère trace de ferment qui est inutile à la production de l'alcool, ainsi que l'expérience l'a démontré. Cette fermentation toutefois n'est pas très-vive et exige pour être complète plus de temps que celle des moûts de bières. On la considère comme terminée aussitôt que la liqueur n'indique plus que 12° au saccharomètre, ce qui a lieu au bout de six à huit jours.

De la cuve à fermentation le moût passe dans l'appareil distillatoire, et la distillation s'opère comme pour les autres vins. Généralement on conduit cette distillation pour avoir un produit du poids spécifique de 0,820 à 0,825.

Le produit de 1 tonne de garance s'élève en moyenne à 1 hectolitre 36 d'esprit du poids spécifique indiqué, du moins c'est ce qu'on a reconnu dans la distillerie de Glascow, et avec ces données il sera facile d'établir les frais de production dans les localités où l'on consomme une grande quantité de garance pour la teinture des tissus.

Le brôme contre la rage. — Dans le dernier numéro, nous rappellions, d'après M. Guérin-Méneville, la propriété plus ou moins réelle qu'on attribue en Russie *au* (et non pas *à la*, comme nous l'avons écrit) cétoine doré. Tout en approuvant fort qu'on procède aux épreuves réclamées par M. Guérin, à plus forte raison apprendrions-nous avec plaisir que M. Alvaro-Reynoso ait donné suite au projet d'expérimentation qu'il expose dans ce beau mémoire sur le curare, objet, ainsi que nos lecteurs se le rappellent, d'un rapport très-favorable récemment présenté par M. Flourens. Ainsi s'exprime M. Alvaro-Reynoso :

« On pourrait à notre avis employer le brôme, probablement avec avantage et bien certainement avec autant de succès que tout autre moyen, pour cautériser les plaies où des venins auraient été déposés. D'abord, c'est un caustique très-actif, et cependant on peut en arrêter les effets ; de plus, il est probable qu'il détruit les venins comme le curare. Nous espérons faire des expériences sur des chiens mordus par des chiens enragés, de même que sur le venin de la vipère et d'autres serpents venimeux. J'ai dit qu'on peut arrêter les effets du brôme : pour cela il suffira de laver la plaie avec un mélange de carbonate et d'hyposulfite de soude, à la faveur duquel le brôme passe à l'état de bromure de sodium. Ainsi, on peut surveiller l'action du brôme et la faire disparaître aussitôt qu'on pense qu'il a opéré convenablement. Du reste, le brôme mis sur la peau, quelle que soit sa quantité, n'agit, comme tous les caustiques en général, que localement, c'est-à-dire qu'il cautérise et s'oppose lui-même à sa propre absorption. J'ai injecté sous la peau de divers chiens jusqu'à huit grammes de brôme, et je n'ai obtenu que des effets locaux plus ou moins intenses. Il convient cependant d'être prudent dans son emploi, car il est d'une puissante activité. »

Sur le verre dévitrifié. — Le verre perd sa transparence quand, après l'avoir fondu, on le laisse refroidir très-lentement, ou lorsqu'on le soumet à un ramollissement prolongé. Il se change alors en une matière presque entièrement opaque, connue sous le nom de *Porcelaine de Réaumur*. Réaumur, qui s'est longuément occupé de ce produit, ne doutait pas que les arts n'en tirassent un parti avantageux. Plusieurs fois on a essayé de l'introduire dans l'industrie ; on en a fait des bouteilles, des carreaux d'appartements, des porphyres, des mortiers, des capsules et des tubes destinés à certaines opérations de chimie. Cependant l'expérience n'a pas justifié les espérances de Réaumur. Deux circonstances rendent très-difficiles la fabrication économique d'objets en verre dévitrifié. En premier lieu, le ramollissement prolongé auquel il est nécessaire de soumettre ces objets met obstacle à la conservation de leurs formes, et en second lieu, l'opération étant très-longue, entraîne des dépenses considérables de combustible et de main-d'œuvre.

Cependant M. Pelouze pense qu'il serait possible, dès aujourd'hui, de fabriquer des plaques de verre dévitrifié, d'un volume assez considérable, imitant la belle porcelaine et pouvant la remplacer avec avantage dans certains cas; ces plaques, quoique très-dures, peuvent être polies comme des glaces, ainsi qu'on a pu en juger par celles que ce chimiste a mises sous les yeux de l'Académie.

Mais l'étude des applications de la porcelaine de Réaumur n'est pas le but que s'est proposé M. Pelouze. Les phénomènes chimiques qui l'accompagnent ont été spécialement l'objet de son attention. Quelques chimistes, M. Berzelius entre autres, pensent que la porcelaine dont il s'agit n'est autre chose qu'une masse vitreuse cristallisée. M. Dumas, au contraire, y voit une cristallisation due à la formation de composés définis, infusibles à la température actuelle; au moment de la dévitrification. M. Pelouze, se rangeant à la première opinion, est d'avis que la dévitrification consiste uniquement en un simple changement physique. De toutes les expériences qu'il invoque, la plus décisive paraît être celle-ci : des plaques de verre ayant été préalablement pesées, on les maintient sur la sole d'un four à recuire, jusqu'à ce que la dévitrification soit complète, ce qui a lieu ordinairement après vingt-quatre ou quarante-huit heures au plus; or leur poids reste constamment le même, et si l'on opère sur un verre blanc de belle qualité, il est absolument impossible de distinguer dans la masse autre chose que des cristaux. A cela, M. Dumas répond que l'expérience prouve bien qu'une masse transparente de verre peut, sans rien perdre ou gagner de pondérable, se transformer en cristaux, mais qu'elle n'établit pas l'identité des cristaux formant la masse de verre dévitrifié; les verres du commerce sont, dit-il, des mélanges indéfinis de silicates définis; quand ils cristallisent, les silicates les moins fusibles doivent se séparer les premiers, ainsi que cela se passe dans les alliages. Mais, sans insister davantage sur l'interprétation encore obscure des faits, disons quelque chose des propriétés que M. Pelouze a reconnues au verre dévitrifié.

Et d'abord la manière la plus facile et la plus simple de le préparer consiste à soumettre à un ramollissement prolongé un morceau de verre à glace. L'opération achevée, la plaque ressemble à un morceau de porcelaine, mais on l'en distingue facilement quand on la brise. Elle est formée d'aiguilles opaques, ternes, serrées, parallèles entre elles, et perpendiculaires à la surface du verre. Si on retire la plaque du four à recuire avant que la dévitrification soit complète, on observe constamment que la cristallisation commence par les surfaces, de sorte qu'il y a encore une lame de verre transparent dans l'intérieur de la plaque. — Le verre dévitrifié est un peu moins dense que le verre transparent; sa dureté est considérable, il raye facilement ce dernier et fait feu au briquet. Quoique cassant, il l'est beaucoup moins que le verre ordinaire; il est mauvais conducteur de la chaleur; enfin il conduit très-notablement l'électricité et ne pourrait être employé comme corps isolant.

Éducation de l'enfance. — L'Académie de médecine a entendu la lecture d'un rapport de M. Collineau sur un mémoire de MM. Pouget et Valat, relatif à la nécessité de l'intervention du médecin dans l'éducation physique et intellectuelle. Selon les auteurs, l'éducation doit tendre à un triple but : fortifier le corps par des exercices variés; entretenir la santé par des moyens hygiéniques constamment suivis et bien dirigés; enfin, donner à l'esprit, sans le fatiguer, des sujets d'exercice sur le plus grand nombre d'idées qu'il puisse acquérir. Ils trouvent, avec raison, que le système adopté dans les colléges ne répond pas à ce programme. Le mode uniforme de régime et d'instruction qu'on y applique leur semble dangereux pour la santé des élèves; ils ne craignent pas de lui attribuer une partie des maladies de l'enfance. Ils proposent le plan de réforme suivant : 1° dans tous les établissements d'éducation, le médecin ne s'occupera pas seulement du traitement des malades, mais il sera consulté sur tout ce qui est relatif à l'hygiène, et sera pour l'éducation physique ce qu'est le censeur pour l'éducation intellectuelle; 2° le médecin assistera le censeur dans l'examen des élèves, et tiendra deux registres, l'un déposé entre les mains du censeur et l'autre à l'infirmerie; 3° un examen pareil sera fait trimestriellement, et l'on tiendra compte des modifications survenues dans l'état sanitaire des élèves; 4° les malades seront l'objet d'une clinique particulière, et l'on notera sur le cahier d'observations le régime suivi, comme les médicaments administrés, l'état de l'élève à sa sortie de l'infirmerie et les conséquences possibles de sa maladie sur ses travaux intellectuels ultérieurs; 5° il sera dressé à la fin de l'année scolaire un tableau statistique et raisonné, qui sera déposé aux archives de l'établissement et inséré dans les registres de l'infirmerie; 6° un ou plusieurs médecins inspecteurs des lycées feront des examens dont les résultats seront envoyés à l'Université.

Tout en félicitant les auteurs, M. Collineau craint que le rôle donné aux médecins ne leur soit rendu très-difficile; pour notre part, nous ne ferons qu'un reproche aux auteurs, celui de n'être pas assez radicaux dans leurs projets de réforme, et de prétendre pallier les inévitables vices d'une chose aussi radicalement pernicieuse, au physique et au moral, que la vie de collége.

Les falsifications des cafés. — Le café peut être falsifié sous ses trois états différents : 1° à l'état de grains verts; 2° lorsque ces grains, torréfiés, sont encore entiers; 3° lorsqu'il est réduit en poudre. Comme bien on le pense, les falsifications du café en poudre doivent être plus nombreuses et plus faciles que celles du café en grains. Aussi nous étendrons-nous davantage sur ces dernières.

Pour falsifier le café en grains verts (crus), on imite sa forme au moyen d'argile plastique gris verdâtre ou jaunâtre, que l'on introduit dans des moules faits exprès. Une fois ces grains séchés, il faut y regarder de très-près pour ne pas les confondre avec les grains naturels. Il suffit, pour reconnaître cette fraude, de broyer dans un mortier des grains pris au hasard dans l'échantillon suspect : les grains argileux s'écrasent facilement, tandis que les véritables grains de café résistent habituellement ou bien se cassent en un très-petit nombre de morceaux; de plus, chauffés au rouge, les véritables grains brûlent avec flamme et laissent très-peu de cendres, tandis que les autres gardent à peu près intacte leur forme primitive et ne brûlent aucunement.

Le café en grains, non plus verts, mais torréfiés, a été quelquefois falsifié au moyen de boulettes d'une pâte brune faite soit avec du marc de café, de la chicorée, de l'orge mondé, du seigle ou des glands torréfiés, et imitant, à s'y méprendre, les grains véritables. Nous allons voir à l'instant comment on reconnaît la présence de ces substances, car ce sont aussi celles que l'on mélange le plus habituellement, après les avoir préalablement pulvérisées, au café moulu et torréfié.

Un échantillon de café en poudre étant donné, on reconnaîtra qu'il est mélangé avec des graines de céréales moulues et torréfiées (blé, orge, avoine, seigle, maïs), d'abord, à ce qu'il donne, avec l'eau distillée, une infusion qui, séparée du marc, reste louche et ne se précipite pas par le tannin, ce qui n'a pas lieu avec du café pur; ensuite, à ce que, traitée par l'eau iodée, l'infusion de ce café frelaté, préalablement décolorée au noir animal, puis filtrée, prendra une teinte bleue plus ou moins foncée, ce qui n'aura jamais lieu lorsque le café employé sera pur et exempt de tout mélange.

Les glands de chêne torréfiés, réduits en poudre et mélangés au café moulu, lui communiquent une saveur particulière; en outre, l'infusion de ce café, décolorée au charbon, devient plus ou moins noire par l'addition d'un persel de fer.

Enfin, pour s'assurer si le café moulu est mélangé de poudre de chicorée, on a recours au procédé suivant, fondé sur la texture différente des deux poudres qui absorbent l'eau dans un espace de temps inégal. On projette le café suspecté à la surface d'un long verre à pied rempli d'eau pure ou aiguisée par

5 ou 10 centièmes d'acide chlorhydrique; si le café n'est pas mêlé de chicorée, il surnage et absorbe l'eau très-lentement; s'il est mêlé de chicorée, celle-ci absorbe l'eau immédiatement, tombe au fond du verre et colore le liquide en jaune brunâtre.

CHEMIN DE FER FLOTTANT. — « De plus fort en plus fort, s'écriait dans le *Siècle,* il y a quelque jours, M. Edmond Texier. Un journal étranger nous annonce un chemin de fer flottant. Une compagnie vient de proposer aux cantons suisses, de charger, sur un radeau à vapeur, des trains entiers, waggons, locomotives, tenders, marchandises, voyageurs. On embarquerait le tout à Iverdun, dernière station du chemin de Genève; le radeau à vapeur traverserait le lac de Neufchâtel, la Thiête, le lac de Bienne; puis, à l'aide de cabestans gigantesques, on débarquerait les waggons tout chargés, et la locomotive n'aurait plus qu'à s'élancer sur le chemin de fer de Soleure. Tout cela paraît encore aujourd'hui impossible, invraisemblable, impraticable, et c'est pourquoi l'on peut parier à coup sûr que tout cela s'accomplira. » A ce propos, le journal *Cosmos* fait remarquer avec raison qu'à part l'idée évidemment absurde d'embarquer une locomotive, l'invention dont il s'agit est une invention française. Son véritable auteur est M. Marie, négociant, un des créateurs de l'industrie des vêtements confectionnés, qui l'a proposée il y a plus de cinq ans, et a même fait breveter ce mode de transbordement des chemins de fer, à travers les rivières, les lacs, les détroits et les mers.

Un bassin-écluse, ménagé au lieu de l'embarquement, amène le bateau à vapeur à la hauteur de la voie, de telle sorte que les rails qui, dans l'intérieur du bateau, doivent porter le convoi, soient les prolongements des rails du chemin; le train entre donc de plein pied dans le navire à vapeur; il s'y installe à une profondeur assez grande pour faire fonction de lest et assurer la stabilité de l'ensemble. L'idée de ce mode de transbordement vint à l'esprit de M. Marie, à l'occasion des difficultés que présentait le passage à travers la ville de Lyon, et par-dessus la Saône, du chemin de fer de Paris à la Méditerranée; elle fut soumise au conseil des ponts et chaussées, qui effrayé de sa hardiesse, ne l'adopta pas. M. Marie fut tout surpris d'apprendre, par une carte du parcours du chemin de fer d'Aix-la-Chapelle à Ruhrort, que son système est en pleine application sur le Rhin, entre Homberg et Ruhrort. Nous le verrons sans doute un jour entre Calais et Douvres, Boulogne et Folkstone, Dieppe et New-Hawen.

POUVOIR FULMINANT DE L'ARGENT. — Dans un de nos précédents numéros nous parlions, d'après A. M. Chenot, du pouvoir fulminant du silicium à l'état d'éponge. Cet habile expérimentateur écirt à l'Académie pour signaler une erreur par lui commise en cette circonstance. Le produit dont il a observé la détonation n'était pas, comme il l'a cru d'abord, de l'éponge de silicium, mais, ainsi qu'il l'a reconnu depuis, de l'argent à l'état de paillettes visibles seulement à la loupe.

---

## NOUVELLES ET CAUSERIES.

*Chemins de fer dans Paris. — Egouts du boulevard de l'Hôtel-de-Ville. — Rue vitree et chemin de fer de ceinture à Londres. — Soie métallisée. — Télégraphie électrique en Russie. — Ficus religiosa. — La chicha. — Ivoire végétal. — photographies gigantesques. — Puissance des chutes du Niagara. — Richesse houillière de l'Angleterre. — Papier de momies. — Routes agricoles en bois.*

⁂ La question de l'établissement de voies de fer dans Paris est à l'ordre du jour. Trois systèmes sont en présence : il y a d'abord le chemin de fer au niveau du sol, tel que nous le voyons appliqué sur les quais depuis Auteuil jusqu'à la place de la Concorde, et qui doit s'étendre ultérieurement jusqu'à Sèvres, d'un côté; jusqu'à Bercy et Vincennes, de l'autre. Il est question en second lieu d'une société qui établirait souterrainement un réseau de chemins de fer *omnibus* desservant les grands artères de Paris au moyen de six lignes dont la jonction se ferait aux halles. Il y aurait de nombreuses stations d'où la foule des voyageurs surgirait au jour comme si elle revenait des catacombes. Ces voies souterraines seraient éclairées *à giorno;* la traction se ferait au moyen de machines fixes; tous les transports encombrants s'opéreraient par ces issues secrètes où disparaîtraient les embarras de toute sorte et tous les *détritus* de la civilisation, comme dans certains palais la desserte du repas disparaît par une trappe. Cela coûterait 64 millions. Enfin, un troisième système se présente avec l'avantage d'une économie considérable et l'agrément de ne pas priver les voyageurs de la lumière du jour. C'est celui des voies ferrées aériennes. Dès que l'on admet la traction par des machines fixes, il n'y a pas de raison pour rejeter, d'une manière absolue, l'hypothèse de convois *omnibus* sillonnant les principales voies de communication à quinze pieds au-dessus du sol, sur une double ligne d'arcades d'une construction à la fois légère et solide, comme on sait les élever aujourd'hui.

⁂ Le boulevard de l'Hôtel de Ville, qui va réunir les places de l'Hôtel de Ville et du Châtelet, aura deux égouts construits sous les trottoirs de chaque côté de la voie; ces égouts, destinés à recevoir l'eau des ruisseaux et les eaux ménagères, renfermeront, en outre, des conduits d'eau et de gaz, et, pour le moindre accident, on ne verra pas les ouvriers remuer le sol et arrêter la circulation. Ce système est, depuis longtemps, pratiqué à Londres.

⁂ Dans la dernière assemblée du Comité d'examen des voies de communications de la ville de Londres, M. Joseph Paxton n'a proposé rien moins que d'entourer cette ville immense d'une rue et d'un chemin de fer circulaires; bâtie en arcades, bordée de maisons bourgeoises, de magasins et de boutiques, large de 72 pieds anglais, cette rue gigantesque serait couverte en glaces à 180 pieds au-dessus du sol; parallèlement aux arcades, et à une hauteur considérable régnerait un chemin de fer établi d'un côté pour l'aller, de l'autre pour le retour; rue et chemin de fer traverseraient la Tamise sur trois points. La dépense est évaluée à 35 millions de livres; le projet a été favorablement accueilli.

⁂ Un Lyonnais, M. Petit, qui s'est occupé d'une manière toute spéciale des transformatiens qu'on peut faire subir à la soie brute, a trouvé, dit-on, le moyen d'impreigner de différents métaux le fil en cocon; de sorte qu'il devient possible de tisser des étoffes moelleuses en or, argent, fer, etc...

Des essais ont eu lieu, ils ont, on l'assure, complétement réussi, et nous verrons bientôt des robes, des vêtements, des tentures en or, en argent, et ce qui n'est pas moins remarquable que le reste, c'est que ces tissus splendides ne seraient pas d'un prix très-élevé; d'ailleurs, ainsi que le remarque le *Salut public de Lyon,* lorsqu'une robe sera fatiguée, on l'enverra à la fonte.

⁂ Trois grandes lignes de télégraphie électrique rattachent Saint-Pétersbourg 1° à Mariopoul en Pologne sur la frontière prussienne, avec deux embranchements aboutissant l'un à Berlin, l'autre à Varsovie; ce dernier se prolonge jusqu'à Granitza au sud, où il rejoint les lignes de Prusse et d'Autriche; 2° à Moscou, avec embranchement l'un sur Kiew, forteresse de premier ordre, l'autre sur Perekoff en Crimée et Odessa; 3° à la Finlande, avec prolongement le long des côtes et dans l'intérieur du duché. Les lignes ont été établies par le corps des ponts et chaussées; le monopole de la construction et de l'installation des appareils a été concédé pour une somme d'environ dix millions à M. Siemens, de Berlin. Cet habile ingénieur, que rien ne gênait dans l'exécution de ses plans, a grandement perfectionné le système de Morse; il l'a rendu apte à imprimer les dépêches non plus en points et en lignes, mais en caractères romains ou slavons; de telle sorte, que par exemple, le général en chef de l'armée de Crimée, le prince Gortschacoff, peut communiquer avec l'empereur au Palais d'Hiver et écrire les nouvelles du théâtre de la guerre en langage immédiatement intelligible. M. Siemens aussi a résolu de la manière la plus complète et la plus satisfaisante le problème à l'ordre du jour de la transmission simultanée et en sens contraire des signaux par un seul et même fil. Celui qui vient de recevoir un premier signal peut alors le répéter ou le renvoyer au point de départ, pour prouver qu'il a bien compris, pendant qu'on lui en expédie un second. Il paraît qu'une condition essentielle de cette transmission simultanée est l'égalité absolue des courants circulant en sens opposés; M. Siemens établit cette égalité au moyen d'un appareil fort ingénieux qu'il appelle *agomètre*.

⁂ De tous les arbres de l'Inde, le figuier (*Ficus religiosa*) est le plus remarquable, tant à cause de l'étendue de terrain qu'il occupe que de la manière dont il se développe. Sa tige est ferme et garnie à une grande hauteur de branches fournies de feuilles ayant la forme d'un cœur et dont les pointes sont extrêmement aiguës. Quelques-uns de ces arbres atteignent une dimension prodigieuse : ils grandissent sans cesse et semblent être à l'abri de la destruction. Chacune des branches qui s'élancent du tronc est bientôt pourvue de racines ; ce ne sont d'abord que des fibres délicates bien éloignées de terre, mais peu à peu ces fibres se fortifient et elles grossissent jusqu'à ce qu'elles aient touché le sol dans lequel elles pénètrent et où elles puisent les sucs nécessaires pour devenir de robustes tiges semblables à celles d'où elles sont sorties, et pousser à leur tour de nouvelles branches qui ne tardent pas à produire elles-mêmes racines, tiges, etc. Cette filiation se continuant sans interruption, à moins que la nature n'y mette obstacle, on voit dans les Indes des figuiers qui ont plusieurs milles de circonférence et peuvent abriter au-delà de 8,000 personnes.

⁂ Les paysans de la côte du Brésil emploient le maïs sous trois formes : grillé, bouilli et liquide. Le maïs liquide s'appelle *chicha*, c'est la boisson du pays. Cette chicha est douée d'une telle force nutritive que les indigènes peuvent en vivre pendant des jours et des mois sans addition d'aucune autre nourriture. Les personnes qui en boivent habituellement, et particulièrement les femmes, finissent même par acquérir une telle obésité que parfois elles en deviennent incapables de se mouvoir ; le haut du corps et le ventre prenant une ampleur extraordinaire avec laquelle contraste l'amincissement excessif des jambes.

⁂ La substance blanche et dure appelée ivoire végétal qu'on rencontre maintenant en grande quantité dans le commerce, est fournie par un arbre magnifique très-commun dans l'Amérique du sud, qui a l'aspect d'un palmier et que les botanistes nomment *Phylephes macrocarpa*. Le fruit de cet arbre contient un liquide qui, d'abord clair, insipide, devient ensuite laiteux et doux, puis se solidifie et acquiert la dureté de l'ivoire. Tel est l'ivoire végétal. L'eau le ramollit, mais il reprend en séchant toute sa dureté.

⁂ Lors de la dernière séance de l'Académie, MM. Bisson frères avaient exposé dans la salle d'attente différentes vues des Tuileries, du Louvre, de l'Arc de Triomphe, dont les dimentions inusitées, jointes à une perfection remarquable, excitaient à bon droit l'admiration des assistants. Plusieurs de ces épreuves n'ont pas moins d'un mètre de haut et de large. Les négatifs ont été pris sur verre collodionné avec des objectifs achromatiques simples de huit à neuf pouces de diamètre et de deux mètres de foyer, sortis des ateliers dé MM. Charles Chevalier, Lerebours et Jamin.

⁂ Selon les calculs de Blackwell, la puissance des chutes du Niagara serait égale à celle de 7 millions de chevaux. D'autres observateurs l'estiment à 10 et même 12 millions. — Que de forces inutilisées sur le globe !

⁂ Le district houiller compris, en Angleterre, entre Leeds, au nord, et Coventry, au sud, ne possède pas moins de 440 mines de charbon. Le Yorkshire, à lui seul, en contient 265. Ces 440 mines sont exploitées par environ 800 puits d'extraction, dont la plupart sont munis de machines à vapeur. Les puits ont une profondeur variable; quelques-uns n'atteignent pas 100 mètres, et très-peu vont à 250 mètres. Les couches de charbon sont nombreuses, et varient tant en qualité qu'en épaisseur ; les plus minces couches exploitées ont 18 pouces anglais ; il y en a qui atteignent 3 mètres. Ces mines sont réunies à celles de fer par un réseau très-étendu de voies ferrées.

D'un autre côté, les importantes mines de charbon de Northumberland et de Durham produisent annuellement environ 14 millions de tonneaux. 6 millions de tonneaux sont destinés à Londres et aux côtes ; 2 millions sont exportés ; 2 millions et demi sont transformés en coke pour l'intérieur, les côtes et l'exportation ; 1 million est dévoré par les machines et 2 millions servent à la consommation ordinaire des districts.

⁂ Telle est la pénurie de matières propres à entrer dans la composition du papier, que certains industriels anglais ont proposé au vice-roi d'Égypte de lui acheter, pour les convertir en pâte à papier, les bandelettes de toutes les momies qui existent dans les sarcophages de ce pays. Cette conversion a d'ailleurs été essayée à Londres en 1847; on a fabriqué ainsi des papiers et des cartons de qualité remarquable. Daprès les calculs de ces industriels, les tombeaux égyptiens renferment au moins vingt millions de quintaux métriques de tissus. Il paraît qu'il y a là un bénéfice considérable à faire.

« Espérons cependant, dit M. Decaisne, qu'une si monstrueuse profanation n'aura pas lieu, et que le prince éclairé qui a la tutelle de l'Égypte, et qui, par cela même, est le protecteur né des derniers débris de l'antique civilisation d'où est sortie la nôtre, saura résister aux offres d'une vile cupidité. C'est assez, c'est déjà trop de ces actes de vandalisme à la suite desquels les os de nos soldats tombés sur le champ de bataille ont été convertis en engrais pour les champs de l'Angleterre ; la dévastation des tombeaux de l'Egypte, dans le but de grossir les revenus de quelques millionnaires égoïstes, serait une autre impiété ; ce serait un vol fait à la postérité, un vol que la conscience des peuples civilisés ne laissera sans doute pas s'accomplir. »

⁂ 375 kilomètres de routes agricoles vont être établies dans le département des Landes aux frais de l'Etat; les chaussées supporteront des rails en bois; c'est une excellente imitation de ce qui se pratique aux Etats-Unis. Le premier réseau aura 130 kilom. et coûtera à peu près un million.

## BULLETIN BIBLIOGRAPHIQUE.

— Du développement du foetus, par MM. A. Baudrimont et G.-J. Martin-Saint-Ange ; mémoire couronné par l'Institut. Grand in-4° avec 18 planches gravées et coloriées, chez Victor Masson.

— Etude de l'appareil reproducteur dans les cinq classes d'animaux vertébrés, au point de vue anatomique, physiologique et zoologique, par G.-J. Martin-Saint-Ange; mémoire couronné par l'Institut. Grand in-4° avec 17 planches gravées, en partie coloriées, chez J.-B. Baillière.

— Les Croyances, poésie, par Jules Marchessaux. 1 vol. format anglais, prix : 3 fr., chez Michel Lévy frères.

— Eclaircissements sur le magnétisme. — Cures magnétiques à Genève, par Ch. Lafontaine. 1 fr. 50, chez Germer-Baillière.

— Le Banquet, poème, par Henry Brissac. Broch. format anglais : 50 cent., chez Garnier frères, Palais-Royal, et à la Librairie-Nouvelle.

— Notices astronomiques. Première notice; la lune à l'exposition universelle, par Charles Emmanuel. In-8° : 1 fr., chez l'auteur, 17, rue Dugay-Trouin.

*Le propriétaire, rédacteur-gérant :*
Victor Meunier.

PARIS. — IMP. J.-B. GROS, RUE DES NOYERS, 74

Première année. — N° 28. Quinze centimes. 15 juillet 1855.

# L'AMI DES SCIENCES

PAR

## VICTOR MEUNIER

BUREAUX D'ABONNEMENT :
**13, RUE DU JARDINET, 13.**
Près l'École de Médecine.

**Paraît le dimanche.**
(Les abonnements datent, au gré des souscripteurs, du commencement de l'année ou du premier dimanche de chaque mois).

PRIX DE L'ABONNEMENT POUR L'ANNÉE.
**PARIS, 6 FR. — DÉPARTEMENTS, 8 FR.**
ÉTRANGER, surtaxe en sus.
Envoyer un mandat de poste.



### L'ÈRE DE LA SCIENCE.

Le fait culminant des sciences au point de vue théorique, c'est l'esprit d'unité qui les anime, c'est leur tendance à s'associer pour former ensemble un seul édifice immense, majestueux, comme la nature qui est son modèle. La plupart des découvertes faites dans le cours de ce siècle ont, en effet, ceci de commun, qu'elles établissent des liens entre des séries de phénomènes primitivement isolées. La physique entière est sur le point de constituer son unité. Déjà la chaleur, la lumière, l'électricité (avec laquelle le magnétisme ne fait qu'un), forment trois séries parallèles entre elles. Le même mouvement de centralisation s'opère en chimie, et s'observe particulièrement dans les tentatives faites en vue de réunir, sous les mêmes lois, la partie organique et la partie minérale. La même chose a lieu dans les sciences naturelles ; il suffit de mentionner les immortels travaux relatifs à l'unité de la composition organique, le parallélisme reconnu entre le développement embryogénique et la série animale, et enfin les efforts couronnés de succès pour soumettre les monstres à la législation des êtres normaux.

En même temps que chaque science tend ainsi à se constituer, un mouvement énergique de condensation les porte toutes les unes vers les autres. La physique et la chimie ne sont plus que les deux sections d'une seule et même science, dont, à son tour, la biologie est devenue inséparable. Une branche de recherches, en grand honneur aujourd'hui, est celle des rapports existants entre les sciences physiologiques et les sciences physiques. Enfin, on voit venir le moment où la cosmologie ne formera plus qu'un seul et même tout, et l'organisme sidéral apparaîtra comme une grande unité.

Là ne s'arrête pas l'aspiration unitaire de la science. On l'a vu aborder dans le même esprit l'histoire, la psychologie, l'économie, la religion, les choses de la foi et celles du raisonnement, et dans plus d'une de ces branches elle a produit des résultats conformes à ceux dont les sciences cosmologiques se sont enrichies.

Et si ce mouvement n'a pas encore ici le même éclat qu'ailleurs, c'est que le champ des sciences philosophiques, morales et politiques, n'a été (cela devait être) soumis à une culture vraiment rationnelle que bien longtemps après la cosmologie ; mais la rapidité du progrès étant un des caractères de la science actuelle, on ne peut douter que la Noologie ne s'élève au rang de son aînée en bien moins de temps que celle-ci n'en a mis pour arriver au point où elle est maintenant.

Non seulement la centralisation s'opère dans le sein de plusieurs des sciences historico-philosophiques, non seulement elles tendent en outre les unes vers les autres, mais, et ceci complète le tableau, la Cosmologie entière et toute la Noologie (et c'est le système entier des sciences), aspirent à se souder l'une à l'autre comme les deux parties d'un même être, ou plutôt à se pénétrer comme l'âme et le corps.

En ce moment, une collection de faits dont le charlatanisme s'est emparé, que la routine académique a dédaigné, et dans laquelle les esprits sans prévention ne peuvent faire encore avec certitude la part du vrai et du faux, le Magnétisme occupe la place centrale où s'élèvera une science sublime, celle des rapports du monde des esprits avec le monde des corps.

Alors la physique, la physiologie et la psychologie, étant unies par leurs bases, les grandes lignes de l'édifice unitaire seront définitivement tracées; il ne restera plus à innover que dans les détails. A l'ère confuse des sciences succédera l'ère lumineuse de la science.

Et les divers compartiments de nos connaissances ne seront plus que les chapitres distincts de la doctrine universelle du fini et de l'infini, du ciel et de la terre, de l'esprit et des corps, de la nature et de l'histoire, du passé, du présent et de l'avenir, créée par l'homme à son éternelle gloire et pour son usage.

Augurerons-nous trop de la puissance d'invention du temps où nous sommes, en pensant que le siècle ne passera pas avant que ce résultat sublime ne soit, je ne dis pas acquis, mais nettement entrevu ? Il est certain, du moins, que tel est le but de l'investigation scientifique, et tôt ou tard elle l'atteindra.

Alors la science cessera d'être la propriété exclusive du géomètre et de l'industriel, pour devenir l'inspiratrice de l'art, le flambeau de la foi, la source où s'abreuveront toutes les sympathies généreuses, le foyer où s'embrâseront tous les enthousiasmes.

Elle appellera les âmes rêveuses et tendres en même temps que les esprits positifs, ceux qui ont besoin de croire autant que ceux qui ont besoin de connaître, ceux qui cherchent des consolations, comme ceux qui cherchent des triomphes, et les esprits s'en retourneront illuminés, les âmes fortifiées, les cœurs soulagés. Cette science, froide et compassée, qui ne s'adressait qu'à la raison mathématique, que l'industrie seule venait consulter, où l'art ne trouvait pas d'aliment, dont le contact glaçait les âmes aimantes, et dans laquelle les cœurs religieux voyaient une ennemie, c'était la science, à ses débuts, essayant ses premiers pas, sondant le terrain; ce n'était pas la science en possession d'elle-même et de son sujet. Elle était alors dans cette phase de basse enfance donnée au développement des organes, à l'éducation des sciences, afin que le corps étant sain, une âme saine puisse y demeurer. C'était la plante à l'époque où elle n'a poussé que des racines et une tige, et qui donnera plus tard des fleurs embaumées et des fruits savoureux. C'était l'édifice dont on pose les fondations, une chose n'offrant d'intérêt qu'aux gens du métier, mais qui, achevée, remuera l'âme et transportera l'imagination.

Sans doute la science n'interrompra jamais ce travail rigoureusement méthodique qui fait sa force. Elle continuera, et elle fera bien, de ne pas mettre un pied devant l'autre avant d'avoir assuré celui-ci; elle ne s'aventurera pas sur un terrain nouveau avant d'avoir pris la peine de le sonder; elle ne se lassera jamais de vérifier les résultats obtenus; quand il s'agira d'analyse, elle refusera de se fier à l'imagination; elle ne consentira pas à voir dans l'*a priori* le plus séduisant autre chose qu'un flambeau pour éclairer sa voie.

Mais en même temps qu'elle accomplira par en bas ce patient et sérieux travail, elle continuera de s'élancer vers le ciel, exhaussant chaque jour davantage ces tours, ces minarets et ces dômes d'où les yeux ravis découvrent des horizons immenses et qui s'agrandissent toujours.

C'est ainsi que la plante fortifie à la fois ses racines et ses tiges, pénètre d'un seul effort plus avant dans le sol et plus haut vers le ciel, multiplie en même temps les radicelles et les rameaux verdissants, les spongioles et les fleurs brillantes. Et si la beauté du port, la grâce du feuillage, le parfum et l'éclat des corolles sont ce qu'en elle on aime et l'on admire, il ne faut pas oublier que rien de tout cela n'existerait sans l'obscur travail qui s'opère dans le sol.

Un jour viendra donc où l'on verra que la science n'est étrangère à rien de ce qu'il y a de grand, de généreux, de hardi et de tendre dans la nature humaine; on verra aussi qu'elle n'aboutit ni au matérialisme ni à l'impiété. Et, en effet, s'il est démontré que l'esprit de l'homme a puissance de remuer le monde et de la transformer, il devient difficile d'admettre que jusqu'à l'apparition de l'homme, le monde n'ait rien eu à démêler avec l'esprit; de l'agrandissement du rôle de l'homme, qui est dû à la science, devra donc résulter la glorification de l'esprit.

J'ajoute ceci : on avait fait sa part au divin; on lui avait donné un coin de notre âme; la science, loin de l'en bannir, lui livre l'homme tout entier; elle montre le divin dans la philosophie et dans la science au même titre que dans ce qu'on a appelé exclusivement révélation. Remarquons-le enfin, aller du visible à l'invisible, c'est employer la bonne méthode du connu à l'inconnu. Ainsi font les minéralogistes, quand, de la forme géométrique d'un cristal et de sa composition chimique, ils déduisent la forme et l'arrangement de ses molécules; ainsi font les astronomes quand, par le calcul des perturbations, ils démontrent l'existence d'un astre qui n'a pas encore été vu des yeux du corps.

Ceux que rebute la sécheresse actuelle de la science seront donc invinciblement attirés, et l'on reconnaîtra que si la science s'est tenue longtemps éloignée de l'art, de la poésie et du sentiment religieux, c'était pour récolter les ingrédients d'où ils extraient leur miel parfumé.

Il faut ajouter que l'homme ne se connaît pas encore tout entier. Par cela seul que l'humanité encore éparse tend vers l'unité, on peut dire qu'elle n'est pas née. Toutes les analogies indiquent, et plus d'un fait atteste, que sa naissance sera signalée par la manifestation de facultés qui l'élèveront au-dessus de son état présent, autant que l'enfance est au-dessus de la vie fœtale. Ce sera alors cette « révélation de la révélation » qu'annonçait de Maistre.

---

## Cas remarquables de somnambulisme naturel.

L'observation suivante a été communiquée à l'Académie des sciences, inscriptions et belles-lettres, de Toulouse, par M. le docteur Gaussail ; elle a pour témoins plusieurs médecins, parmi lesquels MM. Jules Naudin et Marchand ; nous la mettons ici afin qu'elle soit plus en vue. Des faits qu'elle mentionne à quelques-uns de ceux qu'on comprend sous le titre de magnétisme animal, il n'y a pas plus loin que des cas d'anesthésie spontanée à ceux que le chloroforme et l'éther déterminent, et si l'on admet comme exacts les phénomènes qui vont être rapportés, il n'y a aucune raison de contester la réalité des effets analogues que les magnétiseurs prétendent produire à l'aide de passes ou par tout autre moyen.

Il s'agit d'une jeune personne de 24 ans, ayant éprouvé divers accidents morbides, parmi lesquels ont longtemps dominé ceux de l'*hystérie*; depuis trois ou quatre ans, ces derniers sont venus aboutir au *somnambulisme*, sans toutefois abandonner leur forme initiale. Au contraire, à l'approche de chaque crise somnambulique, les muscles de la face se convulsent, une raideur tétanique s'empare des membres, le cœur est en proie à une agitation extrême, ses battements sont irréguliers, enfin l'organe utérin subit des convulsions tellement énergiques, que la main fortement appliquée sur la région hypogastrique est impuissante à les modérer. Ces phénomènes durent plus ou moins longtemps, le calme enfin leur succède, et avec lui arrive le sommeil somnambulique. Voici ce qu'en raconte M. le docteur Gaussail.

Ce qui frappe tout d'abord dans ce nouvel état, c'est, dit-il, une animation particulière, et même une sorte d'embellissement des traits. — Il constate ensuite que la malade s'exprime avec un timbre de voix plus élevé, un accent plus pur, des expressions plus correctes et mieux choisies que dans l'état de veille. — Il note en troisième lieu, comme bien digne de remarque, l'étendue et la précision qu'acquiert la mémoire, et, en effet, à plusieurs reprises, M. Naudin a obtenu de la malade endormie des détails qu'éveillée elle ne pouvait lui fournir sur les noms, les combinaisons et les doses des nombreux médicaments qui lui ont été administrés dans les divers traitements prescrits par plusieurs médecins. — Pendant ces crises, la malade qui n'éprouve alors ni souffrance ni malaise, qui lit, brode et coud, avec une surprenante rapidité, la malade, dis-je, prédit avec assez de précision, soit la durée de la crise actuelle, soit le moment de la crise prochaine, et elle indique ce qu'elle fera pendant la durée de cet état. — Elle ne conserve aucun souvenir des crises qui souvent persistent pendant deux, trois et quatre heures, quelquefois pendant un jour, et le temps qu'elles durent est comme retranché de son existence normale. — « Plusieurs fois, au commencement des crises, il s'est manifesté une flexion convulsive de la jambe gauche portée à ce point que la face postérieure de cette portion du membre, y compris le talon et la plante du pied, étaient comme collés à la face postérieure de la cuisse et de la région fessière. La force avec laquelle se produit cette contraction est telle que deux fois l'une des planchettes d'un appareil destiné à maintenir la jambe graduellement amenée dans l'extension, a été rompue; l'épaisseur de cette planche est cependant d'environ 25 millimètres. » — Enfin la malade conserve depuis cinq années un degré d'embonpoint qui n'est nullement en rapport avec la petite quantité d'aliments qu'elle ingère.

Pour toute réflexion nous nous bornerons à rappeler ce principe posé par nous dans la *Presse*, et que nous développerons ici à l'occasion : « l'état ordinaire des êtres n'est que l'un des états qu'ils peuvent présenter; et il y a en eux plus que leurs manifestations ordinaires n'indiquent. »

« Nous sommes donc pleinement autorisés, disions-nous encore, à poser en fait et comme notre présent point de départ, que la forme sous laquelle chaque être, l'homme lui-même, se présente (par forme, nous entendons et l'arrangement organique et le système dynamique), que cette forme n'est qu'une de celles sous lesquelles il peut se présenter. Nous sommes autorisés à poser le grand principe de la mutabilité et par conséquent de la perfectibilité des créatures, et à regarder tout être dans son état présent, non comme une valeur immuable, mais comme le produit de deux facteurs variables, savoir un principe interne et les circonstances extérieures. » (Feuilleton du 16 mai 1852.)

C'est de ce point de vue (mutabilité, perfectibilité) que nous observons les faits du genre de ceux qui viennent d'être rapportés.

## De deux prétendus Aztèques nouvellement arrivés à Paris.

« On montre en ce moment à Londres, et probablement on montrera un de ces jours à Paris, écrivions-nous en août 1853, deux enfants extraordinaires, un garçon et une fille, âgés, dit-on, de dix à onze ans qui ont été trouvés au Mexique, et qu'on présume appartenir à la race Aztèque, ce qui n'est pas flatteur pour celle-ci. Nous sommes réduit sur leur compte à des détails, à la vérité très-précis, mais uniquement descriptifs dus à M. de Saussure. On va voir que ce sont bien les deux plus rares échantillons d'anomalies qui soient au monde. Quelle trouvaille pour les teratologues et les antropologistes ! »

Ils sont en effet à Paris et vont être livrés sur je ne sais quel théâtre à la curiosité publique. En attendant que chacun puisse les voir, et que les savants nous disent ce qu'ils en pensent, nous allons en donner un aperçu à nos lecteurs.

On accorde au garçon dix-neuf ans, quatorze ans à la fille. Ils sont très-petits pour l'âge qu'on leur prête. Le premier a 30 pouces 6 lignes et pèse 25 livres ; la seconde a 25 pouces et pèse 18 livres. Leur peau est lisse et d'un bistre foncé ; leurs têtes couvertes de cheveux noirs très-crépus, non laineux, sont du volume de celle d'un enfant au moment de la naissance; le nez comprimé vers le haut, légèrement aplati vers la base, fait une saillie considérable; le front est si oblique qu'il continue la ligne du nez ; les yeux noirs, surmontés d'un sourcil très-étroit et médiocrement fourni, brillent d'en éclat extraordinaire ; le maxillaire supérieur est très-avancé, et à partir de cet os, la face fuit autant que le front ; la mâchoire inférieure est en arrière de la supérieure, et le menton est encore en retrait. Lorsque la bouche est fermée, non seulement les incisives supérieures couvrent entièrement les inférieures, mais elles les dépassent d'une quantité sensible.

Avec cela leur physionomie a de la douceur et de l'intelligence.

Les dents et les mains sont des plus anormales.

A la mâchoire inférieure, une seule grande dent figure les quatre incisives, et il n'y a point de places pour les autres. La main est remarquable par la brièveté du pouce et celle du petit doigt. Non seulement le pouce est court, mais il est moins opposable que d'habitude; le petit doigt, au lieu d'atteindre jusqu'à la deuxième phalange de l'annulaire, ne va pas jusqu'au milieu de cette phalange. De plus, les deux dernières phalanges de ce doigt paraissent réunies en une seule et tout à fait ankylosées chez le garçon. Chez la jeune fille, il y a des mouvements obscurs dans cette partie.

Quelques traits empruntés textuellement à la note de M. de Saussure compléteront le portrait de cette singulière espèce.

A propos de l'exiguité des personnages, l'observateur dit : « Il est difficile de considérer cette réduction de la taille comme le résultat d'un arrêt de développement, à cause des proportions parfaites de la forme, qui est élancée et semblable à celle de l'âge adulte. » L'angle facial est de 60 degrés environ. Voici un détail très-important : « Le front est bas, et n'offre aucune trace de dépression; au contraire, sur le milieu s'étend une crête osseuse, verticale, peu visible, il est vrai, mais très-sensible au toucher, crête qui se termine, sous le cuir chevelu, vers le milieu du coronal, par une petite bosse osseuse ; les arcades des sourcillières forment une saillie transversale.

Au dessous des orbites sont deux enfoncements très-visibles dirigés obliquement de dedans en dehors et de haut en bas.

N'est-il pas surprenant qu'on trouve en même temps deux êtres pareils et qu'ils soient précisément l'un mâle et l'autre femelle? S'ils allaient faire souche! Cette forme de tête, cet angle facial, ces crêtes frontales et sourcillières, ces creux sous-orbitaires, ces dents et ces mains sont moins de l'homme que des animaux, et cela tient d'une multitude d'animaux à la fois. L'angle facial est au dessous de celui de plusieurs singes; les crêtes osseuses sont un trait de ressemblance avec l'orang-outang; la main est d'un singe, sous certains rapports. Quand on dit que ces deux enfants sont de race aztèque, on veut dire, je présume, que ce sont des aztèques anormaux. Et n'est-il pas singulier qu'ils soient avec cela de taille bien proportionnée!

Leurs poses sont, dit-on, celles des idoles mexicaines; on prétend qu'ils ont rempli auprès de quelques peuplades sauvages l'office d'idoles. Mais n'ayons qu'une confiance médiocre dans l'histoire qu'on leur a faite. Ce qui est certain, c'est que si les pauvres enfants ont été adorés, les voilà bien déchus !

## REVUE DE L'EXPOSITION.

MACHINES A COUDRE. — Nous mettons sur le même rang, quant aux conséquences qu'elles exerceront, les machines agricoles et les machines à coudre; celles-là viennent révolutionner la première et la plus considérable des industries, celles-ci changeront les conditions d'existence de la moitié du genre humain. La perturbation apportée dans le travail des femmes ne sera pas d'abord (il est aisé de le prévoir ; prévoir ici c'est se souvenir) à l'avantage de celles-ci. Mais est-il beaucoup de machines qui aient mérité à leur début les bénédictions de ceux à qui elles venaient en aide? Voyant au delà du jour présent, nous saluons l'avènement prochain de la couture à la mécanique et à la vapeur.

Parmi les machines exposées, celle de M. Singer, introduite en France par M. Callebaud, qui en est ici le seul constructeur, paraît devoir obtenir la palme ; depuis quelques temps déjà, l'Amérique et l'Angleterre l'ont adoptée, et il s'est formé dans ces pays des établissements de confection, où l'on coud par ce moyen des objets de toilette, d'habillement et d'ameublement. Elle est en effet également applicable au travail des tailleurs, des couturières, corsetières, piqueuses de bottines, chamareuses, des selliers, etc. Elle fait la lingerie et le ouatage, emploie un seul fil, fait environ 500 points par minutes, points dont la longueur se règle au moyen d'une vis, et tous les dix points un nœud, se formant, donne à la couture ou à la piqûre une solidité exceptionnelle. Coupe-t-on le fil en un endroit quelconque d'une couture, il ne peut se défaire plus de sept points.

Les tentatives faites depuis une vingtaine d'années en vue de substituer le cousage mécanique au cousage à la main sont très-nombreuses. On compte dix-huit brevets pris dans ce but en France et à l'étranger depuis 1830. En voici la liste empruntée à une notice de M. Callebaud.

Thimonnier (français), 1830, 17 avril. 1 seul fil. Thimonnier, tailleur à Amplepuis (Rhône), dont l'*Ami des Sciences* a parlé dans un de ses précédents numéros, est le premier en date et le véritable inventeur des machines à coudre. Il n'en a recueilli aucun profit matériel; que l'honneur lui reste. Il cousait avec un seul filet produisant un point de chaînette ; son aiguille était à crochet et fonctionnait verticalement. En s'abaissant elle perforait l'étoffe et allait saisir le fil en dessous pour le ramener en dessus.

Le point arrière se formait donc en dessous, et le point de chaînette en dessus, comme dans la broderie au crochet.

Walter Hunt (Américain), 1834, emploie une aiguille verticale avec l'œil près la pointe et une navette. L'aiguille conduisait le fil à travers l'étoffe au dessous de laquelle se trouvait ainsi formée une boucle, dans laquelle la navette animée d'un mouvement circulaire ou rectiligne faisait pénétrer un autre fil. La couture était très-solide, mais il y avait là des difficultés d'exécution qui aujourd'hui ne sont pas encore résolues; la navette paraît être généralement abandonnée.

J.-J. Greenough (Américain), 1842, 1er février; — Georges R. Corliss, de Greenwich (Américain), 1843, 27 septembre; — Ellias Howe, de Cambridge (Américain), 1846, 10 septembre; — Thomas, de Londres (Anglais), 1846, 10 décembre; — Sénéchal, de Belleville (Français), 1847; — Lerow et Brodgett (Américains), 1849, 2 octobre; — C. Morey et Joseph B. Johnson (Américains), 1849, 6 février. Revenant à l'invention de Thimonnier, ils remplacèrent la navette par le crochet, d'où la suppression d'un fil.

Phelizon (Français), 1850, 27 octobre, emploie l'aiguille à double pointe avec l'œil au milieu, qu'Heilmann avait inventée et appliquée à son métier à broder. La machine était encombrante, compliquée; on ne pouvait faire d'ailleurs que des coutures droites.

Allen B. Wilson (Américain), 1850, 12 novembre, emploie une navette en disque circulaire.

Groner et Baker (Américains), 11 février 1851. Ici apparaît pour la première fois l'emploi de deux aiguilles, l'une verticale, l'autre horizontale, celle-ci faisant pénétrer son fil dans les anses formées par le fil de la première.

Canonge (Français), 1er janvier 1852, emploie, comme Phelizon, l'aiguille à double pointe.

Robinson (Américain), 4 avril 1851. — Ch. T. Judkins (Anglais), 1852, 16 octobre. — Otis Avery, de Pensylvanie (Américain), 19 octobre 1852. — Thompson (Américain), 29 mars 1853, a l'idée d'aimanter la navette.

Isaac Singer (Américain), 27 février 1854, qui, comme nous l'avons dit, emploie un seul fil. Nous reviendrons sur cette dernière machine.

Machine a faucher et a moissonner de M. John Mamey. — Au moment où cet article paraîtra, nous saurons exactement à quoi nous en tenir sur le mérite de cette machine, car elle aura été publiquement expérimentée dans le département de Seine-et-Marne. L'inventeur est Américain; la machine est simple, elle ne pèse que 450 kilog., elle est d'un prix modique, bien que pouvant être utilisée à la fois comme faucheur et comme moissonneur; donc elle tient lieu de deux instruments indispensables, et se convertit de l'un en l'autre en quelques secondes. D'après M. Mamey, elle se recommande par son peu de tirage, par la facilité avec laquelle elle s'adopte aux terrains inégaux, une bascule permettant au conducteur d'élever et d'abaisser à volonté l'appareil coupant. Enfin elle faucherait avec aisance l'herbe ou le grain couché, mouillé ou sec, et n'importe par quel vent.

Avec deux chevaux, un conducteur et un garçon pour moissonner les céréales, un conducteur seulement pour faucher les herbes, les foins, etc., elle peut, suivant l'inventeur, couper en une journée de dix heures, une longueur de 10 lieues de terrain, sur 5 pieds de large; elle fait, par conséquent, 1 lieue à l'heure.

Locomotives Crampton. — Plusieurs locomotives Crampton figurent à l'Exposition. Ces machines sont considérées comme offrant le vrai type de la locomotive à grande vitesse. Elles ne datent que d'un petit nombre d'années, mais, si on veut en retracer l'histoire, il faut remonter jusqu'en 1833. Jusqu'à cette époque, la largeur de la voie des chemins de fer était en Angleterre de 1m50. M. Brunel la porta à 2m13 sur le Great-Western-Railway. L'augmentation de la largeur de la voie permettait d'obtenir une plus grande surface de chauffe directe, des cylindres plus vastes et des roues d'un diamètre illimité. Placée dans de semblables conditions, une machine devait obtenir des vitesses inconnues jusqu'alors. M. Brunel voulait pouvoir remorquer un poids de 80 tonnes à une vitesse de 72 kilomètres à l'heure. Il donna aux roues 2m43 de diamètre. En 1842 on put remorquer un poids de 181 tonnes à une vitesse de 94 kilomètres 50 par heure. Les machines employées pesaient en charge 50 tonnes et reposaient sur huit roues. Pour rivaliser de vitesse, les ingénieurs de la petite voie durent modifier les dimensions des locomotives. Ne pouvant élargir le foyer, Stephenson allongea les chaudières; il obtint ainsi une plus grande surface de chauffe indirecte. L'emploi des cylindres intérieurs lui permit d'augmenter le diamètre des roues, mais l'adoption des grandes roues devait amener l'élévation du centre de gravité de la machine; la stabilité devenait douteuse dans les grandes vitesses. C'est alors qu'intervint M. Crampton: il changea complétement le système des machines employées. Il plaça les roues motrices en dehors de la boîte à feu et put ainsi leur donner un diamètre illimité. Cette nouvelle disposition laissa au foyer l'espace nécessaire pour s'allonger dans le sens de la voie; le mécanisme fut placé à l'extérieur au lieu d'être renfermé sous la chaudière, le centre de gravité fut abaissé, et la machine, reposant sur la voie par ses deux extrémités, ne laissa rien à désirer sous le rapport de la stabilité.

La première machine que M. Crampton fit construire, fut la machine *le Namur*, destinée au chemin de Liége à Namur. Il donna aux roues motrices un diamètre de 2m25, ce qui ne s'était jamais fait jusqu'alors pour la petite voie. Essayé à plusieurs reprises sur le chemin du North-Western, *le Namur* remorqua un train de 80 tonnes, non compris le poids de la machine et du tender, à une vitesse de 82 kil. 10 à l'heure, et un poids de 52 tonnes à une vitesse de 100 kilomètres.

Le problème était résolu, la petite voie pouvait désormais lutter de vitesse avec la grande. Introduit en France en 1848 par la compagnie du Nord, le système Crampton n'a pas tardé à être adopté par les compagnies de Lyon et de l'Est où il prévaut aujourd'hui.

La plus forte pièce forgée jusqu'a ce jour. — Cette pièce est un arbre de marine. Elle ne figure pas personnellement dans la galerie du bord de l'eau, mais s'y est fait représenter par un spécimen exact. Elle n'y figure pas parce que le navire auquel elle est destinée l'attend. C'est le vaisseau à hélice l'*Eylau*, en construction chez M. Cavé. L'arbre sort de la forge de Rive-de-Gier et se rend par les canaux dans les ateliers du constructeur. Son poids est de 23,000 kil.; une machine de 900 chevaux commandera cette énorme pièce de fer. Elle a six coudures parce qu'elle sera commandée par six cylindres de 150 chevaux chacun de puissance.

Dans la marche ordinaire de ce magnifique vaisseau de l'Etat, l'hélice fonctionnera avec une vitesse de 50 à 54 tours par minute. Mais vienne une tempête, le navire incliné sur le flanc demeure un instant au sommet d'une vague, alors l'hélice apparaît à la surface de l'eau, et se mouvant dans l'air, dont la densité est 804 fois moindre que celle de l'eau, elle prend pendant quelques secondes une vitesse excessive, après quoi elle éprouve subitement la terrible secousse d'une vague en furie; en ce moment où la resistance devient triple et quadruple de ce qu'elle est dans la marche par un temps calme, la sécurité du vaisseau dépend complétement de la solidité de la pièce coudée à six manivelles dont nous venons de parler. Les ingénieurs avaient calculé que cette pièce devait peser 20,000 kil.; on voit que la condition sera plus que remplie. Elle sera au fond du vaisseau, commandée par les six cylindres inclinés trois de chaque côté, et le poids total de la machine servira de lest. Cet arbre de marine, au moment ou il sortait brut de la forge, valait plus de 80,000 fr. Mais il faut dire que c'est la pièce capitale; la machine de 900 chevaux coute 650,000 fr.

Automates. — Pour terminer par un morceau plus léger, disons un mot d'un certain pavillon contenant des pièces mécaniques autour duquel, grands ou petits, les curieux s'empressent toujours. Deux pendules attirent d'abord l'attention: l'une est surmontée d'un arbre sur lequel sont perchés trois ou quatre oiseaux, colibris, oiseaux-mouches et autres lilliputiennes créatures. Au bas est un rocher d'où l'eau s'échappe dans un bassin au bord duquel est un autre volatile. Tout-à-coup la gent emplumée s'anime comme si elle était touchée par la baguette d'une fée; le colibri s'élance en chantant d'une branche à l'autre, l'oiseau-mouche remue les ailes et fait mine de s'emparer d'un scarabée fixé sur une feuille; l'oiseau du bassin boit, enfin chacun est doué de mouvement et fait entendre son petit gazouillement. Cela a beaucoup de succès.

La seconde pendule n'en a pas moins, le sujet qui l'illustre est une danseuse de corde exécutant ses voltiges au son des instruments de deux musiciens. La danseuse s'élance en l'air et retombe sur une corde qui ploie sous elle; elle s'asseoit, se met à genoux, le tout avec grâce. Quand la représentation est finie, il est plus d'un curieux portant barbe au menton qui regrette de voir la danseuse se reposer.

D'autres pièces mécaniques sont à côté des pendules : un mouton et une chèvre bêlent, remuent la tête, les oreilles et la queue, ferment les paupières et les ouvrent tout comme des bêtes naturelles, dont elles ont d'ailleurs la taille et la toison. Des poupées parlent, des singes font des grimaces. Tous ces charmants enfantillages où tant d'invention et de travail ont été si stérilement dépensés, amusent fort les visiteurs.

Tableaux en cheveux. — Nous mettons à peu près sur le même rang que les joujoux précédents, les chefs-d'œuvre d'un brodeur qui expose des tableaux dessinés sur soie au moyen de la broderie en cheveux. Il y a de ces tableaux grands comme un carré de papier qui sont cotés 600 fr. Quel emploi de la force! quel emploi de l'argent! et l'agriculture manque de bras et de capitaux!

---

## CORRESPONDANCE.

### Chemins de fer dans Paris, système de M. Kérizouet.

Paris, 12 juillet 1855.

Monsieur,

Vous combattez si vaillamment et si généreusement pour conserver à chacun le mérite de ses inspirations, que l'on vous doit de vous signaler toute occasion d'une bonne action de ce genre.

Dans son numéro du 19 juin dernier, le journal le *Siècle* a développé tout un système de chemin de fer dans Paris, en citant, comme ayant attaché son nom au projet, un ancien ingénieur divisionnaire des ponts et chaussées.

J'ignore à quelle date le savant ingénieur fait remonter son travail, mais, dans l'intérêt de la grande famille des ingénieurs civils, j'ai recours à vous, Monsieur, pour ne pas laisser effacer en cette occurrence le nom d'un confrère aussi savan que modeste, M. de Kérizouet, ancien élève de l'école de Saint-Étienne, qui a conçu la première idée des voies de fer dans Paris, en 1839; il y travailla depuis lors pour la compléter, et, en août 1845, M. de Kérizouet adressa à M. de Rambuteau, préfet de la Seine, une brochure ayant pour titre: *Un projet d'établissement de chemins de fer dans l'intérieur de Paris*, accompagné de plans, coupes et devis. A cette époque, le chemin de ceinture extrà-muros, combattu par M. de Kérizouet, n'existait pas, et il en proposait un reliant le chemin du Nord à l'embarcadère de Rouen, en utilisant une partie de la voie publique restée improductive jusqu'à ce jour. Ce chemin part de la tête du chemin de Belgique, descend parallèlement à la rue Hauteville, en partie à ciel ouvert jusqu'à la place de la Bastille, qu'il traverse souterrainement. Il reparaît à ciel ouvert pour traverser le canal Saint-Martin, par un pont biais, à la hauteur du chemin de Lyon. Dans le parcours, il touche à l'entrepôt des douanes. Un embranchement ira jusqu'aux halles, en utilisant des rues trop étroites pour la circulation des voitures par l'établissement d'une voie de fer à niveau, construite de façon à permettre le passage des voitures ordinaires et à prévenir toute espèce d'accidents. Cet embranchement suit la rue Montdétour, traverse celle Mauconseil, du Petit-Lion, et par la rue des Deux-Portes arrive à l'entrepôt des glaces. De là, une tranchée aboutit à la rue des Forges, suivie en souterrain, comme la rue de Cléry, jusqu'à raccordement sur le boulevard Poissonnière, avec reliement au chemin de Strasbourg.

Les voies nouvelles sont, dans leur longueur et de chaque côté, bordées de maisons destinées à servir de magasins: d'autres maisons, de distance en distance, sont construites à cheval sur la voie : donc, point de perte de terrain et désencombrement forcé des rues, par la concentration du mouvement des marchandises à emmagasiner.

Le projet de M. de Kérizouet fut déposé au ministère, et l'enquête ordonnée par M. Legrand, tenant pour le moment le portefeuille par intérim, eût pour résultat d'établir la possibilité d'exécution.

A la fin de 1847, un modèle en relief des rues de fer conçues par M. de Kérizouet fut déposé à la chambre des députés, où il fut accueilli avec enthousiasme; plus tard ce modèle, par ordre du préfet, fut installé dans une salle de l'Hôtel-de-Ville, où, en 1848, au milieu des agitations populaires, il fut brisé et dispersé ; mais les projets de M. de Kérizouet avaient été favorablement accueillis par le conseil municipal, ainsi qu'il résulte de lettres de M. Ardouin et de M. le baron Séguier. Plusieurs journaux alors s'en occupèrent, mais les graves événements de l'époque ne permirent pas au projet de se réaliser.

Un chemin de ceinture extra-muros ne satisfait aucun des besoins auxquels répond le projet de M. de Kérizouet. Il diminue l'encombrement des rues de Paris et les frais de leur entretien, simplifie les moyens d'approvisionnement et de nettoyage, complète la jonction des gares par la création des magasins riverains de la voie, permet l'exécution sans sacrifices à imposer à la ville ni à l'État; de plus, il permet de donner à la population ouvrière des logements sains et à bon marché.

M. de Kérizouet a complété son système des rues des fer, en le mettant en harmonie avec les grands travaux exécutés récemment.

C'est alors que l'idée est reconnue utile et qu'elle se répand qu'il convient de rappeler le nom de celui qui, le premier, l'a produite.

Agréez, etc. Ch. d'Épinois.

---

## LA SEMAINE SCIENTIFIQUE.

L'Éducation du faucon en Algérie. — La chasse au faucon est un des grands plaisirs des Arabes. L'*oiseau de race* jouit parmi eux d'autant d'estime que le cheval. Quelquefois même un faucon dressé se paye le prix d'un cheval; il fait partie de la famille et vit sous la tente. Certains chefs ne se séparent jamais de leur faucon, ils le portent partout avec eux. C'est une preuve de distinction que d'avoir sur son burnous les traces des excréments de faucon. « Il faudrait n'être pas Arabe, disait un noble de la tente, pour ne pas s'exalter à la vue de nos guerriers revenant d'une chasse au faucon. Le chef marche en avant et porte deux faucons; l'un sur l'épaule et l'autre sur le poing, revêtu du guetass (gant à la crispin) Le capuchon de ces oiseaux est enrichi de soie, de maroquin, d'or et de petites plumes d'autruche, tandis que leurs entraves sont brodées et ornées de grelots d'argent. Les chevaux hennissent, les chameaux porteurs sont chargés de gibier, et leurs conducteurs murmurent, sur un ton mélancolique, l'un de ces chants d'amour ou de poudre qui savent si bien trouver le chemin de nos cœurs. Oui, je le jure par la tête du prophète, après un goum qui se met en campagne, rien n'est splendide comme le départ ou le retour d'une chasse au faucon. Aussi, on a beau être haletant, harassé, mort de fatigue, mieux encore que par le sommeil on est bientôt reposé, guéri, par l'espoir et le désir de recommencer le lendemain. » J'extrais ceci d'une lettre de M. le général Daumas, membre de la Société zoologique, à M. le président de cette Société. L'auteur donne, sur le parti qu'on tire du faucon, des détails dont un résumé sera lu avec intérêt.

Les Arabes emploient quatre espèces de faucon. La première et la dernière sont 1° le *têrakel*, très-estimé, le plus grand des oiseaux de race; sa femelle atteint quelquefois la taille d'un aigle ordinaire. Il a le dessus des ailes noir, le dessous gris, le ventre noir et blanc, la queue noire, la tête noire dans son jeune âge, tirant sur le gris, puis sur le blanc, à mesure qu'il vieillit; son bec est très-dur et très-acéré, les serres sont solides et vigoureuses; 2° le *bahara*, presque entièrement noir. « C'est un nègre, il ne vaut pas grand chose », disent les Arabes.

La chasse ne se fait pas à l'aide d'oiseaux élevés en captivité, elle se fait avec des oiseaux pris adultes pendant l'été. L'éducation dure depuis ce moment jusqu'à la fin de l'automne suivant, époque de la chasse. Car, l'oiseau ne chasse bien que pendant les temps brumeux et même froids; il ne saurait supporter ni les ardeurs du soleil, ni la soif; il quitterait son maître pour aller se désaltérer au loin, et ne reviendrait plus. La saison des chasses passée, on lui rend la liberté, quitte à le remplacer l'année suivante. Il faut qu'un faucon soit bien renommé pour qu'on le garde plus d'une année. On cite, comme des exemples exceptionnels, les oiseaux conservés pendant trois ans.

C'est, avons-nous dit, pendant l'été qu'on cherche à se procurer le faucon. Voici comment on le prend : on met un pigeon domestique dans un espèce de petit filet, dont les mailles sont faites de poils de cheval et de laine exubérante; un cavalier, porteur de ce pigeon, va se promener dans les lieux déserts, et le lance en l'air quand il a vu un oiseau de race; puis il se cache. Le faucon se précipite sur le pigeon; mais ses serres s'embarrassent dans le filet, il ne peut, ni les retirer, ni s'envoler, et on s'en empare. Quand le faucon se voit pris, il ne donne aucun signe de crainte ni de colère. Il existe, au désert, un proverbe qu'on répète dans le malheur : « l'oiseau de race, quand il est pris, ne se tourmente plus. »

Alors commence l'apprivoisement du faucon. D'abord prisonnier dans la tente, attaché à son perchoir avec une élégante lanière de cuir travaillé à Tafilat, encapuchonné pendant le jour et pendant les premières nuits jusqu'à ce qu'il soit privé avec la femme, les enfants, les animaux et les chiens. C'est le maître lui-même qui, tous les jours, une seule fois, lui donne à manger. Sa nourriture habituelle est de la chair de mouton crue, très-proprement et très-soigneusement coupée. Plus tard, la lanière de cuir est remplacée par une longue corde de poil de chameau, douce et souple, et qui permet au faucon de sortir de sa tente; plus tard encore, le maître l'emporte à une assez grande distance le tenant sur son poing, lui mettant, lui ôtant et lui remettant son capuchon; mais ce n'est pas sans de grandes difficultés, sans de grands débats, que le faucon se fait au spectacle extérieur. Lorsqu'enfin, l'oiseau est tout à fait privé, on le dresse à la chasse de la manière suivante.

« On prend un lièvre, on lui ouvre la trachée-artère en ayant soin d'éloigner la peau et de bien découvrir la blessure pour que la chair paraisse; puis on ôte le capuchon du *Taïr el hoor*, et on l'appelle : il vient et saute au cou de l'animal. On le laisse déchirer cette proie pour qu'il y prenne goût; afin même de l'affriander davantage, ce jour là, c'est d'elle qu'on le nourrit; on recommence cette opération sept ou huit jours de suite, mais alors le lièvre est vivant. On lui tiraille les oreilles; il mêle aux *ouye! ouye!* d'appel du maître des cris de douleur. Le faucon s'élance sur sa tête, s'acharne après lui, s'efforce de l'arracher aux mains qui le tiennent, et lui dévore les yeux et la langue. Après cette longue lutte, on ouvre le lièvre et on donne la curée. »

Mais le temps de la chasse approche : il faut éprouver l'oiseau. On sort donc à cheval emportant avec le faucon encapuchonné cinq ou six lièvres vivants. Arrivé dans une plaine découverte ou sur un vaste plateau, on casse les quatre pattes à un malheureux lièvre et on le lâche à portée de l'œil de l'oiseau; plaintif et criant, le lièvre court tant bien que mal; on décapuchonne alors le faucon et on le lâche en lui criant : *Bessem Allah, allah ou kebeur* (au nom de Dieu, Dieu est le plus grand). Le *terakel* impatient s'élance droit vers le ciel et de très-haut se précipite sur le lièvre, qu'il tue ou étourdit d'un coup de ses serres crispées, comme d'un coup de poing.

Après plusieurs jours de semblables épreuves, l'oiseau est complétement dressé; la fin de l'automne est venue, c'est la saison de la chasse. Laissons M. Daumas décrire celle-ci.

« On se met en route après un léger déjeuner vers onze heures du matin, le faucon sur l'épaule ou sur le poing; on s'est approvisionné seulement de lait de chamelle, enfermé dans des peaux de bouc, de dattes, de pain, et quelquefois de raisins secs. Mais la chasse ne commence qu'après une assez longue course, vers les trois heures de l'après-midi. Les cavaliers sont nombreux; arrivés sur le terrain de chasse, ils se disséminent, battent les broussailles, les touffes d'alfa, pour faire lever un lièvre qu'on s'efforce de rabattre vers celui qui tient le faucon. Aussitôt qu'on aperçoit le gibier, on enlève le capuchon de l'oiseau et on le lâche en lui indiquant du doigt le lièvre et en lui disant : *Ha hou!* (le voici)!

« Pendant que son maître prononce le sacramentel : Au nom de Dieu! Dieu est le plus grand! mots destinés à sanctifier la proie qui n'a pas été saignée, à faire que ce soit un mets permis pour le vrai croyant, l'oiseau part, fait une pointe à perte de vue, tout en suivant le lièvre de son œil perçant, puis s'abat sur lui et le frappe, soit à la tête, soit à l'épaule, d'un coup de ses serres fermées, assez violent pour l'étourdir ou même le tuer. Les cavaliers, qui l'ont vu descendre, accourent de tous côtés, l'entourent, et le trouvent ordinairement occupé à manger les yeux de l'animal. Pour qu'il l'abandonne, on tire du burnous une peau de lièvre qu'on jette un peu plus loin, et sur laquelle il se précipite. Si le faucon a mangé une partie du gibier, le reste, bien qu'entamé, est une nourriture permise au musulman, parce que cet oiseau de proie a été dressé à retourner près de son maître quand il le rappelle, et non à ne pas manger le gibier. Ce n'est qu'une fois rentré au douar qu'on donne la curée. » Il n'est pas rare de tuer dix ou quinze lièvres avec deux ou trois faucons.

L'oiseau de race peut tuer le lièvre, le lapin, le petit de la gazelle, la pintade, le pigeon, la perdrix, la tourterelle.

Il arrive que le faucon lancé tarde à rejoindre, alors un cavalier tenant à la main une peau de lièvre garnie des oreilles et des pattes, et qui a nom *gachouche*, pousse un temps de galop dans la direction du faucon, et lui jette cette amorce en criant : *ouye!* Il est rare que l'oiseau de race quitte son maître, cependant on en perd quelques-uns, par suite du goût très-prononcé qu'ils ont pour un oiseau du désert appelé *Hamma* qu'ils poursuivent avec acharnement; alors malgré les *Ouye!* et le *Gachouche*, ils ne reviennent plus; il faut dire aussi que lorsqu'il n'a pas faim, au lieu de chasser, le noble oiseau reprend sa liberté, le tout en dépit du dicton arabe : « l'amour propre est son seul conseiller, le seul mobile de ses actions. »

Réhabilitation de l'ortie. — L'ortie, dont nos cultivateurs voudraient exterminer l'espèce, serait, paraît-il, une plante incomprise, une plante appelée à jouer un rôle en agriculture, dans l'industrie, voire même dans l'art culinaire. Les Suédois la cultivent en grand à titre d'excellent fourrage. Le journal la *Vie des champs* déclare qu'on en fait le même cas en certaines parties du département de l'Oise. Les vaches la recherchent et s'en trouvent bien. « On a remarqué, dit-il, comme un fait curieux, que toutes celles qui s'en étaient spécialement nourries fournissaient un lait plus abondant en quantité et plus savoureux en qualité. Le caséum augmente et le beurre est plus agréable au goût. Il est vrai que ces animaux dédaignent les orties trop récentes, dont elles redoutent les piqûres; mais le cultivateur n'a qu'à prendre la légère précaution de les laisser faner quelques heures avant de les mêler aux aliments des bestiaux : elles sont alors complétement inoffensives. » L'ortie convient également aux poules, aux oies, aux dindonneaux, si difficiles à élever.

Ces détails ne laisseront pas que de paraître intéressants, si l'on fait attention qu'il s'agit d'une plante qui croît spontanément, qui vient partout, prospère dans les sols les plus arides, ne demande aucun soin, supporte toutes les intempéries, peut être coupée cinq ou six fois dans un été, et enfin, plus précoce que tous les autres fourrages, précède d'un bon mois les luzernes les plus hâtives.

Nous avons dit que l'ortie pourrait bien avoir sa place dans l'industrie et même dans l'alimentation. Dans l'industrie, et en effet sa racine fournit un principe tinctorial dont on se sert à la campagne pour donner une couleur jaune aux œufs de Pâques : quant à l'emploi culinaire, tout ce que nous en pouvons dire, c'est que, dans le Nord, les jeunes pousses de l'ortie sont considérées comme un mets très-délicat.

Le pissenlit cultivé. — L'éloge du pissenlit ne sera pas déplacé à la suite d'un plaidoyer en faveur de l'ortie. La *Société Impériale d'Agriculture* en a retenti; plusieurs de ses membres l'on fait tour à tour ; en dernier lieu, M. Nadaud de Buffon, rendant compte d'après M. le vicomte d'Amécourt, propriétaire, à Trilport (Seine-et-Marne), d'expériences faites dans cette localité même par une dame, M$^{me}$ Poirel. Cette dame a simplement cultivé le pissenlit en plein champ, et déjà les produits obtenus, très-supérieurs aux plants demi-sauvages qu'on récolte dans les prés, ont des qualités alimentaires recommandables. Que serait-ce donc, si la plante placée dans une terre de jardin, recevait les soins que les maraîchers prodiguent à leurs cultures. « Il est incontestable qu'elle se classerait très-avantageusement parmi les légumes frais qui correspondent au cœur de l'hiver, tels que cardons d'Espagne, salsifis, asperges de primeur, etc. »

Les pissenlits obtenus par M$^{me}$ Poirel, sont de grandes dimensions et sans amertume; toutes leurs parties depuis la racine jusqu'aux extrémités de la tige, ont un goût agréable. Toutefois le morceau de choix consiste en tiges blanches et charnues qui se développent par l'effet de la culture, notamment par le buttage, et peuvent s'accommoder de plusieurs manières comme légumes et comme salade. A cette occasion, M. Louis Vilmorin a raconté que la culture du pissenlit a été essayée depuis longtemps et que quelques races perfectionnées ont été obtenues. Il s'occupe en ce moment d'une variété nouvelle dont la feuille est complétement entière comme celles de la laitue; voilà deux ans qu'il la suit et il espère en faire une plante régulière.

La transformation d'une plante sauvage en plante cultivée est toujours un fait intéressant à plus d'un titre; ici l'intérêt s'accroit de cette considération que non seulement la transformation est facile et donne un produit savoureux, mais que encore le pissenlit croissant au milieu des froids rigoureux de l'hiver, nous offrirait un aliment excellent au moment même où presque tous les légumes font défaut.

Acclimatation des semences rapportées en 1854, par M. de Montigny. — M. de Montgaudry nous donne, à cet égard, les détails suivants :

« Les semences importées par M. de Montigny l'année dernière réussissent presque partout où elles ont été cultivées, à l'exception du Pois oléagineux, qui n'a germé que chez un petit nombre de personnes. Il paraît que la semence était trop ancienne, et qu'elle n'a pas pu produire sans des précautions indispensables avec les graines vieilles, et qu'on ne peut pas toujours mettre en pratique partout. Néanmoins, ce qui sera récolté cette année peut assurer la possession de ce Pois à la France, puisque la récolte prochaine produira plusieurs hectolitres.

« Des tentatives de semis de Riz sec, faites avant l'hiver en même temps que le blé, semblent promettre réussite dans l'arrondissement d'Avallon, département de l'Yonne, malgré la température si contraire de cette année, même pour les semences habituelles au pays. Les plants de Riz ont très-bien supporté les gelées d'hiver et les neiges; ils ont souffert des gelées blanches du printemps; il en reste assez cependant, et le grain obtenu cette année aura plus de chances de réussite l'année prochaine, puisqu'il sera le produit d'une semence qui aura déjà subi les premiers effets de son importation et d'un changement si opposé à sa culture. Des semis de printemps ont été faits, et, avec le produit de ces semis, il en sera fait à nouveau au mois de novembre, en même temps que les Blés, pour continuer les expériences dans le but de rendre le Riz semence d'hiver. De Belfort, localité bien plus froide qu'Avallon, on me donne les détails qui suivent : « Le Riz sec marche admirablement, le Maïs géant est magnifique, les Haricots de la Chine sont de toute beauté, l'Alpiste est on ne peut pas plus beau. » Tout porte donc à compter sur l'acclimatation de ces graines, qui deux fois déjà produisent leurs semences en France. Si en des localités elles n'ont pu réussir par des causes à rechercher, les localités qui ont obtenu la réussite propageront les semences arrivées à des conditions plus favorables, puisqu'elles auront éprouvé les effets de l'importation, et par suite seront déjà, pour ainsi dire, faites au milieu dans lequel nous les appelons à croître, sous une température qui peut ne pas être celle du pays d'où elles proviennent. »

Meules de moulin en bois. — Dans une communication faite à la Société d'encouragement, M. Roch Laurent, de Mons, rapporte qu'un essai tenté il y a quelques mois pour réduire de l'avoine en gruau, lui a montré que le *bois debout* fait des meules parfaites donnant la plus belle farine. « Les entailles ou évcillures se font facilement, dit-il, et l'élasticité des fibres ligneuses saisit mieux le grain et permet un rapprochement des meules plus grand que dans la pierre. J'ai employé le bois de charme dur, assemblé par prismes séparés par des lanières de peau, le tout collé, *serré* et contenu dans une capsule de fonte épaisse. La peau est interposée entre les pièces pour compenser les effets de la dilatation. »

Moyen de juger si une maison récemment batie est assez sèche pour être habitée. — Cette importante question d'hygiène n'avait pas encore été l'objet d'un examen sérieux avant les expériences dont nous allons rendre compte.

Chargé par l'administration des prisons de Genève de juger jusqu'à quel point était habitable une nouvelle maison cellulaire que l'on venait de construire dans cette ville, M. le docteur Marc d'Espine vient d'exposer, dans un savant mémoire publié dans les *Annales d'hygiène*, les moyens dont il s'est servi pour apprécier le degré d'humidité des diverses parties du bâtiment en question, un an après son entier achèvement.

Dans deux premières visites, la commission dont M. Marc

d'Espine faisait partie put s'assurer facilement et par la simple inspection et par l'hygromètre à cheveu, que l'édifice était encore inhabitable. A une troisième visite, après six mois de dessèchement par la ventilation extérieure et par les calorifères, voici le procédé dont on fit usage.

De la chaux vive fut broyée peu après sa sortie du four ; on en plaça dans quarante-sept bocaux en terre cuite, de même forme et de même grandeur, un poids exactement pareil (500 grammes) ; trente-deux de ces bocaux furent placés dans autant de cellules de la prison ; les quinze autres furent disposés dans plusieurs locaux situés en ville, choisis dans toutes les expositions, et comprenant depuis les logements les plus secs et les plus salubres jusqu'aux chambres les plus humides, les plus privées d'air et de soleil, jusqu'à des caves enfin.

Les bocaux furent portés le 4 août, de quatre à sept heures du soir. Les portes et les fenêtres de chaque chambre furent immédiatement fermées, et le lendemain à la même heure ils furent recueillis dans l'ordre où ils avaient été déposés, et apportés au lieu de la réunion de la commison, où on les pesa de nouveau dans une balance très-sensible. Dans ces vingt-quatre heures, tous les bocaux avaient subi une augmentation de poids très-sensible. Ceux qui avaient été placés dans les locaux les plus salubres donnaient 1 gramme 90 cent. d'augmentation ; ceux qui l'avaient été dans les plus malsains pesaient 5, 6, et même 6,30 de plus. Les caves donnèrent 7 ; les cellules de la prison fournirent de 6 à 12 grammes d'augmentation de poids.

De ces différences il fut facile de conclure que l'établissement était encore trop humide pour être habité. On continua de chauffer et de ventiler, et le 5 octobre on procéda à une nouvelle expérience. Les bocaux placés en ville pesaient tous de 1/2 à 2 grammes de moins qu'à la première épreuve. L'été avait été sec et chaud. Les bocaux des cellules avaient baissé de même, mais dans une beaucoup plus forte proportion : ceux qui donnaient 12 ne donnaient plus que 4,90 au maximum.

La commission déclara la prison habitable, après avoir toutefois répété la même expérience avec des bocaux disposés de la même manière et remplis d'acide sulfurique du commerce, qui donnèrent les mêmes résultats.

Le transfert des prisonniers se fit en novembre, et la prison fut habitée sans qu'aucun d'eux ait souffert des symptômes qui puissent se rapporter à un état d'humidité insalubre de la prison.

## NOUVELLES ET CAUSERIES.

*Les chemins de fer dans Paris. — Les chemins agricoles en bois. — Abondance de l'or sur le globe. — Les moutons sarcleurs.*

⁂ Le réseau de chemins de fer souterrain qu'on propose d'établir dans Paris, et dont nous parlions dimanche dernier, comprend six lignes principales : la première, de la Madeleine à la Bastille, par les boulevards ; la seconde, du chemin de fer de Rouen aux halles, par le boulevard des Italiens et la rue Montmartre ; le troisième, du bassin de La Villette à la rue de Rivoli, par le boulevard de Strasbourg ; la quatrième, de Bercy à la place de la Concorde, par les rues de Lyon, Saint-Antoine et Rivoli ; la cinquième, de la gare du chemin de l'Ouest, avec embranchement sur la gare du chemin de fer de Sceaux, aux halles ; la sixième, enfin, de la gare du Jardin des Plantes, venant s'embrancher sur la ligne précédente à la hauteur ou plutôt dans la profondeur du carrefour Buci.

Ces six lignes forment un parcours souterrain de 28 kilomètres environ ; elle seraient desservies par quarante et une stations, et leur construction, en y comprenant toutes les dépenses d'indemnités de terrains, coûterait 64 millions de francs, d'après les auteurs du projet.

⁂ Les chemins de bois qui, comme nous l'avons dit dans notre précédent numéro, vont être établis dans les Landes de Bordeaux, pour le service de l'agriculture, ne seront pas tout à fait une nouveauté pour ce pays.

Il y a trente ans, en effet, un maître de forges de Liége, M. Bertrand, étant venu se fixer à Saint-Paul, près de Dax, y fonda les magnifiques établissements de Labesse. Cet industriel obtint la concession d'une voie à rails en bois de 20 kilomètres, qui partait des plaines boisées, traversait les forges, la route impériale de Bayonne et finissait à l'Adour.

Sur ce point, tous les anciens modes de transport furent *abandonnés*, et les bois, les résines, les mines, les charbons, furent confiés à cette exploitation.

Le succès fut complet. Il est probable qu'il en serait de même dans la Sologne, la Champagne, la Picardie, l'Artois, pays où, comme dans les Landes, les matériaux sont rares.

⁂ L'or est un des métaux les plus généralement répandus sur le globe. On en trouve partout, dans toutes les rivières qui descendent des grandes chaînes de montagne, dans presque tous les sables. Seulement il faut ajouter qu'il s'y trouve dans un tel état de division, et d'ordinaire en si petite quantité que les frais d'extraction dépasseraient de beaucoup la valeur de l'or obtenu. Plus la journée de l'ouvrier tend à enchérir, moins la recherche de l'or dans les sables devient possible. Dans le siècle dernier, les orpailleurs de l'Ariége et du Rhin gagnaient encore leur vie. Aujourd'hui on renonce à traiter les sables de ces fleuves, parce que l'ouvrier ne peut plus gagner un salaire suffisant. Sa nourriture étant plus chère qu'au dernier siècle et l'or ayant moins de valeur intrinsèque, la journée de l'homme n'est plus payée.

De tous côtés nous foulons l'or sous nos pas. M. Daubrée, professeur à la Faculté des sciences de Strasbourg, a prouvé que la plaine du Rhin, seule, doit en renfermer au moins pour 166 millions de francs. Le Danube en contient davantage ; le Rhône, l'Ariége, le Gardon, la Garonne, l'Hérault en roulent dans leurs eaux, et il n'est pas jusqu'aux sables et aux minerais des environs de Paris, où l'on n'en puisse trouver.

Malgré cette abondance, ce n'est que dans un petit nombre de localités que la recherche de l'or a pu s'établir et donner du profit.

⁂ Le *Journal de Rouen* rend compte d'un très-original procédé de sarclage des champs de lin, dont la découverte serait due au hasard. Voici l'affaire :

Un berger conduisait son troupeau à l'herbage ; il était seul à le diriger, son chien étant malade. Les moutons, moins faciles à gouverner, avisent un champ de lin, s'y précipitent en foule, le parcourent dans tous les sens et ne se retirent, malgré les appels réitérés du berger, qui n'en peut mais, qu'après s'être bien repus. Sur ces entrefaites, le propriétaire du champ arrive. Il voit son lin foulé et accable d'invectives le malheureux berger, lui déclarant qu'il va lui intenter une action en dommages-intérêts. Les parties viennent d'abord en conciliation devant le juge de paix, qui nomme des arbitres pour apprécier les dégâts. On se rend sur les lieux, le berger, son maître, le propriétaire du lin et les arbitres ; mais quelle ne fut pas la surprise de chacun d'eux en voyant le champ de lin dans toute sa beauté, les tiges dressant avec fierté la tête et montrant leurs pieds dégagés des mauvaises herbes qu'on y remarquait quelques jours auparavant. Les moutons avaient tondu l'herbe et respecté la tige filandreuse du lin, qui avait repris une vigueur nouvelle.

Depuis lors, dit le *Journal de Rouen*, notre cultivateur fait sarcler son lin par ses moutons, et ses voisins en font autant. Ce procédé tend à se généraliser de jour en jour.

*Le propriétaire, rédacteur-gérant :*
VICTOR MEUNIER.

PARIS. — IMP. J.-B. GROS, RUE DES NOYERS, 74

Première année. — N° 29. Quinze centimes. 22 juillet 1855.

# L'AMI DES SCIENCES

PAR

## VICTOR MEUNIER

BUREAUX D'ABONNEMENT :
13, RUE DU JARDINET, 13.
Près l'École de Médecine.

Paraît le dimanche.
(Les abonnements datent, au gré des souscripteurs, du commencement de l'année ou du premier dimanche de chaque mois).

PRIX DE L'ABONNEMENT POUR L'ANNÉE.
PARIS, 6 FR. — DÉPARTEMENTS, 8 FR.
ÉTRANGER, surtaxe en sus.
Envoyer un mandat de poste.



### LE RÉGENT A L'EXPOSITION.

Le *Régent* a fait son apparition dans le palais de l'Exposition! s'écrient les journaux. Il s'agit du diamant de ce nom, diamant sans égal non pour la dimension, mais pour la pureté; long de 31 millimètres 514, épais de 23 millimètres 892, pesant 29 grammes 82 ou 140 karats 90, volé dans les mines de Parteal à 45 lieues de Golconde, par nous acheté 2,000,000 de francs en l'an de grâce 1717, au temps du Régent, et qui, avec la taille, nous revient à 2,250,000 francs (sans compter les intérêts).

Il trône parmi les diamants de la couronne, sur une estrade élevée au centre de la rotonde du ci-devant panorama, entouré des tapisseries des Gobelins et de Beauvais et des porcelaines de Sèvres, à quelques pas de la tente rustique sous laquelle s'abritent humblement les machines, outils et produits de l'agriculture; une chaumière dans le voisinage d'un palais!

La foule, toujours grande autour du fameux morceau de charbon, oblige à faire longtemps antichambre quiconque vient lui payer son tribut d'admiration; c'est un devoir que nous n'avons pas encore rempli, mais nous avons lu son histoire dans les *Mémoires* du duc de Saint-Simon; et comme c'est une histoire curieuse, nous allons la rapporter tout au long.

« Par un événement extrêmement rare, dit Saint-Simon, un employé aux mines de diamants du grand Mogol trouva le moyen de s'en fourrer un dans le fondement d'une grosseur prodigieuse; et ce qui est le plus merveilleux, de gagner le bord de la mer et de s'embarquer sans la précaution qu'on ne manque jamais d'employer à l'égard de tous les passagers, dont le nom et l'emploi ne les garantit pas, qui est de les purger et de leur donner un lavement pour leur faire rendre ce qu'ils auraient pu avaler ou se cacher dans le fondement. Il fit apparemment si bien qu'on ne le soupçonna pas d'avoir approché des mines ni d'aucun commerce de pierreries. Pour comble de fortune, il arrive en Europe avec son diamant.

« Il le fit voir à plusieurs princes dont il passait les forces, et le porta enfin en Angleterre où le roi l'admira sans pouvoir se résoudre à l'acheter. On en fit un modèle de cristal en Angleterre, d'où l'on envoya l'homme, le diamant et le modèle parfaitement semblable à Law, qui le proposa au régent pour le roi; le prix en effraya le régent qui refusa de le prendre.

« Law qui pensait grandement en beaucoup de choses, vint me trouver, consterné, et m'apporta le modèle. Je pensai comme lui qu'il ne convenait pas à la grandeur du roi de France de se laisser rebuter par le prix d'une pièce unique dans le monde et inestimable; et que plus il y avait de potentats qui n'avaient osé y penser, plus on devait se garder de la laisser échapper. Law, ravi de me voir parler de la sorte, me pria d'en parler à Monseigneur le duc d'Orléans.

« L'état des finances fut un obstacle sur lequel le régent insista beaucoup; il craignait d'être blâmé de faire un achat si considérable, tandis qu'on avait tant de peine à subvenir aux nécessités les plus pressantes, et qu'il fallait laisser tant de gens en souffrance.

« Je louai ce sentiment, mais je lui dis qu'il n'en devait pas user pour le plus grand roi de l'Europe comme pour un simple particulier, qui serait très-repréhensible de jeter 100,000 fr. pour se parer d'un beau diamant, tandis qu'il devrait beaucoup et ne se trouverait pas en état de satisfaire; qu'il fallait considérer l'honneur de la couronne, et ne lui pas laisser manquer l'occasion unique d'un diamant sans prix, qui effaçait tous ceux de l'Europe; que c'était une gloire pour la régence qui durerait à jamais; qu'en quelque état que fussent les finances, l'épargne de ce refus ne les soulagerait pas beaucoup, et que la surcharge ne serait pas très-perceptible; enfin, je ne quittai point monseigneur le duc d'Orléans que je n'eusse obtenu que le diamant serait acheté.

« Law, avant de me parler, avait tant représenté au marchand l'impossibilité de vendre son diamant au prix qu'il avait espéré, le dommage et la perte qu'il souffrirait en le coupant en divers morceaux, qu'il le fit venir enfin à 2 millions de francs avec les rognures, en outre, qui sortiraient de la taille. Le marché fut conclu de la sorte. On lui paya l'intérêt de 2 millions de francs jusqu'à ce qu'on put lui donner le principal, et, en attendant, pour 2 millions de francs de pierreries en gage qu'il garderait jusqu'à entier paiement.

« Monseigneur le duc d'Orléans fut agréablement trompé par les applaudissements que le public donna à une acquisition si belle et si unique. Ce diamant fut appelé le *Régent*. Il est de la grosseur d'une prune de Reine-Claude, d'une forme presque ronde, d'une épaisseur qui répond à son volume, parfaitement blanc, exempt de toute tache, nuage et paillette, d'une eau admirable; il pèse plus de 500 grains.

« Je m'applaudis d'avoir résolu le régent à une emplète si illustre. »

Voilà donc où, il y a moins d'un siècle et demi, « en un

temps où on avait peine à subvenir aux nécessités les plus pressantes, » un ministre, un courtisan, le prince, le public mettaient l'honneur de la couronne, la gloire du règne! A ceux qui auront lu cette instructive histoire, la vue du *Régent* inspirera de consolantes réflexions sur le progrès des temps. Ah! Philippe d'Orléans ne goûterait plus aujourd'hui le plaisir de cette surprise que lui causèrent les applaudissements du public. On sait maintenant que l'économie n'a pas, comme le pensait Saint-Simon, deux poids et deux mesures, les uns pour les États, les autres pour les particuliers. Les machines à coudre, les moissonneuses, les locomobiles auront plus de succès, j'en suis sûr, que cette « pièce unique dans le monde et inestimable, » et je ne doute pas que nos agriculteurs ne l'échangeassent avec joie contre une bonne machine à vapeur de labour.

## Nouveau système de navigation.

« Je pense, nous écrit M. E. C., qu'on arrivera à établir sur l'eau des machines roulantes aussi bien que sur la terre ferme. Je me propose de développer le plan d'un modèle de navire qui a sur les navires actuels l'avantage de la voiture sur le traîneau. Les roues sont des cylindres réunis deux à deux par un axe, les appareils propulseurs sont des aubes établies sur leur surface convexe, et le navire proprement dit appuie sur ces axes au moyen de tourillons et de coussinets, etc., etc... »

C'est-à-dire que sans le savoir notre correspondant reinvente le système de navigation conçu et si profondément étudié par M. Planavergne, professeur de mathématiques au lycée de Cahors, système à l'exposition duquel nous avons l'année dernière consacré plusieurs articles dans la *Presse* et que depuis, l'auteur a développé dans une remarquable brochure de 102 pages in-8°, ornée de planches et publiée par la Librairie nouvelle, sous ce titre:

« Nouveau système de navigation fondé sur le principe de l'émergence des corps ronds roulant sur l'eau. — Hydrolocomotives à grande vitesse portées sur des cylindres roulants. — Vol à la surface de l'eau. »

Le principe des hydro-locomotives celui de l'*émergence*, permettrait d'échapper dans la navigation à la loi en vertu de laquelle la résistance de l'eau croît à peu près comme le carré de la vitesse, et par suite, de réaliser sur les mers, les fleuves, les rivières et les plus petits cours d'eau, des vitesses égales et supérieures à celles qu'on obtient sur les chemins de fer; une hydro-locomotive, marchant à petite vitesse, irait du Havre à New-York en soixante heures. Ainsi, une révolution égale à l'invention même des bateaux à vapeur serait réalisée.

C'est là ce qu'indique la théorie, une théorie aussi sûre que l'expérience; mais l'expérience depuis dix mois sollicitée par l'honorable et savant auteur, est encore attendue. Sans doute, a-t-il tort de l'attendre de la France... la France n'a pas l'habitude de prendre l'initiative en ces questions d'utilité publique; et il faudra peut-être que cette invention comme tant d'autres nous revienne avec la marque de l'étranger pour que nous lui accordions l'attention qu'elle mérite.

N'est-ce pas là du moins la leçon qu'on doit tirer de l'histoire de la navigation à vapeur en France? Douloureuse histoire dont les noms de martyrs marquent les principales phases, les noms des Papin, des Jouffroy, des Dallery, des Fulton! De Fulton dont le nom n'eut rappelé qu'une défaite s'il eut été français! Papin victime au temps du grand roi des persécutions religieuses, et mort si misérable, qu'on ne sait même pas où il est mort; le marquis de Jouffroy si indignement traité par l'Académie des sciences et devant, non à ses travaux immortels, mais à sa qualité d'émigré, de ne pas mourir sur la paille; Dallery repoussé par les ministres, Fulton, traité de charlatan par le premier Consul!....

Le 15 juillet 1783, un bateau à vapeur de 46 mètres de long sur 5 de large et du poids de 327 milliers, fit plusieurs fois sur la Saône le trajet de Lyon à l'île Barbe. L'inventeur était le marquis de Jouffroy. Voulant fonder une compagnie pour l'exploitation de ses découvertes, il dut s'adresser à M. de Calonne; celui-ci renvoya l'affaire à l'Académie des Sciences, et l'Académie des Sciences regardant comme non-avenue la décisive expérience qui avait eu dix mille personnes pour témoins, qui avait le témoignage de l'Académie de Lyon pour garant, exigea que l'expérience fut refaite à Paris, c'est-à-dire qu'un autre bateau fut construit sur la Seine. C'était demander l'impossible, et on le savait bien; l'inventeur était ruiné. Il lui fallut abandonner ses glorieux travaux au moment même où, par l'invention de la machine à double effet, Watt résolvait les dernières difficultés que rencontrait l'application de la vapeur à la navigation.

Le 29 mars 1803, Charles Dallery prenait un brevet pour un bateau à vapeur à hélice, où l'hélice fonctionnait à la fois comme propulseur et comme gouvernail; muni d'une chaudière tubulaire en cuivre avec ventilateur pour activer le tirage; à mât rentrant dans un étui jusqu'à fond de cale. Il fit construire ce bateau, il le mit à flot à Bercy, et son dernier sou étant dépensé avant que cette conception de génie fut pleinement réalisée, il alla trouver le ministre compétent. Ce que répondit le ministre se devine aisément par ce que fit Dallery; on sait ce qu'il fit: il brisa son bateau de ses propres mains.

Quelque jours après la brise du brevet de Dallery, le 9 avril 1803, sur la Seine, entre les Bons-Hommes et la pompe à feu de Chaillot, les Parisiens avaient enfin le spectacle d'un bateau à vapeur remorquant deux autres bateaux, et qui monta et descendit quatre fois le courant. « Les trains de bateaux qui emploient quatre mois à venir de Nantes à Paris, arriveraient exactement en dix à quinze jours, » dit un contemporain. L'auteur de cette invention, beaucoup moins complète que celle de Dallery, était l'illustre Fulton. Fulton, son expérience faite, se tourna vers le gouvernement: il demanda simplement que son bateau fut soumis à l'Académie des Sciences. Le gouvernement repoussa sa demande!

Peu d'années après, le premier bateau à vapeur construit en Amérique, le *Clermont*, entreprenait son premier voyage de New-York à Albany. D'abord aucun passager n'osa courir à l'aller les chances inconnues de l'entreprise. Au retour, il s'en présenta un seul, c'était un habitant de New-York qui retournait chez lui. Nous regrettons d'ignorer le nom de cet audacieux, il méritait de ne pas périr. L'habitant de New-York descendit dans la cabine, un homme y était, écrivant; il lui compta le prix du passage fixé à 6 dollars. Cet homme était le grand Fulton. Le recueil anglais qui nous a transmis le souvenir de cet épisode continue ainsi:

« Fulton, contemplant l'argent déposé dans sa main, demeurait immobile et silencieux; aussi le passager, craignant d'avoir commis quelque méprise: « N'est-ce pas là ce que vous m'avez demandé? » dit-il.

« A ces mots Fulton, sortant de sa rêverie, leva ses regards sur l'étranger et laissa voir une grosse larme roulant dans ses yeux.

« — Excusez-moi, répondit-il d'une voix altérée, je songeais que ces six dollars sont le premier salaire qu'aient encore obtenu mes longs travaux sur la navigation à vapeur. Je voudrais bien, ajouta-t il en prenant la main du passager, consacrer le souvenir de ce moment en vous priant de partager avec moi une bouteille de vin; mais je suis trop pauvre pour vous l'offrir. J'espère cependant être en état de me dédommager la première fois que nous nous rencontrerons. »

Plus heureux que ses prédécesseurs, Fulton put du moins assister au triomphe de l'idée qui avait fait tant de martyrs. Il vécut assez pour voir un succès plus éclatant et plus durable que celui de cent batailles gagnées; meter à néant le juge ment porté contre lui quelques années auparavant par le premier capitaine du siècle.

Quelle destinée sera celle de l'inventeur des hydro-locomotives? A qui son futur biographe aura-t-il à le comparer parmi ses illustres prédécesseurs? à Jouffroy, à Dallery ou à Fulton? aux victimes ou aux triomphateurs? portera-t-il témoignage en faveur de ses concitoyens et de sa patrie par ses succès, ou contre eux par ses revers?

Je ne sais. Quoi qu'il en soit, M. E. C. fera bien de ne pas donner suite à son dessein, d'une part parce que la place est prise, et en second lieu, parce que jusqu'ici elle n'a rien d'enviable.

Au tort de s'être jeté dans la construction si dispendieuse des chemins de fer avant de s'être assuré si le but proposé ne pouvait être atteint par la solution du problème élémentaire de la navigation aérienne, au moyen des courants aériens, problème qui résolu eût mis rapidement sur la voie de la navigation aérienne à vapeur; à cette première faute, la France ajoutera-t-elle celle de compléter le système des routes nouvelles, avant d'avoir acquis la certitude que ce magnifique réseau de grands et de petits cours d'eau qui couvre tout notre territoire et dont la nature a fait les frais, ne se prête pas, au moyen des hydro-locomotives, à des vitesses aussi grandes que celles qu'on veut se procurer par les chemins de fer? cela est à craindre.

Nous n'aurions pas d'appréhensions de ce genre, si nous étions en possession d'une société mutuelle d'inventeurs telle que celle dont nous avons esquissé les bases dans l'avant-dernier numéro.

## LA SEMAINE SCIENTIFIQUE.

Nouveau mode de production du sommeil et de l'anesthésie. — Ayant fait quelques expériences sur l'action des narcotiques, un médecin anglais, M. Fleming, eut l'idée de chercher quelle influence aurait sur les fonctions cérébrales la compression des deux artères carotides. Il voulut que l'essai eut lieu sur lui-même ; un de ses amis fut l'opérateur. La compression pratiquée simultanément sur les deux carotides, détermina presque immédiatement un sommeil calme et profond. M. Fleming répéta l'expérience sur d'autres personnes, « toujours elle donna les mêmes résultats. »

Le meilleur mode opératoire est le suivant : le sujet se couche, incline la tête un peu en avant; l'expérimentateur applique les pouces sur le cou du sujet au-dessous des angles inférieurs droit et gauche de la mâchoire, et par ce moyen, interrompt la circulation dans les carotides.

Les effets produits sont les suivants : la personne mise en expérience éprouve un léger bourdonnement d'oreilles et des picotements à la surface du corps; au bout de quelques secondes, l'anesthésie se manifeste ; le sommeil est profond, mais calme, quoique mêlé de rêves; pendant ce temps, la face du patient est légèrement pâle, le pouls est à peine modifié. Dès que la pression cesse, l'anesthésie disparaît et la connaissance revient en quelques secondes; jamais on n'a observé ni nausées, ni vomissements, ni accidents quelconques.

« On pourrait croire, dit M. Fleming, que ces phénomènes sont dus à la compression qui s'exerce en même temps sur les artères carotides et les veines jugulaires, et retarde par conséquent le retour du sang veineux de la tête : il n'en est rien cependant; car jamais les effets ne sont plus manifestes que dans les cas où l'on parvient à interrompre la circulation artérielle sans gêner la circulation veineuse, comme le prouve l'absence de toute coloration bleuâtre de la face. »

Le docteur Fleming propose d'avoir recours à ce moyen dans certaines formes de céphalalgie, le tétanos, l'asthme et dans d'autres maladies spasmodiques.

Sur les prétendus Aztèques. — D'après une notice imprimée à Londres et ayant pour titre : *Aztèques Lilliputiens* ou *Kaanas* d'*Iximaya*, ces deux enfants seraient originaires de l'Amérique centrale; ils appartiendraient à une race particulière presque éteinte; un Espagnol les aurait enlevés de la *sacrificature* de Kaana. Dans une note lue à l'Académie sur ces étranges enfants, M. Serres, sans réfuter directement cette invraisemblable histoire, fait observer qu'il est physiquement impossible que des êtres ainsi constitués aient pu jamais former une race particulière : « car, dit-il, en les supposant même toujours entourés de soins et de la tutelle nécessaire, des êtres restés physiquement à l'état de la première enfance ne seraient point aptes à se reproduire. Pour l'intelligence et la composition de la tête, c'est l'idiotie enfantine, s'agitant sans cesse sans but déterminé, sans attention et presque sans réflexion; leurs mouvements sont comparables à ceux des oiseaux les plus remuants.

« Sans nul doute, ces enfants adolescents sont un des plus bas degrés auxquels puisse s'arrêter le développement de l'homme. Les Hottentots, les Lapons, les Samoyèdes, les Mirmidons d'Achille, les Macrocéphales d'Hippocrate, les Dokos d'Homère et de Pline seraient des génies et des hercules à côté d'eux.

« Tels qu'ils sont, cependant, ils constituent un phénomène humain fort extraordinaire et digne de l'attention des physiologistes; et le problème de la formation du crâne est, sans aucun doute, l'un des plus difficiles que puisse présenter la science du développement de l'homme. »

M. Serres pense, conformément à l'opinion émise par M. Jules Guérin dans la *Gazette médicale* en 1853, que ces enfants doivent être plutôt considérés comme des idiots ou des crétins ou même l'un et l'autre à la fois, que, comme de véritables nains et surtout comme des individus appartenant à une race particulière. Il essayera, dans une autre note, d'expliquer l'arrêt de développement général qu'ils ont subi. Nous reviendrons avec lui sur ce sujet.

Transposition du coeur et des viscères. — Augustine L., âgée de 51 ans, d'une taille au-dessus de la moyenne, d'une bonne santé habituelle et d'une vigoureuse constitution, étant entrée à l'Hôtel-Dieu dans le service de M. le professeur Rostan (salle Saint-Antoine, n° 20), pour une métrorrhagie abondante, l'examen de sa poitrine a révélé une anomalie de situation excessivement tranchée.

Si l'on applique la main sur la région antérieure gauche du thorax, à la région précordiale, il est impossible de sentir battre en un point quelconque la pointe du cœur. Si l'on reporte la main à droite, l'impulsion systolique est immédiatement perçue avec un léger frémissement vibratoire, à trois centimètres en dedans du mamelon droit, entre la sixième et la septième côtes correspondantes.

A gauche, la percussion, même profonde, donne un son pulmonal parfaitement dur, depuis la première côte jusqu'à la septième. A droite, par contre, on trouve une matité bien circonscrite à partir de l'articulation de la deuxième côte jusqu'au niveau du sixième espace intercostal, ayant neuf centimètres de hauteur sur six de largeur.

L'auscultation fait entendre à gauche des battements normaux, distincts, mais éloignés. A mesure que l'on se rapproche du côté droit, les battements et les bruits du cœur deviennent plus sensibles et plus appréciables; là le cœur est évidemment sous la main et sous l'oreille, tandis qu'à gauche ce n'est qu'un écho.

L'examen de la situation des viscères de l'abdomen confirme la transposition. En effet, immédiatement au-dessous du sixième espace intercostal droit, où l'on sent le choc de la pointe du cœur, la percussion fait reconnaître le son caractéristique stomacal, qui s'étend dans toute la région de l'hypocondre correspondant jusqu'à l'épigastre.

Latéralement on limite avec facilité le volume de la rate,

qui n'a pas moins de quatorze centimètre de hauteur sur huit de largeur.

Au niveau de la sixième côte gauche, commence une matité qui descend jusqu'au rebord des fausses côtes, et cesse à la région épigastrique; elle mesure neuf centimètres en hauteur sur quinze de largeur.

Le bord tranchant du foie est appréciable par le palper profond de l'abdomen, qui permet aussi de constater sur la ligne médiane la présence de l'aorte au-devant de la colonne vertébrale.

Cette femme n'a jamais eu de pleurésie, de pneumonie ni de rhumatisme. Elle a commencé à éprouver des palpitations en 1852, époque à laquelle un médecin lui apprit pour la première fois que son cœur est situé à droite. Elle affirme être gauchère de naissance; mais cette tendance a été corrigée avec peine par la contrainte de se servir du membre droit, qui lui était imposé par ses parents. Aujourd'hui la malade est ambidextre. Elle ignore si dans sa famille quelqu'un de ses ascendants présente un déplacement du cœur analogue au sien; quant à ses enfants, elle s'est assurée que le cœur bat à sa place habituelle.

Les cas de transposition des viscères sont loin d'être rares dans les annales de la science; mais le plus souvent inaperçue pendant la vie, l'anomalie n'a été constatée que sur le cadavre. Tel par exemple cet invalide, dont l'autopsie inspira à Leibnitz ce quatrain célèbre :

> La nature peu sage et souvent en débauche
> Plaça le foie au côté gauche;
> Et de même, *vice-versà*,
> Le cœur à la droite plaça.

et c'est ce qui donne de l'intérêt à l'observation que nous venons de rapporter d'après M. de Beauvais, chef de clinique à l'Hôtel-Dieu, et la *Gazette des hôpitaux*.

Acclimatation de chênes de la Chine. — En même temps qu'il offrait à la Société zoologique des cocons des vers à soie qui vivent à l'état sauvage dans les forêts de la Chine et se nourrissent de la feuille de chêne, M. de Montigny lui faisait don des glands des deux variétés de chênes sur lesquels vivent ces précieux insectes; ces glands furent jugés impropres à la reproduction par quelques personnes, d'autres voulurent au moins en essayer, et M. de Montgaudry nous apprend que de ces glands sont nés des chênes qui croissent à merveille.

« M. Blacque a, dit-il, six chênes de quatre glands semés; M. Leroy, d'Angers, neuf chênes de douze glands; la magnanerie expérimentale de Sainte-Tullé a reçu huit glands, elle possède huit chênes; M. le marquis Amelot a neuf chênes, il y en a chez M. Paillet, dans le jardin expérimental de la Société centrale d'agriculture du département de la Drôme et chez d'autres membres de la Société qui reçurent des glands du même envoi. La France, ajoute-il, possède en ce moment un assez grand nombre de petits chênes de la hauteur de vingt-cinq à quarante centimètres, pour qu'on puisse dès aujourd'hui prévoir que, dans dix ou douze ans, ces variétés seront très-répandues. Dans un temps prochain, les vers à soie venus de la Chine rencontreront dans nos bois d'Europe, avec celles de nos chênes, les feuilles qu'ils trouvaient dans les contrées d'où ils ont été importés. »

Système de classification des tissus. — Le savant professeur de tissage au Conservatoire des arts et métiers, M. Alcan entreprend de faire pour les produits de cette magnifique industrie, ce que les botanistes et les zoologues font pour les êtres vivants; il cherche à introduire parmi eux une méthode naturelle de classification. Le travail de ce nouveau Cuvier est divisé de la manière suivante :

1° Recherche des types fondamentaux auxquels toutes les étoffes peuvent être rapportées;

2° Groupement, dans une seule et même classe, des tissus qui renferment comme élément l'un des types identiques;

3° Subdivision de chaque classe en genres, et réunion dans un genre des mêmes éléments constitutifs, ainsi que des moyens qui concourent à l'exécution;

4° Notation spéciale embrassant l'ensemble des éléments qui déterminent chaque espèce d'étoffe;

5° Détermination de la valeur absolue et relative d'un tissu par l'application de la notation.

Explosions foudroyantes. — Nos lecteurs savent quel rôle M. Andraud fait jouer à l'électricité dans les explosions des chaudières à vapeur. Le travail de ce savant ingénieur a fourni à M. Jobard l'occasion de communiquer à l'Académie des sciences quelques expériences qui ont été faites en Belgique, en vue de rechercher la cause de ces redoutables phénomènes.

L'expérience que voici eut lieu à la suite de la terrible explosion du Vieux-Walleff, survenue il y a une douzaine d'années : Un homme placé auprès d'une chaudière, sur un tabouret isolant, plongeait, dans le jet de vapeur qu'on laissait échapper de la soupape, une verge en cuivre terminée par trois pointes. En un instant une bouteille de Leyde fut chargée par ce moyen. On fit former la chaîne. La commotion fut si violente que personne ne voulut plus s'y soumettre.

A la suite de cette expérience, un ingénieur de Liége, M. Tassin, construisit un appareil qui devait soustraire l'électricité des chaudières, et qui s'acquittait à merveille de sa fonction, car on entendait très-distinctement le bruit causé par le passage de ce fluide au réservoir commun. Mais, sur l'observation de M. Jobard que la soustraction de l'électricité paraissait diminuer la force de la vapeur, cet appareil fut abandonné.

A quelle cause attribuer la production de l'électricité? M. Jobard émit d'abord l'idée que cette électricité résultait du frottement de la vapeur contre le métal des orifices. Mais cette cause n'est, comme il le remarque, ni la seule ni la plus active. On sait que tout changement d'état des corps produit de l'électricité; dès lors n'est-il pas vraisemblable que la formation de la vapeur à l'intérieur de la chaudière ait les mêmes résultats? Les vésicules vaporeuses des nuages orageux n'en sont-elles pas enveloppées?

« J'ajouterai, dit M. Jobard, que non seulement tout changement d'état, mais que tout *changement de forme des corps* dégage de l'électricité, et que nous ne pouvons écraser un grain de poussière sous nos pieds sans causer quelque trouble dans l'électricité statique du globe.

« Toutes les chaudières, dit-il encore, sont plus ou moins isolées, par la sécheresse des matériaux sur lesquels elles reposent; les divers cas d'explosion dont j'ai été chargé de rechercher les causes, m'ont démontré que plusieurs étaient dues à autre chose qu'à la pression normale de la vapeur. Le grand bouilleur d'Hornu, essayé la veille à 9, a éclaté à 2 1/2 atmosphères; mais ceux d'Anzin et de Walleff ont été projetés avec une force bien supérieure à celle de la poudre. Il y a certes beaucoup de causes d'explosion, mais les plus terribles ne semblent pouvoir s'expliquer que par la fulguration électrique, peut-être par la foudre en boule qui se formerait au sein des chaudières. Mais, je le répète, l'électricité est peut-être un des principaux éléments de la force des machines à feu. Il ne serait pas économique de l'éliminer à mesure qu'elle se forme. »

M. Jobard termine en remarquant qu'il reste à faire des expériences sur les trois grandes causes d'explosion soupçonnées, savoir : la formation du grisou au sein des chaudières, l'état sphéroïdal et l'électricité.

Meme sujet. — A la société d'encouragement, M. Jobard est revenu sur le même sujet, et cette fois, il s'est particulièrement attaché à démontrer comment le grisou se forme dans les bouilleurs. Nous reproduisons sa note en entier.

« La surface de l'eau des chaudières se couvre d'une pellicule de matières végétales et animales contenues dans les eaux d'alimentation; cette couche visqueuse s'épaissit tous les jours de la petite quantité apportée par chaque coup de piston. Si dans ce moment la pompe alimentaire cesse de fournir de l'eau, elle fournit de l'air, le niveau de la chaudière s'abaisse et laisse à découvert les surfaces exposées à la flamme des carneaux; la pellicule dont nous avons parlé s'attache au fer par ses bords, se déchire dans son milieu, et va s'appliquer sur les surfaces rougies par le feu.

« Une véritable distillation commence, du gaz hydrogène se produit, se mêle à l'air envoyé par la pompe et à la vapeur dans les proportions d'un mélange plus ou moins détonnant, que la moindre étincelle suffit pour enflammer.

« Voici comment la déflagration peut se produire :

« Le docteur Van Mons a remarqué que la plupart des substances animales ou végétales distillées en vases clos jusqu'à épuisement, deviennent pyrophoriques et produisent des scintillations qui suffiraient, si le fer rouge ne suffisait pas, pour mettre le feu au *grisou* formé dans la chaudière. D'autre part, la marche de la machine qui manque d'eau s'alourdit, la pression diminue, le chauffeur redouble son feu et finit par remuer les soupapes qu'il croit adhérentes; le mélange explosif s'échappe par la soupape et dégage des étincelles électriques.

« D'autres fois, la soupape brusquement levée donne lieu à un soulèvement tumultueux de la vapeur et de l'eau qui s'élève en forme de cône vers l'orifice; la chaudière peut alors se vider entièrement comme une bouteille de champagne ou d'eau gazeuse, ainsi que cela vient d'arriver dans une des fabriques du vicomte Bioley, à Verviers.

« Mais si, pendant cet écoulement, la soupape retombe sur son siége, le cône liquide retombe également et va frapper avec force les flancs de la chaudière.

« On comprend aisément ce qui peut arriver de la chute de ce marteau d'eau sur le fer rouge; il ne s'agit plus d'une production de vapeur ordinaire, mais d'une véritable déflagration analogue à celle que déterminent les forgerons en refoulant une pièce de fer sur une enclume mouillée.

« En somme, la plupart des accidents étant la conséquence du manque d'eau dans les chaudières, les meilleurs préservatifs sont ceux qui tendent à maintenir le niveau constant.

« Les explosions sont très-rares en *Prusse*, parce que le règlement exige que la pompe alimentaire soit entièrement plongée dans l'eau d'une bache ouverte placée sous les yeux du chauffeur; tandis que dans beaucoup de nos usines, le tube d'exhaure va chercher l'eau dans un réservoir inférieur qui peut se tarir sans qu'on s'en aperçoive. Le tube peut également se corroder, se désouder, se déformer et donner passage à l'air, comme j'ai eu l'occasion de le constater dans la fabrique de MM. Houget et Teston, à Verviers.

« D'autres fois, le tube aspirait des poissons et d'autres matières qui viennent encombrer les soupapes.

« On ne saurait trop répandre ces observations pour l'enseignement des petits manufacturiers qui n'ont pas toujours le moyen d'installer leurs machines à vapeur avec tous les soins qu'elles exigent. »

Reconnaissance des terrains. — Les indications suivantes, quoique n'étant pas d'une exactitude absolue, pourront cependant être utilisées dans la pratique, et c'est à ce titre que nous les donnons.

On reconnaîtra les différentes espèces de terres :

1° *Au toucher.* Si vous prenez entre les doigts de la terre, et qu'elle soit rude au toucher, elle contient plus ou moins de *sable.* Si elle est douce, très-maniable, elle en contient peu; si elle est grasse au toucher, elle contient de l'*argile* en excès. Un sol très-*sablonneux* est facile à labourer, à herser et à *rouler* dans tous les temps; dans le cas contraire, il est *argileux.*

2° *Par l'ouïe.* Quand vous écrasez entre les dents une pincée de terre, ou quand vous la triturez dans une écuelle, si elle fait entendre un certain craquement, cette terre est *sablonneuse.*

3° *Par l'odorat.* L'*argile* peut se reconnaître à une certaine odeur qui lui est propre. Pour cela, prenez une motte de terre et rapprochez-la des narines en aspirant fortement; si vous ne sentez aucune odeur, le sol est *sablonneux* ou *calcaire.*

4° *Par les yeux.* Quand vous labourez par un temps humide, si la terre adhère fortement aux instruments aratoires, elle contient de l'*argile;* moins elle est adhérente, plus elle renferme de *sable*, de *chaux* et d'*humus.*

Lorsque vous labourez, et que les tranches ou les mottes de terre sont luisantes et restent sans s'émietter pendant quelque temps, le sol est *argileux*, *compacte* et *fort;* si, au contraire, ces tranchées s'émiettent facilement, le sol est *marneux* ou *calcaire.* Un sol qui est labouré par un temps humide et qui ne donne point de tranches luisantes est un sol léger, c'est-à-dire une terre sablonneuse ou formée d'un sable *siliceux.* De grosses mottes produites par des labours, des fentes et des crevasses, par une grande sécheresse, annoncent un sol *fort et compacte.*

Un terrain sur lequel l'eau reste stagnante à la surface après un temps de pluie, contient beaucoup d'*argile;* c'est un terrain propre au *drainage;* si, au contraire, l'eau s'infiltre pendant la pluie même, il y a peu d'argile et beaucoup de *sable* ou de *chaux.*

Si un terrain a une couleur blanchâtre, il contient de la *chaux* ou du *plâtre.* La couleur jaunâtre ou rougeâtre indique la présence du fer avec de l'*argile* ou de la *chaux;* l'*humus* se reconnaît à une couleur noirâtre ou brun foncé. Cette dernière nuance annonce, dans les vallées et les bas-fonds, un sol marécageux ou *tourbeux.*

Si vous faites bouillir de la terre avec de l'eau, et que la liqueur obtenue soit d'un jaune brun, c'est qu'il y a de l'*humus;* si le liquide reste incolore, il y a peu ou point d'*humus.*

Si vous versez sur un morceau de terre du fort vinaigre ou de l'esprit de sel (*acide hydrochlorique*), et qu'il se produise une effervescence ou un bouillonnement, cette terre contient de la *chaux* ou de la *marne;* l'absence de ce signe indique un terrain où la *chaux* manque.

Une végétation vigoureuse de trèfle, sainfoin, luzerne, indique un sol *calcaire* ou *marneux.* Un sol est *léger* lorsque le sarrazin, le seigle, les pommes de terre, les carottes y réussissent bien. Là où le froment et l'épeautre prospèrent, on peut ranger le sol parmi les terrains *forts* et *argileux.* La présence des laiches, des prêles, des scirpes, prouve un sol humide; celle des tussillages, du pas-d'âne, de la sauge sauvage, de l'arrête-bœuf, de la lupuline, un sol plus ou moins calcaire. L'absence de ces plantes annonce un sol pauvre en chaux.

## VARIÉTÉS.

## LES HÉROS DE LA PAIX.

### I.

### OBERLIN.

La commune de *Banc-de-la-Roche* est située entre l'Alsace et la Lorraine, elle comprend cinq hameaux; les Allemands l'appellent *Stein-Thal*, Vallée des Pierres, et ce nom dit ce qu'elle est, ou plutôt ce qu'elle était avant l'homme bienfaisant dont nous allons raconter la vie. Sur les montagnes, le froid est aussi intense qu'à Saint-Pétersbourg : l'hiver y dure sept mois; le climat est plus doux dans les vallées; mais partout le sol était pierreux et stérile. C'était un dicton vulgaire qu'une femme pouvait emporter dans son tablier tout le foin que son mari fauchait une matinée. La culture intellectuelle était au niveau de la culture du sol. Un ministre luthérien, nommé Stouber, entra un jour dans une hutte décorée du nom d'école. Un grand nombre d'enfants s'y trouvaient. Un vieillard malade était couché dans un coin. Le ministre lui demanda s'il était le maître d'école.

— Oui, Monsieur.

— Et qu'enseignez-vous à ces enfants?

— Rien, Monsieur.

— Rien! Comment cela se fait-il?

— Ah dame! Monsieur, c'est que je ne sais rien.

— Comment alors êtes-vous maître d'école?

— Voilà, Monsieur. J'ai gardé pendant bien des années les porcs de Waldbach, et, quand je me suis fait trop vieux pour continuer, on m'a mis ici pour garder les enfants.

Tel était Banc-de-la-Roche. Un homme vint; il était seul, pauvre, inconnu. En peu de temps tout changea, la *Vallée des pierres* devint une fertile campagne, et ses incultes habitants connurent les joies de l'intelligence. Ce grand homme de bien fut Jean-Frédéric Oberlin.

Oberlin naquit à Strasbourg en 1740. C'était l'aîné d'une famille de neuf enfants; ses parents n'étaient rien moins que riches, si ce n'est en probité et en intelligence. Quelques traits de l'enfance d'Oberlin pouvaient faire pressentir ce qu'il serait un jour; ce sont des actes de courage ou de bonté. Son père lui donnait deux *pfennigs* (environ un sou par semaine); l'enfant les mettait soigneusement de côté. Quand l'occasion s'en présentait, il donnait son petit trésor à des malheureux; c'étaient là ses menus plaisirs. Il avait vingt ans quand il se consacra au service de la religion : sept ans après il accepta les obscures fonctions de pasteur de Banc-de la-Roche.

Ce qui le frappa d'abord, ce fut l'isolement de la paroisse. Aucune route ne menait aux villes voisines; le seul moyen de sortir de cet inaccessible désert était de franchir une rivière de trente pieds de large sur de grosses pierres en été, et en hiver sur la glace. D'ailleurs, les habitants étaient trop ignorants et trop indolents pour désirer mieux; et puis Oberlin comprenait difficilement leur patois; plus difficilement encore pouvait-il faire entendre la langue pure et correcte qu'il parlait. Quant aux enfants, c'étaient de véritables petits sauvages. Mais le jeune pasteur n'était pas homme à renoncer à une bonne œuvre, et les obstacles ne pouvaient avoir d'autre résultat que de fortifier sa volonté.

Il commença par où il fallait : il essaya d'éclairer, de moraliser le peuple, de lui inspirer l'instinct du mieux en toutes choses; il ne parvint à inspirer que de la méfiance d'abord, et bientôt de la haine. Un dimanche, il prêcha sur ces paroles du Christ : « Mais, je vous le dis, ne résistez pas au mal. » Au sortir du temple, plusieurs de ses auditeurs se réunirent, riant de ce qu'ils venaient d'entendre, et l'un d'eux dit : « Que fera-t-il donc quand il verra ce qu'on lui réserve? » Tout à coup Oberlin se présente au milieu d'eux : « Je viens à vous, leur dit-il, afin de vous épargner la lâcheté d'une embuscade. » Ils se retirèrent remplis de confusion.

Peu de temps après, il sut que des jeunes gens, fatigués de s'entendre exhorter au travail et à la vertu, devaient l'attendre dans un endroit écarté et le mettre à mort. Ce jour-là, il prêcha sur la sécurité et le bonheur de ceux qui se fient à la protection du Très-Haut; puis, au lieu de monter à cheval, selon son habitude, il retourna chez lui à pied. Bientôt il aperçut trois hommes cachés dans des buissons; mais il passa devant eux si calme et si digne, qu'aucun de ces malheureux n'osa se montrer.

Ces pénibles événements aidèrent à l'accomplissement des projets d'Oberlin. Ses ennemis eurent honte enfin de leur ingratitude; ils ne purent se défendre de le respecter; ils en vinrent à l'aimer, et voulurent mériter son estime. En témoignage de la sincérité de leur repentir, ils s'offrirent à l'aider dans les travaux qu'il avait projetés.

Le premier qu'on exécuta fut la voie ferrée qui devait conduire à la grande route de Strasbourg et mettre Banc-de-la-Roche en contact avec le monde civilisé.

Quant il crut le moment venu, Oberlin assembla le peuple et proposa de faire sauter des rochers pour, de leurs débris, construire le long de la rivière Bruhe une digue qui supporterait une route d'un mille et demi de long, et ensuite construire un pont près de Mothan. On l'écouta avec étonnement, et chacun, prenant prétexte de ses occupations, se défendit de prendre part à cette œuvre prodigieuse. En vain Oberlin essaya-t-il de les convaincre. Mais loin de renoncer à ses projets : « Que tous ceux, dit-il en se retirant, qui comprennent l'utilité de ma proposition viennent travailler avec moi. »

Oberlin avait depuis longtemps arrêté le tracé de la route. Il se rend immédiatement sur les lieux, une pioche à la main, et se met à l'œuvre. Quelques paysans le suivent, le pasteur réclame pour lui le travail le plus difficile et le plus périlleux. Bientôt l'émulation s'empare des opposants, et chacun veut accomplir sa tâche. Les difficultés furent grandes : chaque jour en apportait de nouvelles; il fallut détourner des torrents, et, chose plus difficile encore, trouver des fonds; les outils manquaient. Tous les obstacles s'évanouirent devant l'énergie d'Oberlin; la route fut achevée, ainsi que le pont qui porte aujourd'hui encore le nom de *Pont-de-la-Charité*.

Oberlin se délassa de cette œuvre gigantesque en s'appliquant de toute son âme à organiser l'instruction primaire; il fut admirablement secondé par sa femmme, aimable et intelligente personne. Un an après son arrivée à Banc-de-la-Roche, la commune eut cinq écoles bien construites : une pour chaque hameau. Un soin extrême présida au choix des instituteurs. Oberlin les voulut doux, intelligents et pieux; les plus jeunes enfants furent confiés aux femmes Le bienfaisant pasteur trouva de dignes disciples; trois femmes surtout furent admirables : Sophie Bernard, Catherine Scheidecker et Marie Schepfer que nous retrouverons tout à l'heure. La première, quoique pauvre, éleva à ses frais plusieurs orphelins : elle leur donna un état, elle prit soin de leur éducation morale et intellectuelle, et, plus tard, ses élèves rendirent de grands services à la commune. Toutes trois eurent des tendresses de mères pour les enfants confiés à leur intelligente tutelle. On ne connaissait dans ce malheureux pays que le français du seizième siècle; Oberlin leur apprit à parler avec pureté, avec élégance même, la langue de leur temps; il fit enseigner le dessin, la botanique, l'agriculture. En peu d'années les mœurs subirent une transformation complète. Ce petit peuple grossier, ignorant, égoïste, indolent, était devenu poli, intelligent, charitable, ardent au travail.

Oberlin tourna ensuite ses vues vers l'enseignement professionnel; le vallon, abandonné à lui-même, manquait des professions les plus essentielles. Le digne pasteur fit choix des jeunes gens les plus intelligents, et les envoya en apprentissage à Strasbourg. Quelques années après, Banc-de-la-Roche avait des charpentiers, des maçons, des vitriers, des charrons, des forgerons, et ces bons ouvriers en eurent bientôt formé d'autres.

La sollicitude d'Oberlin s'étendait à tout : avant qne Banc-de-la-Roche fût, par ses soins, doté des professions les plus utiles, il arrivait que lorsqu'un pauvre homme cassait un outil indispensable, il lui fallait ou perdre deux jours pour se rendre à Strasbourg, où, ce qui était pis encore, rester oisif faute d'argent. Oberlin forma à ses frais un dépôt d'outils. Il vendait au prix d'achat, faisait crédit à ceux qui étaient dans le besoin.

Une autre amélioration s'opérait en même temps que celle dont nous venons de parler. Lorsque Oberlin arriva au Banc-de-la-Roche, les villageois habitaient de misérables cabanes creusées, pour la plupart, dans les rochers ; il leur apprit à construire des demeures saines et commodes.

Ce dévoué pasteur n'était pas homme à négliger les intérêts de l'agriculture; perfectionner l'agriculture ou plutôt la créer, c'était apporter dans la commune, qui déjà lui devait tant, un élément nouveau de richesse et de moralisation. Comme toujours il prêcha par l'exemple. Il fit choix d'un coin de terre, le plus mauvais qu'il put trouver, puis il planta des arbres fruitiers, creusa des fossés, apporta du fumier, alla chercher au loin du terreau. Le succès couronna doublement ses efforts : les plants et l'exemple portèrent leurs fruits. Pour se rendre à leur travail, quelques paysans passaient devant ce coin de terre, ils purent suivre jour par jour les progrès de la végétation. Leur étonnement fut grand. Ils voulurent savoir la cause de cette sorte de miracle; quelques-uns interrogèrent Oberlin. Combien son cœur s'en réjouit! Sous sa direction, ces pauvres gens se mirent à planter et à greffer. Planter et greffer devint pour tous une occupation favorite; quelques années plus tard, de charmants vergers, de riches moissons, des potagers bien entretenus couvraient des pentes naguère rocheuses, des collines dénudées.

On demandera sans doute qu'elle était la fortune d'Oberlin. Ses réformes, à la vérité, se faisaient sur l'étroit territoire d'une commune inconnue; mais elles embrassaient les besoins physiques, intellectuels et moraux. Tracer des routes à travers des rochers impraticables, jeter des ponts sur de rapides rivières, fonder cinq écoles, placer des enfants en apprentissage, faire des plantations, reconstruire toutes les demeures, former des magasins, établir des bibliothèques circulantes, imprimer des livres utiles : cela suppose d'importantes ressources. — Oberlin avait mille francs de revenu. Il les perdit pendant la révolution, et se trouva dans la dépendance de ses paroissiens. Il put voir alors qu'il n'avait pas semé dans une terre ingrate. Chacun s'imposait avec joie une contribution volontaire, mais Oberlin ne voulut rien accepter au-delà du strict nécessaire.

Cet homme admirable ne fut pas exempt d'affliction : la femme intelligente et dévouée qui s'était montrée si digne de lui, mourut au bout de seize ans d'heureuse union. Oberlin fléchit sous le coup. Cependant, dans sa détresse, il eut la joie de trouver une humble mais inappréciable amie, et, pour ses enfants, presque une seconde mère : Louise Schepfer était entrée chez lui en qualité de femme de charge; mais bientôt elle refusa de recevoir des gages, et le supplia de la regarder comme faisant partie de sa famille. La lettre qu'elle écrivit à son pasteur bien-aimé est un témoignage touchant du respect et de l'affection que celui-ci avait su inspirer :

« Je vous en prie, disait-elle, ne me donnez plus de gages ; car, puisque vous me traitez comme votre enfant à tout autre égard, je désire de tout mon cœur que vous le fassiez encore en ceci. Il me faut bien peu pour vivre; mes vêtements coûteront peu de chose ; quand j'en aurai besoin, je vous les demanderai comme un enfant demande à son père. Oh! je vous en supplie, accordez-moi cette faveur, et daignez me regarder comme votre fille qui vous est tendrement attachée. »

Oberlin eut trois fils et quatre filles, qui tous furent élevés sous le toit paternel. L'aîné des fils mourut sur le champ de bataille à l'âge de vingt-quatre ans; dans le plus jeune, Oberlin rencontra un lieutenant actif et intelligent; celui-ci mourut la fleur de l'âge, et sa mort fut un sujet de deuil pour toute la commune.

La Révolution passa, pour ainsi dire, par dessus Banc-de-la-Roche; la paix de l'heureuse commune ne fut pas un instant troublée. Elle ne sut qu'une grande et douloureuse transformation sociale s'accomplissait autour d'elle que par les nombreux fugitifs qu'Oberlin recueillit et dont il soulagea l'infortune. Ses actes de bienfaisance particulière ne le cèdent pas en nombre aux grands travaux qu'il entreprit et qu'il acheva pour le bien de la communauté.

Maintes occasions se présentèrent où il eût pu améliorer sa position; on offrit à ses vertus, à son génie, un théâtre plus vaste et plus en vue; mais cette population, qu'il avait tirée de la misère, de l'ignorance et du vice, était une seconde famille. « Dieu, disait-il, a confié ce troupeau à mes soins, pourquoi l'abandonnerais-je? Où trouverais-je de meilleurs paroissiens et des cœurs plus reconnaissants? »

Aimé et respecté de tous, cet homme vénérable quitta sa charge avec la vie dans la 86e année de son âge et la 50e de son pastorat, laissant un noble exemple aux hommes de notre âge et un nom destiné à grandir jusqu'au jour si lent à venir où l'héroïsme de la paix n'aura plus à disputer à de sanglantes idoles l'admiration du genre humain.

---

## NOUVELLES ET CAUSERIES.

*Construction d'une route au Brésil. — Le chemin de fer d'Alexandrie au Caire. — Farine de l'Arum italicum. — Gisements de cuivre du lac Supérieur. — Le viaduc d'Ariccia. — Chèvres d'Angora. — Prix décerné à M. de Montiguy.*

*** Le Brésil, presque aussi grand que l'Europe, compte à peine quelques lieues de bonnes routes aux abords des grandes villes du littoral; trois lieues seulement de chemin de fer aboutissant à Rio-Janeiro, la capitale. Dans l'intérieur, on ne trouve que chemins mal tracés, sans entretien, souvent à peine praticables aux bêtes de somme, qui seules opèrent tous les transports. Le gouvernement et la partie intelligente des populations commencent à sentir la nécessité de faire cesser un tel état de choses. On parle beaucoup de compagnies pour l'établissement de routes ou de chemins de fer. L'une des plus sérieuses est celle qui s'est engagée à exécuter une route empierrée traversant la province de Minas, et qui a pour ingénieurs MM. Vigouroux et Flageolot, ingénieurs des ponts et chaussées. Un conducteur attaché à ce travail, M. Radix, publie à ce sujet, dans l'*Ingénieur*, un travail dont nous allons donner quelques extraits.

« La première partie que nous avons à établir est dans les bois, dit M. Radix. Nous n'avons aucun document pour nous venir en aide : pas de cadastre, pas de cartes exactes et détaillées, aucune pièce sur les chemins existants; impossible dans les bois, où il faut se frayer un chemin à la hache, de faire des triangulations. Nous relevons à la boussole et rapportons, suivant le système des coordonnées, à la méridienne et à la perpendiculaire.

« L'exécution des travaux sur une grande échelle présente de grandes difficultés; on ne peut avoir un matériel qu'en le faisant venir en grande partie d'Europe. Pour le transport, il faut dresser des animaux. Les ouvriers libres sont peu nombreux, et l'on ne peut compter sur leur assiduité.

« La majeure partie des ouvriers qu'on emploie sont des esclaves nègres ; ils sont fournis par les propriétaires moyennant des contrats passés entre eux. Libres ou esclaves, il faut apprendre aux ouvriers le maniement des outils européens, leur montrer les modes expéditifs, et par conséquent économiques, d'attaquer le travail. Il ne faut pas se rebuter et montrer bien souvent la même chose pour parvenir à la faire faire. L'art d'exécuter les travaux est à son enfance ici. Cet état d'ignorance vient en partie de l'esclavage, qui rendait, il y a quelques années, la main-d'œuvre excessivement bon marché. On ne se donnait pas la peine de chercher l'économie du temps, et par conséquent du prix de revient, par l'habileté de l'ouvrier et un bon mode d'exécution. Aujourd'hui, que le prix des esclaves est très-élevé, par suite de l'abolition de la traite, on cherche à introduire dans les travaux les modes européens expéditifs et économiques : la science remplace l'esclavage. Les prix de journées, pour les différentes professions, sont à peu près ceux de Paris; seulement ici l'ouvrier à la journée ne fait que le quart de ce que fait un ouvrier européen travaillant à la tâche. Nous sommes parvenus à faire faire quelques travaux à la tâche : l'ouvrier alors fait les deux tiers du travail d'un ouvrier européen. Nous espérons peu à peu substituer le travail à la tâche au travail à la journée.

« Les seuls matériaux de construction que le pays présente dans notre 1re section de route sont : le bois, l'argile à briques, le granit et le quartz. Le calcaire propre à faire de la chaux ne se rencontre qu'à une très-grande distance de nos travaux. Nos travaux d'art, vu la cherté de la main-d'œuvre et la difficulté de se procurer de la chaux, ne se recommanderont pas par leur luxe ; ils sont aussi simples et aussi économiques que possible. Mais quant à la direction scientifique et économique de notre route, MM. Vigouroux et Flageolot pourront s'enorgueillir d'avoir vaincu des difficultés qui auraient passé, même en France, pour considérables, et d'avoir doté le Brésil de la première route tracée scientifiquement. Ce sera un type, un modèle pour les constructions à venir de routes dans ce pays. »

Cependant ce beau travail, qui va inaugurer un nouvel avenir pour la province de Minas, rencontre de l'opposition ; on va jusqu'à proférer des cris de mort contre le directeur de la compagnie.

⁂ Les détails suivants sur le chemin de fer égyptien d'Alexandrie au Caire, chemin commencé en 1852 et dont la première section a été ouverte l'année dernière, seront lus avec intérêt.

Le pays est très-favorable au tracé, car la ville du Caire est à 12 mètres seulement au-dessus du niveau de la Méditerranée, dont elle n'est séparée que par le Delta du Nil, plaine presque plate. Il a fallu cependant établir un remblai général de 2m, 50 à 3m,00 de hauteur pour se mettre à l'abri des plus grandes inondations du Nil.

Le chemin doit être construit pour deux voies, mais il n'en sera posé qu'une seule immédiatement. Les talus du remblai ont 1 1/2 de base pour 1 de hauteur, mais ils doivent être ultérieurement réglés à 2 pour 1 ; on compte sur un tassement de 1/6. On se procure, par des emprunts latéraux, les terres nécessaires à la construction de la levée. Voici comment ce travail s'exécute : de robustes travailleurs, munis de houes ou larges pioches, fouillent le terrain par parties d'environ 12 centimètres sur 25, qu'ils déposent à leurs pieds, dans des corbeilles de palmier de forme demi-circulaire (38 centimètres de diamètre) et munies de fortes anses. Lorsqu'un panier est plein, un jeune homme le prend sur sa tête ou le suspend à ses épaules par les anses, le porte et le vide au lieu désigné, où le régalage se fait aussi à la houe, l'usage des pelles étant inconnu en Egypte. La plupart de ces hommes s'animent au travail par un chant monotone en courtes strophes dit par l'un d'eux en solo, tous se joignant au refrain. M. Robert Stephenson assure que ces terrassiers font beaucoup de travail.

Les rails de la voie définitive sont maintenus par des coussinets fixés sur des calottes demi-sphériques en fonte remplaçant les traverses. Quant au moyen adopté pour la correspondance des joints d'une ligne de rails à l'autre dans la même voie, il consiste dans l'emploi de rails relativement courts intercalés parmi les rails normaux dans les courbes concaves.

Les travaux d'art les plus importants sont ceux que nécessite la traversée des deux branches du Nil, celle de Rosette et celle de Damiette. Des circonstances locales ne permettant pas l'établissement d'un pont fixe sur la branche de Rosette, on a recouru à l'emploi d'un bac à vapeur. Sur l'une et l'autre rive, le chemin est supporté par des piles qui s'avancent dans le fleuve jusqu'à une certaine distance.

La branche de Damiette est franchie par le pont de Benha formé de longrines en fer de 2 mètres de hauteur, supportées par des piles ou colonnes du même métal. Chacune de ces piles consiste en deux tubes accolés, de 2m, 13 de diamètre l'un, qui descendent jusqu'à 10m, 65 au-dessous des basses eaux. Une plate-forme de 45 mètres environ de diamètre, tournant sur son centre, permet la circulation des vaisseaux à travers le milieu du pont. Le centre de cette plate-forme repose sur une sorte de chapiteau soutenu par un groupe de six colonnes, et chacune de ses extrémités, lorsqu'elle est fermée, s'appuie sur quatre autres colonnes. Un système d'estacades établies au niveau des eaux de navigation protége tous ces supports en formant un chenal pour les navires.

Les travaux placés sous la haute surveillance de M. Robert Stephenson étaient dirigés par M. Swinburne, assisté de seize ingénieurs anglais. Tous les ouvriers, au nombre de 10,000, sont Égyptiens. On les recrute par la force ; aussi faut-il les garder militairement comme des prisonniers, pour prévenir les désertions. Chacun d'eux est retenu pendant un mois, et reçoit un léger salaire en argent et en pain.

La ligne entière était estimée 20 millions de francs ; mais on croit qu'elle a coûté 25 millions. La dépense est soldée sur les fonds de la cassette particulière du vice-roi.

⁂ Les journaux d'Afrique annoncent qu'un colon algérien, M. Duval extrait d'une plante commune dans notre possession méditerranéenne l'*Arum italicum* ou *immaculatum*, une farine revenant à 40 p. 0/0 meilleur marché que la farine de céréales, et qui, mélangée avec celle-ci dans la proportion d'un tiers ou même de moitié, fait un pain de bonne qualité. On en fabrique aussi de la pâtisserie fine excellente.

La fécule de l'*Arum* a été soumise à toutes les épreuves ; on en a obtenu un sirop très-limpide, de couleur légèrement ambrée, fortement sucré, et qui pourrait, à dose convenable, remplacer le sucre, quand celui-ci doit être donné en dissolution.

⁂ On trouve aux environs du lac Supérieur aux Etats-Unis des masses considérables de cuivre natif. Les compagnies Pittsburg-Boston et North-America en extraient des blocs qui pèsent 20, 30, 40 et même 50,000 kilogrammes. On a dégagé dans toutes ses faces un bloc dont l'épaisseur dépasse deux mètres en plusieurs endroits. Sa longueur varie de 7 à 9 mètres, et il a plus de 30 mètres de haut. C'est jusqu'ici un fait unique dans les annales des mines.

⁂ Sur la route postale de Rome à Naples, en suivant la voie appienne, entre la ville d'Albano et le bourg d'Ariccia, existe un ravin profond creusé dans le tuf volcanique ; la route poste le franchit depuis l'automne dernier sur un pont gigantesque. Le viaduc d'Ariccia, long de 311 mètres, haut de 60m 82 est construit en belle pierre de taille, dite *Pepérino*, tirée des carrières voisines, qui ont fourni aussi une excellente pouzzolane employée pour ciment ; la masse totale des maçonneries s'élève à 118,240 mètres cubes. La durée totale des travaux a été de sept ans.

⁂ M. le président de la Société géologique vient d'être informé par M. Barthélemy-Laponneraye, directeur du Musée d'histoire naturelle de Marseille, de l'arrivée très-prochaine en cette ville d'un second troupeau de chèvres d'Angora, acheté en Orient pour la Société. Ce troupeau se composait, à son arrivée à Brousse, de 75 animaux, dont 53 adultes, savoir : 7 boucs et 46 chèvres, et 22 chevraux. Il s'est augmenté depuis son départ d'un chevreau né en route, ce qui porte le nombre à 76 individus. — Le premier troupeau a été disséminé sur deux points des Vosges.

⁂ La Société de géographie a décerné à M. de Montigny le grand prix de 3,000 francs, fondé par M. le duc d'Orléans, en vue de récompenser les tentatives les plus utiles d'acclimatation. Ce prix n'avait jamais été décerné. Il est inutile de rappeler les titres de M. de Montigny à cette distinction ; tout le monde sait que nous lui devons l'igname, le Sorgho, les pois oléagineux et quelques autres végétaux, les Yacks, etc.

*Le propriétaire, rédacteur-gérant :*
VICTOR MEUNIER.

PARIS. — IMP. J.-B. CROS, RUE DES NOYERS, 74

Première année. — N° 30. Quinze centimes. 29 juillet 1855.

# L'AMI DES SCIENCES

PAR

VICTOR MEUNIER

BUREAUX D'ABONNEMENT : **13, RUE DU JARDINET, 13.** Près l'École de Médecine.

**Paraît le dimanche.** (Les abonnements datent, au gré des souscripteurs, du commencement de l'année ou du premier dimanche de chaque mois).

PRIX DE L'ABONNEMENT POUR L'ANNÉE. **PARIS, 6 FR. — DÉPARTEMENTS, 8 FR.** ÉTRANGER, surtaxe en sus. Envoyer un mandat de poste.



## MAXIMO ET BARTOLA.

### A L'ACADÉMIE DE MÉDECINE.

Conduits mardi dernier à l'Académie de Médecine et déposés sur le bureau par leur cornac, M. Morris, Maximo et Bartola, les prétendus Aztèques de l'Hippodrome, ont eu les honneurs de la séance.

« Les jolis petits monstres basanés ! » s'écrie M. Amédée Latour. D'un « *Good by* » articulé avec un accent de sourd-muet qu'il faut renoncer à décrire, ils saluent la docte assemblée; puis ils s'offrent aux investigations des académiciens tout en s'agitant continuellement, tout en étant au même instant assis, debout, couchés, penchés, accroupis. On les examine sous toutes leurs faces; on soulève leurs cheveux, qui sont longs et bouclés, et l'on palpe là-dessous leur pauvre petit crâne microcéphale. Quand on les eût dépouillés de leurs costumes, on fut agréablement impressionné de voir des formes régulières, gracieuses même dans leur sveltesse micrométrique; le tronc et les membres sont bien pris, les jambes longues et assez vigoureuses. Ce sont des corps d'enfants : la demoiselle n'a pas trace de glandes mammaires; le jeune homme, dûment exploré par la palpation, n'offre à sa race aucune garantie sérieuse de perpétuité. Quant au côté moral et intellectuel de ces deux créatures, il s'est peu manifesté : pour tout signe d'intelligence, la joie bruyante du garçon quand il parvenait à faire sonner la montre à répétition de M. Ségalas, et le plaisir qu'ils prenaient tous les deux à répandre sur la table des pains à cacheter ; comme manifestations morales, des phénomènes purement négatifs : nulle émotion, nulle timidité, une sorte de sauvagerie revêche, aucun sentiment de décence. »

Pendant ce temps, aidé d'un interprète, M. Morris débitait leur histoire supposée, son boniment. Un Espagnol les a rencontrés dans l'Amérique centrale, non loin de Guatémala, en une ville récemment découvetre, appelée Iximaya, où se sont réfugiées d'anciennes tribus mexicaines et péruviennes échappées aux massacres de Fernand Cortez et des Pizarres. Parmi ces tribus, quelques centaines d'individus, conformés comme nos deux microcéphales, occupent la position sociale de fétiches. Maximo et Bartola habitaient un temple, la sacrificature de Kaana, où juchés dans une niche, ils étaient adorés comme de petits dieux. On leur offrait du lait, des fleurs et des fruits pour se les rendre propices. Quelques-uns de leurs pareils se trouvent en ce moment à New-York. Depuis que M. Morris possède ceux qu'il exhibe, c'est-à-dire depuis cinq ans, la petite fille a grandi d'un pouce et demi et son poids s'est accru de quatre livres et demie ; la taille du petit garçon n'a pas varié.

Après qu'on les eut examinés, Maximo et Bartola embrassèrent MM. le président et le secrétaire de l'Académie; on les emporta dans une salle voisine, et la discussion s'engagea sur leur compte.

M. Théophile Gautier, qui a pu étudier à son aise ces petits problèmes chez le directeur de l'Hippodrome, avait exprimé en ces termes, dans le *Moniteur*, l'impression qu'ils ont fait sur lui : « Les Aztèques sont charmants, d'une proportion mignonne et parfaite, et la petitesse de leur tête leur donne beaucoup d'élégance; ils vont et viennent et sautillent avec des mouvements d'oiseaux qui cherchent à s'envoler,—et sont si vifs qu'on a peine à mettre la main dessus. — Nous avons parlé d'oiseaux, et ce n'est pas sans dessein : la tête de ces bizarres créatures rappelle, en effet, ces caricatures de Granville s'efforçant de ramener au type humain, dans ses *Métamorphoses du jour*, des perroquets, des paons, des coqs, etc. Le front, très-déprimé, fuit sous une chevelure noire, brillante, annelée et fine; les yeux, très-doux et très-beaux, sont séparés par un nez en forme de bec, coupé de narines obliques et traçant un angle aigu au-dessus d'une bouche en retraite et d'un menton à peine indiqué. Les mêmes traits, répétés avec plus de délicatesse chez la jeune fille, montrent que ce n'est pas là une aberration tératologique, mais bien une conformation naturelle que doivent répéter tous les individus de la même race, s'il en existe d'autres. Bartola même a un col charmant, des épaules et une poitrine très-joliment modelées sous leur patine de bronze clair ; Maximo offre une coloration semblable, quoiqu'un peu plus brune ; leurs mains à tous deux, pas beaucoup plus grandes que des mains de ouistitis, sont froides au toucher ; quant à leurs pieds, il faudrait pour les chausser des souliers de poupée. On s'habitue bien vite à cette transformation singulière du masque, tant ils ont l'air intelligent et doux, malgré leur physionomie de dieux égyptiens à tête d'épervier.—Nous les regardions aller et venir par la chambre avec la stupéfaction d'un géant de Brodingnac, agitant la question de savoir s'il y avait une âme pareille à la nôtre dans ces petits corps; ils gazouillaient et pépiaient tout en grimpant sur les fauteuils et examinant chaque chose avec une curiosité de singe ou d'écureuil; nous finîmes par distinguer des mots dans leurs vagues cantilènes. — Ils parlaient! et parlaient anglais encore, ce qui est bien civilisé pour des idoles mexicaines. — Le petit garçon demandait un tambour et la petite fille un morceau d'étoffe pendu à un clou pour s'en faire une mantille. — Décidément ce sont bien des êtres pareils à nous.—L'un veut faire du bruit, donc il est homme; l'autre se parer, donc elle est femme.—Tel fut le résultat de notre méditation. »

« Nous ne savons, ajoutait M. Th. Gautier, ce que diront les professeurs d'anthropologie de ce couple étrange. » Voici ce qu'ils en ont : dit Maximo et Bartola partis, les opinions se sont partagées sur la question de savoir si ce sont à la fois des crétins et des idiots ou si ce sont simplement des idiots. M. Baillarger soutient la première opinion et M. Ferrus défend la seconde.

M. Baillarger les assimile aux crétins en raison de l'arrêt de développement de la dentition, de celui des organes reproducteurs et de la persistance des formes enfantines. Il cite des jeunes gens et des jeunes filles natifs des Alpes et des Pyrénées, qui, arrivés à vingt ans, n'en paraissent avoir que huit. Mais les Aztèques s'éloignent des crétins par la microcéphalie et leur incessante mobilité, et c'est par là qu'ils se rapprochent des idiots. Enfin ils ont en commun avec les crétins et les idiots une démarche saccadée et comme choréique.

Quant à l'opinion que les Aztèques appartiendraient à une race particulière, elle ne soutient pas la discussion. « Ils sont très-probablement nés au milieu d'une population dégénérée, dit le savant académicien, et ils sont eux-mêmes des types des derniers degrés de cette dégénérescence. Je dis que ce sont là les degrés extrêmes, parce qu'à ce point l'homme cesse de se reproduire. »

M. Baillarger n'admet pas que la conformation de leur crâne soit le résultat d'une compression artificielle. « On comprend, dit-il, un aplatissement de tout le front par des moyens mécaniques, mais non la dépression sus-orbitaire si remarquable ici, et qu'on rencontre très-souvent chez les crétins et les idiots. Quoi qu'il en soit, il faut reconnaître, ajoute-t-il, non seulement que ces enfants offrent des types extrêmement remarquables, mais encore qu'il y a chez eux quelque chose d'étrange qui leur assigne une place à part. »

M. Ferrus repousse l'assimilation avec le crétinisme; mais comme M. Baillarger, il classe nos microcéphales dans la catégorie des idiots; de plus il voit la cause de l'idiotisme et de l'arrêt de développement des organes génitaux et de la dentition dont ces enfants sont atteints, dans un arrêt de développement primitif du cerveau; « j'irai jusqu'à dire, ajoute-t-il, d'un arrêt de développement primitif du cerveau. » Il remarque que, quoique la microcéphalie soit ici poussée à son dernier terme et presque jusqu'à l'anencéphalie, néanmoins, la partie antérieure de la masse cérébrale, réduite à ses plus rudimentaires éléments, n'est point portée en arrière comme comme cela a lieu habituellement chez les anencéphales. Il déclare, du reste, « le cas curieux, digne d'une discussion importante et de nature à jeter d'utiles clartés sur divers points d'anatomie, de physiologie et de pathologie. »

Mais, ainsi que l'a remarqué M. Gerdy, l'engagement entre MM. Baillarger et Ferrus était prématuré. Une commission a été chargée, par l'Académie de Médecine, de l'examen des deux Aztèques. Cette commission se compose de MM. Duméril, Gerdy, Ferrus et Baillarger. Il convient d'attendre son rapport, et c'est sur son rapport qu'une discussion utile pourra s'établir.

---

## La Moissonneuse Gauloise.

Les nombreuses machines à moissonner qui figurent à l'exposition, dont elles forment un des principaux ornements, fournissent l'occasion de remettre en lumière une invention du même genre qui fut anciennement en usage sur le sol de notre patrie, et dont la description ne peut manquer d'intéresser ceux qui n'assistent pas sans émotion à cette résurrection de la race gauloise, qu'ont commencé les découvertes archéologiques et anthropologiques de MM. Serres, Féret, et de leurs émules.

Le souvenir de cette invention nous a été transmis par un écrivain de la fin du v^e siècle, Palladius Rutilius Taurus Æmilianus (1). Enfoui pendant des siècles, à l'inçu de tous, dans la poudreuse édition des œuvres de l'écrivain latin, le passage qui nous intéresse en a été extrait, il y a 44 ans, par un professeur de physique et de chimie, M. Lenormand, et déposé dans un recueil technologique de l'époque, les Annales des arts et manufactures (2).

M. Lenormand ne s'est pas borné à insérer le texte latin, il en a donné la traduction; il a fait mieux, il a dessiné la machine décrite par Palladius, et ce dessin accompagne son travail intitulé : *Mémoire sur une machine dont on se servait anciennement dans les Gaules pour moissonner les champs.*

Le dessin nous montre une petite voiture formée d'une caisse ouverte par le haut, montée sur deux roues. Cette voiture est poussée, non traînée, par un bœuf attaché à l'arrière par son joug, entre deux courts brancards, la tête tournée vers la caisse. A la suite du bœuf, un Gaulois tenant de chaque main un brancard ou levier plus long que ceux auxquels le bœuf est attaché, et dépassant celui-ci en arrière, fait varier à son gré par leur moyen, l'inclinaison de la caisse, qui, à cet effet, est montée à charnière sur le train. Cette caisse, dans l'instant où la gravure nous la montre, est penchée en avant vers le sol, la machine est en pleine activité, venant d'entamer un champ de blé. Le fond de la caisse est carré, ses quatre côtés ne s'élèvent pas perpendiculairement sur le fond, ils s'inclinent en dehors, de manière à former une auge plus large d'ouverture que de base, enfin, le côté antérieur moins élevé que les trois autres, est muni à son bord supérieur d'une rangée de dents en fer, non point droites, mais qui, à leur extrémité, se recourbent en arrière dans un plan horizontal.

Telle est la machine. Un coup d'œil jeté sur l'image nous apprend comment elle fonctionne : sous l'impulsion du bœuf « qui doit être doux, écrit Palladius, afin de suivre les différents mouvements que lui imprime son conducteur, » la moissonneuse pénètre dans le champ de blé; au moyen des deux brancards dont nous avons parlé, le bouvier règle l'inclinaison de la caisse sur la hauteur du blé, ayant soin de maintenir la rangée de dents un peu au-dessous du point où les épis naissent de la tige ; d'abord les épis s'engagent entre les dents, puis le char continuant de s'avancer, ils se tassent, se pressent dans la concavité des crochets que forment les dents , s'inclinant en même temps vers la caisse, et finalement arrachés de la paille, ils tombent et s'amoncèlent dans la voiture.

Palladius nous apprend que cette machine était en usage dans la partie des Gaules qui se trouve en plaine ; » elle économise, dit-il, le travail des hommes, et par son moyen, un seul bœuf peut faire toute la moisson. «En quelques heures, dit-il encore, par quelques allées et venues, la moisson est terminée. » Il remarque, en terminant « que ce moyen ne peut être employé que dans les lieux où la paille n'est pas nécessaire. »

La paille en effet, restait sur place; on voit tout de suite qu'il devait se perdre beaucoup de grain, et qu'un grand nombre d'épis même échappaient nécessairement à l'action de la machine. Comme le remarque en note l'éditeur du recueil, M. Barbier de Vémars, « il est possible qu'on ait inventé cette machine pour enlever rapidement les grains dans la crainte d'une

(1) Lib. 7^e; tit. 2, p. 347, édit. Lugduni, anno 1535; p. 146, édit. Biponti, anno 1787.

(2) Annales des arts et manufactures ou mémoires technologiques sur les découvertes modernes concernant tous les arts et métiers, les manufactures, l'agriculture , le commerce, la navigation, par J. N. Barbier de Vémars, membres de la Société d'encouragement pour l'industrie nationale, t. XL, 1811, p. 138 à 144.

invasion prochaine de la part de l'ennemi. » Nous n'en avons pas moins sous les yeux le premier exemple de la substitution des brutes à l'homme dans le dur travail de la moisson et la gloire anonyme de cette grande innovation revient à la Gaule entière.

M. Lenormand espérait que cette machine perfectionnée pourrait entrer dans la pratique. MM. Mac Cornick, Cournier, Atkins et leurs nombreux rivaux ont pleinement réalisé ce vœu, sans se douter assurément des prédécesseurs qu'ils ont eus. En ressussitant des souvenirs, on déplorait l'ignorance où sont les inventeurs modernes de ce qui s'est fait avant eux dans la voie qu'ils suivent; en quoi on avait raison. Mais cependant si nous voulions nous mettre à l'école de nos premiers pères, les Gaulois d'héroïque et philosophique mémoire, ce que nous devrions leur demander, ce ne serait pas de nous mettre sur la voie de perfectionnements mécaniques; ce qu'il faudrait prendre d'eux, c'est leur indomptable esprit de liberté, c'est ce sentiment si profond et si clair de l'immortalité et de la perfectibilité éternelle qui leur inspirait ce mépris souverain de la mort dont les Grecs et les Romains s'étonnaient.

## LA SEMAINE SCIENTIFIQUE.

Mirage d'Aigues-Mortes. — Le 19 du mois dernier, M. Parès observait le cas remarquable de mirage, dont nous allons rapporter les traits principaux. Il observait de Montpellier, d'une altitude absolue de 37 mètres, du côté du sud-ouest. Sous ses yeux, se déroulaient sur une épaisseur totale de 44 kilomètres, des terres, un lac, des sables, des marais, la mer.

Vers cinq heures du soir, regardant avec une lunette de 80 millimètres, il vit sur sa droite les arbres se mettre en mouvement. En une seconde, leur image s'allonge, double de hauteur, s'élance vers un nuage qui se formait au-dessus d'eux, puis, redescend renversée et va rejoindre l'image inférieur au milieu de la distance qui sépare leurs bases; l'une de ces bases est derrière les dunes d'Aigues-Mortes, l'autre est soudée au nuage. Un vide à parois verticales représentant des murs gigantesques de verdure, sépare les deux groupes. Le nuage, gagnant vers la gauche, jette en passant un pont de vapeurs sur cet abîme. Il est venu de la haute mer; sa largeur est faible, sa teinte et sa consistance sont celles d'un nimbus; il se propage de droite à gauche, et partout au-dessous de lui s'élèvent des images d'arbres et d'habitations : on dirait qu'il les aspire; en deux minutes il a parcouru 5,600 mètres, et une quarantaine d'objets ont reproduit leur image.

En ce moment, le phénomène est établi sur toute la ligne; le nuage forme en haut un nouvel horizon, servant de cadre supérieur au tableau; les dunes forment le cadre inférieur. L'étendue est de 10° 35', la hauteur de 4', le tableau est des plus variés; l'aspect général est celui d'objets disposés pour une fête, les arbres sont bruns comme le nuage, les bâtiments éclairés par les derniers rayons du soleil sont d'un jaune orangé éclatant, et les ondulations y sont si fortes qu'ils paraissent enflammés. Toutes ces images sont dans une continuelle agitation; elles montent et descendent comme si elles étaient élastiques et étirées en même temps par les deux bouts, s'allongeant et se contractant sans relâche.

« Cependant, vers le milieu de la ligne, un autre effet se prononce. Il y a là, à la distance moyenne de 8 kilomètres des dunes, le hameau des Salins de Pecais. Caché par le toit d'une maison voisine de ma station, je n'en vois d'ordinaire que les sommets d'un bâtiment et de deux hautes cheminées d'usine. Aujourd'hui, dès le commencement du phénomène, il s'est relevé légèrement, et l'une des maisons a semblé jeter des flammes. Bientôt, il se porte tout entier sur le nuage, gardant sa position droite, alors que toutes les images à droite et à gauche sont renversées, et immobile au milieu du mouvement général qui persiste à ses côtés; sa lumière est tranquille, comme à la fin d'un beau jour d'été. J'ai pu y compter neuf bâtiments distincts, outre les deux grandes cheminées. Enfin, sur ma droite, du milieu des images des arbres, je vois sortir de l'horizon deux colonnes blanches, élevées d'environ trois minutes, elles marchent l'une vers l'autre, se joignent, se séparent; ce sont deux voiles de navire qui sont sur la mer des Bouches-du-Rhône, à 18 kilomètres en arrière des dunes. Leur image est droite. »

Ce beau phénomène dura une demi-heure; le nuage disparut, les images supérieures s'effacèrent, les deux voiles s'évanouirent de même. Tout rentra dans l'ordre accoutumé, sauf le hameau qui descendit lentement, toujours dans sa position droite; quand vint la nuit, il n'avait pas encore atteint l'horizon.

Emploi médical de l'électricité. — M. Demarquay, momentanément chargé du service de chirurgie dirigé par M. Monod à la Maison municipale de santé, rend compte dans la *Gazette des hôpitaux* de plusieurs cures remarquables dues à l'application de l'électricité. Nous citerons les suivantes :

I. — Un jeune homme porteur d'un engorgement des ganglions sous-maxillaires droits est présenté pour subir l'extirpation de cette tumeur arrivée à des proportions déjà considérables (œuf de poule). Séance tenante, la tumeur est embrochée dans ses diamètres transversal et vertical par quatre aiguilles et un courant est établi au moyen de l'appareil de Breton. L'opération fut à peine douloureuse; à la troisième séance, le volume était sensiblement réduit; à la huitième, il offrait tout au plus la grosseur d'un petit œuf de pigeon. Au bout d'un mois, après douze applications, les ganglions sont revenus à leur état normal; ils ne présentent de particulier qu'un léger degré d'induration qui tend tous les jours à disparaître.

II. — M. X... fait une chute de cheval il y a six semaines; le moignon de l'épaule est surtout le siége de la contusion. Un médecin mandé constate une luxation et procède immédiatement à la réduction; le résultat est satisfaisant. Quelques jours après, M. X... est dans l'impossibilité de faire exécuter à son bras le moindre mouvement; l'épaule est affaissée, déformée; la déformation porte principalement sur le moignon; l'acromion est très-manifestement senti; la tête humérale et toute l'articulation, en un mot, sont si peu matelassées par les fibres deltoïdiennes que les parties osseuses paraissent au toucher n'être recouvertes que par la peau. Le deltoïde avait été isolément frappé de paralysie et d'atrophie consécutive.

M. Demarquay a recours à l'action du galvanomagnétisme à la fois comme moyen diagnostique et curatif. La deuxième séance est suivie d'un résultat qui déjà permet d'espérer une guérison prochaine. En effet, quinze jours après, à la neuvième séance, les mouvements sont presque totalement revenus. M. X... peut facilement se livrer à tous les soins de sa toilette; à la quinzième séance, il remonte à cheval. Il ne reste aujourd'hui qu'un peu de faiblesse et surtout de raideur dans l'articulation; l'épaule a repris sa forme, les saillies osseuses ont disparu, le muscle ne conserve plus rien de l'atrophie dont il avait été frappé; les mouvements et les forces sont si bien revenus que le bras est facilement élevé au-dessus de la tête et que, tendu de manière à former un angle droit avec le corps, il peut supporter à son extrémité un poids équivalent à deux kilogrammes environ.

III et IV. — Deux vieillards septuagénaires entrés pour une affection des organes genito-urinaires sont également soumis à la faradisation. Ils sont atteints de rétention d'urine, ne reconnaissant pour cause ni rétrécissement de l'urètre, ni valvule vésicale, ni engorgement ou hypertrophie prostatique; leur vessie, de grande capacité, a presque entièrement perdu sa contractilité et ne peut expulser qu'une petite quantité de son contenu. Chez l'un, homme d'une grande sensibilité à l'action électrique, la première séance a été suivie d'une amélioration remarquable; l'urine est rendue sous forme de jet et presque en totalité. A la troisième séance, le malade vide complétement sa vessie; il ne reste que du catarrhe, contre lequel on dirige un traitement approprié. L'électrisation et l'usage des bains sulfureux sont continués simultanément jusqu'à guérison complète. Chez l'autre, d'un âge plus avancé, d'une constitution plus détériorée et d'une sensibilité beaucoup plus obtuse, huit séances ont rendu à la vessie le ressort qu'elle avait perdu. Cet homme a succombé depuis à une diarrhée rebelle.

Fissure congénitale du sternum. — Mercredi dernier dans l'amphithéâtre de la Charité, M. le professeur Bouilland présentait au public médical, un homme, M. Graux, affecté depuis sa naissance d'une fissure du sternum qui permet d'observer les battements de l'oreillette droite du cœur.

Le sternum est cet os plat situé en avant et au milieu de la poitrine auquel les côtes viennent aboutir à droite et à gauche. Cet os est divisé pendant l'âge fœtal en deux moitiés latérales, il y a alors deux sternums qui plus tard se soudent en un seul; chez M. Graux, la séparation primitive a persisté. Cette fissure est produite en effet par la séparation du sternum en deux moitiés un peu inégales, écartées l'une de l'autre de deux centimètres à la partie supérieure de la poitrine, et réunies par un angle inférieur, lequel est formé par une pièce cartilagineuse. Dans cet intervalle triangulaire, on voit une tumeur longue de cinq centimètres et demi, large de deux centimètres et demi, laquelle est agitée de deux mouvements, l'un d'ampliation lent et mollement exécuté, l'autre de contraction ondulatoire dirigée obliquement de haut en bas et de droite à gauche, plus brusque et plus rapidement exécutée que la première; son complet affaissement a lieu au moment où bat le pouls radial. Dans cet état d'affaissement, elle disparaît en partie mais non complétement sous la moitié gauche du sternum et demeure encore large d'un centimètre; elle donne à la main, en se retirant, la sensation d'un corps qui fuit en durcissant. A cette sensation succède celle d'un choc profond, c'est alors que commence la dilatation.

Cette tumeur diminue pendant l'inspiration forcée, elle augmente au contraire lors de l'expiration prolongée, au point de présenter sept centimètres et demi de longueur sur quatre centimètres de largeur.

Cette tumeur est formée par l'oreillette droite du cœur, d'où cette conséquence intéressante que l'oreillette est douée d'une contraction énergique, qui était restée un objet de doute.

Les vers a soie de Madagascar. — M. le docteur Ch. Coquerel raconte que, dans les forêts qui couvrent Madagascar, on voit suspendues aux branches de certains arbres d'énormes poches d'un brun jaunâtre qui présentent de loin l'apparence de fruits fantastiques. Quelques-unes ont trois ou quatre pieds de long; souvent elles garnissent de la base au sommet l'arbre qui les porte; leur forme est plus ou moins allongée : une membrane épaisse, garnie en dehors de poils soyeux, les recouvre. La face interne est presque lisse et garnie d'une sorte de bourre de soie assez grossière, au milieu de laquelle une multitude de cocons soyeux sont disposés en lignes régulières. Ces cocons sont ovoïdes et légèrement aplatis par suite de la pression qu'ils exercent les uns sur les autres.

Ce sont les chenilles d'une espèce de Bombyx qui tissent ces immenses sacs pour y accomplir leur métamorphose. Elles vivent en société sur différents végétaux appartenant à des espèces très-variées et même à différentes familles. Le végétal qu'elles préfèrent est un grand arbre de la famille des légumineuses, l'*Intsia Madagascariensis*. Lorsqu'est venu pour elles le moment de filer, elles se divisent en bandes plus ou moins considérables et travaillent de concert à l'enveloppe commune, dans l'intérieur de laquelle chacune file ensuite séparément son cocon particulier. On en trouve quelquefois plus de deux cents sous la même enveloppe; d'autres n'en renferment qu'une quarantaine.

Au premier abord, la soie que produit cette chenille paraît grossière; elle est cependant susceptible d'être travaillée et de fournir à l'industrie de belles étoffes, remarquables par leur éclat et la solidité de leur tissu. A Sainte-Marie de Madagascar, on ne l'emploie à aucun usage. La population de cette île, quoique très-intelligente, est trop paresseuse pour s'occuper de ce travail, et au lieu de se vêtir d'étoffes de soie indigène, elle préfère acheter à grands frais les indiennes grossières que leur portent les Européens; mais sur l'île même de Madagascar, les Havas recueillent les cocons et en tissent de belles étoffes. Les cocons sont trop peu épais et renferment des fils trop irréguliers et trop courts pour qu'on puisse les dévider; on les carde avec la bourre qui les sépare. Les Havas, race conquérante de Madagascar, portent seuls des vêtements tissés avec cette soie, et ils défendent aux populations soumises d'en faire usage; on en fabrique donc une très-petite quantité; aussi ces tissus sont-ils rares et très-chers. Une pièce de 4 à 5 mètres de long sur 50 cent. de large coûte souvent plus de 200 francs.

« Je crois, dit M. Ch. Coquerel, qu'il serait facile et avantageux d'introduire cette espèce dans nos colonies et surtout à la Réunion. La soie qu'elle produit, sans avoir la finesse de celle du Bombyx du mûrier, est beaucoup plus résistante, et les tissus qu'elle fournit sont remarquables par leur épaisseur et leur solidité. La chenille vit sur un grand nombre d'arbres de la famille des légumineuses et l'*Intsia Madagascariensis* qu'elle paraît préférer, se trouve déjà à Bourbon et pourrait y être propagé facilement. Il est hors de doute que, si on donnait quelques soins à la nourriture des chenilles, la soie deviendrait en peu de temps plus fine et plus abondante. Cette espèce pourrait peut-être remplacer dans nos colonies le Bombyx du mûrier dont l'éducation est si difficile dans les pays chauds.

La poterie chez les Arabes. — L'art de fabriquer les poteries est certainement un des plus anciens que les hommes aient exercé. Son ancienneté est démontrée par ce fait qu'il n'est pas de peuplade sauvage dont ne soit connue cette propriété qu'a l'argile de se durcir au feu. C'est chose que le hasard a dû enseigner, et c'est encore le même maître selon toute apparence qui a montré à revêtir les poteries de vernis et de couvertes. Il est, en effet, des terres, la terre de Babylone et de Chaldée, par exemple, qui se vernissent par le seul fait de la cuisson, ce qu'elles doivent à la quantité de sels de potasse et de soude qu'elles renferment.

Cet art du potier, les Kabyles de l'Algérie le pratiquent de temps immémorial, et M. Texier, célèbre par ses découvertes archéologiques en Asie, vient de lire à l'Académie un mémoire sur la manière dont ils l'exercent.

On sait que les grandes fabriques sont inconnues en Orient; on sait également que le principal caractère de l'industrie orientale consiste en ce que chaque branche de travail est devenu l'apanage de quelques familles ou de certaines tribus. Ainsi, en Algérie, les Beni-Abbès et les habitants de Kala sont exclusivement voués au travail de la laine, les Flittas fabriquent des épées, les Guidfer sont agriculteurs.

Les tribus qui se livrent à l'industrie céramique sont, d'après M. Texier : — Les Beni-Rathen, qui habitent les contreforts du Jurjura, dans le cercle de Dellys ; — les Beni-Maactas voisins de ces derniers ; — à l'est, les Beni-Ourredin, situés entre La Calle et Guelma ; — Près d'Alger, les Chenona, tribu habitant les environs de Cherchel ; — à l'ouest, les habitants de Nédroma fournissent les environs de Tlemcen d'amphores et de vases à rafraîchir l'eau ; — Enfin, si l'on sort des limites de l'Algérie, on trouve à Tanger une fabrication de faïence très-active.

Chaque tribu pratique son art par tradition, ce qui n'est pas moins oriental que le reste. « Il est clair, dit M. Texier, que le souvenir de l'antiquité n'est pas étranger aux artistes Kabyles, » et il cite en témoignage les Beni-Ourreddin. « Les vases de cette tribu sont, dit-il, composés d'une terre rouge semblable à celle des vases romains ; on voit chez eux des vases en forme de coupe romaine, décorés de vernis noirs faits avec le bois de térébinthe. » Quelques modèles exposés à l'Académie offrent une singulière ressemblance avec certains vases mexicains conservés au Louvre. Les poteries des Beni-Rathen et des Maactas ressemblent plus aux poteries étrusques, etc. L'auteur de la note termine en exprimant le vœu que l'art de fabriquer la faïence destinée à décorer les édifices soit ranimé en Algérie, où l'on fait un si grand usage de briques vernissées que l'on tire d'Italie.

Sur les eaux minérales. — Les avis des médecins sont très-partagés au sujet de la valeur des eaux minérales comme agents médicamentaux. M. le docteur Herpin a pris la résolution de ne s'en rapporter qu'à lui-même. Il s'est donc mis en route il y a huit ans, et il a visité les sources les plus renommées de la France, de l'Allemagne et de l'Angleterre. Il a rapporté de ces longues études une opinion des plus favorables au mode de médication dont il s'agit.

J'ai l'intime conviction, écrit-il dans un mémoire présenté à l'Académie des sciences, que les eaux minérales sont l'un des agents les plus précieux, les plus efficaces et en même temps les plus agréables que la nature nous ait accordés pour soulager, guérir et prévenir un grand nombre de maladies, en corrigeant et améliorant la nature des sécrétions viciées, en apportant à la constitution intime des individus de profondes et salutaires modifications.

Quelque extraordinaires que puissent paraître au premier abord certaines guérisons opérées par les eaux minérales, elles n'ont cependant rien que de très-simple et de très-naturel, qui ne soit parfaitement d'accord avec les lois générales de la saine physique et de la physiologie, à savoir :

1° L'action physique et physiologique du calorique et de la thermalité ;

2° L'action mécanique diluente et dissolvante de l'eau ;

3° L'élimination au dehors du corps des produits hétérogènes, anormaux, viciés et morbides, par l'effet d'un lavage purement et simplement mécanique ; le changement de l'état intime des humeurs et des solides ; la formation d'un sang nouveau, d'une chair nouvelle, finalement le rétablissement de la santé sous l'influence des conditions les plus heureuses d'hygiène et de salubrité.

On s'explique ainsi comment et pourquoi ces eaux, semblables à une panacée, guérissent les maladies les plus diverses et les plus opposées, puisque dans tous ces cas l'action de l'eau thermale a pour effet d'amollir et de dissoudre, de rejeter au dehors et d'éliminer les principes nuisibles ou altérés contenus dans le sang, enfin d'améliorer les sécrétions et de régulariser les fonctions de tous les organes.

Comme agents chimiques, les eaux minérales apportent des principes et des matériaux utiles ou nécessaires à l'économie ; elles forment des combinaisons et des réactions diverses, excitent les organes des sécrétions et des excrétions, en régularisent les fonctions, corrigent et améliorent leurs produits ; dans certains cas, elles opèrent des révulsions et une dérivation salutaire.

Les chlorures excitent le système lymphatique et glandulaire ; ils améliorent la nature de leurs sécrétions. Les sulfates agissent d'une manière plus spéciale sur les organes et les viscères de l'abdomen, particulièrement sur les intestins, sur lesquels ils opèrent un relâchement et une dérivation salutaires.

Les carbonates alcalins corrigent l'excès d'acidité anormale, rendent le sang plus fluide et plus coulant ; la chaux et les phosphates contenus dans les eaux fournissent les éléments nécessaires à la régénération du tissu osseux ; enfin l'iode, le fer, le soufre, etc., exercent sur l'économie l'action médicamenteuse qui leur est particulière.

Le changement de vie et de régime n'est autre chose au fond que la soustraction du malade aux influences qui, dans le foyer domestique, ont occasionné ou qui entretiennent la maladie.

C'est aux sources naturelles qu'il faut, selon l'auteur, boire es eaux minérales ; là elles ont leur température native, là elles possèdent toutes leurs propriétés médicamenteuses. Les gaz, les principes volatils qu'elles contiennent n'ont éprouvé aucune déperdition ; elles sont plus faciles à digérer, plus agréables à boire, et l'on en boit abondamment, condition indispensable pour en retirer de bons effets, opérer le lavage des tissus, dissoudre et entraîner les principes morbifiques.

Mécanisme du saut chez l'homme. — La plupart des auteurs qui se sont occupés de mécanisme animal, expliquent le saut par le fait d'une tige élastique qu'on presserait sur le sol par une de ses extrémités et qu'on abandonnerait ensuite à elle-même. M. Giraud-Teulon, regardant l'assimilation comme exacte, étudie en détail le fait dynamique en vertu duquel saute la tige élastique.

« Le fait de la détente consiste, dit l'auteur, dans la résistance soudaine qu'opposent, dans une tige élastique qui se déploie rapidement, les fibres de la surface concave de la tige à une distension portée au delà de la ligne droite ; cette résistance subite détruit la vitesse acquise par le système et produit un véritable choc, en vertu duquel les fibres de la tige, impropres à la laisser distendre, doivent suivre alors, comme corps solide, rigide, les effets de la quantité de mouvement accumulé dans la tige ; celle-ci doit alors obéir à la résultante finale des forces en jeu et suivre la direction nouvelle que cette résultante imprime au système. »

Il en est absolument de même du saut chez l'homme, d'après M. Giraud-Teulon ; sa théorie se calque sur celle de la tige élastique. L'auteur distingue trois temps dans le phénomène.

Premier temps. — Le saut est *préparé* par la flexion des membres inférieurs.

Deuxième temps. — Il *commence* par le déploiement des articulations qui imprime au centre de gravité du corps un mouvement de bas en haut dans une autre direction. Ce déploiement a pour agents la contraction du muscle soléaire, tendant la jambe sur le pied et prenant son appui sur celui-ci, et celle du triceps, prenant son appui sur le tibia et étendant la cuisse sur la jambe. En même temps, les muscles de la région profonde et postérieure de la jambe viennent en aide aux soléaires pour mouvoir en haut le calcanéum.

Troisième temps. — Tout à coup, les muscles gastrocnémiens et ceux de la région postérieure de la cuisse entrent en contraction. Le mouvement commencé, pendant lequel la partie supérieure du système a acquis une certaine vitesse, est brusquement modifié par l'introduction de cette nouvelle force. Un nouvel état dynamique surgit, lequel a pour effet la séparation instantanée du sol et des corps, et la projection de ce dernier dans un sens déterminé. C'est le saut proprement dit.

Élévation progressive du diapason des orchestres. — M. Lissajous a porté à la Société d'encouragement son intéressant travail sur l'élévation progressive du diapason des orchestres, depuis Louis XIV jusqu'à nos jours, et sur la nécessité d'adopter un diapason normal et universel ; ce qui nous fournit l'occasion d'en dire un mot :

De 1699 à 1715, d'après Sauveur, le *la* (diapason) exécutait 810 vibrations par seconde ; aujourd'hui, il en exécute 898, soit une ascension de près d'un ton en moins d'un siècle et demi : cette élévation s'est produite en grande partie dans le siècle actuel ; elle a été de près d'un demi-ton depuis 1823 pour le diapason de l'Opéra.

De là, la difficulté de trouver aujourd'hui de bons ténors, de là aussi la grande consommation qu'on en fait, leur voix se brisant en peu de temps.

Il y a une cause permanente d'ascension pour le ton des instruments, dans la méthode employée vulgairement pour régler les diapasons les uns sur les autres. En les limant, pour les régler, on les échauffe et quand ils sont refroidis ils montent.

M. Lissajous propose donc d'établir un étalon officiel.

On pourrait prendre le chiffre 1,000 pour le nombre de vibrations du *si* naturel de la gamme moyenne du piano, le *la* correspondrait, dans le système du tempérament égal, à 890,898 vibrations, ce qui donne le *la* moyen actuel et rattache l'étalon sonore au système décimal.

---

## VARIÉTÉS.

### Les corpuscules de Pacini.

Qu'est-ce que les corpuscules de Pacini? Nous allons le dire. A quoi servent-ils? on n'en sait rien et le mystère qui entoure leur destination n'est pas pour peu dans l'intérêt qu'ils excitent.

Disons cependant tout de suite que des anatomistes du plus grand mérite ont soupçonné les corpuscules de Pacini d'être de véritables organes électriques, et que ces corpuscules se trouvent en grande abondance chez l'homme lui-même. Si j'ajoute que ces corpuscules peuvent se rencontrer par centaines dans chacune de nos mains, n'admirerez-vous pas qu'après avoir été pendant plusieurs siècles l'objet d'études auxquelles les plus illustres anatomistes ont pris part, ce corps humain, dont des milliers d'exemplaires sont livrés chaque année au scalpel, puisse, au milieu du dix-neuvième siècle, donner lieu à de pareilles découvertes?

Les corpuscules de Pacini tirent leur nom de celui auquel revient le mérite de les avoir découverts. Pacini, médecin à Pistoia (Italie), les vit pour la première fois en 1831. Peu de temps après, MM. Andral, Camus, Lacroix, Cruveilhier, Blandin faisaient en France la même trouvaille. Enfin, MM. Henle et Kœlliker en ont fait l'objet d'un excellent mémoire.

On les a trouvés, en premier lieu, chez l'homme, et d'abord chez l'homme adulte; plus tard, chez le nouveau né et jusque dans l'embryon, ensuite dans tous les animaux domestiques, dans le singe, le dromadaire, etc. Un anatomiste allemand, M. Herbst, les a découverts chez les oiseaux. Je ne sache pas qu'on les ait vus encore chez les poissons ni chez les amphibies.

Ils sont répandus dans tout l'organisme et jusque dans ses profondeurs. On les trouve particulièrement aux mains et aux pieds, au plexus sacré et au nerf crural, au plexus épigastrique et aux nerfs qui en émanent, ainsi qu'aux plexus voisins, etc... Ils sont nombreux dans les points où les nerfs se divisent pour fournir les rameaux des doigts et des orteils. L'épiploon du chat en est richement fourni.

Chacun des corpuscules se divise en deux parties : le corpuscule proprement dit et un pédoncule par lequel il est attaché à un tronc nerveux.

Le corpuscule est elliptique, blanchâtre, brillant. Sa longueur moyenne est chez l'homme adulte de 0 ligne 8 à 1 l. 2, et la largeur de 0 l. 45 à 0 l. 6. On en trouva un qui avait près de deux lignes de longueur. D'après Pacini, les plus grands sont situés vers la terminaison du métatarse et du métacarpe, les plus petits sont aux extrémités des doigts.

Chaque corpuscule se compose d'un nombre variable de capsules membraneuses emboîtées les unes dans les autres. Ces capsules renferment un liquide séreux qui forme presque les trois quarts du volume du corpuscule. Cette sérosité est très transparente et très limpide, et chez l'homme elle est légèrement tachetée de jaune. Elle a de l'analogie avec le blanc d'œuf et le sérum contenu dans le sang.

Les pédoncules se composent, comme les corpuscules eux-mêmes, de couches concentriques qui ressemblent à autant de petits tubes. Ils ne contiennent aucun liquide. Ces tubes sont les prolongements immédiats des capsules.

C'est par leurs pédoncules que les corpuscules de Pacini s'attachent aux nerfs dont ils sont plus ou moins éloignés. Un seul filet nerveux primitif entre par le pédoncule dans le corpuscule où il se termine, non loin de son pôle périphérique, en ligne droite ou recourbée. Ces organes sont également pourvus de vaisseaux qui pénètrent dans leur intérieur, sans cependant s'étendre jusqu'à l'ensemble des capsules centrales.

Les corpuscules sont tantôt isolés et tantôt agglomérés. Henle et Kœlliker en ont compté depuis 150 jusqu'à 350 dans une seule des extrémités de l'homme. On en trouve jusqu'à 200, et même davantage dans l'épiploon du chat.

Lorsque Pacini les vit pour la première fois, c'est au nerf de la main qu'il les rencontra : il les considéra comme un endurcissement du tissu cellulaire, y attacha peu d'importauce, et passa outre.

A son tour, M. Cruveilhier les regarda comme résultant de la pression extérieure. C'est qu'il ne les avait rencontrés qu'à la face palmaire des mains et sous la plante des pieds ; la découverte de ces corpuscules dans le nouveau-né et l'embryon, et leur présence dans les parties les plus profondes de l'organisation, rend cette explication inadmissible.

M. Andral crut voir en eux des ganglions du tact, opinion insoutenable, puisque ces petits corps sont seulement juxtaposés aux nerfs.

Pacini eut l'idée que les corpuscules pourraient être des produits pathologiques, et, par conséquent, accidentels du système nerveux ; il ne pouvait s'expliquer autrement comment des organes aussi nombreux avaient pu échapper à tous les observateurs. Mais la constance du fait le contraignit d'abandonner cette hypothèse. Ayant trouvé les corpuscules chez les animaux, il songea à les comparer à des organes déjà connus, et finalement il pensa avoir trouvé leurs analogues dans les appareils électriques dont sont doués certains poissons. Cette opinion est celle qu'ont adoptée MM. Henle et Kœlliker.

Ils se fondent sur certains rapports d'organisation entre les corpuscules et les organes électriques, particulièrement ceux de la torpille. Les uns et les autres consistent en plusieurs couches distinctes superposées et séparées par un liquide. En l'absence d'expériences directes, rien n'est moins certain que cette assimilation, mais aussi rien n'est moins admissible que l'existence d'organes exclusivement propres à certains êtres, et qui n'auraient d'analogues en aucun lieu de la série. Les grandes découvertes anatomiques de ce siècle nous ont habitués à considérer l'organisation sous un point de vue qui ne permet point une telle supposition.

Tout ce que nous pouvons admettre, c'est que des organes communs à toute une série d'êtres affectent chez plusieurs d'entre eux des formes particulières et y prennent un développement inusité; mais dès qu'un organe existe quelque part, nous sommes autorisés à le chercher ailleurs. Toutefois, l'espace manquant pour discuter, nous devons aujourd'hui nous tenir à l'exposé du fait.

---

La lettre suivante rectifie une erreur de date commise dans notre précédent numéro.

Paris, 26 juillet 1855.

Monsieur,

En parlant dans votre dernier numéro, 22 juillet, des premiers essais relatifs à la navigation à vapeur, vous mettez à leur véritable date ceux du marquis de Jouffroy et de Ch. Dallery, mais vous faites erreur quant à Fulton, dont l'expérience n'est pas du 9 avril, mais bien du 10 *août* 1803.

Je vous serai infiniment obligé de vouloir bien rectifier une erreur qui n'est pas sans importance, dans l'intérêt de la vérité historique.

Veuillez, etc. CHOPIN-DALLERY.

M. Chopin-Dallery a parfaitement raison ; les essais de Fulton sont postérieurs de six mois au brevet de Dallery.

— En décrivant, dans notre numéro 28, l'arbre de machine du vaisseau à hélice l'*Eylau*, dont le spécimen figure à l'Exposition, nous avons omis de dire que cette admirable pièce, la plus forte qu'on ait forgée jusqu'à ce jour, sort des magnifiques ateliersde MM. Jackson frères, Petin, Gand et Cᵉ.

— C'est par erreur que dans notre numéro 27, mentionnant les grandes épreuves photographiques exposées par MM. Bisson, nous avons dit que ces épreuves avaient été obtenues avec un objectif fabriqué par M. Chevalier; l'objectif sort des ateliers de M. Jamin, et figure dans l'Exposition de cet ingénieur opticien, au numéro 1896.

## NOUVELLES ET CAUSERIES.

*Les falsifications des substances alimentaires à Londres. — Un canard authentique. — Les poissons migrateurs. — Un suicide. — Les abeilles de l'Exposition universelle. — Entrée de la reine d'Angleterre dans Paris. — Corruption des eaux de la Tamise. — Application médicale de la photographie. — M. Brown-Léquard. — Congrès scientifique en Sardaigne. — Tunnel sous les Pyrénées. — Le successeur de l'abbé Paremeth. — Vélocimètres Droinet. — Nouveaux crayons lithographiques. Chemins de fer du Caire à Suez.* — BULLETIN BIBLIOGRAPHIQUE.

⁂ Une commission ayant été chargée par la Chambre des communes de faire une enquête sur les falsifications des substances alimentaires, le premier témoin appelé, M. le docteur Hassell, a fait entendre de terribles révélations. Il est certains articles, a-t-il dit, tels que l'arrow-root, la moutarde, etc., dans lesquels on aurait beaucoup de peine à trouver quelques parcelles de la substance que leur nom désigne; les feuilles de thé ayant déjà servi sont séchées, colorées au moyen d'une matière dangereuse, et vendues comme du thé naturel; le poivre de Cayenne contient de l'oxyde rouge de plomb en quantité suffisante pour produire des désordres dans l'organisme, si on en prend deux ou trois fois en une semaine; il y a une si forte proportion de chromate de plomb dans le tabac qu'il détermine souvent la paralysie du cerveau, etc. Le président ayant demandé si certaines marmelades sont faites avec des oranges comme les étiquettes l'indiquent: — Des oranges! s'écrie le docteur, non; mais presque toujours des navets. Il soutient que les confitures et les dragées coloriées dont on fait en Angleterre une consommation énorme depuis que le prix du sucre a diminué, tuent chaque année un certain nombre de personnes, et surtout d'enfants. Le cuivre joue un grand rôle dans la préparation des fruits confits. Enfin il n'est pas une substance alimentaire qui ait échappé à la sophistication; falsifiées d'abord par les marchands en gros, elles le sont ensuite par les marchands au détail.

⁂ C'est le spirituel rédacteur en chef de l'*Union Médicale*, qui parle:

« Il m'a été dit par des hommes très-éclairés et très-sérieux qui l'ont constaté plusieurs fois *de visu*, ce que je n'ai pu faire encore, qu'un individu qui exerce la profession de faisandier dans une grande maison et dans une propriété qui n'est pas très-éloignée de Paris, possède des moyens de faire ceci: Un canard — je prie les mauvais plaisants de ne pas jouer sur ce mot, la chose que je raconte n'a aucun rapport avec les fausses nouvelles qu'on appelle de ce nom — un canneton vient de sortir de son œuf; le faisandier s'en empare, l'alimente à sa manière, qui paraît être un secret, et, trois semaines après, ce canneton est devenu un superbe canard propre à mettre à la broche. Que diable voulez-vous que je vous dise? La chose m'est assurée très-sérieusement par des personnes qui voient journellement le fait, dont une est un savant confrère très-connu de nos lecteurs. Ce phénomène physiologique n'est-il pas extrêmement curieux? Autre chose, ce même faisandier a un autre secret qui lui a rendu de très-grands services, précisément cette année. Tous les fermiers et les éleveurs de volaille savent qu'après un hiver très-rigoureux, comme celui que nous venons de subir, les poules couveuses sont très-rares et que la fonction se manifeste tard chez celles qui le deviennent. Eh bien, pour notre faisandier, il n'est point de poules réfractaires ou tardives. Il les rend couveuses quand il veut et par des procédés dont l'emploi ne dure pas plus de trois jours, et c'est ce qu'il a fait cette année même. N'est-ce pas aussi très-remarquable et digne de l'attention des savants si j'étais autorisé à leur donner des renseignements plus précis? Et remarquez que, comme le pauvre Remy qui a trouvé l'art de la pisciculture, ce faisandier n'est qu'un paysan illettré, mais grand observateur et ne laissant rien perdre, comme tant de savants nous en donnent l'exemple, des phénomènes naturels qui se présentent à son génie attentif. »

⁂ On a cru jusque dans ces derniers temps que les poissons dits migrateurs, tels que les harengs, exécutent chaque année de longs voyages à l'époque de leur propagation, quittant les mers du nord pour les eaux moins froides des régions méridionales; aujourd'hui, les naturalistes penchent à expliquer autrement l'apparition périodique, sur les côtes, de différents poissons réunis souvent en bandes innombrables; ces poissons s'élèveraient simplement des profondeurs de la mer à sa surface, où ils rencontreraient des conditions plus favorables à leur propagation.

⁂ M. le docteur Bougarel raconte, dans la *Revue Médicale*, un effroyable cas de suicide, accompli au moyen d'un pistolet de cavalerie chargé simplement à poudre, mais bourré jusqu'à la gueule. Déchargée dans la bouche, l'arme avait produit un véritable effet de mine. Arrivé sur les lieux, M. Bougarel constata ce qui suit:

Le cadavre gisait sur le ventre, dans une mare de sang.

A quelques pas se trouvait le cerveau lacéré, dépouillé de ses enveloppes osseuses et membraneuses, et arraché de la cavité crânienne dont il ne restait que la partie postérieure et inférieure, c'est-à-dire l'oreille gauche, une partie de la branche montante du maxillaire du même côté et un fragment d'occipital. Les pariétaux, l'os frontal, le temporal, avaient volé en éclats. Il n'en était resté que quelques débris. La face avait complétement disparu avec ses débris dispersés dans tous les sens. Les yeux et le nez, surmontant encore les deux maxillaires supérieurs, furent retrouvés très-loin du reste du corps. Sur le devant de la poitrine pendait une masse informe où on reconnaissait avec peine le pharynx, le larynx et la langue.

⁂ On voit à l'Exposition universelle, dans le jardin qui se trouve entre la galerie d'agriculture et l'avenue d'Antin, une jolie ruche pleine d'abeilles en liberté, qui s'en vont butiner du matin au soir, et rentrent à la nuit tombante dans leur domicile.

Ces abeilles, venant de fort loin, et n'ayant ni conducteurs parisiens, ni plan, ni carte pour se guider, on se demande par quel instinct merveilleux elles parviennent à regagner leurs ruches.

⁂ Parmi les grands préparatifs qui se font pour recevoir dignement la reine d'Angleterre, le fait suivant mérite d'être mentionné ici comme rentrant dans la classe des travaux publics:

C'est naturellement par le chemin de fer du Nord que la reine se dirigera sur Paris. Cependant, le gouvernement voulant que l'entrée dans la capitale se fasse par le splendide débarcadère de Strasbourg, on a pensé à faire passer le train royal du premier de ces chemins sur le second: la petite ligne de jonction qui les unit en offre le moyen; mais il y avait une difficulté: ce n'est qu'au moyen de plaques tournantes qu'un convoi arrivant par le chemin du Nord peut s'engager sur la ligne de jonction, et le procédé entraîne des lenteurs qu'il fallait nécessairement éviter. Or on les évitera en raccordant directement la ligne du Nord avec la ligne de jonction, et les travaux sont, dit-on, poussés avec activité.

⁂ Dans une lettre publiée par les journaux anglais, M. Faraday appelle l'attention du public sur l'état de corruption où sont maintenant parvenues les eaux de la Tamise, depuis le pont de Londres jusqu'à Hungerford-Market. « La rivière tout entière n'est plus formée, dit-il, que d'un fluide opaque brun pâle. » Des morceaux de cartes, plongés à trois centimètres au dessous de la surface de l'eau, y deviennent invisibles au moment même où le soleil brille de tout son éclat. « C'est, dit l'illustre physicien, ce que j'ai vu de mes yeux au quai Saint-Paul, au pont Blackfriars, au quai Temple, au pont Southwark à Hungerford; et je ne doute pas qu'en descendant plus bas encore j'aurais retrouvé les mêmes phénomènes. Près des ponts, ajoute-t-il, les matières fécales roulaient en nuages si denses, qu'ils étaient visibles à la surface, même dans ces eaux opaques. Le goût de l'eau par toute la rivière était comparable à celui des eaux qui sortent des égoûts des rues; la Tamise entière, en ce moment, n'était qu'un vaste cloaque. Il m'aurait été presque impossible de continuer jusqu'à Lambeth ou Chelsea; j'étais heureux de rentrer dans les rues, dont l'atmosphère, excepté près des égoûts, était beaucoup plus pure et plus agréable que sur la rivière. »

*** Un journal allemand de médecine nous fait connaître une nouvelle et très-utile application de la photographie. Une personne atteinte de scoliose, voulant consulter M. le docteur Berend, de Berlin, directeur d'un institut orthopédique, lui envoya l'image photographiée de l'affection dont elle était atteinte. L'épreuve, quoique assez mal faite, en dit plus au chirurgien que n'eut fait une description détaillée. Il paraît que ce moyen est depuis longtemps déjà employé dans un institut orthopédique de Vienne.

*** M. le docteur Brown-Séquard, que le Collége médical de l'État de Virginie, siégeant à Richmond, s'était attaché en qualité de professeur, revient parmi nous. Tous ceux qui s'intéressent au progrès de la science doivent s'en réjouir. La physiologie du système nerveux, à l'étude de laquelle M. Brown-Séquard s'est voué depuis plus de dix années avec une véritable passion, ne peut manquer d'en tirer un grand avantage. M. Brown revient d'Amérique avec de riches matériaux. Déjà il a exposé une partie de ses nouvelles recherches devant la Société de biologie, qui doit en rendre prochainement compte par l'organe de son rapporteur M. Broca.

*** Un congrès scientifique sera tenu à Cunéo (États Sardes) les 9, 10, 11 et 12 août prochain.

*** En vue d'établir une communication directe avec Madrid, on s'occupe, dit-on, de percer les Pyrénées par leur centre. Un tunnel de 6,660 mètres suffirait pour traverser les Pyrenées sous le port de Venasque, près Bagnères-de-Luchon. C'est alors, ainsi que le remarque M. Delisle de Sales dans le *Progrès manufacturier*, que le mot de Louis XIV serait vraiment réalisé: il n'y aurait plus de Pyrénées.

*** « M. Ami qui est au moins aussi fort que l'abbé Paramelle pour trouver les sources d'eau, vient, dit le *Moniteur des comices*, de se fixer à Versailles, d'où il se propose d'explorer le département de Seine-et-Oise.

« Il a déjà indiqué un endroit, en face de la ferme de la Ménagerie, qui faisait dans le temps partie de l'Institut agronomique. Un seul ouvrier, en cinq heures de travail, a mis la source à nu. Elle peut fournir environ 20 litres d'eau à la minute.

***** Nous avons parlé de l'instrument inventé par M. Droinet pour remplacer le loch, et auquel il donne le nom de vélocimètre ou sillomètre. Cet instrument a été installé à bord du navire le *Nord*, et voici ce qu'en dit le capitaine, M. Demarre, dans une note adressée au *Journal du Havre*:**

**« J'ai quitté le Havre, le lundi 18 juin, à onze heures du soir, pour me rendre à Southampton; l'instrument a indiqué proportionnellement et d'une manière exacte la marche du navire; mais après avoir quitté Southampton le mardi, à deux heures, et partant des Aiguilles (île de Wight), me dirigeant sans aucune influence des courants sur Cherbourg, j'ai pu m'assurer de la justesse de l'instrument, et je ne puis que rendre hommage à la vérité, en déclarant que les indications fournies par le sillomètre m'ont été on ne peut plus précieuses. Le lendemain, de Cherbourg au Havre, la marche de l'instrument était telle qu'il m'a été possible, d'après ses indications, de déterminer cinq heures d'avance, à une minute près, l'heure précise à laquelle j'arriverais à la Hève. »**

**Nous apprenons, dit le *Journal du Havre*, qu'un appareil semblable fonctionne depuis dimanche à bord du *Français*, où chaque passager peut en apprécier le mérite.**

***** M. Louis Marquier, habile lithographe de la Havane, a eu l'idée d'employer à la confection de l'encre lithographique, au lieu de cire ordinaire, la cire noire que fournit l'abeille sans aiguillon, commune à Cuba, la *Trigone fulvipède*. Deux lignes ont été écrites, l'une avec l'encre nouvelle, l'autre avec l'encre de Paris; toutes les deux ont donné le même résultat à l'acidulation ordinaire; mais la dose d'acide ayant été doublée, l'encre de Paris s'est cassée et effacée en partie, l'autre, au rapport de M. A. Poey, n'a pas souffert la moindre altération. Ce succès a déterminé M. Marquier à employer la même cire dans la fabrication des crayons lithographiques.**

*** Le chemin de fer qui unit Alexandrie au Caire va être prolongé jusqu'à la mer Rouge. Les communications de l'Angleterre avec l'Inde gagneront quelques heures à ce prolongement, mais le commerce du monde n'en retirera pas de grands avantages. La solution de la question est dans le percement de l'isthme.

## BULLETIN BIBLIOGRAPHIQUE.

— DES TÉLESCOPES. Causeries familières sur les télescopes de tout genre, leurs effets, leur théorie, l'époque de leur invention, leurs perfectionnements successifs et leur avenir. Traité spécialement écrit pour les gens du monde, par A. Bonnardot. 1 vol. format anglais; chez Mallet-Bachelier, 55, quai des Augustins.

— LA FIN DU MONDE PAR LA SCIENCE, par M. Eugène Huzar. 1 vol. format anglais; chez Dentu, au Palais-Royal.

— ESPRIT MORAL du dix-neuvième siècle, par Louis-Auguste Martin. 1 vol. in-12; à Bruxelles, chez Ch. Muquardt.

— DU DROIT de perpétuité de la propriété intellectuelle. — Théorie de la propriété des écrivains, des artistes, des inventeurs et des fabricants. In-8° par Adolphe Beulier, avocat à la Cour impériale de Paris; chez Auguste Durand, 7, rue des Grès.

— DISTILLATION DE LA BETTERAVE. Procédé Champonois. Brochure in-8°; veuve Bouchard-Huzard, 5, rue de l'Éperon.

— RÉFORME COMMERCIALE, par l'association de production et de consommation qui substitue insensiblement la consignation continue à la propriété intermédiaire ou mercantile. Brochure in-12, par le docteur A. de Bonnard, 70, rue Montmartre.

— APERÇU sur les effets et les inconvénients produits par appareils actuels de chauffage dans les habitations et édifices, et notice sur un système perfectionné de nouveaux produits destinés au même emploi, par J.-B. Martin, ingénieur-architecte. Brochure grand in-8°, avec planches; Besançon, imprimerie d'Outhenin-Chalandre fils.

— NOUVELLE THÉORIE PHYSIQUE ou études analytiques de synthétique, sur la physique et les actions chimiques fondamentales, par F. Aug. Durand (de Lunel). In-8°; chez J.-B. Baillère, à Paris.

*Le propriétaire, rédacteur-gérant:*
VICTOR MEUNIER.

PARIS. — IMP. J.-B. GROS, RUE DES NOYERS, 74

Première année. — N° 31. Quinze centimes. 5 août 1855.

# L'AMI DES SCIENCES

PAR

**VICTOR MEUNIER**

BUREAUX D'ABONNEMENT : 13, RUE DU JARDINET, 13. Près l'École de Médecine.

Paraît le dimanche. (Les abonnements datent, au gré des souscripteurs, du commencement de l'année ou du premier dimanche de chaque mois).

PRIX DE L'ABONNEMENT POUR L'ANNÉE. PARIS, 6 FR. — DÉPARTEMENTS, 8 FR. ÉTRANGER, surtaxe en sus. Envoyer un mandat de poste.



## LA QUESTION DU LAPIN.

Le lapin? peuh! « Mais, comme dit M. Mariot-Didieux, auteur d'un traité sur la matière (1); tout le monde ne peut pas manger des poulardes, » et c'est une grande vérité qu'il dit là. Rien ne l'empêchait d'ajouter que ce sont précisément ceux qui élèvent les poulardes qui n'en mangent pas. Certains les font, d'autres s'en nourrissent, et le principe de la division du travail est sauf.

D'ailleurs, M. Mariot-Didieux ne s'exagère pas les mérites de messire *Cuniculus* (nom scientifique du lapin, deuxième déclinaison, sur *Dominus*); il ne prétend pas relever les autels qu'on dressait à Délos à cette prolifique espèce; il ne propose pas d'orner de marbre l'entrée de ses terriers, comme faisaient les Grecs (pour quelques terriers seulement); il ne conspire même pas le renversement du lièvre au profit du lapin. Au contraire, il blâme comme il convient une contrefaçon du lièvre à laquelle d'impudents et ingénieux spéculateurs n'ont pas craint de se livrer. Ces zoologistes praticiens étaient parvenus à créer une race de lapins qui avaient exactement la couleur du lièvre, moins le jaune tendre des pattes; et la chimie invoquée avait complété la ressemblance. « L'acheteur, ainsi trompé, dit M. Mariot, serait en droit, d'après l'art. 1649 du Code Napoléon, d'intenter une action rédhibitoire. » Vous voyez bien qu'il prend le lapin pour ce qu'il est. Mais il a pensé que, dans un pays où des millions de travailleurs parlent de la saveur du roast-beef comme un aveugle parle des couleurs; où, sur ces millions d'estomacs délabrés, un certain nombre, — des privilégiés, des aristocrates! — mangent une fois, voire même deux fois par semaine, de la viande de porc et s'en lèchent les lèvres; il a pensé, dis-je, que, dans un tel pays, il se trouverait des gens qui ne cracheraient point sur les lapins et ne refuseraient pas d'assaisonner d'une gibelotte la pâtée de maïs, le pain d'avoine, la galette de sarrazin ou la bouillie de millet qui compose leur ordinaire. Or, comme le lapin est une ressource dont on méconnaît l'importance, il appelle sur ce quadrupède incompris l'attention des maigres et des spéculateurs, ce dont nous le louons. Combler, même avec des lapins, le déficit des subsistances, c'est faire une utile besogne; et plut au ciel que le défunt empereur Nicolas eût mis sa gloire à faire connaître à ses Russies affamées les principes orthodoxes et les grands avantages de l'élève du lapin!

M. Mariot déclare dans son Introduction que l'élève du lapin est une industrie infiniment plus lucrative que celle du bétail. Les sociétés d'agriculture de la Saxe, dernièrement réunies en congrès, ont discuté cette question : « *Quel est l'animal qui, dans les conditions culturales actuelles, paye le mieux le fourrage qu'il consomme?* Et il est certain que la discussion n'a pas tourné à l'avantage des grosses bêtes. « Nous démontrerons facilement, dit notre auteur à cette occasion, qu'un lapin qu'on nourrit avec du fourrage acheté, donne encore la moitié de son prix de vente en bénéfice, à plus forte raison quand on le nourrit, comme on peut le faire une grande partie de l'année, avec des aliments qui ne coûtent presque rien que la peine de se les procurer. »

On va se rappeler une brochure, publiée en 1838, sur l'*Art d'élever les lapins* et de s'en faire un très-beau revenu, et l'on va rire. Mais on a ri bien plus encore de la pomme de terre et du sucre de betterave. Qu'est-ce que cela fait? Calculons : une lapine est une bête dont gestation et lactation se partagent à tour de rôle l'existence remplie; allaiter ou porter, elle ne sort pas de là. Si elle ne nourrit pas, elle est pleine; si elle n'est pas pleine, elle nourrit. Elle donne six portées par an, chacune est de six à neuf petits. Une seule femelle a donc jusqu'à cinquante quatre gibelottes dans le ventre, comptons sur quarante. Combien chaque lapin aura-t-il coûté, quand il sera en âge d'entrer dans le poêlon, c'est-à-dire quand il aura cent vingt jours révolus? Il a teté, l'innocent, pendant tout un mois; il a consommé un kilog. de fourrage, le second mois; deux kilog., le troisième mois; trois kilog., le quatrième mois, total : six. Or, quand le fourrage coûte dix centimes le kilog., il est cher; les frais de nourriture se seront donc élevés à soixante centimes. Ah! combien sous le ciel d'orgueilleuses créatures ont coûté davantage à leurs éducateurs, et rendent moins de services à la société que ne le fait ce lapin! Mais quel prix va-t-on le vendre? Un lapin de quatre mois se vend de 1 fr. 25 à 2 fr. et plus; et comme les débouchés ne manquent pas, on voit qu'il n'y avait pas tant à rire des calculs de M. Despouy, l'auteur de la brochure précitée, qui voulait qu'une ferme de quatre arpents, uniquement consacrée à la culture du lapin, rapportât 19,350 fr. par an, ni de ceux de M. Ravageaux, d'après lequel 450 nourrices peuvent procurer un profit de 18,000 francs.

(1) Guide de l'éducateur du lapin, ou traité de la race cuniculine, par Mariot-Didieux, vétérinaire de la garde de Paris. 1 vol. in-18, prix : 75 cent. Chez Goin, 41, quai des Grands-Augustins.

Beaucoup de gens ont trouvé qu'il serait toujours temps de rire et qu'on pouvait d'abord essayer. Sur notre littoral de la Manche, une multitude d'ouvriers, naguère employés dans l'industrie liniaire, et que les nouveaux procédés de fabrication ont mis sur le pavé, se sont faits éleveurs de lapins ; ils expédient leurs produits en Angleterre et n'ont pas lieu de regretter leur ancienne profession. Cette industrie s'est également établie aux environs de Troyes (Aube), où on vend annuellement pour plus de 50,000 fr. de lapins et dans ceux de Châlons-sur-Marne, ou ces « éducations » donnent de magnifiques produits et des bénéfices considérables. Elles ont même pris en certains lieux les dimensions d'une grande industrie. Ainsi, il existe dans le voisinage de Paris de vastes établissements, où il n'y a absolument que des lapins, sauf les gardiens, encore ceux-ci peuvent-ils être de fameux lapins en leur genre; et ce qui prouve que la spéculation n'est pas mauvaise, c'est que l'entrée de ces établissements est sévèrement interdite aux curieux ; enfin, savez-vous combien on apporte chaque semaine de lapins sur les marchés d'Ostende? 300,000! lesquels sont expédiés en Angleterre où il paraît qu'on les aime démésurément.

Lorsqu'au temps de César, les lapins furent introduits dans l'île des Bretons, les premiers devinrent l'objet d'un culte pour les seconds. Il paraît que, sous une forme nouvelle, cette idolâtrie renaît chez nos voisins. Il y avait une fois un ministre de l'église anglicane chez lequel tous les jours que le bon Dieu faisait, on ne mangeait que du lapin ; lapin le lundi, le mardi, et ainsi de suite jusqu'au dimanche inclusivement, après quoi, on recommençait; lapin au déjeuner, au dîner, au goûter, au souper; lapin en bouillie, en gibelotte, sauté, rôti; pâté de lapin, civet de lapin! Le ministre satisfaisait-il une passion ou est-ce une expiation qu'il s'imposait? On ne l'a jamais su. Un de ses élèves, un apprenti ministre, était enfermé, comme tous les habitants de ce clapier, dans le cercle vicieux que nous venons de décrire; prié, à la fin d'un de ces festins dont on a vu la carte, de réciter *les grâces*, voici comment il s'exprima :

Rabbits roasted, rabbits boiled,
Rabbits fried and rabbits broiled,
Rabbits hot, and rabbits cold,
Rabbits young, and rabbits old,
Rabbits tender, rabbits tough—
Thank the lord, we 've had enough !

( Lapins rôtis, lapins bouillis, lapins frits et lapins grillés, lapins chauds et lapins froids, lapins jeunes et lapins vieux, lapins tendres et lapins coriaces ; — Merci, Seigneur, nous en avons eu assez !)

L'Angleterre tout entière est-elle menacée du même sort? On mange à Londres 500,000 lapins par semaine! Paris et la banlieue n'en consomment que deux millions par an.

Tout cela prouve que *la question du lapin* ne manque pas de gravité. Déjà on la prend au sérieux. M. Mariot écrit que « Madame la comtesse d'Albertas possède à son château d'Albertas, près Gardanne (Bouches-du-Rhône), un véritable haras de lapins, qui compte plusieurs centaines de races ou variétés. » Voilà donc le lapin traité comme une grosse bête.

M. Mariot a réuni dans son livre toutes les notions nécessaires à celui qui voudra exercer l'industrie en question ; il traite entre autres choses de l'histoire naturelle de la race cuniculine, des mœurs des lapins sauvages, des garennes closes, des clapiers, du choix des reproducteurs et des croisements, des maladies (les pauvres bêtes sont exposées aux convulsions, à la paralysie, à l'hydropisie, aux affections vermineuses, à l'ophtalmie et à la constipation); enfin de la vente, et il pousse l'attention jusqu'à décrire les meilleures préparations culinaires, mais il n'a pas cru devoir aller plus loin ; nous l'approuvons.

Il y a sur les mœurs des lapins des détails qui grandiront cette petite bête dans l'esprit des gens, et ajouteront peut-être au plaisir que ceux qui l'aiment déjà trouvent à en manger. Auriez-vous cru, par exemple, le lapin tellement sensible aux charmes de la nature, que la contemplation d'un beau paysage fût pour lui une condition d'engraissement? cela est cependant! On le voit rechercher les sites élevés, d'où sa vue embrasse une vaste étendue de pays ; c'est là qu'il fait sa petite toilette; il s'y délecte dans la contemplation du ciel et de l'horizon, il se pâme à leur aspect ; ces expressions sont de leur historien, lequel dit encore que le spectacle des beautés champêtres « lui fait éprouver (au lapin bien entendu) une satisfaction morale qui paraît avoir une grande influence sur sa fécondité, son développement, sa santé et sa multiplication. »

Et cela est si vrai, que si le sol de la garenne ou du clapier est uni, je vous engage à y élever un monticule dont la hauteur soit au moins égale à celle des murs et sur lequel vos jeunes élèves puissent à leur aise respirer le grand air et faire des études de paysage. Autrement, voici ce qui arrivera: Ils déménageront sans congé, à moins que la chose ne soit cuniculinement impossible, mais l'impossible même ils la tenteront pour échapper à cette odieuse captivité; ils essaieront de démolir les murs, vos murs! et si la garenne est entourée d'eau, bien qu'ils n'aiment pas l'eau, loin de là, « aux grands maux les grands remèdes ! » s'écrieront-ils, et ils se jeteront à la nage en désespérés. Sachez donc qu'on ne traite pas les lapins comme des hommes, et que ce n'est pas impunément qu'on mesure aux premiers le grand air et le soleil.

Où l'on voit bien encore la délicatesse du lapin, c'est dans sa platonique affection pour les plantes aromatiques. Si elles sont rares dans votre garenne, semez-en ; semez et cultivez le serpolet, le thym, la sariète, la sauge, la lavande, la coriandre, le fenouil. Vous croyez qu'il en remplit son ventre? cher petit, comme on le calomnie ! il en grignotte bien un peu, mais c'est par les yeux et par l'odorat qu'il en fait la plus grande consommation ; « ces plantes, dit M. Mariot, ne sont pas recherchées des lapins pour s'en nourrir, comme on le croit communément, mais elles embellissent et embaument leur pâturage, ce qui leur plaît infiniment. » Ils aiment donc les parfums pour eux-mêmes, ces exilés du pays des parfums! car le lapin est originaire d'Orient.

Les lapins ne se recommandent pas moins sous le rapport moral, qu'au point de vue artiste. Buffon a déjà reconnu à quel point la paternité est chez eux respectée. Si nombreuse que devienne la famille, les générations ont beau s'accumuler, le respect pour le chef ne s'affaiblit pas et les petit-fils devenus pères à leur tour, ont pour le patriarche autant de déférence que ses enfants immédiats. Survient-il une querelle, le grand-père accourt ; à sa vue tout rentre dans l'ordre, c'est un témoin oculaire, M. Ravageaux, qui raconte ; d'un coup de patte, le vénérable ancêtre envoie sa postérité où il lui plaît et lui fait faire tout ce qu'il veut. Quelle leçon dans une gibelotte; pensez-y à la première que vous mangerez.

Cependant, ce père n'est pas sans défauts, il en a au moins un, lequel n'est pas mince : celui d'envoyer *ad patres* le fruit de ses amours si la compagne de sa vie n'a pas soin de les soustraire à sa vue pendant toute la durée de l'allaitement. Et que de peine elle se donne, l'admirable mère, pour épargner un crime à son époux ; aussi la conscience des lapins mâles se charge-t-elle rarement d'infanticide. Ce n'est pas là, je le sais, une circonstance atténuante. Toutefois ne voyons pas seulement l'action qui est incontestablement blâmable et considérons un peu le mobile. Or il est certain que c'est par excès de tendresse conjugale que le lapin se porte à ces autres excès sur sa progéniture. Ces petits qu'ils faut bien allaiter, maintenant qu'ils sont faits, dissolvent momentanément son ménage, et ce n'est pas pour les tuer qu'il les assassine, mais afin de pouvoir renouer les liens sacrés de l'hyménée. Époux moins tendre, il serait un plus irréprochable père; le vice qu'on lui reproche n'est que l'abondance d'une vertu. En voici la preuve : Dès que les petits sont sevrés, le père se montre plein de tendresse pour eux, il vient les reconnaître, il les prend entre ses bras de devant, les caresse, les lèche, lustre leur poil. La mère, dit M. Ségouin, se mêle à leurs embrassades, elle semble, ajoute-t-il, recevoir des témoignages de reconnaissance... et... elle est pleine quelques jours après.

Assez de lapins; on en trouvera davantage dans le livre de M. Mariot-Didieux, de la première à la 92e page; comme chez le ministre anglican, il n'y a que lapins. Ceux qui voudront en élever pour leur usage personnel y recueilleront tous les renseignements utiles; les plus pauvres ménages dans le nord de la France tirent grand parti de cette ressource. Ceux qui n'habitent que de chétives barraques, et Dieu en sait le nombre! construisent un ou plusieurs clapiers dont ils s'assimilent les habitants. Un clapier de quinze à trente âmes fournit par semaine deux sujets dont les peaux vendues de 30 à 40 centimes, payent le lard nécessaire à l'assaisonnement de ce qu'elles ont contenu. Après avoir été dans le bon vieux temps dévoré par les lapins, il n'est pas mauvais que les paysans les dévorent un peu à leur tour. En ce temps-là, par exemple, au temps de Philippe le Bel et de Charles également le Bel, ces animaux (les lapins), s'étaient tellement multipliés pour le noble plaisir des seigneurs, et causaient tant de dommage à Jacques Bonhomme, que les deux excellents princes ci-dessus, par clauses testamentaires spéciales, laissèrent aux laboureurs voisins des forêts royales, certaines sommes « *en dédommagement des pertes que leur avaient fait les lapins.* »

Ceux qui, disposant d'un petit capital, ne croiront pas déroger en se rendant utiles, qui ne mettront pas leur gloire à entrer dans l'administration où on peut se passer d'eux, puisqu'il y a sans eux cinq à six cent mille fonctionnaires, et qui, enfin, daigneront gagner de l'argent en se livrant à cette productive industrie, trouveront également dans le livre de M. Mariot-Didieux le guide qui leur est nécessaire. Il y a des fermes où on n'élève que des moutons; dans quelques-unes déjà on n'élève que des poules (encore un produit trop négligé jusqu'ici). M. Mariot propose de consacrer des fermes à l'élève des lapins. Quant aux débouchés, les établissements formés à proximité de Paris n'auront pas à s'en préoccuper; il leur suffira d'expédier leurs produits au marché ou à la Vallée. M. Mariot donne à cet égard tous les renseignements utiles.

---

## LA SEMAINE SCIENTIFIQUE.

Falsification universelle. — Nous avons donné, dans le précédent numéro, une idée des falsifications sans nombre qui s'opèrent à Londres sur les substances alimentaires. On sait que de ce côté la santé publique ne court pas en France de moindres dangers qu'en Angleterre. Ceux qui ignoreraient à quels périls la cupidité commerciale les expose, n'ont qu'à se procurer la deuxième édition que M. Chevallier vient de publier de son *Dictionnaire des altérations et falsifications des substances alimentaires et médicamenteuses*. Et médicamenteuses! Car non seulement on altère les boissons et les aliments, mais même les médicaments sur lesquels le médecin compte pour combattre les affections les plus graves, celles par exemple que peut causer l'usage d'aliments adulterés. Montrons par quelques exemples à quel degré de puissance s'est élevé l'art d'empoisonner les consommateurs.

*Pain.* Le prétendu pain de froment peut être mélangé de farines d'orge, de seigle et de légumineuses; de remoulage de gruaux bis, de fécule de pommes de terre. Ceci n'est rien! On met dans le pain: de l'alun, du sulfate de zinc, du sulfate de cuivre, du carbonate d'ammoniaque, du carbonate de potasse, du carbonate de magnésie, de la craie, de la terre de pipe, du borax, du plâtre; de l'albâtre, etc.

*Lait.* La falsification la plus ordinaire consiste à enlever la crême et à ajouter de l'eau au lait écrémé. Pour dissimuler cette altération, on ajoute des substances destinées à augmenter la densité du liquide ou à lui donner l'opacité et la consistance convenables; savoir: fécule, farine, amidon, dextrine, riz, orge, son, blanc d'œuf, gélatine, jus de réglisse, carottes, etc.

*Beurre.* On le frelate en y introduisant de la craie, de la fécule de pommes de terre cuites, de la farine de blé, du suif de veau, du carbonate et de l'acétate de plomb; on le jaunit avec le safran, le suc de carottes, les fleurs de soucis, etc.

*Fromage.* On y met de la fécule; on y ajoute de la mie de pain pour simuler la moisissure. « On prétend, ajoute M. Chevalier, que quelques marchands de fromage à Paris lavent leurs fromages de Brie dans une eau arsenieuse afin de les soustraire aux attaques des vers, des mouches, etc. Ces manœuvres peu usitées pourraient rendre le fromage très-insalubre, mais on a généralement la bonne habitude d'enlever la croûte du fromage. »

*Café* et *Chicorée.* On fait du café avec des pois chiches, de l'avoine, du seigle, des haricots, de l'orge, du blé, des glands, des châtaignes, des racines de chicorée sauvage, de betterave, de carotte, de l'argile plastique moulée. On falsifie même la chicorée, cette falsification du café! On l'allonge de sable, de brique rouge, de noir animal épuisé, de marc de café.

*Sucre.* On y met de la glucose, de la craie, du sable, du plâtre, de la farine; on remplace le charbon animal qui sert à le clarifier, en brûlant des substances ferreuses, des menus de tourbe, de la boue, etc.

On trouve dans les *bonbons* du chromate de plomb, de la litharge, du sulfure rouge de mercure, des arsénites de cuivre, etc... On fait de la gelée de groseilles avec de la betterave, et des abricots avec du potiron.

On introduit dans le *chocolat* des farines de toutes sortes, des huiles de toute nature, des jaunes d'œufs, du suif, des amandes grillées, de la sciure de bois. Pour augmenter le poids, on y incorpore du cinabre ou sulfure rouge de mercure.

On met dans le suc de *réglisse* du suc de pruneaux, de luzerne et de foin.

Dans le *miel*, de l'amidon, de la farine, des haricots, du sable, etc...

Dans le *sel*, du sulfate de chaux, de la terre de pipe, de l'argile, du grès en poudre, de l'alun, etc.

Dans le *vinaigre*, les acides sulfurique, chlorhydrique, citrique, tartrique, oxalique.

Nous renonçons à faire connaître les falsifications que subissent les *vins*, on sait qu'aucune substance n'est plus habituellement altérée. Dans *l'alcool*, le fraudeur introduit du chlorure de calcium; il y met un peu d'essence de térébenthine pour s'affranchir des droits d'octroi. L'acide sulfurique donne à l'eau-de-vie le bouquet des vieilles eaux-de-vie; on lui donne du montant avec le poivre, le gingembre, le piment, l'ivraie; on la rend onctueuse avec l'ammoniaque, le savon blanc; friande avec l'alun, le laurier-cerise. Veut-on de l'*absinthe* et des *fruits à l'eau-de-vie* bien verts, on emploie le sulfate de fer.

*Bière.* Comme le houblon est fort cher, on le remplace par la chicorée torréfiée, l'écorce de buis, les têtes de pavots, le bois de gayac, le jus de réglisse; on s'est servi de jusquiame, de poudre de noix vomique, de poivre d'Espagne, de clous de girofle, etc...

On introduit dans le *cidre* de la chaux, de la craie, de l'alcool, de la litharge, de la céruse, etc... On en fait avec du sucre de fécule, de la cassonade, du vinaigre.

*Charcuterie.* Les charcutiers ont plus d'une fois vendu des viandes avariées, moisies, ayant été préparées dans des vases de cuivre et de plomb mal étamés; ils décoraient ces viandes avec des graisses colorées en vert par l'arseniate de cuivre.

On fait des *truffes* avec un mélange de terre et de débris de truffes.

Parmi les substances médicamenteuses, le sulfate de quinine, les quinquina, l'opium, les huiles grasses, les hypochlorites, les potasses, l'iode, l'iodure de potassium, etc., subissent de nombreuses altérations. Les fraudeurs ajoutent au sulfate de quinine du sulfate et du carbonate de chaux, de l'amidon, de la farine, du sucre, de la salicine, du sulfate de cinchonine et de quinidine, etc.; à l'opium, des extraits de chélidoine, de laitue vireuse, de réglisse, le cachou, les gommes, la fécule, etc...

Il n'est, en un mot, presque aucune substance sur laquelle ne s'exerce cet art funeste, une des causes les plus actives de la dégénérescence physique et morale de la race humaine.

M. Chevalier donne les moyens de reconnaître ces fraudes infâmes. On les trouvera dans son excellent livre. Nous allons nommer en deux mots l'unique moyen de les prévenir : Réforme commerciale !

ETIOLOGIE DE LA RAGE. — M. Festal, médecin vétérinaire à Sainte-Foy (Gironde), raconte dans la *Gazette des Hôpitaux* plusieurs faits tendant à démontrer que la rage *spontanément* développée chez les chiens, puis inoculée naturellement à d'autres animaux de la même espèce, ne se développe pas nécessairement chez ces derniers, mais qu'elle donne lieu simplement à la *rage mue* laquelle diffère de la rage ordinaire sous une foule de rapports et particulièrement par l'impossibilité de mordre dans laquelle se trouvent les chiens qui en sont infectés. Le premier des faits rapportés est le suivant :

Un jour du mois de juin, lancé à la poursuite d'un renard, un chien, répondant au nom de *Lion*, entra dans un souterrain creusé par les eaux; la journée s'écoula sans qu'il revint. Le lendemain, son maître se rend sur les lieux, pénètre aussi loin que possible dans le souterrain et appelle son chien à plusieurs reprises; un hurlement lointain lui répond. Le même appel, renouvelé trois jours de suite, obtient chaque fois la même réponse. Le quatrième jour on n'entendit rien et on crut le chien mort. Mais le sixième, *Lion* rentre crotté jusqu'aux oreilles, grelottant, dans un état de maigreur effrayant et littéralement couvert de tics. Après avoir accablé chacun de caresses, il lape en un moment une double ration de soupe; on le sèche, on le chauffe, on le couvre de laine, enfin toutes les précautions hygiéniques sont rigoureusement observées.

« Cet événement fit bruit dans la localité, dit M. Festal, et, en passant dans le village, la curiosité me prit de voir ce chien, qui alors était sorti de la caverne depuis trente heures à peu près; j'étais accompagné dans ma visite par mes deux chiennes de chasse, qui ne voulurent d'aucune façon s'en approcher. Nous plaisantions de cette obstination, quand tout à coup *Lion* s'élance, malgré sa faiblesse, sur une de mes chiennes qui se réfugie entre mes jambes, et là il la terrasse et la déchire, malgré de vigoureux coups de pieds et force coups de bâton. Il quitte la première et se jette sur l'autre, qui se réfugie aussi près de moi; mais celle-là aussi se laisse mordre sans se défendre, puis elles me quittent toutes les deux. Deux points fixèrent mon attention; le premier, c'est que ces deux chiennes se fussent laissé déchirer sans se défendre; le second, qu'elles m'eussent quitté: deux choses qui ne leur étaient jamais arrivées. »

Dans la même journée *Lion* mordit un autre chien, il refusa de manger; le soir il disparut, il était enragé. De retour chez lui l'auteur cautérisa les blessures de ses chiennes avec le cautère actuel et les fit attacher. La première mordue fut attaquée de la *rage mue* dix-sept jours et la seconde dix-neuf jours après la scène qu'on vient de raconter, deux jours après elles étaient mortes. Le troisième chien mordu mourut de la *même* maladie, le vingt-troisième jour.

« Quelle fut la cause de ce cas de rage chez le premier chien? se demande M. Festal. L'inoculation? Il n'y avait pas eu d'autre chien enragé depuis longtemps. Fut-ce la faim? Je ne le pense pas. Serait-ce la peur ou la joie? Je laisse à d'autres le soin de résoudre cette question. » Mais ce qui paraît découler de cette observation et de deux autres semblables que l'auteur rapporte, c'est la conclusion rassurante émise au commencement de cet article.

MORT PAR LE CHLOROFORME PENDANT L'ACCOUCHEMENT. — Un médecin américain, le docteur Wolf, établi à Chester (Massachusetts), fut appelé en consultation auprès d'une dame d'environ vingt-cinq ans, d'une bonne santé et d'une forte constitution, en travail d'accouchement depuis trente heures. S'étant emparé d'un flacon de chloroforme, elle l'avait respiré contre la volonté de deux médecins présents, l'avertissant qu'elle exposait peut-être sa vie : « Maintenant mes douleurs sont tout à fait douces (*quite comfortable*), avait-elle répondu, et je resterais sans peine douze heures dans cet état. » Cependant le flacon avait été rendu, et un moment, les médecins espérèrent un heureux dénouement, quand les choses prirent un aspect inquiétant. C'est alors que M. Wolf fut appelé. Lorsqu'il arriva, il y avait absence de toute douleur, extrémités refroidies, sueur froide, pouls fuyant, respiration sifflante, regard sans expression, en un mot, tous les phénomènes avant-coureurs de la mort, que les frictions, les applications chaudes, les stimulants actifs n'avaient pu dissiper. Bien que mourante, la jeune dame était en pleine connaissance, et, dès qu'elle vit M. Wolf, elle lui demanda avec anxiété de lui prendre son enfant et de la sauver. La délivrer en ce moment était chose facile, ce qui fut fait sur le champ. L'enfant était mort; elle-même dix minutes après n'était plus qu'un cadavre.

L'enquête qui se poursuit au sujet de l'inhalation des anesthétiques donne un grand intérêt à cette observation. M. Wolf déclare, qu'après examen attentif, il ne saurait attribuer qu'au chloroforme la mort de cette malheureuse femme. La mort aurait donc été causée par une espèce d'intoxication lente et progressive, fort éloignée de la sidération subite de toutes les forces vitales observées en d'autres occasions.

MORSURE DES SERPENTS VENIMEUX. — Une jeune dame traversant les plaines du Missouri fut mordue par un serpent à sonnettes le *crotale miliaris*, de la grosseur d'une vipère ordinaire. Arrivé près de cette dame dix minutes après l'accident, M. le docteur Tixier, qui raconte le fait, la trouve dans un état d'anxiété extrême; la face est grippée, terreuse, couverte d'une sueur glacée; peau froide, pouls petit et serré; prostration, interrompue de temps en temps par un tremblement convulsif; soubresauts des tendons. La jambe blessée est gonflée, d'un rouge pâle et livide avec taches violacées; douleurs violentes; au-dessous de la malléole interne sont deux petites plaies rondes, éloignées de quelques millimètres, sans ecchymoses. M. Tixier enlève d'un coup de bistouri la peau et le tissu cellulaire sous-cutané dans la région où sont les deux petites plaies, verse de la poudre de chasse dans la partie mise à nu et fait rougir un morceau de fer. Quand le cautère est pris, il enlève la poudre, et cautérise profondément toute la surface vive. Cela fait, il panse avec de la charpie saupoudrée de poudre, autant pour employer un excitant local que pour satisfaire les assistants, qui sont persuadés de l'efficacité de cet agent. Le membre fut maintenu élevé et continuellement arrosé d'eau froide. Trois heures après, la malade vomit à deux reprises. Une cuillerée d'eau-de-vie camphrée arrêta les nausées. Douleurs toujours très-violentes; céphalalgie; langue sèche, rouge; soif ardente. Six heures après, somnolence, rêvasseries, agitation.

Le lendemain, gonflement et dureté du pied et de la jambe; pouls petit et dur; soif vive; les mouvements convulsifs ont disparu. Les phénomènes locaux faisant redouter un phlegmon diffus, de larges incisions sont pratiquées, et l'on trouve le tissu cellulaire grisâtre et déjà purulent. Alimentation substantielle.

Le deuxième jour, le gonflement a diminué; la rougeur persiste; faiblesse extrême, mais calme général. Au sixième jour la suppuration s'établit, de bonne nature. L'amélioration se soutient. Le vingt-deuxième jour, la blessée peut monter à cheval.

La malade n'a pas succombé, dit l'auteur:

1° Parce que le serpent était de la plus petite espèce des crotales;

2° Que la blessure a été faite en juin, époque à laquelle le venin est le moins actif;

3° Les crochets ont dû traverser un morceau de gros drap et une double peau de daim, qui, en absorbant une partie du venin, l'ont empêché d'entrer dans les chairs;

4° Enfin, parce que l'absorption du venin a été arrêtée dix minutes après l'accident.

Sur l'origine du sucre dans l'économie animale. — Une note de M. Andral nous ramène sur cette importante question.

« Un fait physiologique, quel qu'il soit, dit-il en commençant, ne me paraît pouvoir être regardé comme hors de toute contestation et avoir acquis toute la certitude désirable, que lorsque, repris tour à tour par l'expérimentation, par l'observation de l'homme sain ou malade, par l'anatomie comparée, il est resté inébranlable, et s'est présenté toujours le même. Il y aurait à écrire quelques pages qui ne seraient pas sans intérêt sur les avantages de chacun de ces moyens d'investigation, sur leur puissance et leur portée respective, sur le parti que l'on peut tirer de chacun d'eux, sur la manière dont il est nécessaire de les contrôler l'un par l'autre. » Dans cette note M. Andral étudie, au point de vue de la pathologie, la question qui fait l'objet de cet article.

M. Bernard a montré que le foie et les veines sus-hépatiques contiennent beaucoup moins de sucre lorsque les animaux sont mis à l'abstinence complète; la pathologie confirme ce résultat. Un diabétique cesse-t-il de prendre des aliments, le sucre diminue ou disparaît. M. Andral cite une femme qui rendait 40 à 70 grammes de sucre par litre d'urine; on diminua les aliments, la production du sucre descendit, en 48 heures, à 34 grammes; 24 heures après, à 28 grammes. On la soumit alors à une diète absolue; 48 heures plus tard, il n'y avait pas atôme de sucre; trois jours après la rupture de la diète, on retrouva du sucre dans l'urine, on l'y trouva bientôt en dose aussi considérable qu'au début.

Deuxième point. — M. Bernard trouve dans le foie et dans les veines sus-hépatiques une quantité considérable de sucre chez des chiens mis depuis longtemps au régime de la viande; donc le sucre peut se former dans l'organisme, aux dépens des matières albuminoïdes; or, les faits pathologiques tendent à la même conséquence. « Ils nous apprennent, en effet, dit l'auteur, qu'en soustrayant de la nourriture des malades atteints de glucosurie toute espèce de matière sucrée ou amylacée, on peut bien à la vérité diminuer, momentanément du moins, la quantité de sucre que contient leur urine; mais, dans l'immense majorité des cas, on ne la réduit pas à zéro, ou du moins on ne l'y réduit que d'une manière passagère; et on peut même voir, avec un régime animal exclusif, la proportion du sucre dans l'urine aller croissant. » Et il cite plusieurs faits remarquables, entre autres celui d'un diabétique se nourrissant exclusivement de viande, chez lequel il a trouvé jusqu'à 82 grammes de sucre par litre d'urine, et comme il rendait 8 litres d'urine en vingt-quatre heures, il s'ensuit que, dans cet espace de temps, il expulsait de son économie, et par conséquent, il produisait 656 grammes de sucre.

M. Andral termine par un fait très-important, savoir que chez les diabétiques le foie n'est pas anatomiquement à l'état normal; l'altération qu'on y reconnaît est toujours la même, c'est une coloration d'un rouge brun tellement prononcée, que le foie, au lieu de présenter cette apparence de deux substances qu'on y retrouve habituellement l'une jaune et l'autre rouge, n'offre plus, dans toute son étendue, qu'une teinte rouge parfaitement uniforme. Ainsi, chez les diabétiques, le foie se fait remarquer par la très-grande quantité de sang qui partout gorge son tissu. « La constance de ce fait est une preuve de son importance, dit l'auteur, et si le foie sécrète du sucre, il est logique d'admettre que l'hypérémie du foie des diabétiques est le signe anatomique d'une sur-activité survenue dans sa fonction glucogénique; et ici encore nous voyons la physiologie et la pathologie se contrôler et s'éclairer l'une par l'autre. »

Météorologie du Haut-Sénégal. — Dans un mémoire sur lequel M. Bravais vient de faire un rapport favorable, M. Raffenel a réuni les faits exceptionnels de météorologie et de physique qui se sont présentés à lui dans le royaume de Kuarta, où il a été retenu prisonnier pendant un séjour de dix-huit mois. La latitude moyenne de ce royaume est d'environ 15 degrés vers le nord, la longitude moyenne de 12 degrés vers l'ouest (méridien de Paris), la hauteur au-dessus de la mer de 200 à 300 mètres. Nous allons passer quelques-uns de ces faits en revue.

*Pluie, rosée, brouillard.* — Dans le Haut-Sénégal il ne tombe de pluie qu'en été, du 1er mai au 20 octobre. Exceptionnellement janvier offre parfois un ou deux jours de pluie; mais différentes de celles de l'été, ces pluies de janvier ne sont jamais accompagnées d'orage. De juin à septembre la rosée est très-abondante la nuit, au point de transpercer quelquefois les vêtements des voyageurs; elle ne s'observe pas dans les autres mois de l'année. Vers la fin de l'été, M. Raffenel a observé des brouillards secs assez épais pour masquer tous les objets placés au-delà de 2 kilomètres. Cette non-transparence de l'air a lieu assez souvent entre les tropiques.

*Vents, orages et grêle.* Les vents dominants sont les vents d'est, et, plus encore, ceux d'ouest. C'est le vent marin ou vent d'ouest qui amène la pluie; c'est lui aussi qui amène les vents producteurs des orages. Ces nuages sont peu élevés et s'accumulent vers l'horizon Est sous forme d'épais stratus; mais, chose assez singulière, ce vent d'ouest cesse de souffler avant qu'éclate l'orage dont il est cause. Ainsi, l'arrivée très-prochaine de l'orage est annoncée par la cessation du vent; le calme ne dure que dix à quinze minutes. Pendant cette période, on entend des tonnerres lointains, et l'on voit de vifs éclairs dans l'est et dans le nord. Enfin le vent saute brusquement à l'est, l'orage éclate dans la région zénithale du ciel, la pluie tombe avec violence, le baromètre monte rapidement, le thermomètre baisse de 4 à 5 degrés; l'orage fini, le vent d'est revient graduellement à l'ouest par le sud-est et le sud-ouest; la pluie cesse, le ciel se dégage, et le baromètre reprend sa hauteur normale, 742 millimètres. La durée totale de la pluie d'orage est au moins de deux heures et dépasse rarement cinq heures.

La grêle est généralement considérée comme très-rare entre les tropiques. Cette règle ne paraît pas s'appliquer aux contrées visitées par M. Raffenel: il y grêle vers les mois d'août et de septembre. Ces chutes n'ont pas lieu seulement dans le Kuarta, mais aussi dans la Sénégambie, le Fouta et le Yoloff. Le 26 juin 1843, il tomba à Bukel, ville située à cent lieues à l'ouest de Fontobi, des grêlons gros comme des œufs de pigeons; le sol en fut complétement couvert.

*Phénomène électrique.* L'auteur décrit un phénomène électrique assez singulier observé pendant la nuit. La queue d'un cheval en marche fouettant l'air par ses balancements alternatifs, développait une lumière électrique capable de donner une étincelle. Ce fait s'explique par une électrisation énergique du sol et par une sécheresse extrême de l'air.

Appareil de sureté pour les volants des laminoirs. — On est obligé, dans l'établissement des trains de laminoirs pour le fer et autres métaux, d'employer des volants d'un grand poids et tournant avec une grande vitesse, afin de produire une force vive capable de mettre les cylindres en mouvement et les entretenir à l'état de roulement. Il arrive souvent que ces volants éclatent par des circonstances diverses et encore peu connues, et que les fragments, qui sont lancés à des distances quelquefois considérables, endommagent ou même détruisent les constructions et compromettent la vie des hommes.

Dans de pareilles circonstances, on élève naturellement la question de savoir s'il est possible de conjurer ces dangers. C'est ce que M. Hoffmann, de Breslau, a examiné.

Quand un volant éclate et se brise, dit-il, les fragments s'échappent dans la direction de la tangente, et lorsque, dans leur course, ils rencontrent un objet en opposition directe ou à peu près avec la direction de leur mouvement, ils exercent contre lui toute la force vive qu'ils ont ainsi acquise, et généralement le détruisent. Si, au contraire, ils rencontrent ces objets sous un angle de plus en plus petit, l'effet de cette force vive devient de plus en plus faible avec la petitesse de l'angle, puisqu'alors ces fragments marchent presque parallèlement à ces objets, mais alors aussi leur portée a plus d'étendue. Le problème se réduit donc à établir une surface qui, dans la direction suivant laquelle les fragments peuvent se porter, se présente à eux sous le plus petit angle possible, afin qu'ils exercent par leur choc un effet minimum, et que la force vive se trouve peu à peu absorbée par le frottement, et enfin que le tout soit amené à l'état de repos.

On peut établir une surface de ce genre en construisant autour du volant, et près de la couronne, un bouclier circulaire concentrique avec lui. Lorsqu'un fragment de ce volant se détachera, il viendra frapper ce bouclier, non pas dans une direction normale à sa courbure, mais sous un angle aigu, et par conséquent l'effet se trouvera très-atténué; ce fragment n'avancera plus qu'en vertu de sa force d'inertie, et le frottement l'amènera peu à peu à l'état de repos sans que le bouclier puisse être détruit. Tout autour du volant, et à une faible distance de sa surface on pratiquera donc une gouttière circulaire en tôle à chaudière de 10 millimètres d'épaisseur, parfaitement lisse à sa surface intérieure, afin qu'il n'y ait pas de point qu'un fragment, qui serait projeté dans cette gouttière, puisse frapper à angle droit. Cette gouttière sera également assez étroite pour que deux fragments ne puissent s'y engager de front et s'y enchâsser; 10 centimètres de jeu suffiront. Ce bouclier sera encastré tout entier dans une maçonnerie, et y sera assujetti par des boulons.

Au moyen de cette disposition, on évitera toute possibilité de dégâts; ce volant et toutes les parties qui s'en détacheraient resteront dans ce bouclier, qu'on devra avoir soin en même temps de préserver de la chute de tout autre corps étranger qui, en s'engageant entre lui et le volant, pourrait amener la rupture de celui-ci.

Il ne peut se présenter dans les usines aucune difficulté pour établir ce bouclier, attendu que les volants sont très-souvent disposés le long d'un mur, auquel on peut relier la maçonnerie, qui sert à appuyer ce bouclier. Une disposition de ce genre nous paraît tout aussi facile à établir, et au moins aussi utile que celle qui sert à se garantir contre la rupture des meules à aiguiser, tournant avec une grande vitesse, ou dans d'autres circonstances connues dans les arts.

---

## VARIÉTÉS.

### Histoire de Maximo et Bartola.

Nous avons écouté les *puffistes* racontant la légende des prétendus Aztèques; donnons maintenant la parole aux biographes des deux microcéphales. Cette histoire a été racontée dans des brochures publiées à l'étranger, et que nous n'avons pu encore nous procurer. Plus heureuse que nous, la *Gazette médicale* en a donné le résumé par la plume de M. L. P., et comme nous ne saurions faire mieux que notre confrère, c'est à la *Gazette* que nous empruntons ce qui suit:

En 1849 ou 1850, dans la république de Guatémala ou, comme on l'appelle aussi, d'Amérique centrale, la ville de *San-Miguel*, département de *San-Salvador*, célèbre par l'insalubrité de l'air, avait pour gouverneur politique et militaire le général de division d'Ax... Ce haut fonctionnaire étant en tournée d'inspection dans le district d'*Usulatan*, vers le mois de mars, fit rencontre d'un M. Raymond Salva, de Nicaragua, qui allait à la ferme de don Léon Avila, située dans cette contrée. Après avoir cheminé quelque temps ensemble, ils arrivèrent à un lieu appelé le *Jacotal*, et y déjeunèrent. Tout en mangeant, buvant et causant, le gouverneur se souvint qu'il y avait dans le voisinage deux jeunes enfants, d'une conformation extraordinaire, et voulant montrer cette curiosité à M. Salva, il se les fit amener. Ils vinrent conduits par leur mère. Après avoir longtemps examiné les deux enfants et reçu de la mère toutes les informations qu'il était naturel de lui demander, ils continuèrent leur route. Chemin faisant, le gouverneur dit à M. Salva que si cette pauvre femme pouvait conduire ses enfants en Europe ou les y faire conduire par un homme intelligent, elle y trouverait probablement une fortune. Cette idée excita l'imagination de M. Salva, et dès le lendemain il dit au général qu'il était disposé à se charger de cette mission, et qu'il proposerait à la mère de prendre les enfants et de partager avec elle les bénéfices. Le gouverneur qui avait confiance en la probité de M. Salva, dont il connaissait la famille, consentit à intervenir dans cette transaction; et la pauvre mère, après bien des résistances et des larmes, finit par laisser emmener ces deux vilains bambins qu'elle chérissait néanmoins comme s'ils avaient été deux amours. La perspective d'une petite ferme et d'un troupeau et le conseil paternel du gouverneur lui arrachèrent ce consentement.

Peu de jours après, M. Salva, muni des enfants, partit en compagnie d'un Américain du Nord, par le Rio San Juan de Nicaragua, pour le port du même nom. En arrivant dans cette ville, il la trouva occupée par les Anglais qui venaient de s'en emparer au nom du roi des Mosquitos, en ce moment, disaient-ils, *leur ami et leur allié*. Les voisins du Port, qui sont Nicaraguens, irrités de cette invasion des Anglais, s'ameutèrent. M. Salva, Nicaraguen lui-même, se mêla à ce qu'il paraît de l'affaire; si bien qu'il fut arrêté comme un des chefs des turbulents, et reçut, en punition, en compagnie de plusieurs autres, cinquante coups de fouet, qui l'obligèrent à garder longtemps le lit et à interrompre son voyage. Il confia les futurs Aztèques à la conduite de son compagnon de route et associé, l'Américain du Nord, qui les emporta à New-York et les y fit débuter sur la scène publique avec le plus brillant succès. Puis, lorsqu'après sa guérison, M. Salva vint réclamer dudit compagnon et les Aztèques et la part des bénéfices, il lui fut répondu qu'on ne le connaissait point. De là plainte en justice et procès. Les objets du litige furent mis en sequestre par le tribunal, et M. Salva fournit caution pour sa personne. Puis il revint à San-Miguel où il se fit donner, par l'entremise du gouverneur, des pleins pouvoirs de la mère des Aztèques et autres pièces authentiques, et retourna aux États-Unis pour rentrer dans ses droits. C'est là du moins ce qu'il dit au gouverneur, en partant de San-Miguel; mais celui-ci s'étant rendu lui-même peu de temps après à New-York pour tirer au clair toute cette affaire, il lui fut dit par des compatriotes respectables que le sieur Salva, au lieu de récupérer les enfants, les avait bel et bien vendus pour *dix-huit mille dollars* (*id est* 90,000 francs) au susdit Américain du Nord, lesquels 18,000 dollars il était en train de dépenser à la Havane, tandis que le nouveau propriétaire des Aztèques était parti pour Londres.

Ici finit l'histoire secrète des Aztèques, depuis le moment de leur sortie de Jacotal, lieu de leur naissance et témoin des jeux de leur enfance, jusqu'à leur entrée dans la vie publique en Amérique et en Europe.

Voilà pour l'*origine* de ces êtres mystérieux. On voit qu'elle est un peu différente de celle que leur attribue la notice imprimée à Londres et publiée aussi à Paris sous ce titre: *Aztè-*

*ques lilliputiens* ou *Kaanas d'Iximaja*, et les affiches illustrées de l'Hippodrome !

Maintenant il nous reste à rétablir, d'après le document qui nous a fourni les renseignements précédents, la vérité des faits quant à la *parenté* et à l'*âge* des Aztèques (1).

La mère est une jeune et vigoureuse mulâtresse, et le père un mulâtre qui n'ont ni l'un ni l'autre pas une goutte de sang mexicain dans les veines, et tous deux parfaitement conformés et d'une intelligence ordinaire. La femme est meunière dans une ferme, c'est-à-dire qu'elle fait de la farine de maïs pour les ouvriers ; l'homme est pêcheur et va vendre sur la place de San-Miguel le poisson qu'il prend dans la lagune d'Ulupa. Ces braves gens étaient douloureusement affectés et humiliés d'avoir mis au monde des enfants si disgraciés. La première fois que la mère conduisit à San-Miguel le petit *Maximo* (car c'est là, en effet, son nom de baptême), son apparition produisit une si grande rumeur qu'elle en fut extrêmement irritée. On les appelait dans le pays les *monitos*, c'est-à-dire *petits singes*, dénomination que leur allure et leur mimique justifient pleinement.

L'*âge* ne peut, d'après ce que nous savons, être établi qu'approximativement. Les notices-prospectus donnent au garçon dix-neuf ans, à la petite fille dix-sept. Cette évaluation ne doit pas s'éloigner beaucoup de la vérité, s'il est vrai, comme l'assure l'ex-gouverneur de San-Miguel, que le petit Maximo a été confirmé en sa présence, en 1846, par don Jorje Vitery, alors évêque de San-Salvador, et aujourd'hui de Nicaragua. Ce sacrement, en effet, ne s'administre qu'après la première communion, et celle-ci n'a guère lieu avant l'âge de dix ans. Il y a cependant lieu de s'étonner un peu qu'on ait admis à ce sacrement et à tout autre, hors le baptême, un être privé de la raison et de la parole. Mais dans l'Amérique du Sud et parmi ses populations à demi sauvages, on n'exige pas des catéchumènes la même somme d'instruction religieuse qu'en Europe.

C'est là tout ce que nous avions à dire sur l'histoire et l'état civil des Aztèques. Si ces renseignements sont, comme nous le croyons, exacts et positifs, ils pourront être utiles à consulter pour la juste appréciation de la nature et des causes de cette monstruosité physique et psychique.

— Ajoutons qu'à la dernière séance de l'Académie de médecine, M. Piorry a déposé sur le bureau un ouvrage sur les Antiquités mexicaines, où l'on voit une trentaine de figures représentant des idoles qui ont une remarquable ressemblance avec nos prétendus Aztèques. « C'est là, a dit M. Piorry, un document que l'Académie fera bien de consulter, avant de décider la question de savoir si ces deux enfants sont des idiots ou des crétins, ou si ce sont les restes d'une race américaine. »

Sur l'invitation de M. le président, M. Piorry a mis cet ouvrage à la disposition de la commission. Celle-ci s'est réunie dans la salle de la Bibliothèque et a délibéré pendant presque toute la durée de la séance publique.

---

## NOUVELLES ET CAUSERIES.

*Croisade contre la vaccine. — L'anatomie en Angleterre. — Une belle expérience d'acoustique. — Le télégraphe de Constantinople à Andrinople. — Appareil d'alarme pour le cas d'incendie. — Chemin de fer portatif. — Éclairage électrique. — Une morsure de cheval. — Verre et marbre. — Les diamants de la couronne. — Étrange suicide d'un fou.*

⁂ La croisade contre la vaccine prend en Allemagne des proportions de plus en plur larges. On ne se contente plus d'écrire contre la découverte de Jenner, on en fait l'objet de nombreuses caricatures. Nous venons, dit la *Gazette des hôpitaux*, d'en recevoir une dont l'esprit est peut-être un peu lourd : elle représente la mort traînée dans un char attelé d'un âne et d'un bœuf, qui sont aiguillonnés par le docteur Jenner déguisé en diablotin. Une foule de maladies accompagnent la Mort, et le char écrase en passant les têtes chauves de tous les académiciens de l'Allemagne.

⁂ Il existe en Angleterre trois musées d'anatomie quotidiennement ouverts au public ; on y fait, à différentes heures du jour et de la nuit, des leçons en langage clair et précis, à la portée de toutes les intelligences. Ces leçons, insuffisantes pour ceux qui se destinent à la profession médicale, sont très-instructives pour le public en général auquel elles sont spécialement destinées. Les dames sont admises à ces cours, mais elles ne peuvent visiter ces établissements qu'à des jours et heures fixes et réservés exclusivement à cet effet. Une dame s'y trouve pour recevoir les visiteuses, leur montrer le musée et leur faire une démonstration qui roule ordinairement sur l'anatomie et la physiologie.

⁂ M. Nimier, professeur de physique au lycée de Saint-Brieuc, a récemment exécuté dans cet établissement une merveilleuse expérience d'acoustique, instituée à l'origine par M. Weatstone, et dont l'institution polytechnique de Londres donnait, il y a quelques semaines, l'admirable spectacle à ses nombreux visiteurs. Il s'agit de la transmission des sons musicaux à distance au moyen de tiges rigides. Voici les conditions de l'expérience. A l'un des étages inférieurs d'une maison, dans la cave, si l'on veut, sont des musiciens munis de leurs instruments, par exemple, un piano, un violoncelle, un violon, une clarinette. A l'un des étages supérieurs se tiennent les auditeurs de l'étrange concert qui va avoir lieu ; dans le même salon sont quatre harpes sans musiciens. On a percé les planchers, et par les trous passent des tringles verticales en bois de sapin de deux centimètres de diamètre, en rapport, par leur extrémité inférieure, avec la table d'harmonie du piano, l'âme du violon et du violoncelle, et l'anche de la clarinette, et communiquant par en haut avec quatre autres tringles fixées respectivement aux tables d'harmonie des quatre harpes. Les choses ainsi disposées, à peine les musiciens auront-ils commencé leur concert souterrain, que les sons transmis par les tiges de sapin feront entrer en vibration les tables d'harmonie des harpes, et les locataires de l'étage supérieur verront se jouer devant eux l'étrange spectacle d'un concert sans musiciens. M. Nimier a fait exécuter ainsi des duos de violon et de clarinette ; il prépare, dit-on, des quatuors. L'effet, paraît-il, a été immense sur les assistants ; nous le croyons sans peine.

⁂ Le télégraphe électrique est établi de Constantinople à Andrinople. D'ici à peu de jours, la ligne sera prolongée jusqu'à Choumla où elle se raccordera avec le télégraphe qui met Paris en communication avec la Crimée. A partir de ce moment, nous correspondrons directement avec la capitale de la Turquie.

⁂ La Société d'encouragement a été entretenue d'un télégraphe dont on fait usage en Amérique, à Boston, depuis plus de deux ans, pour donner l'alarme en cas d'incendie. Il existe à la station télégraphique centrale un appareil au moyen duquel par le simple mouvement du doigt un employé met en mouvement vingt-deux cloches disséminées en divers points de la ville, entre des églises, des écoles et des manufactures ; trois minutes après qu'il a été découvert, un incendie peut être signalé à toute la ville. On a compris que l'avis en est transmis à la station centrale par les moyens ordinaires de la télégraphie. Les fils de l'appareil d'alarme sont doubles et se rendent par des routes différentes aux stations successives ; si l'un deux vient à être brisé, l'autre reste disponible.

(1) Ce document est un écrit autographe, en espagnol, daté de septembre 1853, et signé de l'honorable général d'Ax..., ex-gouverneur politique et militaire de la ville de San-Miguel, dans la république de Guatémala, né dans le pays même des prétendus Aztèques, qui les a vus souvent chez leurs parents, et qui a même, comme on vient de le voir, contribué beaucoup à leur apparition dans le monde. Il a fait plusieurs tentatives pour réparer le tort fait aux parents de ces enfants, qui n'ont jamais reçu la moindre parcelle des sommes énormes qu'ont gagnées les hommes qui les colportent. Mais, jusqu'ici, il paraît n'avoir pas réussi.

*** Un chemin de fer portatif ou locomotive portant ses rails est exposé en ce moment à Carlisle (Angleterre). Elle fait facilement 4 milles à l'heure sur un terrain très-inégal. Le système a été adapté en partie aux roues des gros canons, on le croit susceptible d'extension.

*** Le ministre de la marine a, dit-on, traité avec une compagnie qui s'engage à livrer des machines magnéto-électriques pouvant produire un foyer lumineux équivalent en intensité à la lumière de 2,500 bougies stéariques de première qualité, ou de 250 becs dépensant 130 litres de gaz de houille par heure. La lumière électrique ainsi produite, c'est-à-dire au moyen d'une machine dans laquelle l'électricité se développe en faisant passer des fers doux en présence d'aimants puissants, ne coûterait absolument que la dépense du moteur, soit un cheval-vapeur.

Les inventeurs espèrent outrepasser leurs engagements et fournir l'équivalent de 500 becs de gaz. Cette lumière suffirait à éclairer en mer jusqu'à l'horizon. Dès lors plus d'abordage, plus de surprise et toute certitude pour les signaux.

Le premier appareil sera terminé, assure-t-on, dans peu de jours. On essaierait sa lumière en éclairant des Invalides les buttes Montmartre.

*** M. Jobert a mis sous les yeux de l'Académie de médecine, dans sa dernière séance, un doigt qui a été coupé et violemment arraché par une morsure de cheval. Ce doigt (l'auriculaire de la main gauche) a été détaché au milieu de la première phalange, et dans le mouvement violent d'arrachement qui a eu lieu, les tendons fléchisseurs et extenseurs ont été rompus dans le voisinage de leur insertion supérieure, et ont été entraînés dans toute la longueur avec le doigt, auquel ils sont restés adhérents. L'homme qui a subi cet accident n'a éprouvé qu'une douleur légère au moment de la section des parties molles et de l'arrachement des tendons. Il n'a pas souffert non plus depuis, et la plaie qui résulte de cette ablation est en bonne voie de guérison.

*** Un Américain réussit, dit-on, à donner au verre l'aspect du marbre, qui peut être ainsi remplacé pour moitié prix. On fait de la sorte des tables, des planchers en mosaïque, des dalles pour tombeaux, des monuments et même des statues. On prétend que Carrare ne fournit pas de blocs plus délicatement accidentés.

*** Nous avons raconté l'histoire du *Régent*, disons quelques mots des autres joyaux de la couronne qui figurent auprès de lui dans la rotonde des Panoramas.

D'après l'inventaire dressé par MM. Bapts et Lazare, en exécution de la loi du 2 mars 1832, les pierres précieuses de l'Etat sont au nombre de 64,812, pèsent 18,751 carats 17/22, et ont une valeur de 20,900,260 fr. 01 c.

Le plus riche objet qui figure sur cet inventaire est une couronne qui ne compte pas moins de 5,206 brillants, 146 roses et 59 saphirs; le tout valant 14 millions 702,708 fr. 85 c.

Il y a ensuite un glaive avec 1,569 roses, valant 261,165 fr. 99 c.; une aigrette avec 217 brillants estimée 273,119 fr. 37 c.; une épée garnie de 1,576 brillants ayant une valeur de 241,874 fr. 37 c.; une agrafe de manteau porte une opale estimée 37,500 fr., et 197 brillants valant 30,605 fr.; un bouton de chapeau présente 21 brillants évalués 240,700 fr.

Parmi les objets de femme figurent 4 parures, dont la principale a une valeur de 1,165,163 fr. Les autres sont estimées 293,758 fr.; 283,816 fr. 09 c. et 130,820 fr. 63 c. Un collier en brillants vaut 133,900 fr. Des épis sont estimés 191,475 fr. 62 c.

*** Un homme de trente-huit ans, s'étant livré à plusieurs tentatives de suicide, fut amené à l'hôpital de Charenton. Le matin même de son entrée, armé d'un couteau de cuisine, il se faisait dans la région du cœur une plaie qui ne parut d'abord avoir intéressé que les téguments; plus tard on reconnut que les cartilages des cinquième et sixième côtes avaient été atteints. Enfin le troisième jour, profitant de l'absence momentanée de son gardien, il se faisait un instrument de mort d'une petite pelle à feu découverte par lui sous un poêle.

Lorsqu'après trois ou quatre minutes d'absence l'infirmier rentra, voici ce qu'il vit : le pauvre fou, assis par terre, avait introduit dans sa gorge la tige de la pelle, et, la tenant de ses deux mains par la partie évasée qu'il avait eu la précaution singulière d'entourer d'un mouchoir, il s'en labourait avec rage l'intérieur de la poitrine. Ce ne fut pas sans difficulté qu'on parvint à s'emparer de la pelle. Celle-ci, une fois saisie, put être retirée sans difficulté. Quelques secondes après le fou rendait avec la vie quelques gorgées d'un sang rouge et écumeux.

La pelle apportée à la société de chirurgie a 44 centimètres de longueur, 34 pour la tige, 10 pour la portion aplatie; la tige se termine par une courbure en forme d'S dont l'ouverture mesure 4 centimètres.

A l'autopsie, on constata qu'après avoir rompu l'œsophage, la pelle avait cheminé entre ce tube et la colonne vertébrale, et qu'elle avait pénétré dans la plèvre droite; deux litres environ de sang remplissaient celle-ci. Le poumon, chose singulière, n'était pas déchiré, mais ce qui est plus remarquable encore, la quatrième côte était fracturée au niveau de son articulation vertébrale; la plèvre costale décollée dans une étendue de 10 centimètres, les muscles inter cortaux labourés, leurs nerfs et leurs vaisseaux lacérés : tel était l'effroyable désordre occasionné par la pelle à feu.

## BULLETIN BIBLIOGRAPHIQUE.

Poemes et poésies, par Leconte de Lisle, auteur des Poëmes antiques. — 1 vol., format Charpentier; chez Dentu, au Palais-Royal, galerie vitrée.

— Star ou psi de Cassiopée, histoire merveilleuse de l'un des mondes de l'espace. Nature singulière, coutumes, voyages, littérature starienne, poëmes et comédies traduits du starien. Fantasia par Defontenay, 1 vol., prix : 3 fr.; chez Ledoyen, Palais-Royal, galerie d'Orléans.

— Livre universel de lecture et d'enseignement prescrit ou autorisé par la loi pour les écoles primaires; ou Encyclopédie de l'instruction primaire. *Instruction morale:* histoire sainte, mythologie, histoire grecque, histoire romaine, histoire moderne, géographie. — *Instruction grammaticale :* grammaire française, orthographe, ponctuation, logique, versification, rhétorique. — *Instruction mathématique :* Arithmétique, dessin linéaire, arpentage, nivellement, système métrique, tenue des livres. — *Instruction musicale.* — *Instruction scientifique :* physique, chimie, mécanique, astronomie, histoire naturelle, hygiène, philosophie, agriculture. — *Instruction civique* : histoire de France, législation. — *Tableau abrégé des connaissances humaines*, avec questionnaire, mappe-monde et figures; par C.-J.-B. Amyot, avocat, secrétaire général de la Société pour l'instruction élémentaire, etc. 1 vol. grand in-18, cartonné; prix : 1 fr. 50 c.; chez Larousse et Boyer, 2, rue Pierre-Sarrazin.

— De la dégénérescence physique et morale de l'espèce humaine déterminée par le vaccin, par le docteur Verdé-Delisle. 1 vol., chez Charpentier, 39, rue de l'Université.

*Le propriétaire, rédacteur-gérant :*
Victor Meunier.

PARIS. — IMP. J.-B. GROS, RUE DES NOYERS, 74

Première année. — N° 33. Quinze centimes. 19 août 1855.

# L'AMI DES SCIENCES

PAR

## VICTOR MEUNIER

BUREAUX D'ABONNEMENT :
**13, RUE DU JARDINET, 13.**
Près l'École de Médecine.

**Paraît le dimanche.**
(Les abonnements datent, au gré des souscripteurs, du commencement de l'année ou du premier dimanche de chaque mois).

PRIX DE L'ABONNEMENT POUR L'ANNÉE.
**PARIS, 6 FR. — DÉPARTEMENTS, 8 FR.**
ÉTRANGER, surtaxe en sus.
Envoyer un mandat de poste.



### De la Génération spontanée.

Y a-t-il une génération spontanée ? On peut s'étonner de la question, car puisque les êtres vivants ont eu un commencement, il est évident que le premier couple au moins de chaque espèce est né sans le secours de parents. Il semble donc qu'il ne s'agisse plus que de savoir : 1° si la nature emploie encore un procédé qu'elle a très-certainement employé, et 2° dans le cas où d'elle-même elle n'en ferait plus usage, si nous ne pourrions la contraindre à le remettre en vigueur.

Mais un abus de la méthode expérimentale (abus qui va jusqu'à dénaturer la méthode elle-même) conduit beaucoup de savants à ne tenir aucun compte des lumières qui émanent de la seule raison, et c'est le principe même de l'hétérogénie (génération spontanée) qui est mis en doute.

D'un autre côté, ceux qui se sont proposé d'en démontrer la réalité ont cru que le but ne serait pas atteint tant qu'on n'aurait pas vu se former de toutes pièces, sans le secours d'un être organisé, le premier aggregat, œuf, vésicule ou cellule, dont le développement amène la production d'un être vivant ; et naturellement c'est parmi les animaux microscopiques qu'ils sont allé chercher des preuves.

Mais la question ainsi posée rencontre des difficultés jusqu'à présent insolubles. Le principal obstacle vient de l'excessive petitesse des êtres soumis à l'observation ; petitesse telle que, malgré toutes les précautions, il n'est jamais certain que des germes organiques ne se sont pas introduits par le véhicule de l'air ou de l'eau, ou par l'intermédiaire même des substances sur lesquelles on opère, dans les appareils qui sont le théâtre de l'expérience. Ainsi, les animalcules connus sous le nom de monades, ont 1/2000e de ligne de diamètre ; les spores (ou graines) des muscédinées sont renfermés au nombre de plusieurs milliers dans de petites outres, dont plusieurs milliers tiendraient dans l'espace occupé par la tête d'une épingle ; l'eau distillée jusqu'à cinq fois renferme encore des molécules organiques ; enfin la poussière qui voltige dans l'air contient de petits corps susceptibles de se renfler dans l'eau, et que Schultze regarde comme des monades desséchées : elles revivent dès qu'elles sont humectées.

La difficulté paraît donc insurmontable ; hureusement elle peut être tournée, nous dirons comment. Mais d'abord précisons la question et nous verrons qu'elle est depuis longtemps déjà résolue par l'expérience, de sorte qu'on ne peut plus lui apporter qu'un supplément de preuves.

Que faut-il donc entendre par génération spontanée ? Le voici : on doit entendre la production d'un être vivant, différant spécifiquement de ce dont il provient, et pouvant transmettre à ses descendants les traits caractéristiques de son organisation.

Quelle que soit la source d'où cet être provienne, qu'il dérive directement de cette matière hypothétique à l'existence de laquelle croit G.-R. Treviranus, matière, selon lui, toujours active, indécomposable, indestructible, amorphe, susceptible de prendre toutes les formes et en vertu de laquelle les êtres organisés posséderaient la vie ; ou qu'il émane d'un être vivant déterminé : dès qu'il diffère spécifiquement de ce dont il provient, il démontre l'hétérogénie.

Toute naissance soustraite à l'Atavisme, c'est-à-dire à la loi de ressemblance spécifique entre les enfants et les parents, est une génération spontanée.

Il suit de là que ce qu'on appelle variabilité de l'espèce est un cas particulier de l'hétérogénie.

Si donc la variabilité de l'espèce est vraie, la génération spontanée est un fait.

Je place un germe dans certaines conditions ; de ce germe sort un être différent quant à l'espèce de l'être d'où ce germe lui-même est sorti, et pouvant transmettre à sa descendance les caractères qui le différencient : c'est un exemple de la variabilité de l'espèce, c'est de plus un fait de génération primitive ou équivoque.

Ce que je suppose là s'est-il réalisé ? Assurément. La variabilité des êtres vivants est un fait qui éclate de toutes parts ; il va révolutionner la Botanique et la Zoologie ; il assignera au naturaliste un but glorieux : avant l'établissement de ce principe, on décrivait pour empailler ; le principe établi, on expliquera pour transformer.

La génération spontanée est donc un fait. Disons maintenant quelles preuves on vient d'en donner.

C'est encore aux animaux microscopiques qu'on les a demandées ; mais cette fois on a tourné la difficulté devant laquelle s'étaient arrêtés tous les observateurs.

Puisque, s'est-on dit, il a été impossible jusqu'ici de déterminer avec précision l'origine de la vésicule primaire d'où l'on voit sortir un être organisé, végétal ou animal, renonçons provisoirement à cette recherche ; une vésicule étant donnée, ne nous demandons plus d'où elle vient, voyons où elle va, regardons ce qu'elle produit ; si d'aventure, il en sort des êtres d'espèces différentes, tous susceptibles de reproduction, la génération spontanée sera démontrée.

Le docteur G. Gros est le naturaliste qui s'est tracé ce plan de campagne, et il a exposé d'abord dans le *Bulletin de la Société des Naturalistes de Moscou*, ensuite dans les *Annales des Sciences naturelles*, le résultat de ses recherches.

(*La fin au prochain numéro.*)

---

## REVUE DE L'EXPOSITION UNIVERSELLE.

### REVOLVERS DE COLT.

En 1851, les revolvers du colonel Colt ayant été soumis à l'examen de l'Institution des ingénieurs civils de Londres, un membre de la marine royale, le commodore sir Thomas Hastings, prit la parole : « Il faut reconnaître, dit-il, que la guerre est un grand mal, particulièrement entre les nations civilisées, mais il est également vrai que donner aux armes dont on se sert la plus grande perfection, c'est la manière la plus sûre d'annihiler les chances de guerre. » A ce titre, nulle invention ne se recommande plus aux amis de la paix que l'arme du colonel Colt.

Tous nos lecteurs savent qu'on nomme *revolvers*, c'est-à-dire armes tournantes, des pistolets, carabines, etc... dans lesquels on introduit à la fois plusieurs charges qui peuvent être tirées coup sur coup, chacune d'elles venant, par suite d'un mouvement de rotation de certaine partie de l'arme, se placer devant la batterie. Il y a deux sortes de revolvers. Dans les uns les canons sont aussi nombreux que les coups à tirer, et ce sont les canons qui tournent autour de leur axe; dans les autres, il n'y a qu'un canon, et c'est la culasse, creusée de plusieurs chambres qui se meut.

Les revolvers du colonel Colt appartiennent à ce dernier système.

Ils n'ont qu'un canon qui est fixe. La culasse, mobile autour d'un axe parallèle et inférieur à celui du canon, est creusée de six chambres cylindriques destinées à recevoir la poudre et les balles, et le mouvement de rotation qu'elle effectue a pour résultat d'amener successivement la bouche de chacune de ces chambres en face de l'ouverture du canon, et par conséquent de la mettre en position convenable pour faire feu.

L'arme se charge très-simplement et avec une grande rapidité; on lève la batterie au premier arrêt, ce qui rend la culasse libre et permet de la faire tourner avec la main; on verse une charge de poudre dans l'une des chambres, on glisse une balle et on la force au moyen d'une baguette attachée au pistolet sous le canon, pouvant se mouvoir parallèlement à celui-ci, et qui en se mouvant sous la pression d'un levier, pénètre dans un des compartiments de la culasse; enfin on pose les amorces fulminantes sur les pistons. L'opération répétée pour les cinq autres chambres, l'arme est en état de servir. On peut, sans crainte d'accident, la mettre dans sa poche ou à sa ceinture, et la baguette levier en forçant les balles dans la culasse, bouche si hermétiquement les chambres à poudre, que si on applique un peu de cire sur les cheminées avant d'y placer les capsules, on pourra laisser l'arme plusieurs heures dans l'eau sans que celle-ci arrive jusqu'à la poudre.

Le pistolet s'arme en relevant le chien avec le pouce de la main droite, et il suffit d'armer tout à fait la batterie pour amener l'une des cheminées en position convenable pour recevoir le choc de la batterie, et par conséquent pour mettre l'une des chambres et sa charge dans la direction même du canon. La base de la culasse est taillée à cet effet en dehors d'un engrenage circulaire ou roue à rochet à six dents; quand on arme tout à fait la batterie, un levier ou cliquet attaché à celle-ci met cet engrenage en mouvement et le fait avancer d'une dent; par cela seul la cheminée correspondante est mise en regard de la batterie. Le pistolet étant armé, la batterie forme le point de mire; l'arme se décharge simplement par la pression de la détente. Un coup étant tiré, on relève le chien avec le pouce de la main droite. Ce mouvement amène une seconde chambre en présence du canon, et on répète l'opération jusqu'à ce que toutes les chambres soient déchargées. — Quant au nettoyage de l'arme, rien n'est plus simple : on peut en un instant la démonter entièrement, décrasser, huiler chaque pièce et les remettre en place.

Les armes exposées par M. Colt au *Cristal-Palace* furent à Wolwich l'objet d'expériences qui ont démontré leur force et leurs précision.

« Avec un pistolet tournant de grand modèle, à une distance de 50 yards, sur 60 coups, 5 ont percé l'œil de bœuf de 6 pouces de diamètre, et 39 coups ont porté dans un rayon carré de 2 pieds.

« Dans un autre cas, à 50 yards, sur 54 coups, 46 ont porté dans un rayon de 2 pieds carrés, dont 6 étaient dans l'œil de bœuf.

« A l'epreuve suivante, à une distance de 100 yards, sur 64 coups, 37 balles ont atteint le but, et 2 ont traversé l'œil de bœuf: 27 ont manqué le but, indiquant que les points de mire avaient été pris pour une distance plus rapprochée.

« Avec le petit pistolet de ceinture, sur 48 coups, à une distance de 50 yards, 35 ont porté dans un rayon d'un pied carré et 13 étaient dans l'œil de bœuf.

« Dans un autre cas, sur 18 coups, à une distance de 50 yards, 5 coups ont percé l'œil de bœuf et toutes les autres balles étaient logées dans un rayon de 2 pieds carrés du but. »

Des expériences faites à bord de la frégate à vapeur des Etats-Unis *Fulton*, et rapportées par le capitaine John-Thomas Newton, donneront une idée de la rapidité du tir.

« Huit marins avec les armes de Colt ont tiré, pendant cinq minutes (le temps était soigneusement mesuré à une montre marquant les secondes), et ont déchargé en ce temps cent quatre-vingt-quatre balles.

« Le même nombre de marins, avec des armes de Hall, ont déchargé dans le même espace de temps, quatre-vingt-dix balles.

« Le même nombre de marins, avec le mousquet ordinaire, dans le même espèce de temps, ont déchargé quatre-vingt quinze balles. »

Tandis qu'en Europe la manufacture d'armes s'exécute presque entièrement à la main, la mécanique n'étant guère employée que pour tailler les montures, les revolvers et carabines du colonel Colt sont presque entièrement faits par des machines sous la simple surveillance de femmes et d'enfants. Les ouvriers ne sont employés qu'à polir et à finir. Chaque pièce est forgée à chaud sous des emporte-pièces, et sa forme est déterminée d'un seul coup. Après quoi chacune passe par les mains d'une machine spéciale qui en complète la façon.

L'idée de fabriquer les armes mécaniquement devait naturellement venir en Amérique où la main-d'œuvre est rare et coûteuse. On ne lui a pas dû seulement de grandes économies, mais aussi une exécution rapide et une telle uniformité dans la fabrication qu'avec des morceaux d'armes mises hors de service, rien n'est plus simple que de constituer des armes en parfait état. Quant à la rapidité et à la facilité d'exécution, on en jugera par ce fait qu'à la belle fabrique de Hartfort (Connecticut) fondée par l'inventeur, cinq cents personnes fabriquaient, en 1854, 1500 armes par semaine.

### PARACHUTE POUR PRÉSERVER LES HOMMES EMPLOYÉS AUX PUITS D'EXTRACTION.

Depuis quelque temps, la compagnie des mines d'Anzin emploie un moteur mécanique pour faire descendre et remonter ses puits d'extraction, lesquels n'ont pas moins de 400 à 500 mètres de profondeur. Les échelles n'ont été conservées que comme voie de secours. Des guides en bois sont établis dans toute la profondeur des puits, en vue de régulariser la marche des appareils dans lesquels les ouvriers sont placés. Un danger restait à prévenir, celui de la rupture des câbles auxquels sont suspendus les appareils d'ascension et de descente.

La solution du problème était ardemment désirée; elle a été donnée par un simple contre-maître des ateliers d'Anzin, M. Fontaine.

Son appareil, établi depuis plusieurs années déjà, a complétement justifié l'opinion qu'on en avait conçue, et plusieurs ouvriers lui doivent la vie.

Un jour le câble soutenant la cage se rompit au moment où un ouvrier, renfermé dans cette cage, commençait son ascension : il se rompit presque à l'orifice du puits; 500 mètres de corde pesant 2000 kilog., furent précipités au fond de la carrière : le parachute-Fontaine supporta ce poids en même temps qu'il retint la cage, et l'ouvrier fut préservé.

Une autre fois, la corde d'extraction se rompit à un mètre au-dessus de la cage qu'elle portait et à 50 mètres du fond de la fosse; cette cage contenait quatre ouvriers; les griffes du parachute se déployant par le jeu de ressorts que la rupture de la corde détend d'elle-même, entrèrent dans les guides en bois dont les puits sont garnis, et tinrent suspendus dans la fosse les quatre ouvriers qui n'avaient éprouvé qu'un temps d'arrêt, et n'en surent le motif que lorsqu'on vint les chercher à l'aide d'une autre corde.

L'appareil Fontaine auquel l'Académie des sciences a décerné un prix, figure dans l'annexe.

### Caisse de sauvetage pour la marine.

Placé à bord d'un navire, cet appareil permettrait d'établir une communication soit avec la côte, soit avec une embarcation que l'état de la mer empêcherait d'approcher; établi à terre, il donne le moyen de lancer une remorque à un bâtiment. Enfin il permet de porter secours au matelot tombé à la mer, ce qu'en l'absence d'engins de ce genre le mauvais temps rend parfois impossible. La Caisse de sauvetage, renferme force motrice, grappin, corde, affut et accessoires. L'inventeur est M. Tremblay.

La fusée de guerre de quinze millimètres est employée comme force motrice. L'obus que ces projectiles automoteurs portent en tête est remplacé par des crochets en fer, et un chapiteau en bois de forme ogivale, percé d'un trou central destiné à recevoir les instructions écrites qu'on veut envoyer soit de bord à terre, soit de terre à bord. Cette fusée est dirigée par une baguette à laquelle s'attache une chaîne en fer qui reçoit la corde à transporter. Une basane recouvre, sur une longueur de deux mètres, l'extrémité de la corde, afin de la garantir du feu.

La fusée est donc convertie en un véritable *grappin porte-amarre*. La corde est logée dans la caisse et enroulée sur une bobine. La résistance de cette corde, de 13 millimètres de diamètre, a atteint, dans des expériences faites à Toulon, le chiffre de 1,600 kilogrammes. Le pointage en hauteur se fait à l'aide d'un double quart de cercle tracé sur un des côtés de la caisse, sur le même côté sont placées deux tringles pour le pointage en direction; enfin, sur le couvercle, est adapté un auge, dans lequel, comme affût, est placé le grappin de sauvetage.

M. Tremblay cite trois coups tirés avec cet appareil. Nous en citerons un.

Tir de bord à terre, vent arrière : angle du tir, 52°; diamètre de la corde, 13 millim.; longueur développée, 440 mètres; poids, 44 kilog.; portée, 396 mètres; déviation, 6 mètres.

Dans le tir de bord de terre, le grappin s'enfonce profondément dans les vases ou s'accroche aux anfractuosités du sol. Dans le tir de terre à bord, il sert à fixer la corde au navire sur lequel elle est tombée.

Voici comment, à l'aide de cet appareil, on pourra espérer de ramener à bord un homme tombé à la mer, lorsque l'état du temps ne permettrait pas d'envoyer une embarcation à son secours.

« Imaginons, dit M. Tremblay, que les deux bouées de sauvetage suspendues à l'arrière du navire soient reliées par un cordage lové sur chacune d'elles, et dont les extrémités seraient fixées sur leur tige. Lançons ces bouées ainsi installées au moment où le marin tombe à la mer, et voyons-le se saisir de l'une d'elles : il défera la glène de corde amarrée sur cette bouée, qui, naturellement, s'éloignera de l'autre, et lui-même pourra distancer les deux bouées reliées par leur corde de réunion, de manière à former un but d'une grande étendue, sur lequel on dirigera le grappin porte-amarre. Le cordage sauveteur, projeté par ce grappin, étant disposé sur le cordage de réunion des bouées, il n'y aura plus qu'à haler sur le premier pour faire crocher le grappin dans le second, et ramener ainsi le marin, sans compromettre, dans de vaines et dangereuses tentatives, la vie de ceux qui brûlaient du désir de voler à son secours. »

Essayé ces jours-ci à Vincennes, le grappin a porté à plus de 400 mètres; espérons que cet utile appareil attirera l'attention des sociétés de sauvetage et des capitaines des navires de guerre et de commerce.

— Dans le prochain numéro, nous reviendrons sur les machines à moissonner, et nous rendrons compte des expériences qui ont eu lieu à Trappes.

## LA SEMAINE SCIENTIFIQUE.

Falsification de la bière. — M. le professeur Champouillion publie, dans la *Gazette alimentaire*, une note qui complétera ce que nous avons dit à ce sujet dans de précédents numéros.

On sait que la préparation de la bière est fondée sur la transformation du moût d'orge en alcool et en acide carbonique au contact de la levure ou ferment; le houblon qu'on y ajoute a pour effet d'augmenter la sapidité de cette boisson et d'en favoriser la conservation. En un mot, le houblon est pour la bière ce que le sel est pour la viande. Généralement l'orge germée et le houblon ont une valeur commerciale assez élevée qui se reporte naturellement sur la bière, dont ils font la base essentielle. Il suit de là que, pour ajuster le prix de leur marchandise à la médiocrité des ressources pécuniaires des consommateurs peu aisés, certains débitants fabriquent de la bière d'une façon plus économique. Ainsi, ils remplacent le *moult* par du sirop de fécule et le houblon par une décoction de buis, de coloquinte, de centaurée, par le fiel de bœuf, etc. Pour donner ensuite à cette mixture la consistance mucilagineuse, la saveur piquante et la coloration brune qui lui manquent, les fraudeurs y versent de l'eau de chaux, y font cuire des dépouilles de veau, de cheval, de mouton, ou bien les différents débris gélatineux et invendables de la boucherie. En quelques jours la fermentation fait de tout cela quelque chose qui offre l'aspect et, jusqu'à un certain point, la saveur de la bière véritable.

D'autres fois la sophistication recourt à des moyens analogues à ceux qui sont adoptés pour la fabrication du vin artificiel, c'est-à-dire qu'une tonne de bière forte, ou de deuxième *trempe*, est étendue de la moitié ou des deux tiers de son poids d'eau. Avant de livrer à la consommation ce mélange insipide, on a soin, pour lui donner du goût, de l'animer avec de l'eau-de-vie de grains, de la chaux et une substance quelconque douée d'amertume.

Tandis que la bière houblonée apaise la soif et concourt à la digestion, la bière frelatée produit, au contraire, dans la bouche, un sentiment de sécheresse et d'âcreté qui augmente ou entretient le besoin de boire; prise en grande quantité, comme cela arrive pour les personnes altérées par la chaleur, elle détermine fréquemment le ballonnement du ventre, l'indigestion et la phlegmasie du tube digestif.

«Il est facile de se rendre compte de ces désordres quand on réfléchit aux quantités prodigieuses de chaux qui doivent se trouver dans la bière artificielle à l'état de sulfate et de carbonate provenant de sirop de fécule, de l'eau de Paris et d'additions directes. Dans ces conditions, la bière peut être comparée, pour ses effets laxatifs et indigestes, à l'eau séléniteuse la plus chargée; elle emprunte, en outre, aux principes extractifs amers et au ferment, dont elle ne s'est point encore séparée, une action drastique extrêmement énergique.

Sans doute, il n'y a pas de péril de mort pour celui qui se met accidentellement au régime de la bière sophistiquée; mais il y a au moins chance de maladie, et c'est déjà trop.

Hallucinations produites par le haschich. — Voulant expérimenter sur lui-même les effets du haschisch, M. Judée en prit 15 centigrammes à jeun. Deux heures après, il n'avait éprouvé encore qu'un léger malaise; palpitations, sentiment de chaleur dans la région lombaire, tête lourde, etc. L'expérimentateur avait un rendez-vous en ville. Il sortit, pensant que l'influence de l'air le remettrait; mais à peine dans la rue, il se repentit de sa témérité. Laissons-le exprimer ses sensations.

« A la hauteur de l'hôtel de Cluny, je fus pris, dit-il, d'hallucinations très-fortes, il me semblait que la rue des Mathurins était extrêmement longue, tellement longue que je croyais n'en jamais voir la fin: je crus distinguer plusieurs rues des Mathurins; j'avais devant les yeux comme un miroir qui m'aurait renvoyé un nombre de fois indéfini l'image d'un même objet. J'arrivai avec beaucoup de peine rue de la Harpe, et pour cette rue j'éprouvai encore le même phénomène. Je montai dans la maison où je devais aller sans trop savoir ce que je faisais, et m'assis immédiatement en entrant. Bientôt la pièce dans laquelle je me trouvais devint très-grande, immense; sa coloration, au lieu d'être verte, devint d'un beau jaune, et tous les objets situés dans son intérieur revêtirent une teinte dorée. L'appartement acquit ces tons délicieux si recherchés par les peintres; ce n'était plus la nature que j'avais devant les yeux, mais un tableau de Rembrandt ou d'un autre coloriste de la même école. Mais j'oublie de signaler un phénomène curieux et d'une importance très-grande sous le rapport physiologique: il consiste dans la possibilité de distinguer les choses telles qu'elles étaient réellement, pendant un temps très-limité cependant. Dans la rue des Mathurins, il y eut même un moment où d'un œil je voyais la réalité, tandis que de l'autre j'apercevais ce que j'ai indiqué plus haut.

« Les personnes qui m'entouraient changèrent complétement d'aspect. Sur le corps de l'une d'elles je vis la tête d'un empereur romain, sur un autre celle d'une personne de ma connaissance. J'éprouvai en même temps un besoin inextinguible de rire; malgré tous mes efforts, je ne pus même m'empêcher de sourire un peu. A ce moment les hallucinations de l'ouïe commencèrent, et pour la première fois je commençai à éprouver une sensation agréable: j'entendis une musique délicieuse qui semblait être faite dans une église éloignée; l'orgue se faisait entendre de temps en temps, mais doucement; de jeunes filles y mêlaient leurs fraîches voix. Pour mieux les écouter je me penchai du côté d'où provenaient les sons, sans toutefois le laisser trop apercevoir, car je conservai encore assez ma présence d'esprit pour comprendre que si l'on venait à savoir la réalité j'aurais été la risée de toutes les personnes qui m'entouraient. A peu près à ce moment une personne m'adressa la parole; je ne lui répondis pas, n'ayant entendu qu'un léger bruit auquel il m'était impossible d'assigner une signification. Du reste j'aurais été incapable de répondre; la mémoire m'avait complétement abandonné, et dans ce moment si l'on m'avait seulement demandé où je demeurais, je n'aurais pu le dire. La même personne me parla de nouveau. Je l'entendis un peu cette fois, et je fis un effort énorme sur moi-même pour lui répondre. J'aurais donné tout au monde pour qu'on me laissât tranquille. Ce n'était pas l'ennui de parler, c'était l'impuissance où j'étais de le faire. Cependant je lui répondis, ou du moins je crus le faire; mais il n'en fut pas ainsi car elle me sembla ne m'avoir nullement entendu. Ainsi je parlais très-bas croyant avoir parlé très-haut, avoir même crié. Dans ce moment une chaise tomba tout à coup par terre; le bruit m'en fut transmis immédiatement par un son intense, et je sentis les vibrations de la membrane du tympan.

« Tous ces phénomènes diminuèrent petit à petit d'intensité. Vers le soir je n'éprouvai plus rien; seulement ma tête était lourde, et il me fut complétement impossible de me livrer à aucun travail intellectuel. Ma figure était fatiguée, l'œil tellement brillant qu'un de mes amis m'ayant rencontré dans la rue me demanda si je n'avais pas bu un peu trop. Je me couchai de bonne heure. Le lendemain, je me levai et sortis. Les objets me semblaient être revenus dans leur état naturel; seulement la perspective me trompait encore: il me semblait que les rues et les allées d'arbres étaient plus longues que d'ordinaire; elles me paraissaient ne devoir jamais finir. Cependant vers la fin de la matinée tout avait disparu, et je me retrouvai dans mon état normal.

« En parlant de la perte des facultés intellectuelles, j'ai oublié de mentionner un fait important: c'est l'impossibilité où j'étais de mesurer le temps. Une minute me paraissait un siècle; il me semblait que j'étais resté deux heures dans la rue des Mathurins; je croyais ne jamais pouvoir en sortir. Or sa longueur, comme tout le monde le sait, n'est pas très-considérable. »

Arrachement des doigts. — A l'occasion du fait rapporté dans notre avant-dernier numéro, d'après M. Jobert de Lamballe, M. Robert rappelle à l'Académie de médecine plusieurs cas semblables empruntés aux *Mémoires de l'Académie de chirurgie*; il cite aussi l'exemple d'un homme qu'il a traité dans son service, pour un arrachement du pouce avec rupture des tendons fléchisseurs et extenseurs au niveau de leur origine à la masse charnue, et l'observation, plus remarquable encore, d'un malade de M. Huguier, dont la main, séparée de l'avant-bras au niveau du poignet, conservait encore dans toute leur longueur les tendons de tous les muscles extenseurs et fléchisseurs des doigts.

M. Robert croit pouvoir établir comme une loi que, dans les arrachements brusques des membres, les tendons des muscles demeurent intacts et se détachent de la masse charnue au niveau de leur union avec les fibres musculaires.

Le contraire semble s'observer dans les cas où la rupture est le résultat d'une contraction musculaire exagérée; ici c'est le tendon qui se brise dans sa continuité, comme cela s'est vu assez souvent pour le tendon d'Achille, et surtout pour le tendon du plantaire grêle.

D'où vient que le tendon résiste dans les ruptures par arrachement et se rompt à la suite des contractions musculaires brusques et violentes? M. Robert explique ces phénomènes contraires par la différence des conditions physiologiques dans lesquelles se trouve le muscle au moment de l'accident. Dans les cas d'arrachement, le muscle est dans un état passif, il est dans le relâchement; il n'a pas le temps d'entrer en contraction pour réagir contre la force qui tend à le déchirer: il cède au point le plus faible sans doute. Dans les cas de rupture tendineuse par contraction musculaire, les fibres charnues sont dans une tension énergique: elles tirent d'une manière brusque, instantanée sur le tendon, qui cède dans un point de sa longueur. Les observations de rupture d'un muscle au niveau des fibres charnues sont rares; cependant M. Robert a pu observer la rupture du corps musculaire du biceps.

M. Robert insiste sur l'innocuité de ces lésions, circonstance remarquable qu'il a pu constater dans les cas qui lui sont particuliers, et qui a été signalée aussi dans les faits rapportés par Morand, par MM. Huguier et Jobert.

Culture de l'oxalis crenata. — L'oxalis réussit dans toutes les terres, cependant les sols légers ou siliceux et les terrains de moyenne consistance sont toujours préférables. Comme la pomme de terre, elle se reproduit par ses tubercules. La plantation doit se faire d'avril à la fin de mai dans le Midi, et de mai jusqu'à la mi-juin, dans le Nord, l'Est et l'Ouest. Elle a lieu en ligne comme pour la pomme de terre, soit à la main, soit avec la charrue, par un labour de dix à quinze centimètres de profondeur selon la nature du sol; si celui-ci était très-argileux, il faudrait enfouir la plante moins profondément.

La plantation se fait avec le rayonneur ou avec le planteur; on doit choisir les plus beaux tubercules et les planter entiers. L'oxalis ne se repique pas.

Dès que le plant sort de terre il faut le bouer; enfin, il est utile de détruire les herbes parasites et d'ameublir le sol par des sarclages.

La récolte, ou plutôt l'arrachage peut commencer, dans le Midi, à la fin d'août ou au commencement de septembre, et partout ailleurs, dans la seconde quinzaine de septembre ou au commencement d'octobre, c'est-à-dire au moment où la dessication du tronçon de la tige est complet; l'arrachage se fait à la main, avec la bêche ou le crochet. L'opération faite, on doit éviter de laisser les tubercules exposés au soleil, ou à une trop grande chaleur.

Quelques jours avant la récolte, on coupe les tiges et tous les rejets herbacés pour en extraire aussitôt la liqueur, qui sera plus abondante et de meilleure qualité que si on les laissait se faner ou sécher.

Les plants destinés à la reproduction se conservent bien dans les caves et dans les silos; on doit les garantir de l'humidité et de la sécheresse.

« L'introduction de l'oxalis dans les assolements et dans la rotation offre cet avantage aux cultivateurs, dit M. Beaux, qu'il épuise moins le sol que toute autre plante, en même temps qu'il le laisse en bien meilleur état après la récolte. L'oxalis sera surtout précieux pour les cultivateurs du Midi, qui, pour la plupart, ne peuvent introduire que difficilement les plantes racines fourragères dans leurs assolements, et qui sont forcés, si la température est très-élevée, de remplacer la pomme de terre par la patate, ce qui est pour eux une perte réelle. »

Sur les rapports des systèmes nerveux et musculaires chez l'homme. — M. Pucheran essaie d'établir qu'un muscle long ne reçoit, en général, les nerfs que d'une seule branche, tandis que les muscles larges, au contraire, reçoivent toujours les leurs de plusieurs branches nerveuses différentes. Les muscles courts se rapprochent, à cet égard, des muscles longs; ils ne reçoivent comme eux leurs nerfs que d'une seule branche. Cette distribution des nerfs dans les muscles est en rapport avec leurs fonctions. Là où les muscles ont des actions multiples, et c'est le cas des muscles larges, ils reçoivent leurs nerfs de plusieurs branches; là, au contraire, où ils ont une action simple, comme est celle, en général, des fléchisseurs ou extenseurs des membres, ils reçoivent une branche nerveuse unique; d'où l'on voit que le rapport anatomique implique une relation physiologique correspondante.

Fonctions motrices du nerf grand sympathique. — On sait que la partie cervicale du grand sympathique est douée de deux fonctions motrices, l'une sur les dilatateurs de la pupille, l'autre sur les vaisseaux sanguins. M. Remack croit avoir établi une troisième action motrice de ce nerf sur les muscles des paupières. Cet expérimentateur a constaté que, lorsqu'on pratique chez certains animaux la section de la partie cervicale du grand sympathique, cette section est suivie immédiatement d'un rétrécissement considérable de l'ouverture des paupières. Excite-t-on alors la partie périphérique du nerf par un courant électrique, la membrane semi-lunaire se retire et la paupière supérieure se relève. Le courant est-il interrompu, la paupière retombe sur l'œil.

Hygiène publique. — M. le docteur Roche remarque avec raison dans l'*Union médicale*, que les mesures d'assainissement ne sont pas moins nécessaires après le passage d'une grande épidémie maiasmatique qu'avant sa venue: « On fait en quelque sorte, dit-il, un contresens hygiénique en les ordonnant auparavant et les négligeant après. Sans nul doute, il est utile de prendre en tout temps et surtout quand l'invasion d'une épidémie est imminente, il est utile, au point de vue général de l'hygiène publique, de prendre toutes les mesures de salubrité possibles, et de donner des conseils de prudence et de préservation présumable que la science de l'hygiène privée recommande. Mais contre ces épidémies de causes spéciales, qui atteignent indistinctement toutes les classes de la société, et ne paraissent peut-être sévir davantage sur la classe pauvre que parce qu'elle est la plus nombreuse, il ne faut pas s'en exagérer l'importance, elles n'ont aucune utilité préventive, spéciale, directe. Qu'on me dise donc à quoi serviraient ces mesures et ces conseils, si par hasard l'air que nous respirons tous venait tout-à-coup à s'imprégner d'une certaine quantité de vapeurs arsénicales. Au contraire, après le passage d'une grande épidémie miasmatique, qui laisse nécessairement le sol et tous les objets qui le couvrent souillés de l'agent toxique qui la produit, susceptible de la renouveler et la renouvelant en effet quelquefois, on comprend l'utilité qu'il y aurait à neutraliser le poison, ou au moins à en diminuer la quantité, par des lavages à grande eau plusieurs fois répétés, par des fumigations appropriées, par le grattage des maisons, par leur blanchîment à la chaux, etc., etc.

« A ce point de vue, l'ordonnance de police qui prescrit, à Paris, le grattage et le blanchîment des maisons tous les dix ans me paraît des plus sages. Je ne puis pas me résigner à n'y voir qu'une mesure de coquetterie ou de propreté, comme on affecte de le dire. J'y vois une grande mesure de salubrité, dont la portée est beaucoup plus grande qu'on ne l'entrevoit. S'il était possible de la généraliser et de l'étendre à toutes les communes de la France, en la complétant toutefois par d'autres précautions hygiéniques dont l'expérience et le bon sens ont depuis longtemps proclamé les avantages, précautions variables selon les localités; si, par exemple, on pouvait obliger les habitants de la campagne, à faire deux fois par an, au printemps et à l'automne, des fumigations de chlore ou d'acide nitreux, ou d'acide sulfureux, dans leurs habitations, à en laver fréquemment l'extérieur comme cela se pratique en Hollande, à les blanchir de temps en temps à la chaux, en dedans et en dehors, comme on le fait dans un grand nombre de villes et de villages situés sur les bords de la Méditerranée, sans doute par obéissance traditionnelle à un ancien précepte d'hygiène oublié, si on les obligeait à éloigner les fumiers des portes d'entrée de leurs demeures, à n'en pas laisser s'infiltrer le purin dans le sol même des habitations ou s'écouler sur la voie publique, où il devient une cause puissante d'insalubrité, on arriverait probablement, par l'ensemble de ces prescriptions, sinon à s'affranchir de la plupart des épidémies miasmatiques qui déciment chaque année les populations rurales, du moins à en diminuer la fréquence et la gravité. Il est inutile, je pense, de se livrer à d'ennuyeux calculs, pour démontrer que la dépense de chaque père de famille en serait à peine accrue, et qu'il en serait amplement dédommagé, s'il évitait ainsi quelques-unes de ces maladies qui font perdre aux hommes de labeur la richesse la plus précieuse, le temps, épuisent leurs forces souvent pour de longues années, et les conduisent à la misère. Il n'est pas moins superflu de chercher à établir qu'en venant en aide aux plus nécessiteux, en faisant pratiquer les lavages, les fumigations et le badigeonnage avec ses propres deniers, la commune y gagnerait probablement une partie des frais de secours de toute nature qu'elle est obligée de dépenser pour eux en cas de maladie, et de la misère qui en est souvent la suite. »

Les ouvriers européens. — M. Le Play, ingénieur en chef des mines, vient de faire paraître un ouvrage intitulé : *Les Ouvriers européens. Etudes sur les travaux, la vie domes-*

*tique et la condition morale des populations ouvrières de l'Europe, précédées d'un exposé de la Méthode d'observation.* En présentant ce grand travail à l'Académie, M. Dumas en a donné l'aperçu suivant :

« L'ouvrage de M. le Play lui a été inspiré par les études qu'il a poursuivies comme professeur à l'Ecole des Mines, sur l'industrie des principales contrées métallurgiques de l'Europe. Des ouvriers vivant dans des conditions les plus diverses, sous les régimes économiques les plus opposés, dans des conditions tout à fait dissemblables, aussi, sous le rapport politique et religieux, passant sous ses yeux à chaque instant, M. Le Play a été conduit à examiner comment s'établissait chaque année pour une famille d'ouvriers d'un type donné, le budget des recettes et celui des dépenses ; quels étaient les éléments de satisfaction intellectuelle ou de bonheur moral dont elle était appelée à jouir.

« Plus de trois cents monographies complètes de la situation des familles d'ouvriers, prises dans des contrées qui commencent à Cadix et qui comprennent la Sibérie, embrassant par conséquent toutes les situations de l'Europe, ont été recueillies et discutées par M. Le Play avec une extrême précaution.

« Il en a extrait trente-six comme les mieux caractérisées, elles font la base de son livre.

« Une introduction et des notes le complètent.

« L'imprimerie impériale s'est chargée de l'exécution typographique de cet ouvrage qu'on eût difficilement imprimé ailleurs à cause du nombre, de la dimension et de la complication des tableaux qui en font partie.

« L'ouvrage de M. Le Play fera époque dans l'histoire de l'économie sociale. On y trouve des faits nombreux recueillis dans les contrées les plus variées et qui acquièrent une valeur plus haute de cette circonstance bien rare qu'ils sont tout à fait comparables, ayant été observés par la même personne.

« Mais, et c'est ce qui distingue surtout l'ouvrage de M. Le Play, ces faits ont été recueillis sur un plan uniforme et par une méthode de son invention qui tend à donner à l'économie sociale une précision et une fixité d'appréciation qui semblaient réservées jusqu'ici aux sciences physiques. »

---

## VARIÉTÉS.

### Le Labourage par le Vent.

On lit dans les *Comptes-rendus* de l'Académie des sciences (séance du 6 août) :

« M. Grosley adresse une lettre relative à une *charrue* de son invention, qui est mue par la force du vent. Un modèle, construit au cinquième de la grandeur, fonctionne publiquement chaque jour, de midi à six heures du soir, à Passy, à l'angle de la rue Bellevue. »

Pour édifier les lecteurs de l'*Ami des Sciences* sur la charrue de M. Grosley, il nous suffira de reproduire un article que nous avons autrefois publié à ce sujet dans la *Presse*. La chose nous paraît mieux placée à l'article Variétés, que dans la Semaine scientifique et c' est pourquoi nous l'insérons ici.

---

Un excellent homme, « auteur d'une masse d'inventions » qui ne l'ont pas enrichi (ce sont ses expressions), un honnête mécanicien, est venu nous annoncer qu'il a fait une grande découverte. Grande, en effet, si... puisqu'il s'agit de labourer la terre à l'aide du vent, qui ne coûte rien.

Nous sommes allé rue Servandoni, 16, voir le modèle de la charrue éolienne. C'est un charmant joujou, très-élégamment construit, et fonctionnant à merveille sur le parquet.

C'est, on le comprend, par l'intermédiaire de moulins que le vent accomplit, dans la pensée de M. Grosley, l'important travail que celui-ci veut lui confier.

Il faut deux moulins. Ces moulins sont d'une excellente construction. Ils s'orientent d'eux-mêmes et fonctionnent utilement, quelle que soit la direction du vent.

La force qu'ils empruntent au vent est employée à mouvoir une charrue et à les mouvoir eux-mêmes.

Ces moulins locomobiles sont par conséquent montés sur des galets, lesquels sont ou nombre de quatre et larges de 30 centimètres.

La charrue, d'une disposition toute particulière, est commandée par une chaîne sans fin que les moulins mettent en mouvement.

Le reste sera mieux compris si nous nous supposons tout de suite sur le terrain.

Voici une pièce de terre à labourer.

De chaque côté de cette pièce, et d'un bout à l'autre, plaçons parallèlement des rails en bois destinés à servir de support aux moulins. Sur ces rails, à droite et à gauche du champ, à l'une des extrémités de celui-ci, en regard l'un de l'autre, amenons les deux moulins.

Ceci fait, nous tendrons un câble dans toute la longueur et dans l'axe de chacune des deux voies de bois. Ces câbles sont retenus à un bout par une ancre, à l'autre par un cabestan, et, dans le trajet, chacun d'eux fait une fois le tour d'une poulie montée dans chaque moulin sur un axe vertical.

D'un moulin à l'autre, tendons maintenant une chaîne sans fin, et à cette chaîne sans fin attelons notre charrue.

Ceci fait, tout est fait. L'homme n'a plus qu'à se croiser les bras, et c'est au tour du vent de payer de sa personne.

Si, pour continuer cette image risquée, le vent ne se croise pas les bras aussi, les moulins tournent, la chaîne sans fin marche, la charrue remorquée entame la terre, et d'un côté à l'autre du champ le premier sillon est tracé.

Quand la charrue est arrivée à l'extrémité d'un sillon, elle s'arrête. En même temps, la chaîne sans fin, qui continue de cheminer, fait tourner les deux poulies sur lesquelles sont cerclés les câbles dont nous avons parlé. Il en résulte que les deux moulins, immobiles tant que la charrue marchait, marchent dès que celle-ci est devenue immobile. Ils s'avancent sur les rails d'une quantité égale à la largeur du sillon, puis ils s'arrêtent.

Pendant qu'ils opèrent ce mouvement, la charrue passe de l'autre côté du sillon creusé, et en même temps elle se retourne, de sorte qu'elle a maintenant derrière elle le moulin auquel tout à l'heure elle faisait face et qu'elle regarde celui dont elle s'est éloignée. Elle est donc prête à tracer un nouveau sillon, quoiqu'elle puisse ne pas être près de le faire ; cela dépend du vent.

M. Grosley nous a communiqué les calculs à l'aide desquels il prétend démontrer que son inventiou procurera une économie de 80 p. 100 sur le prix actuel du labour. Il ne paraît pas nécessaire de reproduire ces chiffres.

Personne ne contestera que l'économie serait immense. Ce qu'on demande, c'est ceci : le vent ne fera-t-il pas grève au moment même où on aura besoin de lui ? et le labour pourra-t-il avoir lieu toujours en temps opportun ? Il y a bien d'autres questions encore. Par exemple, comment se comportera une charrue traînée par une chaîne ? Mais la première difficulté dispense d'en citer d'autres.

Que les forces gratuites soient appelées à un grand rôle en industrie et en agriculture, nous en sommes persuadé, et nous ne regardons pas comme chimériques les vues de M. Andraud sur l'emploi de l'air comprimé conservé en vases clos comme du vin dans des bouteilles, qu'on transportera où il plaira, dont on usera quand on voudra. M. Andraud a échoué faute de moyens pratiques pour comprimer les gaz ; ces moyens, M. Julienne pense les avoir trouvés.

J'en parlais à ce digne M. Grosley, et, tout en causant, nous munissions ses moulins d'appareils Julienne et de machines à air comprimé. Quand le vent ne serait pas employé à mouvoir la charrue, il comprimerait de l'air. Le moment du labour étant venu, si le vent boudait, la charrue marcherait sous la pression de l'air comprimé. Dès que les ailes se remettraient en mouvement, le réservoir à air comprimé se fermerait de lui-même, et la charrue continuerait de se mouvoir; mais alors elle serait traînée par le vent.

Mais, arrivé là : Monsieur Gosley, lui dis-je, puisque nous labourons à l'air comprimé, pourquoi transporter ces moulins sur le terrain? Si vous m'en croyez, nous allons tout simplement construire une locomotive agricole marchant à l'air comprimé. Plus de rails à poser, de câbles à tendre, plus d'ancres, plus de cabestans, et surtout plus d'incertitude dans le travail! Autre idée! Puisque nous disposons d'une locomotive, ne lui faisons pas remorquer un soc de charrue, la charrue est un mauvais instrument qui donne moitié moins d'effet utile que la bêche, faisons-lui mouvoir des pioches..... C'est ainsi que j'essayais de l'amener à cette idée que, venant après la *machine à vapeur de défrichement et de labour*, il a le malheur de venir trop tard; et n'est-il pas évident, en effet, que cette dernière machine bénéficiera de tous les perfectionnements qui seront apportés aux moteurs?

L'ai-je convaincu? Certainement non. Peut-être, après tout, me trompé-je, et c'est afin que mon erreur ne porte pas préjudice à M. Grosley que j'ai donné son adresse. Qu'on aille voir sa machine, on sera bien reçu.

---

Je ne l'ai pas convaincu, sa communication à l'Académie le prouve, et certainement je me suis trompé, s'il est vrai que M. Grosley a reçu, pour son invention de labourage par le vent, un encouragement de quinze cents francs.

Est-ce vrai? est-ce faux? Mais ne nous escrimons pas contre des moulins à vent.

---

## NOUVELLES ET CAUSERIES.

*Les vicissitudes de la rue de Rivoli. — Société horticole des cottages. — Epreuves photographiques de M. Louis Rousseau. — Cas d'empoisonnement et de folie causé par un cosmétique. — La mouche du choléra. — L'ozone et le choléra. — Statue de Vaucanson. — Les mérites culinaires de l'ortie et des fougères. — Les eaux d'Aix et les tremblements de terre.—La plaine du Forez.—Réunion des naturalistes allemands — Exposition photographique d'Amsterdam. — Le grand lac salé de l'Asie mineure. — Produits de la houille.*

⁂ Les ingénieurs chargés de la direction des travaux de la rue de Rivoli feront oublier Pénélope et son voile. Pour la troisième fois, une des maisons formant l'angle du futur boulevard du Centre assiste à l'enlèvement des dalles de son trottoir, d'abord pour placer après coup les conduits de gaz qu'on avait apparemment oubliés, — à l'instar de cet architecte qui construisant une maison oublia l'escalier, — ensuite pour extraire d'anciens tuyaux devenus inutiles, en troisième lieu par suite de la construction d'un égout. A quelques pas de là, devant la caserne, les maisons nouvellement bâties sont déchaussées de plus d'un mètre pour se raccorder avec la rue Saint-Antoine. On calcule que ces remaniements auront coûté à la ville quelques millions de francs. Pour compléter le tableau, rappelons la place Louis XV, les jardins de la cour du Louvre, la grille et la porte monumentale de celui-ci, et les parterres qui règnent devant la colonnade!

⁂ Une institution digne d'être introduite chez nous, est celle que nos voisins les Anglais désignent sous le nom de *Cotger's horticultural society* (société horticole des cottages).

Le cottage proprement dit est la demeure de l'ouvrier agricole. Situé au centre d'une exploitation de quelques acres ou sur le domaine d'un *gentleman farmer*; le cottage a toujours un petit enclos que l'ouvrier cultive à ses moments perdus. Deux ou trois fois par an, partout où existent les sociétés horticoles dont il vient d'être question, il y a des expositions de fleurs, fruits et légumes provenant de ces jardinets; des primes sont décernées à ceux qui ont le mieux réussi. Il y a même des prix pour les plantes cultivées aux fenêtres, *window plants*. C'est ainsi qu'on a réussi à répandre l'amour des fleurs dans toute l'Angleterre.

⁂ M. Valenciennes a mis sous les yeux de l'académie quatre beaux dessins photographiques faits au Muséum d'histoire naturelle par M. Louis Rousseau : deux représentent les parties solides d'animaux appartenant à la classe des polypes, et les deux autres la dentition de deux lions âgés l'un de six et l'autre de quinze mois; les maxillaires ont été ouverts pour montrer les dents de remplacement sous les dents de lait. Ces deux derniers sont remarquables par leur grandeur peu différente de celle des pièces qu'ils représentent. L'éclat et la blancheur de ces photographies sont des plus remarquables. L'illustre savant anglais, M. Owen, présent à la séance, déclarait n'avoir pas vu encore d'aussi parfaites représentations anatomiques.

⁂ Un nommé Valleau, coiffeur, âgé de 29 ans, entre le 9 juin dernier à l'asile des aliénés de Bicêtre; il est plongé dans un état de stupeur profonde, ses yeux immobiles restent fixés au plafond ; en vain lui adresse-t-on questions sur questions, il est impossible d'en obtenir aucun renseignement. Le médecin, M. Moreau (de Tours), remarque que les cheveux de Valleau présentent la coloration la plus singulière ; les uns sont complétement blancs, d'autres d'un noir très-foncé; il y a des mèches rousses. Quatre jours après le malade est en état de répondre, mais sa mémoire semble perdue; il sait qu'il est coiffeur, mais il ne se rappelle pas où il travaille, il se souvient cependant d'avoir inventé une pommade pour teindre les cheveux, et d'en avoir fait usage sur lui-même. C'est cette pommade qui était, comme on va le voir, la cause de tout le mal. Enfin le 14, Valleau est sorti de son état de stupeur; il a conscience de sa situation, et se désole d'être dans une maison d'aliénés. Il donne alors avec beaucoup de précision les détails qu'on lui demande.

Depuis plusieurs années ses cheveux avaient commencé de blanchir, voulant leur faire recouvrer leur couleur, le malheureux coiffeur composa l'énergique pommade que voici :

| | |
|---|---|
| Litharge. . . . . . . | 400 grammes. |
| Chaux vive. . . . . . | 200 — |
| Prussiate de potasse. . | 50 — |
| Nitrate d'argent.. . . | 20 — |

et en trois jours il consomma le tout ! Il en faisait le soir une application sur toute la tête, et ne s'en débarrassait le matin au moyen d'un peigne, qu'en créant autour de lui un nuage de poussière. Cela se passait quinze jours avant son entrée à l'asile. Les cheveux devinrent partiellement noirs, mais des accidents ne tardèrent pas à se déclarer; le malade éprouva de violentes coliques accompagnées de maux de tête. Selon lui, l'intelligence resta saine; son patron affirme au contraire avoir remarqué, dès les premiers jours, un changement de caractère ; Valleau était devenu triste et s'acquittait moins bien de ses fonctions; il continua cependant de travailler. Mais le 9 juin, dans la matinée, de nouveaux phénomènes se produisirent, quoiqu'il eût renoncé depuis douze jours à l'emploi de sa pommade. Il se rappelle que ce jour-là il coiffa un client, mais il ne se souvient plus de rien de ce qui se passa ensuite jusqu'au moment où il s'est éveillé à Bicêtre le 13 juin. Les renseignements donnés par son patron comblent cette lacune : le délire débuta subitement; dès le commencement de cette attaque, le malade devint turbulent, il jeta de côté et d'autre tous les instruments qui lui tombaient sous la main, déchira ses papiers; il se croyait poursuivi par des ennemis qui voulaient l'empoisonner, sa figure exprimait la frayeur, etc. C'est dans cet état que le patron le fit arrêter et conduire à Bicêtre, d'où il est sorti six jours après.

⁂ La correspondance officielle de l'Académie de Médecine comprend l'article suivant :

« Un mémoire du docteur Vigil y Mora, accompagné d'une boite renfermant des mouches qui, d'après le système de ce médecin, produiraient la larve cholérique. » La commission des remèdes secrets et nouveaux nous apprendra quelle mouche a piqué le docteur Vigil y Mora.

⁂ M. le docteur Th. Boekel, qui s'occupe avec un zèle soutenu de la question de l'ozone, écrit dans la *Gazette médicale de Strasbourg :*

« Pendant les quatre premiers jours de juillet, l'ozonoscope a marqué trois fois *zéro* la nuit ; et sur quatre cas de choléra, qni sont venus plus directement à ma connaissance, trois ont éclaté entre minuit et six heures du matin. »

⁂ La ville de Grenoble vient de décider qu'une statue sera érigée à la mémoire de l'illustre mécanicien Vaucanson.

⁂ Le missionnaire M. Huc nous donne les détails suivants sur certaines substances, dont les propriétés alimentaires, peu appréciées, sinon complétement méconnues, lui ont été d'un grand secours durant ses *Voyages dans le Thibet.*

« Un mets distingué nous a été fourni, dit-il, par une plante très-commune en France, et dont jusqu'ici, peut-être, on n'a pas suffisamment apprécié le mérite ; nous voulons parler des jeunes tiges des *fougères.* Lorsqu'on les cueille toutes tendres, avant qu'elles ne se chargent de duvet, et, pendant que les premières feuilles sont roulées sur elles-mêmes, il suffit de les faire bouillir dans l'eau pure, pour se régaler d'un plat de délicieuses asperges. Si nos paroles pouvaient être de quelque influence, nous recommanderions vivement ce végétal précieux qui foisonne en vain sur nos montagnes et dans nos forêts. Il en est de même de l'ortie (*urtica urens*), qui, à notre avis, serait susceptible de remplacer avantageusement les épinards. Plusieurs fois nous avons eu l'occasion d'en faire une heureuse expérience. Les orties doivent se cueillir lorsqu'elles sont sorties de terre depuis peu de temps, et que les feuilles sont encore tendrès. On arrache le plant tout entier avec une partie de ses racines. Pour se préserver de la liqueur âcre et mordicante qui s'échappe de ses piquants, il est bon d'envelopper sa main d'un linge dont le tissu soit très-serré. Une fois que l'ortie a été échaudée avec de l'eau bouillante, elle est inoffensive. Ce végétal, si sauvage à l'extérieur, est doué d'une saveur très-délicate. »

⁂ Dans le grand tremblement de terre qui vient d'ébranler principalement la Lombardie, la Savoie et l'est de la France, la ville d'Aix-les-Bains a été atteinte le 25 juillet à une heure quarante-sept minutes. La secousse a duré cinq ou six secondes. L'eau des sources n'a éprouvé aucun changement. A cette occasion, M. le docteur Despine, médecin de l'établissement thermal d'Aix, a adressé à la *Gazette de Savoie* du 28 juillet une note d'où nous extrayons ce qui suit :

« On sait qu'en 1755, lors du tremblement de terre qui détruisit Lisbonne, dont les secousses s'étendirent au Groënland, aux Indes occidentales, en Norvége, en Afrique, et qui retentit jusque dans nos montagnes, nos eaux de soufre d'Aix se troublèrent et se refroidirent.

« En 1822, lors de la secousse qui se fit ressentir dans la direction du nord, nord-ouest au sud, sud-ouest, la source de soufre resta froide six heures de temps ; elle prit une teinte cendrée et charria pendant toute une journée une grande quantité de matière végéto-animale ou glairine.

« Ce phénomène n'a rien qui étonne lorsqu'on songe que les tremblements de terre coïncident souvent avec des éruptions volcaniques ; qu'ils ébranlent le sol à de grandes profondeurs, et que ce sont eux qui, soit en creusant des cavités, soit en formant des éminences, ont si puissamment concouru à modifier le relief actuel du globe terrestre.

⁂ On porte à 573 le nombre des étangs de la plaine du Forez ; leur contenance est de 3,010 hectares.

Ces étangs sont un véritable foyer d'infection, d'où s'échappent ces effluves pernicieuses qui vont abâtardir et décimer les populations. L'insalubrité de cette plaine est telle que, dans certain canton, la mortalité est à la mortalité moyenne de la France, comme 4,97 est à 2,5, c'est-à-dire dans une proportion plus que double.

⁂ La trente-deuxième réunion annuelle des naturalistes et médecins allemands, aura lieu à Vienne du 17 au 23 septembre prochain.

⁂ L'Exposition d'œuvres photographiques ouverte à Amsterdam le 23 avril dernier, sous les auspices de la Société internationale d'Industrie, a été close, après deux mois du plus grand succès, par la distribution des récompenses.

Quinze médailles en argent et vingt-six en bronze ont été mises à la disposition du jury. La France en a obtenu plus de la moitié : soit sept médailles d'argent et quatorze de bronze.

⁂ Il y a en Asie Mineure un lac, dit le *Grand Lac Salé* (Touz-gheul ou Khodji-his-sar-gheul), d'une superficie d'environ 58 lieues carrées et d'une circonférence de 28 lieues, qui présente des phénomènes de salure plus remarquables encore que ceux de la mer Morte. Au mois de juillet 1843, un voyageur russe très-connu à cause de ses belles études de géographie savante, l'a trouvé complétement couvert d'une couche de sel qui variait entre $0^m,05$ et 2 mètres. Cette écorce repose sur une masse de glaise bleuâtre.

En hiver, il y a entre les deux couches une certaine quantité d'eau pluviale qui, quelquefois, est assez considérable. On peut, par endroits, traverser à cheval la couche supérieure de sel comme une couverture de glace solide. L'eau de Touz-gheul analysée donne 32,2 pour 100 de matières salines, dont la pesanteur spécifique est de 4,24. La mer Morte, suivant Hamilton, ne contient que 24,5 de ces matières. L'Asie Mineure contient un très-grand nombre de lacs semblables au grand Lac Salé.

⁂ Il y a des houilles qu'on n'emploie plus comme combustibles, on trouve plus avantageux d'en extraire les huiles, les gaz. Telles sont celles d'Ecosse, du New-Brunswick et de Breckenridge dans le Kentucky. Ces dernières, remarquables déjà comme combustible, donnent à la distillation des résultats étonnants. On en extrait de l'huile excellente : cette huile grasse est, dit-on, préférable à toutes celles employées jusqu'à ce jour et provenant de végétaux ou d'animaux. Une tonne de charbon de Breckenridge donne par distillation, 15 gallons d'huile à brûler purifiée ; 35 gallons d'huile grasse pour machines et de 18 à 20 livres de résidus solides utilisés de plusieurs manières, valant ensemble de 40 à 50 dollars.

## BULLETIN BIBLIOGRAPHIQUE.

LEÇONS DE CHIMIE ÉLÉMENTAIRE appliqués aux arts industriels et faites aux ouvriers du 12e arrondissement, par M. Doré fils, deuxième partie, avec figures, 1re livraison, 25 c. Chez Victor Dalmont, 49, quai des Augustins.

— DE LA DOCTRINE des états organopathiques, discours prononcé à l'académie impériale de médecine, à l'occasion d'un mémoire sur le traitement de la variole, par M. Piorry, professeur à la Faculté de Médecine de Paris. In-8, chez J. B. Baillère, 19, rue Hautefeuille.

— EXPLICATION des phénomènes de rotation et d'orientation du GYROSCOPE de M. Foucault, par J. E. TARDIEU, ancien élève de l'Ecole Polytechnique. Broch. in-8., chez Mallet-Bachelier, 55, quai des Grands-Augustins.

— DE LA CIRCONCISION au point de vue historique, hygiénique et chirurgical. Thèse par M. Louis. Montpellier. Typographie de Bœhem.

*Le propriétaire, rédacteur-gérant :*
VICTOR MEUNIER.

PARIS. — IMP. J.-B. GROS, RUE DES NOYERS, 74

Première année, — N° 34. Quinze centimes. 26 août 1855.

# L'AMI DES SCIENCES

PAR

## VICTOR MEUNIER

BUREAUX D'ABONNEMENT :
**13, RUE DU JARDINET, 13.**
Près l'École de Médecine.

**Paraît le dimanche.**
(Les abonnements datent, au gré des souscripteurs, du commencement de l'année ou du premier dimanche de chaque mois).

PRIX DE L'ABONNEMENT POUR L'ANNÉE.
**PARIS, 6 FR. — DÉPARTEMENTS, 8 FR.**
ÉTRANGER, surtaxe en sus.
Envoyer un mandat de poste.



### Machines de guerre.

UN TRAIT DE PATRIOTISME.

Extrait d'une première lettre : « Surtout faites-moi savoir le jour où je puis venir à Rouen voir vos nouvelles expériences de la Machine de guerre qui m'intéressent au plus haut degré. »

Extrait d'une seconde lettre : « Après-demain je serai à Rouen. J'y vais expressément pour vous. Je voudrais finir notre affaire de l'Arme à moteur d'air. J'y crois, et je voudrais vous engager à entrer avec moi au fond de cette affaire. »

Extrait d'une troisième lettre : « Je voudrais venir à Rouen pour terminer relativement à notre affaire d'air comprimé et de la balistique ancienne. »

Ces lettres sont écrites par un agent russe à un ingénieur français. Le signataire est M. le baron de Meyendorff, conseiller d'Etat; le destinataire est M. Perrot. Quelle est cette machine qui excite à un si haut degré l'intérêt du représentant de la Russie, pour laquelle il fait tout exprès le voyage de Rouen, et dont il a tant de hâte de devenir acquéreur?

Les armes de guerre imaginées par M. Perrot sont au nombre de trois.

La première est un fusil de position destiné à la défense des places. Il est muni d'un ou de plusieurs canons pouvant lancer dans une direction quelconque un grand nombre de balles par seconde. La force impulsive est l'air comprimé. L'air se comprime dans deux cylindres en tôle forte, de deux mètres de long sur vingt-cinq centimètres de diamètre, au moyen de deux pompes horizontales à pressions successives à la Thilorier. Dès que la pression est parvenue à cent atmosphères, les pompes marchent folles, de sorte qu'il n'y a pas d'explosion à craindre. Une cartouchière perpendiculaire, contenant plusieurs milliers de balles, en laisse tomber une dans l'ame du canon après chaque coup à l'aide d'un robinet. Ce fusil, muni de trois canons, peut lancer quinze à vingt balles par seconde, et par conséquent neuf cents à douze cents par minute; encore M. Perrot annonce-t-il que des perfectionnements récents permettent de lancer avec la même précision, pendant un même espace de temps, un nombre de balles presque décuple. Mettons dix mille balles par minute!

Un tel flux de plomb peut se comparer au jet d'eau continu sortant d'une pompe rotative. Dirigé contre un régiment, il en couperait tous les hommes en deux; son action est celle d'une faux ou d'une scie. La précision du tir est extrême, et quant à la portée on en jugera par ce fait que la pression peut être poussée à cent atmosphères; or, un fusil à vent, chargé à trente atmosphères seulement, lance sa première balle aussi loin qu'un fusil de munition. Inutile de dire, puisque l'inventeur est M. Perrot, qu'on a su entretenir une pression sensiblement constante.

La seconde machine n'est autre que la première, montée sur des roues et devenue locomobile; celle-là attend l'ennemi, celle-ci va le trouver.

La troisième se compose d'armes dans lesquelles la vapeur, l'air ou les gaz comprimés sont employés à lancer des pierres, des projectiles, des substances de toute nature en quantité suffisante pour écraser, brûler et ensevelir l'assiégeant dans ses tranchées et ses batteries de brèche.

Les citations suivantes diront à quel degré de puissance la possession de ces armes peut porter la force défensive d'une place assiégée.

Dans un discours prononcé à la Chambre des députés, M. Arago s'exprimait ainsi sur le compte du fusil de position :

« ... Supposons que la brèche existe, qu'elle soit praticable, qu'une colonne d'attaque s'y présente pour donner l'assaut. Cette colonne sera arrêtée tout court; PAS UN SEUL de ses hommes n'y montera sans être tué, pourvu que l'assiégé, au lieu de recourir comme moyen de défense aux feux intermittents de l'artillerie, à des obus, à des grenades, se serve d'une arme nouvelle... ici d'un effet immanquable. Je veux parler du fusil à vapeur ou du fusil à vent de mon ami M. l'ingénieur Perrot, de Rouen. Ces fusils projettent à volonté un flux de balles plus rapides que celles du fusil ordinaire, tellement serré, tellement continu, qu'après peu de minutes d'expérience, le large mur sur lequel *un seul homme tirait*, en donnant une légère oscillation régulière au canon, n'offrait pas un décimètre carré de surface qui n'eut été frappé.

« Comment des troupes pourraient-elles affronter la brèche, lorsqu'un homme SEUL manœuvrant le fusil serait en mesure de mettre un régiment en coupe réglée, de couper tous les hommes par les jambes, par les cuisses, par le buste et par la tête! » (Mouvement.)

Quant à la troisième espèce d'arme propre à lancer des pierres et autres projectiles sur des assiégeants : « Je ferai observer, dit M. Perrot, que mes expériences, faites depuis longtemps et répétées en 1848, ont prouvé, d'accord avec la théorie, que la force d'un cheval-vapeur suffit pour lancer, par seconde et à cent mètres de distance, environ un kilogramme de projectiles, c'est-à-dire plus de 80,000 kilogrammes par vingt-quatre heures. La chaudière d'une locomotive de cent chevaux de force fournirait donc assez de vapeur, par vingt-quatre heures, pour lancer à cent mètres, 8,640,000 kilogrammes de projectiles, c'est-à-dire 3,000 mètres cubes de pierres !

« Admettons que, pour mettre un homme hors de combat, le poids de chaque pierre ou projectile soit d'un demi-kilogramme, et qu'un seul projectile sur cent atteigne l'assiégeant, nous trouvons que le nombre d'hommes ainsi frappés pourrait s'élever par vingt-quatre heures à 172,800, par la seule puissance d'une chaudière de locomotive. »

Telles sont les machines de guerre, dont M. le baron de Meyendorff voulait assurer la possession à la Russie! Les lettres, dont nous avons cité des extraits, sont antérieures à 1848. M. Perrot fut sourd aux sollicitations de l'agent russe ; il préféra ne tirer aucun salaire de ses inventions à en recevoir le prix d'une nation étrangère qui pouvait devenir une nation ennemie.

Quel bonheur cependant pour la civilisation occidentale, qu'en l'illustre ingénieur, le patriotisme ne le cède pas au génie de l'invention !

---

## De la Génération spontanée (1).

(Fin.)

C'est particulièrement sur des animaux infusoires connus sous le nom d'Eugléniens, qu'ont porté les observations de M. Gros. Les Eugléniens résident au degré inférieur, à la racine du règne organisé ; ce sont des êtres tout à fait élémentaires, et, comme disent les Allemands, des proto-cellules. On en trouve presque partout à la surface des eaux tranquilles; elles s'y multiplient parfois au point de les colorer. C'est à une Euglène, l'*Euglena sanguinea* que serait due, selon M. Ehrenberg, l'une de ces plaies d'Egypte dont parle la *Bible,* et dans laquelle les eaux parurent changées en sang ; les cadavres en quantité innombrable d'individus d'une autre espèce, l'*Euglena viridis,* forment d'après R. Wagner, la *matière verte* de Priestley, matière remarquable par la propriété d'exhaler du gaz oxygène, qui se produit quand on expose de l'eau, et surtout de l'eau de puits à la lumière solaire.

Prenons les Euglènes au moment où elles vont se transformer et avec M. le Dr Gros pour *cicerone*, suivons-les dans leurs métamorphoses ; c'est, on va le voir, un prodigieux spectacle (2).

Arrivées à ce moment, les Euglènes se roulent en boule et secrètent une matière albumineuse dont elles font un cocon. Elles se tiendront renfermées dans ce cocon pendant des jours, pendant des semaines, après quoi il en sortira toute une ménagerie, tout un jardin botanique. Mettons de l'ordre dans notre énumération.

Le cocon d'Euglène en s'ouvrant ne donne pas toujours issue aux mêmes produits, loin de là ; tantôt l'Euglène se transforme tout d'une pièce comme fait l'insecte qui se métamorphose ; tantôt elle se divise en plusieurs parties égales ou se *parifisse* (c'est l'expression technique).

Si l'Euglène se transforme en masse, c'est généralement sous forme d'une espèce supérieure qu'elle apparait. Ainsi on a vu la substance d'Euglènes se convertir en une sorte d'œuf d'une ressemblance parfaite avec les œufs de Nématoïdes, *animaux plus élevés* que les Euglènes. Un certain nombre de ces œufs ayant été observés plusieurs jours de suite, on les vit se transformer de toutes pièces, les uns en Rotatoires, les autres en Nematoïdes.

Si l'Euglène se *parifisse*, ses fragments ont les destinées les plus variées.

S'est-elle divisée en deux ? Même alors ses moitiés n'ont pas toujours le même sort. Dans un cas elles reproduisent l'Euglène mère : on a deux Euglènes qui vont vivre chacune de son côté. Dans un autre cas, ces deux moitiés sont deux œufs, deux vésicules, ou mieux encore deux ovo-utricules d'où vont sortir des êtres supérieurs à l'Euglène, exactement comme lorsque celle-ci se transforme de toutes pièces.

L'Euglène s'est-elle divisée en plus de deux parties, en 4, 8, 16, 32, 64 cellules ? car tout cela est possible ; un autre prodige va s'opérer : de ces cellules les unes vont donner naissance à des animaux différents de l'Euglène, à des Navicules, des Desmidiens, des Xygnémiens, etc., les autres vont donner naissance à des végétaux, à des conferves.

M. Gros ayant pris de la marne à 20 pieds de profondeur, l'ensemença d'Euglenes et la recouvrit d'un disque de verre. Il vit les Euglènes se *parifisser* et produire les unes des animalcules qui moururent, les autres des cellules qui se convertirent en Navicules ; d'autres enfin se mirent à végéter non pas seulement à la manière des conferves aquatiques, mais comme des mousses arénicoles ; à la fin de l'expérience, elles avaient atteint une hauteur de 15 millimères. Ainsi, on peut semer des animaux et récolter des plantes.

Nous n'avons parlé jusqu'ici que de la métamorphose et de la parifissure; un troisième cas tout aussi remarquable se présente dans le cours des transformations de l'Euglène; il forme comme la contrepartie des précédents ; ici en effet on voit l'Euglène se réduire en animaux placés plus bas qu'elle dans la série animale. Voici comment : la substance des œufs se désagrège, ses éléments s'individualisent, se convertissent en petits vésicules; celles-ci s'animent et s'échappent de la coque ovulienne sous forme de monadines. Ainsi la substance qui, dans le cas de transformation en Rotatoire ou en Nématoïde, servait à former un être supérieur, se dissout ici en animalcules du plus bas degré.

Avant de formuler un jugement sur la valeur de ces faits, on a besoin de connaître la destinée des êtres si variés auxquels une même Euglène peut donner naissance.

Ainsi, les dérivés de l'Euglène appartiennent-ils à la classe de ces êtres équivoques, de ces détritus mouvants des substances organisées, de ces Pseudozoaires comme on les appelle, tels que les Amœbées des gencives, vésicules muqueuses qui se contractent à la manière de certains infusoires, les Monadines intestinales si remarquables par leur vivacité, les Spirocystes de la cataracte, la Trichomonade vaginale armée d'une trompe, les vésicules du lait ou du liquide sanguin des chenilles, le Muguet qui se produit dans la bouche, les Spermatozoïdes, voire même les Vibrions, etc, organismes dérivés il est vrai d'organismes hétérogènes mais se séparant des animaux proprement dits par ce remarquable caractère, qu'ils ne vivent point de la vie de l'espèce, c'est-à-dire qu'ils ne se reproduisent pas? les Euglènes ne donnent-elles naissance qu'à des individualités transitoires? alors elles laisseraient en suspens la question des générations spontanées.

Sans doute, l'existence des dérivés de l'organisme dont il vient d'être question constitue un fait de la plus haute importance : par cela que, chez eux, la vie n'acquiert pas un degré d'intensité suffisant pour se continuer au delà de l'existence individuelle, il semble voir en eux les témoins de la première phase qu'à l'origine des choses le règne animal a dû traverser ; et, de plus, le fait qu'un organisme supérieur en se dissolvant leur donne naissance, nous porte à penser que tout corps vivant est une agrégation d'individualités formant entre elles une sorte de société ; et c'est de quoi il y a encore d'autres indices, Mais si ces êtres ne se reproduisent pas, il est clair

(1) Voir le numéro précédent.

(2) L'étude des belles recherches de M. Paul Laurent sur les infusoires nous présentera des choses plus extraordinaires encore.

qu'ils n'ont pas de parents ; leur existence laisse donc intacte la question de savoir si des animaux doués de la vie de l'espèce peuvent se produire spontanément ; Schultze, qui n'est pas partisan de la génération spontanée, n'en admet pas moins la transformation des substances organiques en protozoaires, et il n'y a point là de contradiction.

Eh bien ! les Euglènes donnent, il est vrai, des dérivés qui, comme les animalcules dont il vient d'être question, s'éteignent sans postérité ; telles sont les Navicules, les Bacillaires, etc. Mais elles produisent en outre des animalcules utriculeux (Vorticelles, etc...), qui, se métamorphosant, donnent naissance à des espèces ascendantes, lesquelles, oublieuses à leur tour de leur propre origine, se multiplient par division spontanée, et sous l'influence des agents extérieurs, tantôt se transforment après s'être multipliées, ou meurent et rendent leur substance un grand tout.

Ainsi, les Rotatoires, issus des Euglènes, soit directement, soit par l'intermédiaire des Vorticelles et autres Utriculeux-ciliés, peuvent reproduire leur type. Les Rotifères en particulier reproduisent leur espèce pendant un nombre indéterminé de générations. Ils peuvent aussi se résoudre en d'autres animaux, en *Actinophrys* par exemple, et ceux-ci peuvent à leur tour former de beaux cocons, d'où sortent des Planarioles, lesquelles se métamorphosent ordinairement en Tardigrades Enfin, M. Gros a vu des Euglènes donner naissance, par une transformation directe, à des Nématoïdes *mâles* et *femelles*, et à des Tardigrades ; ces choses incroyables ont été montrées à M. le professeur Henle.

De ces observations, on peut déduire plusieurs conséquences capitales :

1° La génération spontanée est un fait ;

2° Il n'y a pas de ligne de démarcation entre les deux règnes végétal et animal ; il n'existe à proprement parler qu'un seul règne organique ;

3° Du même être peuvent sortir des êtres d'espèces différentes, et il faut voir dans ce que nous appelons espèce l'une des formes qu'un être vivant peut présenter héréditairement, qu'il présente dans des circonstances données, et tant que ces circonstances sont réunies ;

4° Il y a une force en vertu de laquelle la vie aspire en chaque être à la réalisation d'un organisme supérieur à celui de cet être.

Cette loi fait suite à celle en vertu de laquelle tout être reproduit en se développant quelques-uns des traits principaux d'êtres doués d'une vie moins haute que la sienne.

Et ces directions ne sont pas les seules que peut suivre un être vivant ; tandis que celles-ci sont ascendantes, progressives, d'autres sont descendantes, rétrogrades. Il est en effet des animaux qui, dans le cours de leur évolution, revêtent successivement des formes de moins en moins élevées et toutes supérieures à celle sous laquelle ils arrivent finalement au repos et qui constitue leur état adulte. De sorte qu'ils n'en viennent au point où nous les voyons que par suite d'une chute continue. Les singes nous offrent un remarquable exemple de ce mystérieux phénomène.

On sait ainsi que l'état sous lequel les végétaux se présentent au botaniste descripteur est la dégénérescence d'un état primitif, d'un type qui peut être reconstruit par la pensée, et c'est à Decandolle qu'est dû la démonstration de ce fait considérable.

Si nous groupons ici ces différents aspects d'un même phénomène, c'est afin qu'on se fasse une idée convenable de la vaste étendue des limites dans lesquelles peut s'exercer cette puissance dont l'homme est doué, de faire varier les espèces végétales et animales ; et je ne doute point que l'exercice de ce pouvoir ne constitue pour une part la fonction terrestre du genre humain.

Des conséquences de moindre importance, mais dignes cependant d'être notées, résultent encore des choses précédentes.

En ce qui concerne la génération spontanée, on voit qu'on ne la nie point en prouvant qu'un être sort d'un œuf. L'axiome *omne vivum ex ovo* pourrait ne pas souffrir une exception sans que pour cela la génération spontanée en fût moins une chose certaine. M. Gros nous a montré en effet que ces animalcules issus de l'Euglène, n'en dérivent parfois que par l'intermédiaire d'œufs, issus précisément de la substance de cette Euglène. Donc à la question de savoir si un être sort d'un œuf, s'ajoutera dorénavant celle-ci ( à supposer la première résolue affirmativement) d'où l'œuf sort-il ? Cette observation infirme beaucoup d'expériences réputées décisives. La difficulté n'a pas échappé à Ehrenberg qui, en différentes circonstances a sagement réservé la question de l'origine des œufs.

Il y a mieux ! supposons ceci constaté : nous avons vu tel animal sortir d'un œuf, et cet œuf nous l'avons vu lui-même sortir d'un animal en tout semblable à celui qui vient de naître. De cette observation, pourrons-nous conclure avec assurance que l'être en question ne naît point spontanément ?

Non, certainement, car nous avons vu précédemment que le même animalcule peut avoir plusieurs origines. Aux faits cités je pourrais ajouter celui des Tardigrades, qui, d'après M. Gros ont au moins trois modes de génération. On voit que la question est beaucoup plus compliquée qu'on ne l'a cru. Un cas bien observé de génération primitive ne saurait être infirmé par mille observations contraires.

En ce qui concerne le principe de la variabilité de l'espèce, les choses ci-dessus passées en revue donnent lieu à deux remarques importantes :

Voici la première : Pour établir que deux êtres spécifiquement différents sont sortis d'un même moule, on n'a pas besoin de justifier de l'existence de tous les degrés d'organisation que l'esprit peut concevoir entre ces deux êtres. L'absence bien constatée de degrés intermédiaires ne nie point la communauté d'origine des termes extrêmes ; l'existence des premiers n'est pas une conséquence nécessaire de la communauté d'origine des seconds. Voici l'autre remarque : Un organisme dérivé peut ne garder aucune trace de son origine, et ses descendants peuvent reproduire de plein-saut ses caractères propres, sans traverser la filière de métamorphoses par lesquelles l'espèce a originairement passé.

Ces observations vont droit à deux des principales objections qu'on a coutume de faire à ce principe de la variabilité des types, de la réalité duquel résulte pour l'homme la possibilité d'un grand rôle cosmogonique.

---

## LA SEMAINE SCIENTIFIQUE.

ARMES A FEU A CANONS DIVERGENTS. — Le *Mémorial d'Aix* annonce qu'un habitant de cette ville, M. Reynaud a imaginé la machine de guerre suivante ;

« Deux canons de fort calibre, placés sur la même ligne, à dix mètres l'un de l'autre, sont chargés avec des boulets coniques, reliés entre eux par une chaîne de fil de fer dont les anneaux sont roulés en torsade. On met feu simultanément aux deux canons au moyen de l'étincelle électrique, et les deux boulets lancés instantanément et avec la même force de projection, emportent avec eux la chaîne qui reste tendue et détruit tout ce qu'elle rencontre sur son passage dans un espace de dix mètres. De cette manière, un régiment tout entier peut être mis en pièce, toute la manœuvre d'un bâtiment peut être ravagée par un seul de ces projectiles jumeaux.

« M. Reynaud a exécuté un modèle de sa machine de guerre, et a fait des expériences qui ont parfaitement réussi sur une petite échelle. Il faut que la charge de chaque pièce d'artillerie soit parfaitement graduée, et que la poudre, essayée à l'éprouvette, soit de force égale. »

M. Reynaud n'a fait que réinventer, nous l'en prévenons, les armes de M. Ador, et pour tout perfectionnement il les a compliquées. Voici en quels termes nous rendions compte de l'invention de M. Ador dans la *Presse* du 23 mai 1854.

Enfin voici M. Ador qui, lui aussi, voulant tuer la guerre, invente une arme (pistolet, canon et fusil) composée de deux ou trois canons accouplés, un peu divergents, à un seul tonnerre et par conséquent à une seule charge de poudre qu'une seule capsule enflamme. Chacun de ces canons reçoit un projectile cylindrique formant piston, et les deux ou trois projectiles sont attachés ensemble par des fils de fer ou même des cordes, s'il s'agit de fusil, par des chaînes ou des liens incendiaires de toute longueur (depuis un mètre jusqu'à cent mètres) s'il s'agit de canons.

Les projectiles pistons sont façonnés au tour; leur diamètre est celui de la bouche à feu; polis et graissés, ils descendent jusqu'au tonnerre commun, chassent devant eux l'air atmosphérique, qui s'écoule en totalité par la lumière, et viennent en contact avec la poudre. On obtient ainsi des portées considérables, l'effet des liens se comprend : tous les hommes qu'ils rencontrent pris comme des poissons dans une nasse sont culbutés et coupés comme le blé par une faucille, étranglés comme une bête fauve par le lasso, tranchés net comme une motte de beurre par le fil d'archal de la fruitière.

Dans une bataille navale, on tire aux mâts ou mieux encore aux cheminées; celles-ci brisées, la fumée se répand sur le navire, aveugle et asphyxie les navigateurs; les feux s'éteignent la machine s'arrête, le vaisseau est pris. On ne tirerait sans doute ni sur terre ni sur mer beaucoup de coups à la minute, mais l'effet utile serait très-supérieur à celui des armes actuelles; avec moins d'hommes, un plus petit nombre d'armes, en économisant la poudre et les projectiles, on ferait incomparablement plus de besogne; enfin quelques hommes viendraient à bout d'un régiment, car cette invention est de celles qui abaissent la puissance du nombre et permettent à l'individu de lutter contre la masse.

Sur la cause des mouvements des corps célestes. — M. le capitaine de génie Guyard nous communique la note suivante qu'il adresse à l'Académie :

Les astronomes rendent compte fort exactement des mouvements des corps célestes. Pour cela ils admettent l'existence de plusieurs forces qui, agissant sur ces corps conformément aux lois de la mécanique, règlent leur marche et déterminent l'ordre de leurs évolutions.

Les forces ainsi admises sont : 1° la force initiale de translation; 2° la force initiale de rotation; 3° la gravité. Il existe en outre une quatrième, pour la terre du moins, le magnétisme, dont le rôle astronomique n'est pas encore connu et dont la cause ne l'est pas davantage. De ces quatre forces regardées jusqu'ici comme essentielles et primordiales, trois sont complétement superflues, et doivent être considérées comme des effets et non comme des causes.

En effet, tout système de force peut se réduire à une force unique, à un couple unique ou bien à un couple et une force.

A l'origine du monde, la force agissant sur la matière pour lui donner la vie, le résultat de son action a dû être un mouvement de translation, ou un mouvement de rotation, ou enfin l'un et l'autre de ces mouvements. De ces trois mouvements, je choisirai pour point de départ le mouvement de rotation, et si je puis démontrer que tous les faits observés sont la conséquence nécessaire de ce mouvement, si j'établis que la translation, la gravitation et le magnétisme dérivent naturellement de ce mouvement primitif, j'aurai sur cette hypothèse constitué une théorie qui sera pour la science une simplification et un progrès réel.

On a produit par la rotation des effets magnétiques; un disque de cuivre animé d'un mouvement de rotation entraîne une aiguille aimantée, et il est facile d'en conclure qu'un globe peût être rendu magnétique par le fait seul d'un mouvement autour d'un axe.

Ceci admis, tous les astres doivent être magnétiques, puisque tous tournent autour de leur axe.

Un astre étant magnétique, le fluide neutre situé au centre de cet astre doit être décomposé sous l'influence des pôles et un courant doit s'établir du centre aux deux pôles. Un vide de fluide neutre se forme donc au centre de l'astre et des courants de fluide neutres doivent naturellement s'établir suivant chacun des rayons de l'astre. Ces courants se prolongent indéfiniment suivant chaque rayon, en s'affaiblissant à mesure qu'ils s'éloignent du centre, et la gravité est la conséquence naturelle et nécessaire de leur existence.

La gravité ainsi déduite du magnétisme, quelle doit être sa loi?

Il est évident que son intensité doit être proportionnelle à la surface d'écoulement, c'est-à-dire au carré de la distance. Ainsi, dans notre hypothèse, nous sommes amenés à établir que tous les corps sont graves, et que la loi de la gravité est précisément celle que la science a reconnue.

La gravité suffit à rendre compte du mouvement de translation, car trois astres graves se trouvant en présence, chacun d'eux sollicité par les deux autres doit se diriger suivant la résultante des deux actions, et le mouvement de translation est commencé. Ce mouvement est vague et déterminé seulement par les diverses influences que l'astre rencontre sur son passage, jusqu'au moment où rencontrant un astre plus puissant, un soleil, il s'implane et se soumet à l'influence définitive d'un centre autour duquel il ne cessera plus de graviter.

Ainsi la théorie que je viens d'exposer peut se résumer de cette manière : 1° mouvement initial de rotation autour d'un axe; 2° la rotation produit le magnétisme; 3° le magnétisme engendre la gravité et la gravitation devient un effet au lieu d'être une cause; 4° la gravité engendre le mouvement de translation, qui reste vague et indéfini jusqu'au moment de l'implanation.

Cette théorie ne prétend nullement s'imposer comme absolument vraie. J'ai voulu en l'établissant créer un lien entre les éléments isolés sur lesquels s'appuie l'astronomie. Si l'on trouve qu'elle rend compte de tous les faits connus, elle est acceptable au même titre que toutes les théories admises dans les diverses sciences, puisque comme celles-ci, elle tend à constituer une synthèse, but essentiel de toutes les sciences analytiques. Il convient encore de remarquer que, des cinq forces dont s'occupe la physique proprement dite, quatre tendent à se confondre en une seule et convergent vers l'unité.

La pesanteur seule restait isolée complétement, et la théorie que je présente la fait rentrer dans le faisceau et tend à constituer l'unité dans la science.

En outre cette théorie présente encore l'avantage, en supprimant l'attraction comme force essentielle, de débarrasser la science d'une fiction qui consiste à admettre l'existence d'une force agissant à distance sans aucune espèce d'intermédiaire ou de levier.

Toutes ces considérations m'engagent à soumettre ma théorie à l'examen des savants, persuadé que si elle n'est pas vraie de tout point, elle peut du moins mettre sur la voie de la vérité et concourir ainsi au progrès des sciences physiques.

Concrétions intestinales. — M. Jules Cloquet a fait passer devant l'Académie de Médecine une nombreuse collection de concrétions intestinales (entérolithes, égagropiles, bezoards, etc.). L'auteur distingue deux sortes de *secrétions calcaires* : les unes sont *naturelles*, *normales*, *physiologiques* (enveloppe extérieure des œufs, test, coquilles, etc.); — Les autres sont *accidentelles*, et se produisent sous l'influence d'un travail insolite, d'une irritation pathologique. Ces dernières sont de différents genres; tantôt ce sont des cristallisations de sels calcaires ou magnésiens; tantôt des agrégats de matières solides (poils, substances pulvérulentes, pépins de fruits, fibres végétales; matières stercorales indurées; calculs biliaires, albumine coagulée, etc.). On donne spécialement le nom de bezoards à des agrégats de sels calcaires, (phosphate de chaux), autour d'un noyau, sous les formes les plus variées, qu'on trouve le plus communément dans le canal intestinal des animaux ruminants ou mieux des herbivores. M. Cloquet montre un bézoard dont le noyau est un fer de lance qui a pénétré dans l'intestin d'un cheval et qui s'est enveloppé de phosphate de chaux. C'est sous la forme de cylindres aplatis, de disques, qu'on les trouve le plus fréquemment et même en grand nombre dans le gros intestin du bœuf et du cheval.

Les egagropiles sont des concrétions intestinales, dont le noyau est surtout formé de poils. Ces productions calcaires sont souvent très-volumineuses; elles ne sont pas exclusives au canal intestinal, elles se trouvent aussi dans les voies urinaires. M. Cloquet présente un échantillon dont le noyau est formé d'une mèche de cheveux, et un autre, également extrait de voies urinaires, formé de poils et de sels calcaires, offrant cela de singulier que la périphérie est hérissée de poils.

Les égagropiles végétaux, formés surtout de balles d'avoine ou de glumes de céréales et des aigrettes qui les surmontent, constituent des concrétions fort remarquables dont les surfaces sont fines, lisses, avec un éclat soyeux et dont la disposition en couches concentriques est très-régulière.

Les fibres détachées des zostères, leurs racines et celles d'autres hydrophytes roulées par les eaux de la mer forment des masses d'agrégats qu'on appelle égagropiles de mer.

Les aliments, la paille chez les ruminants, et le caséum chez les jeunes animaux mammifères, peuvent devenir la base d'égagropiles mixtes quand les sels calcaires les incrustent ou les pétrifient. M. Cloquet présente surtout, comme une des plus curieuses pièces de sa collection, un entérolithe dont la base est un voile de mousseline qui avait été avalé par un cheval et qu'on a trouvé imprégné d'une concrétion d'oxalate de chaux; les mailles de la mousseline sont encore parfaitement visibles.

Pétrisseur mécanique de M. Bouvet. — Destiné à remplacer l'homme dans le pétrissage du pain, cet appareil qui vient d'être l'objet d'un rapport à l'Académie par M. le maréchal Vaillant, nous paraît se distinguer particulièrement des appareils du même genre en ce qu'un petit ventilateur introduit de l'air dans le pétrin pendant l'opération; ce qui a lieu par l'axe creux. On évite ainsi les inconvénients du pétrissage en vase clos; la fermentation est facilitée, le travail de la pâte est plus parfait; au besoin, l'air s'échauffe en passant sur des charbons ardents qu'on peut introduire dans le tuyau de chasse. L'opération est faite au bout de vingt minutes; si on veut une pâte douce, et dans une demi-heure, si on en veut une forte. Comme les autres pétrins mécaniques, comme ceux de MM. Boland, Mouchot, Moret, Fleschelle, etc., celui-ci a l'avantage immense de soustraire la pâte à la sueur et à ces effluves humaines que le pétrissage manuel y incorpore au grand détriment de l'hygiène et de la propreté; il est d'une construction facile, d'un entretien peu dispendieux, et peut être manœuvré sans grand déplacement de forces. « Aux Invalides, dit M. le rapporteur, un simple manœuvre a pu pétrir, sans fatigue, douze fournées en douze heures par le procédé Bouvet, tandis qu'un pétrisseur habile, fort et robuste n'aurait guères pu, sans succomber à la tâche, pétrir à bras, dans le même laps de temps, plus de quatre fournées de la même importance. Chaque jour pendant trois semaines, ce pétrin a servi dans l'établissement cité, pour une fonrnée de cent-quarante pains, et personne n'a élevé de réclamation sur la qualité. Toutefois la pâte est moins parfaite, moins légère que dans le pétrissage manuel; c'est là un inconvénient commun jusqu'ici à tous les pétrins mécaniques. Il nous paraît largement compensé par leurs avantages.

Plantation du blé. — A l'époque du renchérissement des céréales en 1853, un petit cultivateur de la commune de Morlieu (Aisne), M. Jules Puille essaya par économie le procédé de culture que voici : il fit, avec une simple cheville en bois, sur une étendue de 25 centiares de terre ordinaire, et à la distance de 50 centimètres l'un de l'autre, des trous de 5 centimètres de profondeur, il mit dans chacun un grain de froment, qu'il couvrit ensuite en comprimant fortement la terre; 7 centilitres de grain suffirent pour la plantation des 25 centiares, il ne sarcla qu'une fois, vers la fin d'avril. En août, il récolta 25 litres de beau et bon froment, c'est-à-dire 457 fois la semence.

Satisfait d'un résultat si avantageux, M. Puille chercha, dans une seconde expérience, la confirmation de la première. A cet effet, il retourna à la bèche 4 ares d'éteule, et, dans les premiers jours de novembre dernier, il y réitéra son opération : 50 centiares furent plantés à la cheville, comme l'année précédente, mais avec cette différence que chaque grain fut placé à 20 centimètres de distance sur des lignes parallèles éloignées de 10 centimètres l'une de l'autre. Dans le reste de la terre, M. Puille, pour épargner du temps, creusa, au sarcloir, à 10 centimètres l'un de l'autre, des sillons parallèles profonds de 3 centimètres, et dans lesquels il mit, comme ci-dessus, un grain de froment de 20 en 20 centimètres de distance. Il sarcla en avril. Aujourd'hui 22 juillet, dit l'*Observateur de l'Aisne*, chaque grain planté, qui l'a été à la cheville, aussi bien que celui qui l'a été au sarcloir, a donné naissance à une touffe d'une végétation admirable, formé de plus de 50 tiges, haute de 1 mètre 65 centimètres, et terminées chacune par un épi plein et long de 12 à 18 centimètres. Ces touffes ont résisté debout aux pluies torrentielles et aux tempêtes de ces derniers jours.

Pour ne récolter que 26 hectolitres de froment par hectare de terre ordinaire, il faut y jeter 3 hectolitres de semence, et pour récolter, par la plantation, 100 hectolitres de froment, dans le même hectare, il ne faut que 28 à 30 litres de grains. Ces chiffres peuvent se passer de commentaires.

Régénération de la pomme de terre. — Visitant une ferme des environs de Magdebourg, M. Corenwender eut l'idée de rapporter en France quelques tubercules de pomme de terre bien saines, à peau grise et de bonne qualité.

Ces tubercules furent plantés dans l'arrondissement de Lille, avec d'autres pommes de terre du pays, et reçurent la même culture et les mêmes préparations. Les Magdebourg végétèrent avec la plus grande vigueur; on obtint un rendement considérable de tubercules parfaitement sains, très-farineux et d'un goût excellent. Les pommes de terre indigènes furent plus ou moins atteintes de maladies, tandis que celles du nord de l'Allemagne restèrent intactes; les fanes elles-mêmes se conservèrent jusqu'à la maturité.

D'après ces résultats, M. Corenwender regarde comme très-probable qu'en faisant venir, par intervalles, des semences des pays septentrionaux, on régénérerait les espèces, on obtiendrait plus de rendement et des tubercules de meilleure qualité. Il fait remarquer, du reste, que, transportée d'un climat froid dans un climat tempéré, la pomme de terre doit être plus active et donner plus de produits.

On a conservé en silos, avec le plus grand soin, la presque totalité des Magdebourg. Au mois d'avril dernier, on les a plantées avec des pommes de terre du pays, et, malgré l froid intense qui régnait alors, ces pommes de terre étrangères ont levé avec la plus grande régularité, et plus de quinze jours avant les autres. Aujourd'hui, il n'y en a pas de comparables dans les cantons où elles sont plantées, et elles font l'admiration de tous les visiteurs. Si les résultats répondent aux apparences, et tout porte à le croire, cette seconde expérience sera concluante et digne d'être signalée.

La Société impériale d'agriculture de Lille émet le vœu que les associations agricoles prennent l'initiative de reproduire de semblables essais, elle pense que rien ne serait plus facile que de faire venir du nord de l'Allemagne quelques hectolitres de pommes de terre, qui pourraient être livrés à des cultivateurs intelligents au prix de revient, à la condition toutefois de rendre publique la connaissance des résultats qui seraient obtenus.

EMPLOI DES JEUNES POUSSES DE VIGNE. — M. le docteur Mathieu, de Vitry-en-Perthois, a fait à la Société d'agriculture de la Marne la communication suivante :

« Les jeunes pousses de vigne, que l'on est dans l'usage de rogner deux fois par an, étant hachées, passées entre deux cylindres, et ensuite pressées, donnent un suc qui renferme tous les éléments du vin, même avec un certain fumet ; le sucre seul y manque. J'ai ajouté à ce jus environ 25 0/0 de son poids de sirop de fécule, et, après avoir fait fermenter le tout, j'ai obtenu une boisson peu coûteuse, et aussi saine qu'agréable.

« La disette de vin, ajoute l'auteur, commence à amener la rareté des tartres, de la crême de tartre et de l'acide tartrique, et le commerce qui s'en inquiète a déjà beaucoup élevé le prix de ces denrées. Je pense que les pousses de la vigne, rognées comme il vient d'être dit, pourraient produire, par la simple évaporation du suc qu'on en recueillerait, pour plus de 500 fr. par hectare de tartrates de chaux et de potasse.

« Je donne le conseil, si l'on ne fait pas des rognures de la vigne l'usage que j'indique, de les laisser sur place, pour ne pas priver le terreau de ces sels de potasse, si utiles à la végétation de cette précieuse plante.

« Enfin, les jeunes pousses de vigne trop acide étant mêlées aux cerises précoces trop douces, et la fermentation de ce mélange ayant eu lieu, on obtiendra encore, si l'on veut, une piquette dont on pourrait avantageusement profiter cette année. »

DRAINAGE PAR PERFORATION. — Il est grandement question d'un nouveau système de drainage consistant, comme son nom l'indique, à percer dans un champ de simples trous de sonde. Ces trous sont, en moyenne, au nombre de six mille par hectare ou soixante par mètres. On calcule que l'hectare revient à 180 francs. Le trou se perce au moyen de vrilles semblables à celles dont on se sert pour perforer les corps de pompes en bois. Les partisans de ce nouveau système lui attribuent les avantages suivants :

« Durant les longues sécheresses, la chaleur tend à faire monter l'humidité le long des perforations. C'est un fait bien constaté qu'elle humecte et vivifie une superficie de deux décimètres autour de chaque perforation. La perforation ramène à la surface une certaine quantité de terre, qui, répandue sur le sol, l'*améliore* dans bien des cas.

« Dans le système ordinaire, les tuyaux sont sujets à être *obstrués* ou *dérangés*, ce qui nécessite de nouveaux travaux fort dispendieux. Le drainage par perforement ne présente aucun de ces inconvénients.

« On se passe de nivellement et du secours des gens de l'art. Le premier ouvrier venu exécute ce drainage. On peut l'appliquer à un champ sans le bouleverser, et là où il sera le plus utile. On peut commencer ce drainage, l'interrompre, le reprendre, sans le moindre inconvénient ; quelque petit que soit le nombre des perforations faites, elles produisent leur plein effet. La culture n'est jamais suspendue.

« Autant il sera difficile à un petit propriétaire d'établir le drainage par tuyaux, autant les perforations lui seront faciles. Il n'a pas à s'occuper de creuser un canal ou un fossé de décharge, il n'a pas de mise de fonds à faire ; il n'a pas à s'occuper de la question de nivellements : son drainage peut se faire partout à la même profondeur, sans qu'il soit gêné par les ondulations du terrain. Il n'a aucune crainte des obstructions, des dérangements ou des cassures des tuyaux, et enfin il opère à peu de frais et à sa convenance. »

PHYSIOLOGIE DU CŒUR. — Dans un Mémoire soumis au jugement de l'Académie, M. Hiffelsheim a cherché à démontrer que le battement du cœur est dû à un mouvement de recul éprouvé par la totalité de cet organe ; ce mouvement de recul serait produit par l'expulsion du liquide à travers les orifices artériels, et suivrait théoriquement une direction déterminée par la diagonale du parallélogramme construit sur les deux lignes que représentent les forces des cœurs droit et gauche. Dans un nouveau Mémoire l'auteur réfute les objections faites à sa théorie ; il établit en outre la continuité absolue du cercle respiratoire même pendant la systole. « Le liquide sanguin chemine sans cesse, dit M. Hiffelsheim, à travers le cœur dont la capacité augmente ou diminue ; la colonne liquide qui le traverse peut diminuer considérablement de volume lors de la systole ; mais, d'une part, la pression du sang s'oppose à l'arrêt du courant que ne sauraient supporter les valvules si délicates du cœur, et, d'autre part, cette juxtaposition parfaite des parois est impossible anatomiquement. »

SIÉGE DES VARICES DES MEMBRES INFÉRIEURS. — M. Verneuil vient de soumettre à l'académie de médecine un chapitre de ses recherches sur l'anatomie, la physiologie et la pathologie du système veineux. Les conclusions suivantes résument le travail du savant anatomiste :

1° Toutes les fois que des varices superficielles spontanées existent sur le membre inférieur, on observe en même temps des varices profondes dans la région correspondante de ce membre.

2° La réciproque n'est pas vraie, car on peut trouver la dilatation des veines inter ou intra-musculaires sans que les vaisseaux superficiels soient atteints ; mais, lorsque les premières sont encore seules dilatées, il est presque certain que dans un délai plus ou moins long les dernières à leur tour s'amplifieront, deviendront serpentines et apparaîtront sous la peau.

3° La phlébectasie, telle qu'on la connaît aux membres inférieurs, ne porte donc pas primitivement sur les vaisseaux sous-cutanés, pas plus la saphène interne que toute autre ; elle prend au contraire son origine dans les veines profondes en général, et dans les veines musculaires du mollet le plus souvent. Ces vaisseaux profonds sont d'abord atteints de dilatation et d'insuffisance valvulaire, et ces deux lésions se propagent de là aux branches sus-aponévrotiques de deuxième et troisième ordres ordinairement.

Ces faits jettent de la clarté sur l'histoire entière des varices des membres inférieurs, ils en élucident l'étiologie, les symptômes ; ils permettent de juger plus sûrement les méthodes thérapeutiques, d'en abandonner quelques-unes, de perfectionner les autres, en un mot de critiquer en connaissance de cause des opérations parfois créées sans indications spéciales, abandonnées sans raisons beaucoup plus légitimes. Le mécanisme de la récidive se comprendra désormais plus aisément. Jusqu'à ce jour en effet le retour si opiniâtre de la maladie avait été reconnu par l'expérience, mais expliqué plutôt rationnellement que démontré directement.

---

## VARIÉTÉS.

### Merveilles minérales de la Géorgie et du Caucase.

M. A. Ducas donne dans le *Journal des Mines* d'intéressants détails sur les sources naturelles de naphte, d'huile blanche, de gaz inflammable qui fournissent gratuitement en certaines parties de la Géorgie et du Caucase les matériaux de l'éclairage et du chauffage.

Les principales sources de naphte sont celles du district de Balegan à dix werstes de Bakou ; plus de trente puits y sont ouverts. L'huile qui en jaillit paraît descendre des réservoir situés sur les montagnes voisines ; on conjecture que cette huile provient de la décomposition d'arbres résineux enfouis dans les cavités qu'elle remplit. Elle est noire, elle ne prend pas feu très aisément, mais une fois enflammée elle jette une lumière très claire accompagnée de beaucoup de fumée. Les habitants de ces contrées la font brûler dans des lampes ou dans des plats de fer larges, peu profonds et presqu'entièrement remplis de sable. Ils en enduisent les terrasses de leurs demeures pour les rendre imperméables à la pluie ; ils en frottent leurs buffles et l'odeur bitumineuse qu'elle répand en éloigne les taons et autres insectes.

Non loin de là, au pied d'une colline, existe une source d'huile blanche qui s'enflamme facilement et brûle même sur l'eau. Lorsque le temps est calme, les gens du littoral de la Caspienne s'amusent parfois à en verser quelques tonneaux dans les baies de cette mer, le soir venu ils y mettent le feu la flamme s'étend bientôt à perte de vue; nos illuminations et nos feux d'artifices sont des effets pyrotechniques bien chétifs comparés à ce spectacle d'une vaste mer en feu.

A quatre werstes des sources de naphte est un lieu appelé *Ateschjah*, ou demeure du feu. A mesure qu'on en approche, on sent une odeur sulfureuse, qui devient bientôt insupportable. Cette odeur règne dans un rayon d'une demi-verste, et au centre de cet espace, quand le temps est sec, on voit s'élever une longue flamme d'un blanc bleuâtre dont l'intensité s'accroit surtout la nuit. A quelque distance de ce jet de flammes, mais sur le terrain sulfureux même, des adorateurs du feu, des Guèbres ont élevé leurs petites maisons de pierre ; le sol de ces habitations est recouvert d'un lit d'argile de l'épaisseur d'un pied que les gaz souterrains ne peuvent traverser, mais çà et là des ouvertures sont ménagées; un Guèbre a-t-il besoin de feu ou de lumière, il enlève d'une de ces ouvertures le tampon qui la bouche habituellement, en approche un brandon allumé, et la flamme s'élève aussitôt; quelque large que soit l'ouverture, la flamme a le même diamètre que celle-ci, mais sa hauteur et son intensité augmentent à mesure qu'elle est plus resserrée. Si l'on tend la main devant le courant qui s'exhale après que l'on a soufflé la flamme sans fermer le trou, on sent une grande chaleur, la peau rougit et s'enfle; on éprouve, en un mot, tous les effets des bains de vapeurs sulfureuses.

Pour porter la lumière à la hauteur des objets auxquels ils travaillent, les Guèbres enfoncent dans de petits trous pratiqués dans le sol des roseaux dont l'intérieur a été préalablement enduit d'eau de chaux : ils obtiennent ainsi un courant d'air inflammable, qui donne une flamme de six pouces, avec une lumière vive et toujours égale.

Les pauvres tisserands éclairent de la sorte les deux côtés de leurs métiers. Tout autre feu leur est inutile, car la chaleur de celui ci est si grande qu'elle force de tenir les croisées et la porte ouvertes. Il serait même dangereux d'allumer quelque part un grand feu de bois, et des accidents déplorables ont eu lieu par suite de l'inflamation subite de la vapeur. Ce gaz est transportable ; les Guèbres en envoient, dans des provinces éloignées de la contrée, des bouteilles dont le contenu s'enflamme encore après des mois entiers. Les habitans d'Ateschjah l'emploient non seulement aux usages domestiques, mais encore à entretenir les fours à chaux et à consumer les cadavres de leurs proches parents.

Ainsi, ce gaz inflammable dont la production artificielle et l'usage se répandent de plus en plus en Europe, avait été depuis des siècles fourni par la nature même aux peuples de ces contrées. Des voyageurs avaient été témoins de ce phénomène et aucun n'avait pensé qu'il fût possible à l'homme de l'imiter: la nature nous donne en tous genres des leçons dont nous sommes bien lents à profiter.

Un phénomène plus extraordinaire encore s'observe dans les environs de Bakou. Après les pluies chaudes de l'automne; par les soirées brûlantes, toutes les campagnes paraissent en flammes, souvent le feu roule le long des montagnes en masses énormes ; quelquefois il reste immobile. Mais ce feu ne brûle pas : le voyageur pris au milieu de cet embrasement général n'éprouve aucune sensation de chaleur. Les récoltes, les foins, les roseaux restent intacts. On a observé que, durant ces incendies fantastiques, le tube vide du baromètre paraissait en feu, ce qui porte à penser que ce phénomène tient tout à fait à l'électricité.

---

## NOUVELLES ET CAUSERIES.

*Insuffisance des académies. — Télégraphe transatlantique. — Télégraphe Européo-Asiatique. — Autographie électrique. — Percement du Mont Cénis. — Chemins de fer turcs. — Chemins de fer au Chili. — Un poignard.*

⁂ L'*Union médicale* fait la critique suivante de l'Académie de médecine et des académies en général : « A toutes les séances, dit ce journal, nous voyons se succéder un grand nombre de travaux, mais de rapports un très-petit nombre, et de loin en loin. L'Académie ne fait pas à cet égard ce qu'elle pourrait et devrait faire. Au risque de déplaire à la savante compagnie, nous reviendrons souvent sur ce fâcheux état des choses. Nous croyons que les Académies officielles manquent à tous leurs devoirs, et affaiblissent leur seule raison d'être aujourd'hui, en négligeant l'élément critique et l'appréciation. Cet état des choses porte à réfléchir, à se demander si les institutions académiques, telles qu'elles sont organisées depuis la renaissance des lettres en Occident, répondent aux exigences actuelles de la science, s'il serait impossible d'en modifier avantageusement la constitution et le fonctionnement, si au principe sur lequel elles ont été fondées et sur lequel elles reposent encore, principe d'autorité et de privilége étroit, il ne serait pas plus logique et plus utile de substituer le principe de liberté et de spontanéité, de participation générale et d'association ; principe autrement encourageant et fécond. On semble éviter ces questions, on craint de les aborder, il faudra néanmoins, et plus tôt que plus tard, appeler sur elles l'attention de tous ; elles sont inévitables, car le mal s'accroît de jour en jour ; et il est évident pour tous que les compagnies savantes officielles ne rendent pas les services qu'elles pourraient rendre à l'art, à la science, au travail. »

⁂ Nous avons déjà dit que les Américains ont pris l'initiative de l'établissement du télégraphe transatlantique qui doit unir le nouveau monde à l'ancien. Nos lecteurs savent que le plan arrêté et déjà en cours d'exécution consiste à établir une double ligne entre Saint-Jean de Terre-Neuve et New-York d'une part, et Saint-Jean de Terre-Neuve et Cork (en Irlande) de l'autre. Cette dernière devra être entièrement sous-marine et exigera la submersion d'un câble de 1,700 milles environ.

Le *Courrier des Etats-Unis* nous apprend que la première partie du projet sera accomplie dans quelques semaines : alors New-York communiquera directement avec Saint-Jean de Terre-Neuve.

« Pour cela, dit-il, deux choses seulement restent à faire : achever l'établissement des fils télégraphiques qui doivent traverser l'île de Terre-Neuve, du sud au nord ; et immerger le câble qui doit s'étendre de l'extrémité septentrionale de l'île au Cap nord, sur la côte du continent américain.

« Ce câble, qui a une longueur de 74 milles environ, et qui parcourra une partie du golfe Saint-Laurent, est déjà arrivé à Port-au-Basque (Terre-Neuve), et attend sur le navire qui l'a apporté d'Angleterre qu'un remorqueur vienne guider sa pose.

« Demain, le steamer *Calhoun* part de New-York pour cette destination, emmenant à son bord environ 50 personnes appartenant à la compagnie ou invitées par elle pour aller assister à cette curieuse et mémorable opération.

« L'immersion du câble aura lieu sous l'inspection de

M. Canning, qui a dirigé l'établissement du grand télégraphe de la Méditerranée. On calcule qu'elle pourra être accomplie en deux jours, à moins de contre-temps ou d'accident.

« Aussitôt la communication établie avec Saint-Jean, on prendra des mesures, soit pour que les steamers relâchent dans ce port, soit tout au moins pour que les nouvelles qu'ils apporteront puissent y être connues à leur passage. Transmises de là par le télégraphe, elles gagneront environ quarante-huit heures sur le mode actuel de transmission par Halifax, et quatre à cinq jours sur le temps que mettent les steamers à venir directement à New-York. »

*** La compagnie du télégraphe de la Méditerranée espère avoir dans deux ans et demi, une communication directe avec Bombay et par conséquent avec Calcutta, puisqu'on est en train de mettre ces deux villes en relations télégraphiques; la ligne qu'elle se propose d'établir dans ce but, partant de celle qui existe déjà de Cagliari au cap Spartivento ira d'abord jusqu'à Malte et de là jusqu'à Alexandrie sans aucune station intermédiaire, c'est pour ce dernier trajet, un câble de 984 milles à immerger! D'Alexandrie à Suez il y a par terre 284 milles. Un autre câble sous-marin, plongeant dans la mer Rouge, réunit Suez à Aden, séparés l'un de l'autre par une distance de 1552 milles; mais il y aura entre ces deux villes deux stations, savoir : Qo-Seir et Liddats; d'Aden à Bombay avec stations aux îles de Kouria, Mouria et Ras-al-Had, il y a 1907 milles. — La correspondance avec Calcutta qui exige maintenant 36 jours, pourra avoir lieu en quelques minutes.

*** Un Niçois, nommé Pérez, aurait trouvé, selon la *Gazette de Savoie*, le moyen de faire servir le télégraphe électrique à transmettre des écritures autographes et des dessins à la plume ou au crayon avec la plus grande précision; de telle sorte qu'on pourrait de Turin signer un billet ou une lettre de change sur un papier qui serait à Gênes ou à Paris. Une lettre autographe serait envoyée avec la même célérité qu'une dépêche ordinaire. — M. Pérez aurait donc trouvé, de son côté, ce que M. Arnaud de Blonzac a trouvé du sien.

*** Il y a trois ans M. Stephenson déclarait la perforation du Mont-Cenis impossible. Il ne voyait d'autre moyen de jonction que de faire passer les convois wagons sur le mont lui-même, en tirant parti du lac qui se trouve au sommet. Par des roues hydrauliques placées aux revers méridional et septentrional de la montagne, et mues par des saignées faites au lac, il voulait tirer les wagons au sommet. Aujourd'hui M. Henfrey, président du comité de serveillance du chemin de fer de Suse, déclare praticable ce que M. Stephenson a jugé impossible, et il s'agirait de percer du côté de Bramans un tunnel qui aurait 10 à 12 lieues de long. Seulement on ne sait pas par quels moyens on ventilera cet énorme conduit. Les travaux du chemin de fer sont d'ailleurs poussés avec vigueur, il y a environ 2,500 ouvriers occupés.

*** Le correspondant de la *Presse* lui écrit de Constantinople :

« Le conseil du tanzimat vient de prendre une grande mesure. Le principe de l'établissement de chemins de fer en Turquie est décidé; le sultan a sanctionné le projet. On exécutera d'abord la ligne de Constantinople à Belgrade; le chemin sera concédé par adjudication. Toutes les facilités possibles seront données aux capitalistes pour mener à bonne et rapide fin cette vaste entreprise. La *Presse d'Orient* publiera probablement dans son premier numéro l'arrêté du conseil.

« Pendant qu'on décrète le chemin de fer de Constantinople à Belgrade, la Moldavie a voté l'établissement d'un chemin de fer qui traverse la province du nord au sud, de la frontière autrichienne au Danube, en suivant la vallée du Sereth. La Porte a autorisé ce projet; et le prince Ghika s'est déjà mis en relation avec la société de Crédit mobilier, qui a reçu ses ouvertures. Déjà l'un de ses ingénieurs étudie le tracé. »

*** On écrit de Valparaiso, qu'il vient de se former à Santiago, une compagnie pour la construction d'un chemin de fer entre la capitale et la ville de Talca, située sur le Rio-Maule, à 220 kilomètres au sud. Cette ligne, qui doit passer par les points intermédiaires de Rancagua, Rengo, San-Fernando, Curico et Molina, est appelée à donner une grande impulsion aux provinces méridionales du Chili, qui se trouvent ainsi étroitement reliées avec Santiago et Valparaiso, où elles enverront facilement leurs produits, actuellement sans débouchés. Aussi le projet en a-t-il été accueilli avec enthousiasme.

*** Il y a l'Exposition, parmi les armes envoyées de l'Inde, un poignard qui a servi à tuer sept cents personnes. Ce poignard était l'arme favorite d'un *tugh*. Cette secte des tughs, répandue dans toute l'Inde, et que l'Angleterre ne peut parvenir à extirper, a pour doctrine, comme on sait, de tuer autant de monde que possible, afin d'apaiser la déesse Kali, déesse de la mort, adorée chez les Indous. Cette secte compte trois subdivisions : la première étrangle, la seconde poignarde à la tête, la troisième empoisonne avec le houka. Le prince Alexis Soltikoff affirme avoir vu à Dehli un tugh, vieillard vénérable de quatre-vingt-cinq ans, et qui avait été convaincu (il l'avouait du reste et s'en glorifiait) d'avoir étranglé jusqu'à neuf cent quatre-vingt dix-neuf personnes. — C'était par pure coquetterie de métier qu'il s'était arrêté à ce chiffre. — Toutes les personnes qui ont voyagé dans les Indes, déclarent que ces misérables croient toutes les perfidies permises pour parvenir à leur but. Ils s'insinuent auprès des voyageurs, se lient d'amitié avec eux, les préviennent des dangers qu'ils ont à redouter de la part des tughs, persévèrent pendant des mois entiers, et lorsqu'enfin le moment favorable arrive, ils exécutent froidement leur dessein; ils frappent et enterrent leurs victimes dans des fosses creusées à la hâte, et qu'ils recouvrent de gazon et de fleurs.

## BULLETIN BIBLIOGRAPHIQUE,

— Études cliniques de l'emploi et des effets du bain d'air comprimé dans le traitement de diverses maladies selon les procédés de M. Emile Tabarié, par M. le docteur E. Bertin. 1 vol. in-8°, chez J. B. Baillière, 19, rue Hautefeuille.

— Leçons de chimie élémentaire appliquées aux arts industriels, par M. Doré fils, in-8°, 2e livraison. Prix : 25 cent.; chez Vr Dalmont, 49, quai des Augustins.

— Lettres sur la rage humaine adressées aux ministres de l'agriculture et du commerce, de l'intérieur, au préfet de police et aux membres du conseil de salubrité, par le docteur Bellenger (de Senlis), in-8°. Prix : 1 fr. 25 cent. Imprimerie Simon Raçon et Comp., 1, rue d'Erfurth.

— La vision de Faustus, ou l'exposition universelle en 1855, comédie-apologue à grand spectacle, par Sébastien Rhéal, 70 cent., à la librairie centrale, 5, rue du Pont-de-Lodi.

— La monarchie de Dante Alighieri. Traité en trois livres. Première traduction française avec notice préliminaire, par le même; grand in-8°, 3 fr. Lacroix-Comon, 15, quai Malaquais.

— Mémoire sur la télégraphie électrique à courants combinés et à double échappement, et sur l'horlogerie électrique, par Edouard Regnard, in-8°, 3 planches. Auguste Durand, 7, rue des Grès.

*Le propriétaire, rédacteur-gérant :*
Victor MEUNIER.

PARIS. — IMP. J.-B. GROS, RUE DES NOYERS, 74

Première année. — N° 35. Quinze centimes. 2 septembre 1855.

# L'AMI DES SCIENCES

PAR

## VICTOR MEUNIER

BUREAUX D'ABONNEMENT :
**13, RUE DU JARDINET, 13.**
Près l'École de Médecine.

Paraît le dimanche.
(Les abonnements datent, au gré des souscripteurs, du commencement de l'année ou du premier dimanche de chaque mois).

PRIX DE L'ABONNEMENT POUR L'ANNÉE.
PARIS, 6 FR.— DÉPARTEMENTS, 8 FR.
ÉTRANGER, surtaxe en sus.
Envoyer un mandat de poste.



### Le magnétisme, principe de physique céleste.

Le directeur de l'observatoire romain, le R. P. Secchi, écrit au directeur de l'Observatoire de Bruxelles : « Pour le moment je m'occupe d'un travail qui peut-être sera intéressant et de votre goût : *Il s'agit de prouver que le soleil agit sur la terre comme un véritable aimant et d'expliquer par cette hypothèse très-simple toutes les variations périodiques de l'aiguille.* »

D'un autre côté, les journaux annonçaient dernièrement que « M. le docteur Muller a présenté dès l'année dernière, l'hypothèse que l'*action directe du soleil sur le magnétisme terrestre est absolument semblable à l'action d'un aimant sur le fer.* »

Nous prévenons le R. P. Secchi et M. le docteur Muller, qu'ils ne sont ni l'un ni l'autre l'auteur de cette hypothèse si simple en effet (ils ont bien raison de le dire), et j'ajoute si vraisemblable. Le mérite en revient à M. Moïse Lion, qui, dès le 15 mars 1847, déposait à l'Académie un mémoire dont ce sujet grandiose forme le fond, et qui a pour titre : *Du magnétisme terrestre, ou nouveau principe de physique céleste.* Une commission fut nommée. Elle se composait de MM. Arago, Becquerel et Duperrey, et c'est sans doute à cette circonstance, qu'après plus de huit années son rapport n'est pas encore fait, qu'il faut attribuer l'erreur de MM. Muller et Secchi, prenant pour neuve une route déjà parcourue.

Qu'est-ce que M. Moïse Lyon ? Un jeune physicien, dont la pensée constante depuis une dixaine d'années est de dévoiler le rôle astronomique de cette force mystérieuse, le magnétisme terrestre, dont M. le capitaine Guyard (on l'a vu dans notre précédent no) essaie de déterminer la cause première. Nous exposerons tout à l'heure les grandes vues et les expériences ingénieuses du physicien : disons quelques mots d'abord de l'homme lui-même. Au mois de septembre 1853, en séance annuelle de l'Académie française et devant le public d'élic que ces solennités attirent, M. Viennet, rapporteur de la commission des prix Monthyon, s'exprimait ainsi :

« Moïse Lion est né à Beaune de parents pauvres ; il est l'aîné de trois enfants, et il arrive le premier à cet âge où les fils reconnaissants comprennent qu'ils doivent rendre à ceux qui les ont nourris les secours qu'ils en ont reçus. La faiblesse de sa constitution lui interdisant les travaux pénibles, il se voue à l'instruction publique, et c'est à dix-neuf ans qu'il commence la sienne.

« Le zèle et l'aptitude suppléent au temps, et, deux ans après, il peut donner des leçons d'allemand et de mathématiques. Ses parents ont vieilli, les infirmités ont suivi la vieillesse, il en est la providence ; il amasse même pour l'avenir, et il peut donner à sa sœur une dot de six cents francs. Il est heureux, et se sent capable d'aller plus loin. Il concourt pour l'agrégation, et il est reçu après un brillant examen. Il croit être sur la voie d'une découverte scientifique, il adresse un mémoire à l'Académie des sciences ; et la commission qui l'examine l'encourage par ses éloges, l'engage même à continuer ses savantes expériences. Eh bien, cet avenir qui s'offre à lui, cette gloire qu'il peut rêver, la bonté de son cœur va le forcer d'y renoncer. Son frère est déjà père de six enfants en bas âge, son travail ne peut suffire à les nourrir, et la misère l'entraîne dans une faute dont la cruelle expiation le sépare de sa famille.

« Moïse Lion n'hésite point : la femme et les enfants de son frère sont adoptés, nourris, élevés par cet excellent homme ; les économies qui devaient l'aider à poursuivre ses expériences sont absorbées par ce sacrifice. Il redouble de zèle pour subvenir à l'existence de dix personnes ; il s'impose des privations nouvelles et un travail de seize heures par jour. Ce n'est pas tout encore : la sœur qu'il a mariée n'a que les bras de son mari pour vivre ; ce mari devient infirme, et c'est sur Moïse que ce nouveau malheur retombe, sans lasser son infatigable charité. C'est une sœur, ce sont deux neveux qui viennent accroître sa famille adoptive et les charges qu'il s'est imposées.

« L'Université l'appelle alors à une chaire de mathématiques. C'est une fortune personnelle, un avenir assuré ; mais le collége qu'on lui assigne est à cent vingt lieues de son pays. Il ne peut, il n'ose traîner dans une ville étrangère ce cortége de vieillards, d'orphelins et de veuves. Il sacrifie son avancement ; il reste auprès de ceux dont il est l'unique soutien ; et voilà quinze ans que dure cette vie d'abnégation et de charité, sans qu'une plainte, un murmure échappe à celui qui la subit ! Voyez, maintenant, dans quel siècle cela se passe, quelle foule de jeunes gens avides d'illustration et de fortune est poussée incessamment vers la capitale par des illusions que ne peuvent détruire ni les conseils, ni les larmes, ni les besoins de leurs familles. Moïse Lion ne s'est point laissé entraîner par l'exemple, il a résisté même à une ambition légitime, etc... »

Tel est l'homme en faveur duquel nous faisons entendre une réclamations de priorité. « Puisse-t-il, ajoutait le rapporteur, reprendre le cours de ses expériences; puisse un glorieux succès couronner ses efforts! il l'aura bien mérité. » Ce vœu paraît devoir être bientôt réalisé.

Dans le mémoire présenté en 1847 à l'académie, M. Moïse Lion, après avoir discuté les principaux phénomènes du magnétisme terrestre, arrive à cette conclusion :

« *Le soleil a deux pôles magnétiques situés dans les deux hémisphères où se trouvent les pôles de rotation*; *il agit sur la terre comme un aimant sur un globe de fer*, *et son influence directe*, *tant sur notre globe que sur l'aiguille aimantée, produit toutes les variations périodiques du magnétisme terrestre.* »

L'auteur conclut ainsi, après avoir établi, par la comparaison des faits, que les variations périodiques de la déclinaison magnétique, de l'inclinaison et de l'intensité totale, la remarquable périodicité mensuelle des aurores polaires et l'étendue qu'embrassent les perturbations, n'ont aucun rapport constant, ni direct, ni inverse, dans le temps ou l'espace, avec les variations de la température ou de l'électricité atmosphérique ; qu'elles ne sont pas non plus des phénomènes hydro-électriques ou provenant de réactions chimiques; et qu'elles s'expliquent parfaitement en même temps que les dispositions connues des pôles et des courbes magnétiques, avec leurs mouvements séculaires en latitude et en longitude (d'orient en occident), si l'on admet que le soleil agit sur la terre comme un aimant sur un globe de fer.

Mais avant d'entrer dans l'examen de cet important mémoire, j'exposerai les expériences dans lesquelles l'auteur réussit à reproduire expérimentalement, au moyen du magnétisme, les conditions si remarquables de la rotation des satellites en général, de la lune en particulier ; ce sera un moyen d'initier et d'intéresser à cette belle question les personnes peu versées en ce genre d'étude; rien en effet n'est plus facile à comprendre que l'expérience vraiment saisissante qui va être rapportée.

Laplace, et avec lui tous les astronomes, considèrent la rotation des satellites comme un phénomène de gravitation ; voici sa théorie en peu de mots :

Si la lune dirige constamment un même hémisphère vers la terre, c'est que cet hémisphère retombe ou se maintient sans cesse en présence de notre globe, comme la lentille d'une pendule par suite de son poids. La lune a son plus grand diamètre équatorial dirigé vers le centre de notre planète, son moindre diamètre équatorial perpendiculaire au plus grand, et le plus petit de ses diamètres entre les pôles. « Elle n'a point la figure d'équilibre qu'elle aurait prise si elle avait été primitivement fluide. » (*Méc. cel.*, t. II, p. 247).

Dans *l'Exposition du système du monde*, on trouve cette conclusion :

« Les phénomènes précédents (rotation des satellites et libration) ne peuvent pas subsister avec l'hypothèse dans laquelle la lune primitivement fluide et formée de couches de densités quelconques, aurait pris la figure qui convient à leur équilibre; ils indiquent entre les axes du sphéroïde lunaire de plus grandes différences que celles qui ont lieu dans cette hypothèse. » (Liv. IV, chap. XV, p. 302, 303, édit de 1813.)

Il résulte de là que si la rotation lunaire est un phénomène de gravitation, d'une part *le satellite* doit être aplati aux pôles, ce qui implique fluidité primitive ou un état d'agrégation presque équivalent à la fluidité ; d'autre part, vu la grandeur indispensable de l'inégalité des rayons équatoriaux ou plutôt des trois axes du satellite, *il ne peut avoir été primitivement fluide.*

Des conditions en même temps nécessaires et contradictoires ne détruisent-elles pas la théorie qui les exige impérieusement?

Laplace parle de l'influence possible des hautes montagnes de la lune. Mais, demande M. Lion, ces plus hautes montagnes occupent-elles le centre du disque visible de la lune? Mais les satellites de Jupiter et de Saturne, dont la rotation est aussi de même durée que leur révolution, ont-ils aussi un système de hautes montagnes ainsi orienté? Mais, à moins de supposer à *l'origine* le plus grand diamètre de *tout satellite* dirigé presque exactement vers le centre de la planète, n'a-t-il pas dû *tomber* vers la ligne qui passe par le centre de cette planète, comme un pendule un peu écarté de la verticale y retombe en oscillant? Dès lors, le satellite n'aurait-il pas une éternelle oscillation pendulaire que rien n'a constatée, qui n'existe pas?

En présence de ces difficultés, l'auteur a pensé qu'il était permis de chercher une autre explication de la rotation des satellites, de tenter au moins quelques expériences propres à élucider la question, et voici celles qu'il a faites:

1° Une petite sphère de fer ou de fonte, creuse ou massive, est suspendue, soit sur la pointe d'une mince aiguille de cuivre plantée verticalement dans un disque de liége, et qui pénètre dans la sphère par une petite ouverture circulaire; soit dans un flacon de verre, à un fil de soie passant par l'axe du bouchon de manière à pouvoir tourner librement sur elle-même dans la verticale de son point de suspension.

On met en sa présence, pendant quelques moments, un aimant en fer à cheval, puis on porte cet aimant à l'entour, dans une orbite elliptique ou circulaire dont le rayon dépend de la puissance de l'aimant. Aussitôt le globule tourne sur lui-même, maintenant, en présence de l'aimant, son hémisphère le plus voisin à l'origine, le premier influencé, et faisant une rotation complète autour de son axe dans le temps que l'aimant met à accomplir une révolution entière autour du globule.

2° Un corps magnétique de forme quelconque est suspendu comme le globule de l'expérience précédente; on fait circuler un aimant autour de lui, ou bien on le fait circuler autour de l'aimant. Toujours il se polarise *sans oscillation* et maintient en présence de l'aimant sa surface la plus voisine de celui-ci au début de l'expérience, accomplissant une rotation de même durée que sa révolution ou que celle de l'aimant.

3° On polarise une sphère de fer en la plaçant entre les pôles contraires de deux aimants ou même d'un seul, ou de toute autre manière. On la dispose au centre d'une orbite elliptique ou circulaire, sur laquelle est placé le petit globule magnétique de fer doux ou de fonte qui peut tourner sur lui-même. On fait glisser le support de ce globule parallèlement à lui-même, sans changement d'orientation, sur une ligne circulaire ou elliptique tracée autour de la sphère aimantée. Aussitôt, le petit globe satellite influencé par la sphère aimantée autour de laquelle il circule, tourne sur lui-même, présentant toujours le même hémisphère au globe central.

Si l'on considère que le mouvement de rotation de la lune autour de son axe est d'une ressemblance absolue avec celui de la petite sphère magnétique en révolution autour d'une sphère aimantée ; — que le globe terrestre autour duquel notre satellite circule éternellement est une sphère aimantée sous l'influence de laquelle se trouve le satellite, et que tout corps matériel sous l'action d'un aimant puissant se polarise magnétiquement ; — que dans toute hypothèse possible sur la forme de notre satellite, sur les circonstances de l'arrivée en présence des deux globes, sur leur état physique (gazeux, liquide ou solide), l'attraction magnétique de la terre, si elle est suffisante, doit produire le phénomène de la rotation lunaire *sans aucune oscillation pendulaire* ; — qu'il suffit d'une force magnétique exprimée par le rapport de la surface lunaire à celle de l'orbite (1/57,600 environ de l'attraction qui retient la lune dans son orbite) pour maintenir constamment le même hémisphère de la lune en regard de la terre;

Sera-t-il possible de nier l'immense probabilité que la rotation lunaire est un phénomène magnétique.

(*La fin au prochain numéro.*)

---

## REVUE DE L'EXPOSITION UNIVERSELLE.

### Conservation des bois.

#### PROCÉDÉS DU DOCTEUR BOUCHERIE.

Un étranger qui n'avait que quelques heures à passer à Paris, nous ayant prié, dans une visite que nous fîmes ensemble à l'Exposition, de le mener tout droit aux choses que nous savions les plus dignes d'examen, — programme difficile à si bref délai, — l'une des premières que nous crûmes devoir lui montrer fut la collection dont nous allons essayer de faire apprécier le mérite à nos lecteurs. Sortant donc du palais principal par la porte qui mène à la galerie de jonction, et appuyant à droite, nous entrâmes dans le jardin, où nous nous trouvâmes tout de suite en présence du hangard sous lequel s'abritent les machines agricoles. Près de la porte du milieu de ce hangard, à droite, placées verticalement le long du mur, s'alignent des pièces de bois d'essences et de dimensions diverses : ce sont des poteaux en pins destinés à soutenir le long des voies de fer les fils du télégraphe électrique, des traverses de chemins de fer, c'est-à-dire de ces fortes pièces de bois qui, placées en travers de la voie, supportent les rails; les unes sont en bouleau, les autres en aulne, en hêtre, en charme, en pin.— Voilà, dis-je à mon compagnon, un des articles devant lesquels, en cicérone consciencieux et sérieux, je dois vous prier de vous arrêter. — Ce sont, me dit-il après un instant d'examen, des bois de fort belle apparence, sains, de bonne qualité; à leur couleur on reconnaît qu'ils ont subi quelque préparation chimique.— Vous ne vous trompez pas, repris-je, mais le principal trait de leur histoire vous échappe, et comme, loin de le deviner, vous aurez peine à y croire, je vais vous le dire tout de suite. Sachez donc que ces poteaux et ces traverses, qui semblent sortis depuis quelques jours des mains du charpentier, dont les fibres superficielles comme les parties profondes présentent le caractère du bois neuf de la meilleure qualité, ont séjourné huit à neuf ans sous terre, sur la ligne du Nord, sous les rails.— *You are joking!* (Vous plaisantez), s'écria-t-il. Pour toute réponse je lui montrai du doigt les certificats officiels dont chacun des poteaux et chacune des traverses est décoré, certificats constatant authentiquement les états de service de ces morceaux de bois; sur quelle voie de fer ils ont été placés, pendant combien de temps ils sont demeurés sous terre, etc. Le doute n'est donc pas possible; il ne le serait pas davantage lors même que nous n'aurions en garantie de ces faits invraisemblables que la parole de l'inventeur lui-même, car cet inventeur est M. le Dr Boucherie, et c'est de son exposition qu'il s'agit.

Parmi les pièces qu'il expose, il est une traverse de bouleau qui contraste par son état de vétusté avec les pièces voisines; réduite par la pourriture à une portion de sa longueur primitive, elle ne garde apparence de forme que grâce à des liens nombreux qu'on ne saurait briser sans qu'elle tombât en poussière. Ce sont là les restes d'une traverse qui a été mise en terre à la même époque que les précédentes, et qui en a été retirée en même temps que celles-ci. Voilà ce qui en reste! Trente autres traverses de diverses essences avaient également été disposées sous la voie; on n'en a rien retrouvé du tout, elles se sont converties en terreau. D'où vient cette différence dans la destinée de ces souches? Voici : les bois s admirablement conservés ont subi une certaine préparation et pour le dire tout de suite, ils ont été pénétrés de sulfate de cuivre; les autres, les bois disparus, étaient des bois naturels n'ayant subi aucune préparation. Il est donc démontré que des bois, et des bois inférieurs, des bois blancs préparés au sulfate de cuivre selon les procédés de M. Boucherie, peuvent séjourner neuf années sous terre ou rester à l'air le même laps de temps, sans subir même la plus légère altération. On citerait difficilement en aucun genre une expérience plus concluante!—Maintenant décrivons les procédés de M. le Docteur Boucherie; on voit que la chose en vaut la peine.

Les premières recherches de M. Boucherie datent de 1836. Rien de sérieux n'avait encore été fait dans cette voie. On ne trouve guère à citer avant lui que Kian, lequel proposait de plonger les bois dans une dissolution de deuto-chlorure de mercure, ce qui a été rejeté comme cher, inefficace et dangereux. M. Boucherie s'arrêta d'abord à un procédé décrit dans un remarquable mémoire lu à l'Académie des sciences en 1840 (1), où il traite successivement des moyens de protéger les bois contre les caries sèche et humide, d'augmenter leur dureté, de conserver et de développer leur flexibilité et leur élasticité, de rendre impossible le jeu qu'ils éprouvent, et les disjonctions qui en résultent lorsque, mis en œuvre, ils sont abandonnés aux variations atmosphériques; de réduire beaucoup leur inflammabilité et leur combustibilité; et enfin de leur donner des couleurs et des odeurs variées et persistantes. Renvoyé à l'examen d'une commission composée de MM. de Mirbel, Arago, Poncelet, Audouin, Gambey, Boussingault et Dumas, ce mémoire fut l'objet d'un rapport éminemment favorable. Le procédé de pénétration, imaginé par l'auteur, est décrit en ces termes (que j'abrége), par la commission.

«... Pour pénétrer de substances conservatrices... un arbre tout entier, l'auteur... prend la force dont il a besoin dans la force aspiratice du végétal lui-même, et elle suffit pour porter, de la base du tronc jusqu'aux feuilles, toutes les liqueurs que l'on veut y introduire... Ainsi, que l'on coupe un arbre en pleine sève par le pied, et qu'on le plonge dans une cuve renfermant la liqueur... celle-ci montera jusqu'aux feuilles les plus élevées... Il est inutile que l'arbre soit conservé debout... Enfin il n'est pas même indispensable de couper l'arbre, car une cavité creusée au pied, ou un trait de scie qui divise celui-ci sur une grande partie de sa surface, suffisent pour qu'en mettant la partie entamée en contact avec un liquide, il y ait absorption rapide et complète de ce dernier. »

J'abrége, parce que cette méthode si savante, si ingénieuse et si efficace qu'elle fut, M. Boucherie l'a remplacée par une méthode beaucoup plus simple et par conséquent plus pratique. Le procédé, approuvé à si juste titre par l'Institut, avait des inconvénients graves, il ne pouvait être pratiqué que dans le temps de sève; il rendait très-difficile la réunion des arbres sur un même point, il obligeait à pénétrer en pure perte des branches et des feuilles qui ne pouvaient servir qu'au chauffage. Plus rigoureux envers lui-même que ses juges, le consciencieux expérimentateur n'accorda point que la question fût résolue, il continua donc ses longues études; sa persévérance a été récompensée par la découverte d'un mode de pénétration si simple qu'il ne paraît susceptible d'aucun perfectionnement.

Aujourd'hui, en effet, M. Boucherie découpe simplement les bois en billes de longueur industrielle, et fait filtrer à travers ces billes la liqueur dont il veut les pénétrer. La principale difficulté consistait à disposer convenablement le réservoir qui fournit la liqueur au bois débité; nous dirons tout à l'heure avec quel bonheur elle a été pleinement résolue; mais auparavant il convient de donner un aperçu des moyens conservateurs proposés par les diverses personnes que le premier Mémoire de M. Boucherie a déterminées à se lancer dans la carrière ouverte par lui.

(1) Mémoire sur la conservation des bois, par M. A. Boucherie, docteur-médecin. *Ann. de chimie et de physique*, t. LXXIV.

Payne, Burnett, Bethell, Margary, méritent seuls d'être cités, ce sont tous des étrangers.

Margary plongeait ses bois dans une solution de sulfate de cuivre. Le temps de l'immersion, toujours de courte durée, variait comme l'épaisseur des pièces; mais la pénétration n'était que superficielle et les parties profondes conservaient les mêmes chances d'altération que les bois naturels. Cependant, séduites par le bas prix auxquels les exploiteurs de cette méthode avaient tarifé leurs services, les compagnies de chemins de fer adoptèrent la méthode de Margary, qui fut appliquée peut-être à un million de traverses, sans compter des quantités considérables d'autres bois. Le temps en a fait justice.

Payne, au moyen d'un appareil compliqué, introduisait dans le bois d'abord une solution de sulfure de calcium, ensuite une solution de sulfate de fer qui devaient, selon lui, en se décomposant, remplir les vaisseaux ligneux de sulfate de chaux et de sulfure de fer. Ce système a été appliqué sans succès vers 1846 sur le chemin de fer de Sceaux.

Enfin, Bethell et Burnett employaient le même appareil que Payne et leur méthode ne se distinguait de la sienne que par la nature des substances introduites; sulfure de barium et sulfate de fer à Compiègne; chlorure de zinc sur la ligne de Tours à Nantes; créosote ailleurs, etc...

Tous ces procédés présentés à nos ingénieurs comme ayant admirablement réussi en Angleterre, n'ont donné en France que les plus misérables résultats; sur la ligne du Nord, par exemple, sur celle de Strasbourg, etc... Leurs auteurs paraissent être revenus eux-mêmes des illusions qu'ils avaient fait naître, car tandis que leurs produits figuraient à la dernière exposition française, où l'un d'eux a obtenu la médaille d'or, et à l'exposition de Londres où ils ont tous reçu la médaille de bronze, ils ne brillent à la présente exposition que par leur absence. Ils avouent donc qu'ils ne pourraient y figurer avec honneur. Revenons à M. Boucherie.

La principale difficulté que présentait la pénétration des bois débités, consistait à mettre la liqueur en contact avec l'extrémité des pièces à injecter. Une idée d'une simplicité admirable a triomphé de cette difficulté. Par cela même que l'idée est merveilleusement simple, on devine qu'elle ne s'est pas présentée la première à l'esprit de l'inventeur. Posons la question : ici, à une hauteur de quelques mètres au-dessus du sol, une cuve contenant une solution de sulfate de cuivre; là, couchée sur le sol, une bille à préparer; comment mettre la bille en contact hermétique avec le liquide descendant de la cuve par un tube? Comment rattacher ce tube à la bille? Par quel artifice établir sur l'extrémité de la pièce de bois un réservoir pouvant résister à la pression d'une colonne liquide de plusieurs mètres. M. Boucherie fit successivement usage de calottes de caoutchouc, de plomb, de cuivre, qui toutes présentèrent divers inconvénients; difficulté d'une fermeture exacte, l'impossibilité de résister même à une faible pression, même à la pression d'une colonne de deux mètres.

Ce n'est qu'en 1847 qu'il a imaginé la disposition que nous allons décrire.

A côté de cette exhibition de traverses et de poteaux dont nous avons parlé en commençant, M. Boucherie a fait élever un modèle en petit de chantier établi pour l'application de ses procédés. Si nous pouvions faire passer ce chantier sous les yeux de nos lecteurs, la plus forte partie de notre besogne serait faite, et deux mots d'explication suffiraient. Cependant, comme nous avons eu tout récemment, à Beuzeville près le Hâvre, sur un chantier où se préparaient des traverses pour le chemin de fer de Fécamp, l'occasion de suivre les opérations que nous allons décrire, nous espérons, — le lecteur y mettant son habituelle bonne volonté, — parvenir à nous faire comprendre.

Un vaste réservoir contenant la solution de sulfate de cuivre est établi, à une hauteur de plusieurs mètres, à l'une des extrémités du chantier.

A partir de ce réservoir jusqu'à l'autre extrémité du chantier, les billes à préparer sont déposées à terre les unes à la suite des autres, parallèlement au réservoir. Ces billes sont destinées à devenir des traverses de chemins de fer; elles ont chacune la longueur de deux traverses. Un tube descend du réservoir, et, courant dans toute la longueur du chantier, passe sous toutes ces double-traverses (à cet effet élevées de quelques centimètres au-dessus du sol), et par le milieu de celles-ci. C'est ce tube, on le comprend, qui amènera le liquide aux bois, dans l'intérieur desquels il va pénétrer (nous dirons comment) par le milieu de leur longueur. Sous la pression de ce liquide, la sève s'écoulera par les deux extrémités libres des billes, et après la sève le sulfate de cuivre lui-même s'en échappera; sève et liquide tomberont dans deux rigoles placées l'une à droite, l'autre à gauche au-dessous des deux extrémités des billes, dont la pente les conduira dans un bassin creusé au-dessous du réservoir; finalement une pompe les rejettera dans le réservoir lui-même: il y aura donc une circulation complète et continue de liquide du réservoir aux bois et des bois au réservoir.

Disons, maintenant, comment le liquide s'introduit dans les traverses en préparation. Chaque pièce de bois a, comme nous l'avons dit, la longueur de deux traverses. On lui donne, par le milieu, un trait de scie profond, de façon que ses deux moitiés, presque entièrement séparées, tiennent cependant encore l'une à l'autre avec une certaine force. Ceci fait, on perce, à l'aide d'une mèche ou d'une forte vrille, dans l'une des deux moitiés de la bille, et près du trait de scie qui divise celle-ci, un trou oblique aboutissant dans le vide laissé par le passage de la scie. C'est à travers ce trou, au moyen d'un petit tube qui s'y rattache par une de ses extrémités, tandis que par l'autre il s'embranche sur le tube courant sous les billes, que le liquide amené par ce dernier tube va pénétrer dans l'intérieur de chacune des pièces de bois. Cependant les choses étant au point où nous les avons conduites, il est clair que le liquide ne pénétrera dans les billes que pour en sortir aussitôt par le trait de scie. Aussi a-t-on soin d'entourer la bille en cet endroit d'une corde qui, pénétrant dans la section, circonscrit le vide intérieur, dès lors transformé en un réservoir parfaitement clos. De ce réservoir, le liquide accumulé, obéissant à la pression, qu'il supporte s'écoulera donc de droite et de gauche, traversant les pièces en préparation. Ainsi un bout de ficelle qui ne vaut pas dix centimes, a résolu ce problème si longtemps cherché, si difficile en effet : établir sur la section des pièces à préparer, un réservoir hermétique! Les connaisseurs en inventions ne me démentiront pas, si je qualifie de trait de génie l'invention de cette ficelle. Grâce à elle, le matériel s'est trouvé tout de suite simplifié et l'art de préparer les bois est devenu éminemment pratique. Opère-t-on sur une bille n'ayant que la longueur d'une traverse; plus de trait de scie, cela se comprend, et le liquide pénètrera par l'une des extrémités de la bille; de cette extrémité on rapproche, sans l'amener au contact, un plateau autour duquel, entre lui et le bois, s'enroule une corde; c'est toujours le même procédé; n'insistons pas. Ce que je veux dire, c'est ceci : on a beau savoir que la vitesse de la pénétration est proportionnelle à la pression, ce n'est pas sans étonnement, sans admiration qu'on voit avec quelle rapidité le liquide introduit par le milieu des traverses arrive à leur extrémité. A Beuzeville, à peine la communication était-elle établie entre le réservoir et les billes, que déjà par les extrémités de celles-ci, la sève ruisselait. Quelques minutes plus tard un morceau de prussiate de potasse rougissant au contact du liquide, nous apprenait que ce n'était plus la sève, maintenant tout-à-fait expulsée, mais le sulfate de cuivre lui-même qui s'échappait du bois.

Si la pénétration est profonde, c'est ce dont s'assureront aisément les visiteurs à l'Exposition. Ils remarqueront parmi les objets appartenant à M. Boucherie, une forte pièce de hêtre sciée de manière qu'on puisse apprécier l'étendue de la pénétration selon la longueur et selon le rayon ; on verra que la pénétration est complète.

Un coup d'œil jeté sur le modèle de chantier exposé par M. Boucherie dissipera les obscurités que cette description peut laisser dans l'esprit des lecteurs. Quant aux conséquences économiques de cette belle découverte, maintenant arrivée à l'état industriel, nous nous réservons de les exposer ; c'est un sujet que l'espace ne nous permet pas d'épuiser en une fois.

---

## LA SEMAINE SCIENTIFIQUE.

SUR QUELQUES MINES A EXPLOITER. — A la justesse, à la simplicité, à la grandeur des idées qui suivent, au tour spirituel qu'on leur a donné, chacun en devinera aisément la source. Nous offrons de parier que M. Jobard en est l'auteur. Si nous nous trompons, le directeur du Musée de l'Industrie de Bruxelles réclamera. Ce sera tout profit.

« Il existe, dit l'auteur de l'article soi-disant anonyme que publie l'*Estafette*, un moteur perpétuel sur la terre, qui nous offre de la force dont nous ne profitons pas assez : c'est la grande machine à vapeur naturelle dont la mer est la chaudière et le soleil le foyer. La vapeur s'élève et va se condenser sans cesse sur les montagnes d'où elle retombe en cascades et s'écoule dans de vastes rigoles pour retourner à la chaudière. Nous avons, par exemple, à notre disposition, des millions de chevaux de force qui descendent les fleuves sans qu'on leur demande un coup de collier en passant. Voilà de la force perdue qu'il ne tient qu'à nous de ramasser et de transporter à toute distance en la convertissant à peu de frais en air comprimé qu'on enverrait, par des tuyaux, sous les pistons des machines à vapeur de toute une contrée.

« Cette idée doit être ancienne, mais les tuyaux de fonte sont modernes et permettraient de l'appliquer partout, même dans les grandes villes où la Providence, dit-on, a toujours fait passer les grandes rivières. Le barrage de la Seine, par exemple, pourrait envoyer de l'air comprimé, aussi bien que du gaz, dans toutes les usines et les mansardes de Paris occupées par des ouvriers en chambre, auxquels on fournirait la force d'un homme ou deux pour mouvoir leurs tours et souffler leur forge en activant une petite machine économique à piston de bois et à cylindre de tôle dont l'air d'expansion aurait encore l'avantage de ventiler et d'assainir leur demeure.

« Nous avons aussi le vent qui a bien quelques défauts comme l'inconstance, le calme plat et les bourrasques, mais il faut savoir prendre le bien comme il vient ; un jour on emmaganisera sa force irrégulière pour la dépenser régulièrement, soit en lui faisant remplir des réservoirs d'eau supérieurs, soit en le forçant de remonter des poids énormes du fond d'un puits. Nous en dirons autant des marées ; mais les fabricants de machines à vapeur emploient leur éloquence à médire de ces trois concurrents muets qui ne savent pas faire l'article, comme on dit. Attendons que la houille se raréfie encore, et leur tour viendra.

« On a dit : le calorique, c'est la force ; cela est vrai même pour l'eau, même pour les vents qui renversent nos cheminées et emportent nos chapeaux comme pour nous dire : Nous sommes là une multitude de pauvres ouvriers en grève, employez-nous donc, s'il vous plaît.

« On donne des primes à celui qui plantera le plus de mûriers ou de sapins ; on devrait en offrir à qui répandra le plus d'air comprimé dans le faubourg Saint-Antoine ; celui-là devrait partager le prix Monthyon avec le constructeur qui garnira le faîte de nos maisons des petits moulins à vent d'Amédée Durant et de Franchot que la tempête ne saurait renverser et qui s'orientent et se règlent seuls. Ne servissent-ils qu'à élever le contenu de nos citernes, ils nous délivreraient des porteurs d'eau que nous payons pour remonter ce liquide que nous avons laissé tomber de nos toits, au lieu de le recueillir gratis dans des citernes placées sur nos greniers, comme le demande un architecte de génie, M. Horeau, dont les projets sont si grandioses et si magnifiques qu'ils éblouissent les myopes.

« Les inventeurs doivent surtout tourner leurs idées vers les aisances de la vie, et faciliter l'accès des étages supérieurs par des moyens analogues à l'escalier d'Andraud, qui vous soulève à chaque pas au niveau de la marche suivante. Il faut surtout créer une architecture fer et verre, dont les murailles transparentes ou coloriées tamiseront la lumière de toutes les maisons au profit de la rue, sans laisser voir l'intérieur, ce qui arriverait si la vie privée était seulement dépolie au lieu d'être murée, ce qui serait la moyenne entre notre maison opaque et la maison de verre de Caton le censeur. »

LE GALÉOPSIS ; UTILITÉ D'UNE PLANTE RÉPUTÉE NUISIBLE. — Le *Galeopsis tetrahit*, nommé *ortie-chanvre* dans le Lyonnais, *chenenelle* dans le Morvan, *cramois* dans le centre de la France, *donaite* en Belgique, est une plante herbacée appartenant à la famille des Labiées, plante éminemment rustique, qu'on rencontre partout, dans les champs, les jardins, les bois, sur les bords des chemins, des ruisseaux et dans les terres humides et malsaines plus que partout ailleurs. Or, cette plante considérée comme nuisible est recherchée dans les Ardennes à double titre ; d'abord comme fourrage vert ou sec, et ensuite en raison de l'huile qu'on retire de ses graines, huile excellente pour l'éclairage, et pouvant même, dit-on, servir aux usages de la table. Voici comment se fait la récolte : Un homme s'affuble d'un long tablier de femme, qu'il tient relevé de la main gauche, tandis que de la main droite il secoue des poignées de galéopsis sur pied : les graines mûres se détachent facilement et tombent dans le tablier. L'opération se répète jusqu'à trois fois en juillet, août et septembre. Un homme habile peut récolter dans sa journée jusqu'à quarante litres de graines. On estime qu'il en faut vingt litres pour produire cinq litres d'huile, rendement qui égale presque celui de la graine de colza. Les tourteaux obtenus par la fabrication de l'huile peuvent être employés comme les tourteaux de lin et de colza, soit à titre d'engrais, soit en les administrant aux vaches, qui les mangent sans répugnance aucune.

M. Belle, secrétaire de la société d'agriculture de Roanne, dans une note pleine d'intérêt, appelle sur le *galéopsis* l'attention de cette société et il se demande s'il n'y aurait pas quelque avantage à semer dans les mauvaises terres les graines de cette plante. C'est un essai à faire pour le galéopsis comme pour beaucoup d'autres végétaux sauvages indigènes.

La réhabilitation des plantes réputées inutiles et nuisibles est à l'ordre du jour. Et lors même que les qualités qu'on leur reconnaît ne seraient pas assez brillantes pour déterminer leur introduction dans la culture, elles n'auraient pas été constatées en vain ; il en résulte en effet que ces plantes, désormais recherchées, seront plus promptement extirpées du sol. C'est ce qu'explique très bien M. Belle dans les lignes suivantes :

« Ce qui donne un avantage marqué aux plantes parasites sur les plantes cultivées, c'est que, d'une part, leur organisation moins délicate fait qu'elles résistent mieux aux intempéries, et, de l'autre, leurs semences étant exclusivement employées à leur reproduction, elles ont infiniment plus de chances pour se multiplier que les plantes cultivées, dont l'homme détourne à son profit et à celui des animaux la plus grande partie des semences. En agissant à l'égard des plantes sauvages comme à l'égard des plantes cultivées, c'est-à-dire en leur trouvant un emploi utile en agriculture, on augmenterait très-certainement les chances de destruction de ce redoutable fléau, qui semble prendre chaque année des proportions plus colossales en présence de l'impuissance de tous les moyens de destruction employés jusqu'à ce jour. Le problème à résoudre est donc celui-ci : *trouver un emploi utile, en agriculture, aux mauvaises plantes*. Par exemple, quand tout le monde saura qu'un homme, en ramassant les graines de *galéopsis*, peut gagner de 4 à 6 fr. par jour, nous en sommes intimement convaincu, cette plante sera courue, recherchée, jusqu'à ce qu'elle parvienne à disparaître de la classe des mauvaises herbes, pour passer peut-être, nous l'espérons du moins, dans celle des plantes cultivées. »

EMPLOI DES VINASSES. — Nous disions dans un précédent numéro que l'arrêté préfectoral qui interdit aux distillateurs du département du Nord de faire couler les vinasses sur la voie publique serait infailliblement l'occasion d'un progrès industriel en obligeant de trouver un emploi utile à une matière jusqu'ici nuisible ; l'événement n'aura pas tardé à confirmer nos prévisions.

Des betteraves ayant été semées après labour préalable dans des champs drainés et arrosés de vinasses, M. Dupont, président de la chambre d'agriculture de Douai, et un chimiste habile M. Vasse, ont reconnu :

1° Que les betteraves ainsi traitées ont une luxuriante végétation, de larges et longues feuilles dont un assez grand nombre dépassent 90 centimètres en hauteur, une teinte vert foncé que n'ont pas les betteraves semées à la même époque, sur des terres n'ayant pas reçu de vinasse. — 2° Que non seulement les champs arrosés par le liquide en question, mais encore les lisières des champs voisins, présentent une végétation plus belle que celle des autres champs. — 3° Que les betteraves venues sur deux hectares, arrosés de 8,000 hectolitres de vinasse, pèsent en moyenne 789 grammes. — 4° Que celles récoltées sur 14 hectares de terrain, ayant reçu 1,000 litres de vinasse, n'ont pesé de 769 grammes. — 5° Et que, par contre, ce poids s'est élevé à 1,025 grammes pour les racines ayant eu un excédant énorme de liquide (120 mille hectolitres pour 1 hectare 20 centiares).

Ils ont constaté le même luxe de végétation dans les féverolles, pommes de terre, haricots et blés traités de la même façon.

LA MALADIE DE LA VIGNE. — Bonne nouvelle ! la vigne va mieux : c'est ce qui résulte des témoignages suivants, portés devant la Société centrale d'Agriculture :

M. le baron de Mortemart de Boisse, qui vient de visiter la Toscane, déclare qu'il y a une *amélioration* sensible dans la situation des vignes de ce pays. Un horticulteur des environs de Paris, M. Gauthier, annonce que dans sa localité la maladie a perdu considérablement de son intensité ; et que le champignon n'a paru jusqu'à ce jour que sur quelques ceps seulement. M. Guérin-Méneville ajoute que dans les Basses-Alpes la décroissance du fléau est également manifeste. M. Hardy a remarqué une amélioration notable dans les vignes du Luxembourg : pas une feuille n'est atteinte, quelques grains seulement çà et là, sur très peu de ceps. Les parties malades ayant été saupoudrées de fleur de soufre, l'altération a disparu aussitôt. M. Bouchardat dit qu'en Bourgogne il y a également diminution dans la proportion des vignes atteintes ; celles qui ont été malades en 1854 sont épargnées cette année. M. Pommier a reçu des renseignements analogues de l'Hérault : le raisin a bien été un peu attaqué, mais il a pu néanmoins prendre tout son développement. M. Pépin n'a pas vu depuis six ans la vigne dans un état aussi normal : les ceps atteints d'une manière grave depuis plusieurs années sont aujourd'hui intacts, en bon état de végétation. Enfin M. le docteur Montagne rapporte que des faits semblables s'observent aux environs de Corbeil, où des vignes qui pendant deux ou trois ans n'ont rien produit par suite de la maladie ont donné l'an passé une bonne récolte, et, cette année en promettent une plus abondante encore.

M. Payen conclut de ces communications que la vigne ne porte pas en elle le principe du mal dont elle souffre et que celui-ci ne doit être attribué qu'aux circonstances extérieures. Et M. Chevreul ajoute que les propriétaires des vignes ne doivent pas se hâter de les faire arracher, conseil que de grand cœur nous nous empressons de leur transmettre.

FUMIGATIONS DE CHLORE COMME MOYEN PROPHYLACTIQUE DU CHOLÉRA. — Quelques jours après que l'influence de l'épidémie se fût manifestée à l'hôpital de la Pitié, à partir du 21 décembre 1854, M. Nonat fit établir des fumigations de chlore dans sa division, composée des deux salles Saint-Paul et Saint-Charles.

Afin d'entretenir d'une manière permanente autour des malades une quantité suffisante de chlore, on plaça dans les deux salles un certain nombre de vases remplis de chlorure de chaux délayé dans une suffisante quantité d'eau. Ces vases avaient 12 à 15 centimètres de diamètre, et 7 à 10 centimètres de profondeur. On renouvelait le chlorure de chaux tous les jours ou tous les deux jours, de façon qu'il y eût un dégagement continu de chlore dans l'atmosphère. Si ce dégagement dépassait les limites voulues, si l'odeur du chlore se faisait trop vivement sentir, il était expressément recommandé de diminuer la quantité de chlorure. Ce procédé remplit parfaitement le but.

Pour faire mieux ressortir les effets produits par les fumigations de chlore, l'auteur donne, sous forme de tableau, le relevé des cholériques traités dans les différents services de la Pitié, depuis le 1er janvier 1854 jusqu'à la fin du mois d'août, c'est-à-dire pendant huit mois.

1° *Cholériques venus du dehors.*

| | Hommes. | Femmes. | Total. |
|---|---|---|---|
| MM. Gendrin | 92 | 81 | 173 |
| Nonat | 34 | 1 | 35 |
| Valleix | 14 | 17 | 31 |
| Marrotte | 18 | 32 | 50 |
| Sée | 8 | 32 | 40 |
| Laugier | 0 | 0 | 0 |
| Michon | 0 | 0 | 0 |

2° *Cholériques appartenant à l'intérieur de l'hôpital.*

| | Hommes. | Femmes. | Total. |
|---|---|---|---|
| MM. Gendrin | 28 | 16 | 44 |
| Nonat | 4 | 1 | 5 |
| Valleix | 13 | 4 | 17 |
| Marrotte | 9 | 14 | 23 |
| Sée | 5 | 14 | 19 |
| Laugier | 6 | 5 | 11 |
| Michon | 4 | 1 | 5 |

« Si nous jetons, dit l'auteur, un coup d'œil sur le tableau précédent, si nous comparons entre eux les cholériques traités dans chaque division, nous voyons que les cas de choléra déclarés à l'intérieur se sont multipliés à mesure que les cholériques venus du dehors devinrent plus nombreux. Dans ma division seulement, ce rapport n'est plus le même que dans les autres divisions. En effet, j'ai reçu 35 cholériques du dehors, et cependant je n'ai eu que 5 cas de choléra déclarés dans mes deux salles, c'est-à-dire le même nombre que dans la division de M. Michon, où il n'a pas été admis de cholériques du dehors. Je dois ajouter qu'avant de mettre en usage les fumigations de chlore, mes salles n'ont pas été moins frappées que les divisions de mes collègues.

« En résumé, dès l'instant que les fumigations furent établies d'une manière permanente, le chiffre des cholériques a singulièrement baissé dans mes salles. Ce résultat me paraît digne d'intérêt, et, quoiqu'il ne repose pas sur une grande échelle, je le crois suffisant pour nous engager à continuer l'usage de fumigations de chlore en vue de neutraliser les effets de l'infection miasmatique. »

CANAL MARITIME DE PELUZE À SUEZ. — D'après une note communiquée à l'Académie au nom de M. de Lesseps, par M. Jomard, la longueur du canal projeté est de 120 kilomètres, la largeur de 100 mètres, la profondeur de 8 mètres à basses mers. A l'entrée du canal, près de Peluze, seront établis un phare et une jetée de 6,000 mètres avec écluses de passage et de chasse, un bassin de retenue et gare d'évitement. Le lac Timsah est destiné à servir de port intérieur; ce bassin formait jadis la limite de la mer Rouge; l'eau y est entretenue par les grandes inondations du Nil; elle y arrive par la vallée Tomilat, la fertile terre de Gessen de l'Ecriture. A Suez, on formera un grand bassin de retenue avec des écluses, à l'effet de maintenir dans toute l'étendue du canal une surélévation de 2 mètres au-dessus du niveau des basses eaux des deux mers, au moyen des marées de la Mer Rouge. A l'entrée du canal, à Suez, sera un phare avec des écluses de chasse et de passage, une jetée de 3,000 mètres, un réservoir pour l'eau du Nil, et des réservoirs d'eau de pluie. Un canal secondaire d'alimentation et de communication intérieure, canal d'eau douce dérivé du Nil, sera ouvert à travers l'Ouady Tomilat.

Dans une brochure qui paraîtra prochainement, M. de Lesseps expose les négociations qui ont eu lieu jusqu'à ce jour en vue de l'exécution de ce travail tant désiré, et soumet à l'appréciation de la science européenne l'avant-projet des ingénieurs du vice-roi d'Egypte. L'auteur, se conformant aux instructions du vice-roi, s'occupe en ce moment de la formation d'une commission supérieure, choisie parmi les ingénieurs les plus célèbres dans les travaux hydrauliques en France, en Angleterre, en Hollande, en Allemagne et en Italie. Cette commission doit se réunir à Paris vers le mois d'octobre, et se rendra ensuite en Egypte, pour arrêter, d'accord avec les ingénieurs du vice-roi, un projet définitif. L'opinion publique se prononce tout à fait en Angleterre en faveur de l'entreprise du percement de l'isthme de Suez. La cour de la Compagnie des Indes a déclaré, par écrit, à M. de Lesseps, « qu'elle prend le plus grand intérêt à toute entreprise destinée à faciliter les moyens de communication entre l'Angleterre et l'Inde. » Enfin, la déclaration de la Compagnie péninsulaire et orientale est formelle en faveur de la jonction des deux mers par un grand canal navigable.

— Dans la dernière séance de l'Académie, M. Louis Figuier a lu un remarquable mémoire en réponse au rapport de M. Dumas, sur la fonction glucogénique du foie, et à quelques autres objections formulées contre ses théories. Nous rendrons compte de ce travail quand nous l'aurons sous les yeux.

## NOUVELLES ET CAUSERIES.

*La commission des choses utiles. — L'huile de chien — Les merveilles de la haute Silésie. — Longévité au Canada. — Un homme mangé par des crabes. — Musée commercial de Londres. — Richesses de l'Allemagne en combustibles minéraux. — 22e session du congrès scientifique de France. — Un pays musqué. — La zoologie appliquée en Espagne. — Pain à la houille. — Maladie des pommes de terre. — Consommation d'eau-de-vie en France. — Extraction de l'or en Californie.*

⁂ Nous extrayons les lignes suivantes d'un article qui a paru au *Moniteur*.

« Si l'exposition universelle a surtout pour but de mettre en lumière les produits, qui, par le concours réuni des sciences, des arts et de l'industrie, honorent le pays et contribuent à son bien-être, elle doit se préoccuper aussi des chose d'usage courant, qui, s'adressant aux classes les plus nombreuses de la société, doivent tenir une place notable dans la pensée de l'économiste et dans l'intérêt que le gouvernement porte à l'amélioration des populations laborieuses. Ces produits occupaient déjà une place importante dans l'Exposition; mais épars et disséminés dans les diverses parties du Palais, il était à craindre qu'on ne pût les suivre dans leurs progrès et les apprécier dans leur ensemble; c'est dans leur réunion surtout qu'ils offrent un spécimen complet des moyens mis en œuvre pour arriver au grand et légitime but d'amélioration attaché à leur développement.

« En conséquence, l'avis suivant a été affiché dans le palais de l'Industrie :

« Une commission spéciale, créée par ordre de S. A. I. le Prince Napoléon, et placée sous la direction de M. Le Play, commissaire général, recherche dans l'Exposition les objets que leur bon marché et leur bonne qualité rendent particulièrement utiles à la vie domestique la plus simple.

« Une partie de ces objets sera exposée dans un local spécial.

« La commission spéciale, pour faciliter la recherche et le classement des objets dont elle avait à s'occuper, a adopté les quatre divisions suivantes : — I. *Logement.* — II. *Ameublement ou mobilier, chauffage, éclairage, blanchissage.* — III. *Alimentation.* — IV. *Vêtements.* »

⁂ *L'huile de chien* ne figure pas à l'exposition universelle : c'est le produit d'une industrie clandestine qui s'exerce à Paris, et dont la matière première est fournie — le nom l'indique — par les diverses variétés de la race canine *razziés* sur la voie publique. Jusqu'ici l'emploi de l'huile de chien se limitait à la confection des perles fausses et des ouvrages en verre fondu ; mais le progrès incessant de l'industrie, joint au renchérissement continu des denrées alimentaires, permet de penser qu'avant peu ce nouveau produit entrera dans la consommation pour remplacer l'huile de noix, laquelle a depuis longtemps remplacé l'huile d'olive. L'huile de chien vaut le *beurre de cheval*, dont un équarisseur de Montfaucon eut, il y a quelques années, l'heureuse idée d'enrichir l'art de la cuisine.

⁂ Ce qu'on raconte de la haute Silésie célèbre jusqu'ici par la colossale misère de ses habitants ressemble à un conte des Mille et une nuits. De simples ouvriers sont devenus tout-à-coup riches à millions ; des princes et des comtes recherchent avidement les filles dotées de ces prolétaires, etc... Ce n'est pas une fée, c'est une mine qui opère ces merveilles : la fameuse mine de Calamine de Scharley.

Il y a trente ans, cette mine était affermée 30 ducats par an ; on y exploitait du plomb légèrement argentifère. Les exploiteurs ignoraient alors de quelle utilité est la calamine. Il n'en est plus ainsi maintenant ; la lumière s'est faite, et une Compagnie belge a offert quatre millions de thalers d'une partie de cette mine sans pouvoir l'obtenir ! des parts de mines achetées 800 thalers, donnent aujourd'hui une rente annuelle de 12 à 14 mille thalers ! Un simple ouvrier nommé Winkler, employé dans une usine, et qui avait pu acquérir un gîte, a 500 mille thalers de revenu dont hérite sa fille unique. Un autre ouvrier a laissé à sa fille un revenu de 600 mille thalers ! etc., etc ....

⁂ Le *New-York-Hérald*, voulant donner une idée de la salubrité des provinces Canadiennes, rapporte, d'après M. Hutton, qu'il y a dans le haut Canada 14 hommes et 18 femmes ayant dépassé l'âge de cent ans ; le bas Canada de son côté compte 40 centenaires (22 hommes, 18 femmes.). Eu égard à la population de ces contrées, ces chiffres sont en effet très-remarquables.

⁂ Etre mangé par des crabes, ces affreux comestibles, quelle horrible fin et quel contresens ! C'est ce qui est arrivé en partie à un pauvre matelot dont un journal français de Mexico, le *Trait-d'Union*, nous raconte l'histoire. De nombreux sinistres maritimes ont eu lieu sur la rade de Mazatlan, dans la nuit du 1er au 2 juin ; le navire *la Manette* s'est entièrement perdu corps et biens. « Hier soir, dit le journal de Mexico, un des naufragés de ce navire a été ramené des Cerritos. Il était dans le plus triste état. Ce malheureux est resté près de trente-six heures cramponné à un morceau de vergue. En touchant la terre, il s'est évanoui, et il ne peut dire le temps qu'il est demeuré là !... Il a les bras et les mains mangés, en certains endroits, par les crabes. Il avait alors encore le sentiment de conservation qui le portait à les repousser ; mais il n'en avait plus la force : ses bras étaient inertes. Les hommes d'un des détachements de cavalerie, envoyés par le gouvernement, l'ont rencontré et relevé au moment suprême de cette horrible agonie. Ils l'ont fait porter ici par des *rancheros.* Le médecin pense qu'il en reviendra. »

⁂ Par les soins des commissaires anglais de l'Exposition universelle de Londres, un grand Musée commercial est en voie de formation dans cette capitale. Des échantillons de tous les produits bruts ou fabriqués fournispar le règne animal sont réunis en ce moment et déposés provisoirement dans l'hôtel de la Société des arts. Le gouvernement a promis son assistance.

⁂ A l'adresse des mauvais plaisants qui nous menacent d'une disette prochaine du combustible minéral. Ce qui suit est extrait d'un rapport sur l'exploitation du charbon fossile en Prusse, présenté par M. de Carnall à la Société géographique de Berlin, le 7 juillet dernier. « D'énormes gisements de lignites existent, dit le rapporteur, dans la province de Saxe, de plus énormes encore dans celle de Brandebourg ; la Silésie n'est guère moins riche ; le même terrain carbonifère se montre dans la Prusse rhénane, sur la rive droite du Rhin, près de Bonn, et sur la rive gauche, près de Bruhl. Enfin le développement total de ces terrains est évalué à cent milles carrés environ, et l'extraction peut y être faite pendant *cinq mille* ans dans les proportions actuelles, c'est-à-dire à raison de 12,500,000 tonnes par an. »

⁂ Du même aux mêmes : On écrit au *Journal des mines* de la vallée de l'Emsch, en Westphalie, où l'on a récemment découvert un grand nombre de dépôts carbonifères s'étendant jusqu'au territoire de Munster, qu'il y règne une activité maladive semblable à la fièvre d'or en Californie.

D'après les règlements, la concession est toujours accordée au premier inventeur. Les paysans de cette vallée, pour devenir propriétaires de mines, font une véritable guerre de sondages. On se partage la surface du sol en une foule de fractions qui ne ressemblent pas mal à un échiquier, où les chercheurs, placés comme des pions vivants, forent la terre jour et nuit. Les journées des travailleurs se payent fort cher. Pour huit heures de travail de jour on leur donne dix-huit gros d'argent. Les mineurs habiles touchent un écu et dix gros d'argent par jour, et les forgerons deux thalers.

⁂ La 22e session du Congrès scientifique de France s'ouvrira au Puy (Haute-Loire), le 10 septembre prochain. Tout concourt à donner à cette réunion un vif attrait, une grande solennité ; le programme plein de questions scientifiques, littéraires, artistiques et agricoles; le pays si peu connu et si digne de l'être, avec ses bouleversements volcaniques, ses accidents pittoresques, ses gisements d'ossements fossiles, les ruines innombrables qui le couvrent, etc.

Afin que les visiteurs puissent se faire en peu de jours une idée exacte de cette intéressante contrée, les membres de la commission du congrès ont organisé des expositions industrielles et artistiques. On cite une exhibition des produits locaux ; une autre exposition présidée par M. l'évêque du Puy, réunira tous les objets d'arts religieux que possède le département. Moins bouleversé que beaucoup d'autres régions pendant les tourmentes révolutionnaires, le Velay contient une foule d'objets tels que tableaux, croix, ciboires, ornements, manuscrits, etc., qui piqueront la curiosité et exciteront l'intérêt autant par leur antiquité que par leur mérite artistique. Une semblable exposition pour les objets profanes aura lieu dans les salles du muséum du Puy. Nous ne disons rien des collections particulières que leurs propriétaires se feront un véritable plaisir d'ouvrir aux visiteurs.

Nous croyons être agréable à nos lecteurs en leur donnant ces détails, et nous les engageons vivement, ceux qui peuvent le faire, et à porter le concours de leurs talents et de leurs lumières dans un pays où ils pourront faire ample provision de précieux souvenirs.

⁂ M. Tastet raconte avoir constaté lui-même ce fait, signalé déjà par un grand nombre de voyageurs, que la côte occidentale d'Afrique exhale une forte odeur de musc; tous le animaux du Sénégal en sont imprégnés. Il l'attribue à un rongeur dit *rat musqué*, qui pullule dans ces contrées et exhale une telle senteur de musc, que celle-ci persiste longtemps dans les lieux que ce petit animal visite.

⁂ Vingt-cinq moutons à grosse queue de Brousse, dits *karamanlis*, viennent d'être donnés à la Société zoologique par M. le ministre de la guerre.

⁂ Une Commission prise dans le sein du Conseil royal de l'agriculture, de l'industrie et du commerce, est chargée par le gouvernement espagnol d'étudier la question de l'établissement d'un jardin zoologique d'acclimatation.

⁂ M. Defuisseaux, de Mons, a, dit-on, inventé un système de cuisson de pain au moyen de la houille, à l'aide duquel on peut, dans un four de 3 mètres de surface, cuire, en vingt-quatre heures, les rations de 2,500 hommes sans autre dépense que celle de 12 à 15 centimes de combustible.

M. le ministre de la guerre de Belgique a délégué M. Schollard, commandant du génie de la place de Mons, pour expérimenter la découverte, et il paraît que sur le rapport de cet officier, un four du nouveau système va être établi à la manutention militaire de cette ville.

M. le maréchal Vaillant, après avoir délégué de France M. Duchemin, commandant du génie, a ordonné l'établissement d'un four à Valenciennes. Enfin on ajoute que MM. Hallez et Ce, qui montent dans cette ville une nouvelle boulangerie économique, se sont empressés d'y appliquer ce procédé.

⁂ M. Pommier ayant visité récemment les territoires de Palaiseau et d'Orsay, a constaté que toutes les pommes de terre sont malades ou présentent des signes d'altération prochaine.

⁂ La consommation d'eau-de-vie qui se fait, en France, dans certaines villes industrielles est énorme. Voici deux faits, entre tous ceux que nous pourrions citer, qui en donnent une idée.

On a constaté qu'à Elbeuf, la quantité d'eau-de-vie, et quelle eau-de-vie! qui se boit chaque jour, répartie entre toute la population de la ville, hommes, femmes, vieillards, enfants compris, ne va pas à moins de huit petits verres par habitant. Or, comme beaucoup de femmes, beaucoup de vieillards et encore plus d'enfants de tout âge ne boivent pas d'eau-de-vie, il en résulte que chacun de ceux qui s'adonnent à cette boisson absorbe certainement une vingtaine de petits verres tout au moins.

Nous lisons dans le *Courrier de Bourges* qu'à Vierzon, les débitants de deux rues seulement, la rue Neuve et la rue Saint-Jean, ont vendu, rien qu'au détail, pendant la première semaine de juin, 800 litres d'eau-de-vie!

⁂ L'extraction de l'or est aussi active aujourd'hui que jamais en Californie ; on calcule que le produit de cette année égalera s'il ne le dépasse la moyenne annuelle savoir 400 millions de francs.

Erratum. — Dans l'article *sur la cause des mouvements des corps célestes* (précédent no), la suppression de plusieurs mots a changé une chose très-sensée en une chose absurde.

Page 366, 2e col., les lignes 17 et 18 sont à rectifier de la manière suivante :

« Il est évident que son intensité doit être proportionnelle à la vitesse du courant; celle-ci est inversement proportionnelle à la surface d'écoulement, c'est-à-dire au carré de la distance. »

---

*Le propriétaire, rédacteur-gérant :*
Victor Meunier.

---

PARIS. — IMP. J.-B. GROS, RUE DES NOYERS, 74

Première année, — N° 36. Quinze centimes. 9 septembre 1855.

# L'AMI DES SCIENCES

PAR

## VICTOR MEUNIER

BUREAUX D'ABONNEMENT :
**13, RUE DU JARDINET, 13.**
Près l'École de Médecine.

**Paraît le dimanche.**
(Les abonnements datent, au gré des souscripteurs, du commencement de l'année ou du premier dimanche de chaque mois).

PRIX DE L'ABONNEMENT POUR L'ANNÉE.
**PARIS, 6 FR. — DÉPARTEMENTS, 8 FR.**
ÉTRANGER, surtaxe en sus.
Envoyer un mandat de poste.



### La variabilité de l'espèce.

*Créer des formes nouvelles*, telle est pour une part, nous l'avons déjà dit, la fonction sociale des sciences naturelles.

En effet, il arrive que beaucoup d'êtres (végétaux et animaux) pour remplir le rôle qu'on leur destine, ont besoin de subir certaines modifications, il peut même se faire qu'ils n'acquièrent de valeur qu'après avoir été remaniés.

Ainsi, on souhaiterait dans certaines parties de cette fleur des formes, des couleurs différentes de celles qu'elles ont naturellement : c'était une modeste fleur des champs, on en veut faire l'ornement de nos parterres. Dans le fruit de cette plante on demande plus de volume, une chair plus abondante, une plus grande quantité de principes nutritifs, une saveur plus délicate ; c'était un fruit âcre, indigeste, il méritera de figurer sur nos tables.

Cet animal est estimé pour sa toison, on prétend perfectionner les qualités de sa laine ; celui-ci compte parmi les bêtes alimentaires, on veut accroître la masse de ses parties charnues, réduire le volume de ses os, donner à sa viande des qualités supérieures ; de ce troisième animal on veut faire un coureur de premier ordre ; à cet autre enfin, destiné à traîner de lourds fardeaux, on demande une force incomparable, etc.

Ici on désire supprimer tels organes inutiles ou dangereux, là développer certaines parties, ailleurs disjoindre celles que la nature a réunies. Dans d'autres cas, on voudra opérer sur les facultés, comme on a fait précédemment sur les organes, développer celles-ci, étouffer celles-là, les détourner de leur but, leur en assigner un nouveau, etc.

En un mot, il s'agit de modifier profondément un grand nombre d'êtres, et il faut que les changements se transmettent héréditairement, afin que le bénéfice en soit acquis pour toujours à l'humanité.

Est-ce possible ? Cela se fait.

Cela se fait, et ce qu'il faut dire, non pas à la confusion des naturalistes, mais pour stimuler leur ardeur ; cela s'est fait jusqu'ici sans eux. Ce grand art est celui de l'horticulteur et de l'éleveur, et non-seulement les naturalistes ne l'ont pas créé, mais ils n'ont presque rien fait pour lui. C'est à des praticiens, à des ouvriers des champs que la société doit ce que ces travaux lui ont procuré de bien-être ; c'est par eux que nous a été révélée notre puissance en matière d'organisation. Mais l'éleveur et l'horticulteur n'ont fait qu'appliquer empyriquement des vérités qui peuvent être scientifiquement établies et qui, formulées, donneront un essor immense et une certitude inusitée à la pratique. Il y a là un grand rôle à jouer, rôle dont les principes nouveaux de leur science conduiront les naturalistes à s'emparer.

Jusqu'à ces derniers temps, l'histoire naturelle a reposé sur le principe, je veux dire sur l'hypothèse que voici : soient des « individus descendus l'un de l'autre, où de parents communs, et de ceux qui leur ressemblent autant qu'ils se ressemblent entre eux » ; la réunion de ces individus constitue une espèce, et la définition est de Cuvier, dont l'école admet que les caractères ou l'ensemble de traits, constituant la physionomie de l'espèce végétale ou animale, sont tout à fait invariables, du moins qu'ils ne peuvent osciller qu'entre des limites très-étroites ; oscillations qui donnent naissance, non point à de nouvelles espèces, mais à de simples variétés.

Dès l'origine, les espèces actuellement vivantes avaient reçu en propre les caractères qu'elles présentent maintenant, et tant qu'elles existeront, elles les conserveront. Elles sont aujourd'hui l'image exacte de leurs premiers parents ; en elles, rien n'a changé, rien ne changera. Voilà ce qu'on admettait, et c'est sur ce fondement que tout l'édifice zoologique a été construit.

Ce prétendu principe de la *fixité de l'espèce* s'appuyait lui-même sur deux hypothèses.

La première était celle de la *préexistence des germes*. On admettait qu'au début de toute existence, l'organisation de l'être adulte se trouve toute entière, quoiqu'en petit et sous une forme invisible, dans l'ovule microscopique d'où cet être sortira, de sorte qu'il n'y a jamais formation, mais grossissement, développement.

La seconde hypothèse, conséquence nécessaire de la précédente, était celle de *l'emboîtement successif et indéfini des germes*. Dans les premiers parents de chaque espèce, se trouvaient en germes, emboîtés les uns dans les autres, tous les individus qui en sont sortis et tous ceux qui en sortiront jusqu'à la consommation de chaque espèce.

Il est curieux de voir sur quel amas de suppositions s'appuyait cette école réputée positive.

Comment l'idée de l'immutabilité de l'espèce avait-elle pu se maintenir en présence des variations si considérables qui nous sont offertes par les animaux domestiques ? La réponse à cette question est dans cette propriété dont sont doués tous les systèmes, et qui est en eux comme une sorte d'instinct de conservation, de fausser tout ce qui leur est contraire, et de laisser à l'écart les faits dissidents. La domesticité gênant les partisans de l'hypothèse dont il s'agit, ceux-ci avaient tranché la difficulté en expulsant les variétés domestiques de l'histoire naturelle; c'étaient là, selon eux, des faits dus à des causes totalement différentes de celles qui agissent dans l'ordre naturel.

Il faut ajouter que la Science des anomalies, laquelle ne s'accommode pas plus que la domesticité de l'idée de la fixité de l'espèce, n'était pas encore créée et les monstres qualifiés de *jeux de la nature* ne paraissaient pas plus dignes que les animaux domestiques de l'attention des naturalistes.

En outre les grands travaux d'embryogénie, qui nous montrent dans tous les êtres les degrés divers d'une métamorphose continue et progressive, étaient encore à faire. Enfin les classifications offraient de nombreuses lacunes, principalement causées par l'absence d'êtres de transition qui devaient plus tard établir des liens entre des sections considérées d'abord comme entièrement séparées les unes des autres.

Cette hypothèse de la fixité de l'espèce est aujourd'hui ruinée. Elle a bien encore quelques hommes éminents de son côté, mais les faits sont contre elle; et c'est parce qu'il en est ainsi que les sciences naturelles cessent d'être condamnées à une vie spéculative et qu'une carrière active s'ouvre devant elle.

Le principe nouveau auquel conduisent les faits est celui-ci:

*Les êtres varient sous l'influence des milieux; leurs variations dépassent en importance les limites des espèces, et se transmettent par voie de génération.*

L'avénement de ce principe constitue la révolution la plus radicale qu'aient subie jusqu'ici les sciences naturelles; leurs fondements sont renversés et l'ancien édifice n'est plus qu'un assemblage de matériaux propres à entrer dans une nouvelle et plus durable construction.

On comprend que le principe de la *variabilité de l'espèce* est mis en lumière principalement par les faits qu'avaient négligés les partisans de l'hypothèse remplacée par ce principe.

En premier lieu, le grand fait de la domesticité; les variations présentées par les animaux domestiques et qui se transmettent héréditairement, l'emportent de beaucoup en importance sur les caractères qui, tous les jours, constatés chez des êtres dont l'origine est inconnue, légitiment la création de nouveaux genres. Or, il est évident que ces variations sont dues exclusivement aux circonstances dans lesquelles sont placés les animaux qui les présentent, et si ces conditions sont déterminées par l'homme, c'est la nature qui les fournit.

En second lieu, le principe de la variabilité de l'espèce est mis hors de doute par les anomalies de l'organisation, lesquelles nous montrent que des individus peuvent naître avec des caractères autres que ceux de leur espèce, et que ces traits nouveaux qu'ils apportent peuvent se transmettre par voie de génération. De telle sorte que le naturaliste descripteur n'hésiterait pas à voir dans certains de ces individus, les exemplaires d'espèces nouvelles, si au lieu de se produire sous nos yeux ils eussent pris naissance loin de nous à une époque indéterminée.

Enfin ce principe est également prouvé, quoique avec moins de force, par les différences qu'offre parfois, une même espèce observée aux points extrêmes de sa circonscription géographique.

Ainsi la géographie, les anomalies, la domesticité, se réunissent pour démontrer que l'espèce est variable; et ces trois séries de faits donnent à penser que les coupes qualifiées du nom d'espèces ne sont que des races issues d'une seule et même souche.

Quelles conséquences pratiques y a-t-il à déduire de ce qui précède? Cette conséquence, on la pressent déjà.

L'hypothèse de la fixité de l'espèce était de nature à restreindre singulièrement les applications des sciences naturelles, ou plutôt elle condamnait ces sciences à une existence purement spéculative.

Quand le naturaliste avait étudié la loi du développement des êtres et les conditions de leur existence, que lui restait-il à faire? rien. L'homme était le simple spectateur des choses naturelles et la science, au lieu d'être l'AGENT DU PERFECTIONNEMENT UNIVERSEL, n'était qu'une doctrine contemplative et conservatrice.

Mais maintenant, il est démontré que les êtres peuvent varier sous l'influence des circonstances extérieures; nous savons en outre qu'un même fond les constitue tous, et qu'ils ne diffèrent les uns des autres que par des inégalités de développement; les êtres inférieurs s'offrent à nous comme les embryons des êtres supérieurs; des avortements et des dégénérescences rendent compte de leur diversité; nous pouvons poser ce principe, *la forme sous laquelle tout être se présente n'est que le rapport de son impulsion initiale aux circonstances extérieures;* dès lors la scène change: la Science peut aspirer légitimement à déterminer les causes prochaines de toutes les formations, et ces causes connues, rien ne s'oppose à ce que nous en prenions l'administration, modifiant, retranchant, perfectionnant. De contemplative qu'elle était lorsqu'elle s'appuyait sur la préexistence et l'emboîtement des germes, l'histoire naturelle devient donc essentiellement active: elle s'élève au rang de puissance sociale.

---

## REVUE DE L'EXPOSITION UNIVERSELLE.

M. le docteur Payerne a fait notre besogne en décrivant dans l'article suivant qu'il nous adresse, le remarquable bateau plongeur de son invention que les Parisiens ont vu fonctionner dans la Seine il y a quelques années, qui depuis a rendu de grands services dans les travaux sous-marins de quelques-uns de nos ports, et dont un modèle au 10e figure à l'Exposition.

### Steamer sous-marin du docteur Payerne.

La recherche des moyens de naviguer sous l'eau est très-ancienne. Un écrivain anglais dont je regrette de ne pouvoir citer le nom, la fait remonter jusqu'au XVIe siècle. Fulton, le célèbre Américain, est le premier qui ait obtenu un commencement de succès, succès qui n'a été dépasssé par aucun des concurrents qui sont entrés en lice après lui.

Efficacement secondé par ses concitoyens, il fit construire un premier bateau sous-marin qu'il n'acheva pas, tant en cours d'exécution il le trouva défectueux. A cet appareil avorté en succéda un deuxième plus heureux, qui fut successivement essayé en Amérique, en Angleterre et en France, et qui, muni d'avirons articulés manœuvrés de l'intérieur, a permis à Fulton d'effectuer quelques kilomètres de traversée. Mais comme la vitesse de l'appareil était bornée, et tout à fait incapable de lutter contre les courants; comme d'un autre côté Fulton n'avait vu dans la construction de son bateau sous-marin qu'une machine de guerre, qu'un véhicule destiné à porter des matières explosibles sous les carènes des escadres ennemies, et qu'il fut obligé de s'avouer que l'absence de vitesse lui faisait manquer son but, il cessa de s'occuper de navigation sous-marine pour donner à son génie la direction plus heureuse dans laquelle, quoique primé par un français, le marquis de Jouffroy, il s'est acquis une juste célébrité.

Un échec d'un autre genre contribua à détourner Fulton de ses projets de navigation sous-marine, et à lui en faire envisager la solution comme impossible; ce fut l'inutilité du concours de l'illustre Guyton de Morvau, sur la question de rendre respirable l'air déjà respiré. On sait, en effet, que ce savant s'était activement occupé de cette question, et qu'il avait présenté sur ce sujet à l'Académie des sciences dont il faisait partie, un mémoire qu'on ne retrouve pas, et qui a vraisemblablement été supprimé par son auteur, dont les expériences n'ont pas confirmé les prévisions scientifiques.

Fulton n'est pas le seul à qui la navigation sous-marine se soit montrée avec un horizon borné à des courses inaperçues effectuées au-dessous de la surface des eaux, et à des manœuvres incommodes. Ce qui le démontre, c'est que les bateaux sous-marins de ceux qui ont repris son ébauche se ressemblent tous par une défectuosité commune, l'impossibilité de communiquer avec le dehors autrement qu'avec des manches imperméables dans lesquelles il fallait introduire les bras pour agir. C'est de cet inefficace procédé que Fulton entendait faire usage pour fixer les torpèdes de son invention, sous les carènes des bâtiments ennemis, une fois abordés d'une manière inaperçue. Tel était l'appareil du docteur Petit, d'Amiens, dans lequel mon malheureux collègue perdit la vie, à Saint-Valery-sur-Somme. Tel était un modèle en bois, exécuté d'après les plans et sous la direction immédiate du marquis d'Aubusson, modèle que j'ai vu à Londres, chez son correspondant, le comte de Crouy. Tel était, enfin, un bateau qui a été essayé à Paris, et qui, après avoir occasionné un grave accident à son inventeur, fut acheté comme vieux fer par un mécanicien de la rue Mazarine, dans les ateliers duquel on le voyait encore en 1846.

Sans parler de la respiration qui ne tardait pas à être compromise, ces appareils exposaient à des mécomptes qui n'étaient compensés par aucun avantage réel. Ils n'avaient ni la vitesse, ni les autres qualités indispensables à leur destination.

Pour les voir servir aux usages espérés par nos devanciers, il n'y avait que deux difficultés à résoudre, la propulsion et la respirabilité de l'air. Mais j'ai pensé qu'en modifiant la construction de ces appareils, il y avait lieu de les appliquer à toute espèce de travaux sous l'eau, ce qui les rendrait utiles aussi bien en temps de paix qu'en temps de guerre. Pour atteindre ce but, il fallait aplanir une troisième difficulté inabordée autrement qu'avec la cloche à plongeur : faire communiquer directement l'équipage avec le milieu dans lequel il devait séjourner.

Voici par quels moyens je résous ces trois difficultés :

1° La marche sous l'eau s'obtient à l'aide des propulseurs héliçoïdes et des machines à vapeur existantes. Je ne change que l'appareil de chauffe, et j'emploie un foyer hermétiquement clos d'où la fumée s'échappe par sa propre tension, en soulevant une soupape qui retombe dès que l'eau tend l'envahir. Dans ce foyer, où l'on peut brûler le premier combustible venu, un azotate supplée à la suppression de tout courant d'air. Un robinet dont la clé est creusée en cul de sac, transmet au foyer le combustible et l'azotate, sans donner issue à la flamme.

Ce procédé ne laisse à désirer que sous le rapport de la dépense qui varie, avec le prix des azotates, de 2 à 3 fr. par force de cheval et par heure.

Dans le modèle exposé, la chaudière est à deux fins : elle peut servir de chaudière ordinaire avant de plonger, et de chaudière pyrotechnique quand on immerge. Dans ce dernier cas, on ferme hermétiquement les deux portes du foyer, qu'on dispose tel qu'on le voit installé dans le modèle, on y introduit du combustible salpêtré auquel on met le feu qui s'alimente à l'aide du robinet dont il a été question, et dont la clé est mise en mouvement par transmission.

La condensation est facultative pendant que le bateau reste émergé ; mais elle devient indispensable dès qu'il vient à s'immerger, à moins de perdre sans utilité une force proportionnelle à la colonne d'eau sous laquelle on se trouve, indépendamment de celle qui correspond à la pression atmosphérique.

2° La respirabilité de l'air est entretenue par l'action d'un fort soufflet dont la tuyère, terminée en pomme d'arrosoir, plonge dans une solution alcaline. La pomme d'arrosoir sert à diviser l'air en filets déliés, aptes à mieux recevoir le contact de l'alcali. Elle est très-importante. Je pense même que c'est à son omission qu'il faut attribuer l'insuccès des expériences de Guyton de Morvau, au génie duquel l'utilité du soufflet n'a pu manquer de se présenter.

3° La communication directe de l'équipage avec le fond s'obtient à l'aide d'un approvisionnement d'air comprimé qui donne la faculté d'équilibrer l'atmosphère du bateau avec la colonne d'eau qui pèse sur lui, d'ouvrir le fond de la chambre de travail, d'en expulser toute l'eau, et d'y vaquer à n'importe quelle occupation avec moins de gêne que sous la cloche à plongeur.

Je ne classe pas au nombre des difficultés de la navigation sous-marine les procédés d'immersion et d'émersion. Ces procédés, qui préoccupent beaucoup les personnes étrangères à l'étude de la physique, n'ont jamais paru être des obstacles sérieux aux adeptes de la science. Aucun n'ignore qu'à l'aide des pompes aspirantes et refoulantes on embarque de l'eau pour aller à fond, et qu'on fait la manœuvre contraire pour revenir à la surface. Les premiers martyrs de la navigation sous-marine ont même trop compté sur l'efficacité de cette ressource. Ils n'ont pas assez réfléchi que cette efficacité pouvait être annihilée par l'effet d'une rupture, et même par le simple dérangement d'une partie du mécanisme. C'est un excès de confiance de ce genre qui a perdu l'infortuné Petit, et qui n'eût pas été moins fatal à un autre inventeur si on ne se fût hâté de vider l'écluse dans laquelle il avait la sage précaution d'expérimenter.

Dans mon appareil, la facilité qu'on a de se mettre en communication avec le fond permet à l'équipage, si tout ou partie du mécanisme refuse de fonctionner, de jeter du lest jusqu'à ce que la pesanteur spécifique, devenue moindre que celle de l'eau, le ramène à la surface.

C'est à cette utile ressource, qui donne de la sécurité aux ouvriers composant l'équipage, qu'est due d'abord la facilité avec laquelle se recrute son personnel, ensuite l'absence de tout accident depuis que le bateau, actuellement en fonction à Cherbourg, fournit aux ingénieurs des travaux hydrauliques un moyen d'action dont ils savent apprécier l'utilité.

Dr PAYERNE.

## LA SEMAINE SCIENTIFIQUE.

EXPÉRIENCES REMARQUABLES SUR LES CAUTÉRISATIONS DE LA POITRINE DANS L'ASPHYXIE. — Le 4 février 1855, appelé auprès d'une jeune fille qui s'était asphyxiée, M. le docteur Faivre la trouva inanimée, pâle, insensible. En vain employa-t-il deux heures durant tous les moyens usités en pareil cas ; saignée, affusions froides, titillation des narines, vapeurs sulfureuses introduites dans les voies respiratoires, sinapismes, flagellation, respiration artificielle, cautérisation des membres inférieurs avec des fers chauffés presque au rouge, tout fut inutile. Enfin, M. Faivre imagina de cautériser le haut de la poitrine avec la pointe du fer ; il toucha ainsi le dessous des clavicules, les aisselles, les espaces intercostaux. Après deux minutes, les doigts s'étendirent en s'écartant, les mains, jusque-là appliquées contre le corps, s'en éloignèrent, elles se portèrent en avant, s'agitèrent comme pour écarter quelque chose. Regardant déjà la jeune fille comme sauvée, le docteur cessa les cautérisations ; quelques instants après la patiente était retombée dans son premier état. Aussitôt les cautérisations sont reprises et provoquent un mouvement. Les yeux s'ouvrent, la tête se soulève, un faible cri se fait entendre. Le médecin suspend pour la seconde fois l'application du fer rouge, et pour la seconde fois la malade retombe dans l'état d'où on croyait l'avoir tirée. Nouvelles cautérisations qui sont continuées malgré une résistance devenue énergique; la sensibilité se réveillait enfin. Aux cautérisations qu'on continue s'ajoute la flagellation; M. Faivre frappe la patiente avec un martinet à plusieurs lanières, jusqu'à ce que les forces lui manquent. Le commissaire de police, témoin de ces manœuvres, ordonna à un de ses agents de remplacer le médecin.... Enfin, trente-huit heures après, mais non plus tôt, la pauvre jeune fille entièrement revenue à la vie, ne se souvenait plus ni des brûlures, ni des coups.

Avant d'être appelé auprès de cette malade, M. le docteur Faivre s'était occupé de la recherche d'une méthode thérapeutique contre l'asphyxie. Il avait, dans ce but, institué sans grand résultat des expériences nombreuses. Encouragé par le succès qu'il venait d'obtenir, il les reprit, voulant s'assurer si ce succès était dû à des causes accidentelles ou si l'ensemble des moyens employés était de nature à constituer un mode de secours applicable à toutes les asphyxies graves. Ces expériences l'ont conduit à établir les propositions suivantes :

1° Après l'asphyxie, les cautérisations du thorax provoquent constamment une réaction tant qu'il reste une ombre de souffle; — 2° la sensibilité va en s'éteignant des extrémités du corps vers le centre; elle revient, au contraire, des parties centrales vers les extrémités. On ne saurait trop insister sur ce fait, car il démontre l'inutilité des efforts que l'on dirige vers les extrémités inférieures dans les cas d'asphyxie et autres; — 3° la tendance à ressentir la douleur est nulle tant que le sujet reste exposé à la cause qui a compromis sa vie; — 4° l'asphyxie a une très-grande tendance à reparaître alors même qu'elle semble entièrement dissipée; souvent la mort surprend les individus au moment où depuis longtemps on les croit hors de danger; de là la nécessité de prolonger le traitement et l'utilité d'exercer une surveillance attentive sur les malades même après leur rétablissement; — 5° ce n'est jamais une manifestation de douleur qui apparaît comme premier symptôme des cautérisations de la poitrine, mais une série de mouvements musculaires dont la conséquence est, en définitive, l'élargissement du thorax. Les signes de douleur ne se montrent que lorsque la respiration et la circulation sont rétablies au moins jusqu'à un certain point. Il semble, en un mot, que dans ces circonstances, l'organisme exige une quantité déterminée d'excitations pour sortir de son état de torpeur.

Après avoir reconnu d'une manière si positive l'efficacité des cautérisations dans l'asphyxie, M. Faivre s'est demandé si l'on n'en pourrait pas étendre l'usage à tous les cas où la mort est causée par une lésion accidentelle des fonctions respiratoires, telles que la strangulation, la pendaison, l'étouffement sous les décombres, dans les foules, la submersion, etc. Enfin, il a étudié leurs effets dans quelques cas d'empoisonnement, particulièrement ceux qui sont dus à l'opium à haute dose et au chloroforme. Ces expériences, qui ne laissent aucun doute sur l'efficacité du traitement, sont rapportées dans un mémoire communiqué par l'auteur à l'Académie des sciences. Nous allons en citer quelques-unes. Dans le suivant, on verra la puissance des cautérisations dans le cas de mort apparente par strangulation.

« Un jeune chien épagneul est pendu par le cou dans un nœud fixe qui passe derrière les mâchoires et l'occiput. La corde tourne sur elle-même. Il reste un quart d'heure d'une tranquillité complète, que j'avoue ne pas m'expliquer, surtout en me rappelant la rapidité avec laquelle apparaissent les symptômes de strangulation en pareil cas; son cœur n'ayant subi encore qu'une très-légère accélération, il est pris tout à coup d'une agitation convulsive des plus violentes, il se tord dans tous les sens, les extrémités inférieures se rapprochent de la poitrine, il a pu saisir la corde et la mordre avec rage, ses mâchoires grinçant l'une contre l'autre donnent un craquement bruyant et sec; il ouvre la gueule démesurément, sa langue tombe dehors, les yeux font saillie, les conjonctives, la muqueuse buccale et la langue à sa base surtout ont pris une teinte violette, il urine deux fois très-abondamment, les battements du cœur sont tellement désordonnés qu'il est impossible de les suivre.

« Cette crise, après avoir duré deux minutes, s'apaise brusquement : il ne fait plus que quelques mouvements des pattes; les battements deviennent de plus en plus distincts; à la dix-neuvième minute je n'en compte plus que de trois à cinq pour dix secondes. L'animal est délivré, je le place sur ma table, il ne donne aucun signe de vie; les pulsations insaisissables à la main, sont très-difficilement perçues avec le stéthoscope, l'insensibilité est complète, le fer rouge est porté impunément sur tout le corps, il est aussi près de la mort que possible. J'applique alors le caustique sous l'aisseille et sur les côtes; il revient en quelques minutes. Cet animal que j'ai pendu ainsi plusieurs fois restait toujours de dix à douze minutes sans paraître très incommodé, je l'ai placé ensuite dans un nœud coulant, il résista encore beaucoup plus longtemps que la plupart des autres animaux. »

Voyons maintenant ce qu'on pourrait attendre des cautérisations dans les cas où la vie est tout à coup compromise par le fait d'une compression violente et invincible de la poitrine, comme cela se présente quand des individus sont étouffés sous des décombres ou dans une foule.

« Un chien dogue de très-forte taille a le corps tout entier, depuis les clavicules jusqu'au bassin, serré entre deux fortes planches; deux cordes placées à la hauteur de la poitrine et du ventre, et munies d'un tourniquet, permettent de porter la constriction au plus haut degré possible. L'animal se défend d'abord avec la plus violente énergie, il se jette sur moi, saute en l'air, se précipite contre le mur, et fait entendre, malgré sa muselière, un grognement sourd et bruyant; mais bientôt il se calme, et dès lors tous les symptômes convulsifs ont la plus grande analogie avec ceux de l'asphyxie par le charbon; seulement, la poitrine étant maintenue dans une immobilité forcée, tout le mouvement respiratoire se passe en quelque sorte en longueur : les clavicules remontent très-haut vers le cou, les viscères abdominaux semblent refouler le bassin en arrière; tantôt l'animal est couché sur le côté ou sur le ventre, et il lutte avec effort pour respirer, tantôt il se relève brusquement, se dresse contre le mur, bondit avec rage, se tord, agite ses pattes; une écume abondante et mêlée de sang s'écoule de sa bouche; enfin, il tombe pour ne plus se relever, les mouvements de la poitrine, d'abord haletants et précipités, à la suite de cette dernière crise, se ralentissent presque subitement, et bientôt ils sont à peine visibles.

« Après quatre minutes de cet état, l'animal est dans une profonde stupeur, les cautérisations les plus fortes sur les jambes et sur la poitrine même ne sont suivies d'aucun résultat. Alors je le délivre : il reste inanimé, étendu, dans un état complet de résolution, les mâchoires entr'ouvertes; sa langue pend sur le sol, ses yeux sont tout ouverts, c'est à peine si un mouvement léger dans sa poitrine vient de temps à autre indiquer qu'il lui reste une ombre d'existence; en vain je le remue, je le secoue, il reste tout à fait inerte. Alors je commence à le cautériser sur les jambes, les cuisses, sous les orteils, la sensibilité est absolument nulle; le fer rouge est porté à plusieurs reprises, je le laisse une ou deux secondes à la même place : il ne bouge pas. Je le porte alors sur sa poitrine, il se produit d'abord quelques contractions vagues, elles s'accentuent à mesure que je persiste; les côtes se déplacent, les parois thoraciques se meuvent, et je vois toute la respiration sortir lentement et par degrés de cet anéantissement où elle était tombée; bientôt il lève la tête, ses yeux se fixent sur moi, j'applique le fer rouge sur sa poitrine, sa respiration s'accélère, il me voit et il reste parfaitement tranquille cependant; puis il fait entendre d'abord un sourd gémissement à chaque cautérisation, il aboie sans chercher à fuir : il sent le mal et il n'en a pas la conscience; enfin, le sentiment renaît manifestement: il fait quelques efforts pour se sauver, quatre minutes après je ne pouvais plus effleurer, si légèrement que ce fût, avec le fer, ses pattes et ses cuisses, sans qu'il jetât de violents cris de douleur. En somme, il se rétablit si bien, que la nuit suivante il rompit sa corde et s'échappa par une fenêtre. »

On voit que la simplicité de ce moyen curatif égale son efficacité, il ne demande aucune connaissance médicale, un morceau de métal quelconque chauffé fortement suffit. Pour éprouver la sensibilité, on commence par appliquer le bord ou la pointe de l'instrument en décrivant des lignes de trois ou quatre centimètres de longueur; mais si cela est nécessaire, on n'hésite pas à appuyer fortement et sur une large surface. Cependant, en général, on devra multiplier les cautérisations plutôt que d'insister trop fortement sur chacune d'elles. Quand l'asphyxié a donné quelques signes de sensibilité, son salut dépend presque toujours du degré de persévérance que l'on apportera dans le traitement. Loin de s'arrêter aux premiers signes de sensibilité, et quels que soient les cris de douleur, on devra persister longtemps à irriter le malade par des brûlures, et quand la poitrine agira avec ampleur, on devra les étendre à toutes les parties du corps.

Une fois assuré d'avoir réveillé la sensibilité dans les membres, il faudra recourir à la flagellation: c'est de tous les moyens d'excitation celui qui mérite la préférence. Sachant enfin combien il serait dangereux de s'arrêter aux signes les plus évidents du rétablissement, on devra pendant les premières heures s'opposer à toute tendance au sommeil; car laisser le malade s'abandonner à ce repos, dont il a pourtant un si grand besoin, ce serait s'exposer peut-être à le voir expirer subitement.

Une hallucination. — Le sujet de cette curieuse observation est un marchand de vins, âgé de quarante-six ans, nommé P.... Le 24 juin dernier, il devient tout à coup hébêté et reste quatre heures sans pouvoir prononcer un mot; il est pris ensuite d'un mouvement convulsif. On appelle un médecin qui ordonne seize sangsues, huit de chaque côté des oreilles. L'accès disparaît, le malade devient parfaitement calme et pendant toute la journée ne présente rien de particulier. Mais le lendemain, à deux heures de l'après-midi, étant dans sa chambre, il voit très-distinctement un homme de grandeur naturelle qui, tranquillement, coupe en morceaux le journal qu'il tenait à la main. Cette hallucination dure quelque temps, puis tout cesse, et il se trouve assez tranquille. Mais le soir, étant dans son lit et lorsqu'il venait d'éteindre sa lumière, il voit apparaître quatre saltimbanques parfaitement costumés qui lui parlent par signes. Ils tiennent une poudre brune, la jettent à travers la chambre, et immédiatement cette poudre se transforme en une foule d'animaux, tels que couleuvres, crapauds, lézards et autres, qu'il dit même n'avoir jamais vus auparavant. Il appelle alors sa femme, qui vient et rallume la lumière. Les saltimbanques, cependant, continuent à jeter leur poudre; les meubles se couvrent bientôt de reptiles; le lit principalement en est chargé. Le malade prie sa femme d'aller chercher un baquet et de les mettre dedans. En attendant, il les repousse, autant que possible, avec la main. Il s'adresse de nouveau à sa femme et lui demande d'aller chercher dans le comptoir cinq francs et de les donner aux saltimbanques afin qu'ils s'en aillent. La pauvre malheureuse, tout effrayée, descend et rapporte bientôt l'argent demandé; le mari l'offre aux saltimbanques, mais ces derniers lui rient au nez et continuent leurs sortiléges. Il entre alors dans une fureur extrême, il veut absolument se lever; sa femme essaie de le retenir, mais ne le peut. L'agitation du malade ne fait qu'augmenter, il demande un couteau pour en frapper ces misérables, enfin ses menaces décident les saltimbanques à partir.

Malheureusement, à peine ont-ils disparu, qu'il entend le bruit de vrilles perçant des murailles; les murailles sont bientôt percées, et par les trous de vrille arrive cette poudre, qui ne tarde pas à se transformer en oiseaux et en crapauds voltigeant et sautant de tous côtés. La colère du malade ne fait qu'augmenter, et trois personnes ont beaucoup de peine à le retenir dans son lit.

P... resta jusqu'au lendemain matin dans cet état. Alors arrive M. Judée, qui raconte le fait dans la *Gazette des hôpitaux*. Le médecin prescrivit trente gouttes d'ammoniaque dans un julep à prendre dans la journée. Les hallucinations persistèrent: il en eut une très-singulière. Il vit sur sa commode une toute petite femme ayant environ huit pouces de haut, qui, appuyée contre le cadre de la glace, s'amusait à briser sa montre, dont les éclats volaient dans sa chambre. Vers les quatre heures on voulut le faire manger; il s'y refusa d'abord. On lui fit cependant avaler quelques bouchées; mais chaque fois qu'il en prenait une, il la couvrait de sa main afin de ne pas être empoisonné par les poudres qu'on essayait de jeter dessus. Cela ne l'empêchait pas de leur trouver un *goût très-prononcé* de plomb. P.... avait travaillé le plomb avant de se faire marchand de vin.

Malgré la gravité de son état, on le fit lever vers cinq heures pour aller voir un de ses amis. Il fut poursuivi en route par un de ces saltimbanques qui l'avaient déjà tant tourmenté. Ce saltimbanque tirait de sa poche des crapauds qui se mettaient immédiatement à sauter autour de P... Cependant, quand le malade arriva chez son ami, l'homme aux crapauds parut avoir peur et se cacha derrière un arbre. P... en fit l'observation aux personnes qui l'accompagnaient; celles-ci s'étant mises à rire, le malade commença à se douter de son état. Il eut encore pendant la nuit quelques hallucinations qui l'empêchèrent de dormir. Le lendemain elles avaient complétement cessé; elles n'ont plus reparu. M. Judée lui donna encore pendant quelques jours de l'ammoniaque, mais par simple mesure de précaution, et en ayant soin de diminuer progressivement la dose.

Tunnel sous le Pas-de-Calais. — Nous avons rendu compte de deux projets relatifs à l'établissement d'un chemin de fer à travers le Pas-de-Calais. L'un de ces projets appartient, on se le rappelle, à MM. Franchot et Tessié du Motay; l'autre à M. le docteur Payerne. Les uns et les autres proposent d'établir un tunnel sur le lit de la mer. M. Favre veut l'établir en dessous. Nous exposerons bientôt un autre projet de chemin de fer anglo-français. Aujourd'hui nous nous occuperons de celui de M. L. Favre auquel nous laissons la parole.

« Les gigantesques travaux accomplis récemment sur les chemins de fer de Lyon, de Genève et de Marseille, ont prouvé que les ingénieurs pouvaient exécuter des tunnels d'une grande longueur. Le chemin de fer souterrain de la Nerthe est de quatre mille six cent vingt mètres; soit plus de cinq kilomètres. Le chemin de fer souterrain du *Mont Crédo* s'étend sur trois mille neuf cents mètres; soit quatre kilomètres. Le chemin de fer souterrain de Saint-Yrénée a plus de deux mille mètres. De récentes études faites par M. Mauss, ingénieur éminent au service du gouvernement sarde, ont montré qu'on pouvait percer dans les Alpes une galerie présentant une longueur de plus de douze mille mètres; soit environ treize kilomètres, *sans puits intermédiaire*. Enfin, plusieurs ingénieurs ont constaté la possibilité d'établir un réseau de chemins de fer souterrains de vingt-huit kilomètres, sous Paris. Le problème de percer des tunnels d'un long parcours est donc résolu. C'est en présence de ce fait que nous nous sommes livré à des études qui nous ont prouvé la possibilité d'unir la France à l'Angleterre par un chemin de fer sous-marin.

« Notre projet consiste en un tunnel de trente kilomètres de longueur, creusé sous la mer, et offrant autant de sécurité qu'un chemin de fer à ciel ouvert: 1° le tunnel sera percé de manière à ce que la couche de terrain qui le séparera de la mer n'aura jamais moins de vingt-cinq mètres, même sous la plus grande profondeur du détroit; 2° le tunnel sera revêtu d'une double voute; la première en briques et ciment imperméable; la seconde, en tôle percée d'étroites ouvertures qui permettront de s'apercevoir instanément de la moindre filtration.

« Nous avons l'exemple d'un tunnel en tôle construit sous l'avenue de Neuilly. Ce tunnel a plus de cent mètres de longueur; il est d'une parfaite solidité et d'une admirable construction. Nous n'aurons pas à redouter les inondations qui ont si souvent entravé la construction du tunnel de Londres, creusé dans une argile bleue peu consistante. Le tunnel du Pas-de-Calais traversera, au contraire, une roche extrêmement dure qui, à elle seule, pourrait offrir une galerie très-solide, mais qui, ainsi que nous l'avons dit, recevra en outre deux autres voûtes. Nous devons constater aussi que le tunnel de la Tamise n'est séparé des eaux que par une mince couche d'argile qui, en plusieurs endroits, possède à peine quatre mètres d'épaisseur. Le tunnel du Pas-de-Calais sera toujours séparé du fond de la mer, même au milieu du chenal, par une couche de terrain d'au moins vingt-cinq mètres. Sur les côtes de Cornouailles, un grand nombre de mines s'étendent à plusieurs kilomètres sous les eaux de la mer. Les galeries sont établies sans voûte maçonnée, et aucun accident n'arrive jamais. Cependant les travailleurs ne sont quelquefois protégés que par une si faible couche de terrain, qu'ils entendent au-dessus de leurs têtes le bruit des galets roulés par les eaux. Il en sera tout autrement pour le tunnel du Pas-de-Calais. Nous donnons ces explications, car il faut avant tout qu'on soit bien convaincu que le chemin de fer sous-marin sera moins dangereux qu'un chemin de fer terrestre, où les variations atmosphériques, les neiges, les glaces, les actes de destruction se renouvellent trop fréquemment pour la sûreté des voyageurs.

« Nous arrivons à la question essentielle de notre projet. Les difficultés qui paraissent insurmontables consistent dans l'étendue du tunnel, dans la lenteur des travaux, qui ne peuvent être poursuivis que sur deux points à la fois, puis dans l'encombrement des déblais, dont on ne se débarrasse qu'en les charriant jusqu'aux côtes. Pour surmonter ces obstacles, nous avons établi dans notre projet des puits, construits dans le détroit, qui diviseront les travaux souterrains en sections de tunnels de moins d'un myriamètre de longueur. Ces puits maritimes permettront d'attaquer le tunnel en plusieurs endroits différents. Ainsi, les travaux se trouveront poursuivis à la fois dans la galerie de la côte de France, dans la galerie de la côte d'Angleterre, et dans les galeries des puits. En outre, on aura l'avantage de jeter les déblais dans la mer, et d'en former des îlots autour de ces puits. Il est aujourd'hui démontré que la mer n'a pas d'action sur le massif des enrochements recouverts de gros blocs au-dessous des basses mers de morte-eau. Au-dessus de ce point, les constructions maçonnées de manière à former des blocs puissants résistent aux attaques des flots. Il est donc possible de construire ces puits, qui sont, nous pouvons le dire, l'idée neuve de notre projet, idée qui permet la facile réalisation de ce tunnel. Avec les puits, on pourra donner aux travaux la célérité qu'on voudra leur imprimer, aérer le tunnel et créer des îlots dans le détroit. A l'aide de ce système, il ne faudra que cinq années pour terminer ce tunnel.

« Les frais de constructions des tunnels varient suivant les terrains qu'ils traversent. Le tunnel du *Credo*, de quatre kilomètres, a été adjugé à une compagnie pour 7,252,000 fr. Celui de Saint-Yrénée, de deux mille cent mètres, revient à 4,426,000 fr. C'est environ 2 millions par kilomètre. Le tunnel souterrain de vingt-huit kilomètres, projeté dans Paris, est évalué à 64 millions. Il aura à rencontrer des obstacles au moins aussi grands que ceux du tunnel du Pas-de-Calais, et subira des frais énormes d'expropriation. Un habile ingénieur, M. Escarraguel, qui a exécuté plusieurs tunnels dans des terrains granitiques, et auquel nous avons communiqué notre projet, n'évalue pas à plus de 2 millions par kilomètre les frais de creusement du tunnel sous-marin. Il pense qu'il serait facile de construire les puits maritimes d'une manière très solide, et cependant à un prix de revient peu élevé.

« Le cap Gris-Nez n'est éloigné de Douvres que de trente kilomètres. Nous trouvons que le fond de la mer descend par une pente qui, au milieu du chenal, atteint de trente-neuf à cinquante-cinq mètres, pour ne présenter, en s'avançant des côtes, que vingt-cinq à vingt-six mètres de profondeur. A neuf kilomètres du cap Gris-Nez, le tunnel s'infléchit légèrement au nord-ouest, pour éviter un bas-fond de soixante mètres. Les travaux de cette ligne peuvent être commencés au cap Gris-nez, à Douvres et dans des puits construits sur un fond de trente-trois mètres au-dessous du niveau de la mer. »

Fonction glycogénique du foie. — M. Cl. Bernard déclare que « chez un chien en digestion de viande cuite ou crue, il n'y a pas de sucre dans la veine porte, ni une heure, ni deux heures, ni trois heures, etc., après le repas ». M. Figuier, au contraire, s'appuyant sur plus de trente expériences faites sur des chiens soumis au régime exclusif de la viande, et saignés à la veine porte pendant la digestion, affirme que dans le sang de la veine porte d'un animal placé dans ces conditions, on peut toujours, à l'aide du réactif de Frommhertz (tartrate de cuivre dissous dans la potasse), reconnaître la présence d'un principe sucré. La commission académique a constaté, en effet, par l'organe de M. Dumas, que la liqueur de Frommhertz est réduite, mais elle a ajouté que cette réduction ne suffit pas pour caractériser le sucre, et que la fermentation peut seule fournir une conclusion rigoureuse sur la nature du principe réducteur. Dans son nouveau mémoire, que nous avons promis d'analyser et dont nous allons donner la partie essentielle, M. Figuier satisfait au desideratum de la commission, en produisant la fermentation demandée.

Un chien de forte taille, nourri depuis huit jours de viande de cheval, a pris un repas composé de cette viande cuite. Six heures et demie après ce repas, on a fait sur l'animal vivant la ligature de la veine porte, le sang, défibriné, pesait 700 grammes. 600 grammes de ce sang ont été traités par deux fois et demie leur volume d'alcool à 36 degrés. Séparée du coagulum rouge dû à l'action de l'alcool, et acidulée par un peu d'acide acétique, cette liqueur a été évaporée à siccité au bain-marie. Le résidu, bien sec, a été repris par l'eau distillée et passé à travers un linge pour le séparer du dépôt albumineux formé pendant l'évaporation. La liqueur ainsi obtenue a été divisée en deux parties égales.

La première partie a été mise, directement et sans traitement particulier, en contact avec de la levûre de bière : elle n'a donné aucun signe de fermentation.

La seconde a été tenue en ébullition, pendant deux ou trois minutes, avec cinq gouttes d'acide azotique ordinaire. La liqueur, qui était trouble, et passait très difficilement à travers le filtre, a donné, par l'ébullition, un dépôt de nature albumineuse ou caséeuse, et s'est subitement éclaircie en prenant une belle teinte jaune. Neutralisée ensuite *très exactement* par un peu de carbonate de soude en poudre, et mise en contact avec de la levûre de bière bien lavée, elle a donné, au bout d'un quart d'heure, des signes de fermentation qui ont continué pendant plusieurs heures, en ayant la précaution de maintenir l'appareil près d'un fourneau un peu chaud. Le gaz recueilli était entièrement absorbable par la potasse. Quant au liquide, on l'a placé dans une petite cornue, et on en a recueilli, par la distillation, environ le cinquième. Pendant cette distillation, il a été facile de reconnaître, dans le récipient où les vapeurs se condensaient, une odeur alcoolique bien caractérisée. Le produit de cette distillation ayant été placé dans une cornue plus petite, on a rectifié de manière à ne recueillir que les sept à huit premières gouttes du produit. Dans cette rectification, l'odeur alcoolique s'est encore manifestée avec évidence. Enfin, ce dernier liquide, additionné de quelque gouttes d'une dissolution de bichromate de potasse et d'un peu d'acide sulfurique, porté ensuite à l'ébullition, s'est coloré en vert, et a conservé, après l'ébullition, une légère odeur d'aldéhyde.

Ainsi le même sang de la veine porte qui n'avait point donné directement de signes de fermentation, présente ce phénomène dès qu'on le soumet à l'action de quelques gouttes d'un acide étendu.

« On peut conclure de cette expérience, dit M. Figuier, que le principe sucré qui se forme pendant la digestion de la viande, s'accompagne, dans la veine porte, de quelque substance étrangère qui met obstacle à la fermentation alcoolique. Pour faire apparaître le sucre avec toutes ses propriétés, il faut le débarrasser, par l'ébullition avec un acide, des matières étrangères qui l'accompagnent, de même que, pour obtenir à l'état de pureté un produit mêlé à d'autres matières organiques, il faut, par des réactifs appropriés, par le sous-acétate de plomb, par exemple, éliminer les autres substances organiques. »

Transmission des impressions sensitives dans la moelle épinière. — Après avoir cherché à démontrer que, contrairement à la doctrine généralement admise en France, les cordons postérieurs de la moelle et leur continuation, les corps restiformes ne sont point les organes de transmission de la sensibilité, que l'opinion plus récemment émise par M. Ludwig Turck, d'après laquelle la transmission de la sensibilité se ferait par les cordons latéraux en sens croisé, c'est-à-dire par le cordon latéral droit pour les impressions reçues par la moitié gauche du corps et *vice versâ*, n'est pas plus fondée; que cette transmission ne se fait pas davantage par les cordons antérieurs; en un mot, qu'aucune des parties blanches de la moelle ne possède la fonction de transmettre les impressions sensitives jusqu'à l'encéphale, M. Brown-Séquard arrive à reconnaître, dans un mémoire présenté à l'Académie des Sciences, que c'est la substance grise qui possède cette fonction. Ce que le raisonnement l'a ainsi conduit à admettre, l'auteur cherche à le prouver par des expériences directes. Voici les expériences qui démontrent, suivant lui, cette conclusion :

Si à la région dorsale on coupe transversalement toute la substance grise, on trouve que la sensibilité est perdue dans les membres postérieurs, quelle que soit la partie de la substance blanche qu'on laisse intacte. Si, à l'aide d'un petit instrument spécial, on parvient à détruire la substance grise centrale presque entièrement et sans léser notablement la substance blanche, on trouve la sensibilité diminuée ou même perdue, suivant que la destruction de la substance grise a été plus ou moins considérable.

Ainsi donc la substance grise paraît avoir la fonction de transmettre les impressions sensitives. Mais si cette manière de voir est exacte, il en résulte que la propriété de transmettre les impressions est indépendante de la propriété d'être sensible, car la substance grise de la moelle paraît ne pas être sensible. Des faits nombreux démontrent que la faculté de transmettre l'action nerveuse peut appartenir à des parties insensibles. Ainsi, on sait parfaitement que les fibres du cerveau sont insensibles, et pourtant elles transmettent l'action nerveuse. De plus, certains ganglions des nerfs rachidiens, sinon tous, ainsi que les fibres nerveuses qui les traversent, paraissent être insensibles, ainsi que l'auteur l'a découvert récemment. Or il est incontestable que les impressions sensitives sont transmises par ces ganglions et ces fibres sensibles. Ce fait montre aussi que la même fibre nerveuse peut être sensible, puis ne plus l'être, et ensuite l'être de nouveau.

Conservation des céréales. — M. Stanislas Martin nous écrit qu'il a conservé des céréales pendant plusieurs années en les mêlant à une partie égale de silex en poudre très-sèche. « Par ce moyen, dit-il, chaque grain se trouve isolé d'un autre grain, d'où suit que la fermentation n'y est pas plus possible que le développement des insectes. Je ne doute pas que cette expérience qui a été faite en petit n'ait un résultat semblable dans des silos de vaste capacité; le silex en poudre se trouve en France dans beaucoup de localités, il n'y aurait d'autre préparation que de le faire sécher, ce qui n'entraîne qu'une dépense fort minime. »

Chemins de fer urbains. — Six projets de chemins de fer destinés à réunir les stations du nord et du midi de Bruxelles sont en ce moment à l'étude. Voici en quoi consistent les projets; 1° viaduc de 2 à 3 kilomètres traversant en ligne droite avec station voisine du centre de la ville, élevée de 7 mètres au dessus du niveau des rues. — 2° chemin de fer de 7 à 8 kilomètres, hors la ville, traversant le faubourg de Flandre : station unique éloignée de la ville;—3° viaduc entre les deux directions précédentes, à travers des quartiers où les immeubles sont d'un prix peu élevé; — 4° Tunnel de 6 kilomètres avec station au centre de la ville ; — 5° on propose de voûter la rivière de la Senne qui traverse les bas quartiers et d'installer sur cette voûte un chemin de fer à niveau , la traction serait opérée par des chevaux ; — 6° enfin le dernier projet consiste a établir à mi-côte dans le quartier commerçant un chemin tantôt à ciel ouvert, tantôt à souterrain, afin de ne pas entraver la circulation des rues; de border ce chemin de magasins, de docks, de maisons destinées au commerce : station centrale. La concentration du mouvement commercial sur les bords de la voie aurait pour résultat de désencombrer le reste de la ville.

## NOUVELLES ET CAUSERIES.

*Obstacles au progrès. — Facéties professorales. — Boulangerie locomobile. — Une chinoiserie. — Progrès de l'Australie. — Buste de Pinel. — Télégraphe pantographique. — Accidents dans les manufactures. — Nouvelle plante fourragère. — La rouille des blés. — Accroissement du nombre des distilleries.*

*** En 1819, un M. Godot demanda à établir le long des boulevards et des quais une voiture omnibus : la demande fut rejetée. En 1824, pareille demande fut faite par MM. Dubourg et d'Audrion, en 1826, par MM. Baudry et Boitard, sans plus de succès. En 1828 seulement, M. Baudry obtint enfin de faire circuler les premières voitures sur le boulevard. Bien vite d'autres entrepreneurs obtinrent d'en faire circuler sur d'autres lignes. Mais plusieurs de ces compagnies durent renoncer à leurs entreprises, les céder à perte ; quelques-unes, en assez petit nombre, prospérèrent complétement. — Ces faits, que nous empruntons à la *Presse*, montrent quels obstacles rencontre en ce bas monde la réalisation des meilleures choses et des plus simples.

*** Le *Moniteur des hôpitaux* raconte les anecdotes suivantes :

*Faculté de Paris*. — Un étudiant était sur la sellette : — Pourriez-vous me dire, Monsieur, quelle était pour Stoll la principale indication à l'emploi des purgatifs ? — Après quelques balbutiements, le jeune néophyte se risque à répondre : Monsieur, on n'a pas dit dans les cours de la Faculté que j'ai suivis, la réponse à cette question. — Par Dieu, Monsieur, réplique le professeur, si vous n'avez appris que ce qu'on enseigne à la Faculté, vous ne savez pas grand chose !

*Faculté de Montpellier*. — Un autre étudiant était sur une autre sellette : Monsieur, lui dit un professeur vénérable, vous savez, sans doute, que la colonne vertébrale se compose de plusieurs pièces ?

— Oui, Monsieur, environ 70 ou 80, je crois.

— Pas tout à fait autant, mais peu importe. Savez-vous comment ces pièces sont unies les unes aux autres ?

— Oui, Monsieur... elles sont unies... par... un lien...

— Très-bien, elles sont unies par un ou plusieurs liens; mais quel est ce lien ?

— Monsieur, ce lien..... s'appelle..... c'est..... le principe vital!

— C'est très-bien, Monsieur ; il y en a assurément d'autres; mais le principal est incontestablement celui que vous venez de nommer; sans lui, tous les autres ne serviraient à rien.

⁂ Un mécanicien de Bienne, d'origine polonaise, M. Koronikolski, a inventé, dit le journal la *Suisse*, une boulangerie mobile qui fournit de 15 à 20,000 livres de pain par jour. La machine est montée sur une voiture et traînée par quatre chevaux. L'inventeur s'est adressé aux ministres de France et d'Angleterre, en Suisse, qui en ont référé à leurs gouvernements. Le chef du département militaire fédéral a examiné l'invention et reconnu les grands services qu'elle peut rendre.

⁂ L'*Echo du Pacifique* annonce l'organisation de plusieurs compagnies chinoises pour le transport, en Chine, de tous les Chinois morts en Californie, et déjà un navire chargé d'un grand nombre de cercueils est parti de San-Francisco pour un port de la Chine, où ils seront recueillis par les familles des défunts qui les ont réclamés. Ce fret, d'un genre nouveau, pourra procurer aux armateurs des chargements de retour, dont, sans cela, ils n'eussent pas eu l'occasion. C'est le côté sérieux de cette chinoiserie.

⁂ Le clipper *Red-Jacquet*, arrivé à Mersey, venant d'Australie, a fait connaître qu'en quinze jours, du 14 au 28 avril, 6,071 immigrants sont entrés à Melbourne. Pendant les quatre premiers mois de cette année, on a reçu dans cette ville 585,141 onces d'or venues sous escorte, et 679,141 onces d'or venues par eau. Deux nouveaux placers, nommés Yandoït et New-Sendigo, ont été découverts près le mont Alexandre, mais on ne sait encore s'ils seront d'un bon rapport.

Les deux chemins de fer de Williams-Town et Geelong à Melbourne sont en voie d'achèvement. Une communication par télégraphe électrique a été établie entre Geelong et Port-Philippe.

⁂ Une commission vient de se former spontanément au sein de l'Académie de médecine pour faire exécuter une copie en marbre du buste en plâtre de Pinel, qu'elle possède déjà, et qui a été exécuté par M. Bra. Cette commission se compose de MM. Ferrus, Falret, Baillarger, Bricheteau et Fr. Dubois.

⁂ Au nom de notre compatriote, M. d'Arbaud de Blonzac, et à celui d'un Niçois, M. Pérez, annonçant l'un et l'autre avoir trouvé le moyen de transmettre, par le télégraphe électrique, des écritures autographes, des dessins, etc., la *Revue franco-italienne* nous apprend qu'il faut ajouter celui de M. Giovanni Caselli, de Florence, lequel réclame contre M. Pérez la priorité de l'invention, la sienne remontant, dit-il, à quatre mois. Il ajoute que le mécanisme de M. Pérez a besoin de plusieurs fils électriques, tandis que son télégraphe *pantographique* n'en emploie qu'un seul et pourrait s'adapter sans aucun changement à toutes les lignes télégraphiques terrestres et sous-marines actuellement existantes. Quelques minutes suffiraient, avec le procédé de M. Caselli, pour transmettre d'un bout à l'autre du monde une page entière de manuscrit, d'impression, un dessin quelconque, et même des discours sténographiés. M. d'Arbaud de Blonzac prétend obtenir le même résultat avec des moyens tout aussi simples.

⁂ La Société industrielle de Mulhouse a offert une médaille d'or à l'établissement industriel du Haut-Rhin qui, à conditions égales, aura le plus complétement appliqué à l'ensemble de ses machines les dispositions nécessaires pour éviter les accidents qu'elles pourraient causer; la Société se réservant de décerner également des médailles d'argent aux établissements qui, sans remplir entièrement les conditions du programme, auraient cependant introduit chez eux des améliorations notables dans le sens indiqué.

La maison Dolfus, Mieg et Cie est la seule jusqu'ici qui se soit présentée à ce concours, et comme elle a rempli quelques-unes des conditions exigées, la médaille d'argent lui a été décernée.

⁂ M. Ducheyron, colon algérien de la province d'Oran, a envoyé à la Société centrale d'agriculture, un paquet de graines d'une plante fourragère nommée *Dis* par les Arabes, et qui, d'après lui, est une espèce de *Fétuque*. Cette graminée, qui offre un fourrage précieux et abondant, couvre des espaces considérables, à tel point qu'elle donne son nom à plusieurs localités de l'Algérie. Les graines ont été remises à M. Pépin, chargé d'en essayer la culture.

⁂ M. de Gasparin a informé la même Société que la rouille a envahi beaucoup de champs de blé, tant en France qu'à l'étranger.

D'après l'honorable membre, cette poussière rouge couleur de rouille, placée sur une plaque à miscroscope et légèrement mouillée, laisse apercevoir une grande quantité de petits vers se mouvant comme des anguilles. M. de Gasparin recommande aux cultivateurs de ne pas prendre pour semence des blés attaqués de la rouille.

⁂ Depuis trois ans, le nombre des distilleries s'est accru en France dans de vastes proportions. En 1853, on ne comptait encore que 30 sucreries transformées et produisant de l'alcool; en 1854, ce chiffre s'est élevé à plus de 100. En outre, il s'est établi plus de 300 usines nouvelles, qui distillent de 4 à 12,000 kilogrammes de racines par jour. L'année prochaine, d'autres usines s'élèveront encore; de sorte qu'on arrivera probablement à produire 1 million d'hectolitres de trois-six.

---

## BULLETIN BIBLIOGRAPHIQUE.

— Du suicide et de la folie-suicide considérés dans leurs rapports avec la statistique, la médecine et la philosophie, par M. le docteur A. Brierre de Boismont, directeur d'un établissement d'aliénés; 1 vol. in-8° de plus de 600 pages. Prix : 7 fr. Chez Germer-Baillière, 17, rue de l'Ecole-de-Médecine.

— Éducation antérieure. Recherches et instructions sur les influences maternelles, par M. de Frarière; 1 vol. format anglais, 2 fr. Dumineray, 52, rue Richelieu.

— Notice sur l'édification du grand Théâtre et du Palais de Justice à Lyon, par Antoine-Gaspard Bellin, docteur en droit; 1 vol., 2 fr. 50 c. Ballay et Conchon, 5, rue du Pont-de-Lodi.

— Quelques considérations sur la rente de l'État, les obligations et les actions des chemins de fer, comme placement à l'occasion de l'emprunt de 1855, par S. Grosjean-Bérard (de Genève), broch. in-8°. Napoléon Chaix et comp., 20, rue Bergère.

— Grandeur et décadence d'un Mirliton de Saint-Cloud, par Odysse-Barot, 1 vol. in-18, 1 fr. 50 cent. Coulon-Pineau, 33, rue Monsieur-le-Prince.

— Découverte Entomologique, description du Pediculus vinealis, cause de l'oïdium. — Traitement rationnel de cette maladie. — Réponse à M. Flourens, touchant sa Théorie de la production du Nouvel Être, par M. Monier, docteur en médecine; broch. in-8 avec dessins dans le texte, 1 fr. 50. Chez Goin, 41, quai des Grands-Augustins.

— Mnemo-plasto-graphie. Notice préliminaire sur un système méthodique pour une réforme complète des livres d'enseignement dans les sciences et les arts, par E. Ernuszt, Vienne, imprimerie Auer.

---

*Le propriétaire, rédacteur-gérant :*
Victor Meunier.

PARIS. — IMP. J.-B. GROS, RUE DES NOYERS, 74

Première année. — N° 37. Quinze centimes. 16 septembre 1855.

# L'AMI DES SCIENCES

PAR

## VICTOR MEUNIER

BUREAUX D'ABONNEMENT :
13, RUE DU JARDINET, 13.
Près l'École de Médecine.

Paraît le dimanche.
(Les abonnements datent, au gré des souscripteurs, du commencement de l'année ou du premier dimanche de chaque mois).

PRIX DE L'ABONNEMENT POUR L'ANNÉE.
PARIS, 6 FR. — DÉPARTEMENTS, 8 FR.
ÉTRANGER, surtaxe en sus.
Envoyer un mandat de poste.





### Un ami de la science et du peuple.

Le mouvement de places occasionné par la mort de M. Duvernoy a maintenant cessé, non faute de postulants, mais faute de places à donner: elles sont prises. M. Flourens ajoute à son traitement de professeur de physiologie comparée au Muséum celui de professeur d'histoire naturelle au Collége de France, et donnera chaque année deux éditions, ou si l'on aime mieux, deux tirages des mêmes idées. M. Serres abandonne l'enseignement de l'anthropologie qu'il a eu l'honneur de fonder et qu'il a porté si haut (1) pour se donner la satisfaction de s'asseoir à son tour dans la chaire illustrée par Cuvier, où, sous un titre nouveau, il répétera nécessairement ses anciennes leçons. M. de Quatrefages, que ses études désignaient pour la place donnée à M. Flourens, occupe celle que M. Serres quitte et va être forcé d'étudier les éléments de la science que le sort des mutations le condamne à enseigner. Enfin M. Gratiolet, qui avait des droits à la chaire d'anatomie comparée, l'ayant occupée avec distinction à titre de suppléant, voit sa carrière entravée, sinon brisée, par le caprice souverain de M. Serres. Aucun des hommes éminents qu'on vient de citer n'est donc à sa place. Les choses sont ainsi arrangées conformément aux présentations faites par l'Institut, le Muséum et le Collége de France. Il est évident que des convenances toutes personnelles ont procédé à l'arrangement.

En présence de ces faits, c'est pour nous une consolation que d'avoir à signaler au moins un exemple de dévouement à la science.

Ex-préparateur à l'École Polytechnique, M. Doré fils se consacre, depuis huit années, à l'enseignement de la chimie. Il n'a reçu mission que de lui-même, de ses aptitudes, de sa conscience ; il n'a pas brigué de places, il s'en est fait une. Il a ouvert dans sa propre maison, rue d'Austerlitz, un amphithéâtre, où chaque année, au mois de juillet, il invite les ouvriers de son arrondissement (le 12me) à venir rompre avec lui le pain de la science. Il fait les frais du banquet, l'enseignement est gratuit. Cela ne lui suffit point; le cours terminé, il appelle ses auditeurs dans son laboratoire, et les fait manipuler sous ses yeux. Les matières premières, le combustible, la *casse*, sont, comme tout le reste, à ses frais. Il a fait plus, il a organisé chez lui une bibliothèque publique, où il met, tous les dimanches, ses livres et ses journaux à la disposition de ceux auxquels il a désappris le chemin du cabaret.

M. Doré accomplit cette œuvre de dévouement aussi simplement, aussi naturellement qu'un professeur officiel touche le traitement attaché à la chaire dans laquelle il se fait suppléer. Loin de se poser en bienfaiteur devant ses élèves, le noble jeune homme se regarde comme leur obligé. Lisez cette

(1) Voir plus loin l'article *Variétés*.

dédicace : *Aux ouvriers du 12e arrondissement*, qui figure en tête de la première partie de ses leçons imprimées (1).

« Permettez-moi, leur dit-il, de vous offrir ces leçons élémentaires de chimie appliquée en reconnaissance de l'accueil que vous voulez bien me montrer depuis sept années.

« Très-jeune encore, au mois de juillet 1848, j'ouvris un cours de chimie à l'Athénée populaire du 12e arrondissement; certes, je n'avais ni les connaissances nécessaires, ni l'habitude de professer, mais j'avais, ce que j'ai encore aujourd'hui, la volonté ferme de partager avec mes concitoyens le peu de savoir que j'ai acquis.

« Eh bien ! Messieurs, ce jour-là pouvait à jamais me décourager, mais vous vous êtes empressés de me tendre une main bienveillante, et fort alors de cet appui, j'ai continué chaque année ces cours où vous ne cessez de me donner des marques de sympathie ; j'ai continué à répandre les connaissances scientifiques, en un mot, j'ai pu apporter quelque chose à l'œuvre de la civilisation ; car instruire l'homme, c'est le civiliser. »

Ainsi s'exprimait-il l'année dernière. Il publie en ce moment, par livraisons, la seconde partie de son cours.

« Je continue, dit-il dans la préface de ce nouvel ouvrage, la tâche que je me suis imposée, tâche qui est pour moi aussi douce qu'agréable; car instruire ses concitoyens, combattre le mystère, dévoiler la fraude, flétrir le falsificateur, porter, en un mot, un peu de lumière où règnent les ténèbres, tels sont les devoirs de chaque homme envers ses semblables.

« Aimons l'humanité, aidons-nous les uns les autres, ajoute-t-il en terminant, et le calme que l'accomplissement sincère de ce devoir sacré fera naître dans nos consciences nous rendra vraiment heureux. »

Après cela, je ne ferai pas la faute de louer M. Doré. Il s'est loué lui-même à son insu dans ce qui précède bien plus éloquemment que nous ne pourrions le faire. Sans doute il s'étonnera que nous ayons trouvé là matière à citation ; à la simplicité de l'expression, on reconnaît en effet que ces généreux sentiments coulent de source. C'est la première fois probablement qu'un instituteur du peuple parle ainsi à son élève. Ces sentiments, il faut le dire, honorent autant ceux qui les inspirent que celui qui les exprime. C'est pour nous un devoir plein de douceur que de à signaleraux propagateurs des vérités scientifiques ce complice, aux travailleurs cet ami ; aux gens de bien ce coopérateur, dont la plupart d'entre eux ignoraient sans doute l'existence; et j'ajoute : aux possesseurs des grands fiefs scientiques, ce modèle dont ils ne feraient pas mal de s'inspirer un peu.

---

## Le magnétisme, principe de physique céleste.

(FIN) (2).

Revenons au mémoire de M. Moïse Lion. On nous saura gré, nous l'espérons, de détacher de ce travail encore inédit, mais dont la date est certaine, le chapitre relatif à la périodicité des aurores boréales; cette citation suffira d'ailleurs à la fois pour donner une idée de tout le travail et établir la priorité de M. Lion sur le R. P. Secchi, le docteur Muller, etc...

On sait que les météorologistes ont constaté une périodicité remarquable dans l'apparition des aurores polaires ; voici, d'après M. Kaemtz (3), le nombre de ces météores pour chaque mois de l'année:

| | | | |
|---|---|---|---|
| Janvier | 229 | Juillet | 87 |
| Février | 307 | Août | 217 |
| Mars | 440 | Septembre | 405 |
| Avril | 312 | Octobre | 497 |
| Mai | 184 | Novembre | 285 |
| Juin | 65 | Décembre | 225 |

L'inspection de ce tableau a conduit M. Lion aux remarques et aux conclusions que nous allons exposer :

1° Les aurores polaires sont moins nombreuses en été qu'en toute autre saison ; — preuve, dit M. Lion, qu'elles ne proviennent point de l'élévation de la température.

2° Elles sont plus nombreuses en automne qu'en toute autre saison; — preuve qu'elles ne proviennent point de l'abaissement de la température, puisque celle-ci est à son maximum en hiver.

3° Elles sont plus nombreuses en hiver qu'en été ; — preuve qu'elles sont plus fréquentes quand le globe terrestre est rapproché du soleil, — ce qui arrive en hiver.

4° Elles sont plus nombreuses en automne qu'en hiver ou en été ; — preuve qu'elles ne proviennent point de l'électricité d'origine chimique, qui est en plus grande quantité en hiver qu'en automne.

5° Elles sont le moins fréquentes aux mois des solstices, le plus fréquentes aux approches des équinoxes ; — preuve que leur apparition, liée au mouvement annuel de la terre, dépend surtout de l'égalité de l'influence solaire sur les deux hémisphères (nord et sud) du globe.

Cette dernière circonstance dérive naturellement de l'action inductive du soleil, et prouve, comme toutes les déviations de l'aiguille, la nature contraire des pôles solaires et des pôles terrestres du même hémisphère céleste.

En effet, quand aux solstices un pôle terrestre est plus rapproché du pôle solaire de nom différent que ne l'est l'autre pôle terrestre, le fluide s'accumule sur l'un des hémisphères terrestres; où, par l'influence solaire, il se maintient séparé du fluide contraire de l'autre hémisphère terrestre ; les aurores polaires sont donc rares aux solstices. Vers les équinoxes, au contraire, les deux hemisphères terrestres sont également rapprochés du soleil, également influencés par lui ; alors la tension magnétique terrestre est forte également dans les deux hémisphères, et la recomposition des fluides contraires, favorisée par leur égale accumulation, n'est plus entravée par l'influence attractive du soleil sur le fluide de l'hémisphère terrestre le plus rapproché de lui. Les aurores polaires sont donc fréquentes aux environs des équinoxes.

Quant à la périodicité diurne, soit des perturbations de l'aiguille occasionnées par des aurores polaires, soit des aurores elles mêmes, voici les faits suivis de leurs conséquences :

« 1° Les perturbations de l'aiguille sont proportionnelles à l'intensité de l'aurore ; elles annoncent l'approche de celle-ci dès le matin du jour qui précède son apparition nocturne. Alors, le matin, l'aiguille de déclinaison de Paris dévie vers l'occident, et le soir elle dévie vers l'orient (1). »

L'action solaire qui repousse le matin l'aiguille (variations diurnes) vers l'ouest, et le soir vers l'est, doit être proportionnelle à la tension contraire du fluide terrestre. Or, celle-ci augmentant, la tension contraire de l'aiguille augmente aussi ; et comme l'action répulsive du soleil est proportionnelle à la quantité de fluide de l'aiguille, celle-ci est déviée le matin vers l'occident, le soir vers l'orient.

« 2° Quand le pôle nord se porte vers l'ouest, l'inclinaison diminue et l'intensité horizontale augmente ; de plus, l'intensité verticale augmente, mais moins que l'intensité horizontale (int. horizont. : int. vert. : : 1|10 : 1|20 ou 1|25) (2). »

---

(1) Voir aux annonces du n° 18.

(2) Voir l'avant-dernier numéro.

(3) KAEMTZ, *Cours de Météorologie*, trad. par M. Ch. Martins.

(1) *Cosmos*, p. 198.

(2) Loi découverte par M. Silgestrœm, Kæmtz, p. 461.

Quand le pôle nord est dévié vers l'ouest, cela provient de ce que, la tension du pôle terrestre augmentant celle du fluide contraire de l'aiguille, le fluide solaire (pareil à celui de l'aiguille) la dévie davantage ; l'intensité horizontale augmente alors en raison composée de la tension de l'aiguille, de celle du pôle et de celle de l'atmosphère terrestre (atmosphère est dit pour abréger, sans vouloir préciser la hauteur des aurores polaires ou la restreindre à celle de l'atmosphère) ; l'intensité verticale augmente en raison de la tension de l'aiguille et de celle du pôle diminuée de celle de l'atmosphère ; la première, c'est-à-dire l'intensité horizontale, est donc celle qui augmente le plus, et la seconde, c'est-à-dire l'intensité verticale, celle qui augmente le moins ; la première tend à diminuer l'inclinaison, la seconde tend à l'augmenter, et comme la première est la plus considérable, elle l'emporte, et l'inclinaison diminue.

Remarquons, d'ailleurs, que « la déviation à l'ouest a lieu, en général, dès le matin du jour qui doit être suivi d'une aurore boréale, et que le soiril y a déviation à l'est ; » — preuve que c'est le soleil qui la produit en agissant sur l'aiguille, dont le fluide, de même nom que le fluide solaire, a été augmenté par l'action du fluide contraire de la terre, accumulé en excès au pôle magnétique.

3° Il résulte des observations faites par la commission française dans le Nord que les rayons colorés en rouge et en vert, parties les plus brillantes des aurores polaires, et qui agissent si puissamment sur l'aiguille aimantée, se montrent surtout vers dix heures du soir, et que leur apparition est rare après quatre heures du matin.

« La même périodicité se retrouve dans les déplacements subordonnés, ou du moins simultanés aux aurores, qu'éprouvent les aiguilles magnétiques; les variations diurnes habituelles étant déjà soustraites des effets de l'aurore (1). »

Or, si l'on compare le jour à l'année, il est évident que midi et minuit seront pour chaque horizon ce que les équinoxes sont pour tout le globe, et que la plus égale influence du soleil à l'est et à l'ouest a lieu vers le milieu de la nuit ou du jour. Les aurores étant les plus nombreuses et les plus éclatantes de dix à deux heures de la nuit (le jour elles sont à peu près invisibles), on peut conclure à l'influence du soleil d'après cette périodicité diurne.

Nous n'insisterons pas sur la période séculaire des aurores boréales, rien de positif n'étant encore acquis sur ce point.

En définitive, dit M. Lion, tout ce qu'on sait de certain sur les aurores polaires, toutes les perturbations magnétiques auxquelles elles donnent naissance, tous les détails de leur périodicité s'accordent à démontrer :

1° Que les aurores polaires sont la recomposition d'un excès des deux fluides magnétiques du sphéroïde terrestre (*Cosmos*, p. 302) ;

2° Qu'elles ne proviennent ni d'une électricité d'origine chimique, ni de changements de température ;

3° Que leur nombre dépend de la position des deux hémisphères magnétiques de la terre à l'égard du soleil ;

4° Que le soleil exerce ainsi une puissante action sur le magnétisme de la terre ;

5° Que le soleil est lui-même magnétique, et que chacun de ses pôles magnétiques est l'inverse du pôle terrestre correspondant.

---

## REVUE DE L'EXPOSITION UNIVERSELLE.

### Conservation du lait. — Procédés de M. Mabru.

Avant de soumettre le lait à ses procédés de conservation, Appert le faisait évaporer et concentrer; M. de Lignac opère de même; le premier ajoutait au lait des jaunes d'œuf, le second y ajouté du sucre ; M. Mabru, au contraire, est parvenu à conserver le lait sans concentration, sans addition d'aucune substance. Aussi l'Académie lui a-t-elle avec justice décerné, il y a quelques mois, l'un des prix qu'elle distribue annuellement ; de plus ses procédés viennent d'être l'objet d'un rapport éminemment favorable présenté à la Société d'encouragement par M. le docteur Herpin.

Les moyens de M Mabru sont d'une simplicité parfaite et des plus ingénieux. Qu'on se figure un grand vase fermé dans l'intérieur duquel on peut faire arriver de la vapeur d'eau produite par un générateur. Dans ce vase on mettra douze à quinze bouteilles métalliques, terminées à leur partie supérieure par un tube vertical en plomb ou en étain mince et d'un diamètre intérieur de un centimètre. Ce tube communique avec un réservoir supérieur ouvert. Les bouteilles sont remplies de lait et le réservoir supérieur en contient également. Enfin on verse dans ce dernier à la surface du lait une petite couche d'huile d'olive qui a pour but de mettre le liquide à l'abri du contact de l'air.

« On peut très-bien, dit M. le docteur Herpin, se faire une idée de l'appareil de M. Mabru, en se représentant une bouteille fermée par un tube vertical en plomb, de 3 à 4 décimètres de hauteur, et terminé par une sorte d'entonnoir. La capacité de la bouteille, ainsi que le tube vertical et le sommet de l'entonnoir, sont entièrement remplis par le lait, dont la surface est recouverte par la couche d'huile. »

Les choses ainsi disposées, on fait arriver la vapeur dans la caisse où les bouteilles sont renfermées. La température du lait contenu dans ces bouteilles s'élève à 75 ou 80 centig.; il se dilate et vient en partie se déverser dans le réservoir supérieur, en outre l'air interposé mécaniquement ou même dissous dans le lait se dégage complétement et s'échappe par le tube vertical et le réservoir en traversant la couche d'huile.

L'opération se continue pendant une heure à peu près ; au bout de ce temps, le lait est entièrement purgé d'air.

On arrête alors l'arrivée de la vapeur dans l'appareil et on laisse le tout se refroidir lentement jusqu'à la température d'environ 20 degrés. Le lait qui s'était dilaté se condense, mais il remplit toujours chaque bouteille et le tube qui la surmonte. Non seulement il ne reste plus d'air dans le lait, mais il n'y a point d'espace vide dans l'intérieur des bouteilles, puisque le liquide y est soumis à la pression d'une colonne de 3 à 4 décimètres de hauteur, contenue dans le tube.

Au moyen d'une pince, on comprime fortement ce tube au dessus de chaque bouteille, dès lors hermétiquement fermée; le tube est coupé au-dessus de cet étranglement et on applique de la soudure d'étain sur la section. L'opération est terminée.

On voit donc que le lait a été chauffé à l'abri du contact de l'air atmosphérique, qu'il a été complétement purgé de gaz, que l'air atmosphérique ne saurait s'y introduire de nouveau ; qu'enfin l'absence de tout espace vide empêche le liquide de ballotter dans l'intérieur du vase, ballottement qui provoquerait la séparation du beurre. Toutes les conditions d'une parfaite conservation sont donc réalisées.

« L'expérience a démontré, dit M. Herpin, que, par l'emploi des procédés que nous venons de faire connaître succinctement, le lait naturel peut se conserver pendant plusieurs mois et même plusieurs années, sans aucune addition de substances étrangères. Il a été procédé, en séance du comité des arts économiques, à l'ouverture de plusieurs boîtes métalliques contenant du lait qui avait été préparé en présence de vos commissaires huit mois auparavant. Une autre boîte, préparée depuis le mois de juillet 1853 et dûment scellée, a été également ouverte en avril 1855, après son retour d'un voyage au Brésil, où elle avait séjourné pendant six semaines. Le lait contenu dans ces vases, et en particulier dans la dernière boîte, a été unanimement reconnu comme étant dans un état de conservation parfaite ; il avait un bon goût, une odeur et une saveur agréables : le beurre ne s'était pas séparé ; seulement

(1) Kæmtz, p. 457.

la crême étant fixée à la partie supérieure du vase, il a fallu la délayer et mélanger le tout ensemble, ce qui s'est fait très-promptement et sans aucune difficulté. Ce lait, quoique ayant près de trois ans de conservation, nous a paru ressembler, en tous points, à du lait de bonne qualité récemment trait et chauffé; il a parfaitement bouilli, et il a monté tout comme du lait frais. »

Le rapporteur conclut ainsi :

« 1° M. Mabru a apporté, dans l'art de préparer les conserves alimentaires et celles de lait en particulier, des perfectionnements d'une haute importance, qui, en ouvrant à cette industrie une voie nouvelle, donneront lieu, par la suite, à de nombreuses et utiles applications;

« 2° M. Mabru a satisfait, d'une manière très-heureuse, aux conditions imposées par vos programmes pour le perfectionnement des procédés de conservation du lait. »

## CORRESPONDANCE.

### LA POSTE HYDRAULIQUE.

Nous avons naguère rendu compte des projets de MM. Ador, Andraud, James, de Nothomb et quelques autres, proposant de faire circuler les lettres dans des tubes pneumatiques. M. Prosper Meller veut atteindre le même but au moyen de ce qu'il appelle la poste hydraulique, laquelle ne diffère de la précédente que par la substitution de l'eau à l'air.

« Cette substitution simplifie le système, nous écrit M. Meller, elle le rend plus praticable et enam e nte l'utilité. En effet, l'*eau* réunit tous les avantages de l'air comprimé ou dilaté; de plus, comme tout se lie dans la nature, en faisant l'office d'un courrier, elle rendrait en même temps de grands services à l'agriculture et à l'hygiène, par l'irrigation des terres, la distribution des eaux, la propreté des villes, etc., etc.

« Un seul tube peut servir à la transmission des boîtes-wagons contenant les dépêches. Mais deux tuyaux me paraissent préférables: l'un pour l'aller, l'autre pour le retour. L'eau circulerait à la fois dans les deux tubes: la force motrice qui ferait aller les boîtes-wagons dans un tube ferait venir aussi les autres boîtes roulant dans le deuxième tuyau. Ces deux tuyaux seraient réunis par des parties courbes selon les cas d'un grand ou d'un petit rayon, car les trains hydrauliques, étant à articulation, avanceront dans toutes les directions, sans rencontrer aucun obstacle sérieux insurmontable.

« L'eau offre plus d'avantages que l'air par plusieurs raisons. Voici celles qui se présentent sous ma plume:

« 1° L'emploi de l'*air comprimé* ou *dilaté* (par une force mécanique ou par la *chaleur*) nécessite une grande puissance, et par conséquent une dépense considérable. Dans l'état actuel de nos connaissances, les moteurs et les combustibles absorbent d'énormes capitaux. Cette circonstance ne peut être perdue de vue, car presque tous les problèmes scientifique ou industriels ne sont que des questions d'intérêt. L'invention n'est rien sans la réalisation.

« La *poste hydraulique*, au contraire, peut fonctionner au moyen des forces naturelles, par exemple, des chutes d'eau et des courants des fleuves et des rivières.

« 2° L'*air comprimé* perd facilement sa force, son ressort; le moindre accident, un vice de construction peut interrompre son service; il en est de même de l'*air dilaté*, car le passage le plus étroit, une ouverture accidentelle dans les jointures, dans les soudures par exemple, établirait une fuite ou une voie d'air et livrerait immédiatement un passage qui paralyserait le service;

« Tandis que l'eau est plus facile à contenir, à conserver.

« 3° L'*eau* ne nécessite pas une construction aussi parfaite que l'*air* qui réclame une grande perfection dans les tubes, boîtes-wagons, etc.

« 4° Par conséquent l'usage détériorerait moins vite la poste hydraulique que la poste atmosphérique.

« 5° L'*air* comprimé, comme la vapeur, expose aux accidents, par suite des explosions, etc.; l'*eau*, au contraire, n'exposerait pas la vie des personnes, les explosions, etc., n'étant plus à craindre.

« 6° La surveillance des postes hydrauliques n'aurait donc pas besoin d'être aussi rigoureuse que pour les postes atmosphériques; donc, augmentation de sécurité, diminution de dépenses.

« 7° Pendant que l'*air* comprimé ou dilaté ne servirait qu'au transport des dépêches, l'*eau* serait utilisée de plusieurs manières selon les besoins des localités desservies. L'expérience mettrait en lumière tous les services que la *poste hydraulique* rendrait, par exemple, pour la distribution avantageuse des eaux partout où elles manquent, dans les endroits élevés, même à domicile dans les villes. Le problème de l'arrosement des terres serait donc résolu et la fertilité du sol se trouverait augmentée. »

## LA SEMAINE SCIENTIFIQUE.

Lit hydrostatique [ou matelas flottant] de M. Neil Arnott. — A la suite d'une couche difficile, une jeune dame fut atteinte d'une débilité musculaire très-extraordinaire; son pouls était devenu presque insensible, elle n'avait plus la force de parler, à peine pouvait-elle remuer un doigt, et il fallait que toutes les dix à quinze minutes on changeât sa position dans le lit, car d'elle-même elle était incapable de se mouvoir. Elle passa ainsi sans sommeil plusieurs jours et plusieurs nuits, au bout desquelles on s'aperçut que les parties de la peau par lesquels son corps pesait en ce moment sur le lit, savoir l'os sacrum, les épaules et les talons étaient mortes, et comme on la mit successivement sur les deux côtés, des escarres se formèrent aussi sur les trochanters. Appelés en consultation, les médecins jugèrent la mort inévitable et prochaine; M. Arnott en augura tout autrement. De ce que la gangrène était exactement limitée aux parties qui avaient supporté la pression du corps, il conclut qu'elle résultait uniquement de la pression même, et que, par conséquent, les escarres ne se fussent pas produites, si, par exemple, la malade eût été flottante sur un bain. De plus, il lui parut possible de mettre la malade dans ces conditions; ce qu'on résolut de faire immédiatement.» On fit préparer une boîte comme une baignoire pour contenir de l'eau, dit M. Arnott; on étendit sur la surface de la baignoire et de l'eau un large drap de toile de caoutchouc, on posa alors dessus une couverture pliée en quatre comme un matelas et un oreiller, et sur ce matelas, garni comme un lit ordinaire, on posa enfin la malade. Elle flottait là comme l'oiseau sur l'eau, sans pression aucune sensible sur la surface inférieure de son corps. A l'instant elle dit: « Je suis au ciel, laissez-moi en repos. » Elle s'endormit et resta sans mouvement près de cinq heures. A son réveil elle prit de la nourriture; bref, elle fut sauvée. Les sept masses de chair morte se séparèrent par suppuration, et les endroits ulcérés se cicatrisèrent. » Nous devons faire remarquer que, dans ce lit hydrostatique, la toile en caoutchouc n'aide pas du tout à soutenir le corps, mais simplement elle empêche que le matelas ne se mouille; quoique attachée au bord de la boîte, elle est en effet deux ou trois fois aussi large que celle-ci, et par conséquent forme des plis nombreux sous le malade; celui-ci flotte réellement sur l'eau. M. Arnott a été conduit à cette ingénieuse invention très-appréciée en Angleterre et utilisée dans les hôpitaux de ce pays, par la conviction parfaitement fondée que le malaise éprouvé par les personnes longtemps assises ou couchées, n'est pas uniquement du genre nerveux, mais qu'il résulte surtout de l'empêchement mécanique apporté à la circulation du sang dans les parties charnues sur lesquelles porte le poids du corps.

Destruction des punaises. — M. Thénard n'a cru indigne ni de lui ni de l'Institut, de porter cette question devant l'Académie des sciences, et tout le monde jugera comme nous qu'il a bien fait. Le moyen proposé par l'illustre chimiste consiste dans l'emploi de l'eau de savon bouillante (100 parties d'eau contre 2 parties de savon vert). L'eau de savon froide suffirait pour tuer les punaises, ainsi que le montre l'expérience que M. Thénard répétait naguère dans ses cours; avec le doigt humecté d'eau de savon, on trace un cercle sur le fond d'une assiette, et dans le centre de ce cercle on place quelques punaises; lorsqu'en se promenant celles-ci atteignent l'enceinte savonneuse, aussitôt elles se dressent sur leurs longues pattes et tombent pour ne plus se relever. Mais l'eau de savon froide ne tue pas les œufs; on doit donc l'employer aussi chaude que possible; les punaises sont empoisonnées, les œufs sont cuits et le problème est résolu.

M. Desprez recommande l'emploi de l'acide sulfureux qui lui a réussi. Après avoir eu soin d'ôter de la chambre tous les objets en fer et en acier, on enflamme en les échauffant quelques canons de soufre; l'acide sulfureux, produit de la combustion du soufre à l'air libre, pénètre partout, dans toutes les fentes, dans toutes les crevasses. On doit ensuite saturer l'acide par le gaz ammoniacal, ce qui s'obtient en chauffant légèrement un mélange de chaux et de sel ammoniac; sans cette précaution, l'acide sulfureux transformé en acide sulfurique par le concours de l'oxygène et de l'humidité atmosphériques, brûlerait le papier, le linge, etc.... L'expérience répétée deux fois en vingt-quatre heures eut la disparution des punaises pour résultat. On en trouva encore quelques-unes dans les jointures du lit en fer, mais un peu d'essence de térébenthine versée dans ces jointures les tua toutes. Au bout d'un jour ou deux, la chambre débarrassée par un fréquent renouvellement d'air de l'odeur d'acide sulfureux et de gaz ammoniac, était redevenue habitable.

Nouvel explorateur sous-marin. — M. Jobard décrit ainsi cet appareil qui est de son invention, et dont un premier spécimen exécuté par M. Espiard de Collange, stationne et fonctionne en ce moment sur la Seine, auprès du Pont-des-Arts.

« Prenons pour exemple une de ces longues cheminées de fabrique en tôle épaisse, exactement clouée et terminée à la partie inférieure par un habitacle en fonte, assez grand pour recevoir un homme couché sur un matelas, et assez pesant pour faire équilibre à l'eau déplacée. Cet appareil représente assez bien la forme d'une longue botte, dont le plongeur occupe le pied, tandis que le haut de la tige est attaché au bordage d'un navire.

« Le plongeur commande la manœuvre du fond de son puits, d'où il cherche par des *regards* en verres épais les épaves vers lesquelles il se fait conduire, et qu'il atteint en passant ses bras dans des manches de caoutchouc attachées à l'habitacle et terminées en mitaines fermées et garnies intérieurement d'anneaux métalliques. Ces anneaux sont destinés à préserver les bras de la pression immédiate de l'eau, sans empêcher les mouvements de flexion en tous sens. Un certain nombre d'outils et de crochets, appendus en dehors de l'appareil et sous la main du plongeur, servent à accrocher les épaves qui sont enlevées par les gens du bateau à l'aide de cordes ou de chaînes.

« Le renouvellement de l'air à lieu par un petit tube servant de cheminée à une lanterne destinée à éclairer les objets dans les eaux troubles ou profondes. Ce tube se prolonge jusqu'en haut et sert de conduit pour expulser l'air vicié à l'aide d'un soufflet placé derrière les pieds du plongeur. Cet ouvrier, armé d'un anspec à grappins, peut approcher ou éloigner des objets le tube dans lequel il est suspendu, quand le navire a jeté l'ancre sur un endroit à explorer. L'opération terminée, on retire à l'aide du cabestan et de chaînes le tube-cheminée que l'on range horizontalement le long du bordage du bateau plongeur. »

Sources de gaz inflammable. — D'après M. Frezin, la Savoie a, comme la Géorgie et le Caucase, dont nous racontions dernièrement les merveilles minérales, ses sources d'hydrogène carboné, pouvant servir à l'éclairage et au chauffage. Voici ce qu'il en raconte dans une note adressée à l'Académie. « Dans la commune de Châtillon (Savoie), sur la route qui aboutit à Chamouny, existent, sur une grande surface du sol, des conduits de gaz inflammable à volonté. Quelques personnes ont cru voir là un indice certain de la présence d'une mine de houille, et, en conséquence, les paysans propriétaires du sol se sont mis à l'œuvre pour creuser un puits, dans le but de découvrir cette mine. En creusant ce puits, qui est déjà arrivé à 20 mètres de profondeur sans avoir amené aucune découverte, on s'est aperçu qu'en présentant une allumette enflammée à l'orifice de certains conduits souterrains qui existent dans ses parois, le gaz s'enflammait immédiatement, et remplissait de flammes tout l'intérieur du puits. Un homme est descendu en ma présence dans l'intérieur de ce puits, pour mettre le feu à l'un de ces conduits; le malheureux a failli être victime de ma curiosité. Aussitôt l'expérience faite, les flammes se sont manifestées avec une abondance inaccoutumée; malgré la célérité avec laquelle il a été retiré de là, ses cheveux ont été brûlés, ainsi que la peau de ses deux bras. Ayant suivi cet homme dans une maison voisine, où l'on devait lui donner les soins que son état réclamait, je trouvai là de nouveau matière à observation.

« Dans le plancher de la chambre attenant à la cuisine, on me fit voir un trou pratiqué à l'aide d'une vrille ordinaire. Si l'on présente à son orifice une allumette enflammée, aussitôt le gaz qui s'échappe par ce trou prend feu et procure une lueur comparable à celle que peut fournir un fort bec de gaz d'éclairage. La combustion se prolonge jusqu'au moment où on la fait cesser en frappant du pied le plancher de la chambre dans une de ses parties que l'expérience a fait connaître. Vingt fois l'expérience a été faite sous mes yeux, et toujours elle a parfaitement réussi, de sorte que le doute ne m'est plus possible. La maîtresse de la maison m'a affirmé que, pendant tout l'hiver qui venait de s'écouler, elle avait profité, pour s'éclairer pendant les longues soirées de cette saison, de ce moyen d'éclairage naturel, en adaptant au trou que j'avais sous les yeux une sarbacane de sureau. »

Cas de superfétation abdominale. — M. le docteur Sulikowski entretenait naguère l'Académie de médecine d'une jeune fille de quatorze ans, dont l'abdomen s'est ouvert spontanément pour donner issue à un fœtus mal conformé, adhérent à l'épiploon. De ce cas remarquable de superfétation abdominale, le suivant plus curieux encore mérite d'être rapporté; il a été observé en Italie par M. le docteur Albertoni, et la *Gazetta medica* en rend compte:

« Un petit garçon, âgé de trois ans, bien conformé et robuste, commença à éprouver, dans le courant d'août 1853, des dérangements dans les voies digestives qui augmentèrent peu à peu et prirent les caractères de la dyssenterie. Le ventre, qui semblait à peine tuméfié, présentait, à gauche, entre l'épigastre et l'hypochondre, au-dessus du colon, une masse dure, arrondie, grosse comme le poing, immobile, située à quelque distance de la paroi abdominale et indolente à la pression. Avec les progrès de l'affection intestinale, s'était développée une fièvre lente et continue offrant des exacerbations le soir, et l'amaigrissement avait fait des progrès de plus en plus marqués. Après une cinquantaine de jours pendant lesquels les secours administrés restaient sans effet, la mère de l'enfant s'aperçut qu'il rendait avec les fèces de petits corps durs. Ces corps recueillis et examinés avec soin furent reconnus être de véritables petits os, cylindriques, courts, entiers, avec corps allongé et têtes articulaires ; une pièce représentait même deux phalanges unies par leur capsule. Sous l'influence de cette évacuation, la tumeur perdit de son volume, de sa consistance, et devint très-douloureuse à la pression ; elle continua à diminuer à mesure que de nouveaux os de même forme que les premiers étaient rendus, non sans être accompagnés de matières noirâtres d'une horrible fétidité grangréneuse. Les symptômes mentionnés ci-dessus persistèrent avec plus ou moins d'intensité jusqu'à la guérison, et pendant ce temps il s'échappait toujours quelques petits os, un, deux ou trois, tous les quinze jours environ ; le nombre total s'éleva à la fin à vingt. Le malade gagna ainsi la fin de mars 1854, époque où ses souffrances accrurent au point de faire craindre une mort très-prochaine. Mais bientôt il prit le dessus, commença à avaler quelques cuillerées de bouillon, à rendre des matières moins noires et moins abondantes ; la fièvre cessa à son tour, et, l'état général allant en s'améliorant, au bout de deux mois, la guérison était complete et il ne restait pas trace de la tumeur. »

Un rapport attendu depuis deux ans. — Parmi les trop nombreuses réclamations consignées hebdomadairement au *Compte-rendu* des séances de l'Académie, il en est une entre toutes qui paraît digne d'attention. C'est celle de M. Passot, sollicitant un rapport sur un travail *présenté depuis deux ans*, et qui a été examiné par plusieurs commissions sans qu'un jugement soit intervenu.

L'exposé de ce travail suffira pour en faire sentir immédiatement l'importance. On sait que les résultats les plus précieux des recherches expérimentales sont souvent frappés de stérilité entre les mains des inventeurs par les préventions théoriques des savants appelés à les juger. M. Passot a essayé de remonter à la cause de ces contradictions ; il en accuse une dynamique *générale* déduite illégitimement selon lui des formules consacrées originairement au calcul des attractions planétaires. Il nie que ces formules puissent s'appliquer à des forces réelles, agissant sur les corps suivant des directions autres que la direction constante vers un centre ou point relativement fixe. Par là, il pense débarrasser l'arbre scientifique d'un rameau parasite qui n'a guère porté d'autres fruits jusqu'ici que les distinctions honorifiques dont sont comblés ceux qui le cultivent.

La question ainsi posée devient d'une gravité qui ne permet pas qu'elle soit étouffée par des fins de non recevoir sans valeur. C'est ce que paraissent très-bien apercevoir les savants qui depuis deux ans se renvoient la responsabilité d'une solution sérieuse. C'est sans doute aussi pour amener la Commission (composée de MM. Binet, Cauchy et Liouville), à discuter cette solution que le bureau de l'Académie a déclaré ne pouvoir insérer simplement dans l'un des *Comptes-rendus*, la démonstration du théorême fondamental de M. Passot, ce que ce dernier, désespérant d'obtenir mieux, demandait, afin qu'à défaut de juges officiels, le public pût en apprécier la valeur.

M. Passot demande aujourd'hui quelque chose de plus simple encore que l'insertion de quelques lignes sous sa responsabilité; il se contentera provisoirement, dit-il, de la déclaration que ce travail n'est pas indigne d'un rapport, lequel pourra être fait plus tard à la convenance de MM. les commissaires ou de leurs successeurs, si la Commission actuelle éprouvait à son tour une fâcheuse défaillance. Cette déclaration, exigeant seulement de la part de l'un de MM. les commissaires la peine de prendre la parole dans une des séances, ne serait donc qu'un simple témoignage de bonne volonté. M. le président de l'Académie a joint son invitation aux sollicitations de l'auteur ; espérons qu'il ne l'aura pas fait en vain.

Les earthmen. — Deux jeunes sujets africains, un garçon et une fille, donnés par leur conducteur (qui est celui des aztèques), comme appartenant à une race naine de l'Afrique, ont été présentés à l'Académie de médecine qui en a renvoyé l'examen à la commission des aztèques.

## LIVRES

### De la stérilité dans l'espèce humaine.

M. le docteur Félix Roubaud vient de publier deux volumes (1) où les questions les plus élevées de la propagation de l'espèce sont abordées et résolues pour la plupart d'une manière toute nouvelle. Nous indiquerons quelques-unes de ses conclusions.

Jusqu'ici on a admis une stérilité idiosyncrasique et une stérilité relative : la première, frappant au milieu des conditions générales ou locales les plus favorables en apparence et nonobstant l'intégrité la plus parfaite des organes ; la seconde s'expliquant par une désharmonie dans les conditions générales, comme le tempérament, les passions, les facultés intellectuelles, etc.

M. Roubaud a soumis ces deux affections à une observation rigoureuse, et il se croit en droit d'admettre, pour la première, qu'elle est si rare qu'on pourrait presque en nier l'existence, et, pour la seconde, que les conditions de synergie nécessaires pour la formation d'un nouvel être n'empruntent rien, sauf le cas de maladies, aux circonstances générales de l'organisme.

Au chapitre relatif à la prétendue stérilité idiosyncrasique, l'auteur avance que beaucoup de personnes qui passent pour en être atteintes en sont réellement exemptes. La fécondation a lieu, mais le produit manquant de vitalité ou ne trouvant pas les éléments nécessaires à son développement, est expulsé à une époque plus ou moins rapprochée de la formation.

La stérilité relative basée sur ce qu'on appelle l'harmonie de l'amour et à laquelle Bernardin de Saint-Pierre, Virey et beaucoup d'autres ont consacré des pages où l'imagination a plus de part qu'une saine expérience, est repoussée par M. Félix Roubaud. Sans doute, par cela même que deux individus à organisations différentes sont nécessaires pour la formation d'un nouvel être, il est clair que leur union, pour être productive, est soumise à certaines conditions synergiques d'une nécessité absolue ; aussi l'auteur ne nie-t-il point ces conditions, mais il conteste, en présence de l'observation journalière, qu'elles tiennent à des circonstances générales, comme le tempérament, la constitution, les facultés intellectuelles et affectives, etc., et il les place toutes dans l'appareil reproducteur. Après avoir lu le livre de M. Roubaud, on comprendra combien aisément peut se tromper sur ce sujet difficile un médecin peu familiarisé avec ces matières.

Si nous pouvions lui consacrer plus de place, l'ouvrage dont il s'agit offrirait à la curiosité de nos lecteurs des sujets nombreux et variés. Nous devons nous restreindre à ce seul aperçu. Ne terminons pas cependant sans féliciter l'auteur d'avoir fait rentrer dans le sanctuaire de la science par les grandes portes de l'anatomie et de la physiologie (ces expressions lui sont empruntées) tout un groupe de maladies que les marchands du temple et les illuminés en avaient fait sortir.

## VARIÉTÉS.

### Anthropologie.

Les galeries d'anthropologie dont la création est un des titres de M. Serres à l'estime publique, viennent d'être ouver-

(1) Voir aux annonces.

tes. Un préparateur d'anatomie au Muséum, M. Deramond énumère dans la *Gazette Médicale* les richesses du nouveau musée; et à cette occasion il donne une page inédite de l'enseignement de M. Serres, dont la reproduction ne saurait manquer d'être agréable à nos lecteurs.

L'anthropologie ou science de l'homme se compose de deux parties, l'histoire naturelle et l'ethnologie. La première détermine les relations de l'homme avec l'animalité ; la seconde a pour objet les rapports réciproques des variétés de l'espèce humaine. En anthropologie, M. Serres détache l'homme de l'animalité ; il en fait un règne à part, le règne humain ; en ethnologie, il professe le principe de l'unité de l'espèce, il en réunit toutes les variétés dans les quatre races, Caucasique, Mongole, Américaine, Ethiopique, qu'il fait toutes partir du plateau central de l'Asie.

Voici en quels termes M. Serres sépare l'anthropologie de la zoologie, l'homme de l'animal.

« En histoire naturelle, dit l'illustre savant, la première loi qui doit présider à la distinction des êtres organisés consiste à les distinguer les uns des autres, et à les classer d'après des caractères qui leur sont exclusivement propres. Cette loi est très-bien connue, mais elle a été violée dans la distinction des variétés humaines.

« Parce qu'enfant l'homme est nourri à la mamelle de sa mère, on l'a classé parmi les mammifères; parce qu'il a des ongles aux pieds et aux mains, on l'a rangé parmi les animaux unguiculés, de même que, parce qu'il a de commun avec les singes l'os hyoïde, on l'a classé dans ce groupe. Enfin, M. Cuvier, relevant une des belles idées de Galien, en a fait l'ordre des bimanes, parce qu'il a deux mains. Mais sont-ce là les caractères les plus élevés de l'homme ?

« Est-ce par la considération de sa main, par celle de ses ongles ou par celles de ses mamelles qu'on peut se faire une idée de la grandeur de la créature faite à l'image de Dieu? Je le demande aux zoologistes. Si l'homme touche à l'animalité par son organisation physique, ne doit-on pas puiser dans cette organisation même le caractère fondamental qui le sépare nettement de tous les êtres organisés? Or, ce caractère est sa rectitude, et cette rectitude est le résultat d'une structure vertébrale qui est à lui et qui n'est qu'à lui.

« Cette structure vertébrale de l'homme consiste dans une légère proéminence du corps des vertèbres du col qui, se répétant dans chacune d'elles, produit une convexité à la région cervicale. Cette proéminence osseuse disparaissant dans les douze vertèbres du dos, la concavité de cette région remplace la convexité précédente; puis enfin la proéminence des vertèbres cervicales reparaissant sur le corps des cinq vertèbres des lombes, la convexité de la région cervicale est reproduite, par ce mécanisme, à la région lombaire. La tête de l'homme repose sur cette pyramide flexueuse qui, d'après les lois de la mécanique, centuple sa force par ces mêmes flexuosités, et diminue dans la même proportion les masses musculaires employées à maintenir la rectitude de l'homme. Toutefois, les organes des sens, ceux de la voix, tous les viscères de la poitrine, de l'abdomen et du bassin étant placés sur la région antérieure du corps de l'homme, leur poids physique l'eût inévitablement entraîné vers la terre, si cette disposition mécanique n'eût été fortement secondée par une puissance active, coordonnée dans ses moyens, en sens inverse de la disposition précédente de la tige osseuse de l'homme.

« La convexité de la partie antérieure de la région cervicale de la colonne vertébrale entraîne avec elle une concavité à la partie postérieure de cette même région ; la concavité dorsale antérieure entraîne avec elle une convexité à la région postérieure du dos; et, à la convexité lombaire antérieure correspond une concavité profonde, répétant celle de la région postérieure du col. Des masses musculaires viennent remplir ces deux concavités supérieure et inférieure du tronc, et elles s'amincissent tout le long de la convexité postérieure de la région dorsale.

« De cette disposition, jointe à la présence de la tête en haut, et à celle du bassin en bas, résultent deux pyramides musculaires, dont les bases sont opposées, et dont les sommets tronqués se confondent dans le milieu de la région dorsale. Ce sont ces deux pyramides musculaires, employées au maintien de la rectitude humaine, qui commandent et obligent ces formes gracieuses et spéciales qui distinguent le règne humain de toute l'animalité.

« L'attitude relative sur le sol devient ainsi le caractère fondamental de la distinction de l'homme, et constitue le symbole physique du règne humain, comme son intelligence en constitue le symbole moral. L'attitude sur la terre devient aussi le caractère dominant des deux embranchements qui composent le règne animal. De ces deux embranchements, l'un repose sur le ventre, ce sont les vertébrés ; l'autre repose sur le dos, ce sont les invertébrés.

« Et de même que de l'attitude de l'homme dérivent la structure et la disposition physique de son organisme, de même de l'attitude sur le ventre dérivent les caractères et la structure générale des animaux vertébrés, comme de l'attitude sur le dos dérivent les caractères de l'organisme des invertébrés.

« Il suit de là, que l'attitude droite commande et oblige les organismes de l'homme, comme l'attitude sur le dos ou sur le ventre oblige et commande la disposition spéciale des organismes des vertébrés et des invertébrés.

« C'est d'après cette vue générale que doit être envisagée l'anatomie des animaux, comparée à l'anatomie de l'homme, et de la comparaison des trois attitudes que nous venons de faire connaître, dérivent trois plans généraux d'organisation ou trois règnes : en premier lieu, le règne humain ; en second lieu, le règne des animaux vertébrés, et, en troisième lieu, le règne des animaux invertébrés.

« Essayez maintenant, dit en terminant l'éloquent professeur, essayez de parquer ce grand être que nous nommons homme dans les cadres étroits de votre animalité ? En l'étendant sur ce nouveau lit de Procuste, rognez, comme vous le voudrez, son organisation physique ou ses qualités morales. Elevez les animaux qui l'avoisinent pour chercher à l'abaisser ; faites un ordre de primates ou de cheiropodes pour l'associer aux chauves-souris après l'avoir assimilé aux singes. Par ce maniement arbitraire de ses caractères inférieurs, par ce délaissement de ses caractères les plus élevés, vous pourrez bien dégrader l'homme, mais vous ne le ferez pas connaître : il s'échappera, malgré vous, des langes animales dans lesquelles vous l'emmaillottez, et, malgré vous encore, vous serez obligés de dire, avec Blumenbach, que l'homme est un animal humain, *animal humanum*, ou, mieux encore, de lui appliquer la définition gauloise : L'homme est une intelligence servie par des organes, un rayon de la Divinité emprisonné momentanément dans une enveloppe matérielle. »

## NOUVELLES ET CAUSERIES.

*Mademoiselle Clémence Dallery. — L'éleveur Bakwell. — Le vin en lavements. — Richesse forestière du Canada.*

⁂ Lors de la distribution des prix aux élèves de l'école chrétienne de Montdidier, un incident qui n'était pas dans le programme est venu ajouter un charme inattendu à cette intéressante solennité. L'incident a été motivé par un point de l'histoire de la science que nous nous honorons d'avoir élucidé de notre mieux ; nous voulons parler des droits de Charles Dallery au titre de premier inventeur de la chaudière tubulaire.

Six ou huit des plus grands élèves de l'école récitaient un dialogue roulant sur l'histoire des principales découvertes modernes, les aérostats, l'éclairage au gaz, la vapeur, la télégraphie électrique, les chemins de fer, etc. Lorsque vint le tour de la chaudière tubulaire, le nom de Dallery fut omis. A ce moment, « une jeune personne s'est levée tout-à-coup du milieu de l'assemblée, dit le *Propagateur Picard*, pour protester contre un passage du dialogue où M. Seguin est signalé comme ayant découvert, ou, du moins, appliqué le premier aux véhicules la force motrice de la vapeur, sous la forme de chaudière tubulaire; elle a énergiquement revendiqué cet honneur pour un membre de sa famille; à force de veilles et de travaux, son aïeul, je crois, aurait dès le commencement du siècle, obtenu ce magnifique résultat; mais, par suite de circonstances tenant de la fatalité, sa science et ses efforts auraient été méconnus. » La revendication était faite au nom de Charles Dallery par la petite-fille de l'illustre et malheureux inventeur, mademoiselle Clémence Chopin-Dallery.

Comme il convient à de « vieux soldats de plomb » tels que nous, le *Propagateur Picard* s'étonna d'abord de la spontanéité de cette généreuse démarche, mais ayant reçu le jour même de la petite-fille de Dallery une belle et chaleureuse lettre où sont édumérés avec une concision remarquable les titres du mécanicien amiénois, le journal de Montdidier se rend aux sentiments qui doit inspirer la conduite de cette jeune personne qui nous donne sans y penser une leçon de dignité et de courage.

« Nous accueillons d'autant plus volontiers, dit le *Propagateur Picard*, l'explication qui va suivre, que, présent à la distribution des Frères, l'étonnement que nous a d'abord causé l'interruption signalée dans le compte-rendu, s'est bientôt changé en un sentiment d'intérêt; nous avons apprécié à sa véritable valeur un mouvement spontané partant du cœur, et prenant sa source dans l'amour filial même. » J'aurais voulu qu'il ajoutât : « dans le sentiment du droit et de résistance à l'injuste »; c'est particulièrement là dessus qu'il faut insister quand la rare occasion s'en présente. Honneur à mademoiselle Clémence Dallery qui nous l'offre.

Je signale cet intéressant épisode à mon honorable et savant collègue M. Louis Figuier, qui, dans son excellent feuilleton du 25 août dernier relatif à l'histoire des locomotives, commet la même omission que les frères de l'école chrétienne de Montdidier.

⁂ M. Georges Pouchet raconte dans le *Guetteur normand*, en deux articles pleins d'intérêt, les travaux de l'illustre éleveur anglais Bakewell, auteur, pour citer un de ses chefs-d'œuvre dans l'art de la statuaire vivante de la race ovine de Dishley. Les lignes suivantes sont les dernières du travail de M. G. Pouchet.

« La fortune devait à la fin récompenser Bakewell de tant d'efforts; sa réputation était déjà arrivée jusqu'au parlement, qui, trois fois, vint en aide au fermier. Bientôt on lui offrit des sommes folles de ses bêtes. Pénétré d'un amour passionné pour son œuvre, comme ce joaillier des *Contes d'Hoffman*, Bakewel ne voulait pas vendre; il craignait de voir dégénérer en d'autres mains la race qui lui avait coûté tant de veilles, tant de sacrifices. Il inventa la location : nouveaux quolibets, nouvelles railleries. Bakewell amène tranquillement ses beliers sur la place, vers la fin de juillet; on les regarde, on propose un prix, notre éléveur accepte ou refuse sans conteste. Au commencement, c'était 60 francs environ, mais bientôt les loueurs abondent, il faut mettre à l'enchère, et dix-neuf ans plus tard il louait trois de ses beliers 31,500 fr. Rien cependant n'était changé que le prix. Comme jadis, on faisait les conditions de vive voix et sans écrit, on emportait les bêtes sur des voitures suspendues et au milieu de septembre on les ramenait de même. Si le bélier venait à mourir entre les mains de celui qui l'avait loué, la perte retombait sur le propriétaire (ô bonne foi commerciale, où es-tu?). En 1789, s'établit dans le comté de Leicester une société dite du *Bélier*, pour l'amélioration des laines. Le premier acte de la société, dans sa première séance, fut de voter à l'unanimité une rente viagère de 50,000 fr. à Bakewell, s'il voulait céder ses cinq plus beaux béliers; Bakewell, au comble de la gloire et de la fortune, refusa et mourut bientôt après.

« Il avait enseigné à l'Angleterre une nouvelle source de richesses, aux hommes de progrès ce qu'ils avaient à faire, ce qu'ils pouvaient espérer. Cet appel fut entendu. La race bovine de Dishley laissait à désirer, on en créa d'autres, et Colling, marchant dans la même voie, produisit la race dite Courtes-cornes, la meilleur de l'Angleterre aujourd'hui. C'est le 11 octobre 1810, qu'eut lieu la vente du troupeau de Colling, vente dont on se souvient encore de l'autre côté du détroit. A cette date se rapporte assurément un des plus beaux triomphes de l'homme sur la nature animée. Quarante-sept bêtes à cornes, dont douze au dessous de un an, furent adjugées au prix de 177,896 fr. 25 c. On a souvent parlé de l'éloquence des chiffres. Tenons-nous-en là. »

⁂ Une petite fille âgée de deux ans et demi, de constitution faible et de tempérament lymphatique, était atteinte de ramollissement des os de la colonne vertébrale et d'engorgement prononcé des tissus blancs de toutes les articulations; la marche et la station debout étaient presque impossibles. Les préparations ferrugineuses, iodurées, toniques, ayant été sans effet, M. Aran se décida à donner des quarts de verre de vin en lavement; à son grand étonnement la petite malade put au bout de six jours se tenir sur ses jambes et marcher. « Ce fait est pour moi vraiment prodigieux, dit-il, et je me promets bien d'user souvent d'un moyen aussi facile. »

⁂ On peut juger de la richesse du Canada en bois de construction, par ce fait qu'une scierie à Peterborough débite 70,000 arbres en neuf mois. Elle a chaque jour 136 scies en mouvement. Une seule maison de commerce, la maison Egan et Cie, occupait l'hiver dernier 3,800 hommes à abattre le bois, 1,700 chevaux et 200 bœufs à le charrier, et 400 attelages à transporter les vivres et le fourrage nécessaires. Le commerce des bois a pris un tel développement l'année dernière, que 18 millions de pieds cubes de sapin ont été exportés de Québec; en 1847 l'exportation n'avait été que de 9,626,000 pieds cubes.

## BULLETIN BIBLIOGRAPHIQUE.

— ELECTRO-DYNAMISME VITAL ou relations physiologiques de l'esprit et de la matière démontrées par des expériences entièrement nouvelles et par l'histoire raisonnée du système nerveux, par A. J. P. Philips, professeur d'électro-biologie. 1 vol. in-8°, 7 fr. J. B. Baillière, 19, rue Hautefeuille.

— TRAITÉ DE L'IMPUISSANCE ET DE LA STÉRILITÉ chez l'homme et chez la femme, comprenant l'exposition des moyens recommandés pour y remédier, par le docteur Félix Roubaud. 2 vol. in 8°, 10 fr. Même libraire.

— VADE-MECUM PRATIQUE DE TÉLÉGRAPHIE ÉLECTRIQUE, à l'usage des employés du télégraphe :—Première partie, Cours élémentaire professé à l'administration centrale des lignes télégraphiques, par B. Miége; —Deuxième partie, études pratiques sur le système et l'appareil Morse, par T. R. Ungérer. 1 vol. in-18 orné de gravures sur bois et de planches. Chez F. L. Mathias, 15, quai Malaquais.

— CARNET à l'usage des ingénieurs; recueil annuel des tables, formules, documents industriels et renseignements divers. 1 vol. in-12 oblong, édition 1855. Cartonné, 3 fr. 75 c.

— ON NE PRÉVOIT JAMAIS TOUT, comédie en un acte et en prose, par Mme Plainchant de Levange. 60 centimes. Chez Tresse, au Palais-Royal.

— L'ORGANISATION CÉLESTE selon Ptolémée, ou essai de physiologie universelle, par J. Tardy, ingénieur civil. In-8°, 3 fr. Marescq et Dujardin, 17, rue Soufflot.

*Le propriétaire, rédacteur-gérant :*
VICTOR MEUNIER.

PARIS. — IMP. J.-B. GROS, RUE DES NOYERS, 74

Première année. — N° 38. Quinze centimes. 23 septembre 1855.

# L'AMI DES SCIENCES

PAR

## VICTOR MEUNIER

BUREAUX D'ABONNEMENT :
**13, RUE DU JARDINET, 13.**
Près l'École de Médecine.

**Paraît le dimanche.**
(Les abonnements datent, au gré des souscripteurs, du commencement de l'année ou du premier dimanche de chaque mois).

PRIX DE L'ABONNEMENT POUR L'ANNÉE.
**PARIS, 6 FR. — DÉPARTEMENTS, 8 FR.**
ÉTRANGER, surtaxe en sus.
Envoyer un mandat de poste.



### DES SUBSTANCES ALIMENTAIRES.

M. Payen a publié récemment la seconde édition du livre dont nous venons d'écrire le titre. Ce livre commence et finit par l'exposé des règles de l'alimentation normale. Dans ce cadre l'auteur a renfermé l'étude des diverses substances alimentaires. Il passe en revue les viandes et autres produits comestibles des animaux; les aliments sucrés et féculents ; les pommes de terre et les patates; les graines des plantes légumineuses et les légumes herbacés ; les fruits charnus ou sucrés ; le chocolat, le café et le thé ; enfin les boissons. Chacune de ces substances est étudiée sous le rapport de sa composition, de sa préparation, des moyens de la conserver, de ses altérations spontanées, des falsifications qu'on peut lui faire subir, et, enfin, des moyens d'essai. Dans un intéressant appendice, l'auteur donne la mesure exacte de la valeur de certains aliments de luxe, tels que racahout des Arabes, palamoud des Turcs, etc...

« La première condition que doit remplir l'alimentation pour être salubre, c'est d'être complète, » dit M. Payen, et si après cette déclaration il se trouve encore en France des gens qui ne se nourrissent pas selon les vrais principes, je ne dirai pas qu'ils ne doivent s'en prendre qu'à eux-mêmes, mais ils ne devront pas non plus s'en prendre au savant auteur. La première condition de l'alimentation est donc d'être complète, « c'est-à-dire, ajoute-t-il, de réunir différentes substances capables : « 1° de fournir pendant l'acte de la respiration la quantité de chaleur nécessaire à l'entretien de la température du corps humain ; 2° de réparer, en s'assimilant à eux, les déperditions qu'éprouvent nos tissus, ou de subvenir aux développements qu'ils prennent durant la croissance ou l'engraissement ; 3° de remplacer les matières que l'exhalation ainsi que les déjections liquides et solides entraînent continuellement ou périodiquement hors de notre organisme. »

Or, on trouve que la quantité de carbone exhalé par un homme adulte dans la respiration pendant une période de vingt-quatre heures est de 250 grammes, et que ses déjections pendant le même espace de temps renferment 20 grammes d'azote et 60 grammes de carbone. Pour subvenir aux besoins de la repiration et pour compenser les déperditions ou résidus de la digestion, en un mot pour entretenir la vie et les forces d'un homme, ses aliments devront donc contenir 310 grammes de carbone et 20 grammes d'azote, lesquels correspondent à 130 grammes de substance azotée.

Ceci posé, voyons quelles sont les doses de pain et de viande nécessaires prises ensemble ou séparément pour fournir ces quantités de carbone et de matières azotées. Et d'abord, rappelons la composition du pain et celle de la viande.

100 grammes de pain contiennent 30 de carbone et 1,08 d'azote, ou, ce qui revient au même, 7,02 de substance azotée.

100 grammes de viande contiennent 3,07 d'azote (ou 19,955 de substance azotée) et 11 de carbone.

Il est facile de voir qu'il ne convient se nourrir exclusivement ni de pain de viande. Et d'abord le pain :

Les aliments doivent fournir en vingt-quatre heures 130 grammes de substance azotée supposée sèche. Or, 100 grammes de pain contiennent 7 grammes de substance azotée. Il faudrait donc manger 1,857 grammes de pain. Mais la quantité de carbone utile dans le même temps est de 310 grammes, quantité contenue dans 1,033 grammes de pain ; l'excès de pain, quant à la ration qui eût suffi pour le carbone, serait donc de 824 grammes ; ainsi ce régime ne vaut rien ; c'est celui d'un grand nombre de Français.

Quant au régime formé uniquement de viande, on va voir qu'il ne vaudrait pas davantage. D'après la composition que nous en avons donnée plus haut, il faudrait manger 2,818 grammes de viande pour y trouver les 310 grammes de carbone de la ration alimentaire. Or, 619 grammes de viande contiennent les 130 grammes de substance azotée nécessaire. L'excès de viande ingéré pour se procurer le carbone serait donc, relativement à l'azote utile, de 2199 grammes.

D'après cela, il n'est pas difficile de fixer les bases théoriques d'une ration alimentaire mixte ; elle pourrait être ainsi composée :

Pain, 1,000 grammes, contenant 70 de substance azotée, 300 de carbone ;

Viande, 286 grammes (1), contenant 60,26 de substance azotée, et 31,46 de carbone.

Au total, 1,286 grammes de pain et de viande fournissant 130,26 de subtance azotée et 331,46 de carbone.

M. Payen remarque qu'au prix moyen du pain et de la viande, cette ration normale ne coûterait guère plus que la ration peu fortifiante composée de pain presque exclusivement.

Ces notions ne sont pas inutiles à rappeler, car il est certain

(1) Sans os, bien entendu, et représentant 357 grammes de viande avec proportion ordinaire d'os.

que, sans y être contraintes, beaucoup de personnes en France consomment une trop grande quantité de pain. Ces personnes-là pourront faire leur profit de ce qui précède. D'autres, au contraire, et c'est le plus grand nombre, n'en sauraient tirer aucun parti, notre production en viande étant tout à fait au-dessous des besoins de la population : c'est ce qu'il est malheureusement très-facile de démontrer.

Nous venons de voir que la ration normale doit contenir environ 286 grammes de viande par jour. Les Anglais ne s'en éloignent pas beaucoup, ils consomment 224 grammes ; nous venons bien loin derrière eux, comme on va le voir, nous venons aussi après la Bavière, le Wurtemberg, le pays de Bade, etc.

Le chiffre de la production de la viande, en France, est de 700,000,000 kilogrammes. En y ajoutant ce que représentent de viande de boucherie les volailles, le gibier, les poissons, les fromages, que l'on peut évaluer à 280,000,000 de kilogram., on obtient un total général de 980,000,000 de kilogrammes.

Lequel, partagé entre 35 millions d'individus, donne 28 kilogrammes par an, ou 78 grammes 71 centigrammes par jour, ce qui est de 146 grammes au-dessous de la ration anglaise et de 208 grammes au-dessous de la ration normale.

Mais combien il s'en faut que chaque individu en France dispose de cette ration insuffisante de 78 grammes 71 centigrammes !

Paris consomme à lui seul 94,414,710 kilog. de viande et autres produits animaux (dans ce chiffre ne sont pas compris 12,029,000 kilog. de beurre) ; la moyenne de la consommation en viande de chaque habitant est donc de 94 kilog. 414 grammes par an, et par jour de 258 grammes ; de sorte que si la moyenne exprimait le fait, la ration d'un Parisien ne serait inférieure que de 28 grammes à la ration normale.

Mais les habitants de Paris et ceux des villes, en général, ne se rapprochent de la moyenne qu'à la condition de rendre plus exiguë encore la part qui reviendrait à chacun si la quantité de viande disponible était également partagée entre tous les citoyens. Aussi arrive-t-il que la ration de bœuf consommée dans les montagnes des Alpes, par exemple, n'est que la trentième partie de celle dont est censé disposer chaque habitant de Paris, et que, dans un grand nombre de localités, la nourriture de l'homme est exclusivement composée de pain pendant la plus grande partie de l'année.

M. Payen a pris la peine d'analyser les aliments de luxe, ainsi nommés à cause du prix auquel ils se vendent. Pour donner une idée des résultats curieux auxquels il est arrivé, nous citerons ce qu'il dit de l'*ervalenta Warton*.

« Très-nutritive et rafraîchissante, capable, à ce que disent les prospectus, de guérir certaines maladies, tout en soutenant et en développant les forces, cette préparation nous paraît être venue de Londres ; elle est fort simple, car elle se compose uniquement de lentilles décortiquées mises en poudre. Son nom se rapporte d'ailleurs à cette origine jusqu'à un certain point : le nom botanique est *ervum lens* ; de là, sans doute, le mot *erva-lenta*.

« Il est douteux que la plupart des consommateurs devinent cette étymologie. Le nom de farine de lentilles serait mieux compris, mais peut-être irait-on l'acheter ailleurs. Nous devons ajouter, toutefois, que cette simple préparation n'a pas toutes les propriétés des lentilles, car l'arôme spécial et une certaine action rafraîchissante résident dans les pellicules que la décortication enlève. »

---

## LA PRESSE DES ENFANTS.

Le premier numéro de « LA PRESSE DES ENFANTS, journal du jeudi, sous la direction de M. V. Meunier, » a paru le 20 de ce mois. L'article suivant, placé en tête du premier numéro, montre l'esprit de cette nouvelle publication.

« ENFANTS,

« Nous allons bien nous amuser, car nous allons bien nous instruire et rien n'est plus amusant que de s'instruire ; vous verrez.

« Combien de choses j'ai à vous dire ! que de jolis contes, de beaux vers, de nobles actions, de traits d'esprit ! et les glorieuses découvertes des uns, les inventions admirables des autres, et les chefs-d'œuvre des artistes, et la vie des hommes braves, des hommes savants, des hommes bons ! et puis encore les voyages, les grands phénomènes de la nature, les mœurs des animaux et les propriétés des plantes ; l'histoire de la terre et l'histoire des peuples ; le ciel tout parsemé d'étoiles et le sombre intérieur du globe !... Nous en avons tant et tant à vous dire, tant d'histoires gaies et d'histoires touchantes, tant de choses merveilleuses et de choses terribles que ce n'est pas trop d'un journal, tous les jeudis, pour vous les raconter ; encore se passera-t-il bien des années avant que ce soit fini.

« Je vous disais que rien n'est plus amusant que de s'instruire, et c'est très-vrai. Mais il y a quelque chose d'aussi amusant, c'est de faire le bien. Mais je vous le demande, à quoi bon devenir instruit si ce n'est pour faire du bien aux hommes ? Car pourquoi apprend-on à faire une chose, sinon pour la faire ? Pourquoi, par exemple, apprenez-vous un jeu, n'est-ce pas pour le jouer ? Par conséquent, à quoi vous servirait-il de savoir toutes les utiles choses que les hommes ont faites jusqu'à présent si ce n'était pour les imiter, c'est-à-dire pour vous rendre utiles à votre tour. C'est donc afin que vous puissiez rendre des services aux hommes, quand vous serez grands, que je veux que vous deveniez très-savants.

« Il y a quelques années vous n'étiez pas encore au monde, et quand vous y êtes venus vous l'avez trouvé rempli de toutes sortes de commodités que vous avez été bien heureux de rencontrer ; il y avait des maisons pour vous abriter, des étoffes pour vous vêtir, du pain pour vous nourrir, des jeux pour vous amuser et beaucoup d'autres choses encore. Rien de tout cela ne s'était fait tout seul ? Et qui donc l'avait fait ? Ceux qui ont vécu avant nous, et ils l'ont fait par amitié pour vous, afin que vous ne vous trouviez pas malheureux de venir au monde. Que de mal ils se sont donné pour vous ! Quel travail, pensez-y donc, de bâtir les villes, de défricher les champs, de faire les routes, les canaux, les ponts, et d'inventer toutes les choses dont nous nous servons ! Il y eu a là de l'ouvrage pour des centaines de millions d'hommes et pendant des centaines d'années !

« Certainement s'ils étaient là, vous voudriez les remercier d'avoir pris tant de peine pour vous. Mais ils sont morts. Sans doute ils demeurent maintenant sur quelques-unes de ces terres aussi nombreuses au ciel que les gouttes d'eau dans la mer, qui roulent autour des étoiles. Vous ne pouvez donc rien faire pour eux en échange de ce qu'ils ont fait pour vous ; mais vous pouvez les imiter, vous pouvez travailler pour que les petits enfants qui viendront plus tard demeurer sur cette terre, y soient encore plus heureux que vous.

« Amis !

« Il y a encore bien des découvertes et des inventions à faire, et il y en aura toujours ; il y aura toujours de belles actions à accomplir, il y a bien des affligés à consoler, bien des opprimés à défendre, bien des injustices à combattre ; il y a encore la misère et l'ignorance à vaincre et la liberté à établir ; et que de beaux livres à écrire, de statues à tirer du marbre, de tableaux à peindre ! Tout cela vous est réservé. Apprenez à le faire, préparez-vous à payer aux vivants à venir ce que vous devez aux morts. Ambitionnez d'ajouter par votre travail au trésor commun de lumières et de vertus dont vous avez la jouissance. Le monde a besoin de vous ! Faites que plus tard on ne dise pas de vous : « Voyez cet enfant, on l'a instruit du mieux qu'on a pu, mais à quoi cela a-t-il servi ? Quel bien a-t-il fait en échange de celui qu'il a reçu ? Il est comme le rocher stérile sur lequel on jette en vain des graines et qui ne donne jamais de fruits. » Faites au contraire qu'on dise de vous : « Il est semblable à une bonne terre, dans laquelle on dépose un gland et qui en fait sortir le chêne immense, sous lequel on vient s'abriter contre la chaleur du jour. »

Indépendamment de cet article, le 1er numéro de la *Presse des Enfants* contient : — La merveilleuse histoire de trois enfants ; — une voiture sans chevaux ; — le Triomphe de Benjamin Dore ; — les Gazelles en Afrique. — TRIBUNAUX : Picard l'apprenti. — VARIÉTÉS : Un chien instruit ; — le moulin de l'aveugle ; — une énigme. — FAITS DIVERS : Un paysan qui ne sait pas ce que c'est que le télégraphe électrique ; — les singes domestiques ; — une forêt disparue ; — ressemblance extraordinaire ; — un bon tour.

La *Presse des enfants* a le même format et le même nombre de pages et de colonnes que l'*Ami des sciences* ; elle paraît toutes les semaines. Le prix d'abonnement est de 6 fr. pour Paris ; 8 fr. pour les départements (envoyer un mandat de poste à l'ordre de M. V. Meunier). Bureaux : 13, rue du Jardinet.

## CORRESPONDANCE.

### Viaduc Anglo-Français.

C'est au moyen d'un viaduc qu'un de nos correspondants, au projet duquel nous faisions allusion, en rendant compte de celui de M. Favre, veut réunir les côtes de France à celles d'Angleterre. Ce viaduc serait de 45 à 50 mètres au-dessus du niveau de la mer, ses arches auraient un centre surbaissé de 200 mètres de corde et de 18 mètres de flèche ; mais laissons parler l'auteur.

« Il s'agit simplement de savoir : 1° si l'on peut construire un pont dont les arches auraient cette dimension ; 2° s'il n'y aurait pas à craindre que les brutalités de la tempête ne renversassent cet édifice. Je n'hésite pas à me prononcer pour l'affirmative sur la première question et la négative sur la deuxième.

« Trois moyens principaux se présentent :

« 1° Des culées et des piles en maçonnerie, faites au bain d'un ciment hydraulique, le meilleur possible, plantées assez avant dans le sol pour ne pas craindre que les mouvements de l'eau les déchaussent, et assez puissantes pour, sur une hauteur de plus de 80 mètres, n'être pas ébranlées par la fureur des flots.

« Ensuite, au moyen d'une charpente bien combinée, aussi simple que possible, et d'après le cintre ci-après décrit, réunir en une seule voie horizontale toutes les piles et culées pour la recouvrir d'un plancher de 6 cent., en chêne, lequel serait lui-même recouvert d'une surface de tôle galvanisée de 1 millième à 1 millième 1[2 d'épaisseur, afin de garantir les bois de toute infiltration.

« Chaque cintre, ainsi que les moises, traverses, lambourdes, décharges, contreforts, tirants, etc., seraient immergés à bain, dans un liquide oléo-bitumeux, de manière à rendre imperméables toutes les parties.

« Les cintres seraient composés de madriers de sapin de 5 à 15 mètres, ayant 50 cent. de largeur, et 8 c. d'épaisseur, joints à plat, 5 ensemble, immédiatement après leur immersion dans le liquide agglutinatif, et boulonnés de 60 en 60 cent., les joints de bouts disposés de manière à ce que deux ne se trouvent jamais à moins d'un mètre de distance, etc.

« Le deuxième moyen serait de substituer le fer au bois purement et simplement. Le troisième de faire tout en maçonnerie. J'ai étudié le premier et le troisième, je n'ai pas étudié le deuxième, qui pourrait cependant être également mis en pratique.

« Une largeur de 12 mètres serait convenable, afin d'établir trois voies ferrées, dont celle du milieu serait spécialement affectée aux trains de marchandises : les deux autres pour les trains de voyageurs, afin d'éviter toute crainte de rencontre Plus un trottoir de 1 mètre 40 de chaque côté, pour le service des cantonniers, dont les logements seraient ménagés dans la construction.

« Il fallait aux piles une force non seulement capable de résister au choc des vagues, mais encore suffisante pour soutenir l'énorme poids des cintres, surtout s'ils étaient en maçonnerie. J'ai donc porté chaque pile à une hauteur moyenne de 80 mètres, depuis le sol jusqu'au voussoir, plus 20 mètres pour arriver au niveau du tablier. Ces piles, de forme ovale, auraient 18 mètres de longueur à leur base et 10 mètres de largeur, ce qui fait un diamètre moyen de 14 mètres.

« Au voussoir, elles auraient seulement 11 mètres 06 c. ; aucune batterie de pieux ne serait nécessaire ; autant que possible, le parement extérieur serait en granit, le remplissage en meulière et quartz, immergés à bain de ciment.

« Restent à faire les calculs des cubes et par conséquent des dépenses. Chaque pile ainsi construite présenterait un cube de 10,700 mètres en nombres ronds. Celui des cintres ; en bois y compris plancher, bordure, etc., de 1,700 stères. Si, en maçonnerie, les cintres étant en anse de panier, le cube serait d'environ 19,300 mètres.

« Dans le 1er cas, chaque travée de 206 mètres, y compris les voies de fer, reviendrait à 750 mille francs ; dans le 2e, les 30,000 mètres cubes de maçonnerie, dont 8,000 mètres superficiels de parements, coûteraient 900,000 fr. tout compris, avec bordures en granit de 1 mètre de hauteur et 0,40 d'épaisseur.

« Donc, 150 arches étant suffisantes, la dépense totale serait d'environ 120 millions, en y comptant l'imprévu et l'extra ; et dans le 2e cas, de 150 millions.

« Ce travail arrêté, les fonds prêts, les sondages opérés, les matériaux préparés, les 150 piles plus deux culées, pourraient être sorties de l'eau en une seule campagne.

« Les travées, si le bois était adopté, pourraient être toutes posées et livrées à la circulation en deux campagnes au plus ; si, en pierre, il en faudrait trois au moins.

« Quant à la dépense, je ne sais si les matériaux propres à cette construction, je veux parler de la pierre et du granit, sont abondants dans l'une et l'autre contrée, où s'il faudrait les faire venir de loin ; dans ce cas, les chiffres seraient susceptibles de monter ou descendre, suivant l'occurence.

« Quoi qu'il en soit, je suis parfaitement convaincu de la possibilité d'exécution de ce travail. » E. DE C.

### Appareil plongeur à air libre.

Nous recevons la réclamation suivante :

Monsieur le Rédacteur,

Je vous prie de vouloir bien insérer dans le plus prochain numéro de votre Revue scientifique la rectification suivante que j'ai l'honneur de vous adresser.

Je viens de lire dans l'*Ami des sciences*, n° du 16 septembre courant, un article ayant pour titre : *Nouvel Explorateur sous-marin*, qui commence ainsi :

« M. Jobard décrit cet appareil qui est de son invention, et « dont un premier spécimen, exécuté par M. Espiard de « Colonge, stationne et fonctionne en ce moment sur la « Seine, auprès du pont des Arts. »

Je n'ai point exécuté l'idée de M. Jobard, mais j'ai fait construire sur la Seine (sous le pont des Saints-Pères), une machine de mon invention brevetée en France dès le 24 septembre 1853, et depuis aussi en Angleterre. Cet appareil plongeur à air libre et dans lequel on ne perd pas le ciel de vue, a pour but aussi bien l'exploration du sol sous marin que celle du lit des rivières.

Je compte, Monsieur le Rédacteur, sur votre parfaite impartialité, et vous prie d'agréer l'assurance de ma considération très-distinguée.

Le Baron ESPIARD DE COLONGE.

## LA SEMAINE SCIENTIFIQUE.

Gourmes des enfants. — A l'une des séances de la Société de médecine pratique, M. Coursserant a signalé les effets funestes qu'exercent sur la santé des enfants, — contrairement à un préjugé très-répandu, — ces exanthèmes siégeant soit au cuir chevelu, soit aux ailes du nez, et qui bien souvent, pénétrant dans les fosses nasales, gênent le jeu de la respiratisn. J'ai pour habitude, a-t-il dit, d'en provoquer la suppression à l'aide de cataplasmes émollients, de lotions et de soins de propreté, et j'ai toujours remarqué que cette suppression était promptement suivie d'une amélioration marquée dans la santé de l'enfant; néanmoins, comme je sais que quelques confrères ne partagent pas mon opinion à cet égard, je demande si cette suppression présente réellement quelques dangers?

M. Foucart répond qu'à son avis il n'y a aucun danger à faire disparaître ces éruptions le plus promptement possible; elles peuvent, selon lui, devenir la cause d'accidents graves; il a vu, il y a quatre ans, une petite fille de deux ans chez laquelle existait depuis trois semaines un impétigo du front et des joues qui était le siége d'un suintement abondant. Quelques gouttes de pus s'étant trouvées portées dans les yeux, une ophthalmie purulente survint, dont la conséquence fut la perte des yeux, qui se vidèrent. Il ajoute qu'il ne se borne pas à l'emploi des moyens locaux dans les cas de cette nature. Il fait usage de purgatifs réitérés et énergiques, puis de toniques, de reconstituants, d'huile de foie de morue principalement.

M. Masson ne croit pas non plus que l'on doive respecter ces éruptions; la suppression, suivant lui, en est d'autant moins dangereuse qu'elle est obtenue à une époque plus rapprochée du moment de leur début.

M. Magne s'étonne que des médecins puissent croire encore au danger de la suppression de ces exanthèmes; il n'hésite jamais à débarrasser ses malades d'affections pareilles.

M. Vergne partage complétement cette opinion; il a souvent rencontré de ces exanthèmes au cuir chevelu, au visage et principalement aux ailes du nez, quelquefois aux commissures des lèvres. C'est surtout chez les nombreux enfants qui peuplent les salles d'asile que cette affection est commune. Elle est ordinairement le siége d'une sécrétion séreuse plus ou moins abondante; cette sérosité, en se desséchant, donne lieu à la formation de croûtes dont l'accumulation dans les fosses nasales gêne nécessairement la respiration. Ces pauvres enfants ne respirent plus que par la bouche et semblent soumis à une espèce d'asphyxie qui agit lentement, graduellement, mais dont l'influence funeste ne tarde pas à se faire sentir. Ils dépérissent à vue d'œil, et leur état réclame un prompt secours. Jamais, ajoute M. Vergne, je n'ai hésité à conseiller la suppression immédiate de ces exanthèmes; seulement, lorsque l'affection est déjà ancienne, surtout si elle se présente chez des enfants d'une constitution faible et délicate, ce qui a lieu dans la presque totalité des cas, aux cataplasmes émollients de farine de graine de lin ou mieux de fécule et de lait, aux lotions de même nature et aux soins hygiéniques, je joins l'usage des tisanes amères, du sirop antiscorbutique, l'huile de foie de morue et l'iodure de potassium. La constitution des jeunes sujets se trouve ainsi modifiée en même temps que l'exanthème disparaît peu à peu. Jamais je n'ai vu cette suppression suivie, je ne dis pas de dangers, mais même du moindre inconvénient; loin de là, la respiration, difficile et embarrassée jusque-là, devient libre, la santé se rétablit aisément et avec rapidité.

Une source salée dans la Meurthe. — Nous en trouvons l'indication dans les *Mémoires de l'académie de Stanislas*, année 1854, qui viennent de paraître. Cette source existe à Jarville, près de Nancy; elle jaillit à 2 mètres environ au-dessus du sol, et paraît provenir d'un forage abandonné par suite de la rupture d'une sonde, après avoir été poussé à la profondeur de 60 mètres environ. Ce filet d'eau, qui est assez faible, ne tarit jamais et ne présente aucune variation appréciable dans les différentes saisons; ce qui semble indiquer qu'il est complétement indépendant des infiltrations du sol. Du reste, l'eau en question a une saveur assez fortement salée, sans odeur appréciable, et ramène sensiblement au bleu le papier de tournesol.

M. le docteur Blondlot, ayant analysé cette eau, à la prière d'une personne qui en faisait usage comme purgatif, a trouvé qu'elle contient :

| | |
|---|---|
| Sulfate de soude | 3gr.440 |
| Chlorure de sodium | 3 770 |
| Silice et sels terreux consistant en bicarbonate de magnésie et sulfate de chaux. | 0 150 |
| Total | 7gr.360 |

L'eau de la source de Jarville est reçue dans un petit bassin artificiel entouré de gazon : or, il est certain qu'à différentes époques des poissons d'eau douce, tels que carpes, barbeaux, perches, anguilles, etc., y ont été placés, et qu'ils s'y sont développés à merveille, malgré la salure très-prononcée de l'eau. En outre, des cyprins dorés de la Chine, qui croissent aux alentours, témoignent de la santé la plus parfaite par leur grosseur, leur vivacité, et surtout par l'éclat de leur belle couleur rouge.

Pseudochromie. — M. le docteur Lembert, de Lyon, nous adresse les intéressantes observations qui suivent. « Dans le numéro 7 de votre journal, vous avez appelé l'attention de vos lecteurs sur les inconvénients graves des signaux coloriés appliqués aux chemins de fer, inconvénients produits par la pseudochromie dont peuvent être atteints les individus chargés de l'observation de ces mêmes signaux.

« Je pense comme vous que cette question est d'une extrême importance, et je viens ajouter des faits que je crois nouveaux et qui tendent à prouver que les signaux coloriés sont on ne peut plus dangereux.

« Dans les exemples que vous citez on ne voit pas autre chose que la confusion de deux couleurs, et surtout des couleurs complémentaires. Or, voici deux autres formes de pseudochromie, qui je crois, n'ont pas été indiquées.

« 1° J'ai observé une personne qui non seulement appréciait mal les couleurs, mais encore manquait de mémoire par rapport à quelques couleurs, à tel point que cette personne, âgée de 35 ans, d'une intelligence qui n'est point au-dessous de la moyenne et qui a été élevée à la campagne, *ne se rappelle pas la couleur de l'herbe ni des feuilles*. Elle reconnaît la couleur verte si vous la lui nommez en la lui montrant, et si vous la cachez quelques secondes elle ne se la rappelle plus. (*Le vert, couleur de signal.*)

« 2° Il y a quelques jours, je fus à la campagne chez M. P., et en causant avec lui de pseudochromie, il me dit qu'il ne voyait plus le rouge à une certaine distance à laquelle cependant il distinguait très-bien toutes les autres couleurs; ainsi à quelques centaines de mètres il voit l'habit des militaires, leur visage, leur coiffure, mais il ne voit plus leur pantalon. A une certaine distance, les pavots disparaissent du champ qui en contient beaucoup, quoiqu'il distingue très-bien la couleur jaune du blé, et ainsi de tout objet rouge placé à une distance à laquelle il pourrait encore le voir s'il était d'une autre couleur. (*La rouge, couleur de signal.*)

« Je n'ai pas besoin d'indiquer les conséquences: vous aviez donc bien raison de dire qu'on ne pouvait plus mal choisir. »

Formation du bronze par l'action galvanique. — Pour obtenir un dépôt de bronze au moyen de l'action galvanique, on emploie une solution de cuivre et de zinc, dans les proportions convenables; mais comme le cuivre est plus électro-galvanique que le zinc, il se sépare plus facilement de ses dissolutions, en sorte que pour obtenir ce dépôt simultané des deux métaux, il faut, ou retarder la précipitation du cuivre, ou accélérer celle du zinc. Cette action a lieu quand le bain renferme beaucoup de zinc et peu de cuivre.

Le docteur Heeren indique les proportions suivantes, comme lui ayant parfaitement réussi :

| | | |
|---|---|---|
| Sulfate de cuivre. . . . . | 1 | 1re dissolution. |
| Eau chaude . . . . . . . | 4 | |
| Sulfate de zinc. . . . . . | 8 | 2e dissolution. |
| Eau chaude . . . . . . . | 16 | |
| Cyanure de potassium. . . | 18 | 3e dissolution. |
| Eau chaude. . . . . . . | 36 | |

Les trois dissolutions étant étendues de 250 parties d'eau et mélangées ensemble, il se produit un léger précipité, qui n'influe en rien sur le dépôt, et qui, du reste, se redissout, soit par l'agitation, soit par l'addition d'un peu de cyanure de potassium. La liqueur est alors soumise à l'action de deux éléments Bunsen chargés d'acide nitrique concentré, mêlé à un dixième d'acide sulfurique.

La dissolution étant chauffée jusqu'à l'ébullition, est placée dans un verre à pied où baignent les deux électrodes de la pile. On suspend l'objet à couvrir, qu'on a eu soin de bien décaper, au pôle positif, et une lame de bronze au pôle négatif.

Lorsque la dissolution est chaude, le dépôt se forme rapidement d'après le *Mechanic's Magazine*. On a ainsi couvert d'une couche de bronze des objets de cuivre, de zinc, de laiton, de fer et de différents alliages. Mais on n'a pas réussi pour la fonte.

Hybridation dans les végétaux. — « Ce qui est incontestable, dit M. Naudin, c'est que des formes considérées à bon droit comme espèces distinctes, sont susceptibles de s'allier par croisement, et de donner naissance à des formes nouvelles, participant à des degrés divers de celles qui les ont produites ; il ne saurait plus, ajoute-t-il, y avoir le moindre doute à cet égard ; ce sont les *hybrides*, pour nous servir du terme consacré. »

L'auteur cherche ensuite si « les plantes issues du croisement de deux véritables espèces, » si les hybrides sont nécessairement stériles. « Évidemment non, répond-il ; une expérience tous les jours, répétée dans quelques-uns de nos grands établissements horticoles le prouve surabondamment. C'est la fertilité constante et jusqu'ici indéfinie des innombrables variétés hybrides de Pétunias obtenues primitivement de la fécondation réciproque des deux espèces cultivées dans les jardins (*P. nyctaginiflora* et *P. violacea*), qui non-seulement se reproduisent en se fécondant d'elles-mêmes, mais qui peuvent, avec une égale facilité, s'hybrider, soit entre elles, soit avec leurs parents. C'est de ces croisements, sans cesse répétés, que sont nées ces magnifiques variétés qui alimentent le commerce des fleurs, et dont les caractères sont quelquefois tellement modifiés, qu'on aurait peine à les rattacher soit à l'une, soit à l'autre des deux espèces classiques et si bien connues dont elles sont sorties à une époque encore très-rapprochée. Les cultures de M. L. Vilmorin, où, chaque année, des jardiniers chargés de ce soin mélangent les pollens de toutes ces variétés, en offrent un des exemples les plus remarquables. Il n'y a aucune exagération à dire que tous les ans ces belles cultures offrent des milliers de variétés nouvelles, dont les fleurs, vues en bloc dans les plates-bandes où elles sont réunies, forment un coup d'œil éblouissant.

« Il existe depuis quelques années au Muséum un *Nicotiana* hybride, selon toute probabilité, des *N. Persica* et *N. Langsdorffii*. Non-seulement cet hybride est aussi fécond que les deux espèces dont il est censé provenir, mais il se reproduit identiquement de ses graines, et, jusqu'à présent du moins, tous les individus se sont ressemblés entre eux au même degré que les individus appartenant à une espèce des plus naturelles. Voilà donc un hybride qui tendrait à *faire souche*, et à se constituer comme *espèce nouvelle*. Nous sommes loin de conclure qu'il en doive être ainsi ; nous le citons seulement comme un second exemple de fertilité dans les hybrides.

« Autre exemple : une récente et belle expérience de M. Godron établit d'une manière à peu près incontestable, que l'*Ægilops triticoides*, dans lequel tant de personnes, et nous avons été du nombre, ont cru voir une modification de l'espèce sauvage de l'*Æ. ovata*, qui aurait été la souche du blé, n'est autre chose qu'un hybride né de cet *Ægilops* et de certaines variétés de blé. Or cet hybride a été cultivé pendant douze ans, sous le climat méridional où il avait pris naissance, sans cesser de se reproduire avec ses caractères mixtes. Après douze générations, il n'avait rien perdu de sa faculté reproductrice, et aujourd'hui, même sous le climat moins favorable du nord de la France, car depuis trois ans nous le cultivons au Muséum, sa vitalité ne paraît pas affaiblie. Voilà donc encore un hybride qui semble devoir se perpétuer bien longtemps, sinon indéfiniment, et qui prouve encore que la conclusion absolue de la stérilité des hybrides est fausse.

« On objectera peut-être que les plantes du croisement desquelles sont sortis ces divers hybrides ont été à tort considérées comme espèces distinctes, et qu'elles doivent en conséquence être réunies sous la même dénomination spécifique. Assurément la question de l'*hybridité* se lie intimement à celle de l'*espèce*, qui est loin elle-même d'être résolue ; mais si l'on devait désormais regarder comme identiques les *Petunia nyctaginiflora* et *violacea*, les *Nicotiana persica* et *Langsdorffii*, le Blé et l'*Ægilops ovata*, il faudrait convenir que la notion de l'*espèce*, telle qu'elle existe dans les esprits depuis qu'on s'occupe d'histoire naturelle, n'a été qu'une longue erreur, et qu'elle devrait être changée de fond en comble. On risquerait fort, si on adoptait cette nouvelle manière de voir, de se perdre dans une logomachie sans fin, et de noyer la science dans inextricable confusion d'idées. »

Véhicule sous-marin. — M. Jobard propose une sorte de wagon au moyen duquel on pourrait parcourir les plaines sous-marines à la remorque d'un bateau à vapeur.

« Ce wagon, en fonte épaisse, porté sur des essieux très-longs et des roues de fer très-lourdes, serait attaché au navire par une longue chaîne, accompagnée d'un fort tuyau de caoutchouc entoilé et muni de spirales intérieures pour résister à l'écrasement. Il permettrait de descendre à des profondeurs inconnues, soit pour chercher les meilleures passes pour les câbles télégraphiques, soit pour reconnaître les lieux et les causes de rupture. On conçoit que l'espèce de tube ombilical qui servirait à l'aération en contiendrait un plus petit pour l'expulsion de l'air vicié, par les procédés déjà décrits. Je pense qu'une pareille voiture traverserait aisément le Pas-de-Calais en roulant sur le sable et les galets. »

Moyen d'améliorer le pain bis. — Les farines qu'on conserve subissent souvent une altération particulière. Sous l'action de l'humidité et de l'air, le gluten, devenu mou, rend la pâte moins plastique et l'usage du pain dans lequel il entre n'est pas sans inconvénient. Les boulangers Belges remédient à cela en ajoutant à la farine une petite quantité de sulfate de cuivre ou d'alun ; sous la chaleur du four ces sels se combinent avec le gluten qui recouvre ses qualités premières et redevient insoluble et hygrométrique. M. Liebig a fait divers essais pour remplacer ces substances dangereuses, et il y a réussi, car il obtient le même résultat que les boulangers Belges, en employant 26 à 27 litres d'eau de chaux pour 100 kilogrammes de farine. Le pain préparé de cette manière perd complétement son acidité ; on augmente un peu la proportion de sel pour lui donner un goût agréable.

La dose de chaux introduite ainsi dans le pain ne dépasse pas celle que la farine des légumineuses renferme normalement, elle ne peut donc avoir aucun inconvénient ; on incline au contraire à lui reconnaître des avantages, si on fait attention que la farine des céréales ne renferme pas une quantité de chaux suffisante pour la nutrition des os. Le procédé de M. Liebig lui donnerait donc précisément ce qui lui manque pour devenir un aliment complet. Cette insuffisance de la chaux est peut-être, dit l'auteur, une des causes des phénomènes morbides qui s'observent chez les enfants, dont l'alimentation consiste presque exclusivement en pain. Ajoutons que, d'après quelques expériences, l'addition d'une petite quantité de chaux à la pâte paraît augmenter le rendement de la farine en pain.

L'OBSCURITÉ DE L'ESPACE. — M. le docteur Walhu nous écrit de Cherchel :

« Ces jours derniers, en rêvant sous le beau ciel, si brillamment étoilé de l'Afrique, il me vint à la pensée que *l'état normal de l'espace*, de l'éther si l'on veut, *était l'obscurité;* voici d'où me vint cette idée. Je me dis que puisque aussitôt que notre soleil quitte l'hémisphère que nous habitons, cet hémisphère est plongé dans les ténèbres, il faut bien que les espaces célestes ne soient pas *nécessairement* lumineux, car s'ils l'étaient, nous serions constamment éclairés, tandis que cela n'est pas ; j'en vins à conclure que les corps éclairants de l'univers (les étoiles fixes ou soleils), n'éclairaient en réalité que les corps opaques que leurs rayons lumineux rencontraient dans l'espace, mais que ces mêmes rayons lumineux n'éclairaient point l'espace lui-même ; et ce qui me le prouvait, c'est que, pendant notre nuit, les rayons de notre soleil qui éclairent l'autre hémisphère et dont une grande partie passe tout autour de l'horizon de cet hémisphère et par conséquent passe aussi autour de notre horizon pour aller se perdre dans les profondeurs de l'immensité, n'éclairent en aucune façon cette immensité; qu'il y a bien un faisceau de ces rayons lumineux qui va, par exemple, éclairer Jupiter, que l'on voit briller maintenant d'un si vif éclat vers neuf heures du soir, mais que l'espace qui existe entre le soleil et Jupiter n'est nullement éclairé pour nous dans le sens de la trajectoire de ces mêmes rayons. »

NOUVEAU SYSTÈME DE FABRICATION DU FER ET DE L'ACIER. — Ce procédé consiste à obtenir directement du minerai de fer un produit naturel auquel l'inventeur donne le nom *d'éponge métallique*, produit susceptible d'être comprimé à la presse, pour faire des massiaux qu'on traite ensuite comme le fer ordinaire, ou de se cémenter à froid pour former de l'acier. L'inventeur du procédé est M. Chenot.

M. Chenot trouvant que le mode habituel de fabrication du fer n'est ni rationnel, ni économique, qu'il exige trop de main d'œuvre et de combustible, et partant de ce principe qu'on ne doit pas faire de la fonte d'abord pour produire du fer ensuite, a voulu arriver à faire du fer et peut-être d'autres métaux directement avec le minerai.

Il supprime donc : les hauts fournaux, les fours d'affinage, les fours à puddler, et les remplace simplement par un four à réverbère de son invention dans lequel il jette successivement des couches de charbon et de minerai sur une hauteur de 10 à 12 mètres.

En chauffant ce four ainsi rempli, pendant vingt à vingt-quatre heures, tout le combustible se consomme, la combinaison du métal et du gaz se forme, et l'on obtient toute l'éponge que l'on recueille dans des caisses à la partie inférieure de l'appareil, de manière à empêcher que la matière ne s'enflamme à la sortie et ne produise des détonnations qui seraient foudroyantes.

Quelques hommes suffisent pour la manœuvre générale de toute la fabrication, et encore ne sont-ils occupés que très-peu de temps, par exemple, toutes les trois heures environ, pour examiner l'état d'avancement de l'opération, pour metre du charbon sur les grilles et aussi à la fin de chaque fournée pour décharger la matière.

Dans l'état actuel de sa fabrication, M. Chenot estime qu'il faut 700 kilogrammes de charbon seulement pour produire 1,000 kilogrammes d'éponge métallique, et qu'avec 1,350 kilogrammes de cette matière, on obtient 1,000 kilogrammes de fer pur, en ne dépensant pas plus de 200 kilogrammes de combustible. De sorte qu'en résumé, il ne faut pas, dans son système, 1,200 kilogrammes de charbon, pour fabriquer 1,000 kilogrammes de fer en massiaux. Il en résulte donc une économie considérable, comparativement aux anciens procédés, sur la dépense du combustible.

L'éponge métallique paraît légère à la main, à côté du minerai ou du fer qu'elle produit, à cause de la grande quantité d'air qu'elle renferme. Mais cet air se dégage, quand on la presse ou quand on la jette dans un liquide. En la comprimant très-fortement, on lui donne les formes que l'on veut. C'est ainsi qu'en mettant une certaine quantité d'éponge que l'on réduit préalablement en poudre, ou en grenailles, dans un moule rectangulaire ou de toute autre forme, et en la soumettant à l'action d'une forte presse hydraulique, on obtient des massiaux qui peuvent ensuite se chauffer et se forger, comme massiaux ordinaires produits par les procédés en usage.

Le *Génie industriel* auquel nous empruntons ces détails nous apprend que M. Chenot fait construire, en ce moment, une énorme presse à 12 pistons qui doit agir sur une grande surface, et exercer au besoin une pression de trois millions de kilogrammes, afin d'arriver à mouler des pièces de grandes dimensions, comme des bandages, des cercles, des roues, des rails pour les chemins de fer.

Cet infatigable inventeur monte maintenant, dans son usine, un nouvel appareil propre à produire le gaz qu'il veut employer comme chauffage, au lieu de combustible. Il espère également réaliser une grande économie de charbon par cette application, qui, dans son système de four à réverbère, serait d'autant plus importante qu'elle permettrait, en supprimant les couches de houille, d'y contenir une plus grande quantité de minerai, et par conséquent de produire, dans la même capacité, plus d'éponge dans le même temps.

Il transforme son éponge en acier d'une manière extrêmement simple; il lui suffit de la faire plonger pendant un certain temps dans un vase plein d'huile, l'air s'en dégage complétement, et il se forme une cémentation naturelle à froid. Des matières grasses, résineuses, peuvent aussi remplir le même effet. En trempant l'éponge dans du cuivre fondu, dans de l'argent, ou dans un autre métal, on obtient également une sorte de cémentation, qui n'est plus de l'acier, mais une combinaison métallique dont les couleurs et les propriétés recevront des applications intéressantes dans les arts et dans l'industrie.

UTILISATION DU GUI. — Les vaches sont tellement friandes du gui, qui croît, en Normandie, sur les pommiers et sur les poiriers, au grand détriment de ces arbres, qu'il suffit de leur en montrer une botte pour les faire accourir de plusieurs centaines de mètres. De bonnes ménagères affirment, en outre, que le gui améliore la qualité du lait et fortifie les vaches : aussi le réservent-elles pour celles qui viennent de faire leur veau.

Vers le milieu du printemps dernier, M. Isidore Pierre s'est procuré une certaine quantité de ce parasite. Après avoir retranché les parties trop dures pour être mangées avec plaisir, ce qui représentait peut-être le cinquième des touffes, il a partagé le reste en deux lots, savoir : 1° les feuilles et les sommités des nouvelles pousses ; 2° les rameaux dont on avait séparé les parties précédentes. Le premier lot représentait 66,3 p. 100 de poids total; le deuxième lot, 33,7 p. 100.

Des expériences auxquelles M. Isidore Pierre s'est livré, il résulte deux conséquences :

La première, c'est que le gui frais, au milieu du printemps, est l'un des fourrages les plus riches et les moins aqueux qui soient connus jusqu'ici.

La seconde, c'est que toutes les parties du gui ont à peu près la même richesse en azote à l'état vert, et qu'à l'état sec il n'existe qu'une différence assez faible de richesse en matière azotée entre les jeunes pousses, les feuilles et les rameaux plus anciens, mais encore assez tendres pour être facilement consommés par les animaux; c'est un fait que M. Isidore Pierre n'avait encore observé dans aucun fourrage.

Si l'on ajoute que certains pommiers à cidre portent quatre ou cinq touffes de gui, et que beaucoup de ces touffes pèsent plusieurs kilogrammes, on comprendra que, dans les années où le fourrage est rare, une récolte de gui peut, dans certains pays, fournir une ressource fourragère qui ne serait pas à dédaigner, tout en débarrassant les arbres qui les portent de parasites épuisants.

L'auteur des expériences raconte que tel propriétaire de la Manche en a retiré, l'hiver dernier, plus de 500 kilogrammes d'une soixantaine de pommiers seulement.

---

## NOUVELLES ET CAUSERIES.

*Chemin de fer dans Paris. — Le télégraphe de Terre-Neuve; récompense honnête. — Un pari stupide. — Le pont d'Arcole. — Enterotomie. — Mouvement des chemins de fer du Royaume-Uni. — Production métallurgique des Iles Britanniques. — Loch compteur de M. Meller. — Grès imperméable — Conservation des sangsues. — Fracture congénitale.*

⁂ Un ingénieur, M. Bassompierre, propose de compléter le chemin de fer de ceinture en établissant une nouvelle section sur la rive gauche de la Seine. Le point de départ de cette nouvelle section serait près la place de la Bastille.

On sait que sur ce point doit être prochainement bâti l'embarcadère du chemin de fer de Vincennes auquel se relie le chemin de fer de ceinture de la rive droite, tout près des fortifications. La gare de la Bastille serait commune à la ligne de Vincennes et au chemin de ceinture de la rive gauche, qui, dès son origine, se trouverait ainsi relié au réseau général des voies ferrées qui aboutissent à la capitale, en même temps qu'il viendrait chercher dans l'intérieur même de Paris les nombreux voyageurs que leurs plaisirs ou leurs affaires appellent sur un point quelconque de la banlieue.

De la place de la Bastille, le nouveau chemin déboucherait sur la rive droite de la Seine, en face la halle aux vins, passerait le fleuve sur un pont spécial devant cet établissement qu'il traverserait ensuite dans toute son étendue. Une fois sur la hauteur du quartier Saint-Victor, il se dirigerait, en laissant de côté le Jardin-des-Plantes, à travers les mauvaises ruelles et les vieilles masures dont la démolition est projetée, jusqu'au boulevard Montparnasse, sur lequel il n'y aurait qu'à poser les rails. Rien de plus facile que de se raccorder aux deux embarcadères de Sceaux et du Maine. A la hauteur de la barrière de Sèvres, la ligne projetée se confondrait avec celle de Paris à Tours, pour laquelle une enquête vient d'être ouverte à l'hôtel de ville; elle l'abandonnerait ensuite devant la barrière de Grenelle, pour se diriger en droite ligne sur le fleuve qu'elle traverserait en face la gare de Grenelle, et pour rejoindre enfin à Passy le chemin de fer d'Auteuil. Tel est le projet de M. Bassompierre.

⁂ La *Presse* reçoit de son correspondant de New-York une fâcheuse nouvelle.

« On s'occupait, vous le savez, lui écrit-il, de la pose d'un fil électrique sous-marin entre Halifax et le cap extrême de Terre-Neuve. Ne voilà-t-il pas maintenant que la compagnie chargée de ce travail, qui a déjà immergé une grande partie de son câble, qui y a employé plus de 80,000 dollars, plusieurs bateaux à vapeur, en est réduite à offrir une récompense honnête à celui qui lui rapportera son câble, ou lui en donnera du moins des nouvelles satisfaisantes.

« Les détails nous manquent, mais tout ce que le télégraphe d'Halifax nous a appris, c'est que le câble sous-marin est égaré dans l'Océan, et il est fort à craindre que cette circonstance imprévue ne retarde de plusieurs mois l'établissement de la communication électrique et ne grève la compagnie de nouvelles dépenses. C'est un malheur dont les nouvellistes se consoleront difficilement. »

⁂ Un ouvrier anglais, nommé Bales, âgé de vingt sept ans, étant ivre, paria qu'il avalerait un barreau de plomb long de 10 pouces, large de 3/4 de pouce et pesant une livre. Le pari fut tenu et exécuté. Le métal traversa l'œsophage et pénétra dans l'estomac, ce qui n'empêcha pas Bales de travailler pendant les trois jours qui suivirent cet acte de stupidité. Mais dans la nuit du troisième jour, il fut pris de violentes douleurs d'estomac accompagnées de tiraillements le long de la colonne vertébrale. Les moyens employés pour exciter les intestins n'ayant pas produit l'effet désiré, le docteur Néal se décida, au bout de dix jours, à pratiquer la gastrotomie. En conséquence, le malade ayant été plongé dans le sommeil anesthétique, on lui fit au ventre une incision de 4 pouces de longueur, de l'ombilic aux fausses côtes. Le péritoine divisé, l'opérateur introduisit la main dans la plaie, et ayant trouvé le barreau, le poussa en haut de manière à faire correspondre une de ses extrémités à la plaie de l'abdomen, après quoi il fit aux parois de l'estomac une incision assez large pour permettre le passage d'une pince destinée à saisir le lingot qui fut en effet amené au dehors. La contraction de la tunique musculaire de l'estomac suffit pour refermer exactement cette ouverture. Quant à la plaie cutanée, elle fut réunie par une suture. Ce qu'il y a de remarquable, c'est le peu de gravité des suites de l'opération. Bales, soumis pendant trois jours à une médication opiacée et à une diète sévère, guérit absolument comme un malade affecté de gastrite sans complication.

⁂ Parmi les grands travaux qui s'exécutent en ce moment dans Paris, un des plus curieux, sans contredit, est la construction du pont d'Arcole, dont on vient de poser la dernière ferme. Ce pont, qui a pour axe une ligne droite, passant par le centre de la place de l'Hôtel-de-Ville, se compose d'une travée en fer et de deux culées en pierre de taille fondées sur pilotis et raccordées avec les quais par des pans coupés à 45 degrés. La saillie de la culée de droite est assez grande pour qu'on ait pu y pratiquer une arcade de 3 mètres de largeur pour le service du chemin de halage qui existe sur cette rive.

La travée métallique a 80 mètres d'ouverture entre-culées, et 20 de largeur entre-gardes-corps, soit 12 mètres pour la voie charretière, et 8 mètres pour les deux trottoirs. Elle se compose d'un plancher en fer, reposant à l'aide de tympans, également en fer, sur douze arcs ou fermes en tôle, boulonnés à chaud, et qui sont solidement reliés entre eux par des entretoises. Le plancher est formé de files de rails Barlow, placés normalement à la voie et rivés sur chacun des couronnements des tympans, de sorte que le plancher, les tympans et les arcs ne forment qu'une seule et même pièce. La chaussée en empierrement et le remplissage des trottoirs, que bordera une élégante balustrade en fonte ornementée, reposent directement sur les rails, distants les uns des autres de 0m,075, et dont les interstices sont fermés par des briques.

Le poids total de la travée est de 1,800,000 kilogrammes, dont 1 million pour la fonte et le fer, et 800,000 pour la chaussée en empierrement et les trottoirs avec bordures en granit. Sous ce poids, l'effort d'écrasement exercé sur les arcs est de 4 kilogrammes environ par millimètre carré. Avant d'être livré à la circulation, le tablier doit recevoir un poids d'épreuve de 800,000 kilogrammes, ce qui porterait à 5 kilogrammes par millimètre carré l'effort d'écrasement.

Le caractère distinctif de cet ouvrage, exécuté sur les plans de M. Oudry, est une grande hardiesse qui n'exclut point la solidité. C'est le premier pont de ce genre construit en France, et il prouve les immenses ressources que notre industrie sait trouver dans l'emploi du fer et de la fonte appliqués à nos grands travaux d'ulité publique.

⁂ Le 29 juin 1855, M. Maisonneuve fut appelé par un de ses confrères, M. le docteur Bonnassies, pour voir une dame de sa clientèle, Mme V..., chez laquelle le cours des matières intestinales était complétement interrompu depuis vingt-cinq jours, et qui était en proie aux accidents les plus graves d'étranglement interne. La mort paraissait imminente. Le ventre était horriblement tendu et ballonné, la face grippée, les extrémités froides, le pouls misérable. De plus, la malade était tourmentée par un hoquet presque continuel et par des efforts de vomissements qui amenaient des matières bilieuses et stercorales.

En présence de ces accidents, précurseurs de l'agonie, il ne pouvait rester qu'une ressource, consistant à ouvrir le ventre, pour aller chercher une anse d'intestin placée au-dessus de l'obstacle inconnu, et y établir un anus artificiel. L'intestin colon ascendant amené au dehors ayant été incisé, un jet de matières fécales brunes, fétides et semi-liquides, s'élança aussitôt à plus de 20 centimètres, et remplit en quelques instants deux énormes vases de nuit contenant chacun plus de quatre litres. Quand ce flot fut arrêté, M. Maisonneuve fixa les deux lèvres de la plaie intestinale à la peau au moyen de huit points de suture.

Deux mois et demi après l'opération, le ventre, entièrement revenu à son état normal, permet de reconnaître dans la fosse iliaque et le flanc gauche une tumeur bosselée, grosse comme deux fois la tête d'un fœtus à terme; selon toutes les probabilités, c'est cette tumeur qui constitue l'obstacle au cours des matières en obstruant le colon lombaire gauche. Depuis trois semaines environ, une certaine quantité de matières commence à passer par les voies naturelles; de sorte que, si par des moyens médicaux, on peut arriver à obtenir la résolution de la tumeur, la guérison pourra devenir complète. Dans tous les cas, voici deux mois et demi que cette pauvre dame n'existerait plus si cette opération n'avait été tentée.

⁂ Le relevé du mouvement des chemins de fer du Royaume-Uni pendant l'année 1854 vient d'être publié. Nous en extrayons les chiffres suivants, où l'année dernière est comparée aux années précédentes :

| | | | | |
|---|---|---|---|---|
| Voyageurs. | — | 1849. | — | 63,000,000. |
| Id. | — | 1850. | — | 72,000,000. |
| Id. | — | 1851. | — | 85,000,000. |
| Id. | — | 1852. | — | 89,000,000. |
| Id. | — | 1853. | — | 102,000,000. |
| Id. | — | 1854. | — | 111,000,000. |

Le chiffre des employés de toutes les lignes s'élevait en 1853 à 80,409; il a atteint 90,409 en 1854. Dans ce nombre on compte 40,000 ouvriers, 13,447 porteurs et messagers, 7,235 gardes de plates-formes ou d'excentriques, 6,389 commis, 3,054 machinistes, 3,126 chauffeurs, 3,123 gardes. On compte 35,806 ouvriers employés sur les chemins de fer non encore exploités, et en tout 135,810 personnes employées sur les chemins de fer pris en masse, exploités ou non.

⁂ Les chiffres suivants, relatifs à la production métallurgique du Royaume-Uni, sont extraits d'un travail publié par M. Hunt, professeur au musée de géologie pratique.

Produit des métaux dans la Grande-Bretagne pendant l'année 1854 : Fontes, 3,069,838 tonnes d'une valeur de 337,500,000 fr.; charbons (aux puits), 64,661,401 tonnes valant 374,375,000 fr.; cuivre, 14,192 tonnes valant 36,496,800 fr.; plomb, 64,005 tonnes ou 36,802,875 fr.; étain, 5,763 tonnes, valeur 17,250,000 fr.; zinc, valeur 412,500 fr.

Les divers districts ont donné les quantités suivantes de fontes : Northumberland, Durham et Yorkshire au nord, 275,000,000 tonnes; Cumberland et Lancashire, 20,000; Yorkshire, 73,444; Derbyshire, 127,500; Staffordshire, 847,600; Shropshire, 124,800; Flintshire, 32,900; pays de Galles au sud, 750,000; Gloucestershire, 21,990; l'Ecosse, 796,604 tonnes. Total, 3,069,838 tonnes.

Quant aux charbons, l'Angleterre figure pour 47,126,651 tonnes; le pays de Galles pour 9,938,000; l'Ecosse pour 9,448,000, et l'Irlande pour 148,750. Total, 64,661,401 tonnes.

⁂ Le loch-compteur de M. P. Meller, dont nous avons parlé dans un précédent numéro, fonctionne à bord du steamer *Vectis*, de la compagnie péninsulaire et orientale (*Peninsular and Oriental navigation company*). Encore une invention française inconnue chez nous, adoptée à l'étranger.

⁂ On emploie en Angleterre le procédé suivant pour rendre imperméables les grès et autres matériaux poreux. Après les avoir chauffés à une température d'environ 400 degrés Fahrenheit, on les plonge dans du goudron chauffé à la même température, et on les y laisse pendant cinq heures. La masse qui résulte de ce mélange est si solide qu'il est presque impossible de la briser avec un marteau. Les briques et les tuiles acquièrent les mêmes qualités après quatre heures de séjour dans le goudron, et dans ce cas, une température de 130 degrés Fahrenheit est suffisante.

⁂ M. Gautier, pharmacien à Méreville (Seine-et-Oise), fait connaître un procédé fort simple, au moyen duquel il réussit à conserver les sangsues pendant la saison d'été. « Des sangsues me parviennent-elles malades, je fais, dit-il, bien nettoyer le vase qui doit les recevoir, j'ajoute chaque jour à leur eau 1 gramme de chlorure de sodium par litre, je préfère le sel gris au sel raffiné. Après quelques jours de ce traitement, les sangsues sont rétablies; la perte n'a été que de quelques-unes. Lorsqu'elles sont arrivées à cet état, je diminue la dose du sel, je n'emploie plus que 50 à 60 centigrammes par litre d'eau, et je continue à cette dose, sans interruption, pendant les chaleurs, et mes sangsues restent dans un état normal parfait. »

⁂ M. Guersant a présenté à la Société de chirurgie un enfant de dix mois qui offre une courbure anormale de l'avant-bras avec cicatrice et semi-ankylose du coude. Cet enfant est venu au monde avec cette difformité, et de plus avec une plaie non encore cicatrisée correspondant à la cicatrice qui aujourd'hui est complète. La mère raconte qu'à six mois de conception, elle reçut dans le ventre un coup de coude qui fut suivi de douleurs assez vives pendant plusieurs jours, et que son enfant, qui remuait beaucoup d'abord, finit par moins remuer. M. Guersant pense que cet enfant a eu une fracture compliquée de plaie dans le sein de sa mère, et que la plaie n'était pas encore cicatrisée à la naissance; aujourd'hui la cicatrice est complète mais le cal est vicieusement consolidé.

M. Bonnet (de Lyon) pense que cet avant-bras peut être redressé au moyen d'appareils convenables.

## BULLETIN BIBLIOGRAPHIQUE.

Nous avons reçu les ouvrages suivants :

— Exposition et histoire des principales découvertes scientifiques modernes, par Louis Figuier, 3 vol., format anglais, 4e édition. Le tome 1er comprend : machines à vapeur, bateaux à vapeur, chemins de fer. Le tome II : photographie, télégraphie aérienne et électrique, galvanoplastie et dorure chimique, planète Le Verrier. Le tome III : aérostats, éclairage au gaz, éthérisation, poudre de guerre et coton poudre. — Chez Victor Masson, 17, place de l'Ecole-de-Médecine; Langlois et Leclercq, 10, rue des Mathurins-Saint-Jacques.

— Sviluppo della soluzione... Solution du problème de la direction des aérostats, par le professeur Vittorio Anguis. In-8°, avec planche lithographiée. Turin, typographie de Cassone.

— Régénération de l'homme par l'étude de lui-même, par Mme Fanny Maréchal. 1 vol., format anglais, 2 fr. Comptoir des imprimeurs-unis, 15, quai Malaquais.

— Méthode élémentaire de musique vocale, par M. et Mme Emile Chevé. In-4°, 6e édition. — 3e tirage, 9 fr. Chez les auteurs, rue des Marais-Saint-Germain.

*Le propriétaire, rédacteur-gérant :*
Victor Meunier.

PARIS. — IMP. J.-B. GROS, RUE DES NOYERS, 74

Première année. — N° 39. Quinze centimes. 30 septembre 1855.

# L'AMI DES SCIENCES

PAR

## VICTOR MEUNIER

BUREAUX D'ABONNEMENT :
13, RUE DU JARDINET, 13.
Près l'École de Médecine.

Paraît le dimanche.
(Les abonnements datent, au gré des souscripteurs, du commencement de l'année ou du premier dimanche de chaque mois).

PRIX DE L'ABONNEMENT POUR L'ANNÉE.
PARIS, 6 FR.— DÉPARTEMENTS, 8 FR.
ÉTRANGER, surtaxe en sus.
Envoyer un mandat de poste.



### Opinions sur l'Espèce en Histoire Naturelle.

Il y a trois opinions sur l'espèce, toutes ont d'illustres auteurs : Cuvier, Lamarck, Geoffroy-Saint-Hilaire.

Au moment où G. Cuvier s'efforçait de donner une classification méthodique du règne animal, Lamarck sapait les bases même de l'édifice, il niait le principe sur lequel tout repose, celui de la fixité de l'espèce.

« L'origine de cette erreur (qu'il y a des espèces constantes) vient dit-il de la *longue durée*, par rapport à nous, du *même état de choses* dans chaque lieu qu'habite chaque corps vivant ; mais cette durée du même état de choses, pour chaque lieu, a un terme, et avec beaucoup de temps, il se fait des mutations dans chaque point de la surface du globe, qui changent, pour les corps vivants qui l'habitent, tous les genres de circonstances (1). »

J'essaierai de résumer brièvement tout son système en employant ses propres expressions.

« Il n'y a point d'espèces, dit-il, il n'y a réellement dans la nature que des individus. La nature forme directement les premières ébauches de l'organisation ; elle crée les premiers traits de l'organisme dans les masses où ils n'existent pas encore ; puis, ensuite, l'usage de la vie développe et compose ses organes. Les principales circonstances dont la nature a besoin et dont elle se sert encore chaque jour pour varier tout ce qu'elle continue de produire, naissent de l'influence des climats ; de celle des diverses températures de l'atmosphère et de tous les milieux environnans ; de celle de la diversité des lieux et de leur situation ; de celle des habitudes, des mouvements les plus ordinaires, des actions les plus fréquentes ; enfin, de celle des moyens de se conserver, de la manière de vivre, de se défendre, de se multiplier. — Les circonstances au sein desquelles vivent les êtres variant continuellement, amènent des mutations dans leurs habitudes, une manière nouvelle d'exister.

« De ces nouvelles habitudes résultent des modifications dans la nature et la consistance des organes, ainsi que dans les formes des parties ; des formes nouvelles amènent à leur tour de nouvelles facultés, et ces variations se propageant par la génération, il se forme nécessairement de nouvelles espèces, de nouveaux genres et même de nouveaux ordres.

« La conformation des individus et de leurs parties, leurs organes et leurs facultés, etc., sont uniquement le résultat des circonstances dans lesquelles chaque espèce et toute sa race s'est trouvée assujettie par la nature, et des habitudes que les individus de cette espèce ont été obligés de contracter. »

Tel est le système de Lamarck ; il repose, comme on voit, sur les quatre points suivants :

1° La variabilité des milieux ;

2° L'influence des milieux sur les habitudes des êtres ;

3° L'influence de l'habitude, ou plus généralement de la fonction sur l'organe ;

4° L'influence de l'organe sur les habitudes ou sur la fonction.

Cuvier pense, au contraire, que l'espèce est immuable. « On n'a aucune preuve, dit-il, que toutes les différences qui distinguent aujourd'hui les êtres organisés soient de nature à avoir été produites par les circonstances. Tout ce que l'on a avancé sur ce sujet est hypothétique, etc. — Des formes fixes et qui se perpétuent par la génération distinguent les espèces. » (*Règne animal*.)

Au dire de Cuvier, la question soulevée par Lamarck aboutit à un mystère.

« Ces formes ne se produisent ni ne se changent d'elles-mêmes ; la vie suppose leur existence ; elle ne peut s'allumer que dans des organisations toutes préparées, et les méditations les plus profondes, comme les observations les plus délicates, n'aboutissent qu'au mystère de la préexistence des germes. » (*Loc. cit.*)

Dans le *Discours sur les révolutions de la surface du globe*, Cuvier traite la question avec plus d'étendue. Ses magnifiques travaux paléontologiques le ramenaient invinciblement sur ce terrain brûlant ; il s'agissait de savoir quels liens rattachent les races perdues aux races actuelles. Sa conclusion est « qu'il n'y a rien dans les faits connus qui puisse appuyer le moins du monde l'opinion que les fossiles aient pu être les souches de quelques-uns des animaux d'aujourd'hui, lesquels n'en différaient que par l'influence du temps ou du climat. »

Telle n'était pas sur ce point l'opinion de Geoffroy-Saint-Hilaire, auquel les critiques de Cuvier s'adressaient autant qu'à Lamarck.

Après avoir établi le système philosophique des ressemblances des êtres, Geoffroy-Saint-Hilaire entreprit d'établir le système philosophique de leurs différences.

(1) *Recherches sur l'organisation des corps vivants*, p. 147.

Il ne s'agissait plus, à son sens, de décrire ces différences, mais de les expliquer, car « ce ne sont pas, dit-il, des effets sans une cause appréciable que la multiplicité et la diversité des formes animales. » (*Mémoire sur le degré d'influence du monde ambiant.*)

« Il y a, dit-il, deux sortes de faits différentiels : 1° ceux qui appartiennent à l'essence des germes ; 2° ceux qui proviennent de l'intervention du monde extérieur. »

« Il n'y a de changements à la surface de la terre, dit-il encore, qu'en conséquence d'une variation préexistante, lente et incessante des milieux ambiants, divers et consécutifs. — L'étude des faits différentiels, ainsi comprise, mènera à reconnaître que les animaux vivant aujourd'hui proviennent, par une suite de générations et sans interruption, des animaux perdus du monde antédiluvien. — Dans l'évolution d'un être qui a parcouru toutes les phases de la vie, vous avez en raccourci, sous quelques rapports, le spectacle de l'évolution du globe terrestre, c'est-à-dire une succession de faits différentiels engendrés les uns des autres. — Au premier rang des excitations vitales, il faut placer le phénomène de la respiration. — Il est la source la plus générale des modifications que subit l'animalité. — Supposez que le cours lent et progressif des siècles donne successivement lieu à des changements de proportion des divers éléments de l'atmosphère, l'organisation éprouvera des changements proportionnels. »

Et il ose faire l'hypothèse suivante :

« Que le sac pulmonaire d'un reptile éprouve accidentellement, dans les premiers âges du développement, une constriction dans son milieu, de manière à laisser à part tous les vaisseaux sanguins dans le thorax et le fond du sac pulmonaire dans l'abdomen ; ce seul fait suffira pour développer, dans toutes les parties du corps de ce reptile, les conditions du type ornithologique ; l'air des cellules abdominales sera refoulé par les muscles du bas-ventre, de manière à diriger, sur les vaisseaux circulatoires, de l'air comprimé, et par conséquent contenant plus d'oxygène à volume égal ; de là augmentation de combustion, sang plus chaud, plus rouge, plus transparent ; cours plus rapide du sang, action musculaire plus énergique, transformation des houppes tégumentaires en plumes et dès lors production d'un degré supérieur d'organisation de l'oiseau. »

Ainsi, pour Geoffroy comme pour Lamarck, l'être apporte en naissant une virtualité propre, une impulsion initiale particulière à sa race, et sous l'influence des circonstances extérieures son type change progressivement. Mais Geoffroy se distingue de Lamarck, en ce qu'il place dans les premiers moments du développement, pendant l'âge fœtal, et non dans l'âge adulte, l'époque précise des modifications que subit l'organisme.

## LA PRESSE DES ENFANTS.

Le second numéro de *la Presse des Enfants* a paru jeudi dernier ; dans un article aux « Gentilles lectrices et amis lecteurs, » l'éditeur raconte en ces termes les occupations présentes des rédacteurs du nouveau journal.

« L'un, dit-il, voyage pour vous dans les immenses galeries du Palais de l'Exposition universelle, prenant note de tout ce qui peut vous intéresser, et il vous le racontera dans des articles que vous lirez sans qu'on vous y force, j'en suis sûr. Un second veut vous instruire au moyen de joujoux, ce qui n'est pas ennuyeux, n'est-ce pas? et il a toutes sortes de choses instructives à vous dire à propos de cerceaux, de balles, de toupies, de volants et de cerf-volants. Un troisième va vous donner le moyen de faire facilement et sans danger de curieuses expériences de physique et de chimie.

« Celui-ci vous fera connaître le ciel tout peuplé de soleils et de planètes ; celui-là vous mènera par toute la terre, vous fera pénétrer dans ses profondeurs et vous dira comment elle s'est formée ; cet autre vous racontera l'histoire si attrayante des végétaux et des animaux.

« L'un se prépare à vous expliquer les plus belles découvertes de ce temps : la pile, la machine à vapeur, le télégraphe électrique, la photographie et tant d'autres merveilles, que si nous voulions les énumérer toutes, nous n'en aurions pas fini de sitôt. L'autre causera avec vous littérature, peinture, sculpture, et vous racontera l'histoire des hommes célèbres par leurs talents, leurs vertus et leur courage.

« Enfin, pour en finir, nous vous apprendrons comment les hommes, qui ont commencé par être misérables, sont arrivés de siècle en siècle, à force de travail, de génie et d'héroïsme, au point où les voilà maintenant n'étant pas encore heureux certainement, mais étant assurés de le devenir.

« Vous voyez, gentilles lectrices, amis lecteurs, que nous ne perdons pas notre temps et vous verrez que nous ne le passons pas à des choses ennuyeuses, au contraire. »

Cette citation indique le genre d'instruction que les petits lecteurs de *la Presse des Enfants* puiseront dans leur journal. Notre but, nous l'avons déjà exprimé : former une génération pour le vrai, l'utile et le beau. C'est donc une œuvre ouvertement libérale que nous entreprenons, comptant sur le zèle propagandiste de ceux qui partagent nos espérances d'avenir et pensent comme nous que le moyen le plus assuré de réaliser les grands desseins de ce siècle est de préparer nos enfants à s'en faire les exécuteurs.

## CORRESPONDANCE.

### Accidents sur les chemins de fer.

Paris, ce 11 septembre 1855.

Monsieur le Rédacteur,

Il y a moins de huit mois, lisant dans *la Presse* qu'une commission était nommée pour recevoir et examiner tous les projets d'enrayements de chemins de fer propres à éviter les accidents, je crus de mon devoir de bon citoyen d'envoyer, moi aussi, un plan détaillé d'un moyen simple, certain et fort peu coûteux, qui atteignait infailliblement le but proposé.

J'avais posé comme unique condition à mon offrande que l'on me tiendrait tout au moins au courant de son sort, bon ou mauvais, m'offrant, en cas d'objections, d'aller moi-même y répondre, et même d'en faire la démonstration en petite échelle. Vous dire que l'on n'a pas daigné me répondre un mot n'aura rien de nouveau pour vous.

Je demande dans votre journal quelques lignes, afin de faire connaître mon principe et mon moyen.

*Mon principe* consiste à enrayer non pas un ou deux wagons sur un convoi de cinquante, mais d'enrayer *au besoin* tous les wagons, à les enrayer en commençant par le dernier wagon du train, et en continuant de proche en proche et successivement jusqu'au premier de l'avant ; à supprimer les garde-freins, presque toujours inutiles en cas de danger, pour les remplacer par un moyen mécanique placé sur la locomotive.

Mes moyens les voici. Placer sous la main du conducteur mécanicien ou du chauffeur une pile de Bunsen, faire courir de cette pile un fil conducteur au-dessous de tous les wagons, et le faire revenir à la pile par le côté opposé ; en un mot, construire un appareil qui n'a plus rien, absolument rien de nouveau, et dont la science a reconnu depuis longtemps la constante efficacité.

Premier point. Une pile de Bunzen peut distribuer un courant électrique sous tout un convoi de wagons, quel qu'en soit soit le nombre.

Adopter à chaque wagon un électro-aimant et un fer doux, ainsi qu'un frein, qui enrayera quand le fer doux aura été attiré par l'électro-aimant.

Faire que le courant magnétique ne puisse exercer son action que sur le dernier wagon, puis l'avant-dernier, puis celui qui précède, et ainsi de suite.

Faire que les fils conducteurs ne puissent, en aucun cas, gêner les manœuvres pour atteler ou dételer les wagons, et que, les wagons détachés, ces fils métalliques soient mis à l'abri des intempéries et de tous dérangements.

Pour remplir les termes de mon problème, chaque wagon porte un coin en bois suspendu entre la roue et un arc-boutant en fonte fixé sur la charpente qui porte le wagon. Ce coin est maintenu en suspension par la queue du fer doux, qui forme arrêt à une petite roue soutenant le coin. Aussitôt que le fer doux est attiré contre l'aimant, la roue tourne, le coin tombe de son propre poids entre la roue et l'arc-boutant, et le vagon est enrayé.

La chute du coin du dernier wagon met le wagon précédent en état d'être enrayé à son tour, par la raison que le coin, en tombant, dégage l'électro-aimant et rend libre le fer doux du wagon qui précède, en retirant une petite cale en bois placée entre eux et qui en empêchait le rapprochement. Cette petite cale enlevée, si le conducteur continue à tenir en rapport les deux pôles de la pile, l'avant-dernier wagon s'enraye deux secondes au plus après le dernier, et ainsi des autres; de sorte que, pour enrayer vingt-cinq wagons, il faudrait au plus cinquante secondes.

En enrayant ainsi par derrière, nul choc n'est possible, le train glisse sur la voie jusqu'à ce qu'il ait usé son impulsion, ce qui peut s'atteindre, pour une vitesse ordinaire, à moins de 50 mètres de parcours.

En enrayant les wagons successivement, on évite ainsi toute rupture, toute commotion susceptible de faire dérailler, et si la locomotive avait déraillé, l'enraiement par derrière la maintiendrait en ligne droite. C'est le contraire qui a lieu aujourd'hui.

Personne ne doit mieux apprécier le danger que le conducteur ou le chauffeur, eux qui sont à la tête du convoi, eux dont la vie est constamment en danger, eux enfin que la nature de leur travail tient constamment en éveil. C'est donc à ces deux hommes qu'il faut confier le soin d'enrayer, et pour cela je place l'appareil Bunzen à leur portée, de sorte qu'une touche, comme une touche de piano, étant abaissée, l'enraiement ait lieu et qu'il ne faille pour enrayer tous les wagons successivement, que le temps aux coins de tomber.

Chaque wagon est armé de deux freins, l'un à droite et l'autre à gauche, l'un aux roues de devant, l'autre aux roues de derrière. Chaque wagon porte ses fils conducteurs terminés en crochets et tordus en spirales sous les wagons de manière à faire l'effet d'un ressort à boudin, qui retire les fils sur eux-mêmes quand ils ne sont plus rattachés l'un à l'autre, c'est-à-dire quand le wagon est isolé. Alors tout disparaît en-dessous du wagon. Pour les rattacher, il n'est donc besoin que de tirer de chaque main les deux fils et de les accrocher comme on le fait pour les chaînes qui relient les wagons entre eux. C'est la même manœuvre exécutée au même endroit, de la même manière et en même temps.

Rien donc de nouveau pour les ouvriers et manœuvres des gares et stations.

Le coin en bois qui tombe entre la roue et un arc-boutant glisse dans une coulisse et ne peut en aucune façon devier, et plus la roue tend à tourner, plus le coin tend à s'enfoncer; le frein est donc très-puissant.

En mécanique, on sait que rien n'est plus puissant que le coin.

En physique, on sait que rien n'est plus prompt que l'électricité.

Or, comme il faut une grande puissance pour arrêter un train de wagon, on ne trouvera rien de préférable au coin.

Comme il faut une grande promptitude pour arrêter un train en face de l'imminence du danger, on ne trouvera rien, rien je le répète, de préférable à l'électricité.

Comme mon coin en bois est ce qu'il y a de plus analogue au frein d'aujourd'hui, on ne trouvera rien de plus expérimenté.

Comme enfin rien n'est changé ni au mécanisme actuel des wagons, ni à leur élégance, ni à leur facilité de déplacement, on ne trouvera rien de plus simple.

Comme mon système ne demande pas une dépense de plus de 100 fr. par wagon, on ne saurait guère faire quelque chose de plus économique.

Comme il supprime les gardes-freins placés inutilement à l'arrière du convoi, pour confier à la vigilance des deux hommes placés à la tête de ce convoi et constamment préoccupés de ce qui peut se passer au devant d'eux, le soin d'éviter toute rencontre, il est certain que nul ne peut mieux qu'eux, plus précisément qu'eux, et d'une manière plus intéressée qu'eux, conjurer ces terribles accidents qui viennent presque périodiquement consterner les familles des victimes du vieux système, qui devrait depuis longtemps être prohibé, s'il n'y avait pas des éteignoirs.

J'ai bien l'honneur, etc. Reverchon.

Notre correspondant aurait grand tort de s'étonner de l'insuccès de ses démarches. Ceux qui avant lui se sont présentés avec les moyens les plus assurés de prévenir les accidents, ont-ils eu plus de chance? La force d'inertie qui s'oppose ici au bien général, est telle qu'on en viendrait presque, — cela est horrible à dire, — à considérer comme d'utiles événements ces catastrophes qui coup sur coup se sont produites ces jours-ci en France, en Angleterre, en Italie et en Amérique. Ils est certain, en effet, que si le voyageur en chemin de fer arrive à jouir de la sécurité que procurera l'adoption du télégraphe avertisseur de M. Guyard, et du frein électrique de M. Achard, c'est à la répétition de ces désastres qu'il le devra. Ils forceront à faire quelque chose, tandis qu'on ne prête presque aucune attention à ces accidents qui se renouvellent quotidiennement, et qui cependant enlèvent chaque année plus de membres et plus de vies qu'ils n'en disparait dans dix de ces catastrophes dont le public s'émeut.

---

## REVUE DE L'EXPOSITION UNIVERSELLE.

### COSMOGRAPHE DU CHEVALIER OUVIÈRE.

Au milieu du jardin qui existe entre le palais principal et l'annexe du bord de l'eau, est un instrument qui concourra puissamment, si l'inventeur est secondé, à répandre le goût et la connaissance de l'astronomie. Cet instrument est le cosmographe constituant à lui seul une sorte d'observatoire en plein vent, à la disposition de tous. L'auteur, M. le chevalier Ouvière, en a lui-même énuméré les avantages dans l'article suivant que nous insérons avec plaisir :

« L'instrument ou appareil que nous offrons au public, sous le nom de Cosmographe, a pour but, en rendant *faciles* et *commodes* le plus grand nombre d'observations astronomiques, de *populariser* l'étude de la science, de graver plus nettement et plus profondément dans l'esprit de ceux qui se livrent à cette étude, l'intelligence des notions fondamentales.

« Composé de deux cercles principaux qui se coupent à angles droits et de quelques axes ou verges de direction, le tout fixe, en fonte, fer et cuivre, supporté par un piédestal en pierre, il a pour objet de remplacer en un lieu quelconque, déterminé, de la terre, pour toutes les études élémentaires et même pour toutes les observations qui n'exigent pas une précision trop rigoureuse, *tous* les instruments d'astronomie, de rendre, même, faciles au premier venu, *à toute heure*, sur un point géographique déterminé et dans un instant, une multitude d'observations et de constatations qui ne seraient praticables, avec ces instruments et par un homme expérimenté, qu'à grand renfort de *temps*, de *travail* et de *soins*.

« L'intelligence et l'œil du savant *dirigent* tout instrument d'observation. Notre appareil *dirige* l'intelligence et l'œil de l'observateur instruit comme de l'observateur le plus vulgaire.

« Les plans et les lignes de cet appareil portent l'inscription des cercles et des points du ciel auxquels ils s'adaptent et vers lesquels ils se dirigent. Il n'y a donc qu'à placer l'œil dans la direction des plans et des lignes qui portent ces inscriptions, prolonger son rayon visuel jusqu'aux astres, et reporter, à ces astres, les inscriptions des plans et des verges de notre instrument (1).

« Susceptible d'être établi dans de grandes proportions, comme un monument sur une place publique; en dimensions moindres, dans un jardin, sur une terrasse; à la portée de toutes les intelligences et de toutes les fortunes, constamment accessible pour tous, de jour et de nuit, notre COSMOGRAPHE constitue, à lui seul, un observatoire complet, le seul observatoire vraiment populaire, qui ait jamais été imaginé. Orienteur précis et constant des lignes, des plans et des mouvements célestes, notre instrument est le seul qui permette à tous de faire à chaque instant, à volonté et gratuitement, une observation astronomique. Il est, pour les passages au méridien et la connaissance des déclinaisons, le complément des indications si exactes et si intéressantes de l'*Annuaire* populaire du *Bureau des Longitudes*, ce petit volume si précieux en Europe et dont on ne saurait trop étendre l'usage et l'utilité.

« Et pour de pareils résultats que faut-il faire? Quelques coups d'œil attentifs jetés sur notre COSMOGRAPHE, ou plutôt sur le ciel, à l'aide du COSMOGRAPHE ; quelques courtes explications; la lecture des indications inscrites sur les verges et les plans de notre instrument, dont l'inclinaison varie nécessairement, selon la latitude du lieu de son installation. Après la lecture de ces inscriptions, quelques heures d'observation et, tout au plus, quelques courtes explications une fois données, le jeune *élève de marine, le mousse, l'homme de l'intelligence la plus médiocre*, auront acquis d'une manière exacte et ineffaçable les principales notions de l'astronomie.

« Ils auront *vu*, ils auront *compris*, sans peine, la projection dans le ciel même, des *pôles* et leur élévation au-dessus de l'horison déterminées par le prolongement de l'*axe du monde*, cette ligne génératrice ou fondamentale à laquelle se rattachent tous les mouvements des corps célestes. Ils auront vu et compris la direction et la trace, dans le ciel, du plan de l'*Équateur céleste ;* celle du *Méridien* du lieu d'observation ; la *Latitude* ; les *Déclinaisons solaires* et des Astres en général, ainsi que leur *Ascension droite* (de grand mot de la science deviendra simple comme une simple ouverture d'angle); les *Équinoxes* ; les *Saisons* ; les Points des *Solstices*, et par conséquent les *Tropiques*, qu'ils ne confondront plus avec l'*Écliptique*; les *Pôles* de l'écliptique; le *Calendrier* enfin et la *Sphère céleste* à ciel découvert.

« Et toutes ces notions auront pénétré dans leur esprit, non pas avec l'ennui et le dégoût d'une démonstration abstraite et aride, péniblement donnée par un professeur ou par un livre, mais avec tout le charme et tout l'attrait d'une expérience, nous dirions volontiers d'une découverte personnelle, faite en face du grand spectacle de la nature, par un jour splendide ou une nuit étincelante d'étoiles. Quelle ville, quelle ville maritime surtout, quel collége, quelle communauté, quel particulier même, tant soit peu épris des choses de la science et de la nature, ne serait jaloux de se procurer de pareils avantages !

« Mais la réalité de ces avantages que présente notre COSMOGRAPHE, la sûreté et la facilité des résultats qui peuvent être obtenus de son usage, ne sauraient être bien compris que par cet usage même. Voilà pourquoi nous avons sollicité vivement et avec instance l'autorisation de l'exposer en 1855, non dans l'intérieur du Palais de l'Industrie, mais à l'extérieur de ce palais, dans sa situation et ses dimensions normales, bien orienté, en plein air, en face du ciel et des astres. Nous remercions MM. les membres de la Commission impériale d'avoir si bien accueilli notre œuvre et le vœu émis par le Comité local de Marseille, en accordant à notre COSMOGRAPHE la place exceptionnelle qui lui est assignée, au milieu du jardin qui relie les deux Palais de l'Industrie. Notre instrument est, ainsi, à là fois, sous les yeux des visiteurs et sous les yeux du public extérieur. Ce modèle, pour place publique, est monté pour la latitude des *Champs-Élysées* : 48 degrés 52 minutes ; c'est-à-dire une minute environ plus au nord que l'*Observatoire de Paris.* »

(1) Pour observer le soleil, on devra faire usage d'un verre à vitre de couleur foncée, ou simplement noirci à la bougie.

---

## TYPOGRAPHIE PHONÉTIQUE.

Sous le titre de typographie phonétique M. Adrien Feline expose un tableau où se trouve résumée une méthode nouvelle pour l'enseignement de la lecture et de la prononciation.

L'auteur voyant que nous parlons comme M. Jourdain faisait de la prose, s'est mis à analyser les sons dont nous nous servons. Il paraît que cette recherche n'était pas moins neuve que difficile, car M. Feline assimile la constatation par lui faite de l'existence de certains sons, à la découverte d'une comète par un astronome, ou d'un corps nouveau par un chimiste. Si original fut le résultat de ses investigations qu'il craignit de s'en rapporter à lui-même et il pria quelques personnes compétentes, parmi lesquelles nous pouvons citer MM. Jomard, Mérimée et de Saulcy, de se réunir à lui pour examiner les sons de la langue. De ce travail sont sorties quinze voyelles et vingt consonnes que M. Feline représente au moyen des lettres de notre alphabet modifiées soit en les soulignant, soit en les affectant d'accents particuliers. Une fois possesseur de cet alphabet qu'il appelle phonétique parce qu'il represente exactement les sons de la langue française, l'auteur a jugé possible de faire un véritable dictionnaire de la prononciation indiquant de quelle manière doivent être articulés chacun des mots de notre langue. L'utilité d'une telle entreprise ne saurait être contestée. Il est certain que notre langue est, comme toutes les autres d'ailleurs, véritablement dans l'enfance quant à la prononciation. Notre orthographe ayant sous ce rapport beaucoup de vague, chaque province et on pourrait dire chaque individu prononce les mots à sa manière. On se moque souvent de la prononciation des étrangers, sinon même de celle des provinciaux, mais quel moyen ont-ils de la rectifier ? Ce moyen, M. Feline le leur offre. Qu'ils apprennent d'abord à bien distinguer et prononcer chacun des sons que représente son alphabet (et tout Français pourra les guider dans ce travail), qu'ensuite ils s'exercent à lire tout haut dans l'écriture phonétique et qu'enfin ils recourent au dictionnaire chaque fois qu'ils seront embarrassés.

Tout le monde avouera qu'il serait bien plus facile d'apprendre à lire aux enfants, si chaque lettre avait toujours la même valeur ; si par exemple il n'y avait pas dix manières de prononcer la lettre *a* et trente-sept manières d'écrire le son *an*. Il est évident que ces imperfections de l'alphabet et de l'orthographe rendent l'instruction primaire très-fastidieuse. M. Feline propose de diviser cette instruction en deux parties: dans la première on enseignerait à lire dans l'écriture phonétique, plus facile, plus prompte, procurant une meilleure prononciation; puis quand les élèves sauraient lire couramment, on les ramenerait par transitions à l'écriture ordinaire. Le passage d'une écriture à l'autre est tellement ménagé, que les enfants y trouvent moins de difficulté que nous en avons à lire un ouvrage du XVIIe siècle.

Cette méthode a été essayée avec succès dans deux régiments, le 5e de ligne et le 12e léger. Il est remarquable que la réforme s'est produite en Angleterre en même temps qu'en France ; M. Ellis les propage chez nos voisins. Elle fait aussi de grands progrès aux Etats-Unis et surtout dans le Massachusetts.

Ce système s'applique, nous l'avons dit, à l'enseignement de la langue française aux étrangers.

Lorsque l'on apprend une langue, on en retient les mots autant par les yeux que par les oreilles, par l'écriture que par l'audition. Mais si l'écriture n'est pas d'accord avec les sons, si chaque lettre a des valeurs très-différentes, la confusion s'établit dans la tête des élèves. M. Féline engage donc les professeurs de français à se servir de son alphabet et de son écriture, à faire d'abord connaître aux élèves les sons qui constituent la langue française, et à leur apprendre à les bien prononcer, en leur donnant la valeur des lettres ; puis à leur écrire et faire écrire chaque mot avec ces caractères. Alors ils se les graveront bien mieux dans la mémoire, et la prononciation sera meilleure. Quand l'élève saura parler français et lire dans l'écriture phonétique, on lui apprendra à lire dans l'écriture ordinaire, en lui donnant la seconde partie de la *Méthode de lecture*, et on lui enseignera l'orthographe.

Le *Moniteur industriel* terminait en ces termes l'examen du système de M. Féline : « L'idée mère du système de M. Féline, l'une des plus fécondes qui aient été produites, mène tout droit à la solution d'un des plus grands systèmes sociaux que l'on ait pu se poser. Peut-être un jour nos descendants, parlant une seule et même langue, s'entendront bien mieux que ne l'auront fait leurs devanciers. Alors, le nom de l'auteur du problème dont nous nous occupons recevra un grand lustre. En effet, si quelques personnes avaient eu le sentiment de quelque innovation en ce sens, nul n'avait entrevu aussi clairement, nul n'avait indiqué aussi nettement la voie à suivre. M. Adrien Féline est le véritable Christophe-Colomb de ce nouveau monde. »

## LA SEMAINE SCIENTIFIQUE.

LA RIVIÈRE SOUTERRAINE DE LA RIVE DROITE. — Nous avons déjà dit que l'abbé Paramelle a un successeur dans M. Amy, qui vient de faire des merveilles à Versailles et à Villeneuve-l'Etang ; on annonce aujourd'hui que cet habile sourcier a trouvé l'origine de la rivière souterraine aux débordements de laquelle sont dues les inondations qui trop souvent envahissent les caves du quartier nord de Paris; tout dernièrement encore les fondations des halles centrales, actuellement en construction, ont été envahies par des eaux assez abondantes pour arrêter les travaux. C'était le résultat d'une crue subite de la rivière souterraine. Avant de dire comment la découverte de M. Amy permettra de se mettre à l'abri de nouvelles inondations, nous dirons quelques mots de la rivière elle-même. Pour cela nous n'aurons qu'à suivre un mémoire présenté naguère à la Société des ingénieurs civils par M. Vuigner.

Paris est entouré vers le nord par les hauteurs de Montmartre, de Ménilmontant, de Belleville et de Chaumont, limites de la vaste plaine qui va se prolonger jusqu'à la Seine. La constitution géologique de cette plaine est parfaitement connue : elle est formée d'une terre végétale recouvrant un terrain d'alluvion composé de sables et graviers aquifères, qui alimentent les puits de la capitale ; au-dessous de cette couche perméable se trouve une couche imperméable, soit de glaise, soit de marne compacte, que surmontent les pierres à plâtre de Belleville et de Montmartre.

Jadis cette plaine était traversée dans toute sa longueur par une dépression assez prononcée, dans laquelle coulait un petit ruisseau appelé Ruisseau de Menilmontant. Ce cours d'eau, d'abord parallèle à la Seine, se jetait dans cette rivière au delà de l'emplacement actuel de la Savonnerie. Il recevait toutes les eaux de la surface des collines et de la plaine qui l'entouraient. Par suite, tous les marais du Temple, Saint-Martin, Saint-Denis et Saint-Honoré, qui s'étendaient dans la plaine, se trouvaient naturellement desséchés.

La substitution de maisons et de rues commerciales aux jardins des maraîchers, nécessita l'établissement du grand égout. Cet aqueduc fut construit à quelques mètres au-dessus du terrain naturel, et on dut par suite exhausser le sol par des décharges publiques, ce qui vint créer des obstacles à l'écoulement des eaux des couches aquifères. Bientôt survinrent des inondations souterraines qui soulevèrent de vives réclamations de la part des propriétaires du quartier nord de Paris et qui éveillèrent l'attention des corps savants. Bouache et Bonamy, et après eux, Péronnet, reconnurent que la surface des eaux d'inondation était en contrehaut de la surface des eaux dans le grand égout, et que l'exhaussement anormal des eaux souterraines était produit par des pluies abondantes. Des inondations eurent lieu en 1788 et 1802.

En 1818, le préfet de la Seine arrêta les progrès d'une autre inondation en faisant ouvrir des tranchées à travers la rue des Marais et en faisant percer la paroi septentrionale du grand égout. La même année, M. Girard, ingénieur en chef des ponts-et-chaussées, chargé par l'Académie des sciences de rechercher les causes de ce phénomème souterrain, fit part à l'Académie d'un mémoire très-intéressant, dans lequel il établit que :

« Toutes les fois que la hauteur d'une tombée dans l'espace » de deux années consécutives se sera élevée au-dessus de » 1m,20, et que le nombre des jours de pluie aura été dans le » même intervalle de plus de 320, les quartiers de Paris, situés » sur la rive droite de la Seine, seront exposés pour l'année » suivante à une inondation, qui commence même quelquefois dans le courant de la deuxième année pluvieuse, et qui » doit être attribuée à l'effet des obstacles qu'on a successivement opposés au libre écoulement des eaux pluviales dans » le quartier, et surtout à l'élévation des murs du grand » égout. »

Les inondations survenues en 1826, 1828, 1830 et 1832, confirmèrent les prévisions de M. Girard.

« Il n'y a malheureusement, disait M. Vuigner dans son mémoire, aucun moyen d'éviter le retour de ces inondations souterraines, car les travaux qu'il faudrait exécuter pour empêcher l'irruption des eaux intercepteraient en même temps la couche aquifère qui alimente les puits de la capitale. Il n'y a d'autre parti à prendre que de se mettre au-dessus de ces inondations, ou d'envelopper les caves et les parois des constructions souterraines de chemises imperméables en béton, si l'on a besoin de se tenir en contrebas. »

La découverte de M. Amy, si elle est réelle, permet d'en appeler de ce jugement. M. Amy aurait trouvé la source de cette rivière à vingt et quelques kilomètres de la capitale, et il prétendrait non seulement assainir les quartiers nord en coupant cette rivière à son origine, mais encore faire servir ses eaux à l'alimentation de la ville, et cela à peu de frais.

CHALEUR PRODUITE PAR L'INFLUENCE DE L'AIMANT SUR LES CORPS EN MOUVEMENT. — M. Léon Foucault a lu à l'Académie la note suivante que son importance capitale nous engagerait à donner intégralement, lors même que sa brièveté n'en rendrait pas l'insertion facile.

« En 1824, Arago observa le fait remarquable de l'entraînement de l'aiguille aimantée par les conducteurs à l'état de mouvement. Le phénomène parut fort singulier ; il resta même sans explication jusqu'au jour où M. Faraday annonça l'importante découverte des courants d'induction. Dès-lors, il fut prouvé que dans l'expérience d'Arago le mouvement fait naître des courants qui, réagissant sur l'aimant, tendent à l'associer au corps mobile et à l'entraîner dans le même sens. On peut dire d'une manière générale que l'aimant et le corps conducteur tendent par une influence mutuelle vers le repos relatif.

« Si, malgré cette influence, on veut que le mouvement persiste, il faut fournir incessamment un certain travail, la partie mobile semble être pressée par un frein, et ce travail produit nécessairement un effet dynamique que j'ai jugé, suivant les nouvelles doctrines, devoir se retrouver en chaleur.

« On arrive à la même conséquence en ayant égard aux courants d'induction qui se succèdent à l'intérieur des corps en mouvement ; mais cette manière de considérer les choses ne donnerait que très-difficilement une idée de la quantité de chaleur produite, tandis que, en considérant cette chaleur comme due à une transformation de travail, il me parut certain qu'on produirait aisément dans une expérience décisive une élévation sensible de température.

« Ayant précisément sous la main tous les éléments nécessaires à une prompte vérification, j'ai procédé comme il suit à l'exécution :

« Entre les pôles d'un fort électro-aimant, j'ai partiellement engagé le solide de révolution appartenant à l'appareil rotatif que j'ai nommé *gyroscope* et qui m'a précédemment servi pour des expériences d'une toute autre nature. Ce solide est un tore en bronze relié par un pignon denté à un rouage moteur, et qui, sous l'action de la main armée d'une manivelle, peut ainsi prendre une vitesse de 150 à 200 tours par seconde. Pour rendre plus efficace l'action de l'aimant, deux pièces en fer doux surajoutées aux bobines prolongent les pôles magnétiques et les concentrent au voisinage du corps tournant.

« Quand l'appareil est lancé à toute vitesse, le courant de six couples Bunsen, dirigé dans l'électro-aimant, éteint le mouvement en quelques secondes, comme si un frein invisible était appliqué au mobile : c'est l'expérience d'Arago développée par M. Faraday. Mais si alors on pousse à la manivelle, pour restituer à l'appareil le mouvement qu'il a perdu, la résistance qu'on éprouve oblige à fournir un certain travail dont l'équivalent reparaît et s'accumule effectivement en chaleur à l'intérieur du corps tournant.

« Au moyen d'un thermomètre qui plonge dans la masse, on suit pas à pas l'élévation progressive de la température. Ayant pris, par exemple, l'appareil à la température ambiante de 16 degrés centigrades, j'ai vu successivement le thermomètre monter à 20, 25, 30 et 34 degrés ; mais déjà le phénomène était assez développé pour ne plus réclamer l'emploi des instruments thermométriques, la chaleur produite était devenue sensible à la main.

« Si l'expérience semble digne d'intérêt, il sera facile de disposer un appareil pour reproduire en l'exagérant le phénomène que je signale. Il n'est pas douteux que par une machine convenablement construite et composée seulement d'aimants permanents, on arrive à produire de la sorte des températures élevées, et à mettre sous les yeux du public assemblé dans les amphithéâtres un curieux exemple de la conversion du travail en chaleur. »

Utilité du son dans le pain. — Le *blutage de la farine*, qui se faisait il y a une vingtaine d'années à 10 et 12 p. 100, se fait aujourd'hui à 20 ou 25 (on entend par blutage l'opération qui a pour but d'extraire de la farine tout le son qu'elle peut contenir). Est-ce là un progrès réel? Tel n'est pas l'avis de M. C. Saucerotte, médecin en chef de l'hôpital de Lunéville, qui, dans le *Journal des connaissances médicales*, attribue à ce perfectionnement du blutage, ou, en d'autres termes, à la suppression du son, la fréquence des constipations, plus communes que jamais. Soit en vertu de ses propriétés fermentescibles, soit par un effet mécanique des ligneux qu'il contient ; le son a pour effet d'accroître le mouvement péristaltique des intestins, et, par suite, d'entretenir la facilité des évacuations. A cet égard, l'auteur peut invoquer le témoignage de l'antiquité : les anciens, qui fabriquaient trois espèces de pain, dont un de qualité inférieure (*panis confusaneus*), et un autre tout à fait grossier (*panis furfuraceus*), savaient, en effet, très-bien à quoi s'en tenir à cet égard. Hippocrate (*De victûs ratione*, lib. II) en fait une mention spéciale, ainsi que Galien. *Parum alit et facilè subsidet, et quia furfur non nihil habet facultatis detersoriæ, idcirco irritatis intestinis cito dejicitur.* Voilà qui est explicite. Comment donc, demande l'auteur, des faits si simples, si faciles à vérifier, et qui sont parfaitement connus dans certaines parties de l'Allemagne et de l'autre côté du détroit, où l'on fabrique pour les classes aisées un pain contenant du son et dont on mange à déjeuner dans un but facile à comprendre, comment de tels faits peuvent-ils passer inaperçus chez nous ou tomber dans l'oubli, à ce point qu'on ait pu annoncer, comme une découverte, que le son mêlé au pain lui donne des propriétés déconstipantes?

« Fréquemment consulté, ajoute-t-il, par mes clients de la classe aisée surtout, car c'est là qu'une vie plus sédentaire, des occupations de cabinet, une nourriture moins grossière rendent la constipation plus fréquente, je n'ai eu garde de les frustrer des avantages de *cette découverte*, et je dois dire que l'effet a constamment répondu à mon attente. J'ajouterai que le son aura toujours, sur toutes les drogues sorties de nos officines, un avantage inestimable, c'est de ne pas fatiguer les organes digestifs et de ne provoquer la contractilité intestinale que dans la mesure voulue par la nature pour la régularité des fonctions. Enfin il n'a pas non plus, comme les substances médicinales, l'inconvénient de perdre de son efficacité par l'habitude et d'exiger, pour agir, des doses sans cesse croissantes. »

La séparation du son d'avec la farine, dit Liébig, *est plutôt nuisible qu'utile à la nutrition*. Dans l'antiquité, jusqu'à l'époque de l'empire romain, on ne connaissait pas de farine blutée. Dans beaucoup de localités d'Allemagne, particulièrement en Westphalie, on fait mettre le son avec la farine dans la fabrication du pain appelé *pumpernickel*, et il n'y a pas de population dont les organes digestifs soient en meilleur état. Sans aller chercher des exemples de l'autre côté du Rhin, ne pourrions-nous arguer également de la vigueur de nos paysans, qui mangent, dans presque toutes les parties de la France, un pain mêlé de son.

Reconnaissons-le donc, le blutage est moins une question d'hygiène qu'une affaire de luxe.

Traitement du choléra par la compression de l'aorte. — Ayant appris que plusieurs cholériques à la période algide avaient été frappés de syncope au moment où par les besoins du traitement on les enlevait au décubitus horizontal, M. Piorry eut l'idée de faire immédiatement comprimer l'aorte à l'aide d'un bandage de ventre solidement établi sur trois malades atteints au même degré. Chez l'un d'eux le pouls était à peine sensible ; on l'interrogeait vainement chez les autres, qui touchaient tous deux au summum de l'asphyxie. Tous trois avaient la voix éteinte.

Deux de ces malades recouvrèrent immédiatement leur timbre de voix habituel ; le troisième le recouvra seulement assez pour se faire comprendre.

Chez l'un de ces malades, les accidents diarrhéiques se distancèrent aussitôt, et cessèrent assez promptement. Ce malade, couché au n° 12 de la salle Saint-Charles, est aujourd'hui en voie parfaite de guérison. Le passage de la période algide à la réaction a été si doux et si insensible qu'il a été impossible d'y voir, même en germe, un seul de ces épiphénomènes qui rendent parfois cette période presque aussi dangereuse que la première.

Quant aux deux autres, ils en étaient à ce point où la médecine est toujours impuissante ; aussi succombèrent-ils.

Sans accorder à ce fait physiologique plus de portée thérapeutique qu'il n'en comporte, M. Piorry l'a jugé digne cependant de l'attention des médecins, et il se propose de poursuivre quelques expériences, dans l'espoir d'arriver peut-être à des applications utiles.

Sur la cause de la rotation des astres. — Les mémoires de MM. Moïse Lion et Guyard sur le magnétisme comme principe de physique céleste mémoires, qui ont paru dans l'*Ami des sciences*, ont fourni à M. Ernest Baudrimont l'occasion d'adresser à l'Académie des sciences une note dans laquelle se trouve développée cette idée, déjà émise par lui, dans une thèse soutenue devant l'École de pharmacie de Paris en 1852, savoir : *que la rotation des astres sur leur axe pourrait bien avoir pour origine leur fluidité primitive.* Voici cette note que l'auteur veut bien nous communiquer.

« Quand un liquide ou un corps en fusion est porté à une température élevée, on observe constamment à sa surface un mouvement rotatoire qui, bien certainement, dérive de toute sa masse, mouvement qui paraît d'autant plus rapide que la température est plus élevée. Ce phénomène est très-visible pendant la fusion au chalumeau des silicates et des métaux; pendant la coupellation de l'or et de l'argent. Il est aussi très-sensible quand les liquides affectent l'état sphéroïdal. — Ce mouvement rotatoire est-il dû à des différences dans la densité des couches d'une masse en fusion ; ou au travail des molécules pour se mettre en équilibre de température; ou enfin à une nécessité aveugle de la matière de tourbillonner sous l'influence toute puissante de la chaleur? Toujours est-il que le ait est réel.

« Or, en admettant avec Laplace la fluidité première de tous les astres, n'est-il pas possible alors de comprendre leur rotation sur leur axe, en assimilant celle-ci au fait relaté plus haut ? Il résulterait aussi de ce même fait, que la vitesse de rotation décroîtrait avec la température, ce qui est en opposition avec l'opinion adoptée jusqu'à présent ; de telle sorte que si, par les mathématiques, on pouvait déterminer le temps de refroidissement des planètes en tenant compte, et des époques relatives auxquelles elles ont été abandonnées par le soleil, et des rapports existant entre leurs masses, on aurait les éléments propres à la détermination de cette vitesse de rotation sur l'axe.

« Sans rechercher si ces calculs sont réalisables ou non, remarquons que les plus grosses planètes, Jupiter et Saturne, sont celles qui ont dû employer le plus de temps à se refroidir, et par conséquent sont aussi celles dont les vitesses de rotation sur l'axe sont encore les plus grandes (9 et 10 heures); que la terre, d'une masse infiniment moindre, a dû se refroidir bien plus rapidement; aussi tourne-t-elle sur elle-même bien moins vite que les planètes précédentes (24 heures) ; que la lune enfin, beaucoup moins volumineuse que la terre, a dû se refroidir plus promptement encore. Aussi la voyons-nous tourner très-lentement sur son axe (27 jours). Et ainsi des autres.

« Donc, la rotation des planètes, satellites, soleils sur leur axe, aurait pour cause leur fluidité primitive due à leur énorme température. La vitesse de rotation décroîtrait suivant le refroidissement de l'astre, c'est-à-dire serait proportionnelle à sa température.

« Partant de là, si, comme on doit le croire, toutes les planètes de notre système ont été abandonnées successivement par le soleil qui, auparavant, formait un tout indistinct possédant lui-même le mouvement rotatoire, le *mouvement* de translation des planètes autour de l'axe central serait en même temps expliqué.

« Cette théorie n'est basée que sur un fait d'une observation bien facile et bien simple : cependant elle nous paraît avoir une certaine valeur, puisqu'elle a pour elle l'avantage d'expliquer cette force initiale de translation des planètes dans un même plan (en vertu de la force centrifuge) et leur rotation sur leur axe dans un plan généralement perpendiculaire au premier.

« Enfin et à propos de la théorie nouvelle du magnétisme des astres, ce mouvement rotatoire engendrerait la polarité que semblent posséder ceux-ci (1), et par conséquent les *réactions magnétiques* invoquées par M. Guyard et par M. Moïse Lion à la place de la gravitation dans l'explication des lois sidérales, *ne seraient* qu'un effet dérivé de ce mouvement rotatoire dont nous avons recherché l'origine, au lieu d'en être la cause efficiente. »

Exploitation du guano. — Le guano est, comme on sait, un engrais puissant composé d'excréments d'animaux aquatiques amassés pendant des siècles en certains points du globe. Les principaux dépôts sont : au Pérou, dans les îles Chincha, situées à trois lieues de la côte, près de Pisco, à quarante lieues au sud de Lima ; en Bolivie, à Cobija ; au Chili, dans les îles Pajaros et sur les rochers de Mexilones ; en Patagonie, dans l'île d'Ichaboé.

*Pérou.*— On exploite le guano dans deux des îles Chincha ; celle du nord, qui est la plus grande, et celle du milieu. Il y a environ un millier d'ouvriers occupés sur les deux îlots. Ce sont, la plupart, des esclaves nègres et des forçats. Il y a aussi 400 Chinois, dont la condition n'est guère meilleure. Ces ouvriers détachent le guano de la masse et le font arriver par divers moyens jusqu'au bord de la mer, où les matelots des navires en charge viennent le prendre avec leurs embarcations.

L'entrepreneur des travaux d'exploitation doit livrer à chaque navire en charge environ 100 tonneaux tous les dix jours.

Le gouvernement a fixé pour chaque pays le prix auquel le guano doit être livré. Ces prix ont été en dernier lieu établis comme il suit :

| | |
|---|---|
| Dans les ports d'Angleterre.... | 10 livres sterl. |
| Dans les ports belges.......... | 10 — |
| En Italie et en Allemagne...... | Même prix. |
| En France et dans un port français...................... | 250 francs. |

D'après certains explorateurs, les îles Chincha pourraient livrer du guano pendant plus de vingt ans encore; d'après certains calculs, elles en contiendraient seulement 7 millions de tonneaux ; et, en admettant une exportation annuelle de 500,000 tonneaux, il y aurait complet épuisement au bout de quatorze ans.

Un grand nombre d'autres dépôts existent sur la côte du Pérou. Quelques-uns, tels que ceux de l'île d'Iquique, du Pabellon de Pica, de la pointe de Lobos, sont exploités depuis longues années par les habitants pour leur propre usage. Les îles de Santa-Maria, de Jésus, de la Braba, les côtes de Cocotea et d'Hornilles appartenant au Pérou, offrent également des dépôts connus depuis longtemps.

*Bolivie.*— Le guano de Bolivie se prend au nord de Cobija. On estime ce qui reste à extraire à environ 6,000 tonneaux, quantité peu considérable.

*Chili.* — Le guano chilien s'exploite sur quatre points et principalement aux îles Pajaros ou des Oiseaux, situées entre Coquimbo et Huasco. La partie du littoral bordée par la chaîne des Andes, qui s'étend sur un espace de plus de soixante lieues et comprend le désert d'Atacama, avait été abandonnée à la Bolivie comme étant sans importance, et cette partie de la côte réclamée par le gouvernement du Chili, il a trois ans, a été reconnue comme lui appartenant. Le gouvernement bolivien avait permis l'exploitation du guano des rochers de Mexilones ; cette exploitation s'est continuée. Le guano y est dur, blanchâtre et de qualité supérieure.

Il contient encore plus de sels ammoniacaux que celui des îles Chincha, et égale, dit-on, la meilleure qualité de guano

(1) Ce qu'on peut admettre d'après les expériences de l'illustre Arago sur l'action des plaques en mouvement sur les aimants.

péruvien. On le trouve dans les anfractuosités des rochers. Ses dépôts sont souvent dissimulés sous une couche de la couleur de la roche, de sorte qu'on ne peut les découvrir que par la sonde ou par le son particulier qui se fait entendre sous les pas. Le gouvernement chilien accorde la concession de dépôts de guano moyennant une redevance de 2 piastres 1/2 par tonneau de 20 quintaux chiliens.

Sur la côte orientale de la Patagonie et sur les côtes de la république Argentine, on exploite aussi du guano ; mais il est loin de valoir celui du Pérou.

L'Afrique en fournit également. On le tire de la petite île d'Ichaboé sur la côte occidentale. Mais on assure que ce guano est épuisé, et que l'engrais qu'on vend sous le nom de guano d'Ichaboé provient d'autres parties de l'Afrique.

On trouve au cap de Bonne-Espérance des dépôts assez considérables de qualité inférieure.

## NOUVELLES ET CAUSERIES.

*Charles Dallery. — Le torticolis volontaire. — Antiquités chirurgicales.—Une folle. — Pont du Bosphore.*

⁂ Peut-être se rappelle-t-on que le premier article des *Nouvelles et Causeries* de notre avant-dernier numéro se rapportait à Charles Dallery, et que cet article se terminait par un appel à un de nos honorables confrères en faveur de l'homme *qui le premier a conçu la possibilité d'augmenter la surface de chauffe d'un appareil évaporatoire sans augmenter son volume*. La réponse que nous provoquions est venue. Nous constatons à regret une dissidence d'opinion entre notre confrère et nous. L'auteur renouvelle les arguments que nous avons essayé de réfuter, il y a longtemps déjà, dans le nº 8, p. 60, de l'*Ami des Sciences*. Inutile de rouvrir une discussion dans laquelle on ne pourrait que se répéter. Nous nous en référons donc à notre précédente réponse. Les pièces sont toutes sous les yeux du public ; tôt ou tard justice sera rendue à chacun.

⁂ Dans une leçon à l'hôpital des enfants, M. Bouvier s'est exprimé en ces termes sur ce qu'il appelle le torticolis physiologique volontaire :

« Le torticolis volontaire est lié aux différents états de l'âme. Le cou, en effet, concourt, avec la tête, à l'expression des passions, des affections de l'âme humaine. Différents moralistes, des poëtes, ont parlé depuis longtemps de cette variété de torticolis. Suétone, voulant peindre l'attitude hautaine de la tête de Tibère, disait : *Incedebat cervice rigidâ et opstipâ*.

« Horace nous en parle encore, lorsqu'il dit de ceux qui cherchent à capter des testaments, qu'ils doivent tenir la tête penchée et simulant la crainte :

. . . . . . . . . Davus si comicus atque
Stes capite obstipo, multum similis metuenti.

« Ici, c'est l'humilité qu'exprime ce torticolis.

« Rabelais, flétrissant la fausse humilité par des épithètes, dont il se montre d'ailleurs si prodigue, nomme les hypocrites *cagots, caffards, torticolis*.

« Perse, faisant le portrait du philosophe qui médite, le représente la tête penchée, *obstipo capite*.

« On s'est aussi quelquefois donné un torticolis par genre, par bon ton. Dans Lucien, il est parlé des petits-maîtres qui penchent la tête de cette manière.

« Ce torticolis, d'abord volontaire, peut devenir ensuite involontaire ; le cou, fréquemment incliné, conserve ce pli. »

⁂ Un ingénieur anglais, M. Kennard, vient de présenter à la Porte ottomane le projet d'un pont entre Pera et Scutari, dont l'exécution coûterait 7,00,000 de livres sterlings, le gouvernement turc a, dit-on, donné son approbation à ce sujet.

⁂ M. Olympios, professeur de clinique externe à l'université d'Athènes, a mis sous les yeux de la Société médicale allemande de Paris quelques instruments de chirurgie qu'on a trouvés, il y a six ans environ, dans l'île de Milos, en faisant des fouilles dans un tombeau. Ces instruments sont :

Une pince droite, munie d'un petit cylindre creux, qui servait probablement de porte-caustique. Paul d'Égine, en parlant des maladies de la luette, fait mention d'un instrument servant à cautériser cet organe. Une pince courbe sur le côté, dont les branches sont armées de dents. C'est probablement de cette pince à dents que parle Paul d'Egine dans le sixième livre de son *Traité de chirurgie*. Il l'appelle pince à dents de souris. Un instrument que M. Olympios suppose être une aiguille à cataracte. De nos jours encore, les charlatans grecs, pour faire l'opération de la cataracte, se servent d'un instrument tout à fait semblable. Comme les anciens, ils n'opèrent que par abaissement, en faisant la ponction par la sclérotique. Un ténaculum. La pointe ayant été détruite par la rouille, il est impossible de savoir si elle était mousse ou non. Gallien, en traitant de la torsion des artères, parle du ténaculum pointu, destiné à piquer et à soulever le vaisseau. Une curette, dont le manche paraît avoir été muni d'une charnière. Quatre spatules de diverses grandeurs, munies de charnières. Les anciens auteurs parlent de spatule à stylet et de curette à stylet; il est vraisemblable que ces instruments s'articulaient ensemble au moyen de charnières.

Tous ces instruments sont de cuivre et très-bien exécutés; la *Gazette hebdomadaire de médecine* en donne les dessins ; les pinces ont la même forme que celles dont les Turcs se servent pour allumer les pipes. M. Olympios a vu dans le musée de Naples une collection d'instruments de chirurgie qu'on a trouvés dans les ruines de Pompéi et d'Herculanum, et qui sont tout à fait semblables à ceux qui ont été découverts à Milos. Il est probable que les uns et les autres datent de la même époque.

⁂ M. Bardinet professeur d'anatomie à l'Ecole préparatoire de Limoges, raconte le fait d'une femme qui, tourmentée par une monamanie de suicide, avait avalé successivement plusieurs fragments de verre, une clef, un étui, des morceaux d'un bénitier en porcelaine. Tous ces corps étrangers furent rendus par les voies naturelles dans l'espace de douze jours sans avoir donné lieu à aucun accident. La monomanie persista, et cette malheureuse se brûla la cervelle quelque temps après.

## BULLETIN BIBLIOGRAPHIQUE



— ÉTUDES PARISIENNES. Les Bals publics à Paris, par Victor ROZIER ; 1 vol. in-32, 1 fr. Chez Gustave HAVARD, 15, rue Guénégaud.

*Le propriétaire, rédacteur-gérant :*
VICTOR MEUNIER.

PARIS. — IMP. J.-B. GROS, RUE DES NOYERS, 74

Première année. — N° 40. Quinze centimes. 7 octobre 1855.

# L'AMI DES SCIENCES

PAR

## VICTOR MEUNIER

BUREAUX D'ABONNEMENT : **13, RUE DU JARDINET, 13.** Près l'École de Médecine.

**Paraît le dimanche.** (Les abonnements datent, au gré des souscripteurs, du commencement de l'année ou du premier dimanche de chaque mois).

PRIX DE L'ABONNEMENT POUR L'ANNÉE. **PARIS, 6 FR. — DÉPARTEMENTS, 8 FR.** ÉTRANGER, surtaxe en sus. Envoyer un mandat de poste.



### LE CAOUTCHOUC ARTIFICIEL.

Le caoutchouc artificiel est une substance nouvellement découverte, encore peu connue, et qui rivalisera heureusement dans beaucoup de cas avec le caoutchouc naturel. Pour mieux dire, ses propriétés, quoique analogues à celles de ce corps, en diffèrant sous certains rapports, lui assignent divers emplois que celui-ci ne remplirait qu'imparfaitement. L'admission dans l'industrie d'une nouvelle matière première étant toujours un événement intéressant, et celle-ci paraissant appelée à un rôle considérable, on nous saura gré, sans doute, d'exposer les principaux traits de son histoire.

Le caoutchouc artificiel, découvert par M. le docteur Barrat, s'obtient en soumettant les corps gras à la double influence d'une haute température et de l'oxigène de l'air. Tous les corps gras en contiennent, et la proportion qu'ils en renferment pourrait servir de base à leur classification. Il abonde dans les huiles siccatives telles que celles de chenevis, de colza, etc. Il est en quantité moindre dans les huiles d'olive et de pied de bœuf, et n'entre enfin que pour une faible proportion dans la graisse, le suif, le beurre et la cire.

C'est une substance solide, d'une couleur jaune, insoluble dans l'eau, dans l'alcool, dans les acides affaiblis; il se dissout dans l'éther et dans l'essence de térébenthine. Il prend feu avec la plus grande facilité et brûle en répandant une lumière très-vive.

Les plus grandes analogies existent entre lui et le caoutchouc exotique. On sait que ce dernier s'obtient par l'oxygénation d'un suc végétal qui s'épaissit dans une exposition prolongée à l'air; nous avons dit que l'artificiel se produit par l'oxigénation d'un corps gras soumis sous l'influence d'une haute température. Ils ont les mêmes dissolvants, mais ils diffèrent quant au mode d'élasticité.

L'exotique jouit d'une élasticité d'allongement, l'artificiel est doué d'élasticité dans tous les sens ; il est admirablement propre à être employé comme ressort. Sa souplesse est telle, que si on l'enveloppe dans un tissu, il simule à s'y méprendre une vessie remplie d'air. Elle est si bien inaltérable qu'on peut, sans la diminuer, le soumettre à l'action de la presse hydraulique.

Étant de création très-récente, le caoutchouc artificiel n'a reçu encore qu'un petit nombre d'applications. Son élasticité a permis de l'employer avec le plus grand succès dans la confection des pelotes des bandages herniaires. L'Académie de médecine a sanctionné cette application dans un rapport qui a MM. Gerdy, Gimelle, Laugier et Lecanu pour auteurs.

« Une grande difficulté à surmonter dans la confection des bandages herniaires, c'est, dit le rapporteur, M. Laugier, de donner aux pelotes qui maintiennent l'hernie réduite, de la consistance sans dureté, et une sorte d'élasticité qui rende leur pression supportable. La matière dont M. Barrat forme les pelotes de ses bandages paraît destinée à remplir cette lacune : elle conserve constamment son élasticité première; j'ai vu des bandages faits de cette substance, déjà usés, et qui n'avaient rien perdu de leur souplesse; ils ont en même temps la résistance suffisante au maintien de l'hernie réduite.

« J'ai fait porter de ces bandages, et les malades s'en sont très-bien trouvés. Ils ont été convenables dans les cas où les autres espèces de bandages avaient échoué. Au toucher, les pelotes faites en caoutchouc artificiel offrent une sorte de fluctuation élastique. »

Dans son cours sur les hernies, professé à la Faculté de médecine, M. le professeur Malgaigne, entretenant ses auditeurs du produit qui nous occupe, disait que son élasticité « défie celle du caoutchouc lui-même. » Enfin M. le ministre de la guerre et M. le directeur de l'assistance publique ont adopté ces bandages pour les hôpitaux et l'Hôtel des Invalides.

Le caoutchouc artificiel a été utilisé avec non moins de succès dans la fabrication des colliers de chevaux et divers autres articles de sellerie.

Plusieurs de ces colliers ont été expérimentés par l'administration de la poste aux chevaux de Paris; M. Dailly déclare « qu'ils ont été constamment portés depuis plus d'un an ; que les chevaux auxquels ils ont été appliqués se sont très-bien trouvés de leur usage; qu'enfin ces colliers, qui ont conservé leur élasticité première, lui paraissent excellents et devront être regardés comme préférables aux autres colliers connus. »

Dissous et étendu sur les tissus, le caoutchouc artificiel les rend imperméables comme le caoutchouc exotique; il sera certainement utilisé de cette manière.

Il n'est pas douteux que cet intéressant produit ne joue bientôt un rôle à côté de la remarquable substance fournie par le *Siphonia elastica*, et qu'il ne donne lieu comme celle-ci à une grande exploitation commerciale.

## LES AÉROSTATS ET LA GUERRE.

Les journaux se sont occupés ces jours-ci de l'emploi militaire des aérostats. Voici, à cet égard, quelques souvenirs.

Durant la première république, les ballons employés comme moyens de reconnaissance ont rendu d'importants services. Les armées du Nord, de la Sambre, du Rhin et de la Moselle avaient leurs aérostiers. En 1794, Fourcroy entretenait la Convention de *ces instruments précurseurs de la victoire.* « Tout sera bientôt disposé, disait-il, pour faire connaître aux ennemis du midi, comme à ceux du nord, quelle force la liberté tire des arts et du génie français. » Napoléon s'en servit en Egypte. En 1815, Carnot, enfermé dans Anvers, faisait surveiller les assiégeants au moyen d'un ballon captif qui s'élevait chaque jour du centre de la place.

En mars 1848, les Milanais, bloqués dans leur ville, lancèrent des proclamations à l'Italie au moyen de petits ballons que le vent portait dans toutes les directions.

De 1820 à 1830, de nombreuses études ont été faites en Allemagne et en Angleterre en vue d'approprier les ballons au service de la guerre, et, en 1842, M. Dupuis Delcourt remit au maréchal Soult, alors ministre, un travail dans lequel il montrait quel parti on pourrait tirer des aérostats si Paris venait à être assiégé.

On trouve dans les bulletins de la grande armée, qu'en 1812, à quelques lieues de Moscou, au château de Woronzoff, les Russes espérèrent arrêter la marche de l'armée française en enlevant dans l'air, au moyen d'un aérostat, et en faisant éclater au-dessus d'elle, quelques milliers de poudre et de mitraille. L'appareil fut construit; mais, faute de temps, l'expérience n'eut pas lieu.

Dans ces derniers temps, un Italien, M. Cipri, a proposé une machine pyrotechnique consistant en un ballon captif qui porte des bombes incendiaires au lieu d'aéronautes. Par un vent favorable, on lancerait le ballon au-dessus d'une ville, d'une citadelle, d'un port ennemi, et, au moyen d'un courant électrique, on détacherait les projectiles en même temps qu'on y mettrait lef eu.

Le principal obstacle viendrait probablement de l'incertitude et de l'inconstance du vent et de la difficulté de maintenir l'aérostat à la hauteur voulue. Lorsque Coutelle s'éleva devant Mayence, à une portée de canon de la place, trois bourrasques le rabattirent successivement jusqu'à terre, et chaque fois l'aérostat se releva avec une telle vitesse que les soixante-quatre personnes qui le retenaient furent entraînées par lui. Il se passa alors un fait assez curieux.

« L'ennemi ne tira point, dit Coutelle; cinq officiers, au contraire, sortirent de la place en montrant un pavillon parlementaire. Nos généraux allèrent au devant d'eux ; lorsqu'ils se rencontrèrent, le général qui commandait dit au nôtre : « Monsieur le général, je vous prie de faire descendre ce brave officier, le vent va le faire périr; il ne faut pas qu'il périsse par un accident étranger à la guerre : c'est moi qui ai fait tirer sur lui à Maubeuge. »

« Lorsque le calme fut rétabli, je donnai le signal de descendre ; je trouvai ma petite troupe et les soldats auxiliaires pâles et consternés. Ils n'avaient pas été, comme moi, exposés aux regards et à l'intérêt de plus de cent cinquante mille hommes. »

Aucune de ces difficultés n'existera plus quand on aura les moyens de se diriger dans l'air. Alors l'art de la guerre serait investi d'une puissance si grande qu'il en deviendrait tout à fait impuissant : « que l'on juge, en effet, dit M. Marey-Monge, de la force d'argument d'une puissance quelconque (l'Angleterre entr'autres), qui arriverait en peu de jours à l'extrémité du globe, au-dessus de la capitale de son ennemi, à Pékin, par exemple, avec un énorme ballon transatlantique de 500 chevaux, rempli de bombes monstres et remorquant plusieurs grands aérostats pleins de gaz détonnants qui pourraient au milieu d'une nuit calme, être amenés au-dessus d'une ville, puis lâchés pour tomber, à l'aide de poids, sur un point désigné, et détonner au moyen d'une mèche enflammée, pendant que le transatlantique allégé s'éloignerait dans les airs. Comment résister à cette sommation d'un amiral faite à un empereur : « Il me faut telle condition; sinon je fais sauter vous, votre capitale, votre armée, les principales villes de votre empire, et cela en peu de jours et sans qu'il m'en coûte un seul homme. »

« Mais à Dieu ne plaise, continue M. Marey-Monge, et loin de nous l'idée que la destinée de l'aérostation dans son plein essor se transforme jamais en un rôle de carnage et de destruction. Non ; nous aimons à croire, au contraire, que cette épée de Damoclès, continuellement suspendue au-dessus des plus grands empires, servira d'aiguillon puissant pour les amener, par des voies harmoniques, à une politique conciliatrice, à la formation de ces congrès suprêmes si désirés, qui jugeront, sans guerre, les griefs des peuples entre eux, comme le jury ceux des citoyens. »

Cette espérance est la nôtre.

## REVUE DE L'EXPOSITION UNIVERSELLE.

### MÉTIER JACQUARD. — SYSTÈME ACKLIN.

Parmi les machines qui figurèrent à l'Exposition de l'an IX (1801), il s'en trouvait une toute nouvelle en son genre et qui devait changer la face de plusieurs industries : c'était le métier Jacquart. Cette invention admirable allait supprimer des procédés coûteux, pénibles, insalubres, meurtriers même; elle allait mettre fin aux martyrs d'enfants et de jeunes filles contraintes, par leur emploi de *tireuses de lacs*, à des attitudes qui déformaient leur taille et abrégeaient leur vie.

Avant Jacquart les tissus à dessins se faisaient en Europe comme ils se font encore dans l'Inde : il fallait un *tisseur*, un *tireur* et un *tisserand.*

Auprès du métier, on plaçait un tableau divisé par deux séries de lignes en une multitude de petits carreaux, comme la table de multiplication, dite de Pythagore : c'était e modèle du tissu à exécuter. Les lignes horizontales répondaient à la chaîne, les autres à la trame; les petits carreaux figuraient les points que les fils d'une étoffe forment en s'entrecroisant. Un signe indiquait s'il fallait élever ou abaisser les fils de la chaîne : le liseur, devant le modèle, commandait la manœuvre.

Le tireur se tenait prêt à lever les fils de la chaîne, et le tisseur, assis devant le métier, avait sous a main les navettes chargées de différentes couleurs qui devaient servir à former la trame ; tous deux attendaient l es ordres du tireur.

Celui-ci, suivant de gauche à droite une rangée de carreaux, disait au tireur : « levez tels et tels fils ; » et quand le tireur, ou plutôt la tireuse, avait levé les fils indiqués, il disait au tisserand : « lancez telle couleur ; » et le tisserand lançait la navette chargée de la couleur indiquée.

Tel était l'état d'enfance de cette industrie, quand vint Jacquard. Il conçut l'idée de régler mécaniquement les mouvements d'élévation et d'abaissement des fils de la chaîne, et chargea de ce soin des morceaux de carton, attachés bout à bout, percés de trous convenablement disposés et combinés avec un système d'aiguilles et de griffes. Un carton percé remplaça les yeux du liseur et les doigts du tireur.

Mais ces merveilleux cartons, dont le toucher est si délicat, dont l'œil est si sûr, ont un inconvénient : ils ont l'inconvénient d'être des cartons. On ne songeait pas à le leur reprocher quand il s'agissait de leur faire faire la besogne du tireur et celle du liseur ; maintenant qu'on a l'habitude de leurs qualités, on voit leurs défauts. Il faut, pour faire un dessin, autant de cartons qu'il entre de fils de trame dans ce dessin. S'il en entre 500 ou 1,000, il faudra donc 500 ou 1,000 cartons. Dès lors, on comprend que la substitution du papier au carton, à la supposer possible, ne serait pas un progrès insignifiant. Eh bien ! elle est possible, elle est accomplie.

L'invention de M. Acklin a précisément pour objet la

substitution du papier au carton dans le métier Jacquard.

Un appareil fort simple remplace le cylindre du métier ordinaire, et plusieurs dispositions rendent leur dérangement impossible. Non seulement le papier fait l'office du carton, mais le papier le plus mince, le papier pelure lui-même, résiste; nous en avons vu un encore intact après plus d'une année de service. La seule préparation à lui faire subir consiste à le replier sur les bords et à le coller dans une dissolution de caoutchouc.

On pensera que l'humidité atmosphérique en le dilatant, doit le mettre promptement hors de service ; et en effet, cette dilatation a été l'un des grands obstacles contre lesquels sont venus échouer les efforts des chercheurs. Mais M. Acklin les a surmontés de la manière la plus simple; ce papier est pris entre deux plaques parallèles de cuivre percées de trous qui correspondent aux siens. Si humide qu'il soit, ne pouvant déborder les plaques ni à droite ni à gauche, le papier ne peut qu'onduler, et l'ondulation la plus forte n'empêche pas que les trous ne se présentent aux aiguilles. Une épreuve faite devant nous ne laisse aucun doute à cet égard ; une feuille de papier enchâssée entre les plaques dont on vient de parler a été plongée dans l'eau; les trous n'ont pas changé de place. Il va sans dire que comme la chaîne de carton le papier est continu.

Quant aux avantages du système, il est facile de s'en rendre compte.

Un centimètre de papier remplace un carton ; dix mètres de papier remplacent mille cartons. Il résulte du témoignage d'un de nos fabricants les plus renommés que l'économie de matière est des onze douzièmes, c'est-à-dire qu'un fabricant qui dépense 12,000 fr. par an en achat de carton, ne dépensera plus que 1,000 fr. de papier.

Or, il y a en France plus de 150,000 métiers Jacquart ; Lyon, à lui seul, en possède 40,000. A ces 40,000 métiers correspond une dépense annuelle de 4 millions de francs en achat de cartons; le système Acklin réduira donc cette dépense à trois cent et quelques mille francs, et en étendant le calcul à la France entière, ce système réduirait une dépense de 15 millions à 1,500,000 francs, au maximum.

Ajoutons que les jeux de carton sont fort encombrants et que le papier n'a pas le même inconvénient; qu'en outre, il est d'un transport plus facile. Les cartons de tel dessin font le chargement d'une voiture ; le même dessin piqué dans le papier sera facilement transporté par un homme.

Notons, enfin, que l'appareil Acklin ne change rien ni au métier, ni au travail de l'ouvrier.

Ce système a été honoré de médailles aux expositions de 1849 et de Londres.

---

### PRÉPARATIONS D'HISTOIRE NATURELLE DE M. POTTEAU

Les préparations dont il s'agit sont destinées à faciliter l'étude approfondie de certaines parties de l'histoire naturelle. Elles se divisent en deux catégories principales : à la première appartiennent des coupes variées de corps organisés ou inorganiques qui permettent de scruter leur conformation intérieure, ces coupes sont, suivant le besoin, réduites en plaques minces et transparentes de manière à pouvoir être mises sous le foyer du microscope et révéler ainsi, à l'observateur, la structure et les détails les plus fins de l'organisation des corps dont elles proviennent. Les secondes concourent au même but, seulement, les parties qu'il s'agit d'observer sont isolées des corps dont elles proviennent, et préparées de façon à en permettre l'étude à l'aide d'instruments grossissants.

L'importance des préparations de ce genre n'a guère besoin d'être mise en relief ; lorsque le naturaliste se propose de faire l'étude d'un corps, soit animal, soit végétal, d'une manière un peu complète, comme l'exige aujourd'hui l'état de la science, il doit nécessairement descendre dans les détails de sa structure intime, il a par conséquent besoin de suppléer à l'imperfection relative de nos organes, par des instruments grossissants ; mais pour que ceux-ci puissent remplir le but proposé, il est indispensable que les objets qu'ils sont destinés à nous montrer soient dans des conditions physiques appropriées, c'est-à-dire, réduits en lames très-minces, parfaitement polies, transparentes en un mot, afin que la lumière puisse les traverser. C'est dans ces conditions que se trouvent les plaques exposées par M. Potteau ; on voit parmi elles des préparations de dents, soit de l'espèce humaine, soit de différents animaux, tels que l'éléphant, le morse, etc., puis des sections d'os, réduites en plaques minces pouvant être mises sous le microscope et servant à éclairer la structure, l'organisation et le mode d'accroissement de ces corps. D'autres plaques proviennent de végétaux fossiles ; elles permettent aux botanistes qui se livrent à cette étude de déterminer spécifiquement les espèces de bois enfouis dans les couches les plus profondes de la terre : il y a un grand nombre de ces espèces végétales qui n'ont pu être classées scientifiquement que par ce moyen, les autres caractères tirés soit des feuilles, fleurs ou fruits, ayant été détruits par la fossilisation. On remarque entre autres, des coupes de bois fossiles du groupe des conifères, des *Psaronius* du grès rouge, un *palmier* fossile des Antilles, ainsi qu'une préparation d'un *calamidendron* des grès houillers.

La vitrine de M. Potteau renferme, en outre, comme spécimen, une certaine quantité de coquilles coupées en différents sens pour montrer la conformation intérieure de ces corps organisés ; l'attention se porte principalement sur un *grand strombe à bouche rose*, un *triton émaillé*, une *Cérite géante*, etc., etc. — Toutes ces pièces montrent avec la plus parfaite évidence les divers caractères qui servent à distinguer ces animaux; c'est à ce même titre que nous signalerons surtout une coupe extrêmement heureuse d'une grande espèce d'*ammonite* montrant son syphon situé dans le bord dorsal de la coquille, puis des *Nautiles*, dans lesquels on voit ce même syphon occupant le centre des cloisons, ainsi que des *Orthocères* fossiles dans le même cas ; enfin, nous mentionnerons d'une manière spéciale une *Spirale* sur laquelle on a fait une double coupe qui laisse voir le profil des cloisons et le syphon calcaire et solide situé près du bord ventral de la coquille ; cette pièce peut être regardée comme l'une des plus importantes par les difficultés de son exécution à cause de son excessive minceur. Nous ne pouvons non plus passer sous silence une préparation de *Cone* extrêmement remarquable. Cette coquille, coupée transversalement, montre l'enroulement des tours, la minceur excessive des lames enroulées, minceur qui est le résultat de la resorbtion opérée par l'animal, et qui constitue l'un des points les plus curieux de la physiologie des mollusques.

Une autre série des préparations appartient à des corps inorganiques, minéraux: ce sont des agathes ou autres espèces réduites en plaques minces; elles se recommandent par la netteté de leur coupe parfaitement horizontale, ainsi que par la beauté de leur poli.

Dans la seconde catégorie des produits de M. Potteau nous voyons des préparations pour l'étude microscopique, ce sont des parties constituantes de certains animaux extraites de leur corps et isolées de manière à pouvoir être étudiées par le naturaliste; ces parties sont encore indispensables pour la connaissance parfaite de ces êtres et donnent des caractères certains au moyen desquels on peut les classer zoologiquement. De ce nombre sont les spicules ou selérites des gorgones et autres animaux voisins du groupe des zoophytes, ainsi que les spicules silicieux ou calcaires des éponges.

En résumé les préparations de M. Potteau sont faites dans un esprit excellent et toujours appropriées au but, qui est l'étude de l'histoire naturelle.

## LA SEMAINE SCIENTIFIQUE.

MÉCANISME DE LA FORMATION DU SUCRE DANS LE FOIE. — Le mémoire que nous allons analyser est de M. C. Bernard. L'auteur arrive à cette conclusion inattendue que la substance qui donne naissance au sucre existe non pas dans le sang, mais *dans le tissu même du foie*. Voici, en effet, une expérience des plus curieuses dans laquelle on voit la matière sucrée naître en abondance dans un foie détaché de l'animal et qui a été débarrassé par un lavage du sang et du sucre qu'il contenait. Il convient de laisser parler M. Bernard.

« J'ai choisi un chien adulte, vigoureux et bien portant, qui, depuis plusieurs jours, était nourri exclusivement avec de la viande, et je le sacrifiai par la section du bulbe rachidien, sept heures après un repas copieux de tripes. Aussitôt, l'abdomen fut ouvert ; le foie fut enlevé en évitant de blesser son tissu, et cet organe encore tout chaud et avant que le sang eût eu le temps de se coaguler dans ses vaisseaux, fut soumis à un lavage à l'eau froide par la veine porte. Pour cela, je pris un tube de gutta-percha, long d'un mètre environ et portant à ses deux extrémités des ajutages en cuivre. Le tube étant préalablement rempli d'eau, une de ses extrémités fut solidement fixée sur le tronc de la veine porte, à son entrée dans le foie, et l'autre fut ajustée au robinet de la fontaine du laboratoire de médecine du Collége de France. En ouvrant le robinet, l'eau traversa le foie avec une grande rapidité, car la force du courant d'eau était capable, ainsi que cela fût mesuré, de soulever une colonne de mercure de 127 centimètres de hauteur. Sous l'influence d'un lavage énergique, le foie se gonflait, la couleur de son tissu pâlissait, et le sang était chassé avec l'eau qui s'échappait en jet fort et continu par les veines hépatiques. Déjà, ou bout d'un quart d'heure, le tissu du foie était à peu près exsangue, et l'eau qui sortait par les veines hépatiques était entièrement incolore. Je laissai ce foie soumis à ce lavage continu pendant quarante minutes, sans interruption. J'avais constaté, au début de l'expérience, que l'eau colorée en rouge qui jaillissait par les veines hépatiques, était sucrée et précipitait abondamment par la chaleur, et je constatai, à la fin de l'expérience, que l'eau parfaitement incolore qui sortait par les veines hépatiques ne renfermait plus aucune trace de matière albumineuse ni de sucre.

« Alors le foie fut enlevé et soustrait à l'action du courant d'eau; et je m'assurai, en en faisant bouillir une partie avec un peu d'eau, que son tissu était bien lavé, puisqu'il ne renfermait plus de matière sucrée. Son décoctum ne donnait aucun signe de réduction du liquide cupro-potassique, ni aucune trace de fermentation avec la levûre de bière. Il s'échappait, de la coupe du tissu hépatique et des vaisseaux béants, une petite quantité d'un liquide trouble qui ne renfermait non plus aucune trace de matière sucrée. J'abandonnai alors, dans un vase, ce foie à la tempéaature ambiante, et en revenant vingt-quatre heures après, je constatai que cet organe bien lavé de son sang, que j'avais laissé la veille complètement privé de sucre, s'en trouvait alors pourvu très-abondamment. Il me suffit, pour m'en convaincre, d'examiner un peu du liquide qui s'était écoulé autour du foie, et qui était fortement sucré ; ensuite, en injectant, avec une petite seringue, de l'eau froide par la veine porte et recueillant cette eau quand elle sortait par les veines hépatiques, je constatai que ce liquide donnait lieu, avec la levûre de bière, à une fermentation très-abondante et très-active. »

« Cette expérience prouve clairement, dit l'auteur...., que dans un foie frais à l'état physiologique, c'est-à-dire en fonctions, il y a deux substances, savoir : 1° le sucre très-soluble dans l'eau et qui est emporté avec le sang par le lavage ; 2° une autre matière assez peu soluble dans l'eau pour qu'elle soit restée fixée au tissu hépatique après que celui-ci avait été dépouillé de son sucre et de son sang par un lavage de quarante minutes. C'est cette dernière substance qui, dans le foie abandonné à lui-même, se change peu à peu en sucre par une sortet de fermentation.... »

M. Bernard s'est assuré en effet que cette nouvelle formation de sucre dans le foie lavé est complétement empêchée par la cuisson. Il montre en outre que la formation glycosique est généralement terminée après 24 heures; que la matière hépatique susceptible de se changer en sucre est insoluble dans l'alcool, et que l'éther ne paraît pas non plus l'altérer. C'est maintenant aux chimistes de l'isoler et d'en étudier les caractères.

LE VALLISNERIA SPIRALIS. — Dans un mémoire lu à l'Académie, M. Ad. Chatin donne une étude approfondie de cette plante remarquable; organogénie, anatomie, teratologie, physiologie, rien ne lui échappe. Six planches in-8° accompagnent ce beau travail.

Le Vallisneria est une plante dioïque submergée qui vit dans les eaux douces peu courantes de l'Europe méridionale et de l'Asie : M. Trecul l'a trouvée en Amérique au milieu des eaux salées de la baie de Biloxi. Sa tige est un court rhizone qui émet de nombreuses petites racines simples, des feuilles rubanées et dressées, et enfin des hampes uniflores chez les femelles, et chez les mâles des pédoncules terminés par un spadice chargé de myriades de petites fleurs.

Au moment de la fécondation, les hampes qui portent les fleurs femelles s'allongent jusqu'à ce que celles-ci atteignent la surface de l'eau. Quant aux fleurs mâles, comme elles n'ont que des supports très-courts, elles resteraient au fond de l'eau et la fécondation serait impossible, si elles ne se détachaient par rupture de leur pédicelles. On les voit s'élever sous forme de petites bulles argentées à la surface des eaux, où elles flottent autour des femelles. Bientôt leur calice s'étale, leurs anthères s'ouvrent, et les poils dont les stigmates sont munis en enlèvent la poussière pollinique; c'est de cette manière merveilleuse et charmante que la perpétuité de l'espèce est assurée. Les fleurs femelles rentrent alors au fond de l'eau par la rétraction de leur hampe qui se roule en spirale. Tels sont les phénomènes qui ont fait du Vallisneria une plante si justement célèbre.

PHENOMÈNE SINGULIER PRÉSENTÉ PAR LES LAVES DU VÉSUVE. — C'est M. Gaudry qui le signale : « Les laves de la dernière éruption ont cessé de couler le 28 mai, écrit-il. Par conséquent, au mois de juillet, elles devaient être complètement refroidies. On marchait sur leur surface durcie; les crevasses ne découvraient plus, dans les parties inférieures, aucune incandescence. Or, dans le mois de juillet, une partie des laves recommença à produire de grandes masses de vapeurs, fait qu'on ne saurait attribuer à la chute des pluies, car le mois de juillet fut très sec. Bien plus, ces laves sur lesquelles on avait marché la veille et qui avaient paru refroidies jusque dans leurs parties les plus profondes, redevinrent incandescentes à leur surface. Il paraît que ce fait s'était déjà présenté, car un auteur, Serao, rendant compte de l'éruption de 1737, avait énoncé ce principe, que « les laves ont en elles-mêmes une cause qui développe de la chaleur et les remet en incandescence lorsqu'elles sont déjà complètement refroidies. »

FER MÉTÉORIQUE CONTENANT DU PLOMB MÉTALLIQUE. — M. Descloizeaux transmet à l'Académie des sciences de la part de M. Robert Greg, de Manchester, une plaque polie de fer météorique trouvé en 1840 dans le désert de Tarapaca, 46 milles de Hémalga, au Chili ; ce fer, dont l'analyse a donné environ 7 pour 100 de nickel, offre de nombreuses cavités dont les unes sont remplies par un minéral noir très-dur; qui paraît être un nouveau silicate d'alumine et de fer, et dont les autres sont remplies en tout ou en partie par des globules de plomb métallique, corps qui ne se sont jamais rencontrés jusqu'ici dans aucune pierre météorique. Quelques-uns de ces globules atteignent la grosseur d'un pois. M. Greg présume que le plomb a existé d'abord à l'état d'alliage avec le nickel et le cobalt, et qu'une forte calcination ou une fusion partielle de la masse de fer a pu, par une sorte de liquation, se rassembler dans les cavités vésiculaires de cette masse.

**Congélation des pieds chez les soldats de Crimée.** — M. le docteur Scoutetten, ex-médecin en chef des hôpitaux de Constantinople, adresse au *Moniteur des Hôpitaux* un résumé des observations médico-chirurgicales faites à l'armée d'Orient. Nous en extrayons quelques détails qui seront lus avec un douloureux intérêt, sur les congélations de membres, survenues pendant le travail des tranchées :

« Nos patients et courageux soldats se tenaient immobiles dans les tranchées, où souvent se trouvait abondamment de l'eau froide ou de la neige fondue. Ils restaient dans cette position vingt-quatre heures et quelquefois plus. Qu'en résultait-il? Le bain glacé dans lequel plongeaient les pieds soutirait lentement le calorique des membres inférieurs, la circulation se ralentissait, le sang se coagulait dans les vaisseaux et il se produisait une véritable *asphyxie locale* entraînant la formation des escarres ou la perte totale du membre. C'est à peine si l'homme s'apercevait du danger qui le menaçait; peu à peu la sensation du froid s'amoindrissait, la sensibilité s'éteignait et la mortification du membre était complète qu'elle n'était pas encore soupçonnée. Lorsqu'on relevait la garde de tranchée, les hommes aux pieds mortifiés se rendaient au camp comme les autres, ils y faisaient quelquefois leur service pendant plusieurs jours sans connaître le malheur qui les avait frappés. Ils remarquaient bien que leurs pieds étaient froids et qu'ils ne parvenaient pas à les réchauffer, mais ils ne s'en inquiétaient pas. Ce n'était qu'après plusieurs jours, lorsqu'ils ôtaient leurs bas, qu'ils constataient que la peau du pied était grise ou brune, plus ou moins ridée, froide et insensible. Dans quelques cas ils enlevaient, en se déchaussant, un orteil desséché ou plusieurs ongles des doigts du pied. La mortification envahissait quelquefois les deux membres inférieurs tout entiers; les escarres montaient irrégulièrement jusque vers le milieu de la jambe et quelquefois plus haut.

« Ces gangrènes présentaient deux aspects bien différents; il y avait *une forme sèche et une forme humide*. Dans la forme sèche, la partie frappée, devenue brune, noire, se raccornissait, se durcissait comme du bois et se séparait inopinément sans occasionner la moindre douleur; c'est ainsi que j'ai vu des soldats ôter leurs chaussettes et y laisser un ou plusieurs orteils, et une fois un homme eut son pied droit qui se détacha tout à fait, le pied gauche étant également sphacélé; mais il fallut couper quelques fibres des ligaments malléolaires pour qu'il se séparât complétement.

« Le traitement de ces gangrènes était fort simple lorsqu'il n'y avait pas de suppuration; on attendait que la nature indiquât la séparation des parties mortes des parties vivantes, et lorsque le cercle inflammatoire était prononcé, que les escarres commençaient à se détacher, on aidait l'élimination par les moyens chirurgicaux; cependant il fallait être très-prudent, car toute tentative prématurée amenait des accidents douloureux et souvent irremédiables; lorsque, au contraire, on laissait à la nature le soin d'accomplir son travail, on était étonné des changements heureux qui se produisaient: des plaies énormes, des désordres effrayants et en apparence au-dessus de toute ressource chirurgicale, finissaient par guérir parfaitement et sans difformité compromettante.

« La position la plus pénible était celle qui mettait dans la nécessité de faire l'amputation des deux jambes : ces opérations ont bien rarement réussi; l'état moral de l'homme, l'affaiblissement de la constitution par la suppuration, et, presque toujours, par la diarrhée, mettaient rapidement fin à la plus déplorable des situations.

« Lorsque les escarres se détachaient par suppuration, l'odeur qui s'échappait des plaies était repoussante; c'était un mélange des miasmes spéciaux aux tissus gangrénés et des émanations fades et nauséabondes du pus coulant en abondance d'une large plaie.

« Des salles entières étaient remplies de blessés de cette nature; l'infection était excessive, et malgré l'emploi rigoureux de tous les moyens indiqués pour la purification de l'air, les malades périssaient en grand nombre sous l'influence d'une diarrhée fétide, évidemment miasmatique; les médecins, les infirmiers en étaient également atteints, et plusieurs coururent le danger de perdre la vie.

« Le quinquina, l'écorce de chêne pulvérisée, les préparations chlorurées furent les principaux moyens mis en usage pour combattre ces pénibles accidents, mais trop souvent, hélas! ils restèrent sans efficacité. »

**Appareil pour prévenir les accidents dans les carrières.** — Les accidents qui atteignent les puisatiers sont trop graves et trop fréquents pour que ce ne soit pas un devoir de donner toute la publicité possible aux moyens proposés pour les prévenir. Voici celui qu'a imaginé M. Lambert, sculpteur à Châtillon-sur-Seine; il trouverait son emploi chaque fois qu'on creuse des puits dans des terrains peu solides.

Construire des caissons de 3, 4 ou 5 mètres de hauteur, et de 1 mètre 30 à 1 mètre 40 de large. Les pièces de bois soutenant les angles auraient de 15 à 20 centimètres d'écarrissage; l'épaisseur des planches ou madriers formant les côtés serait de 6 à 8 centimètres, par conséquent, les caissons seraient assez grands pour que deux hommes pussent travailler dans leur intérieur et assez solides pour supporter la charge provenant de la pesée du terrain.

Un premier caisson serait placé debout à l'endroit même où on voudrait creuser un puits; les décombres seraient jetées par dessus les parois. A mesure que le puits gagnerait en profondeur, le caisson descendrait formant autour des travailleurs des parois solides qui les garantiraient contre tout éboulement. Ce premier caisson étant descendu jusqu'au niveau du sol, on lui en superposerait un second qui descendrait à son tour, puis un troisième, un quatrième et ainsi de suite, jusqu'à ce qu'on ait donné au puits la profondeur voulue. Afin de pouvoir pratiquer des galeries souterraines horizontales ou obliques au fond du puits, il serait nécessaire de pratiquer des ouvertures à la partie inférieure du premier caisson. Dans ce but, au lieu de recouvrir entièrement les poteaux des caissons, on clouerait de forts linteaux de la hauteur d'une porte dans leurs côtés inférieurs, et ces linteaux recevraient les madriers formant les parois du puits. Il suffirait donc d'arracher ces linteaux pour qu'une porte se trouvât immédiatement pratiquée dans le bas du caisson, et par cette porte, on pourrait procéder à l'établissement des galeries transversales. Tel est le projet de M. Lambert; si on le trouve imparfait, il pourra donner occasion de faire mieux.

**Transmission des impressions sensitives dans la moelle épinière.** — M. Brown-Sequard expose une série d'expériences dont il tire cette conclusion : que la transmission des impressions sensitives ne s'opère que d'une manière passagère par les cordons postérieurs, les fibres sensitives ne faisant que passer dans une faible étendue par ces cordons, et que la transmission à l'encéphale des impressions sensitives venues du tronc et des membres, s'opère en dernier lieu par la substance grise de la moelle épinière.

## VARIÉTÉS.

### Le Cocotier.

La plupart des botanistes qui ont écrit sur cet arbre précieux dont le fruit forme la nourriture principale de plus de 200 millions d'hommes, ne s'en sont guère occupés qu'au point de vue purement botanique; dans l'article dont on va lire l'analyse, M. Bréon l'envisage à un point de vue plus intéressant : celui de sa culture et de son utilité.

Le Cocotier, arbre de la famille des palmiers, comme chacun sait, parvient à la hauteur de 15 à 25 mètres. Le tronc, parfaitement lisse, ne dépasse pas, chez les sujets les plus forts, $1^{m},30$ à $1^{m},40$ de circonférence. Il est couronné d'un faisceau de 10 à 12 feuilles longues de 3 à 4 mètres; celles des jeunes Cocotiers de 5 à 6 ans ont même quelquefois jusqu'à 5 mètres; leur largeur varie de 1m,20 à 1m,30. Le centre des feuilles est occupé par un cône ou bourgeon droit et pointu qu'on nomme *Chou-palmiste*. Ce chou, formé par la réunion de feuilles qui ne sont pas encore développées, constitue le légume le plus délicat qu'on puisse manger; mais on se fait d'ordinaire très-grand scrupule de le retrancher, parce que sa suppression entraîne infailliblement la perte de l'arbre.

Le tronc émet à la base interne des feuilles un panicule nommé *régime*, formé de fleurs jaunâtres disposées en grappes; chaque Cocotier porte ordinairement quatre régimes, et chaque régime donne naissance à cinq, sept ou neuf cocos. Les régimes se reproduisent deux fois par an sur les vieux Cocotiers et trois fois sur les jeunes. Le Cocotier commence à porter des fruits à l'âge de quatre à cinq ans; il a déjà alors 6 à 7 mètres de hauteur. Il est vieux de soixante à quatre-vingts ans et ne donne plus qu'un petit nombre de fruits peu volumineux.

La culture du Cocotier est pratiquée du tropique du Cancer à celui du Capricorne, c'est-à-dire sur une largeur de 460 myriamètres; le froid des zônes tempérées la rend impossible. Ce bel arbre affectionne le voisinage de la mer. Les plus beaux et les plus productifs croissent dans les îles de la Sonde, aux Célèbes, aux Philippines, dans les Carolines, les Mariannes, les îles de l'Amirauté, les Laquedives et les Maldives; ces dernières, dont plusieurs sont inhabitées, sont couvertes de Cocotiers tellement serrés qu'il est difficile de s'y faire un passage. Les Indiens des îles voisines viennent y récolter des fruits, récolte peu importante, les fruits de ces Cocotiers étant très-petits.

La côte occidentale de la presqu'île de l'Inde, sur une longueur de 400 lieues environ, du cap Comorin à Bombay, est la partie de la zone torride où le Cocotier est le mieux cultivé; c'est aussi celle où il est le plus productif. L'innombrable population malabare trouve dans ce seul arbre, non seulement sa nourriture, mais encore une source de richesse. On estime dans ce pays la fortune d'un homme d'après le nombre de Cocotiers qu'il possède.

Lorsque les régimes se montrent, les Malabars les coupent au-dessous des panicules en fleurs. Si l'arbre porte quatre panicules, deux sont retranchés; les deux autres sont conservés pour porter fruit. Au moment même où le régime est coupé, le bout de son support est introduit dans le goulot d'une calebasse solidement assujettie avec une corde mince. Pendant les premiers jours, les calebasses, dont chacune peut contenir cinq à six litres, se remplissent en vingt-quatre heures d'une liqueur claire, blanchâtre, douce et d'un goût agréable. Tous les jours le Malabar monte sur le Cocotier, portant sur son dos deux calebasses vides; il charge sur ses épaules, au moyen d'une courroie, les deux calebasses pleines, et les remplace par celles qu'il vient d'apporter, après avoir eu soin de rafraîchir la coupe du support du régime; l'opération se continue jusqu'à ce que celui-ci ne donne presque plus de liquide. «Il est curieux et pénible en même temps, dit M. Bréon, de voir les malheureux Malabars escalader les Cocotiers, dont la hauteur varie de 15 à 25 mètres. Ils sont ordinairement nus; une corde fixée au-dessus de la cheville, à chaque pied, embrassant à peu près le tiers de la circonférence du tronc, les aide à monter et à descendre, ce qu'ils font très-lestement. A les voir au milieu des feuilles du Cocotier, occupés à arranger leurs calebasses, on les prendrait plutôt pour des singes que pour des hommes.»

Au bout de dix à douze heures, le liquide acquiert une saveur douce, légèrement acidulée, et forme ce que les Européens nomment *vin de palmier*. Il s'en fait une grande consommation. Au bout de vingt-quatre à trente heures, la fermentation est tellement avancée que le liquide n'est plus potable. Au bout de cinquante à soixante heures, il est au point de fermentation convenable pour être distillé. La distillation se fait dans un alambic des plus simples composé d'une chaudière en terre cuite recouverte d'un chapeau de même matière. On obtient ainsi un alcool incolore de 20 à 21 degrés, qu'on nomme *arrack*, dont on fait sur place un grand usage et dont on exporte aussi des quantités considérables.

Quant le coco a pris tout son développement, mais n'est pas encore parvenu à maturité, il contient à l'intérieur de son amande un tiers de litre d'une liqueur claire, douce, parfumée, très-rafraichissante, ayant la saveur de l'orgeat. L'amande est excellente, elle est douce, huileuse; son goût est celui de la noisette. Le coco parfaitement mûr ne contient plus qu'une petite quantité de liquide, mais l'amande qui remplit alors la coque est très-nourrissante.

Les Malabars aiment beaucoup ce fruit dont un seul suffit et au-delà à la nourriture d'un homme pendant toute une journée. L'enveloppe extérieure ou *brou* (les Malabars le nomment *cuir* de coco) est enlevée 15 ou 20 jours avant la récolte et sert à fabriquer des cordes, cordages et câbles à l'usage de la marine. Les plus gros fruits sont sciés pour en extraire l'amande, et les deux moitiés de la coque servent de gobelets, d'assiettes, de plats et d'écuelles. Les plus petits sont cassés et les fragments de leurs coques imbibés d'huile, forment un excellent combustible employé à la cuisson des aliments.

Les Malabars tirent de l'amande, par expression, une huile qui vaut, lorsqu'elle est récente, nos meilleures huiles de table. Cette huile, connue dans l'Inde sous le nom de *mantèque*, est assez consistante et se prend à la cuiller; son goût est celui de l'amande. Tant qu'elle est fraîche, on l'emploie pour la cuisine; malheureusement, au bout d'un mois, elle devient rance et prend une saveur tellement insupportable qu'il n'est plus possible de s'en servir pour cet usage. En cet état on l'utilise pour la peinture et pour l'éclairage; elle brûle avec une lumière aussi pure et aussi brillante que celle du gaz.

Les Malabars utilisent les feuilles du Cocotier pour la couverture de leurs habitations; ils en fabriquent aussi des nattes, des paniers et une foule d'ustensiles du même genre.

Le pétiole des feuilles, ordinairement long de 3 à 4 mètres, sert à la construction des maisons, spécialement à celle des planchers; sa couleur est celle du bois d'acajou; il est excessivement dur; le vernis naturel fort luisant dont il est revêtu lui donne la propriété de se conserver très-longtemps sans s'altérer.

Le bois du tronc est très-solide; on en fait la grosse charpente des maisons dans tout le Malabar, où l'on manque d'autres bois.

Sur toute cette côte, la culture du Poivrier est associée à celle du Cocotier et donne des produits énormes. Les rameaux sarmenteux du Poivrier couvrent le bas du tronc de tous les Cocotiers jusqu'à la hauteur de 4 à 5 mètres, quelquefois jusqu'à 6 et 7 mètres; ce tronc disparaît sous les grappes de fleurs et de fruits du Poivrier. Les produits de cette culture s'exportent dans toutes les parties du monde. Autrefois les îles de Java et de Sumatra cultivaient fort en grand le Poivrier; elles y ont renoncé en grande partie depuis quelques années; le Malabar s'en est pour ainsi dire approprié le monopole.

La culture et la multiplication du Cocotier sont très-faciles. Voici, d'après M. Bréon, en quoi elles consistent :

« Environ un mois après la récolte des fruits, on fait choix des plus gros et des mieux conformés; ils sont placés, avec leur brou, dans des fosses profondes de 0m,64 à 0m,70; ils y sont disposés de manière à ce que leur sommet ne dépasse pas le sol environnant. Les fosses sont recouvertes de fumier long ou de paille, pour empêcher le contact direct de l'air sur les Cocos; de légers arrosages les entretiennent à un degré modéré d'humidité. Au bout de vingt-cinq à trente jours, ils commencent à germer; après trente-cinq à quarante jours, la plumule a déjà $0^m,20$ à $0^m,30$ de hauteur; c'est le moment le plus favorable pour les planter à demeure. On ouvre à cet effet des trous d'environ 1 mètre carré, espacés entre eux de 5 ou 6 mètres et disposés en quinconce. Le Coco planté ne doit pas être couvert de plus de $0^m,15$ à $0^m,18$ de terre; le trou n'est pas entièrement comblé; on laisse auprès du jeune Cocotier un vide de $0^m,15$ à $0^m,20$ au-dessous du niveau du sol. Un mois après la plantation, le trou est tout à fait comblé en donnant un premier binage. La culture ultérieure du Cocotier n'exige pas d'autres soins que quelques binages pendant les premières années; plus tard, il couvre entièrement le sol; les mauvaises herbes cessent d'y croître; tout le travail se borne à la récolte des produits. »

« Le Cocotier n'a pas de racines pivotantes; il n'a même pas de grosses racines latérales ; toutes ses racines sont très-fines; elles forment un chevelu très-épais qui s'empare de tout le terrain à 5 ou 6 mètres tout autour de la base du tronc. Malgré la finesse de ses racines, son élévation et le volume de la touffe qui le couronne, je ne connais pas d'arbre qui résiste aux vents violents et aux ouragans mieux que le Cocotier. Tandis que, dans les contrées intertropicales, les arbres les plus robustes sont fréquemment abattus par les orages, il y a peu d'exemples de Cocotiers déracinés, renversés ou même brisés par les furieuses tempêtes propres au climat de leur pays natal. »

## NOUVELLES ET CAUSERIES.

*Composé anti-ozonique. — Durée de la vie moyenne. — Dessèchement du port de Sébastopol. — Statistique des infirmes en France. — L'atelier des machines à diviser de M. Froment. — Bateaux de M. Jacovenko. — Le comfort des chemins de fer. — Mine de carbonate de fer. — Gisements de houille en Orient. — Le choléra au Brésil. — L'acide phosphorique dans les vins. — Galerie de l'économie domestique à l'exposition universelle. — Mortier concasseur.*

⁂ M. le docteur Horn, de Munich, vient de décrire dans un opuscule allemand intitulé: *Description d'un composé* ANTI-OZONIQUE, *narcotique et vénéneux*, une substance chimique qu'il appelle *Iodosmon* ( de ιωειδους, *vénéneux*, et de ὀσμη, *vapeur*). Suivant M. Horn, l'iodosmon peut être considéré comme de l'azote atmosphérique modifié par l'électricité, ayant acquis la propriété d'enlever le carbone dans les diverses combinaisons où il entre et d'engendrer ainsi des composés cyaniques excessivement vénéneux. Ainsi, on peut produire du cyanogène et des composés analogues, en faisant brûler de l'alcool absolu avec l'intervention d'un courant électrique négatif et de l'azote contenu dans l'air. On peut, de même, produire ce poison dans l'économie animale et dans les corps en fermentation par des procédés analogues. En faisant usage de cette substance, à doses infiniment petites, on donne lieu, dit l'auteur, à des phénomènes entièrement semblables à ceux du choléra.

⁂ Avant 89, la durée de la vie moyenne était en France, suivant Duvillard, de 28 ans 9 mois; en 1817, elle était de 31 ans 3 mois; il y a vingt ans, Bienaymé l'évaluait à 36 ans. On l'évalue aujourd'hui à 39 ans 8 mois, c'est-à-dire qu'en naissant on a 39 ans 8 mois de vie probable.

M. Villermé établit qu'elle était, *à Paris*, de 17 ans au XIVe siècle; de 26 ans au XVIIe, et de 32 ans au XVIIIe siècle.

A Genève, la vie moyenne était de 18 ans 5 mois au XVIe siècle; de 23 ans 4 mois au XVIIe, et de 32 ou 33 ans au XVIIIe; de 1815 à 1826, elle est élevée à 38 ans 10 mois.

La durée de la vie moyenne va donc s'augmentant chaque année en France et en Europe.

⁂ M. Ferdinand Bouquié propose d'assécher le port de Sébastopol, pour en extraire et remettre à flot les nombreux navires coulés par les Russes. On établirait un barrage à l'entrée de la rade, et au moyen de vis sans fin ou de pompes on emploierait une partie de la force motrice des vaisseaux à vapeur des flottes alliées, qui est de 12,000 chevaux, à vider le port. Le dessèchement du lac de Harlem a été opéré en vingt mois, avec des moyens beaucoup moins considérables, puisqu'on n'y a employé que 1,100 chevaux vapeur. Cependant la mer de Harlem avait plus de 1,800 hectares de superficie. L'opération proposée serait donc l'affaire de quelques semaines.

⁂ Il résulte d'un document publié par le Ministère du commerce et de l'agriculture, sur la statistique de la France, qu'on compte en ce moment sur notre territoire:

| | | |
|---|---|---|
| 37,662 | aveugles, | 105 sur 100,000 individus. |
| 75,063 | borgnes, | 210 — |
| 29,512 | sourds et muets, | 82 — |
| 44,970 | aliénés, | 125 — |
| 42,382 | goîtreux, | 118 — |
| 44,619 | bossus, | 115 — |

9,077 individus ayant perdu un ou deux bras, 25 sur 100,000.

11,301 ayant perdu une jambe ou les deux jambes, 32 sur 100,000.

22,547 atteints de pied-bot, 62 sur 100,000.

⁂ M. Louis Figuier donne dans la *Presse* les détails suivants sur les ateliers de M. Froment, où un moteur électro-magnétique met en action des machines à diviser :

« Ces machines sont placées dans une petite salle retirée, silencieuse et où personne ne pénètre jamais. Leur délicatesse est telle que, pendant le jour, le mouvement des voitures dérangerait leur action ; on ne les fait donc, le plus souvent, travailler que la nuit. Mais cette obligation d'attendre pour le travail l'heure paisible de minuit, serait assez désagréable pour l'artiste ; que fait M. Froment ? Sur le chiffre de son horloge électrique, il accroche un petit levier qui communique avec le fil conducteur de la pile destinée à mettre en action les machines; après quoi il va se coucher. A minuit, l'aiguille du cadran vient rencontrer ce levier, le décroche, et la communication avec la pile voltaïque se trouvant ainsi établie, les machines à diviser se mettent en train. Le travail marche ainsi toute la nuit. Quand la dernière division a été tracée, la machine elle-même arrête le moteur électro-magnétique qui la mettait en mouvement et tout retombe dans le repos. — Et nous ne signalons ici qu'une des mille merveilles que peuvent réaliser les appareils électro-magnétiques appliqués à un travail de précision. »

⁂ On voit depuis quelques jours, sur la Seine, à côté des bains des Tuileries, un modèle de bateaux plats qui rappelle le système de navigation dont, au rapport d'Hérodote, les Arméniens faisaient anciennement usage pour transporter leurs marchandises à Babylone.

Préoccupé, d'une part, par les frais considérables qu'occasionnent soit le retour à vide, soit la construction renouvelée presqu'à chaque voyage des grossiers bateaux affectés de nos jours au transport des houilles, bois, vins, etc., et aidé d'un autre côté par ses études profondes et variées, M. Jacovenko s'est proposé d'appliquer, en la modifiant dans la mesure des progrès effectués, une ancienne coutume orientale, aux besoins de la civilisation moderne. Les bateaux en cuir et à carcasse de saule de l'antique Arménie étaient, après leur déchargement, ployés en quatre et rapportés au lieu du départ par un âne qui avait fait partie de leur cargaison, les bateaux en toile imperméable et à carcasse de sapin, de M. Jacovenko, sont destinés à être ployés ainsi et disloqués après leur arrivée pour former la cargaison de retour d'un steamboat spécial qui en pourra rapporter cinquante au point de départ, où ils seront rajustés pour un nouveau voyage.

En supprimant à la fois et le retour à vide et la construction permanente des bateaux plats, ce système singulier paraît devoir réaliser une très-grande économie sur le transport des marchandises qui suivent les voies canalisées; à en croire l'inventeur, qui prépare, dit-on, un opuscule pour expliquer l'utilité de sa découverte, il y aurait, sur le seul mouvement des houilles que Paris tire de la Belgique, une différence de 2 millions au profit de sa méthode comparée aux usages suivis jusqu'à ce jour.

*** Sur quelques-uns de nos chemins de fer, sur celui de Strasbourg, une heure avant l'arrivée à la station où a lieu le temps d'arrêt pour le dîner, on demande aux voyageurs quels sont ceux qui désirent y prendre part, et à l'arrivée, le maître d'hôtel, prévenu par le télégraphe, tient le dîner servi. Ce que l'on fait chez nous pour la masse des voyageurs, on le fait aux Etats-Unis pour chaque voyageur en particulier.

Sur le chemin de fer qui de New-York mène à Buffalo, on remet actuellement à chaque voyageur, en lui délivrant son bulletin, une carte d'objets de consommation sur laquelle sont indiqués les différents mets qu'on peut trouver à la station intermédiaire où l'on s'arrête pour déjeûner. Le voyageur fait son choix, désigne dans un bureau particulier les plats qu'il désire à son déjeûner, et reçoit en échange un numéro; à son arrivée à la station, il se met à table à la place qu'indique son numéro, et trouve servi le déjeûner qu'il a commandé. Tandis que la vapeur l'emportait, le télégraphe a pris le devants dans l'intérêt de son estomac.

*** On vient de découvrir à Brendon-Huis (Sommerset), une quantité considérable de carbonate de fer. La veine a une grande étendue, et son exploitation sera d'un immense rapport.

*** Les chemins de fer, les hauts-fournaux, la marine à vapeur dévorent des masses prodigieuses de combustible. Que deviendront nos houillères ! s'écrie-t-on. Qu'on se rassure. La houille est abondamment répandue sous la surface du sol, dans toutes les contrées, sous toutes les latitudes. Chaque jour amène une nouvelle découverte, une nouvelle trouvaille. Hier c'était la houille de Kertch triomphalement employée par nos flottes, aujourd'hui ce sont les dépôts de houille ligneuse de Kouslou, près d'Héraclée, que nos soldats de Crimée découvrent et exploitent. Demain, ce sera sur un autre point, aux pieds du Caucase, par exemple, que le combustible se présentera en masses prodigieuses. En attendant, de nombreux ouvriers sont employés à l'extraction des gites de Kouslou. Le combustible d'Héraclée n'est pas aussi bon que celui du bassin du Don; il est ligneux et fort dur, mais on ne s'en sert pas moins; d'ailleurs son prix est extrêmement minime : en effet, 18 ou 20 tonnes de houille de Kouslou ne reviennent qu'à 16 schellings ; encore de cette somme faut-il déduire 10 schellings que prélève la couronne pour son droit de propriété. C'est là une trouvaille précieuse pour nos flottes et nos armées en Orient.

*** Une correspondance directe du Brésil nous annonce, dit le *Moniteur des hôpitaux*, l'apparition du choléra dans cette contrée. C'est un fait à la fois triste et intéressant que l'invasion de l'épidémie dans l'Amérique du Sud. Jusqu'à présent le choléra n'avait point dépassé, en Amérique, la ligne équatoriale, et, chose remarquable, il en avait été de même jusqu'en 1850, de la fièvre jaune. En 1850, la fièvre jaune franchit les vastes provinces du nord du Brésil, et envahit même celles au sud de Rio-Janeiro; en 1855, le choléra a franchi à son tour les mêmes espaces ou peu s'en faut. Dans la province de Para (la plus septentrionale), l'épidémie a fait des ravages considérables, surtout à ce qu'on nous mande, dans la population nègre. Les ravages ont été moindres jusqu'à présent à Bahia, et enfin quelques cas douteux avaient été observés à Rio, au départ du paquebot ; mais tout faisait craindre une invasion plus sérieuse.

*** M. Kletznisky de Vienne, a analysé un grand nombre de vins en vue de déterminer leur valeur en matières extractives, alcool et acide phosphorique. C'est sous forme de phosphate de magnésie que ce dernier corps s'y rencontre. Le plus riche sous ce rapport est le Tokay, qui contient près de 5 p. 1,000 d'acide; le Malaga 4, le Madère 3 3/4, beaucoup de vins de la Hongrie entre 4 et 3, le Chypre 3 1/3, le Château-Lafitte 2, les vins du Rhin et de la Moselle entre 2 et 1, le Champagne (crême de Bouzy) 1 1/4 p. 1,000.

*** GALERIE DE L'ÉCONOMIE DOMESTIQUE.
*Collection d'objets usuels réunis par une commission spéciale conformément aux vœux de la Société des arts de Londres et de la Société d'économie charitable de Paris.*

| Bon marché, | Spécialité de logements, |
|---|---|
| Bonne qualité, | meubles et ustensiles, |
| Utilité générale. | linge et vêtements, |
| | aliments et provisions. |

Telle est l'inscription qui figure à l'entrée de la *Galerie des objets à bon marché d'économie domestique*, qui vient d'être ouverte à l'Exposition.

Cette galerie est à gauche, en sortant du Palais principal pour aller à la rotonde, après les équipages.

Le pourtour de cette galerie est occupé, en commençant par la droite, par les objets d'habillement, savoir : tissus, bonneterie, lingerie, vêtements, chapellerie, modes, draps, châles, etc.; au milieu on voit :

1° Une table en étagère, contenant les aliments, les conserves, les combustibles, les substances employées à l'éclairage économique, les pâtes alimentaires, les tabacs;

2° Une étagère contenant la vaisselle de faïence et de porcelaine pour la table et la cuisine, les cristaux, la verrerie, etc.;

3° Objets de literie, sommiers élastiques, etc.;

4° Batterie de cuisine, lampes, chandeliers, fourneaux, filtres, coutellerie, outils de ménage, etc.;

5° Enfin, savons, objets divers d'ameublement et de ménage, bandages, etc.

*** M. Ducourneau jeune vient d'inventer un appareil auquel il donne le nom de *mortier concasseur*. Cet appareil a pour but de rendre moins pénible le travail des ouvriers employés à briser les cailloux qui servent au macadamisage des routes ; il offre, en outre, le moyen de prévenir les accidents auxquels ces hommes sont exposés.

## BULLETIN BIBLIOGRAPHIQUE

— LA PRESSE DES ENFANTS, journal du jeudi, sous la direction de M. Victor Meunier.

Le IIIe numéro contient les articles suivants : Merveilles de l'électricité (lettre d'une demoiselle de huit ans), — la Merveilleuse histoire de trois enfants (suite). — La machine à vapeur; Humphy-Potter ou le petit inventeur; description de la machine atmosphérique; — l'école buissonnière, nouvelle (suite et fin) ; — comment on fait les billes ; — la fête d'Alice; Contes de fées. — notre précédente énigme ; lettre d'un petit garçon ; — FAITS DIVERS ; — un vilain défaut bien puni;—un homme de 6 ans;—l'évasion de Piétro,—etc., etc.

La *Presse des Enfants* paraît toutes les semaines dans le format de l'*Ami des Sciences*. Paris, 6 fr.; départements, 8 fr. On s'abonne par mandat de poste.

— LA GOUTTE. Mémoire sur les causes des maladies goutteuses et sur leur traitement par la méthode homœopatique, par D. de Monestrol. In-8°, J.-B. Baillière, 19, rue Hautefeuille.

— L'HOMME DE LETTRES, dédié à la Société des gens de lettres, par ALEXANDRE WEILL. Format anglais, 1 fr., Dentu, galerie d'Orléans.

— LEÇONS DE CHIMIE ÉLÉMENTAIRE appliquée aux arts industriels et faites aux ouvriers du XIIe arrondissement, par M. DORÉ FILS. in-8°, 2e partie avec figures. Livraisons 3, 4, 5, 6 et 7, 25 centimes la livraison, chez Victor Dalmont, 49, quai des Augustins.

*Le propriétaire, rédacteur-gérant :*
VICTOR MEUNIER.

PARIS. — IMP. J.-B. CROS, RUE DES NOYERS, 74

Première année. — N° 41. Quinze centimes. 14 octobre 1855.

# L'AMI DES SCIENCES

PAR

## VICTOR MEUNIER

BUREAUX D'ABONNEMENT :
13, RUE DU JARDINET, 13.
Près l'École de Médecine.

Parait le dimanche.
(Les abonnements datent, au gré des souscripteurs, du commencement de l'année ou du premier dimanche de chaque mois).

PRIX DE L'ABONNEMENT POUR L'ANNÉE.
PARIS, 6 FR.— DÉPARTEMENTS, 8 FR.
ÉTRANGER, surtaxe en sus.
Envoyer un mandat de poste.



### PERCEMENT DE L'ISTHME DE SUEZ.

Pour mener à fin cette grande entreprise, M. de Lesseps fait « appel à tous les hommes de cœur et d'intelligence. » Ils répondront, car de même qu'il n'est pas d'œuvre plus grandiose, puisqu'il s'agit de modifier la géographie physique, il n'en est pas non plus qui réponde mieux aux nécessités les plus pressantes de ce siècle, et il serait aisé de montrer que le problème économique de notre époque est, en grande partie, une question de navigation. Or, en condensant les espaces géographiques au point de réduire de 3,000 lieues, de plus de moitié, la distance qui sépare l'occident de l'orient, la coupure de l'isthme de Suez révolutionnera la navigation et le commerce.

Vous voulons tenir nos lecteurs au courant de tout ce qui concerne cette magnifique entreprise, dans laquelle MM. Linant-Bey et Mougel-Bey voient avec raison « la plus grande œuvre de progrès et de civilisation qu'aura produite le XIXe siècle. » Nous leur donnerons aujourd'hui les éléments de la question empruntés à *l'exposé* si simple, si net, si lumineux, si concluant que M. de Lesseps a mis en tête des documents qu'il vient de publier (1).

M. de Lesseps raconte que ce fut au mois d'octobre de l'année dernière, pendant un voyage à travers le désert lybique, qu'il fut pour la première fois question entre lui et le vice-roi, du percement de l'isthme de Suez. Pénétré des résultats grandioses d'une telle œuvre, Mohammed-Saïd demanda, à son compagnon de voyage, un mémoire aussitôt rédigé. Les propositions de M. de Lesseps ayant été approuvées, le pacha lui donna, par un firman en date du 30 novembre, le pouvoir exclusif de constituer une compagnie formée de capitalistes de toutes les nations ayant pour objet le percement de l'isthme et l'exploitation d'un canal entre les deux mers sous le nom de *Compagnie universelle du canal maritime de l'isthme de Suez*.

Les célèbres ingénieurs sous la direction desquels ont été exécutés les plus grands travaux hydrauliques de l'Égypte, MM. Linant-Bey et Mougel-Bey furent chargés de la rédaction d'un avant-projet. Ils avaient à opter entre deux tracés, l'un direct, l'autre indirect.

Le premier consiste à trancher l'isthme par une coupure à peu près droite du sud au nord, de Suez à Péluse. Le second partirait de Suez, se dirigerait vers le Nil, et, traversant une partie de l'Egypte, aboutirait au port d'Alexandrie. Les ingénieurs du vice-roi se prononcèrent pour le tracé direct. Voici l'analyse de leur beau mémoire, qui ne forme pas moins de 148 pages in-8°.

L'isthme de Suez est une étroite langue de terre dont les deux points extrêmes sont Peluse et Suez. Elle forme, dans un espace de trente lieues, une dépression longitudinale, résultat de l'intersection de deux plaines, descendant par une pente insensible, l'une de l'Egypte, l'autre des premières collines de l'Asie. La nature semble avoir tracé elle-même dans cette ligne la communication entre les deux mers.

L'état géologique du terrain donne à penser que, dans les temps primitifs, la mer couvrait la vallée de l'isthme. On y trouve, en effet, de vastes bassins dont le principal est appelé *lacs amers*, et qui conserve les traces évidentes du séjour des eaux de la mer.

Ce bassin et celui du lac Timsah offrent sans aucun doute le plus puissant secours à l'établissement du canal.

Les lacs amers lui fournissent d'abord un passage naturel tout creusé et un réservoir de trois cent trente millions de mètres carrés de superficie pour son alimentation.

Le lac Timsah, situé à égale distance de Suez et de Péluse, devient, dans le tracé direct, le port naturel du canal, où les navires pourront trouver tout ce qui sera nécessaire à leur ravitaillement, à leurs réparations, et, au besoin, au dépôt de leurs marchandises.

Il paraît certain que sur toute la longueur de la ligne, depuis Suez jusqu'à Péluse, on n'aura à excaver que dans des terres meubles qu'on enlèvera facilement à la main jusqu'à la ligne d'eau, et avec des dragues jusqu'au plafond du canal.

Reste à résoudre la question de l'entrée du canal, tant sur la Méditerranée que sur la Mer Rouge.

Il faut, à Péluse, s'avancer jusqu'à 6,000 mètres en mer pour rencontrer la profondeur de 7 à 8 mètres, nécessaires à la marche des gros navires. On établira donc une double jetée de 6,000 mètres, bordant un chenal d'une largeur et d'une profondeur partout suffisantes au passage de toute navigation.

Du côté de Suez, on formera également un canal au moyen

(1) *Percement de l'isthme de Suez*, exposé et documents officiels par M. Ferdinand de Lesseps, ministre plénipotentiaire ; in-8° avec 2 cartes. Henri Plon, rue Garancière, 8.

de deux jetées qu'on mènera dans le golfe jusqu'à un tirant d'eau suffisant pour la navigation. La rade de Suez n'est pas abritée des vents du sud-est ; on parera à cet inconvénient en prolongeant à l'extrémité du chenal et en inclinant vers le sud la jetée de l'est.

Après avoir constaté la possibilité de la coupure de l'isthme pour la communication des deux mers, il fallait indiquer le moyen de mettre l'Égypte en rapport avec le canal maritime.

Vers le lac Timsah, situé comme il a été dit à égale distance de Suez et de Péluse, vient aboutir perpendiculairement à la dépression longitudinale de l'isthme, un autre sillon non moins remarquable, celui de l'Ouadée-Tomilat. C'est un désert inculte; mais ce désert fut autrefois la fertile terre de Gessen de la Bible. Ce sillon reçoit encore aujourd'hui, dans toute son étendue, les débordements du Nil, et semble ainsi former le tracé naturel d'un canal de communication, partant du fleuve et allant se rattacher dans la partie centrale de l'isthme à la grande ligne de la navigation maritime.

L'avant-projet propose de creuser dans cette vallée un canal, destiné à la fois à l'arrosage des terres et à la navigation intérieure; il servira en même temps à porter l'eau douce aux nombreux travailleurs de l'isthme, et à faire renaître dans cette contrée l'antique fécondité qui la faisait nommer par l'écriture *la terre des pâturages*.

Enfin, de la tête du canal d'eau douce au lac Timsah et allant rejoindre Suez en se prolongeant le long de la rive orientale du canal maritime, partirait une rigole d'irrigation destinée à rendre à la production des terres nombreuses et fertiles concédées à la compagnie.

Les dépenses à faire pour la réalisation du projet sont évaluées à 185 millions.

La durée des travaux est fixée à six années.

La première année verra s'exécuter le canal auxiliaire dérivé du Nil avec ses écluses, la rigole d'irrigation jusqu'à Suez, et une conduite d'eau jusqu'à Péluse. On installera les grands chantiers aux carrières, avec leurs chemins de fer et les instruments nécessaires à leur exploitation sur une grande échelle. On contractera en même temps les marchés pour la fourniture des dragues, remorqueurs, transports, instruments de toute nature pour l'exécution des travaux ultérieurs.

La seconde année sera consacrée à mettre en communication le lac Timsah et Suez, c'est-à-dire à mettre la mer Rouge en rapport par eau avec le Nil, au moyen d'une première tranchée qui permettra aux barques du Nil de circuler librement sur toute cette ligne de travail. Dans la même année, on emploiera les dragues à creuser le chenal et l'emplacement des jetées au port de Suez. On commencera à faire les semis pour fixer les dunes et à mettre les terres en culture.

La troisième année on marchera du lac Timsah vers la Méditerranée. Toutes les forces disponibles seront employées à former l'entrée de Péluse ; on continuera le travail des terrassements, des dragues, des semis, des cultures, etc.

Dans la quatrième année, les mêmes travaux seront continués, mais on se portera plus spécialement sur les travaux relatifs à la construction des quais et établissements du port intérieur de Timsah.

Enfin, pour les deux dernières années, ces divers travaux dans leur ensemble seront poussés à leur état de perfectionnement.

Ainsi, il suffira de six années et de la moitié de ce qu'a coûté le chemin de fer de Paris à Lyon, pour accomplir une entreprise dont les résultats sont incalculables.

Les revenus sont évalués à 46,050,000 fr.

Tel est, en résumé, l'*avant projet pour le percement de l'isthme de Suez*, que M. de Lesseps est venu soumettre à l'examen du monde savant et du monde financier. Par ses soins, une commission d'ingénieurs connus par leurs travaux hydrauliques vient de se former. Cette commission est appelée à donner son opinion sur le projet de MM. Linant-Bey et Mougel-Bey. Tous les moyens seront mis à sa disposition pour visiter l'isthme de Suez, si elle juge nécessaire de voir les localités avant de prononcer. Les membres de cette haute commission, sont : MM. Rendel, de Negrelli, Conrad, Lentze, Paléocopa, Renaud et Lieussoux, secrétaire.

Nous ne saurions terminer plus dignement ce premier aperçu qu'en empruntant à M. de Lesseps les nobles paroles par lesquelles il termine lui-même son *Exposé* :

« La guerre et le commerce ont civilisé le monde ; la guerre aura fait son temps après le suprême effort auquel nous assistons ; le commerce seul poursuivra ses conquêtes. Préparons-nous à lui ouvrir une nouvelle route. Rapprochons de l'Europe les populations de l'Océanie, de l'Australie, de la Chine, des Indes et de l'Afrique ; faisons-les participer aux bienfaits de la civilisation. »

## LA SEMAINE SCIENTIFIQUE.

Le ver a soie Tussah. — Le ver à soie dont il s'agit est la chenille du *Bombyx mylitta*, qui se trouve dans toutes les parties du Bengale et jusque sur les monts Hymalaya. M. Guérin-Méneville a obtenu de deux femelles fécondées quelques centaines d'œufs et par suite des chenilles qu'il élève avec des feuilles de chêne, dont elles se trouvent très-bien. « Ce nouveau ver à soie présentera, dit l'auteur, des avantages considérables, si je parviens à l'introduire définitivement dans l'agriculture européenne, car il tisse un énorme cocon qui renferme dix fois plus de soie que celui du ver à soie du mûrier. En effet, pour faire un kilogramme de soie, il faut environ *six mille* cocons du ver à soie ordinaire, tandis qu'il n'en faut que *six cents* du ver à soie Tussah. Le fil simple ou brin de ce cocon Tussah est six à sept fois plus fort et quatre à cinq fois plus épais que celui du ver à soie ordinaire ; il possède un beau lustre et prend très-bien la teinture. Nous verrons, ajoute l'auteur, nos pauvres paysans du nord de l'Europe le faire élever par leurs femmes et leurs enfants, et presque sans frais, ce qui leur donnera bientôt, comme dans une grande portion de la Chine et de l'Inde, la matière première des vêtements pour lesquels nous achetons à l'étranger des masses énormes de cotons. »

La secrétion lactée rappelée par l'électricité. — Parmi les merveilleux résultats que donne chaque jour l'emploi de la faradisation localisée dans le traitement des diverses maladies, nous ne connaissions rien qui se rapportât aux fonctions secrétoires, avant l'observation dont M. le docteur A. Aubert vient de rendre compte dans l'*Union médicale*, observation qui excitera l'intérêt de beaucoup de mères.

Mme J..., âgée de 26 ans, mère de trois enfants, n'ayant pas nourri les deux premiers, allaitait le troisième avec le plus grand succès depuis onze mois et demi quand il fut atteint de pneumonie double, le 5 mars 1855. L'allaitement forcément suspendu, le lait diminua graduellement et quand le petit convalescent eut besoin de la nourriture maternelle, il en trouva la source presque tarie ; dès le 15 mars, il ne pouvait qu'à grand peine amener quelques gouttes de lait ; le 17, il n'y en avait plus de traces. Cependant l'enfant refusait le biberon et la plupart des aliments légers qu'on lui offrait ; il dépérissait donc à vue d'œil.

« Le 20 mars, voyant cet état persister, je voulus, dit M. Aubert, essayer la faradisation des seins et voir si ce moyen réveillerait la secrétion complétement disparue depuis quatre jours. J'employai les excitateurs humides placés de chaque côté de chaque sein alternativement, et, mettant en jeu le trembleur qui produit des intermittences rapides, j'augmentai progressivement la force du courant, de manière à produire de fortes vibrations, en évitant toutefois de faire contracter les pectoraux et de causer la moindre douleur.

Au bout de quelques minutes, augmentation sensible de volume du sein droit. Mme J... éprouve la sensation d'un liquide qui circulerait dans ce sein, mais cela ne ressemble pas à la montée du lait. Rien de semblable à gauche. Vingt minutes de séance. — 21 mars. L'enfant a sucé quelques gouttes de lait deux fois sur trois fois qu'il a pris le sein. La mère, après la séance d'hier, avait très-chaud, mal à la tête et presque des nausées. Nous diminuons de moitié la séance d'aujourd'hui et n'employons que le courant de premier ordre. Mêmes phénomènes qu'hier sans malaise. — 22 mars. L'enfant a souvent pris le sein et toujours amené un peu de lait hier. Ce matin, ses efforts de succion ont produit une légère montée à droite seulement. Séance de vingt minutes. Les sensations produites par les excitateurs ont lieu dans les deux seins avec plus de promptitude et d'intensité. — 23 mars. L'enfant a pu téter davantage; il y a eu hier une montée de lait dans les deux seins et une autre plus prononcée ce matin. Les excitateurs étant placés l'un en dehors du sein droit, l'autre en dehors du sein gauche, les deux mamelles sont le siége d'une tension, que Mme J... compare à celle qui précède la montée du lait qui, dit-elle, lui semble à chaque instant sur le point de se faire. — 24 mars. Il y a eu, depuis hier, deux montées bien complètes. Après la séance, l'enfant a pu téter sans qu'il se soit fait de montée, elle avait réellement eu lieu pendant l'excitation faradique qui en avait modifié seulement la sensation.

« Mme J... me fait remarquer que, depuis la naissance de son enfant, c'est le sein gauche qui avait toujours eu le plus de lait, tandis que la faradisation a d'abord exercé plus d'influence sur le sein droit. L'allaitement, ainsi repris, s'est continué avec la même facilité sans nouvelle excitation faradique, et l'enfant, bien rétabli, a été sevré à la fin de mai. »

Fermeture étanche.—La Société d'encouragement a reçu, dans une de ses dernières séances, une communication importante de M. Jobard sur une fermeture étanche des conduits d'eau, de gaz et de vapeur, inventée par un ingénieur belge, M. Delperdange.

Le caoutchouc, ce cartilage de la mécanique, joue le premier rôle dans cette invention, en ce qu'il remédie aux effets de la dilatation et de l'obliquité des tubes sans nuire à la solidité des points de jonction.

Les tuyaux ne sont qu'aboutés et non emboîtés, un cercle de caoutchouc ferme les joints, et le caoutchouc lui-même est maintenu sur place par un collet de fer à serrage vigoureux.

Nous pouvons dire que jamais invention ne fut plus opportune en ce moment où les villes sont occupées à de grandes canalisations pour le transport à distance de l'eau et du gaz.

Le transport de la force ou de l'air comprimé à domicile est rendu possible par cette fermeture plus simple, plus sûre et moins coûteuse que les autres; et les ouvriers en chambres pourront prendre un abonnement de force comme on prend déjà un abonnement au gaz et à l'eau.

Conservation des grains. — M. Léon Dufour rappelle un procédé simple, économique, imaginé par lui pour conserver les céréales et les préserver du charançon, de l'alucite et de tout déchet, procédé dont le succès ne s'est pas démenti depuis vingt ans. Il consiste à placer le grain net et sec, immédiatement après la récolte, dans des tonneaux dont le disque supérieur défoncé est remplacé par un couvercle bien adapté, simplement pressé par une grosse pierre. Ces tonneaux sont placés debout en série, le long des parois du grenier, formant autant de colonnes de grains : la capacité du grenier se trouve ainsi triplée. Celui-ci doit être sec, obscur, et il faut en tenir les contrevents fermés. «Nulle nécessité, suivant moi, dit le savant naturaliste, de frapper immédiatement le grain par des courants d'air ; celui-ci est le véhicule de beaucoup d'agents de destruction impalpables, et la lumière favorise le développement de plusieurs germes. Dans cette longue série d'années, mon blé n'a offert, ajoute-t-il, ni un charançon, ni une alucite, tandis qu'il en était annuellement infesté lorsque je le conservais en tas dans mon grenier éclairé et aéré. Jamais il ne s'est manifesté dans les tonneaux le moindre degré de chaleur. Le grain, abrité, et de la poussière, et des ordures, et de toute déperdition par les oiseaux et les rats, s'est toujours conservé propre, brillant, de bon teint, également apte à la panification et à la semaison. Les marchands de grains ont toujours préféré mon blé à celui de même qualité entassé dans les autres greniers. »

Le drainage chirurgical. — Le mot et la méthode sont de l'invention de M. Chassaignac. L'objet du drainage chirurgical est d'opérer une sorte de dessèchement des foyers purulents. Il consiste à se servir de tubes en caoutchouc vulcanisé d'un diamètre variable (en moyenne celui d'une plume de corbeau) percés de distance en distance de petits trous semblables aux yeux d'une sonde. Ces tubes sont placés en travers des abcès, des foyers ou dépôts purulents, de manière que les liquides, pénétrant par les trous pratiqués le long de leurs parois, en parcourent aisément toute la longueur et viennent sourdre continuellement au dehors par les deux orifices ou par celui de ces orifices qui est placé dans la position la plus déclive. L'introduction de ces tubes se fait à la manière de celle des sétons. Supposez qu'on veuille en introduire un dans un foyer purulent non encore ouvert : on pratique à l'une des extrémités de ce foyer une petite incision à la peau, dans laquelle on introduit un stylet muni d'un fil, lequel entraîne à son tour le tube de caoutchouc. Le stylet arrivé à l'autre extrémité du foyer, dont il soulève la peau, on pratique sur ce point une seconde incision, qui donne issue au stylet, et en le retirant on se trouve ainsi avoir fait traverser toute l'étendue du foyer par le tube, qui y est maintenu à demeure.

Dans quelques circonstances, l'instrument de drainage ne consiste qu'en un petit tube en caoutchouc d'un ou plusieurs centimètres de longueur seulement, toujours percé de trous, et qui est enfoncé directement ou perpendiculairement dans l'abcès. La partie extérieure saillante de ce tube est fendue en deux, et les parois, divisées, sont renversées à droite et à gauche sur la peau, où elles sont maintenues par une bandelette de sparadrap.

La *Gazette des hôpitaux* rapporte qu'on peut voir en ce moment même, dans la première salle de la division de M. Chassaignac (salle Saint-Louis) ; le nº 4 *drainé* pour un phlegmon diffus sous le cuir chevelu. Le nº 5, vaste phlegmon péri-articulaire de la hanche, portant un tube qui part de la partie supérieure du bassin, passe autour du col du fémur et sort par l'aine. Le nº 19, abcès par congestion. Le nº 22, tumeur blanche. Le nº 23, arthrite suppurée du genou, actuellement en voie de guérison. Celui-ci a porté la canule dite en Y, c'est-à-dire plongée verticalement dans le foyer par une des extrémités, l'autre étant divisée et renversée sur la peau. Le nº 28, un abcès de la fosse iliaque externe. Le nº 30, abcès de la mâchoire inférieure. Le nº 31, abcès profond de la région métacarpienne (panaris). La canule passe de la face palmaire à la face dorsale en contournant le métacarpien du pouce.

Composition de l'hématoïdine. — Presque toutes les fois que du sang est épanché dans l'épaisseur des tissus d'un animal vivant, on voit de quatre à cinq jours après l'hémorragie, se former des cristaux microscopiques très-nets et quelquefois conformés en aiguilles ; toutefois, la plupart sont des prismes obliques à base rhombe et d'un beau rouge. Ce sont ces cristaux qui ont reçu le nom d'*hématoïdine*. M. Charles Robin démontre que l'*hématoïdine, corps cristalisable*, est de l'*hématosine* (matière colorante rouge des globules du sang) *non cristalisable* qui a perdu tout son fer et a pris un équivalent d'eau.

LARVES DANS LES SINUS FRONTAUX. — Douée d'une vive intelligence et jouissant d'une excellente santé, la jeune Lazarette, âgée de neuf ans, fut, un jour du mois d'octobre 1850, prise tout à coup d'une céphalalgie frontale intense, avec point fixe dans les sinus, éblouissements, vertiges, chatouillement de la pituitaire et éternuements répétés. Cet état se prolongea six semaines sans soulagement. De douce et obéissante qu'elle avait été jusqu'alors, la malade devint vive, emportée, colère, insultant grossièrement ses parents, brisant tout ce qui lui tombait sous la main, frappant ses camarades, etc. Toutefois, cette exaltation cessa bientôt; et, revenue au calme, Lazarette accuse une chaleur singulière entre les sourcils, et dit avoir rendu de *petits grains*, de *petites bêtes* en se mouchant. Pendant près de deux mois, ces mêmes corps sont excrétés sans que l'enfant ni sa mère s'en inquiètent. Un médecin appelé provoque une consultation, dans laquelle on prescrit les révulsifs et les sternutatoires. On soumet les insectes à l'examen de M. Brullé, professeur d'histoire naturelle à la Faculté des sciences de Dijon, qui y reconnaît des larves appartenant à cinq espèces différentes : *chysomélines, stratyomides, dermestes lardarius, scolopendre, castèles.*

Malgré les remèdes, les accidents s'aggravent. Le 25 mars 1851, Lazarette perd tout à coup connaissance, et, à peine revenue à elle, tombe dans des convulsions de plusieurs heures. Douze sangsues sont appliquées dans l'après-midi, et, bien que les crises ne se fussent pas renouvelées, on obtint, le 28 avril, l'admission de la malade à l'asile d'aliénés de la Côte-d'Or. C'est là qu'elle put être suivie par M. Dumesnil, alors médecin en chef de cette maison, et par son interne, M. Legrand-Dusaulle. Il y avait quatre jours que l'excrétion nasale ne contenait pas de larves.

Le 29, vers dix heures du matin, la jeune fille, au moment où elle porte à sa bouche une première cuillerée de potage, pousse un petit cri, tombe et se roule en divers sens. La face est violette, les mâchoires sont serrées, les globes oculaires dirigés en dedans, les muscles à la fois contracturés et convulsés; le pouls fréquent, petit, la respiration haletante. Il y a à la gorge une constriction évidente.

Huit crises semblables se succèdent dans un court intervalle et laissent chaque fois l'enfant pâle, brisée, les yeux ternes. En vain M. Legrand eut recours aux sinapismes, aux compresses réfrigérantes et même à une potion de chloroforme, qui ne fut point gardée. On compta quarante-cinq accès durant de une à trois minutes. Plus tranquille dès lors, Lazarette s'endormit profondément.

Evidemment l'affection nerveuse était subordonnée à un foyer d'animalcules qui s'étaient introduits et développés dans les sinus frontaux. Mais comment les atteindre? M. Dumesnil imagina d'imbiber un morceau de papier non collé d'une solution de 2 grammes d'arséniate de soude pour 30 grammes d'eau distillée, puis de le rouler en cigarettes qu'on fit fumer à la malade en lui enseignant à faire refluer la fumée par les narines.

Ces fumigations, donnant lieu à un peu d'irritation et d'ivresse, furent répétées matin et soir. Leur action, jointe à celle de bains prolongés et d'une potion cantharidée, amena enfin la guérison de la petite malade qui sortit de l'asile le 8 novembre.

DRAINAGE VERTICAL. — Nous avons décrit, d'après M. Van Broken, le drainage vertical hollandais, consistant en trous forés dans lesquels l'humidité du terrain s'écoule le long des pieux enfoncés dans ces trous. M. Pereul, maire d'Avernes, près Moulins (Allier), propose une modification qu'il a pratiquée avec succès.

« Un trou étant supposé foré, dit M. Pereul, à l'aide d'une petite sonde ou tarière, jusqu'aux couches absorbantes, on le tube de suite avec des tuyaux de forme évasée d'un côté et rétrécie de l'autre, de manière à ce qu'ils puissent s'emboîter les uns dans les autres. Des tuyaux faits de toute espèce de matière peuvent être employés, mais il faut qu'ils n'aient, dans la partie par laquelle ils s'emboîtent, que l'adhérence nécessaire pour laisser entrer l'eau sans laisser la terre s'introduire. A cet effet, plus les tuyaux sont courts; meilleurs ils sont. »

Le tuyau qui doit être enfermé le plus profondément porte deux larges fentes latérales, qui s'élèvent, en diminuant, jusqu'aux deux tiers de sa hauteur; de sorte qu'il n'appuie pas sur le sol par toute sa circonférence, mais seulement par deux espèces de piliers émoussés. Pour le placer, on passe un petit morceau de bois cylindrique entre les deux piliers que nous venons d'indiquer, et on met autour de ce morceau de bois une corde mince en double, dont on fait sortir les deux bouts par la partie évasée. On enfile les autres tuyaux dans la corde de manière à former une sorte de chapelet que l'on place d'un seul coup dans le trou foré. On lâche un des bouts de la corde, et on tire l'autre bout pour la sortir du conduit qui se trouve placé. On coiffe alors ce conduit par un tuyau qui doit être placé à $0^m,50$ au-dessous de la surface du sol, pour éviter tout dérangement lors du labourage. Ce tuyau se termine en pomme d'arrosoir percée de trous longitudinalement: il se place à la main. M. Pereul fait ses tuyaux en chaux hydraulique; ils ont $0^m,03$ de diamètre dans leur plus petite largeur; ils lui reviennent à 10 francs les 100 mètres courants.

M. Pereul rapporte qu'il a assaini un hectare avec 20 puisards tubés, mais il a soin de dire que, dans certains terrains, ce nombre doit être dépassé. Il ajoute qu'il a échoué dans des terrains abondants en sources, et aux abords d'amas d'eaux courantes ou stagnantes.

PROPRIÉTÉS ANTI-CHOLÉRIQUES DU CUIVRE. — On sait que M. le docteur Burq s'est livré à de longues recherches tendant à établir que le cuivre et ses alliages (laiton et bronze) jouissent à un très haut degré de propriétés anti-cholériques, de sorte que les ouvriers qui travaillent ces métaux, présenteraient en temps de choléra une complète immunité. Les curieuses observations de M. Burq viennent d'être confirmées par les recherches de quelques autres médecins. Le fait a trop d'importance pour que nous ne croyons de notre devoir de nous y arrêter.

C'est d'abord M. Pietra Santa, médecin de la prison des Madelonnettes, qui, dans une note récente présentée à l'Académie de médecine, s'exprime ainsi : « Pendant les treize mois d'épidémie cholérique que nous venons de traverser, l'atelier des ouvriers en cuivre n'a fourni que cinq malades; quatre atteints d'embarras gastrique avec diarrhée, un d'une dyssenterie légère. Pourtant, ainsi que j'ai eu l'honneur de l'écrire précédemment à l'Académie, sur une population flottante de 2,187 prisonniers, 517, c'est-à-dire un quart environ, ont subi, à des degrés divers, l'influence épidémique. »

Viennent ensuite les témoignages de MM. Vasseur et Noiret qui, depuis plus de trente années, ont donné leurs soins aux membres malades de la *Société du bon accord*, société de secours mutuels créée au sein de la fabricaion des bronzes de Paris.

« Je certifie, écrit M. le docteur Vasseur, que pendant l'épidémie de choléra de 1832, *je n'ai point eu à traiter un seul membre* de la Société du Bon-Accord, (dont j'étais alors le médecin. (Cette société est composé d'ouvriers ciseleurs, tourneurs et mouleurs en bronze).

« Je dois ajouter que j'ai, au contraire, donné mes soins à deux épouses d'ouvriers de cette société, qui, quoique gravement atteintes, ont guéri.

« Autant que je puis me le rappeler, pendant l'épidémie de 1832, *je n'ai pas même eu à traiter un seul sociétaire affecté de cholérine.* »

« Je certifie, dit de son côté M. le docteur Noiret, que, pendant les deux épidémies de 1849 et 1854, *il ne s'est présenté*, dans cette société, composée d'ouvriers ciseleurs, monteurs et tourneurs en cuivre, au nombre de trois cents, *aucun cas* de choléra, quoiqu'il ait sévi d'une manière toute particulière dans le 8e arrondissement, qui est surtout habité par les ouvriers de ces professions. *Deux ouvriers de cette même société, ayant abandonné la manipulation du cuivre et devenus, l'un distillateur et l'autre ciseleur sur argent, ont été atteints dans l'épidémie de 1849.* L'un d'eux est mort après quelques heures d'invasion, l'autre, au contraire, celui qui avait pris la ciselure sur argent, après avoir éprouvé tous les accidents les plus graves et les plus variés du côté du cerveau, a fini par guérir après une convalescence de trois mois. *Plusieurs femmes des ouvriers ont au contraire été atteintes de cette maladie.*

« Dès après l'épidémie de 1849, je faisais observer dans une assemblée générale de la Société du *Bon-Accord*, le bonheur avec lequel ses membres avaient échappé à une épidémie qui avait fait tant de victimes, et ma conviction, dis-je à cette occasion aux membres de la Société, est que la manipulation du cuivre n'est point étrangère à cette immunité dont ils viennent de jouir.

« Je désire que l'expérience vienne corroborer ces observations, et, si faire se peut, nous conduire à un traitement du choléra plus rationnel que ceux employés jusqu'à ce jour. »

Ainsi donc, pendant trois épidémies, où le choléra atteint à des degrés divers en 1832 et en 1849, environ un huitième de la population, et, en 1854, un trentième, TROIS COLÉRINES d'une authenticité tout au moins suspecte ; voilà, d'après le témoignage désintéressé de MM. les docteurs Vasseur et Noiret et d'après les relevés officiels, tout le bilan épidémique d'une société qui ne compte pas moins de 300 individus vivant disséminés dans les quartiers les plus maltraités, ni mieux, ni plus mal que la majorité des ouvriers décimés dans leur voisinage, et toujours moins bien que les classes frappées jusque dans les parties les plus saines de la ville, mais qui, en revanche, vont chaque jour s'imprégner de cuivre dans leurs ateliers. Ce fait s'ajoute donc aux nombreuses enquêtes à l'aide desquelles M. Burq a pu établir l'immunité relative ou complète dont jouissent à Paris, à Romilly, à Imphy, à Vildieu, à Laigle, à Londres, à Swansea, à Birmingham, etc., des milliers d'individus qui fondent, laminent, tournent, estampent, liment, modèlent, affinent, etc., le cuivre ou ses alliages.

LES SILURES DE MARLY. — M. Valenciennes a rapporté de Prusse, en 1845, des silures déjà forts qui furent déposés dans l'un des grands réservoirs de Marly. Des réparations à faire aux parois de ce réservoir ayant obligé de le vider, on a eu des nouvelles des poissons. M. Valenciennes annonce à l'Académie que non seulement ils ont vécu, mais qu'ils ont beaucoup grossi et qu'ils ont même sensiblement engraissé.

Le plus gros silure pesait 9 kil. 500, il en pèse 11 ; un second avait 0 m. 80 c., il en a 0 m. 99, « ce qui prouve, dit l'auteur, que les poissons des eaux coulant sur les sables siliceux de la Prusse, peuvent vivre et prospérer dans les eaux calcaires de la France. »

L'ÉTAT SPÉROÏDAL ET LE RÉCHAUFFEMENT DES LAVES DU VÉSUVE. — On lit à la page 89 des *Etudes sur les corps à l'état sphéroïdal*, publiées en 1847, par M. Boutigny (d'Evreux):

« 67e *expérience*. On fait rougir l'espèce de creuset qui a « servi pour la 11e expérience, et qui a été décrit dans la 10e; « on le retire du feu et on le nettoie avec soin, puis on y verse « de l'eau distillée qui passe à l'état spéroïdal ; elle est agitée « par le mouvement tumultueux que nous avons déjà signalé « à l'attention des observateurs (12e, 40e et 50e expé- « riences). On continue de verser de l'eau jusqu'à ce que le « creuset soit mouillé et que l'ébullition soit bien prononcée ; « on en verse encore; il arrive enfin un moment où tout signe « d'ébullition cesse : alors la température de l'eau peut être « très-inférieure à celle de son ébullition. Mais ce calme, cet « état stationnaire ne dure qu'un instant, et l'eau bout de « nouveau avec beaucoup de force et disparaît rapidement. « Une minute après, si l'on fait tomber quelques gouttes « d'eau dans le creuset, elles passent à l'état spéroïdal.

« Il y a dans cette expérience, comme dans quelques au- « tres (24e, 25e et 63e), un élément nouveau pour la géologie. « Nous verrons, dans la troisième partie de cet ouvrage, cet « élément jouer un rôle important à la surface du globe. »

Cette curieuse expérience n'a-t-elle pas quelque analogie avec le refroidissement et le réchauffement successifs des laves du Vésuve, signalés par M. Gaudry dans le travail dont nous avons rendu compte dans le précédent numéro.

VOLUME ET DENSITÉ DES LIQUIDES. — M. Prosper Meller propose le sujet suivant d'expériences :

« Des liquides *différents*, étant mélangés, occupent-ils *toujours* la même capacité *relative* comme lorsqu'ils sont séparés dans deux ou plusieurs vases? Augmentent-ils ou diminuent-ils de volume, et par conséquent de *densité*?

« Le poids des liquides, comme celui de tous les corps, varie en raison de leurs densités. Or, si un liquide est rendu plus dense, malgré son incompressibilité *proclamée*, il est évident que son poids *relatif* augmentera dans le même rapport.

« Les expériences qu'on pourrait tenter à ce sujet ne pourraient-elles pas conduire à des résultats inattendus, soit au point vue de la théorie, soit sous le rapport des applications pratiques?

« Ne serait-il pas curieux de s'assurer si le plus ou le moins d'*affinité* des parties, des molécules constituant les liquides, produit un changement non seulement de *calorique*, ce qui a lieu pour certains liquides, mais s'il produit encore un changement de *volume* indépendant de l'évaporation?

« Si cette hypothèse est fondée, l'expérience lui sera favorable; en ce cas la chimie aurait encore réalisé une impossibilité mécanique, car les liquides ne peuvent être sensiblement comprimés par nos forces purement mécaniques.

« Pour que les résultats ou les différences soient appréciables, il serait nécessaire d'opérer sur un volume suffisant de liquide.

« Il n'est peut-être pas impossible que certains liquides, en se mélangeant, en se pénétrant mutuellement, occupent ensemble moins ou plus de capacité *relative* que s'ils étaient seuls. L'arrangement ou *arrimage* des parties, leur plus ou moins d'attraction ou de répulsion expliquerait le mystère.

« Si le phénomène existe, l'avenir en démontrera l'utilité. »

FONCTION GLYCOGÉNIQUE DU FOIE. — Le mémoire de M. C. Bernard, analysé dans notre précédent numéro, a motivé la lettre suivante à M. le président de l'Académie par M. L. Figuier.

Monsieur le Président,

Les résultats que j'ai fait connaître dans mon dernier mémoire *à propos de la fonction glycogénique du foie* ayant été déclarés inexacts, je vous serais très-reconnaissant de vouloir bien réunir au plutôt la commission chargée d'examiner mon travail. En répétant mes expériences devant la commission, je ferai voir, conformément à ce que j'ai annoncé :

1° Que chez un chien en digestion de viande, le sang de la veine porte renferme un principe sucré qui réduit abondamment le réactif cupro-potassique.

2° Que ce principe, tenu pendant quelques minutes en ébullition avec un acide étendu, donne, par la levure de bière et après la saturation exacte de l'acide libre, tous les signes de la fermentation alcoolique, et que, dans le liquide distillé, on peut constater aisément l'odeur de l'alcool et la réduction, avec coloration en vert, du bichromate de potasse.

Ce n'est pas ici le lieu de relever les inexactitudes historiques et les ambiguités de rédaction contenues dans le mémoire qui a été opposé au mien. C'est par des expériences et des faits que j'ai abordé la question physiologique qui m'occupe; c'est dans la même voie que se poursuivra la discussion ; c'est ainsi que je montrerai, je l'espère, ce qu'il faut penser du fait qui vient d'être annoncé, de la sécrétion du sucre par le cadavre, et de la découverte des *fonctions physiologiques posthumes*.

Veuillez agréer, etc. L. FIGUIER.

## VARIÉTÉS.

### Une dernière annexe au Palais de l'Industrie, par M. ANDRAUD (1).

L'homme d'esprit, de cœur et de science dont nous venons d'écrire le nom, a réuni, dans ce joli volume, sous la forme la plus ingénieuse, assez d'inventions pour constituer à dix chercheurs un honnête bagage. — Voyez: nouveau système de pavage, auvents couvre-trottoirs, nouveau mode d'aérage des monuments, escalier automoteur, végétation instantanée, filtre universel, réforme dans le vêtement, viandes végétales, nouveau transport par eau, système de chemins de fer sur les routes, arpentage au daguerréotype, réforme dans la cavalerie, nouveau combustible, brouettes à charge équilibrée, horloge à air, inexplosibilité des chaudières, aéroscopie ou visibilité de l'air, pourquoi et comment la terre tourne, force motrice universelle, plan d'une maison d'habitation, projet d'un théâtre de la science, révolution dans la peinture, propagation illimitée du son, école astronomique !.... Nous n'avons fait que copier la table des matières. Ces inventions, ces découvertes, ces projets, toutes ces idées plus ou moins voisines de l'exécution, plus ou moins réalisables, mais toujours grandes ou ingénieuses, spirituellement exposées, fondées sur les données de la science, inspirées par la passion du vrai et du bon, et par l'amour de l'humanité, tout cela n'a qu'un auteur et cet auteur est M. Andraud.

Supposant qu'une nouvelle annexe vient d'être donnée au Palais de l'exposition auquel on a tant ajouté déjà, il s'en empare, il la meuble, l'orne, la remplit à lui seul de tout ce qu'il a inventé, de tout ce qu'il a projeté, de tout ce qu'il a rêvé, de tout ce qu'il espère, de ce qu'il sait et de ce qu'il entrevoit. — Nous comptons offrir à nos lecteurs la quintessence de ce curieux ouvrage; mais il paraît à l'instant, à peine avons-nous eu le temps de le parcourir, et nous nous bornons, pour aujourd'hui, à en extraire une invention utile, charmante, immédiatement réalisable, celle de

### L'ESCALIER AUTOMOTEUR.

« Cet escalier, qui seul suffirait à faire la réputation de notre annexe, a cette propriété singulière qu'on le monte sans plus de fatigue que si l'on se promenait de plein pied dans sa chambre. Cela se produit d'une manière fort simple : arrivé près de l'escalier, qui a la forme semi-circulaire, vous prenez la rampe à la main ; vous sentez aussitôt le sol se soulever lentement et vous mettre au niveau de la première marche où vous portez le pied; cette première marche, ou plutôt une sorte de pédale qui fait corps avec elle, se soulève à son tour et vous monte au niveau de la deuxième marche, sur laquelle vous portez l'autre pied ; celle-ci s'élève comme la précédente pour se mettre au niveau de la troisième, et ainsi de suite, jusqu'à ce que vous soyez arrivé au haut de l'escalier, que vous avez ainsi monté en *marchant* et sans éprouver la fatigue de soulever le poids de votre corps à chaque degré.

« Dans ce mouvement général et alternatif des marches, vous remarquerez que la première, la troisième, la cinquième, etc., toutes les impaires, se soulèvent et s'abaissent en même temps que les marches paires s'abaissent et se soulèvent.

(1) Voir au Bulletin bibliographique.

Ce jeu de va et vient s'obtient, comme on va voir, avec une extrême facilité : chaque pédale mobile est mise en mouvement par un balancier, en dessous de la marche à laquelle est fixé le point d'appui. Une des branches du levier fait un peu saillie dans la cage de l'escalier, et communique par un fil de fer à un mécanisme commun, qui imprime le mouvement général. Or, ce mécanisme, très-aisé à imaginer, est établi en contrebas de l'escalier, au-dessous du rez-de-chaussée, dans une pièce spéciale, où il est mis en jeu par une force motrice quelconque. »

Et l'auteur nous montre les personnes âgées, celles que l'embonpoint gêne, celles à qui la respiration manque, montant pour la première fois un escalier avec plaisir, et adressant des félicitations à l'inventeur supposé, lequel leur dit : « A ne considérer cette affaire qu'au point de vue de l'intérêt des propriétaires, que d'avantages n'y aurait-il pas à ce que mon escalier fut appliqué dans toutes les maisons. Les étages supérieurs vaudraient autant et peut-être plus que les premiers étages. J'ai calculé, par exemple, qu'une maison à quatre étages, rapportant aujourd'hui sept mille francs, en rapporterait neuf mille avec mon procédé : c'est-à-dire deux mille francs de plus par an. Or l'installation de mon mécanisme, dans une maison de cette importance, ne coûterait pas plus de dix ou douze mille francs. Ce serait assurément de l'argent bien placé. »

## NOUVELLES ET CAUSERIES.

*Le choléra et le procédé indien. — Abondance des fruits à la Nouvelle-Grenade. — Education du homard. — Nos cinquante-deux millions d'hectares. — Création d'une langue universelle. — Les halles centrales de Paris. — Expériences sur des appareils plongeurs, bateaux de sauvetage, etc. — Bière de chiendent. — Maisons en bétons.*

*** On se rappelle la brochure de M. Henri Guibert : *Le Choléra guéri par un procédé indien*. Une lettre de M. Aimé Pâris datée de Marseille 23 septembre 1855, et insérée dans le *Rouennais*, nous donne des nouvelles de ce procédé. M. Aimé Pâris intitule sa lettre : *Ce que j'ai vu il y a quelques heures*. En voici un extrait :

« Le hasard m'a conduit, aujourd'hui, à une heure, chez M. Guibert, avocat, dont le frère, M. Henri Guibert, de Cadix, a ramené récemment à Marseille M. Antonio, l'un de ces Indiens malais dont les journaux espagnols ont parlé à propos du choléra.

« On venait de demander les secours de l'Indien pour une malade de la rue Caisserie, n° 30. MM. Guibert me proposèrent de les accompagner.

« Nous arrivâmes près du lit où souffrait une pauvre petite fille de neuf ans, prise, depuis une heure du matin, de douleurs accompagnées des symptômes les mieux caractérisés, le pouls était nul, la voix éteinte, la respiration à peine sensible, les yeux entourés d'un cercle bleuâtre. L'Indien se mit à l'œuvre, et, au bout de quelques minutes d'un massage exercé sur différents points de l'abdomen, où la malade indiquait l'existence d'une douleur qui se déplaçait en se dirigeant vers le bas ventre, l'enfant avait recouvré l'usage de la parole, elle respirait librement, son pouls avait repris les battements appréciables et la réaction s'était opérée. Je lui adressai plusieurs fois la parole pour lui demander comment elle se trouvait, et ce fut en souriant qu'elle me répondit, pendant qu'elle me regardait avec des yeux aussi clairs qu'ils étaient ternes quelques instants auparavant.

« En rentrant chez MM. Guibert, nous trouvâmes un message qui les appelait en toute hâte rue d'Anvers, n° 23 ; là, nous trouvâmes un homme de cinquante ans environ, arrivé presqu'au terme extrême de la période algide. Antonio, reconnaissant dès l'abord que tout pouvoir humain ne sauverait pas cet homme chez qui le mal avait envahi tout l'organisme, refusa d'abord d'opérer aucune friction, et ce ne fut que sur les instances de la famille qu'il consentit à agir dans des conditions où il déclarait son secours complétement inutile, parce qu'on l'avait réclamé trop tard.

« Quand nous eûmes quitté le chevet de ce malade condamné d'avance, nous trouvâmes une voiture qui nous attendait pour nous conduire dans une auberge à gauche et à l'entrée du Prado. Là, au moment où nous mettions pied à terre, une voiture se disposait à partir pour Sainte-Marguerite, emportant la domestique de l'auberge, pour laquelle on nous avait fait venir. Cette fille, âgée de 23 ans, était affaissée sur la banquette, et présentait une face livide et cyanosée presque aussi effrayante que celle de l'ouvrier savonnier que nous venions de quitter. M. Henri Guibert la trouva d'abord trop mal pour vouloir entreprendre une guérison qu'il croyait impossible; mais comme il était certain que la malade arriverait morte à Sainte-Marguerite, si on la laissait partir, il annonça qu'on allait essayer avec bien peu de chances de succès. On la porta dans sa chambre où Antonio pratiqua son massage, d'après les indications qu'il recevait d'elle, relativement au siége incessamment mobile de la douleur, et après un quart d'heure d'incertitude, nous vîmes la respiration redevenir libre, l'aphonie presque complète faire place à une articulation distincte, l'œil reprendre son éclat et la réaction se manifester par une sueur abondante au visage. »

⁂ La Nouvelle-Grenade produit des fruits excellents: la grenadille, la grenade, la tchirimoïa, l'ananas, le coco, les oranges, les cédras, — pour un réal (50 centimes), on achète à Bogota une demi-douzaine d'ananas, deux douzaines d'oranges, — qui n'ont donné aux vendeurs que la peine de les cueillir et de les apporter au marché. La nature est là très-prodigue; mais la paresse des hommes et le mauvais état des chemins font qu'on n'en tire qu'un parti très-chétif.

⁂ Le homard produit de 15 à 20,000 œufs et la langouste en donne plus de 100,000. Cependant ils sont loin d'être aussi abondants sur nos côtes que ces gros chiffres le feraient supposer; cela vient de ce qu'en leur premier état très différent de l'état parfait, et pendant lequel ils manquent de moyens de défense, ils se tiennent à la surface de la mer où il s'en fait une destruction prodigieuse. M. Guillou a eu l'excellente idée de les prendre sous sa protection; il a établi des réservoirs dans lesquels il met les œufs éclore et où des jeunes, par centaines de mille, prennent leur premier développement et acquièrent leurs pinces qui leur servent d'armes défensives. Il les livre alors à la mer au profit de tous les pêcheurs. La *Société centrale d'Agriculture* a décerné une médaille d'or bien méritée à M. Guillou.

⁂ Sur 52 millions d'hectares formant la superficie totale du territoire, 3 millions représentent les voies publiques et les domaines improductifs; plus de 7 millions sont composés de landes, pâtis, bruyères et terrains vagues; 25 millions 1/2 sont en terres labourables; 5 millions en prés; 2 millions en vignes, plus de 600,000 en vergers, pépinières, jardins, etc., et plus de 7 millions en bois; le surplus est représenté par des cultures diverses, par les propriétés bâties, etc.

⁂ M. H. Peut propose la méthode suivante pour arriver à la création d'une langue universelle :

« Je ne demande pas, dit-il, que chaque peuple renonce à sa langue particulière pour adopter une nouvelle langue créée de toute pièce ; ce serait demander l'impossible. Je demande seulement que toutes les nations civilisées décident entre elles la formation d'un congrès qui aurait pour mission spéciale la solntion du problème, en prenant d'avance l'engagement solennel et irrévocable d'accepter pour *langue universelle internationale* la langue qui aurait été choisie comme telle par leurs délégués au sein du congrès, et qu'après un examen approfondi et complet de la *langue vivante* (une langue morte ne remplirait pas le but) qui réunit au plus haut degré les conditions requises, et qu'il serait, en conséquence, le plus utile d'adopter, les délégués aillent aux voix, en déposant dans une urne des bulletins sur lesquels seraient inscrits les noms des deux langues qui leur paraîtraient mériter la préférence.

« Cela fait, la langue qui aurait reçu le nombre le plus considérable de suffrages sera proclamée *langue universelle*, et enseignée immédiatement, concurremment avec la langue nationale, à l'aide d'ouvrages classiques publiés dans les deux langues, textes en regard, dans toutes les universités, dans toutes les facultés, dans tous les lycées, dans tous les colléges, dans toutes les institutions, dans toutes les écoles, en un mot, dans tous les établissements d'instruction publique et particulière des nations représentées au Congrès.

« Au moyen de ce système, dont la simplicité ne nous semble pas pouvoir donner lieu à une seule objection sérieuse, une génération ne s'écoulerait pas que tous les hommes de cette génération ne fussent en état de lire, d'écrire et de parler une langue commune. Chaque peuple conserverait sa langue propre ; l'Anglais, la langue anglaise; l'Allemand, la langue allemande ; le Français, la langue française; l'Italien, la langue italienne; l'Espagnol, la langue espagnole ; le Russe, la langue russe, etc. ; mais tous auraient du moins, en même temps, à leur service, une seconde langue que tous comprendraient, et dont tous pourraient également faire usage. »

⁂ La charpente du premier pavillon des halles centrales est dressée; on peut maintenant se faire une idée approximative de ce que doit être ce grand centre des approvisionnements parisiens. On sait que toute la charpente, piliers, fermes ou arceaux de voûte, est en fonte de fer. Ces piliers, tous d'une égale élévation, serviront de corps de descente pour les eaux pluviales. Ceux des angles ne pèsent pas moins de 6,900 kilogrammes, les autres 2,700 et plus. On les comptera par centaines dans les huit pavillons qui doivent former l'ensemble des halles; qu'on juge, par ces chiffres seuls, de l'énorme quantité de fonte qui entrera dans cette construction monumentale.

⁂ Divers appareils figurant à l'exposition, savoir des scaphandres ou appareils à plongeur, des bateaux de sauvetage, des pompes à incendie et des porte-amarres ont été soumis sur la Seine, ces jours passés, à d'intéressantes épreuves, dont voici le compte-rendu, omis contre notre gré, dans le précédent numéro.

Les expériences ont commencé par les appareils de sauvetage. Elles ont duré une heure et quart, et donné des résultats satisfaisants. Cinq appareils à plongeur étaient inscrits; quatre seulement ont fonctionné, deux appartenant à la France et deux à l'Angleterre.

Les scaphandres sont composés, comme on le sait, d'un vêtement imperméable terminé à la partie supérieure par une cuirasse métallique sur laquelle, lorsque l'opérateur en est revêtu, se visse un casque de même métal, portant le tuyau d'air respirable, qu'on entretient au moyen d'une pompe à air, et la soupape d'expiration par où s'échappe l'haleine du plongeur. Tous ces appareils sont, à peu de chose près, construits de la même manière. Une des améliorations principales qu'on signale dans ceux qui ont fonctionné, c'est que l'opérateur peut revenir de lui-même à la surface de l'eau en se dégageant à volonté d'une partie du poids qui le retient sous l'eau.

Les quatre plongeurs sont descendus dans l'eau en même temps; l'un d'eux y est resté quarante minutes consécutives; d'autres ont ramassé des rondelles de fer de la grosseur d'une pièce de cinq francs, qu'un des membres du jury venait d'y jeter. Un plongeur a opéré avec un verre de son casque brisé, pour montrer que le dégagement d'air qui se faisait par cette ouverture, la soupape étant fermée, suffisait pour empêcher l'eau d'entrer dans l'appareil.

Les expériences sur les bateaux de sauvetage ont été aussi très-intéressantes. Le bateau insubmersible de Berthon, la pirogue en toile métallique et le bateau en caoutchouc ont été successivement expérimentés ; ce dernier a été gonflé en cinq minutes, mis à l'eau et monté par trois vigoureux rameurs. Vingt-trois pompes à incendie ont figuré à ces expériences, et ont toutes fonctionné à tour de rôle.

La pompe française a eu une supériorité marquée pour sa force de projection, la régularité et la portée de son jet. Celle du Canada est venue en première ligne après elle et a parfaitement fonctionné. Une dernière expérience fort curieuse a été faite : cinq pompes ont refoulé l'eau dans une même cloche d'air d'où s'est élancé un jet formidable.

Restait encore une expérience à faire, et ce n'était pas la moins intéressante, celle des porte-amarres.

Deux exposants, M. Delvigne et M. Tremblay, avaient établi leurs appareils à l'entrée du champ de Mars.

La première fusée lancée par l'appareil de M. Tremblay a porté l'amarre à près de 300 mètres, malgré un vent violent qui soufflait debout. Cet appareil projecteur est le même qui est employé pour les fusées à la Congrève.

L'appareil Delvigne, consistant en un projectile lancé par un obusier, a atteint à peu près la même distance, mais avec un cordage beaucoup plus léger.

*** La substitution du chiendent au grain dans la fabrication de la bière est vivement recommandée dans la dernière publication de la Société d'agriculture de Clermont (Oise). Voici le mode d'opération indiqué :

On met dans un baquet 4 kilogrammes de chiendent haché que l'on arrose avec de l'eau tiède en quantité suffisante pour qu'il soit toujours humide sans être noyé. Aussitôt qu'il a poussé et qu'il a fait paraître de petites tiges blanches d'un centimètre de long, on l'entonne dans une futaille avec un kilogramme de baies de genièvre concassées, 60 grammes de levûre de bière et 2 kilogrammes de cassonnade. On verse dessus 8 litres d'eau très-chaude, mais non bouillante, et l'on agite le tout avec un bâton.

Le lendemain, on ajoute 8 litres d'eau chaude, et l'on agite encore la liqueur. Le troisième jour, on ajoute encore 9 litres d'eau chaude, en agitant de nouveau. Puis on bouche le tonneau en laissant un fosset d'évent dans lequel on introduit quelques fétus de paille. On laisse reposer cinq à six jours ; on soutire dans une autre futaille propre, et, deux jours après, on peut boire cette bière, qui est agréable au goût et très-saine.

La Société de Clermont résume ainsi les avantages qui résultent de cette substitution du chiendent au grain :

1° On débarrasse les terres arables d'une plante parasite qui les rend infertiles, et on l'utilise :

2° On procure aux populations des campagnes une bière à bon marché, saine, bienfaisante et précieuse dans les années où le cidre et le vin sont peu abondants ;

3° On laisse à la consommation alimentaire une quantité considérable de grains qu'on lui enlève chaque année pour l'employer à la fabrication de la bière.

*** On se rappelle l'article que nous avons consacré au nouveau mode de construction si économique et si rapide imaginé par M. Fr. Coignet et dont l'auteur a fait à Saint-Denis une application en grand dans la construction d'une vaste usine et d'une maison d'habitation. La *Presse* s'étant à son tour occupée de ce sujet d'intérêt public, M. François Coignet adresse, au rédacteur, une lettre qui confirme tout ce que nous avons écrit et dont voici un extrait :

« Tout ce que vous avancez est vrai ; par ce moyen, nous avons réalisé une économie de plus de 50 pour 100 sur l'emploi de tout autre moyen de construire, même le moins coûteux, même sur celui des moëllons ordinaires cimentés au plâtre ; et, tout en réalisant cette économie, nous avons obtenu des murs aussi solides, sinon plus, que nous n'eussions pu le faire en employant la pierre meulière, la brique et même la pierre de taille. Dans ce cas alors l'économie s'élèverait de 80 à 90 pour 100.

« Ce qui prouve la solidité, c'est que nous avons élevé des bâtiments à plus de 20 mètres de hauteur ; nous avons bâti sans pierres, sans briques, sans fer, maison d'habitation, munie de terrasse, sur le bord de la Seine, égoût allant de l'usine à la Seine, ateliers immenses, fondations, caves, etc.

« Nous avons moulé sur place des corniches, entablements et moulures, établi des dallages et toitures, le tout en bétons variés selon les besoins, mais tous solides et à bon marché.

« La seule chose que nous n'ayons pas faite, c'est d'avoir supprimé les charpentes, ainsi que vous l'annoncez, d'après l'*Indépendance belge*, non pas que je croie la chose impossible, car je vais en faire l'essai ; mais enfin, un essai à faire n'est point un résultat acquis.

« Ainsi que vous le dites, nous avons pu simplifier les charpentes, mais nous ne les avons pas supprimées.

« Je viens donc vous prier de rectifier ce détail ; l'emploi que nous avons fait des bétons est assez important pour ne pas lui prêter prématurément des avantages qui ne se réaliseront peut-être pas.

« Toujours est-il qu'en l'état nous avons obtenu une économie et une solidité telles que je crois possible d'appliquer ce mode de construire à de grands travaux d'utilité publique, aqueducs, viaducs, canaux, égoûts, barrages, digues, ponts, etc.

« Je crois, ainsi que vous le remarquez, que, par ce moyen on pourrait opérer à peu de frais la régénération des quartiers pauvres, en y construisant des maisons qui, tout en conservant l'élégance de la forme, le confortable intérieur, tout en sauvegardant l'intérêt du propriétaire, permettraient de donner aux ouvriers, pour un taux de loyer inférieur, des logements plus gais, plus sains, plus vastes que ceux que la bourgeoisie obtient à prix d'or dans la rue de Rivoli.

« Je crois encore possible et facile de créer de toutes pièces et à moitié prix des colonies d'agrément aux abords des grandes villes. »

## BULLETIN BIBLIOGRAPHIQUE

— Le numéro 4 de la PRESSE DES ENFANTS, journal du jeudi, sous la direction de M. V. Meunier, contient les articles suivants : Botanique : la Vellisneria spiralis ; — la Merveilleuse histoire de trois enfants ; ( fin de la première partie); — Zoologie ; la cochenille ; — la fête d'Alice (suite) — les ramiers des Tuileries ; lettre d'un collégien ; — VARIÉTÉS ; les reparties de Jules Morin ; — égnime ; — FAITS DIVERS ; — courage et sangfroid ; — une victime de la gourmandise ; — un bon nageur ; — un enfant tué par une bombe ; — un loup reconnaissant.

Bureaux : 13, rue du Jardinet ; Paris, 6 fr. ; départements 8 fr. — Envoyer un mandat de poste.

— EXPOSITION UNIVERSELLE DE 1855. Une dernière annexe au Palais de l'Industrie ; — sciences industrielles ; — Beaux-Arts ; — philosophie, par M. Andraud. 1 vol in-8°, Guillaumin et C°., 14, rue Richelieu, et chez l'auteur, 4, rue Mogador.

— PETIT MANUEL D'ÉDUCATION PREMIÈRE, au moyen des asiles, par une inspectrice, in-18, Hachette et C°, 12, rue Pierre-Sarrazin.

— CAUSERIES MATERNELLES sur les premiers dons de Dieu étudiés dans la nature et dans l'histoire des peuples ; — petites leçons historiques offertes aux mères et aux directrices des enfants, avec deux tableaux chronologiques ; même auteur, in-8°, même libraire.

*Le propriétaire, rédacteur-gérant :*
VICTOR MEUNIER.

PARIS. — IMP. J.-B. GROS, RUE DES NOYERS, 74

Première année. — N° 42. Quinze centimes. 21 octobre 1855.

# L'AMI DES SCIENCES

PAR

## VICTOR MEUNIER

BUREAUX D'ABONNEMENT :
13, RUE DU JARDINET, 13.
Près l'École de Médecine.

Paraît le dimanche.
(Les abonnements datent, au gré des souscripteurs, du commencement de l'année ou du premier dimanche de chaque mois).

PRIX DE L'ABONNEMENT POUR L'ANNÉE.
PARIS, 6 FR. — DÉPARTEMENTS, 8 FR.
ÉTRANGER, suivant le tarif.
Envoyer un mandat de poste.



### EXPLORATION SOUS-MARINE.

Nous avons décrit le bateau sous-marin, depuis longtemps entré dans la pratique, de M. le docteur Payerne ; le nouvel explorateur des fleuves et des mers de M. Espiard de Colonge ; celui de M. Jobard, le véhicule qu'il propose à l'usage des personnes qui craignent le mal de mer. Nous avons même consacré naguère un article à une locomotive sous-marine à vapeur d'un ingénieur anglais M. Steele. On voit que l'idée de livrer à la circulation le fond humide des mers préoccupe plus d'un esprit. Il est certain que, d'une manière quelconque, l'océan nous sera soumis depuis sa surface jusqu'à son lit. Cela est certain comme il est certain que l'air nous sera livré et que la terre nous ouvrira ses profondeurs.

Comment l'air sera-t-il conquis? Nous n'en savons rien encore. Mais il suffit qu'il soit accessible à l'homme, — l'invention de l'aérostat l'a rendu accessible, — et qu'il soit possible de s'y diriger, — l'oiseau s'y dirige, — pour qu'on affirme, non pas hardiment, il n'y a nulle hardiesse à cela, que l'homme se dirigera dans l'air.

N'est-il pas en effet suffisamment démontré que sa souveraineté terrestre, fondée sur la connaissance des lois naturelles, s'étend à tous les êtres soumis à ces lois? et d'autre part ne sait-on pas qu'il peut se procurer, par industrie, des moyens égaux et supérieurs à ceux que les animaux possèdent naturellement.

L'intelligence à part, il n'est pas une qualité sous le rapport de laquelle l'homme ne le cède à tel ou tel animal; mais, grâce à son intelligence, il n'est aucune créature qu'il ne puisse dépasser en perfection.

Cet animal court plus vite, mais à l'aide de l'arc ou du fusil l'homme immobile l'atteindra dans sa fuite rapide, ou bien il s'appropriera les jambes du quadrupède; toujours il fait tourner à son profit les perfections dont la nature a doué ses créatures. C'est ainsi qu'il emprunte au chien son prodigieux odorat, au pigeon sa merveilleuse faculté d'orientation. Mais le moment vient où rien de ce que la nature a réalisé ne lui suffit plus ; le pigeon messager est trop lent, l'homme invente le télégraphe aérien en attendant mieux, et le télégraphe électrique, peut-être en attendant autre chose.

La création ne lui offrant pas de porteur assez rapide, il se fabrique des jarrets d'acier, des bottes de vingt lieues à l'heure, les locomotives. Entraîné par elles, atteint-il les rivages de l'Océan ? l'immense étendue des mers ne l'arrête point : il se fabrique des espèces de nageoires d'une puissance sans égale, il monte sur un bateau à vapeur qui, marchant jour et nuit, contre vents et marées, le transporte d'un monde en l'autre en neuf jours. A juger par leur robuste enfance de ce dont ils seront capables quand ils auront fait leur dents de sagesse, les transatlantiques ne le céderont en vitesse ni aux squales ni aux cétacées.

L'homme a des yeux bien pauvrement constitués, si on le compare à ces oiseaux qui planant dans l'air à des hauteurs où nos regards ne peuvent le suivre, surveillent de ce poste invisible la proie timide qui rampe sur le sol; mais l'infériorité n'est qu'apparente. Il y a une chose qui en tout dépasse les grandes merveilles de l'organisation ; cette chose, l'homme la possède, c'est l'intelligence. En vertu de son intelligence, l'homme va se doter d'yeux d'une puissance telle qu'il n'y aura plus autour de lui, parmi les animaux, que des aveugles et des myopes. Au moyen de ces yeux artificiels, il contemple les nébuleuses placées si loin, qu'elles n'ont pu être vues de la terre que deux millions d'années après leur création ; il compte dix-huit millions d'étoiles dans la voie lactée, tandis qu'à l'œil nu il n'en voyait que 8000 dans le ciel entier. A l'aide de ce même artifice, il contemple ces merveilles de l'infiniment petit, qui ne le cèdent pas à celles dont les espaces célestes sont peuplés.

Que la voie atmosphérique, que les profondeurs des océans nous soient un jour livrées, cela est certain. Il n'y de doute que sur les moyens. Même doute sur cette autre question : Comment entrerons-nous en relation avec l'intérieur de la terre? Nous ne le savons, faute de connaître la constitution du globe et d'avoir une idée seulement approximative de nos pouvoirs.

Mais l'espérance de voir l'exploration de la planète s'étendre au delà de ces piqûres d'épingles que nous avons faites sur son épiderme n'en est pas moins fondée. Il suffit de remarquer que les puits de mines les plus profonds, ceux de Guanaxato au Mexique, ne dépassent pas 1800 mètres, pour apprécier et l'étendue de notre ignorance touchant la constitution terrestre, et l'immensité du champ d'exploration réservé à l'avenir. Les progrès réalisés par cette industrie des puits forés qui est encore dans l'enfance, sont de nature à encourager nos espérances. Aux couches profondes du globe, on empruntera à l'aide de sondages, de l'eau chaude applicable à tous les usages de la vie domestique; des gaz inflammables, sources gratuites de chaleur, de lumière et de force; il est des puits forés qui fournissent du sel, du pétrole et du bitume; il y en aura qui amèneront à la surface du sol des roches et des métaux fondus.

Dire que les profondeurs des mers seront un jour livrées à l'homme, ce n'est rien avancer de bien extraordinaire. Il en est de la locomotion sous-marine comme de la locomotion aérienne; l'une et l'autre ont produit leur plus grande merveille; celle-ci l'aérostat et l'autre la cloche à plongeur. Que l'homme puisse s'élever dans l'air et descendre au fond des mers, voilà qui est vraiment prodigieux. Que plus tard il parvienne à se diriger à travers l'atmosphère et à naviguer sous l'eau, il n'y aura dans ces grands événements rien qui dépasse les inductions légitimement tirées des faits que nous venons de rapporter, et ce sont choses sur lesquelles on peut compter dès ce moment.

## Encouragement offert aux inventeurs.

Une préface mise par M. Auguste Perdonnet en tête d'un livre sur les chemins de fer, renferme un passage si curieux et si instructif, qu'il faut le citer. En 1830, l'auteur de cette préface ayant déclaré dans son cours à l'École centrale que l'invention des railways opérerait une révolution semblable à celle qu'avait faite l'invention de l'imprimerie, savez-vous ce qui lui arriva? « Je fus traité d'insensé, » dit-il. M. Perdonnet continue ainsi :

« Le succès du chemin de Saint-Germain donna un démenti aux adversaires de ces nouvelles voies de communication; ainsi, M. Thiers, ministre des travaux publics, revenant d'une tournée en Angleterre, voulut-il bien, en 1835, admettre que les *chemins de fer présenteraient quelques avantages pour le transport des voyageurs, en tant que l'usage en serait limité au service de certaines lignes fort courtes, aboutissant à de grandes lignes comme Paris*.... « Moi demander à la chambre de vous concéder le chemin de Rouen, me disait alors M. Thiers, auquel je proposais avec quelques associés de construire ce chemin, je m'en garderais bien, *on me jetterait en bas de la tribune*(Sic.). » —« *Le fer est trop cher en France,* » disait M. Passy, ministre des finances. — « *Le pays est trop accidenté,* » objectait M. Allier, député. — « *Les souterrains seront nuisibles à la santé des voyageurs*, » prétendait M. Arago. »

Rappelons de temps à autre les préventions qu'ont eu à combattre, même chez les esprits les plus distingués, tant de grandes choses entrées maintenant dans nos habitudes et dont nous ne saurions plus nous passer; finalement, elles en ont triomphé. Ces souvenirs sont donc, après tout, plus propres à soutenir qu'à décourager ceux qui ont vraiment le feu sacré. Ils les fortifieront dans cette impitoyable lutte que tout homme porteur d'une vérité nouvelle doit soutenir avant d'être admis à faire du bien à ses semblables.

D'ailleurs, c'est jusqu'ici le seul encouragement qu'on ait à leur offrir.

## NE SUTOR.......

Un journal de Nîmes, l'*Opinion du Midi* nous fait, par l'organe de M. E. Goiffon, une querelle sur nos opinions relatives à la variabilité de l'espèce, et nous promet de nous en faire d'autres sur plusieurs autres sujets.

Malheureusement il rend la discussion impossible. Au lieu de traiter cette simple question d'histoire naturelle en naturaliste, il en fait une affaire religieuse et l'agite en théologien. Il se place donc sur un terrain où il n'y aurait nulle utilité à le suivre.

Les vérités scientifiques s'établissent par des moyens empruntés aux sciences: c'est l'astronomie qui a démontré l'exactitude du système de Copernic, c'est aux zoologistes et aux botanistes de résoudre la question de la variabilité de l'espèce.

## INSTRUCTION DE L'ENFANCE.

On a fait nombre de Magasins, de Musées et d'autres recueils périodiques pour les enfants; on n'a pas encore fait de JOURNAL proprement dit, c'est-à-dire de publication ayant pour but de tenir les jeunes lecteurs au courant des choses quotidiennes, de celles, bien entendu, qui sont à leur portée et peuvent devenir pour eux une source d'instruction et de plaisir. Il n'existe pas de recueil qui satisfasse à la curiosité des enfants sans cesse excitée par les conversations qui s'engagent à l'occasion de chaque nouveau progrès, ni qui vienne en aide aux parents continuellement sollicités de donner des explications sur les objets les plus variés. L'idée d'ajouter à l'intérêt propre des choses dont s'occupe une publication destinée à l'enfance et à la jeunesse, l'intérêt si puissant de l'actualité, cette idée si simple et si féconde semble n'être venue à personne. On n'a pas compris ce qu'une leçon d'Histoire, de Géographie, d'Astronomie, d'Art, de Littérature, d'Industrie gagnerait à être donnée à l'occasion des découvertes, des inventions, des événements et des nouvelles de chaque jour. Un moyen puissant de stimuler l'intelligence des enfants et de les préparer à la pratique de la vie a donc été négligé.

La *Presse des enfants* est venue combler cette lacune. C'est un journal dans le sens habituel du mot; elle rend aux enfants des services analogues à ceux que ses grands confrères rendent chaque jour aux parents; elle les entretient de ce qui se passe : l'actualité est l'occasion et le prétexte de ses enseignements et de ses causeries. Ainsi elle parle Botanique et Zoologie à propos d'une fleur remarquable qui vient d'éclore au Muséum d'histoire naturelle, d'un animal dont la Ménagerie s'enrichit, d'une plante ou d'une bête qu'on propose d'acclimater en France; Astronomie, à propos d'une éclipse prochaine, de la découverte d'une planète ou d'une nébuleuse, de l'apparition d'une comète, d'une chute d'aérolithes ou d'une pluie d'étoiles filantes; Géologie à l'occasion d'un tremblement de terre ou d'une éruption volcanique; Météorologie, à propos d'un orage, d'une trombe, d'un météore; Histoire, à l'occasion de celle qui se fait sous nos yeux, de l'inauguration de la statue d'un homme célèbre, d'une éphéméride illustre, d'une découverte archéologique; géographie, à l'occasion d'un voyageur qui part ou qui revient; Industrie, à propos d'une invention, d'une expérience, d'une machine nouvelle ou d'un procédé nouveau, etc... La *Presse des Enfants* initie donc ses lecteurs dans une mesure convenable au travail du progrès; elle excite leur intérêt en sa faveur; elle excite en eux l'ambition d'y prendre part, et pour qu'ils s'y mêlent un jour avec succès, elle leur en fait commencer tout de suite l'apprentissage.

La *Presse des Enfants* ne fait donc double emploi ni avec les livres de lecture amusante ni avec les livres d'instruction. Amusante et instructive, elle a l'ambition de l'être, mais elle l'est à sa façon, d'une façon nouvelle; c'est une publication sans précédents.

Afin que nos lecteurs voient jusqu'à quel point ce programme est rempli, nous leur adressons le plus récent numéro du nouveau journal (le 5me). Nous appelons leur attention sur le premier article, où, sous le titre de *Prix proposés par la Presse des Enfants à ses abonnés*, se trouve exposée une des innovations que nous comptons mettre en œuvre pour stimuler l'intelligence et l'activité des enfants.

L'envoi de ce numéro fera double emploi pour ceux de nos lecteurs qui figurent déjà parmi les abonnés à la *Presse des Enfants*; mais ils sauront en disposer d'une manière favorable au succès d'une entreprise qui a leurs sympathies.

## NOUVEAU MODE DE TRANSPORT PAR EAU.

### Écluse à Feu.

L'un des inventeurs supposés que M. Andraud admet dans son Annexe (1), M. C., — c'est le prête-nom, ou plutôt le prête-initiale de l'auteur, — pense avoir perfectionné le régime de la batelerie, au point de la mettre en état, non seulement de soutenir la concurrence des chemins de fer, mais même de l'emporter sur eux. Persuadé que ce résultat peut être, et qu'il sera atteint, nous croyons devoir faire écho aux idées de M. C., comme à toute proposition de nature à rappeler l'attention sur ce système de canaux et de chemins qui marchent; rivières et fleuves, auxquels de progrès en progrès on finira par en revenir comme on en revient toujours aux choses simples. M. C. expose des modèles de bateaux et d'écluse d'un genre nouveau; l'écluse du moins est nouvelle. Son bateau n'est point l'Hydrolocomotive qui résoudra un jour ou l'autre le problème de la navigation à grande vitesse et des transports à bon marché, ni son écluse, celle de M. Laurent d'Agen, qui rendra de si grands services. Mais laissons-le exposer lui-même ses idées. Voici en quels termes, d'après M. Andraud, il s'adresse aux visiteurs de *la dernière annexe*.

« Mon but, dit-il, est d'établir sur les rivières des transports de voyageurs à grande vitesse, et sur les canaux des transports de marchandises à vitesse moyenne; mais, dans les deux cas, je veux réduire les prix au tiers et même au quart de ce qu'ils sont actuellement, sur les lignes de fer, tout en réservant à nos entreprises de forts bénéfices. »

Pour cela il propose d'établir des *trains de bateaux*, lesquels auraient de grands avantages sur les *trains de wagons* par cela seul qu'ils se meuvent dans l'eau et non dans l'air.

« Nos bateaux-wagons auront tous, continue-t-il, la même forme et les mêmes dimensions (cent tonneaux environ). Comme vous le voyez par ce modèle, ce sont des parallélipipèdes, terminés par un angle saillant à l'avant et par un angle rentrant à l'arrière. Ces deux angles ont la même ouverture (cent degrés), afin que tous les bateaux se puissent emboîter exactement les uns dans les autres. — Ils sont en fer. Remarquez que la tôle est vitrifiée à l'extérieur afin de glisser plus facilement dans l'eau. — On les ajuste les uns aux autres avec des liens élastiques fort simples, qui permettent de les attacher et de les détacher avec une grande promptitude.

« Tel est sommairement notre bateau-wagon. — Quant au bateau-locomotive ou remorqueur, que je place en tête du convoi, il ne diffère des autres que parce que l'avant est beaucoup plus saillant et que la proue, droite et sans étraves, porte un gouvernail.

« Vous allez comprendre maintenant avec facilité ce que nous gagnons à réunir ainsi ces bateaux en convoi.

« Pour qu'un bateau de la forme de ceux-ci, par exemple, s'avance dans l'eau à une certaine vitesse, il dépense, je suppose dix unités de force; disons dix chevaux. Eh bien! sur ces dix chevaux, neuf seront employés à écarter la masse liquide, à ouvrir la tranchée, et un cheval sera employé à vaincre la résistance du frottement de l'eau contre le fond et les flancs du navire. Cela a été constaté, et même dans des conditions plus larges, par divers expérimentateurs, et se trouve consigné dans tous les traités d'hydraulique.

« D'après ce principe, sept bateaux, par exemple, marchant *isolément*, comme cela se pratique aujourd'hui, emploieraient ensemble la force de soixante-dix chevaux. Mais si nous les réunissons en un convoi, comme je le propose, de manière à ce qu'ils s'intercallent les uns dans les autres et se touchent sans séparation aucune, qu'arrivera-t-il? Le premier dépensera dix chevaux et les six autres, chacun un cheval seulement, pour les frottements, parce qu'ils marchent dans la tranchée toute faite par le wagon-locomotive; c'est-à-dire que le convoi ne dépensera en tout que seize chevaux.

« En résumé, par le mode de navigation actuelle, la traction de nos sept bateaux nous coûtera soixante-dix chevaux, et par le nouveau système, seize chevaux!

« Or, remarquez bien ceci : dans l'état présent, nos sept bateaux, tirés par soixante-dix chevaux, transportent les marchandises à meilleur marché que les chemins de fer; que sera-ce donc lorsqu'ils ne leur faudra que seize chevaux?

« Quant à la vitesse, vous allez voir que nous sommes maintenant en mesure de l'accroître presque indéfiniment.

« Si seize chevaux suffisent pour faire marcher notre convoi de sept bateaux-wagons à une vitesse ordinaire, disons de trois lieues à l'heure, nous n'aurons qu'à installer une autre force de seize chevaux dans un des wagons remorqués, dans le troisième, par exemple, et nous imprimerons au convoi une vitesse d'environ cinq lieues à l'heure. Si nous ajoutons encore une troisième force de seize chevaux dans le cinquième bateau, nous élèverons la vitesse à sept lieues et plus.—Enfin, si nous plaçons une quatrième machine de seize chevaux dans le septième bateau, nous atteindrons la vitesse de dix lieues à l'heure. Et cependant, observez que, pour imprimer cette vitesse à nos sept bateaux réunis, nous avons dépensé moins de force (soixante-quatre chevaux) qu'il ne nous en aurait fallu pour les faire marcher isolément (soixante-dix chevaux). »

Après avoir ajouté qu'on pourra transporter les voyageurs, à grande vitesse (dix lieues à l'heure), à 2 centimes 1/2 par kilomètre, et les marchandises, à moyenne vitesse (trois lieues à l'heure), à 1 centime par kilomètre. L'inventeur passe aux canaux.

« Là, comme sur les rivières, nos convois de bateaux présenteront, dit-il, des avantages considérables, peut-être même plus saillants, parce que, n'ayant en général à y transporter que des marchandises, on n'aura pas à se préoccuper des vitesses. Très-certainement avec des remorqueurs de quatre à cinq chevaux on traînera des convois de 1,000 tonneaux, et il ne serait pas impossible que le prix de transport ne descendît à un demi-centime par tonne et par kilomètre.

« Je vous ai dit en commençant qu'un des côtés faibles de la navigation sur les canaux consiste dans les interruptions de service qui résultent assez souvent de l'insuffisance des eaux pour le travail des écluses (1). C'est pour parer à cet inconvénient, qui d'ailleurs augmenterait en même temps que le trafic, que j'ai imaginé le genre d'écluse que je vais soumettre à votre jugement.

« Le problème à résoudre était celui-ci : construire une écluse *qui fonctionne sans dépense d'eau*, ou, en d'autres termes, *qui fonctionne toujours avec la même eau, pour l'ascension et la descente des bateaux*. — Je crois être arrivé à une bonne solution de la difficulté par mon *écluse à feu*, dont vous voyez ici le modèle, et que je vais faire agir sous vos yeux.

« Cette écluse est exactement construite comme celles que vous connaissez; seulement, j'ai élevé près du sas ou du bassin, à une distance de cinq à six mètres, une grosse tour bien hermétique, couverte d'une toiture en forme d'hémisphère; vous saurez tout à l'heure pourquoi. — Le fond de cette tour est de niveau avec celui du bassin. Ces deux fonds communiquent entre eux au moyen d'un canal, assez large pour que l'eau passe assez facilement de l'écluse dans la tour et de la tour dans l'écluse. — Il va sans dire que ces constructions sont parfaitement étanches.

« La capacité de la tour est calculée de manière à être égale

(1) Voir le précédent numéro, article *Variétés*.

(1) Le manque d'eau est si grand dans quelques canaux, qu'on a été obligé d'avoir, au bas de certaines écluses, des machines à vapeur, qui remontent l'eau dont on vient de se servir du bief inférieur au bief supérieur (canal de la Sambre à l'Oise).

à cinq fois le volume d'eau nécessaire pour faire monter ou descendre un bateau.

« Ceci étant bien établi et bien compris, nous allons faire fonctionner l'écluse.

« Vous le voyez : l'eau, dans la tour, est naturellement au niveau de l'eau dans l'écluse. Figurez-vous maintenant qu'au centre et à la surface de la masse d'eau que contient la tour surnage une sorte de petit batelet ou baquet, en métal, dans lequel se trouve une botte de paille ou de foin, ou de toute autre matière sèche, inflammable et de peu de valeur. — Tout se trouve ainsi disposé pour commencer la manœuvre.

« Il s'agit de faire descendre un bateau ; les portes supérieures de l'écluse étant bien fermées et la tour bien close, on allume la botte de paille que porte le batelet, et cela par un moyen extérieur, comme lorsqu'on met le feu à une mine. Qu'arrive-t-il ? Le premier effet produit par la flamme est d'échauffer l'air contenu dans la tour et de le dilater. Cet air s'échappe avec violence par une large soupape placée au sommet de la tour, puis cette soupape se referme tout à coup ; un commencement de vide est déjà opéré. La paille brûlant toujours, la partie inflammable de l'air, l'oxygène, se consume peu à peu. Or, ce gaz qui se détruit est la cinquième partie de la masse totale ; l'air que contient la tour se raréfie donc au cinquième ; il en résulte une aspiration qui fait monter l'eau dans la tour et la fait baisser dans l'écluse. Le bateau descend ainsi jusqu'au niveau du bief inférieur dans lequel il passe. Ainsi s'opère la descente. Continuons.

« Pendant que les portes d'en bas sont ouvertes, on introduit dans le bassin un bateau destiné à la remonte. Cette seconde opération sera plus simple encore que la première et tout à fait gratuite : il suffira d'introduire l'air atmosphérique dans la tour, où le vide partiel tient l'eau en suspension. Cette eau descendra dans l'écluse, où, en s'élevant, elle soulèvera le bateau au niveau du bief supérieur. — Ainsi s'opère la remonte.

« Les choses étant remises dans l'état primitif, c'est-à-dire lorsque l'intérieur de la tour sera réapprovisionné d'air contenant les proportions habituelles d'oxygène et d'azote, on pourra recommencer la manœuvre et la continuer indéfiniment, sans qu'on ait besoin d'une autre eau que celle qui vient de servir, eau que la tour aspire sans cesse et renvoie dans le bassin.

« Maintenant, cette manœuvre de deux bateaux, l'un descendu et l'autre monté, que nous a-t-elle coûté ? une poignée de paille, et encore tout n'est pas perdu : de la cendre de cette paille on peut tirer parti, ne fût-ce que pour fumer le petit jardin de l'éclusier.

« Telle est notre écluse à feu, qui assure la continuité du service des canaux. En théorie, elle me semble inattaquable. — Sur petit modèle, comme vous le voyez, elle fonctionne bien. En sera-t-il de même en grand, je n'oserais l'affirmer. Tout dépendra du moyen qu'on emploiera pour renouveler l'air dans la tour. Si on arrive à renouveler cet air assez vite et assez complétement, la mécanique aura fait une grande conquête. Par cette nouvelle combinaison du feu et de l'eau, nous aurons créé un moteur pyro-hydraulique d'une valeur incalculable. — Supposez notre tour aspirante placée au-dessus d'un vaste bassin plein d'eau ; que la tour et le bassin soient mis en communication par un large tube vertical, nous allons élever de vastes masses d'eau, que nous laisserons retomber sur une turbine. Nous aurons donc ainsi une chute perpétuelle de la même eau ; il n'y aura de consommé dans ce travail que l'oxygène, qui ne coûte rien, et quelques herbes sèches, qui coûtent peu. — Il sera vraiment curieux de comparer cette dépense de la paille annihilant l'oxygène avec celle de la houille vaporisant l'eau. Ou je me trompe fort, ou nos machines *oxygéniques* sont appelées à jouer un grand rôle dans l'industrie, surtout lorsque le prix toujours croissant de la houille ne permettra plus de l'employer. »

---

## LA SEMAINE SCIENTIFIQUE.

Les animalcules de l'atmosphère. — L'étude microscopique de l'air reste à faire. On y admet l'existence de ces agents particuliers auxquels on a donné le nom de miasmes ; les sporules et le pollen des plantes agames et phanérogames s'y trouvent certainement disséminés à certaines époques de l'année ; il doit y exister une foule d'animalcules. M. Chatin y a trouvé de l'iode ; l'analyse des eaux de pluie a révélé la présence de matières minérales. Les vapeurs de l'air des rizières de la Toscane, celles de l'air des salles des hôpitaux, donnent, en se condensant, une eau susceptible de se corrompre. En agitant de l'eau distillée dans un amphithéâtre de dissection, on a tiré de l'air une matière putrescible. L'acide sulfurique noircit par la présence de l'air, et le fait est attribué à des animalcules. Mais ces animalcules, ces miasmes, personne ne les a vus, le microscope seul pouvait les montrer. M. A. Baudrimont a eu recours au microscope.

Pour observer au microscope les êtres qui peuplent l'atmosphère, plusieurs moyens très-simples pouvaient être employés.

1° On pouvait condenser l'humidité contenue dans l'atmosphère, et, de plus, observer au microscope le fluide provenant de cette condensation, soit tel qu'on le recueille, soit en y introduisant des réactifs spéciaux ;

2° On pouvait encore faire barboter de l'air dans une petite quantité d'eau et observer cette eau au microscope. L'auteur a principalement pratiqué ce deuxième procédé et par deux moyens différents : 1° en appelant l'air dans l'eau au moyen d'un vase aspirateur ; 2° en l'y faisant passer à l'aide d'une pompe.

Jusqu'à ce jour, les observations de M. Baudrimont sont peu nombreuses. Parmi celles qu'il a faites, il cite celle du 24 mai 1854, sur de l'air pris sur la terrasse de l'observatoire météorologique de la Faculté des sciences de Bordeaux, et celle du 28 septembre de la même année, entreprise sur l'air du bassin d'Arcachon, dans le département de la Gironde, parce qu'il a dessiné à la chambre claire quelques-uns des êtres qu'il a observés. Ces dessins ont été mis sous les yeux de l'Académie.

Malheureusement les rédacteurs des *Comptes rendus* ont cru devoir supprimer la description de ces petits êtres, et nous n'avons pour le moment rien de plus à dire sur cet intéressant sujet.

Surdité guérie par l'électrisation localisée. — Au n° 13 de la salle Sainte-Marthe (Charité) était couchée une jeune fille atteinte d'une fièvre intermittente tierce depuis assez longtemps. La rate étant très volumineuse, M. Briquet fit prendre à cette jeune fille un gramme de sulfate de quinine en vingt-quatre heures, et cela pendant neuf jours de suite. Dès le premier jour, des bourdonnements d'oreilles se firent sentir, allèrent en augmentant et finirent par s'accompagner d'une surdité tellement prononcée, que les battements d'une montre appliquée contre l'oreille n'étaient plus perçus ni d'un côté ni de l'autre, et qu'on ne pouvait se faire entendre de la malade, si fort que l'on élevât la voix en parlant.

Elle resta dans cet état pendant quinze jours, après lesquels M. Briquet engagea M. Duchenne à la soumettre à l'excitation électrique. Voici le procédé qui fut suivi :

La malade étant couchée sur le côté, le conduit auditif externe fut rempli d'eau ; l'extrémité du conducteur d'un appareil d'induction fut placée dans le liquide, tandis qu'une autre excitateur humide était appliqué derrière l'oreille du même côté, sur l'apophyse mastoïde. Alors on fit passer sur la membrane du tympan 4 ou 5 intermittences éloignées d'une seconde environ les unes des autres, et d'un degré très modéré. A peine l'opération fut-elle terminée, que la malade entendit du côté soumis à l'électrisation, et les battements de la montre, et la conversation des personnes qui l'entouraient. La surdité persistait de l'autre côté.

Le lendemain seulement, l'autre oreille fut à son tour soumise à l'excitation électrique, et l'ouïe revint aussitôt, mais non aussi franchement et aussi complétement que de l'autre côté. Le troisième jour on dut faire une nouvelle application électrique, qui suffit pour ramener l'ouïe à son état normal. Depuis ce moment aussi, les bourdonnements cessèrent. La malade resta quinze jours dans les salles après sa guérison, et l'on put constater la disparition bien soutenue de la surdité.

Le mirage a Paris. — On sait que le mirage est un phénomène très commun, et pour ainsi dire presque en permanence en divers endroits de Paris. M. Bigourdan l'a observé à la Bourse. Voici son observation :

« Le soubassement sud-ouest de la Bourse de Paris, que pour abréger j'appellerai le mur méridional, est formé d'un mur vertical en pierres de taille parfaitement construit, et sans aucune partie saillante dans une étendue d'environ 78 mètres. Lorsque, entre midi et trois ou quatre heures, ce mur est frappé par les rayons solaires, il présente le phénomène du mirage avec une assez grande intensité. Si un observateur place son œil un peu en avant du prolongement du mur, il voit sa surface disparaître tout à coup, et un peu en avant de la surface, il voit une mince couche d'air plus ou moins agité, qui a la propriété de refléchir tous les objets qui sont près du mur ou de son prolongement; ainsi la corniche qui surmonte le soubassement se réfléchit si exactement, qu'au premier abord on croirait que l'image fait partie de l'objet. Si une personne appuie sa tête sur ce mur, un peu loin de l'observateur, une grande partie de la tête de cette personne, et quelquefois son corps tout entier se mirent sur la mince couche d'air comme dans un miroir. L'image est un peu tremblante et déformée, mais si l'air est peu agité, on distingue parfaitement tous les traits et toutes les parties du vêtement. A la déformation près, l'image parait aussi brillante et aussi nette que le corps lui-même. »

La maladie des aiguiseurs et celle des mouleurs en cuivre. — Il y a entre ces deux maladies une foule de points communs. La première a été étudiée par M. le docteur Desayvres, médecin de la manufacture d'armes de Châtellerault, la seconde par M. Tardieu, et leurs mémoires viennent d'être l'objet d'un rapport lu à la société médicale des hôpitaux de Paris.

La maladie des aiguiseurs est déterminée par l'inspiration continuelle des poussières que produit l'aiguisement. Cet aiguisement se fait dans la manufacture d'armes de Châtellerault, à l'aide de meules naturelles en grès ou en silex ; ces meules sont d'une grande dureté, et, par l'opération du *riflage*, elles répandent beaucoup de poussière. C'est cette poussière que respirent les ouvriers.

La maladie des mouleurs en cuivre est occasionnée par l'inspiration d'une poussière très-fine, très-ténue, très-légère, qui n'est autre chose que du *poussier de charbon*, lequel, renfermé dans un sac, est tamisé par l'agitation de ce sac quand l'ouvrier veut saupoudrer les moules pour empêcher les adhérences du métal avec les parois de ces moules. Il résulte de cette opération un nuage de poussière, au milieu duquel les mouleurs en cuivre passent la plus grande partie de la journée. On sait, depuis les travaux de M. Rouy, travaux couronnés par l'académie des sciences, que la fécule de pommes de terre peut être substituée au poussier de charbon. On peut s'étonner de ne pas la voir partout employée.

Les symptômes des deux maladies ont beaucoup d'analogie entre eux, nous en retracerons seulement le dernier degré :

*Troisième degré de la maladie des aiguiseurs.* — Expectoration de plus en plus abondante, hémoptysies effrayantes par la quantité de sang rejeté ; râles sibilants, ronflants, caverneux ; presque partout de la matité ; fièvre continue avec exacerbations le soir ; sueurs, insomnies, expectorations qui épuisent le malade et le conduisent au tombeau.

A cette période qui diffère à peine de la période correspondante de la phthisie tuberculeuse la maladie est incurable.

*Troisième degré de la maladie des mouleurs en cuivre.* — Face livide, coloration bleuâtre des lèvres, dyspnée extrême et non interrompue, voix brève, douleurs thoraciques, toux incessante, hémoptysies ; expectoration de matières noires et puriformes. Absence ou rudesse extrême du bruit respiratoire, quelquefois souffle bronchique et bronchophonie ; matité de la poitrine en divers points, battements du cœur sourds, tumultueux ; pouls petit, dur et serré, face bouffie, extrémités enflées et finalement mort.

A l'autopsie on trouve les poumons infiltrés de grains de silex, chez les aiguiseurs, et d'une matière noire, sèche, granuleuse, chez les mouleurs en cuivre.

Examen anatomique d'une langue hypertrophiée. — Le docteur Weber (de Bonn) eut occasion de donner ses soins à un malade atteint de macroglossie. La langue avait 5 pouces de longueur sur 2 et demi d'épaisseur. Une première amputation enleva la portion de la langue qui dépassait les lèvres, mais, au bout de quinze jours, il fallut renouveler l'opération, à cause du développement rapide des parties ; on extirpa alors une portion longue de 3 pouces et formée en grande partie de tissu nouveau. M. Weber donne en détail la description de ce tissu. Il avait pour base des cellules arrondies ou ovalaires entre lesquelles on voyait quelques cylindres striés et d'autres ne renfermant encore que des noyaux espacés de distance en distance, et ressemblant parfaitement au tissu musculaire embryonnaire. Plusieurs cylindres montraient les stries transversales et longitudinales en même temps que les noyaux primitifs. Toutes ces formations indiquent, à n'en pas douter, un tissu musculaire en voie de formation. Les mesures micrométriques données par l'auteur offrent aussi de l'intérêt; les cylindres musculaires du premier lambeau qui avait été extirpé variaient entre 0,0166 millimètres et 0,499, c'est-à-dire qu'ils n'atteignaient pas le volume des cylindres normaux; les cylindres du second lambeau ne dépassaient pas 0,0019 millimètres.

Ces faits semblent démontrer clairement que l'hypertrophie de la langue tient à un développement excessif et rapide des éléments qui la composent; l'auteur signale aussi un appareil vasculaire extrêmement riche occupant la base de la partie hypertrophiée.

Semailles en lignes. — Le 31 mars dernier, un instituteur de l'une des communes du canton de Montereau, M. Chereau, fit ensemencer par ses élèves et sous sa direction :

1° Un are d'orge; la moitié a été semée à la volée, il a fallu un litre de semence ; l'autre moitié a été *plantée* au plantoir, dans des trous de 6 centimètres de profondeur, par rangs espacés de 20 centimètres en tous sens ; 5 décilitres de semence ont suffi.

2° Un are d'avoine, qui a été fait de la même manière.

L'orge a été binée;

L'avoine n'a pu l'être, à cause de la sécheresse.

L'orge et l'avoine *plantées* ont toujours paru plus vertes que celles semées, aussi n'ont-elles mûri que huit jours plus tard.

La moyenne des grains de chaque épi dans l'orge *plantée* a été de 29 à 30, tandis qu'elle n'a été que de 18 à 19 dans celle semée.

Aussitôt après la récolte, M. Chereau a fait battre séparément et a obtenu :

1° Orge, partie *plantée*. . . . . . . . . . . 24 litres.
— partie semée. . . . . . . . . . . . 16 id.

Différence . . . 8 litres.

C'est un tiers de plus en faveur de la partie plantée.

| | | |
|---|---|---|
| 2° Avoine, partie *plantée* | . . . . . . . . . . | 13 litres. |
| — partie semée | . . . . . . . . . . | 10 |
| | Différence. . . . | 3 litres. |

C'est du quart au cinquième en plus. On doit se rappeler que l'avoine n'a pu être binée.

Les frais de plantage et de sarclage étant à peu près couverts par l'économie de semence, les chiffres ci-dessus témoignent hautement des avantages des semis en lignes.

**Traitement préservatif de la fièvre typhoïde par l'inoculation de ses produits morbides.** — M. Bourguignon a présenté à l'académie des sciences un mémoire intitulé :

***Appel à des expériences dans le but d'établir le traitement préservatif de la fièvre typhoïde et des maladies infectieuses inrécidivables par l'inoculation de leurs produits morbides.***

Parmi les maladies les plus graves, dit l'auteur, celles dites essentielles, infectieuses, telles que la variole, la fièvre typhoïde, la fièvre miliaire, la peste, le choléra, la fièvre jaune, tiennent le premier rang. Ces maladies, dont nous ne connaissons ni les causes ni le traitement, ont cela de particulier, que deux traitements leur sont applicables, l'un préservatif, l'autre curatif. Le premier, dont nous constatons tous les jours les effets ; car ces maladies essentielles laissent les individus qu'elles atteignent indemmes, incontagiables pour l'avenir; le second qui nous sera de longtemps encore inconnu. Et puisque nous ne pouvons guérir ces maladies à l'aide d'une médication raisonnée, nous devons imiter la nature, et appliquer le traitement prophylactique, en inoculant le virus préservateur propre à chacune d'elles. La fièvre typhoïde me paraît, parmi les maladies infectieuses, celle qui montrera le plus clairement le fait général de non-récidive : aussi me semble-t-il très probable que l'inoculation du virus thyphoïdique préservera les individus inoculés des atteintes de la fièvre typhoïde spontanée.

Mais l'inoculation présuppose l'existence d'un virus inoculable, et l'analogie constatée entre la variole et la fièvre typhoïde (cette dernière produisant au début une éruption pustuleuse sur la muqueuse intestinale, comme la variole provoque une éruption pustuleuse sur la peau), me fait penser qu'on trouvera sur l'homme ou sur les animaux le germe virulent transmissible. Pour arriver à cette découverte, il y a plus de chemin à faire, je le sais, qu'il n'y en eut pour Jenner à arriver à celle de la vaccination ; la question est moins avancée ; Jenner, en effet, trouva l'inoculation de la variole d'homme à homme en usage depuis des siècles, quand il eut l'idée d'emprunter au *cow-pox* le virus préservateur. Mais si la distance à parcourir est plus grande, c'est un motif pour nous mettre plus tôt en marche. Les résultats déjà obtenus, pour quelques-unes des maladies de nos animaux domestiques, l'inoculation pratiquée pour prévenir la clavelée des moutons et la pneumonie contagieuse des bêtes bovines, sont de nature à nous encourager.

L'auteur, en terminant, passe en revue les diverses éruptions auxquelles sont sujets les animaux domestiques et principalement les ruminants, sur lesquels il lui semble qu'on a le plus d'espoir de trouver le virus à transmettre comme préservatif de la fièvre typhoïde. Voici en quels termes il s'exprime à cet égard :

Tout porte à croire que l'espèce bovine, si souvent frappée épidémiquement de maladies infectieuses, offre dans certains cas des altérations pathologiques comparables à celles de la fièvre typhoïde, c'est-à-dire des pustules dans l'intestin.

Dans certaines épizooties de typhus contagieux, le corps de la vache ou du bœuf se couvre d'un exanthème boutonneux, en même temps qu'il y a diarrhée, comme l'a constaté Ramazzini en 1711.

De 1830 à 1840, une maladie accompagnée d'un exanthème général sévit aux Indes sur l'espèce bovine ; on inocula plusieurs individus, et il s'ensuivit une éruption générale tellement intense, que plusieurs personnes inoculées en moururent.

Hering et d'autres vétérinaires allemands ont observé une éruption vésiculeuse dans la cavité buccale de la vache, avec trouble des fonctions principales.

Dans la fièvre dite aphtheuse des bêtes à cornes, il survient une éruption dans la bouche, sur les lèvres, entre les onglons et sur les trayons.

M. Delafand a entre les mains un mémoire de M. Backdolck sur la dernière épidémie de typhus des bêtes bovines en Allemagne, où se trouvent décrites des lésions intestinales comparables jusqu'à un certain point à celles de notre dothinentérie.

Ces faits et tant d'autres, ajoute l'auteur, concernant diverses espèces animales, soumis à une étude réfléchie au point de vue qui nous occupe, conduiront, tout porte à croire, à d'utiles applications.

**Gravure héliographique.** — Il restait pour compléter les procédés de gravure héliographique à obtenir directement dans la chambre noire une épreuve sur planche d'acier. M. Niepce de Saint-Victor l'a obtenue. Une planche d'acier gravée directement dans la chambre noire par la lumière solaire sans aucune retouche a été déposée lundi dernier sur le bureau de l'Académie ; à cette planche étaient jointes les épreuves sur papier qui en ont été tirées.

L'épreuve représente une façade de la partie neuve de la rue de Rivoli. Elle peut être comparée, pour la finesse du rendu, à la vue de la bibliothèque du Louvre, obtenue, *par contact*, sur planche d'acier, que l'auteur présenta à l'Académie en octobre 1854. Les balcons en fer de l'étage supérieur se détachent très-bien des plans éclairés par une vive lumière, qu'ils dominent ; on peut, avec la loupe, compter tous les barreaux de ces grilles légères, ainsi que les plis des rideaux que l'on aperçoit à l'intérieur des croisées. On distingue parfaitement aussi, au centre des arcades du rez-de-chaussée, dessinées par des ombres vigoureuses, les becs à gaz, dont les reflets brillants indiquent les formes gracieuses. En voyant le premier essai du procédé nouveau de M. Niepce de Saint-Victor, si bien réussi déjà, on se fera facilement une idée du degré de perfection auquel pourront atteindre les opérateurs habiles qui suivront ses indications, et des précieux avantages que la gravure héliographique ajoutera aux nombreuses ressources que possède la photographie.

**Administration des médicaments par les fosses nasales.** — Un médecin allemand, M. le docteur Zsigmondy, recommande cette nouvelle méthode dans le traitement des enfants, des aliénés et enfin des malades dont les mâchoires sont spasmodiquement rapprochées par suite de lésions cérébrales, de convulsions, etc. Les médicaments, dissous ou suspendus dans une quantité de liquide, qui doit au plus atteindre une cuillerée à bouche, sont versés lentement dans une fosse nasale, l'orifice étant maintenu relevé par l'abaissement et la fixation de la tête du malade. L'introduction de ce liquide occasionne fort peu de chatouillement. L'auteur a pu se convaincre fréquemment de l'utilité pratique de ce nouveau procédé, en administrant de l'émétique, du sulfate de quinine, etc. ou même des aliments liquides. Nous ajouterons que l'injection des liquides dans les fosses nasales, avec une petite seringue, en suivant le plancher, paraît mieux réussir que le moyen indiqué par l'auteur.

**L'os du cavalier.** — On connaît depuis longtemps l'ossification partielle du biceps, qui a lieu parfois chez le fantassin par suite du maniement du fusil. Le docteur Billroth vient de trouver une lésion de même nature chez un cavalier. En faisant l'autopsie d'un ancien officier de cavalerie, il a rencontré le tendon du grand adducteur complétement ossifié à peu près à 15 millimètres de son insertion, dans une longueur d'un doigt, sur une largeur de 8 millimètres et une épaisseur de 5 centimètres. L'examen microscopique démontra une structure analogue à celle des exostoses. Le tendon de l'adducteur du côté opposé était épais et plus dense qu'à l'ordinaire, mais ne renfermait aucune formation osseuse.

UNE NOUVELLE PETITE PLANÈTE. — La 36e du groupe a été découverte dans la soirée du 5 octobre, par M. Goldsmith, à qui nous devons déjà la connaissance de Lutetia et de Pomone.

## NOUVELLES ET CAUSERIES.

*Association pour l'uniformité des poids et mesures. — Association domestique. — Location des machines agricoles. — Ce que peut le travail. — Vie à bon marché. — Le trieur Vachon. — Poudres de viandes. — Locomotive hydraulique. — Pépite monstre. — Fabrication du fer aux États-Unis.*

⁂ L'*Association internationale pour l'uniformité des poids, mesures et monnaies*, a tenu séance le 16 octobre, dans une des salles du palais de l'Industrie.

L'assemblée a décidé qu'il serait de la plus haute importance d'encourager la publication d'un ouvrage offrant, dans un cadre succinct et sous une forme claire et concise, *l'histoire ainsi que le tableau raisonné et comparé des divers systèmes de poids, mesures et monnaies dans les principaux pays du monde*, pour être traduit et imprimé, par les soins des comités, dans toutes les langues des nations représentées au sein de l'association.

M. Ramon de la Sagra a proposé « qu'un comité international permanent sera immédiatement constitué à Paris, et devra être composé de membres appartenant autant que possible à chacun des pays représentés au sein de l'Association. »

Cette proposition a été adoptée. L'indication de la prochaine séance se fera par la voie de la presse.

⁂ M. Lacombe, conseiller de préfecture de la Dordogne, vient de fonder, sous le nom de *Cérès*, une société ayant pour but de fournir du pain à prix réduit. L'honorable conseiller a adressé au *Périgord* et à l'*Écho de Vesone* une lettre dont nous tirons ce qui suit :

« Tout le monde sait qu'en industrie plus la production est grande, moins elle coûte. Les frais généraux étant presque les mêmes pour une grande ou une petite affaire, il y a avantage incontestable dans une grande affaire.

« Pour rendre notre idée plus sensible (et malgré la trivialité de l'exemple), supposons dix familles qui se réunissent pour faire leur pot-au-feu en commun ; qu'en résultera-t-il?

« La suppression de neuf cuisinières ; il n'en faudra plus qu'une.

« Celle de neuf locations ; tout se fera dans le même laboratoire.

« Celle de neuf foyers ; un seul feu fera bouiller la marmite commune.

« Nous pourrions pousser la comparaison plus loin et faire ressortir le bénéfice qui résulte de l'association là où elle est possible et applicable ; mais cela est trop simple et trop évident pour avoir besoin d'être démontré. »

⁂ Grace à une combinaison heureuse, patronnée par la Société d'agriculture de Valenciennes, l'ensemencement en lignes des céréales qui paraissait devoir rester impraticable pour la moyenne et la petite culture en raison du prix élevé des instruments s'étend chaque jour dans les petites fermes de 6 à 30 hectares, si nombreuses dans le département du Nord.

Cette société a eu l'excellente idée d'instituer des prix pour récompenser les individus qui se procureraient un bon semoir dans le dessein de le *louer* aux cultivateurs à un prix convenable, ou plutôt (car l'emploi de cet instrument exige une certaine habileté) ceux qui, moyennant salaire, se chargeraient de pratiquer l'ensemencement.

Plusieurs de ces entrepreneurs viennent de recevoir les prix proposés. L'un d'eux, après avoir semé 3 hectares pour son compte, a ensemencé 133 hectares pour autrui. Deux autres ont opéré de même, chacun sur près de 200 hectares, à l'aide de semoirs très-estimés connus dans la localité sous les noms de *semoirs Drapier* et *Corduant*.

La Société d'agriculture de la Lozère recommande cette combinaison aux cultivateurs de sa circonscription.

A l'occasion d'une machine à battre inventée par un mécanicien d'Agen, M. Robert Pialoux, machine qui, au moyen de 2 paires de bœufs, bat facilement 4 hectolitres de blé par heure, le Comice agricole de Villeneuve-sur-Lot recommande très-vivement aux agriculteurs de s'*associer* pour faire l'acquisition des grandes machines, « attendu, dit-il, que, de longtemps peut-être, il ne sera possible aux fabricants de céder à un prix assez réduit pour les mettre à la portée de tous ces instruments précieux qui sont appelés à produire de si merveilleux résultats et à suppléer à l'insuffisance des bras, de jour en jour plus manifeste dans la contrée. »

D'accord avec la Société d'agriculture de Valenciennes et le Comice agricole de la Lozère, « il souhaiterait vivement que les industriels comprissent les avantages considérables qu'ils ne manqueraient pas de retirer du transport et de la location de ces machines dans les campagnes, surtout lorsque, par la simplicité de leur construction, elles paraissent à l'abri de graves accidents, ou du moins faciles à réparer. »

⁂ Lors de la séance solennelle du Comice agricole de Villeneuve-sur-Lot, le président de ce comice, M. Fabre a signalé à l'admiration des cultivateurs un des lauréats du concours, Jean Foussat, dont il a raconté l'histoire en ces termes :

« Simple domestique d'abord, a dit M. Fabre, *Jean Foussat* était parvenu par sa bonne conduite et son économie à s'amasser une somme de 500 francs. Avec ce pécule, plus 25 fr. qu'il y ajouta, il acheta, il y a sept ans, au lieu dit de *Gazelles*, commune de Saint-Antoine, la friche la plus improductive du pays, d'une contenance de 2 hectares. C'est sur cette friche, veuve en quelque sorte de toute végétation, qu'il vient courageusement se mettre à l'œuvre Il lutte contre un sol pierreux et argileux, qui est aquatique sur plusieurs points. Il fouille profondément la terre à la pioche et en arrache une quantité prodigieuse de pierres : les plus petites servent à fabriquer des conduits de drainage pour l'écoulement des eaux souterraines ; les plus grosses, à soutenir les terrains sur les bords ; d'autres plus volumineuses encore serviront bientôt à la construction d'une maison d'habitation. Des travaux de nivellement s'opèrent, des transports de terre s'effectuent sur les points les plus maigres, des plantations de vignes et d'arbres fruitiers se dessinent gracieusement avec une haie taillée d'aubépine autour de la propriété.

« Aujourd'hui, tout est vert, tout est gai, tout est productif, sur cette friche autrefois si nue. Une gentille habitation à laquelle on arrive par une jolie rangée d'arbres fruitiers, lui donne un aspect riant. De magnifiques pruniers et des rangs de vignes très-vigoureuses, séparent en divers compartiments un charmant verger, qui donne en abondance du blé et toute espèce de produits, Là, vit tranquille, heureuse, aimée et considérée, une famille tout entière, et aussi les animaux nécessaires à son travail. Une terre achetée au capital de 525 fr. a acquis en moins de sept ans une valeur de plus de 6,000 fr. et donne annuellement à son propriétaire un revenu supérieur à son prix d'achat. »

M. Fabre a signalé ce brave cultivateur comme un exemple de ce que peut un travail persévérant, et il a eu raison ; mais il faut voir aussi dans les beaux résultats obtenus par lui un indice de l'immense accroissement de production qui sera apporté à notre agriculture quand on appliquera la grande mécanique à la fécondation et au dessèchement de ces friches et de ces marais, dont avec ses deux bras Jean Foussat a su tirer un si grand parti.

⁂ De riches industriels de la Prusse Rhénane, M. Jacoby Haniel et Hunyssen d'Oberhausen viennent de joindre à leurs usines un hôtel garni et un restaurant à l'usage de leurs ouvriers.

Pour 7 gros et demi (95 c.) par jour, on a : le matin, café au lait avec tartines de beurre ; à midi, dîner composé de potage, viandes et légumes ; à cinq heures du soir, café au lait avec tartines de beurre, et à neuf heures, souper composé de riz ou de gruau, avec un dessert.

Au prix de dix gros (1 fr. 27 c.) et de 15 gros (1 fr. 90 c.) par jour, la nourriture est telle, que les commis aux écritures, les architectes et les ingénieurs de l'établissement en usent très souvent. En outre, les ouvriers peuvent se faire délivrer trois fois par jour, aux caves de l'établissement, de la bière à raison de 1 gros (10 c.) par mesure (*mass*). On donne gratis de l'eau chaude à discrétion. Les vastes salles à manger sont toujours chauffées en hiver. Dans l'intervalle des travaux, le soir après, ceux-ci et les dimanches et fêtes, les ouvriers y sont admis et peuvent s'y livrer à des études ou à des jeux non bruyants.

L'hôtel garni est tenu avec une propreté extrême; tous les lits sont en fer, on donne du linge blanc tous les quinze jours. Le loyer pour chaque chambre n'est que de 5 gros (63 c.) par mois.

Ce sont là quelques-uns des avantages que le système des *Palais des familles* assurerait à tout le monde.

⁂ On connaît l'ingénieux *trieur* de MM. Vachon. On sait que cet appareil, établi sur un principe tout nouveau, sépare du blé des graines qui ont la même densité et le même diamètre transversal que lui. On a vu, à l'exposition, leur nettoyage rural, réunissant ventilateur, sas, et au crible trieur, et formant ainsi, sous un volume restreint et à un prix modéré, la machine agricole la plus complète qui existe aujourd'hui pour le nettoyage des grains. Or MM. Vachon père et fils annoncent qu'ils abandonnent au domaine public leur brevet qui avait encore six années à concourir, et personne n'ignore que les dernières années de l'exploitation d'un privilége sont toujours les plus fructueuses. Cette généreuse concession aura sans doute pour effet de généraliser l'emploi du trieur. Le passage suivant d'une lettre de M. Moll permettra de se faire une idée de l'importance de ce résultat : « En voyant, dit-il, ce qui se passait dans ma propre exploitation, avant que j'eusse un trieur Vachon, et ce qui se passe dans les fermes que je connais, je crois être plutôt au-dessous qu'au dessus de la vérité en n'évaluant qu'à deux millions d'hectolitres la quantité de blé et de seigle qui, chaque année, faute de moyens efficaces de nettoyage, reste dans les déchets, et qu'on n'utilise qu'en les donnant à la volaille et aux porcs. »

⁂ Les poudres de viandes qu'on a préconisées dans ces derniers temps, sont loin d'être une nouveauté. *Jean Xiphilis*, parlant des habitants de l'Armorique, nous apprend qu'ils soutenaient leurs forces au milieu des fatigues de la guerre en se nourrissant d'une certaine poudre composée de chair desséchée. *Dion Cassius*, historien du temps des empereurs Commode et Pertinax, signale la même coutume chez les tribus guerrières de l'Asie-Mineure. Suivant *Jabro*, les Tartares, les Mongols, les Kalmouks, et même les Chinois font usage de cette poudre, connue sous le nom de *kacha* ; ils la tirent d'Astrakan, où elle a été de tout temps l'objet d'un commerce considérable. Le même auteur rapporte que pour subsister pendant leurs excursions dans les savanes incultes, les sauvages de *Susquehannah* font provision d'une poudre de viande colorée en vert. En 1680, un sieur Martin suggéra à Louvois l'idée de nourrir les troupes françaises en leur distribuant de la poudre de bœufs séchés dans des fours de cuivre. Les expériences, commencées sous les yeux du ministre, et interrompues par sa mort, furent ensuite reprises à Lille (1653), à l'hôtel des Invalides (1754) et à Bordeaux (1779). Mais les soldats, et notamment ceux du régiment de Salis, ayant fait entendre des murmures contre ce nouveau régime, on fut obligé d'y renoncer.

⁂ M. Pascal, de Lorenzi (Piémont), propose de remplacer la locomotive par une roue hydraulique mobile, et son idée vient, dit-on, d'être expérimentée en Italie.

Supposons un canal à section régulière, creusé parallèlement à la voie, et une roue hydraulique dont les aubes affectent la section du canal. Les tourillons de cette roue sont mobiles et posés sur les rails, son axe porte une roue dont les dents s'engrainent dans une crémaillère posée longitudinalement aux rails. L'eau, poussant les aubes de la roue, fait tourner cette dernière, ce qui ne peut avoir lieu sans que les tourillons avancent. A ceux-ci est attaché le convoi qui progresse ainsi sur la route. On propose d'employer ce système au passage du Mont-Cenis, où les cours d'eau sont en grande abondance ; on pourrait ainsi remorquer les convois presque sans frais journaliers.

⁂ Une pépite monstre, pesant mille onces, et évaluée 4,500 livres sterling (120,000 fr.), a été trouvée aux mines de Maryborough, en Australie.

⁂ L'accroissement du commerce et de la fabrication du fer aux Etats-Unis pendant les quarante dernières années a été prodigieux. En 1816, 153 fourneaux produisaient seulement 54,000 tonnes de fer en lingots; en 1855, on compte 540 haut-fourneaux, qui fournissent annuellement 900 tonnes chacun ; ensemble 486,000 tonnes, et 950 forges, laminoirs et ateliers de fabrication de toute espèce, qui donnent cette année un produit total de 929,000 tonnes, représentant une valeur de 38,940,500 dollars.

## BULLETIN BIBLIOGRAPHIQUE

TRAITÉ D'ANATOMIE DESCRIPTIVE avec figures intercalées dans le texte, par Ph. C. Sappey, professeur agrégé à la faculté de médecine de Paris, tome IIe, deuxième partie, deuxième fascicule. Sens de la vue ; sens de l'odorat ; sens du goût. — Chez Victor Masson, place de l'école de Médecine.

— DU TREMBLEMENT DES MAINS ET DES DOIGTS et description des deux machines orthopédiques à l'aide desquelles les malades qui ont été amputés du poignet droit ou qui ont un tremblement oscillatoire de la main droite peuvent écrire, par J.-J. Cazenave, médecin à Bordeaux, in-8°, avec 6 figures intercalées dans le texte. — Chez J.-B. Baillière, 10, rue Hautefeuille.

— Le 46e numéro des ANNALES DE LA COLONISATION ALGÉRIENNE, recueil mensuel, renferme les articles suivants :

*L'Algérie à l'exposition universelle* (1er article), par M. Jules Duval. — *De quelques instruments agricoles*, susceptibles d'être employés sur les fermes des colonies de Sétif, par M. le comte Sautier de Beauregard. — *Chronique du mois*. — *Bulletin général de colonisation*.

*Afrique*. — Retour du docteur Barth. — Actes officiels relatifs à la colonisation. — Nouveau rapport de la chambre consultative des arts et manufactures de l'arrondissement de Louviers, sur la qualité des garances de l'Algérie. — Exposition universelle d'horticulture aux Champs-Élysées. — Bois Algériens. — Or, argent et pierres précieuses. — Lettre d'un émigrant savoisien dans les colonies suisses de Sétif

Prix de l'abonnement : France et Algérie, un an, 14 fr.; six mois, 8 fr. — On s'abonne : à Paris, 3, rue de Provence.

— DIRECTION DES BALLONS. Moyens nouveaux à expérimenter, par M. P.-F. Terzuolo, broch. in-4°. Firmin Didot frères, 56, rue Jacob.

*Le propriétaire, rédacteur-gérant :*
VICTOR MEUNIER.

PARIS. — IMP. J.-B. GROS, RUE DES NOYERS, 74

Première année. — N° 43. Quinze centimes. 28 octobre 1855.

# L'AMI DES SCIENCES

PAR

## VICTOR MEUNIER

BUREAUX D'ABONNEMENT :
13, RUE DU JARDINET, 13.
Près l'École de Médecine.

Parait le dimanche.
(Les abonnements datent, au gré des souscripteurs, du commencement de l'année ou du premier dimanche de chaque mois).

PRIX DE L'ABONNEMENT POUR L'ANNÉE.
PARIS, 6 FR.— DÉPARTEMENTS, 8 FR.
ÉTRANGER, surtaxe en sus.
Envoyer un mandat de poste.



### D'UNE ANALOGIE

ENTRE LES MINÉRAUX ET LES CORPS ORGANISÉS.

Dans les expériences faites anciennement sur la cristallisation des sels, on a vu constamment que, dès l'instant qu'ils deviennent saisissables à la loupe, ces sels ont déjà la forme cristalline qu'ils présentent lorsque leurs dimensions sont assez considérables pour qu'on puiss eles observer à l'œil nu.

Du temps que l'hypothèse de la préexistence des germes dominait en physiologie, la circonstance qui vient d'être rapportée eût établi une analogie entre les cristaux et les êtres vivants. Maintenant que nous savons que l'être organisé n'existe pas tout entier dans l'œuf dès le commencement, et qu'au contraire il s'y forme pièce à pièce, les expériences dont il s'agit signalent une différence entre les corps bruts et les corps organisés, ou s'il y a un point de contact entre les uns et les autres, il est établi par les êtres vivants les plus élémentaires, par ceux qui, composés d'une simple cellule ou d'une même celluleplusieurs fois répétée, paraissent être, dès l'instant de leur formation, ce qu'ils seront toute leur vie.

Tel était l'état de la question, quand un chimiste distingué, M. Brame, la reprit. Au lieu d'opérer comme ses prédécesseurs sur des sels solubles, il expérimentasur des corps fusibles et volatils à de faibles températures, ou sur des corps solubles dans des substances essentiellement volatiles, telles que le chlore, l'iode, l'essence de térébenthine, etc. Ces corps lui ont donné des résultats tout différents de ceux que les précédents avaient offerts. Il a vu chez eux un commencement différant de la fin, une succession d'états, des changements de formes, des phases ou des âges, et non plus un simple accroissement comme dans les corps solubles.

Et ce n'est pas tout. Cet état qui précède la forme cristalline et dont la forme cristalline est la conséquence, cet état a encore ceci de remarquable, qu'il consiste en un arrangement analogue à celui des tissus organiques. A ce moment, en effet, le corps brut qui précédemment existait sous forme de vapeur, qui plus tard prendra la forme d'un cristal, le corps brut présente actuellement la forme d'une cellule ou d'une utricule.

Voici la composition de cette utricule : au dehors, une enveloppe extrêmement mince, flexible, transparente et incolore; un tégument, une membrane qui, lorsqu'on la déchire, se replie et se contourne sur elle-même, à la manière d'une membrane, comme les tissus animaux ; au dedans, une matière plus ou moins molle, demi transparente, incolore ou colorée, renfermant du soufre à l'état de gaz ou de vapeurs condensables en tissus octaédriques.

L'analogie a paru si frappante que, pour désigner cet état nouveau des corps inorganiques, on n'a pas créé d'expression nouvelle, mais on a emprunté à la physiologie végétale celle d'*état utriculaire*.

Les corps principaux sur lesquels on a opéré sont le soufre, le phosphore, l'arsenic, le selenium, l'iode et le camphre. Chez tous on a reconnu des phases embryonnaires, un état utriculaire. C'est sur le premier qu'il a été fait le plus grand nombre d'expériences, et, comme les résultats sont partout les mêmes, il suffit de mentionner les phénomènes présentés par le soufre.

Il va sans dire que ces phénomènes ne sont visibles qu'au microscope; c'est ce qui arrive chaque fois qu'il s'agit des commencements des choses. Ici il faut saisir des globules de 1 millième de millimètre de diamètre au début, et qui, en grossissant fort, finissent par atteindre une dimension de quelques centièmes de millimètre.

C'est lorsqu'il est à l'état de vapeur que le corps en expérience passe à la forme utriculaire. Or, le soufre émet de la vapeur en deux circonstances: 1° lorsqu'il est en fusion; 2° lorsqu'il a cristallisé et que la masse cristalline tend à se refroidir. Recevez cette vapeur sur un corps froid, sur une lame de verre, par exemple; elle s'y condense sous forme d'une couche blanche à peine visible à l'œil nu ; armez-vous d'un microscope, et vous reconnaîtrez que cette couche est formée de très-petits globules transparents et incolores. Je passe d'intéressants détails pour arriver au point essentiel.

Supposez le soufre porté à 200 degrés. Les globules déposés à cette température sur une lame froide sont incolores, transparents et très-moux ; ils peuvent atteindre jusqu'à un centième de millimètre. Parmi ces globules, les uns sont complétement et rapidement volatilisés ; M. Brame leur donne le nom de vésicules; les autres sont fixes, du moins dans un tube fermé, et peuvent se conserver pendant plusieurs mois sans perdre les propriétés qui les caractérisent (il y en a qui n'ont éprouvé d'altération qu'au bout de deux ans) ; ces petits corps sont précisément les utricules dont la description a été donnée ci-dessus.

A partir de 200 degrés jusqu'à la température de l'ébullition, le dépôt est constamment formé d'utricules plus ou moins développées, toujours séparées les unes des autres, si la durée de la condensation n'est pas trop prolongée.

A la température de l'ébullition, surtout lorsqu'elle est vive, les utricules se fondent parfois, et forment de petites masses molles pouvant atteindre à 4 millimètres. On y reconnaît encore les utricules qui, bien que soudées, ne sont pas complétement confondues ensemble.

Voyons maintenant ce qui arrive lorsque la température se maintient. On ne peut citer tous les cas, nous nous bornons au principal.

Les utricules soudées en petites masses ne conservent que peu de temps leur état de mollesse. Leur métamorphose a lieu par la formation de très-petits cristaux plus ou moins bien dessinés, parmi lesquels on reconnaît toujours quelques octaèdres isolés et complets.

Les utricules globulaires (celles qui sont restées isolées) éprouvent, mais lentement, la même modification, et, pour elles, cette modification est presque toujours précédée d'une métamorphose que M. Brame désigne sous le nom de *secondaire*. Cette métamorphose secondaire consiste en une cristallisation extérieure, laquelle donne naissance non plus à des cristaux déterminés, mais à des lames cristallines, incolores, très minces, et atteignant plusieurs fois la longueur de l'utricule qui les a produites.

Une relation nouvelle et intéressante est donc établie entre les corps bruts et les corps vivants. Ce résultat de persévérantes et ingénieuses recherches s'ajoute à beaucoup d'autres du même genre ; il vient enrichir cette science dont les matériaux sont partout, mais qui attend encore son architecte, science dont le rôle consistera à coordonner les faits entre eux analogues déjà innombrables et la plupart si éclatants qui se produisant dans chaque science particulière, se correspondent et se font écho de l'une à l'autre. M. Brame est sur le chemin de la physiologie. Les corps bruts fourniront la solution de plusieurs problèmes présentés par les corps vivants ; ils aideront du moins à la trouver, et l'étude de la force en vertu de laquelle les substances qui cristallisent présentent telle forme et non telle autre préparera à comprendre la force en vertu de laquelle chaque espèce végétale et animale revêt la forme qui lui est propre.

## CORRESPONDANCE.

### Les chemins de fer et M. Arago.

Un mot attribué par M. Perdonnet à M. Arago et cité dans notre précédent numéro (1) a ému la pieuse susceptibilité du savant auquel l'illustre astronome a remis le soin de sa gloire en le nommant son exécuteur testamentaire pour les choses scientifiques. Dans la lettre suivante, M. Barral donne du mot dont il s'agit une interprétation à laquelle on reconnaîtra le double mérite de la vérité et de la vraisemblance.

Paris, 24 octobre 1855.

A Monsieur Victor Meunier, directeur de l'*Ami des Sciences*.

Mon cher ami,

Vous citez dans le dernier numéro de votre excellent journal, l'*Ami des Sciences*, l'extrait d'une préface où M. Perdonnet rappelle les obstacles qu'a rencontrés en France l'établissement des chemins de fer. Cet extrait se termine ainsi : — « Les souterrains seront nuisibles à la santé des voyageurs, prétendait M. Arago. » — L'illustre savant dont vous vous êtes plu à proclamer plusieurs fois le dévouement constant au progrès des sciences et des arts se trouve ainsi rangé parmi les esprits rétifs aux innovations Vous voudrez bien, mon cher ami, me permettre quelques mots de rectification dans l'intérêt de la vérité.

Il est très vrai que, dans un discours prononcé le 13 juin 1836 à la chambre des députés, M. Arago a appelé l'attention sur les dangers que présentent les tunnels pour la santé des voyageurs. Mais, dans ce discours, M. Arago s'opposait à ce qu'on fît deux chemins de fer de Paris à Versailles ; il voulait qu'on prît le chemin le plus court ; il préférait enfin un chemin sans souterrains humides, froids et mal aérés. M. Arago n'avait-il pas raison? Les faits accomplis n'ont-ils pas montré que les deux chemins de Versailles ne pouvaient prospérer ensemble, et n'est-il pas certain que chaque fois qu'un convoi pénètre dans un tunnel, les voyageurs sont saisis d'un malaise qui a causé plus d'une indisposition ?

Agréez, mon cher ami, mes compliments pour la direction si éclairée que vous imprimez et à l'*Ami des Sciences* et à la *Presse des Enfants*, et croyez-moi toujours votre bien dévoué,

J.-A. Barral.

(1) Voir l'article intitulé: *Encouragement offert aux inventeurs*.

### L'écluse à feu.

L'article de M. Andraud sur l'écluse à feu qu'il propose, article publié dans le précédent numéro, a motivé plusieurs lettres où l'on signale un défaut de cet appareil, défaut qui nous paraissait en effet devoir sauter à tous les yeux. On n'eut pas eu la peine de nous adresser ces lettres, si par suite d'une erreur de mise en pages, l'article dont il s'agit n'eut été séparé de la note suivante qui devait lui être ajoutée.

« La tour à feu qui vient d'être décrite, ne nous paraît pas devoir fonctionner si on brûle de la paille, vu que les produits gazeux de la combustion mettraient obstacle à la diminution de volume et de pression indispensables au jeu de l'appareil. Mais le résultat serait probablement atteint par la combustion de l'hydrogène produit sur place ou voituré de l'usine la plus rapprochée, dans les cas spéciaux pour lesquels l'écluse à feu est proposée. Le projet de M. Andraud mérite donc l'accueil bienveillant dû à toutes combinaisons ayant pour but de mettre les cours d'eau en état de lutter contre les chemins de fer auxquels il est si nécessaire de créer une concurrence sérieuse. »

## SOUSCRIPTION

EN FAVEUR DE LA FAMILLE DE JOSEPH REMY.

MM. Fortoul, à Toulon, 1 fr. — Riquier, d'Alger, 3 fr. — Denizart, 1 fr. — B. Ferré, à Morlaas (Basses-Pyrénées), 5 fr. —Ferdinand Servin, à Amiens, 5 fr. — De Caenchy, 2 fr. Total, 17 fr. versés au secrétariat de la Société zoologique comme toutes les sommes antérieurement reçues par nous.

Telle est notre récolte depuis la dernière liste (publiée le 17 juin). Nous rappelons à nos lecteurs que la souscription est toujours ouverte. Nous leur dirons prochainement à combien s'élèvent les souscriptions reçues par la Société zoologique.

## REVUE DE L'EXPOSITION UNIVERSELLE.

### RELIEFS DE GÉOMÉTRIE EN PAPIER A DESSIN,

Par M. Eugène Lago, chef des travaux graphiques et professeur du Cours industriel au Lycée d'Auch.

Parmi les produits de la 8e classe, 6e section, se trouve (sous le numéro 2051), dans la galerie de l'annexe réservée à l'enseignement, une collection de reliefs de géométrie en papier à dessin, unique en son genre.

Je ne sais s'ils ont fixé l'attention du Jury ou de quelques visiteurs intelligents; mais ils le méritent à plusieurs égards.

Ils se recommandent (comme le dit l'exposant dans sa notice) par leur utilité, leur nouveauté, le prix auquel on peut se les procurer dans le commerce, le fini de leur exécution, et par-dessus tout, par la facilité avec laquelle on peut les reproduire, sans avoir la moindre notion de géométrie ou même de dessin linéaire.

L'auteur, qui est en ce moment à Paris, s'amuse quelquefois à fabriquer ses reliefs près de sa collection, afin d'enseigner ses procédés aux rares visiteurs de cette galerie, et j'ai eu la bonne fortune de le voir travailler.

En quelques minutes, une feuille de papier se transforme sous ses doigts en prisme, en parallélépipède, en pyramide entière ou tronquée, découpés (si la démonstration d'un théorème l'exige) en deux, trois, quatre, etc., etc., parties qui viennent se juxtaposer pour recomposer le polyèdre avec une rare perfection (à faire envie au plus habile constructeur). Ses reliefs de géométrie descriptive sont encore plus faciles à construire en raison d'un système très-ingénieux de tenons et de mortaises qui permettent de démonter, en quelques secondes, les constructions pour les renfermer dans une boîte ou tout simplement dans un livre. On peut ainsi, à volonté, les fixer dans l'ordre des propositions, sur des planchettes d'où elles s'enlèvent par un procédé tout aussi simple que celui de leur construction, ou les renfermer au nombre de 40 à 50 dans une boîte dont la forme extérieure et le volume sont ceux d'une arithmétique ou d'une géométrie élémentaire.

Les élèves pourvus de ces constructions peuvent (en moins de temps qu'il n'en faut au professeur pour faire les figures) remonter les reliefs des propositions qui font l'objet de la leçon, et suivre dès lors avec la plus grande facilité les raisonnements qui se rapportent aux volumes, aux surfaces ou aux lignes qu'ils ont entre les mains, dans leurs positions respectives, et avec des couleurs qui permettent de distinguer, à première vue, les plans de projection, les lignes et les plans donnés ou cherchés, les lignes et les plants projetants, les lignes et les plans de construction qui varient encore de couleur suivant qu'ils sont perpendiculaires, sécants, ou dans une position arbitraire.

Le choix de ces couleurs conventionnelles paraît, de prime abord, un peu méticuleux; mais aux yeux de toutes les personnes compétentes, ils dénotent un professeur qui a une grande habitude de l'enseignement, et qui n'a rien négligé pour rendre son travail aussi utile qu'attrayant.

J'en ai dit assez pour les élèves et les établissements qui voudront et pourront faire la dépense de ces reliefs; mais ne croyez pas que l'auteur se soit arrêté en si bonne voie. Comme il veut, à tout prix, populariser l'étude de la géométrie dans l'espace, il va faire paraître incessamment des épures lithographiées par lui-même, au moyen desquelles le premier venu pourra exécuter en quelques minutes, et sans aucune étude préalable de géométrie ou de dessin, le premier comme le dernier relief de la collection.

Si l'on m'avait dit, il y a quelques jours, que l'on remplacerait, sans étude théorique ou pratique, nos habiles constructeurs de reliefs de géométrie par des élèves auxquels on ne demanderait que de savoir conduire un canif le long d'une règle, j'avoue que, malgré ma foi dans le progrès, j'aurais eu de la peine à le croire. Mais j'ai, et je puis affirmer que beaucoup des épures de M. Lago, permettent de construire un relief en cinq à six minutes d'un travail qui paraîtra attrayant à tous ceux qui voudront s'en occuper.

---

## PIERRES TENDRES DURCIES, SILICATISÉES ET FLUOSILICATISÉES.

*Procédés de* M. Kuhlmann.

Les pierres tendres, bien plus communes que les pierres dures et se prêtant aisément à toutes les formes que l'artiste veut leur donner, sont employées bien plus fréquemment que les pierres dures dans les constructions et les œuvres d'art. Mais leurs avantages sont compensés par un grave inconvénient. Ces pierres si faciles à travailler sont très sensibles à l'action du temps et de l'humidité. Un grand progrès serait donc réalisé si on pouvait durcir les pierres tendres qui ont servi à construire un monument, celles que le ciseau du sculpteur a transformées en œuvre d'art, pourvu, toutefois, que le procédé de durcissement n'en altère pas les surfaces. C'est ce problème que M. Kuhlmann s'est proposé et qu'il a résolu.

M. Kuhlmann a trouvé qu'en faisant pénétrer, plus ou moins profondément, dans les pierres calcaires, des silicates doubles, et le silicate de potasse préférablement aux autres, il y a une réaction chimique entre le silicate et le carbonate de chaux, formation de silicate, peut-être dépôt de silice, et enfin union intense du carbonate non altéré avec le silicate de chaux et la silice ; la pierre, de tendre et poreuse qu'elle était, devient dure et compacte, elle prend un aspect lisse, et peut recevoir un beau poli analogue à celui du stuc. Ces pierres sont celles qu'il appelle silicatisées.

Ainsi, une construction, une œuvre d'art en pierre tendre étant données, il suffit, en principe, pour la durcir, de la badigeonner avec une dissolution au degré convenable (15 degrés environ) de silicate de potasse contenant le moins possible de potasse en excès.

La décomposition qui s'opère entre le silicate et le carbonate calcaire produit du carbonate de potasse; la présence de ce sel marin pouvant, dans les temps humides, donner lieu à des exsudations, M. Kuhlmann a cherché des moyens pratiques et peu dispendieux de fixer la potasse et de la rendre insoluble. Ce qui lui a le mieux réussi, c'est l'acide hydrofluosilicique. L'auteur annonce en effet qu'il est parvenu à rendre les procédés de fabrication manufacturiers et économiques.

Lorsque les calcaires tendres ont été silicatisés, que le durcissement a été obtenu, que le lavage a eu lieu, on les imprègne d'une dissolution très-affaiblie d'abord, plus forte ensuite, d'acide hydrofluosilicique, qui pénètre dans la pierre et forme, avec la potasse, un composé insoluble contribuant aussi au durcissement ; de là la dénomination de *fluosilicatisation.*

Cet emploi de l'acide hydrofluosilicique pour fixer la potasse en excès, pour détruire tout germe de nitrification plus ou moins éloignée et toute propriété hygrométrique des murs, a conduit logiquement M. Kuhlmann à se demander si la *fluosilicatisation* ne pouvait pas être obtenue directement à l'aide dudit acide. Cette question, il l'a résolue affirmativement.

L'acide hydrofluosilicique, en contact avec la craie, en dissout d'abord une certaine quantité ; par un contact plus prolongé, l'acide est entièrement décomposé ; il y a dépôt de fluor et de silicium qui, en pénétrant dans le calcaire, en augmente la dureté, mais plus lentement que quand opère avec le silicate de potasse. C'est la fluosilicatisation dans toute sa simplicité.

Quand il s'agit de fluosilicatiser des sculptures ou œuvres d'art, on diminue l'action corrosive de l'acide en le saturant en partie avec de la craie.

M. Kuhlmann a étendu aux plâtres ses recherches sur la fluosilicatisation. Ici encore il a rencontré un succès.

Le durcissement de la surface du plâtre se fait presque instantanément; mais il ne faut pas que l'injection d'acide hydrofluosilicique soit abondante, car alors le plâtre se recouvre de mamelons rugueux, dus à la formation de bisulfate de chaux, l'acide sulfurique d'une partie du sulfate étant déplacé par l'acide hydrofluosilicique et ne pouvant être capsulé, comme l'est l'acide carbonique dans le traitement des calcaires.

L'application si importante du silicate au durcissement du plâtre ne pouvait échapper à M. Kuhlmann. Dans des mémoires publiés en 1841, il indique les précautions à prendre pour cette application, soit en gâchant le silicate avec des dissolutions siliceuses, soit en n'employant le plâtre qu'en dissolution très-faible pour en imprégner le plâtre formant enduit ou le plâtre moulé. Si l'on employait des dissolutions concentrées, la réaction serait trop énergique et trop superficielle, et l'on s'exposerait au fendillement des parties silicatisées.

La chaux grasse est immédiatement transformée en chaux hydraulique, par son seul contact avec une dissolution de silicate de potasse. En mélangeant 100 de chaux et 10 à 12 de silicate, tous deux réduits en poudre très-fine, on obtient une chaux qui présente tous les caractères des chaux hydrauliques. Cette recette, donnée par M. Kuhlmann, permettra de faire assez économiquement des constructions hydrauliques dans les pays où l'on ne trouve que des calcaires à chaux grasse.

La silicatisation a été appliquée sous la direction de l'inventeur :

1° Aux divers groupes, statues et frontons de l'Ecole militaire, qu'on vient de restaurer. Ils avaient été faits en pierres très-tendres et étaient entièrement désagrégés ; ils ont acquis une dureté considérable ;

2° Au Louvre, sur les groupes qui se trouvent sur la façade du Palais-Royal, la rue de Rivoli et la rue de l'Oratoire, comme aussi sur plus de 150 groupes destinés à la cour du Carrousel ; toutes ces statues sont en pierre de Conflans ; ainsi que sur les vases du jardin qui sont en pierre tendre de Vergelès ;

3° A la grande caserne de Saint-Denis, sur le couronnement d'un mur d'enceinte que le maréchal Vaillant a fait exécuter exprès en pierre excessivement tendre et poreuse. A Lille, les sculptures intérieures de la Bourse ont été silicatisées, il y a déjà plusieurs années. En Angleterre, en Allemagne surtout, des applications ont été faites du procédé de M. Kuhlmann.

### FABRICATION MÉCANIQUE DES FILETS DE PÊCHE.

Une récompense nationale de 500,000 fr. avait été promise sous le premier empire à l'inventeur d'un métier à filets de pêche : le prix ne fut pas décerné ; plus tard la Société d'encouragement remit le problème au concours, Pecqueur le résolut. Son métier fut vendu à l'Angleterre ; le beau-frère de l'illustre inventeur, M. Zambaux, héritier de ses brevets, de ses modèles et de ses traditions, ayant longtemps partagé ses travaux, a apporté une multitude de perfectionnements de détail au métier primitif ; sa puissance productive a été doublée, sa marche est devenue continue, et il figure aujourd'hui parmi les remarquables de l'exposition.

Le métier Zambaux-Pecqueur fait la bordure, ce qui permet d'établir des filets de toute largeur, sans que l'œil le plus exercé puisse apercevoir les points de suture, — il fait des mailles de toutes dimensions, et par conséquent des filets pour toutes sortes de pêches, — il emploie indifféremment toute espèce de fils ou de ficelles, — il fonctionne mécaniquement d'un mouvement continu par un moteur quelconque, l'homme, la vapeur, etc. ; — il fait le véritable nœud de pêche, celui qu'on obtient à la main ; — par un mouvement en sens contraire, à chaque rangée de nœuds il rétablit le fil dans son état normal, ce qui empêche le filet de se *vriller* dans l'eau comme cela arrive fréquemment aux filets fabriqués à la main, — il produit à volonté des mailles dans le sens vertical ou dans le sens horizontal, en losange, ou en carré. — Enfin, il fait au minimum 600 nœuds à la minute, ou 360 mille nœuds en dix heures de travail (240 mètres carrés environ) quand il est mû par un homme, et moitié en sus quand il est actionné par la vapeur ; le plus habile ouvrier travaillant à la main ne peut faire plus de 7,500 nœuds en dix heures, par conséquent le métier Pecqueur produit autant que 48 ou 72 ouvriers selon le moteur employé.

M. Zambaux-Pecqueur expose en même temps que le *grand* métier dont il vient d'être question, un petit métier ne différant du précédant qu'en ce qu'il ne fonctionne qu'à la main, mû par un homme ou une femme ; appliqué depuis plusieurs années à la fabrication des filets pour la passementerie, il travaille toutes sortes de fils, chanvre, lin, coton, soie, etc. Monté à 120 navettes, c'est le cas de celui qui est exposé, il peut produire 10 rangées de nœuds à la minute ; porté à 200 navettes, il produirait 1,000 nœuds dans le même laps de temps, et 600 mille par jour ; il fait le travail de 48 ouvriers dans le premier cas, et de 80 dans le second.

### PARACHUTE CUFFAT.

On voit à l'exposition un *parachute* inventé par M. Cuffat en vue de préserver la vie des ouvriers employés dans les mines. Cet appareil se compose : 1° de guides en forme d'échelles qui longent le puits ; 2° du parachute proprement dit, qui surmonte le vase d'extraction. Lorsque le cable de suspension vient à se rompre, les ressorts se détendent et lancent en dehors deux pènes ou verroux qui, venant reposer sur les échelles des guides, arrêtent tout le système. Son jeu simple, sûr et facile, a fait adopter le parachute Cuffat dans plusieurs mines du district de Charleroi, où, à diverses reprises, il a donné des preuves de son efficacité en empêchant la chute des cages chargées de 16 à 20 hectolitres de charbon. Le 6 mai dernier, il a sauvé la vie à huit mineurs qui remontaient le puits Saint-Louis, de la mine du Poirier, et qui, sans lui, eussent été précipités dans le fond de la fosse par suite de la rupture de l'arbre des bobines. Cet appareil est donc appelé à rendre de grands services à l'art des mines, tant en facilitant l'extraction qu'en dispensant les ouvriers mineurs de l'usage si fatiguant des échelles.

## LA SEMAINE SCIENTIFIQUE.

### Le langage mimique proposé comme langue universelle.

Cette proposition très-digne, à notre avis, d'être prise en considération, est faite par un homme très-compétent en semblable matière, par M. J. Rambosson, ancien directeur de l'institution royale des sourds-muets de Chambéry.

« Lorsque l'on parle d'une langue universelle, dit M. Rambosson, on n'entend pas, sans doute, une langue destinée à remplacer toutes les autres langues, mais une langue accessoire, permettant à tous les peuples de s'entendre et pouvant être apprise, je dirai presque en quelques instants, ne présentant aucune difficulté insurmontable, même pour les plus faibles intelligences ; or, le langage mimique naturel offre parfaitement tous ces avantages. »

Pour se convaincre que les mérites du langage mimique ne sont point exagérés, il suffit d'énumérer quelques-unes de ses propriétés. On va voir qu'il réalise presque l'idéal de la simplicité et de la facilité

1° Le langage mimique naturel n'a aucune difficulté de grammaire ni de syntaxe ; par conséquent, une des plus graves difficulté des langues parlées est mise immédiatement de côté.

2° Le substantif, l'adjectif, le verbe et l'adverbe, qui ont rapport à la même idée, tels que : obliger, obligeance, obligeant, obligeamment, n'ont besoin que d'un seul signe ; le contexte, les circonstances suffisent pour déterminer l'espèce du mot.

3° De même, chaque collection de synonymes n'a besoin que d'un seul signe, non que les synonymes expriment la même idée ; mais le plus ou moins de force, de vigueur, de grâce, de délicatesse, etc., qu'indique la nature à ceux qui sont initiés à son langage, font mieux sentir que toutes les conventions du monde la différence accessoire des idées, la nuance que l'on veut exprimer.

4° Le petit nombre de racines, de radicaux, qu'il est nécessaire de savoir pour être initié à ce langage, reposent dans chaque individu ; ils ne demandent qu'à être réveillés, comme tout ce qui est naturel, pour être compris et n'être plus oubliés.

5° Les intelligences les moins perfectibles et les peuples les plus arriérés dans la civilisation, tels que les sauvages qui parlent plus par signes que par la parole, pourraient être initiés à ce langage, il suffit pour s'en convaincre de lire l'*Histoire des voyages*.

M. Pécoult, capitaine au long cours, l'ingénieux inventeur du loch-sondeur, écrivait dernièrement à l'auteur : « ..... Je suis persuadé que l'adoption de votre méthode dans les écoles spéciales serait d'une grande utilité, surtout pour les jeunes gens qui se destinent à la marine, car il sont souvent en contact avec des personnes qui ne connaissent aucune des langues répandues, telles que le français, l'anglais et l'allemand.

« Quant à moi, je puis vous dire sciemment, étant le parent d'un jeune muet avec lequel j'ai vécu quelque temps, que les signes m'ont été bien souvent très-utiles, soit à Famagouste (île de Chypre), avec les Arabes, soit à Bissao (côte occidentale d'Afrique), avec les noirs, soit enfin dans divers pays de l'Amérique, J'ai parfaitement compris que la pratique de cette langue naturelle donne une grande facilité pour exprimer la pensée, etc. »

6° Le langage mimique a non-seulement l'avantage de pouvoir servir de moyen de communication prompt et facile entre toutes les intelligences ; mais il a de plus les avantages de la musique pour adoucir les mœurs. Sa poésie est même plus pénétrante ; elle porte la lumière jusqu'au fond de l'âme et l'émotion jusque dans les profondeurs de l'organisme ; elle offre aussi d'immenses avantages à l'éloquence ; et pour la grâce des mouvements, elle porte son influence sur des délicatesses qui passent inaperçues aux lois mêmes de la danse.

Ce langage, qui semble être spécialement l'interprète du cœur, convient parfaitement aux sciences les plus abstraites. M. Arago dit dans ses biographies, en parlant d'un de ses illustres collègues : « J'entends souvent attribuer les succès de Monge dans l'enseignement de la géométrie descriptive à l'habilité sans pareille avec laquelle il savait, par des gestes, figurer et poser dans l'espace les surfaces, objets de ses démonstrations. Je méconnais d'autant moins ce genre particulier de mérite, que j'ai entendu souvent notre confrère lui assigner une extrême importance. Je dois, plus que personne, me rappeler qu'au commencement de la dernière leçon qu'il a donnée à l'École Polytechnique, en 1809, Monge s'exprimait ainsi : « Je suis, mes amis, obligé de prendre congé de vous et de renoncer pour toujours au professorat ; mes bras engourdis, mes mains débiles ne m'obéissent plus avec la promptitude nécessaire. » Belle et curieuse apologie du langage mimique, par la bouche de Monge et par celle d'Arago. Monge ne peut plus professer, non pas que sa langue soit liée, mais ses bras sont engourdis et ses mains sont débiles.

Plus loin, l'illustre astronome continue :

« Vous prenait-il fantaisie d'analyser le talent oratoire de Monge, votre oreille était désagréablement affectée par une prosodie défectueuse. A des paroles traînantes succédaient de temps à autre des membres de phrases articulés avec une volubilité faite pour dérouter l'attention la plus soutenue. Vous alliez alors, par dépit, jusqu'à vous ranger à une opinion erronée, mais fort répandue ; vous croyiez Monge bègue. Bientôt cependant, entraîné, séduit par la lucidité de ses démonstrations, vous étiez tenté de rompre le silence solennel de l'amphithéâtre et de vous écrier, à l'exemple d'un des élèves les plus distingués de notre confrère : « D'autres parlent mieux, personne ne professe aussi bien. »

Chose singulière, un même objet, une même idée peut avoir plusieurs signes naturels sans qu'ils soient identiques ; mais lorsque l'on est initié au langage mimique, on comprend sans peine tous les signes naturels, en sorte que les élèves qui ont fait leur éducation dans des institutions différentes peuvent parfaitement s'entendre, pourvu que leurs signes soient naturels.

Il en est du langage mimique comme du dessin ; il n'est pas nécessaire, pour savoir le dessin, d'avoir dessiné tous les objets de la nature ; mais il suffit d'avoir exécuté quelques modèles : on sent ensuite instinctivement comment il faut s'y prendre pour dessiner un objet quelconque. De même, après avoir appris les signes d'un certain nombre d'objets, de pensées, de sentiments, on sent instinctivement le signe qui est l'expression naturelle d'une chose quelconque, et ce signe est compris partout.

C'est en effet ce qui a lieu. Tous les jours on voit des sourds-muets étrangers, ou des personnes qui ont appris le langage mimique, s'entendre parfaitement, lors même que leurs signes sont différents.

L'histoire nous raconte le trait de ce roi de Pont, qui, étant venu à Rome et en ignorant la langue, comprit cependant en entier la pantomime d'un acteur qu'il vit sur la scène.

« Lorsqu'en 1815, dit M. de Gérando, le sourd-muet Clerc, accompagnant l'abbé Sicard, parut au milieu de l'institution des sourds-muets à Londres, quelques gestes qu'il adressa à ses compagnons d'infirmité, subitement compris par tous, produisirent sur eux un effet électrique. Cependant combien de différence dans les mœurs, les situations, les conditions locales ! et si les manières de voir varient, les peintures doivent varier comme elles. »

L'auteur a visité un grand nombre d'établissements : Genève, Lyon, Grenoble, Paris, etc. Il a eu souvent occasion de voir des sourds-muets de différentes nations, toujours il s'est entretenu avec la plus grande facilité, non seulement pour des choses ordinaires, mais même pour des particularités sur lesquelles on venait le consulter.

---

### Bateaux en toile imperméable.

Nous avons dit quelques mots d'un système de bateaux plats en toile imperméable, inventé par M. Jacovenko en vue du transport économique des houilles, bois et vins, dont un modèle figure en ce moment sur la Seine, au pont Saint-Nicolas, entre le pont du Carrousel et le Pont-Royal. Un mémoire que nous adresse l'auteur va nous permettre d'être plus explicite sur cette invention renouvelée des Babyloniens, mais très perfectionnée.

Les bateaux plats à toile imperméable se composent de madriers encadrés, auxquels on attache par des boulons spéciaux des planches destinées à former et le fond et les côtés. La caisse ainsi disposée, on la tapisse tout entière d'une toile imperméable sur laquelle s'établit la charge ; la toile, étant assez forte pour résister à une grande pression, se trouve d'ailleurs garantie contre tout choc extérieur par le bois qui l'enveloppe.

La première chose à remarquer dans ce système, c'est l'extrême commodité de la construction. La charpente des bateaux se fait en bois de sapin ; toutes les pièces qui la composent sont de même dimension, ce qui rend leur assemblage très facile ; dans une demi-journée deux hommes peuvent assembler les compartiments d'un bateau de 100 tonnes, et lorsque, après leur déchargement, ces bateaux sont disjoints, leurs pièces sont si légères et tiennent si peu de place que l'on peut en charger cinquante sur un bateau *ad hoc* qui les rapporte ainsi au lieu de leur chargement comme une marchandise quelconque. Cette dernière opération est une des principales conditions économiques du système, en ce qu'elle supprime les frais de retour à vide, dont l'importance, toujours considérable, ne sert qu'à accroître le prix des marchandises.

La mise en pièces des bateaux et leur transport comme colis donne une grande célérité à leur retour et augmente du même coup le nombre des voyages qu'ils doivent effectuer ; d'où résultent des bénéfices inattendus.

Inutile d'ajouter qu'en l'absence du retour à vide et du chômage qu'il provoque, il y a une réduction notable sur le personnel, et, par conséquent, une nouvelle source d'économies.

Mais, un avantage qu'il importe surtout de signaler, c'est celui qui résulte de la légèreté des bateaux proposés.

Dans son ouvrage relatif aux réformes à opérer dans l'exploitation des chemins de fer, M. Proudhon signale certaines lois dans l'industrie des transports ; il examine, par exemple, les avantages que retirerait de la diminution du poids des véhicules la marchandise transportée, ou, pour employer ses propres expressions, ce que gagnerait le *poids utile* à la réduction du *poids mort*.

Au dire de cet écrivain, un bateau plat non ponté pesant 35 tonnes porte 115 tonnes à charge complète et navigable; d'où il suit que, dans ce cas, le rapport du *poids mort* au *poids utile* est comme 1 est à 3.

Le même bateau *ponté* pèse 40 à 45 tonnes et n'en charge que 90; dans cette dernière circonstance le *poids mort* est au poids utile comme 1 à 2.

Les grandes *savoyardes* de Saône, non pontées et chargeant 200 tonnes, en pèsent 60; ici, le rapport du *poids mort* au *poids utile* est de 1 à 3,3.

L'auteur ajoute que, de toutes les embarcations de cette nature, ces dernières sont certainement les plus légères.

Or, la construction que M. Jacovenko propose est incomparablement plus avantageuse. Un *bateau plat à toile imperméable*, pesant 4 tonnes seulement, peut porter une charge de 100 tonnes; d'où il résulte que, dans ce système, le rapport du *poids mort* au *poids utile* est de 1 à 25. Une telle réduction permet évidemment de réaliser des économies importantes sur les frais de traction, lesquels décroissent naturellement à mesure que diminue le *poids mort*. Ajoutons que les *bateaux plats à toile imperméable* peuvent aisément naviguer sur les eaux basses.

Un bateau de ce genre, ayant 15 mètres de long, sur 4,5 de large et 1,5 de haut, peut porter:

| | | | |
|---|---|---|---|
| Sur une profondeur de | 0,3 | mètres d'eau | 16 tonnes |
| — | 0,5 | — | 31 |
| — | 0,7 | — | 45 |
| — | 0,9 | — | 59 |
| — | 1,1 | — | 73 |
| — | 1,3 | — | 86 |
| — | 1,5 | — | 100 |

Il peut donc naviguer sur les rivières à peine flottables.

Ce qui vient d'être dit ne donne qu'une faible idée des bases économiques du système, si l'on considère que le prix auquel peuvent s'effectuer et l'établissement de ces bateaux et les frais d'entretien ou de réparation, réduit singulièrement le capital d'exploitation mis communément au service des entreprises de cette nature.

Mais, ne fussent-ils pris que sur la simple économie à réaliser sur les frais de transport, les bénéfices auxquels le système peut atteindre seraient déjà assez considérables pour déterminer la spéculation.

L'auteur le prouve en prenant pour exemple la ligne de navigation qui réunit Paris à la Belgique. On évalue à plus de 900,000 tonnes la quantité de charbon qui suit cette voie. M. Jacovenko montre que pour un capital d'exploitation s'élevant à 4,000,000 de francs, la différence au profit de ses bateaux serait de plus de 3 millions, égale par conséquent aux trois quarts du capital engagé; il termine en ces termes :

« Ces chiffres sont solennels et concluants ; ils plaident éloquemment en faveur du système que l'on propose. Maintenant, la haute influence et le grand pouvoir qu'exercent les opulentes compagnies des chemins de fer, la faculté dont elles jouissent d'imposer les personnes au profit des marchandises, les droits énormes qui pèsent sur la navigation, tout cela prévaudra-t-il contre l'intérêt public réclamant à grands cris des réformes économiques? C'est ce dont il est permis de douter. »

### Le Tatouage accidentel.

Quand, chez les personnes à peau blanche et délicate, surtout chez les enfants, on tente la réunion immédiate de petites plaies à l'aide du taffetas noir d'Angleterre, la cicatrice garde souvent une teinte bleue-noirâtre, teinte indélébile ou qui tout au moins persiste pendant de longues années. L'effet se produit rarement dans le cas de petites coupures à bords bien nets, mais il est inévitable dans les cas contraires, et surtout pour les petites plaies contuses. C'est à cette coloration que l'auteur d'une note publiée dans le *Moniteur des Hôpitaux*, M. Grandclément, professeur d'histoire naturelle au lycée de Clermont-Ferrand, donne le nom de tatouage accidentel. « Il est prudent, dit l'auteur, lorsqu'on a à traiter une petite plaie, soit sur la figure, soit sur d'autres parties du corps qui restent exposées à la vue, d'employer le taffetas rose ou blanc. Je ne vois même pas la nécessité d'employer jamais, dans ces cas, du taffetas noir. » — Il nous a paru que ce petit détail ne laisserait pas que d'offrir un certain intérêt à nos lectrices.

### Vues sur l'origine du Magnétisme terrestre.

Le travail dans lequel M. Moïse Lion érige le *Magnétisme terrestre* en *principe de physique céleste*, travail déposé il y a huit années à l'académie des Sciences et resté inédit jusqu'au jour où nous avons publié l'un de ses principaux chapitres à propos de la confirmation que lui apportait M. Secchi, entreprenant de prouver *que le soleil agit sur la terre comme un véritable aimant, et d'expliquer par cette hypothèse très simple toutes les variations périodiques de l'aiguille* (1); les vues de M. le capitaine du génie Guyard, tendant à expliquer le mouvement de translation des corps célestes par la gravité, la gravitation par le magnétisme, le magnétisme par la rotation autour d'un axe, vues exposées dans notre n° 34; enfin les idées de M. Ernest Baudrimont qui veut faire dépendre la rotation des astres de leur fluidité primitive (1), fluidité admise comme on sait par Laplace; ces longues recherches, ces vues grandioses ont rappelé à M. Nicklès, professeur de chimie à la faculté des sciences de Nancy, qu'il a émis en octobre 1853, dans le *Silliman's American journal*, des aperçus analogues sur le même sujet. Nous extrayons le passage suivant du numéro de ce journal qu'il nous communique:

« Une observation que je fis il y a quelques années avec un de mes frères, dirigea mon attention sur le magnétisme terrestre. Il s'agit de la chute d'un météore cylindrique situé sensiblement dans le plan du méridien magnétique; l'examen du catalogue de Borgurlawsky montre que beaucoup de météores lumineux ont la même orientation.

« Ce n'est pas là un effet du hasard; la direction nous paraît déterminée par l'action magnétique de la terre, action qui peut être puissante sur des corps composés comme ceux dont il s'agit de métaux magnétiques, le fer et le nickel. Suivant nos vues, la terre avait décomposé par influence le fluide normal de la masse météorique et donné au météore ainsi polarisé la direction d'une aiguille à boussole.

« Quant à la cause de la polarité magnétique du globe lui-même et des planètes en général, elle est une à mon avis, et l'expérience d'Arago sur le magnétisme développé quand un aimant agit sur un disque tournant, cette expérience nous la révèle. Le mouvement de rotation des astres est la cause de leur polarité. Un géomètre reconnaîtrait, pensons-nous, que la déclinaison, l'inclination et les perturbations de l'aiguille aimantée s'expliquent dans cette hypothèse beaucoup mieux que dans toute autre.

« Aux différentes sources de magnétisme mentionnées dans les traités de physique, la friction, la pression, la percussion, la torsion, il conviendrait d'ajouter la rotation, action mécanique d'un titre égal à celui des précédentes. »

### Matière colorante de l'artichaut.

M. Verdeil a extrait de l'artichaut, et de plusieurs autres plantes de la même famille, une belle matière colorante verte, bien distincte de la chlorophylle, et qui lui paraît pouvoir être utilisée dans la teinture et dans l'impression des étoffes. Le procédé consiste à faire agir simultanément sur la plante

(1) Voir les numéros 35 et 37 de l'*Ami des Sciences*

(2) Voir notre numéro 39.

broyée, l'air, l'ammoniaque et l'eau. Cette action paraît identique à celle que ces mêmes agents exercent sur la formation. « La ressemblance est même telle, que j'ai pu, dit M. Verdeil, isoler des fleurs de l'artichaut, principalement de la base des pétales, une fécule blanche qui se sépare aisément comme dépôt. Cette fécule renferme la plus grande partie du principe colorant. C'est sur cette fécule, mélangée à l'eau, que je fais agir simultanément l'ammoniaque et l'oxigène de l'air, en agitant continuellement ce liquide. Des extraits par l'eau chaude de la tête des artichauts fournissent également une coloration verte magnifique. »

### Composition des pailles de froment, de sarrasin et de colza.

M. Isidore Pierre a communiqué sur ce sujet, à l'Académie des sciences, une série d'analyses dont nous allons donner le résumé.

*Paille de froment.* Les différentes parties d'une paille de froment peuvent, d'après leur richesse en azote, et très-probablement aussi d'après leur valeur alimentaire, se classer dans l'ordre suivant : 1° épis vides ; 2° feuilles ; 3° partie supérieure de la paille effeuillée (coupée de 10 à 15 centimètres au-dessus du nœud supérieur); 4° partie inférieure. C'est précisément l'ordre dans lequel les moutons fourragent cette paille, ou plutôt ils ne mangent guère que les deux premières et un peu de la troisième, lorsqu'on leur donne la paille entière à fourrager.

*Paille de colza.* M. Isidore Pierre tire de ses recherches les conséquences pratiques suivantes : « 1° l'emploi, comme litière, des pailles de colza, dans des conditions convenables, doit être considéré comme un progrès réel, par rapport à leur emploi comme combustible ; 2° les siliques, après avoir subi certaines préparations propres à les ramollir, devraient constituer un aliment plus avantageux que la paille hachée ; 3° il ne doit pas être d'un bon praticien de jeter au tas de fumier les vannures des graines de colza, qui, outre les débris de pédoncules et de membranes que nous savons assez riches en azote, contiennent encore des graines avortées qui en augmentent la richesse ; 4° enfin certaines parties de la paille de colza semblent appelées à fournir un notable contingent de matières alimentaires pour le bétail. »

*Paille de sarrasin.* Cette paille même, complétement dépouillée de fleurain, est notablement plus riche en azote que celle de froment.

### La 37e planète télescopique.

Le jour même (5 octobre) où M. Goldsmith découvrait le 36e petite planète à laquelle il a donné le nom d'*Atalante*, M. Luther faisait à Bilk, près Dusseldorf, une découverte du même genre. Cette nouvelle planète qui est la 37e reçoit le nom de *fides*, son signe est une croix. M. Luther est à sa cinquième planète.

### Le télégraphe europeo-africain.

On sait déjà qu'un accident survenu durant la pose du câble conducteur entre la Sardaigne et la côte africaine, ajourne jusqu'au printemps prochain l'établissement de communications télégraphiques entre les deux continents. L'habile rédacteur de la *Colonisation* (journal d'Alger), donne sur cette belle entreprise et sur les causes de son interruption, des détails pleins d'intérêt dus à un marin qui a concouru à l'opération. Voici ce que M. Lardier raconte :

« Le bâtiment anglais *Result* arriva à Cagliari le 8 septembre, portant le câble qui, du cap Spartivento, devait aboutir à Bône. La longueur de ce puissant conducteur électrique était de 129 milles (environ 176 kilom.), et son poids de 1,400 tonneaux. Ce ne fut que le 24 septembre que le *Result*, remorqué par le *Tartare*, partit pour le cap Spartivento où les deux bâtiments mouillèrent le même jour. Le lendemain, l'une des extrémités du câble porté à terre, fut placée, comme premier point de correspondance, dans une cabane construite provisoirement ; les deux bâtiments, malgré la résistance et le poids offerts par le câble, devaient avoir une vitesse de deux mille et demi au moins. Une pénible circonstance eut lieu presque dès le début : deux vapeurs anglais, le *Withey-park* et le *Star*, avaient été choisis comme remorqueurs du *Result*. Le premier n'étant pas arrivé, le *Star* dut se charger seul de l'opération. Mais malheureusement, une brise assez fraîche s'étant élevée, il ne put parvenir à faire éviter le bâtiment qui se trouvait en travers au vent ; ils dérivèrent tous les deux, ce qui occasionna la perte d'une longueur de trois mille de câble estimée à une valeur de cinquante mille francs environ. Le *Tartare* dut alors prendre la remorque et s'acquitta parfaitement de cette mission.

« A moins d'avoir assisté à cette opération, on concevrait avec peine les difficultés et les dangers qu'elle présente. Nous essayerons cependant d'en donner une idée : le câble était déposé et enroulé dans la cale ; sur le pont et l'arrière du bâtiment étaient placées, sur la même ligne, deux roues en fonte, ayant chacune une gorge dans laquelle le câble s'enroulait en faisant trois tours sur chaque roue, lesquelles étaient garnies aussi de deux énormes freins servant à arrêter au besoin, tandis que deux autres agissaient directement sur le câble, pour empêcher les tours de se doubler. Une troisième roue placée tout à fait à l'arrière, servait à guider le câble et à l'empêcher d'aller d'un bord à l'autre dans les mouvements du roulis. Dans la cale, des hommes étaient chargés de couper les amarrages qui retenaient le câble, à mesure qu'il se déroulait et filait. Tout alla bien jusqu'au 26, quand tout à coup, à 9 heures du matin, le câble se déroula avec une vitesse effrayante contre laquelle luttèrent en vain tous les efforts. Dans ces circonstances les hommes qui étaient dans la cale, pouvant à chaque instant être enlevés et écrasés contre les parois par les rapides mouvements du câble, donnaient et devaient éprouver de vives inquiétudes. — L'anxiété était à son comble. Enfin, après dix minutes qui durent sembler un siècle aux assistants, on se rendit maître du mouvement.

« Il fallut alors suspendre l'opération, rechercher la cause de ce mouvement extraordinaire, et le point où le fil conducteur s'était rompu, car il y avait lieu de croire à une rupture, la correspondance avec la terre s'étant trouvée interrompue tout à coup. A cet effet, le câble fut coupé, passé de l'avant du bâtiment dans un des écubiers, on le garnit au guindau, et on procéda comme on le fait pour lever un ancre. Ce travail pénible dura jusqu'au 3 octobre, époque où l'on reconnut que le câble était complétement rompu. On en avait perdu une longueur de 35 milles. Le retour au cap Spartivento devint indispensable. Le câble fut remis en place et l'on reprit la mer, pour recommencer l'opération. Mais on s'aperçut bientôt que, pendant un mille et demi qu'on avait parcouru en une demi heure, le câble avait filé une longueur de cinq milles, de sorte que, pendant qu'on avait fait quinze mille seulement à compter du point de départ, il en avait perdu vingt-deux. Vérification faite de ce qui en restait à bord, on reconnut qu'il n'y en avait plus qu'une longueur de neuf milles pour se rendre à la Goulette seulement. Le succès de l'opération devenait par là à peu près impossible, et force fut d'y renoncer. Le câble fut de nouveau coupé, et chaque bâtiment rejoignit son port.

« Cet insuccès coûte environ un million, et ce que tout le monde regrettera plus encore, prive, pour un an peut-être, les populations de l'Algérie d'un bienfait qui n'a pas de prix, celui qui consisterait dans leur mise en contact avec les populations de l'Europe. On se propose de reprendre cette importante opération dès le printemps prochain ; espérons que les modifications indiquées par l'expérience amèneront cette fois une réussite entière. Le récit qui précède serait incomplet, si, en le terminant, on ne mentionnait le dévouement et l'ardeur déployés par l'équipage du *Tartare*, énergiquement stimulé par son commandant, pendant l'accomplissement de ces rudes et dangereux travaux. »

## NOUVELLES ET CAUSERIES.

Un faux progrès. — D'après les prix affichés à l'exposition de l'économie domestique, un ouvrier peut s'habiller des pieds à la tête aux conditions suivantes :

| | | |
|---|---|---|
| Un pantalon de bon drap, tout fait. . . . fr. | 5 | » |
| Un paletot de drap bleu, fort, id. . . . | 6 | 25 |
| Un gilet. . . . . . . . . . . . . . . . | 1 | 80 |
| Une chemise de calicot. . . . . . . . . | 1 | 55 |
| Une paire de gros souliers. . . . . . . | 3 | » |
| Une casquette de drap. . . . . . . . . | 1 | 60 |
| Une paire de chaussettes de laine. . . . | 1 | » |
| Une paire de gants. . . . . . . . . . | » | 75 |
| Un col de soie noire. . . . . . . . . . | » | 75 |
| Un mouchoir de poche. . . . . . . . . | » | 50 |
| Total. . . . . | 22 | 20 |

On demande comment les ouvrières employées à la confection de ces objets d'habillement parviennent à se vêtir elles-mêmes?

Culture de l'Igname. — M. Babaud-Laribière nous écrit de la Charente:

« Les bulbilles d'Igname qui m'ont été confiées sur votre demande par M. de Montgaudry réussissent parfaitement. J'ai 25 pieds d'Igname magnifiques, et un de mes amis, M. Descombes, avec lequel j'ai partagé la semence, a obtenu lui aussi d'excellents résultats. — Quant aux graines d'arbre à suif, nous n'avons pu les faire naître. »

Un enfant a queue. — Le journal anglais le *Sun* prétend qu'il existe à Middlesborough un petit garçon muni d'une véritable queue insérée, comme toute queue doit l'être, au bas de l'os sacrum. Le fait n'a rien d'invraisemblable; cet enfant a quatre mois, sa queue est longue de 4 à 5 pouces anglais. Elle est mobile et ses mouvements sont soumis à la volonté de son possesseur, qui jouit d'ailleurs d'une santé excellente.

La mécanique agricole en Amérique. — On lit dans le *New-York-Observer* : « 15 à 16,000 machines à moissonner seront, dit-on, fabriquées et vendues cette année dans notre pays. Les fabricants ne peuvent satisfaire à toutes les commandes qu'ils reçoivent. C'est là une preuve évidente de la prospérité agricole, car ces machines coûteront près de 2 millions de dollars. »

Le roi des porcs. — Le *Courrier des États-Unis* décerne ce titre à un porc vivant dans le comté de Vermillon (Illinois), chez un fermier du nom de William Price. L'animal est âgé de trois ans, et ne pèse pas moins de mille livres. Il a sept pieds deux pouces de long et trois pieds cinq pouces de haut. Sa circonférence, prise autour des deux côtés, est de six pieds six pouces. Une circonstance remarquable, c'est que cet animal n'a pas encore été mis à l'engrais et qu'il a acquis son accroissement prodigieux en continuant à paître avec le reste du troupeau. Son propriétaire pense qu'en lui faisant suivre un régime convenable il dépassera, à l'âge de six ans, ce qu'on a obtenu de plus monstrueux jusqu'à ce jour.

Une maladie inconnue et mortelle attaque à Saint-Vallier, au récit du *Salut public*, tous les oiseaux de basse-cour. « Ces oiseaux commencent, dit le journal, à avoir les pattes blanches, puis le bec; au bout de peu de jours, la mort les saisit. » D'après les chasseurs, les perdreaux n'ont pas échappé au fléau.

Dans la même localité, l'oïdium a frappé les noyers, les amandiers et les chênes.

Une épidémie de croup sévit depuis quelque temps sur les poules du département de Seine-et-Marne.

Percement de l'Amérique centrale. — Les journaux des États-Unis, en date du 9 octobre, nous apprennent que les ministres de la République se sont réunis le 4 du même mois pour examiner la question de l'établissement d'un canal à travers l'isthme de Darien, conformément aux plans de la compagnie interocéanique; rien n'a transpiré encore des décisions du conseil.

Télégraphe Anglo-Hollandais. — Les fils établis entre la Hollande et l'Angleterre, ne suffisant pas à l'activité croissante des communications: un nouveau câble vient d'être établi. Il a 119 milles de longueur; son poids est de 238 tonneaux. Il avait été roulé à bord du bateau à vapeur *Monarch*, capitaine Henley; l'immersion a commencé à Orfordnets, le 29, à trois heures de l'après-midi. L'opération était heureusement terminée à Schevening, le 30, à une heure 20 minutes de l'après-midi; elle a eu lieu sous la direction de M. Frédérick C. Webb, ingénieur. Maintenant, on expédie des dépêches de Londres à Amsterdam, Berlin, Hambourg, avec la même rapidité qu'à Liverpool, Manchester et Glasgow.

L'Eldorado retrouvé. — Il le serait si la nouvelle qui arrive de la Guyane est fondée. D'après cette nouvelle, on aurait découvert une mine d'or à Cayenne, sur les bords d'une petite rivière nommée l'*Avatage*, et de superbes échantillons du précieux métal auraient été mis sous les yeux du gouverneur.

L'élève des bêtes ovines a fait en France des progrès considérables depuis 1789. Avant cette époque, nous ne produisions que la moitié des laines qui nous étaient nécessaires, aujourd'hui nos importations ne s'élèvent plus qu'au cinquième des laines que nous mettons en œuvre. Notre agriculture possède environ 40 millions de moutons dont la toison moyenne (y compris celle des agneaux) pèse lavée à dos, à raison de 1 kil. 800 par mouton, 72 millions de kilogrammes.

Avant 1789, notre production ne consistait qu'en laines communes exclusivement propres à la confection de tissus grossiers; aujourd'hui nos laines sont magnifiques et nous placent au premier rang. Naguère nous importions des laines supérieures aux nôtres en qualité, c'est le contraire qui a lieu maintenant.

Le Caviar. — Il se fait dans la mer d'Azof une pêche considérable d'esturgons de différentes espèces qui y viennent pour frayer et pour hiverner. C'est surtout aux embouchures du Don et du Kouban qu'on les trouve en grande quantité. Les œufs de ces poissons forment ce qu'on nomme le Caviar. L'esturgeon ordinaire en fournit 30 livres; on en tire jusqu'à 165 livres du grand esturgeon. Pendant l'hiver les œufs se transportent frais; on les salle en été et on les expédie dans des barriques. Les Russes nomment Caviar rouge celui qu'ils préparent avec les œufs du saumon blanc et du brochet.

## BULLETIN BIBLIOGRAPHIQUE

— Le 6e numéro de la Presse des enfants a paru jeudi dernier; il contient les articles suivants : Premier prix proposé par le journal à ses abonnés : Prix de géographie. — Les petits Savoyards (conte). — Industrie : le bois de feuilles, par M. Andraud. — La merveilleuse histoire de trois enfants, seconde partie, chapitre premier. — Histoire naturelle : Un nid de rossignols, par M. G. H. — La pièce d'or (suite). — Une énigme. — Faits divers : L'hirondelle de mademoiselle Victorine; — une scène terrible; — pauvre petit chevrier ! — encore une nouvelle planète; — un enfant mangé par un porc; — deux raretés.

— Des granules et des dragées pharmaceutiques, par M. Garnier, pharmacien. Broch. in-8°; chez l'auteur, 327, rue Saint-Honoré.

*Le propriétaire, rédacteur-gérant :*
Victor Meunier.

PARIS. — IMP. J.-B. GROS, RUE DES NOYERS, 74

Première année. — N° 44. Quinze centimes. 4 novembre 1855.

# L'AMI DES SCIENCES

BUREAUX D'ABONNEMENT
13, RUE DU JARDINET, 13
Près l'Ecole de Médecine
A PARIS

JOURNAL DU DIMANCHE
PAR
VICTOR MEUNIER

ABONNEMENT POUR L'ANNÉE
PARIS, 6 FR.; — DÉPART., 8 FR.
Étranger, surtaxe en sus
ENVOYER UN MANDAT DE POSTE



## CHEMINS DE FER.

### PARACHOC CHAUVEAU-D'EPINOIS.

Deux ingénieurs, MM. Chauveau et d'Epinois, prétendent douer les locomotives qui, à un moment donné, peuvent se trouver en présence sur une même voie, de la propriété de se tenir toujours à une distance telle les unes des autres, qu'un choc devient absolument impossible. La propriété ne serait-elle pas précieuse par le temps de catastrophes qui court?

A moins qu'elles n'y soient contraintes par ceux qui les dirigent, soit qu'elles se suivent, soit qu'elles marchent à la rencontre l'une de l'autre, les locomotives laisseront toujours entre elles un espace de quelques centaines de mètres.

En quelque lieu de la voie qu'elle se trouve, toute locomotive en marche ou au repos, préviendra de sa présence les trains montants ou descendants, qui s'approcheront d'elle dans un rayon de deux à trois mille mètres; elle leur interdira de franchir cette limite; elle les en empêchera.

Il y a telle partie de la voie où deux trains, courant l'un sur l'autre, s'arrêteront spontanément avant que leurs conducteurs aient pu mutuellement s'apercevoir, et leur voisinage leur sera revélé par le refus des locomotives d'aller plus avant. La vigilance des mécaniciens et des cantonniers s'est trouvée plus d'une fois en défaut, les locomotives veillent toujours et font entre elles-mêmes la police de la voie.

On a vu des locomotives prendre le mors aux dents et partir toutes seules. Supposez que deux d'entre elles soient subitement atteintes de cette affection; longtemps avant qu'il y ait imminence de choc, tout à coup calmées, elles s'arrêteront l'une et l'autre.

On va croire qu'il s'agit d'électricité. Non. Des moyens purement mécaniques sont en jeu. Nous les avons décrits naguère dans la *Presse*, nous y revenons aujourd'hui, parce que les auteurs appellent de nouveau l'attention publique sur leur système, se croyant pleinement autorisés à le faire par l'impuissance, si cruellement démontrée, des moyens en usage pour préserver la vie des voyageurs en chemins de fer. Nous avons vu ce système fonctionner. Nous allons le décrire.

On avait disposé sur la voie, de distance en distance, parallèlement aux rails, des appareils composés, indépendamment des pièces de fondation, d'un arbre perpendiculaire à la voie, lequel est muni : 1° d'une manivelle; 2° d'une pièce de fer montée sur l'arbre et qui joue, comme on va voir, le rôle d'arrêt.

Ces différents appareils communiquent entre eux au moyen de fils, mais la communication n'a pas lieu entre deux appareils consécutifs. Pour comprendre comment elle est établie, donnons des numéros d'ordre à ces appareils : n° 1 au premier, 2 au second, 3 au troisième, et ainsi de suite. L'arbre du premier groupe 1 communique au moyen de fils avec celui du groupe 3; l'arbre du groupe 3 communique avec ceux des groupes 1 et 5; 5 avec 3 et 7; 7 avec 5 et 9, et ainsi de suite pour toute la série des nombres impairs. De même 2 communique avec 4; 4 avec 2 et 6; 6 avec 4 et 8, etc.

Le résultat de cette communication est celui-ci : tout mouvement imprimé à un arbre est immédiatement transmis à deux autres arbres situés l'un en deçà, et l'autre audelà de cet arbre, et à deux ou trois kilomètres de celui-ci, selon qu'on aura laissé entre les groupes une distance de 1,000 mètres ou de 1,500 mètres.

Les choses sont ainsi disposées, qu'une locomotive ne peut passer devant un de ces appareils sans agir sur la manivelle de cet appareil, et sans imprimer un mouvement à son arbre. Et comme tout mouvement imprimé à l'arbre d'un groupe se transmet à celui de deux autres groupes, il en résulte que les arrêts fixés sur les arbres de ces deux groupes, situés à 2 ou 3 kilomètres de la locomotive dont il est question, vont prendre une certaine position.

Or, on a joint à la locomotive une petite pièce disposée de telle sorte que, si cette locomotive vient à passer devant un groupe dont l'arrêt occupe la position susdite, cette pièce butte contre l'arrêt, et aussitôt la communication est interrompue entre la chaudière et le cylindre, la vapeur cesse d'arriver dans celui-ci, et la locomotive s'arrête forcément après avoir, en vertu de la vitesse acquise, parcouru à peu près 200 mètres au-delà de l'arrêt.

Lorsque la locomotive qui a levé l'arrêt, a parcouru une nouvelle distance, elle l'abaisse pour en lever un autre, et ainsi de suite.

Un train ne court donc plus le risque d'être rencontré par un autre soit montant, soit descendant, et quelque soit le nombre des convois en marche sur une même voie, ils seront tous obligés de s'arrêter à la distance déterminée d'avance, et cela indépendamment de la surveillance des gardes et conducteurs, sans signaux ni avertissements, par le fait seul de la disposition adoptée.

Les rencontres de convois contribuent trop largement à enfler le terrible nécrologe des chemins de fer, pour qu'un tel résultat n'excite pas l'intérêt du lecteur. On nous demandera sur quel chemin de fer le parachoc Chauveau-d'Épinois a fonctionné. Il a fonctionné sur un chemin de fer à double voie avec embranchement, occupant trois des côtés de la salle Barthélemy et desservi par deux bijoux de locomotives, construites par MM. Lerebours et Secretan. Toutes les chances possibles de choc ont été réalisées devant nous; les deux locomotives ont été lancées à toute vapeur à la rencontre l'une de l'autre (leur marche équivalait alors à une vitesse de 90 lieues à l'heure, sur un chemin de fer ordinaire); on les a lancées ensuite l'une après l'autre, et à dessein, on a subitement arrêté celle qui marchait devant; une fois même, une de ces petites machines s'est renversée sur la voie: toujours les véhicules se sont arrêtés à temps, laissant entre eux un espace équivalant à une distance de 1,500 mètres.

Comme il ne s'agit ici que de combinaisons mécaniques déjà employées pour d'autres destinations et sur les chemins de fer même (par exemple; fils à longue portée pour la manœuvre des disques), il est vraisemblable que les résultats atteints sur une échelle réduite seraient également obtenus en grand. Le prix d'établissement du parachoc serait d'ailleurs tout-à-fait insignifiant, en comparaison des frais de construction d'un chemin de fer.

---

## CAMION HYDRAULIQUE.

Mécanisme pour faire remonter des rivières à des mobiles avec la seule force de projection de l'eau de ces rivières, par M. PAUL LAURENT.

Nous avons parlé dans le précédent numéro, d'après les journaux italiens, d'une *locomotive hydraulique* proposée par un Piémontais, M. Pascal Lorenzi. M. Paul Laurent, professeur à l'Ecole forestière de Nancy, nous écrit pour réclamer la priorité de cette idée, et à l'appui de cette réclamation, il nous envoie une intéressante brochure dans laquelle se trouve reproduite une note lue par lui à l'Académie de Nancy en décembre 1839, et dont l'intérêt ne nous paraît pas moindre aujourd'hui qu'il y a quinze ans. Aussi la donnerons-nous *in extenso*.

« Lorsqu'en voyageant au milieu d'une vallée, dans un pays de montagne, on suit pendant quelque temps le cours d'un ruisseau ou d'une rivière, on ne peut s'empêcher de songer à la force qui est perdue, toutes les fois que des usines suffisamment rapprochées et constamment en action n'utilisent pas ces cours d'eau. C'est surtout lorsqu'on voit les chevaux tirer péniblement des chariots qui remontent cette vallée, qu'on regrette que la force d'impulsion que les eaux reçoivent de leur pente naturelle ne soit pas employée à pousser des mobiles dans le sens opposé à celle de ces eaux.

« Depuis longtemps l'on a cependant cherché à résoudre cette question. On a d'abord voulu voir si des bateaux armés de nageoires, c'est-à-dire de roues à ailes mises en mouvement par le courant lui-même, ne pouvaient pas remonter celui-ci. Après des essais qui ne pouvaient pas manquer d'être infructueux, on a eu recours à un manége mu par des chevaux ou des hommes, et plus tard par la vapeur. Enfin, dans ces derniers temps, M. Fourneyron, déjà célèbre par les perfectionnements qu'il a apportés aux turbines, qui sont devenues dans ses mains une invention pour ainsi dire nouvelle, a proposé de canaliser toute l'Alsace et d'établir des machines hydrauliques *fixes*, placées de distance en distance, et chargées de faire mouvoir des chariots sur des rails établis sur les bords des canaux.

« Je me suis proposé de résoudre la question qui a pour but de faire remonter les rivières à des mobiles au moyen de machines hydrauliques *mobiles* aussi et cheminant sur des rails disposés d'ailleurs comme ceux du projet de M. Fourneyron. Voici le procédé que j'ai imaginé.

« Qu'on se représente un canal de $2^m$ de largeur établi dans une vallée avec une pente de $0^m,02$ à $0^m,05$ par mètre, et dont les bords et le fond sont revêtus de planches comme les chenaux d'usines. Deux cours de rails seraient fixés sur les bords de ce canal. Concevons sur ces rails deux roues de fonte de $1^m$ de diamètre, comme celles des wagons ordinaires, et traversées par un axe de fer qu'une cheville empêche de tourner sur l'axe autour duquel est placée une roue à aubes dont les palettes plongent dans le canal.

« Que se passera-t-il lorsque le courant de l'eau viendra frapper les ailettes de la roue? Il est évident que cette roue se mettra à tourner en entraînant les roues en fonte, qui alors prendront nécessairement leur marche sur le chemin de fer en sens inverse de la direction du courant. On aura donc ainsi dans cette roue un mobile qu'on emploiera à transporter des fardeaux.

« Quant à la manière d'utiliser la force de cette roue mobile, plusieurs moyens se présentent.

« Si d'abord nous voulons envisager la chose sous le point de vue théorique le plus satisfaisant, ce qu'il y aurait de plus simple serait d'imaginer la roue hydraulique assez vaste pour contenir un coffre demi-cylindrique suspendu à l'axe de la roue par deux anneaux; ce coffre serait chargé du poids à transporter; la limite du chargement serait indiqué par la gêne que la roue aurait à se mettre en train.

« Dans une pareille machine, tout serait disposé de manière à obtenir théoriquement le plus grand effet possible avec une force donnée, car les frottements se réduiraient à ceux des anneaux sur l'axe et à ceux des roues sur les rails.

« Dans la pratique, il y aurait de la convenance à placer les ballots sur un chariot établi derrière ou devant la roue au moyen d'un arrière-train réuni à l'arbre de la roue par deux tiges inflexibles, et porté sur deux roues. Comme, d'ailleurs, de 30 mètres en 30 mètres, on pourrait lancer sur les rails des systèmes semblables, on voit que l'on aurait ainsi un transport aussi considérable que le besoin du service l'exigerait.

« Il faut bien remarquer que si, d'un côté, une augmentation de pente exigeait une addition de force, cette addition serait fournie par la vitesse due à la pente elle-même.

« Quant à la manière de faire redescendre le chariot, il n'y aurait rien de plus facile: il suffirait pour cela d'ôter les chevilles qui servent à fixer les roues de fonte sur l'axe, et d'attacher la roue hydraulique au chariot pour l'empêcher de tourner.

« Abandonné à lui-même et poussé par l'eau agissant contre la palette inférieure, le système ne tarderait pas à descendre avec une vitesse presque égale à celle du courant.

« Je pense approximativement, d'après des expériences faites sur un modèle dont la roue hydraulique avait $0^m,19$ de diamètre sur $0^m,10$ de large, qu'une roue de $4^m,50$ de diamètre sur $2^m$ de large pourrait charroyer, en remontant sur une pente de $0^m,02$ à $0^m,05$, 5 à 600 kilogrammes avec une vitesse de $2000^m$ à l'heure.

« Le chariot ainsi mis en œuvre pourrait s'appeler *camion hydraulique*. »

Six mois après la publication de cette note intéressante, M. Caligny présenta de son côté à l'Académie des sciences des idées théoriques sur une locomotive semblable à celle qui précède. Mais M. Laurent ne s'en tint pas à ses premiers essais, il fit construire une roue de fer blanc un peu plus grande que la première, et se livra dans les Vosges à des expériences précises sur la force de ce nouveau moteur. Ces expériences sont relatées dans la brochure que nous avons sous les yeux. Il nous paraît utile d'en donner au moins les résultats.

Disons d'abord que la roue avait $0^m\,11$ de rayon et $0^m\,135$ de largeur; le canal en planches, garni sur ses bords internes de rails en fer sur lesquels le camion marchait, avait $0^m\,137$ de largeur; les galets de cuivre sur lesquels roulait la machine $0^m\,02$ de rayon; les brancards étaient en fer.

*Première expérience.* — Le canal en planches était incliné de manière à présenter une pente régulière de $0^m,024$ par mètre.

Hauteur de l'eau dans le canal, 0m,043.

Vitesse de l'eau par seconde, 1m,30.

Vitesse de la circonférence extérieure des galets de cuivre ou chemin parcouru par le camion, 0m,09 par seconde.

Distance des aubes au fond du canal, 0m,016.

Quantité dont plongeaient les palettes, 0m,027.

Poids entraîné, 17 kilog. 5, qui, joint au poids 1 kilog. 1 de la machine, donne 18 kilog. 6.

*Deuxième expérience.* — Cette seconde expérience a été faite avec le même camion et le même canal, mais dans les circonstances qui suivent :

| | |
|---|---|
| La pente n'était plus que de 0m,012 par mètre ; | |
| La hauteur d'eau dans le canal était | 0m,050 ; |
| La quantité dont plongeaient les palettes, | 0m,034 ; |
| La vitesse de l'eau dans le canal, | 0m,044 ; |
| La vitesse du chariot sur les rails, | 0m,067 ; |
| Enfin le poids entraîné y compris celui du chariot d'expérience, | 6 kilog, 1. |

*Troisième expérience.* — L'énergie de la machine tenant au peu de frottement des galets sur les rails, et le frottement se réduisant à celui des brancards contre les extrémités des essieux, M. Laurent pensa qu'il était possible de diminuer encore ce frottement, en le faisant porter sur l'arbre seul de la roue à palettes, et pour cela, il fit allonger les brancards de l'autre côté de la roue, de sorte qu'il devint possible de charger presque également de chaque côté de cette roue à palettes; voici les résultats de l'expérience :

| | |
|---|---|
| Pente du canal comme dans la 1re expérience | 0m,024 |
| Hauteur de l'eau . . . . . . . . . . . | 0m,43 |
| Vitesse de l'eau. . . . . . . . . . . . . | 1m,30 |
| Vitesse de la circonf. extérieure des galets. . | 0m,088 |
| Quantité dont plongeaient les palettes. . . . | 0m,027 |
| Poids entraîné. . . . . . . . . . . . . | 20k. 6 |

On voit que l'effort a été augmenté par ce moyen de 2 kilogrammes.

En terminant, l'auteur se livre aux considérations suivantes :

« Il existe dans les pays de montagnes une foule de localités où il serait possible de réaliser les conditions voulues dans la question de locomotion qui nous occupe; car, une pente 0,012 se rencontre fréquemment et un courant de 1m,06 de largeur sur 0m,43 serait facile à rassembler. D'ailleurs, au moyen de réservoirs placés de distance en distance et que l'on ouvrirait successivement, on diminuerait beaucoup la dépense d'eau, puisqu'elle se réduirait en définitive à l'eau qui serait nécessaire pour faire marcher le convoi d'un réservoir à l'autre ; comme cela a lieu dans les écluses. La perte d'eau se réparerait la nuit et n'entraverait pas les établissements industriels.

« Les idées qui précèdent se sont présentées à mon esprit au sujet de la vallée de Remiremont (Vosges), dans laquelle l'industrie de Mulhausen déborde tous les jours davantage, et où l'on pourrait, depuis Remiremont jusqu'à Bussang, lier par une communication à bon marché, tous les établissements industriels qui existent déjà, et ceux plus nombreux encore qui se créeront plus tard sur la Moselle ; car on construirait un pareil canal à plus bas prix qu'un canal ordinaire avec ses écluses, et sans autres frais de transports que ceux causés par la construction et l'entretien des camions et celui du canal qui seraient peu considérables.

« Le système que je propose ici, en supprimant les écluses, entraînerait de grandes économies et rendrait abordables des projets que la dépense présumée a fait repousser jusqu'ici. Ainsi par exemple, il y a, à peu de distance de Plombières et de Remiremont, un étang qu'on appelle le *Côné*, dont les eaux se rendent, d'un côté dans la Méditerranée, et de l'autre dans l'Océan. Déjà, depuis longtemps, cet étang a fixé l'attention des ingénieurs français et il y a plus de 30 ans que le célèbre américain Fulton, se trouvant aux eaux de Plombières, rédigea à ce sujet un projet de canal avec des écluses dans un système particulier. Je connais encore une autre localité, à une lieue de Remiremont, où un ruisseau assez fort pour faire tourner un moulin qui prend son cours vers Plombières et dans le vallon *dit le Désert*, pourrait, je le crois, avec de faibles travaux, se diriger vers Remiremont. Il serait donc encore possible ici d'établir une communication entre la Moselle et la Saône, par la rivière de *l'Ogrone*, avec un canal de 1m,06 de largeur.

« Le nouveau mode de transport que je viens de mettre en avant, présenterait nécessairement plus tard des perfectionnements que la pratique ferait connaître ; je soupçonne, par exemple, que le courant d'eau du canal, pourrait fournir un point d'appui à un gouvernail qui aiderait à faire cheminer les camions dans les parties courbes, en contenant les essieux perpendiculaires à l'axe de cheminement. »

---

## CORRESPONDANCE.

### Extraction galvanique des métaux introduits dans le corps humain.

Plombières, 24 octobre 1855.

Monsieur le rédacteur,

Je viens de répéter avec succès les curieuses expériences de MM. Poey et Vergnès ; j'étais assisté par mon ami M. le docteur Barthélemy. Le malade, ancien militaire, avait eu plusieurs infections, et depuis dix ans , il est tourmenté par des ulcérations syphilitiques nombreuses et par des douleurs ostéocopes. Il a fréquemment changé de médecin. Ses principaux remèdes ont été les pommades mercurielles à l'extérieur, et le deutochlorure de mercure à l'intérieur. Après avoir inutilement soumis ce malade au traitement thermal, j'eus recours aux bains électriques des chimistes précités. La baignoire était isolée, et le bain acidulé avec de l'acide chlorhydrique. Nous employâmes une pile composée de douze couples Bunzen, ayant chacun six centimètres de diamètre sur quatorze de hauteur; le pôle négatif était en contact avec la baignoire et le pôle positif avec le malade. Ce dernier prit cinq bains, qui durèrent en moyenne une heure et demie ; à la fin de chaque bain, mettant au pôle négatif une plaque de cuivre décapé, nous avons constaté le dépôt jaune verdâtre et les petites globules de mercure, très reconnaissables au microscope, dont parlent MM. Poey et Vergnès. En soumettant ensuite la plaque de cuivre à l'action du feu, le dépôt s'est volatisé. Ces bains furent suivis d'une amélioration considérable dans l'état du malade. Toutes ses plaies ce cicatrisèrent rapidement, mais comme j'employais concurremment des applications de teinture aqueuse d'iode et d'iodure de potassium, je ne dois attribuer aux bains électriques d'autre effet que l'extraction d'une partie du mercure qui empoisonnait mon malade.

Accueillez, etc. Dr L. TURCK.

### Silicatisation.

Paris, 30 octobre 1855.

Monsieur le rédacteur,

Vous avez inséré, dans votre numéro du 28 courant de l'*Ami des Sciences*, un article sur le durcissement des pierres tendres par la *fluosilicatisation*; j'ai vu en parcourant cet article que les faits concernant les applications de la *silicatisation* n'étaient pas parvenus à votre connaissance. Bien que je n'aie pas l'honneur d'être personnellement connu de vous, je sais, Monsieur, que votre feuille a toujours accueilli avec la plus parfaite impartialité les réclamations fondées sur la justice et la vérité. J'ose donc espérer, Monsieur, que vous voudrez bien me permettre une simple rectification ; je m'abstiendrai de toute réflexions, les faits parlent assez par eux-mêmes. Il est très vrai qu'en 1841, M. Kulhmann avait indiqué la possibilité de durcir les pierres calcaires tendres, au moyen d'un badigeonnage avec les silicates alcalins, mais il ne donna aucune suite à cette idée. En 1853, après une longue suite d'expériences, je réussis à faire entrer la silicatisation dans le domaine de l'industrie; le silicate de potasse qui valait encore à cette époque 18 fr. *le kilogramme*, fut amené, par mes procédés, au prix de 30 fr. les *cent kilogrammes*. Dès lors, les applications en grand de ce silicate à la conservation des monuments, devenaient possibles. En effet, je fis exécuter, dès 1853, sous la raison sociale Rochas et Dalemagne, *les premiers* travaux de silicatisation qui ont été faits, soit en France, soit en Angleterre, spécialement à *Notre-Dame-de-Paris, aux palais du Louvre, du Luxembourg, des Beaux-Arts, de Versailles, de Saint-Germain, de Fontainebleau, au musée Egyptien du Louvre, à la cathédrale de Chartres, à celle de Lisieux, au palais de justice de Rouen, à l'hôtel-de-ville de Lyon,* et en Angleterre, *à la chapelle de Henri VII, à l'abbaye de Westminster et au palais du Parlement.*

Il est de notoriété publique que jamais M. Kuhlmann n'avait songé à faire de la silicatisation autrement que dans son laboratoire avant mes travaux couronnés d'un plein succès. Les attestations de MM. Lassus et Violet-le-Duc, architectes de Notre-Dame, prouvent l'efficacité de mes procédés de silicatisation.

Quand à la fluosilicatisation, n'en ayant vu aucune application, je n'ai rien à en dire, sinon que l'acide hydro-fluosilicique coûte en ce moment vingt-quatre fr. le kilogramme, prix fort éloigné des conditions d'une application industrielle. La chaux hydraulique, préparée d'après la recette donnée par M. Kuhlmann, avec 10 à 12 pour 100 de silicate en poudre, reviendrait au prix excessif de 150 fr. le mètre cube; vous savez, Monsieur, que la chaux hydraulique, préparée d'après les procédés de notre illustre ingénieur, M. Vicat, ne coûte que 40 à 42 fr. le mètre cube. Je m'abstiens, Monsieur, d'entretenir vos lecteurs de plus longs détails, je ne réclame que la rectification d'un fait; il ne m'est pas permis de douter de de votre bon vouloir pour me rendre la justice à laquelle j'ai droit, et que je vous crois incapable de me refuser.

Agréez, etc. Aimé ROCHAS.

---

### L'Écluse à Feu.

Paris, 31 octobre 1855.

M. Andraud nous écrit ce qui suit :

Mon cher Monsieur,

Vous avez bien voulu insérer dans l'avant-dernier numéro de l'*Ami des Sciences* la description de mon *écluse à feu* telle que je l'indique dans l'ouvrage que je viens de publier; le dernier numéro contient une note rectificative au sujet de l'inflammation de la paille qui, dit-on, ne produirait pas dans la tour, comme je le pense, la raréfaction de l'air, attendu que les produits gazeux y mettraient obstacle. Permettez-moi de répondre quelques mots à cette note: Je ne sais pas, par expérience, ce que produirait la paille brûlée dans une vaste tour, — mais l'expérience en petit dont je rends compte dans mon annexe, *je l'ai faite* et elle m'a parfaitement réussi. — La tour était figurée par un récipient de quelques litres; une bougie allumée me tenait lieu de paille, l'oxigène était détruit et l'eau montait environ au cinquième; l'air étant introduit dans le récipient, l'eau baissait; elle remontait quand la bougie était allumée, ainsi de suite. Tel est le premier fait qui m'a donné l'idée de l'écluse à feu et des machines *oxigéniques*. Dans une seconde expérience, j'ai usé d'un vase d'environ cent litres: au lieu de bougie, j'ai employé une éponge imbibée d'alcool suspendue à un fil de fer. Le premier effet de l'inflammation de l'alcool a été de dilater brusquement l'air, lequel s'échappa avec violence par une soupape placée au sommet du vase, cette soupape se referma sur-le-champ, et déjà il y avait dans le vase un commencement de vide. J'ai indiqué cet effet dans la description de l'appareil. Les personnes qui vous ont adressé leurs observations, que je reconnais fondées en principe, n'avaient sans doute pas fait attention à cette soupape qui sert à obvier à l'inconvénient qu'elles signalent. Au reste, en ce qui concerne l'application du procédé en grand, je me suis tenu dans la réserve qui convient dans ces sortes d'affaires. — « Sur petit modèle, ai-je dit, l'écluse fonctionne bien, en sera-t-il de même en grand? Je n'oserais l'affirmer, tout dépendra des moyens qu'on emploira pour renouveler l'air dans la tour. » Et en effet, c'est là la seule difficulté que je craigne.

Veuillez, cher Monsieur, donner place dans votre très utile journal à ces quelques lignes d'explication et recevoir l'assurance de mes sentiments les plus distingués.

ANDRAUD.

Nous recevons sur le même sujet la lettre qu'on va lire.

Douai, 29 octobre 1855.

Monsieur,

Vous avez déjà reçu, paraît-il, plusieurs lettres au sujet des *écluses à feu*; en voici encore une.

Il résulte des paroles même de l'auteur que son invention n'est qu'une application théorique et non expérimentée jusqu'ici..... C'est, en grand, l'expérience que nous avons tous faite et qui consiste à renverser une éprouvette ou un verre à boire sur un flotteur embrasé qui surnage sur une cuvette d'eau (1). Puisque l'appréciation *en grand* de cette expérience soulève, rien qu'à la lecture, des difficultés très grandes, puisque, cependant, une écluse fonctionnant toujours avec la même eau, pourrait offrir d'assez grandes avantages, je prends la liberté de soumettre à votre appréciation une autre expérience non moins vulgaire dont l'application en grand conduira peut-être à la solution. Je me base sur le système des encriers, connus dans le commerce sous le nom d'*Encriers siphoïdes*: le godet à l'encre, voilà le bassin de mon écluse; le corps de l'encrier, c'est la tour de M. Audraud, et l'éleveur ou l'abaisseur du niveau, c'est le flotteur qui s'abaisse ou s'élève à volonté, pour plonger dans le liquide ou en sortir. Soulever ou abaisser un poids, fut-il très lourd, ne sera pas un obstacle ! Cela ne sera même pas coûteux si on utilise à cet effet des agents gratuits, la force motrice de l'air, par exemple, qui, à l'aide d'ailes de moulins, pourrait se charger du travail, ou bien encore, avec une dépense un peu plus considérable, l'ascension et la descente d'un ballon captif à une certaine hauteur, etc.

D'ailleurs ce n'est ici qu'une théorie, d'autres plus compétents et plus intéressés à la question expérimenteront.

Permettez-moi de terminer en vous exprimant ici toute ma sympathie pour l'œuvre que vous dirigez si habilement.

Théodore BILBAUT.

---

## LA SEMAINE SCIENTIFIQUE.

### Compteur mécanique pour les voitures.

M. Marchand, pharmacien à Caen, est inventeur d'un compteur mécanique simple et d'un prix modique, destiné à mesurer l'espace parcouru par un cheval attelé. Cet ingénieux appareil, auquel la Société protectrice des animaux a décerné une médaille d'argent, permettrait, s'il était adaptés à toutes les voitures de louage, de proportionner le prix des courses à leur longueur, ce qui aurait, entre autres résultats, celui de prévenir entre les voyageurs et les cochers des altercations devenues fréquentes et quelquefois périlleuses comme on le sait.

Cette appareil se compose d'une série de cinq disques dentés, qui, successivement animés d'un mouvement de rotation par la roue de la voiture, enregistrent les révolutions qu'elle exé-

(1) M. Bilbaud a oublié la soupape que M. Andraud place au sommet de sa tour à feu.

cute; le premier disque marquant les unités et le dernier les centaines de mille; on peut, en lisant l'addition du compteur, apprécier, dans un de ses principaux éléments, le travail exécuté par le cheval, c'est-à-dire, connaître la longueur du chemin qu'il a fait.

### L'analgésie ou l'insensibilité à la douleur dans l'aliénation mentale.

Quand on parcourt les procès de la sorcellerie, on voit que les inquisiteurs regardaient l'insensibilité de la peau à la douleur comme un des signes les plus certains de possessions desmoniaques. Lorsqu'un individu était inculpé de ce prétendu crime, les experts, après lui avoir bandé les yeux, promenaient une loupe sur toutes les parties de son corps préalablement rasées, dans le but de découvrir la marque de Satan (*stigma diaboli*). La plus légère tache à la peau était sondée à l'aiguille. Si la piqûre n'excitait aucune sensation douloureuse, si elle ne provoquait aucun cri ni aucun mouvement, le pauvre malade était réputé sorcier, et partant, condamné à être brûlé vif. Si, au contraire, il sentait la piqûre, il était acquitté; Satan ne lui avait pas imprimé sa griffe.

Aujourd'hui tout le monde sait que l'analgésie est un des symptômes de l'aliénation mentale. De toutes les formes de l'aliénation la lypemanie (et surtout les deux espèces religieuse et suicide), est celle où l'on constate le plus souvent ce phénomène. M. le Dr Michéa en cite de remarquables exemples dans la *Gazette hebdomadaire de médecine et de chirurgie*.

« Il est, dit-il, des lypémaniaques dont les tentatives de suicide consistent en des mutilations tellement atroces, qu'elles déconcertent d'abord l'esprit de l'observateur. On voit, en effet, des mélancoliques qui, dans le but d'en finir avec la vie, se dissèquent et s'enlèvent le canal aérifère, qui s'arrachent les deux yeux, qui se coupent le poignet, qui s'ouvrent l'abdomen avec des ciseaux et se retranchent des portions considérables d'intestins, qui s'enfoncent des aiguilles dans le cœur, etc., etc.

« *A priori*, on pourrait considérer ces faits comme des exemples de courage et de fermeté d'âme. Il n'en est rien. En pathologie mentale, plus une tentative de suicide est horrible dans son exécution, plus on a lieu de supposer l'existence de l'analgésie. J'ai vu un mélancolique qui s'est scié avec un tesson de bouteille la moitié du sternum; j'en ai vu un autre qui, après avoir essayé vainement de s'ouvrir les veines des bras et des jambes avec un clou, s'était labouré la peau de l'abdomen et du thorax avec ce même clou. Or, ces deux malades étaient analgésiques au plus haut degré. Soumis par moi, bien des fois, à l'épreuve des aiguilles et de l'amadou en ignition sur la peau, j'ai eu chaque fois la conviction que ces expériences ne leur causaient aucune espèce de sensation douloureuse. »

Dans plusieurs cas, l'analgésie paraît avoir sur la lypémanie une influence pathogénique directe; elle semble en provoquer certaines espèces déterminées, celle par exemple dans laquelle les malades perdent le sentiment de leur propre individualité (ne pas confondre avec la perte de la conscience). Tels sont ceux qui se prétendent transformés en corps insensibles ou qui se figurent ne plus être vivants. En voici quelques exemples :

Dans ses *Recherches sur l'emploi des narcotiques dans le traitement de l'alienation mentale*, M. Michéa a rapporté l'observation d'une lypémaniaque âgée de trente ans, qui présentait une anesthésie cutanée des plus remarquables. Des aiguilles, enfoncées brusquement et profondément dans la peau, ne lui faisaient éprouver aucune douleur. Elle était également insensible à l'action de l'amadou en ignition sur ses bras et sur ses jambes. Cette insensibilité à la douleur était si évidente, qu'elle était devenue l'objet de la préoccupation exclusive de la malade, qui en concluait qu'on lui avait changé son corps, qu'elle était devenue une machine vivante par le fait de quelque sortilége; et pour prouver qu'elle ne se trompait pas à ceux qui cherchaient à raisonner avec elle, elle leur montrait la peau de ses seins et de son abdomen; elle en prenait les plis, à la manière du chirurgien qui veut pratiquer un séton, et essayait de passer à travers la pointe d'un ciseau, d'un canif, etc., en disant : « Vous voyez bien que je n'ai plus de corps., que je suis transformée en machine. »

« J'ai vu tout récemment, dit le même auteur, un homme, âgé de quarante-cinq ans, devenu lypémaniaque à la suite de chagrins domestiques, et ayant tenté plusieurs fois de se donner la mort. Indépendamment de la conviction délirante que sa figure était devenue difforme et qu'il avait un troisième œil au milieu du front, il affirmait qu'*il était mort depuis les pieds jusqu'à la tête*. Je le soumis aux expériences de l'amadou en ignition et des aiguilles, et j'eus aussitôt la preuve que ce malade était analgésique sur tous les points de la surface cutanée qu'il disait *morts*. »

M. Foville a cité un fait semblable, où l'analgésie était des plus évidentes. Il s'agit d'un homme qui se croyait mort depuis la bataille d'Austerlitz, à laquelle il avait assisté, et où il avait reçu une blessure grave. Lorsqu'on demandait à cet homme des nouvelles de sa santé, il avait coutume de répondre ceci : « Vous demandez comment va le père Lambert? Mais le père Lambert n'y est plus, il a été emporté d'un boulet de canon à la bataille d'Austerlitz. Ce que vous voyez là n'est pas lui : c'est une machine qu'ils ont faite à sa ressemblance, et qui est bien mal faite. » Jamais, en parlant de lui-même, il ne disait *moi*, mais *cela*. Or, chez ce mélancolique, qui tomba plusieurs fois dans un état complet d'immobilité et d'insensibilité, les sinapismes et les vésicatoires, dit M. Foville, ne déterminent jamais le moindre signe de douleur.

Vers la fin de sa vie, le célèbre chirurgien Baudelocque avait perdu la conscience de la présence de son corps. Lui demandait-on, par exemple: « Comment va la tête? » Il répondait: La tête! je n'ai point de tête. » Si on lui demandait son bras pour lui tâter le pouls, il disait qu'il ne savait pas où il était. Il voulut un jour lui-même se tâter le pouls : on lui mit la main droite sur le poignet gauche; il demanda alors si c'était bien sa main qu'il sentait.

L'analogie porte à croire que Baudelocque était analgésique, et que son insensibilité de la peau à la douleur était le point de départ du genre de trouble intellectuel dont il fut affecté.

### Régénération des propriétés vitales par certains éléments du sang.

M. Brown-Sequart a fait depuis cinq années un grand nombre d'expériences tendant à prouver que les tissus contractiles et nerveux, ayant perdu leurs propriétés vitales par suite de l'interruption de la circulation sanguine, peuvent recouvrer ces propriétés sous l'influence exercée par certains éléments du sang. L'expérience suivante résume la plupart des faits observés sur les muscles, les nerfs moteurs et sensitifs et la moelle épinière.

On lie l'aorte ventrale, et lorsque toute propriété vitale a disparu dans les membres postérieurs et que la rigidité cadavérique y est survenue, on lâche la ligature. Le train antérieur de l'animal étant encore très-vivant, la circulation se rétablit dans le train postérieur, et avec le sang, la vie revient dans les parties qui paraissaient mortes. On voit alors reparaître successivement les propriétés vitales des muscles et des nerfs, la sensibilité et les mouvements volontaires.

Le sang défibriné paraît avoir autant d'influence sur la régénération des propriétés vitales que le sang contenant de la fibrine. Plus il renferme d'oxygène plus son pouvoir régénérateur est grand et rapide.

La quantité de sang nécessaire pour rendre la contractilité aux muscles devenus rigides varie suivant un grand nombre de circonstances : « J'ai pu, dit l'auteur, faire revenir la contractilité et je l'ai fait durer près de quatre heures et demie dans environ 500 grammes de muscles, à l'aide de 30 grammes seulement de sang défibriné; mais dans ce cas il m'a fallu injecter au moins quarante fois tout ce sang, et il a fallu le soumettre au battage pour le charger d'oxygène après chacune des injections. »

M. Brown-Sequart a rétabli la contractilité jusqu'à quatre fois de suite dans les mêmes muscles ; bien plus, il a maintenu la contractilité dans un membre de lapin pendant quarante-une heures après l'avoir séparé du tronc de l'animal.

### Etouffage des abeilles.

La Société protectrice des animaux a été priée par un de ses membres d'intervenir auprès de l'autorité pour faire appliquer la loi Grammont à ceux qui, pour s'emparer plus facilement des produits des ruches, les exposent à l'action délétère du soufre enflammé. Cette pratique brutale n'a pas seulement pour résultat de tuer les insectes parfaits, elle détruit encore les larves, et c'est sans doute là, comme le pense M. Hamet, la cause principale du dépeuplement des ruches.

« De quelles ressources précieuses ne prive-t-on pas ainsi nos campagnes, s'écrie M. le Dr Blatin? est-il une industrie qui exige moins de frais de premier établissement, et qui rapporte un intérêt plus élevé que la culture des abeilles? Le produit d'une simple ruche peut procurer un bénéfice d'environ 20 fr. par année, et cette rente se perçoit sans frais et presque sans embarras et sans soins. Il n'en coûte *ni engrais, ni labours, ni semence*, a dit Réaumur. Ouvrez le *Guide de l'Agriculteur* par M. de Beauvoys, vous y verrez qu'une ruche bien faite peut être livrée au prix de cinq francs. Un essaim coûte à peu près autant ou peut-être un peu plus, ce qui constitue une dépense de dix à douze francs. Dès la seconde année, cette ruche produit un essaim nouveau, et le miel et la cire qu'elle donnera dépassera de beaucoup le prix d'acquisition. »

La commission nommée par la Société protectrice n'a pas pensé que l'abeille pût être considérée comme un animal domestique et que le bénéfice de la loi Grammont puisse être invoqué en sa faveur, mais elle espère que le but proposé sera atteint si on porte à la connaissance des cultivateurs des moyens qui, au mérite d'être inoffensifs, joindront celui d'accroître les bénéfices que l'apiculture leur procure. L'emploi du gaz azote proposé par M. de Beauvoys réunit ces avantages. Laissons parler la Commision ou plutôt son rapporteur, M. Blatin.

« L'an dernier, nous avons pris part à des expériences faites par M. le docteur de Beauvoys dans le jardin de notre honoré collègue M. Geoffroy Saint-Hilaire, en présence d'un grand nombre de savants et de quelques membres de notre Société. Il s'agissait de constater l'effet anesthésique du lycoperdon. On plaça dans une ouverture ménagée dans les parois de la ruche ingénieuse de M. de Beauvoys, qui était fermée de toutes parts, la douille d'un cylindre en tôle qui contenait quelques grammes de lycoperdon en état d'ignition. A l'aide d'un soufflet, dont la tuyère s'ajustait à cet *enfumoir*, on activa la combustion. Au bout de quelques minutes, notre oreille, appliquée sur les divers points de la ruche, entendit un bruisement produit par le battement précipité des ailes que les abeilles agitaient pour renouveler l'air autour d'elles. Bientôt ce bruit s'affaiblit graduellement et cessa tout à fait. On ouvrit la ruche: on trouva l'essaim presque entier réfugié dans l'étage supérieur. Les insectes étaient engourdis, mais ils marchaient et se laissaient toucher, sans manifester ni crainte ni colère. Au bout d'une demi-heure environ, ils avaient repris leur vigueur, leur animation, leurs habitudes, et paraissaient n'avoir nullement souffert de l'expérimentation.

« Malgré d'aussi bons résultats, notre savant correspondant M. de Beauvoys cherchait encore, parce qu'il voulait mettre entre les mains des apiculteurs une substance qu'il fût plus facile de se procurer que le lycoperdon, et qui réunît les mêmes avantages.

« Vous avez reçu, messieurs, il y a quelques mois, une lettre dans laquelle notre zélé collègue vous signale l'emploi qu'il a fait du gaz azote pour engourdir à volonté les abeilles; et, pour vous prouver l'efficacité de cet agent aussi bien que son innocuité parfaite, M. de Beauvoys vous apprend qu'il y a soumis sans inconvénient la même ruche plus de vingt fois en quelques jours.

« Le gaz azote s'obtient de la manière la plus simple, en brûlant dans l'enfumoir indiqué plus haut quinze grammes de sel de nitre, dont on dirige les vapeurs dans la ruche à l'aide du soufflet.

« Le sel de nitre, vous le savez, messieurs, est formé d'acide azotique et de potasse. En le brûlant on décompose l'acide et l'on dégage le gaz azote, qui concourt, avec les autres produits de la combustion, à l'asphyxie des abeilles. En langage vulgaire, le sel de nitre porte encore le nom de salpêtre; on le trouve partout, dans les moindres villages, et son prix n'est guère plus élevé que celui du sel de nos cuisines. »

### Lumière zodiacale.

L'*Astronomical journal*, de M. Gould, a publié une lettre dans laquelle le révérend George Jones, chapelain de la frégate *le Mississipi*, conclut des observations qu'il a faites sur la lumière zodiacale dans les mers de la Chine et du Japon, qu'il existe un deuxième anneau lumineux en relation avec la lune. Cette conjecture s'appuie sur l'aspect extraordinaire de la lumière zodiacale observée simultanément sur l'horizon, à l'est et à l'ouest, de onze heures à une heure, pendant plusieurs jours de suite.

A l'occasion de cette lettre, M. de Humboldt rappelle des observations analogues qu'il a eu l'occasion de faire plusieurs jours de suite il y a cinquante-deux ans, dans la mer du Sud. « Pendant que la lumière (zodiacale) était très-vive à l'ouest, nous observâmes constamment à l'est, dit-il, et c'est là sans doute un phénomène bien frappant, une lueur blanchâtre également pyramidale. » Mais la conclusion de l'illustre voyageur, différente de celle de M. Jones, est que cette lueur blanche à l'est n'était que le reflet de la véritable lumière zodiacale.

### Insecte vivant dans une pierre.

On lit dans les *Comptes rendus* de l'Académie des sciences : « M. Danvin adresse une note concernant un insecte ailé trouvé dans un bloc de marne par un ouvrier qui ciselait la façade d'une maison nouvellement construite. La pierre n'offrait en apparence aucune fissure qui pût permettre qu'une larve eut été accidentellement introduite dans son intérieur. La note contient les détails relatifs à la découverte et aux observations faites sur l'insecte lui-même, qui, engourdi au moment où il a été amené à l'air libre, s'est ranimé peu à peu et a vécu vingt-cinq jours. L'animal, conservé dans un flacon, fait partie de l'envoi. M. Duméril est invité à prendre connaissance de la note et à examiner l'insecte. »

### Un nouveau parasite de l'homme.

M. Siebold a fait connaître naguère une espèce du genre pentastome vivant en Egypte dans les intestins de l'homme; il lui a donné le nom de *pentastomum constrictum*. Le docteur Zenker (de Dresde) nous apprend que l'Egypte n'a pas seule le *bonheur* de posséder un *pentastome*, et que sous ce rapport l'Allemagne n'a rien à lui envier. Le *pentastomum denticulatum*, qu'on n'avait jusqu'ici rencontré que sur les animaux, est très-commun chez les Allemands.

L'auteur a observé neuf fois ce ver, et toujours dans le même organe, à la face supérieure du foie, sous le péritoine. Il est contenu dans une capsule fibreuse résistante qui adhère au parenchyme du foie et au péritoine, mais qui s'en laisse facilement détacher; il apparaît sous la forme d'un petit tubercule de 2 millimètres·25 à 3 millimètres 37, ordinairement rempli d'un dépôt calcaire dont l'animal est lui-même incrusté. La capsule est proportionnellement très-épaisse, et il est difficile d'en extraire le ver intact; quelquefois cependant la capsule se sépare facilement de la concrétion pierreuse, et le ver peut alors être retiré. M. Zenker donne la description de l'animal, description qu'il accompagne de figures pour faire mieux connaître la forme du ver et particulièrement celle des crochets qui garnissent sa tête.

### Les métaux sont des corps composés

Tout le monde sait que M. Tiffereau pense avoir fait de l'or. « J'ai fait de l'or » a-t-il écrit plusieurs fois. M. Tiffereau vient de communiquer à l'Académie, sous le titre ci-dessus, un nouveau mémoire inaugurant la seconde partie de ses recherches alchimiques, dont il expose ainsi le programme:

« La lumière solaire, cet agent complexe, me semble être, comme je l'ai déjà dit, un des éléments importants dans l'œuvre des métamorphoses des corps; elle doit agir sur la matière par son action plus ou moins prolongée, en lui communiquant de nouvelles propriétés électriques et chimiques, en vertu desquelles les molécules matérielles peuvent s'associer de différentes manières, en différentes proportions, suivant des arrangements moléculaires particuliers pour chacun des corps.

« La lumière solaire doit aussi agir continuellement sur les molécules atmosphériques en les fécondant, c'est-à-dire en les rendant propres à servir à la perfectibilité de tous les êtres vivants et inanimés. La lumière solaire n'influe-t-elle pas puissamment sur tous les êtres, végétaux et animaux, qu'elle semble en quelque sorte vivifier? De même il me semble qu'elle doit agir sans interruption dans l'acte des métamorphoses des corps métalliques; c'est ce qui m'a déterminé à entreprendre mes expériences de transmutation sous son influence; je pense qu'en outre elle facilite et active considérablement certaines réactions chimiques.

« Dans cette seconde partie de mes expériences, je fais intervenir la lumière solaire dans le but de tâcher de déterminer son action dans l'acte des transmutations, d'une part, en les comparant aux expériences faites à l'abri de l'influence de la lumière, de l'autre, en comparant ses effets à ceux de l'étincelle électrique, du courant voltaïque et magnétique dans les mêmes expériences. »

### Sur la nature des Miasmes.

Dans un mémoire qui a pour titre : *Sur la nature des miasmes considérés comme des organismes végétaux*, M. A. Muhry (de Gottingue) examine au point de vue de leur distribution géographique et de leur mode d'apparition trois grandes maladies: la malaria, la fièvre jaune et le choléra indien. Il essaie d'établir : 1° que ce n'est pas dans l'air, mais dans le sol, qu'il faut chercher l'origine et la cause des miasmes; 2° que ces derniers consistent très-probablement en organismes microscopiques susceptibles de germer et de se reproduire, par exemple en sporules d'une espèce de champignon possédant une propriété intoxicante particulière.

La *Gazette médicale* fait à ce sujet les réflexions suivantes, que nous adoptons: « Quoique cette hypothèse soit parfaitement soutenable, elle n'est, à tout prendre, qu'une hypothèse qui ne repose encore sur aucune donnée scientifique positive. Les microscopes perfectionnés que nous possédons aujourd'hui devraient montrer ces prétendus sporules, afin qu'on puisse arriver à établir des rapports évidents entre leur accumulation dans certaines localités et la fréquence de la maladie. C'est ce qui n'a pas encore été fait ni pour la malaria, ni pour la fièvre jaune, ni pour le choléra. Il y aurait peut-être des expériences à faire à ce sujet, ou du moins des tentatives d'expériences. L'air filtré à travers du coton déposerait probablement les corpules étrangers qu'il tient en suspension. Il serait facile d'établir au milieu des foyers de cholériques, dans les salles d'hôpitaux par exemple, des appareils à filtrer l'air qu'on laisserait fonctionner pendant un certain temps; le coton serait ensuite examiné au microscope, en ayant soin de l'humecter avec du carmin pour arriver plus facilement à distinguer les sporules, dans le cas probable où ceux-ci seraient incolores. En multipliant et en variant ces expériences, on finirait peut-être par obtenir quelque résultat. »

## NOUVELLES ET CAUSERIES.

PERCEMENT DE L'ISTHME DE SUEZ. — C'est avec la plus vive satisfaction que nous donnons place à la communication suivante :

« La Commission scientifique internationale appelée à étudier le projet de percement de l'isthme de Suez s'est réunie le 30 octobre à Paris; elle partira de Marseille dans les premiers jours de novembre, avec M. Ferdinand de Lesseps et M. Barthélemy Saint-Hilaire, membre de l'Institut. Cette Commission est attendue en Egypte; elle se rendra du Caire à Suez, fera une exploration complète de l'isthme, s'embarquera à Peluse, dont elle étudiera le golfe, et suivra toute la côte d'Égypte, depuis Gaza jusqu'à Alexandrie.

« Le vice-roi d'Égypte a fait prendre toutes les dispositions nécessaires pour recevoir et pour faciliter ses importantes opérations. Déjà, par les ordres de ce prince éclairé, auquel le monde devra la réalisation de la plus grande et de la plus utile entreprise pacifique des temps modernes, trois brigades d'ingénieurs égyptiens exécutent dans l'isthme de Suez, sous la direction de M. Aivas et de M. Nottinger, une suite de nivellements le long de la ligne du canal projeté, et font des sondages de dix mètres de profondeur à des distances rapprochées, afin de ne laisser aucun doute sur la nature des terrains à excaver. Les opérations sont secondées par un demi-bataillon du génie; MM. Linant-Bey et Mougel-Bey leur ont donné leurs instructions avant leur départ pour l'Europe, où il sont venus se mettre à la disposition de la Commission. »

DOCK MODÈLE DE LA VIE A BON MARCHÉ. — M. Delamarre, député de la Somme, vient de créer sous ce titre dans un local de 2,000 mètres situé au centre de Paris, un bazar destiné à recevoir et à vendre au consommateur, en gros ou en détail, des objets de bonne qualité et à bon marché. Dans le programme de cet utile établissement, M. Delamarre montre très-bien que l'Exposition terminée, rien ne peut garantir la permanence du prix indiqué ou le maintien de la bonne qualité des produits exposés. Pour y parvenir, il faut affranchir le fabricant et l'inventeur de la domination des intermédiaires et de la charge énorme des frais généraux et de publicité. Le dock de la vie à bon marché va atteindre ce double but en ouvrant au public le marché le plus complet, le mieux placé et le plus économique, en n'exigeant des producteurs qui y consigneront leurs produits, ni loyer, ni patente, ni commis, ni publicité; ils n'auront à faire à l'établissement qu'une remise proportionnelle très-modérée en cas de vente.

LA VALLÉE DE FONSECA ET PUERTO-CABALLOS. — M. Constant Prévost a mis sous les yeux de l'Académie une carte des États de Honduras et de San-Salvador (Amérique centrale), donnant le tracé du chemin de fer projeté entre Puerto-Caballos sur l'Atlantique et la baie de Fonseca sur le Pacifique. Ces cartes ont été dressées sous la direction de M. E.-G. Squier, qui signale entre les deux baies de Fonseca et de Puerto-Caballos une vallée transversale coupant la chaîne de la Cordillière. On connaît donc maintenant quatre interruptions dans cette chaîne, savoir : celle de Panama, celle de Nicaragua, celle de l'isthme de Tehuantepec, enfin celle dont il est question ici. Le chemin de fer projeté de Honduras raccourcirait de 8 à dix jours (1300 milles marines) le voyage de New-York à l'Océan Pacifique.

MINES DU MERCURE DANS LE DÉPARTEMENT DU TARN. — M. Rigaud, géomètre à Réalmont (Tarn), a découvert aux environs de cette localité plusieurs gisements de mercure, de zinc, de cuivre et de plomb.

Le gisement mercuriel est déjà exploité, et le minerai que l'on en retire est du cinabre ou sulfure de mercure d'une grande richesse. On sait que les principaux gîtes de mercure sont ceux d'Idria, près de Trieste; d'Almaden, en Espagne; du Palatinat, sur la rive gauche du Rhin; et de Huanca-Velica, au Pérou. L'exploitation annuelle du mercure est de 2 millions et demi de kilogrammes, dont la valeur est de 14 millions de francs environ. L'Europe seule fournit les 9/10 de cette quantité. Le mercure de Blyma est, dit-on, supérieur en pureté à celui que fournissent les mines dont nous venons de parler.

FABRICATION DES POINTES DE PARIS ET DES ÉPINGLES. — La Franche-Comté et la Bourgogne exercent sur une très-grande échelle la fabrication des pointes de Paris. Dans ces deux provinces, on s'applique principalement à la fabrication des pointes de fer au bois, tandis que dans la Moselle on produit de préférence les pointes faites à la houille.

Grâce à la bonne qualité et au tréfilage de nos fils de fer, grâce surtout au travail perfectionné au moyen duquel nous produisons les pointes, cette industrie, très peu importante chez nous en 1815, a pris, depuis, un développement considérable, et l'on ne peut estimer à moins de 7 millions la production annuelle, dont une grande partie, du reste, est exportée. Pour donner une idée des progrès faits par cette industrie, nous mettrons en regard deux chiffres d'une haute portée: en 1832, la tonne de pointes se vendait 1,000 fr.; aujourd'hui elle ne vaut pas plus de 400 fr.

Nous ne produisons pas avec avantage, paraît-il, les aiguilles; mais en revanche notre fabrication d'épingles est assez avancée pour que nous puissions en exporter avec profit, malgré la concurrence des Anglais. D'après les renseignements recueillis en l'absence de tout document statistique officiel, cette fabrication, dont le siége principal est dans les environs de l'Aigle et de Rugles, occuperait de 5 à 6,000 ouvriers, et produirait annuellement pour environ 6 millions de francs.

LES BATEAUX BABYLONIENS. — En rendant compte du système des *bateaux plats à toile imperméable* proposé par M. Jacovenko, nous avons dit que ce système était en partie renouvelé des Babyloniens. Voici en effet ce que raconte Hérodote d'une méthode de navigation dont on faisait usage sur le *Tigre*.

« Je vais parler, dit le vieil historien, d'une merveille qui, du moins après la ville, est la plus grande de toutes celles qu'on voit dans ce pays.

» Les bateaux dont on se sert pour se rendre à Babylone sont faits avec des peaux et de forme ronde. On les fabrique dans la partie de l'Arménie qui est au-dessus de l'Assyrie avec des saules dont on forme la carène et les varangues qu'on revêt en dehors de peaux auxquelles on donne la figure d'un plancher. On les arrondit comme un bouclier sans aucune distinction de poupe ni de proue, et on remplit le fond avec de la paille. Dès que leur chargement, qui consiste principalement en vin de palmier, est fait, on les abandonne au courant de la rivière; deux hommes debout les gouvernent chacun avec un pieu que le premier tire en dedans et le second en dehors. Ces bateaux ne sont point égaux; il y en a de grands et de petits; les plus grands portent jusqu'a cinq mille talents pesant (257,162 livres). On transporte un âne dans chaque bateau; les plus grands en ont plusieurs. Lorsqu'on est arrivé à Babylone, et qu'on a vendu les marchandises, on met aussi en vente les varangues et la paille; on charge ensuite les peaux sur les ânes, et l'on s'en retourne en Arménie en chassant ces animaux devant soi; car le fleuve est si rapide qu'il n'est pas possible de le remonter, et c'est par cette raison qu'on ne fait pas les bateaux de bois, mais de peaux. »

Ajoutons qu'au rapport de quelques voyageurs modernes, cette méthode s'est conservée jusqu'à nos jours.

LES MINES DE L'AUSTRALIE. — Dans une réunion de l'association britannique (section de géologie), qui a eu lieu à Glascow, le professeur Nichol a lu un travail sur les mines d'or de l'Australie, par M. J.-A. Campbell, récemment revenu de cette contrée. L'opinion de M. Campbell est que ces mines sont inépuisables, et que les découvertes actuelles ne sont rien auprès de celles qu'on doit faire. D'immenses filons n'ont point encore été touchés, et leur exploitation exigera plusieus générations et le secours des machines les plus puissantes. Sir R.-J. Murchison a répondu à ce travail. Il a été en relation avec le gouverneur de l'Australie, et a su de lui que, malgré l'accroissement considérable de la population, le produit des mines est moindre qu'autrefois. Il consent à croire que, pendant de longues années, l'exploitation trouvera en Australie un aliment, mais il doute que la matière y soit inépuisable. Il rappelle ce qui s'est passé lors de la découverte de l'Amérique. Quand les Espagnols s'emparèrent du Mexique, les palais de Montézuma et de la plupart des princes étaient tout brillants d'or; les conquérants ne se contentèrent pas de prendre ces richesses; ils voulurent creuser des mines. Ceux qui tentèrent cette exploitation se ruinèrent. De là le proverbe que le cuivre donne la richesse, l'argent l'aisance et l'or la ruine. Selon M. Murchison, il en sera de même dans quelques années en Australie.

UNE INNOVATION. — Dans son n° 5, *la Presse des Enfants* annonçait qu'à l'imitation des académies, elle allait proposer des prix à ses jeunes abonnés. Elle a tenu parole; ses deux derniers numéros (le 6e et le 7e), contiennent les quatre sujets de prix suivants :

1° *Prix de géographie :* Raconter un voyage imaginaire de Marseille à Constantinople par la Méditerranée. La récompense sera une magnifique boîte de couleurs portant gravé sur un écusson le nom du lauréat.

2° *Prix de littérature*, sujet : Trois enfants ont été jetés par un naufrage sur une île inhabitée. Ils y demeurent seuls pendant une année au bout de laquelle un navire les prend à son bord et les ramène dans leur patrie. Récompense, un très-beau nécessaire à ouvrage en cuir, si le travail couronné a une demoiselle pour auteur; une belle boîte de mathématiques bien complète, si c'est un garçon.

3° *Prix de mécanique :* Histoire et description des ballons, depuis leur invention par Montgolfier, jusqu'à la mort de Pilastre des Rosiers et de Romain. Récompense, un beau pupitre à écrire, contenant un plein assortiment de papeterie. Ce pupitre sera de ceux qui se plient en deux et qui, repliés, ont la forme d'une boîte oblongue.

4° *Prix de zoologie :* Décrire les métamorphoses des papillons, en prenant le ver à soie pour exemple. Récompense, un Stéréoscope accompagné d'une nombreuse collection de vues.

C'est par des innovations de ce genre que *la Presse des Enfants* stimule l'activité et développe l'intelligence de ses petits lecteurs. En voyant mentionnées dans le dernier numéro jusqu'à dix lettres d'enfants, on ne peut douter que le nouveau journal n'ait su faire vibrer la corde sensible en ses jeunes abonnés.

*Le propriétaire, rédacteur-gérant :*
VICTOR MEUNIER.

PARIS. — IMP. J.-B. GROS, RUE DES NOYERS, 74

Première année. — N° 45. Quinze centimes. 11 novembre 1855.

# L'AMI DES SCIENCES

JOURNAL DU DIMANCHE

PAR

VICTOR MEUNIER

BUREAUX D'ABONNEMENT
13, RUE DU JARDINET, 13
Près l'Ecole de Médecine
A PARIS

ABONNEMENT POUR L'ANNÉE
PARIS, 6 FR.; — DÉPART., 8 FR.
Étranger, surtaxe en sus
ENVOYER UN MANDAT DE POSTE



## NAVIGATION.

### PROPULSEUR DE M. LAURANT (d'Agen).

La recherche d'un bon propulseur a entraîné les constructeurs de navires dans de grandes dépenses d'imagination. Après les roues à palettes, nous avons eu l'hélice de Charles Dallery, l'inventeur de la chaudière tubulaire; ensuite sont venus les appareils palmipèdes du marquis de Jouffroy, fils de l'inventeur des bateaux à vapeur; puis on a fait des aubes fractionnées. Dans ces derniers temps, MM. Cavé et Morgan ont imaginé des aubes mobiles autour d'un axe horizontal, et M. Seguier en a fait qui pivotent autour de leurs rayons, etc., etc. L'hélice n'a guère été moins torturée que les roues; mais, de même qu'on a fini par s'en tenir aux premières roues à palettes, on en est généralement revenu à l'hélice simple de Charles Dallery.

Après avoir voulu modifier la forme du propulseur, on a essayé et cette fois avec plus de succès, de changer sa position par rapport à la coque. M. Gache a fait ses *bateaux porteurs*, dont les roues sont situées à la poupe, des deux côtés du moteur. Ensuite on s'est attaqué au nombre des propulseurs, et on a inventé à Lyon le *Monoroue*, muni d'une seule roue logée entre deux machines dans une échancrure pratiquée à l'arrière. Enfin, M. Cavé a divisé la coque en deux coques parallèles réunies par un seul pont, et entre les poupes de ces coques, contenant chacune un moteur, il a placé une roue à aube; tels sont les *bateaux jumeaux*.

Tout cela n'empêche pas les propulseurs de consommer une quantité de travail moteur très-supérieure à celle qui est nécessaire pour vaincre les résistances qui s'opposent à la marche du navire. On va comprendre pourquoi. Prenons comme exemple un bateau à rames.

Quand le rameur attire à lui l'extrémité supérieure de ses avirons et en reporte en arrière l'extrémité inférieure, il développe de la part du liquide une résistance qui agit dans le sens de la direction de la barque, et cette résistance est la force motrice qui pousse celle-ci en avant. Mais cette pression motrice de l'eau ne peut être obtenue qu'à condition de mettre une grande masse liquide en mouvement et de lui imprimer une direction inverse de celle que suit la barque, c'est-à-dire qu'elle ne s'obtient qu'au prix d'une perte de travail. Tous les propulseurs sont dans le même cas que la rame. De là cette différence très grande qu'on a toujours à constater entre le travail développé par la machine et le travail résistant provenant des résistances que le bateau doit vaincre.

En vue d'éviter cette perte de force, on a imaginé de donner aux bateaux un appui fixe. Tel est le but de ce qu'on appelle le *touage*. Le touage consiste à étendre au fond de l'eau, sur la route qu'un bateau à vapeur doit parcourir, une forte chaîne fixée solidement par ses deux extrémités. Cette chaîne, relevée en un point quelconque de sa longueur, passe sur une poulie à gorge montée sur le bateau, et la machine est employée à faire tourner cette poulie. Si la chaîne n'était pas fixée au sol, le bateau l'attirerait à lui; mais comme elle est fixée, c'est le bateau qui se meut. On atteindrait également le but, si le bateau pouvait prendre directement appui sur le fond de la rivière. Or, c'est un moyen de ce genre que propose un conducteur des ponts et chaussées, M. Laurant (d'Agen).

L'appareil destiné par M. Laurant aux bateaux qui naviguent sur les canaux et les rivières canalisées consiste en une roue placée sous le bateau même, dans l'axe de celui-ci et vers le milieu de sa longueur. Mais, va-t-on dire, la profondeur d'une rivière n'est pas partout uniforme, comment donc cette roue motrice pourra-t-elle toujours en toucher le fond? C'est ce qui sera expliqué dans un moment.

Supposons un cylindre creux placé dans le bateau perpendiculairement à l'axe de celui-ci et solidement assujetti. Ce cylindre traverse l'une des extrémités d'un brancard (imaginez pour le moment une barre de fer quelconque) situé dans l'axe même du bateau, et qui peut tourner ou pivoter autour du cylindre. Imaginez, en outre, qu'on a pratiqué dans le plancher du bateau une fente longitudinale (ne craignez pas de faire eau; on y a pourvu) par laquelle passera l'extrémité demeurée libre du brancard; celle-ci plongera donc dans l'eau hors du bateau. Concevez enfin que cette extrémité inférieure du brancard, au lieu d'être simple, se bifurque comme une fourchette à deux dents, et donnez à cette bifurcation une profondeur un peu plus grande que le rayon de la roue motrice. La roue motrice pourra donc se loger entre les deux branches du brancard; l'axe de cette roue pourra traverser ces deux branches et sera supporté par le brancard.

Puisque le brancard pivote autour du cylindre, il est évident que la roue motrice peut plonger à différentes profondeurs au dessous du bateau. Il va sans dire que la longueur du brancard est égale à la profondeur maximum de la rivière ou du canal, et que d'ailleurs on ne prend pas pour base les profondeurs exceptionnelles, qui peuvent être évitées ou comblées. Dans ces limites, la roue prendra toujours appui sur le lit du cours d'eau.

Mettons tout de suite un terme à l'anxiété du lecteur, en disant comment il arrive que l'eau ne pénètre pas dans le bateau par la fente qui donne passage au brancard, ce qui, en effet, dérangerait tout.

Ce n'est pas précisément dans la coque que cette fente est pratiquée, ou plutôt la coque est en ce point d'une forme particulière. A la place où cette fente est pratiquée, le fond du bateau est exhaussé. Celui qui verrait le bateau en dessous, par exemple un poisson observateur, tels que doivent l'être ceux dont M. Coste a entrepris l'éducation, remarquerait qu'en cet endroit la coque du bateau forme un enfoncement. Supposez qu'à l'intérieur du bateau nous mettions sur la cale une auge renversée; que, de la cale, nous enlevions tout ce que cette auge recouvre; qu'enfin, dans le fond de cette auge, nous pratiquions une fente longitudinale; nous aurons une idée exacte de la disposition adoptée. On voit que, pour empêcher l'eau d'envahir le véhicule, il suffira de donner à l'auge une hauteur telle que la ligne de flottaison n'en atteigne jamais le fond.

Il s'agit maintenant d'expliquer comment le mouvement de rotation est imprimé à cette roue. M. Laurant a résolu ce problème d'une manière très-simple et très-élégante.

Dans le cylindre creux autour duquel pivote le brancard est l'arbre moteur; par conséquent, le centre de la roue, tout en s'approchant et s'éloignant du bateau, selon que la profondeur de l'eau est plus ou moins grande, reste toujours à la même distance de cet arbre. Je suis sûr qu'on a déjà deviné le reste; expliquons-le cependant comme si on ne devait pas le deviner.

L'arbre moteur est beaucoup plus long que le cylindre à l'intérieur duquel il passe. Il le déborde donc à droite et à gauche. Des deux parts il se coude en forme de manivelle; à ces manivelles sont attachées des tiges métalliques (bielles) qui s'étendent parallèlement au brancard, l'une d'un côté, l'autre de l'autre; ces bielles communiquent par d'autres manivelles avec l'arbre de la roue; donc l'arbre moteur, en tournant, fait tourner la roue, et il est évident, d'après ce qui précède, que l'action de la machine sur cette roue ne saurait être paralysée par les ondulations du sol ni par les oscillations des eaux. Donc le problème est résolu.

Il est clair que les manivelles, tendant à peser sur la roue, l'empêcheront de frictionner le sol. Du reste, en cas de besoin, on chargera le brancard d'un poids emprunté au bateau.

Si le fond de la rivière ou du canal, généralement composé de gravier, n'était pas assez résistant, on y établirait un ou plusieurs rails en bois ou en fer. L'emploi exclusif des bateaux à fuseaux permettrait de placer un rail à fleur d'eau sur une ligne de pieux.

« Il est évident, dit M. Laurant, que mon système, agissant directement contre la résistance, ne fait éprouver aucune perte notable de force motrice, tandis que la perte occasionnée par l'emploi des roues à aubes ou des hélices est considérable. M. de Posson, dans la *Revue scientifique* du docteur Quesneville, ne l'évalue pas à moins des 9/10es.

» Les bateaux à vapeur, sur la Garonne, parcourent une distance moyenne de 18 kilomètres à l'heure avec une force de 80 chevaux; si je leur applique mon système, en tenant compte de la perte des 9/10es de force motrice que les bateaux actuels éprouvent, j'arriverai à une vitesse de 56,88 kilomètres par heure, et si je réduis la puissance de la machine de moitié, j'obtiendrai encore 40 k. 22. »

Il est juste, en terminant, de citer les travaux de M. Verpilleux. On regardait le remorquage sur le Rhône comme à peu près impossible, quand M. Verpilleux imagina ses *bateaux à grappins*. Ces bateaux munis de roues à aubes ont en outre un grand disque armé de crocs d'acier, une roue dentée qu'on met en mouvement à l'aide d'une chaîne sans fin. Le point d'appui ainsi obtenu a permis de remonter 600 tonnes dans les passages les plus rapides de ce fleuve si rebelle au remorquage. Ce résultat prouve que les idées de M. Laurant méritent d'être prises en sérieuse considération.

Le moyen si simple qu'il a imaginé pour transmettre la force à un mécanisme mobile autour de l'arbre moteur trouvera d'ailleurs son application dans une multitude de cas.

---

## CORRESPONDANCE.

### Vues sur la cristallisation.

Paris, 30 octobre 1855.

Monsieur,

Je viens, dans l'intérêt de la science, si noblement représenté par vous, faire quelques remarques complémentaires à l'article ayant pour titre : « D'une analogie entre les minéraux et les corps organisés, » et se trouvant en tête du numéro 43 de l'*Ami des Sciences*.

Je dois cependant d'abord vous dire que pendant plus de dix ans j'ai été presque exclusivement occupé à rechercher expérimentalement les causes qui ont pour résultats les organismes antérieurs à l'état embryonnaire, les changements d'état, les combinaisons et décombinaisons, enfin les altérations, modifications et transformations que nous remarquons dans les corps.

Que de telles recherches impliquent aussi la cristallisation ne demande aucune affirmation. J'ai voué à ce phénomène extraordinaire une attention ardente. Sa nature, ses éléments, son principe m'ont longtemps tenu en haleine.

C'est au moment même où je m'apprêtais à résumer les résultats de mes travaux que votre journal est venu m'apprendre qu'il y avait encore d'autres esprits engagés dans cette voie de luttes et de sacrifices.

C'était un moment d'un vif intérêt que la lecture de l'article mentionné; mais le plaisir en fut grand quand je vis l'accord qu'il y avait entre M. Brame et moi dans l'appréciation d'un des points les plus délicats.

Comme M. Brame s'est borné à l'étude d'une seule face de son sujet, et qu'il ne l'a pas fait passer à travers ces séries d'expériences qui non seulement se soutiennent, et se complètent les unes les autres, mais mettent encore sur la voie des propriétés qu'on n'a pas cherchées, il a dû nécessairement laisser à désirer dans plus d'un point intéressant. Ce sont ces lacunes que je vais tâcher de faire disparaître.

Rien de plus exact que de considérer certaines vapeurs globulaires de soufre comme étant susceptibles d'une succession d'états et de formes, comme M. Brame l'a fait. Rien de plus vrai encore que de revêtir ces corps d'une enveloppe ou membrane flexible et incolore renfermant un fluide visqueux. Seulement ici il convient d'ajouter que ces corps ne sont pas tous formés d'une seule enveloppe, mais qu'il y en a qui en ont deux, trois, quatre.

Ces enveloppes diffèrent l'une de l'autre, tant par leur nature que par leur densité. La différence de nature devient sensible par cela que les enveloppes externes ne cristallisent pas, tandis que les autres cristallisent, mais suivant un mode qui est propre à chacune d'elles (par enveloppes j'entends ici corps ayant une ou plusieurs enveloppes).

La densité des enveloppes augmente de l'extérieur à l'intérieur et cela non seulement d'une enveloppe à l'autre, mais encore des divers points d'une seule enveloppe.

Guidé par une grande ressemblance, M. Brame a nommé ces corps utricules. Mais cette dénomination ne convient pas ici. Les corps dont il s'agit ont un caractère beaucoup plus général que le nom d'utricule n'éveille. On les retrouve dans toute substance, et dans toute substance ils sont toujours les mêmes. Il ne faut cependant pas les prendre pour un principe universel, car ils sont réductibles dans leur forme, ce qui est incompatible avec un principe de ce genre. Mais s'ils ne sont pas le principe universel de la formation des choses, ils en sont les premiers nés, et participent encore de cette universalité par l'aptitude à être un cristal, un végétal ou un animal. Rien de plus simple que de les suivre dans cette intéressante métamorphose. De l'air sec, de l'air plus ou moins humide, une certaine température, voilà tout ce qu'ils leur faut pour y arriver.

Vu cette généralité de caractère, je leur ai donné le nom de crémoons, de χρῆμα chose, et de ὠόν, œuf. Par la combinaison, le crémoon devient cristalloon, sulfoon, ferroon, phyticoon, zoïcoon, etc., selon qu'il constitue le cristal, le soufre, le fer, la plante, l'animal, etc.

Les crémoons se combinent entre eux plus ou moins intimement, selon que cette combinaison a lieu par une seule ou par plusieurs de leurs enveloppes. En ce cas ils forment des ellipsoïdes à deux foyers. S'ils s'absorbent, s'assimilent, il n'y a qu'extension, accroissement. Dans chacun de ces cas il y a modification pour toutes les parties qui y participent. Cette modification affecte ou la nature ou la forme des corps.

Voici maintenant quelques remarques sur le phénomène de la cristallisation. La cristallisation est un fait complexe. Le cristal, au premier échelon de sa formation, résulte d'actions chimiques, c'est-à-dire de combinaisons et de décombinaisons. Un simple crémoon est aussi peu apte à être un cristal, s'il n'a pas passé par l'état de cristalloon, c'est-à-dire s'il n'a pas été fécondé par une combinaison avec un agent gazeux extérieur, qu'un ovule à être une graine, ou un œuf un animal, sans l'intervention des agents fécondants.

Le cristalloon est un organisme doué d'un appareil de circulation, et le fluide propre à y circuler est produit par la décombinaison, qui est la suite de la combinaison. Ce fluide a la propriété non seulement de nourrir le fœtus cristallin, mais encore de décomposer les crémoons environnants, et de les rendre propres au même but.

Lorsque l'individu cristallin est à son terme, le développement intérieur cesse, et l'accroissement ultérieur se fait alors par superposition extérieure. Quant à la forme finale du cristal, elle dépend des circonstances qui président à son accroissement.

Une circonstance digne de remarque dans l'histoire de la formation d'un cristal, c'est que toute substance qui cristallise, accuse invariablement dans ses crémoons et ses cristalloons une nature double, l'une gazeuse, l'autre visqueuse. Ce caractère est trop évident pour ne pas l'admettre comme essentiel et constitutif. Mais ainsi admis, l'idée de corps simple disparaîtra de la science, de même que l'idée d'atomes inséquables et durs disparaîtra devant les organismes élémentaires et vitaux nommés crémoons.

Agréez, etc. B. DE KATOW.

## REVUE DE L'EXPOSITION UNIVERSELLE.

### Foyer fumivore de M. Boquillon.

La houille tendant chaque jour à se substituer au bois, il y a le plus grand intérêt de propreté et de salubrité à faire disparaître tout appareil comburant qui dégage de la fumée. Tel est, d'après un rapport de M. Silbermann à la Société d'encouragement, le foyer inventé par M. Boquillon.

Le principe de l'invention consiste à obliger les produits de la distillation de la houille à traverser une couche de coke incandescent résultant d'une première charge; passage pendant lequel ces produits gazeux sont nécessairement brûlés. L'auteur donne deux formes différentes à ces appareils.

« Nous ne pouvons mieux comparer la première, dit M. le rapporteur, qu'à une cage d'écureuil tournant sur deux tourillons horizontaux, et composée d'un certain nombre de grilles qui forment autant de portes dont chacune est mobile sur deux tourillons. Les portes placées à la partie supérieure restent appliquées en raison de leur propre poids sur les plaques extrêmes du cylindre; celles qui occupent la partie inférieure sont tenues en place par deux arcs de cercle fixés sur la face interne des joues ou montants qui supportent les tourillons de l'appareil; il résulte de cette disposition que celui-ci présente toujours à sa partie supérieure une porte susceptible d'être ouverte.

« Supposons que l'appareil ait reçu une première charge de charbon et qu'il ne contienne plus que du coke incandescent. Au moyen des pincettes ou d'un tisonnier, on ouvre la porte supérieure et on y verse de la houille; on referme la porte, et, avec le même instrument, on fait tourner l'appareil de manière à obliger les produits de la distillation à traverser une portion du coke incandescent avant de se rendre dans la cheminée.

« Nous avons pu constater, en suivant avec attention l'expérience, la production de la fumée naissante, sa disparition pendant son trajet à travers le coke et sa réapparition sous forme d'une flamme avant de se rendre à la cheminée.

« Dans ces conditions, l'appareil peut se placer dans une cheminée ordinaire et y fonctionner comme les grilles connues. Mais, pour mieux utiliser la chaleur développée, M. Boquillon a disposé l'appareil qui chauffe son appartement de la manière suivante : la grille cylindrique est placée dans une espèce de coursier analogue à celui d'une roue hydraulique de côté, et dont le fond sert de cendrier ; elle touche presque à la paroi verticale, qui se termine par une petite hotte recouvrant une faible, mais suffisante, partie de la grille. Pour utiliser la chaleur ordinairement perdue dans la cheminée, les gaz chauds, avant de s'y rendre, sont obligés de parcourir une série de conduits en tôle constituant une espèce d'étuve. Par cette disposition avantageuse, toute la chaleur du foyer rayonne dans l'appartement, qui reçoit en outre celle de l'étuve dont nous venons de parler. Enfin on peut encore, sans gêner la manœuvre de l'appareil, disposer au-dessus et sur le devant du foyer, à la hauteur de l'axe, deux grilles plates, pouvant recevoir des vases à chauffer.

« La seconde forme de foyer peut se réaliser par l'enlèvement d'une ou plusieurs des portes de la première, qui devient alors une grille ordinaire, suspendue sur deux tourillons, ou bien dont la partie postérieure pleine serait en forme de coquille. Un simple abaissement de cette partie postérieure fait glisser le coke dans la cavité que cette partie présente, et permet de mettre le charbon noir en avant. On laisse l'appareil se redresser; une partie du coke en combustion vient recouvrir la houille neuve, dont la combustion s'opère de proche en proche dans les conditions précédemment décrites.

« Nous avons fait fonctionner le premier de ces foyers mobiles, et nous nous sommes convaincus que sa manœuvre est des plus simples. Nous avons fait tantôt peu, tantôt beaucoup de feu, et tant que nous avons rempli les conditions qui constituent le principe de l'inventeur, tant que nous avons maintenu la grille dans la position qui obligeait les produits de la combustion à traverser une portion du coke brûlant, ces produits ont toujours donné de la flamme sans fumée. Nous avons fait plus ; versant la houille neuve sur le coke incandescent, nous convertissions, même directement, en une belle nappe de flamme la fumée épaisse qui se produisait, en changeant, d'un petit coup de pincette, la position de l'appareil, et, par conséquent, la position relative des deux combustibles. En un mot, nos expériences nous ont paru à tous être complétement concluantes en faveur de l'appareil fumivore de M. Boquillon. »

### Métier à broder.

M. J. Paradis décrit en ces termes, dans la *Revue franco-italienne*, le métier à border de M. Barbe-Schmitz (de Nancy) :

« C'est un mécanisme en fer et en fonte, du poids de 8 à 900 kilogrammes, qui exécute la broderie dite au *plumetis* sur toute espèce de tissus de coton, de laine et de soie, et fait aussi la broderie au *point de crochet*. — Il met en mouvement soixante-cinq aiguilles (et ce nombre peut être augmenté), qui agissent toutes à la fois sur un canevas de 1 mètre

50 c. L'action de la machine est produite par l'engrenage de trois roues, qu'un enfant peut facilement faire marcher au moyen d'une manivelle. Il ne serait pas difficile de substituer à la main de l'ouvrier un moteur hydraulique, ou même une machine à vapeur. Dans ce cas, la plus faible action de la vapeur mettrait en mouvement une grande quantité de machines réunies.

« L'arbre moteur fait marcher alternativement les trois roues d'engrenage, dont les fonctions particulières sont les suivantes : celle du milieu met en mouvement les porte-aiguilles ou *mâchoires* par la force excentrique ; celle de droite est mobile et produit le dessin ; la troisième règle les tendeurs. Les *mâchoires* ont pour but de recevoir et de transmettre les aiguilles qu'elles renferment, au moyen de ressorts individuels. Derrière chaque *mâchoire* est un arbre horizontal qui porte à son extrémité un segment de roue, qui fait ouvrir et fermer alternativement les ressorts qui maintiennent les aiguilles.

« Les deux *tendeurs*, placés de chaque côté du tissu à broder, soutiennent des barres de fer, au sommet desquelles est superposée une autre barre, où sont fixés des crochets qui tirent le fil. Quand l'aiguille a traversé le tissu, le tendeur part, chaque crochet tire son fil et s'arrête selon la longueur de l'aiguillée.

« Le métier qui supporte le tissu avance dans l'épaisseur du fil à chaque fois que les aiguilles passent au milieu d'un arbre vertical et d'un montant en fer qui se joint au char.

« Ce char, composé d'un support fixé à la traverse au sommet du métier, sert à régler l'épaisseur du point et à faire mouvoir le parallélogramme, partie importante formée d'une barre principale, de deux montants et de deux traverses. La première de ces traverses a dans son orbite une rondelle en ferblanc représentant la figure du dessin qu'on veut obtenir, et qui peut se changer à volonté ; la seconde doit faire avancer ou reculer le métier, comme il a été dit plus haut.

« Dans la rondelle de ferblanc qui occupe l'orbite de la première traverse du char, un doigt indicateur est placé, qui dirige toute la machine, grâce au mouvement du parallélogramme qui vient mathématiquement s'appuyer contre ce doigt.

« Les aiguilles sont pointues à leurs deux extrémités et percées au milieu ; elles sont saisies par les ressorts au quart de leur longueur. Le coton, le fil ou la soie sont attachés aux aiguilles par un nœud spécial.

« Ajoutons que la machine à broder est d'un agencement très-simple et très-habile, qui ne laisse rien au hasard, aux accidents, à l'imprévu ; les avantages qu'elle offre seront vite appréciés, et le bon marché, ainsi que la variété des broderies qu'elle peut exécuter, en rendra bientôt l'usage général.

« Il est certain d'ailleurs que cette invention ne pourra jamais porter un grave préjudice à aucune classe d'ouvrières. Les broderies à la main auront toujours leur valeur, et la machine à broder ne fera que multiplier, centupler peut-être, l'usage des étoffes brodées, dont le prix élevé rend la consommation fort restreinte. »

### Horloge astronomique.

M. Bernardin fils a commencé au mois de décembre 1850 et terminé en avril 1855 la magnifique horloge qu'on admire au palais de l'Industrie.

Destinée à la cathédrale de Besançon, cette horloge à 5 mètres 50 de hauteur, 7 compris le chevalet ; 2 mètres 40 cent. de largeur et 1 mètre d'épaisseur. Elle renferme 72 cadrans dont 34 sur le devant, 30 sur les côtés, 5 sur le derrière, 3 à l'extérieur de la tour ; met en jeu 24 cloches, timbres et sonnettes, et 22 statuettes, et donne plus de 100 indications diverses. — Si l'on tient compte des rouages de transmission destinés à la grande sonnerie et aux cadrans extérieurs, elle se décompose en 13,638 pièces en fer, fonte, cuivre et acier poli ou doré, et pèse 6,000 kilogram. Ce poids énorme, qui devrait donner à l'ensemble de l'horloge une lourdeur incompatible avec les bonnes traditions de l'art, est tellement bien divisé, l'auteur a si habilement distribué la matière, si adroitement dentelé tous les détails, qu'au premier aspect on dirait un travail de fine ciselure.

Le mouvement principal, fixé au centre de l'horloge et au-dessus du chevalet, est formé de neuf rouages, avec échappement à cheville, à force constante et remontoir d'égalité. Ces rouages sont en cuivre, et l'échappement est garni de diamants. Le cylindre principal a 21 centimètres de diamètre ; sa grande roue a 40 centimètres de diamètre, et les autres, y comprise celle d'échappement, sont d'une force proportionnelle à celle-ci. Le poids qui détermine la marche est de 40 kil. Le poids du régulateur de la force constante, qui met en mouvement la lentille, est de 60 grammes. Toutes les dix secondes, ou six fois par minute, le mouvement se communique à toutes les parties de l'horloge, et la force se renouvelle par l'effet du remontoir d'égalité. Le balancier, long de 1 mètre, jusqu'à la lentille, est composé de neuf tringles en fer et en cuivre préparés. En bas, une lentille en cuivre de 5 décimètres de diamètre ; au sommet, une aiguille de pyromètre, longue de 5 décimètres, et donnant, par l'effet de la dilatation ou de la condensation du métal des tringles, le degré de froid ou de chaleur, indiqué sur un écusson en émail : ce même balancier décrit à chaque oscilliation les degrés du cercle. L'échappement est muni d'une vis de rappel, au moyen de laquelle on peut, dans toutes les positions, le mettre en équilibre.

De chaque côté du moteur principal sont placés les moteurs de la grande sonnerie, qui doit s'exécuter sur les cloches de la cathédrale. Ils sont rattachés au moteur principal par une simple détente.

Après le *mouvement* que nous venons de décrire viennent les divisions du temps : horaire, diurne, mensuelle ; le comput ecclésiastique ; l'équation du temps ; les phases de la lune ; les années bissextiles ; le méridien ; les fêtes mobiles ; la sphère céleste et planisphère ; les marées ; les divisions décimales ; le cadran régulateur ; les statuettes des heures ; les statuettes des jours de la semaine ; le tombeau du Christ ; la statue de la Vierge ; le système de sonnerie ; les cadrans extérieurs, etc., etc.

Toutes ces combinaisons sont décrites en détail dans une petite brochure publiée par l'inventeur.

## LA SEMAINE SCIENTIFIQUE.

### Du retour des animaux domestiques à l'état sauvage.

En 1842, au retour de son expédition sur le Niger, le capitaine anglais William Allen, relâchant à une petite île volcanique du golfe de Guinée, nommée *Annobono*, y trouva des volailles, poules et coqs sauvages, provenant, au dire des naturels, de quelques individus qui, plusieurs années auparavant, s'étaient échappés d'un navire naufragé sur la côte. Ces volailles redevenues sauvages, commençaient déjà, dit Allen, à être très-abondantes ; elles étaient extrêmement farouches, et s'envolaient d'arbre en arbre en poussant un cri tout à fait différent de celui de nos volailles domestiques, car « elles avaient déjà changé de forme et même de cri ; » malheureusement le navigateur anglais n'a pas rapporté en Europe les dépouilles de ces animaux.

M. Dureau de la Malle voit dans ce fait une preuve de plus « de la tenacité qui s'attache à la conservation des espèces ; le créateur les avait faites immuables, dit-il, même pour le plumage et la couleur, éléments si frêles et si peu durables (comment M. Dureau de la Malle explique-t-il que ce que le créateur a fait immuable soit sujet au changement ?) ; l'homme, depuis cinquante siècles au moins, a puissamment agi sur une trentaine de ces espèces soumises à son empire par la domesticité.

Il en a tiré, surtout pour le chien, des variétés très-nombreuses, et nous voyons que, rendues à l'indépendance dans des climats et sur un sol favorables à leur reproduction, il a suffi d'une vingtaine d'années, d'un demi-siècle au plus, pour effacer tous ces changements humains, et pour rendre aux variétés domestiques la forme, le poil et même le cri ou le chant de l'espèce primitive. »

Il nous semble qu'il y a dans les faits que M. Dureau de la Malle vient de résumer, une double démonstration de la variabilité de l'espèce. Nous ne pouvons au contraire qu'approuver l'auteur, quand il propose de soumettre certains animaux domestiques, tels que les genres bœuf, mouton, cheval, chat, furet, à des expériences qui, consistant à les remettre dans la liberté de nature, auraient pour résultat de les ramener à un état plus ou moins voisin de leur état originel, et par conséquent de nous fournir sur leurs caractères primitifs des renseignements qui nous manquent.

Nous ajouterons même que cette expérience, appliquée au froment, nous paraîtrait un moyen plus assuré d'en déterminer l'origine, que l'expérience inverse plusieurs fois tentée, consistant à mettre en culture des plantes sauvages dont la parenté avec le blé est soupçonnée.

---

### D'un moyen propre à arrêter les chevaux emportés.

On sait généralement que la *compression des fausses narines* du cheval détermine une gêne plus ou moins grande dans la respiration selon le degré auquel elle est exercée. Souvent, des hommes courageux s'élançant à la tête des chevaux emportés, et parvenant à les saisir par les naseaux, ont pu s'opposer ainsi aux accidents de toute nature qui auraient pu résulter de cette sorte de rage. Mettant cette connaissance à profit, on a imaginé des appareils ayant pour but d'exercer promptement et sûrement une compression sur les fausses narines et de gêner la respiration le plus possible. M. Goubaux raconte, dans le *Moniteur des hôpitaux*, des expériences faites à l'aide d'un de ces appareils en présence de M. H. Bouley. On pourra juger par la narration suivante de la parfaite efficacité du moyen.

Le sujet mis en expérience était un cheval de race allemande à formes sèches, de grande taille, très irritable, à mouvements violents et très énergiques. Il s'était emporté déjà plusieurs fois, avait cassé des voitures, et, disait-on, avait causé la mort d'un homme. A la suite d'un emportement, il avait été battu avec une telle violence qu'on lui avait fracturé la mâchoire inférieure; de plus, il portait sur le côté gauche de la face deux fistules profondes résultant d'un coup de fourche. Les barres étaient extrêmement irrégulières, et ne pouvaient plus fournir un appui convenable aux canons du mors.

Ce cheval a été attelé plusieurs fois, — toujours muni d'un appareil propre à exercer une compression sur les fausses narines, — à un tilburi, et conduit avec précaution dans le bois de Vincennes, entre la porte de Charenton et celle de Saint-Mandé, le long du mur d'enceinte.

Sur le terrain choisi pour les expériences, le cheval était lancé à fond de train, et l'on recherchait comparativement le résultat produit par la compression des fausses narines. « Dans chacune de ces expériences, on a pu vérifier, dit l'auteur, que lorsqu'on a devant soi un grand espace de terrain, on peut espérer d'arrêter l'animal emporté, et qu'on y parvient pour deux raisons, par la fatigue que produit la rapidité de la course, et par l'obstacle plus ou moins considérable qu'on oppose à l'animal en agissant sur la tête à l'aide du mors, ou en refoulant le plus possible le centre de gravité vers la partie postérieure de la base de sustentation. Par la seule action du mors, on parvenait à arrêter cet animal. Mais, après combien d'efforts? Dans quel état était-il, lorsqu'on avait obtenu ce résultat?

« Ce n'était qu'un temps assez long après qu'on avait commencé à agir sur le mors, avec deux paires de guides, et deux hommes à la fois, qu'on parvenait à l'arrêter. Le sang s'écoulait avec la salive écumeuse de la bouche de l'animal. Il est arrivé plusieurs fois que des passants, ignorant le but de ces expériences, ont accusé les expérimentateurs de brutalité.

« Dans l'autre épreuve, au contraire, immédiatement après que l'animal était saisi par les fausses narines, au moyen d'un petit appareil compresseur qui était annexé au mors, on observait des mouvements latéraux de la tête sur l'encolure qui exprimaient bien la gêne causée dans la respiration, et l'animal s'arrêtait bientôt. On aurait pu le faire tomber sur le sol, en continuant à faire agir l'appareil compresseur. On a invariablement obtenu les résultats que je viens d'indiquer dans les différentes expériences qui ont été faites.

« S'il en est ainsi, et je ne pense pas qu'on puisse en douter, car les expériences dont il vient d'être question ont été faites publiquement, je me demande pourquoi, quand les faits démontrent que le cheval le plus doux peut s'emporter d'un instant à l'autre et causer les accidents les plus graves, particulièrement dans les cités populeuses; je me demande pourquoi tous les propriétaires ne devraient pas être obligés à se prémunir contre l'emportement de leurs chevaux, et à donner ainsi une sécurité aux habitants.

« Il ne s'agit pas ici d'une dépense, et quand bien même il s'agirait d'une dépense, peut-elle être comparée à l'importance des accidents, aux malheurs quelquefois irréparables dont l'emportement des chevaux peut être la cause. Il ne s'agit pas non plus d'une gêne pour l'animal, puisqu'on ne se sert de l'appareil compresseur que lorsqu'on ne peut plus le maîtriser par les moyens ordinaires. Au reste, cet appareil ne peut nullement gêner l'animal. Je ne vois, en réalité, aucune considération sérieuse qui pourrait faire repousser l'emploi de ce moyen de gouverne des chevaux; mais j'en vois beaucoup, de l'ordre le plus élevé, qui devraient obliger à ce que son emploi fût généralisé, et même devînt obligatoire. »

---

### Hydrophobie. — Guérison.

M. le docteur Lunel nous communique l'observation suivante :

« Le 3 août 1854, vers trois heures de l'après-midi, un chien passait sur la route qui sépare le hameau de Présenne du village de Montbrehain (Aisne), et y mordait au mollet droit un moissonneur étranger à la localité. De là cet animal traversait un champ de blé, se dirigeait vers Fontaines, et dans ce trajet mordait un chien qui mourut enragé le 15 août, mais que sur notre recommandation expresse, on avait attaché dans une grange depuis l'accident qui lui était arrivé.

« L'animal qui avait mordu un homme et un chien fut tué le même jour entre Fontaines et un hameau voisin.

« Toutes mes recherches pour découvrir l'individu mordu avaient été vaines, attendu que celui-ci, ne supposant pas enragé l'animal qui l'avait blessé, n'avait parlé de cet accident à qui que ce fût.

« Le 26 août 1854, je suis appelé vers deux heures de l'après-midi pour donner mes soins à un moissonneur belge, nommé Vandenbrouck, âgé de vingt-cinq ans, qui venait, dit-on, d'être atteint du choléra (1). Voici l'état dans lequel je trouvai ce prétendu cholérique : agitation extrême, courbature générale, facies altéré, yeux enfoncés dans l'orbite et cerclés de noir, céphalalgie intense. Comme il n'y avait ni vomissements, ni selles, ni ballonnements de ventre, ni crampes, etc., je m'aperçus bientôt que je n'avais point affaire à un cas de choléra. Le pouls dur, tendu, marquait environ 92 pulsations. La langue était chargée de matières saburrales, la soif était

(1) Le choléra régnait alors à Montbrehain et dans les environs, et c'est pendant ma *mission officielle* que je recueillis cette observation.

excessive. Il y avait un peu d'écume à la bouche, d'où s'écoulait une salive visqueuse. Comme je demandais qu'on m'apportât un peu d'eau sucrée pour le malade, à l'instant celui-ci me répondit qu'il éprouvait une telle gêne à la gorge, qu'il était certain de ne pouvoir avaler. Sa respiration était effectivement convulsive, et même *suspendue par moments*. Ne tenant pas compte de son observation, je lui présentai le verre d'eau qu'on venait de préparer. Aussitôt la figure de cet homme se crispa ; il me dit qu'il étouffait encore plus, m'ordonna brutalement de me retirer et se cacha la figure dans ses draps. Sa respiration devint en ce moment spasmodique, preuve incontestable que le larynx et la trachée artère se tordaient convulsivement.

« L'idée que je pouvais avoir rencontré dans ce malade l'homme mordu le 3 août par le chien enragé, me vint immédiatement à l'esprit. Pour m'en convaincre, je tentai l'épreuve suivante. Je me fis apporter un miroir, et lorsque le calme succéda aux convulsions que Vandenbrouck éprouvait, je me plaçai derrière lui, et, sous prétexte que je désirais voir le fond de sa gorge, que le manque d'un jour bien vif ne m'avait pas permis d'examiner convenablement, je lui fis ouvrir la bouche et lui présentai le miroir. A la vue de ce poli, il entra dans une exaltation extrême et me dit : *Retirez-vous, ou je me jette sur vous*. Plus de doute pour moi, j'avais trouvé le malheureux qui avait été mordu vingt-trois jours auparavant. J'en fus surtout bien convaincu, lorsque examinant ses jambes je découvris une petite cicatrice rougeâtre, *peu douloureuse à la pression*. Je me gardai bien toutefois de parler de cet accident, dont le malade ni aucun des assistants ne paraissait se souvenir. J'envoyai immédiatement au presbytère de Montbrehain (1) chercher la potion suivante :

| | | |
|---|---|---|
| Ether sulfurique. . . . . . . | 6 | grammes. |
| Laudanum.. . . . . . . . . | 2 | — |
| Eau distillé de tilleul . . . . | 60 | — |
| Sirop diacode. . . . . . . . | 25 | — |

A prendre deux cuillerées coup sur coup, puis une cuillerée tous les quarts d'heures, puis une toutes les demi-heures.

« Après cette ordonnance, je partis visiter mes cholériques, pensant bien que ce malade n'avait plus que quelques heures à vivre. Néanmoins j'eus l'idée d'essayer sur lui les frictions à l'onguent mercuriel double, si vanté et si décrié tour à tour dans cette redoutable affection. Je retournai donc voir Vandenbrouck à cinq heures du soir, et je portais sur moi environ 60 grammes d'onguent napolitain. Je trouvai le malade plus calme; les accès avaient diminué d'intensité. Je lui demandai s'il voulait boire ; il me répondit qu'il était *trop étranglé pour cela*, et que même il avait eu la plus grande peine pour avaler la potion dont il avait même vomi la première cuillerée. J'ordonnai alors des frictions mercurielles sur la cicatrice d'abord, puis sur les jambes, les cuisses et sous les aisselles ; ces frictions furent répétées deux fois en quatre heures.

« A dix heures du soir, le malade souffre moins : il est resté une heure et demie environ sans accès. J'ordonne encore une friction à minuit, et 4 grammes d'éther, 1 gramme de laudanum, 60 grammes d'eau de tilleul et 20 grammes de sirop de sucre, par cuillerée toutes les demi-heures. Après les deux premières cuillerées le malade dort pendant trois heures. A quatre heures du matin, il demande à boire et peut avaler un peu d'eau sucrée; il est ensuite très-agité. Je le revois à sept heures du matin, la cicatrice s'était rouverte et avait rejeté un peu de liquide sanieux. Vandenbrouck me dit qu'il allait mieux, mais qu'il était très-fatigué. Il désire que je le laisse, afin qu'il puisse s'endormir. En conséquence j'ordonne qu'on lui cache le jour, qu'on évite de marcher, d'ouvrir et de fermer les portes, de faire un bruit quelconque. Je charge un seul homme de rester auprès de lui, et de venir me prévenir quand le malade s'éveillerait.

« Ne voyant personne arriver dans la journée, je me rends vers cinq heures du soir chez Vandenbrouck. Il venait seulement de s'éveiller; il avait dormi huit heures de suite ! A son réveil, la salivation commençait, et le lendemain matin elle était parfaitement établie. J'ordonnai simplement un peu de gruau pour la journée, et je fis cesser les frictions mercurielles. Les 60 grammes d'onguent napolitain avaient été employés. Au bout de cinq jours, le malade, quoique très-faible, commençait à se promener dans les champs. La salivation persista pendant quelques jours, *sans accidents*, et Vandenbrouck était parfaitement guéri le 5 septembre 1854. C'était bien le moissonneur belge qui avait été mordu le 3 août par le chien enragé. »

(1) Pendant l'épidémie cholérique de Monbrehain, une pharmacie avait été établie au presbytère.

---

### Action de la Santonine sur l'organe de la vue.

Le docteur Knoblauch (de Francfort) a voulu essayer sur lui-même l'influence attribuée à la santonine sur l'organe visuel. Il a pris 9 grains de santonine dans l'espace de trois heures. Déjà, au bout de la première heure (à dix heures), après n'avoir pris encore que 3 grains de cette substance, il crut voir une teinte jaunâtre couvrir tous les objets. L'atmosphère était chargée d'un épais brouillard, et cependant l'auteur croyait que le soleil allait paraître; il lui fallut le témoignage d'une autre personne pour le convaincre qu'il était dans l'erreur. Cette coloration des objets en jaune dura jusqu'à midi; les objets foncés n'offraient aucun changement essentiel.

A partir de midi, une teinte verdâtre vint se mêler au jaune pour tous les objets; le rouge faisait exception, il paraissait être d'un violet foncé. Du reste, le docteur Knoblauch voyait parfaitement, et l'on n'apercevait à ses yeux rien de particulier; l'état général n'avait pas non plus souffert.

Le lendemain, à la suite d'un purgatif, tout rentra dans l'ordre.

---

### Eaux minérales des Pyrénées.

Dans un mémoire sur l'alcalinité comparée des eaux sulfureuses de toute cette chaîne, M. Filhol établit :

1° Que les eaux des Pyrénées orientales sont, en général, plus riches en carbonate de soude que toutes les autres; il en est qui contiennent une dose de ce sel égale à celle qui existe dans les eaux de Plombières; 2° que les eaux des Pyrénées centrales sont, en général, moins alcalines, qu'elles renferment du silicate de soude et seulement des traces de carbonate; 3° que les eaux de quelques stations thermales importantes, ne contiennent que des traces de carbonate ou de silicate de soude, et qu'en outre, tandis que, dans plusieurs eaux, la silice et les bases existent dans l'eau en proportion convenable pour former du silicate de soude, celles-ci renferment toujours un excès d'acide silicique. Cet excès d'acide permet de se rendre compte de l'altérabilité plus considérable de ces eaux et de la propriété qu'elles possèdent de blanchir.

---

### Emploi de la glycérine dans le pansement des plaies.

Ayant à traiter à l'hôpital Saint-Louis des malades pris d'une complication grave des plaies (la pourriture d'hôpital), M. Demarquay essaya, mais en vain, les moyens usités en pareil cas,— fer rouge, acides citrique et nitrique,— il recourut ensuite à la *glycérine*. En vingt-quatre heures les plaies changèrent d'aspect, la fièvre tomba et bientôt la guérison s'accomplit. « Vivement frappé de ces faits, je résolus, dit le savant auteur, d'essayer les effets de cette substance dans le traitement des plaies ordinaires. En conséquence, tous les blessés du service (le service de M. Denonvilliers, dont M. Demarquay était momentanément chargé,) furent pansés avec la *glycérine*, et voici ce que j'observai : les plaies soumises à ce mode de pansement ont un aspect rosé, elles se maintiennent si propres, qu'on est dispensé de les laver et de recourir à la spatule pour enlever le coagulum de sérat et de pus, qui rend le pansement actuel des plaies long et douloureux. Les linges enduits de *glycérine* se lèvent avec le plus grande facilité; de plus, cette substance modère la suppuration; les bourgeons charnus, eux-mêmes, restent très peu développés, et n'ont pas besoin d'être réprimés par la pierre infernale. Il faut ajouter à ces avantages celui d'activer d'une manière notable la cicatrisation des plaies. »

---

### Rapport entre le milieu habité par les espèces végétales et leur degré de perfection

M. Chatin vient de communiquer à l'Académie la deuxième partie de ses recherches sur les Hydrocharidées. Le travail échappe à l'analyse, mais nous pouvons en détacher l'intéressant passage que voici :

« Les recherches que j'ai présentées à l'Académie m'avaient conduit à poser cette question: n'y a-t-il pas un rapport entre le milieu habité par les espèces végétales et leur degré de perfection organique? Or les Hydrocharidées, dont les espèces privées de vaisseaux sont toutes submergées, et les espèces partiellement émergées ou flottantes toutes vasculaires, s'ajoutent aux Nayades pour établir l'existence de ce rapport. Bien plus, la fibre elle-même, cet élément intermédiaire au vaisseau et à l'utricule, disparaît dans les appendices floraux et les pédicules mâles du *Vallisneria*, de l'*Hydrilla*(?) et sans doute d'autres Hydrocharidées qui tiennent ainsi par leurs tissus aux cryptogames les plus simples. »

---

### Polydactylie.

M. Martiney y Molina raconte, dans *El Siglo medico*, avoir observé deux jeunes filles jumelles nées à terme d'une mère parfaitement conformée, qui non seulement se ressemblaient beaucoup, mais qui, de plus, avaient chacune six doigts à chaque main. L'une d'elles avait également six orteils. Chez une des jeunes filles, le doigt surnuméraire était implanté sur le cinquième et parallèle à celui-ci; chez l'autre, il formait un angle droit avec l'annulaire. Ces organes supplémentaires étaient du reste régulièrement conformés, ils avaient leurs trois phalanges, à l'exception cependant de l'un d'eux, auquel manquait la seconde, et qui n'était en rapport avec la main que par un pédicule cutané. La mère des deux petites filles, précédemment mariée au frère de sa mère, avait déjà eu de cette première union un enfant sexdigitaire de l'une des mains.

---

### Silicatisation.

Les *comptes-rendus* de l'Académie publient la note suivante de M. Kuhlmann, dont l'auteur nous demande la reproduction :

« M. Rochas a adressé à l'Académie une réclamation concernant la *silicatisation* des pierres calcaires. Je crois devoir faire connaître à l'Académie les faits qui ont précédé cette réclamation.

« M. Rochas, après avoir tenté de faire une exploitation privilégiée du fruit de mes recherches, s'est reconnu contrefacteur dès que je lui ai fait savoir qu'indépendamment de mes publications, j'avais fait inscrire, dès 1841, divers brevets pour l'application de mes procédés.

« Un sentiment de générosité regrettable, si un pareil sentiment pouvait être sujet à regret, m'a fait employer ensuite M. Rochas, comme agent salarié, et il était encore, en cette qualité, à mon service, lorsqu'il s'est permis de prendre, à la date du 27 février dernier, un nouveau brevet d'invention, mettant à profit les conseils et les indications que je lui avais donnés pour le guider dans les travaux de *silicatisation* que je lui ai fait exécuter pour mon compte.

« M. Rochas a été congédié le 2 avril, et ses prétentions m'ont forcé à l'assigner devant les tribunaux pour faire annuler ses brevets et assurer au public la libre jouissance d'une découverte que j'ai voulu placer sous la sauvegarde des corps savants, par la publicité que je lui ai donnée, et sous celle de la loi des brevets qui, en garantissant à chacun la libre jouissance du fruit de ses recherches, donne à l'auteur d'une découverte le droit d'en faire jouir le public sans entraves.

« Je regrette vivement d'avoir à occuper l'Académie d'une question personnelle et de voir mon nom mêlé à des débats judiciaires, mais je me fais un devoir de m'opposer à ce qu'une exploitation privilégiée vienne peser sur l'application de procédés dont, depuis quinze ans, je poursuis la vulgarisation. »

---

## PRIX PROPOSÉS

### ÉQUIVALENT MÉCANIQUE DE LA CHALEUR.

La Société de physique de Berlin publie le programme suivant d'un prix à décerner en juillet 1857 :

L'opinion déjà émise depuis longtemps par quelques physiciens que la chaleur n'est pas une matière spéciale qui serait tour à tour absorbée et émise par les corps, mais bien le résultat du mouvement des petites molécules d'une substance antérieurement présente dans ces mêmes corps, n'a pas été universellement admise, parce qu'on n'avait pu résoudre complétement les difficultés et les objections qu'elle soulevait. Mais des recherches théoriques et expérimentales récentes l'ont rendue tellement probable, qu'il n'est presque plus permis aujourd'hui de douter de sa vérité.

Suivant cette théorie, la chaleur se transforme en travail mécanique, et réciproquement le travail mécanique se transforme en chaleur.

La quantité de travail correspondant à une quantité donnée de chaleur, ou ce que l'on a appelé l'*équivalent mécanique de la chaleur*, est bien certainement une des circonstantes les plus importantes de la physique moderne, non seulement parce qu'elle trouve une application pratique immédiate dans la détermination de l'aptitude au travail des machines mises en mouvement par la chaleur, mais encore parce qu'elle joue un rôle significatif dans un grand nombre d'autres recherches.

La valeur de cet équivalent peut se déduire théoriquement de la manière dont se comportent certaines substances mises en relation avec la chaleur, de la dilatation et de la compression, par exemple, des gaz et des vapeurs; mais quand il s'agit de la détermination d'un nombre si important, il faudrait pouvoir faire entrer en ligne de compte un grand nombre de données de l'expérience et de l'observation qu'on a pas encore obtenues avec l'exactitude suffisante.

On doit à M. James Prescott Joule une série de recherches expérimentales qui l'ont conduit à une évaluation directe de cet équivalent; le mérite de son travail est sans aucun doute très-grand, mais, par la nature même des choses, le résultat déduit d'expériences si délicates reste encore entouré de quelque incertitude; et c'est seulement par des déterminations souvent répétées de ce même nombre, par des déterminations faites dans les circonstances les plus diverses, qu'on peut arriver peu à peu à connaître sa valeur réelle avec toute l'exactitude et la sécurité nécessaires.

Il est donc grandement à désirer dans l'intérêt de la science que plusieurs physiciens se livrent ensemble à l'étude de cette question capitale, et pour exciter leur ardeur autant qu'elle le peut, la Société de physique propose pour sujet de grand prix, la *détermination expérimentale de l'équivalent mécanique de la chaleur*.

La valeur du prix sera de 250 thalers (700 francs); elle ne sera pas partagée.

Les mémoires peuvent être écrits en allemand, en français,

en anglais ou en latin ; les données numériques, pour rendre la comparaison plus facile, devront être exprimées en nouvelles mesures françaises, les températures en degrés de l'échelle centésimale ; ils devront porter une épigraphe répétée dans une lettre cachetée contenant le nom de l'auteur, et être adressés avant le 14 janvier 1857, terme de rigueur.

Les travaux non couronnés seront rendus ; les lettres cachetées renfermant les noms de leurs auteurs seront brûlées sans être ouvertes.

Les tableaux des expériences devront être présentés avec beaucoup de clarté ; on ne devra pas se contenter de donner les nombres isolés des observations ; il faudra indiquer, en outre, les méthodes expérimentales dont on s'est servi, les précautions que l'on a prises, et ajouter le dessin des appareils nouveaux.

## NOUVELLES ET CAUSERIES.

CAS SINGULIERS DE DÉLIRE MÉLANCOLIQUE. — Il est des monomaniaques qui se prétendent transformés en corps insensibles ; ils ont tous une crainte extrême de la destruction. Aretée cite un malade qui, se croyant fait de boue, craignait tellement d'être dissous qu'il évitait de boire. Sanchez en cite un autre, d'après Boerhaave, qui prétendait être de verre, et se tenait continuellement assis de peur d'être brisé. Un médecin distingué du XVIIe siècle, Gaspard Barlœus, qui s'imaginait que son corps était de beurre, fuyait la chaleur dans la crainte de se voir fondre. Le célèbre abbé Molanus, de Hanovre, qui se disait métamorphosé en grain d'orge, redoutait tellement d'être dévoré par les poules, qu'il ne voulait pas sortir de sa maison.

D'autres monomaniaques poussent l'illusion plus loin encore s'il est possible ; ils se figurent qu'ils ne sont plus vivants.

Deux princes de la maison de Bourbon, M. le Prince, fils du grand Condé, et Philippe V, roi d'Espagne, offrent des exemples de cette conception délirante. Voici ce que dit Saint-Simon de la mélancolie de M. le Prince : « Il n'entra et ne sortit rien de son corps qu'il ne le vît peser lui-même et qu'il n'en écrivît la balance ; d'où il résultait des dissertations qui désolaient les médecins ... Il augmenta son mal par son régime trop austère, par une inquiétude et des prévisions qui le jetèrent dans des transports de fureur. Finot, son médecin et le nôtre, ne savait que devenir avec lui. Il « se croyait mort » et ne voulut rien manger. Finot lui dit qu'il y avait des morts qui mangeaient. Il fit venir des gens qui faisaient les morts, et M. le Prince mangeait avec eux. » (*Mémoires de Saint-Simon*, t. VII, p. 125). Duclos dit, en parlant de Philippe V : « Il était fort attentif sur sa santé..... Dans des moments, il « se croyait mort » et demandait pourquoi on ne l'enterrait pas.... Il prenait une boîte de thériaque à la fois pendant plusieurs jours de suite, disant que ses médecins étaient des coquins qui soutenaient qu'il n'était pas malade, quoiqu'il se sentît près de sa mort qui arriverait bientôt. » (*Mémoires secrets de Duclos*, Œuvres complètes, t. VII, p. 257.)

DEUX NAVIRES GIGANTESQUES viennent d'être commandés à Nantes ; les proportions de ces colosses dépasseront de beaucoup, dit l'*Union bretonne*, celles du *Jacquart* et du *François-Arago*. Les nouveaux clippers auront 85 mètres de longueur et 13 mètres de largeur ; leur capacité sera égale à celle d'un vaisseau de ligne (4,400,000 kil.). Seulement, en raison de leurs formes aiguës, ils seront beaucoup plus longs que les grands vaisseaux de la marine militaire. Comme le *Jacquart* et le *François-Arago*, ils seront à système mixte, c'est-à-dire qu'ils marcheront sous l'impulsion d'une voilure en rapport avec leurs grandes dimensions, et en même temps à l'aide de puissantes machines.

Ces deux navires vont être mis très-prochainement sur les chantiers, et dans dix-huit mois ils seront l'un et l'autre achevés. La construction de ces deux clippers exigera le travail continu et régulier de 5 à 600 ouvriers.

LES HORLOGES ÉLECTRIQUES A ALGER. — M. Lardier annonce dans la *Colonisation*, qu'on se dispose à installer dans l'hôtel de la Régence, à Alger, un appareil électrique qui communiquera le mouvement aux aiguilles d'un cadran placé au sommet de l'édifice, puis à un nombre plus ou moins considérable d'aiguilles d'autres cadrans répandus dans la ville. A Paris, l'Hôtel du Louvre compte 1,500 ou 2,000 pendules distribuées dans 800 logements, dont les aiguilles sont mises en mouvement par un seul fil électrique. L'heure y est partout la même.

CHEMIN DE FER DES HALLES CENTRALES. — M. le Préfet de la Seine a chargé une Commission d'examiner le projet du chemin de fer des halles, conçu par M. Lechatellier, ingénieur en chef du chemin de ceinture, et étudié par MM. Édouard Brame et Eugène Flachat. Il s'agit, comme on sait, de faire pénétrer un chemin de fer jusqu'au cœur de Paris, de manière à opérer la jonction des halles avec le chemin de ceinture, et cela sous terre, en tunnel, dans la direction du boulevard de Sébastopol. La Commission se compose de MM. Dumas, Ferdinand Barrot, Denière, Legendre et G. Thibaud.

PAPIER DE TOURBE. — Parmi le grand nombre de produits que l'on retire de la tourbe, il en est un qui, par son importance, mérite une mention toute spéciale : c'est le *papier de tourbe*.

A la rigueur, la tourbe employée seule pourrait donner un papier propre à quelques usages spéciaux, mais en mélangeant à la pâte une certaine quantité de chiffons (vieilles cordes), on obtient un papier de couleur brune qui jouit de certaines propriétés spéciales, entre autres de celle d'être peu perméable à l'eau ; ce qui, d'une part, le rend précieux pour en faire des papiers de tenture, et de l'autre le rend très-propre pour l'emballage des objets craignant l'humidité.

Le prix de la matière première, la tourbe, que l'on peut faire entrer dans la proportion de 40, 50 et même 60 p. 100, étant au moins dix fois moindre que celui du chiffon, il s'ensuit que le prix de ce papier est de beaucoup inférieur à ceux d'emballage même les plus grossiers.

NOUVEL ÉCLAIRAGE DES PHARES. — Nous lisons dans le *Pratical mechanic's Journal* : « La lumière produite par la combustion de l'oxygène et de l'hydrogène sur la chaux, au sommet de la tour de Latting, à New-York, par M. Grant, a été telle qu'à 17 kilomètres 1/2 les ombres ont été jugées comparables à celle de la lune dans son premier quartier. La dépense ne serait que la moitié de celle d'un phare de Fresnel de 1re classe. La chaux peut servir vingt-quatre heures sans se désagréger. »

## BULLETIN BIBLIOGRAPHIQUE.

Le numéro 8 de la *Presse des Enfants* contient les articles suivants : Causeries. — 6e prix proposé : prix d'histoire ; récompense, un globe terrestre en relief. — Lettres à une petite fille sur la vie de l'homme et des animaux, par M. Jean Macé. — La plainte d'un pinson aveugle. — La merveilleuse histoire de trois enfants (suite), par Mme Victor Meunier. — Le mot de la dernière énigme. — Solution du précédent problème. — Variétés : Histoire d'un chien de chasse, d'un portefeuille et d'un enfant. — Nouvelle énigme. — Faits divers.

La *Presse des Enfants* commencera dans son prochain numéro l'indication de prix proposés aux abonnés âgés de moins de dix ans. Le premier prix proposé consistera en une boîte d'escamotage que le lauréat recevra le premier de l'an prochain.

*Le propriétaire, rédacteur-gérant :*
VICTOR MEUNIER.

PARIS. — IMP. J.-B. GROS, RUE DES NOYERS, 74

Première année. — N° 46. Quinze centimes. 18 novembre 1855.

# L'AMI DES SCIENCES

JOURNAL DU DIMANCHE

PAR

VICTOR MEUNIER

BUREAUX D'ABONNEMENT
13, RUE DU JARDINET, 13
Près l'Ecole de Médecine
A PARIS

ABONNEMENT POUR L'ANNÉE
PARIS, 6 FR.; — DÉPART., 8 FR
Étranger, surtaxe en sus
ENVOYER UN MANDAT DE POSTE



## L'EXPOSITION UNIVERSELLE.

Depuis plusieurs jours déjà nos lecteurs connaissent jusqu'en ses moindres détails, grâce aux journaux quotidiens, la cérémonie de clôture qui a eu lieu le 15 de ce mois.

On sait que le nombre des distinctions (pour l'industrie seulement) s'élève à plus de neuf mille, savoir :

161 décorations,
112 grandes médailles d'honneur,
352 médailles d'honneur,
2,282 médailles de première classe,
2,843 médailles de deuxième classe,
3,977 mentions honorables.

A quoi il faut ajouter les *récompenses exceptionnelles*, consistant en indemnités pécuniaires et en rentes viagères accordées à six exposants.

Dans l'impossibilité de citer près de 10,000 noms, nous pensons devoir n'en mentionner aucun : la publication serait d'ailleurs trop tardive pour offrir de l'intérêt aux lecteurs.

Nous ne reproduirons pas non plus les discours officiels, chacun les ayant lus le jour même ou le lendemain de la clôture. Mais nous croyons devoir en extraire quelques passages dignes d'être conservés, parce qu'exprimant des pensées d'avenir ils ont, en raison de leur origine, le caractère de promesses ou d'engagements. Voici quelques-unes de ces pensées.

### I. *Unité des peuples.*

« Les âpres rivalités, les haines internationales naissent de l'isolement; il suffit souvent de rapprocher les peuples pour éteindre ces haines. Sous ce rapport, l'Exposition universelle a produit un immense résultat.

« De tous les coins du globe, les visiteurs ont afflué à Paris. Le spectacle des progrès réels accomplis dans la voie du bien-être moral et matériel a développé parmi tous, étrangers et Français, des sentiments de considération réciproque.

« C'est ainsi que se propage la fraternité des peuples. »

### II. *Même sujet.*

« L'indépendance la plus complète a été laissée aux jurés, et je me plais à revenir sur l'idée exprimée tantôt d'une façon générale, et à la confirmer d'un fait que je dois signaler à l'honneur de l'esprit de notre époque. Parmi ces représentants de tant de peuples, il ne s'est cependant pas manifesté plus de dissidences internationales qu'il n'y en avait jadis entre nos provinces de France.

« De l'émulation partout et toujours, de la rivalité nulle part. Aussi voyons-nous l'esprit qui animait cette honorable assemblée se traduire en faits d'une grande portée et qui donnent, pour ainsi dire, la mesure des conséquences que produira successivement l'Exposition universelle de Paris.

» Un vœu unanime a été émis pour l'introduction de l'uniformité des monnaies, poids et mesures; des liens sérieux se sont formés pour amener l'Europe à ne former qu'une grande famille. »

### III. *Progrès de l'Industrie.*

« Dans l'industrie, le progrès de toutes les spécialités de la production est si général, de tous les points surgissent des mérites et des services si éclatants, que si ce grand concours universel devait se renouveler, il serait impossible de décerner des récompenses individuelles, à moins de détruire totalement leur valeur par leur nombre. Aussi, nous nous sommes vus forcés de fixer aux récompenses des limites qui peuvent paraître restreintes. »

### IV. *Le problème de l'avenir.*

« Le problème de l'avenir est de faire partager à l'universalité ce qui n'est que le partage du petit nombre. »

### V. *Le libre commerce.*

« Le perfectionnement des méthodes et des instruments de travail généralise le progrès. Une sorte d'organisation naturelle s'établit entre tous les peuples, et semble pousser à la modification de ce qu'il y a de trop restrictif dans les lois qui règlent leurs échanges.

« L'épreuve que vient de subir la France prouve qu'elle peut entrer dans cette voie qui doit assurer l'intérêt du consommateur, sans effrayer le producteur ni diminuer son travail. »

### VI. *Le progrès agricole.*

« Peu à peu, l'homme des champs s'affranchit de la partie brutale de sa peine, et si, à côté de ces admirables engins qui vont élargir le domaine de sa liberté et de son intelligence, il est mis en possession du crédit, le plus puissant des instruments de travail, de ce crédit véritable qui, dans le calme, développe la prospérité, et aux moments de crise, diminue le mal au lieu de l'augmenter, nul doute que sous peu la situation de nos agriculteurs ne subisse une notable amélioration. »

Ces extraits pourraient servir d'épigraphes aux Etudes dont nous commencerons la publication dans le prochain numéro; s'ils ne résument pas tout ce que nous avons à dire à propos de l'Exposition, ils en expriment du moins une partie.

Maintenant que l'Exposition est close, le rôle de la presse

ne finit pas, il commence, ou plutôt il s'élargit. La phase d'observation est forcément terminée, il s'agit maintenant de s'élever aux considérations générales et de conclure. Conclure, c'est tracer un plan pour l'avenir.

Nous essayerons de le faire dans une série d'articles qui figureront en tête de cette feuille, en même temps que, dans une autre partie du journal, nous continuerons l'étude de longtemps inépuisable des faits de détail dignes d'attention que l'exposition nous a offerts.

## CORRESPONDANCE.

### Le camion hydraulique.

L'article publié dans notre avant-dernier numéro sur le camion hydraulique de M. Laurent, professeur à l'Ecole forestière de Nancy, ayant été très-remarqué, nous sommes sûr qu'on lira avec un vif intérêt la lettre suivante que nous adresse l'inventeur, et dans laquelle il décrit une disposition qui aurait pour résultat de diminuer considérablement la dépense d'eau motrice.

Remiremont, le 31 octobre.

Monsieur,

J'ai eu l'honneur de vous adresser la semaine dernière, une brochure sur ma machine que j'ai nommée camion hydraulique, et au moyen de laquelle, la force d'impulsion d'un canal à pente, et bordé de rails, parvient à faire remonter, sur cette pente, le camion hydraulique.

Cette disposition, dont l'efficacité a été prouvée par des expériences auxquelles je me suis livré dans ma propriété du Saut de la cave, près de Remiremont, exige cependant, j'en conviens, une dépense d'eau motrice d'autant plus grande que le canal est plus incliné, et c'est un inconvénient, dans beaucoup de cas, tout étroit que soit le canal.

Pour diminuer considérablement cette dépense, j'ai dû chercher à remplacer le canal à pente par des portions de canaux horizontaux de la même largeur que le précédent, toujours pleins et réunis (à des distances voulues) par de courtes portions inclinées, à grande dépense, et dans lesquelles on pourrait, au moyen de portières, ne lâcher l'eau, à volonté, qu'au moment même où on en aurait besoin, pendant un temps fort court, et que vous pourrez d'ailleurs apprécier tout à l'heure.

Figurez-vous, car ce que j'ai à vous dire est assez simple pour qu'à la rigueur on puisse se passer d'un dessin, un mur vertical de soutènement d'une certaine hauteur, 3m 00 par exemple, et qu'à la base de ce mur soit une surface horizontale sur laquelle, parallèlement au mur, seraient posés des rails de fer ordinaires.

Sur ces rails horizontaux pourrait se mouvoir le même camion hydraulique que nous avons décrit dans notre précédente brochure.

A ce même camion doit se trouver adaptée une addition importante; la voici :

Au-dessus de la roue, doit être un syphon, dont une branche débouche sur les palettes à la hauteur que l'expérience a fait reconnaître la plus avantageuse pour le plus grand effet utile. L'autre extrémité du syphon plonge recourbée dans un canal horizontal établi au sommet du mur vertical dont nous avons parlé.

La partie inférieure plongeante est placée à un niveau supérieur à celui de l'autre extrémité qui débouche sur les palettes de la roue.

Or, à la partie supérieure se trouve fixée une pompe, au moyen de laquelle, après quelques coups du levier qui y est adapté, on peut remplir d'eau le syphon fermé à son extrémité inférieure, au-dessus de la roue, laquelle eau peut être lâchée à volonté par le secours d'un robinet.

Il n'est presque plus nécessaire de continuer, chacun peut comprendre qu'en ouvrant ce robinet, l'eau tombera sur la roue; car elle sera nécessairement pompée par la force du syphon et mettra en mouvement la roue et le camion.

Le camion marchera donc ainsi sur toute la longueur horizontale des rails parallèle à la portion correspondante et parallèle du canal de niveau où plonge une des extrémités du syphon, et il pourra atteindre ainsi l'extrémité de cette partie horizontale.

C'est à cette extrémité que nous avons dit, tout à l'heure, qu'il y aura, comme cela se voit dans tous les canaux, une différence de niveau qu'on rachète ordinairement par une ou plusieurs écluses. Nous avons supposé un peu plus haut que cette différence était de 3m 00.

Au lieu de construire une ou plusieurs écluses, nous continuerons les rails de la portion horizontale, et nous les appliquerons sur rampe inclinée à 5 p. 100, et qui n'aura besoin en définitive que d'une longueur de 60m 00 pour racheter la différence de niveau de 3m 00. Ces rails seront bordés par deux murs latéraux assez hauts pour contenir l'eau servant à mouvoir le camion. Car ce dernier, frappé par l'eau descendante, montera la rampe et arrivera au sommet de celle-ci, où, placé sur des rails horizontaux comme dans la première partie, il continuera à marcher et atteindra une deuxième rampe qu'il franchira encore et ainsi de suite.

On comprend donc que, par ce moyen, on parviendrait, avec une dépense d'eau peu considérable, à faire marcher des mobiles sans aucune dépense de traction. Economie de houille, économie de personnel et grande simplicité d'organisation des véhicules : tout ceci ne nous semble pas problématique le moins du monde.

Il y aurait peut-être encore, du reste, une autre combinaison bien plus avantageuse :

Imaginons qu'on adapte un mécanisme semblable au camion que nous venons de décrire, à un bateau, et que ce même bateau nageant sur un canal, soit soutenu entre deux lignes parallèles qui l'empêchent de se détourner ni à droite ni à gauche de sa direction normale. N'est-il pas facile de comprendre que la force du syphon faisant marcher la roue du camion attaché au bateau, ferait marcher ce dernier plus facilement que s'il était sur des rails; car 1 kilog. de force horizontale fait glisser 1200 kilog. sur l'eau, tandis que sur les rails il n'en fait marcher qu'environ 125. Ce serait donc un effet dix fois plus considérable obtenu que dans le premier cas, et sans dépense de rails.

Quant à la manière d'établir le canal où plongerait le syphon, nous avons imaginé un moyen que l'expérience semble nous avoir démontré solide et économique, et que nous ferons connaître, si vous jugez à propos de publier les renseignements précédents.

Veuillez, Monsieur le rédacteur, etc. L. LAURENT.

### Silicatisation.

En réponse à l'article de M. Kuhlmann, extrait par nous des *Comptes-rendus* de l'Académie et publié dans notre dernier numéro, sur la demande de l'auteur, nous recevons de M. Rochas une lettre datée de Lyon, dans laquelle il proteste contre toutes les assertions de son adversaire. Nous en extrayons le passage suivant :

« De ce qu'il a existé pendant quelque temps des relations d'intérêt entre M. Kuhlmann et moi pour l'exploitation de la silicatisation, il se croit autorisé à me traiter vis-à-vis du premier corps savant de l'Europe comme si j'avais été un serviteur à ses *gages*, comme s'il m'avait *congédié* étant mécontent de mes services; j'affirme, sur l'honneur, que jamais il n'a existé entre M. Kuhlmann et moi de rapports qui lui donnent le droit de me traiter ainsi; je repousse comme contraires à la vérité toutes ses assertions à cet égard. Je repousse de même ses assertions au sujet des conseils et des indications qu'il prétend m'avoir donnés pour exécuter les travaux de silicatisation, indications que, selon lui, j'aurais mises à profit dans mon dernier brevet. »

Espérons que cet extrait de sa seconde lettre paraîtra à M. Rochas une satisfaction suffisante, que l'insertion de cet extrait n'amènera pas une réclamation de M. Kuhlmann et qu'ainsi les lecteurs ne finiront pas par regretter que nous ayons prononcé le mot de silicatisation.

---

Nous recevons assez fréquemment des communications non signées, quoique parfaitement avouables à tous les points de vue. Nous en avons reçu trois depuis le dernier numéro. Nous prévenons les auteurs de ces lettres que les communications anonymes, quelle qu'en soit la nature, si inoffensives et si intéressantes qu'elles puissent être, sont toujours considérées comme non avenues. S'ils veulent y réfléchir, ils reconnaîtront que nous ne saurions agir autrement.

---

## LA SEMAINE SCIENTIFIQUE.

### Effets électriques produits au contact des terres et des eaux douces.

Nous allons résumer une note de M. Becquerel sur une des sources d'électricité existant dans la nature, sources dont nous ignorons encore la puissance, mais dont vraisemblablement l'industrie humaine saura un jour s'emparer.

Il s'agit du dégagement d'électricité qui s'opère au contact d'une nappe ou d'un cours d'eau et de la terre adjacente. La terre prend un excès notable d'électricité négative et l'eau un excès corespondant d'électricité positive.

Le phénomène se démontre au moyen de deux lames de platine convenablement préparées et communiquant ensemble au moyen d'un fil conducteur; l'une des lames est placée dans l'eau d'une rivière, l'autre dans la terre adjacente. L'effet se produit que les deux plaques soient à 6 mètres ou à 500 mètres l'une de l'autre; toute la terre intermédiaire se trouve toujours dans un état négatif. L'expérience réussit encore, c'est-à-dire que la recomposition des deux électricités s'effectue également, si au lieu de l'appareil ci-dessus, on fait simplement communiquer la terre et l'eau au moyen d'une corde humide; or, ce qui a lieu ici par l'intermédiaire de la corde se produit, naturellement, par l'intermédiaire des racines et radicelles de plantes en décomposition et amenées à l'état de matière carbonacée conductrice de l'électricité; ces racines et radicelles sont le siége de courants électriques, circulant de la terre à l'eau dans une infinité de directions.

Le fait général dont il s'agit n'a encore été étudié qu'au contact de la terre et de l'eau douce; mais on ne saurait douter qu'il se produise également, et même avec beaucoup plus d'intensité, au contact des eaux de la mer et des terrains adjacents.

En attendant qu'elle remplisse un rôle industriel, cette source d'électricité joue nécessairement un rôle météorologique. L'eau en s'évaporant verse continuellement dans l'air un excès d'électricité positive, tandis que la terre laisse échapper, par l'intermédiaire de la vapeur qui en sort, un excès d'électricité négative; ces vapeurs, ajoute M. Becquerel, en se condensant par le froid des régions supérieures, forment les nuages chargés, les uns d'électricité positive, les autres d'électricité négative.

---

### Des arbres à cire.

M. Kellermann, capitaine en retraite, appelle l'attention des agronomes sur les *Myricas* ou arbres à cire, qu'il lui paraît possible d'introduire en France.

Il est peu d'arbres plus intéressants que ceux-là; non seulement ils produisent de la cire, comme leur nom l'indique, mais ils répandent une odeur aromatique des plus agréables, leurs racines sont employées dans certaines préparations médicinales (en Amérique du moins), leurs feuilles préservent les étoffes de l'attaque des mites, et ce qui est bien plus important, ils possèdent, paraît-il, à un haut degré, la propriété de purifier l'air, au point de rendre salubres les lieux pestilentiels où on les introduit. « Dans les pays dont ils sont originaires (la Caroline et la Pensylvanie), il serait presque impossible à l'homme de vivre dans le voisinage des marais, dit M. Kellermann, si les *myricas*, qui en couvrent la majeure partie, n'en amélioraient pas l'air sensiblement. » Il existe une dizaine d'espèces de *myricas;* les plus intéressants sont le *myrica cerifera* de la Caroline, et le *myrica pensylvanica* de la Pensylvanie; l'un et l'autre produisent à peu près la même quantité et la même qualité de fruits; l'un et l'autre, d'après l'auteur, pourraient être cultivés en France. A la vérité, on a dit qne le premier gèle sous le climat de Paris; mais M. Kellermann met l'assertion en doute, se fondant sur ce que le *myrica cerifera* supporte très bien le climat du Canada, où on le trouve en très-grande quantité; quant à l'autre espèce, il y en a deux pieds qui vivent et prospèrent en pleine terre, depuis plusieurs années, au Jardin des Plantes de Paris. Je pense qu'après ces détails, le lecteur trouvera la question assez intéressante, pour permettre que nous laissions la parole à l'auteur.

« Les myricas ont été introduits en France depuis plus de cent cinquante ans, sans qu'on ait jamais cherché à en extraire de la cire. La culture en a été abandonnée parce qu'on ne savait pas utiliser leurs produits.

« Je suis parvenu à blanchir cette cire sans l'altérer, et à en faire une bougie semblable à celle qu'on fait avec la cire d'abeilles.

« Déjà j'ai réussi à introduire dans notre colonie d'Afrique le *myrica cerifera*, à la culture duquel on a donné une grande extension. Rien n'est plus facile, d'ailleurs, que la culture et la multiplication de ces arbustes. Ils produisent une immense quantité de graines, que l'on sème dans une terre très-légère, aussitôt qu'elles sont recueillies: il faut arroser abondamment. Le plant reste dans la même terre pendant deux ans, puis on le repique dans l'endroit le plus frais possible, en laissant entre chaque pied une distance d'environ 20 centimètres. Au bout de deux autres années, on peut le mettre définitivement en place; il suffit même d'une année, si on multiplie ces arbustes par *marcottes*, lesquelles s'obtiennent très-promptement des branches couchées en terre. Chacun des rameaux déchirés de l'arbuste produit un pied qui, lorsqu'il est planté dans un terrain favorable, fournit un grand nombre de rejetons. Enfin, le plus petit morceau de racine étant coupé et mis séparément en terre, produit encore un nouveau pied. Ces moyens nombreux et certains de multiplication rendent les arbres à cire très-abondants en Amérique, où ils couvrent la majeure partie des marais. Ils viennent bien hors de l'eau, mais il leur faut toujours une terre bien fraîche. Ils fleurissent au printemps et avant la pousse des feuilles. Leurs fruits naissent toujours sur le vieux bois. Les graines restant sur l'arbre une partie de l'hiver, on a trois ou quatre mois pour les récolter. Le *myrica cerifera* s'élève à 3 ou 4 mètres; le *cirier* de Pensylvanie ne dépasse pas 1 m 40 ou 1 m 50.

« Dans l'Amérique septentrionale, ces arbres croissent naturellement sur les bords des rivières et dans les marais. Leur fruit est une petite drupe à une seule graine dressée. Lorsqu'on veut extraire de la cire, on récolte les fruits, on en emplit des sacs de toile, que l'on plonge dans de l'eau bouillante; bientôt la cire liquéfiée monte à la surface de l'eau, d'où on l'enlève avec des spatules, ou bien en la faisant écouler dans des baquets après quelques minutes de contact. On obtient ainsi la cire extérieure presque pure; mais comme il en reste après les fruits, on fait bouillir le marc dans l'eau, et alors on obtient la cire de deuxième qualité. La cire des myricas est, de même que celle des abeilles, composée de cérine et de myricine, avec cette petite différence que la cire des abeilles se compose de 0,91 de cérine et de 0,08 de myricine, tandis que la cire des myricas contient 0,86 de cérine et 0,13 de myricine. La différence n'est donc que de 0,05 de cérine; et si on les ajoute à la cire des myricas, elle sera entièrement semblable à celle des abeilles.

« Il est vraiment incompréhensible qu'en France on n'ait pas encore tenté cette culture ; il est cependant de la dernière évidence que si elle était pratiquée dans notre pays, le luminaire ne s'y payerait pas un prix aussi élevé. Les premiers Européens qui abordèrent en Amérique découvrirent bientôt cette cire végétale, qui longtemps leur tint lieu de tout autre moyen d'éclairage, et il en serait de même en France, si la culture de ces arbres était efficacement encouragée sur une grande échelle. En résumé, je considère comme urgent et avantageux, surtout pour les contrées humides et marécageuses, de remplacer les haies d'épines par des haies de *myrica pensylvanica*. On obtiendrait ainsi :

« 1° Une amélioration réelle dans la salubrité de l'air, ces arbres absorbant, plus que toute autre plante, l'hydrogène des marais ;

« 2° Une récolte abondante de cire végétale, sans frais de culture pour ainsi dire.

« Dans les prairies, aux bords des ruisseaux et des rivières, on pourrait également substituer le *myrica cerifera* à quelques mauvais saules rabougris, qui ne sont d'aucun rapport.

« La forte odeur aromatique qui est répandue dans l'air par ces myricas assainirait infailliblement tous les foyers pestilentiels que nous avons. Les hommes et les animaux se trouveraient dans de meilleures conditions de santé et de longévité ; enfin la science médicale pourrait aussi trouver dans les racines de ces arbustes des remèdes salutaires dont on sait ailleurs tirer très-bon parti. »

---

#### Papier du mûrier.

M. Frédéric Lotteri, de Bergame, est arrivé, après de longues et patientes recherches, à extraire du papier des branches de mûrier que l'on a l'habitude de couper tous les deux ans, dans les pays où l'industrie de la soie est développée. Elles n'ont été employées jusqu'ici que comme combustible. M. Lotteri ne les soustrait pas à cet usage, puisqu'il n'emploie que l'écorce, c'est-à-dire un sixième environ des branches, et laisse la substance ligneuse, qui sert à alimenter de petits feux à l'usage de fours ou d'autres chauffages.

Cette matière première est d'une récolte extrêmement simple. Lorsque les branches et les rejetons sont récemment séparés de la tige, rien n'est plus facile que d'opérer la décortication ; l'écorce n'adhère encore qu'imparfaitement au bois ; elle en est séparée par une sève gluante qui la laisse se détacher au moindre effort.

Sous le rapport de l'économie, comme production et comme main-d'œuvre, l'écorce du mûrier justifie donc parfaitement le choix de M. Lotteri, puisqu'il tire parti d'une substance qui n'est pas utilisée et dont la récolte peut être opérée à très-peu de frais.

Quant à l'abondance de cette matière première, il nous suffira, pour en donner une idée, de rappeler que l'Europe ne contient pas moins de 36 millions de mûriers. Émondés tous les deux ans, ils se réduisent à 18 millions, sur lesquels une coupe annuelle serait opérée. En évaluant à 5 kilogrammes de branches seulement le produit de chaque arbre, on obtient un total de 90 millions de kilogrammes de bois par an, sur lesquels peut être pratiqué le procédé de M. Frédéric Lotteri.

---

#### Nouveau système de foyer.

M. Prideaux s'est proposé d'établir un appareil qui, sans aucune modification dans le mode de chargement des foyers ordinaires, permette l'entrée dans le foyer d'un volume d'air additionnel à celui qui s'introduit par la grille, et variable par l'effet du rétrécissement progressif des orifices d'admission, de manière à diminuer graduellement à mesure que le combustible arrive à un état de carbonisation plus avancé et à devenir tout à fait nul lorsque l'air admis par la grille peut suffire à la combustion complète des produits fumeux qui se dégagent encore. La quantité d'air restant toujours limitée à celle qui est strictement nécessaire à la combustion des produits fumeux qui se développent actuellement dans le foyer, on réalise, dit l'auteur, une économie notable de combustible.

Les orifices d'admission de grandeur décroissante sont placés dans la porte même du foyer, dont la face extérieure est formée de palettes tournant autour d'un axe horizontal, à la manière des feuilles mobiles d'une persienne où d'une jalousie. Au delà de ce premier plan sont trois séries de lames métalliques, minces, parallèles et verticales, laissant entre elles des espaces libres. Les lames des deux premières séries sont placées dans les plans obliques à celui de la face antérieure de la porte, les uns dans un sens et les autres dans un sens contraire. Les lames de la troisième série, qui est la plus avancée du côté du foyer, sont plus larges que celles des deux premières et placées perpendiculairement au plan de la porte. Ces dispositions ont pour effet de prévenir l'émission de la chaleur rayonnante à travers les ouvertures de la porte qui donnent accès à l'air, de chauffer l'air avant son admission dans le foyer, de maintenir à une température basse la face extérieure de la porte et, par conséquent, d'éviter les déperditions de chaleur qui, en échauffant l'intérieur du local des chaudières, rendent extrêmement pénible le travail des chauffeurs.

Des observations faites, dans l'arsenal de Portsmouth, sur l'appareil de M. Prideaux appliqué à des foyers de chaudières de bateaux à vapeur et de machines fixes, ont donné de bons résultats, entre autres sous le rapport de la fumivorité.

---

#### Utilité d'un bureau de garantie pour le pain.

M. Bresson, ingénieur civil, nous communique un mémoire qu'il vient de présenter à la Société d'encouragement sur cette question importante. L'auteur s'étonne que le pain étant une marchandise taxée, on n'ait pas encore songé à exercer un contrôle sur sa fabrication, à le titrer. « L'or et l'argent sont, dit-il, des marchandises taxées, dont on est toujours libre de réaliser la valeur en espèces monnayées, en les présentant aux bureaux de change ; mais le prix de ces métaux étant déterminé par leur titre, c'est ce titre qu'on établit avant tout. La valeur des objets d'or et d'argent qui sont dans le commerce, bijoux, vases, etc., variant nécessairement avec le titre des métaux employés à leur fabrication, afin d'éviter que l'acheteur ne soit trompé, la loi a déterminé quel devait être le titre de tels et tels objets, de là l'origine des bureaux de garantie, c'est-à-dire des bureaux de contrôle pour les matières d'or et d'argent. De même que l'or ou l'argent peuvent contenir 10, 15, 20, 30 p. 100 d'alliage, c'est-à-dire de métaux de peu de valeur, cuivre, zinc ou étain, etc., le pain peut contenir 30, 40, 60 p. 100 d'eau de panification, ou de matières autres que le froment ; il serait donc utile d'avoir une garantie contre le pain adultéré, comme on l'a contre l'or et l'argent mésalliés, et cela me semble d'autant plus recommandable, que le titre du pain, sa qualité, est beaucoup plus facile à déterminé que le titre de l'or ou de l'argent, et ensuite, parce qu'il serait infiniment plus important d'empêcher la tromperie sur une marchandise aussi absolument indispensable que le pain, que de l'empêcher sur des bijoux ou de la vaisselle d'or ou d'argent, qui sont des objets de luxe, du superflu enfin, ce qui ferait supporter plus facilement la tromperie, quoiqu'elle soit toujours condamnable en tout et partout.

« De même qu'il a été établi un bureau de contrôle près des monnaies, il serait bien d'établir un bureau de garantie de la qualité du pain à la préfecture de police. Un seul employé, un chimiste avec son aide de laboratoire, suffirait à ce contrôle pour tout Paris; il s'agit donc de quelques milliers de francs chaque année pour nous assurer tous contre la falsification du pain : certes celà vaut bien la peine qu'on y pense.

« Quant aux instruments de contrôle, ils seraient fort simples; quelques appareils à dessécher le pain par courant d'air, deux bonnes balances, puis un petit loboratoire ordinaire de chimiste : voilà tout ce qu'il faudrait. Avec moins de 5,000 fr., on installerait ce bureau qui fonctionnerait si utilement dans l'intérêt de tous.

« Il ne s'agit pas d'entraver en quoique ce soit la confection du pain de fantaisie : libre à ceux qui le veulent de payer plus cher un pain qu'ils préfèrent; le contrôle ne devrait s'exercer que sur les pains d'un kilogramme et au-dessus, et de même que les difficultés du métier ont fait accorder une tolérance de quelques millièmes sur les titres de l'or et de l'argent, il faudrait une tolérance analogue sur le titre du pain : tout cela n'offrirait aucune difficulté sérieuse.

« Dans ces derniers temps, l'administration a prescrit, ou du moins elle a encouragé l'établissement à Paris par la chambre du commerce, d'un bureau pour le conditionnement des soies et des laines, ainsi que cela existait déjà à Lyon depuis longtemps; c'est-à-dire, que pour garantir les acheteurs de ces marchandises, dont la valeur est assez importante, contre la mauvaise foi de ceux qui voudraient vendre de l'eau pour de la soie ou de la laine, en faisant séjourner ces matières fort hygrométriques d'ailleurs, pendant quelque temps dans les lieux humides, on a établi un bureau où des échantillons de la marchandise sont desséchés complétement, ce qui permet, en les pesant avant et après dessication, de déterminer la quantité réelle de laine ou de soie qui se trouve dans un lot, au moment de sa livraison. On ne peut qu'approuver ces mesures prises contre la mauvaise foi; mais il est bien désirable que de semblables mesures soient prises pour la vente du pain, denrée d'une nécessité si absolue et d'un consommation si grande.

« L'administration de la ville de Paris a établi la taxe du pain sur ce fait expérimental que 100 kilogrammes de bonne farine du commerce donnent 130 kilogrammes de pain blanc: c'est là un point de départ dont il n'est pas permis de s'écarter. Le pain fait dans ces conditions, avec de bonne farine de froment, un peu de sel et des levains convenables, cuit à point, est *d'un excellent goût*, se conserve frais de 24 à 36 heures au moins, ne se délite pas dans la soupe, et se digère très-facilement; conséquemment, voilà le pain modèle, le pain normal, qui se rencontre, hélas! beaucoup trop rarement chez nos boulangers.

« 100 kilogrammes de farine du commerce contiennent en moyenne 12 kilogrammes d'eau (cela varie de 6 à 18 p. 100) qu'on ne pourrait en chasser que par une dessication artificielle et prolongée; conséquemment, le boulanger qui pétrit 100 kilog. de bonne farine du commerce, n'emploie positivement que 88 kilog. de matière panifiable réelle, et puisque ces 88 kilog. de farine sèche, donnent 130 kilog. de bon pain, il faut en conclure que 130 kilog. de pain normal contiennent 42 kilog. d'eau de panification, c'est-à-dire d'eau faisant partie du pain, d'eau qu'on ne pourrait lui enlever sans altérer ses qualités, sans lui ôter surtout sa sapidité et ses facultés digestives. D'ailleurs, cette eau ne pourrait être chassée que par une dessication suffisamment prolongée. Ainsi, en résumé, *le pain normal contient* 32,3 *p.* 100 *d'eau.* Il ne serait donc pas difficile d'établir un contrôle efficace sur le pain, et surtout sur la quantité d'eau que contient le pain, car la tromperie la plus commune consiste à faire du pain très-aqueux, soit en le pétrissant de telle ou telle manière, ou avec telle ou telle matière, soit en ne le cuisant pas assez, ou en le saisissant au four surchauffé à dessein, ce qui solidifie immédiatement la croûte, laquelle s'oppose ensuite à l'évaporation de l'eau durant la cuisson. Il serait facile, dis-je, de contrôler le pain. Toutes les fois que 100 grammes de pain mis dans l'appareil dessicateur y perdraient plus de 33 à 35 grammes par une dessication complète, il y aurait fraude, et 500 fr. d'amende ne seraient pas trop pour ôter l'envie de la répéter souvent.

« On voit qu'en ne sévissant que pour un pain contenant au-dessus de 35 p. 100 d'eau, c'est accorder une tolérance de 2,7 p. 100; tolérance indispensable, car plusieurs causes accidentelles peuvent faire varier la quantité d'eau dans le pain, et notamment la grosseur des pains, les plus épais retenant toujours plus d'eau. Enfin, cette latitude satisferait à toutes les exigences, elle suffirait au boulanger de bonne foi pour qu'il ne soit jamais en défaut.

« Il serait moins facile, mais enfin il serait possible de reconnaître si le pain contient d'autres matières que du froment. Les travaux de Vauquelin, de Dumas, de Payen, de Chevalier et d'autres chimistes encore, ceux de quelques bons praticiens tels que Roland, fournissent tous les éléments nécessaires à reconnaître ces falsifications. Outre les adultérations du froment par le riz, par la pomme de terre, par le maïs, ou par certaines légumineuses, des meuniers ou des boulangers bien plus coupables encore, ont quelquefois introduit dans la farine ou dans le pain des matières inertes, telles que du plâtre, de la craie, etc. Mais toutes ces fraudes sont bien faciles à reconnaître.

« D'autres dans le but de faire lever la pâte, emploient le carbonate d'ammoniaque; d'autres pour la blanchir et faire ainsi passer des farines inférieures, y ajoutent ou du sulfate de cuivre ou de l'alun; enfin, tout récemment, pour régénérer le gluten des farines avariées, Liébig a proposé de pétrir avec de l'eau de chaux. Toutes ces matières sont faciles à découvrir dans le pain et doivent être proscrites dans la fabrication du bon pain. Enfin il ne faut point perdre de vue que la fraude la plus importante et la plus ordinaire, c'est un excès d'eau.

« Loin de moi la pensée d'empêcher l'emploi du seigle, de l'orge, du maïs ou d'autres menus grains dans la confection du pain : là dessus liberté la plus entière; mais alors il ne s'agit plus de pain *taxé,* de pain réglementaire, de pain que l'administration doit contrôler dans sa qualité, puisqu'elle en a fixé le prix. »

---

**Composition des muscles dans la série des animaux.**

Les recherches dont on va donner le resumé sont dues à la collaboration de MM. Valencienne et Frémy.

I. Lorsqu'on analyse les muscles des vertébrés, le principe immédiat qui se présente en premier lieu est la *créatine* découverte par M. Chevreul; viennent ensuite l'acide *inosique* et la *créatinine* étudiés par M. Liébig. L'étude que MM. Valencienne et Frémy ont faite de ces corps confirme les travaux de leurs prédécesseurs; seulement la créatinine leur a paru beaucoup plus abondante qu'on ne le pense généralement.

II. Le corps qui donne de l'acidité aux muscles de tous les vertébrés a ensuite fixé leur attention, il resulte de leurs recherches que ce corps est ordinairement le phosphate acide de potasse, qui, d'après leurs analyses, a pour formule KO, 2 HO, PhO 5. La proportion de ce sel paraît liée à la formation du système osseux; il abonde chez les animaux dont les os sont très-développés, il est rare chez les articulés et les mollusques.

III. A côté des corps gras neutres dont sont imprégnés les muscles des vertébrés, les auteurs en ont trouvé un qui s'éloigne des matières grasses proprement dites et présente une certaine analogie avec la graisse cérébrale.

IV. Les recherches sur le corps rouge qui colore les muscles du saumon et produit dans les truites et quelques autres poissons ce qu'on nomme le *saumonage* doivent nous arrêter.

Le changement de couleur si remarquable qu'éprouvent les muscles de plusieurs poissons est lié au phénomène de la reproduction. Ainsi le saumon a la chair rouge pendant toute l'année, mais ses muscles pâlissent sensiblement au moment de la ponte. Cette décoloration est plus évidente encore dans les truites dont la chair devient complétement blanche à l'époque du frai. La matière colorante des muscles du saumon n'avait pas encore été isolée: MM. Valenciennes et Frémy ont reconnu qu'elle est de nature grasse et présente les caractères d'un acide faible auquel ils donnent le nom d'acide salmonique.

V. Les muscles des crustacés paraissent plus simples dans leur composition que ceux des mammifères; ils présentent une certaine analogie avec ceux des poissons.

VI. Les muscles des mollusques, plus simples que ceux des vertébrés, ont présenté un fait remarquable et complétement imprévu : les principes immédiats qu'on trouve dans les animaux supérieurs sont ici remplacés par un corps cristallisé, contenant environ 25 p. °/. de soufre et identique à la *taurine*, matière remarquable qui n'avait encore été trouvée que dans la bile.

---

### Analyses comparatives des viandes salées d'Amérique.

Depuis le décret du mois d'août 1844, qui permet, moyennant un droit minime, l'introduction, en France, des viandes salées ou fumées, d'importantes expéditions de ces sortes de viandes, ont été faites tant de la Plata que des Etats-Unis d'Amérique. Le porc salé a été mis en vente au prix de 1 fr. à 1 fr. 20 le kil. Le bœuf salé, sans os, s'est vendu à raison de 60 à 75 c. En admettant que ces viandes constituent une nourriture saine et agréable, on a dû se demander s'il y a avantage, pécuniairement parlant, à les employer préférablement à la viande de boucherie. C'est pour résoudre cette question que M. Girardin a entrepris, avec le concours de MM. Caneaux et Thorel, médecin et pharmacien en chef de l'Hôtel-Dieu de Rouen, des analyses dont nous allons résumer les plus importantes.

Deux pot-au-feu ont été préparés, d'une part, avec 950 grammes de bœuf frais; de l'autre, avec la même quantité de bœuf d'Amérique, bien dessalé; à chacun, on a ajouté 750 grammes de légumes et 50 grammes de sel, le résultat a été,

| *Dans le premier cas.* | *Dans le second.* |
|---|---|
| 650 grammes de viande égouttée, qui, desséchée, pesait 200 grammes. | 750 grammes de viande égouttée, qui, desséchée, pesait 228 grammes. |
| 100 grammes de graisse. | Des traces de graisse. |
| 2 kil. 250 de bouillon qui ont fourni 80 grammes d'extrait sec | 2 kil. 250 de bouillon qui ont fourni 85 grammes d'extrait sec. |

La viande d'Amérique avait l'aspect de la viande passée, elle était colorée en brun, à l'extérieur; à l'intérieur, elle était d'un rose-rougeâtre vif. Sa saveur, peu développée, la rapprochait de la viande légèrement fumée; la longueur de ses fibres et leur fermeté en rendaient la mastication assez difficile et peu agréable; le bouillon transparent, sans trace de graisse, ressemblait beaucoup à du bouillon de veau; il n'avait pas de mauvais goût, mais sa saveur était aromatique et fort différente de celle du bouillon préparé avec la viande fraîche; il était plus salé que ce dernier.

Les analyses comparatives de deux sortes de viande ont montré qu'il y a dans 100 parties en poids.

| | Viande indigène. | Viande d'Amérique. |
|---|---|---|
| Eau. . . . . . . . | 75 90 | 49 11 |
| Matière sèche . . . . | 24 10 | 50 89 |

Par conséquent la viande salée contient *moitié en poids de matières utiles*, tandis que la viande indigène n'en renferme que le *quart*.

Dans ces quantités respectives de matières utiles il y a :

| | Azote. | Acide phosphor. |
|---|---|---|
| Dans la viande d'Amérique. . | 4,631 | 0,618 |
| Dans la viande indigène. . . | 3,031 | 0,2229 |
| Par conséquent, à poids égal, la viande salée contient de plus que la viande fraîche. . . . . . | 1,6 | 0,396 |

Il y a donc gain notable de matières assimilatrices pour celui qui mange de la viande salée. Au point vue économique, on trouve que le gramme d'azote revient :

| | | |
|---|---|---|
| Avec la viande fraîche, à. . . . . . | 26 cent. | 8 |
| Avec la viande d'Amérique, à. . . . | 13 | 9 |

« Il s'ensuit, dit M. J. Girardin, qu'en prenant la quantité d'azote comme valeur représentative de la qualité nutritive, *on serait amené à penser que la viande d'Amérique nourrit à moitié meilleur marché que la viande de boucherie ordinaire.* Reste à savoir cependant si une viande raccornie par le contact prolongé du sel, et en partie privée des principes savoureux qui contribuent essentiellement à la complète assimilation des aliments, est susceptible de nourrir aussi bien qu'une chair qui n'a point été dénaturée, et qui contient tous ses principes sapides. »

On peut présumer le contraire quand on voit que les populations ont renoncé partout à l'emploi des viandes salées. L'analyse de la saumure de ces viandes explique d'ailleurs et justifie cet abandon en prouvant que la chair a perdu une grande proportion de ses principes nutritifs, tant salins qu'organiques. Un litre de cette saumure fortement colorée en brun contient en effet :

| | |
|---|---|
| Eau. . . . . . . . . . . . . . . . . . . . | 622,250 |
| Albumine. . . . . . . . . . . . . . . . . | 12,300 |
| Autres matières organiques. . . . . . | 35,050 |
| Acide phosphorique. . . . . . . . . . | 4,812 |
| Sel marin. . . . . . . . . . . . . . . . | 290,071 |
| Autres matières salines. . . . . . . . | 36,517 |
| | 1000,000 |
| Azote sur 100 d'extrait sec. . . . . . | 2,669 |

« Il est bien évident par là, dit M. Girardin, que la salaison n'est pas le mode le plus avantageux pour conserver la viande que l'on destine à l'alimentation de l'homme, et qu'il serait convenable de rechercher un autre moyen d'utiliser au profit du consommateur européen ces quantités énormes de chair qui sont perdues en Amérique. »

Quant au lard, l'analyse attribue un avantage énorme au lard indigène sur le lard d'Amérique « dont l'usage, dit l'auteur, entraîne une perte notable pour le consommateur. »

---

### Oursins perforants dans le granit de Bretagne.

L'*Echinus lividus* est un des oursins les plus abondants sur la côte provençale et sur le marché de Marseille. On ignorait jusqu'ici qu'il fût du nombre des animaux doués de la curieuse propriété de creuser dans des roches souvent fort dures des cavités dans lesquelles ils s'abritent. D'après un échantillon de granit de Bretagne envoyé par M. Lory, professeur à la Faculté des sciences de Grenoble, à M. Valencienne, il paraît qu'il en est ainsi. Ces Echinus lividus se sont établis dans le granit qui constitue la lande avancée de Guerande, au fond de la baie du Croisic. La roche est forée sur une étendue de plusieurs kilomètres par des mollusques et des échinodermes.

### Repiquage des blés.

M. Théodore de Louet, membre de la Société d'agriculture de Vaucluse, rapporte l'expérience suivante tentée par lui il y a quelques années déjà, mais à laquelle, malgré sa date, l'intérêt de l'actualité ne fait pas défaut :

« Au mois d'octobre, j'ai ensemencé en blé environ un are

de terre choisie et bien fumée; ce blé, quoique semé très-épais, s'est enraciné avec force. Au mois de mars suivant, lorsque le temps l'a permis, je l'ai fait arracher avec quelque précaution, de manière à ne pas trop endommager les racines; puis il a été repiqué sur une autre terre également bien fumée, d'une contenance d'environ quatre ares, chaque plant de blé distant l'un de l'autre, dans le sillon, d'environ 25 centimètres au carré. Cette opération a été faite au moyen d'une légère raie que traçait un araire traîné par un seul cheval. Des enfants y déposaient le plant, et l'araire traçait à son retour une seconde raie qui recouvrait les racines et quelquefois la plante entière, sans pour cela rien endommager.

« Pour faire cette opération, il m'en a couté :

| | |
|---|---|
| Une demi-journée d'un cheval. . . . . | 2 fr. 50 c. |
| Une demi-journée d'homme. . . . . . . . . | 1 » |
| Demi-journée de trois enfants. . . . . . . . | 1 50 |
| Total. . . . . . . . | 5 fr. » c. |

« L'année où j'ai fait cette expérience, il n'est pas tombé de pluie depuis février jusqu'au mois de mai : de pareilles années sont rares, on en conviendra. Je commençais à me désespérer, car on ne voyait, dans ma plantation, aucun signe de vie.

« Vers la fin de mai, une pluie salutaire arriva enfin, et au bout de quelques jours, le blé reverdit et prit des forces telles qu'à la récolte, chaque plant a donné 30 et même 40 épis, contenant 15 et 20 grains chacun, ce qui, au minimum, donnerait 600 grains pour un. »

Dans la contrée qu'habite M. de Louet, le blé semé à la volée produit en moyenne huit fois la semence. On voit que la différence est grande en faveur du repiquage. En résumé cette méthode offre les avantages suivants :

Économie considérable de semence; économie d'engrais; récolte quintuple d'un bonne récolte ordinaire, et presque indéfinie si l'on procède avec soin et économie; enfin, travail des ouvriers agricoles pendant les mois de février et de mars.

### Fécule de marrons d'Inde.

« Je ne doute pas, a dit Parmentier, qu'un jour quelques hommes, animés du bien public, et ayant des marrons d'Inde assez abondamment à leur disposition, ne trouvent des procédés pour donner à ce fruit une destination vraiment utile à la société. »

De son côté Baumé a écrit : « Le fruit du marronier d'Inde qui croît si vite et dans presque tous les terrains, doit fixer singulièrement notre attention. En lui enlevant son amertume, il peut être employé à la nourriture de l'homme; il est fort abondant, très-farineux; il fournit plus de *substance nutritive* à poids égaux, que la pomme de terre, parce qu'il renferme un matière animale de la même nature que la *matière glutineuse* de la farine de froment, mais elle n'est point élastique comme elle; elle est au contraire très-friable. »

Selon le chimiste précité : « 100 livres de marrons frais fournissent 15 livres 10 onces d'écorces; les 84 livres 6 onces restant se réduisent à 54 livres 9 onces 5 gros par la dessication, d'où l'on retire 29 à 30 livres de farine. Un boisseau de marron pèse 18 livres. »

Il paraîtrait donc que le *rendement* en fécule des marrons d'Inde excède de 1/10 celui des pommes de terre; en effet, celles-ci fournissent au plus 19 à 20 pour 100 de fécule; en outre la fécule des marrons serait plus nourrissante que l'autre.

Il n'est pas surprenant, après cela, que nombre de chimistes aient cherché les moyens de rendre les fruits du marronier d'Inde propres à l'alimentation; l'emploi de lessives alcalines, de l'acide sulfurique, du carbonate de soude, etc., a été proposé dans ce but. Reprenant les travaux de ses devanciers, M. H. de Callias a vu que ce ne sont ni les sels ni les acides qui enlèvent à la fécule son amertume, mais bien l'eau pure avec laquelle on est obligé de laver cette même fécule pour faire disparaître les réactifs employés. En effet, des parties de 10, 15, 20 kilogrammes de fécule ayant été soumises à cinq ou six lavages, avec un excès d'eau pure, chaque fois l'amertume a complétement disparu; l'eau pure, voilà donc tout le secret pour dépouiller les marrons d'Inde de leur saveur insupportable, et les convertir en une substance plus nutritive que la pomme de terre.

Madame Danielle Saint-Étienne en a confectionné cette année toutes espèces de pâtes dont on peut apprécier la beauté et la qualité à l'exposition universelle.

M. Payen estime à plus de 5,000,000 de kilogrammes la quantité de *glucose* fabriquée en France avant 1849. Or, en remplaçant la fécule de pomme de terre par la fécule de marrons d'Inde, on conserverait plus de 500,000 hectolitres de pommes de terre, qui serviraient comme *légume* aux usages domestiques. C'est plus que la consommation annuelle de Paris.

De plus, la fécule de marrons fournit un bel amidon qui *aiguille* comme l'amidon de farine de froment, et que les blanchisseurs trouvent plus avantageux. Ce serait donc une quantité considérable de blé économisée au profit de la panification.

Le procédé d'*extraction* de la fécule des marrons d'Inde est aussi simple et aussi économique que celui que nous venons d'indiquer pour lui ôter son amertume. En effet, les marrons sont *râpés*, *tamisés*, *épurés*, par les mêmes moyens et avec les mêmes appareils que ceux dont on se sert dans les féculerie de pommes de terre, sans qu'il soit nécessaire de les *décortiquer* d'avance.

M. H. de Callias, ayant fait ses expériences *à la mécanique* avec plus de 20 hectolitres de marrons, il est permis de regarder le problême comme résolu. Déjà le ministre d'État a concédé à M. de Callias la récolte exclusive des marrons d'Inde des domaines de la couronne, *voulant*, dit-il, *favoriser l'application de son procédé, dont le mérite est attesté par des personnes compétentes*. Semblable faveur lui a été aussi accordée par le grand-référendaire du Sénat pour le jardin du Luxembourg, et par les administrateurs du Jardin-des-Plantes.

### Rapport sur un insecte trouvé vivant dans l'intérieur d'une pierre.

M. Dauvin, médecin à Saint-Paul (Pas-de-Calais), a adressé à l'Académie un insecte trouvé vivant dans l'intérieur d'une pierre. Un ouvrier profilait l'entablement d'une corniche sur la façade d'une maison en pierres calcaires nouvellement construite, son ciseau rencontra un endroit plus tendre, et une portion de la pierre se détachant, mit à découvert une cavité d'un centimètre et demi de diamètre, dans l'intérieur de laquelle était un corps noirâtre, bigarré de blanc, enveloppé d'une véritable coque. « L'objet, recueilli avec soin, ne semblait consister d'abord qu'en débris inertes d'un corps organisé, mais bientôt il s'y manifesta des signes de vie. On remarqua que des ailes, dont l'existence était à peine soupçonnée par la situation des moignons, se développèrent davantage, etc. »

Chargé de faire un rapport sur cette trouvaille, M. Dumeril l'a réduite à des proportions modestes, sans cependant lui faire perdre de son intérêt. Il a reconnu d'abord que l'insecte envoyé à l'Académie est la guêpe des murailles, *Vespa muraria* ou *parietum*. Les mœurs bien connues de cette espèce expliquent le fait observé par M. Dauvin. Ces insectes déposent leur œufs un à un dans des cavités qu'ils creusent dans le sable et les terres argileuses, et qu'ils ferment ensuite au moyen d'un couvercle solide composé de sable et de salive. L'insecte envoyé par M. Dauvin avait probablement cette origine.

### Nouvelle lampe de sureté.

M. Dubruste, lampiste à Lith,est inventeur d'une lampe de mineur qui a été l'objet d'un rapport favorable à la Société d'encouragement. Cette lampe est en fer battu, légère, solide, à mêche plate; elle présente cette particularité, que l'ouvrier ne peut l'ouvrir sans l'éteindre ; elle s'éteint avant d'être ouverte. Ce résultat s'obtient au moyen d'une goupille poussée par un ressort et s'engageant dans le couvercle, par laquelle la toile métallique est assujettie. Pour dégager cette goupille, qui est recourbée et vient présenter un œillet au-dessous d'une douille taraudée, fixée au porte-mèche, il faut faire descendre à fond ce dernier au moyen d'un bouton qui existe sous le pied de la lampe; dès lors la mèche rentre toute entière dans le réservoir et s'éteint. Un petit crochet en fer, à bec recourbé, permet de moucher la mèche.

### Chimie végétale.

Nous mentionnons pour mémoire un remarquable rapport de M. Chevreul sur les travaux de M. Georges Ville, relatifs à l'absorption de l'azote de l'air par les végétaux L'espace nous manque pour l'analyser, nous devons en renvoyer l'étude au prochain numéro. Disons seulement que les expériences de la commission donnent gain de cause à M. Ville, dans l'important débat engagé entre ce jeune chimiste et son savant adversaire M Boussingault.

## NOUVELLES ET CAUSERIES.

PALAIS DE FAMILLE. — On annonce qu'un terrain vient d'être acquis par M. V. Calland dans l'avenue de Saint-Cloud et que la construction du premier Palais de famille, aura lieu d'ici à peu de temps.

RÉVOLUTION DANS LES CHANDELLES. — La *Gazette de Lyon* annonce ce qui suit : — Un industriel lyonnais va mettre en usage un procédé déjà connu en Autriche et qui doit révolutionner la routine des fabricants de chandelles, Il fabrique des chandelles-bougies du poids de deux onces seulement, ayant une mèche en paille ou en pâte de papier, qui ne coulent ni ne fument, et ne donnent aucune mauvaise odeur; leur durée est de douze heure. Les règlements de police fixant le poids de la chandelle, l'inventeur va s'adresser à la préfecture afin d'obtenir l'autorisation de ne les faire que d'une once et demie chacune.

LA SOCIÉTÉ LINGUISTIQUE publie la circulaire suivante.

SOCIÉTÉ LINGUISTIQUE. Paris, octobre 1855.

—

CONTINUATION
DE LA
RÉFOPME ORTHOGRAPHIQUE
COMMENCÉE PAR
Bufler, Dumarsais, Duclos, Condillac, Beauzée, Wailly, Voltaire, etc.

—

APRÈS AVOIR ÉCRIT :
*phantosme, throsne, asyle, deffendre,*
ON EST ARRIVÉ A ÉCRIRE :
*fantôme, trône, asile, défendre,*

—

EXTENSION
DE CETTE RÉFORME :

1. Remplacer par tou *tph* par *f* et *th* par *t* : *Filosofie, ortografe, tédtre;*
2. Substituer l'*i* à l'*y* entre deux consonnes : *Martir, mistère ;*
3. Ne pas doubler la consonne, à moins d'y être contraint par la prononciation. *Comunion, tranquilité, hirondèle.*

—

M

LA SOCIÉTÉ LINGUISTIQUE de Paris, considérant les immenses avantages qui résulteront d'une réforme de l'ortografe française, non-seulement pour l'avenir de l'instruction nationale, mais encore pour l'extension de la langue française à l'étranger, et particulièrement parmi notre colonie Arabe Algériène, a décidé qu'il était tems d'apliquer les téories et d'ariver par des réformes successives, à la pratique d'une écriture simple et logique. En conséquence, èle a chargé son agent, M. Coulon-Pineau, de faire imprimer des têtes de lètre dont nous donnons ici le modèle, et que les personnes simpatiques à cète grande et sérieuse idée, peuvent se procurer à la librairie néographique.

ACCIDENTS SUR LES CHEMINS DE FER. — Le *Moniteur* annonce qu'à la suite du rapport de la commission récemment chargée d'étudier la cause des derniers accidents, l'application immédiate de nouvelles mesures de précaution vient d'être prescrite, notamment l'emploi obligatoire des signaux détonants, le perfectionnement des freins, et la révision rigoureuse des règlements relatifs aux trains de marchandises.

UNE PLUIE D'INSECTES.—Un phénomène singulier s'est produit, il y a quelques jours, sur le coteau de Mont-Cave, près de Rome. Au milieu d'un ouragan qui a éclaté tout à coup, il est tombé une pluie de gros insectes ressemblant à des papillons noirs, et en telle quantité qu'ils ont couvert le sol sur une épaisseur de 15 centimètres.

UN POULAIN EN NOURRICE. — Il existe en ce moment chez un fermier des environs de Stonghurt, en Angleterre, un poulain nourri par une jeune vache; celle-ci témoigne, dit-on, un extrême attachement à son nourrisson.

LA PRODUCTION DES OEUFS EN FRANCE.—La France fournit actuellement à l'Angleterre environ 7,780,000 kilogrammes d'œufs, soit 171,160,000 œufs, à raison de 22 par kilogramme. En calculant sur 100 œufs par poule et paran, ce qui est le chiffre moyen, on trouve que cette exportation est le produit de 1,711,600 poules. Nos importations dans les autres pays ne s'élèvent guère à plus de 66,000 kilogrammes. Le huitième à peu près de ce que nous envoyons en Angleterre nous est fourni par la Belgique et les États sardes.

Quant à la consommation qui se fait annuellement à Paris, elle n'est pas moindre de 5 à 6 millions de kilogrammes, c'est-à-dire de 110 à 132 millions d'œufs.

## BULLETIN BIBLIOGRAPHIQUE.

— LE PAIN A BON MARCHÉ dans toutes les villes et les communes de l'Empire; exposé industriel, administratif et commercial d'un système complet de panification rationnelle, par Charles Waet, ingénieur civil: 2me édition, revue, augmentée et ornée de 8 planches gravées sur cuivre. 1 vol. in-4°, chez l'auteur, 17, rue St-Maur-Popincourt.

— CRÉPUSCULE D'UN NOUVEAU SYSTÈME DE MÉTALLURGIE rationnelle, positive et philosophique; à Messieurs les membres de la commission impériale du jury national, par Adrien Chenet, ancien élève de l'école des Mines. In-8°. Didot, frères, 56, rue Jacob.

— ÉTUDES médico-philosophiques sur les maladies nerveuses. — Considérations générales sur leurs causes et leur traitement, par le docteur Saillard de Raveton. In-8°, chez l'auteur, 85, rue de la Victoire.

— NOUVELLE THÉRAPEUTIQUE des maladies nerveuses et chroniques, coup d'œil sur la vie, par le même.

— Le n° 9 de la *Presse des enfants* contient les articles suivants : CAUSERIE (Bonnes petites lettres, — Une abonnée dévouée, — Une heureuse idée, — Besogne taillée, — Correspondance universelle, — Les *camarades de journal.* — SEPTIÈME PRIX proposé aux abonnés; un prix et trois accessits offerts aux enfants âgés de moins de dix ans. — A propos des prix, — Ce que disent les paquerettes, conte, par Mme Victor Meunier ; — Albert, ou le petit paresseux corrigé, par Mademoiselle Albertine Guiraud (âgée de onze ans); — 2e lettre à une petite fille sur la vie de l'homme et des animaux, par M. Jean Macé ; — Les petits coureurs d'aventures, par M. Gilbert-Trapenard (l'un des petits abonnés du journal); — Le mot de la dernière énigme; lettres de plusieurs lectrices et lecteurs. — FAITS DIVERS. — Imprudence; — Deux animaux. — PETITE BOITE AUX LETTRES. — (Réponses sommaires à diverses lettres de petits lecteurs).

*Le propriétaire, rédacteur-gérant :*
VICTOR MEUNIER.

PARIS. — IMP. J.-B. CROS, RUE DES NOYERS, 74

Première année. — N° 47. Quinze centimes. 25 novembre 1855.

# L'AMI DES SCIENCES

JOURNAL DU DIMANCHE
PAR
VICTOR MEUNIER

BUREAUX D'ABONNEMENT
13, RUE DU JARDINET, 13
Près l'Ecole de Médecine
A PARIS

ABONNEMENT POUR
PARIS, 6 FR.; — DÉPAR.., 8 FR
Étranger, surtaxe en sus
ENVOYER UN MANDAT DE POSTE



## Machine à vapeur de défrichement et de labour.

Nous annonçons avec la plus vive satisfaction que la construction de la machine à vapeur de défrichement et de labour inventée par MM. Barrat frères, et dont il a été tant de fois question, est enfin achevée, et que les résultats des premiers essais auxquels vient d'être soumis ce nouveau modèle d'une invention déjà éprouvée sont de nature à dégager la responsabilité des membres des commissions officielles lesquels ont déclaré en 1850 que, par cette machine :

« *Le problème de l'application de la vapeur à l'agriculture est résolu et que sa réalisation ne peut être l'objet d'aucun doute* ».

De ces deux commissions, l'une avait été instituée par M. le ministre de la guerre et l'autre par M. le ministre de l'agriculture et du commerce. La première se composait de MM. de Rancé, Alexandre Martin et de Laussat, représentants du peuple; Hericart de Thury et Boussingault, membres de l'Institut; Seguin, Fourneyron, Cail et Gouin, ingénieurs; les membres de la seconde étaient : MM. Boussingault, Fourneyron, Lecouteux, directeur des cultures à l'Institut agronomique de Versailles, et H. de Villeneuve, inspecteur de l'agriculture.

La machine à vapeur de défrichement et de labour consistait alors et consiste aujourd'hui, en une locomotive à cylindres oscillants, montée sur quatre roues en fer à jantes fort larges, et à laquelle est attaché par derrière un châssis portant un arbre sur lequel est disposée une douzaine de pioches.

Chacune de ces pioches est engagée dans un manche de 1 mètre environ de longueur et fixée par l'autre bout sur l'arbre dont il vient d'être question. Dès que la machine entre en activité, l'arbre qui porte les pioches se rapproche du chariot d'une quantité égale à la largeur de la bande de terre à détacher, et en même temps qu'il se porte en avant, les pioches d'abord horizontales se redressent.

Celles-ci étant devenues verticales, le mouvement en avant de l'arbre s'arrête, et au même moment les pioches reçoivent une impulsion vigoureuse qui les fait retomber et s'enfonçer profondément dans le sol; puis l'arbre entraîné en arrière entraîne avec lui une bande de terre, et celle-ci renversée croule dans la jauge précédente.

Ceci fait, la machine se porte en avant d'une quantité convenable, et le mouvement qui vient d'être décrit recommence.

Les pioches sont indépendantes les unes des autres, et l'action qu'elles reçoivent de la machine s'arrête au moment où elles arrivent à la surface du sol, de sorte qu'elles pénètrent dans celui-ci en vertu de la vitesse acquise.

Il en résulte que si une des houes vient à heurter contre un obstacle insurmontable, elle reste soulevée et ne nuit point au travail de ses voisines.

Les pioches peuvent être disposées sur un seul rang et détacher la terre par bandes; on peut également faire alterner entre elles des pioches de deux longueurs, et, par conséquent, diviser le sol en fragments cubiques comme dans le travail à la bêche.

Les pioches peuvent être remplacées par d'autres instruments aratoires, par des pics, des houes à trois branches, etc. Dans le cas de terres très-compactes, on met un second rang de pioches qui achèvent l'ameublissement du terrain défoncé par les premières.

La machine se manœuvre avec une extrême facilité. Elle marche en avant, en arrière: elle ne foule pas le terrain labouré et ne s'avance jamais que sur l'éteule. Une série de roues d'engrenage permet de régler sa vitesse. A chaque mouvement qu'elle fait en avant, l'arbre des houes s'avance d'une quantité double. On règle à volonté la force du coup; on embrasse de même une bande de terre plus ou moins large; enfin on peut diriger la machine de telle sorte qu'elle ne se mette en mouvement qu'après avoir donné deux ou trois coups de pioche à la même place.

Un avant-train mobile permet de parcourir les courbes du plus petit diamètre. Arrivée à l'extrémité du champ, la machine tourne facilement et rapidement, et ses *tournières* ne sont pas plus longues que celles d'une charrue attelée de deux chevaux.

Enfin, par des débrayages, on suspend le travail des pioches et la marche de l'appareil; transformé alors en machine fixe, il peut mettre en mouvement un instrument quelconque, batteur, meule, scie, pompe, crible, hachoir, etc.

Les expériences auxquelles assista la commission nommée par le ministre de la guerre eurent lieu rue Newton, sur un sol en friche très-accidenté, composé de terre végétale et recouvert de gazon; « la machine a renversé le gazon à une profondeur de quatorze centimètres, et la terre ainsi détachée présentait l'aspect du meilleur labour à la bêche. »

La seconde commission fit ses expériences à Versailles, sur les terres de l'Institut agronomique; nous extrayons de son rapport les passages suivants.

« La locomotive n'a pu être arrêtée par les décombres et

les pierres de plus de deux décimètres de diamètre que nous avons fait semer sur toute la ligne de parcours des roues : celles-ci s'avancent toujours sur les inégalités du terrain vierge, laissant derrière elles le terrain labouré par la rangée de pioches qui déborde la voie des roues. Enfin, le mouvement progressif de la machine est tellement assuré, lorsque les herses fonctionnent en se cramponnant au terrain, que l'appareil a pu se remettre en mouvement à travers la largeur de l'ensemble de la voie humide, qui venait d'être labourée à l'instant même... »

La même commission déclarait que la machine Barrat rendra toujours possibles les labours profonds, et « ce serait, ajoutait-elle, rendre à l'agriculture fourragère, à la production herbagère des climats secs un service bien éclatant. »

Elle ajoutait encore que cette machine paraît avoir un rôle important à remplir dans les travaux publics des chemins de fer, des canaux, des routes, lorsque de grandes tranchées doivent s'exécuter à travers des masses de terre et d'argile. Il suffirait, disait-elle, de lui accoler par derrière un chapelet de draguage, pour lui faire opérer ces déblais qui eussent détourné une grande quantité de bras des travaux agricoles. On pourrait ainsi, peut-être, exécuter à moitié prix les travaux de grand terrassement.

Enfin, elle signalait l'application de cette machine au battage des grains, au broyage des marnes, à l'épuisement d'eau pour l'irrigation et l'abreuvage auprès des fermes.

La commission nommée par le ministre de la guerre insistait sur l'emploi que la machine à vapeur de défrichement doit recevoir en Algérie, où les bras manquent, où le sol en friche offre des obstacles considérables à la mise en culture, où le soleil dessèche la terre au point de la rendre inattaquable par le soc de la charrue.

Elle pensait même que cette machine pourra extirper radicalement le palmier nain, ce fléau des colons cultivateurs. « Il y a d'ailleurs en Afrique, ajoutait-elle, de vastes espaces de terrains incultes, où, de même qu'en Sologne, la terre n'attend que le travail de l'homme pour produire ses inépuisables richesses.

« C'est surtout dans ces grands défrichements que la charrue à vapeur offrira une notable économie et une utilité majeure. On sait combien le défoncement des terres depuis longtemps en jachère est fatal à la salubrité du pays ; les premiers agriculteurs de ces terres y respirent la maladie et souvent la mort. Ce sera une œuvre de haute humanité de substituer dans les plaines malsaines de l'Algérie, le labour mécanique au travail humain.

« La machine de M. Barrat n'a besoin que de deux hommes pour l'alimenter et la diriger, et ces hommes agiront dans une atmosphère épurée en partie par la vapeur et la fumée du charbon; nouvel et inappréciable avantage qui diminuera les chances de mortalité si nombreuses pour les pionniers de la civilisation. »

Et la commission de Versailles appliquant aux colonies en général ce que la précédente a dit de l'Algérie, s'exprimait ainsi :

« La machine Barrat pourrait épargner bien des vies dans les colonies, assainir les contrées empestées et faire renaître l'activité dans les campagnes que l'inertie des hommes sortis de l'esclavage ou atteints por des effluves mortelles, condamnent désormais à la stérilité. »

Tels sont les antécédents de la machine à vapeur de défrichement et de labour ; il est utile de les rappeler au moment où un nouveau specimen de cette machine, exempt des imperfections inséparables d'un premier essai, va être mis en expérience.

Lors du concours d'agriculture qui a eu lieu au Champ-de-Mars, l'année dernière, M. Magne, alors ministre de l'agriculture, prononça cette phrase tant de fois répétée depuis : « La vapeur peut se faire laboureur. » En s'exprimant ainsi, le ministre avait sans doute en vue la machine Barrat, puisque elle seule justifie cette assertion. Aussi, lorsque, dans la seconde édition de la *Politique universelle*, l'illustre auteur de ce livre reproduisit cette phrase du ministre, fidèle à son habitude de ne dissimuler jamais ni les noms, ni les choses, il ajouta : « preuve : *la piocheuse à vapeur* inventée par MM. Barrat frères (1) » ; et ce qui démontre que M. Magne ne faisait que sous-entendre ce nom, c'est que, disposant aujourd'hui, en qualité de ministre des finances, du parc de Neuilly, il a voulu qu'il fût mis à la disposition de MM. Barrat frères. Nous rendrons compte des expériences.

## CORRESPONDANCE.

### Fécule de marrons d'Inde.

Nous recevons avec un petit échantillon de fécule de marrons d'Inde dépourvue de toute amertume et rendue parfaitement alimentaire, la réclamation suivante à laquelle nous nous empressons de faire droit.

Alençon (Orne), 19 novembre 1855.

A monsieur Victor Meunier, rédacteur-gérant de l'*Ami des Sciences*.

Monsieur,

Le 10 juin dernier, *la Presse* publiait un article dans lequel, après une analyse des travaux qui ont été faits sur la fécule de marrons d'Inde, on attribue à M. H. de Callias le mérite d'avoir découvert que le simple lavage à l'eau froide suffit pour dépouiller cette fécule de toute amertume et de tout mauvais goût.

J'avais laissé passer cet article sans réclamation, mais l'erreur qu'il contient ayant été reproduite dans le numéro de l'*Ami des Sciences* du 18 de ce mois, j'estime qu'il est juste de restituer enfin à chacun ce qui lui est dû.

Voici donc copie d'une lettre que j'ai adressée de Rennes, le 10 janvier 1849, à Monsieur le président de l'Académie des sciences.

« Rennes, 10 janvier 1849.

« Monsieur le président,

« Dès que j'eus connaissance du rapport fait par M. Payen, « devant l'Académie des sciences, sur le travail de M. Flandin, relatif à la préparation de la fécule de marrons d'Inde, « au moyen du sous-carbonate de soude, je voulus expérimenter ce procédé. Mon succès fut complet; mais, j'avais, « en suivant les diverses phases de l'opération, remarqué que « la pulpe, après avoir été traitée par l'alcali, *n'avait rien* « *perdu de son principe amer*, et je me demandai si le sel alcalin était pour quelque chose dans l'insipidité de la fécule « obtenue. — Je recommençai mon essai en traitant, cette « fois, la pulpe de marrons d'Inde tout simplement comme on « traite la pulpe de pommes de terre : par le lavage à l'eau « froide et la décantation sans addition d'aucune préparation « alcaline. J'obtins la fécule dont je vous envoie ci-joint un « échantillon. Elle est, comme vous le voyez, parfaitement « blanche et parfaitement insipide. J'en ai préparé des gâteaux et des potages, qui ont été trouvés supérieurs à ceux « que l'on prépare avec la fécule de pomme de terre.

« J'ajoute que le rendement des marrons a constamment « été, dans mes diverses expériences, faites avec des instruments grossiers, de 19 à 21 de fécule sèche pour 100 de « pulpe de marron frais.

« Une expérience comparative faite avec la pomme de terre, « dans les mêmes conditions, m'a rendu seulement 11,78 « pour 100. Mais je ne voudrais rien affirmer sur ce résultat,

(1) La *Politique universelle*, décrets de l'avenir, par Emile de Girardin. 2e édit., p. 327

« qui est immensément à l'avantage des marrons, mais qui « est variable, peut-être, suivant la qualité et l'espèce des « pommes de terre employées.

« Je vous prie de vouloir bien informer l'Académie des ré« sultats que je vous annonce et que des occupations nom« breuses m'ont empêché de lui communiquer plus tôt.

« Veuillez agréer, etc. »

Vous le voyez, Monsieur, le problème posé par Parmentier a été résolu par moi en 1848; et, *dès les premiers jours de* 1849, l'Académie des sciences possédait un échantillon (de 500 grammes environ) de fécule de marrons d'Inde préparée par le procédé dont l'*Ami des sciences* attribue aujourd'hui la découverte à M. H. de Callias.

Je vous serai reconnaissant si vous voulez bien, en considération de la justice, insérer cette réclamation dans votre prochain numéro.

Veuillez agréer,

H. Belloc (d'Auxerre).
Directeur-médecin de l'Asile des aliénés de l'Orne, à Alençon.

*P. S.* Je joins ici un échantillon *de la même* fécule qui a été envoyée à l'Académie des sciences.

---

**Étouffage des abeilles.**

Ajaccio, 16 novembre 1855.

Monsieur le rédacteur,

L'article que je viens de lire dans le numéro du 4 novembre courant de votre estimable journal, l'*Ami des Sciences*, sur la manière de tirer le miel des ruches sans étouffer les abeilles, m'a déterminé à vous donner connaissance de la façon dont cette opération s'exécute dans le département de la Corse. Je la crois préférable à celle qui est recommandée par le savant auteur de l'article, elle est bien plus simple et moins dispendieuse.

Nos apiculteurs, pour éloigner les abeilles des gâteaux dont ils veulent s'emparer, allument dans une vieille assiette ou un autre vase quelconque, de la fiente sèche de bœuf; il s'en élève aussitôt une fumée légère et nullement désagréable, sentant un peu le benjoin produit par l'*anthoxantum odoratum* et d'autres herbes odorantes broutées par ces animaux.

On présente le vase à l'ouverture de la ruche: les abeilles se retirent immédiatement du côté opposé sans rien souffrir, et sans quitter la ruche, et l'opérateur extrait tranquillement les deux tiers ou les trois quarts de tous les rayons. Il laisse le reste pour retenir les abeilles qui, sans cela, pourraient s'en aller sans esprit de retour, et pour leur fournir la nourriture pendant quelque temps.

Lorsqu'il doit faire cette opération une seconde fois, il la commence par le bout opposé, de manière que les gâteaux aient été renouvelés dans l'année.

L'extraction des gâteaux en entier ne se pratique que lorsque quelque maladie, entre autres une espèce de pourriture, s'y est déclarée, et menace d'une mort imminente l'existence de la ruche.

Agréez, etc. Cératy.

---

## REVUE DE L'EXPOSITION UNIVERSELLE.

**Pompe de sauvetage et industrielle.**

La présence d'une voie d'eau est un des accidents les plus fréquents et les plus graves auxquels un bateau en mer se trouve exposé ; ce serait donc rendre un inappéciable service à la navigation que de la doter d'un appareil assez puissant pour extraire d'un navire en pareille circonstance l'eau qui menace de le faire sombrer ; tel est, dit-on, celui dont nous venons d'écrire le nom et qui a pour inventeur un mécanicien de Marseille, M. Arnoux.

C'est une simple pompe aspirante et à condensation, fonctionnant sans pistons ni clapets intérieurs. Elle a pour moteur la vapeur et l'air atmosphérique. L'expulsion de ce dernier par la vapeur forme le vide dans les cylindres et sert de levier à l'orifice des tuyaux d'apiration pour soulever la masse d'eau, qui s'écoule en vertu de la loi de la pesanteur quand elle vient à être équilibrée. On peut facilement se rendre compte de la puissance d'aspiration de cette machine, en multipliant par 14 les 28 pouces de la colonne de mercure qui fait équilibre à la colonne d'air, puisque l'eau est quatorze fois plus légère que ce métal. La pompe Arnoux peut donc élever l'eau à 32 pieds 8 pouces, et à cette hauteur elle élève 133 grammes par pulsation et par centimètre carré de surface des corps de pompe. Ce poids augmente en raison inverse de la hauteur d'aspiration ; de sorte qu'à 6 mètres de profondeur on soulève 172 grammes, c'est-à-dire un tiers de plus avec une machine de la même dimension.

La profondeur de la cale au pont des plus forts bâtiments est de 50 mètres environ. Supposons qu'on ait à opérer dans ces conditions avec une pompe dont les cylindres auraient 1 mètre de diamètre, on videra la cale de 6,264 litres d'eau par minute, donnant chacune six pulsations, soit de 375,840 litres par heure. A une profondeur de 6 mètres seulement, on élèverait 486,000 litres dans le même laps de temps.

Deux expériences ont eu lieu à Paris même, à bord du bateau-transport le *Jeune-Martial*, amarré au port des Saints-Pères, et voici ce qui en est résulté :

Le *Jeune-Martial* jauge 250 tonnes ; son tirant d'eau, sous le poids de la machine et de la chaudière, est de 70 centimètres environ.

Dans la première expérience du 3 novembre, rempli d'eau au moyen de larges soupapes, jusqu'à concurrence d'un enfoncement de 1 mètre 60 centimètres, il a été promptement relevé par le jeu puissant de la pompe. Les soupapes ayant été fermées dès que celle-ci a commencé à fonctionner, 19 minutes ont suffi pour extraire du bateau une masse de liquide évaluée à 142 tonnes ou 142,000 litres, soit 7,000 litres environ par minute, avec une pression de 1 atmosphère et une force de 4 chevaux de vapeur.

Une seconde expérience, tentée le 11 novembre, par suite d'un meilleur aménagement de la pompe, et sans que la dépense de force ait été plus considérable, a donné un résultat encore plus satisfaisant.

Le bateau ayant été rempli d'eau au moyen de larges soupapes, on est parvenu à le débarrasser de 188 tonnes ou 188,000 litres d'eau en dix-neuf minutes, c'est-à-dire en aspirant près de 10,000 litres par minute.

Un mécanisme ingénieux, consistant en une roue hydraulique mise en mouvement par une très-faible partie de l'eau rejetée, servait à la distributiou de la vapeur dans les quatre cylindres dont l'appareil est pourvu.

En outre de son application à la marine, cette pompe est appelée à rendre d'utiles services à l'industrie et à l'agriculture. Dans toutes les occasions où il s'agira d'élever l'eau ou de la prendre sur place jusqu'à 10 mètres de profondeur, son application réduira les frais à la moitié de ceux qu'exigerait l'emploi des machines à vapeur ordinaires.

Beaucoup de communes encore privées de fontaines pourront s'en créer par l'installation de cet appareil. Les industriels établiront des usines là où la pénurie des eaux en empêchait jusqu'à ce jour l'établissement. Agissant à basse pression, et n'exigeant qu'un générateur d'une dimension très-réduite, la nouvelle pompe est d'une installation fort simple et d'un déplacement très-facile; elle pourra être transportée facilement sur tous les points qui réclameront la puissance de son action, soit pour des irrigations, soit pour des dessèchements de lacs et de marais.

---

### Appareils de panification Rolland.

Pénétrez dans une boulangerie ordinaire, suivez dans tous ses détails la transformation de la farine en pain et vous reconnaîtrez que, quoique pratiquée depuis des siècles, elle n'a fait aucun progrès.

C'est encore avec les mains, et souvent avec les pieds, que se fait ce pénible et dégoûtant travail des geindres. La cuisson s'opère dans des fours imparfaits et de construction primitive, pareils à ceux qu'on trouve, après deux mille ans, sous la cendre du Vésuve, au milieu des ruines de Pompéi.

Depuis un siècle, une foule d'ingénieurs, de savants et de praticiens, frappés d'un état de choses aussi déplorable, ont essayé d'entraîner la boulangerie dans le courant du progrès; mais l'imperfection des appareils inventés, autant que la routine des gens de métier, s'est opposée à toute espèce d'améliorations.

M. Rolland, boulanger, n'a pas été découragé par tant d'essais infructueux; armé d'une volonté ferme et d'une persévérence infatigable, il a trouvé, après de laborieux efforts, la solution du problème difficile d'une bonne préparation et d'une bonne cuisson du pain.

Son invention constitue un système complet et entièrement nouveau de panification. Il comprend :

1° Un pétrin mécanique pour la préparation de la pâte;

2° Un four à air chaud et à sole tournante pour sa cuisson.

*Pétrin mécanique.*—Le pétrin Rolland est d'une construction très-simple. Il se compose d'une auge demi-cylindrique en bois, doublée en tôle étamée, avec un axe horizontal reposant sur chacune des faces latérales, et muni de deux séries de lames courbes alternativement longues et courtes. Ces lames, perpendiculaires ou obliques à l'axe, forment deux cadres ou rateliers à claire-voie, dont la courbure est opposée à la disposition inversement symétrique. Le tout est mis en mouvement par deux engrenages, un volant et une manivelle, qu'un jeune ouvrier peut tourner sans effort.

*Fabrication des levains et de la pâte.* — Dans les boulangeries ordinaires, celui qui pétrit la pâte s'appelle *geindre*, parce que sa fatigue se trahit par des cris qui ressemblent à des gémissements. Avant de pétrir, le geindre est obligé de préparer ses levains; et lorsque le moment du pétrissage arrive, il n'incorpore que successivement à la masse du levain la quantité de farine déposée dans le pétrin. Pour bien la pétrir, il est obligé de fouler profondément une masse de pâte gluante, de l'enlacer de ces bras nerveux, de la soulever avec de grands efforts et de la rejeter brusquement cinq ou six fois. Bientôt, dans ce dur travail, son corps entier ruisselle de sueur, qui tombe goutte à goutte dans la pâte qu'il agite, et il n'arrive qu'épuisé de forces au terme de cette lutte inhumaine.

Le *pétrin Rolland* sert aussi bien à la préparation des levains qu'à la fabrication de la pâte; son action est aussi prompte qu'efficace. En une demi-heure, il transforme plus d'un sac de farine en une pâte parfaitement homogène, parfaitement levée et aérée, sans pelotes ni grumeaux, ce que le pétrissage à bras ne produira jamais. Comme le mécanisme agit sur toutes les parties de la pâte en même temps, il s'ensuit que la quantité de farine se trouve promptement et suffisamment imprégnée d'eau, ce qui empêche l'évaporation et la perte d'une partie même très-minime de farine.

La manivelle du pétrin exige peu de force, à peine celle d'un homme. Elle peut être tournée par un boulanger, par un simple manœuvre, ou bien par un moteur mécanique.

*Four à air chaud et à sole tournante.* — Le four, de forme circulaire, est chauffé à l'aide d'un foyer indépendant, qui permet d'employer toute espèce de combustible. A la sortie du foyer, la fumée circule autour de l'enceinte réservée à la cuisson du pain, à l'aide de tubes en fonte dans la partie inférieure, de tuyaux verticaux pratiqués dans l'épaisseur des murs, et d'un double plancher métallique qui remplace la voûte ou chapelle des anciens fours. La sole est mobile horizontalement et verticalement et constitue une plate-forme tournante, à charpente en fer, revêtue d'un carrelage en terre cuite. Une manivelle très-facile transmet au pivot de cette sole le mouvement de rotation et amène successivement à la bouche du four, à portée de l'œil et de la main, la place que chaque pain doit occuper. La distribution de chaleur est parfaite; un thermomètre en mesure la température, et indique, d'une manière invariable, le moment où l'on doit enfourner. Un bec de gaz ou une lampe, placée dans une embrasure latérale, lance constamment ses rayons dans l'intérieur du four. La cuisson est parfaite, régulière et continue; chaque pain n'est exposé que pendant le même temps aux ardeurs du four, et la croûte n'étant plus en contact avec la cendre et la braise, est toujours d'une propreté remarquable.

*Chauffage et récolte de la braise.* — Le chauffage se fait au moyen de quelque combustible que ce soit. Si on emploie du bois, la braise se récolte toute seule au moyen d'un étouffoir à trappe mobile placé sous la grille du foyer. On recueille la plus grande somme possible de braise, car elle n'est pas écrasée par les opérations pratiquées dans le système ordinaire.

La chaudière contenant l'eau nécessaire au pétrissage est chauffée à l'aide de la chaleur perdue.

Le *nettoyage* est supprimé.

*Enfournement.* — Dans le système actuel, la routine seule indique si le four est suffisamment chauffé pour la cuisson du pain. L'ouvrier pose alors la pâte sur une pelle pourvue d'un très-long manche, et, l'œil braqué vers le fond du four, dont la voûte et l'âtre ardent lui brûlent les yeux, il cherche la place où il pourra la déposer; en outre, il est obligé de se servir de ce qu'en terme du métier on appelle une *allume*, c'est-à-dire d'une petite caisse en tôle, dans laquelle on fait brûler quelques copeaux pour éclairer, tant bien que mal, tout l'intérieur du four.

Dans le système Rolland, un thermomètre indique le moment d'enfourner, une lampe ou un bec de gaz éclaire le four à travers une vitre.

*Défournement.* — Grâce à la mobilité de la sole, que la simple pression du doigt fait mouvoir, l'enfournement est des plus faciles, car toutes les parties de la sole viennent se placer successivement sous la main et sous l'œil du *geindre*.

Pendant la cuisson, on peut, à l'aide de la manivelle, passer la revue la plus complète de l'état du pain. Là, on ôte, à son gré, les pains les *premiers mis au four* et qui sont les *premiers cuits*, et ainsi de suite jusqu'aux *derniers*.

De plus, la voûte du four étant tout à fait plane, il n'y a plus de différence dans la cuisson des pains, par rapport à la situation qu'ils occupent dans le four.

La durée de la cuisson est la même que dans un four ordinaire.

En résumé, le four Rolland procure les avantages suivants :

1° Suppression de la dessication du bois avant le chauffage;

2° Emploi facultatif de toute espèce de combustible;

3° Récolte spontanée de la braise, supprimant la fatigue de l'extraction et le rayonnement de la chaleur qui peuvent compromettre la santé des ouvriers;

4° Économie notable dans les frais de chauffage;

5° Suppression de plusiers chances d'incendie;

6° Suppression des nettoyages pénibles de l'âtre à chaque opération;

7° Enfournement et défournement plus faciles, avec des ustensiles plus courts et plus maniables et un système d'éclairage plus convenable;

8° Cuisson régulière, continue et très-facile à diriger;

9° Production de pains exempts de toute trace de cendre, de charbon ou de fleurage, offrant, en un mot, une très-bonne qualité sous une belle apparence et avec une netteté parfaite;

10° Chauffage de l'eau nécessaire à la préparation de la pâte au moyen de la chaleur perdue;

11° Enfin, économie considérable dans les frais de main-d'œuvre. Cette économie est surtout appréciable dans les grandes manutentions.

## LA SEMAINE SCIENTIFIQUE.

### Conservation des grains par le drainage.

Accumulés dans les greniers, les grains s'échauffent, et cette élévation de température qui se produit particulièrement au printemps, a pour conséquence la formation de larves qui, malgré le pelletage, occasionnent des pertes considérables. Il y aurait donc un intérêt majeur à prévenir cet échauffement, et à faire circuler dans les tas de blé des courants continus d'air frais. Ces considérations ont inspiré à un cultivateur autrichien l'idée première d'un procédé de conservation dont il rend compte en ces termes :

« Au printemps de 1854, dit-il, j'avais emmagasiné dans mon grenier un tas d'avoine qui devait être remué environ une fois par semaine ; si on y plongeait la main, on éprouvait aussitôt une sensation de chaleur très-appréciable, et il s'en dégageait en outre une assez forte odeur de moisi. Le manque d'espace ne me permettait pas de modifier la dimension de mon tas d'avoine pour lui donner moins d'épaisseur, et, malgré de fréquents pelletages, la température ne s'abaissait point notablement.

« J'avais fait drainer antérieurement une pièce de gazon, et il me restait un certain nombre de tuyaux du plus petit calibre qui n'avaient pas été employés. J'avais aussi sous la main de petites planches ou des voliges de peuplier. J'en pris quatre que je plaçai horizontalement sur le sol du grenier, à une distance de quatre mètres environ, et sur ce plancher improvisé je posai mes tuyaux bout à bout, comme dans le drainage ordinaire. »

Mais ces tuyaux ainsi disposés n'avaient aucune stabilité, et il suffisait du moindre mouvement pour les faire dévier de leur position ; c'est alors que l'expérimentateur eut l'idée de percer de distance en distance des trous dans les voliges, et d'assujettir les tuyaux au moyen d'un fil de laiton qui les entourait comme une sorte de collier, et leur donnait la fixité désirable. Un couche d'avoine d'un pied d'épaisseur environ fut alors répandue sur cet appareil. La surface fut soigneusement aplanie, et servit à son tour de point d'appui à un nouveau système de tuyaux placé bout à bout comme les premiers, et ajustés au moyen de fils de laiton, sur quatre voliges de peuplier. Cet assemblage fut recouvert d'une seconde couche d'avoine d'un pied d'épaisseur, et ainsi de suite jusqu'à ce que le tas, ayant atteint une hauteur de quatre pieds, renfermât quatre étages de tuyaux et de voltiges disposées en croix, et surmontées d'un nombre égal de couches d'avoine.

L'avoine, qui commençait à s'échauffer et à répandre une odeur aigrelette, avait déjà perdu de sa chaleur dès le lendemain, et le troisième jour elle était complétement refroidie. L'odeur de moisi, qui affectait l'odorat d'une manière très-sensible, avait complétement disparu au bout de quatorze jours ; et enfin le grain est resté ainsi entassé pendant tout l'été, c'est-à-dire pendant trois mois, sans avoir été remué une seule fois.

Ce procédé, dont l'application à l'avoine, c'est-à-dire à celle de toutes les céréales qui s'échauffe le plus facilement, a donné des résultats satisfaisants, pourrait sans doute être employé avantageusement pour la conservation des autres graines : blé, orge, seigle, etc. Dans tous les cas, il paraîtrait difficile d'imaginer un moyen plus facile et moins coûteux. Avec quelques tuyaux d'une valeur de 20 à 25 fr., on peut aérer et conserver des masses considérables de céréales. La quantité de grain à emmagasiner dans un local déterminé n'aurait pour ainsi dire de limites que dans le dégré de solidité des planchers ; mais, dans tous les cas, on peut affirmer qu'un grenier étant donné, il serait toujours possible d'y emmagasiner une quantité de grains triple de celle qu'il est d'usage d'y renfermer dans les conditions ordinaires.

Ces dispositions seraient encore susceptibles, pour les grands magasins, d'une amélioration qui consisterait à mettre les tuyaux en communication avec l'air extérieur, au moyen de petites ouvertures pratiquées dans les murs à l'exposition du nord. De cette manière, la température des greniers s'abaisserait facilement de plusieurs degrés, et la circulation de l'air froid dans les tas de grains préviendrait plus complétement encore l'éclosion et le développement des larves d'insectes.

### Gravure électro-chimique.

M. G. Devincenzi s'est livré, depuis plusieurs années, à la recherche des moyens propres à reproduire, par la gravure en relief sur planche de métal, un dessin donné ou une page d'impression ; il décrit, dans les termes suivants, la méthode à laquelle il s'est arrêté :

Le métal le plus propre à cette espèce de gravure est le zinc. On l'emploie en planches laminées qu'on grène avec du sable tamisé, et on dessine dessus avec l'encre et le crayon lithographique. Le dessin exécuté, on prépare la planche comme si l'on devait s'en servir pour le tirage lithographique. On plonge, à cet effet, la planche dans une décoction de noix de galle, pendant une minute. On la lave à l'eau pure et on la gomme avec une légère dissolution de gomme arabique. On mouille la planche avec une éponge, on efface le dessin avec de l'essence de térébenthine et on roule sur sa surface un cylindre lithographique enduit d'un vernis. Ce vernis recouvre exactement tous les traits faits par le dessinateur. Le vernis doit avoir les qualités suivantes : 1° ne pas altérer le dessin ; 2° adhérer fortement à la planche ; 3° ne pas être attaqué par les agents chimiques employés à graver.

Le vernis connu en Angleterre sous le nom de *Brunswick black*, mêlé avec l'essence de lavande, est préférable à tous les autres. On compose ce vernis d'asphalte, d'huile de lin cuite avec la litharge et de térébenthine. Après que le vernis est sec, on met la planche de zinc en communication avec une planche de cuivre à la distance de 0,005 ; après quoi on les plonge dans une dissolution de sulfate de cuivre marquant 15 degrés ; il en résulte alors un couple voltaïque ; l'acide sulfurique résultant de la décomposition du sulfate de cuivre dissout toutes les parties du zinc qui ne sont pas recouvertes. On donne plus ou moins de profondeur à la gravure, suivant le genre du dessin. Les dessins au crayon sont gravés en général en quatre ou cinq minutes, et ceux à la plume en sept ou dix minutes.

Le sulfate de cuivre ne produit *aucune altération* dans les dessins les plus délicats, et n'*attaque* pas le vernis.

On peut appliquer cette méthode de graver à tous les autres procédés à l'aide desquels on reproduit un dessin. On peut dessiner sur papier et transporter ensuite le dessin sur les planches. On transporte les impressions des pierres lithographiques, ou celles des planches de cuivre ou d'acier. On peut de même faire usage de la pointe et des machines à graver. Ces machines peuvent être employées sur le zinc aussi bien que sur les pierres lithographiques pour produire des teintes plates. Ce procédé s'applique également aux *caractères d'imprimerie*. Il suffit d'avoir une page d'un livre transportée sur une planche de zinc pour en faire un stéréotype.

Cette manière de graver remplacera la stéréotypie ordinaire. D'après ce procédé, on peut transporter les pages d'un livre, lorsque l'on imprime, sur des feuilles très-minces de zinc, et de celles-ci sur des planches plus fortes pour les graver toutes les fois que l'on veut réimprimer. De là, grande économie sur la composition et le papier, puisqu'on n'est pas obligé de faire de grands tirages. Une copie sur des feuilles très-minces de zinc ne coûte pas plus qu'un exemplaire tiré sur bon papier.

J'ajoute enfin qu'on peut appliquer les stéréotypes à deux autres moyens de reproductions typographiques. Il n'est pas difficile de faire le transport d'une vieille impression sur des planches métalliques. On peut ainsi avoir des stéréotypes de vieux livres.

### Retour de végétaux cultivés et d'animaux domestiques à leur état primitif.

1° M. Dureau de la Malle, auteur des observations que nous allons résumer, possède dans le Perche deux poiriers de *doyenné galeux* âgés de cent vingt ans au moins. Ces arbres ont donné, à la pousse de juillet et d'août, six poires de *doyenné blanc*. M. Dureau de la Malle en conclut que le doyenné blanc est la souche du doyenné galeux.

2° L'auteur a observé le fait suivant en Angleterre.

Une jument issue au sixième degré d'un étalon arabe eut d'un couagga mâle un métis presque entièrement semblable à son père. La même jument fut ensuite unie deux fois en trois ans avec un cheval anglais ; elle donna la première fois un métis rapproché du couagga, et la seconde fois le produit ressembla tellement au couagga qu'il était impossible de l'en distinguer.

Ce fait nous semble démontrer l'influence d'une première union sur les fruits d'unions ultérieures ; M. Dureau de la Malle y voit une preuve qu'on peut, en moins de dix ans, faire remonter une variété domestique vers la souche primitive.

3° Contrairement à l'opinion de Cuvier, qui fait descendre nos cochons domestiques du sanglier (*sus scropha*), l'auteur a émis depuis longtemps l'opinion adoptée par M. I. Geoffroy-Saint-Hilaire, que le cochon domestique provient du cochon sauvage de l'Inde. Il cite aujourd'hui, à l'appui de son opinion, ce fait constaté en 1853, que le cochon d'Europe, redevenu sauvage à la Louisiane, a changé peu de forme, beaucoup de couleur, et reste différent du sanglier. M. I. Geoffroy cite également un cochon d'Europe redevenu sauvage en Amérique, et qui ressemblait beaucoup plus au cochon sauvage de l'Inde qu'au sanglier.

### Ciment Sorel.

Le bureau de l'Académie était, dans sa dernière séance, couvert de médaillons, de bustes, de plaques incrustées, ayant l'apparance du plus beau marbre. Ces échantillons présentés par M. Dumas, étaient comme autant d'illustrations d'un mastic ou ciment, susceptible d'emplois très-variés et pouvant, en particulier, recevoir par le moulage l'empreinte d'objets quelconques. Cette pâte plus fine que le plâtre le plus fin, a l'avantage de durcir en peu de temps au contact de l'air et d'acquérir la consistance de la pierre la plus dure, de sorte que les bustes, médaillons, bas-reliefs, etc., moulés ainsi, sont exempts de l'inconvénient que présente la fragilité du plâtre, même revêtu de stuc.

Le ciment de M. Sorel est un oxychlorure basique de zinc : on l'obtient en délayant de l'oxyde de zinc dans du chlorure liquide de la même base, ou dans un autre chlorure isomorphe au chlorure de zinc, par exemple du protochlorure de fer, de manganèse, de nickel, de cobalt, etc. On peut remplacer ces chlorures par de l'acide chlorhydrique.

On obtient un ciment d'autant plus dur que le chlorure est plus concentré et l'oxyde de zinc plus lourd. M. Sorel emploie des résidus lavés provenant de la fabrication du blanc de zinc, ou bien il calcine à la chaleur rouge du blanc de zinc ordinaire. Il emploie du chlorure de zinc, marquant de 50 à 60 degrés à l'aréomètre de Beaumé, et pour que le ciment prenne moins vite, il fait dissoudre dans le chlorure environ 3 pour 100 de borax ou de sel ammoniac, ou bien il calcine l'oxyde, après l'avoir délayé avec de l'eau contenant une petite quantité de borax.

Le mastic obtenu par la combinaison de ces substances peut être coulé dans des moules comme du plâtre ; il est aussi dur que du marbre ; le froid, l'humidité et même l'eau bouillante sont sans action sur lui ; il résiste à 300 degrés de chaleur sans se désagréger, et les acides les plus énergiques ne l'attaquent que très-lentement.

Il ne coûte pas cher, et on peut encore en diminuer le prix de revient d'une manière très-notable, en mélangeant avec l'oxyde de zinc des matières métalliques, siliceuses ou calcaires, telles que de la limaille de fer ou de fonte, de la pyrite de fer, de la blende, de l'émeri, du granit, du marbre, et tous les calcaires durs. Les matières tendres, telles que la craie et les ocres, ne conviennent nullement.

On lui donne les couleurs les plus vives et les plus variées, ce qui permet de s'en servir pour faire des tables et les dallages mosaïques d'une grande dureté et d'une grande beauté. M. Fontenelle, sculpteur, l'a employé avec succès pour cet objet, et l'on peut voir dans l'église Saint-Étienne-du-Mont, à Paris, des mosaïques formées avec le nouveau ciment.

L'application la plus importante de cette nouvelle matière serait probablement son emploi comme peinture de bâtiments, en remplacement des peintures à l'huile.

Pour former cette peinture, on délaye avec de l'eau et un peu de colle l'oxyde de zinc pur ou coloré, et l'on applique cette peinture comme les peintures ordinaires à la colle ; quand on a donné le nombre de couches voulu et que la dernière est sèche, on passe dessus, au moyen d'une brosse, un peu de chlorure de zinc à 25 ou 30 degrés de Beaumé. On peut ensuite poncer et vernir cette peinture comme les peintures à l'huile. Elle est très-solide, sans odeur, sèche à l'instant, et a l'avantage d'être éminemment antiseptique, à cause du chlorure de zinc.

Il résulterait des avantages manifestes du remplacement de l'huile dans les peintures par de l'acide chlorhydrique ou par des chlorures obtenus avec cet acide. En effet, au lieu d'employer une partie notable du territoire à la culture des plantes oléagineuses, on pourrait remplacer cette culture par celle des céréales et autres plantes servant à la nourriture des hommes et des bestiaux. L'acide chlorhydrique ne provient pas du sol, c'est l'un des produits de la décomposition industrielle du sel marin, qui est tiré à peu de frais de la mer ou du sein de la terre, sources inépuisables ; l'autre produit du sel marin est la soude. Il résulterait de l'emploi de grandes quantités d'acide chlorhydrique, que l'on aurait à bas prix des quantités considérables de sulfate de soude et de carbonate de la même base, ce qui ne pourrait manquer d'abaisser le prix du savon et du verre.

Ce qui prouve l'insolubilité et l'inaltérabilité du nouveau mastic, c'est que les dentistes de Paris l'emploient depuis plusieurs années, pour plomber les dents cariées et même pour confectionner des pièces de dentier. M. Dumas a raconté qu'ayant introduit une quantité suffisante de ce ciment dans la cavité d'une dent cariée, il a été soulagé immédiatement.

### Structure de la fibre nerveuse primitive.

Les anatomistes ont admis jusqu'à présent que la fibre nerveuse primitive est composée d'une enveloppe en forme de tube, ne possédant pas de structure déterminée ; d'un cylindre d'axe occupant le centre du tube nerveux, offrant une consistance assez ferme (dont l'organisation est encore inconnue), et d'une matière huileuse transparente, située entre le cylindre d'axe et l'enveloppe, remplissant complétement le tube nerveux. D'après de nouvelles recherches entreprises par M. Stilling (de Cassel), la fibre nerveuse primitive aurait une structure différente. Elle serait formée de deux parties : une périphérique, qui comprend à la fois ce que l'on a désigné jusqu'ici sous le nom d'enveloppe nerveuse et de moelle nerveuse, et une partie centrale représentée par ce que l'on appelle le cylindre d'axe, et qui, suivant l'auteur, pourrait être représentée par un cylindre composé de plusieurs couches emboîtées les unes dans les autres et concentriques. Chaque fibre nerveuse primitive se trouverait ainsi entièrement constituée par un réseau très-serré de tubes excessivement déliés s'anastomosant sans cesse les uns avec les autres, et établissant des communications multipliées entre la partie centrale de cette fibre et sa partie périphérique.

La raison qui avait fait méconnaître jusqu'à présent la structure réelle de cette fibre nerveuse primitive, c'est, d'après M. Stilling, qu'on examinait les nerfs à l'état frais, dans lequel la diaphanéité des petits tubes nerveux empêche de les apercevoir, et en outre, parce qu'on mettait en usage un procédé de préparation qui ne permettait de placer sur le champ du microscope que des nerfs dilacérés ou comprimés. La méthode qui a permis à M. Stilling d'étudier les tubes nerveux dans leur intégrité, consiste à pratiquer des coupes extrêmement minces et transparentes avec un instrument très-tranchant (un excellent rasoir, par exemple) sur des nerfs périphériques, des racines spinales ou sur des portions de la substance blanche superficielle de la moelle épinière, préalablement durcis dans une dissolution d'acide chromique de 4 à 6 p. 100. On vérifie ainsi cette structure par l'examen comparatif de coupes longitudinales et transversales que l'on examine au microscope à un grossissement de 7 à 900 diamètres.

---

### Détermination des hautes températures.

MM. Appolt frères, fabricants de produits chimiques à Soulzbach et inventeurs d'un nouveau four à coke donnant le rendement maximum des houilles, ont imaginé un moyen simple et ingénieux de déterminer les hautes températures. Ce moyen est ainsi décrit par M. Ernest Vériot, ancien élève externe de l'Ecole des mines.

« MM. Appolt ont composé une série d'alliages dont ils ont déterminé le point de fusion, au moyen des capacités calorifiques, de la manière que nous indiquerons à la fin de cette note. Voici par exemple la composition de sept numéros, extraits de cette espèce d'échelle de température, en regard des points de fusion trouvés par eux, et à termes assez rapprochés pour l'usage qu'ils en voulaient faire.

| n° | partie d'étain | | parties de cuivre | | dég. cent. | |
|---|---|---|---|---|---|---|
| n° 3. | 1 partie d'étain, avec | | 4 parties de cuivre, | | 1050 dég. cent. | |
| 4. | 1 | — | 5 | — | 1100 | — |
| 5. | 1 | — | 6 | — | 1130 | — |
| 6. | 1 | — | 8 | — | 1160 | — |
| 7. | 1 | — | 10 | — | | — |
| 8. | 1 | — | 12 | — | 1230 | — |
| 9. | 1 | — | 20 | — | 1300 | — |

« Pour employer ces alliages, on procède de la manière suivante : A quelques centimètres de l'extrémité d'une barre de fer sont pratiqués des trous hémisphériques, à peu près semblables à ceux d'un moule à balle de fusil. Dans chacun de ces trous on place un bouton, de la grosseur d'un pois, des divers alliages, dont la température du point de fusion semble s'approcher, en dessus et en dessous, de celle que paraît avoir à peu près le four, et que l'habitude fait assez facilement reconnaître. On recouvre ces boutons d'une plaque de fer pour les préserver de l'oxidation, et l'on introduit la barre dans les espaces vides par les évents. Pour que l'essai soit concluant, il faut qu'une partie seulement de ces boutons soient fondus, et le degré de température cherché est indiqué dans le tableau précédent, par le numéro le plus élevé de ceux qui ont fondu. Si l'on a employé, par exemple, un bouton de chacun des numéros 4, 5 et 6, et que les numéros 4 et 5 seuls soient entrés en fusion, la température que l'on voulait reconnaître sera comprise entre 1130 et 1160 degrés.

« Pour trouver les points de fusion de ces divers alliages et former le tableau ou échelle des températures, on prend une plaque de fer, d'à peu près 2 kilogrammes, et d'environ $0^m$ 20 de longueur, $0^m$ 10 de largeur, et de $0^m$ 015 à $0^m$ 02 d'épaisseur, portant un ou deux trous hémisphériques, comme la barre dont nous avons parlé. On chauffe fortement cette plaque, et jusqu'à un degré suffisant pour que, après l'avoir retirée du foyer et avoir mis dans les trous un ou deux boutons de l'alliage à essayer, ces derniers puissent fondre complètement. On empêche l'oxidation de ces alliages en recouvrant les trous avec de petits morceaux de charbon de bois mince. Au moment où ces boutons commencent à se figer ou à passer à l'état solide, on plonge la plaque dans un seau en bois, de douze litres environ d'eau, mais dont le volume est pris exactement, et dont il est bon que la température ne dépasse pas 10 à 12 degrés. On agite bien l'eau, pour qu'elle prenne en tous points la même température, et l'on note au moyen du thermomètre cette température finale ; puis on pèse exactement la plaque, qui a généralement perdu une partie de son poids par l'oxidation de sa surface dans le foyer (inconvénient qu'on n'aurait pas avec le platine).

« Supposons que ce dernier poids soit de 2000 grammes et celui de l'eau de 12,000 (12 litres) ; la capacité calorifique du fer, par rapport à celle de l'eau, prise pour unité, n'a pas encore été déterminée exactement pour de hautes températures ; mais, d'après les expériences de M. Regnault et d'autres physiciens, on peut adopter 0,125, ou bien 1/8 de celle de l'eau. La quantité de fer, plongée dans le seau, a donc produit, pour élever la température de la masse, le même effet que 1/8 de son propre poids d'eau, ou que $\frac{2000}{8} = 250$ grammes d'eau. Le rapport de 12,000 à 250 étant de 48, c'est donc comme si une partie d'eau en avait amené 48 autres semblables (en y restant elle-même) à la température finale, que nous supposons être de 32 degrés centigrades, tandis que celle de l'eau, avant d'y plonger la plaque, était, par exemple, de 10 degrés ; c'est-à-dire que cette partie d'eau a élevé les 48 parties de 22 degrés, et en a gardé elle-même 32 ; d'où l'on déduit facilement la température qu'avait la plaque au point de fusion de l'alliage, en multipliant 48 par 22, et en ajoutant 32 au produit, ce qui donne pour résultat définitif 1088 degrés centigrades. »

« L'avantage de ce procédé consiste en ce que l'appréciation toujours difficile à faire des hautes températures, se trouve ramenée à une opération sur des corps ayant des températures ordinaires.

« Les calculs précédents peuvent être présentés d'une manière générale, par la formule suivante :

$$T = \frac{P}{p\,c}(t' - t) + t',$$

dans laquelle T représente la température cherchée du point de fusion de l'alliage ; P, le poids de l'eau contenue dans le seau ; p, le poids de la plaque de fer ; c, le rapport de la capacité calorifique du fer à celle de l'eau ; t, la température de l'eau du seau, avant d'y plonger la plaque ; et t', la température finale de cette eau.

« Cette formule pourrait servir inversement à trouver les capacités calorifiques, les autres quantités en étant déterminées.

« En opérant avec 12 litres d'eau à une température de 10 degrés seulement et avec une plaque de fer peu épaisse, de 2 kilogrammes, on a l'avantage d'obtenir à la fin une température approchant de 40 degrés, bien que la plaque soit chauffée à un rouge intense, et sans qu'on ait à craindre un refroidissement sensible de l'eau par évaporation pendant la durée de l'opération, qui se fait d'ailleurs très-vite. Le vase en bois, peu conductible de la chaleur, contribue encore à en maintenir le degré constant, tandis que la plaque de fer cède au contraire rapidement sa chaleur à l'eau.

« Bien que MM. Appolt soient partis d'un chiffre dont l'exactitude n'est pas tout à fait certaine pour la capacité calorifique du fer à de hautes températures, les nombres qu'ils ont obtenus pour leur tableau, ne leur sont pas moins très-utiles ; car ils ont toujours le moyen par là de retrouver le degré de chaleur bien constaté, une fois pour toutes, qui a donné la meilleure allure du four, et aussi de comparer les autres fours avec le leur sous ce rapport. »

## NOUVELLES ET CAUSERIES.

Fécondité des femmes russes.—La *Gazette hebdomadaire de médecine et de chirurgie* cite en ce genre, d'après un journal allemand, des faits si extraordinaires qu'on refuserait d'y ajouter foi s'ils n'étaient accompagnés des détails les plus circonstanciés. En voici quelques-uns.

Le 21 mars 1755, on présenta à l'impératrice de Russie le paysan Kirlow avec sa femme. Ce paysan s'était marié pour la deuxième fois à l'âge de 70 ans. Sa première femme était accouchée 21 fois : 4 fois de 4 enfants en même temps, 7 fois de 3 enfants, et 10 fois de jumeaux ; en tout 57 enfants, qui tous vécurent. La deuxième femme était déjà accouchée 7 fois; 1 fois de 3 enfants à la fois, et 6 fois de jumeaux; en tout 15 enfants également vivants. Ce patriarche russe avait donc, à cette époque, 72 enfants vivants. Cette fécondité étonnante a été observée dans d'autres cas en Russie, Ainsi, la paysanne Gastorwa, du village de Dolgom, situé dans le cercle de Jeletz, gouvernement d'Orel, accoucha, le 1er mars 1854, de 5 enfants, 2 garçons et 3 filles, qui moururent tous le même jour. Dans le cercle de Tschernojarsk, à Torgowa, la femme d'un Kalmouk nommé Stepanida, accoucha de 4 garçons vivants, dont l'un mourut le lendemain. Dans le village d'Iwokina, dans le cercle de Tolma, gouvernement de Wologda, la paysanne Awdotja Koronewa accoucha, le 26 mai 1854, de 4 enfants qui tous demeurèrent en vie. En novembre 1854, une autre femme, dans le gouvernement de Wladimir, accoucha de 4 enfants.

Fracture d'un membre. —Un jeune Anglais, âgé de vingt-trois ans, avait eu la cuisse gauche fracturée vers sa partie moyenne par une cause directe, mais sans plaie des téguments. Il fut mis en appareil. Au bout de deux mois et demi, la consolidation était obtenue, mais avec un raccourcissement de 8 à 10 centimètres. La famille, mécontente de ce résultat, menaçait d'un procès le chirurgien, si l'on ne parvenait à rendre au membre sa longueur naturelle.

M. Wiblin, appelé en consultation avec M. Skey et plusieurs confrères, considérant : 1° que la consolidation était à ce moment déjà complète depuis dix semaines; 2° que le patient pouvait se servir de son membre pour marcher, aptitude que le temps ne ferait sans doute qu'augmenter ; 3° que produire et consolider une nouvelle fracture n'offrait pas de médiocres obstacles à surmonter, ne rendirent d'abord qu'une réponse dilatoire. Mais, pressés par de nouvelles instances, ils durent se mettre à l'œuvre.

Le malade étant attiré au bas de son lit, M. Skey se saisit du membre, et, appuyant avec force son genou sur le lieu de la fracture, il parvint à produire la rupture, qui se fit avec un bruit très-sensible. La principale difficulté consista à allonger ensuite les muscles raccourcis. On y travailla séance tenante pendant deux heures, sans obtenir un résultat apparent bien sensible. (Le patient avait été pendant ce temps mis sous l'influence du chloroforme, dont on ne consomma pas moins de 90 grammes.)

Des tractions continuées et maintenues les jours suivants réalisèrent dans sa plénitude le but désiré. Au bout de sept semaines, le membre était consolidé, et ses dimensions normales sont aujourd'hui si bien rétablies, que le sujet n'a pas même besoin de porter de ce côté de chaussure à talon élevé.

L'architecture métallurgique. — « Le seul progrès sensible en architecture dont puisse se glorifier le XIXe siècle est l'introduction du fer et de la fonte, dit M. Luthereau, dans l'*Europe artiste*. Il est vrai que ce fer et cette fonte revêtent encore des formes anciennes, comme à l'église *Sainte-Eugénie*, que l'on achève au faubourg Poissonnière, par exemple : mais au moins c'est un élément nouveau qui peut révolutionner toute l'architecture moderne. Non seulement les piliers qui supportent les arcatures des voûtes sont en fonte; mais aussi les galeries latérales sont en fer ornementé, fondu et sculpté avec beaucoup d'art ; les menaux et les rosaces trifoliées des fenêtres sont en fonte, leurs compartiments sont en fonte, prêts à recevoir des verrières ; pas un pouce de bois n'a été admis dans la construction de cet édifice. Il est fâcheux que l'architecte, M. Boileau, qui est un homme de goût, se soit traîné comme les autres dans l'ornière du XIVe siècle et n'ait pas cherché à trouver quelque chose de plus neuf et de moins banal que toutes ces formes surannées.

« Si l'on veut voir un spécimen plus grandiose encore de cette application nouvelle de la fonte aux édifices publics, il faut aller visiter les halles immenses, construites par M. Lebas, au Marché de la Pointe Saint-Eustache. Là, la pierre est complétement abandonnée; tout est fonte, et lorsque ces gigantesques travaux seront terminés, les halles de Paris seront évidemment l'une des choses les plus curieuses de la capitale. Toutes ces fontes moulées avec infiniment de talent, font honneur aux fonderies de Mazières, près de Bourges.

« Il était digne de la France d'entrer dans cette voie de progrès qui cimente une alliance plus étroite entre l'art et l'industrie. Depuis plusieurs années déjà, une nation voisine, — la Belgique, — a inauguré ce genre de construction, et n'eût-elle que sa magnifique *Bourse d'Anvers* exécutée par M. Marcellis de Liége, à mettre en parallèle avec les travaux de même nature exécutés en France, elle serait certaine encore de remporter la victoire. La *Bourse d'Anvers* est un des plus beaux monuments de l'architecture métallurgique du XIXe siècle. »

Exposition de l'industrie a Vienne.— Il y aura à Vienne, en 1859, une grande exposition industrielle ; mais cette exposition ne doit comprendre que l'industrie de l'Autriche, du Zollverein et des Etats italiens qui ont une union douanière avec l'Autriche. Les plans de l'architecte, choisi à cette occasion, ont déjà été agréés, dit-on. Cet architecte est M. Louis Forster, professeur à l'Académie des beaux-arts de Vienne, constructeur du grand arsenal de la même ville, et récemment commissaire près l'Exposition universelle, à Paris.

Le chemin de fer d'Alexandrie au Caire sera entièrement achevée dans quelques jours. L'on travaille aux derniers ouvrages de la traversée du Nil, de *Kafer* et *Hais* au *Delta*, du côté de *Rosette*.

La faculté de médecine a tenu sa séance publique d'ouverture le 20 de ce mois, sous la présidence du doyen, M. Paul Dubois (professeurs et agrégés étant au grand complet, sauf deux ou trois membres), et en présence d'un nombreux auditoire de médecins et d'élèves qui remplissaient le vaste amphithéâtre.

M. Malgaigne a prononcé l'éloge de Roux.

La parole a été donnée ensuite à M. Gavarret, pour lire le programme des prix obtenus et des prix à décerner pour l'année prochaine.

## BULLETIN BIBLIOGRAPHIQUE.

— De l'état typhoïde et de la fièvre typhoïde, par le docteur A. Chapelle, d'Angoulême. Broch. in-8°. Au bureau de l'*Union médicale*.

— Démonstration chimique de l'action des doses infinitésimales, par le docteur Escallier. Broch. in-8°. J.-B. Baillière, 19, rue Hautefeuille.

— Traité de l'impuissance et de la stérilité chez l'homme et chez la femme, comprenant l'exposition des moyens recommandés pour y remédier, par le docteur Félix Roubaud. 2 vol. in-8°. J.-B. Baillière, 19, rue Hautefeuille.

*Le propriétaire, rédacteur-gérant :*
Victor MEUNIER.

PARIS. — IMP. J.-B. GROS, RUE DES NOYERS, 74

Première année. — N° 48. Quinze centimes. 2 décembre 1855.

# L'AMI DES SCIENCES

JOURNAL DU DIMANCHE

PAR

VICTOR MEUNIER

BUREAUX D'ABONNEMENT
13, RUE DU JARDINET, 13
Près l'Ecole de Médecine
A PARIS

ABONNEMENT POUR L'ANNÉE
PARIS, 6 FR.; — DÉPART., 8 FR
Étranger, surtaxe en sus
ENVOYER UN MANDAT DE POSTE



## LES HYDROLOCOMOTIVES.

On nous demande fréquemment des nouvelles des hydrolocomotives, nous sommes en mesure d'en donner: elles seront courtes mais bonnes. Voici ce que nous avons à dire : L'auteur de cette invention, M. Plananergne, s'est livré, à Cahors, à une série d'expériences instituées en vue de la vérification du principe des hydrolocomotives, et le principe est sorti intact de cette vérification. Nous ajouterons que nous aurons prochainement entre les mains un modèle sur petite échelle qui démontrera à tous les yeux l'excellence de l'invention.

Quelques-uns de nos lecteurs, confiants comme nous dans l'avenir de la navigation, persuadés qu'elle peut être mise en état de lutter de vitesse avec les chemins de fer, et attachant un très grand prix à tout ce qui peut rappeler l'attention sur les cours d'eau et les canaux, nous invitent à consacrer un article aux hydrolocomotives, dont l'*Ami des Sciences* n'a guère fait jusqu'ici que prononcer le nom. Nous nous rendons d'autant plus volontiers à cette invitation, qu'elle coïncide avec les questions que deux de nos abonnés nous adressent à la fois par écrit sur le nouveau système d'y navigation. Nous pensons que le lecteur ne nous reprochera pas de répondre publiquement.

L'hydrolocomotive se compose de trois choses : une caisse qui répond au coffre d'une voiture, quatre grands cylindres flottants qui répondent aux roues, et un moteur placé à l'intérieur de la caisse.

Ce moteur, semblable à celui d'une locomotive, est à haute pression. On le suppose construit dans les meilleures conditions de légèreté.

La caisse est légère, à deux étages, et repose sur un fort châssis auquel elle est solidement liée. Ce châssis est porté par huit coussinets en bronze sur des tourillons qui terminent les extrémités des cylindres flotteurs. L'étage inférieur renferme le moteur et son approvisionnement; l'étage supérieur les voyageurs et les bagages.

Les cylindres sont au nombre de quatre, ainsi qu'il a été dit : deux à l'avant, deux à l'arrière. Les premiers sont indépendants et servent uniquement de roues de support, ceux de l'arrière servent à la fois de roues de support et de propulseurs.

Ces cylindres sont creux, légers, résistants et imperméables à l'eau ; ils sont entourés de palettes. Des couronnes circulaires, qui bordent les cylindres à leurs deux extrémités, se prolongent jusqu'au niveau des palettes et transforment en auges les espaces compris entre celles-ci. De plus, ces espaces sont divisés par des cloisons parallèles aux bases des cylindres, de sorte que chacune des auges primitives est divisée en plusieurs auges.

Tels sont les organes essentiels ; quelques détails vont compléter la description.

Les cylindres de l'avant, très-rapprochés l'un de l'autre, ne laissent entre eux que l'espace nécessaire pour que le châssis vienne prendre appui sur leurs tourillons.

Les cylindres de l'arrière (les propulseurs) sont au contraire séparés l'un de l'autre par un couloir qui renferme le mécanisme du moteur. Ils sont reliés par un axe à double manivelle, semblable à l'axe des roues motrices d'une locomotive de chemin de fer à cylindres intérieurs.

La locomotive se termine en avant par un tablier ou auvent en forme de plan incliné de haut en bas. Des feuilles glissant dans des coulisses permettent de le prolonger à volonté. Cet auvent fait suite à un tambour qui recouvre la partie supérieure des cylindres antérieurs et se continue avec le plafond de la locomotive. Le tambour et le tablier sont destinés à amoindrir la résistance de l'air. Enfin la locomotive est surmontée à l'avant par la chambre du conducteur, laquelle communique avec la chambre du moteur.

Après l'anatomie la physiologie.

L'usage des auges entourant les cylindres est le seul point sur lequel il soit nécessaire de s'arrêter.

Quand, sous l'action du moteur, les cylindres tournent, les auges plongent renversées dans l'eau. Or, ces auges sont en partie pleines d'air. Cet air sépare donc de l'eau la surface immergée des cylindres. Ainsi *les cylindres, au lieu de reposer directement sur l'eau, sont portés sur un matelas d'air comprimé*. De là vient l'avantage du système.

Disons maintenant que les cylindres de devant étant indépendants, un frein permettra de les enrayer ou de gêner fortement leurs mouvements. L'effet de ces freins sera évidemment de faire tourner la locomotive du côté du cylindre enrayé.

Quel sera le degré de stabilité d'un pareil système? Si l'on réfléchit que la forme de l'hydrolocomotive est celle d'un radeau, qu'on en peut augmenter la longueur et la largeur et diminuer la hauteur autant qu'on le jugera nécessaire, on reconnaîtra que nul véhicule ne remplit au même degré la condition capitale dont il s'agit, et à laquelle on ne satisfait aujourd'hui qu'au moyen d'un grand tirant d'eau. Du reste, dans le parcours des fleuves, on pourra toujours réduire la largeur, sauf à diminuer la hauteur de manière que les véhicules puissent passer sous les arches les plus basses et dans les écluses les plus étroites.

Telles sont les hydrolocomotives.

Trois éléments composent l'économie de la navigation à vapeur, savoir : le travail moteur, le travail utile (propulseur), et le travail résistant; c'est à ce dernier que répond l'invention de M. Plananergne ; il a voulu réduire la résistance de l'eau à ses dernières limites. Nous verrons dans un autre article s'il y est parvenu.

## DES AURORES BORÉALES.

Tout changement d'état des corps donne lieu à un dégagement ou déplacement d'électricité.

La conversion de l'eau des nuages en neige étant un changement d'état, n'est-il pas permis de lui attribuer la phosphorescence des nuages au moment où ils entrent dans les régions froides, alors que les vésicules aqueuses abandonnent leur chaleur latente pour passer à l'état de paillettes de glace cristallisées ?

N'est-ce pas la réunion de ces étincelles sous forme de jets ou de traînées lumineuses, qui donne lieu à ces fulgurations silencieuses, à ces arcs lumineux, qui constituent les aurores boréales?

Il ne serait plus difficile, alors, d'expliquer la liaison de ces phénomènes électriques avec les affolements de la boussole et le trouble des électromètres.

La vérification d'un seul fait suffirait pour rendre cette hypothèse incontestable. Ce serait de s'assurer si les aurores boréales apparaissent pendant que le vent porte les nuages aux pôles, et disparaissent par les vents contraires.

JOBARD.

## CORRESPONDANCE.

### Histoire naturelle. — Les compagnons rouleurs.

L'exactitude du curieux récit qu'on va lire est garantie par son origine ; il a pour auteur un de nos abonnés dont le savoir vaut le cœur, M. le docteur Savardan, qui fait partie de la colonie Européo-Américaine nouvellement fondée au Texas par notre honorable ami M. Victor Considérant. La lettre est datée de RÉUNION, comté de Dallas, 25 septembre dernier :

« ..... Dès notre arrivée, nous avons dû nous préoccuper d'une grave question d'hygiène, l'établissement de fosses d'aisance. Pendant les recherches et les devis nécessaires à cet établissement, nous nous sommes aperçu que les objets de notre préoccupation disparaissaient complétement tous les jours, et même au bout de quelques heures. Il importait de découvrir les voleurs, et voici le résultat de nos observations :

« Quelques instants après le dépôt de ces objets, de çà et de là, dans les halliers et les taillis environnants, de nombreux scarabées noirs, volant et bourdonnant, arrivent de tous côtés, s'abattent à quelques centimètres du dépôt, l'entourent, puis avec une activité pleine de vigueur et de persévérance, taillent dans le bloc, *unguibus et rostro*, chacun une bille de la grosseur d'une petite noix.

« La bille entièrement détachée, il s'agit de la transporter à des distances quelquefois relativement très-grandes, dix, quinze, vingt mètres.

« Pour opérer cette translation, voici comment procèdent nos actifs travailleurs : si le but est au nord, le scarabée se place au sud de la bille, puis, se mettant la tête en bas en s'appuyant de ses pattes de devant sur le sol, il dressse ses pattes de derrière sur le sommet de la bille, et c'est avec ces dernières qu'ainsi renversé il la pousse rapidement. Dans l'impossibilité où il est, placé de la sorte, de voir sa route avec d'autres yeux que ceux de l'instinct, bien des inégalités de terrain, bien des chocs, bien des culbutes l'arrêtent dans sa marche ou le séparent de son fardeau. Il tourne les uns, résiste énergiquement aux autres, et revient incessamment à son singulier roulage.

« Ce labeur lui a valu, et à toute sa tribu, de la part de nos travailleurs compagnons du devoir, le nom de *compagnons rouleurs*.

« Lorsque la bille a les dimensions d'une noix un peu grosse, deux *compagnons rouleurs* s'en emparent en même temps; mais le second, dressé à l'inverse et à l'opposé du premier, sur ses pattes de derrière, attire à lui et fait rouler l'objet avec ses pattes de devant, en tournant le dos à la route, ce qui donne lieu à beaucoup plus de culbutes encore, parce que les deux impulsions ne sont pas toujours parfaitement concordantes.

« Toutes ces billes sont conduites dans divers entrepôts souterrains appartenant ou à des familles ou à des corporations. La surface de ces entrepôts, d'ailleurs toujours très-propre et semblable à une portion de planche de jardin récemment râtelée, est percée de plusieurs petites ouvertures par lesquelles les *compagnons rouleurs* pénètrent avec leurs fardeaux.

« Le temps m'a manqué jusqu'ici pour explorer l'intérieur de ces terriers.

« Quant au but que se proposent les *compagnons rouleurs*, les avis sont partagés ; les uns prétendent que ces billes servent de dépôt, de nid aux larves de ces insectes; d'autres croient qu'il est seulement question, dans ce cas, de garnir, par précaution, le garde-manger de la colonie.

« Je crois devoir réserver, jusqu'à plus ample informé, mon opinion sur la première question, mais j'affirme la seconde sans hésiter : les *compagnons rouleurs* sont très-friands de la substance dont les billes sont formées, et voici comment nous en avons la preuve :

« Quand les blocs dans lesquels ils ont l'habitude de tailler ces billes sont d'une consistance qui les rend impropres au roulage, alors nous voyons nos braves scarabées rangés, attablés côte à côte et en cercle autour de l'objet, se livrer sur place à un festin qui ne cesse que lorsque le cercle peu à peu rétréci est arrivé jusqu'au centre et a fait table rase.

« N'avons-nous donc pas lieu, en présence des difficultés de notre entreprise, d'admirer et de remercier la Providence qui, après nous avoir donné le vautour pour nous débarrasser des cadavres des animaux, a pensé encore à nous envoyer le secours de nos *compagnons rouleurs ?*

« Docteur SAVARDAN. »

### Fécule de marrons d'Inde.

Nous recevons, avec trois échantillons portant les étiquettes suivantes : 1° « fécule de marrons d'Inde, janvier 1845; » — 2° « fécule de racine de bryone, 1845» ; — 3° « semoule fine de parenchyme de marrons d'Inde, préparée depuis janvier 1845 », la lettre suivante, dont l'insertion est un acte de justice.

Bourg-en-Bresse, le 26 novembre 1855.

Monsieur,

L'empressement que vous avez mis à faire droit à la réclamation de M. H Belloc (d'Auxerre), me fait espérer que vous voudrez bien accueillir celle que j'ai l'honneur de vous adresser dans cette lettre.

M. le directeur de l'Asile des aliénés de l'Orne vous a prouvé d'une manière incontestable que, dès 1848, il avait découvert que le simple lavage à l'eau froide suffit pour dépouiller la fécule de marrons d'Inde de toute amertume, de tout mauvais goût, et que sa découverte est antérieure à celle de M. H. de Callias, signalée dans le journal *la Presse*, du 10 juin dernier.

A mon tour j'ose venir aujourd'hui vous informer, *pour rendre hommage à la vérité*, que, dès le commencement de l'année 1845, j'avais trouvé, presque sans l'avoir cherché, le moyen d'extraire la fécule de marrons d'Inde, *à l'état de pureté parfaite*, par des lavages répétés à l'eau simple du parenchyme de ce fruit réduit en pulpe à l'aide d'une râpe, et sans l'emploi de sel alcalin pour détruire le principe amer. Dans les cahiers réunis de juin, juillet, août et septembre 1845, *du Journal de la Société Royale d'Agriculture, Sciences, Lettres et Arts*, du département de l'Ain, vous trouverez, si vous voulez bien les consulter, les *notes* assez étendues que je publiai sur plusieurs végétaux féculents, notamment sur le marron d'Inde. Quelques journaux voulurent bien, à cette époque, rendre compte de mes recherches bromatologiques; aussi, suis-je un peu surpris que le mode d'extraction de la fécule de marrons d'Inde employé par moi soit resté tout à fait ignoré de MM. Flandin, Belloc et Callias. Voici, au reste, mon procédé tel qu'il a été publié dans le journal de la Société d'agriculture de l'Ain, année 1845.

« Il faut d'abord décortiquer parfaitement les marrons « d'Inde et les remuer dans de l'eau fraîche pour achever de « les nettoyer; puis les réduire par la râpe en une pulpe fine « qu'on lave, à grande eau, sur un tamis de crin serré, jus- « qu'à ce qu'elle n'émulsionne plus le liquide qu'on surajoute. « Par cette simple opération, la fécule se sépare de la matière « fibreuse et est entraînée par l'eau, tandis que cette dernière « substance reste amassée sur le tamis. Lorsque toute la fé- « cule s'est bien tassée au fond du vase (un peu conique) où « elle a été recueillie, ce qui a lieu au bout de neuf ou dix « heures, on décante l'eau qui surnage, sans la remuer, puis « on délaie le dépôt dans de l'eau fraîche bien pure et l'on passe « l'émulsion au travers d'un tamis en soie très-fin pour sépa- « rer complétement de l'amidon les particules ténues du paren- « chyme qui auraient pu traverser le premier tamis.

« On laisse encore reposer, mais pendant cinq ou six heures « seulement, puis, après avoir décanté, comme la première « fois, l'eau qui surnage, on redélaie la fécule dans cinquante « ou soixante fois son volume d'eau bien claire, pour la rela- « ver et la rendre plus blanche. Au bout de quelques heures, « toute la matière amilacée s'est de nouveau précipitée au fond « du vase, et si l'eau de ce troisième lavage a repris à peu près « sa transparence, on la décante doucement pour recueillir le « dépôt féculent qu'on met à égoutter, à l'abri de la poussière, « sur du coutil blanc très-serré tendu sur un châssis monté « sur quatre pieds. Lorsque la fécule a pris un certain degré « de solidité, on la divise en petits morceaux pour la faire sé- « cher sur des assiettes ou des planchettes bien propres à l'é- « tuve chauffée à 36 degrés centigrades au plus, ou au soleil, « ce qui vaut mieux, mais en ayant soin, dans ce dernier cas, « d'étendre dessus une grosse mousseline, afin de garantir « des petites saletés suspendues dans l'air ou soulevées par le « vent et de la chiasse des mouches et autres insectes qui vien- « draient s'y reposer.

« On reconnaît que la fécule est sèche lorsqu'elle est deve- « nue très-friable et pulvérulente. La substance ainsi obtenue « peut lutter de blancheur et de finesse avec le plus bel amidon « de grain.

« Il résulte des analyses multipliées que j'ai faites depuis « deux ans, que mille grammes de marrons d'Inde récents « contiennent, terme moyen :

| | gr. | c. |
|---|---|---|
| 1° Fécule très-pure. . . . . . . | 171 | 85 |
| 2° Matière fibreuse. . . . . . . | 129 | 65 |
| 3° Matière extractive amère . . | 180 | |
| 4° Matière albuminoïde. . . . . | 15 | |
| 5° Eau de végétation. . . . . | 343 | |
| 6° Ecorce et zeste. . . . . . . | 160 | 50 |

« Total égal au poids des marrons employés 1,000 grammes. »

Vous voyez, Monsieur, que ce procédé est fort simple et des plus pratiques. — Par des lavages à grande eau, méthodiquement répétés, j'obtins non seulement de la fécule de marrons d'Inde complétement dépouillée du principe amer auquel elle est associée; mais je parvins encore à priver la matière fibreuse elle-même de toute amertume, ainsi que vous pourrez en juger par le petit échantillon que j'ai l'honneur de vous adresser ci-joint, accompagné d'un sachet de fécule de marrons d'Inde dont la préparation date de janvier 1845. Vous trouverez également ci-joint un échantillon de fécule de racine de bryone, végétal dont l'amertume est si repoussante : elle a été obtenue par simple lavage à grande eau, comme celle de marrons d'Inde.

Permettez-moi, Monsieur, de profiter de l'occasion qui me procure l'honneur de correspondre avec vous pour signaler à votre attention la présence du *gluten élastique* dans la farine d'orge. Vous savez que Beccari lui-même, Kessel-Meyer, Model, Rouelle le jeune, Parmentier, Feissier, etc., ont assuré n'en avoir trouvé aucune trace dans l'orge. Fourcroy, Macquer, Vogel, Henri père pensent qu'il en existe *à peine des traces* (*sic*) dans les farines du seigle *et de l'orge*. Beaucoup d'autres chimistes, dont j'ai consulté les écrits, n'en disent rien ou n'en parlent que comme d'une substance azotée qu'on ne rencontre dans l'orge qu'à l'état soluble et dont on ne peut mécaniquement réunir les molécules pour en former un corps homogène, palpable, présentant les caractères physiques du vrai gluten. — Et pourtant le gluten *ductile* existe dans l'orge, mais dans une proportion bien moindre que dans l'épeautre et dans le froment triticum surtout.

Si vous le désirez, Monsieur, j'adresserai ultérieurement à l'*Ami des Sciences* le procédé que j'ai employé pour extraire le gluten élastique contenu dans la farine d'orge. Cette découverte, à part tout amour propre d'auteur, me paraît être aussi curieuse (je n'ose dire aussi intéressante) que celle de Beccari.

Veuillez, etc.,

A. SALESSE.
membre de la Société Impériale
d'Agriculture de l'Ain.

L'*Ami des Sciences* est ouvert à la communication dont M. A. Salesse parle dans son dernier paragraphe.

---

### Déjections des cholériques.

M. le docteur Leclerc nous écrit de Rouillac (Charente) :

« Lors de l'épidémie de 1849, étant dans l'Oise, j'ai *vu* un chat mangeant des matières vomies par son maître sans en être incommodé, tandis que ce dernier a succombé. Dans la même localité, des poules ont mangé des déjections de cholériques sans en être le moins du monde indisposées. »

---

### Falsifications et ventes à faux poids.

A l'occasion de l'article de M. Bresson sur la nécessité d'établir un bureau de garantie pour le pain, article publié dans le précédent numéro, un de nos abonnés de Paris nous écrit :

« Je pense qu'il ne serait guère plus coûteux de constituer un comité de chimistes chargé de surveiller toutes les falsifications des substances alimentaires. Les comptes-rendus de leurs travaux seraient insérés dans les journaux.

« A propos de falsification, je pense que le falsificateur doit être condamné comme empoisonneur, il y aurait justice et la falsification diminuerait considérablement. Les vendeurs trompant sur le poids ou sur la quantité annoncée, devraient être condamnés comme voleurs; l'amende leur laisse encore des bénéfices et ne les déshonore pas ou peu. Un vol est un vol, un empoisonnement est un crime.

« *Poids et mesures*. N'est-il pas étonnant que l'autorité n'ait pas encore songé à étendre la loi du système décimal aux bouteilles, pots, etc., à l'usage du commerce? La bouteille-litre devrait contenir le litre, cela détruirait les inconvénients qui résultent par exemple du renversement du vin sur les comptoirs de plomb des marchands de vin. — Toutes bouteilles, vases, du commerce, porteraient l'indication de la mesure contenue. Cette indication s'obtiendrait au moulage. — Propreté pour l'acheteur, économie de temps pour le marchand. »

MAISSIN.

## REVUE DE L'EXPOSITION UNIVERSELLE.

### Les cornets acoustiques.

Tous les journaux de médecine ont rendu compte des nombreux instruments que la coutellerie française et étrangère réunissait, il y a peu d'instants, au Palais de l'industrie. Naguère encore la presse politique retentissait des éloges mérités par nos fabricants. Mais aucun de ces écrivains habiles (médecins, chirurgiens, agrégés), n'a consacré dans ses pages éloquentes le moindre souvenir à une petite vitrine isolée et ne renfermant d'ailleurs que des instruments d'acoustique. Un pareil oubli, surtout à l'égard d'une spécialité, nous fait un devoir de chercher à le réparer.

Vous avez sans doute remarqué, au milieu des magnificences de la grande salle du Transeps (galerie du 1er étage), une vitrine de modeste apparence et néanmoins d'un aspect singulier pour les personnes étrangères à notre profession. On y voyait des guéridons chargés de fleurs, des bouquets du meilleur goût, des corbeilles d'une extrême élégance et comme suspendues à des tubes creux et flexibles, des coiffures pour bal du plus ravissant effet; un fauteuil en cuivre doré et dont les bras sonores étaient terminés par deux gueules de lion béantes, d'un riche travail.

A côté de ces curiosités et au milieu de ce beau désordre, avaient été entassés, çà et là, au hasard, des porte-voix de toutes formes, des cornets métalliques de grande dimension : chacun de ces objets avait une suscription, et nous avons pu lire : *Acoustic instruments; — Ear cap or reflector; — Trumpelt ear; — Miss Martineau's trumpet, etc.*

La vitrine est celle d'un exposant anglais, dont le nom échappe à ma mémoire, et comme ces différents instruments intéressent les sourds et les médecins qui se vouent au traitement de la surdité, j'ai dû procéder à un examen complet.

Grâce à l'obligeance de sir Pearman, en l'absence de l'auteur, nous avons pu les essayer et même en faire l'application sur des sourds que j'avais menés avec moi pour cette expérience d'ailleurs fort innocente.

Mais avant de faire connaître les instruments de cette vitrine, et les résultats qu'ils nous ont donnés, il me semble nécessaire d'entrer dans quelques considérations préliminaires. En procédant ainsi, le lecteur sera mieux à même de juger la question.

Il paraîtrait que de tous temps les médecins auraient employé des instruments métalliques et sonores, dans l'intention de chercher à rendre l'ouïe aux sourds ou de leur apprendre à communiquer avec leurs semblables.

L'histoire nous enseigne même que, longtemps avant l'ère chrétienne, les médecins *asclépiades* employaient des tubes sonores, la trompette, par exemple, pour rappeler à leurs fonctions les oreilles frappées de surdité.

Mais comme ces différents moyens étaient tout à fait empiriques, on les vit tomber bientôt dans un juste oubli.

Ainsi les porte-voix et les cornets acoustiques qui n'en sont qu'une modification, étaient certainement connus des anciens; et Kircher nous assure (1) avoir trouvé dans la bibliothèque du Vatican, un livre intitulé : *Secreta Aristotelis ad Alexandrum Magnum*, dans lequel est décrite une corne circulaire, de cinq coudées de diamètre, au moyen de laquelle le roi conquérant pouvait se faire entendre de son armée à la distance de cent stades. — Est-il besoin de rappeler encore ces *auditoires* taillés en limaçon dans le creux d'un rocher, par les ordres de Denys le Tyran, et au moyen desquels le moindre mouvement, le plus faible gémissement de la victime arrivaient, dit-on, du fond des cachots jusqu'à la chambre à coucher de ce prince ombrageux (1).

(1) Phonurgia nova. Kempten, 1673.

Nos cornets acoustiques sont loin d'atteindre de pareils résultats, et leur insuffisance a été sentie par tous ceux qui s'en sont occupés; aussi a-t-on cherché à en composer de moins imparfaits.

Camiers (2) parle d'un instrument inventé par le P. Hautefeuille, et au moyen duquel le bruit que faisaient deux personnes marchant dans la rue était, dit-il, semblable à celui qu'aurait pu produire la marche d'une armée entière; le froissement des souliers sur le pavé ressemblait à celui d'une meule qui aurait roulé sur des cailloux; la voix humaine paraissait sortir d'une trompette parlante, mais avec une telle confusion, qu'on ne pouvait distinguer aucun son.

Nuck (3) donne la description d'un cornet contourné en cor de chasse, lequel augmentait beaucoup la force du son, mais qui avait aussi le désavantage de le rendre plus confus à l'oreille. L'instrument de Duquet, gravé dans le recueil de l'Académie des sciences, augmente aussi le retentissement du son, mais avec l'inconvénient attaché à cet avantage; je veux parler de cette confusion du son due à l'augmentation de son intensité.

Itard, lui-même, dans ses mombreux essais, s'est efforcé de résoudre cette difficulté, sans pouvoir y réussir, — et depuis cette époque, le problème n'a pas cessé d'être à l'étude : voyons donc si les instruments renfermés dans la vitrine du Transeps l'ont complétement résolu; voici l'énumération des divers instruments d'acoustique exposés au *Palais de l'industrie*.

1° Ear cap or reflector. — Petit entonnoir acoustique pour rester à demeure dans l'oreille.

2° Table acoustique en cuivre, s'enroulant dans son développement autour du pavillon de l'oreille qui sert à le maintenir en place.

3° Oreilles acoustiques en soie solidifiées avec le caoutchouc, pouvant se cacher facilement sous les bandeaux de cheveux de même que les deux précédents instruments.

4° Mentonnière acoustique de même nature.

5° Plastron ou cuirasse acoustique de même nature.

6° Conque acoustique en cuivre.

7° Cornet acoustique en airain, d'une seule pièce.

8° Cornet acoustique en airain, s'allongeant et se raccourcissant à la manière d'une longue-vue.

9° Tube acoustique flexible formé d'une longue spirale de fil de fer, recouverte d'un tissu de soie et armée d'un entonnoir en coco ou en corne.

10° Tube acoustique permettant à trois personnes de causer avec un sourd.

11° Bouquet acoustique permettant à deux sourds de s'entretenir ensemble.

12° Corbeille acoustique de fleurs.

13° Canne acoustique.

14° Parure acoustique de bal.

15° Miss Martineau's Trumpet, pour salon.

16° Guéridon acoustique.

17° Fauteuil acoustique.

18° Pupitre acoustique pour un prédicateur ou un professeur qui veut, sans élever trop la voix, se bien faire entendre de ses auditeurs et même des sourds qui pourraient se trouver dans son auditoire.

Les huit premiers instruments appliqués sur différents sourds ne nous ont donné que des résultats négatifs : c'est-à-dire, qu'avec l'assistance de ces cornets, leur infirmité ne s'est nullement trouvée atténuée.

(1) Lecat, Théorie de l'ouïe, avec fig.
(2) Traité de la parole, Liége, 1692.
(3) Operationes et exper. chirurg. Leyde, 1692.

La coiffure acoustique pour bals doit être rangée dans la même catégorie.

Quant aux autres cornets, ce sont des tubes métalliques *en cuivre*, creux, longs de 2, 3, 4 mètres et terminés par un pavillon métallique et de formidable dimension: il est vrai que la forme qu'on lui a donnée ne laisse pas que d'être agréable à l'œil : ainsi c'est un guéridon, une corbeille de fleurs, un pupitre, un fauteuil, etc. Ces instruments augmentent beaucoup, il est vrai, l'intensité du bruit; mais avec l'inconvénient que je signalais tout-à-l'heure, c'est-à-dire avec la confusion des différents sons, à un point tel qu'on entend un véritable bourdonnement, sans qu'il soit possible, le plus souvent, de rien distinguer.

Je me suis soumis moi-même à l'expérience, avec plusieurs de mes élèves, et particulièrement de M. Gouraud, chef de clinique.

Après quelques instants seulement, l'oreille était irritée au plus haut point par le bruit tout à la fois formidable et confus de ces cornets, même quand on parlait à voix basse, et je suis demeuré convaincu que leur usage fréquemment continué suffirait à complétement assourdir les oreilles les mieux constituées et les plus saines; à plus forte raison des organes délicats ou déjà souffrants, comme ceux des personnes affectées de surdité commençante, ne sauraient ils les supporter longtemps sans un accroissement proportionnel de l'infirmité que l'on désirait atténuer.

Ajoutons à cela que, chez les personnes dont l'ouie est naturellement faible, chez celles encore qui sont atteintes de surdité naissante, il y a toujours une irritation plus ou moins vive, souvent aussi une véritable phlegmasie des membranes qui composent cet appareil délicat : et l'on concevra sans peine que ce n'est point en excitant par de grands bruits un organe déjà trop irrité, que l'on parviendra jamais à lui restituer ses fonctions délicates.

Concluons donc : que si les cornets acoustiques doivent être pour l'ouïe ce que les lunettes sont pour les yeux, il s'en faut de beaucoup que la physique ait porté dans la construction de ces premiers instruments ce degré de perfection auquel elle est parvenue pour la confection des appareils d'optique; ce qu'on peut expliquer jusqu'à un certain point par l'obscurité encore répandue sur cette partie de la physique qui comprend l'acoustique, et sur cette partie de la physiologie qui traite de l'audition. Nous n'avons pour aider aux fonctions de l'oreille qu'une espèce de porte-voix (quelle que soit sa forme) : et ce n'est, à vrai dire, qu'un instrument grossier et fort imparfait et qui le paraît encore bien davantage quand on compare ses chétifs résultats aux merveilleux effets que nos yeux retirent des lorgnettes et des microscopes.

La surdité ne serait qu'une indisposition analogue à la myopie, si nous avions les moyens de rendre les sons faibles et confus aussi distincts que le sont pour nos yeux, aidés d'instruments convenables, les objets les plus déliés ou les plus éloignés. — Malheureusement il n'en est point ainsi, comme je l'ai démontré précédemment (1).

En terminant, et pour être juste envers nos compatriotes, je dois dire que M. Lüer, fabricant d'instruments de chirurgie, à Paris, est celui dont les cornets acoustiques nous ont paru les plus dignes d'attention.

Docteur TRIQUET.

(1) V. Leçons cliniques sur la surdité, etc.

### Presse typographique de M. Bernard,

Imprimeur à Montbrison.

La presse manuelle en bois ou en fer est composée: 1° d'un *corps* de presse; 2° des *mouvements* ou *mécanisme*; 3° de la *table* (ou *marbre*) et de la *platine* entre lesquelles s'opère l'impression.

Les variations auxquelles les bois sont sujets, et qui, dans les systèmes connus, affectent la justesse ou la régularité des mouvements, font abandonner généralement les presses à corps en bois, dont le mécanisme est, d'ailleurs, très défectueux.

Avec les presses à corps en fer fondues en une masse d'ensemble, il y a à craindre des accidents, des cassures qui entraînent des chômages bien fâcheux, et qui sont pour les imprimeurs de département de véritables malheurs, attendu l'impossibilité où ces imprimeurs se trouvent de faire mouler et couler dans les villes de leurs résidences les pièces de fonte considérables qui composent ces presses, même de trouver des mécaniciens pour l'ajustage difficile que leur système exige.

La presse Bernard obvie à ces inconvénients; elle offre l'avantage:

1° De concentrer la fatigue des mouvements dans le mécanisme de ces mouvements même, de manière à rendre le jeu de ce mécanisme indépendant en quelque sorte de l'appareil du corps de presse;

2° De donner à ces mouvements et au jeu de l'appareil d'impression une facilité et une précision extrêmes;

3° De diviser l'ensemble de la presse en un assemblage de pièces d'un remplacement facile, d'une grande solidité et beaucoup plus léger que les presses anciennes;

4° Elle permet d'employer indifféremment le bois ou le fer pour le corps de presse;

5° Elle est applicable aux *corps* des anciennes presses en bois que les imprimeurs sont, à leur grand préjudice, obligés de mettre au rebut;

6° Elle n'exige, dans ce dernier cas, qu'une dépense bien minime pour l'appropriation, par un bon système, d'instruments devenus inutiles; enfin, dans la construction à neuf soit en bois, soit en fer, elle assure une grande économie.

## LA SEMAINE SCIENTIFIQUE.

### Dessins héliographiques sur papier.

M. Bastien obtient par les procédés suivants des dessins ayant l'aspect *d'eaux fortes*.

Il étend sur une plaque de verre une mince couche de blanc de plomb sur laquelle il trace avec une pointe ou un burin le dessin qu'il veut reproduire. La pointe enlevant le blanc de plomb et mettant ainsi le verre à nu partout où elle passe, chaque trait ressort en noir si l'on a eu soin de placer un morceau d'étoffe ou de papier de cette couleur sous la plaque de verre. Son dessin achevé, il pose la plaque de verre à plat dans un tamis de laiton ou de crin, qu'il plonge dans un bain composé de sulfure de potasse dissous dans l'eau; ce réactif noircit le blanc de plomb en quelques secondes, et il obtient ainsi un véritable cliché, dont il peut tirer des épreuves par les procédés ordinaires de la photographie.

Pour fixer le cliché et lui permettre de résister au tirage d'un grand nombre d'épreuves, il recouvre d'un vernis dur et bien transparent. Le vernis que l'on emploie pour préserver les clichés photographiques convient assez bien pour cet usage.

Le principal avantage que présente ce procédé est de permettre à un artiste de reproduire lui-même ses dessins avec une parfaite exactitude, sans sortir de son atelier et sans être obligé d'employer aucun appareil coûteux ni encombrant.

### Brouette à charge équilibrée.

M. Andraud décrit en ces termes dans *une dernière annexe* ce nouveau système de brouettes dont il attribue l'invention à un ouvrier terrassier.

« Ce pauvre homme, après avoir passé un grand nombre d'années à charrier de la terre, a fini par s'apercevoir qu'il s'épuisait chaque jour à un travail inintelligent, qu'il dépensait inutilement beaucoup trop de force, et qu'il lui serait facile d'alléger sa besogne en reportant sur la roue de la brouette le poids de la charge qu'il porte constamment sur ses bras. Tourmonté de cette idée, il a d'abord construit une brouette dont la roue, placée sous la caisse, se trouvait dans la direction du centre de gravité Le premier essai ne réussit pas, parce que la charge tendait toujours à tomber à droite ou à gauche, et qu'il fallait de grands efforts pour la maintenir. Il recula donc un peu la roue vers la première position : c'était déjà mieux; cependant, le dévers était toujours trop sensible. Il comprit alors qu'il fallait abaisser la charge le plus possible; ce qu'il fit, en laissant la roue pénétrer dans la caisse: la machine s'en améliora d'autant. Enfin, notre terrassier s'avisa de remplacer la roue simple par deux roues minces, tournant isolément sur le même axe, et séparées l'une de l'autre par un espace de huit à dix centimètres. Cette double roue supprima tout à fait le dévers. Ajoutez que la partie antérieure, au lieu d'être carrée, était à peu près circulaire, pour faciliter le déchargement.

« Dans ces nouvelles conditions, la brouette se trouva parfaite: la charge ne porta plus sur les bras; pour peu que le terrain soit uni, la manœuvre se fait très facilement, quoique avec de fort lourdes charges. Si le terrain est difficile, comme il l'est d'ordinaire lorsqu'il s'agit de terrassements, il suffit de poser sur le sol des planches, qui forment pour la brouette une sorte de chemin de fer.

« En résumé, on peut assurer que la brouette à charge équilibrée *double* le travail de l'ouvrier, tout en diminuant sa fatigue.

« La statistique n'est pas une science brillante; mais, lorsqu'on n'en abuse pas, elle peut rendre d'utiles services. Nous l'avons consultée pour savoir à quoi nous en tenir sur l'importance des innovations apportées à un de nos instruments de travail les plus répandus. Voici ce qu'elle nous a répondu: « Il y a en France deux millions de brouettes de toutes sortes, dont le travail moyen exige l'emploi d'une force motrice égale à celle d'à peu près deux cent mille chevaux. Si nous portons à deux francs le prix de la force d'un cheval par jour, nous trouverons que la nouvelle brouette, ayant doublé sa puissance d'action, accroîtrait la richesse annuelle de la France de cent quarante-six millions! »

### Plantes amphibies.

Un mémoire plein d'intérêt sur l'anatomie du *Limosella*, du *Littorella* et du *Neptunia* vient d'être soumis à l'Académie des sciences par l'infatigable botaniste M. Chatin. La structure de l'épiderme de ces trois plantes implique un double mode de respiration ; comme plantes aériennes, elles ont des stomates aboutissant à des chambres ou cavités *pulmonaires* placées à l'intérieur et sur des points donnés du parenchyme ; comme plantes aquatiques submergées, elles ont des utricules contenant de la matière verte et à parois assez minces, pour que les phénomènes respiratoires s'exercent au travers de celles-ci sur l'air dissous dans l'eau.

« On peut, dit le savant auteur, faire cette remarque que c'est dans la première phase de leur vie que nos plantes amphibies ont la respiration branchiale des animaux inférieurs et des têtards; et que c'est seulement lorsque, complétement développées et jouissant de tous leurs attributs, elles vont fleurir et se reproduire, qu'elles respirent par des organes localisés et créés pour la fonction elle-même comme chez les batraciens parfaits et les animaux supérieurs. »

### Filature des cocons de soie.

M. Ed. Duseigneur annonce être parvenu à améliorer les qualités physiques de la soie grège ou en fil, tout en réduisant d'un *tiers* la quantité des produits inférieurs, par l'emploi des procédés suivants :

1° Chauffage par rayonnement de la chaleur de l'eau servant au dévidage du cocon : la vapeur circulant simplement dans des tubes chauffeurs, au lieu de s'introduire directement dans cette eau par des tubes percés de trous;

2° Suppression des vases isolés (bassines) où se filent les cocons, vases dont les températures varient au gré de l'ouvrier; ils sont remplacés par un canal unique divisé en bassines dont la température uniforme est donnée par le surveillant de la filature;

3° Emploi de l'eau distillée laquelle n'est autre que l'eau de condensation de l'appareil chauffeur;

4° Division des opérations de la filature, savoir : formation du fil, battage des cocons, ramollissement et prise des bouts desdits cocons, opérations qu'aujourd'hui une seule ouvrière exécute;

5° Enfin, traitement séparé des cocons neufs et de ceux dont le bout déjà saisi une première fois s'est cassé accidentellement.

Ces divers procédés ont été adoptés depuis près de deux ans par plusieurs industriels, et malgré l'énorme économie qu'ils procurent, la soie ainsi préparée est classée parmi les cinq ou six soies les plus réputées de France. L'économie, quant aux soies consommées sur la place de Lyon, s'élève à 10 millions par an.

### Maladie propre aux ouvriers en caoutchouc.

L'inhalation du sulfure de carbone détermine chez ces ouvriers, d'après M. Delpech, des troubles variés de la digestion, une modification profonde de l'intelligence : hébetude, perte de mémoire, etc.; une grande altération des fonctions du système nerveux: céphalalgie, vertiges, troubles des sens, paralysie plus ou moins complète du mouvement, etc. L'auteur annonce la publication d'un mémoire dans lequel il indiquera les mesures d'hygiène propres à soustraire les ouvriers à l'influence du sulfure de carbone.

### Salles d'aspiration dans les hôpitaux.

M. le professeur Teissier, de Lyon, frappé des beaux succès obtenus au Vernet, à Aix-en-Savoie, à Allevard, par les aspirations médicamenteuses dans les cas de laryngite chronique avec aphonie, de bronchite chronique avec amaigrissement général et imminence de tuberculisation pulmonaire, et même de phthisie confirmée, au rapport de Lallemand ; M. Teissier demande, avec une conviction chaude et sincère, que ce moyen, à l'usage exclusif jusqu'à ce jour des classes riches, soit généralisé et appliqué aussi au traitement des malades qui viennent demander les secours de l'art aux établissements de l'assistance publique.

Tout le monde sait que le but qu'on veut atteindre dans les établissements thermaux que nous venons de citer est de faire vivre les malades dans une atmosphère médicamenteuse, et qu'on y a disposé des salles spéciales où, au moyen d'appareils très simples, ce résultat est obtenu. Rien ne serait plus facile, selon M. Teissier, que l'organisation de ces salles d'aspiration dans les hôpitaux, car il suffirait de construire deux chambres un peu vastes, entourées de gradins, dans lesquelles on ferait pénétrer par la partie inférieure et échapper par la partie supérieure, dans l'une des vapeurs sulfureuses, et dans l'autre des vapeurs de térébenthine ou de goudron. Il est bien entendu que ces salles devraient être construites de manière à pouvoir y établir une ventilation satisfaisante et à pouvoir en varier la température. Mais il serait facile de satisfaire à toutes ces exigences, en prenant pour modèles les salles d'aspiration qui existent au Vernet, au Mont-Dore et à Allevard. En résumé, dit M. Tessier, les salles d'aspiration constituent évidemment un des progrès les plus utiles de la thérapeutique moderne, dans le traitement des affections chroniques des organes respiratoires. Elles ont déjà rendu de nombreux et incontestables services et sont appelées à en rendre de bien plus nombreux encore, car les classes riches seules, celles qui fréquentent les eaux minérales, en connaissent les bienfaits, et cependant rien de plus aisé que d'y faire participer les pauvres. Il suffit, pour cela, de créer une ou deux chambres d'aspiration dans chaque établissement nosocomial. La création de ces salles me paraît aussi utile pour les maladies anciennes de l'appareil respiratoire que l'existence des cabinets de douches pour les rhumatism s. Il y a plus, c'est que non-seulement au point de vue médical on en retirerait de grands avantages, mais encore au point de vue administratif et purement économique, on pourrait guérir ou soulager, à l'aide d'une médication très-simple et peu dispendieuse, des maladies dont le traitement, dans les conditions où nous sommes aujourd'hui, exige l'emploi d'un grand nombre de remèdes, qui pourraient être avantageusement remplacés par l'usage des salles d'aspiration.

### Le Seigle ergoté dans l'alimentation.

Les malheurs résultant de l'emploi du seigle ergoté dans l'alimentation sont si terribles, et les précautions à prendre contre cette dangereuse substance sont si faciles quoique négligées, qu'on ne saurait revenir trop souvent sur cette question. Nous trouvons à ce sujet, dans le compte-rendu de l'administration des hospices de Lyon, des détails et des observations que nous croyons utile de reproduire.

« Depuis assez longtemps l'ergotisme gangréneux n'avait été observé, à l'Hôtel-Dieu, que d'une manière tout à fait sporadique et quelquefois même une année entière n'en fournissait aucun exemple. Il n'en a pas été de même en 1854. Dans plusieurs départements voisins de celui du Rhône, l'ergot s'est développé en assez grande quantité sur le seigle pour amener, par l'usage de cette céréale, des accidents graves et nombreux. L'Hôtel-Dieu a reçu une trentaine de malades atteints de gangrène due à cette cause. La plupart venaient de l'Isère, les autres de la Loire, de la Haute-Loire, de l'Ardèche, très-peu du Rhône.

« L'âge de ces malades a varié de douze à soixante ans. Tous ont eu les extrémités atteintes, aucun le tronc ou la tête. Chez la plupart, la gangrène a détruit un pied entier; chez quelques-uns, un doigt ou un orteil; chez trois les deux membres inférieurs ont été sphacélés jusqu'auprès du genou, et, chez un enfant de douze ans, la maladie ne s'est arrêtée qu'au milieu de la cuisse. Dans la plupart des cas, la séparation des parties mortifiées a été abandonnée aux efforts de la nature, ou simplement achevée par une section sur les limites de la gangrène; dans quelques-uns, des amputations ont été pratiquées avec des succès variés.

« Les mutilations graves qui résultent de l'emploi du seigle mêlé d'ergot comme aliment sont une conséquence déplorable de l'ignorance où sont plongées les classes pauvres des campagnes sur les inconvénients de ce mode d'alimentation. Sans doute, il est difficile de faire cesser cette ignorance; mais il serait désirable que l'action de l'autorité se fît sentir dans cette occasion, soit pour surveiller dans les marchés publics et y empêcher la vente du seigle ergoté, soit pour obliger tous ceux qui récoltent du seigle à purger cette denrée du poison qu'elle peut contenir avant de la livrer à la consommation de leur propre ménage. »

### Structure de la cellule nerveuse.

La cellule nerveuse avait été considérée jusqu'ici comme composée d'une enveloppe sans structure déterminée et douteuse pour les cellules centrales; d'un parenchyme mou, d'un noyau renfermé dans ce parenchyme, et d'un nucléole contenu dans ce noyau. Mais la structure de ces diverses parties et leur mode de connexion étaient également inconnus. M. Stilling s'est efforcé de combler cette lacune. Voici les principaux résultats de ses études :

Il a trouvé une enveloppe évidente aussi bien dans les cellules nerveuses centrales que dans les cellules nerveuses périphériques. Cette enveloppe lui a paru constituée par une quantité innombrable de petits tuyaux très fins, semblables à ceux qui composent le réseau de la fibre nerveuse primitive.

Le parenchyme, égal ment composé par une masse d'innombrables petits tuyaux égaux à ceux de la fibre primitive, mais formant par leur intime union une sorte de tissu glandulaire, est en rapport de contiguité en dehors avec l'enveloppe de la cellule nerveuse; en dedans, avec le noyau.

Celui-ci a une constitution analogue à celle du parenchyme; il présente, comme lui, un double contour interrompu par de petits tubes allant en dehors vers le parenchyme de la cellule, et en dedans vers le nucléole.

Enfin, le nucléole est composé de trois couches concentriques de chacune desquelles on voit partir des prolongements qu'on peut suivre souvent jusqu'aux bords du noyau.

M. Stilling a constaté, en outre, que toutes les cellules nerveuses centrales sont pourvues de prolongements composés par des tuyaux de la même nature que ceux qui constituent la parenchyme de la cellule nerveuse, dont ils ne sont qu'une dépendance.

### Moyens d'éviter les amputations et les resections osseuses.

M. Jules Cloquet a présenté à l'Académie au nom de M. le docteur Decaisne, chirurgien militaire Belge, un ouvrage que ce dernier vient de publier sous le titre précité. M. J. Cloquet en a parlé en ces termes :

« L'auteur s'élève avec raison contre la conduite de certains chirurgiens qui ne s'attachant qu'à la maladie locale et au manuel opératoire, sans tenir compte du diagnostic général, des complications diverses, des contre-indications, opèrent dans des cas où ils devraient s'abstenir. Il expose avec soin, dans sept chapitres, les diverses maladies pour lesquelles on a proposé et pratiqué des amputations et des resections osseuses; il indique et précise les nombreux moyens hygiéniques, pharmaceutiques et topiques qu'on doit mettre en usage pour éviter d'en venir à des graves opérations. »

— Le défaut d'espace nous oblige de renvoyer au prochain numéro une intéressante *lettre* de M. Deville, *sur quelques produits d'émanation de la Sicile*, et un mémoire de M. Boussingault *sur l'action du salpêtre sur la végétation*, mémoire qui nous analyserons en même temps que le *rapport* auquel ont donné lieu les travaux de M. Ville.

## NOUVELLES ET CAUSERIES.

SOURDS-MUETS. — Ces jours derniers a eu lieu, dans les salons de Chappart, le banquet anniversaire de la naissance de l'abbé de l'Épée et de la fondation de la première Société d'assistance et de prévoyance en faveur des sourds-muets par le docteur Blanchet.

Cette fête de famille, à laquelle assistaient plusieurs représentants de la presse politique et scientifique, était presidée par le général Daigremont, qui a porté un toast à la mémoire de l'abbé de l'Épée et aux dignes continuateurs de son œuvre.

M. Raymond, sourd-muet, a mimé, puis *lu à haute voix*, un discours où il a cherché à faire ressortir les titres de Rodrigues Pereire à la reconnaissance des sourds-muets, du bien-être et de l'éducation desquels il s'est occupé l'un des premiers.

Un toast au docteur Blanchet, fondateur de l'association, a été accueilli par les applaudissements unanimes et les témoignages de reconnaissance des sourds-muets, qui formaient la grande majorité de l'assistance.

Boulevard du centre. — Une compagnie s'est, dit-on, formée pour soumissionner la partie de ce boulevard qui s'étend de la rue Rambuteau à la rue aux Ours. Là, on élèverait un splendide édifice avec jardin et galeries couvertes, dans le genre du Palais-Royal. On l'appellerait Palais du Commerce. Au centre même du jardin, une salle de spectacle serait construite. Le privilége est demandé pour y jouer le drame et le genre lyrique. Ce théâtre, éminemment populaire, aurait des places depuis 50 centimes jusqu'à 2 francs. Ce bon marché n'exclurait pas le luxe, puisque toutes les places seraient en stalles ou en fauteuils.

Chemin de fer de ceinture de la rive gauche. — Cette nouvelle voie qui n'est encore qu'en projet, et dont nous avons déjà parlé, embrasserait les trois arrondissements de la rive gauche, et donnerait ainsi de l'activité et de la vie à des quartiers pauvres et longtemps déshérités au point de vue des grands travaux d'amélioration et d'utilité publique.

Ce chemin de fer aurait, dit-on, sept stations, dont quelques-unes placées intra-muros, à partir de son point de départ (à la Bastille) jusqu'au pont de l'Alma. Ces stations seraient ainsi échelonnées : au Jardin-des-Plantes, aux environs de l'église Saint-Médard, à l'extrémité du jardin du Luxembourg, à l'embarcadère du boulevard Montparnasse, à l'Ecole-Militaire, à Grenelle (aux abords des grandes usines), à l'angle du quai de Passy et de la rue du Ranelagh. Le tracé, parvenu à la barrière de Grenelle, se bifurquerait. L'une des branches traverserait la Seine en amont du pont de Grenelle, et remonterait jusqu'à la station de Passy ; l'autre branche se dirigerait vers le pont de l'Alma.

Cristal de roche a Saint-Etienne-la-Varenne. — La commune de Saint-Etienne-la-Varenne, dont l'excellent vin est recherché, va bientôt, dit le *Journal de Villefranche*, être renommée à un autre titre. Son sol, sablonneux et brillant de paillettes dorées, recèle dans son sein des richesses géologiques que le hasard a fait découvrir en cultivant la vigne. C'est du cristal de roche. Déjà, deux propriétaires exploitent ces nouveaux produits : l'un a trouvé à la surface du sol une carrière qu'il exploite à ciel ouvert, et l'autre a rencontré un filon qui s'enfonce profondément, mais paraît très-pur.

Pont tubulaire. — On ne lira pas sans intérêt les détails suivants sur le pont tubulaire qu'on établit en ce moment sur la Saône à Lyon.

Ce pont sera supporté au milieu du fleuve par une seule pile ayant sa base sur trois énormes colonnes de fonte enfoncées, dans le lit de la Saône, à 15 mètres au-dessous de l'étiage. Ces colonnes sont formées de manchons en fonte d'un mètre environ de hauteur, qui s'emboîtent les uns dans les autres, et dont l'ensemble pénètre successivement dans le lit de la rivière, à l'aide du travail intérieur de perforation. Ces manchons ont été déposés sur les débris d'une pile du viaduc éboulé, dont on a d'abord enlevé la base de béton. Dans l'intérieur des manchons fonctionne un mécanisme qui fait monter les déblais de l'excavation, et qui est fermé de trois soupapes pour empêcher la fuite de l'air atmosphérique, qu'une pompe à vapeur envoie incessamment en jets dans les manchons pour alimenter la respiration des ouvriers. La puissance de cet air comprimé est si grande qu'il se creuse un passage sous le dernier manchon, à travers une couche d'eau de quelques décimètres, dans laquelle travaillent les puisatiers, et vient sortir en soulevant en énormes bouillons la surface du fleuve.

Ce travail avance lentement, les manchons ne s'enfonçant pas de plus 60 à 70 centimètres par jour : on en est au quatrième manchon. Quand une fois ces trois colonnes auront été assises, l'intérieur sera rempli en maçonnerie, ainsi que les entre-deux, et la pile reposera sur cette base artificielle.

Un vivier en Angleterre. — M. Simons decrit ainsi dans un livre sur les pêcheries un vivier gigantesque, établi sur les côtes de la Grande-Bretagne.

« Ce vivier a environ cinquante yards carrés sur dix à douze pieds de profondeur. Il est construit à ciment, en briques et en pierres, pavé au fond, et pourvu à l'entrée d'une écluse ou barrage pour donner accès à l'eau de mer et la faire sortir. Il a coûté environ 1,300 liv. st. ; on y nourrit les homards avec du poisson, et on les y engraisse. La dernière fois que je visitai l'établissement, en août 1854, il y avait là soixante-dix mille homards, tous bien portants, quoique l'été fût très-chaud. Les moins robustes de ces crustacés sont gardés dans des paniers et vendus les premiers. Ces homards sont apportés des côtes de Bretagne et d'Irlande dans des semaques à voiles de soixante tonneaux environ, et pourvues de réservoirs. Chacune d'elles porte de sept à neuf mille homards. Le transport des homards ne se fait pas toujours sans perte. Le tonnerre a la propriété de les tuer au fond de leur réservoir, et il en est de même des décharges de grosse artillerie tirées à peu de distance. M. Scowell en a perdu plusieurs milliers par suite de cette dernière cause, une nuit que ses sémaques avaient jeté l'ancre trop près de la batterie des saluts à Plymouth. Les calmes sont également funestes aux homards ainsi enfermés ; mais, pendant la traversée, le roulis et le tangage ne les affectent aucunement. On peut les garder en vie un mois dans les réservoirs des sémaques sans leur donner de nourriture. »

Action du chloroforme sur un Eléphant. — Le journal anglais *Dublin medical Press* raconte qu'un éléphant très-âgé devant être abattu dans cette ville, on résolut d'avoir recours au chloroforme pour lui donner la mort. Au bout de dix minutes d'inhalation il perdit connaissance. On lui administra alors, sans produire aucun effet, une dose élevée de strichnine et d'acide prussique ; il ne parut en éprouver aucun effet sensible. On revint alors aux inhalations de chloroforme, qui furent continuées pendant trois heures sans que les mouvements respiratoires présentassent aucun trouble notable. Comme ces divers poisons ne paraissaient pas capables de tuer l'animal, on ouvrit la carotide au moyen d'un instrument tranchant : il succomba au bout de quelques minutes. Cette expérience montre que certaines espèces animales ressentent très-lentement l'action toxique du chloroforme.

## BULLETIN BIBLIOGRAPHIQUE.

— Seconde lettre de Gros-Jean a son évêque au sujet des tables parlantes, des possessions, des sibylles, du magnétisme et d'autres diableries. In-8, 1 fr. 25. Ledoyen, galerie d'Orléans.

— De la surdi-mutité, par Auguste Houdin, chef à Paris d'un établissement spécial. In-8, 3 fr. Labé, 4, place de l'École-de-Médecine.

— Tableau de l'Algérie. Manuel descriptif et statistique de l'Algérie, contenant le tableau exact et complet de la colonie, par M. Jules Duval, ancien administrateur de l'*Union agricole du Sig*. 1 vol. in-18, avec une carte de l'Algérie. 3 fr. 50. Just Rouvier, 20, rue de l'Ecole-de-Médecine.

— Catalogue explicatif et raisonné des produits de l'Algérie, Guide pour l'exposition permanente de l'Algérie, rue de Grenelle, 107, et pour l'exposition universelle de Paris. Publication du ministère de la guerre, rédigée par M. Jules Duval. In-8, 1 fr. 50. Firmin Didot, 56, rue Jacob.

*Le propriétaire, rédacteur-gérant :*
Victor Meunier.

Paris. — Imp. J.-B. Gros, rue des Noyers, 74

Première année. — N° 49. Quinze centimes. 9 décembre 1855.

# L'AMI DES SCIENCES

BUREAUX D'ABONNEMENT
13, RUE DU JARDINET, 13
Près l'Ecole de Médecine
A PARIS

## JOURNAL DU DIMANCHE

PAR

## VICTOR MEUNIER

ABONNEMENT POUR L'ANNÉE
PARIS, 6 FR : — DÉPART., 8 FR
Étranger (Voir à la fin du journal):
ENVOYER UN MANDAT DE POSTE



## AVIS.

Nous invitons ceux de nos souscripteurs dont l'abonnement expire à la fin de ce mois, à vouloir bien le renouveler dans le plus bref délai possible, afin d'éviter toute interruption dans l'envoi du journal.

Le petit nombre de ceux dont l'abonnement pour l'année courante n'a pas encore été soldé, sont priés d'en joindre le montant au prix de leur renouvellement.

Le meilleur mode de souscription consiste dans l'envoi d'un mandat de poste ou d'une traite à vue sur une maison de Paris, à l'ordre du gérant du journal.

Nous prions nos abonnés de joindre à leur demande de renouvellement une bande imprimée, rectifiée s'il y a lieu.

Parmi les améliorations matérielles que nous allons réaliser nous citerons les suivantes :

1° L'*Ami des Sciences* sera illustré de gravures sur bois intercallées dans le texte.

2° Il sera imprimé sur meilleur papier, ce qui est une condition de l'amélioration précitée;

3° Nous publierons de nombreux suppléments. Cette augmentation considérable de matières fera plus que compenser l'espace occupé par les gravures ; il nous permettra de donner une place plus grande aux travaux originaux et à la correspondance dont il importe à la liberté scientifique de favoriser le développement.

Sous le rapport scientifique, notre plan de campagne pour l'année prochaine se peut résumer dans les quatre articles suivants :

1° Au point de vue du dogme; nécessité d'ériger la culture de la philosophie des sciences en spécialité nouvelle.

2° Au point de vue pratique ; reconstruction matérielle de la société, ou mieux encore organisation d'une société nouvelle à base scientifique : 1° préciser le but général; 2° tracer un plan d'ensemble ; 3° classer les réformes à opérer selon leur ordre logique de réalisation ; 4° rechercher pour chacune d'elle les moyens les plus simples d'exécution. (Le travail, que nous annonçons ici, formule la *conclusion sociale* de l'Exposition universelle, c'est pourquoi nous avons dû en différer la publication jusqu'après la clôture de celle-ci).

3° Nécessité de la réorganisation de la société scientifique ou de la constitution d'une association scientifique universelle, théorique et pratique par son personnel comme par son but, animée d'un esprit de liberté et d'égalité, et couvrant tout le territoire d'un réseau démocratique d'observateurs et de penseurs.

4° Provoquer la création d'une *Société mutuelle d'inventeurs* sur les bases indiquées dans notre numéro du 8 juillet, lesquelles ont obtenu l'assentiment d'un grand nombre de lecteurs.

Au moment de commencer une seconde année, nous sollicitons ardemment de nos abonnés, pour le passé et l'avenir de cette publication, les avis, conseils et critiques que leur suggérera l'intérêt qu'ils lui portent. Nous aimerions surtout qu'ils voulussent bien nous communiquer leurs opinions sur les quatre points que nous mettons à l'étude, et dans lesquels se résume notre programme pour 1856 (1).

## COSMOLOGIE.

Quand on jette du sable ou d'autres corps solides dans un verre d'eau, le liquide s'élève et finit par déborder. Comment se fait-il que la mer, dans laquelle tous les fleuves déversent sans cesse des myriades de mètres cubes de sable, de cailloux et de terres, ne déborde pas?

L'eau vaporisée sans cesse se condense, arrose les continents et revient tout entière, dit-on, à son réservoir commun mais il faut de toute nécessité qu'il s'en égare une portion égale à l'espace occupé par les corps solides que les artères fluviales y charrient depuis l'origine ; sans cela le niveau des mers s'exhausserait incessamment et finirait par submerger les continents.

Dire que la mer regagne d'un côté ce qu'elle perd de l'autre, n'est guère qu'une hypothèse inventée pour les besoins de la cause; on en sent si bien l'insuffisance qu'on accuse les madrépores et les coquillages de travailler aussi à l'élimination de l'eau, comme si la partie liquide qu'ils peuvent concréter n'occupait pas à peu près autant de place sous une forme que sous l'autre.

Il me semble que la lente dénivellation des mers peut s'expliquer plus naturellement par l'accroissement continu des

(1) L'*Ami des Sciences* est maintenant distribué dans Paris le samedi soir, les abonnés de la banlieue et des départements le reçoivent le dimanche.

glaces polaires, puisqu'une portion des vapeurs qui s'élèvent de la terre, se trouve emportée par les vents vers les régions froides où elles se déposent en neiges dites éternelles, lesquelles ne rentrent dans la circulation qu'aux époques diluviennes qui bouleversent l'hydrographie du globe.

Les chaleurs de l'été peuvent bien entamer les franges des calottes de glace qui coiffent les deux pôles, mais leur effet est si faible qu'il ne les empêche pas de gagner du terrain, comme le constate la relation de M. Dumont-d'Urville qui doutait que ses prédécesseurs Van-Diemen et autres eussent pu s'avancer aussi près des pôles que leur itinéraire l'indique, les banquises se trouvant aujourd'hui de plus de 200 lieues vers l'équateur.

L'accumulation incessante des neiges sur les vastes régions polaires, aura pour résultat de combler les aplatissements du globe, de lui restituer sa forme géométrique, de changer sa pondération et par suite le sens de son mouvement de rotation.

Il n'est donc pas irrationnel de prévoir que l'équateur prendra progressivement ou subitement la place du méridien, et que le soleil fondra les glaces polaires pour en livrer les vieilles jachères à la culture.

Tel est probablement le moyen que la providence emploie pour assurer la rénovation des surfaces cultivables du globe et la perpétuité de leur assolement.

Le cataclysme futur ne serait pas le premier, à en juger par le transport des blocs erratiques, les déplacements multipliés du lit des mers, les stries tracées sur les rochers, l'absence de fossiles humains sous nos latitudes : telle est en quelques mots l'idée sur laquelle on désire appeler l'attention des savants.

JOBARD.

## NOUVEAU SYSTÈME

### DE RAILS ET DE ROUES DE LOCOMOTIVES ET DE WAGONS POUR LES CHEMINS A ORNIÈRES RURAUX.

*Utilisation des silicates fondus dévitrifiés (verre) et de la silicatisation.*

Nantes, 22 novembre 1855.

Le mode de circulation sur les rails offrant le moins de résistance possible, a dû commencer par l'emploi du fer, qui a servi à prouver péremptoirement l'avantage de l'application du principe, en dépit de l'énormité des frais d'établissement. Aussi les capitaux français, si peu disposés d'abord à s'aventurer dans les entreprises de chemins de fer, les recherchent-ils désormais avec un empressement édifiant. Le besoin social auquel répond cette merveilleuse facilité de locomotion des personnes et des marchandises procurée par les chemins de fer, ne pouvait que devenir plus exigeant par ce début satisfaisant, et il est évident que les grandes artères ferrées de la circulation, dont le réseau se complète rapidement, ne lui suffiront pas longtemps et qu'il faudra bientôt les anostomoser avec des embranchements de plus en plus ramifiés pour devenir en définitive tout à fait ruraux. Il est donc fort opportun d'aviser aux moyens de correspondre aux dernières exigences de ce besoin croissant de circulation rapide par des procédés de plus en plus économiques. Beaucoup d'esprits sérieux et pratiques s'en préoccupent d'une manière remarquable. Je me hasarde à leur fournir mon humble cotisation d'idées.

On peut craindre que le rail en fer ne soit jamais abordable aux ressources dont il faudra se servir pour les embranchements ruraux ; et déjà en Belgique on a songé à substituer les silicates fondus (du verre) aux rails de fer. Je crois que, quoi qu'on fasse, une voie silicatique sera peu économique, à moins qu'on n'emploie du bois silicatée, agathisé, mais alors on ne peut songer à y faire rouler des roues de fer ou de fonte, et il faut compléter l'innovation en remplaçant celles-ci par des roues en silicate fondu, dévitrifié, du verre, en un mot. On réalisera ainsi une immense économie qui permettra à la voie à rails de pousser ses ramifications jusque dans les campagnes. Peut-être pourrait-on observer que ce système rendrait les voies rapides plus sûres, puisque le bas prix de leur établissement permettrait de spécialiser celles destinées aux marchandises et celles pour les voyageurs, et qu'alors en effet la rencontre des trains de ces deux genres, cause générale des accidents, serait tout à fait impossible. Le silicate fondu et les silicates alcalins solubles propres à la silicatisation des pierres et mortiers calcaires qui deviendra bientôt d'un emploi général, peuvent être obtenus à bon marché et en quantités illimitées, grâce aux procédés Muterse, relatifs au traitement des minerais de fer, dont les laitiers seront désormais des silicates alcalins sodiques et potassiques, et à celui des silicates alcalins naturels et artificiels pour en extraire les alcalis qu'on recherche jusqu'ici dans les cendres des végétaux, qui les ont tirés des silicates par l'acte végétatif.

Les roues seraient des lentilles en verre dévitrifié, trouées et rodées au centre pour le passage de l'essieu. Les roues motrices auraient, en outre, les trous nécessaires à leur mise en rapport avec leur moteur. Il se développera une notable quantité d'électricité par suite du frottement de la roue contre l'essieu métallique ; on pourra l'utiliser, ou la dégager dans le sol, avec une égale facilité. Ce ne sera qu'un jeu pour nos savants et ingénieux constructeurs.

Ces roues rouleront dans une ornière ou gorge dont le rayon sera double de celui du bord arrondi de la roue lenticulaire qui sera toujours tenue forcément au plus bas de cette gorge, qu'elle ne touchera que suivant une ligne mathématique. L'adhérence nécessaire aux roues motrices, pour leur donner un point d'appui, pourra être aisément obtenue au moyen d'une simple modification de la surface périmétrique (1).

Les rails où est ménagée cette ornière cylindrique ou gorge, sont formés de bois, de l'essence la plus commune dans la localité traversée par la voie, où enfin du bois le moins cher. Le dessous de la pièce peut être brut, et pour mieux l'asseoir et la fixer dans le sol ou elle est enterrée, elle porte des échelons inférieurement qui croisent leurs directions, et on tasse fortement le sol. On peut ainsi se passer de traverses joignant les deux rails. Quand à la préparation du bois, il suffit de l'imprégner d'un léger lait de chaux par le procédé du docteur Boucherie, et de le baigner, ensuite, pendant un temps convenable, dans une solution étendue de silicates alcalins. Il en résulte un bois pénétré de silicate de chaux, et partant aussi résistant qu'imputrescible, tandis que le bain contient un sel alcoolique à acide végétal, facile à utiliser.

Ce serait une bonne précaution de protéger par du fer le lieu du passage des charrettes, aux points d'intersection avec les routes ordinaires, pour éviter l'espèce de sciage que pourraient produire ces roues, surtout celles à clous brillants.

Le séjour de l'eau dans l'ornière ne saurait être bien dommageable, cependant il est commode de s'en débarrasser par des coupures pratiquées latéralement et extérieurement; des trous au fond de l'ornière pourraient se boucher trop vite. Quant à la poussière, le vent la balaiera d'ordinaire suffisamment, mais on peut assurer son balayage par une soufflerie mise en mouvement par le moteur, ou les roues elles-mêmes,

(1) Le principe géométrique du contact linéaire d'un cylindre appuyé sur la courbe intérieure d'un cylindre plus grand, ou autrement le contact ponctuel de deux circonférences de différents diamètres logées l'une dans l'autre, a été oublié par les fabricants de balances. Il est en effet bien plus simple, plus économique et plus sûr pour la bonté de ces précieux instruments, de remplacer le couteau traditionnel qui a tant exercé la sagacité et l'habileté pratique des artistes fabricants, tant pour la forme que pour la matière, par un simple cylindre plein en matière dure quelconque, roulant dans une gorge circulaire d'un rayon plus grand, et d'une matière dure quelconque. Ici point de mouvement à craindre; point besoin d'huile : mobilité parfaite. Ce principe a également son application pour la suspension des balanciers d'horlogerie.

lorsqu'on se servira des chevaux. On éviterait ainsi le frottement rude et corrodant produit par les poussières siliceuses, et par conséquent, on conserverait d'autant l'ornière. La soufflerie pourrait être utilisée non moins avantageusement pour projeter au devant du train les poussières boueuses par les temps de pluie.

Je recommanderais particulièrement ce nouveau système à la société des Tanguières de Rennes.

TURMESE.

## Nouveau système de treuil.

Le travail utile produit par un homme, sur un treuil à manivelle, ne dépasse guère 10 ou 15 kilog. Voici comment ce médiocre résultat est obtenu : La manivelle étant posée verticalement au-dessus de l'axe du treuil, l'homme penché sur elle ne lui transmettra que la force provenant de la faible résultante de l'inclinaison de son corps; cette résultante croîtra légèrement jusqu'à ce que la manivelle soit devenue horizontale, mais à partir de ce point, son effet diminuera progressivement et deviendrait bientôt nul si l'homme ne changeait pas brusquement l'inclinaison de son corps en sens contraire, en attirant à lui la manivelle; alors il use de sa force musculaire et agit comme s'il soulevait un poids; avant d'atteindre la position horizontale de la manivelle, cette action peut devenir égale au poids que l'homme est capable de soulever, mais après, elle s'affaiblit rapidement et oblige encore à opérer en sens contraire en poussant la manivelle par dessous, jusqu'à ce qu'elle arrive à son point de départ. La plus grande part de travail s'opère donc quand la manivelle se trouve immédiatement au-dessous de l'horizontale du côté de l'homme.

Le treuil que je propose remplit constamment cette dernière condition et utilise, en outre, le poids de l'ouvrier moteur.

En voici la description :

La manivelle est remplacée par une roue dentée d'un rayon égal à celui qu'affecterait cette manivelle, de chaque côté de la roue et contre son grand cercle sont réparties, à égale distance, des poignées que le travailleur saisit alternativement et dans la position la plus favorable, ce qui peut produire un travail constant, sensiblement égal au poids que la force musculaire de ce travailleur est capable de soulever; une autre roue semblable est établie au-dessous de celle-ci et engraine avec elle; à la place des poignées sont des pédales que l'ouvrier gravit alternativement en même temps qu'il soulève les poignées de la première roue; les pédales cèdent au poids direct du corps et le travail qui en résulte est transmis par l'engrenage à la première roue qui, elle-même, le communique au treuil, soit directement, soit au moyen d'un pignon.

En évaluant, en moyenne, le poids qu'un homme peut constamment soulever, à. . . . . . . . . . . . . . 25 kos
Le poids de son corps, à. . . . . . . . . . . . 65
Total. . . . . 90

Et en déduisant de ce résultat 1/6e pour pertes diverses, le travail utile produit par un homme sur le treuil proposé sera d'environ 75 kos; mais sur les treuils ordinaires, ce travail n'est, en moyenne, que de 12 kos 50; un homme fera donc avec le nouveau treuil autant d'ouvrage que six hommes sur l'ancien.

Avec la manivelle, l'ouvrier, par un effort momentané, ne peut guère dépasser le résultat ordinaire, puisqu'en grande partie l'inclinaison de son corps est la seule cause motrice, tandis qu'avec les roues proposées, l'homme capable de soutenir momentanément 50 à 75 kos atteindra avec le poids de son corps, déduction faite des pertes de travail, à une puissance de plus de 100 kos.

LAURANT (d'Agen).

## CORRESPONDANCE.

### Une expérience à répéter.

Un de nos correspondants nous écrit de Caen :

« Les deux lettres ci-jointes, dont je vous expédie copie, vous indiqueront un des mille chemins ouverts par le hasard; je ne doute pas que parcouru par des personnes ayant plus de temps et de moyens que moi, il ne conduise à des résultats réels.

« N'ayant pu renouveler mes expériences cette année, je porte ces faits à votre connaissance pour que, si vous le jugez convenable, vous provoquiez et encouragiez des expériences dans ce sens.

« Le 17 février 1855, j'écrivais à M***, professeur à l'Ecole polytechnique.

« Monsieur,

« ... Il y a une vingtaine d'années, j'étais enfant, et à ce « titre j'aimais à jouer avec les hannetons; comme mes pen« sionnaires répandaient une odeur infecte, mon père les jeta « dans l'auge de notre cour; deux jours après il me vint à la « pensée de les piquer sur un carton pour les conserver, je « repêchai donc mes hannetons et les plaçai sur la grille « d'un fourneau d'où l'on venait de tirer le feu. En attendant « leur dessèchement, j'allai jouer avec mes petits cama« rades.

« Une heure ou deux après, je retournai à mes hannetons; « grande fut ma surprise en en trouvant une grande partie se « promenant sur la grille du fourneau (notez, Monsieur, que « l'asphyxie était complète, il devait même y avoir commen« cement de désorganisation des tissus, car ils étaient maculés « de taches circulaires plus brunâtes que la couleur naturelle).

« Depuis cette époque j'ai tenté cette expérience deux fois : une « fois j'ai parfaitement réussi, une autre fois j'échouai. (Je « crois que mes cas de réussite ont eu lieu par l'émanation « de la chaleur provenant du carbure de fer).

« Cette année, mon attention sur ce sujet a été réveillée par « un fait qui ne mérite pas moins de fixer l'observation que « le cas précédent; voici en quoi il consiste :

« La femme de l'un des habitants de notre ville, prise d'af« fection mentale, se jeta dans la rivière d'Orne; elle resta « 40 ou 45 minutes sous l'eau; retirée de l'eau, cette femme « fut ramenée chez la personne qui l'avait repêchée. N'ayant « que son épouse pour prodiguer les premiers soins, il lui vint « à l'idée d'appliquer le couvercle de son poêle qui est en « fonte sous la plante des pieds de la noyée. Ils furent assez « heureux pour la rappeler à la vie; depuis cette femme se « porte bien, et de plus l'aliénation a disparu. Pour les han« netons les faits se sont passés sous mes yeux, je puis en ga« rantir l'authenticité et l'expérience peut se recommencer. « Quant à cette femme, la chaleur émanant du carbure de fer « n'ayant pas été seule employée, je ne puis prendre le fait que « comme indice.

« Après avoir lu votre remarquable article sur les travaux « de Melloni, je me suis permis de vous écrire ces quelques « lignes; peut-être, Monsieur, verrez-vous là le point de dé« part d'observations nouvelles sur la chaleur, surtout comme « influence sur les corps organisés en émanant de la matière « inerte...

« Veuillez, etc. »

« Le 2 mars, je recevais la lettre suivante de M***.

« Monsieur,

« Vous pardonnerez, j'espère, à mes nombreuses occupa« tions de m'avoir fait retarder la réponse que je dois à votre « communication.

« Le fait que vous me racontez me paraît extrêmement in« téressant et mérite de votre part, aujourd'hui, que vous « apportiez aux choses scientifiques plus d'attention que « quand vous étiez enfant, une étude suivie. Vous ferez bien « de recommencer avec soin vos expériences en prenant une

« grande quantité de hannetons; vous les chaufferiez ensuite « successivement, les uns après une heure d'immersion, les « autres après deux, etc., en augmentant progressivement la « durée de l'épreuve. Il me paraît certain que les premiers « reviendront à la vie et qu'il y aura une limite de temps « après laquelle tout retour à l'existence sera impossible.

« Cette limite sera fort bonne à connaître.

« Mais l'action que vous avez observée est certainement « très complexe; le rôle de la chaleur s'y complique de celui « des organes, et il n'est personne, aujourd'hui, qui puisse « oser traiter une pareille question, et vouloir la réduire à la « simple action d'un agent physique. Nous pouvons sans « trop de difficultés étudier le rôle de la chaleur sur les corps « inorganisés. Mais quant il faut étudier sur les animaux vi- « vants ou morts, les effets des agents impondérables, nous « sommes réduits à enregistrer des faits. Celui que vous me « citez pourrait bien être le point de départ d'expériences « fort curieuses et si vous avez le loisir de les suivre vous pou- « vez en tirer de bons résultats.

« Au surplus, Monsieur, vous avez à Caen des personnes « bien compétentes sur cette matière. M. Eudes Deslong- « champs est un observateur aussi habile qu'il est un savant « distingué, vous pourriez bien lui soumettre vos résultats, il « vous aiderait, j'en suis sûr, de son expérience et de ses con- « seils, et comme j'ai eu autrefois beaucoup à me louer de « lui, je ne doute pas qu'il n'ait pour vous les complaisances « dont il m'a honoré alors que j'étais plus jeune. Si vous vou- « lez bien me rappeler à son souvenir, vous me serez, Mon- « sieur, extrêment agréable.

« Si vous arrivez à quelques résultats, je serais charmé d'en « être instruit, et à l'occasion je me chargerais de les com- « muniquer à l'Institut.

« Veuillez, etc. »

« Mon absence de Caen pendant la saison des hannetons m'a empêché de suivre le conseil de M***, d'un autre côté une occupation obligée me force de remettre mes expériences à l'an prochain. Cependant, je ne doute pas qu'avec tout autre coléoptère, ou tout autre être organisé dont l'appareil circulatoire ne soit pas susceptible de se fracturer par suite de l'immersion, l'expérience ne puisse se faire.

« Agréez, etc.

« V. Le Marchand. »

---

**Pompe différentielle.**

Toulon, le 9 novembre 1855.

Monsieur le Rédacteur,

Le désir que vous avez souvent exprimé de voir apporter, aux procédés employés aujourd'hui pour obtenir de l'air comprimé, des perfectionnements qui en rendissent la préparation plus économique, m'a fait penser que vous liriez peut-être avec intérêt quelques observations sur ce sujet.

Les causes principales du haut prix de revient de l'air comprimé sont : les frottements, les fuites, et, surtout, la perte d'effet utile due aux grandes variations de vitesse de la machine pendant le cours de l'opération.

Les deux premières de ces causes de perte de travail ne pourront être atténuées que par une plus grande habileté dans la main d'œuvre; mais la troisième sera probablement fort diminuée, en faisant subir quelques modifications à la pompe foulante ordinaire.

Le but à atteindre est celui-ci : comprimer l'air, à une pression quelconque, en faisant toujours rendre à la machine son maximum d'effet utile.

Voici la description succincte de la pompe modifiée, à laquelle on pourrait donner l'épithète de *différentielle*, à cause de l'analogie de ses effets avec ceux de la vis et du treuil différentiels.

Concevez une pompe foulante à double effet, dont le piston est conduit par la manivelle d'un arbre qu'un moteur quelconque fait tourner. L'air, alternativement comprimé au haut et au bas du corps de pompe, se rend par un tube dans un réservoir à air, et un volant régularise le mouvement.

Un second tube met en communication le réservoir et un deuxième corps de pompe, de mêmes dimensions que le premier, et placé à côté de lui; il renferme un piston, dont la tige est attachée à une seconde manivelle de l'arbre qui met déjà en mouvement le premier piston. Un tiroir, semblable à celui d'une machine à vapeur, distribue l'air provenant du réservoir tour à tour sur chacune des deux faces du piston, par le mouvement de va-et-vient d'un excentrique placé sur l'arbre, près de la manivelle.

Pour ne pas confondre nos deux corps de pompes, nous dirons que le premier appartient à la pompe foulante, et, le second, à la pompe de renfort.

Un robinet, placé près du tiroir, sur le tube qui met en communication le réservoir et la pompe de renfort, sert à régler la vitesse de l'écoulement de l'air de l'un à l'autre.

Enfin, un enclanchement placé sur l'arbre permet de laisser la pompe de renfort au repos pendant la marche de la pompe foulante.

Supposons maintenant que, le robinet étant fermé, la pompe foulante soit mise seule en mouvement, et comprime l'air suivant la méthode ordinaire jusqu'à ce que la machine ait pris sa vitesse de régime, qui donne le maximum d'effet utile.

Si la compression continue de la même manière, la vitesse de la machine va diminuer, et c'est ce qu'il faut éviter.

Enclanchons alors la pompe de force, et ouvrons un peu le robinet. Aussitôt il entrera, sous le piston de cette pompe, une petite quantité d'air comprimé venant du réservoir, qui rendra à la machine la vitesse qu'elle avait perdue. A mesure que la pression croîtra, on ouvrira davantage le robinet de manière à maintenir une vitesse constante, et la pression continuera à augmenter jusqu'à ce que la quantité d'air qui s'échappe dans l'atmosphère par la pompe de renfort soit égale à celle qui est introduite dans le réservoir par la pompe foulante.

La manœuvre du robinet est extrêmement délicate ; car, si on l'ouvre trop peu, la vitesse diminue ; et, dans le cas contraire, on s'expose à perdre plus d'air qu'on n'en gagne : aussi ne confierons-nous qu'à la machine elle-même le soin de régler sa vitesse; et, pour cela, il nous suffira de fixer une tige, par une de ses extrémités, à la clé du robinet, et, par l'autre, à la douille mobile d'un régulateur à force centrifuge mis en mouvement par le volant. Lorsque la vitesse de la machine diminuera, les boules du régulateur se rapprocheront, la douille s'abaissera, et le robinet s'ouvrira davantage, tandis que l'effet inverse se produirait si la vitesse venait à augmenter.

Nous serons donc certains que la machine conservera une vitesse qui, si elle n'est pas rigoureusement constante, ne variera du moins que dans de très-étroites limites, parce que la vitesse de l'écoulement de l'air s'accroissant avec la compression, la quantité d'air qui se rend dans la pompe de renfort augmente à chaque instant sans qu'il soit nécessaire de faire varier l'ouverture du robinet, auquel il suffira d'imprimer de très-petits mouvements pour lui faire remplir la fonction à laquelle il est destiné.

Si on pensait que l'adjonction de ce second cylindre fera perdre une trop grande quantité de travail, rien ne serait plus facile que de le supprimer. La pompe foulante remplirait alors les deux fonctions, et l'appareil serait extrêmement simplifié. Le tube, qui se rend du réservoir à la pompe de renfort, viendrait aboutir à la pompe foulante, et un tiroir distribuerait l'air comprimé, de la manière convenable, sur les deux faces de son piston.

Mais la pompe de renfort aura toujours, sur ce dernier système, l'avantage de pouvoir venir au secours de la pompe foulante, au moment où elle a la plus grande résistance à vaincre.

On aura une idée exacte de l'effet produit par la pompe différentielle, en imaginant que le diamètre du cylindre et du piston de la pompe foulante ordinaire diminuent à mesure que la résistance augmente, de manière à conserver à la machine une vitesse constante.

Ce serait tomber dans une grande erreur que de croire que la pompe différentielle augmente la puissance de la machine. Elle permet, il est vrai, de comprimer l'air à une très-haute pression, avec une faible puissance; mais ce résultat n'est obtenu qu'aux dépens du temps.

Sa qualité la plus précieuse est de permettre un meilleur emploi du moteur, et d'éviter les pertes considerables d'effet utile qui ont nécessairement lieu avec la pompe foulante ordinaire.

Veuillez bien agréer, etc.

BLONDEAU.

---

### Une cure remarquable.

On nous écrit d'Angers :

Monsieur,

L'*Ami des sciences* contient l'observation d'*une guérison invraisemblable*, à la suite d'un *embrochement* par un échalas.

Ce cas n'est pas unique dans la science. Pour ma part, j'ai été témoin d'un accident tout-à-fait identique, d'autant mieux qu'il a été suivi d'une guérison complète.

Un garçon, dans la force de l'âge, tombe du haut d'une barge de paille, et dans sa chute de côté il rencontre, tournées vers lui, les deux longues branches en fer d'une fourche qu'il venait de jeter à terre. L'une des branches passe en avant de sa poitrine sans la heurter, tandis que l'autre, pénétrant sous l'aisselle droite, entre deux côtes, traverse toute la cavité pectorale et vient faire saillie dans l'aisselle gauche où elle est arrêtée par le contact de l'humérus.

Un des camarades du blessé accourt, et, sollicité par lui de le délivrer de l'instrument du supplice, il saisit le manche à deux mains, s'arc-boute d'un pied contre le corps du patient, et n'a pas trop de toutes ses forces pour retirer le fer de la double plaie que celui-ci a faite.

L'hémorrhagie externe fut très-modérée; de graves accidents survinrent que nous parvînmes à conjurer par un traitement très-actif, surtout par de nombreuses et abondantes saignées.

Au bout de quinze jours, le malade se levait, se promenait, et bientôt il put reprendre ses travaux habituels.

Ici l'extraction du corps étranger, quoique faite sur-le-champ, n'a pas été un obstacle à la guérison.

T. RIDARD, *d. m.*

---

### Auto-photographie.

Paris, le 3 décembre 1855.

Monsieur le rédacteur,

Je trouve très-ingénieux le procédé de M. Bastien, dont vous parlez dans votre numéro d'hier, pour obtenir des dessins héliographiques sur papier. Mais permettez-moi de rappeler à vos lecteurs qu'il existe un procédé plus simple encore pour reproduire les dessins originaux des artistes, aussi bien que les lithographies et les gravures; c'est celui que j'ai publié, il y a plusieurs années, en lui donnant le nom d'*auto-photographie*.

Que l'on prenne un dessin, une lithographie ou une gravure et qu'on l'applique, pourvu que le papier en soit suffisamment transparent, sur une feuille de papier sensible, tel que celui dont se servent les photographes pour leurs épreuves positives; la lumière traversera les blancs du dessin, de la lithographie ou de la gravure, tandis qu'elle sera arrêtée par les noirs; elle noircira donc le papier sensible dans toutes les parties où elle parviendra, respectant au contraire toutes les parties pour lesquelles les noirs lui auront servi d'écran. Il résultera de cette première opération une reproduction *négative* du dessin, de la lithographie ou de la gravure. Ai-je besoin de dire qu'on doit fixer cette épreuve négative à l'hyposulfite de soude, comme s'il s'agissait de l'épreuve positive des photographes?

Cette reproduction négative ainsi obtenue, qu'on l'applique à son tour (après avoir ciré le papier) sur un nouveau papier sensible, elle donnera une épreuve *positive* qui sera cette fois la reproduction exacte du dessin, de la lithographie ou de la gravure. A la vérité, ce report donne une image généralement un peu affaiblie, non comme couleur, mais comme trait; en outre, il est bien difficile de conserver la pureté des blancs, surtout celle des fonds; mais ce n'en est pas moins une reproduction fidèle et complète, et rien n'est plus facile pour un artiste que de se procurer de la sorte, sans instrument et à bien peu de frais, une ou plusieurs reproductions de son œuvre originale. Son dessin lui reste, car il n'est pas altéré par l'opération, et l'épreuve négative qu'il a obtenue lui sert de cliché pour en faire à loisir autant d'épreuves positives qu'il lui plaira.

Voilà, monsieur le rédacteur, ce que j'ai voulu rappeler à propos de votre communication relative à M. Bastien. Les artistes pourront mettre cette communication à profit, je suis loin de vouloir les en détourner; mais peut-être ceux qui n'ont pas connu en son temps ma publication sur l'*auto-photographie* me sauront-ils gré de leur en avoir donné la substance en quelques mots; cela les mettra à même d'essayer les deux procédés, pour choisir celui qui leur paraîtra le plus sûr ou le plus facile.

Agréez, etc.

P.-F. MATHIEU.
Ancien pharmacien des armées.

---

Nous avons reçu de M. Mathieu de la Drôme une lettre datée de Chambéry, relative à une question agricole de haut intérêt. L'étendue de cette lettre nous oblige d'en différer l'insertion jusqu'à la semaine prochaine.

---

## LA SEMAINE SCIENTIFIQUE.

### Acclimatation et domestication des poissons.

M. Coste qui s'était chargé, il y a deux ou trois ans, de repeupler les eaux de la France en une seule saison, communique aujourd'hui l'expérience de laboratoire que voici :

« Les espèces de la famille des salmonides importées des lacs de la Suisse, des bords du Rhin, à l'état d'œufs fécondés artificiellement, écloses dans mes appareils du collége de France, élevées ensuite dans l'étroite piscine consacrée à mes expériences, commencent à s'y reproduire. — Une truite des lacs (*salmo lemanus*, Cuv.), âgée de deux ans et demi, ayant 35 cent. de long et un poids de 750 grammes, a pondu naturellement, le 12 de ce mois, sur un lit de cailloux préparé d'avance dans le point particulier du bassin où je voulais la déterminer à déposer sa progéniture. Ses œufs que j'ai eu le soin de faire retirer à l'aide d'une grande pipette après chaque ponte et de placer dans mon appareil à éclosion, sont au nombre de 1065 et ont été fécondés par un mâle de truite commune (*salmo fario*, L.), âgé seulement de 19 mois : le croisement s'est opéré ici spontanément. La mortalité des œufs provenant de cette ponte naturelle n'a été encore que de 17 sur 1000 depuis douze jours qu'ils sont en incubation, et l'embryon est parfaitement visible sur la plupart des autres. »

---

### Indépendance réciproque des hémisphères cérébraux.

Gall et Spurgheim considéraient les deux hémisphères cérébraux comme pouvant opérer chacun séparément, et la science possède, en effet, bon nombre d'observations d'atrophie plus ou moins complète d'un hémisphère cérébral et de destruction traumatique d'une partie de la substance d'un hémisphère, avec continuation de l'exercice régulier de l'intelligence et des sens. Un médecin italien, M. Lussana, a fait sur les animaux des expériences qui, selon lui, confirment pleinement les vues des fondateurs de la phrénologie.

Exp. I.—25 mai 1853. Ayant enlevé à une poule une bonne portion de l'hémisphère cérébral droit, c'est-à-dire toute la moitié supérieure, l'animal n'en parut nullement troublé; puisque, laissé en liberté, il se mit à marcher régulièrement; si on faisait du bruit, il s'enfuyait en gloussant, comme c'est l'ordinaire à ces volatiles; il se jetait en arrière, si on le mettait devant un jeune hibou. Il mangeait ensuite la polenta et les grains de riz qu'on lui jetait; *il se comportait en un mot comme s'il n'eût pas été opéré*. Cela dura quelques jours.

6 juin. On rouvre la cicatrice et on enlève autant qu'on peut de l'hémisphère cérébral droit. L'animal ne donne aucun signe de douleur et ne fait aucun mouvement irrégulier, soit pendant, soit après l'opération. Notez que dans l'encéphale des oiseaux, les couches optiques, centre de l'innervation du mouvement volontaire, sont distinctes du vrai cerveau. Laissée en liberté, la poule ne paraît avoir souffert aucune lésion dans ses fonctions psychiques, puisqu'elle marche avec toute régularité, mange spontanément, entend et fuit au bruit.

Exp. II. — Dans cette expérience faite sur un pigeon, l'ablation des deux hémisphères abolit toutes les facultés, excepté la volonté motrice et les sens.

Exp. III. — Dans cette expérience faite sur un hibou, l'ablation superficielle du cerveau laissa persister quelques instincts; une destruction plus complète supprima tous les instincts.

---

### Sur les nids d'hirondelle dite Salangane ou Alcyon.

On sait qu'en Orient et surtout en Chine, ces nids étaient très-recherchés comme alimentaires, et se payaient quelquefois fort cher. Jusqu'ici la nature des matériaux dont ils sont formés est restée douteuse, l'exposition universelle a fourni à M. Trecul l'occasion d'étudier cette singulière production.

Tous les nids de salangane ne sont pas faits de la même manière. Ceux de ces oiseaux qui habitent l'intérieur des terres, les construisent en partie avec des lichens qu'ils fixent aux rochers au moyen d'une matière muqueuse; ceux qui vivent sur le bord de la mer n'emploient que cette matière dans la construction de leurs nids. On y trouve cependant quelquefois un peu de duvet.

Ces derniers dont la forme est celle d'un bénitier, sont composés d'une matière tantôt blanche, tantôt jaunâtre, ou même légèrement rougeâtre. Leur cassure est brillante comme celle de l'albumine desséchée, et présente transversalement, lorsqu'on l'examine à la loupe, des lignes courbes dont la convexité est tournée vers la partie supérieure du nid. Une macération prolongée dans l'eau (vingt-quatre heures) gonfle toute cette substance qui devient blanchâtre opaline, se ramollit et se décolore alors facilement. Cette substance introduite dans un tube de verre et chauffée à la lampe, exhale une odeur analogue à celle de la plume brûlée, et dégage de l'huile empyreumatique et des vapeurs ammoniacales qui ramènent au bleu le papier de tournesol rougi; elle se comporte donc comme une substance animale; mais quelle est cette substance?

M. Trecul pense que c'est un mucus; et regarde comme probable l'opinion des pêcheurs, d'après lesquels les nids sont formés d'une humeur visqueuse qui s'écoule du bec de l'oiseau au temps des amours. « Cette vraisemblance équivaudra presque à une certitude, dit l'auteur, si l'on considère que le martinet noir fabrique son nid avec de petits morceaux de bois, de la paille et des plumes qu'il agglutine avec un mucus qui découle de son bec. »

---

### Recherches sur les enfants jumeaux.

M. Baillarger a lu à l'Académie, sur la *répartition et la proportion relatives des sexes dans les grossesses multiples et l'influence de l'hérédité sur la production de ces grossesses*, une note dont nous extrayons ce qui suit :

I. *Répartition des sexes.* Dans 256 grossesses multiples,

| Il y a eu : | | |
|---|---|---|
| | Deux garçons. . . . . | 100 |
| — | Deux filles . . . . . . . | 58 |
| — | Un garçon et une fille. . . | 98 |

II. *Proportion relative des sexes.* — Sur 512 enfants jumeaux, on trouve qu'il y a eu :

| | |
|---|---|
| Filles. . . . . . . . . . | 214 |
| Garçons. . . . . . . . , | 298 |

Le nombre des garçons surpasse donc celui des filles de plus d'un tiers.

Ce résultat paraîtra certainement remarquable, si on se rappelle que la proportion des sexes pour la totalité des naissances ordinaires est de 16 filles pour 17 garçons. Ainsi la différence est dans un cas de plus d'un tiers, et dans l'autre d'un seizième seulement.

La proportion relative des deux sexes suit donc, dans les grossesses gémellaires, des lois spéciales et tout à fait distinctes de celles qui régissent les naissances normales.

Ce fait, intéressant par lui-même, le devient davantage si on le rapproche des documents recueillis par M. Flourens sur la proportion des sexes chez les animaux, documents qui portent déjà la prédominance des mâles sur les femelles de 1/16 à 1/6.

« Je crois devoir faire remarquer que la prédominance si grande du sexe masculin dans les grossesses gémellaires se lie à un autre fait qui ressort des statistiques générales des naissances. Je veux parler du nombre beaucoup plus considérable de garçons parmi les enfants morts-nés. La proportion est, en effet, de 17 garçons pour 12 filles. Cette singulière prédominance des garçons parmi les enfants morts-nés peut, à mon avis, s'expliquer en partie par la prédominance du sexe masculin dans les grossesses gémellaires, lesquelles fournissent, comme on le sait, un contingent assez considérable aux statistiques des enfants mort-nés. »

III. *Influence de l'hérédité.* — Les grossesses gémellaires sont héréditaires dans certaines familles, mais à des degrés divers et dans des conditions différentes.

Un très grand nombre de faits prouve que les filles des mères qui ont eu des grossesses doubles ont assez souvent elles-mêmes deux enfants à la fois. Cette disposition saute quelquefois une génération, et c'est la petite-fille qui a une ou plusieurs grossesses doubles.

« Les faits que j'ai recueillis tendraient à prouver que cette disposition héréditaire se transmet aussi par les fils. Certains hommes auraient ainsi la faculté de procréer deux enfants à la fois, alors même qu'aucune disposition héréditaire n'existe sous ce rapport chez la femme. Ce dernier fait aurait une grande importance au point de vue physiologique, et je comprends qu'il doit être appuyé sur des preuves irrécusables. Je me borne donc à l'indiquer, me proposant d'y revenir dans une prochaine note.

« Je crois devoir, avant de terminer, rappeler que la disposition héréditaire aux grossesses gémellaires paraît avoir été mise à profit pour obtenir chez les animaux des espèces qui procréent deux petits au lieu d'un. On est ainsi arrivé à obtenir des troupeaux de brebis qui portent normalement deux agneaux. La portée simple est devenue l'exception, au lieu d'être la règle. J'ai vu un troupeau de près de cent bêtes, et dont chaque brebis donne tous les ans deux agneaux.

» L'accouplement des béliers de ces troupeaux avec des brebis qui n'ont jusqu'à présent donné qu'un agneau chaque année pourrait trancher la question de l'influence du mâle sur le nombre des petits. J'espère que cette expérience pourra bientôt être tentée, et je m'empresserai d'en faire connaître les résultats à l'Académie. »

### L'azote de l'air s'assimile-t-il aux végétaux ?

L'Académie a chargé MM. Dumas, Regnault, Payen, Decaisne, Peligot et Chevreul, rapporteur, d'examiner un travail d'après lequel M. *Georges Ville* a conclu que l'azote élémentaire des plantes ne provient pas seulement de l'*ammoniaque* que contiennent les engrais, l'atmosphère et les eaux, mais encore de l'azote libre de l'air. Ce simple énoncé fait sentir l'importance du sujet que M. Ville a traité, et l'opinion contraire à la sienne, professée par des savants distingués, en accroît encore l'intérêt.

*Priestley*, en soumettant des plantes au contact des différents gaz, crut observer l'absorption de l'azote par quelques-unes. Il avait reconnu, dès le 17 d'août 1771, qu'une menthe rétablit la pureté de l'air qui a été vicié par la combustion d'une bougie ou la respiration; mais il n'avait pas observé la nécessité de la lumière solaire pour que cette purification ait lieu. Ce fut *Ingen-Housz* qui la reconnut en 1779; et, comme Priestley, il pensa que les plantes absorbent le gaz azote avec lequel on les met en contact.

*Théodore de Saussure*, dans ses nombreuses recherches sur la végétation, n'ayant jamais observé cette absorption, combattit l'opinion de Priestley, comme au reste l'avaient fait déjà *Sennebier* et *Woodhouse*.

Il attribua l'origine de l'azote des végétaux à l'*ammoniaque* des engrais, de l'air, des eaux, et à celui d'autres composés azotés solubles; il fit, de plus, la remarque importante que les plantes qui végètent dans une atmosphère non renouvelée à l'aide d'une petite quantité d'eau pure, n'acquièrent pas d'azote; seulement les parties qui se développent dans cette condition absorbent l'azote des parties qui s'étaient formées antérieurement à l'expérience.

M. *Boussingault* présenta à l'Académie, le 22 janvier 1838, un mémoire dont l'objet était de démontrer que l'azote de l'air peut être *assimilé aux plantes durant la végétation.*

Il fit deux séries d'expériences sur le *trèfle*. Après une végétation de trois mois, le poids de la récolte sèche et privée de cendre était 4 gr. 106; le poids des semences privées de cendre était 1 gr. 586. Donc la récolte était à la semence : : 1 : 2 gr. 59. La quantité d'azote de la récolte surpassait celle de l'azote des semences de 0 gr. 042.

Craignant que l'on n'attribuât l'excès de l'azote à des poussières transmises au trèfle par l'air, et qui auraient agi comme un engrais azoté, il procéda à la seconde série d'expériences. Il opéra dans un appareil muni d'un aspirateur, où les poussières s'arrêtaient avant d'arriver à la cloche. La végétation ne dura que le mois d'octobre. Cette fois, l'excès de l'azote de la récolte sur celui de la semence ne fut que de 0 gr. 008; mais M. Boussingault considéra ce résultat comme confirmatif du premier.

Dans un second mémoire, il fit voir que les *pois* se comportaient comme le trèfle.

M. *Liebig*, de 1839 à 1840, n'admit pas la fixation de l'azote de l'air par les plantes : conformément à l'opinion de Th. de Saussure, il considéra l'ammoniaque comme la source de l'azote dans les végétaux. Evidemment, à ses yeux, ce composé est pour la source de l'azote, ce que l'acide carbonique est pour celle du carbone.

De 1851 à 1855, M. Boussingault se livra à de nouvelles expériences sur l'origine de l'azote dans les végétaux, et cette fois il conclut que *les plantes n'augmentent point la quantité d'azote de leurs semences*, lorsqu'elles se développent dans des atmosphères confinées, desquelles l'ammoniaque et les engrais azotés sont exclus. En définitive, il revient à l'opinion de Th. de Saussure et de Liebig, et conclut, d'après sept expériences faites sur le *lupin*, les *haricots* nains, le *cresson* alénois, qu'il n'y a pas eu fixation de gaz azote.

M. G. Ville commença ses recherches sur l'origine de l'azote des plantes, à partir de l'année 1849, et depuis il n'a pas cessé de s'en occuper.

En 1850, en annonçant à l'Académie qu'il avait obtenu une belle végétation dans un sol stérile, il insista sur la probabilité de la fixation de l'azote par les végétaux pour former leurs principes immédiats organiques quaternaires, et il invita les savants que ce sujet intéresse, à venir voir dans le jardin des Carmes deux appareils servant à des expériences comparatives.

En 1853, il publia un volume in-folio où il conclut après être entré dans les plus grands détails :

1° Que dans une atmosphère stagnante, la quantité d'azote d'une récolte ne présente au plus que l'azote des semences.

En cela, il partage l'opinion de Th. de Saussure et de M. Boussingault lui-même.

2° Mais qu'en opérant le développement des semences dans une cage vitrée plus ou moins grande, où l'*air privé d'ammoniaque* se renouvelle lentement après avoir reçu 2 volumes de gaz acide carbonique environ pour 98 volumes d'air, le résultat diffère tout à fait du précédent; car, dans le premier cas, le poids de la semence est à celui de la récolte séchée comme 1 : 1, 5, 3, 1, tandis que, dans le second, il peut être comme 1 : 40 et plus.

M. Boussingault ayant communiqué à l'Académie, de 1851 à 1853, des recherches dans lesquelles il concluait, contrairement à l'opinion de M. Ville, que les plantes ne fixent pas le gaz azote de l'atmosphère, ce jeune savant présenta à l'Académie une note dans laquelle il combattait, à son tour, l'opinion de M. Boussingault, en s'appuyant sur de nouveaux faits, notamment sur celui de l'identité de poids des récoltes obtenues en faisant usage, d'une part, d'eau distillée dépourvue d'azote, et, d'une autre part, de l'eau de pluie. Il offrit à l'Académie de répéter ses expériences devant une commission qu'elle nommerait.

La commission à laquelle le travail de M. Ville fut renvoyé se décida à suivre une expérience que M. Ville ferait au Muséum d'histoire naturelle, assisté de M. Cloëz, préparateur du cours de chimie appliquée aux corps organiques.

Après avoir décrit très en détail lesdites expériences, dont on retrouvera le texte dans le bulletin de l'Académie du 5 novembre 1855, M. *Chevreul* termine ainsi :

« L'expérience faite au Muséum par M. Ville est conforme aux conclusions qu'il avait tirées de ses travaux antérieurs.

« Les recherches du genre de celles qui occupent M. Ville étant fort dispendieuses, nous avons l'honneur de proposer à l'Académie qu'elle veuille bien autoriser sa commission administrative à payer les frais de l'expérience. »

Cette proposition, mise aux voix par M. le président, est adoptée.

### Action du salpêtre dans la végétation.

Les bons effets du nitrate de soude sur les cultures qui en reçoivent 120 à 125 kil. par hectare ne sauraient être révoqués en doute, il reste à connaître comment ils agissent. Se comportent-ils à la façon des sels alcalins toujours si efficaces sur la végétation ? ou bien, en raison de leur constitution complexe, agissent-ils à la manière des engrais dérivés des substances animales comme, par exemple, les sels ammoniacaux? Ces questions ont certainement leur importance, et c'est avec l'espoir de contribuer à les résoudre que M. Boussingault a institué les expériences suivantes :

« La seule explication que je connaisse de l'effet utile des nitrates sur la végétation est de M. Kuhlmann, dit l'auteur. Cet habile chimiste, en s'appuyant sur d'intéressantes recherches qui généralisent le fait de la production de l'ammoniaque par l'action de l'hydrogène naissant sur l'acide nitrique, arrive à cette conclusion que, lorsque les nitrates interviennent dans la fertilisation des terres, leur azote, avant d'être absorbé par la plante, est transformé, le plus souvent, en ammoniaque dans le sol même. Il suffit donc, ajoute M. Kuhlmann, pour justifier la haute utilité des nitrates, que ces sels soient placés sous l'influence désoxydante de la fermentation putride dont le résultat définitif doit être du carbonate d'ammoniaque. Il est regrettable que M. Kuhlmann n'ait pas recherché si, réellement, les matières organisées, en se putréfiant, transforment en ammoniaque l'acide nitrique des nitrates (1); cette recherche était d'autant plus opportune que l'on sait avec quelle facilité l'azote constitutif de l'ammoniaque est changé en acide nitrique. C'est même sur cette tendance à l'oxydation des éléments de l'ammoniaque qu'est fondée la théorie la plus plausible de la nitrification d'un sol où sont réunies des matières animales et des bases alcalines.

« J'ai donc cru devoir examiner si la présence des matières organiques putrescibles dans le sol est indispensable pour que l'azote du nitrate qu'on y a introduit soit assimilé par la plante; car dans le cas où leur assimilation aurait lieu en leur absence, il serait permis de tirer deux conclusions : la première, qu'il n'est pas nécessaire que l'azote de l'acide nitrique soit préalablement transformé en ammoniaque, en dehors du végétal, pour devenir apte à être fixé dans l'organisme; la seconde, que dans leurs effets sur la végétation, les nitrates ne se comportent pas seulement comme des sels à base de potasse ou de soude.

« Le procédé que je devais adopter consistait naturellement à faire naître une plante dans du sable rendu stérile par la calcination, en y ajoutant une quantité connue d'un nitrate alcalin et des cendres; l'arrosement ayant lieu avec de l'eau pure. Dans le cas où la plante viendrait à se développer, il faudrait en faire l'analyse, et pour constater le nitrate qu'elle aurait absorbé, déterminer rigoureusement le nitrate resté dans le sable.

« Ici se présentait une difficulté. Pour atteindre un degré satisfaisant de précision, il convenait de soumettre à l'analyse une très-forte fraction de sable; le mieux eût été d'analyser la totalité; mais comme l'opération fût devenue à peu près impraticable dans le cas où la masse du sol eût été considérable, j'ai dû restreindre cette masse; et pour apprécier l'influence que le volume du sol rendu stérile pouvait exercer sur la végétation, j'ai répété des expériences faites à l'air libre, consignées dans mon dernier mémoire en exagérant en quelque sorte la masse du sol stérile. Ces deux expériences ont porté sur un lupin et sur du cresson. Je me bornerai à présenter les résultats de la première observation.

*Expériences sur le lupin.*

| | |
|---|---|
| Sol de sable et cailloux de quartz. . . | 1524 grammes. |
| Pot à fleurs en terre cuite. . . . . . . | 513 |
| Sable et pot. . . . . . | 2037 grammes. |

« Le 10 mai 1855, planté un lupin pesant 0,302.

« La plante s'est développée en plein air; mais des mesures étaient prises pour la mettre à l'abri aussitôt qu'il commençait à pleuvoir. Le pot à fleurs était placé dans un plat en porcelaine, à 1 mètre au-dessus d'un gazon. On avait ajouté au sable calciné 1 gr. 3 de cendres lavées et 0,2 de cendres alcalines.

« L'arrosement a été fait avec de l'eau saturée de gaz acide carbonique.

« On a mis fin à l'expérience le 2 août, lorsque les cotylédons étaient flétris, que quelques-unes des feuilles placées à la partie inférieure commençaient à se décolorer. La plante avait 12 cent. de hauteur; elle portait quatorze feuilles; desséchée, elle a pesé 1 gr. 415, c'est-à-dire cinq fois autant que la semence.

« L'analyse a indiqué :

Dans la plante sèche : azote. . . . . 0gr.,0466

« L'analyse du sable a été faite sur le 10e.

Azote dosé dans le 10e, 0gr.,00039;

| | |
|---|---|
| dans la totalité. . . . . . . . . . | 0, 0039 |
| | 0, 0205 |
| Dans la graine : azote. . . . . . . . | 0, 0170 |
| En trois mois de végétation, gain. . | 0, 0035 |

« C'est à très-peu le résultat obtenu l'année dernière en faisant végéter la plante dans un sol dont la masse était dix fois moindre. »

(1) KULMANN, *Expériences chimiques et agronomiques*, p. 62, 97 et 103.

## NOUVELLES ET CAUSERIES.

PERCEMENT DE L'ISTHME DE HOLSTEIN. — On écrit de Copenhague, que les ingénieurs de la Compagnie qui s'est formée en Allemagne et en Belgique pour couper l'isthme du Holstein par un canal maritime, viennent d'arriver dans cette ville, pour soumettre à l'approbation du gouvernement danois le résultat de leurs études et les plans des opérations que la Compagnie se propose d'entreprendre.

MACHINE A ARRACHER LES POMMES DE TERRE. — Il s'agit d'une machine qui a été exposée au meeting agricole de Belfort. Voici ce qu'en dit le *Farmer's Magazine*.

Cette machine est tirée par deux chevaux et montée sur quatre roues qui, par un engrenage, communiquent à l'appareil arracheur le mouvement et la force. Cette machine n'a pas seulement l'avantage d'arracher les pommes de terre, sans exposer le tubercule a être endommagé par cette difficile opération, mais encore elle est d'une grande économie, car elle ouvre le sol et le pulvérise tout en y jetant l'engrais qui doit lui rendre une fertilité que la culture appauvrissante de la pomme de terre lui a enlevée.

MAISON EN FER. — On remarquait dernièrement, à la foire de Nijegorod, disent les journaux russes, une maison en fer, composée d'une antichambre, d'un comptoir, d'une chambre à coucher, d'un salon, d'une salle à manger et d'une cuisine.

La façade a trois fenêtres et est ornée de colonnes. Les murailles, le toit, les escaliers, etc., sont en fer. Son poids est de 1800 pouds, et son prix de 1,600 roubles argent (6,400 francs). Deux ou trois hommes suffisent pour la démonter en un jour, et il ne faut pas plus de deux jours pour la replacer.

VICTORIA REGIA. — Les botanistes de Palerme ont devant leurs yeux un phénomène végétal nouveau en Europe, dit la *Revue franco-italienne*. La magnifique *Victoria regia*, du jardin botanique, vient de donner des fleurs merveilleuses en plein air, au milieu des plantes les plus rares des tropiques, végétant, fleurissant et embaumant l'atmosphère dans le même bassin. C'est une preuve nouvelle des soins de M. Tineo, directeur du jardin botanique de Palerme.

**Prix d'abonnement pour l'étranger.**

Angleterre, Allemagne, 8 fr.; — Suisse, Parme, Plaisance, Modène, 8 fr. 50; — Etats Sardes, Grèce, Crimée, 9 fr.; — Hollande, 10 fr.; — Etats-Unis, Indostan, Turquie, 10 fr. 50; — Belgique, Prusse, Hanôvre, Saxe, Pologne, Russie, Espagne, Portugal, 11 fr.; — Toscane, 12 fr.; — Etats-Romains, 16 fr. 50.

*Le propriétaire, rédacteur-gérant :*
VICTOR MEUNIER.

PARIS. — IMP. J.-B. GROS, RUE DES NOYERS, 74

**Première année. — N° 50.** **Quinze centimes.** **16 décembre 1855.**

# L'AMI DES SCIENCES

BUREAUX D'ABONNEMENT
13, RUE DU JARDINET, 13
Près l'Ecole de Médecine
A PARIS

## JOURNAL DU DIMANCHE

SOUS LA DIRECTION DE

## VICTOR MEUNIER

ABONNEMENT POUR L'ANNÉE
PARIS, 6 FR. — DÉPART., 8 FR
Étranger (Voir à la fin du journal)
ENVOYER UN MANDAT DE POSTE



## AVIS.

Nous invitons ceux de nos souscripteurs dont l'abonnement expire à la fin de ce mois à vouloir bien le renouveler dans le plus bref délai possible afin d'éviter toute interruption dans l'envoi du journal.

Le petit nombre de ceux dont l'abonnement pour l'année courante n'a pas été encore été soldé sont priés d'enjoindre le montant au prix de leur renouvellement.

Nous adressons une invitation analogue aux personnes qui, habitant un pays à surtaxe de poste, ne nous ont envoyé en paiement de l'année courante qu'une somme insuffisante (vior à la fin du journal les prix d'abonnement pour l'étranger).

Le meilleur mode d'abonnement pour les souscripteurs de la province et de l'étranger consiste dans l'envoi d'un mandat de poste ou sur une maison de Paris, à l'ordre du gérant du journal.

Nous prions nos abonnés de joindre à leur demande de renouvellement une bande imprimée, rectifiée s'il y a lieu.

— Nous répondons collectivement à plusieurs de nos abonnés qu'ils recevront une TABLE DES MATIÈRES de notre première année et les TITRES du premier volume.

## ACCIDENTS SUR LES CHEMINS DE FER.

### MONITEUR ÉLECTRIQUE DE M. FERNANDEZ DE CASTRO.

Nos lecteurs savent qu'on s'est décidé enfin à essayer l'un des moyens que la Physique propose pour calmer la fureur homicide des chemins de fer. Il était temps! nous allions à force de progrès revenir au temps où on n'entreprenait plus un voyage de cent lieues sans faire son testament. On essaye donc un de ces merveilleux appareils dont l'électro-magnétisme fait les frais et qui, entre autres chances redoutables d'accidents et de catastrophes, rendent impossibles celles qu'amène inévitablement et si fréquemment la rencontre de trains. Nous avons déjà dit que quatre systèmes de ce genre sont en présence; deux sont dus à des étrangers, à M. Bonnelli (maintenant trop fameux pour qu'il soit nécessaire de le désigner autrement que par son nom), et à M Fernandez de Castro, ingénieur au corps royal des mines d'Espagne; les deux autres ont des Français pour auteurs, savoir : M. le vicomte du Moncel et M. le capitaine du génie Guyard. Les journaux ne l'eussent-ils déjà appris à tout le monde, il serait à peine nécessaire de dire que l'invention qui triomphe en France n'est pas celle d'un Français; le triomphateur est M. Bonnelli : j'ignore quand viendra le tour de nos compatriotes.

Un autre système vient d'avoir les honneurs de l'expérimentation, c'est celui de M. Fernandez de Castro, essayé ces jours-ci en Espagne avec un plein succès, succès qui excite avec d'autant plus de raison l'enthousiasme des journaux transpyrénéens, que M. de Castro a la plus incontestable priorité sur ses rivaux. De sorte que cette grande invention peut être considérée comme espagnole.

L'essai ou plutôt les essais, car les expériences sont déjà nombreuses, les essais, dis-je, ont eu lieu sur le chemin de fer d'Aranjuez à Albacete, en présence des ministres, des directeurs des travaux publics, des inspecteurs et ingénieurs des chemins de fer et des télégraphes. Voici, d'après le *Journal de Madrid*, en quoi ils ont consisté :

« Eviter un choc par le fait d'un train atteint dans sa marche par un autre animé d'une plus grande vélocité;

« Chaque train ayant été armé de son appareil particulier, l'un d'eux fut laissé en repos sur la voie, et contre lui fut lancé le second à toute vitesse ;

« A peine ce dernier fut-il entré dans la première section du conducteur général sur lequel attendait le train en repos, que le circuit se ferma, et les deux à la fois reçurent instantanément les signaux qui leur correspondaient, deux fortes détonations du pistolet de Volta.

« Eviter le choc de deux trains courant l'un contre l'autre sur la même voie ;

« L'expérience réussit au point que les deux pétards firent explosion à la fois à la distance de plus de deux kilomètres.

« Avertir que la voie se trouve obstruée par un obstacle quelconque;

« Dans ce cas, il faut avoir recours à la main de l'homme pour fermer le circuit, ce qui s'obtient au moyen d'un simple fouet métallique dont est pourvu le garde et qui sert à mettre en communication le conducteur général avec le réservoir commun,

« Un plein succès couronna cette troisième opération. »

Ces détails seraient mieux compris si nous avions pu les faire précéder de la description du système mis en expérience; le défaut d'espace nous empêche de le faire aujourd'hui, mais nous avons entre les mains tous les éléments d'une description exacte. Nous y reviendrons.

Dans leur séance du 29 novembre, les Cortès ont été saisies d'une proposition de récompense nationale en faveur de M. Fernandez de Castro. La récompense sera bien méritée, mais qu'il suffise de la mériter pour l'obtenir, voilà qui honore l'Espagne.

---

## COSMOLOGIE.

**Réponse à l'opinion exprimée par M. Jobard, dans le n° 40 de l'Ami des Sciences (1).**

Je lis les articles signés *Jobard* partout où je les trouve, car il est difficile de rencontrer des hommes qui réunissent à une aussi vive imagination, un jugement aussi sérieux et des connaissances aussi variées. Et cependant je viens attaquer M. Jobard. Il me le pardonnera sans doute, car les occasions de le contredire sont rares, et d'ailleurs nous cherchons tous deux la vérité.

M. Jobard dit avec raison que le niveau des mers ne change pas, et les fleuves y charrient cependant continuellement les débris des continents. Il faut qu'il y ait un moyen de compensation, une perte ou un déplacement de l'eau liquide. Sur ce point je suis parfaitement d'accord avec M. Jobard; j'ai fait la même remarque dans les *Eléments de Géologie* que j'ai publiés en 1838. J'ai attribué l'effet compensateur à l'imbibition qui doit nécessairement avoir lieu, par une espèce de cémentation, à mesure que le globe se refroidit et que la croûte solide augmente d'épaisseur, car jusqu'à présent on ne connaît aucune roche qui ne contienne de l'eau.

M. Jobard attribue la compensation à l'eau vaporisée dont une partie se condense aux pôles et reste à l'état solide, augmentant ainsi, d'année en année, chacun des pôles glacés de nos deux hémisphères de la quantité d'eau déplacée par les matières que les fleuves charrient. Selon lui, l'étendue des glaces polaires augmente graduellement. Voilà deux hypothèses différentes, et comme il est impossible de les vérifier par l'expérience, je me servirai du raisonnement et de la logique, deux armes que M. Jobard sait manier avec la plus grande habileté.

Si les glaces polaires sont, comme le pense M. Jobard et comme je le crois aussi, le résultat de l'accumulation des neiges, et par conséquent de la condensation des vapeurs, l'accroissement de ces glaces doit être en rapport avec la température, ou, autrement dit, avec la vaporisation. Or, comme tout nous prouve, en géologie, que la température a été toujours en diminuant depuis l'époque tertiaire jusqu'à nos jours, la quantité de vapeurs a été de moins en moins considérable, et la quantité d'eau en circulation de moins en moins grande. J'admets volontiers que les pôles de la terre ont joué le rôle de condensateurs aux diverses époques géologiques jusqu'à la nôtre, où leur rôle est encore le même, mais ce rôle a toujours été d'autant plus important qu'il existait plus de vapeurs à condenser. Ce qui le prouve, c'est qu'à une époque relativement peu éloignée, pendant la période quaternaire, les fleuves étaient immenses, les glaciers s'avançaient au loin dans les vallées des montagnes, et les glaces polaires étaient évidemment plus étendues qu'aujourd'hui. Les blocs erratiques, les stries et le polissage des roches ne laissent aucun doute sur la réalité de ces événements. Or, ce n'est pas le froid qui a produit ces phénomènes, c'est une plus grande chaleur, car la glace des glaciers, comme celle des pôles, se fait avec de la neige, celle-ci avec de la vapeur d'eau, et cette dernière avec de la chaleur. Il n'est donc pas probable que les coupoles glacées des pôles puissent jamais combler l'aplatissement du globe et modifier la position de son axe. Tous les faits connus tendent, au contraire, à prouver la stabilité de cet axe. Rien ne nous autorise à penser qu'il ait jamais été déplacé ni qu'il le sera jamais.

Si cet axe a pu subir un balancement quelconque, cette nutation a été périodique, et ce dût être à l'époque où la chaleur plus intense versait dans l'atmosphère des torrents de vapeur; à l'époque où les pôles devenaient alternativement de puissants condensateurs, et lorsque déjà la terre était assez froide pour permettre l'apparition de l'eau solide sur ses extrémités. Alors l'accumulation des neiges sur le pôle abandonné du soleil était considérable; alors la fusion des neiges réunies sur le pôle opposé était complète ; alors l'équilibre des deux hémisphères pouvait être troublé par le transfert de l'eau solidifiée ; l'accumulation de la masse sur un pôle coincidait avec sa diminution sur l'autre et l'axe a pu être légèrement affecté par ces différences. Tout nous porte à croire cependant que ces oscillations périodiques n'ont pas eu une grande étendue, mais la géologie n'a pas encore dirigé ses investigations sur cette partie de l'étude des terrains sédimentaires.

HENRI LECOQ,
Professeur d'histoire naturelle à la faculté des sciences de Clermont-Ferrand.

(1) En nous adressant cet intéressant article, M. Lecoq nous dit : « J'ai « l'honneur de vous adresser le renouvellement de mon abonnement à l'*Ami* « *des sciences*, et je vous prie même de me considérer comme abonné jus- « qu'à ce que je me désabonne. C'est vous dire tout l'intérêt que j'attache « à votre publication. Vous *déraillez* de la routine ordinaire des études « scientifiques, vous revenez à chaque instant à la philosophie des sciences, « véritable étude de l'âme et de l'esprit ; je crois donc que par vos écrits, « par le bas prix de votre journal, vous concourez à une œuvre de diffusion « des plus utiles. » De telles paroles venant d'une telle source ont trop de prix pour que nous nous résignions à les garder pour nous. — Nos lecteurs apprendront avec satisfaction que M. H. Lecoq veut bien nous promettre quelques notes inédites *sur l'ancienne extension des glaciers* et *sur le terrains de sédiment modernes*.

---

## TÉLÉGRAPHE TRANSATLANTIQUE

### NOUVEAU CABLE SOUS-MARIN.

Lorsque je lus, il y a déjà longtemps, qu'on se disposait à jeter un câble télégraphique au travers de l'Océan Atlantique, je crus entrevoir de grandes difficultés d'exécution et un moyen très-simple pour les surmonter. L'échec subi dernièrement dans une opération semblable, faite dans la Méditerranée, m'a prouvé que ce moyen n'a pas été employé, et m'a fait espérer, qu'en le divulguant, je pourrais peut-être prévenir le retour d'une catastrophe qui a failli coûter la vie à plusieurs personnes, qui a englouti des capitaux considérables, et qui a retardé une opération très-utile.

Voici d'abord les difficultés qui se présentèrent à mon esprit :

1° Un câble électrique sous-marin doit peser au moins 1 kilogramme par mètre courant. Or l'Océan Atlantique a une profondeur qui n'est pas évaluée à moins de 15 à 16 kilomètres. Il est vrai que des sondages ont établi que cette profondeur ne dépasse pas 4 à 5 kilomètres dans la traversée projetée. Si le cable descendait verticalement, ce serait un poids de 4 à 5 tonnes au moins dont il faudrait régler la descente au moyen de freins. Mais comme le câble, pour qu'il s'étende dans la direction voulue, doit descendre en prenant la forme d'une *chaînette*, la puissance de traction qu'il faut régler est bien supérieure à ce minimum. Dès lors, pourra-t-on régler la descente du câble, lorsque les différences inconnues de profondeur viendront faire varier rapidement et peut-être brusquement la puissance de traction?

2° En second lieu, la puissance de traction de la vapeur ne sera-t-elle pas disproportionnée avec celle du câble, surtout si la mer est houleuse pendant l'opération? Dès lors le câble ne s'étendra-t-il pas en formant des zig-zags sur le fond de la mer, ou bien ne s'enroulera-t-il pas sur lui-même? et, quoiqu'on lui donne une longueur bien supérieure au trajet à parcourir, est-on sûr de joindre les deux rives? L'expérience a établi que, dans des circonstances incomparablement plus favorables, on n'avait pas pu approcher d'un développement rectiligne.

3° Enfin, l'énorme traction du câble n'approchera-t-elle pas de la limite du maximum de résistance des fils de fer? Du moins, le câble, sous cette traction, ne s'allongera-t-il pas? En outre, la pression du câble contre le cylindre qui le soutient n'écrasera-t-elle pas les gaines de gutta-percha qui séparent les fils de fer? Par les causes que je viens d'énumérer, ne se formera-t-il pas des fissures ou des déchirures, par lesquelles l'eau de mer pénétrant, oxydera bien vite les fils et les mettra hors d'état de servir?

Voici maintenant le moyen bien simple qui se présenta à mon esprit pour surmonter ces difficultés. Il consiste à rendre la densité du câble très-peu supérieure à celle de l'eau, et à diminuer ainsi, autant qu'on voudra, son poids dans la mer.

J'arrive à ce résultat au moyen de bouées distribuées, au moment de l'immersion, le long du câble, à des intervalles de 100 mètres par exemple.

Je ne prétends pas que le moyen soit à l'abri d'objections. Voici celles que je me suis faites :

Il faut que ces bouées résistent à la pression de l'eau qui atteindra 400 à 500 atmosphères.

Des enveloppes en verre ne résisteraient pas.

Des tubes en fer seraient trop lourds, trop coûteux, et ne résisteraient probablement pas non plus (Les sondages pour l'évaluation des températures sous-marines l'ont suffisamment établi). Dès lors ils deviendraient un poids nuisible qui s'ajouterait à celui du câble.

Des sacs en caoutchouc, remplis d'alcool, seraient trop volumineux et trop dispendieux. Remplis d'air, ils seraient trop compressibles. Ils pourraient toutefois être très-utiles en tenant compte de la compression.

Le corps qui me paraît devoir le mieux remplir les conditions que l'on doit rechercher, et qui me présente le plus d'économie, tant pour le prix de revient que pour celui de transport, puisqu'on peut le faire flotter à la remorque, consiste dans des soliveaux d'un bois dur et léger.

En imprégnant leur surface d'une dissolution de caoutchouc dans de la benzine, qui fermerait les pores et fournirait une légère enveloppe imperméable à l'eau, on empêcherait celle-ci de pénétrer dans l'intérieur, malgré la pression, et d'augmenter leur pesanteur spécifique. Une légère enveloppe de cuivre produirait à coup sûr le même effet, mais à un prix plus élevé. Ces soliveaux résisteraient d'ailleurs à une pression de 400 à 500 kilogrammes par centimètre carré, lorsque celle-ci s'exercerait sur toute la surface.

Et, quand même il en résulterait une légère compression dans les grandes profondeurs, on n'aurait qu'à rapprocher un peu plus ces bouées, pour diminuer le poids du câble autant qu'on le jugerait nécessaire.

Je ne propose, du reste, ce procédé, que comme devant être préalablement soumis à des expériences très-simples.

Deux stères de bois blanc plongés dans l'eau produiraient une puissance ascensionnelle d'une tonne, puissance suffisante pour équilibrer dans l'eau un kilomètre de câble. On voit que le moyen, au lieu d'être dispendieux, est, au contraire, d'une économie très-grande, puisqu'il permet de développer le câble presqu'en ligne droite, et de réduire sa longueur à très-peu près à celle du trajet à parcourir.

On pourrait craindre que ces bouées, en détruisant presque le poids du câble, et en offrant une résistance aux courants qui peuvent exister au fond de la mer, ne détruisent la stabilité de l'appareil. Pour éviter cet inconvénient, qui existe peut-être, on n'aura qu'à rattacher ces bouées au câble au moyen d'un lien coupé dont les deux bouts soient soudés par une substance soluble dans l'eau. Exemple : un cylindre creux est attaché à l'un des bouts coupés, et une tige terminée par un bouton est liée à l'autre bout. On enfonce la tige dans le cylindre, et on soude en versant du sucre fondu ou de l'alun fondu dans son eau de cristallisation. Quelques heures après que le câble serait étendu sur le fond de la mer, les bouées se détacheraient et abandonneraient le câble à son propre poids.

Tel est le moyen que j'ai cru devoir soumettre au public, parce que, suivant l'expression de notre poète national, chacun est tenu d'apporter sa pierre pour bâtir le temple de l'humanité. Que cette pierre soit un bloc de marbre ou un débris inutile, le mérite est toujours le même pour l'homme de bonne volonté.

H. PLANAVERGNE (1),
Professeur au lycée impérial de Reims.

---

## CORRESPONDANCE.

### Freins hydrauliques.

M. Prosper Meller jeune nous adresse de Bordeaux la lettre suivante :

Monsieur,

Pour retarder et arrêter sans péril la marche d'un convoi, les freins doivent agir avec force, avec vitesse et sans secousses.

On a proposé à cet effet la vapeur, l'air comprimé et l'électricité. Ces agents peuvent offrir de grands avantages, mais ils ne sont point exempts d inconvénients ; aussi je propose un moyen très-simple dont l'emploi me paraît plus facile, plus économique et d'un succès plus assuré.

Je propose des *freins hydrauliques*. L'eau agira comme la vapeur, l'air comprimé et l'électricité, sans en avoir les inconvénients. Les freins hydrauliques profiteront des perfectionnements imaginés pour les autres freins.

L'installation des freins hydrauliques est à peu près la même que celle des freins à vapeur. Les tuyaux seraient réunis par des articulations, des genoux ou par des parties flexibles.

La pression de l'eau serait instantanée : il suffirait, pour la produire, de tourner un robinet.

Quant à la construction définitive, elle sera indiquée par les personnes compétentes et par l'expérience. Voici l'installation que je propose :

Les tuyaux peuvent être semblables à ceux des freins à vapeur ou à air comprimé. Les freins seraient assujettis aux pistons ou les pistons seraient en même temps des freins.

Les *pistons-freins* sont placés dans des tuyaux métalliques ; ils sont poussés par l'eau aussitôt qu'on tourne un robinet. Ce robinet met en communication l'eau contenue dans les tuyaux avec l'eau d'un réservoir cylindrique en tôle ou en fonte, aussi grand en hauteur que le permettent les constructions des chemins de fer ; au besoin, le réservoir sera à bascule, afin de pouvoir se placer horizontalement, comme les mâts et les cheminées des bateaux de rivière.

En *ouvrant* le robinet, les freins avancent et pressent les roues avec une force proportionnée à la colonne d'eau du réservoir. Cette force peut être augmentée graduellement au moyen d'une *pompe foulante* ordinaire ou par le poids d'un énorme piston en fer agissant tout à coup sur l'eau du réservoir ; son poids s'ajoute ainsi à celui de la colonne liquide, ce qui aurait lieu en larguant la chaîne qui soutiendrait ce piston.

En *fermant* le robinet, la pression cesse subitement, car l'eau du réservoir ne communique plus avec l'eau des tuyaux, dont une partie s'échappe aussitôt par une soupape ou un robinet qui s'ouvre lorsque le robinet du réservoir se ferme, et *vice versâ*.

Les freins s'éloignent alors des roues par un ressort.

La partie supérieure du réservoir a une ouverture pour introduire l'eau et l'air. Si le grand piston est nécessaire, on introduira l'eau par un trou pratiqué au milieu, qu'on fermera ensuite avec un gros piton à vis, etc., etc., car je dois m'abs-

---

(1) M. Planavergne, précédemment professeur de mathématiques au lycée impérial de Cahors, vient de passer, en la même qualité, au lycée impérial de Reims, d'où il nous envoie cet article.

tenir d'entrer dans les détails qu'il est facile d'imaginer. L'expérience indiquera bientôt, je l'espère, quel est parmi les quatre agents proposés (la vapeur, l'air comprimé, l'électricité et l'eau), celui auquel il faut recourir avec le plus d'avantage.

Agréez, etc. Prosper MELLER jeune.

---

**Pompe sans piston.**

Paris, 3 décembre 1855.

Monsieur,

Connaissant votre justice, en fait d'inventions, je vous prie d'insérer la présente réclamation pour la priorité d'une pompe industrielle, que vous attribuez à M. Arnoux, mécanicien de Marseille. Suivant l'article de votre journal du 25 novembre dernier, cette pompe a pour but d'élever l'eau dans un cylindre sans piston et par la seule injection de la vapeur d'eau et le vide formé par la condensation; le tout au moyen d'une simple chaudière à basse pression.

Pour être juste, je dois dire que la première idée m'a été suggérée par les Chinois. Je lisais en effet, il y a quelques années, dans un ouvrage sur l'agriculture de la Chine, que ses habitants font usage, pour élever l'eau servant à l'irrigation de leurs rizières, d'un vaste corps de pompe, en forme de tour, construit en briques. — Dans ce but, on allume un grand feu dans l'intérieur; l'air se trouvant ainsi raréfié, on ferme hermétiquement la porte, le refroidissement amène le vide, et la tour se remplit en partie. Cette idée primitive était incomplète, attendu qu'une portion seulement de l'air était chassée ou consommée et que le vide était imparfait. L'idée me vint donc, sans effort, de substituer la vapeur, et je composai un appareil formé d'un corps de pompe, soit en tôle, soit en briques vernies à l'intérieur, avec une soupape supérieure pour laisser échapper l'air chassé par la vapeur, et une autre soupape inférieure sur le conduit communiquant à une nappe ou à un cours d'eau; enfin d'une chaudière à basse pression, pour chasser l'air et remplir de vapeur le corps de pompe. Au-dessous du déchargeoir de mon cylindre, je plaçai une roue hydraulique dont vous trouvez l'invention ingénieuse. Mais ce qui est encore mieux, suivant moi, j'utilisai cette eau comme force motrice, en me servant du poids de la colonne d'air atmosphérique pouvant m'élever de l'eau rigoureusement à 10 mètres 305 et obtenir des chutes de plusieurs mètres de hauteur, servant à faire mouvoir des turbines, des roues à auget, etc.; je mettais ainsi à profit le principe de Pascal sur la pression atmosphérique et l'équilibre des fluides. Dans mon système, avec un simple réservoir d'eau et à l'aide de deux grands cylindres ou corps de pompe, dont l'un s'emplit pendant que l'autre se vide, on peut, à très peu de frais, avoir des chutes d'eau pour des moulins, filatures, etc.; enfin, j'ai pensé que mon appareil pourrait être appliqué à la navigation pour faire mouvoir les roues des bateaux, en ayant soin de placer le corps de pompe dans le centre de gravité, — et comme vous le dites fort bien, j'ai présenté mon nouvel appareil pour créer *des fontaines* publiques dans les communes, pour les *irrigations*, le *desséchement des marais*, pour élever les eaux dans les *brasseries*, les *distilleries* et tout établissement industriel.

Tout ceci est consigné dans le mémoire et le plan que j'ai communiqués à l'Académie des sciences, dans sa séance du 8 avril 1850, et plus tard, par suite de perfectionnements, dans un brevet du 28 janvier 1853.

Je ne doute pas que des industriels, en s'emparant de mon invention *que je leur livre*, n'y trouvent de grandes ressources dans ses applications. Ainsi, par exemple, quand il s'agit de filtrer de grandes quantités de jus dans les fabriques de sucre, ou des eaux pour l'usage des villes, on pourra établir des filtres *per ascensum*. Ces liquides, pressés par la colonne atmosphérique, seront forcés de traverser une couche de noir animal ou de sable et arriveront limpides dans la partie supérieure du corps de pompe où le vide aura éte fait.

J'ajouterai que si on voulait donner suite au projet de vider la baie de Sébastopol, après en avoir comblé l'entrée, l'exécution serait facile et prompte en établissant plusieurs tours de grande dimension, soit verticales, soit horizontales; mon système de pompe, soit à demeure, soit mobile, peut élever l'eau aux plus grandes hauteurs, en superposant et par échelons des réservoirs et des corps de pompes, etc.

Veuillez, monsieur le rédacteur, agréer l'assurance de ma considération très-distinguée.

Scipion DUMOULIN,
Professeur de chimie, 43, rue Meslay.

---

## REVUE DE L'EXPOSITION UNIVERSELLE.

**Pierre factice de M. Lebrun, ingénieur civil.**

La pierre dont M. Lebrun expose divers échantillons paraît répondre parfaitement aux besoins de l'industrie en matière de construction.

Ces échantillons consistent en specimen de galerie ogivale, parements de corniche, et autres ornements qui imitent, à s'y méprendre, la pierre de taille naturelle.

A l'inverse des autres exposants, M Lebrun invite les visiteurs, par des inscriptions placées sur ses moulages, à éprouver, à l'aide d'un ciseau, la dureté de sa pierre artificielle. Cette épreuve montre que le grain fin et la couleur agréable de cette composition ne sont pas ses seuls avantages, et qu'ils s'associent à une consistance égale à celle des meilleures pierres.

Le grain de la pierre de M. Lebrun a, en raison de sa finesse, le grand avantage de permettre une application facile de la couleur à la décoration des monuments. L'auteur a donc résolu l'intéressant problème de la polychromie architecturale: et les dalles peintes que nous avons vues, complètent admirablement l'exposition des procédés de construction dont il s'agit.

Voici le résumé d'un rapport, émané d'une commission d'ingénieurs et d'architectes, nommés, le 13 février 1854, par M. le préfet de la Haute-Garonne, dans le but de constater la vérité des faits énoncés par M. Lebrun.

« Cette pierre, dit le rapport, n'est pas sujette au retrait, elle a été éprouvée par divers agents de destruction tels que: influence atmosphérique, écrasement sous la charge, usure par le frottement. La commission a vu mouler sur place des pierres sur lesquelles la gelée n'a eu aucune prise, en sorte que le rapport déclare que sous ce point de vue déjà, la pierre factice de M. Lebrun est supérieure à la plupart des pierres naturelles. Il en est de même de l'écrasement. Les expériences comparatives ont démontré non seulement la supériorité des produits de M. Lebrun, relativement aux meilleures briques, mais encore leur valeur adequate aux pierres de taille de Cabardos et de Beaucaire.

« Le rapport établit enfin, que le ciment Lebrun, pur, résiste à l'usure mieux que toute autre matière de ce genre, naturelle ou artificielle, et que les carreaux composés de cailloux reliés ensemble par le ciment doivent être considérés comme éminemment propres au dallage des trottoirs. »

Telle est l'appréciation des faits donnée par la commission de la Haute-Garonne.

Reste la question d'économie que M. Lebrun paraît avoir résolue avec autant de succès que les autres, puisque, d'après lui, la pierre factice procurerait une économie de 65 à 75 pour cent sur l'emploi de la pierre de taille naturelle.

Nous avons vu, en outre, dans des boîtes représentant divers échantillons de couleurs, le ciment composé par M. Lebrun. Ce ciment, au dire de l'auteur, est supérieur à tout ce que l'on trouve dans le commerce. Il ne serait pas susceptible de se fendre, caractère qui le distinguerait des autres ciments que le temps finit toujours par dégrader.

M. Lebrun n'en est plus aux vues théoriques. Depuis longtemps, il a mis en pratique les éléments de sa découverte. L'on voit au-dessus de l'étalage des pierres factices le dessin d'une façade de maison bâtie par lui à Toulouse, en pierre artificielle; il a joint à ce dessin des plans, coupe et élévation de mausolée et d'un pont à une seule arche de 100 mètres d'ouverture, destiné à être jeté sur la Seine, dans la direction de la rue Bellechasse. On remplacerait donc les ponts en fer par des ponts fixes à arches de très grande étendue.

Cette exposition est des plus remarquables ; nous souhaitons qu'on en apprécie pleinement le mérite. Toutes les conditions requises en matière de construction paraissent réalisées, savoir : la solidité, l'élégance, la facilité d'exécution et l'économie.

---

**Fromages de Hollande dits Hoornleys.**

Parmi les produits de l'industrie destinés à l'alimentation humaine, les fromages de toutes provenances occupent le premier rang, et les espèces les plus recherchées sont naturellement celles qui, par la consistance et la fermeté de leur pâte peuvent résister aux voyages maritimes et de long cours.

Au milieu de ces espèces, dont le nombre est fort restreint, le fromage de Hollande est sans contredit le plus réputé, et il s'en fait une consommation considérable. — Son goût agréable le fait rechercher de préférence, et sa nature le rend susceptible de se conserver plus longtemps que les autres.

Les armateurs et les négociants réclamaient qu'on apportât dans la fabrication des fromages de pâte dure, des améliorations qui leur assurassent une plus longue conservation.

Après de nombreux essais et de persévérantes études, M. Iréné-Leys, de Dunkerque, est enfin parvenu à trouver une préparation applicable aux fromages de Hollande, et tellement avantageuse, qu'elle réussit à leur garantir une conservation presque indéfinie. — Par ce nouveau système il assure la marchandise contre toute altération dans la majorité des cas, et les soins apportés à son enveloppe ainsi qu'à son emballage, ajoutent encore à la sécurité d'une innovation dont le remarquable résultat est de laisser au fromage sa propriété permanente.

Les sortes auxquelles M. Iréné-Leys fait subir sa préparation, sont d'une fragilité qui s'accorde peu avec les moyens employés avant lui pour les déplacer de leur lieu de fabrication. — Cette fragilité avait presque toujours contraint ceux qui ont tenté de les faire voyager, à renoncer à leurs essais, non seulement à cause des déchets et des avaries qui en résultaient, mais encore parce que le produit faiblissait en qualité, que sa propriété primitive l'abandonnait, et qu'il se dénaturait au point de devenir plus que médiocre; par une conséquence toute naturelle, le commerce et les consommateurs ne pouvaient plus se procurer un bon fromage de Hollande; la réputation de cette denrée s'était affaiblie.

Ajoutons que les exigences de la concurrence ayant poussé les approvisionneurs à chercher à obtenir plutôt un bas prix qu'une bonne qualité, à négliger les soins qui se rattachent au transport et à l'emballage, en vue de réduire le prix de revient au détriment du produit lui-même, à s'attacher à livrer seulement un fromage ayant les conditions requises de forme et de poids, sans s'inquiéter s'il possédait la qualité et la perfection, toutes ces causes réunies amenèrent graduellement la dépréciation et la décroissance de la vente.

Une amélioration appliquée à un produit dont la vente est déjà assurée, doit lui procurer infailliblement de nouveaux débouchés. — Il n'est pas douteux que par suite de la découverte intéressante dont nous nous occupons, le fromage de Hollande préparé par les soins de M. I. Leys pénétrera dans les pays où son usage était encore inconnu et que dans peu d'années il s'expédiera dans toutes les parties du globe.

---

**Lits hygiéniques.**

Ce n'est pas sans intérêt que la thérapeutique verra apparaître les lits hygiéniques de M. de Berard.

Il résulte de la combinaison simple et rationnelle de M. de Berard, que le malade peut, en un grand nombre de circonstances, se rendre lui-même des services qui nécessitent, dans l'état actuel des choses, l'intervention d'une personne valide.

En ajoutant à son système déjà fort complet un petit calorifère que le malade peut chauffer et entretenir lui-même et qui supprime l'emploi difficile et souvent dangereux des bassinoires, boules d'eau chaude, etc., M. de Berard a rendu à la médecine, dans le traitement de certaines maladies, un service qui mérite une sérieuse considération.

L'emploi de ces lits, dans les hospices, sera d'un grand soulagement pour les malades, et ceux qui les soignent.

---

## LA SEMAINE SCIENTIFIQUE.

**Encore les nids de Salangane.**

Grâce à son imperturbable et implacable érudition, M. le prince Bonaparte a pu mettre d'accord les savants naturalistes qui viennent de se disputer devant la première classe de l'Institut à propos des salanganes et de leurs nids. Il les met d'accord à la manière du juge dans la fable de *l'huître et des plaideurs*, avec cette différence qu'il ne s'adjuge pas à lui-même l'objet du litige, mais qu'il en réclame la propriété pour un mort et presque pour un ancien. L'illustre zoologue, démontre en ces termes que le mérite de la découverte, si découverte et mérite il y a, revient au Rev. J. Hoogman :

« Le point qu'il est important de signaler, parce qu'il semble être complétement ignoré de nos doctes confrères, c'est qu'en 1781, le Rév. J. Hoogman a publié dans le troisième volume des *Transactions de la Société de Batavia* un Mémoire des plus détaillés et des plus exacts sur notre *Salangane fuciphage!* Sa forme, ses couleurs, ses mœurs, son importance commerciale, tout s'y trouve décrit et relaté au grand complet. C'est donc à cet ecclésiastique que revient exclusivement l'honneur des découvertes que nous nous disputons dans cette enceinte soixante-dix ans après coup. En effet, il avait appris de ses propres yeux, comme Lesson l'a aussi reconnu depuis, et comme tout le monde devrait le savoir maintenant, que l'unique nourriture de ces oiseaux consiste en insectes si abondants sur les lacs, les marais et les plaines de l'intérieur de l'île de Java.

« Pleinement édifié quant à la substance qui sert à la confection des nids, M. Hoogman avait réfuté, dès son temps, l'opinion erronée relativement à la matière glutineuse, et prouvé qu'elle ne provient pas de *mollusques* et encore moins de *fucus*.

« C'est grâce à leurs glandes salivaires excessivement développées que les salanganes secrètent ou durcissent les matières qui composent leurs nids si vantés. Quelle que soit la nature de ces matières trop peu étudiées jusqu'ici, les naturalistes sont du moins en mesure d'assurer qu'elles ne sont ni végétales, ni empruntées à la mer; et qu'elles n'ont aucun rapport avec l'ichthyocolle, malgré la comparaison indiquée par Buffon et qu'en avaient faite Brisson et Gmelin bien avant Virey. On peut conjecturer que le procédé employé par ces oiseaux rentre dans le cas général des procédés employés par nos hirondelles communes pour consolider les matières argileuses, souvent trop friables dans leur état naturel. Ce procédé, illustré par sir Everard Home, dans l'important Mémoire rappelé si à propos dans la discussion par M. Chevreul, a été depuis lors confirmé au Bengale par le naturaliste Blyth et par le chimiste Laidley. On peut même lire l'analyse des matières secrétées, publiée par ce dernier, à la p. 210 du t. XIV du journal de la *Société Asiatique du Bengale*. »

La note de M. le prince Bonaparte est encadrée par ces deux traits :

Au début celui-ci : « Les salanganes et leurs nids ayant occupé ces jours-ci les loisirs de l'Académie.... »

Et à la fin cet autre : « Tous ces détails sont familiers aux Allemands, grâce au professeur Oken, astre disparu de l'horizon de la science, et malheureusement avant que notre Académie ait eu l'honneur de le compter parmi ses membres. »

### Zinconographie galvanique.

Le procédé de gravure électrochimique dû à M. Devincenzi, et que nous avons décrit, ne diffère que bien peu de la zinconographie galvanique inventée par un graveur, M. Dumont, et pour laquelle il a pris un brevet en 1854. Voici comment M. Dumont décrit son procédé :

« Il consiste à reporter sur zinc les dessins lithographiques faits sur pierre, sur papier, ou ceux de planches gravées en taille-douce. Je dessine directement sur une plaque de zinc grainée, avec le crayon lithographique ordinaire ou avec un crayon insoluble inventé par moi et pouvant résister à l'action de l'acide ou de l'oxygène. Le dessin fini, je prépare le zinc avec une dissolution de noix de galle et de gomme arabique, comme cela se fait d'habitude lorsqu'on veut imprimer en lithographie sur zinc ; j'encre le dessin comme pour tirer une épreuve ordinaire ; je le saupoudre d'un mélange composé de résine, de bitume de Judée et de poix de Bourgogne ; je chasse ensuite l'excédant de poudre et fais chauffer légèrement le dessous de la plaque afin de fondre la poudre qui la couvre, laquelle se mêle avec l'encre lithographique et forme alors un vernis ; puis l'on fait mordre cette planche au moyen de la pile. »

M. Dumont a reproduit par ce procédé des lithographies faites soit au crayon lithographique soit à la plume.

### Peinture bichromographique.

Entrons à l'Exposition des beaux arts et arrêtons-nous devant un *Jérémie* envoyé par M. le chevalier Cavalleri, moins pour exposer un de ses ouvrages que pour montrer un échantillon d'une nouvelle méthode de peinture, dont il est l'inventeur, et sur laquelle M. Aldino Aldini nous donne, dans l'excellente *Revue franco-italienne*, des détails nécessairement incomplets, puisque l'artiste italien se réserve le secret de sa composition, mais cependant dignes d'intérêt.

Les principaux inconvénients de la peinture à l'huile sont les suivants, d'après M. Cavalleri :

1° La difficulté d'obtenir le *fini*, sans que la lumière, la transparence, et surtout le moelleux, en souffrent ; car, dans les tableaux de grande dimension, la *pâte* se laisse toujours voir ;

2° La lenteur avec laquelle on doit procéder, vu qu'il faut attendre que la première couche, celle de l'ébauchage, soit sèche, pour reprendre l'ouvrage ;

3° Les *glacis* indispensables pour obvier à l'opacité de telle ou telle couleur, et dont la méthode n'est pas des plus faciles, surtout pour obtenir l'harmonie des tons.

Ceci a trait à l'exécution. Quant aux inconvénients de la couleur à l'huile en elle-même, il faut remarquer que les toiles préparées par ce procédé jaunissent avec le temps, ce qui nuit aussi aux tons clairs des tableaux ; — que ces tons, en devenant plus foncés, quand ils sont exposés à l'air, et parfois même quand ils ne le sont pas, perdent leur transparence ; — Que plusieurs couleurs, à l'exception des *terres* et des couleurs minérales, n'ont plus de brillant et rendent partant inutiles les efforts de la chimie, de cette science qui s'évertue tous les jours à les multiplier et à les perfectionner ; — qu'il est indispensable d'employer des huiles siccatives, cause principale du dépérissement de la peinture ; — qu'il faut vernir les tableaux et les revernir de temps à autre. Or, l'on sait tout ce qu'il y a de désagréable dans ces couches de vieux vernis gercées et fendillées. Ajoutez à tout cela que ce luisant du vernis empêche de voir le tableau autrement que d'en seul endroit ; qu'il faut garder les peintures à l'huile dans des endroits couverts pour éviter les dégâts que la pluie y ferait, et vous aurez une idée générale de toutes les contrariétés que les artistes ont dû subir depuis le quatorzième siècle, époque où la peinture à l'huile fut employée pour la première fois.

Voyons maintenant les anciens. Ils avaient l'*encaustum*, dont parle Pline et dont les Grecs faisaient usage. Leur peinture n'était pas sujette à altération. On peut le voir au musée étrusque de Cortone par un ouvrage à la méthode *encaustique*, trouvé tout dernièrement. Les études que M. Cavalleri avait faites depuis nombre d'années pour obtenir une nouvelle méthode ont été complétées par celles qu'il a faites sur l'antique, et notamment sur l'ouvrage que nous venons d'indiquer. C'est ainsi qu'après de longues recherches, et s'aidant de ses connaissances scientifiques, il est parvenu à obtenir la peinture *bichomographique*. Embrassons d'un coup d'œil ses avantages. On peut, avec cette nouvelle méthode, peindre sur bois, sur toile, sur mur, même sur papier, etc. Il suffit d'enduire la surface où l'on poser les couleurs avec la préparation inventée par M. Cavalleri. L'artiste lui a donné le nom de *bichromogaphie*, attendu que l'on peut en même temps obtenir le double effet de l'*ébauche* et du *fini*, sans être obligé de glacer les tons. Les couleurs sont inaltérables, le vert-de-gris, comme le deutoiodure de mercure et tant d'autres des plus brillants, que l'on ne peut employer avec sûreté dans la peinture à l'huile. On n'a pas besoin non plus de siccatifs. Il y a enfin un plus grand avantage, celui que les artistes sont plus à même d'apprécier : c'est que l'on peut achever une partie quelconque du tableau sans attendre que les couches de l'ébauche soient sèches. Une fois la peinture achevée, elle reste unie, lisse, polie et dure comme un émail. L'eau y passe sans détériorer les tableaux, qui peuvent ainsi rester impunément en plein air. La transparence de cette peinture n'a rien à envier aux ouvrages les plus délicats du Corrège et de quelques Flamands, tels que Miéris, Gérard Dow, etc., qui devaient sans doute posséder quelque secret pour neutraliser l'effet des siccatifs et des vernis.

Nous avons indiqué très-sommairement la découverte de M. Cavalleri. On comprend aisément que nous devons lui en laisser toute la responsabilité. Son *Jérémie* est là pour éclairer ceux que cette découverte concerne de plus près.

### Dragées pharmaceutiques.

Qui ne se souvient de la répugnance qu'enfant il éprouvait au seul aspect des préparations de *rhubarbe*, de *fougère*, d'*aloës*, de *mousse de Corse* ou de *semen-contra*? Combien de fois les habitants de la campagne n'ont-ils pas vu s'écouler 8, 10, 15, 20 heures entre la visite du médecin et l'administration des médicaments qu'il a prescrits, retard toujours fâcheux, quelquefois funeste !

Eh bien ! désormais la rhubarbe et l'aloës n'auront plus d'amertume, la fougère et le semen-contra perdront leur odeur et leur saveur insupportables. Désormais, grâce à une petite pharmacie portative du volume d'un livre et contenant les médicaments les plus sérieux, le médecin qui porte hors des villes les secours de son art, pourra sur-le-champ administrer les médicaments de première nécessité.

Nous avons sous les yeux l'œuvre du pharmacien expérimenté (1) auquel est due cette heureuse réforme que béniront les enfants et les habitants de la campagne; du moins l'a-t-il réalisée pour beaucoup de médicaments. Un grand nombre et les plus usuels sortent de ses mains sous la forme de granules et de dragées. Quelle forme plus agréable et plus commode à la fois! Le sucre en est l'excipient et le principe éminemment conservateur; par ce moyen les substances les plus énergiques sont dosées avec une précision remarquable et graduées dans leur administration avec une régularité qui ne laisse rien à désirer.

Qu'est-ce en effet que le granule? Une toute petite dragée composée de sucre et de gomme et ne contenant qu'une quantité très-minime d'un médicament quelconque, par exemple un milligramme pour cinq ou dix centigrammes de sucre. Voulez-vous augmenter la dose? multipliez les granules; éprouvez-vous quelque difficulté à les faire avaler? faites-les dissoudre, ils sont éminemment solubles. Des praticiens distingués cités dans la brochure de M. V[or] Garnier, les trouvent avec raison bien préférables à ces infusions et à ces poudres nauseuses, effroi des grands et des petits malades, et, à propos de ces derniers, « n'est-ce pas un bienfait pour eux « que la découverte de la santonine (comme le dit M. le docteur Munaret, dans une lettre à l'Académie de médecine et dont M. Garnier a extrait ces quelques mots); une dragée « qu'ils croquent avec plaisir est un remède plus *vermicide* « que cette noire médecine que nous avons tous bue à leur « âge, et que l'on nomme *semen-contra*. »

Vos sales drogues me dégoutent, disait Napoléon à son médecin, le docteur Antomarchi; cette expression est aujourd'hui sans application; il suffirait, pour s'en convaincre, d'avoir vu, comme nous, toutes ces préparations dans l'officine de M. Garnier; et quand on a eu sous les yeux cette petite pharmacie portative dont nous avons parlé, on apprécie promptement les avantages qu'on en peut tirer.

Nous dirons avec M. le docteur Caffe, le rédacteur distingué du *Journal des connaissances médicales et pharmaceutiques*, que l'emploi en médecine « des granules et des dragées rend « presque impossibles les erreurs dans les formules des doses « et que le malade en accepte l'administration sans difficulté, « sans dégoût, » et avec le rédacteur de la *Revue médicale*, M. Sales-Girons, que jusqu'à la préparation du granule sucré les matières toxiques qui constituent les médicaments les plus puissants n'avaient pu être ni bien dosées ni facilement administrées; que, jusqu'à la préparation des dragées médicamenteuses, les matières désagréables aux sens et d'administration impossible pour les enfants avaient présenté les plus grandes difficultés.

Lorsque les préparations de M. Garnier seront devenues officinales, ces difficultés seront vaincues.

### Alcool et papier de safran.

M. Vergnaud Romagnesi est parvenu à extraire des bulbes du safran (*crocus sativus*) de la fécule qu'il a pu transformer partiellement en alcool; en outre, les résidus formés de cellulose fibreuse ont été feutrés par les procédés usuels : on en a obtenu un papier grisâtre mais susceptible d'être blanchi.

### Nigritie de la langue.

Quatre fois, en dehors de tout état fébrile, chez deux enfants et deux vieillards, M. Bertrand de Saint-Germain a observé cette coloration noire de la face supérieure de la langue qui existe normalement chez le perroquet et la girafe, accidentellement chez le bœuf, le mouton, le chien, le chat, etc. Dans ces quatre cas, une tache d'un noir très-vif s'est montrée, puis étendue à la surface de la langue. Stationnaire pendant dix jours environ, elle s'est effacée de la périphérie au centre. La durée du phénomène a été de quarante à soixante jours. C'est simplement une tache pigmentaire, une production insolite du pigmentum qui colore la peau du nègre.

### Sur la mesure de la perfection organique des espèces végétales.

Selon M. Chatin, la mesure du degré de perfection organique ou d'élévation des plantes, peut être donnée par l'appréciation des points suivants :

L'élévation ou dignité des fonctions, — la variété ou multiplicité des organes, — la localisation des organes et en particulier le mode d'insertion des éléments de l'androcée, — la limitation du nombre des parties homologues, — l'existence d'un axe et la symétrie de ses éléments, — la présence d'appendices et leur symétrie, — la tendance à la *conjugaison* des parties d'un même organe ou d'un même système d'organes dans la première période de leur développement, — la tendance à la *disjonction* dans la seconde période de développement, — l'absence de l'albumen ou périsperme, — l'existence et la nature des corps glandulaires, — le développement complet sans arrêt, sans excès, — l'habitat des espèces, — le passage d'organes à des fonctions dévolues généralement à d'autres organes, — les balancements ou compensations organiques, — enfin, la subordination naturelle, suivant leur importance, des faits propres à donner la mesure de l'élévation des espèces.

Dans un premier mémoire, le savant auteur donne *la signification de la* VARIÉTÉ *et de la* LOCALISATION des organes. Nous comptons y revenir.

### Absence congénitale du nez.

Vice de conformation très-rare. M. Maisonneuve vient d'en observer le cas suivant :

Eugénie Mariotte, âgée de sept mois, est venue au monde forte et bien constituée à cela près qu'elle est complétement dépourvue de proéminence nasale et qu'à la place de cette saillie naturelle il n'existe qu'une surface plane percée de deux petits pertuis ronds de un millimètre à peine de diamètre, et distants l'un de l'autre de trois centimètres. Outre que cette difformité donnait à l'enfant l'aspect le plus grotesque, elle lui occasionnait une grande gêne dans la respiration et, par suite, dans l'acte de la succion. Pour remédier à ces inconvénients, M. Maisonneuve a imaginé un procédé nouveau de rhinoplastie, grâce auquel Eugénie Mariotte est maintenant en possession d'un nez « d'une forme très-régulière, » c'est l'habile chirurgien qui parle, et dont les narines largement ouvertes permettent une respiration facile.

### Secours aux asphyxiés.

M. Marshall Hall conseille de poser sur la face et non sur le dos les asphyxiés sur lesquels on tente la respiration artificielle. Dans cette dernière position la langue tombe sur l'épiglotte et la porte sur la glotte qui est fermée; dans la seconde, la langue se porte en avant, entraine l'épiglotte, ouvre la glotte, permet l'entrée de l'air et la sortie des liquides qui peuvent se trouver dans l'arrière-bouche.

### Cartes homalographiques.

M. Babinet, au nom de l'éditeur M. Bourdin et au sien, a fait hommage à l'Académie de la première livraison de ses *Cartes homalographiques* où la proportion des surfaces entre les espaces pris sur le globe et les espaces représentés

(1) Des granules et dragées pharmaceutiques, par Victor Garnier, pharmacien, 327, rue Saint-Honoré.

sur la carte est conservée. La mappemonde homalographique jouit exclusivement de cette propriété, tous les autres systèmes de projection altèrent le rapport des surfaces suivant la position des contrées au centre ou sur les bords de la carte. Dans la projection homalographique les méridiens sont des ellipses et les parallèles des lignes droites, ce qui offre plusieurs avantages.

M. Babinet détaillera, dans un mémoire spécial, les propriétés de ses cartes, qui, de plus, sont essentiellement adaptées aux besoins de la physique, de la météorologie et de la géologie.

Une petite mappemonde muette et un prospectus raisonné sont joints à cette présentation.

— M. Luther annonce la découverte d'une nouvelle étoile variable qui sera nommée T. *Piscium*. Le 28 octobre 1854 elle s'était montrée à lui comme une étoile de 9e-10e grandeur; le 16 février dernier, elle était égale à la 11e grandeur.

## LIVRES.

CARTE COSMOGRAPHIQUE MURALE; PAR AUG. GROSSELIN, RUE SERPENTE, 25. PRIX : 5 FR.

Cette carte représente, par des figures coloriées et à une grande échelle, les diamètres et les distances des différents astres dont se compose le système planétaire, ainsi que les phénomènes célestes les plus importants.

Elle contient en outre, dans un texte clair et précis, les principaux éléments des étoiles, du soleil, des comètes, des planètes et de leurs satellites.

La simple vue des figures suffit pour donner les connaissances cosmographiques indispensables à tous, et le texte qui accompagne les figures est un résumé ou une table de matières pour ceux qui doivent ou veulent pénétrer dans les profondeurs de la science.

Cette carte répond donc tout à la fois et aux nécessités de l'enseignement primaire et aux nécessités de l'enseignement supérieur.

En présentant à l'Académie de médecine l'ouvrage de M. Auguste Houdin sur la SURDI-MUTITÉ (V. le bulletin bibliographique de l'*Ami des sciences* du 2 décembre dernier), M. le docteur Blache, médecin de l'hôpital des enfants, s'est exprimé ainsi : « Cet ouvrage est un exposé clair et une appréciation judicieuse des divers procédés employés jusqu'à ce jour dans l'enseignement des sourds-muets et le traitement de la surdi-mutité, procédés qui ont déjà fait dans le sein de l'Académie l'objet des plus intéressantes discussions. Nul doute que, quand l'importante question traitée par M. A. Houdin reviendra à l'ordre du jour de l'Académie, nous ne trouvions dans son livre les plus précieux renseignements.

« M. Auguste Houdin divise les sourds-muets en trois catégories, et démontre par le raisonnement et par les faits que les sourds-muets de la deuxième et de la troisième catégorie, inconsidérément abandonnés jusqu'ici aux procédés mimiques, peuvent les uns être rendus à l'usage de la parole articulée, et les autres à l'usage de l'ouïe et de la parole. Ces derniers se trouvent être, d'après M. A. Houdin et d'après le docteur Blanchet, son collègue, dans la proportion de deux ou trois sur dix.

« L'*Ami des sciences* a déjà cité deux exemples de cette heureuse modification des anciennes méthodes dans les deux sujets présentés au mois de janvier dernier par M. A. Houdin à l'Académie des sciences.

« De nombreux faits avaient d'ailleurs été soumis l'année précédente à l'Académie de médecine, qui, après une longue discussion, a déclaré que, « parmi les élèves entrant chaque année dans les établissements de sourds-muets, il s'en trouve généralement un grand nombre qui paraissent susceptibles d'amélioration et qu'il importe de soumettre à un traitement spécial. »

« La commission, qui avait pu apprécier de plus près les faits, avait été plus explicite encore que l'Académie. Son rapport se terminait ainsi : «... Il y a tout lieu d'espérer que les élèves des deux catégories mentionnés pourront rentrer à la fin de leurs cours d'étude, dans leurs familles et dans la société, avec la facilité de communiquer et de converser plus ou moins complétement à l'aide du langage articulé.

« Nous voilà loin, comme on voit, des modestes prétentions de l'abbé de l'Epée. Grâce au zèle et au travail persévérant des hommes spéciaux dans toutes les carrières, la science marche partout d'un pas égal. »

## NOUVELLES ET CAUSERIES.

M. ADRIEN CHÉNOT, ancien élève de l'École des mines, chimiste éminent, auteur de découvertes qui dans un temps prochain modifieront la métallurgie, est décédé le 27 novembre, à Paris. Tous ceux qui ont connu M. Chénot le regretteront comme un ami ; ceux qui un jour étudieront ou exploiteront ses découvertes, jugeront combien est grande la perte que viennent de faire la science et l'industrie. M. Adrien Chénot laisse des travaux impérissables et un fils capable de les continuer. Encore un de ces hommes à qui la postérité assigne justement le nom d'*illustre* lorsqu'ils ont expié, par une mort prématurée, les services qu'ils nous ont rendus par leur génie. M. Chénot est mort à cinquante ans.

HAMDANY-BLANC. — Le célèbre cheval arabe pur sang *Hamdany-blanc*, dont un Anglais avait, en 1848, offert 100,000 francs au gouvernement français, vient d'être abattu à Pompadour. Cet étalon, au dire des connaisseurs, réunissait toutes les conditions d'une anatomie parfaite. Sa robe, d'une éclatante blancheur, était douce au toucher comme la soie. L'âge l'avait rendu impropre à la reproduction. On assure, dit l'*Union corrézienne*, que la partie pathologique de ce superbe animal va être déposée au musée Dupuytren.

MÉLANGE DES MÉTAUX. — Un industriel anglais propose le procédé suivant comme devant rendre impossibles les cavités, les pailles qui se forment dans les matières fondues et qui en altèrent la ténacité : le moule dans lequel le métal doit être coulé est mis en communication avec une machine pneumatique, à l'aide de laquelle on en extrait l'air. Quand le moule est vidé, on ouvre un robinet qui permet l'introduction du liquide bouillant. Celui-ci entre avec force et remplit tous les intervalles. Le moule rempli ne contient donc autre chose que le métal fondu, sur lequel on laisse la pression atmosphérique s'exercer pendant quelque temps. Ce procédé s'applique au fer, au cuivre, à la gutta-percha, etc.

## BULLETIN BIBLIOGRAPHIQUE.

— ETUDE SUR LE PENDULE à oscillations électro-continues de M. Léon Foucault, par Ed. Gand. Broch. in-8°, Amiens. Typographie d'Alfred Caron.

— MÉTHODE pour apprendre sans l'assistance d'un maître, la lecture, la prononciation et l'orthographe, par Aug. Grosselin. In-12, 1 fr. 50. Hachette, 14, rue Pierre-Sarrazin.

— LA PISCICULTURE et la production des sangsues, par Aug. Jourdier. In-12, 2 fr. Même librairie.

— REPONSE AU QUESTIONNAIRE RELATIF A L'ÉLEVAGE DES SANGSUES, par M. J. Saint-Léon. In-8°. Imprimerie Guiraudet et Jouaust, 338, rue Saint-Honoré.

**Prix d'abonnement pour l'étranger.**

Angleterre, Allemagne, 8 fr.; — Suisse, Parme, Plaisance, Modène, 8 fr. 50 ; — Etats Sardes, Grèce, Crimée, 9 fr.; — Hollande, 10 fr.; — Etats-Unis, Indostan, Turquie, 10 fr. 50; — Belgique, Prusse, Hanôvre, Saxe, Pologne, Russie, Espagne, Portugal, 11 fr.; — Toscane, 12 fr.; — Etats-Romains, 16 fr. 50.

*Le propriétaire, rédacteur-gérant :* VICTOR MEUNIER.

PARIS. — IMP. J.-B. GROS, RUE DES NOYERS, 74

Première année. — N° 51. Quinze centimes. 23 décembre 1855.

# L'AMI DES SCIENCES

JOURNAL DU DIMANCHE

SOUS LA DIRECTION DE

VICTOR MEUNIER

BUREAUX D'ABONNEMENT
13, RUE DU JARDINET, 13
Près l'Ecole de Médecine
A PARIS

ABONNEMENT POUR L'ANNÉE
PARIS, 6 FR.; — DÉPART., 8 FR
Étranger (Voir à la fin du journal)
ENVOYER UN MANDAT DE POSTE



## AVIS.

Nous invitons ceux de nos souscripteurs dont l'abonnement expire à la fin de ce mois à vouloir bien le renouveler dans le plus bref délai possible afin d'éviter toute interruption dans l'envoi du journal.

Le petit nombre de ceux dont l'abonnement pour l'année courante n'a pas encore été soldé sont priés d'en joindre le montant au prix de leur renouvellement.

Nous adressons une invitation analogue aux personnes qui, habitant un pays à surtaxe de poste, ne nous ont envoyé en paiement de l'année courante qu'une somme insuffisante (voir à la fin du journal les prix d'abonnement pour l'étranger).

Le meilleur mode d'abonnement pour les souscripteurs de la province et de l'étranger consiste dans l'envoi d'un mandat de poste ou sur une maison de Paris, à l'ordre du gérant du journal.

Nous prions nos abonnés de joindre à leur demande de renouvellement une bande imprimée, rectifiée s'il y a lieu.

—Nous répondons collectivement à plusieurs de nos abonnés qu'ils recevront une TABLE DES MATIÈRES de notre première année et les TITRES du premier volume.

## SUR LA PERMANENCE DU NIVEAU DES MERS.

### RÉPONSE A M. JOBARD.

Laon, 17 décembre.

Je m'occupe depuis plusieurs années d'un travail qui a pour objet les conditions générales de l'équilibre des eaux à la surface de notre planète. La note de M. Jobard, insérée dans le numéro de l'*Ami des Sciences* du 9 de ce mois, ne pouvait donc que m'intéresser. Voici les réflexions qu'elle m'a suggérées.

Je dois d'abord dire que cette note ne m'a pas paru rédigée avec toute la clarté désirable et peut-être n'aurai-je pas bien saisi par ce motif toutes les idées de l'auteur.

M. Jobard nie-t-il ou admet-il le fait de la permanence du niveau des mers? C'est ce qu'il est assez difficile de bien préciser.

Si on s'en tient au début de la note, il semble que la seule chose que M. Jobard conteste, c'est la constance du volume du récipient formé par les mers; il paraît admettre que la surface de celles-ci reste au même niveau, et c'est en effet pour faire concorder cette permanence avec la diminution du volume qu'il cherche à expliquer ce que peut devenir l'eau éliminée.

Mais alors il n'est pas aisé de se rendre compte de cette phrase de l'auteur : « il me semble que la *lente dénivellation* « des mers peut s'expliquer, etc. »

D'un autre côté, si cet excès d'eau va se fixer aux pôles à l'état de glace et si ces glaces, s'accumulant de plus en plus, gagnent du terrain sur le domaine de la mer, l'explication en vertu de laquelle on cherche à mettre d'accord la diminution du volume liquide avec la permanence de son niveau conduit elle-même à une autre diminution de volume; dès lors, l'objection continue de subsister, si non en entier du moins en partie, et pour la faire complétement disparaître, on est forcé, ce me semble, d'admettre un exhaussement progressif du niveau de l'Océan, ce que, je le répète, M. Jobard ne paraît pas accepter.

Ce ne serait qu'à la condition que la glace formée par les vapeurs en excès ne continuera pas elle-même à restreindre le volume océanique que l'explication pourrait être admise. Est-ce bien ainsi que l'entend M. Jobard? il est permis d'en douter puisque, en parlant des banquises de l'Océan Austral, il semble les citer comme une preuve de l'extension des glaces du pôle vers l'équateur dans le sein des mers. Au reste, relativement au débat, ce fait manque de précision, car s'il est vrai, comme le pensait Dumont-d'Urville, que ce n'est que par suite de quelques erreurs d'itinéraire que ses prédécesseurs paraissent avoir pénétré plus avant que lui vers le pôle, il s'ensuit que le fait de la progression des banquises vers l'équateur reste incertain.

Ce qui paraît le plus vrai, c'est que les limites des glaces polaires ne sont pas chose fixe et qu'elles peuvent beaucoup varier d'une année à l'autre. Si Cook, dans ses tentatives, n'a pu réussir à dépasser le cercle polaire de l'hémisphère austral, Weddel plus heureux que lui a pu pénétrer jusqu'au 74e degré de latitude; si Dumont-d'Urville n'a pas été plus loin que Cook dans le même hémisphère, James-Roos, après lui, a trouvé la mer libre jusqu'au 78e degré.

Mais c'est surtout dans ses dernières conclusions que l'opinion de M. Jobard nous paraît peu précise.

« L'accumulation incessante des neiges sur les vastes ré-« gions polaires, dit-il, aura pour résultat de combler les

« aplatissements du globe, de lui restituer sa forme géométri« que, de changer sa pondération et par suite le sens de son « mouvement de rotation. »

Nous devons admettre qu'en parlant de combler les aplatissements du globe et de restituer à celui-ci sa forme géométrique, M. Jobard entend que l'ellipsoïde terrestre deviendra une sphère ayant sans doute pour rayon le rayon moyen actuel de la terre. Or, d'après les recherches de Bessel, le rayon

| | |
|---|---|
| à l'équateur a une longueur de. . . . . . . | 6,377,398$^{m}$. |
| et au pôle, une longueur de . . . . . . . . | 6,356,079 |
| d'où résulte un aplatissement de . . . . . . | 21,319 |

Par conséquent la moitié de cette différence, soit 10,660$^{m}$. représenterait l'abaissement à l'équateur, l'exhaussement au pôle que devrait recevoir la terre pour concorder avec la figure géométrique vaguement indiquée d'ailleurs par M. Jobard.

En présence de ce résultat, ne faut-il pas nécessairement admettre qu'implicitement du moins les idées de l'auteur conduisent à la variation du niveau des mers. Or, cette opinion quant à présent est combattue par le témoignage de vingt siècles.

Quel est le volume de la quantité de matière qui devrait être déplacé pour que le globe passât de sa forme actuelle à celle supposée par M. Jobard? Nous avons fait ce calcul et nous avons trouvé que ce volume est représenté par 11,393,743 unités cubiques d'une lieue de 4 kilomètres de côté. Or, si on adopte avec M. de Humboldt, la hauteur moyenne de 1/3 de kilomètre pour l'élévation, au-dessus du niveau des mers, du centre de gravité de toutes les masses continentales de la terre (Voir *Cosmos*, tome 1, page 353), on trouve que le volume de toutes ces masses est égal à 1,232,000 de ces unités, le neuvième environ du volume précédent; ainsi la totalité de la partie aujourd'hui émergée de nos continents serait-elle entraînée par les fleuves vers l'Océan, que cela serait bien loin de suffire pour réaliser la forme géométrique définitive indiquée par M. Jobard.

Mais ce n'est pas tout: les 10,660$^{m}$ d'exhaussement que recevrait le pôle seraient sans doute uniquement composés d'une couche de glace. Or, puisque, d'après l'auteur, à la suite du changement de forme, l'équateur prendra la place du méridien et que le soleil fondra les glaces polaires, il faut admettre que les vieilles jachères du pôle se trouveront à 10,660$^{m}$ de profondeur au moins sous les eaux. Alors ce n'est pas une rénovation des surfaces cultivables de la terre que j'entrevois, mais plutôt leur destruction complète. Il se serait fait, à l'aide des profonds abîmes de l'océan, un régalement général de toutes les saillies existantes, et, sur la surface du globe, l'eau serait presque partout.

Je ne vois donc, en me confinant sur le terrain où nous place M. Jobard, qu'impossibilités, soit au point de vue des moyens, soit au point de vue du but; et ce ne serait qu'en faisant intervenir, au moment même du cataclysme, de nouvelles forces sur la nature desquelles il serait peut-être difficile de s'expliquer, qu'il serait possible de déduire des actions antérieures de congélation quelque résultat rationnel.

Je suis disposé à croire que M. Jobard s'est laissé séduire par sa comparaison du verre d'eau. Le liquide contenu dans ce verre est calme et tranquille et, de lui-même, il ne rejettera pas de son sein un seul grain de sable qu'on aura versé dans le vase. Tel n'est pas l'Océan qui, par ses courants et ses marées, exerce les actions les plus puissantes, qui fait remonter les fleuves vers leurs sources, entasse sur les côtes des montagnes de sable, et détruit à la longue les roches les plus dures. Si les fleuves envoient des matières terreuses à la mer, celle-ci, à son tour, en rejette beaucoup sur le continent audessus de son niveau moyen. Lequel des deux apports est le plus considérable? Là est toute la question. Or, il faut la résoudre avant tout, car s'il était prouvé que l'apport maritime a plus d'importance que l'apport fluviatile, ce n'est plus à l'objection de M. Jobard, mais à une objection toute contraire qu'on aurait à répondre.

Je serais entraîné trop loin, si je voulais ici développer ce sujet dont je me suis sérieusement et longtemps occupé. Je me borne à dire qu'on ne saurait contester aujourd'hui que c'est précisément pendant l'été, c'est-à-dire pendant l'absence des crues, que les embouchures des fleuves s'attérissent par les marées, et que ce n'est que pendant l'hiver qu'elles se recreusent. Le flot, en un mot, a par lui-même plus de puissance pour combler les passes que le jusant. Les apports des fleuves ne feraient donc peut-être que compenser exactement les volumes que la mer rejette de son sein, et nous serions ainsi conduits à reconnaître, non de futures perturbations, mais un remarquable maintien de l'équilibre actuel.

F. VALLÈS,
Ingénieur en chef des Ponts-et-Chaussées.

## Recherches sur la fleur de farine d'orge (1).

Il y a dans l'orge (comme dans le seigle et quelques autres graminées) deux espèces de fécules: l'une qu'on obtient de prime abord, toute blanche comme celle du froment, et l'autre, plus grossière, qui reste bise et *grasse* malgré des lavages multipliés et prolongés. La première est en petite quantité dans cette céréale; elle y figure pour environ 8 p. 100 au plus. La seconde s'y trouve dans la proportion de 22 à 25 p. 100. Dans le seigle, la proportion de fécule blanche est un peu plus forte, néanmoins la fleur de farine de ce grain n'en fournit que 20 à 23 p. 100.

Jusqu'à présent les expériences qui ont été faites pour déterminer la proportion de gros et de petit son produit par la mouture de l'orge ont établi que ce grain n'en pouvait contenir que 14 à 15 p. 100. Quant à moi, j'en ai trouvé 27 p. 100 dans l'orge de bonne qualité *triée grain à grain*.

Ce qui m'a le plus surpris en traitant la fleur de farine de cette céréale, c'est d'en avoir pu extraire, par un procédé purement mécanique, du gluten *insoluble*, pesant à l'état humide un tiers de plus que celui que j'ai retiré de la farine employée par la plupart des paysans de la Bresse et où le froment (très-médiocre d'ordinaire) ne figure que pour un tiers. Aucun chimiste, que je sache, n'a encore donné, *en nature*, la proportion pondérable de gluten contenu dans l'orge; et pourtant cette matière végéto-animale y existe, puisque, par des procédés purement mécaniques, j'ai pu l'extraire en totalité d'une quantité donnée de farine de cette graminée. Il est impossible, j'en conviens, de séparer ce gluten des autres principes immédiats auxquels il est associé, en suivant purement et simplement le procédé de Beccari.

Pour réussir, il faut n'opérer que sur de la farine tamisée très-fin et en faire une pâte très-dure qu'on malaxe, ou plutôt qu'on roule (par portions de 25 grammes au plus à la fois) dans le creux de la main gauche, sous de l'eau tombant goutte à goutte, en ayant soin de placer sous l'appareil un tamis de soie très-serré. Chaque morceau de pâte doit être manipulé de telle sorte que les molécules du gluten se rapprochent peu à peu, en se débarrassant de l'amidon, du petit son et des matières solubles, pour former des petits grumeaux, mais toujours assez volumineux pour être retenus par le tamis.

Quand il ne reste plus rien dans la main, on recueille exactement tous les petits grumeaux et l'espèce de putrilage insoluble restés sur le tamis; on en forme une petite masse

(1) On se rappelle que M. Salesse, dont nous avons inséré dans notre n° 48, une intéressante lettre sur certaines fécules, celle de marrons d'Inde entre autres, avait bien voulu nous promettre un exposé de ses recherches sur la fleur de farine d'orge. L'article que nous publions aujourd'hui est l'accomplissement de cette promesse.

qui n'est encore ni ductile, ni élastique, qu'on serre dans un nouet de mousseline un peu claire; on agite ce nouet dans un grand verre à pied, à moitié plein d'eau pure qu'on renouvelle à mesure qu'elle se trouble et que le petit son se sépare du gluten. Lorsque le putrilage filamenteux et grumeleux formé par les molécules glutineuses ne laisse plus échapper de fécule et de petit son, on défait le nouet qu'on met à égoutter sur un vase creux quelconque; puis l'on cherche, en repétrissant doucement ce putrilage dans le creux de la main gauche, avec l'index de la droite, à débarrasser peu à peu, à l'aide de quelques gouttes d'eau qu'on ajoute successivement, les grumeaux glutineux des matières hétérogènes (amidon, petit son, saletés diverses) qui les empêchent de se réunir pour former une masse homogène présentant les caractères physiques du gluten de froment. Cette troisième phase de l'opération est longue et difficile à décrire: c'est par la pratique seule qu'on acquerra (en peu de temps, au reste) le genre de dextérité nécessaire à l'obtention d'un résultat exact.

La matière glutineuse ainsi obtenue est d'une couleur brune, et quoique ductile et élastique, elle s'étend moins que le gluten extrait des bonnes farines de froment. En traitant la fleur de farine de seigle de la même manière, il m'a été impossible d'en extraire du gluten *insoluble*.

Voici les principes immédiats et hétérogènes que j'ai trouvés dans *cent grammes* de fleur de farine d'orge choisie, *récolte de* 1844.

| | | |
|---|---|---|
| 1° Fécule un peu colorée contenant sans doute de la matière fibreuse moléculaire..... | 46 gr. | 70 |
| 2° Matière fibreuse associée à l'ordéine probablement.......................... | 20 | |
| 3° Matière extractive mucilagineuse dépouillée d'albumine....................... | 7 | 20 |
| 4° Gluten humide, 8 *grammes*, à l'état sec. | 2 | 50 |
| 5° Matière albuminoïde.................. | 1 | 10 |
| 6° Petit son très-fin..................... | 6 | 50 |
| 7° Eau de végétation ou puisée dans l'atmosphère................................ | 16 | |
| Total égal à la farine soumise à cette analyse | 100 gr. | 00 |

A. SALESSE
Membre de la Société impériale d'agriculture de l'Ain.

## CORRESPONDANCE.

### Eaux fortes photographiques.

Nous avons publié, dans notre n° 48, un procédé de M. Bastien, pour obtenir par la photographie des dessins ayant l'aspect d'eaux fortes, et dans le n° suivant, une lettre de M. Mathieu sur le même sujet. A cette occasion, M. Cuvelier nous adresse d'Arras, en date du 12 décembre, la description d'une méthode facile et n'entraînant qu'une dépense insignifiante. M. Cuvelier décrit ainsi son procédé :

« Il consiste à prendre une feuille de verre quelconque, à la poser sur un coussin de papier, à l'encrer avec du noir d'imprimeur, exactement comme on encre une pierre lithographique, et à rouler dans tous les sens, de manière à y déposer une couche mince et aussi égale que possible. Cela fait, vous saupoudrez fortement la couche d'encre avec du blanc de céruse en poudre fine, au moyen d'un tamis, et vous frottez légèrement avec un blaireau pour faire adhérer le blanc à la couche de noir; vous relevez votre glace pour faire tomber l'excès de blanc, et vous balayez au moyen du blaireau, afin de ne laisser sur la glace que la quantité nécessaire pour faire une surface blanche et uniforme.

« La glace est ainsi prête à recevoir un dessin : on la place sur un morceau de papier ou de drap noir et l'on dessine avec une pointe.

« Il est évident que chaque trait fait par la pointe met la glace à nu et produit le même effet que si on dessinait sur du papier blanc avec un crayon noir.

« Dans les premiers jours de sa préparation, cette pâte reste molle et permet de faire un mélange de travail à la pointe et de pointillé.

« Le pointillé se fait en tapotant avec une brosse en bout.

« Avec ces clichés on fait des épreuves par les moyens ordinaires de la photographie; l'intelligence du photographe peut en tirer des effets très-variés.

« Agréez, etc. »

A. CUVELIER,
Photographe amateur.

### Philosophie du langage.

L'*Ami des Sciences* donne avec plaisir l'hospitalité de ses colonnes à la lettre suivante :

Monsieur,

Permettez-moi de soumettre à votre jugement impartial l'exposé de mes longues recherches sur la science du langage et ses applications à l'histoire. La publicité, l'examen et surtout la libre discussion peuvent seuls conduire au développement intellectuel dont vous êtes le noble partisan; j'ose espérer que son insertion dans votre journal donnerait lieu à quelques résultats utiles.

Vous savez, monsieur, que l'origine du langage, son mode de développement, les causes de sa diversité, la filiation des langues, leur comparaison facile et rapide, leurs degrés si variés d'analogie ou d'identité, de ressemblance ou de différence, etc., occupent, depuis des siècles, les hommes les plus éclairés de l'Europe, et que, jusqu'à présent, aucun d'eux n'a obtenu la solution définitive de ces grands problèmes.

Quelle peut en être la raison? Ne serait-ce pas qu'à l'instar de ce qui s'est passé dans toutes les sciences, nos prédécesseurs ont choisi d'abord les moyens les plus compliqués, les plus difficiles et souvent les plus éloignés du but auquel ils voulaient parvenir?... En effet, les uns remontent de prime-abord à la langue primitive qu'Adam parlait au paradis terrestre; les autres s'appuient sur le récit biblique de la tour de Babel; ceux-là rapprochent par centaines toutes les versions du pater noster; ceux-ci comparent telle ou telle quantité de mots (de 26 à 900) sous le double rapport vocal et orthographique, etc.

La direction sévère imprimée aux études modernes, nécessitant des procédés plus rationnels, j'ai cru devoir chercher dans les définitions bien connues du langage, de la grammaire et de la science l'indication logique de la route qu'il faut suivre désormais.

Or, de l'aveu général, *le langage* consiste dans l'emploi des sons et des articulations de la voix. (Acad. fr.)

*La grammaire* a pour objet la parole prononcée et la parole écrite.

*La science*, enfin, quelle qu'elle soit, n'existe que par la réunion 1° des éléments qui lui donnent naissance; 2° des faits de toute espèce qui en forment la partie pratique; 3° des lois, particulières et générales, sur lesquelles repose la théorie.

Ceci bien établi, que restait-il à faire? vérifier si la grammaire, obéissant aux conditions qui lui sont imposées comme science, nous enseigne exactement tout ce qui concerne les deux sections dont elle se compose, car, dans le cas contraire, elle serait incomplète, et dès lors *incapable* de répondre aux questions qui lui sont adressées.

Il est facile de comprendre que le son différant de l'écriture, chaque partie de la grammaire doit avoir son système d'organisation spécial. Le langage articulé étant la base fondamentale du langage écrit, c'est donc par lui qu'il faut commencer. J'ai demandé à toutes les autorités savantes dans quel pays et dans quelle langue on trouverait aujourd'hui un *Traité des éléments, des faits et des lois de la parole pro-*

*noncée*, personne n'a pu me le dire, cet ouvrage n'existe pas ; les grammairiens n'y ont jamais songé.

Voilà, Monsieur, la cause fatale qui a neutralisé les efforts de tant de générations. Ne disposant que de la moitié, la moins importante, des données de leurs problèmes, il est évident que nos prédécesseurs étaient dans l'impossibilité d'en obtenir la solution définitive.

J'ai consacré ma vie à combler cette lacune immense et voici les résultats dont je suis possesseur :

1° La première section de la grammaire est élevée au rang de *science positive*.

2° La partie vocale de la philologie comparée, entièrement inconnue jusqu'à ce jour, est à la disposition des savants, et par elle ils donneront à leurs travaux la clarté, la précision et l'évidence mathématiques;

3° Les diverses sections de la linguistique, les sciences qui s'y rattachent et celles qui leur empruntent des secours, trouveront à l'instant dans mon ouvrage, ainsi que dans un dictionnaire, tous les renseignements vocaux ou orthographiques qui leur seront nécessaires;

4° La reproduction de ces recherches dans les pays étrangers (simple décalque à faire) mettra les grammairiens à même d'analyser, de résumer et de composer de toutes les manières imaginables les idiomes auxquels ils en feront l'application.

Ce n'est pas à vous, Monsieur, qu'il faut rappeler que toutes les vérités s'enchaînent et se servent mutuellement de préparation et de point d'appui. Je puis donc vous assurer que celles que je viens de mentionner m'ont conduit à une observation des plus étranges, des plus inattendues et dont les conséquences, mûrement examinées, peuvent dépasser toutes les prévisions. Vous allez en juger.

Le langage humain reposant sur un principe *unique*, l'emploi de l'organe vocal, il s'ensuit que toutes les langues possibles ont *un fonds commun* d'organisation et de développement bien avéré. D'accord sur ce point avec tous les philologues, j'en ai conclu que la connaissance réelle et complète d'une seule devait donner *la clé* de la partie mécanique de toutes les autres.

Cet aperçu demandait une vérification des plus rigoureuses: je l'ai fait ; il est parfaitement exact. Je puis maintenant extraire du dictionnaire de quelque langue que ce soit (avec l'aide d'un interprète, bien entendu), le très petit nombre d'éléments indispensables (quatre) pour la connaître en elle-même d'abord, puis pour la comparer aux autres avec une facilité, une précision et une rapidité dont rien ne saurait donner l'idée.

Vous voyez, Monsieur, que la publication et l'application européenne de cette découverte réaliseraient la pensée sublime de Catherine II et les vœux de tous les philologues de la terre, car elles mettraient la linguistique à même de produire les fruits qu'on devait en attendre et que tant de sciences, l'histoire surtout, n'ont cessé de lui demander. Alors s'ouvrirait enfin la voie de solution d'un problème final dont les savants les plus célèbres n'ont jamais osé scruter la profondeur, c'est le suivant :

*Quelle est la loi universelle qui régit l'organe vocal humain ?*

Il est aisé de voir par tout ce qui précède qu'il faut nécessairement consulter et résumer les lois générales de toutes les familles des langues connues pour répondre à cette grande question. Mais les conditions de la réussite étant indiquées, la route débarrassée de ses obstacles, le modèle du travail à faire achevé, la France peut aujourd'hui poser la première pierre d'un édifice scientifique dont l'étendue et l'importance iront toujours croissant, puisque chaque nation doit inévitablement y verser son tribut.

Daignez recevoir, etc. F. MIALLE,

**Ancien sténographe, maintenant employé à la Caisse des dépôts et consignations.**

---

**Effets du Haschisch.**

Monsieur,

Encouragé par le bienveillant accueil que vous avez bien voulu faire à mes premières communications, je viens vous soumettre les faits suivants :

Une narration récente des effets du *haschisch* m'a donné la curiosité de l'expérimenter à mon tour, et j'en ai pris avant-hier *deux pilules* (dont, malheureusement, j'ignore la dose, ne les ayant pas préparées moi-même, et les tenant depuis longtemps d'un marchand d'encens arménien qui fréquentait le *séminaire*, où les circonstances m'ont fait faire une partie de mes études).

Il était midi, j'avalai par dessus ces pilules un grand verre d'eau pure, je m'assis appuyé contre le mur et j'attendis. Je ne sais si c'est par l'effet de la solitude et du silence dans lequel je me trouvais, ou par celui du haschisch, qu'il me sembla que je tombais dans une somnolence voisine de l'assoupissement, lorsque tout-à-coup je ressentis à la *nuque* une violente et douloureuse secousse qui s'étendit à la colonne vertébrale toute entière. En même temps, une vive lumière m'éblouit, une chaleur singulière passa dans mon sang, échauffa mon cerveau et me jeta dans une espèce de fièvre, dans un état que je pourrais comparer à un délire subit, mais à un délire agréable, malgré son étrangeté, et que j'avais, sans m'en rendre compte, le désir intime de voir se prolonger indéfiniment. Cet état dura une heure ou une heure et demie, je le vérifiai à ma montre, mais une journée ne suffirait pas à décrire à la plume toutes mes sensations. L'espèce de cave où je me livre à la recherche de la composition du ciment hydraulique qui fait l'objet du prix de 1865 s'agrandit à mes yeux, les murailles se revêtirent de couleurs éclatantes et me parurent percées de baies donnant accès dans de vastes galeries ornées de sculptures, de statues et de fleurs. Des instruments de chimie, des vases de grès, des cornues contenant les éléments d'un cirage perfectionné auquel je travaille, prirent des dimensions gigantesques et peu à peu devinrent des porphyres et des marbres précieux. Les sons les plus mélodieux se firent entendre ; saisi d'un accès de lyrisme produit par l'état de surexcitation dans lequel je me trouvais, je me rappelle très-bien avoir déclamé, avec une voix qui me parut retentissante et métallique, des vers du genre héroïque; les strophes me parurent venir d'abondance à mes lèvres quoique je n'aie de ma vie pu faire que des vers boiteux, que mes amis ont toujours à l'unanimité déclarés détestables. Enfin, la transformation de toutes choses autour de moi s'étendit à ma personne : de blond, grand, mince et svelte, il me sembla devenir plus petit, m'arrondir, m'assouplir, et par une transformation sensible et dont je rougissais tout en l'examinant curieusement, devenir une jeune femme brune, aux longues tresses noires et animée des sentiments les plus vaporeux, des tentations les plus étranges, lesquelles me poussaient à des attitudes et me jetaient dans des perplexités sur lesquelles je ne dois d'ailleurs pas m'étendre. C'est par gradations insensibles que je sortis de cet état singulier et je pus très-bien sentir les progrès de mon retour à la vie normale qui s'effectua peu à peu, tout s'apaisant, diminuant, se calmant, se ternissant, s'enlaidissant, autour de moi, jusqu'à ce qu'enfin je me retrouvai, comme devant, assez laid moi-même, assis à la même place, mais brisé dans tous les membres, triste, maussade, nerveux, regrettant mes hallucinations effacées, et plongé dans un état d'abattement qui n'a pas cessé depuis deux jours.

Je vous livre ces faits, Monsieur le rédacteur, pour en tirer le parti que votre esprit éclairé jugera convenable au profit de la science, notre maîtresse gracieuse qui récompense de l'amour qu'on lui porte par des bienfaits inépuisables comme elle.

MOULINE, chimiste.

## LA SEMAINE SCIENTIFIQUE.

### Expériences sur les hannetons.

M. Pouchet, correspondant de l'Institut et professeur d'histoire naturelle à Rouen, nous adresse de cette ville, en date du 12 de ce mois, une lettre dont nous extrayons ce qui suit :

« Monsieur ;

« Dans le dernier numéro de votre charmant journal, vous parlez de la submersion des hannetons. Puisque vous en êtes sur ce sujet, je prends la liberté de vous prier de mentionner quelques expériences que j'ai faites sur ces animaux et qui comblent la lacune que vous signalez.

« Vous les trouverez exposées dans une brochure qui sera mise à la poste en même temps que cette lettre.

« L'expérimentateur que vous citez dit bien avoir mis ces insectes dans une cuve, mais ils ont pu rester flottants. Dans mes expériences ils étaient sous des cloches totalement submergées, etc., etc. »

La brochure dont il est question dans cette lettre, a pour titre : *Histoire naturelle et agricole du hanneton et de sa larve, ou traité de leurs mœurs, de leurs dégats et des moyens de borner leurs ravages.* Par l'extrait suivant, l'auteur de la lettre publiée par nous dimanche dernier sous ce titre : *une expérience à répéter*, aura la satisfaction de reconnaître que le témoignage d'un des plus illustres physiologistes de notre époque peut être invoqué à l'appui des faits qu'il nous a communiqués, faits si singuliers qu'il n'a point voulu en faire partager la responsabilité au célèbre physicien dont il sollicitait les avis: c'est en effet sur l'invitation de M. Le Marchand que nous avons laissé en blanc le nom de ce physicien. — Ce qui suit forme les pages 41 et 42 de la brochure de M. Pouchet.

« Lorsqu'on prive d'air une masse de hannetons, en la plaçant sous une cloche ou en l'exposant sous l'eau, en un temps fort court, tous les insectes qui s'y trouvent paraissent frappés de mort. Ils n'offrent aucun mouvement, et l'odeur qui s'en dégage semble déjà un indice de putridité ; cependant si on place ces animaux à l'air libre et sous l'influence d'une chaleur modérée, quelques heures après, leurs mouvements recommencent et tous reprennent leur vol.

« Voici quelques expériences que nous avons faites à cet égard.

« Dans nos premières expériences, les hannetons furent placés sous l'eau, dans des cloches que l'on en avait remplies. La submersion ne fut prolongée que pendant une heure. Alors tous étaient absolument immobiles et offraient l'apparence de la mort. Exposés ensuite à l'air libre, à une température de 23 degrés centigrades, tous se remuèrent rapidement et ils reprirent leur vol au bout d'environ trente minutes.

« Dans d'autres expériences, la submersion fut prolongée vingt-quatre heures. Tous les insectes semblaient non seulement morts, mais avoir subi sous l'eau un commencement de décomposition, à cause de la fétidité et de la légère coloration que le liquide avait contractées. Les hannetons ayant été retirés de l'eau et exposés à l'action de la lumière et d'une température de 25 degrés centigrades, au bout d'une heure, donnèrent presque tous des signes de vie, consistant dans des mouvements spasmodiques des tarses antérieurs. Abandonnés ensuite pendant une nuit dans un lieu où la température s'abaissa à 15 degrés, le lendemain les quatre cinquièmes de ces insectes reprirent leur vol.

« Dans des expériences durant lesquelles la submersion fut prolongée de 48 heures à 5 jours, les hannetons qui semblaient évidemment en putréfaction lorsqu'on les retira de l'eau, donnèrent cependant encore quelques signes de vie. Après plusieurs heures d'immobilité, quelques mouvements se manifestèrent dans leurs tarses, mais aucun de ces insectes ne pût se ranimer complétement.

« Ces dernières expériences peuvent éclairer sur la durée qu'il faut donner à la submersion lorsque l'on juge devoir employer ce moyen pour tuer les hannetons : quoique ceux-ci offrent rapidement toutes les apparences de la mort, il n'en faut pas moins qu'ils restent sous l'eau au minimum 48 heures, si on veut être certain qu'aucun ne se ranimera.

« Il est encore plus difficile d'aspyhxier ces insectes dans des caisses ; aussi, si on adoptait ce procédé, faudrait-il les laisser renfermés un temps encore plus considérable.

« L'expérience suivante montre même qu'une température assez élevée, jointe à la privation d'air, ne suffit pas pour tuer rapidement ces insectes. Ayant rempli de hannetons une cloche en verre, et l'ayant exposée à un soleil qui élevait alors le thermomètre centigrade à 45 degrés, après quinze minutes, tous ces animaux paraissaient avoir été frappés de mort. Aux mouvements desordonnés qui s'étaient d'abord manifestés avait succédé la plus parfaite immobilité. Cependant l'expérience fut prolongée. Après une heure, les hannetons furent enlevés et placés dans un endroit où la température était à 15 degrés. On n'espérait pas qu'à la suite d'une semblable épreuve aucun pût revenir. Cependant, le lendemain, à peu d'exception près, tous avaient repris leur vol. »

---

### Emploi avantageux du marc de cidre.

Un membre de la Société d'agriculture de Joigny, M. Robert, a fait à ses collègues une communication dont voici la substance :

Jusqu'à ce jour, le marc de cidre n'a reçu aucune application dans le département de l'Yonne ; il est même une cause d'embarras, puisqu'on est obligé de le faire transporter souvent à de longues distances et dans des terrains improductifs, ce marc, d'après M. Robert, étant nuisible à la végétation. Comme combustible, il serait au contraire supérieur au tan, et se prêterait aussi facilement que celui-ci à la confection de mottes. L'auteur se fonde sur une pratique en grand, puisqu'il a fait faire l'année dernière 10,000 mottes de marc de cidre.

Le marc, en mottes sèches, brûle parfaitement dans les cheminées ordinaires ; il donne une bonne chaleur ; de plus, après la combustion, la motte reste fort longtemps incandescente, et, cachée sous sa cendre, on en retrouve encore de nombreux fragments embrasés douze heures après avoir cessé le feu.

Dans un fourneau, sous une chaudière ou un alambic, la flamme est vive et brillante ; la chaleur est beaucoup plus régulière que celle du bois.

Rien n'est moins compliqué et plus à la portée des habitants des campagnes que la fabrication de ces mottes. Voici comment on procède :

1° On plante en terre, à un mètre de distance, deux pieux en bois formant fourche à la partie supérieure, et l'on pose horizontalement entre les deux fourches un support qui est maintenu aux deux extrémités au moyen d'une ficelle.

2° Pour le moulage des mottes, on a un cercle en fer de 5 centimètres de hauteur, de 15 centimètres de diamètre et de 25 millimètres d'épaisseur. Voilà tout le matériel de cette industrie.

3° Un enfant remplit les cercles de marc préalablement humecté ; puis, saisissant à deux mains la traverse de bois sur laquelle il prend un point d'appui, il foule avec les pieds le marc dans le cercle en le faisant tourner deux ou trois fois : voilà le personnel.

4° Pour la dessication, il suffit d'un hangard, d'une grange, d'un grenier aéré, au besoin du dessous de la saillie d'un toit, avec des planches posées sur des bouts de bois plantés dans le mur : voilà tout l'établissemen et le secret de la fabrication.

Les mottes peuvent se faire à façon, et on les paye ordinairement 1 fr. le mille.

Dans ces conditions, et le marc étant donné, on peut, avec 100 francs :

1° Tenir en ébullition 700 litres d'eau pendant 200 jours, sans interruption.

2° Faire du feu dans une cheminée ordinaire pendant 700 jours.

3° Fournir du combustible, pendant un hiver, à quinze familles indigentes.

M. Robert fait observer que le marc de poires, contenant plus de liqueur, est le meilleur de tous. Cependant le marc de pommes ne doit pas être rejeté. L'expérience qu'il a faite a eu lieu sur du marc de pommes et du marc de poires mélangés par moitié environ.

M. Jullien, président honoraire de la Société, a constaté l'exactitude des faits avancés par M. Robert.

---

#### Empoisonnement par les vapeurs d'essence de térébenthine.

Un cas d'empoisonnement s'est présenté chez une femme qui habitait un appartement fraîchement peint. Fallait-il accuser la ceruse ou la térébenthine? M. Marchal de Calvi se livra à une série d'expériences dont la conclusion inattendue est qu'on ne peut attribuer au composé saturnin (lequel est fixe), les accidents produits par les peintures fraîches; que ces accidents sont dus aux vapeurs de térébenthine et qu'enfin le danger est le même dans un appartement fraîchement peint, quelque soit le composé, blanc de plomb ou blanc de zinc, qui forme la base de la peinture.

L'habile médecin voit dans les vapeurs de térébenthine un poison hyposthénisant, et il recommande le traitement stimulant contre les accidents qu'elles peuvent produire.

---

#### Absorption des vapeurs acides des fabriques de produits chimiques.

MM. Ch. et Al. Tissier proposent d'arrêter les vapeurs acides qui s'échappent des grandes cheminées des fabriques de produits chimiques, en interposant entre la traînée principale et la grande cheminée de l'usine, un espèce de four à chaux, chauffé par un foyer contigu et dans lequel se rendent, grâce au tirage de la cheminée, d'un côté les vapeurs de la cheminée, de l'autre la flamme du foyer destiné à chauffer le calcaire dont sera rempli le four et auquel une certaine température est nécessaire pour que l'absorption des gaz acides soit complète.

Ce procédé mis en pratique par les auteurs dans leur usine d'Amfreville près Rouen, où s'effectue en ce moment sur une assez grande échelle l'extraction de l'aluminium, leur a donné d'excellents résultats; les vapeurs qui proviennent de la fabrication du chlorure d'aluminium sont excessivement piquantes et corrosives, on avait donc tout intérêt à les arrêter au passage.

---

#### Utilité des pyramides d'Egypte.

« A toutes les opinions émises sur la destination des pyramides, nous venons ajouter la nôtre, dit M. Jobard, dans une note adressée à l'Académie. Nous croyons que les Egyptiens, reconnus par les voyageurs grecs comme le peuple le plus sage et le plus avancé de l'époque, n'étaient pas gens à entreprendre d'aussi prodigieux travaux sans un intérêt public en rapport avec les dépenses qu'ils ont dû exiger. Les pyramides, suivant nous, étaient évidemment des phares servant de points de repère aux nombreux bateaux qui circulaient sur le Nil débordé et aux voyageurs égarés dans les sables du désert, qui les apercevaient de douze à quinze lieues. La plate-forme de la pyramide de Chéops, la plus ancienne de toutes, pouvait recevoir un feu de bitume et des vigies chargées de prévenir longtemps d'avance de l'arrivée des caravanes et de l'approche des conquérants étrangers.

« Une seule pyramide n'étant pas trouvée suffisante pour l'orientation des navigateurs, on en a successivement bâti une seconde, une troisième et plusieurs petites pour la transmission des signaux, comme on élève des ouvrages avancés contre l'ennemi. »

---

#### Une guérison merveilleuse.

Le docteur Plubing, de Berlin, raconte l'observation suivante. Une femme, âgée de 72 ans, de bonne constitution, avait le bras droit paralysé depuis 40 ans; la cause de l'affection était inconnue. Dans les derniers temps, cette femme eut de fréquents accès de manie furieuse. Dans l'un d'eux, son fils, voulant la calmer, lui rapporta que des voisins disaient qu'en frappant un de ses bras de paralysie, Dieu ne l'avait pas assez punie. « Quoi! s'écria-t-elle furieuse, si Dieu m'a rendu malade il peut me guérir, » et en parlant ainsi elle leva le bras paralysé et l'agita dans toutes les directions. Le fait se passa en présence du médecin. A partir de ce moment jusqu'à la mort, le membre garda sa mobilité complète.

---

## VARIÉTÉS.

### Puissance de la volonté. — Influence de la musique.

Dans son ouvrage sur le *tremblement des mains et des doigts* (1), M. J.-J. Cazenave rapporte les observations suivantes qu'on ne lira pas sans intérêt :

Pendant un séjour de quelques années à Cadillac-sur-Garonne (Gironde), où il exerçait la médecine, il se faisait raser par un vieux perruquier dont les mains, la main droite surtout, étaient prises d'un tremblement oscillatoire incessant et considérable. « La première fois que je confiai ma barbe à ce brave homme, je fus effrayé de son approche, dit M. Cazenave, mais surtout de son rasoir, que je voyais obéir passivement à tous les mouvements désordonnés de sa main. En pareille situation, je ne vis rien de mieux que de prendre le premier prétexte venu pour ne pas me faire raser. Le barbier, qui avait des prétentions, qui était un lecteur de romans émérite, et qui savait son barbier de Séville sur le bout du doigt, fut très-contrarié de mes appréhensions; son amour-propre en souffrit, et il me proposa d'aller le même jour dans sa boutique, le voir raser ses pratiques. A ma grande surprise je vis le tremblement de la main droite armée du rasoir cesser spontanément dès que l'instrument fut à 2 centimètres du visage, et ce tremblement ne plus se reproduire jusqu'à ce que la barbe fût faite.

« Tout le monde savait l'histoire du barbier dans la petite ville, et tout le monde de se confier à la main et au rasoir dont j'avais singulièrement redouté les écarts. Quoi qu'il en fût, la volonté était toute puissante chez notre homme, car le tremblement de ses mains, qui était permanent dans tous les actes de sa vie, cessait dès que le rasoir pouvait le rendre dangereux. »

M. Cazenave cite un médecin de Bordeaux qui a donné lieu aux mêmes observations; il tremblait des deux mains, mais du tremblement oscillatoire des vieillards, ce qui ne l'empêchait pas d'opérer parfaitement la cataracte, et de faire la taille avec un succès exceptionnel. En le voyant prendre des instruments pour opérer, on le taxait d'imprudence et de témérité, tant le tremblement de sa main droite surtout était considérable. Néanmoins, en suivant les phases de chacune de ses opérations on était rassuré, car, dès qu'il avait pris sa détermination, qu'il voulait agir résolument, le tremblement cessait, sa main était sûre, d'une grande prestesse, complé-

(1) Voir le *Bulletin bibliographique* du n° 42.

tement aux ordres de sa volonté, l'opérateur était habile, et rien ne trahissait les angoisses du chirurgien qui souffrait d'être obligé de torturer ses semblables.

— « Un certain M. Causse, maître de musique, donnait des leçons de solfège et de chant à six élèves du Lycée, dans le nombre desquels étaient X... et moi. X..., mort il y a quelques années, était le fils d'un colonel dans le régiment duquel il avait passé les premières années de sa vie. Cet enfant de seize ans avait tous les goûts, toutes les allures d'un soldat, et son bonheur était de faire faire l'exercice au peloton qu'il commandait en qualité de sergent. Intelligence d'élite, il étudiait avec plus de succès qu'aucun de nous les mathématiques pures et appliquées sous notre professeur M. Leupold, dessinait parfaitement, était turbulent, emporté, querelleur, très-habile à tous les exercices du corps, et l'un des meilleurs élèves de la salle d'escrime. Aucune représentation, aucune punition, ne pouvaient amender cette rude nature, que le Proviseur de cette époque, M. de Champeaux, avait inutilement essayé de dompter par des admonestations d'une rare bienveillance et quasi-paternelles. Cet enfant si fougueux, cet élève intraitable, ayant d'ailleurs un excellent cœur, était d'une très-grande impressionnabilité à l'endroit de la musique. Notre professeur de violon, M. Philippeaux, le tenait captif, le fascinait, et l'eût fait se prosterner à ses pieds, s'il l'eût voulu, en faisant quelques accords ou en préludant dans un mode mineur. Les jours de promenade, notre musique militaire transportait notre camarade, le métamorphosait, changeait sa nature, ses instincts, modérait sa fougue, ses emportements, ses brutalités. Il n'était plus lui, il versait des larmes d'attendrissement, était affectueux et bienveillant pour tous ses camarades; ses allures impertinentes et hautaines s'effaçaient presque aussi rapidement que la pensée, et tout le monde, élèves et professeurs, de croire à une conversion qui ne durait, hélas! que ce que durait la musique, c'est-à-dire fort peu de temps.

« Notre Proviseur M. de Champeaux, qui était un excellent observateur et un homme de beaucoup d'esprit, ayant appris que la musique avait une influence très-marquée sur l'organisation et sur les facultés morales du jeune lycéen, se promit de tirer parti de cette influence, mais sans mot dire, sans prévenir qui que ce fût. Deux fois par semaine, et pendant les récréations, M. de Champeaux faisait monter X... dans son cabinet, à côté duquel était un de nos camarades, très-habile violoniste, le général Tampoure, mort dernièrement à Bordeaux. Ce jeune virtuose, par des combinaisons heureuses du son, produisait des mélodies touchantes, une harmonie expressive, qui agissaient directement sur le système nerveux de cet indomptable élève, sur cette nature arrogante que la musique modifiait si profondément. Pendant les deux ou trois heures que durait cette espèce d'extase, cette véritable fascination, X... était d'une douceur, d'une aménité, d'une bienveillance rares, et l'on se persuadait volontiers qu'on arriverait à le faire persévérer dans ces bonnes dispositions, à changer sa nature, ses penchants, son caractère. Vain espoir! »

---

## NOUVELLES ET CAUSERIES.

Animaux auxiliaires. — L'ancien conservateur des collections de l'Institut agronomique, M. Nicolet, raconte qu'il cultivait au pied oriental du Jura, dans une petite vallée assez humide, un jardin clos de murs qui ne rapportait presque rien, vu l'innombrable quantité de limaçons et de chenilles qui y avaient élu domicile.

Il eut alors l'idée de rassembler dans ce pauvre jardin tous les animaux insectivores qu'il rencontrait, et bientôt il fut difficile d'y faire un pas sans se trouver en présence soit d'une couleuvre ou d'un lézard, soit d'un hérisson ou d'un crapaud, tandis que de nombreux coléoptères carnassiers, parcourant la surface du jardin, y trouvaient, sur tous les points, une abondante nourriture.

Les résultats de cette expérience furent l'extinction complète des animaux nuisibles : limaces, vers blancs, chenilles, courtilières, tout disparut. Une magnifique verdure remplaça la chétive végétation qui existait auparavant; les arbres fruitiers, restant couverts de feuilles, purent donner de bons fruits, et le travail du jardinier fut diminué de toute la peine qu'il se donnait pour s'opposer à la destruction de ses produits.

La répugnance que les reptiles inspirent fera peut-être longtemps encore obstacle à ce qu'on les emploie d'une manière aussi directe; mais, dit l'auteur de l'expérience précitée, si nous ne pouvons supporter leur voisinage immédiat, ne les livrons pas du moins à un système d'extermination que rien ne justifie, puisque, loin de nous nuire, il nous rendent au contraire d'importants services.

En résumé, une seule espèce est réellement dangereuse (quand on l'attaque), c'est la vipère; détruisons celle-là, rien de mieux, mais laissons vivre les autres, car elles nous payent largement l'intérêt de leur existence.

Abondance de l'or. — On lit dans la correspondance américaine de la *Presse*. « Le *Georges-Law* nous a apporté de Californie une riche cargaison d'or s'élevant à une valeur supérieure à onze millions de francs. C'est la preuve la plus authentique de la fécondité persévérante des mines. Mais où n'y a-t-il pas de l'or aujourd'hui? N'en a-t-on pas trouvé à la Guyane? Près du lac Supérieur, il y a des mines de cuivre fort abondantes et en pleine activité qui ont donné, l'an dernier, plus de deux millions de tonnes de minerai; on vient d'y découvrir des gisements aurifères d'une grande richesse. Il en est de même dans le Minnesota, où la recherche de l'or commence à donner aussi des résultats fort avantageux. »

Les mines californiennes. — La quantité d'or extrait des mines californiennes depuis leur découverte, en 1848, s'élèverait, d'après le catalogue américain, à plus d'un milliard 500 millions de francs. Le titre en est très-variable : il y a de l'or qui ne dépasse pas 785/1000, et d'autre qui atteint jusqu'à 980/1000. Mais il est bon de considérer que chaque district minier donne presque toujours l'or au même titre, lequel est exactement celui de l'or des veines qui l'ont produit. Le titre moyen, calculé sur 13,740,442 dollars (67,350,710 fr.), frappés à la Monnaie des États-Unis, à San-Francisco, au 3 avril 1855, serait, d'après le catalogue, de 892 millièmes.

Une partie de l'or recueilli est expédiée en poudre ou en lingots sur les différents marchés du monde; l'autre est frappée à San-Francisco. Les monnaies sont de 50, 20, 10, 5, 2 1/2, 1, 1/2, et 1/4 de dollar; celles légales sont frappées par la Monnaie des États-Unis, qui ne fait que des pièces de 20, 10, 5, 2 1/2 et 1 dollar, portant le mot *Liberty* sur l'effigie. Des compagnies particulières frappent également ces mêmes monnaies, plus celles de 50 dollars et 1/2 et 1/4 de dollar; mais au lieu du mot *Liberty*, elles portent le nom du fabricant; ces monnaies ne sont pas reçues dans les administrations du gouvernement. Leur titre, qui doit être marqué sur chaque pièce, est généralement moins élevé que celui des monnaies légales, surtout dans les pièces de 50 dollars et 1/2 et 1/4 de dollar.

Le caoutchouc et les armes a feu. — Un Anglais vient d'imaginer une nouvelle application du caoutchouc dont le but est d'éviter aux chasseurs et aux soldats le choc quelquefois douloureux causé à l'épaule par le recul du fusil. Voici comme il s'y prend : il termine la crosse par une plaque métallique au milieu de laquelle est une tige mince pouvant glisser dans une coulisse pratiquée dans le bois du fusil, entre cette plaque et la crosse sont des coussins en caoutchouc qui, lorsque part la balle, se pressent les uns contre les autres comme les tampons aux extrémités des wagons sur les chemins de fer, et comme ceux-ci, amortissent le choc.

SUCCÉDANÉES DU CHANVRE. — Depuis l'interruption des relations commerciales entre la Grande-Bretagne et la Russie, on s'occupe beaucoup en Angleterre de découvrir des matières filamenteuses propres à remplacer le chanvre que l'on avait coutume de tirer de l'empire moscovite. On a déjà tenté de nombreuses expériences sur des plantes indiennes, et l'on croit en avoir trouvé plusieurs qui peuvent fournir aux cordiers et aux filetiers des matières premières moins chères, plus belles et plus tenaces que celles de tout autre pays. Ainsi, le chanvre de l'Himalaya est beaucoup plus fort que celui de Russie, car des cordes qui en sont formées portent, à grosseur égale, 400 kilogrammes, tandis que celles faites de chanvre russe se cassent sous un poids de 160 kilog.

Dans cette même région de l'Himalaya, on trouve aussi plusieurs espèces d'orties, dont l'une, la rhée, fournit des filaments si tenaces, que des cordes de cette matière ont porté de 60 à 63 kilog., tandis que celles du meilleur chanvre de Russie, pour une même section transversale, n'ont soutenu que 56 kil. La rhée est remarquable par la rapidité de sa croissance, chaque pied produisant annuellement trois, quatre et même cinq coupes. La Compagnie des Indes a annoncé l'intention de s'occuper sérieusement de cette plante, dont l'emploi et la culture ne tarderont pas à donner des résultats avantageux.

On comprendra l'importance commerciale de la question qui nous occupe en ce moment, lorsque l'on saura que la quantité de chanvre importée en Angleterre, pendant les cinq dernières années, a été en moyenne de 57 millions de kilog. dont 25 ont été fournis par la Russie. D'autres plantes, telles que l'aloës, l'ananas, le bananier peuvent encore fournir des ressources précieuses, si l'on parvient à surmonter quelques difficultés de préparation, qui paraissent même devoir être bientôt vaincues, puisque plusieurs fabricants annoncent déjà qu'ils sont en état d'employer les plantes filamenteuses de l'Inde à toute espèce d'usage.

EXERCICE ILLÉGAL DE LA PHARMACIE. — On sait que les épiciers et les herboristes se livrent journellement à l'exercice illégal de la pharmacie. Voici un exemple des résultats que peut occasionner cet exercice illégal.

Un sieur J..., marchand de parapluies, avait l'habitude de se purger très-souvent, et, par motif d'économie, il faisait emplette chez un sieur G..., épicier, de sel d'Epsom. Dans les derniers jours d'août, il alla chez son fournisseur habituel demander 60 grammes de sel d'Epsom ou sulfate de magnésie; par erreur, au lieu de ce sel, on lui délivre 60 grammes de chlorate de potasse; il divise ce médicament en trois doses, il prend la première le matin à jeun, et il éprouve dans la journée de violentes coliques. Sans avoir égard à cet effet, il prend le lendemain matin la seconde partie, et le soir il succombe dans des convulsions atroces. Le lendemain de l'ingestion de la première dose (20 grammes), son corps était devenu couleur gris d'ardoise.

« Si le jury médical avait fait son devoir, dit M. A. Chevallier, s'il avait saisi chez l'épicier les substances médicamenteuses qui se trouvaient dans sa boutique; s'il avait signalé au préfet, au procureur impérial, les contraventions exercées par le sieur G..., le sieur J... n'aurait pas succombé à un empoisonnement par le chlorate de potasse. »

L'ANTHRACITE AUX ÉTATS-UNIS. — Dans un remarquable article publié par le *Journal d'architecture*, M. Michel Chevalier donne les détails suivants sur l'emploi de ce combustible dans les Etats-Unis d'Amérique.

« On n'est parvenu qu'à la longue à brûler l'anthracite sur des grilles, en petite quantité, pour les usages domestiques, et même à en tirer un parti quelconque. Ce fut la guerre qui, faisant sentir aux manufacturiers l'aiguillon de la nécessité, donna naissance à la pensée d'utiliser les gîtes d'anthracite pour la consommation des fabriques de la Pensylvanie, car alors on ne soupçonnait même pas qu'il pût jouer un rôle dans le chauffage des maisons. De 1812 à 1815, les escadres anglaises bloquaient étroitement les ports de l'Union ; les manufactures indigènes, accoutumées à s'approvisionner, par la voie maritime, des houilles de l'Angleterre, de la Virginie et de la Nouvelle-Ecosse, étaient dans un embarras extrême; on songea donc au combustible minéral que la nature avait placé en masse aux sources du Schugkill. On en fit venir à grands frais en charettes, par de mauvais chemins, jusqu'à Philadelphie, et on chargea les fourneaux et les chauffages des chaudières, mais sans le moindre succès. L'anthracite se montra rebelle à tous les efforts. Cependant, un accident vint démontrer positivement que l'anthracite pouvait s'embraser. Un tas d'anthracite gisait abandonné sur les bords du Schugkil, près de la ville. Une nuit, le propriétaire d'une maison attenante fut réveillé en sursaut par une grande lueur accompagnée de décrépitements; c'était le monceau d'anthracite qui avait pris feu et qui flambait. On renouvela bientôt les essais, et cette fois on fut plus heureux.

« Actuellement, l'anthracite est employé à peu près à tous les usages possibles, domestiques et industriels. »

---

## BULLETIN BIBLIOGRAPHIQUE.

HISTOIRE NATURELLE GÉNÉRALE DES RÈGNES ORGANIQUES, principalement étudiée chez l'homme et les animaux, par M. I. Geoffroy Saint-Hilaire. Tome 2, 1re partie, in-8°, de 266 pages. Victor Masson, 17, place de l'École de Médecine.

— LE MONDE DES OISEAUX, ornithologie passionnelle par A. Toussenel, auteur des Juifs rois de l'époque. Troisième volume, in-8°, 6 fr., librairie phalanstérienne, 6, rue de Beaune.

— L'ART DE GUÉRIR ET D'ÉVITER LES MALADIES, ouvrage utile aux mères de famille et à tous ceux qui, par état ou par dévouement, s'occupent de l'amélioration de l'espèce humaine tant au moral qu'au physique, par A.-M. Guilbert, docteur en médecine. In-8°, Labé, éditeur, 4, place de l'Ecole de Médecine.

— CONFÉRENCES SUR LES PRINCIPALES DIFFICULTÉS des mathématiques élémentaires, suivies d'une instruction sur les règles à calcul, par A. Arnaudeau, ingénieur civil, ancien élève de l'Ecole polytechnique. In-4°, 60 cent.; chez l'auteur, 63, rue Saintonge.

— LE CAFÉ, ses propriétés, nouvelle manière de le préparer par l'abbé Masson, curé de Férébrianges (Marne). Broch. in-18, 25 cent.; Delossy, 17, rue Cassette.

— DESCRIPTION D'UN NOUVEAU FOUR à coke, à compartiments fermés à l'accès de l'air, et chauffés au gaz, donnant le rendement maximum des houilles, par MM. Appolt frères, fabricants de produits chimiques à Soulzbach (près Sarrebruck). In-8°, avec 5 grandes planches lithographiées. Metz, imprimerie de Gangel.

— CHOIX DE MAXIMES tirées des moralistes anciens, par M. H.-V. Jacotot. 1 vol. in-32, chez Dentu, Palais-Royal.

— TRAITÉ DE L'IMPUISSANCE ET DE LA STÉRILITÉ chez l'homme et chez la femme, comprenant l'exposition des moyens recommandés pour y remédier, par le docteur Félix Roubaud. 2 vol. in-8°, 10 francs. J.-B. Baillère, 19, rue Hautefeuille.

---

**Prix d'abonnement pour l'étranger.**

Angleterre, Allemagne, 8 fr.; — Suisse, Parme, Plaisance, Modène, 8 fr. 50; — Etats Sardes, Grèce, Crimée, 9 fr.; — Hollande, 10 fr.; — Etats-Unis, Indostan, Turquie, 10 fr. 50; — Belgique, Prusse, Hanôvre, Saxe, Pologne, Russie, Espagne, Portugal, 11 fr.; — Toscane, 12 fr.; — Etats-Romains, 16 fr. 50.

*Le propriétaire, rédacteur-gérant :*
VICTOR MEUNIER.

PARIS. — IMP. J.-B. GROS, RUE DES NOYERS, 74

**Première année. — N° 52.** Quinze centimes. **30 décembre 1855.**

# L'AMI DES SCIENCES

BUREAUX D'ABONNEMENT
13, RUE DU JARDINET, 13
Près l'Ecole de Médecine
A PARIS

JOURNAL DU DIMANCHE
SOUS LA DIRECTION DE
VICTOR MEUNIER

ABONNEMENT POUR L'ANNÉE
PARIS, 6 FR.; — DÉPART., 8 FR
Étranger (Voir à la fin du journal)
ENVOYER UN MANDAT DE POSTE



## AVIS.

Nous invitons ceux de nos souscripteurs dont l'abonnement expire à la fin de ce mois à vouloir bien le renouveler sans retard, afin d'éviter toute interruption dans l'envoi du journal.

Le petit nombre de ceux dont l'abonnement pour l'année courante n'a pas été encore été soldé sont priés d'en joindre le montant au prix de leur renouvellement.

Nous adressons une invitation analogue aux personnes qui, habitant un pays à surtaxe de poste, ne nous ont envoyé en paiement de l'année courante qu'une somme insuffisante (voir à la fin du journal les prix d'abonnement pour l'étranger).

Le meilleur mode d'abonnement pour les souscripteurs de la province et de l'étranger consiste dans l'envoi d'un mandat de poste ou sur une maison de Paris, à l'ordre du gérant du journal.

Nous prions nos abonnés de joindre à leur demande de renouvellement une bande imprimée, rectifiée s'il y a lieu.

## Sur l'Éthérisation et les Combustions humaines spontanées.

A Monsieur le rédacteur de l'*Ami des Sciences*.

Monsieur,

On lit dans le dernier numéro de l'*Ami des Sciences* une observation de M. le professeur Marchal de Calvi, sur un cas d'empoisonnement par la vapeur d'essence de térébenthine. Ces sortes d'empoisonnement ou d'asphyxie sont plus fréquents qu'on ne le pense généralement, et il est très-utile, à mon avis, de prémunir le public contre l'habitation immédiate des appartements nouvellement peints; il est très-utile qu'on sache que *le séjour d'un appartement qui vient d'être peint à l'essence est mortel.*

Le *Répertoire de pharmacie*, janvier 1848, a publié un mémoire sur un sujet analogue, sous le titre de *Vues théoriques sur l'Éthérisation ou asphyxie par substitution et sur les Combustions humaines spontanées.*

J'ai l'honneur de vous adresser quelques extraits de ce mémoire que je vous prierai d'insérer dans l'un de vos prochains numéros, si vous croyez qu'ils puissent concourir à la propagation de la vérité sur quelques points de science encore obscurs.

Veuillez agréer, Monsieur, l'assurance des sentiments de haute considération de votre tout dévoué

BOUTIGNY (d'Évreux).

La Villette-Paris, le 24 décembre 1855.

En 1843, j'ai publié dans le *Bulletin de thérapeutique*, de Miquel, une *Note sur la transformation de l'éther en aldehyd et sur l'emploi de sa vapeur en médecine* (1). Dans cette note, je rappelais en quelques mots les phénomènes remarquables que présente l'éther à l'état sphéroïdal, les métamorphoses profondes qu'il subit sous l'influence de cette modification moléculaire, et j'appelais l'attention du corps médical sur les propriétés de l'aldehyd en vapeur. Voici les deux derniers paragraphes de cette note:

« Lorsque je me livrais à l'étude de ces beaux phénomènes et que je restais enveloppé d'une atmosphère contenant beaucoup d'aldehyd, j'éprouvais un bien-être tout particulier, qui ne ressemblait en rien à l'excitation produite par l'usage d'un bon vin, pris en quantité modérée; il me semblait que j'avais plus de lucidité dans les idées et plus de souplesse dans les membres.

« Telle est, en peu de mots, l'action de l'aldehyd sur l'économie animale. Ne serait-il pas utile de tenter quelques expériences sur son emploi, en vapeur, contre certaines maladies chroniques des voies aériennes? Quand il ne servirait qu'à produire quelques heures de bonheur à de malheureux malades, cela vaudrait bien la peine d'en faire l'essai. Il y a là une question d'humanité; la poser à des médecins, c'est la poser avec la certitude de la voir promptement résolue. »

Comme on le voit, j'en étais à la période d'excitation de l'inhalation de l'éther; un pas de plus et j'arrivais à la période d'insensibilité ou *d'asphyxie par substitution.* Il n'est pas douteux que celui-là qui aurait tenté l'emploi de la vapeur d'aldehyd sur un seul malade, n'eût fait l'importante découverte qui excite si vivement et si justement l'attention publique (l'éthérisation).

Du reste, je ne rappelle les quelques mots publiés dans le *Bulletin de thérapeutique*, que pour montrer une fois de plus la lenteur de la marche de l'esprit humain, et combien il faut de temps pour découvrir une seule des propriétés de la matière. Il est évident que j'ai tourné vingt fois autour de la plus utile découverte de notre époque; c'est que sans doute son heure n'était pas encore venue (2).

Cela dit, je vais examiner au point de vue chimique l'action

(1) Numéros des 15 et 30 mars 1843.
(2) Ceci était écrit en 1847.

anesthésiante de l'éther, en prenant pour bases de mon raisonnement des faits et des analogies remarquables.

Dans l'acte de la respiration, que l'oxygène soit absorbé et porté dans le torrent de la circulation, ou qu'il se combine au carbone du sang veineux dans les cellules pulmonaires, il n'en est pas moins vrai que ce phénomène constitue une véritable combustion, mais une combustion lente et sans flamme.

Il y a entre cette combustion et celle du charbon dans le gaz oxygène, la différence que l'on remarque entre l'oxydation lente du fer et sa combustion si éclatante dans le gaz oxygène.

La science possède aujourd'hui un certain nombre de faits ayant quelque analogie avec la respiration proprement dite et le phénomène de la respiration inorganique. Rappelons-en quelques-uns ici.

Citons d'abord un fait relatif au carbone. Toutes les personnes qui ont quelque habitude des armes à feu, ont remarqué la couleur noire de l'intérieur du canon, quand on a tiré plusieurs fois de suite, et aussi que cette couleur noire disparaît au bout d'un laps de temps plus ou moins long, par suite de la combustion lente du carbone qui fait toujours partie des cendres de la poudre. Et pourtant le carbone est considéré comme une des substances les plus inaltérables que nous possédions. Mais il ne faut pas perdre de vue, dans le cas que je viens de citer, la division extrême du charbon au milieu d'une certaine quantité de sulfure de potassium.

Je n'examine pas ici quelle forme revêt le carbone en disparaissant; je n'examine pas si c'est à l'état d'oxyde, d'acide ou de sulfure. Je constate un fait et rien de plus, un fait qui n'a été consigné nulle part que je sache.

L'an dernier, M. Dumas a constaté un fait analogue, mais relatif au soufre. On a remarqué que les toiles soumises à l'action des vapeurs d'eau chargée d'acide sulphydrique, se détruisent rapidement par suite de la formation ultime de l'acide sulfurique.

Voici un autre fait sur le même métalloïde. J'avais observé, dès l'année 1838, que l'acide sulfureux à l'état sphéroïdal, dans une atmosphère humide, absorbe de l'oxygène et donne des vapeurs d'acide sulfurique. De nouvelles observations ont confirmé ce fait, qui m'avait fait croire à la possibilité de fabriquer de l'acide sulfurique sans le secours des chambres de plomb.

On sait par expérience que l'éther hydrique, l'éther acétique, l'éther nitreux, l'éther chlorhydrique, le chloroforme, le chlorure et le sulfure de carbone, et un grand nombre de carbures d'hydrogène à l'état spéroïdal, brûlent sans donner de flamme apparente, et donnent naissance à des produits nombreux qu'il est facile de se représenter en se rappelant la composition des substances précitées.

C'est à cette combustion lente que j'ai donné le nom de *respiration de la matière inorganique*.

Se passe-t-il quelque chose d'analogue dans le poumon des animaux? Évidemment, oui. La formation de l'acide carbonique dans l'acte de la respiration en est la preuve éclatante.

. . . . . . . . . . . . . . . . . . . . . . .

Tout le monde connaît l'influence pernicieuse de l'odeur des fleurs dans un appartement, influence d'autant plus dangereuse que l'odeur est plus agréable et que les fleurs sont en plus grande quantité. On cite des cas d'asphyxie suivie de mort par la présence des fleurs en abondance dans une chambre à coucher.

Les anciens qui s'enivraient de parfums ne s'éthérisaient-ils pas?

Personne n'ignore le danger de coucher dans une chambre qui vient d'être peinte à l'essence de térébenthine, et tout le monde connaît l'influence de la vapeur de cette essence et de celle des essences du même groupe sur les urines auxquelles elles communiquent une odeur de violette très-prononcée.

J'ai la connaissance personnelle d'un cas d'asphyxie suivie de mort par la vapeur d'essence de térébenthine.

L..., épicier, étant sur le point de se marier, avait remis ses appartements à neuf en finissant par sa chambre à coucher. C'était la veille de son mariage. Il y coucha comme à l'ordinaire et le lendemain matin on le trouva sans vie dans son lit. La mort de ce malheureux jeune homme fut attribuée à la vapeur d'essence de térébenthine, et je crois que c'était avec raison.

. . . . . . . . . . . . . . . . . . . . . . .

Il est à remarquer que toutes les substances employées pour produire l'insensibilité, appartiennent à des combinaisons volatiles et oxydables à une basse température.

Ne peut-on pas en inférer que toutes les substances volatiles et oxydables à une basse température seront propres à produire les bienfaits de l'éthérisation? On n'en saurait douter, et je pense qu'un carbure d'hydrogène dont le point d'ébullition serait de $+ 10^o$ à $+ 15^o$, serait le meilleur des anesthésiants. Mais c'est à l'expérience à prononcer définitivement sur ce point, comme sur tant d'autres.

Et si j'indique un carbure d'hydrogène, plutôt qu'une autre combinaison, c'est que l'oxygène que nous respirons se porte à peu près exclusivement sur le carbone et l'hydrogène pour former de l'acide carbonique et de l'eau.

On comprendra maintenant facilement ce que j'entends par asphyxie par substitution.

## SUR LA PERMANENCE DU NIVEAU DES MERS (1)

Réponse de M. Jobard.

*A Monsieur Vallés, ingénieur en chef des ponts-et-chaussées.*

Je vous remercie d'avoir pris la peine de me rassurer, dans le dernier numéro de l'*Ami des Sciences*, sur l'abaissement des mers, l'exhaussement des pôles et la catastrophe hydraulique dont nous étions menacés si j'avais eu raison. Déjà le maréchal Vaillant m'avait prouvé que nous n'avons rien à craindre, à l'aide des formules de Bertrand. Vous nous promettez, au lieu de futures perturbations, un remarquable maintien de l'équilibre actuel, j'en suis enchanté; mais je me demande encore ce que devient l'eau remplacée par des milliards de mètres cubes de corps solides qui descendent des montagnes depuis au moins six mille ans, pour aller s'engouffrer dans le bassin des mers. Je retourne à l'époque lacustre et je vois que l'eau a été successivement chassée par les corps solides, je vois de même que tous les étangs, toutes les mares, tous les fossés se remplissent si on n'a pas soin de les curer; j'en ai conclu que le grand fossé, la grande mare, le grand étang des mers finiraient également par se remplir à la fin des siècles qui ne finiront pas. C'est pourquoi j'avais cherché le moyen d'amonceler aux pôles autant de neige qu'il entre de corps solides dans l'océan.

Ce procédé me semblait si rationel que j'ai cru pouvoir le publier, sans compromettre la sécurité de l'Etat. Je m'en félicite puisque cette hardiesse nous vaudra un travail des plus rassurants pour l'humanité présente et future.

Agréez mes remerciments, etc.

Jobard.

## De la protéine ferrée dans la médication ferrugineuse.

Paris, le 18 décembre 1855.

Monsieur le rédacteur,

Abonné à votre estimable journal, depuis sa fondation, j'ai vu que votre but était de mettre en évidence et de publier les progrès qui se manifestent chaque jour dans la science, et qui ont souvent tant de peine à se faire remarquer.

(1) Voir le précédent numéro.

C'est dans cette idée que j'ai écrit les quelques lignes que je vous adresse, avec prière de vouloir bien les faire insérer dans un des numéros de *l'Ami des Sciences*.

Dans cet espoir, je vous prie, Monsieur le rédacteur, de vouloir bien agréer les salutations empressées de votre tout dévoué. LEPRAT,

Pharmacien, ex-interne des hôpitaux de Paris, ex-préparateur de chimie au lycée des arts.

Avant de démontrer les avantages que l'on aurait à employer la protéine ferrée dans les cas où l'usage du fer est jugé nécessaire, en médecine, nous croyons utile de dire quelques mots sur la protéine.

Les matières albuminoïdes des animaux et des végétaux, à part quelques réactions qui les individualisent, présentent dans l'ensemble de leurs caractères la plus grande uniformité. L'analyse élémentaire leur assigne, en outre, une composition tellement semblable qu'on peut, sans erreur sensible, les regarder comme identiques.

Les récents travaux d'un célèbre chimiste allemand, Mulder, ont jeté un grand jour sur cette question ; d'après lui, les principes albuminoïdes des végétaux et des animaux contiennent tous un élément organique fondamental renfermant tout le carbone, l'hydrogène, l'azote et l'oxygène de ces matières, dans des proportions constamment semblables, tandis que la quantité de soufre et de phosphore varie sans cesse, suivant la nature même des substances albumineuses.

C'est cet élément fondamental que Mulder a nommé *protéine*; sa formule est: $C^{40}\ H^{31}\ AZ^{5}\ O^{12}$.

La protéine est donc la partie active et essentielle de toutes les matières alimentaires ; elle forme la presque totalité de nos tissus avec un ou deux équivalents de soufre ou de phosphore, et elle joue un rôle important dans la digestion, ainsi que l'a démontré M. Mialhe.

Une telle substance ne devait pas rester dans l'oubli, elle pouvait rendre des services importants en médecine; aussi M. le docteur Taylor, en Angleterre, l'emploie-t-il, avec succès, dans le traitement des scrofules, et la considère-t-il comme un puissant agent réparateur.

Nous avons pensé, de notre côté, qu'en unissant la protéine au fer réduit par l'hydrogène, on pourrait faciliter la digestion et l'assimilation de ce précieux médicament. Pour arriver à notre but nous avons préparé les *pilules de protéine ferrée*, et les faits pratiques sont venus confirmer la théorie.

Si l'on administre à une personne des pilules de protéine ferrée, la digestion sera complète, régulière et sans fatigue pour l'estomac. Elle ne diffèrera pas de la digestion des matières albumineuses simples. Il n'en serait pas de même si le fer seul était ingéré. Comment, en effet, s'opère la digestion des pilules de protéine ferrée? L'état actuel de la science permet de l'expliquer et de suivre les différentes phases de son travail.

Les pilules seront d'abord enveloppées, comme par une couche, de mucosités, puis hydratées, et ensuite désagrégées par les sucs acides de l'estomac ; à ce moment commence une seconde réaction; la protéine, sous l'influence de la pepsine du suc gastrique, subit un changement moléculaire et passe à l'état *d'albuminose* ; sous cette forme elle est entraînée dans le sang où elle subit bientôt une nouvelle modification. Le fer, en présence de cette transformation intime, se trouve dans des conditions très-favorables pour s'oxyder, se dissoudre et passer dans la circulation. Il y retrouve la protéine transformée en albuminate alcalin, et, par une double décomposition il donne naissance à l'albuminate de fer qui est la véritable base des globules sanguins.

La protéine est donc l'agent chimique de la digestion du fer. Envisagée sous ce point de vue, elle peut rendre de grands services à la médecine, dans tous les cas où l'emploi des ferrugineux est jugé nécessaire pour le rétablissement de la santé.

## CORRESPONDANCE.

### Les palais de famille.

Nos lecteurs apprendront avec satisfaction par la lettre suivante que cette grande et savante réforme architecturale qui a nom *Palais de famille*, réforme que nous ne craignons pas d'assimiler aux plus grandes inventions modernes, est enfin en cours de réalisation.

Paris, le 24 décembre 1855.

Monsieur,

Vous avez annoncé dans un des derniers numéros de l'*Ami des Sciences* qu'un terrain était acquis pour l'édification d'un Palais de famille, près de la barrière de l'Étoile ; cela est vrai, et sans la crise financière qui existe, les constructions seraient déjà commencées.

En attendant que les capitaux s'humanisent et deviennent intelligents en se portant vers les œuvres de bien-être populaire, vous pouvez sans crainte annoncer à vos lecteurs qu'un Palais de famille, spécialement destiné aux personnes qui aiment la retraite, va être construit, sous la direction de M. Albert Lenoir, architecte du gouvernement, dans un des plus délicieux paysages qui existent en France ; déjà les bâtiments auxiliaires sont élevés.

Là, moyennant 4 à 5,000 francs de capital, on deviendra l'un des propriétaires de ce joli château, qui sera édifié dans un parc admirablement pittoresque, en vue des rives de la Marne, à mi-côte et au soleil levant. Dans cette propriété qui se nomme *Beau-site*, distante d'une heure et demie de Paris par le chemin de fer de l'Est, les habitants du palais trouveront réunis air pur, eaux vives, nourriture saine et excellente, société choisie, promenades variées, liberté parfaite, en un mot, une existence confortable et économique.

Le problème que nous allons y résoudre sera d'offrir aux petits rentiers, dames veuves et employés en retraite une *vie de luxe à bon marché;* à tel point qu'avec 1,000 ou 2,000 fr. de revenus, ils y obtiennent une même somme de bien-être domestique et de jouissances sociales qu'avec 10, ou 20,000 livres de rentes dans la capitale.

Tout est préparé depuis longtemps pour cette réalisation, qui doit servir de point de départ à d'autres conceptions, à des palais plus splendides, à des *Francs-hôtels*, dont j'aurai bientôt l'occasion de vous entretenir, enfin à des *Colonies agricoles*, qui seront fondées au sein des grands domaines en ce moment presque sans valeur en France.

Un de vos abonnés les plus distingués par sa haute intelligence et sa fortune territoriale, M. de Noiron, gendre de M. de Bussière, ancien représentant, s'est uni de cœur à nous pour cette œuvre d'avenir ; d'autres propriétaires, nous en sommes assurés, dans leur propre intérêt autant que dans l'intérêt général, imiteront son exemple, qui doit avoir d'ailleurs pour résultat certain de *doubler la valeur de leurs propriétés;* par cette raison bien simple mais positive que la terre n'a de valeur que par l'homme et que plus l'homme rassemble ses forces sur un point donné, plus il y multiplie les richesses du sol, source de toute prospérité durable.

Recevez, Monsieur l'assurance de ma parfaite et affectueuse considération,

Victor CALLAND.

Fondateur-Gérant des Palais de famille.

### A propos des expériences sur les hannetons (1).

Caen, le 23 décembre 1855.

Monsieur,

Permettez-moi de revenir sur l'expérience des hannetons. Je crains que vos lecteurs, ainsi que M. Pouchet de Rouen, n'interprètent mal la communication que vous avez bien

(1) Voir le *Bulletin bibliographique* du n° 42.

voulu consigner dans l'un des numéros de votre utile journal.

La lettre que je vous écrivais avait été motivée par la lecture d'un article de l'*Ami des Sciences* intitulé *La part des sciences*.

De même que la lettre que j'écrivais le 17 février 1855 à M. Jules Jamin, professeur de physique à l'Ecole polytechnique, était une communication que je faisais à ce savant physicien après la lecture de son travail remarquable sur les travaux de Melloni, publié dans la *Revue des Deux Mondes*.

Dans l'un comme dans l'autre cas, je n'avais nullement la prétention de faire *l'Histoire naturelle des hannetons*, encore moins le désir *d'indiquer les moyens de borner leurs ravages*.

A l'appui des inductions philosophiques de l'*Ami des Sciences*, comme à l'exposé des travaux du célèbre physicien italien j'ai cru devoir communiquer, à plus compétent que moi, un fait qui, m'ayant frappé par sa singularité, pouvait, ainsi que me le fait remarquer M. Jules Jamin, *être le point de départ d'expériences fort remarquables*.

De cette prévision il ressort que, jusqu'ici, la physique n'a pas osé attribuer *à l'influence d'un agent impondérable*, les divers faits qui, comme celui que je citais, auraient engagé la science dans une voie nouvelle.

De la communication et de l'extrait que vous publiez de la brochure de M. *Pouchet*, il reste acquis :

Que les hannetons peuvent être un instrument convenable pour des expériences de ce genre.

J'ajouterai que, pour qui lira l'historique des travaux de Melloni, publiée dans la *Revue des Deux-Mondes*, pour qui comprendra les efforts que vous faites dans le but d'établir la *Part des Sciences*, il résultera cette conviction : qu'il y a là autre chose qu'une question d'agriculture.

C'est en faveur d'une haute question de philosophie scientifique que je me suis permis de faire appel à la publicité dont vous disposez.

Agréez, etc.

V. Le Marchand.

---

#### Anesthésie des abeilles, récolte des ruches.

Monsieur le Rédacteur,

Dans vos numéros du 4 et du 25 novembre dernier, vous rapportez l'opinion de la Société protectrice des animaux sur l'*anesthésie des abeilles*, — qui n'est pas la mienne, bien que je fasse partie de cette honorable Société, — et celle d'un observateur votre abonné de la Corse sur le mode moins dangereux de la simple *chasse* par la fumée.

Assurément ce dernier mode offre moins de danger que le premier et vaut mieux pour récolter les ruches vulgaires. Mais il ne saurait valoir le mode de transvasement par tapottement soit pour les récoltes entières, soit pour les récoltes partielles ou *taille*.

La chasse par la fumée offre, trop souvent, l'inconvénient d'asphyxier un certain nombre d'abeilles, de brûler les ailes de celles qui se trouvent en contact avec la matière en ignition, surtout lorsqu'on taille les ruches sans en avoir entièrement chassé les abeilles. En opérant par tapottement, ces inconvénients n'existent pas.

Lorsque l'on veut tailler une ruche vulgaire, il faut la transvaser, c'est-à-dire en chasser entièrement les abeilles, ce qui permettra d'opérer la récolte tout à son aise, sans crainte d'être piqué, ni de tuer ou d'engluer aucune abeille.

Je dis les ruches vulgaires, ou en une seule pièce, parce que la ruche à calotte (villageoise), celle à hausse, et toutes les ruches perfectionnées, n'ont pas besoin de l'emploi de ces moyens pour être récoltées.

Pour pratiquer un transvasement par tapottement, il faut renverser sans dessus dessous la ruche à transvaser ; la placer sur un tabouret dépaillé; mettre dessus une ruche vide, de même diamètre autant que possible; envelopper avec un linge ces deux ruches juxtaposées, de manière que toute issue soit bouchée. Ces dispositions prises, on tapotte avec les mains ou des petits bâtons, pendant 20 à 30 minutes, la ruche pleine en commençant à sa partie inférieure et en montant graduellement. Il est rare qu'au bout de 30 ou 35 minutes au plus toutes les abeilles ne soient pas montées dans la ruche supérieure, qu'on va replacer à l'endroit du rucher où était la ruche pleine. On récolte celle-ci, et le soir, on y fait rentrer les abeilles qu'elle contenait.

Quant à l'anesthésie des abeilles, je proclame que ceux qui en ont restauré l'usage en ont singulièrement exagéré la valeur dans la pratique apiculturale. Vous vous en convaincrez, Monsieur le rédacteur, par la lecture de la brochure sur la matière que je viens de publier et que j'ai l'honneur de vous adresser.

Agréez, Monsieur, l'assurance de ma considération distinguée.

H. Hamet.

---

#### Nouvelle poudre de guerre.

Monsieur le Rédacteur,

J'ai découvert une nouvelle poudre de guerre, peut-être ne sera-t-elle pas sans intérêt pour les artificiers, d'autant que les compositions d'argent fulminant connues, sont d'une préparation et d'un emploi tellement dangereux, qu'on n'a pas pu jusqu'ici en régler l'usage.

| | | |
|---|---|---|
| Acide nitrique............. | 30 | gr. » |
| Argent...................... | 5 | » |
| Charbon.................... | 5 | » |
| Poids obtenu............... | 12 | 50 |

Préparation. Dans une capsule de porcelaine, on dissout dans quinze grammes d'acide nitrique cinq grammes d'argent préalablement laminés très-mince afin d'en faciliter la dissolution; on fait chauffer légèrement le tout sur un bain de sable pour le faire cristalliser; après avoir retiré ces cristaux, on les broie avec cinq grammes de charbon de bois, en y ajoutant le dixième du poids d'eau pour faciliter le mélange. Il n'y a aucun danger à broyer ainsi cette poudre, car elle ne prend feu ni par frottement ni même par percussion ; l'approche seul d'un corps en ignition ou le contact d'une très-grande chaleur en détermine la déflagration.

Lorsque le mélange est complet, on le remet dans la capsule en y ajoutant quinze grammes d'acide nitrique ; il faut bien remuer le tout pour favoriser l'absorption de l'acide. Dans cet état, on doit de nouveau le soumettre à une douce chaleur avec beaucoup de précaution jusqu'à évaporation complète de l'acide; on retire et on broie de nouveau avec le dixième de son poids d'eau, puis on fait sécher soit à l'air, soit à l'aide d'une douce chaleur. On obtient ainsi une poudre dont l'inflammation se communique avec plus d'instantanéité que celle de la poudre actuellement en usage, qui, de plus, ne laissera pas de crasse comme cette dernière, et n'absorbe pas l'humidité, avantage dû à la présence du nitrite d'argent, sel qui, comme on le sait, n'est pas déliquescent.

Pour se convaincre que cette poudre s'enflamme plus facilement que celle de guerre, il faut faire chauffer sur une plaque de tôle une très petite quantité de poudre ordinaire jusqu'à une température qui n'en permette pas la combustion, mais qui en soit voisine; il suffit alors de projeter dessus quelques grains de la nouvelle composition que j'ai décrite pour déterminer immédiatement l'inflammation de la totalité.

Agréez, etc., Henri Aureau.

## LA SEMAINE SCIENTIFIQUE.

### Projet de chemin de fer des halles centrales et du Louvre.

MM. Alph. Henry et L. de Fogères, auteurs de ce projet, nous adressent la note descriptive que voici :

Le tracé de ce chemin est des plus simples : pour voie ordinaire il emprunte une partie du chemin de halage de la Seine, où il laisse les communications et passages libres comme à présent, car les rampes et escaliers actuels qui conduisent du quai aux bateaux n'ont pas besoin d'être supprimés.

Le chemin de halage, devenu maintenant inutile par suite de la canalisation du petit bras de la Seine, ne sert plus qu'à amarrer des bateaux auxquels il donne accès avec le quai au moyen de petites rampes.

Sa hauteur est celle de nos grandes eaux ; aussi, pour être complétement en sûreté, parer à tout événement, on en élèverait le niveau de quelques décimètres et on établirait contre les rails un parapet solide qui, au besoin, servirait de digue.

La gare des voyageurs serait établie entre le quai et l'église Saint-Germain-l'Auxerrois, et communiquerait avec le chemin que nous venons d'indiquer, en traversant le quai sous une voûte spéciale.

La gare des marchandises, déjà établie aux Halles centrales, serait reliée par une galerie souteraine d'environ 300 mètres (tous les autres projets ont besoin de près de 2,500 mètres de souterrain) arrivant se souder au tronc commun, près du Pont-au-Change ; ce qui permettrait d'amener directement des chemins de Lyon et de Ceinture, sans passer par les rues, les denrées et produits qui nous arrivent par les lignes de Lyon, d'Orléans, dont le raccordement avec le chemin de Ceinture a lieu au nouveau pont Napoléon III.

A l'Hôtel-de-Ville, 1re station ;

Au pont d'Austerlitz, 2e station.

Quelques mètres seulement séparent la gare de Lyon du pont d'Austerlitz. Au moyen d'une petite galerie, on amènerait les voyageurs en wagon au-dessous du bureau de distribution, dans la salle d'attente même du chemin de fer, qui communiquerait avec le chemin du Louvre au moyen d'un escalier de quelques marches.

Du pont d'Austerlitz la ligne suit le même itinéraire, traverse ainsi une partie de Bercy qu'elle vient relier à la capitale; et où il serait établi une station.

C'est alors qu'abandonnant le chemin de halage, le tracé tourne à gauche et se relie avec les lignes de Lyon et de Ceinture, entre les fortifications, la rue Grange-aux-Merciers et la route de Charenton.

La ligne, en se continuant, passe à Saint-Mandé et arrive à Vincennes, très-près du château, du polygone et du bois, où serait établie la gare de Vincennes.

Quelques mois seraient suffisants pour livrer ce chemin à la circulation, car il n'y a presque aucuns travaux d'art à exécuter, et il ne faut aucune expropriation dans Paris pour établir les lignes, les gares ou stations, les maisons qui masquent Saint-Germain-l'Auxerrois étant en démolition.

Un joli embarcadère de peu de hauteur construit devant l'église, ne la masquerait pas plus que le Louvre, au pied duquel arriverait la locomotive ramenant jusqu'au cœur de leur ville les promeneurs parisiens.

### Nettoyage facile et économique des vêtements salis.

L'honorable M. Herpin a lu à la Société d'encouragement un rapport dont nous allons donner un extrait sur les procédés de dégraissage de M. Mespoulède de Périgueux, procédés qui malheureusement sont secrets jusqu'à présent, de sorte que la note suivante excitera sans la satisfaire la curiosité du lecteur.

Donner aux familles peu fortunées, aux classes laborieuses, au soldat, le moyen de rendre à leurs vêtements déjà salis et à demi usés une propreté irréprochable, de la fraîcheur et du lustre, par une opération simple, peu coûteuse et que chacun peut faire exécuter chez soi aussi facilement qu'un savonnage ordinaire, tel est le vœu de M. Mespoulède, tel est le but de cette communication.

Il résulte d'un grand nombre de pièces dûment certifiées et légalisées, émanées soit de l'intendance militaire, soit des conseils d'administration de plusieurs régiments, soit de l'autorité ecclésiastique, que les procédés de M. Mespoulède ont donné les résultats les plus satisfaisants. Des doublures dont on ne pouvait plus reconnaître l'espèce de tissus, ont été rendues avec l'aspect du linge bien lessivé.

Nous sommes convaincus qu'avec 10 à 20 centimes seulement, sans outillage, on peut en une demie-heure nettoyer et remettre à neuf une pièce de vêtement de drap, habit, redingote, pantalon, etc.

M. Mespoulède aura rendu le service de vulgariser des procédés économiques que les dégraisseurs gardent comme des secrets qu'ils font payer fort cher.

Il serait donc à désirer que l'usage de ces procédés pût se répandre dans les classes peu fortunées de la société; ce serait un véritable bienfait.

### Lit mécanique ou Nosophore-Rabiot.

Le *Nosophore* ou lit mécanique à l'usage des malades, inventé par M. Rabiot, est, selon le rapport lu à la Société d'encouragement par M. Herpin, un bâti rectangulaire en bois dans l'intérieur duquel on place le lit ordinaire du malade; il est muni à la tête et aux pieds de deux treuils horizontaux à engrenage et rochet, sur lesquels s'enroulent quatre cordes aboutissant aux angles d'un fond sanglé brisé qui est placé sous le matelas du malade, ou à un filet ou réseau d'alèses, sur lequel il est couché. On peut ainsi soulever le malade, retirer le lit, y substituer une baignoire, faire les pansements, changer les draps, etc., incliner le malade d'un côté ou de l'autre, élever une partie du corps ou un membre.

L'appareil de M. Rabiot réunit donc les avantages d'un lit mécanique, et satisfait au désir des malades de rester dans leur lit.

L'essai que l'Académie de médecine a fait faire du nosophore a été satisfaisant.

### Préservatif contre l'asphyxie des vendangeurs.

Chaque année un certain nombre de vignerons sont asphyxiés par le gaz émanant des cuves d'où l'on extrait le vin. Un habitant de l'Étang (Rhône) propose un moyen très-simple pour débarrasser les cuves du gaz qui s'y développe après que la vendange y a été déposée.

« Supposons, dit-il, qu'à la suite d'une récolte assez médiocre, une cuve de la capacité de 90 hectolitres et profonde de deux mètres, reçoive une quantité de vendange qui ne s'élève pas à plus de 30 centimètres, et que le raisin n'ait pas été écrasé avant d'être jeté dans la cuve. La fermentation est très-prompte, le gaz abondant ; mais l'acide carbonique produit en cette circonstance ayant une pesanteur spécifique de 1,5, l'air atmosphérique étant 1, on peut considérer la cuve comme pleine d'une eau qu'il est facile d'ôter soit en la jetant pardessus le bord, soit en perçant au niveau de la vendange une ouverture par où elle s'écoulerait. Le dernier de ces moyens est sujet à trop d'inconvénients, le premier seul est bon à exécuter.

« Quatre personnes armées d'une feuille de carton peuvent, du bord de la cuve, rejeter le gaz en dehors, en plongeant aussi avant que possible les feuilles de carton.

« Après deux minutes de ce travail, si on présente de nouveau la bougie allumée, on peut la descendre jusqu'au milieu de la cuve. A 1 mètre au-dessous de l'orifice, elle reste brillante ; plus bas seulement la flamme perd son éclat et ne tarde pas à s'éteindre, montrant ainsi très-bien le niveau du gaz restant. Reprenant le travail et le continuant pendant deux minutes encore, la lumière peut descendre sans s'éteindre jusque sur la vendange. La réussite de l'opération est complète. On peut se mettre en devoir de fouler.

« Pour plus de sûreté et pour enlever le gaz qui se reproduit alors avec plus d'énergie, il faut faire continuer la première manœuvre par deux hommes et laisser la bougie allumée à un niveau bien inférieur à celui de la tête du travailleur plongé dans la cuve. Elle sert d'avertissement à celui-ci, qui peut terminer son opération sans en être incommodé.

« Des pompes ou siphons pourraient, ajoute l'auteur, être aussi employés avec succès, mais on ne les a pas toujours sous la main. »

Nous ferons connaître un petit appareil de l'invention de M. Thibuot qui mettrait les vendangeurs à l'abri de toute chance d'accident.

### Emploi du chloroforme dans la chirurgie militaire.

Employé en Crimée sur plus de 25,000 blessés français, ce précieux agent anesthésique n'a, d'après une note communiquée à l'Académie des sciences par M. Baudens, donné lieu à aucun accident.

« Il est vrai, dit l'auteur, qu'il a été administré par nos médecins d'armée avec une grande prudence et en ayant soin, selon les conseils que j'ai donnés et que j'ai fini par faire prévaloir, de ne jamais dépasser, avec intention, la période d'insensibilité. On sait que ce précepte repose sur les belles expériences de M. Flourens, qui a découvert que l'action du chloroforme sur les centres nerveux est progressive et successive.

« Un grand avantage de l'emploi du chloroforme, c'est qu'il permet de régulariser des plaies qui, d'apparence fatalement mortelle, auraient réduit le chirurgien à l'impuissance dans la crainte de provoquer de nouvelles et inutiles souffrances. D'une part, les blessures ainsi régularisées ont toujours eu pour résultat de diminuer la somme des douleurs, et de l'autre, de procurer quelquefois des cures inespérées. Ainsi l'éclat d'obus de 2 kil. 150 que j'envoie avec ma lettre, a été retiré sous mes yeux, à l'ambulance de Sébastopol, par M. le chirurgien major Mercier, au soldat Etienne du 57e régiment. Le projectile était logé en entier au tiers supérieur et externe de la cuisse droite; il était caché si bien qu'on n'en voyait aucune portion saillante au dehors. Le fémur était brisé en éclats, la commotion générale était extrême. On comprend, à la vue de cet énorme morceau de fer, toute la gravité de la lésion. Le chloroforme permit l'extraction du corps étranger et l'amputation ensuite, sans que le malade ait éprouvé la moindre souffrance et avec des chances de guérison qui se continuent.

« De tels faits parlent plus haut que la critique; il restait au chloroforme à faire ses preuves sur le champ de bataille, son triomphe a été complet. »

### Expulsion par les voies naturelles d'une longue épingle avalée par une enfant.

Le docteur Scalvanti rapporte ce qui suit:

La fille d'un noble habitant de Pise, jeune enfant de cinq ans, avala, dans l'après-midi du 13 janvier 1855, une grande épingle de 2 pouces au moins de longueur. Au moment de l'accident, l'enfant fut prise d'une grande agitation et de quelques mouvements convulsifs dans les membres, d'un abattement général et d'une pâleur extraordinaire de la face. Tout cela fut plutôt le résultat de l'épouvante des personnes qui entouraient l'enfant que de la déglutition de l'épingle : en effet, le premier médecin qui fut appelé sur le champ, ne voyant aucun symptôme sérieux, et par conséquent aucune indication à recourir à des moyens violents, se borna à conseiller de faire prendre des aliments à l'enfant, d'autant plus que c'était l'heure habituelle de ses repas. Le docteur Scalvanti, qui le vit ensuite, approuvant ce qui avait été prescrit, ajouta pour le lendemain matin, un léger purgatif avec l'huile de ricin.

La journée s'était bien passée, l'enfant avait repris sa gaieté ordinaire. Le lendemain, aucun accident n'était survenu; pas de douleur à l'épigastre ni ailleurs : c'était d'un excellent augure, il y avait dès lors tout à espérer que l'épingle serait expulsée ; en effet, le 16 elle fut rejetée pendant une garderobe.

« Ce qui a toujours lieu d'étonner, en pareille circonstance, dit le *Moniteur des Hôpitaux*, c'est que des corps étrangers de cette nature puissent cheminer au travers de tant d'organes importants, parcourir des circonvolutions aussi étendues, se glisser, en quelque sorte, dans des chemins si étroits sans occasionner aucun accident. C'est d'autant plus heureux qu'il en serait tout autrement si l'épingle venait à s'implanter transversalement dans l'œsophage ou dans la trachée-artère, et qu'elle s'y fixât. »

### Desquammation complète observée chez une femme.

M. Vergne a montré à la Société de médecine pratique plusieurs ongles de doigts et d'orteils, et de nombreux fragments épidermiques résultant d'une desquammation complète survenue chez la femme d'un médecin de province, à la suite de la suette miliaire. Voici l'observation :

Mme L..., âgée de quarante-quatre ans, d'une constitution essentiellement nerveuse, ayant eu en 1832 une fille, qui a hérité de la constitution de sa mère, avait joui d'une bonne santé, lorsqu'en 1842 elle fut atteinte d'une affection typhoïde. Au vingt-cinquième jour, elle entrait en convalescence, lorsque survinrent tous les syptômes d'une suette miliaire, qui suivit rapidement son cours, et se termina le neuvième jour par une desquammation complète de tout le corps. Il se forma une peau neuve, qui longtemps resta d'une sensibilité extrême.

En 1847, nouvelle suette miliaire avec accès de fièvre intermittente manifeste. L'éruption fut plus prononcée qu'en 1842; l'affection miliaire marcha avec la même régularité, la même rapidité, et se termina par une desquammation aussi complète.

En 1849, sans cause aucune, ou du moins sans cause appréciable, Mme L... fut prise subitement d'une fièvre intermittente ; bientôt la suette survint ; mais cette fois il n'y eut pas d'éruption. Cependant elle n'en fut pas moins suivie d'une desquammation semblable aux précédentes.

Enfin, le 15 juillet 1854, nouvelle suette, qui, elle encore, ne présente pas d'éruption. Mme L... était convalescente, lorsque le 28 août, sous l'influence d'une impression morale vive, un accès de fièvre survint, puis une éruption miliaire prononcée, qui subsistait encore le 31 août.

Déjà la peau des mains, des avant-bras, etc., commence à se mortifier. Mme L... accuse dans ces parties un fourmillement continuel ; les objets qu'elle touche lui semblent recouverts d'un tissu particulier, ou bien il lui semble qu'elle les touche avec ses gants aux mains. Ce sont là, ajoute-t-elle, les symptômes qui ont toujours annoncé une desquammation prochaine.

Cette malade a été soumise, depuis sa première affection, à une foule de médications. M. L..., qui est un praticien aussi modeste qu'habile et expérimenté, a eu recours aux ferrugineux, aux antispasmodiques, puis aux sulfate et tannate de quinine, vin de quinquina, vin de gentiane, amers de toute espèce, bains de toute nature ; tout a échoué, rien n'a pu arrêter les progrès de cette infection générale, qui aujourd'hui domine d'une manière absolue cette pauvre femme, dont la maigreur et la faiblesse sont extrêmes.

Dans le cours de novembre 1854, je reçus de notre honorable confrère de province, dit M. Vergne, une lettre qui m'annonçait que la quatrième suette miliaire dont j'avais vu sa femme atteinte vers la fin du mois d'août, avait suivi la même marche que celles qui l'avaient précédée, et avait eu la même terminaison, c'est-à-dire qu'elle avait été suivie d'une nouvelle desquammation.

---

**Réforme orthographique.**

Nous avons, il y a quelques semaines, consacré un petit article à la réforme orthographique proposée par M. Féline, un ancien chirurgien des hôpitaux de la marine. M. Prudent Leray, qui poursuit la même carrière que M. Féline, réclame de notre impartialité l'insertion de la note suivante. C'est une satisfaction que nous ne saurions refuser à cet honorable et dévoué travailleur.

« Dans les séances du 1er et du 8 février, à la vue des signes phoniques de M. Féline et des nôtres mis en regard, le Congrès a pu juger de la supériorité de notre alphabet sur le sien. Il n'a point, comme nous, *un signe, un seul signe simple, d'une valeur fixe et invariable* pour représenter chacune des voyelles et des articulations ; les deux nasales *e*, *eu*, il les représente par *i*, *u*, qui ne prennent jamais l'accent nasal. Il n'a point non plus, ni le signe de moyenne gravité ('), ni celui du son ou genre féminin (-), qui se prolonge latéralement, après les finales féminines ; toutes les finales sont masculines, avec nos signe grec de la voyelle *eu*, qu'il joint à des articulations qui sont brèves et masculines, il écrit *jeu*, *neu*, *teu*, *leu*, *reu*, *deu*mand pas, tandis qu'il faut écrire tout simplement *j*, *n*, *t*, *l*, *r*,*d*, mand- pas ; il figure avec *u* la voyelle *ou* (e), et la nasale *eu*, il figure le son doux de *q* avec le *k* dont le son est trop sec et bref, *ki*, *ku*, *ké*, *kein*- avec l'articulation *l* et le signe duplicatif latéral, qui ne doit signaler que le son ou genre féminin, il veut figurer le son *y* des mots *miy*, *miyè*, *fiymouyé*, *bay*, *bràÿ*- etc. également avec ce signe duplicatif latéral, et le *g* des mots Bag-Dig- ; il veut figurer l'articulation *gn Bagn*, *Dign*, etc. Pour figurer le son *ch*, son fort de *j*-*jà Jà*, *jé Jé*, etc. M. Féline propose le signe *h*, qui n'a aucune valeur phonique dans l'écriture usuelle -ex : *hameau*, *hier*, *hiver*. M. Féline, qui n'a que des finales brèves masculines, croit que le signe de double gravité ^ placé sur *e ê* peut signaler le son féminin de l'articulation finale qui suit cette voyelle ê, et il écrit : ma *hêr*, *bêl êl bêl kom un bêt*- sa bon *mêr*, vog sur la *mêr*.

« Avec son signe du son nasal, qu'il unit, très-mal à propos, à *i* et à *u*, il écrit b*i*inez pour b*ie*n'êz- et *un*A pour eun'A.

« Je le répète, à la vue de l'alphabet de M. Féline, qui n'a que des signes phoniques, dont plusieurs remplissent *deux* et *trois fonctions*, le Congrès a pu juger que sa réforme n'est pas radicale, comme la nôtre, et que sa notation de la parole est fautive et vicieuse, et que ses fausses nasales i, u, et l'absence du signe de moyenne gravité (') et du signe de son féminin (-), et de signes idéologiques et mimiques, les lecteurs ne peuvent souvent bien comprendre la pensée de l'écrivain.

« En voyant et en entendant les enfants du docteur de Bonnard lire, *à livre ouvert*, notre Okygraphie qui a des signes si simples et si peu nombreux, le Congrès a pu juger combien elle est supérieure à toutes les autres écritures cursives, qui sont indéchiffrables sans le secours d'une grande mémoire et d'une grande intelligence. »

## VARIÉTÉS.

## UN RÊVE.

*A Monsieur Meunier.*

Monsieur,

Comme je pense que la communication ci-jointe est de nature à vous intéresser, je vous prie de la lire jusqu'au bout. Vous en ferez ensuite tel usage que bon vous semblera.

Ayant inséré en 1851 quelques articles sur l'Allemagne dans *la Presse*, attaché en ce moment en qualité de professeur à un institut d'éducation, j'espère que mon témoignage ne vous semblera point suspect. Je pourrais, au reste, si vous le désiriez, y joindre celui de mon collègue qui figure dans le récit que j'ai l'honneur de vous adresser.

Veuillez agréer, Monsieur, avec l'expression de mes sentiments de sympathie pour les progrès de l'humanité et de la science, celle de mon admiration la plus sincère.

Georges Simler.

Un fait extraordinaire et dont j'ai été le principal acteur, s'est passé dans la nuit du 1er au 2 janvier dernier, dans un établissement où je suis employé avec plusieurs collègues.

Pour mieux faire comprendre le sens de ce récit, je crois devoir signaler d'abord la nature des rapports qui existaient alors entre deux de ces collègues et moi. Lié assez intimement avec l'un, j'étais en froideur avec l'autre. Des dissentiments radicaux sur la religion et la politique étaient surtout la cause de notre éloignement réciproque. J'insiste sur ce point parce qu'il servira à expliquer certaines circonstances du fait mystérieux qui s'est passé dans la nuit du 1er au 2 janvier.

Il était environ deux heures après minuit. J'étais couché depuis dix heures du soir, et j'avais dormi tout ce temps d'un profond sommeil, lorsque j'en fus tiré tout-à-coup avec un sentiment d'angoisse inexprimable. Il me semblait qu'une catastrophe imminente allait suspendre en moi les fonctions de la vie. Le sang avait cessé de circuler librement dans les artères ; il se retirait des extrémités qui devenaient toujours plus froides, et affluant vers le cœur, il formait un cercle brûlant qui m'étouffait. La sueur inondait mes tempes ; tous les efforts tentés par moi pour réchauffer mes pieds et mes jambes étaient infructueux, lorsque par une réaction soudaine, la chaur s'y rétablit d'elle-même. Un instant je crus que la crise était passée. Mais je ne devais pas en être quitte à si bon marché.

Un fourmillement insupportable ne tarda pas à me courir le long des jambes et des pieds en sueur. Le pouls s'élevait, s'élevait, et le désordre de mes sens croissait avec celui de mes idées. Ebloui par le vertige, je me dressai éperdu sur mon séant.

Alors je songeai qu'un de mes collègues, couché dans une pièce voisine, pourrait m'être de quelque secours. En effet, ayant étudié plusieurs années la médecine et même obtenu des distinctions dans les concours, il pourrait au moins me saigner et me donner les soins les plus nécessaires. Mais je réfléchis en même temps que ce collègue, celui précisément avec lequel je n'étais pas dans les meilleurs termes, pourrait tirer avantage de ma situation anormale. J'appréhendais surtout qu'il ne voulût m'offrir, outre les secours de la médecine, les redoutables consolations de la religion catholique. Bref, l'orgueil l'emporta sur la terreur de ce moment, et je résolus d'attendre stoïquement la fin de la crise.

Cependant la crise se prolongeait d'une façon menaçante. Une commotion violente vint enfin y mettre un terme. Je me levai précipitamment pour en conjurer les effets ; je parcourus les corridors, je descendis dans les cours où je me promenai quelque temps, et quand je remontai, les fonctions de la vie étaient à peu près revenues à leur état habituel, sauf un reste d'agitation bien facile à comprendre.

Jusqu'ici, dans tout cela, rien que de fort simple et de fort naturel. Mais voici qui devient plus singulier et plus inexplicable.

Celui de mes collègues avec lequel j'entretenais des relations amicales, couchait dans le même corps de logis que moi, mais à un étage supérieur.

Le lendemain matin, en me voyant, il parut me considérer avec un air d'inquiétude.

— J'ai fait un rêve bien singulier, me dit-il. Vous veniez d'être frappé d'un *coup de sang*. Je vous voyais étendu sur votre lit et luttant entre la vie et la mort. J'aurais voulu courir chercher le médecin, mais je ne sais quelle cause plus forte que ma volonté m'empêchait d'avancer. J'étais d'autant plus désolé que je pensais : Encore s'il voulait que j'appelle M. *** (le collègue couché dans la pièce voisine) ; mais non, le pauvre garçon aimera mieux mourir que d'avoir recours à lui. Je me disposai néanmoins à réveiller M. ***, mais vous vous opposates énergiquement à mon dessein. Je ne me souviens plus de ce qui s'est passé depuis ; tout ce que je sais, c'est que j'ai été bien inquiet et bien agité jusqu'à ce moment que je vous ai vu, tant la réalité semblait s'être confondue pour moi avec le rêve.

— Vous n'avez rêvé en effet qu'à moitié, dis-je à mon ami en lui serrant la main. Et je lui racontai ce qui m'était arrivé.

Nous restâmes longtemps sans rien dire. Enfin, nous nous communiquâmes les réflexions qui se pressaient en foule dans notre esprit ; nous ne pûmes nous empêcher de reconnaître dans ce fait une coïncidence mystérieuse, un phénomène magnétique, resté pour nous jusqu'à ce jour inexplicable. Nous nous dîmes que la nature était toute pleine d'énigmes, et que l'observation répétée de pareils faits pourrait peut-être conduire à la solution de quelques-unes, et non des moins importantes.

Je pris aussitôt la résolution (1) d'adresser une relation détaillée de ce qui nous était arrivé à celui des écrivains de la presse scientifique qui accorde dans son examen la plus large place à toutes les manifestations nouvelles de la nature et de la vie, et qui, dédaignant les voies battues de la routine et des savants fossiles, semble, au milieu de la crise terrible d'où va sortir un nouveau monde social, annoncer l'aurore d'un nouveau jour pour la philosophie de la science.

Georges Simler.

## NOUVELLES ET CAUSERIES.

Lumière électrique. — Une curieuse expérience de lumière électrique avait été faite, il y a près d'un an, par MM. Lacassagne et Thiers, sur la terrasse du Palais-Royal, à Lyon, à huit heures du soir, en présence de la population accourue pour jouir du spectacle sur les quais de la Saône. Elle vient d'être renouvelée samedi. Le succès a été complet. Pendant une heure, du faîte d'une maison de la place d'Albon a rayonné sur la foule éblouie, sur les édifices voisins et sur le quai Saint-Antoine, un foyer lumineux d'une admirable puissance. MM. Lacassagne et Thiers paraissent avoir résolu le difficile problème qui consistait à amener la lumière électrique à cet état de fixité, de continuité, cherché depuis si longtemps et hors duquel le merveilleux agent dont la science s'efforce de multiplier les usages, ne serait qu'une curiosité sans utilité pratique.

Sucre de citrouille. — Un industriel anglais, de concert avec quelques capitalistes lyonnais, se propose, dit le *Salut public* de Lyon, de substituer, pour la fabrication du sucre, la citrouille à la betterave, et d'établir une raffinerie dans les environs de notre ville. Déjà, en vue de ses plantations futures, il a affermé une certaine étendue de terrain sur le littoral du Rhône. En outre, il est en pourparlers avec un propriétaire de Decines pour la location d'un autre emplacement qu'il destine également à ses cultures. La nouvelle raffinerie s'élèverait sur un terrain dépendant de la Part-Dieu.

Construction d'un phare en fonte. — On construit en ce moment en Angleterre un phare en fonte destiné à l'île de Saint-Isaac (Indes occidentales). Ce phare, dont la base a vingt-quatre pieds (anglais) de diamètre, aura au sommet de la lanterne cent cinquante pieds d'élévation. En partant de la base, le diamètre diminue graduellement, la diminution s'arrête à quatorze pieds. L'ouvrage entier forme une série de plaques de fonte d'un pouce trois quarts (anglais) environ d'épaisseur dans les parties basses à jointures radiées ; vers le sommet l'épaisseur n'est plus que de sept huitièmes de pouce. Chaque joint est formé non par le rebord ordinaire assemblé et boulonné, mais par une série de joints affourchés deux à deux et ayant entre eux un interstice qui présente une double épaisseur que traversent des boulons de fer, et qui serrent à vis les plaques qui le remplissent. Cette méthode de jonction ressemble à ce qui se pratique dans la maçonnerie, l'interstice ou clef devant être rempli avec un ciment de fer. Dans la construction de ce phare, l'arrangement des plaques occasionnera nécessairement un effort inférieur pour s'élever au-dessus des boulons, au cas d'un tassement ou de la plus légère dislocation des plaques qui concourent à l'arrangement de la construction. Une construction solide étagera la portion la plus basse du phare jusqu'à la hauteur de vingt-quatre à vingt-cinq pieds, et on y entrera à cette élévation, par un escalier extérieur. Dans l'intérieur sera un autre escalier en spirale, montant à la lanterne ; on y aménagera également des magasins et les appartements nécessaires aux besoins du phare. Le caractère général de la construction est massif et imposant. Le poids de l'ouvrage de fer est de près de trois cents tonneaux.

## BULLETIN BIBLIOGRAPHIQUE.

— Le 15e numéro de la Presse des Enfants a paru le 27 décembre, il contient les articles suivants :

Proclamation des prix décernés par la *Presse des Enfants* : prix de géographie ; prix offert aux enfants de moins de dix ans. — Noël, poésie par M. A. Constant. — Rappel du prix de mécanique. — Liste des compositions envoyées au concours de littérature. — Voyage de Marseille à Constantinople (composition à laquelle a été décerné le prix de géographie), par Mlle Albertine Guiraud (de Nîmes), âgée de onze ans. — Enfance de Démosthènes (composition à laquelle a été décerné le prix offert aux enfants de moins de dix ans), par M. Gilbert Trapenard (de Gannat), âgé de neuf ans et demi. — Réponse à un jeune physicien, par M. P. Doré fils. — La physique au Palais de Justice, par M. Stanislas Meunier (âgé de douze ans). — Histoire naturelle ; la Lavandière, par M. D. Reverchon. — Météores ; lettre de Mlle Berthe Juillet (d'Alger), âgée de treize ans. — Correspondance ; lettres de petits abonnés. — Enigme. — Faits divers : la pièce aux cents florins. — Un bienfait en amène un autre.

Prix d'abonnement pour l'année : le même que pour l'*Ami des Sciences*. On souscrit par un mandat de poste ou sur une maison de Paris, à l'ordre de M. V. Meunier. Un abonnement à la *Presse des Enfants* est un des meilleurs cadeaux d'étrennes qu'on puisse faire à un enfant.

**Prix d'abonnement pour l'étranger.**

Angleterre, Allemagne, 8 fr. ; — Suisse, Parme, Plaisance, Modène, 8 fr. 50 — Etats Sardes, Grèce, Crimée, 9 fr. ; — Hollande, 10 fr. ; — Etats-Unis, Indostan, Turquie, 10 fr. 50 ; — Belgique, Prusse, Hanôvre, Saxe, Pologne, Russie, Espagne, Portugal, 11 fr. ; — Toscane, 12 fr. ; — Etats-Romains, 16 fr. 50.

*Le propriétaire, rédacteur-gérant :*
Victor MEUNIER.

PARIS. — IMP. J.-B. GROS, RUE DES NOYERS, 74

(1) Cette lettre nous a été adressée il y a plusieurs mois ; elle s'était égarée dans nos bureaux.

# TABLE DES MATIÈRES

## CONTENUES DANS LE PREMIER VOLUME (ANNÉE 1855).

## ZOOLOGIE.



## ANATOMIE ET PHYSIOLOGIE. — MÉDECINE ET TÉRATOLOGIE.

INDUSTRIE.



CHEMINS DE FER. — ROUTES. — NAVIGATION. — LOCOMOTION AÉRIENNE.



TÉLÉGRAPHE ÉLECTRIQUE. — COMMUNICATION ACOUSTIQUES. — TRANSPORT DES LETTRES.



ECLAIRAGE ET CHAUFFAGE.



ARCHITECTURE PUBLIQUE ET PRIVÉE.



PHOTOGRAPHIE, GRAVURE ET PEINTURE.

MACHINES DE GUERRE.



AGRICULTURE.



MÉCANIQUE AGRICOLE.



ÉCONOMIE DOMESTIQUE.



HYGIÈNE PUBLIQUE ET PRIVÉE.



VARIÉTÉS.



PARIS. — IMPRIMERIE DE J.-B. GROS, RUE DES NOYERS, 74.

www.ingramcontent.com/pod-product-compliance
Lightning Source LLC
LaVergne TN
LVHW082353160826
845678LV00008B/1821

* 9 7 8 2 3 2 9 7 4 0 7 5 1 *